Technologie
der Fette und Öle.

Handbuch
der Gewinnung und Verarbeitung der Fette, Öle
und Wachsarten des Pflanzen- und Tierreichs.

Unter Mitwirkung von

G. Lutz-Augsburg, **O. Heller**-Berlin, **Felix Kaßler**-Galatz und anderen Fachmännern

herausgegeben

von

Gustav Hefter,

Direktor der Aktiengesellschaft zur Fabrikation vegetabilischer Öle in Triest.

Zweiter Band.
Gewinnung der Fette und Öle.
Spezieller Teil.

Mit 155 Textfiguren und 19 Tafeln.

Manuldruck 1921.

Springer-Verlag Berlin Heidelberg GmbH

1908

ISBN 978-3-662-01825-5   ISBN 978-3-662-02120-0 (eBook)
DOI 10.1007/978-3-662-02120-0

Softcover reprint of the hardcover 1st edition 1908

Additional material to this book can be downloaded from http://extras.springer.com

Vorwort.

Der vorliegende zweite Band meines Werkes ist den technologischen Einzelbesprechungen der verschiedenen Öle, Fette und Wachsarten gewidmet. Ich habe dabei — wo es nur anging — die Geschichte, die Abstammung, das Rohmaterial, die Gewinnung, die Eigenschaften, die Verwendung, die Produktions- und Handelsverhältnisse sowie die wirtschaftliche Bedeutung der betreffenden Öle, Fette und Wachsarten klargelegt.

Durch Zusammenfassen aller dieser für den Technologen wichtigen Momente, durch Verschmelzen meiner in vieljähriger Praxis gesammelten Erfahrungen mit den in der periodischen Fachliteratur zerstreuten Angaben (wobei ich es an einer strengen kritischen Sichtung des oft unzuverlässigen Materials nicht fehlen ließ) sind diese Einzelbesprechungen bei den wirtschaftlich bedeutenderen Ölen, Fetten und Wachsarten zu abgeschlossenen Monographien angewachsen, wie sie in gleicher Vollständigkeit meines Wissens bisher die Fachliteratur keiner Weltsprache — ausgenommen die Olivenölliteratur Italiens — aufzuweisen hat.

Das Fehlen eines analytischen Abschnittes wird in diesen Monographien kaum als Mangel empfunden werden; wurde doch beim Erscheinen des I. Bandes meines Werkes gerade die Beiseitelassung der Fettanalyse fast allseits als Vorzug gerühmt. Den wenigen, die darüber noch anderer Meinung sind, erlaube ich mir zu bemerken, daß in keiner Branche der vielverzweigten chemischen Industrie die Analyse als integrierender Bestandteil der technologischen Lehr- und Handbücher betrachtet, sondern als Spezialwissenschaft angesehen wird. Dammer, Fischer, Wagner, Witt und viele andere sind Gewährsmänner dafür. Es liegt kein Grund vor, bei der Fettindustrie eine Ausnahme zu machen und die Fettanalyse, die für jeden Fettchemiker nicht nur eine unentbehrliche Lehrmeisterin ist, sondern der auch das Hauptverdienst an dem in den letzten zwanzig Jahren erfolgten Ausbau der Fettchemie zukommt und die auf die Industrie vielfach sogar direkt befruchtend wirkt, nicht ebenfalls als selbständige Disziplin aufzufassen.

Bei Besprechung der vegetabilischen Rohmaterialen sind die botanischen Beschreibungen der Pflanzen gänzlich fortgeblieben, dafür wird um

so gründlicher auf die Beschaffenheit, Zusammensetzung und die Handelsmarken der ölgebenden Saaten und Früchte, die meist auch im Bilde
wiedergegeben werden, eingegangen.

Die Abschnitte über die „Gewinnung“ bringen nur das für die
Herstellung der einzelnen Öle und Fette Typische, da das Allgemeine über
die Öl- und Fettgewinnung bereits im I. Bande ausführlich dargestellt
erscheint. Bei Produkten, deren Fabrikationsmethoden wesentlich von der
Norm abweichen (wie z. B. bei Kottonöl, Olivenöl, Palmöl usw.), ist
der Fabrikationsweise ein breiter Raum gewidmet und ihre Besprechung
durch Textfiguren und Pläne vervollständigt.

Bei allen wirtschaftlich bedeutenderen Produkten sind die Produktions-
und Handelsverhältnisse durch statistisches Material und vielfach auch
durch graphische Darstellungen ausgiebig illustriert. Ich lege auf das Aufrollen der wirtschaftlichen und kommerziellen Umstände, denen leider bisher
in der technologischen Fachliteratur zu wenig Aufmerksamkeit geschenkt
wurde, besonderen Wert, und es würde mir eine Freude und Genugtuung
sein, wenn meine in dieser Richtung geleistete Arbeit im Kreise meiner
Fachkollegen entsprechende Würdigung fände. Eine Pflege dieser bisher arg
vernachlässigten Faktoren unserer Industrie tut besonders unserer jüngeren
Chemiker-Generation dringend not. So mancher Vorschlag würde von vorn-
weg als verfehlt erkannt werden, manches Analysengutachten ungeschrieben
und manche Patentschrift ungedruckt bleiben, wenn unsere Fettchemiker
mit der kaufmännischen und wirtschaftlichen Seite ihrer Branche etwas
besser vertraut wären.

Beim Abschnitte „Olivenöl“ hatte ich mich der wertvollen Mitarbeit
des Herrn Johann Bolle, Direktors der k. k. landwirtschaftlich-chemischen
Versuchsstation in Görz, und des Herrn Franz Gvozdenović, k. k. In-
spektors an derselben Anstalt, zu erfreuen. Ersterer stellte mir seine
reichen Erfahrungen über die Olivenölgewinnung sowie seine Mappen
photographischer Originalaufnahmen italienischer Olivenölmühlen zur Verfügung und förderte meine Arbeit in verschiedentlicher Weise; letzterer unter-
stützte mich in gleichem Sinne mit liebenswürdigster Bereitwilligkeit.

Herr Kurt Müller (London) sandte mir umfangreiches statistisches
Material sowie technologische Mitteilungen über einzelne Tierfette und
besorgte die Analyse mehrerer seltener Ölsämereien, die ich der Freund-
lichkeit des Herrn R. Schnurrenberger (Marseille) verdankte.

Herr Redakteur E. Marx (Augsburg) nahm mir die mühevolle Arbeit
der Revision der Druckbogen ab und gab mir mannigfache Anregung zu
Verbesserungen.

Herr Professor G. Morpurgo, Direktor des Museo commerciale in
Triest, steuerte eine Reihe interessanter volkswirtschaftlicher Daten bei
und Herr Dr. Stiassny, Assistent an der Zoologischen Station in Triest,
besorgte einige Übersetzungen aus der norwegischen Tranliteratur.

All den Genannten sei für ihre Mithilfe auf das herzlichste gedankt und ebenso all den vielen, die mich durch Zusendung von Sonderabdrucken, privaten Mitteilungen, Patentschriften usw. aus freiem Antriebe unterstützt haben.

An dieser Stelle möchte ich auch der gesamten Fachpresse für ihre wohlwollende Förderung meines Werkes meinen verbindlichsten Dank sagen und dem Wunsche Ausdruck geben. daß der vorliegende II. Band eine gleich nachsichtige und freundliche Beurteilung finden möge wie sein Vorgänger.

Triest, im Dezember 1907.
Riva Grumula 18.

Gustav Hefter.

Inhaltsverzeichnis.

Zweites Kapitel.

Die vegetabilischen Fette.

Drittes Kapitel.

Die animalischen Öle.

A) Öle der Seetiere.

B) Öle der Landtiere.

Viertes Kapitel.

Die animalischen Fette.

Fünftes Kapitel.

Die vegetabilischen Wachse.

Sechstes Kapitel.

Die animalischen Wachse

A) Flüssige animalische Wachse.

B) Feste animalische Wachse.

Erstes Kapitel.

Die vegetabilischen Öle.[1]

Die bei gewöhnlicher Temperatur flüssigen Fettkörper des Pflanzenreiches — die Pflanzen- oder vegetabilischen Öle — kann man in
drei Klassen einteilen, und zwar:

> A) in trocknende,
> B) in halbtrocknende,
> C) in nichttrocknende.

Die Glieder dieser Klassen unterscheiden sich sowohl in physikalischer
als auch in chemischer Beziehung (siehe Bd. I, S. 2 u. 3), doch sind die
Unterscheidungsmerkmale beider Arten nicht bei allen Ölen genügend scharf.
Mehrere Öle lassen vielmehr eine Einreihung in die eine oder die andere
Gruppe zu, weshalb man in der Fachliteratur nicht selten Öle bald unter
dieser, bald unter jener Klasse angeführt findet.

A) Trocknende Öle.

Die Glieder dieser Klasse zeichnen sich durch die Eigenschaft aus,
in dünner Lage der Luft ausgesetzt, aus dieser Sauerstoff anzuziehen und
zu einer elastischen Haut einzutrocknen.

Dieses Trockenvermögen wird durch den beträchtlichen Gehalt der
Öle an Glyzeriden der Fettsäuren der Linolen- und Linolsäurereihe
bedingt, und die Jodzahl[2] (das analytische Maß für die ungesättigten
Fettsäuren) ist dementsprechend hoch.

---

[1] Die in diesem Bande eingehaltene Gruppierung der Öle und Fette ist
nach dem in Bd. I, S. 4, gegebenen Schema getroffen worden. Für die Reihenfolge innerhalb der einzelnen Gruppen war neben der wirtschaftlichen Bedeutung der verschiedenen Ölspezies die Familienzugehörigkeit der Stamm-
pflanzen und Tiere maßgebend.

[2] Die in der Analyse der Öle und Fette viel gebrauchten sogenannten
„Konstanten" und „Variablen" (Verseifungs-, Jod-, Acetyl-, Hehnersche
Zahl usw.) werden in den Monographien dieses Bandes nicht angeführt und
sei diesbezüglich auf die Literatur über die Untersuchung der Öle und Fette ver-
wiesen, vor allem auf: Benedikt-Ulzer, Analyse der Fette und Wachsarten, 5. Aufl.,
Berlin 1907; Lewkowitsch, Chem. Technologie der Fette, Öle und Wachsarten,
Braunschweig 1905.

Von Glyzeriden der Ölsäurereihe sind in den trocknenden Ölen nur relativ geringe Mengen vorhanden, weshalb die trocknenden Öle zum Unterschiede von den nichttrocknenden Ölen auch die für die Ölsäureglyzeride charakteristische Elaidinreaktion nicht geben. Glyzeride gesättigter Fettsäuren finden sich in den trocknenden Ölen nur in spärlichem Verhältnisse, doch weisen die einzelnen Glieder der Klasse der trocknenden Öle natürlicherweise hinsichtlich chemischer Zusammensetzung und physikalischen Verhaltens (Trockenvermögen) große Schwankungen auf.

Leinöl.

Flachsöl. — Huile de lin. — Linseed Oil. — Flaxseed Oil.
Olio di lino. — Oleum Lini.

Für die Leinpflanze, teils auch für das Leinöl und die Leinfaser sind noch die folgenden Namen gebräuchlich: Alsi, tisi (Hindostan). — Masiná (Bengalen). — Chikna (Behar). — Pesu (Uria). — Bijri (Banda). — Keun, alish (Kaschmir). — Zighir (Kaschgar). — Javasa javas (Bombay). — Atasi, ullú, sulú, madan ginjalu (Telinga). — Uma (Sanskrit). — Ziggar (Türkei), — Kattán, bazrut-kattán (Arabien). — Zaghu, zaghir, Roghane katan (Persien). — Cheruchána-vittinte vilta (Malaien). — Alsi-ka-tel (Dekan)[1].

Herkunft und Geschichte.

Das aus den Samen der Flachspflanze (Linum usitatissimum L.) gewonnene Öl dürfte neben dem Olivenöl zu den ältestbekannten Ölen gehören. Datiert doch auch die Verwendung der Flachsfaser weit ins Altertum, ja sogar bis in die Zeiten der Pfahlbauer zurück[2]. Im Babylonischen Reiche, im alten Palästina sowie in Ägypten waren Leinengewebe allgemein bekannt, und Homer, Herodot und Hippokrates wissen davon zu berichten. Bis zur Einführung der Baumwollgewebe blieb dann die Leinenfaser das wichtigste Rohmaterial für alle Gewebestoffe; heute ist sie nur als veredeltes Produkt noch ohne ernste Konkurrenz, ihre frühere

Geschichte des Flachses.

---

[1]) Die fremdsprachigen Bezeichnungen, welche bei den verschiedenen Ölen, Fetten und Wachsarten angeführt werden, sind nach Watt (Econom. Prod. of India, Calcutta 1883), Schädler (Technologie d. Fette u. Öle, 2. Aufl., Leipzig 1892), Lanessan (Les plantes utiles des colonies françaises, Paris 1886), Drury (The useful plants of India, London 1873), Tortelli (Metodi generali di analisi dei grassi e delle cere, Turin 1901), G. de Negri e G. Fabris (Gli olii, Roma 1893) und Lewkowitsch (Chem. Technologie u. Analyse der Öle, Fette u. Wachse, Braunschweig 1905, Bd. 2) und anderen Werken sowie nach privaten Mitteilungen zusammengestellt.

[2]) O. Heer, Über die Pflanzen der Pfahlbauer, Zürich 1865, S. 35; Über den Flachs und die Flachskultur im Altertum. Eine kulturhistorische Skizze. Neujahrsblatt der naturhistorischen Gesellschaft in Zürich, 1872; Alph. de Candolle, Géographie botanique raisonnée; L'origine des plantes cultivées.

wichtige Rolle, in welcher sie für die breitesten Bevölkerungsschichten wichtig war, hat sie längst an die Baumwollfaser abgegeben[1]).

Über die Geschichte des Leinöls liegen keine Aufzeichnungen vor. Es ist aber anzunehmen, daß dieses Öl schon seit den ältesten Zeiten gewonnen und zum Anrichten von Anstrichfarben verwendet wird. Im 12. Jahrhunderte bemühte man sich schon, den Trockenprozeß des Leinöles abzukürzen, und Theophilus (nach anderen Geschichtsschreibern der Maler van Dyck) soll bereits die Umwandlung des Leinöles in schneller trocknenden Firnis gekannt und gelehrt haben. Im Jahre 1673 finden wir ein englisches Patent von Bayly verzeichnet, welches sich mit dem Mahlen von Leinsaat befaßt. Die aufblühende Industrie des 19. Jahrhunderts hat sich als ein bedeutender Konsument von Leinöl erwiesen und seiner Fabrikation zu einer Bedeutung verholfen, wie sie heute keinem anderen Zweige der Pflanzenölfabrikation zukommt.

Geschichte des Leinöles.

Die eigentliche Heimat der Leinpflanze wurde früher im Altai gesucht, doch hat sich diese Annahme als unhaltbar erwiesen, wie auch die in neuerer Zeit gemachten Angaben, Linum usitatissimum finde sich in den Ländern zwischen dem Persischen Golfe, dem Kaspisee und dem Schwarzen Meere wild wachsend, nicht hinlänglich gestützt sind. Man neigt daher jetzt mehr zu der Ansicht, daß Linum usitatissimum in der heute kultivierten Form überhaupt nicht wild vorkomme, sondern daß diese Pflanzenspezies eine — allerdings sehr alte — Kulturform einer wildwachsenden, nicht bestimmt eruierbaren Stammpflanze sei. Man dürfte kaum fehlgehen, wenn man als diese letztere die im Mittelmeergebiete heimische Abart Linum angustifolium Huds[2]) ansieht[3]).

Heimat des Flachses.

[1]) Die Geschmeidigkeit und Griffigkeit der Flachsfaser sowie auch ihr charakteristischer Geruch werden durch eine an der Oberfläche befindliche fettartige Verbindung, das sogenannte Flachswachs, bedingt. Durch Behandlung der Faser mit fettlösenden Extraktionsmitteln wird das Flachswachs gelöst und damit gehen auch der Glanz, der Geruch und der größte Teil der Geschmeidigkeit verloren. Wird heißes Benzin als Extraktionsmittel verwendet, so scheidet sich das Flachswachs aus der erhaltenen Lösung in warzigen, beinahe weißen Körnern ab, welche bei 61,5 °C schmelzen und ein spezifisches Gewicht von 0,9083 (bei 15 °C) haben. Diese Substanz enthält 81,32 % Unverseifbares, das aus einem dem Ceresin ähnlichen Kohlenwasserstoffgemenge besteht und außerdem Cerylalkohol und Phytosterin, Palmitin-, Stearin-, Öl-, Linol-, Linolen- und Isolinolensäure aufweist. (C. Hoffmeister, Berichte d. deutsch. chem. Gesellsch., 1903, S. 1047; siehe auch Jahresberichte über Agrikulturchemie, 1904, S. 172 und Abschnitt „Flachswachs" im 5. Kapitel dieses Bandes.)

[2]) Wiesner, Rohstoffe des Pflanzenreiches, 2. Aufl., Leipzig 1903, Bd. 2, S. 276—279; Schweinfurth, Berichte d. deutsch. bot. Gesellsch., 1883, S. 546 und 1884, S. 360; Fr. Körnicke, Berichte d. deutsch. bot. Gesellsch., 1888, S. 380—384.

[3]) Über Kultur und Gewinnung des Flachses (Offiz. österr. Bericht über die Pariser Weltausstellung, Wien 1867, Bd. 2; Pfuhl, Fortschritte in der Flachsgewinnung, Riga 1886; Pfuhl, Weitere Fortschritte in der Flachsgewinnung, Riga 1895; L. Langer, Flachsbau und Flachsbereitung, Wien 1893; F. Schindler, Flachsbau und Flachsbauverhältnisse in Rußland, mit besonderer Berücksichtigung des baltischen Gouvernements, Wien 1899; F. Schindler, Flachsbau in Rußland, Wien 1898; Watt, Econom. Prod. of India, Calcutta 1883; A. du Mesnil, Manuel du cultivateur du lin en Algérie, Paris 1866.

Rohprodukt.

Frucht und
Same der
Leinpflanze.

Die Frucht des Flachses oder Leines stellt eine zehn Samenkörner beherbergende Kapsel dar (Fig. 1). Die grünlich- bis dunkelbraunen Samen (Fig. 2) haben eine eiförmige, stark plattgedrückte Form und erreichen eine Länge von 3,5 bis 5,5 mm. Je nach ihrer Provenienz ist die Größe der Leinsamen verschieden; Harz[1]) stellte das Gewicht von je 100 Stück gut entwickelter Leinsamen aus

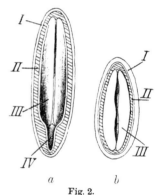

Fig. 1. Geschlossene Fruchtkapsel des Flachses (Linum usitatissimum L.). (Vergrößert.)

Rußland	mit 1,053 g	(94 966 Stück Samen auf 1 kg)				
Schweden	„ 0,408 „	(245 098	„	„	„ 1 „)
Dalmatien	„ 0,533 „	(187 617	„	„	„ 1 „)
Riga	„ 0,746 „	(134 048	„	„	„ 1 „)
Persien	„ 0,542 „	(184 501	„	„	„ 1 „)
der Türkei	„ 0,909 „	(110 011	„	„	„ 1 „)

fest. Das spezifische Gewicht des Saatkornes ermittelte Marek als zwischen 1,101 und 1,154 liegend. Die Dichte loser Leinsaat ist dagegen infolge der zwischen den einzelnen Samen sich bildenden Hohlräume geringer als 1; das Hektolitergewicht beträgt im Durchschnitt 73 kg. Versuche, die Schwankungen des Litergewichtes zur Wertbeurteilung der Saat heranzuziehen (voll ausgereifte, ölhaltige Saat ist schwerer als unvollständig ausgebildete. ölärmere), führten zu keinem befriedigenden Resultate.

Die dem unbewaffneten Auge glatt erscheinende Oberfläche des Leinsamens läßt unter der Lupe zarte Vertiefungen erkennen.

Am durchschnittenen Samen (Fig. 2) kann man deutlich drei Teile unterscheiden: die Samenschale, das Sameneiweiß und den Keim.

Die dichte, harte, spröde Samenschale (siehe I in Fig. 2) setzt sich aus fünf Gewebsschichten zusammen, welche v. Ollech[2]) wie folgt beschreibt:

Beschaffen-
heit
der Samen-
schale,

Die äußerste Schicht ist eine aus ungefärbten Zellen bestehende Oberhaut, deren nach außen zu liegende Verdickungsschichten im Wasser enorm aufquellen und den Leinsamenschleim (siehe S. 8) absondern resp. darstellen. Die Verdickungsschichten finden sich in solcher Mächtigkeit abgelagert, daß im ausgebildeten Zustande nur eine sehr enge, oft kaum sicht-

Fig. 2.
a = Längsschnitt des vergrößerten Leinsamens, b = Querschnitt des vergrößerten Leinsamens. (Nach Harz.)
I = Samenschale, II = Sameneiweiß (Endosperm), III = Keimblätter, IV = Würzelchen des Embryo.

[1]) Harz, Landw. Samenkunde, Berlin 1885, S. 951.

[2]) Nach v. Ollech, Rückstände der Ölfabrikation, Leipzig 1884, S. 30: siehe auch Tschirch-Oesterle, Anatom. Atlas der Pharmakognosie und Nahrungsmittelkunde, Leipzig 1900, S. 257 u. Tafel 58; .Flückiger, Pharmakognosie, 2. Aufl., S. 919; Sempolowski, Über den Bau der Schale landwirtschaftlich wichtiger Samen. (Landw. Jahrbücher, 1874, S. 823.)

bare Höhle in der Mitte der Zellen übrig bleibt. Im jugendlichen Zustande bestehen diese Zellen nur aus dünnen Membranen, welche nicht aufquellen und mit Schwefelsäure und Jod sich blau färben, d. h. Zellulose-Reaktion zeigen. Sie sind um diese Zeit dicht mit Stärkekörnern gefüllt, welche später in dem Maße, als sich die schleimigen Verdickungsschichten ablagern, wieder verschwinden, so daß sie höchstwahrscheinlich das Material zur Bildung der letzteren bilden.

Der Oberhaut des Samens folgt eine zweite, aus zarten Elementen geformte Zellenlage, an die sich eine dritte, aus in die Länge gestreckten Sklerenchymzellen gebildete Gewebschicht anschließt, welche der Schale des Leinsamens ihre Härte und Festigkeit verleiht.

Die nun folgende vierte Gewebschicht hat mit der unter der Oberhaut liegenden viele Ähnlichkeit; auch sie setzt sich aus zarten, zusammengefallenen Zellen zusammen.

Die fünfte, innerste Haut besteht aus polygonal begrenzten, parallel zur Fläche der Samenschale abgeplatteten Zellen, welche einen braunen, körnigen Inhalt führen. Diese Gewebsschicht gibt der Schale der Leinsamen die eigentümliche braune Färbung.

Das nur spärlich entwickelte, einer dünnen weißen Haut gleichende Sameneiweiß (Endosperm) (siehe *II* in Fig. 2) schließt sich an die Pigmentschicht der Samenschale unmittelbar an und ist an den Kanten des Saatkornes schmal, an den Flächen ein klein wenig breiter, beim Würzelchen am dicksten. Die Zellen des Endosperms enthalten Aleuronkörner (Protein) und Ölplasma. Beschaffenheit des Sameneiweißes,

Der grünlichweiße Keim (siehe *III* in Fig. 2) besteht aus zwei großen fleischigen Keimblättern und einem kaum millimeterlangen Würzelchen (siehe *IV* in Fig. 2 a). Die Keimblätter sind aus einem aus polyedrischen weiten Zellen bestehenden Gewebe (Parenchym) gebildet, welches von einer kleinzelligen Oberhaut (Epidermis) bedeckt ist und Ölplasma sowie Aleuronkörner mit Kristalloiden enthält[1]. des Keimes

Die beiden wertvollen Produkte der Leinpflanze (die Faser und der Samen) können nicht gut an ein und derselben Kultur ausgenutzt werden. Die Faser ist nur dann für Spinnzwecke vollkommen geeignet, wenn der Flachs vor der eigentlichen Reife geschnitten wurde; voll ausgereifter Flachs gibt zu holzige und spröde Fasern. Ein vorzeitiges Mähen des Flachses liefert aber unreife Saatkörner, deren unvollständige Ausbildung einen geringen Ölgehalt bedingt und auch die Beschaffenheit des Öles ungünstig beeinflußt. Verwertung der Produkte der Leinpflanze.

Nur in wenigen Ländern werden daher von ein und derselben Leinpflanze Faser und Saat verwertet; letztere ist in solchen Fällen durch ihr kleines Korn und den geringeren Ölgehalt erkennbar. Im allgemeinen kann man die verschiedenen flachsbautreibenden Länder hinsichtlich des mit dem Leinbau verfolgten Zweckes in zwei ziemlich scharf getrennte Gruppen teilen, zu deren erster die Vereinigten Staaten von Nordamerika, Argentinien und Indien zählen (Saatgewinnung), während zur zweiten Gruppe (Faserverwertung) die meisten europäischen Länder, mit Ausnahme Rußlands, zu rechnen sind; dieses produziert sowohl Leinsaat als auch Flachsfaser.

---

[1] Wiesner, Rohstoffe des Pflanzenreiches, 2. Aufl., Leipzig 1903, 2. Bd., S. 748.

In einzelnen Ländern, in welchen Flachs ehedem der Faser wegen angebaut wurde, ist heute nur mehr die Saatgewinnung üblich; so machten z. B. in Nordamerika die zu Anfang des vorigen Jahrhunderts rasch emporblühenden Baumwollkulturen die Faserverwertung allmählich unrentabel und zwang die Farmer, Saatproduzenten zu werden.

Schlag- und
Saatlein. In Rußland, wo Flachs sowohl für Spinn- als auch für Ölgewinnungszwecke angebaut wird, verwertet man mitunter auch Faser und Saat von ein und derselben Pflanze. Die Samen sind in solchen Fällen aber doch mehr als Nebenprodukt zu betrachten; sie sind nicht ganz ausgereift und heißen Schlaglein, zum Unterschiede von dem vollausgebildeten, zur Aussaat benutzten Saatlein. Von einigen Autoren wird irrigerweise die Leinsaat des Handels ganz allgemein in Schlag- und Saatlein unterschieden und als Erkennungsmerkmal der beiden Gruppen das besser oder minder gute Ausgebildetsein der Samen angegeben.

Die obenerwähnte Schwankung in der Größe der Leinsaat der einzelnen Länder hat nicht nur in der Verschiedenartigkeit des Klimas und der ungleichen Bodenbeschaffenheit ihren Grund, sondern ist zum Teil auch durch Spielarten und Varietäten der Leinpflanze bedingt.

Spielarten
der
Leinpflanze. Die verschiedenen Spielarten hier ausführlich zu beschreiben, würde zu weit führen; es sei darüber nur das Wichtigste kurz erwähnt. In Europa kennt man den Schließ- oder Dreschlein (Linum usitatissimum forma vulgare Schübl. et Mart. = Linum usitatissimum forma indehiscens Neilr.) und den Spring- oder Klanglein (Linum usitatissimum humile Mill. = Linum usitatissimum crepitans Böningh)[1]. Ersterer wird hauptsächlich als Faserpflanze, letzterer der weichen Fruchtbildung halber als Ölsaatpflanze kultiviert.

Außer diesen beiden wichtigsten Arten gibt es noch eine biennale Rasse (Linum bienne Mill. = Linum usitatissimum forma hiemalis), den Königslein (Linum usitatissimum regale), den ägyptischen Lein usw., die aber mehr den Flachsspinner als den Ölerzeuger interessieren.

In Amerika gedeiht eine Spielart (Linum americanum album = Amerikanischer Lein), die sich von den blaublühenden europäischen Arten durch ihre weißen Blüten unterscheidet.

In Indien wird eine schon im Jahre 1844 von J. B Onsley beschriebene Flachsart gebaut, welche weiße oder weißlichgelbe Samen liefert; diese Spezies pflanzt man hauptsächlich in Südindien (Nerbudda). Die ersten Notizen über die weiße indische Leinsaat finden sich in dem Journal of the Agrihorticultural Society of India (Jahrg. 1844, Bd. 3) verzeichnet; Henry Mornay berichtet dort über ein von J. B. Onsley aus dem Nerbuddatale eingesandtes Muster. Später hat auch H. Cope[2] diese Varietät

---

[1] Klang- oder Springlein heißt diese Varietät deshalb, weil ihre Fruchtkapsel zur Zeit der Reife mit einem Geräusch aufspringt; die Kapseln des Schließ- oder Dreschleines bleiben geschlossen und müssen durch Ausdreschen geöffnet werden.

[2] Journ. of the Agrihorticultural Society of India, 1858, Bd. 10.

der Flachspflanze näher beschrieben. Die weiße Leinsaat ist fleischiger und besitzt eine dünnere Außenschale als die gewöhnlichen braunen Samen, was einen um ca. 2 % höheren Ölgehalt bedingt.

Die im Pendschab und in Tibet heimische, Basant, Bab-basant genannte, in Afghanistan als Futterpflanze gebaute Abart Linum strictum L. liefert gleichfalls ein dem Leinöl sehr ähnliches Öl[1]).

Winter- und Sommerlein werden im Saathandel voneinander nicht unterschieden.

Die ungefähre Zusammensetzung der wichtigsten Leinsaatorten des Handels ist aus der nachstehenden Tabelle[2]) zu ersehen: *Zusammensetzung der Leinsaat.*

Samen aus	Wasser	Rohprotein	Rohfett	Stickstoffreie Extraktstoffe und Rohfaser	Asche
Königsberg	8,29	22,71	36,47	27,99	4,54
Mecklenburg	6,88	23,54	34,98	30,79	3,81
Nordrußland	7,23	25,10	35,49	27,90	4,28
Südrußland	6,59	26,55	35,33	28,23	3,30
Ostindien	7,09	22,75	39,28	27,61	3,27
Argentinien	6,31	26,03	36,47	27,86	3,33

Der Gehalt an Fett und Protein schwankt bei verschiedenen Partien ein und derselben Landesprovenienz mitunter recht auffallend. Insbesondere ist dies bei Proben aus verschiedenen Erntejahren der Fall.

Schindler, welcher eine Reihe von Leinsaatproben des Handels auf Ölgehalt untersuchte, fand folgende Werte:

	Maximum	Minimum
Calcutta-Lein, kleinkörnig	41,30 %	37,55 %
Calcutta-Lein, großkörnig	43,26	38,55
Bombay-Lein	42,90	40,03
Russischer Lein	39,06	36,53
Ungarischer Lein . . .	37,86	36,63
La Plata-Lein	39,18	36,45

In der Fachliteratur finden sich mehrfach Angaben über den Ölgehalt von Leinsaat, welche aber auch bei voller Berücksichtigung dieser Schwankungen als viel zu niedrig (wenigstens für halbwegs ausgereifte Ware) bezeichnet werden müssen. Es gehören hierher z. B. die Analysen von Werenskiold, Marek, Völcker usw., wie auch die Mitteilungen Schädlers, wonach Winterlein 35,20 %, Sommerlein 31,60 % Öl enthalten und bei der Kaltpressung von Leinsaat 20 bis 21 %, bei Heißpressung 27 bis 28 %, beim Extraktionsverfahren 32 bis 33 % Ausbeute resultieren sollen, Angaben, die als viel zu tief gegriffen erscheinen.

[1]) Schädler, Technologie d. Fette u. Öle, 2. Aufl., Leipzig 1892, S. 690.
[2]) Landw. Versuchsstationen, 1892, Bd. 41, S. 58. Siehe auch Tomarchio, Über Leinsamen und dessen Produkte, Seifensiederztg., Augsburg 1906, S. 566.

Das im Leinsamen enthaltene Rohprotein besteht aus

$94{,}5\,^0/_0$ Eiweiß und

$5{,}5\,^0/_0$ Nichteiweiß (Amine).

Nach Th. Osborne und G. Campbell[1]) lassen sich aus dem Leinsamenprotein durch Wasser, Kochsalzlösung und verdünnte Kalilauge ausziehen:

1. ein durch Dialyse fällbares Globulin;
2. ein dem Globulin wie auch dem Albumin ähnliches Proteid, das sowohl durch langes, fortgesetztes Sieden bei 110^0C wie auch durch Kochsalz in Gegenwart von Säure fällbar ist;
3. proteose- und peptonähnliche Körper und
4. ein durch Kochsalzlösung nicht ausziehbares, aber in verdünnter Kalilauge lösliches Proteid.

Durch Salzlösungen werden ungefähr $93^0/_0$ des Samenstickstoffes ausgezogen. Dieser Stickstoff gehört hauptsächlich dem Globulin an, das $18{,}6^0/_0$ Stickstoff enthält, während der albuminähnliche Körper $17{,}7^0/_0$ und die in reinem Zustande dargestellte Proteose $18{,}33-18{,}78^0/_0$ Stickstoff aufweisen. Der durchschnittliche Gehalt sämtlicher Proteinstoffe an Stickstoff beträgt etwa $18^0/_0$, so daß sich zur Berechnung derselben der Stickstoffaktor $5{,}55$ ergeben würde.

Unter den stickstoffreien Extraktivstoffen des Leinsamens wird von Schürhoff[2]) Stärke als integrierender Bestandteil angeführt; Tunmann[3]) bemerkt dagegen, daß in vollkommen ausgereifter Leinsaat Stärke nicht enthalten sei. Eine Ausnahme bilde nur Linum crepitans. Auch Gullow Rustung[4]) bestreitet die Schürhoffschen Angaben.

Charakteristisch für den Leinsamen ist sein Schleimgehalt. Kirchner und Tollens[5]) fanden in der Oberhaut der Saat 5 bis $6\,^0/_0$ Schleimstoffe, deren Zusammensetzung sie mit $C_{18}H_{28}O_{14}$ konstatierten. Nach ihren Angaben wird der Leinsamenschleim beim Erhitzen dünnflüssiger, beim Erkalten wieder zäher, Salzsäure und Alkohol berauben ihn nicht (wie den Quittenschleim, das Arabin usw.) seiner Quellbarkeit. Mit Kupferoxydammoniak bildet er eine feste, gallertartige Masse und verliert dabei sein Quellungsvermögen. Beim Kochen mit verdünnten Säuren geht der Leinsamenschleim in Gummi und Zucker über.

In letzterer Zeit hat Hilger[6]) den Leinsamenschleim, dessen Vorhandensein im Leinsamen bzw. in den Leinkuchen die spezifische diätetische Wirkung dieses beliebten und wertvollen Kraftfuttermittels zugeschrieben wird, näher untersucht. Um reinen Leinsamenschleim zu erhalten, ließ er Leinsamen durch 24 Stunden mit kaltem Wasser stehen und führte dann durch Eingießen der Flüssigkeit in $96\,^0/_0$igen Alkohol die Abscheidung des Schleimes herbei.

---

[1]) Böhmer, Kraftfuttermittel, Berlin 1903, S. 439.
[2]) Seifensiederztg., Augsburg 1907, S. 26.
[3]) Pharm. Zentralhalle, 1906, S. 725.
[4]) Pharmacia, Kristiania 1906, S. 325.
[5]) Journ. f. Landwirtschaft, 1874, S. 502.
[6]) Berichte d. deutsch. chem. Gesellsch., 1903, S. 3197.

Der an Mineralbestandteilen reiche Rohschleim, in welchem Calcium, Magnesium, Kalium, Eisen, Phosphorsäure, Kohlensäure und Spuren von Schwefelsäure nachgewiesen wurden, wurde durch verdünnte Salzsäuren weiter gereinigt, wodurch man zu einem in Wasser vollkommen löslichen, sauer reagierenden Stoffe gelangte, dessen wässerige Lösung schwach rechts drehend war.

Mit Kalihydrat bildet der reine Leinsamenschleim eine in Alkohol unlösliche Verbindung; die wässerige Schleimlösung gibt auch mit Fehlingscher Lösung, mit basischem und neutralem Bleiacetat, beim Erwärmen auch mit Merkuroverbindungen Niederschläge. Mit Salpetersäure liefert der Leinsamenschleim Schleimsäure und Furfurol.

Die chemische Zusammensetzung des Schleimes läßt sich nach Hilger durch die Formel $2\,(C_6H_{10}O_5) \cdot 2\,(C_5H_8O_4)$ ausdrücken, was sich mit den Befunden von Kirchner und Tollens nicht vollkommen deckt. Die Hydrolyse des Schleimes mit 0,5- bis 1 prozentiger Schwefelsäure gibt außer Dextrose auch Galaktose, Arabinose und Xylose.

Am meisten Schleim besitzen nach Haselhoff die südrussischen Leinsamen, und die von dieser Saat erhaltenen Preßrückstände (Leinkuchen) sind am gesuchtesten, weil man ihrem Leinsamenschleim besonders günstige Wirkungen auf das Allgemeinbefinden der mit diesen Kuchen gefütterten Tiere zuschreibt. Beim Stehenlassen von Leinsaat unter Wasser konstatierte Kobus[1] eine Gewichtszunahme derselben um das $2^3/_4$fache.

Bei andauernder Einwirkung von Wasser löst sich der Schleim und tritt nach Kořan[2] auf folgende Weise aus der Saat aus:

Die äußeren Zellwände und die aufliegende Cuticula weichen an der Stelle, an welcher die Querzellwände sich abgliedern, auseinander; hierauf lösen sich die äußeren Zellwände von der Cuticula ganz ab und rollen sich endlich unter vollständiger Entleerung des Zellinhaltes auf.

Der Aschengehalt des Leinsamens liegt zwischen 3,05 bis 4,19% und besteht nach Wolff aus:

Asche des Leinsamens.

	Maximum	Mittel	Minimum
Kali	35,97%	30,63%	27,14%
Natron	3,24	2,07	1,27
Magnesia	18,07	14,29	10,04
Kalk	9,45	8,10	6,60
Eisenoxyd	2,03	1,12	0,38
Schwefelsäureanhydrid . . .	8,15	2,34	0,24
Chlor	0,44	0,16	0,06
Kieselsäure	2,48	1,24	0,40
Phosphorsäureanhydrid . . .	44,73	41,50	35,99

---

[1] Landw. Jahrbücher, 1884, Bd. 13, S. 19.
[2] Pharm. Post, 1899, Bd. 32, Nr. 221.

Als Lieferanten von Leinsaat kommen in erster Linie die La Plata-Staaten, die Nordamerikanische Union, Indien und Rußland (die Ostseeprovinzen, das Schwarze Meergebiet und der nördliche Kaukasus) in Betracht; weniger wichtig sind Ägypten, Kanada, Nordfrankreich, Island, Dänemark, Belgien, Holland und Ungarn. In den letztgenannten europäischen Staaten wird Flachs zwar in ausgiebigem Maße angebaut, jedoch hauptsächlich zwecks Fasergewinnung. Der deutsche Flachsbau, der früher besonders in Oberschlesien, an der Nord- und Ostsee, in Westfalen, Bayern, der Rheinprovinz und Sachsen blühte, ist in starkem Rückgang begriffen.

Handels-
marken der
Leinsaat. Die wichtigsten Handelsmarken der Leinsaat sind:

> La Plata-Leinsaat,
> Bombay-Leinsaat,
> Kalkutta-Leinsaat,
> russische Asow-Saat (black sea seed),
> baltische Leinsaat (baltic seed),
> rumänische Saat (Kustendje-Saat).
> nordamerikanische Saat.

Wertbestimmend für die Leinsaat ist nicht nur der Ölgehalt des Saatkornes, sondern auch die Beschaffenheit des Öles und der Schleimgehalt der Samen.

Das beste, am schnellsten trocknende Leinöl liefert baltische Leinsaat; La Plata-Leinsaat, sofern sie nicht stark mit anderen ölhaltigen Samen verunreinigt ist, folgt als zweite, dieser schließt sich Bombay- und Kalkuttasaat an.

Die verschiedene Trockenfähigkeit der aus den einzelnen Saatprovenienzen erzeugten Leinöle wird weit mehr durch die in den Saaten enthaltenen Beimengungen als durch die abweichende Beschaffenheit des Öles der reinen Leinsaatkörner bestimmt. Von diesen ölführenden Fremdsamen kommen die Brassica- und Sinapisarten sowie der Leindotter am häufigsten vor. Nach den bestehenden, weiter unten an-Handels-
usancen.geführten Usancen im Leinsaathandel werden 8% solch ölhaltiger Fremdsamen in der Leinsaat von vornherein zugelassen; ein höherer Gehalt gibt kein Recht zur Zurückweisung der Ware, sondern verpflichtet den Verkäufer nur zu einem Preisnachlaß. Die heute auf den Weltmarkt kommende Leinsaat ist aber trotzdem um ein beträchtliches reiner als in früherer Zeit.

Verun-
reinigungen
der Saat. Völcker[1]) untersuchte im Jahre 1878 Leinsaatproben verschiedener Provenienz und fand dabei in

---

[1]) Michelsen, Die Ölkuchen und ihre Verfälschungen. Nach einer Abhandlung Völckers, Berlin und Leipzig 1878, S. 5.

Leinsaat von Bombay	$4^{1}/_{2}{}^{0}/_{0}$	
” ” ” (feinste Ware)	$1^{3}/_{4}$	
” ” dem Schwarzen Meere . . .	20	
” ” ” ” ” . . .	12	
” ” ” ” ” . . .	19	
” ” Odessa	$12^{1}/_{2}$	
” ” Mooskensky	7	Fremdsamen
” ” Petersburg (bester Samen) . .	3	und Ver-
” ” ” (gewöhnliche Ware)	41	unreinigungen.
” ” ” (geringere Ware) . .	$43^{1}/_{2}$	
” ” ” (schlechtere Ware) .	70	
” ” Riga (gewöhnliche Handelsware)	35	
” ” ” (gebrochene Probe) . . .	42	
” ” ” ” ” . . .	$49^{1}/_{2}$	

Die in den Leinsamen enthaltenen Unkrautsamen gehören zahlreichen Arten an. Nach F. J. van Pesch[1]) fehlen unter den Fremdsämereien die Knöterichsamen (Polygonum convolvulus) fast nie. Seltener sind Polygonum lapathifolium, und Cruciferensamen, namentlich Brassica und Sinapisarten (Brassica Rapa, Brassica Napus, Brassica glauca, Brassica dissecta, Sinapis arvensis u. a.), die man als Rapssaat, Hederich, indischen und russischen Raps usw. zu bezeichnen pflegt, zu finden. Auch Leindotter (Camelina sativa und Camelina dentata), das Ackerpfennigkraut (Thlaspi arvense), das kletternde Labkraut (Galium aparine), die Kornrade (Agrostemma Githago) und der Wegerich (Plantago), die Samen von Hanf, Spörgel, Fennich (Setaria), Chenopodiaceen, Gras, Flachsseide usw. sind nach Böhmer[2]) mehr oder weniger unerwünschte Begleiter der Handelsleinsaat.

Neben diesen, bei den Erntearbeiten in die Leinsaat gelangenden Unkrautsämereien finden sich in der Leinsaat des Handels bisweilen auch absichtlich beigemengte Fremdstoffe. Diese Fälschungen kommen heute, wo der Leinsaathandel durch allgemein geltende Usancen geregelt ist, viel seltener vor als ehedem. In früherer Zeit wurde nach Völcker der bei der Reinigung von Leinsaat in den Leinölfabriken erhaltene Ausputz von Händlern aufgekauft, aber nicht der offiziell angegebenen Verwendung als Düngemittel zugeführt, sondern zur Vermengung mit neuer Leinsaat verwendet.

Völcker schreibt darüber:

Leute, die gut mit dem Handel von unverfälschter Leinsaat bekannt sind, haben mir versichert, daß das durch die Reinigung Entfernte sehr oft als Zusatz zu billiger Leinsaat verwendet wird. Ab und zu werden kleine Ladungen von Abfall bei der Reinigung eine kleine Strecke auf die See geschickt, um Schiffe zu treffen, die Leinsaat geladen haben und von einem der nördlichen Häfen kommen. Auf

---

[1]) Landw. Versuchsstationen, 1892, Bd. 41, S. 80.
[2]) Böhmer, Kraftfuttermittel, Berlin 1903, S. 438.

offener See wird die Vermengung von Leinsaat und Abfall vorgenommen und das Gemisch, das nun eine größere Menge fremder Bestandteile enthält, als echte, importierte Leinsaat eingeführt und verkauft. Daß sehr unreine Leinsaat, welche nicht selten mehr als die Hälfte ihres Gewichtes an fremden Unkrautsamen enthält, ungehindert in Hull und anderen Häfen eingeführt wird, ist wohl bekannt[1]).

Vielfach finden sich in der Leinsaat des Handels Verunreinigungen größeren Kalibers, welche aus noch ungeöffneten Fruchtkapseln, durch Feuchtigkeit zusammengebackenen Leinsamen, Fremdsämereien usw. bestehen. Die als „Flachsknoten“ bezeichneten Knollen hat Th. Anderson[2]) untersucht und in denselben

Wasser . . . . 9,85 $^0/_0$
Rohprotein 12,94
Rohfett 20,41
Asche 7,24

gefunden.

Für den Handel mit Leinsaat sind die Bestimmungen der Incorporated Oil Seed Association in London maßgebend, welche lauten:

Der zulässige Prozentsatz von Verunreinigungen und Beimengungen beträgt 4$^0/_0$; Fremdstoffe über dieses Ausmaß werden vergütet, indem man die Differenz vom Kaufpreise entsprechend in Abzug bringt oder zuschlägt. Bei der Bestimmung des prozentualen Gehaltes an Fremdstoffen werden nicht ölhaltige Substanzen mit ihrem vollen, ölhaltige mit ihrem halben Gewichte in Anrechnung gebracht.

Verwertung von Leinsaat.

Gemahlener Leinsamen kommt in geringer Menge als Leinsamenmehl in den Handel, um für pharmazeutische Zwecke und als Futtermittel, richtiger gesagt als eine Art Heilmittel für unsere Haustiere zu dienen.

Nach Nafzger und Rau[3]) kann durch Vermischen von Leinsamenmehl mit Wasserglas oder kalzinierter Soda und Erwärmen dieser Mischung ein Bindemittel hergestellt werden, welches sich als schlechter Wärmeleiter zur Isolation von Dampfrohren vortrefflich eignet.

Ehedem wurde eine Abkochung von Leinsamen (Leinsamenschleim) auch zum Klären des Bieres[4]) und als Verdickungsmittel in der Zeugdruckerei verwendet[5]).

Von dem geschroteten Leinsamen muß wohl unterschieden werden das Mehl der ausgepreßten Leinsaat oder das Extraktionsgut derselben, welche Produkte man behufs Vermeidung von Verwechslungen stets mit dem Namen „Leinkuchenmehl“ und „Extraktionsmehl“ bezeichnen sollte. Der Handel nimmt es mit den Benennungen aber nicht so genau und Verwechslungen dieser drei sehr verschiedenen Produkte stehen auf der Tagesordnung.

---

[1]) v. Ollech, Rückstände der Ölfabrikation, Leipzig 1884, S. 33.
[2]) Trans. Highl. Soc., 1857, S. 494; Weedes Jahresbericht, 1857, Bd. 2, S. 91.
[3]) D. R. P. Nr. 79691 v. 16. Jan. 1894.
[4]) Deutsche Gewerbeztg., 1857, S. 60. — Dinglers polyt. Journ., Bd. 144, S. 78.
[5]) Polyt. Centralbl., 1857, S. 478. — A. D. Schratz, Rep. of patent invent., 1857, S. 58.

Gewinnung.

Die mit sehr variablen Mengen von Fremdkörpern durchsetzte Leinsaat wird vor ihrer eigentlichen Verarbeitung zu Öl gewöhnlich einer Reinigung unterzogen, welche nur wenige Fabriken unterlassen[1]). Als Reinigungsapparate sind in den Leinölmühlen Rund- oder Flachsiebe in Gebrauch, Ventilatoren trifft man selten, obgleich solche bei La Plata-Saat, welche gewöhnlich reich an leichter Spreu ist, sehr am Platze wären.

Fig. 3. Etagenpresse mit Hubvorrichtung für Leinsaat.

Dort, wo es sich um Gewinnung von Speiseleinöl handelt, oder wo man auf ein absolut reines Leinöl besonderen Wert legt, ist vor dem Pressen die Entfernung der in manchen Leinsaatsorten enthaltenen ölreichen Cruciferensamen (Raps, Hederich usw.) notwendig. Zur Beseitigung dieser Beimengungen benutzt man die auf S. 188 im 1. Bande beschriebenen Trieure. Das durch fremde ölreiche Sämereien in das Leinöl gelangende Fremdöl macht übrigens der Menge nach weniger aus als man erwarten sollte.

G. Faßbender und J. Kern[2]) haben experimentell bewiesen, daß beim Pressen von Leinsaat, welche stark mit ölreichen Fremdsämereien (Cruciferensamen) verunreinigt ist, eine Trennung der Öle derart stattfindet, daß vorwiegend das leichter flüssige Leinöl ausfließt, während die schwerer flüssigen Cruciferenöle im Kuchen zurückbleiben.

Die gereinigte Saat wird durch Walzenstühle und Kollergänge zerkleinert; von ersteren ist besonders der Fünfwalzenstuhl (Bd. I., S. 209) im

---

[1]) Die von Haselhoff (Landw. Versuchsstationen, 1892, Bd. 41, S. 58—61) gegebene Beschreibung der Leinölfabrikation entspricht nicht ganz den Tatsachen. Vor allem ist das Nichtreinigen der Saat keineswegs so allgemein, wie dort angegeben, und ferner übt die Art des Anwärmens des Preßgutes (direkter oder indirekter Dampf) keinen merklichen Einfluß auf die Kuchenqualität aus. Überhitzter Dampf wird zu diesem Zwecke übrigens nur selten verwendet.

[2]) Zeitschrift f. angew. Chemie, 1897, S. 331.

Gebrauche. Die zerkleinerte Samenmasse wird sodann auf 60—70 °C erwärmt und das Öl daraus gewöhnlich durch einmalige Pressung ausgebracht.

Für die Leinsaatverarbeitung eignen sich offene Etagenpressen, speziell anglo-amerikanische Pressen vorzüglich und solche sind in den meisten großen Leinölmühlen anzutreffen. Um die Chargemenge möglichst zu erhöhen, sind in neuerer Zeit vielfach die Etagenpressen mit Hub-

Fig. 4. Anderson-Presse.

vorrichtung (vgl. Bd. I, S. 308) empfohlen worden (s. Fig. 3). Die Preßrückstände kommen von den Pressen weg auf Schneidmaschinen, auf denen die ölreichen Ränder entfernt werden, welch letztere man nochmals zerkleinert und neuerdings auspreßt.

In einigen unmodern eingerichteten Betrieben preßt man wohl auch zweimal, verwendet das bei der ersten (kalten Pressung) erhaltene Öl zu Speisezwecken und preßt zum zweiten Male (heiß) auf liegenden oder auf Etagenpressen nach Art der in Bd. I, Fig. 122 u. 123, S. 291/92, beschriebenen.

Von den in den letzten Jahren in Amerika aufgetauchten kontinuierlichen Pressen wird besonders die Andersonpresse für Leinsaat empfohlen; mit dieser Presse arbeitet man seit kurzem versuchsweise auch in deutschen und österreichischen Leinölfabriken.

Fig. 5. Anderson-Presse mit Walzenstuhl kombiniert. (Für Kleinbetriebe.)
E^I und E^{II} = Elevatoren, S^I und S^{II} = Transportschnecken, W = Walzenstuhl.

Die Konstruktion der Andersonpresse und deren Arbeitsweise wurde bereits im 1. Bande (S. 343) beschrieben. Die Ausführungsform dieser Konstruktion zeigt Fig. 4.

Das Preßgut wird durch einen Elevator E in den Preßzylinder P gebracht, welcher das ausgepreßte Material bei A abgibt, während das Öl in einem Troge T gesammelt und von hier durch eine Siebpassage (S) von den anhaftenden Resten des Preßgutes befreit wird, um endlich aus dem Auffanggefäße F abgepumpt zu werden.

Für Kleinbetriebe kombiniert man die Andersonpresse mit einem kleinen Walzenstuhle und zugehörigem Elevator. Dadurch schafft man eine komplette Anlage zum Verpressen von Ölsaat in ungewärmtem Zustande (Fig. 5) [1].

Zur Erzielung einer gründlicheren Entölung ist natürlich auch bei der Andersonpresse ein gutes Durchwärmen des fein zerkleinerten Preßgutes notwendig.

Das **Extraktionsverfahren** wird bei Leinsaaten nur selten angewandt; dies hat hauptsächlich darin seinen Grund, daß man bei den Fabrikationsrückständen der Leinsaatverarbeitung, welche ein beliebtes Futtermittel darstellen, einen gewissen Ölgehalt ganz besonders schätzt und nach Haselhoff die Extraktionsmehle auch hinsichtlich des Schleimgehaltes hinter den Preßkuchen zurückstehen. Der Preis der extrahierten Ware ist daher um ein beträchtliches geringer, eine Differenz, die durch die höhere Ölausbeute kaum hereingebracht wird. Viele holländische Fabriken lassen sogar beim Preßverfahren mehr Öl in den Kuchen, als bei umsichtigem Betrieb verbleiben würde, weil man in Holland ölreiche Leinölkuchen höher bezahlt.

In Deutschland, England, Rußland und Österreich wird Lein ausschließlich **gepreßt**, in Amerika [2] arbeitet nur eine **einzige Anlage** nach dem **Extraktionssystem**.

Die in der Praxis beim Preßverfahren erhaltenen Ausbeuten schwanken, je nach dem Jahrgang der Saat,

bei der La Plata-Leinsaat zwischen 29% und 31%
„ „ Bombay- „ „ 33 „ 36
„ „ Kalkutta- „ „ 33 „ 35
„ „ russischen „ „ 30 „ 32

Die Leinsaatverarbeitung ist wie kaum eine andere für den Massenbetrieb geeignet; die früher häufig zu findenden kleinen Leinölmühlen (Bauernmühlen) verschwinden daher mehr und mehr.

Die größten Leinölmühlen dürften die in Buffalo und Harburg sein; die Spencer Kellog-Ölmühle in Buffalo, deren Walzenstuhlanlagen und Preßräume wir im 1. Bande bildlich vorführten, arbeitet heute mit 140 Pressen, was einer jährlichen Verarbeitung von 5 Millionen Bushels oder 176200 Tonnen entspricht. Die Harburger Anlage, vormals A. Thörl, jetzt Aktiengesellschaft, dürfte in ihrer Kapazität der Spencer Kellog-Mühle nur wenig nachstehen.

Das von den Pressen oder Extraktoren kommende Öl bedarf einer **Klärung**, welche nur selten durch Abstehenlassen, sondern meist durch

---

[1] Die Fig. 4 u. 5 entstammen der Broschüre „The Anderson oil expeller" der V. D. Anderson Co. in Cleveland, Ohio. — Diese Pressen werden von Fried. Krupp A.-G. Grusonwerk, Magdeburg-Buckau, ausgeführt.
[2] Eine eingehende Beschreibung der Arbeitsweise amerikanischer Leinölfabriken lieferte J. Dannon (Amer. Soap Journ., 1895, S. 60, 91 u. 119).

Filtration erzielt wird. Das gefilterte klare Öl enthält noch etwas Schleim und Eiweißstoffe gelöst, deren Gegenwart bei gewissen Verwendungen des Öles sich recht unangenehm bemerkbar macht.

Durch viele Monate währendes Ablagern bei nicht zu hoher Temperatur scheiden sich diese gelösten Fremdstoffe aus, weshalb man altes Leinöl höher bewertet als sogenannte „junge" Ware.

An Spezialmethoden, welche für die Leinölerzeugung in Vorschlag gebracht wurden, gibt es eine Unzahl; wir wollen nur wenige herausgreifen und hier anführen:

Ein englisches Patent von W. R. Lake[1]) (H. A. Davidson) empfiehlt, die Leinpressen in geschlossene heizbare Kammern zu stellen und das Beschicken sowie Entleeren der Pressen durch die Türen dieser Kammern vorzunehmen. Das allseitige Durchwärmen der Preßplatten soll selbst bei mäßiger Erwärmung des Preßgutes ein besseres Auspressen der Leinsaat zur Folge haben. *(Randnotiz: Verfahren von Lake-Davidson,)*

Nach meinen Erfahrungen sind Heizkammern für die Pressen bei dem rasch ausfließenden Leinöle ganz überflüssig und erscheinen weniger für die Verarbeitung von Leinsaat als für die Herstellung viskoser Öle (Rizinusöl) oder hochschmelzbarer Pflanzenfette (Ilippefett) geeignet.

Ein Schälen der Leinsaat, ähnlich wie dies bei Kottonsaat üblich ist (siehe dort), wurde ebenfalls vorgeschlagen[2]). *(Randnotiz: von Boggio Casero.)*

Die Samen werden zu diesem Zwecke nicht zu fein zerkleinert (grob geschrotet) und dann auf schwach geneigten Schüttelsieben abgesiebt. Das protein- und ölreiche Samenfleisch (Parenchym) fällt durch die Siebmaschen, die öl- und eiweißarmen Samenschalen bleiben auf der Siebfläche und werden auf geeignete Weise abgeführt. In den Samenschalen hat man den schleimgebenden Teil der Leinsaat separiert, welcher gemahlen wird und zu medizinischen Zwecken wie auch als Futtermittel verwendet werden kann. Das Samenfleisch wird auf die gewöhnliche Art ausgepreßt und gibt hochwertige, besonders proteinreiche und holzfaserarme Kuchen. Das Gewichtsverhältnis der bei der Entschäloperation erhaltenen Samenschalen zu dem Samenfleische soll sich verhalten wie 1:2.

Eine Durchführung in größerem Maßstabe wird dieses Verfahren kaum erlebt haben; die Leinschalen dürften schwerlich genügend Käufer finden und die Kuchen trotz ihrer besseren Qualität nicht jenen Mehrerlös ergeben, welcher die höheren Fabrikationsspesen deckte.

Erwähnt seien auch die Versuche von Vinohradov[3]), welcher ein künstliches Trocknen der Leinsaat vor dem Zerkleinern empfiehlt. Getrockneter Lein soll sich auf dem Walzenstuhl viel besser zerkleinern lassen als ungetrocknete Saat, und Vinohradov erzielte bei einem Parallelversuche mit getrockneter Saat eine Mehrausbeute an Öl von 1,75 %. Das *(Randnotiz: Methode von Vinohradov.)*

---

[1]) Engl. Patent Nr. 6627 v. 21. April 1884.
[2]) Engl. Patent Nr. 11403 v. 18. Aug. 1884 (G. G. Boggio Casero in St. Etienne-Loire).
[3]) Der Trockenapparat (Darrapparat) von Vinohradov ist in Bd. I, S. 238, bildlich dargestellt.

durch das Trocknen entzogene Wasser (ca. 9 $^0/_0$) wurde der zerkleinerten Masse im Dampfwärmer wieder reichlich zugesetzt (10,5 $^0/_0$), so daß auch die Ausbeute an Ölkuchen bei dem Verfahren kaum verringert wird. Letztere sollen übrigens heller sein als Kuchen aus ungetrockneter Saat und sich auf Lager besser halten [1]).

Einen für Leinsaat besonders geeigneten Extraktionsapparat haben auch H. J. Haddan (J. H. Evans) [2]) sowie A. Euston [3]) konstruiert. Lester und Riccio [4]) bauten einen Destillator für Öl-Naphthalösungen, welchen sie besonders für Leinölextraktion empfehlen.

Verfahren der Cleveland Linseed-oil Company. Die Cleveland Linseed Oil Company will gewisse Nachteile, welche die Extraktion auf die Qualität des Leinöls ausübt, durch eine Verflüchtigung des Lösungsmittels aus der Öllösung bei niederer Temperatur vermeiden; entgegen den sonst gültigen Anschauungen, nach welchen der Gehalt des Leinöles an Pflanzenschleim und Eiweißstoffen dessen Wert herabsetzt, ist die Cleveland Linseed Oil Company der Ansicht, daß die Güte des extrahierten Öles leide, weil beim Vertreiben des Lösungsmittels ein Gerinnen, also Entfernen dieser Fremdstoffe eintrete und das Öl dadurch für gewisse Zwecke (z. B. Herstellung von Ölfarben) ungeeignet (?) werde.

Die genannte Gesellschaft sucht diesen Übelstand durch Abtreiben des Extraktionsmittels mittels Dampfes von geringer Spannung und niedriger Temperatur zu vermeiden; die Temperatur der Öllösung und diejenige des Dampfes soll dabei wesentlich unter 100° C liegen (ungefähr bei 60° C), was durch Druckverminderung in dem Destillationsgefäße erreicht wird. Da die Methode [5]) von allgemeinem Interesse ist, sei auf sie zur Ergänzung des im 1. Bande über das Entfernen der Lösungsmittel aus der Öllösung Berichteten etwas näher eingegangen.

Der Separator A (Fig. 6) besitzt einen Rohrstutzen a zum Befestigen des Zuleitungsrohres für die zu behandelnde Öllösung, ferner einen Dom b mit Ableitungsrohr c für den abziehenden Dampf und ein mit einem Hahn oder Ventil versehenes Ablaßrohr d zum Ablassen des gereinigten Öles. Mit Glas bedeckte Schaulöcher e gestatten den Einblick in das Innere des Separators, an dessen beiden Stirnseiten die Mannlöcher f angebracht sind. Am Boden liegen die Schlangenrohre g, durch welche Heizdampf strömt, der durch die geschlossene Rohrwand hindurch die umgebende Flüssigkeit auf der erforderlichen Temperatur erhält. Mit g_1 und h_1 sind die Einlaßstutzen und mit g_2 einer der Auslaßstutzen dieser Rohre bezeichnet. Zwischen den letzteren liegt das Rohr i, welches auf seiner unteren Seite mit einer Reihe kleiner Löcher versehen ist, durch welche Dampf direkt in die Flüssigkeit übertritt.

Das Dampfabzugsrohr c führt nach dem Kondensator B, der seinerseits durch ein Rohr k mit einer Vakuumpumpe oder einem Exhaustor C in Verbindung steht.

---

[1]) Führer durch die Fettindustrie, St. Petersburg 1906, S. 14.
[2]) Amerik. Patent Nr. 245 365; engl. Patent Nr. 5971 v. 21. April 1888.
[3]) Engl. Patent Nr. 18 550 v. 10. Aug. 1897.
[4]) Engl. Patent Nr. 23 159 v. 3. Dez. 1895.
[5]) D. R. P. Nr. 91 760 v. 4. Dez. 1895; engl. Patent von W. T. Whiteman v. 3. Dez. 1895.

Der Auslaß des letzteren ist durch ein Rohr *l* mit einem zweiten Kondensator *D* verbunden.

Die bei annähernd atmosphärischer Temperatur durch Benzin unter Anwendung irgend eines bekannten Extraktors gewonnene Öllösung wird durch den Stutzen *a* in den Separator *A* geleitet, bis dieser etwa zu ³/₄ angefüllt ist.

Ist der Separator beschickt, so wird der Stutzen *a* geschlossen und die Pumpe *C* angelassen. Gleichzeitig läßt man Dampf durch die Schlangen *g* und durch das Rohr *i* treten. Geeignete Bedingungen für diese erste Arbeitsstufe sind eine Temperatur von ca. 51°C, ca. 432 mm Unterdruck unter 1 Atmosphäre und genügender Dampfzulaß, um die Schaumbildung zu verhindern.

Diese Bedingungen werden erreicht, wenn man Volldampf aus einem Kessel mit 4,02—4,10 Atmosphären Druck hindurchläßt (unter Voraussetzung von geeigneten Ablaßventilen zum ständigen Entfernen des Kondenswassers aus der Leitung) und für flotten Abzug des Dampfes durch den Kondensator *B* und die Vakuumpumpe *C* sorgt.

Die mit Wasserdampf vermischten Naphthadämpfe gelangen durch das Rohr *c* nach dem Kondensator *B*, wo der Wasserdampf vollständig, die Benzindämpfe größten-

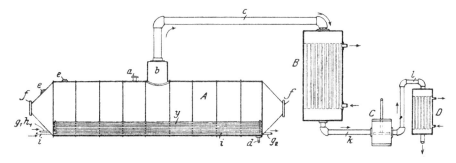

Fig. 6. Apparat zur Verflüchtigung des Lösungsmittels aus Leinöl-Benzinlösungen.
(Patent der Cleveland Linseed Oil Company.)

teils kondensiert werden. Die Kondensationsflüssigkeit und die nicht kondensierten Dämpfe gehen durch die Pumpe *C* nach dem zweiten Kondensator *D*, in dem ein höherer Druck herrscht und vollkommene Kondensation stattfindet. Die sich in *B* bildende Kondensationsflüssigkeit braucht nicht durch die Pumpe *C* zu gehen, sondern kann schon vorher durch eines der anderen bekannten Mittel entfernt werden. Die schließlich aus *D* austretende Kondensationsflüssigkeit wird in einem Behälter aufgefangen.

Während die Verdampfung vor sich geht, ist es nicht erforderlich, die Wirkung des Kondensators *B* oder diejenige der Pumpe *C* zu ändern; auch die in der Zeiteinheit durch das Rohr *i* strömende Dampfmenge braucht nicht verändert zu werden, obwohl bezüglich dieser zu bemerken ist, daß die Neigung zur Schaumbildung allmählich abnimmt und der Dampfzufluß entsprechend vermindert werden könnte. Unter diesen Umständen steigt das Vakuummeter allmählich und ebenso die Temperatur im Separator. Sobald das Lösungsmittel nahezu verdampft ist, was bei einem Vakuumstande von ca. 647 mm und einem Thermometerstande von ca. 60° C in etwa ³/₄ Stunden der Fall ist, wird die Dampfzufuhr zu den Schlangenrohren *g* abgesperrt und der infolgedessen vermehrte Dampfzufluß durch das Rohr *i* erhält das Öl im Siedezustand, bis die Kondensationsflüssigkeit im Kondensator *B* kein Benzin mehr enthält, was in etwa 5 Minuten erreicht ist.

Beim Durchströmen des Dampfes durch das Rohr i werden seine Spannung und Temperatur verringert, so daß er unter einem Druck von etwa 113 mm Quecksilbersäule (647 mm Vakuummeterstand entsprechen nämlich 113 mm Quecksilbersäule bei 760 mm Barometerstand) eintritt. Der Druck des eintretenden Dampfes muß genügen, um den Gewichtsdruck des darüberstehenden Ölvolumens und den Druck im Separator zu überwinden. Die Temperatur des eintretenden Dampfes beträgt annähernd 54 °C, ein Wärmegrad, der unter dem Gerinnpunkt der eiweißartigen und schleimigen Bestandteile des Öles liegt. Infolgedessen bleiben diese Bestandteile gelöst und fallen nicht aus, wie bei den bisher bekannten Verfahren zur Reinigung von Leinöl oder ähnlichen Substanzen, die durch Lösungsmittel extrahiert wurden.

Ist das Öl frei von jeder Spur Benzin, so sperrt man den Dampf ab, setzt die Pumpe außer Tätigkeit und zieht das gereinigte Öl ab. Die Mitanwendung eines Luftstromes zum Verflüchtigen des Lösungsmittels ist bei diesem Verfahren nicht notwendig, doch nimmt die Patentschrift von einer solchen etwaigen Luftbehandlung des Öles Notiz.

Was das Reinigen des frisch bereiteten Öles anbetrifft, so beschränken sich die meisten Fabriken auf eine Filterpressenpassage und ein mehr oder weniger lang dauerndes Ablagern. Während des Lagerns fallen aus dem in frisch gefiltertem Zustande vollkommen klaren Öle flocken- und schleimartige Stoffe aus, die sich am Boden des Behälters

Leinölsatz. sammeln und den sogenannten Leinölsatz (foot) bilden. Diese Sedimente kommen bisweilen auch auf den Markt und werden in den Seifensiedereien oder in Farbenfabriken verwendet. Über den wirklichen Wert solchen Ölsatzes, der übrigens nicht zu verwechseln ist mit dem bei gekochtem Leinöl sich bisweilen bildenden Bodensatze, macht man sich oft falsche Vorstellungen. Als Wertmesser kann nur der ausbringbare Ölgehalt solcher Produkte gelten (siehe auch S. 28).

Altes, abgelagertes Leinöl wird frischem (jungem) Öle vorgezogen, weil ersteres beim Erhitzen auf 270—300 °C ohne jede Trübung ein Hellerwerden (Umschlage der goldiggelben Farbe in ein helles Grünlichgelb) erfährt, während bei letzterem sich bei dem gleichen Vorgang schleimige, algen- und froschlaichartige Ausscheidungen zeigen (nachdem vorher bei 130 °C ein Schäumen — Entweichen des Wassers — aufgetreten ist), welche das Öl durchsetzen und ihm eine dickflüssige, fast gelatineartige Beschaffenheit erteilen können. Die Ausscheidungen sind von braungrauer Färbung, weshalb das Öl im Moment des Ausfallens dieser Verbindungen

Brechen des Leinöles. („Brechen" oder „Flocken" des Öles) dunkler erscheint. Nach kurzem Stehen setzen sich die dunkelfarbigen Flocken aber zu Boden oder ballen sich zu großen, schwimmenden Flocken zusammen und das Öl erhält ein helleres Aussehen.

Es kommt für das Auftreten dieser Erscheinung viel darauf an, daß das Erhitzen entsprechend rasch erfolge; bei langsamer Temperatursteigerung bleibt die Flockenbildung mitunter aus.

Leinöl-
schleim. Die Menge der mit dem Namen „Leinölschleim" bezeichneten Ausscheidungen ist recht gering; gleich nach dem Erhitzen erscheint zwar das

Gefäß mit diesem Koagulum fast ganz angefüllt, der bei der (sich übrigens ziemlich umständlich gestaltenden) Filtration resultierte Rückstand macht aber stets weniger als 1 Gewichtsprozent vom Leinöle aus.

Mulder[1]) gibt das Vorhandensein von Pflanzenschleim nur für kalt gepreßte Öle zu, doch sind erwiesenermaßen auch in heißgepreßten Ölen Schleimstoffe vorhanden; eine einfache Erhitzungsprobe beweist dies. Mulder basierte seine Anschauungen offenbar auf die Annahme, daß beim Erhitzen der Ölsaat vor dem Pressen die eiweißartigen Verbindungen derselben ohnehin koagulieren, daher nicht in das Öl übergehen können.

Nach den Untersuchungen von Thompson (s. S. 27) besteht aber der gewöhnlich als Pflanzeneiweiß angesprochene „Leinölschleim" in der Hauptsache nicht aus Eiweißstoffen, sondern aus Erdalkaliphosphaten.

Flockende oder brechende Leinöle bieten bei ihrer Weiterverarbeitung in der Lack- und Linoleumindustrie Schwierigkeiten[2]), während sie in der Firnis- oder Seifenindustrie ohne weiteres verwendbar sind.

Die mehr oder weniger große Neigung zum Brechen der Leinöle wird durch die Vorgänge bei der Verarbeitung der Saat weniger beeinflußt als durch deren Provenienz und durch das Alter der Leinsaat. Weniger ausgereifte und feuchte Saat gibt mehr flockende Öle als alte, trockene Saat.

Durch langandauerndes Lagern scheidet sich ein Teil der durch Hitze ausfällbaren Substanzen von selbst aus. Das Ablagernlassen der Öle erfordert aber bei größeren Betrieben enorme Kapitalien und bedingt Zinsverluste, weshalb man die verschiedensten Mittel versucht hat, um ein rasches Entschleimen zu erreichen und junges Leinöl sofort in Lacköl, unter welchem Namen nichtflockende Öle gehandelt werden, umzuwandeln.

Als einfachstes Mittel hat sich ein Erhitzen des Leinöles auf 270 bis 300° C und eine mechanische Trennung des dabei ausgefallenen Leinölschleimes erwiesen. Mulder hat ein Entschleimen durch Behandeln der Öle mit Holzkohle vorgeschlagen, eine Methode, welcher das in neuerer Zeit geübte Entschleimen durch Aluminium-Magnesium-Hydrosilikat (Silikatpulver, Floridin, Fullererde) analog ist. Auch durch Einwirkung wasserentziehender Stoffe, Säuren usw. hat man Lackleinöle zu erzielen versucht. *Entschleimungsverfahren.*

T. H. Gray[3]) will eine wirksame Reinigung von Leinöl mit kaustischem Alkali und durch darauffolgendes Waschen mit Kochsalzlösung und schließliches Entwässern des Öles erreichen, andere raffinieren das Öl mit Schwefelsäure, ähnlich wie das rohe Rüböl.

---

[1]) Mulder, Chemie der trocknenden Öle, Berlin 1867.
[2]) Näheres siehe Bd. III dieses Werkes.
[3]) Engl. Patent Nr. 1343 v. 25. Jan. 1890.

W. Traine[1]) hat gefunden, daß ein Zusatz von geringen Mengen ge-
pulverten Kalkes oder anderer alkalisch reagierender Körper (Alkalikarbonate,
auch Ammoniak) das Trüb- und Flockigwerden der Leinöle beim Erhitzen
verhindert; nach seinem auf dieser Beobachtung aufgebauten Verfahren
will er nichtbrechende Leinöle herstellen.

Auch Andés empfiehlt Kalkhydrat zum Entschleimen des Leinöles,
während Niegemann die Brauchbarkeit dieser Methoden bestreitet, weil
sie wie die meisten der chemischen Entschleimungsverfahren Leinöle
liefern, die beim Erhitzen sehr nachdunkeln.

Werden flockende Öle über ihre Brechungstemperatur hinaus erhitzt,
so lösen sich die Ausscheidungen im Öle wieder auf; das Öl bleibt dann
dunkel und läßt sich nur sehr schwer eindicken.

Die Fabrikation von Lackleinöl ist übrigens ein Tummelfeld vieler
Geheimnistuer und Wichtigmacher. Das zuverlässigste Mittel bildet wohl das
Ausfällen der Schleimstoffe durch Hitze
mit darauffolgender Entfernung des
Niederschlages.

Von den verschiedenen Ausfüh-
rungsarten dieser Methode seien hier
einige angeführt[2]):

G. W. Scollay[3]) erhitzt Leinöl
zwecks Entschleimung, indem er das
Öl durch Rohre pumpt, welche in
einem erhitzten Sandbade liegen.

J. Buchanan in Aberdeen hat
gefunden, daß der Effekt der Entschleimung durch Wärme ein besserer
ist, wenn das Öl nicht nur rasch erhitzt, sondern hierauf auch schnell
abgekühlt wird. Er hat zu diesem
Zwecke einen Apparat konstruiert, bei
welchem auf eine möglichst vollständige Wärmeausnützung Bedacht
genommen ist.

Verfahren von Buchanan. Das zu behandelnde Öl läuft von
einem Vorratsbehälter A durch ein Rohr a
in zwei Kammern BB_1, welche mit Me-
tallröhren b miteinander verbunden sind

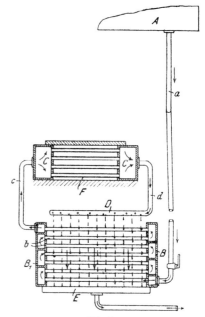

Fig. 7.
Apparat zur Leinölentschleimung
nach Buchanan.

(Fig. 7). Der Höhendruck zwingt das von A kommende Öl nach Passierung der
Kammern BB_1 durch c emporzusteigen und in die Kammern C sowie in den Heiz-
körper F einzutreten, wo es auf geeignete Weise bis zu dem gewünschten Tempe-

[1]) Engl. Patent Nr. 26 929 v. 6. Dez. 1902; D. R. P. Nr. 161 941 v. 2. Okt. 1902.
[2]) Siehe auch unter „Nachträge".
[3]) Engl. Patent Nr. 11 035 v. 6. Juni 1893.

raturgrade erhitzt wird, um sodann durch *d* nach dem gelochten Rohre *D* zu fließen und durch dessen Öffnungen auszutreten. Das heiße Öl fällt in dünnem Strahle über das Rohrsystem *b* und wärmt damit gleichzeitig das von *A* kommende Öl an. Das herabtropfende Öl wird in *E* gesammelt und fließt von hier in ein Sammelreservoir oder auch direkt in geeignete Filtervorrichtungen, welche die durch die Hitze ausgefällten Schleimstoffe von dem Öle absondern.

Durch das freie Herabfallenlassen des heißen, gebrochenen Öles über die Rohrgarnitur wird einerseits ein rasches Abkühlen (große Oberfläche) erzielt, andererseits die Wärme durch Vorwärmung der Ölpartien entsprechend ausgenutzt.

Bei der Durchführung der Entschleimung durch Hitze hat man recht unangenehme Filtrationsschwierigkeiten zu überwinden; die ausgeschiedenen Schleimflocken verstopfen sehr bald die Filterapparate und halten außerdem so große Ölmengen fest, daß der Betrieb unrentabel wird.

Das Verfahren Haddan[1]), bei welchem an Stelle der Filter Zentrifugen die Absonderung der Schleimflocken von dem Öle besorgen, verdient daher Beachtung.

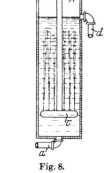

Fig. 8.

Haddans Apparat zur Leinölreinigung.

Haddan verwendet als Erhitzungsgefäß einen ziemlich hohen Zylinder (Fig. 8), der mit einem gegen Öle auch bei höherer Temperatur unempfindlichen Material (die Patentschrift nennt Porzellan und Blei) ausgekleidet ist. Das zu reinigende Öl tritt, auf ca. 90—100° C vorgewärmt, durch *a* in den Behälter und wird hier der Wirkung von überhitztem Dampf ausgesetzt, welcher, von *b* kommend, durch die Öffnung der Rohrspirale *c* das Öl in fein verteiltem Zustande durchstreicht, dieses dabei erwärmt und in ihm enthaltene flüchtige Stoffe mitreißt. Zur Unterstützung des Abtreibens dieser Substanzen ist die Haube *C* des Erhitzungsgefäßes mit einem Ventilator in Verbindung, welcher den Dampfstrom aufsaugt. Das gedämpfte Öl fließt bei *d* ab. Der kontinuierliche Zulauf bei *a* wird so reguliert, daß das abfließende Öl eine Temperatur von 250—300° C zeigt.

Verfahren von Haddan.

Das Öl kommt von dem Apparate direkt in die Zentrifuge (deren Trommel ebenfalls mit einem widerstandsfähigen Material ausgekleidet ist) und wird hier von den durch die Hitze ausgeschiedenen Verunreinigungen befreit, ist aber doch noch nicht derart klar, um einer Nachfiltration entbehren zu können. Es wird vielmehr durch Kühlschlangen geleitet und erst nach vollständigem Erkalten gefiltert, eine Prozedur, die glatt verläuft, weil die filtrationshemmenden schleimigen Stoffe zum allergrößten Teile durch die Zentrifuge beseitigt wurden. Haddan hält das vollständige Erkalten vor der eigentlichen Klärung (Filtration) für sehr wichtig; darin hat er im allgemeinen recht, wenn auch die von ihm damit angestrebte Entfernung fester Triglyzeride auf diese Weise nicht erreicht wird und eine Ausscheidung der Schleim- und

---

[1]) Engl. Patent Nr. 6753 v. 10. April 1900.

Eiweißstoffe erst bei wesentlich tieferer Temperatur stattfindet, als er sie anwendet.

Nach Niegemann[1]) in Köln ist es notwendig, Leinöl bis auf ca. —20⁰ C abzukühlen, um alle Schleim- und Eiweißkörper auszufällen. Wird das Öl hierauf langsam wieder so weit angewärmt, daß es gerade filtrierfähig ist, so bleiben die einmal ausgefallenen Verunreinigungen ungelöst und resultieren beim Filtrieren als Filterrückstand. Die Filtration muß aber jedenfalls bei einer Temperatur unterhalb des Nullpunktes erfolgen.

Das Entschleimen durch Erhitzen des Öles auf nicht mehr als 121⁰ C bei Gegenwart von viel Wasser[2]) soll nur bei Leinöl aus ostindischer Saat zu befriedigenden Resultaten führen; Saaten anderer Provenienz liefern Öle, bei welchen das Verfahren versagt.

Neben den Methoden, welche auf ein Nichtflocken des Öles hinarbeiten, sind bei Leinöl auch verschiedentliche Reinigungsverfahren in Anwendung, welche die Erzielung eines hellfarbigen Produktes anstreben. Bei nichtflockenden Ölen kann das Bleichen leicht durch Erhitzen erfolgen, weil solche Öle bei hoher Temperatur — ohne zu brechen — heller (grünlichgelb) werden und ohne Filtration direkt verwen-

det werden können. Einen Apparat zur Ausführung der Heißbleiche hat R. W. English[3]) angegeben.

Das zu bleichende Öl wird in dem Vorratsbehälter *A* (Fig. 9) durch die Dampfschlange *a* vorgewärmt und fließt dann durch *c* in den mit Thermometer *t* versehenen Bleichbehälter *B*, auf dessen Boden sich das Öl durch das quirlförmig ausgestaltete, mit feinen Öffnungen versehene Rohr *e* gleichmäßig verteilt. Das Rohr *d* ist oben offen, um den in dem zufließenden Öle etwa sich entwickelnden Gasen freien Austritt zu gestatten. Der Bleichbehälter *B* wird durch direkte Feuerung *D*, deren Heizgase durch *E* abziehen,

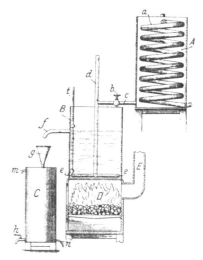

Fig. 9. Apparat zur Leinölreinigung
von English.

erwärmt. Das auf ca. 300—330⁰ C erhitzte Öl fließt durch *f* in den Trichter *g* des mit einer Wasserkühlschlange *m n* versehenen Sammelgefäßes *C*, von wo das erkaltete Öl durch den Hahn *h* abgezogen wird.

Für feine Qualitäten von Maleröl, für die man noch enorme Preise zahlt, ist auch die Sonnenbleiche in Anwendung. Diese etwas langwierige Methode erfordert ein Exponieren des Öles in dünnen Glasgefäßen durch 6—8 Monate. Nicht alle Leinölqualitäten bleichen durch Sonnenlicht in gleichem Maße aus. Andés hat einen Zusammenhang zwischen der Bleichfähigkeit und der Neigung zum Brechen des Öles gefunden. Nichtbrechende Öle sollen im Sonnenlichte viel schneller bleichen als flockende.

Der größte Teil des heute in den Handel kommenden gebleichten Leinöles dürfte durch Absorptionsverfahren (Knochenkohle, Silikatpulver usw.) gebleicht sein. Chemische Bleichmethoden schädigen die Trockenfähigkeit und werden daher fast nie angewandt. In Seifensiedereien werden zur Herstellung heller, transparenter Schmierseife dunkle Leinöle bisweilen mittels Lauge gebleicht[1]).

Die verschiedenen Methoden, bei welchen Luft durch kalte oder erwärmte Leinöle geblasen wird, sollen erst in Band III beim Kapitel „Firnisse" besprochen werden, weil bei allen diesen Methoden eine, wenn auch nur teilweise Erhöhung der Trockenkraft eintritt und daher das Gebiet der Firnisfabrikation betreten wird. Dies gilt übrigens auch für das Verfahren der Leinölveredlung von Hertkorn[2]), welches darauf hinausgeht, die Trockenfähigkeit zu erhöhen. Hertkorn glaubt durch ein Ausfrierenlassen der wenigen, im Leinöle enthaltenen festen Glyzeride[3]) ein besser trocknendes Produkt zu erhalten; der vom Erfinder erhoffte Erfolg tritt aber nicht ein.

Eigenschaften.

Das Leinöl gehört mit seiner Dichte von 0,9224—0,9410 (bei 15° C) zu den spezifisch schwersten fetten Ölen und wird hierin nur vom Holzöle übertroffen. Allen und Parker C. Mc. Ilhiney nehmen als unterste Grenze der Dichte roher (nicht entschleimter) Leinöle 0,935 (bei 15° C) an. Letzterer stellte den Koeffizienten der Dichteabnahme beim Erwärmen

zwischen Temperaturen von 15,5— 28° C mit 0,000654
„   „   „ 28 —100° C „ 0,000720

fest, während Allen eine durchschnittliche Korrektur von 0,000649 pro 1° C Temperaturunterschied als richtig annimmt[4]).

Kaltgepreßtes Leinöl ist dunkelzitronengelb, warmgepreßtes goldgelb, orangefarben bis braun. Der charakteristische Geruch des Leinöles tritt bei den heißgepreßten Ölen deutlicher hervor als bei den kaltgepreßten, wie letztere auch einen milderen, weniger kratzenden und ausgesprocheneren Geschmack zeigen als erstere.

Pieszczek[5]) hat ein Leinöl untersucht, welches sich als Magengift erwies. Es war aus Leinsaat bereitet worden, die 15% Taumellolchsamen

(margin note: Physikalische Eigenschaften.)

---

[1]) Siehe Bd. I, S. 642.
[2]) D. R. P. Nr. 137306 v. 27. März 1902.
[3]) Vergleiche auch Seite 23, Methode Haddan.
[4]) Chem. Revue, 1901, S. 226. — Vergleiche auch: H. Thaysen, Berichte d. deutsch. pharm. Gesellsch., 1906, S. 277 und Utz, Chem. Revue, 1907, S. 137.
[5]) Apothekerztg. (durch Seifenfabrikant, 1893, S. 501).

(Lolium temulentum = Lolium remotum) enthielt. Er führt die giftige Wirkung des Öles auf den Gehalt des Rohmaterials an diesen Taumellolchsamen zurück, obschon derselbe von manchen Seiten als unschädlich angesehenen wird.

Das Leinöl ist sehr kältebeständig; es bleibt bis zu — 16° C flüssig, einige Provenienzen halten sogar Kältegrade bis zu — 27° C aus, ohne fest zu werden.

Extrahiertes Leinöl zeigt — sofern die angewandten Lösungsmittel rein waren und mit entsprechender Sorgfalt gearbeitet wurde — einen schwachen Fischtrangeruch, statt des für die gepreßten Öle eigentümlichen, an Leinsaat erinnernden Geruches. Durch Schwefelkohlenstoff ausgezogene Öle sind nach A. Mitarewski[1]) dunkelrotgelb, die durch Petrol- oder Schwefeläther oder Benzin gewonnenen grünlichgelb.

Chemische Zusammensetzung. Die chemische Zusammensetzung des Leinöles ist noch nicht mit voller Sicherheit ermittelt. Um die Erforschung derselben haben sich Süssengut, Mulder, K. Hazura (im Vereine mit A. Bauer, A. Friedrich und A. Grüßner), K. Peters, W. Dieff, A. Reformatzky, A. Hehner und C. A. Mitchell, L. M. Norton und H. und A. Richardson, F. Moerk, Fahrion, Fokins, A. Lidoff und andere bemüht. Es besteht der Hauptsache nach aus Glyzeriden der flüssigen Fettsäuren und enthält nur ungefähr 10% fester Fettsäureglyzeride (Mulder). Die aus dem Leinöle durch Verseifen und Zersetzen der Seife mittels Mineralsäuren abgeschiedenen Fettsäuren schmelzen zwischen 17 und 24° C und haben einen zwischen 13 und 17,5° C liegenden Erstarrungspunkt. Die festen Fettsäuren sollen aus ungefähr gleichen Teilen Palmitin- und Myristinsäure bestehen.

Die Fettsäuren der flüssigen Glyzeride setzen sich nach Hazura und Grüßner aus etwa

5% Ölsäure,	15% Linolensäure,
15% Linolsäure,	65% Isolinolensäure

zusammen. Der Umstand, daß diese Zusammensetzung der Jodzahl nicht entspricht — sie müßte theoretisch höher liegen, als sie in der Tat ist — wird von Fahrion durch eine Polymerisation zu erklären gesucht.

Fahrion[2]) nimmt übrigens nach neueren Untersuchungen die Zusammensetzung des Leinöles wie folgt an:

Palmitin- und Myristinsäure . .	8,0%
Ölsäure	17,5
Linolsäure	26
Linolensäure	10
Isolinolensäure	33,5
Glyzerinrest	4,2
Unverseifbares	0,8
	100,0%.

---

[1]) Wjestnik hygieni, 1906, Bd. 42, S. 578.
[2]) Zeitschr. f. angew. Chemie, 1903, S. 1193—1201.

Interessant ist der Hinweis von O. Hehner und C. A. Mitchell auf die Ähnlichkeit der Zusammensetzung mancher von Seetieren stammenden Öle mit dem Leinöle; der deutlich tranartige Geruch, welchen Leinöl beim Dämpfen oder bei der trockenen Destillation zeigt, wie auch der gleiche Geruch, der sich beim Waschen mit reinen Leinölseifen geltend macht und der Wäsche anhaften bleibt, sind Beweise für die Richtigkeit dieser Annahme.

Der im Leinöl enthaltene Anteil an „Unverseifbarem"[1]) schwankt zwischen 0,3—2,0 % und erreicht sein Maximum in den aus argentinischer Leinsaat erzeugten Ölen. Niegemann[2]) fand in einer Serie von Bestimmungen 0,83—2,1 % Unverseifbares, doch werden die hohen Werte Niegemanns von Fendler[3]) bestritten. Trotz aller Unanfechtbarkeit der Untersuchungen Fendlers, welche dieser aus Anlaß der Streitfrage unternommen hat, erscheint es immerhin gewagt, ein Leinöl mit wenig über 2 % Unverseifbarem kurzweg als gefälscht zu bezeichnen.

An freien Fettsäuren ist frischgepreßtes, ja selbst lange Zeit lagerndes Leinöl ziemlich arm; der Gehalt daran übersteigt nur selten 1 1/2 %[4]). Die geringe Neigung zur Selbstspaltung ist für Leinöl sehr charakteristisch und zeigt sich auch in der langen Haltbarkeit der Leinölkuchen, welche selbst nach jahrelanger Lagerung nur geringe Azidität ihres Fettes zeigen.

Der Leinölschleim (mucilage, spawn, break) wurde früher allgemein als eine eiweißartige Verbindung betrachtet. G. W. Thompson[5]) hat jedoch vor kurzem gezeigt, daß diese froschlaichartigen Ausscheidungen der Hauptsache nach aus Phosphaten bestehen. Zusammensetzung des Leinölschleimes.

Amerikanisches Leinöl lieferte beim Erhitzen 0,277 % Ausscheidungen. Die vorher total entfettete Substanz ergab beim Verbrennen 47,79 % Asche, was 0,1177 % auf das ursprüngliche Ölgewicht ausmacht; der Aschengehalt des abgefilterten entschleimten Öles betrug dagegen nur 0,0039 %. Die Asche des Niederschlages zeigte 59,85 % Phosphorsäure, wodurch erwiesen ist, daß das Brechen des Leinöles auf die Gegenwart von phosphorsauren Salzen (wahrscheinlich Calcium- und Magnesiumphosphat) zurückzuführen ist, welche im Öle wohl in Verbindung mit organischen Basen vorhanden sind. Daß die organischen Bestandteile des Niederschlages nicht aus Eiweißstoffen bestehen, wie man mitunter fälschlich annimmt, beweist der geringe Stickstoffgehalt dieser Substanz, welcher unter 1 % liegt.

---

[1]) Thompson und Ballantyne, Journ. Soc. Chem. Ind., 1891, S. 236; Lewkowitsch, Chem. Revue, 1898, S. 211.

[2]) Chem. Ztg., 1904, S. 97, 724 u. 841.

[3]) Berichte d. deutsch. pharm. Gesellsch., 1904, S. 149.

[4]) Vgl. Nördlinger, Zeitschrift f. analyt. Chemie, 1889, S. 183; Parker C. Mc. Ilhiney, Chem. Revue, 1901, S. 246; Lewkowitsch, Chem. Revue, 1898, S. 211.

[5]) Journ. Americ. Chem. Soc., 1903, S. 716 (durch Seifensiederztg., Augsburg 1903, S. 820).

Der Aschengehalt der Leinöle steht mit ihrer Neigung zum Flocken in direktem Zusammenhange, was aus folgenden Versuchen Thompsons hervorgeht:

Frisches, doppelt gefiltertes Leinöl zeigt 0,1429 bis 0,1967 % Asche,
Gut abgesetztes amerikanisches Leinöl . . . . 0,0609 % „
Gutes Lackleinöl . . . . Spuren „

Die Asche des erstgenannten frischen Leinöles bestand aus:

Kalk	0,0235 %	aufs Ölgewicht gerechnet
Magnesia . .	0,0221 % „	„ „
Kali	0,0043 % „	„ „
Schwefelsäure	0,0227 % „	„ . „
Phosphorsäure	0,0705 % „	„ „
Summe	0,1431 %.	

Vergleicht man diese Ziffern mit der prozentualen Zusammensetzung der Asche der betreffenden Leinsaat, welche 3,11 % betrug und aus

Kieselsäure	1,83 %
Eisen- und Aluminiumoxyd	1,25
Kalk	9,46
Magnesia	18,31
Kali	26,18
Natron	1,71
Schwefelsäure	3,96
Phosphorsäure	35,44
	98,14 %

bestand, so fällt auf, daß Phosphorsäure, Kalk und Magnesia bis zu einem gewissen Grade in das Öl übergehen, also gelöst werden, während das in der Saat sehr reichlich enthaltene Kali nur in sehr geringer Menge vom Öle aufgenommen wird. Ähnliche, die verschiedenen Saatprovenienzen und die daraus dargestellten Öle umfassende Versuche sind notwendig, um die noch wenig geklärte Frage des Brechens von Leinöl vollständig zu lösen.

Trotz dieser gründlichen Untersuchungen Thompsons wird doch noch vielfach an der Meinung festgehalten, daß die flockigen Ausscheidungen, welche sich beim Erhitzen jungen Leinöles bilden, Eiweißverbindungen darstellen[1]. Ob der beim Lagern frisch gepreßten Leinöles sich ergebende Bodensatz mit den durch Erhitzen ausgefällten froschlaichartigen Verbindungen identisch ist, muß noch näher untersucht werden. In zwei Proben von Bodensatz kaltgelagerten Leinöles fand J. Koch[2] Mycelfäden, Sporen, Fasern, Haarfragmente, Gewebetrümmer der Leinsaat und Leinsamenschleim.

---

[1] Niegemann, Farbenztg., 1906, S. 503 u. 617; Chem. Revue, 1906, S. 115.
[2] Chem. Centralbl., 1906, S. 1377.

In dünnen Schichten der Einwirkung von Luft ausgesetzt, trocknet Leinöl zu einem elastischen, glänzenden Häutchen (Linoxyn) ein; auf diesem Trockenvermögen basiert die Verwendung des Leinöles in der Firnis-, Lack- und Linoleumindustrie, teilweise auch seine Verwertung als Kautschuksurrogat.

Der Handelswert eines Leinöles hängt hauptsächlich von seinem Trockenvermögen ab, zu dessen Erprobung verschiedene Methoden[1]) angegeben wurden; diese liefern indes nur als Vergleichsproben halbwegs zuverlässige Resultate. Hängt doch die Trockenzeit von mehreren Faktoren (Temperatur, Belichtung, Luftfeuchtigkeit und Dicke der Ölschicht) ab.

Einen Maßstab für die Trockenfähigkeit der Leinöle bildet auch die Maumené-Probe (Band I, S. 130) und die Jodzahl.

Eine sehr verdienstvolle Arbeit, welche die Jodzahl der aus Leinsaat verschiedener Provenienz gepreßten Öle zusammenstellt, hat J. J. A. Wijs[2]) veröffentlicht, nach welchem die verschiedenen Leinöle durchschnittlich folgende Jodzahlen zeigen:

Öl aus La Plata-Saat 179
,, ,, südrussischer Saat 182
,, ,, nordamerikanischer Saat . . . 183
,, ,, indischer Saat 184
,, ,, mittelrussischer Saat 189
,, ,, russischer Saat 196
,, ,, holländischer Saat . . . . . . 196.

Die Trockenfähigkeit der verschiedenen Öle würde demnach in der angeführten Reihenfolge steigen, was allerdings nicht mit der Erfahrung der Praxis ganz im Einklange steht, nach welcher La Plata-Öl hinsichtlich Trockenfähigkeit nicht an letzter Stelle steht. Im übrigen sind die Unterschiede in der Jodzahl von verschiedenen Leinölproben aus Leinsaat gleicher Landesprovenienz ganz bedeutend.

Im allgemeinen steigt die Trockenfähigkeit mit dem spezifischen Gewichte der Leinöle. Gutes Leinöl soll in dünner Schicht bei gewöhnlicher Temperatur in drei bis fünf Tagen trocknen.

Es ist auch die Frage aufgeworfen worden, ob der Schleimgehalt der Leinöle deren Trockenfähigkeit beeinflusse. Die verschiedensten Ansichten sind darüber laut geworden; die einen behaupten, entschleimtes Leinöl trockne rascher als gewöhnliches, andere verfechten die gegenteilige Meinung.

---

[1]) Siehe A. Livache, Compt. rendus, 1883, S. 260; R. Weger, Die Sauerstoffaufnahme der Öle u. Harze, Leipzig 1899; W. Lippert, Zeitschr. f. angew. Chemie, 1898, S. 412 u. 431; H. Amsel, Über Leinöl und Leinölfirnis sowie die Methoden zur Untersuchung derselben, Zürich 1896.

[2]) Chem. Revue, 1899, S. 30.

Weger hat nachgewiesen, daß eigentlich beide Teile recht haben. Nach seinen Versuchen trocknet schleimfreies Öl manchmal ein wenig besser, manchmal ein wenig schlechter als das analoge schleimhaltige Öl. Weger hat auch gezeigt, daß separierter, aber noch ölhaltiger Schleim, der eine geléeartige, durchscheinende gelbe Masse bildet, etwas rascher trocknet als das entschleimte Öl, doch scheint dieser Umstand auf die Berührung des Schleimes mit Luft während der Absonderung desselben zurückzuführen zu sein. Jedenfalls trifft Weger[1] das Richtige, wenn er das bessere Trocknen von abgelagertem Leinöl nicht auf die Reduktion des Schleimgehaltes, sondern auf eine bereits stattgefundene Sauerstoffaufnahme zurückführt.

Über den Chemismus des Trockenprozesses wurde im Band I, S. 118 schon gesprochen; näher eingegangen wird auf dieses Thema noch im Band III, Kapitel „Firnisfabrikation".

Rowland Williams[2] hat die elementare Zusammensetzung roher, gekochter und festgewordener, für Linoleumfabrikation bestimmter Leinöle verglichen. Die Zunahme des prozentualen Sauerstoffgehaltes ist eine beträchtliche:

		Kohlenstoff	Wasserstoff	Sauerstoff
Leinöl roh	I	75,03	10,78	14,19
„ „	II	75,40	10,64	13,96
„ gekocht ...		74,66	10,38	14,96
Linoleumzement (bis zum Festwerden oxydierte Leinöle)	I	74,32	10,04	15,64
	II	69,74	9,57	20,69
	III	69,52	9,49	20,99
	IV	64,74	9,01	26,25
	V	65,40	9,00	25,60
	VI	68,64	9,24	22,12
	VII	64,38	9,01	26,61.

Eine Zusammenstellung der Konstanten von gekochten Leinölen hat M. Kitt[3] veröffentlicht.

Reid[4] hat gezeigt, daß das feste Linoxyn nicht die letzte Oxydationsstufe des Leinöles darstellt, daß ersteres durch weitere Einwirkung von Sauerstoff vielmehr in eine viskose Flüssigkeit verwandelt werden kann, welche er als „superoxydiertes Leinöl" bezeichnet[5].

---

[1] Chem. Revue, 1898, S. 246. — Siehe auch Niegemann, Farbenztg., 1906, S. 617.

[2] Analyst, 1898, S. 253. Die elementare Zusammensetzung des Leinöles hat auch Sacc bestimmt und sie mit $76,80\%$ Kohlenstoff, $11,20\%$ Wasserstoff und $12,00\%$ Sauerstoff gefunden. (Knapp, Lehrbuch der Technologie, 3. Aufl., Braunschweig 1880, Bd. 1, S. 371.)

[3] Chem. Revue, 1901, S. 40.

[4] Journ. Soc. Chem. Ind., 1894, S. 1020.

[5] Siehe auch Fahrion, Autoxydation des Kolophoniums, Zeitschr. f. angew. Chemie, 1907, S. 356—361; Seifensiederztg., Augsburg 1907, S. 279.

Wird Leinöl mit sauerstoffabgebenden Mitteln (Blei und Mangan-präparaten), gewissen Metallen (Bleipulver, Zink, Kupfer, Platin-moor), welche als Sauerstoffüberträger wirken, mit Metallresinaten usw. erwärmt oder auch nur vermischt, so wird das Trockenvermögen wesent-lich erhöht; man nennt diese Produkte dann Firnisse, bei denen man ge-kochte und kaltbereitete unterscheidet, je nachdem man sie auf warmem oder kaltem Wege hergestellt hat.

Wird Leinöl bis zu seinem Entflammungspunkte erhitzt und eine Zeitlang brennen gelassen, so verwandelt es sich in eine sehr dickflüssige, aber durchsichtige und klare Masse, welche auf Papier keine Fettflecke hinterläßt. Treibt man die Erhitzung nicht bis zum Flammpunkte, so bildet sich eine viskose Flüssigkeit, die man, je nach ihrer mehr oder weniger großen Dickflüssigkeit, als gekochtes Leinöl, Dicköl, Standöl oder Lithographenfirnis bezeichnet

Das Eindicken durch Wärme beruht nicht auf einer Oxydations-erscheinung, sondern ist auf eine Polymerisation zurückzuführen. Die ohne Trockenmittel (Sikkative) durch Kochen eingedickten Leinöle zeigen keine größere Trockenfähigkeit als das rohe Leinöl.

Die Polymerisationsfähigkeit des Leinöles wird durch basische Stoffe (z. B. Kalk) erhöht. Nach F. Hertkorn [1]) wird nämlich durch die bei Kalkzusatz sich stets bildenden geringen Mengen leinölsauren Kalkes die Oxydationsmöglich-keit des Leinöles zu Linoxyn aufgehoben und es tritt an Stelle des Oxydations-vorganges ein Polymerisationsprozeß. Ganz ähnlich wirken fixe Alkalien [2]).

Durch Einbasen von Luft oder Sauerstoff kann Leinöl ebenso ein-gedickt und schließlich in festes Linoxyn verwandelt werden wie durch Aussetzung an der Luft in dünner Schicht. Solche geblasene Leinöle, die mit-unter an Stelle der durch Wärme erzeugten Dicköle˙ angeboten werden, sind in chemischer und physikalischer Beziehung von dick gekochten Lein-ölen verschieden und vermögen nicht in allen Fällen das Standöl zu er-setzen. Als Lackleinöl sind die geblasenen Öle nicht verwendbar.

Konzentrierte Schwefelsäure verwandelt Leinöl in eine rotbraune, harz-artige Masse. Salpetrige Säure gibt mit Leinöl kein festes Produkt (Elaidin-probe), sondern eine braune, hochviskose Flüssigkeit.

Leitet man durch eine ätherische Lösung von Leinöl Stickstoff-oxydul (N_2O), so erhält man bei genügender Einwirkungsdauer ein Produkt, welches sich in Wasser in geringer Menge löst, eine sehr kleine, fast Null betragende Jodzahl aufweist und beim Veraschen einen kohligen Rückstand liefert, der schwer verbrennt. Den bei der Bildung dieses nitrierten Lein-öles vor sich gehenden komplizierten Prozeß hat A. Lidoff [3]) näher verfolgt.

---

[1]) Chem. Revue, 1903, S. 257.
[2]) Siehe auch Farbenztg., 1905, Nr. 10.
[3]) Wjestnik schirowych wjeschtsch, 1903, S. 4085. — Übersetzung des russischen Originals siehe Seifensiederztg., Augsburg 1906, S. 885.

Mit Schwefel und Chlorschwefel gibt Leinöl zähe, kautschukähnliche Massen.

Samuel F. Sadtler[1]) hat durch Destillation von Leinöl unter Druck Kohlenwasserstoffe erhalten, welche denen des Petroleums analog waren, ähnlich wie sie Engler durch Druckdestillation von Menhadenöl erhielt.

Verwendung.

Die Hauptverwendung findet Leinöl in der Firnis- und Lackindustrie; besonders die erstere absorbiert ungeheuere Mengen von Leinöl. Auf die näheren Unterschiede von rohem Leinöl, Firnis-, Stand-, Dick-, Lacklein-, angeblasenem Öl usw. will ich hier nicht eingehen, die Besprechung dieser Details vielmehr dem Kapitel „Firnisfabrikation" im dritten Bande vorbehalten. Auch die vielen in Vorschlag gebrachten Methoden zur Herstellung schneller trocknender oder sonstwie für die Firnisindustrie und Lackherstellung besser geeigneter Leinöle, die Verwendung des Leinöles zu Lithographenfirnis und Druckerschwärze seien nicht hier, sondern dort erörtert.

Geringer, aber immerhin noch recht ansehnlich ist jenes Quantum Leinöl, welches die Seifenfabrikation[2]) konsumiert.

Die in der Rheingegend beliebten hellen, transparenten Schmierseifen sind zumeist aus Leinöl hergestellt, welches zu diesem Zwecke bisweilen vorher nach der Laugenmethode gebleicht wird. Leinöl-Kaliseifen bleiben auch im Winter klar und transparent und zeigen nicht das in manchen Gegenden so unbeliebte Blindwerden (Erfrieren). Leinöl erfordert bei der Verarbeitung zu Schmierseifen kaustischere Laugen als die für andere Öle üblichen. Gebleichtes Leinöl gibt, richtig verarbeitet, eine Ausbeute an Schmierseife von 236 bis 240 %.

Zu Kern- und Eschwegerseife wird Leinöl nur bei günstiger Marktlage (billige Leinölpreise bei hohen Preisen für andere Fette) benutzt. Die Natron-Leinölseifen sind gegen Salz ziemlich empfindlich, ähnlich wie die Olivenölseifen. Wenn man Leinöl in bescheidenem Maße (bis zu 20 %) mit anderen Fetten versiedet, so lassen sich ganz brauchbare Kern-, Eschweger- und Harzkernseifen herstellen, bei zu großen Leinölzusätzen werden aber die in frischem Zustande ganz ansehnlichen Kernseifen fleckig und ölig. Bei Eschwegerseifen erhält man in solchen Fällen zu geringe Ausbeuten, die Harzkernseifen fallen zu weich aus[3]). Auch haftet der mit Leinölseifen — welcher Art sie auch sein mögen —

---

[1]) Seifenfabrikant, 1897, S. 68.
[2]) Über die Eignung der einzelnen Öle und Fette zur Seifenfabrikation und die näheren Eigenschaften der betreffenden Seifen wird im IV. Bande ausführlich gesprochen.
[3]) Österr. Patent Nr. 4772 v. 1. April 1901.

gereinigten Wäsche ein unangenehmer, fischtranähnlicher Geruch an, der ihre Verwendung in vielen Gegenden ganz ausschließt. (Vgl. S. 27.)

Die Metallseifen des Leinöls finden in der Lack- und Firnisindustrie Verwendung. H. T. Vulté und H. W. Gibson[1]) haben die Löslichkeit dieser Verbindungen studiert und ihre Ergebnisse tabellarisch zusammengestellt.

In einigen Ländern findet Leinöl auch als Speiseöl Verwendung. An manchen Orten ist das kaltgepreßte, im frischen Zustande mild schmeckende, bald aber bitter werdende Öl für diesen Zweck beliebt, an anderen wünscht man aber einen gewissen brenzlichen Geschmack, welcher nur jenen Ölen eigen ist, die aus feuergerösteter Saat gepreßt wurden.

In Indien wird Leinöl auch zu Beleuchtungszwecken benutzt; es ist für diesen Zweck aber nicht geeignet, da es eine stark rußende Flamme gibt.

Die Mischung von Kalkwasser und Leinöl (Kalkliniment) ist ein bei Brandwunden allgemein angewandtes Schmerzlinderungsmittel. Nach Bornträger soll Leinöl auch ein vortreffliches Mittel zur Heilung aufgesprungener Hände sein und hierin sogar Glyzerin in seiner Wirkung übertreffen.

Fettsäuren werden aus Leinöl im großen nur selten dargestellt; als Rohmaterial für Glyzeringewinnung kommt es daher kaum in Betracht. Daran wird auch ein Patent der Société générale Belge de Déglycérination in Brüssel nichts ändern, welches eine Spaltung des Leinöles vor seiner Verarbeitung zu Firnissen vorsieht, letztere also aus Leinölfettsäuren bereiten will.

Wichtig ist dagegen die Verwendung des Leinöles in der Linoleum- und Kautschukindustrie, über welche in Band III an geeigneter Stelle berichtet wird.

Verfälschungen des Leinöles dürften wohl nur noch selten vorkommen; da es selbst zu den billigsten Fettstoffen gehört, würde sich nur zu Zeiten von Hochkonjunkturen ein Verschnitt mit anderen Ölen (Kottonöl, Fischtran, Holzöl usw.) lohnen. Die früher mitunter vorgekommenen Verfälschungen mit Mineralöl haben infolge ihrer leichten Nachweisbarkeit so gut wie ganz aufgehört.

Zahllos sind dagegen die verschiedenen Surrogate, die man an Stelle des Leinöles empfohlen hat. Jene Verfahren, welche Mineralöle, Harzöle und Kolophonium als Ausgangsprodukte nehmen, sind zwar von fraglichem Werte, können aber infolge ihrer Billigkeit immerhin Anspruch auf ein gewisses Interesse erheben. Die aus anderen Pflanzenölen, Tran, Ceresin, Wachs und allen erdenklichen Ingredienzen zusammengebrauten Leinölsurrogate sind jedoch ohne jede praktische Bedeutung und taugen auch in qualitativer Hinsicht nicht viel[2]).

Speiseleinöl

Brennöl.

Andere Verwendungen.

Surrogate.

---

[1]) Journ. Amer. Chem. Soc., 1902, S. 215.
[2]) Siehe Artikel „Leinölersatz" in Seifensiederztg., Augsburg 1907, S. 650.

Rückstände.

Die beim Pressen der Leinsaat erhaltenen Rückstände — die Leinkuchen — sind von grünlichbrauner bis braunroter Färbung und lassen
mit freiem Auge deutlich die braune Samenschale neben dem ausgepreßten
grünlichen Saatfleische erkennen.

Die Form dieser einen charakteristischen Geruch zeigenden Ölkuchen ist
sehr verschieden; am häufigsten sind die rechteckigen Leinkuchen anzutreffen,
wie sie die anglo-amerikanischen Pressen liefern; trapezförmige
Kuchen, welche in der Rheingegend und in Holland sehr beliebt sind,
werden nicht mehr in so reichlichen Mengen erzeugt wie in früherer
Zeit. Die runden Kuchen der Ring- und Seiherpressen haben sich
erst in den letzten Dezennien eingeführt; vorher (bisweilen auch noch
jetzt) begegnete man ihnen mit einem gewissen Mißtrauen, weshalb sie
zum Zwecke eines leichteren Verkaufes mitunter nochmals vermahlen und
in trapezförmige Kuchen umgepreßt wurden. Der ganz und gar unmotivierte
Überpreis, welcher Leinkuchen von bestimmter Form in manchen Gegenden
eingeräumt wird, ist oft so groß, daß er die unbeträchtlichen Umarbeitungs-
spesen der Kuchen reichlich lohnt. Die umgepreßten Leinkuchen werden
dann in der Regel mit nur niederem Drucke geformt (Kuchenpressen),
damit sie relativ weich bleiben, denn der Landwirt ist gewohnt, die Härte
der Kuchen als ein Zeichen von Minderwertigkeit zu betrachten. (Vergleiche
das in Band I, S. 438 darüber Gesagte.)

Durch Extraktion gewonnene Leinkuchenmehle kommen nur selten
auf den Markt; sie sollen keinen an das Extraktionsmittel erinnernden
Geruch besitzen und sich nur durch den geringen Fettgehalt und dem-
entsprechenden höheren Proteingehalt von dem Mehle der Preßkuchen
unterscheiden.

Charakteristisch für die Leinkuchen ist die Bildung eines konsistenten
Schleimes beim Anrühren der zerkleinerten Kuchen mit Wasser. Über
das Vorhandensein von Schleimsubstanz in dem Leinsamen und seine Zusammensetzung wurde schon S. 8 gesprochen. Der Leinkuchenbrei, welcher
sich beim Anrühren mit Wasser bildet, ist um so dünnflüssiger, je mehr
fremde Sämereien sich in dem Leinkuchen befinden. Man schreibt dem Schleim-
gehalte der Leinkuchen spezifische diätetische Wirkungen zu und empfiehlt
zur Beurteilung der Güte von Leinkuchen eine eigene Schleimprobe.

Diese besteht darin, daß 5 g des Futtermittels mit 100 ccm kochenden
Wassers in einem Becherglase angerührt werden und gleichzeitig ein Parallelversuch
mit einem notorisch reinen Leinkuchenmaterial gemacht wird. Ist der fragliche
Leinkuchen mit fremden Samen stark verunreinigt, so ist der gebildete Schleim
nicht von so zäher Konsistenz wie der Brei des reinen Standard-Kuchens.

Die Gegenwart von Leindotter in den zu untersuchenden Kuchen
läßt sich durch diese Probe allerdings nicht nachweisen, denn Leindotter
besitzt ebenso die Fähigkeit der Schleimbildung wie Lein, ja seine Wasser-

aufnahmsfähigkeit übersteigt sogar die des Leinsamens. Während letzterer nur das $2^3/_4$fache seines Gewichtes an Wasser aufzusaugen vermag, kann Leindottersamen das $4^1/_2$fache aufnehmen; der dabei gebildete Schleim ist aber nicht so zähe wie der von Leinsamen.

Die chemische Zusammensetzung der Leinkuchen, wie sie die Roh-futteranalyse ausweist, ist folgende[1]): Zusammen-setzung.

	Durchschnitt	Minimum	Maximum
Wasser	11,8 %	7,3 %	18,9 %
Rohprotein	28,7	16,9	37,8
Rohfett	10,7	3,7	22,0
Stickstoffreie Extraktstoffe	32,1	19,7	41,3
Rohfaser	9,4	5,0	18,8
Asche	7,3	4,71	15,76

Der Proteingehalt der Leinkuchen hängt sowohl von der mehr Rohprotein. oder minder guten Reinigung der Leinsaat vor dem Verarbeiten ab, als auch von der Provenienz derselben. Ein Blick auf die S. 7 gegebenen Zahlen zeigt, daß z. B. Ölkuchen aus Königsberger Saat weit geringeren Proteingehalt aufweisen müssen als Kuchen aus südrussischer Saat.

Th. Osborne und G. Campbell haben gefunden, daß von 100 Teilen des Leinkuchenstickstoffes 96,3 % Eiweißstoffe sind und nur 3,7 % auf Nichteiweißstoffe entfallen. (Vergleiche dagegen die auf Seite 8 gemachten Angaben über die Zusammensetzung des Rohproteins des Leinsamens.)

Der Fettgehalt der Leinkuchen richtet sich ganz und gar nach Rohfett. dem Gewinnungsverfahren. Einige kleine Ölpressen, wie sie unter dem Namen Bauernmühlen (siehe Seite 16) mitunter noch zu finden sind, pressen Leinsaat nur kalt und resultieren bei diesem Vorgange natürlich Kuchen von sehr hohem Ölgehalte; diese Produkte haben aber nur ganz lokales Interesse. Die auf den Weltmarkt kommenden Lein-kuchen stammen durchweg aus Großbetrieben und enthalten in der Regel 7 bis 12 % Fett.

Auffallend ist der niedere Gehalt des Leinkuchenfettes an freien Fettsäuren. Haselhoff[2]) hat in dieser Richtung eine Reihe von Unter-suchungen angestellt und gefunden, daß das Leinkuchenfett auch länger lagernder Kuchen in der Regel unter 7 % freier Fettsäure aufweist. Selbst Leinkuchen mit starker Schimmelbildung überschritten diese Grenze kaum und in einer Versuchsserie zeigte nur ein (sonderbarerweise aus gut gereinigter Saat hergestellter und frischer) Leinkuchen 2,09 % freie Fett-säure (auf das Kuchengewicht gerechnet), was einer Azidität des Lein-

---

[1]) Pott, Landw. Futtermittel, Berlin 1889, S. 477. (Diese Angaben schließen auch Analysen sehr unreiner, vielleicht gar gefälschter Leinkuchen ein.)

[2]) Landw. Versuchsstationen, 1892, Bd. 41, S. 70

kuchenfettes von $23,42 \%$ entsprach. Die geringe Neigung zur Selbstspaltung des Leinkuchenfettes deckt sich mit den analogen Eigenschaften
des Leinöles (S. 27).

Ein Schluß auf Frische der Kuchen läßt sich aus der Azidität des
Kuchenfettes bei Leinkuchen jedenfalls nicht ziehen.

Leinkuchen-
fett. R. A. van Ketel und A. C. Antusch[1] haben bei der Untersuchung
von Leinkuchenfetten, die durch Extrahieren von Leinpreßkuchen gewonnen wurden, Jodzahlen gefunden, welche von denjenigen des Leinöles stark abwichen. Die an diese Beobachtung geknüpfte Vermutung,
nach welcher die Leinkuchen des Handels mitunter durch Zugabe fremder
Öle mit Fett angereichert würden, entbehrt aber jeder Grundlage; ein
solcher Vorgang verbietet sich aus rein ökonomischen Gründen ganz
von selbst.

Die Unterschiede in der Zusammensetzung des Leinöles und des Leinkuchenfettes wurden durch die Untersuchungen von Mastbaum[2] sowie
von G. Faßbender und Kern[3] vollständig aufgeklärt. Mastbaum
zeigte, daß beim Pressen ölreicher Samen und Früchte (z. B. von Oliven) die
flüssigen Glyzeride besser ausfließen als die der festen (gesättigten) Fettsäuren,
so daß im Preßrückstande eine Anreicherung von letzteren stattfindet. G. Faßbender und G. Kern bewiesen experimentell, daß beim Auspressen von mit
Cruciferensamen verunreinigter Leinsaat das leichter flüssige Öl des Leinsamens vollständiger austritt als die dickerflüssigen Cruciferenöle. Da Leinsamen stets Cruciferensamen beigemengt enthält, muß das Fett der
Kuchen daher ein von dem des ausgepreßten Leinöles abweichendes Verhalten zeigen.

Extrakt-
stoffe und
Rohfaser. Der Gehalt an stickstofffreien Extraktstoffen und an Rohfaser
hängt zum Teil von der Reinheit der zur Verarbeitung gelangenden Saat
bzw. von der Intensität der Reinigung vor dem Pressen ab. Eine an
Stengelteilen und Spreu reiche Saat gibt Kuchen mit höherem Rohfasergehalt.

Noch mehr als der Gehalt an Extraktstoffen und Rohfaser ist der
Aschengehalt von der Reinheit der Saat abhängig. Ein Gehalt von über
8 bis 9% Asche in Leinkuchen deutet stets darauf hin, daß aus dem Preßgute die von der Erntearbeit herrührenden Sand- und Erdanteile nicht
genügend entfernt wurden. Eine besondere Ermittlung des Sandgehaltes
der Asche gibt hierüber deutlichen Aufschluß.

Die nachstehende Einzelanalyse der in den Leinkuchen enthaltenen
Mineralstoffe (nach Wolff) gibt ein Bild über die bei der Leinkuchenfütte-
rung erzielte indirekte Düngewirkung. Ein Leinkuchen mit $5,13 \%$ Asche
enthielt:

---

[1] Zeitschr. f. angew. Chemie, 1896, S. 581.
[2] Zeitschr. f. angew. Chemie, 1896, S. 719.
[3] Zeitschr. f. angew. Chemie, 1897, S. 331.

Kali	1,25 %
Natron	0,08
Kalk	0,43
Magnesia	0,81
Phosphorsäure	1,62
Schwefelsäure	0,17
Kieselsäure	0,64
Chlor	0,04

Der Wassergehalt der Leinkuchen soll 12 % nicht übersteigen. In Holland ist eine oberste Grenze von 14 % festgesetzt, weil man gefunden hat, daß Kuchen mit über 14 % Wasser leicht zur Schimmelbildung neigen, während wasserärmere ziemlich haltbar sind.

In Deutschland erfolgt der Handel mit Leinkuchen fast ausschließlich unter einer Gehaltsgarantie, und zwar wird in der Regel „Protein samt Fett" garantiert. Die Garantien schwanken zwischen 39—42 %.

Der Umstand, daß auf einigen wichtigen Handelsplätzen für Leinkuchen noch immer nicht die Garantie an Nährstoffen eingeführt ist, sondern die Ware nach bloßem Aussehen beurteilt und bezahlt wird, bringt es mit sich, daß die ehedem üppig blühenden Verfälschungen von Leinkuchen und Leinkuchenmehlen noch immer nicht ganz verschwunden sind. Als Fälschungsmittel werden benutzt: Reisspelzen, Buchweizenschalen, Baumwollsamenschalen, Kakao- und Kaffeeschalen, Leindotter-, Mohn- und Hanfkuchen, Johannisbrot, Eicheln, diverser Ausputz von Mahl- und Ölmühlen, Sand, Ton, Gips, Torf, Sägespäne und endlich auch Eierschalen, welch letztere in einem Leinkuchenmehle zu fast 50 % vorgefunden wurden.

Ver-fälschungen.

Auch Rizinusbohnen sowie deren Preßrückstände sollen mitunter den Leinkuchen und Leinkuchenmehlen zugemischt werden. Bei der allbekannten Giftigkeit der Rizinusprodukte liegt in solchen Fällen aber wohl keine absichtliche Beimengung vor, sondern die Vermengung ist vielmehr auf eine Unachtsamkeit der Arbeiter zurückzuführen, welche auf ein und denselben Pressen abwechselnd Rizinussaat und Leinsaat verpreßten.

Es ist nicht immer leicht zu unterscheiden, ob ein vorliegender unreiner Ölkuchen den Gehalt an Fremdkörpern ausschließlich einer sorglosen Arbeitsweise verdankt, oder ob absichtliche, auf Täuschung berechnete Zusätze vorliegen. Werden Leinkuchen nach einem bestimmten Gehalte an Nährstoffen gehandelt, so ist damit den meisten Fälschungen von vornherein ein Riegel vorgeschoben, weil größere Mengen der meisten der obengenannten Zusätze den Proteingehalt so bedeutend herabsetzen, daß dies in der chemischen Analyse zum Ausdruck kommen müßte. Mohn-, Hanf- und Leindotterkuchen mindern den Proteingehalt allerdings kaum herab, und Visser[1]) berichtet, daß man sogar durch Zusätze von Kleber eine künstliche Anreicherung der Leinkuchen an Pflanzeneiweiß versucht und derart präparierte Kuchen in den Handel gebracht habe.

Reinheits-grad. Die Holländer verlangen daher bei den Leinkuchen außer dem garantierten Gehalt an Protein und Fett sowie der Abwesenheit aller absichtlichen Beimengungen von Fremdsamen und sonstigen Zusätzen auch einen bestimmten Reinheitsgrad. Gewöhnlich wird dieser mit 95 % fixiert, d. h. es dürfen sich in 100 g Leinkuchen nur 5 g Fremdsamen und Verunreinigungen befinden. Das zur Kontrolle dieser Reinheitsgarantie ausgearbeitete System der Versuchsstation Wageningen[2]) läßt hinsichtlich Genauigkeit aber sehr viel zu wünschen übrig und versagt gänzlich, wenn die Zerkleinerung des Preßgutes eine entsprechend intensive war und alle Fremdsämereien zermahlen wurden.

Verdaulich-keit. Die Verdaulichkeit der in den Leinkuchen und Leinkuchenmehlen enthaltenen Nährstoffe ist von Fr. Stohmann, E. v. Wolff, G. Kühn und von Knieriem geprüft worden. Diese Forscher haben die nachstehenden Verdaulichkeitskoeffizienten gefunden[3]):

	Rohprotein	Rohfett	N - freie Extraktstoffe	Rohfaser
bei Ochsen	86,92	90,65	91,00	38,83
„ Ziegen	81,5	91,3	73,1	
„ Schafe	84,63	89,10	69,69	61,38
„ Kaninchen	86	93,4	76,0	28,0

Verwertung. Die Leinkuchen erfreuen sich von alters her bei den Viehzüchtern einer großen Beliebtheit. Man schreibt ihnen ausgeprägte diätetische Wirkungen zu und bezahlt daher die Leinkuchen und Leinkuchenmehle weit höher als andere Ölkuchen von gleichem Nährwert. Spezifische Wirkungen auf bestimmte Leistungen des tierischen Organismus können nach neueren Forschungen den Leinkuchen zwar nicht zugeschrieben werden, wohl aber steht es fest, daß ihr Genuß infolge ihrer wohltätigen Wirkung auf den Verdauungsapparat der Tiere deren Wohlbefinden in der besten Weise beeinflußt. Als Beifutter zu einem wenig anschlagenden und schwer verdaulichen Hauptfutter verabreicht, leisten die Leinkuchen daher recht Ersprießliches, wie sie auch bei kranken oder in der Ernährung zurückgebliebenen Tieren warm zu empfehlen sind; sie wirken in solchen Fällen verdauungsfördernd und appetitanregend. Bei Milchvieh sollen reichlichere Gaben die Konsistenz des Butterfettes etwas erhöhen.

Die Verabreichung der Leinsamenrückstände kann entweder trocken erfolgen oder in Form einer Tränke, welche man durch Anrühren der

---

[1]) Pharm. Weekbl., 1904, Nr. 31.
[2]) Landw. Versuchsstationen, 1892, Bd. 41, S. 90.
[3]) Böhmer, Kraftfuttermittel, Berlin 1903, S. 444.

zerkleinerten Leinkuchen mit Wasser herstellt; solche breiige Suppen werden besonders gerne an junge Tiere verabreicht.

Die Leinkuchen können an alle landwirtschaftlichen Nutztiere in bedeutenden Mengen verfüttert werden. Wenn sie bei Milchvieh auch keinerlei spezifische Wirkung auf das Laktationsvermögen ausüben, so tragen sie doch zu einer regelmäßigen Ernährung viel bei. Weniger als bei Milchviehfütterung eignen sich die Leinkuchen zum Mästen von Schweinen, zur Großzucht von Schafen usw., weil sie hier in den billigen, proteinreicheren Erdnuß- und Sesamkuchen scharfe Konkurrenten haben.

Zur Geflügelmast sind die Leinkuchen nicht recht zu empfehlen; sie erteilen dem Fleische dieser Tiere einen unangenehmen, firnisartigen Geschmack (siehe S. 465, Bd. I).

Ausgiebige Verwendung finden die Leinkuchen (hauptsächlich in Form von Leinkuchenbrei) auch als krafthebendes und heilendes Mittel bei allen Arten von kränkelnden Nutztieren.

Handels- und Produktionsverhältnisse. [1])

Die Leinölfabrikation nimmt in der Pflanzenölindustrie unbestritten den ersten Platz ein. Alljährlich werden 150 000—200 000 Waggon (à 10 000 kg) Leinsaat zu Öl verarbeitet und die Nachfrage nach Leinöl wird von Jahr zu Jahr lebhafter.

a) *Leinsaatproduktion.*

Leinsaat produzieren Rußland, Indien, Nordamerika und Argentinien; was die anderen Staaten an Leinsaat liefern, macht nur wenige Prozente der Welternte aus.

Wenn die von den einzelnen statistischen Zentralstellen angegebenen Ziffern richtig sind, so belief sich die Welternte an Leinsaat oder richtiger die Summe der in den vier Hauptproduktionsländern geernteten Mengen in den Jahren 1895—1904 auf: *Weltproduktion.*

Jahr	Tonnen
1895	1 497 500
1896	1 648 970
1897	1 174 535
1898	1 682 577
1899	1 407 149
1900	1 694 502
1901	1 806 615
1902	2 380 956
1903	2 562 096
1904	2 368 691

[1]) Daten über die für die wichtigeren Öle und Fette gültigen, in den verschiedenen Staaten herrschenden Zollverhältnisse bringt das Schlußkapitel von Band IV dieses Werkes.

In Tafel I sind die Schwankungen der Leinsaatwelternte in den Jahren 1892—1906 bzw. die von den vier Hauptproduktionsländern geernteten Leinsaatmengen nach Aufzeichnungen von Dornbusch graphisch dargestellt.

In dem Dezennium von 1886—1895 waren die Preise für Leinsaat ziemlich dieselben; die für den Leinsaathandel hauptsächlich in Betracht kommende Amsterdamer Börse notierte:

für 1000 kg Leinsaat im Jahre 1886 . . . . . . 232,50 Mark [1])
„   „   „   „   „   „   1887 . . . . . . 213,10 „
„   „   „   „   „   „   1888 . . . . . . 215,30 „
„   „   „   „   „   „   1889 . . . . . . 228,80 „
„   „   „   „   „   „   1890 . . . . . . 283,30 „
„   „   „   „   „   „   1891 . . . . . . 232,00 „
„   „   „   „   „   „   1892 . . . . . . 218,00 „
„   „   „   „   „   „   1893 . . . . . . 228,80 ..
„   „   „   „   „   „   1894 . . . . . . 205,20 „
„   „   „   „   „   „   1895 . . . . . . 200,50 „

In dem folgenden Jahrzehnt war die Preisschwankung weit lebhafter und sei in dieser Beziehung auf Tafel II verwiesen, welche die Schwankungen in den Notierungen für Leinsaat graphisch zeigt.

Die verschiedenen Länder nehmen an der Welternte von Leinsaat wie folgt teil:

Rußland.

Leinsaat-
produktion
Rußlands

Die nicht fehlerfreie Statistik des russischen Reiches bringt es mit sich, daß die Ernteschätzungen und Ausfuhrziffern in keine rechte Übereinstimmung mit den Werten jener Staaten gebracht werden können, die russische Saat importieren. Die russische Leinanbaufläche und Ernte betrug:

Jahr	Desjatinen [2])	Millionen Pud [3]) Gesamternte	Tonnen
1892 . . .	—	14,5 oder	237 510
1893 . . .	—	22,6	370 248
1894 . . .	—	25,1	411 138
1895 . . .	—	34,8	571 024
1896 . . .	2 036 068	56,6	927 768
1897 . . .	2 128 621	40,4	661 752
1898 . . .	1 990 340	46,2	757 356
1899 . . .	735 207	12,6	213 448
1900 . . .	1 622 282	33,8	553 644
1901 . . .	1 634 710	26,2	429 756

[1]) Im Jahre 1864 kostete eine Tonne Leinsaat in Elbing 210 Mark, in Berlin 266 Mark, in Stettin 383 Mark.
[2]) Eine Desjatine = 1,0925 ha.
[3]) Ein Pud = 16,38 kg.

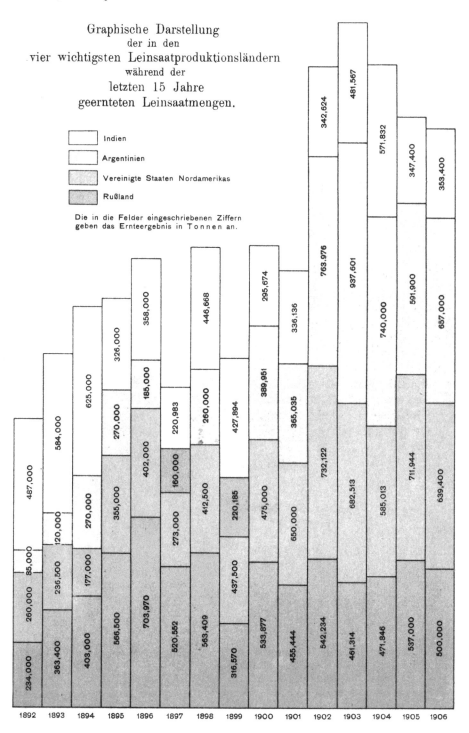

Graphische Darstellung
der in den
vier wichtigsten Leinsaatproduktionsländern
während der
letzten 15 Jahre
geernteten Leinsaatmengen.

Indien

Argentinien

Vereinigte Staaten Nordamerikas

Rußland

Die in die Felder eingeschriebenen Ziffern
geben das Ernteergebnis in Tonnen an.

Von der Gesamternte kommen ungefähr $30\,\%$ für Aussaatzwecke in Abzug, das restliche Quantum ist für die Ölfabrikation verfügbar.

Nach anderen Aufzeichnungen, welche sich mit den obigen nicht decken, aber zuverlässiger sein dürften, hat Rußland produziert:

im Jahre	Tonnen
1895	566000
1896	703970
1897	520552
1898	563409
1899	316570
1900	533877
1901	455444
1902	542234
1903	461314
1904	471846

Im allgemeinen kann man die durchschnittliche Produktion Rußlands in Jahren mit halbwegs normaler Anbaufläche auf ca. 25 Millionen Pud = 400000 Tonnen Leinsaat schätzen.

Für den russischen Leinsaathandel kommen in Betracht: das durch die Provinzen Livland, Pskow, Smolensk, Twer, Wjatka, Kowno, Witebsk, Kostroma, Jaroslawl, Wladimir, Nishnij-Nowgorod und Perm sich hinziehende Flachsgebiet, die Gegenden des nördlichen Kaukasus, das Dongebiet und Südrußland.

Der Flachsanbau wird meist von dem kleinbäuerlichen Stand betrieben und unterliegt in den verschiedenen Jahren nur relativ geringen Schwankungen; die Leinsaat wird dabei als Nebenprodukt gewonnen, die Faser ist Hauptprodukt. Eigentlicher Schlaglein wird bloß von einigen Großproduzenten angebaut. Aus den obengenannten Anbauflächen der Periode 1892—1901 ist das bedeutende Auf- und Niedergehen der russischen Leinkultur zu ersehen; es gibt wohl kaum einen zweiten Fall, wo der Einfluß schlechter Preise auf die künftige Anbaufläche so stark zutage träte wie hier.

Die Leinausfuhr ist einer der wichtigsten Posten in Rußlands Ausfuhrliste. Der Export an Leinsaat betrug:

Russische
Lein-
ausfuhr.

im Jahre	Tonnen
1895	367084
1896	481071
1897	460238
1898	220270
1899	182337
1900	206384
1901	55377
1902	72087
1903	133257
1904	76660

Davon erhielt Deutschland allein:

im Jahre	Tonnen	Wert Millionen Mark
1895	123130	20,2
1896	169010	26.2
1897	172710	27,6
1898	106100	19,4
1899	101650	20,4

Indien.

Leinsaat- ernte Indiens. Die alten Leinkulturen Indiens sind eher in Rückgang als in Weiter-entwicklung begriffen, zumal der indischen Leinsaat in der argentinischen auf dem Weltmarkte ein gefährlicher Konkurrent erstanden ist. Die indische Ernte an Leinsaat betrug in den letzten Jahren:

Erntejahr	Tonnen
1894/5	326000
1895/6	358000
1896/7	220983
1897/8	446668
1898/9	427894
1899/1900	295674
1900/1	336136
1901/2	342624
1902/3	481567
1903/4	571832
1904/5	347400

Indische Leinsaat- ausfuhr. Der Konsum Indiens selbst ist sehr gering; es existieren zwar einige Ölmühlen, die teils mit dem bekannten „Kolhu", teils auch mit modernen Pressen arbeiten, doch vermögen diese Betriebe bisweilen nicht den Inlands-bedarf an Leinöl zu decken. Der Export[1]) an indischer Leinsaat betrug:

Jahr	Tonnen
1832	0,4
1850	31175
1895/6	281414
1896/7	182387
1897/8	212048
1898/9	446691
1899/1900	385475
1900/1	258089
1901/2	329100
1902/3	310221
1903/4	423893
1904/5	570536

---

[1]) Bisweilen überschreiten die Exportziffern das Ernteergebnis der betreffen-den Jahre; in diesen Fällen sind eben die aufgestapelten Leinsaatmengen früherer Erntejahre gleichfalls ausgeführt worden.

Dieser Export Britisch-Indiens verteilt sich auf die beiden Provenienzen (Bombay- und Calcuttasaat) wie folgt:

Jahrgang	Bombay Tonnen	Kalkutta Tonnen	Zusammen Tonnen
1895/6	136678	144736	281414
1896/7	44385	138002	182387
1897/8	57200	154848	212048
1898/9	145414	301277	446691
1899/1900 . . .	95364	290111	385475
1900/1	48696	209393	258089
1901/2	88957	240143	329100
1902/3	99909	210312	310221
1903/4	151714	272179	423893
1904/5	220757	349781	570538

Der Leinmarkt Kalkuttas wird von den nachstehenden Zentren bedient:

Arrah	Lucknow
Bettia	Mirzapur
Bhagalpur	Monghir
Binki	Muzaffarpur
Chatisgarh	Nakra
Chota Nagpur	Nawabganj
Darbhanga	Revelganj
Gaya Sahibganj	Roshra
Jabalpur	Sakhpur
Khankra	Sirsa
Lohardaga	Sitamarhi,

welche mittelkörnige und kleinkörnige Saat liefern, während

Chogdah	Midnapur
Cutwa	Pabna
Jiaganj	Sirajganj
Krishnaganj	Santipur
Kushtia	

nur kleinkörnige Leinsaat (Calcutta petits grains) auf den Markt bringen.

Der Bombay-Markt wird von den Zentralprovinzen und den nordwestlichen Distrikten versorgt.

Vereinigte Staaten.

Flachs wird in Amerika schon seit dem Jahre 1600 gebaut, doch schenkte man lange Zeit nur dessen Faser Beachtung. Erst als die Baumwollkultur ihren Aufschwung genommen hatte und die Verwendung der Flachsfaser immer mehr und mehr zurückgedrängt wurde, wendete man der Leinsaat Aufmerksamkeit zu.

Nach einer Schätzung das Washingtoner statistischen Bureaus betrug die in den Vereinigten Staaten geerntete Leinsaatmenge:

Jahrgang	Tonnen
1895[1])	355 000
1896	402 000
1897	273 000
1898	412 500
1899	437 500
1900	475 000
1901	650 000
1902	732 122
1903	682 513
1904	585 013

Man kann zwei Ernterayons unterscheiden: die „nordwestliche Ernte" (Northwestern crop), welche die Staaten Illinois, Indiana, Iowa, Minnesota, North- und South Dakota, Iowa und Wisconsin betrifft, und die „südwestliche Ernte" (Southwestern crop), welche von den Staaten Missouri, Kansas, Nebraska und den Territorien Oklahoma und Indian Territory besorgt wird. Die nordwestliche Ernte überflügelt die südwestliche mehr und mehr, was aus nachstehender Zusammenstellung hervorgeht:

Nordwestliche Ernte:

	1879	1889	1899	1902	
Kentucky . .	2 192	1 321	10	—	Bushels [2])
Ohio	593 217	145 557	29 821	—	„
Indiana . . .	1 419 172	17 566	1 394	—	„
Illinois . . .	1 812 438	35 013	4 336	—	„
Iowa	1 511 131	2 282 359	1 413 380	770 250	„
Wisconsin . .	547 104	68 227	140 765	496 100	„
Minnesota . .	98 689	2 721 987	5 895 479	6 942 000	„
South Dakota ⎱	26 757	1 801 114	2 452 528	3 206 250	„
North Dakota ⎰		164 319	7 766 610	15 552 000	„
Zusammen	6 010 700	7 237 463	17 704 323	26 966 600	Bushels

Südwestliche Ernte:

	1879	1889	1899	1902	
Missouri . .	379 535	450 831	611 888	328 500	Bushels
Kansas . . .	513 616	994 127	1 417 770	1 217 280	„
Nebraska . .	77 805	1 401 104	54 394	116 000	„
Indian Territory	—	—	15 060	42 000	„
Oklahoma . .	—	—	5 050	152 460	„
Zusammen	970 956	2 846 062	2 104 162	1 856 240	Bushels
Andere Staaten [3])	189 295	166 885	171 007	462 040	Bushels
Gesamternte	7 170 951	10 250 410	19 979 492	29 284 880	Bushels

[1]) Die Jahrgänge beginnen mit dem 1. Juli und endigen mit dem 30. Juni.
[2]) Ein Bushel = 25,4 kg.
[3]) Die „anderen Staaten" des letzten Jahres schließen nur Montana, Idaho, Oregon und Kalifornien ein.

Die Entwicklung des Anbaues in dem nordwestlichen Teile des Landes hat ihren Grund in der wesentlich besseren Saatqualität.

Ursprünglich war sämtliche amerikanische Leinsaat ölärmer und daher minderwertiger als die europäische. Im Südwesten ist dies auch heute noch der Fall; im Nordwesten hat man bei der Aufnahme des Leinanbaues Versuche mit russischer Saat gemacht und dadurch ein weit ölreicheres Korn erzielt, welches im Handel den Vorzug genießt. Man rechnet bei der kleinkörnigen Saat des Südwestens auf eine praktische Ölausbeute von 29,5 %, bei der großkörnigen der Nordweststaaten von 33,5 %.

Die Unionstaaten weisen einen bedeutenden Selbstkonsum an Leinsaat auf.

Neben einem bedeutenden Export ist eine Einfuhr von Leinsaat zu konstatieren, welche in den Jahren 1895 und 1896 die Ausfuhr überstieg; in der Regel beträgt aber der Import nur ein Zehntel oder die Hälfte des Exportquantums und die im Inlande verarbeitete Leinsaat macht durchschnittlich 85—90 % der jeweiligen Jahresernte aus.

Die Ausfuhrziffern der letzten Jahre belaufen sich auf:

Leinsaat-
ausfuhr der
Vereinigten
Staaten.

Jahr	Tonnen
1897	117825
1898	6425
1899	70775
1900	52053
1901	72834
1902	88585
1903	18640
1904	180

Argentinien.

Leinsaat-
ernte Argen-
tiniens.

Die Leinsaatproduktion dieses Landes hat in dem letzten Dezennium eine enorme Steigerung erfahren. Die schätzungsweise ermittelten Ernteergebnisse betrugen:

im Jahre	Tonnen
1898	260000
1899	220185
1900	389951
1901	365035
1902	763976
1903	937601
1904	740000

Für den Leinbau kommen insbesondere die Provinzen Buenos Aires, Santa Fé, Cordoba und Entre Rios in Betracht; ihre Anbaufläche betrug im Jahre 1895/6:

Buenos Aires . . . . 263 000 ha
Santa Fé . . . . 498 000 „
Cordoba . . . . 118 000 „
Entre Rios . . . . 135 000 „

Zusammen 1 014 000 ha,

während in ganz Argentinien 1 021 600 ha mit Lein bebaut waren. Auf
alle anderen Provinzen entfällt somit nur die kleine Fläche von 7 600 ha.

Argen-
tinische
Leinsaat-
ausfuhr.

Die unter dem Namen „La Plata-Saat" gehandelte argentinische Leinsaat wird nur zu 5—10% im Produktionslande selbst verarbeitet, der Rest
gelangt zum Export. Dieser betrug in der Periode 1895—1904:

Jahr	Tonnen
1895	255 249
1896	230 000
1897	169 002
1898	142 442
1899	230 550
1900	213 868
1901	372 264
1902	343 544
1903	626 168
1904	904 476

Nach den Berichten des deutschen Generalkonsulats in Buenos Aires verteilte sich in den Jahren 1902—1904 die Leinsaatausfuhr Argentiniens auf die
einzelnen Staaten wie folgt:

	1902	1903	1904	
Afrika . , ...	2 069	—	1 313	Tonnen
Deutschland	42 770	86 332	103 341	„
England	63 888	93 404	76 0··	„
England (an Order)	15 422	54 214	162 035	„
Frankreich	26 556	59 260	54 562	„
St. Vincent, Madeira (an Order)	108 526	137 434	328 818	„
Spanien	64	348	626	„
Las Palmas (an Order) . . .	4 559	28 683	15 071	„
Belgien	32 997	85 501	66 135	„
Holland	26 615	61 140	50 948	„
Italien	2 981	3 874	3 261	„
Österreich	—	1 240	—	„
Brasilien	17	32	892	„
Uruguay	10	—	—	„
Schweden und Norwegen . .	—	—	785	„
Rumänien	—	—	1 510	„
Nordamerika und andere Staaten	17 070	14 706	38 515	„
Zusammen	343 544	626 168	904 476	Tonnen

Der Hauptkonsument für argentinische Leinsaat ist Deutschland. Da ein großer Teil der für die deutschen Ölmühlen bestimmten Verladung nicht direkt nach den deutschen Häfen geht, sondern die für Mannheim und den Niederrhein bestimmten Saatmengen nach Antwerpen, Rotterdam und Amsterdam ihren Kurs nehmen (also in der Statistik unter Belgien und Holland erscheinen) und auch viele Verschiffungen an Order[1] stattfinden, so gibt der statistische Verschiffungsausweis kein richtiges Bild über den großen Verbrauch Deutschlands von La Plata-Leinsaat.

Der Durchschnittspreis betrug nach den Mitteilungen des argentinischen Landwirtschaftsministeriums in der Periode 1898—1903 pro 100 kg ab den dortigen Häfen:

Jahrgang	Papier-pesos	Gold-pesos	Durchschnitt-liches Goldagio
1898/9	8,04	3,57	225,18
1899/1900 . . .	11,50	4,96	231,68
1900/1	12,22	5,25	292,83
1901/2	12,52	5,32	235,47
1902/3	8,57	3,77	227,27

Deutschland.

Über die deutsche Leinsaaternte liegen seit dem Jahre 1883 keine genauen statistischen Daten vor. Im letztgenannten Jahre wurde eine Fläche von 108 297 ha mit Flachs bebaut, was einer Saaternte von ca. 50 000 t entsprochen haben würde, wenn alle Kulturen der Saatgewinnung gedient hätten. Heute ist der Flachsbau stark zurückgegangen und kommt deutscher Leinsaat nur ein lokales Interesse zu; sie vermag den Bedarf Deutschlands an diesem Produkte auch nicht annähernd zu decken.

Deutsch-land.

Frankreich.

Auch dieses Land zeigt einen auffallenden Rückgang im Flachsbau. Während die Leinanbauten im Jahre 1870 eine Fläche von 98 240 ha einnehmen, waren 1898 nur noch 25 300 ha mit Leinsaat bebaut. Die französische Ernte an Leinsaat betrug in den Jahren:

Frankreich.

1897	14 700	Tonnen
1898	10 000	„
1899	9 650	„
1900	13 600	„
1901	17 100	„

Dieses Quantum genügt natürlich für die französischen Leinölmühlen auch nicht annähernd, weshalb ein bedeutender Import in Leinsaat stattfindet.

---

[1] Orderhäfen für Dampfer sind St. Vincent, Las Palmas, Madeira, für Segler Queenstown, Plymouth, Falmouth.

Belgien und Holland

produzieren heute relativ größere Mengen Leinsaat als Deutschland und Frankreich, doch kommen diese Quanten wie auch die in

Österreich-Ungarn, Italien

und den anderen europäischen Staaten geernteten Mengen gegenüber der großen Produktion von Indien, Rußland, Argentinien und den Vereinigten Staaten kaum in Betracht.

b) Leinsaatverarbeitung und Leinsaatprodukte.

Von den vier Leinsaat-Hauptlieferanten haben nur die Unionstaaten einen größeren Eigenbedarf zu decken; die übrigen drei Länder werfen fast ihre ganze Produktion auf den Weltmarkt. Die

Vereinigten Staaten Nordamerikas

verarbeiteten nach einer Schätzung des Washingtoner statistischen Bureaus folgende Mengen Leinsaat:

im Jahre	Bushels
1892	15 672 000
1893	9 379 000
1894	8 548 000
1895	11 665 000
1896	15 584 000
1897	12 774 000
1898	12 377 000
1899	13 651 000
1900	17 304 000
1901	16 447 000
1902	21 857 000
1903	25 266 000

Es ist naheliegend, daß bei der großen Eigenproduktion des Landes von Leinsaat das verarbeitete Quantum größtenteils inländischer Herkunft ist. Die Einfuhr an Leinsaat ist heute nur noch unbedeutend.

Die Leinölindustrie der Vereinigten Staaten wurde in den zwanziger Jahren des verflossenen Jahrhunderts begründet.

Die Mühlen befanden sich zu jener Zeit hauptsächlich in zwei Distrikten: einem längs der Küste des Atlantischen Ozeans, wo ihnen das Rohmaterial teils von der Umgegend, teils vom Auslande, insbesondere von Indien, geliefert wurde, und dem anderen in dem Miami-Tale im Staate Ohio, mit der Stadt Dayton als Mittelpunkt, wo die Mühlen ausschließlich heimischen Samen verarbeiteten.

Durch die Verlegung des Leinbaues nach dem Nordwesten sind auch die Leinölmühlen allmählich in diese Gegenden gewandert; die an der atlantischen Küste gelegenen gingen fast alle ein und nur wenige konnten sich halten, so z. B. die zu den ältesten Betrieben zählende, 1824 gegründete Leinölmühle von Kellogg und Miller in Amsterdam im Staate New York.

Die Leinölgewinnung vollzieht sich in Nordamerika heute ausschließlich im Großbetrieb; im ganzen existierten im Jahre 1903 22 Firmen der Leinölbranche, welche 40—50 Mühlen besaßen, die sich in Minneapolis, Chicago, Buffalo, Toledo, Cleveland, South Bend und weiter im Osten, besonders in New York, befanden. Im südwestlichen Anbaugebiete liegen noch Mühlen in Fredonia (Kansas), Kansas City und St. Louis. Der größte Teil der Fabriken ist Eigentum der American Linseed Co., der Nachfolgerin der in Konkurs geratenen National Linseed Co.; erstere ist auch die Schöpferin des amerikanischen Leinöltrusts.

Die Gesamtleinölproduktion der Vereinigten Staaten schätzt man auf 50 Millionen Gallonen, wovon drei Viertel in den Betrieben in Minneapolis, Chicago, Buffalo und New York erzeugt werden. Die Mühlen erfahren keine volle Ausnützung, sondern arbeiten meist nur 250 Tage im Jahre. Ihre volle Leistungsfähigkeit würde ungefähr 65 Millionen Gallonen im Jahre betragen. Nur eine einzige Fabrik arbeitet mittels Extraktion, alle anderen nach dem Preßverfahren[1]).

Die Gesamtzahl der in den amerikanischen Ölfabriken Lein verarbeitenden Pressen beträgt gegen 600; davon entfallen auf das Territorium Chicago 145, auf Minneapolis 118, auf Buffalo 187, auf New York 108.

Die amerikanische Leinölausfuhr ist verschwindend; sie betrug z. B.

Jahr	Gallonen	Wert in Dollars
1900/1 . . .	85000	56729
1901/2 . . .	91673	61055
1902/3 . . .	146051	79390

Es ist jedoch garnicht ausgeschlossen, daß die Amerikaner auch Exportgelüste anwandeln; ihre reichlichen Saaternten schließen den Erfolg solcher Versuche nicht aus. Gegen auswärtige Konkurrenz ist die nordamerikanische Leinölindustrie hinreichend geschützt, denn nach § 37 des Dingley-Tarifes vom 24. Juni 1897 ist für „rohes, gekochtes oder oxydiertes Flachs- oder Leinöl ein Zoll von 20 Cents pro 1 Gallone von 7,5 Pfund" zu zahlen.

Die Leinkuchen haben in Amerika verhältnismäßig wenig Eingang gefunden; die Union konsumiert kaum den vierten Teil ihrer Produktion, mehr als drei Viertel wandern ins Ausland. Im Jahre 1901/2 wurden von

---

[1]) Seifensiederztg., Augsburg 1903. S. 836.

einer Jahreserzeugung von 745 Millionen Pfund 503 Millionen Pfund ausgeführt, wovon auf

> Belgien . . . . 148,2 Millionen Pfund
> Holland 136,7   ,,   ,,
> England 98,3   ,,   ,,
> Deutschland und Frankreich 60,0   ,,   ,,

entfielen.

Deutschland.

Leinöl-
industrie
Deutsch-
lands.

Die Verarbeitung Deutschlands an Leinsaat schätzte man

> im Jahre 1891 auf 142 420 Tonnen
>   ,,   ,,   1900 ,, 250 000   ,,

Die Ziffern stellen nur die Differenz zwischen Export und Import
von Leinsamen dar, nehmen also auf die Inlandsernte keine Rücksicht
und sind daher gewiß zu niedrig gegriffen.

Über die Art der Verproviantierung der deutschen Leinölmühlen gibt
die untenstehende Tabelle ein klares Bild; man sieht daraus, daß in den
letzten Jahren argentinische Leinsaat die Oberhand gewonnen hat.

Bei der deutschen Ausfuhr von Leinsaat, die sich im Jahre 1900
z. B. mit 1106 Tonnen auf Belgien, 1186 Tonnen auf Dänemark, 9073 Tonnen
auf Großbritannien, 2177 Tonnen auf Holland, 1892 Tonnen auf Österreich-
Ungarn usw. verteilte, handelt es sich wohl ausschließlich um Durchfuhr
russischer Saat.

Trotz der bedeutenden heimischen Leinölproduktion importiert Deutschland noch immer respektable Mengen von Leinöl, wenngleich die Einfuhrziffern in den letzten 15 Jahren stark zurückgegangen sind.

Die Einfuhr von

	1890	1891	1892	1893	1894	1895
Aus Belgien kommend . .	7 726	11 562	6 137	7 127	5 666	3 775
Niederlande	36 165	36 174	14 883	17 650	16 110	11 202
Österreich-Ungarn	4 613	4 328	4 761	4 492	4 525	4 264
Rumänien.	12	407	165	55	76	125
Rußland.	57 212	72 818	63 581	54 017	70 774	123 129
Britisch-Ostindien	5 010	23 505	32 912	42 007	68 090	49 048
Argentinien.	6 864	2 798	3 089	6 890	13 730	26 815
Vereinigte Staaten	61	30	2 833	6 344	895	351
Totalimport	118 896	156 914	137 441	143 699	183 720	220 398
im Werte von	23,4	32,3	28,0	28,8	35,1	38,5
wogegen die Ausfuhr betrug	18 272	14 485	15 955	11 866	15 075	20 460
im Werte von	3,6	2,9	3,1	2,3	2,9	3,3

So importierte Deutschland:

im Jahre	Tonnen Leinöl	Wert Millionen Mark
1890	35718	13,9
1891	37385	14,6
1892	37353	11,3
1893	35546	11,7
1894	28219	9,2
1895	19836	6,5
1896	19693	5,7
1897	15179	3,6
1898	10994	2,9
1899	7105	2,1
1900	6520	2,0
1901	5243	2,4
1902	3687	1,6
1903	6642	2,3
1904	4456	1,2
1905	3355	0,9

An diesen Einfuhrmengen war ehedem England am stärksten beteiligt; jetzt sind die Niederlande der hauptsächlichste Lieferant, erst dann kommen Großbritannien und Belgien.

Die Ausfuhr von Leinöl ist unbedeutend, sie betrug:

im Jahre	Tonnen	Wert in Mark
1900	136	68000
1901	104	52000
1902	465	228000
1903	100	37000
1904	49	16000
1905	126	38000

Leinsaat betrug:

1896	1897	1898	1899	1900	1901	1902	1903	
1598	1550	1928	1676	1653	269	8332	1656	Tonnen
20390	25064	23389	15556	14702	9801	23927	69888	,,
4098	2071	2317	1888	3372	2706	21226	2843	,,
625	38	118		490	1798	56938	11377	,,
169010	172710	106106	101654	107523	58953	469985	491500	,,
69834	50841	99927	114275	80405	66368	1125360	746703	,,
19242	7307	30328	22938	41013	74587	1510105	843375	,,
2764	2464	5472	8048	17966	21737	49408	252364	,,
289388	262254	269946	266019	267571	236930	3315050	2459599	Tonnen
47,2	44,9	50,6	4,49	55,2	63,5	66,0	64,2	Mill. Mk.
22629	20932	8107	11185	17646	9129	106608	70793	Tonnen
3,7	3,6	1,5	2,2	3,5	2,5	2,1	1,8	Mill. Mk.

4*

Der deutsche Handel mit Leinkuchen läßt sich an Hand der statistischen Ausweise nur schwer verfolgen; die Aufzeichnungen werden nämlich nicht für Leinkuchen gesondert geführt, sondern man faßt Ölkuchen aller Art zusammen. Den Leinkuchen dürfte dabei aber ein beträchtlicher Prozentanteil zufallen.

Die Ölkucheneinfuhr Deutschlands betrug:

Jahr	Tonnen	Wert Millionen Mark
1898	479508	53,16
1899	480634	54,15
1900	499615	60,85
1901	535631	61,03
1902	487381	58,47
1903	502742	57,11
1904	558558	64,64
1905	583107	74,29

während in der gleichen Periode ausgeführt wurden:

Jahr	Tonnen	Wert Millionen Mark
1898	120116	14,54
1899	140354	15,55
1900	140350	15,68
1901	136075	15,92
1902	149127	15,04
1903	170213	16,82
1904	198204	21,35
1905	180439	23,26

Österreich-Ungarn.

Leinöl-industrie Österreich-Ungarns.   Die österreichische Leinölindustrie hat erst in den letzten Jahren einen bemerkenswerten Aufschwung genommen. Der im Lande selbst produzierte, zur Ölfabrikation verwendete Leinsamen wird kaum einige tausend Tonnen betragen; die Einfuhrziffern geben daher ein ziemlich zuverlässiges Bild über die Entwicklung dieses Industriezweiges.

Es wurden importiert:

im Jahre	Tonnen Leinsaat	Wert Millionen Kronen
1890	3546	0,85
1900	18662	4,29
1901	18863	5,28
1902	17567	4,80
1903	43489	9,58
1904	51897	10,64
1905	27220	6,05

während die Ausfuhr nie 4000 Tonnen erreichte.

Der größeren Inlandsproduktion entsprechend, ist seit dem Jahre 1902 die Einfuhr von Leinöl zurückgegangen. Es wurden eingeführt:

im Jahre	Tonnen Leinöl	Wert Millionen Kronen
1880	5156	3,30
1890	8100	4,86
1900	6423	4,67
1901	6588	4,72
1902	7953	5,86
1903	4966	2,85
1904	3925	1,62
1905	4371	1,90

Die Leinkuchen, welche Österreich-Ungarn produziert, finden in der Monarchie nicht genügenden Absatz und werden zum größten Teile exportiert (England, Holland, Deutschland).

Frankreich.

Der französischen Leinölindustrie wird nur ein bescheidenes Quantum Rohmaterial von der einheimischen Landwirtschaft geliefert. Es findet daher ein bedeutender Import an Leinsaat statt, welchem nur eine geringe Ausfuhrmenge gegenübersteht. Die Ziffern betrugen in den Jahren: *Leinöl-industrie Frankreichs,*

	Einfuhr Tonnen	Ausfuhr Tonnen
1897	157000	3600
1898	123000	3050
1899	140000	1690
1900	116000	7640
1901	120000	11900
1902	112700	3200
1903	130000	3500
1904	168636	4776
1905	156642	3646
1906	143977	3782

Der Verkehr in Leinöl stellte sich in Frankreich wie folgt:

	Einfuhr Tonnen	Ausfuhr Tonnen
1904	532	2468
1905	587	2524
1906	622	3173

Holland.

Die Leinölindustrie Hollands ist eine der bedeutendsten des Landes. Sie findet hier einen sehr günstigen Boden vor, weil in keinem Lande der *Hollands.*

Welt der Leinkuchen so geschätzt und so gut bezahlt wird wie in Holland. Wie absurd es auch klingt, so hat dennoch der oft gehörte Ausspruch, nach welchem bei den holländischen Ölmühlen der Kuchen Hauptprodukt und das Öl Nebenprodukt bedeutet, eine gewisse Berechtigung.

Im Jahre 1886 wurde nach Holland für rund 14 Millionen Gulden Leinsaat eingeführt, wovon ein Quantum im Werte von 2 Millionen Gulden wieder exportiert wurde. In der Periode 1897—1902 stellte sich die Ein- und Ausfuhr von Leinsaat folgendermaßen:

	Einfuhr Tonnen	Ausfuhr Tonnen
1897	260 000	122 200
1898	244 200	98 400
1899	236 000	101 000
1900	203 800	98 600
1901	192 300	82 300
1902	217 250	82 000

Die aus diesen Saatmengen erzeugten Kuchen genügen den relativ kleinen Niederlanden noch lange nicht zur Deckung ihres Konsums und es werden noch stattliche Mengen Leinkuchen aus den europäischen Industriestaaten und Amerika importiert.

Der Ölkuchenimport, von dem $^3/_4$ auf Leinkuchen entfallen, betrug:

im Jahre	Tonnen	Wert Millionen Gulden
1900	170 761	10,24
1901	194 438	11,70
1902	209 323	12,56
1903	216 348	12,98
1904	224 946	13,50
1905	231 764	24,77

Das in Holland produzierte Leinölquantum vermag das Land jedoch nicht aufzunehmen; es wurden davon exportiert:

im Jahre	Tonnen	Wert Millionen Gulden
1900	22 214	5,11
1901	23 752	5,46
1902	22 621	5,20
1903	24 895	5,73
1904	19 889	4,57
1905	25 260	5,81

Rußland.

Leinöl-
industrie
Rußlands.

Kaum 10 % der in Rußland geernteten Leinsaat werden daselbst auch gepreßt. Im Jahre 1893 wurden in 110 Ölschlägereien 1 313 240 Pud oder 22 100 Tonnen Öl im Werte von 5 381 120 Rubel gewonnen. Jüngere

Daten werden leider nicht angeführt. Die größten Leinölschlägereien befinden sich in St. Petersburg (Produktion 275000 bis 325000 Pud jährlich), Riga (250000 Pud) und Smolensk (250000 Pud).

England.

Die bedeutende englische Leinölindustrie bezieht ihr Rohmaterial hauptsächlich aus Indien, Argentinien und Rußland.

Leinöl-industrie Englands.

England empfing aus:

Jahr	Britisch-Indien	Argentinien	Nord-amerika	Rußland	Zusammen Tonnen
1895 . . .	106270	137733	755	105012	349770
1896 . . .	134215	141155	48884	133108	457362
1897 . . .	101475	80698	28675	138172	349020
1898 . . .	182272	48729	24143	46643	301787
1899 . . .	161888	66662	33342	52251	314143
1900 . . .	138909	86202	12305	72380	309796
1901 . . .	136271	123412	10364	23424	293471
1902 . . .	130100	146038	25752	19651	321541
1903 . . .	143873	226636	5713	43432	419654
1904 . . .	193186	281949	180	30677	505992

Dabei war die folgende Leinölbewegung zu verzeichnen:

Jahr	Einfuhr		Ausfuhr	
	Tonnen	Wert in £	Tonnen	Wert in £
1900			19694	588866
1901	Nicht statistisch		21024	661448
1902	ermittelt		20743	655082
1903			22142	563716
1904	3136	55784	34112	641359
1905	9117	163700	29099	558187

Für Leinkuchen ist England sehr aufnahmsfähig; es führt diesen Artikel aus Deutschland, Österreich, Amerika und Frankreich ein.

c) Preisverhältnisse.

Der Preis des Leinöls zeigt im Laufe der letzten drei Jahrzehnte eine fallende Tendenz; der Leinkuchenpreis und der Wert der Leinsaat haben sich im großen und ganzen wenig verändert, doch sind bei allen Produkten der Flachspflanze sehr bedeutende Preisschwankungen innerhalb kurzer Zeiträume an der Tagesordnung.

Ein Bild über die Preisverhältnisse in dem Zeitraume von 1879 bis 1895 gibt die umstehende Tabelle [1]), welche die Preise in Mark für 100 kg Leinöl, Leinkuchen und Leinsaat verzeichnet:

---

[1]) Seifenfabrikant, 1901, S. 791.

| Jahr | Leinölpreis | | | Hamburg (Leinkuchen) | Amsterdam (Leinsaat) |
	Paris	Amsterdam	Hamburg (unverzollt)		
1879	—	—	56,81	15,34	—
1880	—	—	57,64	18,36	—
1881	—	—	55,12	17,98	—
1882	—	—	50,52	16,19	—
1883	—	—	43,52	15,17	—
1884	—	—	42,58	16,05	—
1885	—	—	46,51	15,95	—
1886	41,8	38,5	43,80	14,70	23,25
1887	40,5	39,0	43,86	13,72	21,31
1888	42,2	35,7	40,10	13,62	21,53
1889	43,7	37,8	42,63	14,97	22,88
1890	45,9	43,0	48,89	14,41	28,33
1891	42,9	39,2	44,74	14,33	23,20
1892	38,0	33,8	39,62	15,26	21,80
1893	40,7	38,3	43,42	14,62	22,88
1894	39,9	37,5	42,69	13,35	20,52
1895	39,7	37,3			20,05

Das kaiserliche statistische Amt in Berlin schätzt in den letzten Jahren alljährlich die Durchschnittspreise der verschiedenen Ölsaaten, wobei es auch auf die Preisdifferenz der einzelnen Provenienzen Rücksicht nimmt. Geben diese Schätzungen auch keine absolut genauen Ziffern, so seien die für die Jahre 1897—1902 ermittelten Werte dennoch hier wiedergegeben:

Provenienz der Leinsaat	1897	1898	1899	1900	1901	1902
Belgien	16,—	18,—	21,50	26,50	27,—	25,—
Großbritannien	17,—	19,—	—	26,50	28,—	27,—
Niederlande	16,50	18,25	22,—	27,—	28,—	26,80
Österreich-Ungarn	18,50	19,10	21,50	25,40	27,80	27,—
Rumänien	—	18,50	—	24,50	27,—	24,20
Rußland	16,—	18,30	20,10	26,30	27,—	26,—
Europäische Türkei	—	—	—	27,—	—	26,50
Asiatische Türkei	—	—	—	27,—	28,—	26,50
Marokko	—	—	—	—	27,—	26,50
Britisch-Indien	21,50	19,60	21,—	27,—	27,80	27,50
Argentinien	16,—	18,—	20,—	26,30	25,60	25,—
Britisch-Nordamerika	—	—	—	—	—	26,—
Uruguay	—	—	—	—	26,—	26,—
Vereinigte Staaten	15,50	17,70	21,10	26,60	26,90	25,75

Additional material from *Gewinnung der Fette und Öle,*
ISBN 978-3-662-01825-5 (978-3-662-01825-5_OSFO1),
is available at http://extras.springer.com

Die oben erwähnten jähen Preisschwankungen zeigen sich deutlicher als in den Jahresdurchschnittspreisen bei den Beobachtungen der Tagespreise innerhalb einer kurzen Frist, so z. B. in Tafel II, welche eine graphische Darstellung der Schwankungen der Leinsaat-, Leinöl- und Leinkuchenpreise am Londoner Markte in der Periode 1897—1906 bringt.

Holzöl.

Chinesisches Holzöl. — Japanisches Holzöl. — Tungöl — Ölfirnisbaumöl. — Elaeokokkaöl. — Huile d'abrasin. — Huile de bois. — Wood Oil. — Chinese wood Oil. — Japanese wood Oil. — Tung Oil. — Olio di legno del Giappone. — Oleum Dryandrae. — Oleum Elaeococcae verniciae. — Abura giri (Japan). — Dokuye noabura (Japan). — Bakolyöl (Madagaskar). — Dau-trau (Cochinchina). Fong icou, kouang icou (China).

Herkunft.

Das Holzöl stammt aus den Samen des zur Familie der Euphor- **Ab-**
biaceen (Wolfsmilchgewächse) gehörenden Ölfirnisbaumes (Aleurites **stammung.**
cordata Müll. = Dryandra cordata Thunb. = Vernicia montana Lour. = Aleurites pernicia Hank. = Dryandra vernicia Corr. = Dryandra oleifera Lam. = Elaeococca vernicia Sprengel. = E. verrucosa Juss.). Die Chinesen nennen diesen Baum „ying tzu tung", „tung tse chou" oder auch „tung shu" (daher der Name Tungöl), die Japaner „Abura giri" oder „Yama Kiri", was soviel wie Ölkiri oder wilder Kiri bedeutet, zum Unterschied von dem eigentlichen Kiri (Paulownia imperialis), dessen Blätter denen des Tungbaumes sehr ähneln[1]). In Tonkin ist der Baum unter dem Namen „cay trau", in Annam als „cay dong" und in Cochinchina als „cay dau son" bekannt. Die Franzosen nennen den Holzölbaum vielfach abrasin oder faux bancoulier, mit welch letzterem Namen sie auf die vielfachen Verwechslungen dieses Baumes mit dem Candlenußbaum (siehe S. 70) aufmerksam machen.

Die eigentliche Heimat des Ölfirnisbaumes bilden die südlichen Pro- **Heimat**
vinzen Japans (besonders die Insel Jesso) und Chinas. In letzterem **des Holzöl-**
Lande gedeiht der Baum, welcher felsigen, trockenen Boden bevorzugt, **baumes.**
hauptsächlich südlich vom Yang-tse-kiang und die chinesischen Provinzen Kiang-si, Chi-kiang, Kwei-Chow, Hunan und Szechuen (hier besonders Fuchan, Wanhien und Chung-Chow) sind der eigentliche Sitz der Holzölgewinnung. Sonst findet sich der Ölfirnisbaum auch noch in den Provinzen Homodaki und Figo, auf den Inseln Suruja, Sagami,

---

[1]) Vergleiche meine Abhandlung „Holzöl" in Seifensiederztg., Augsburg 1903, S. 872, sowie Fredk. Boehm, Wood Ooil, its source, character and uses. London 1902.

Musasi, Idzu und in Nippon, doch wird er hier überall mehr als Zierbaum denn als Nutzbaum gepflanzt [1]). Er gedeiht mehr oder weniger in
jeder Provinz des Yangtsetales und kann vom 25. bis 34. Grad nördlicher
Breite, von der Meeresküste nach Westen bis zur Provinz Szechuen, angebaut werden, in einem Gebiete von über 750 000 Quadratmeilen, 600 Meilen
von Norden nach Süden und 1250 Meilen von Osten nach Westen. Daß
der Baum so hoch nach Norden hinauf noch gedeihen kann, ist den gegen
Norden vorgelagerten Gebirgsketten zuzuschreiben.

Der Holznußbaum leistet gute Dienste als Schattenspender für Kaffee-
plantagen und ist auch vielfach als Umrahmung von Reisfeldern anzutreffen.

Der Holzölbaum gilt den Chinesen als eine Art Nationalbaum; sein
stattlicher Wuchs, seine breiten, Schatten spendenden Zweige, seine grüne,
glatte Rinde geben ihm ein hübsches Aussehen und lassen seine Wert-
schätzung seitens der Chinesen begreiflich finden.

Varietäten des Holzöl-baumes. Es gibt viele Varietäten dieses Baumes, welche sich teils durch die
verschiedenartigen Farben der Blüten, teils durch ihre Blattform, Rinde usw.
unterscheiden. Von den zahlreichen Abarten seien hier nur genannt: der
tung yio oder Tri-Baum [2]); der Mut-Ölbaum, welcher hauptsächlich an
Flüssen vorkommt; der chow oz shoo, welcher auf einem guten Boden
gedeiht und weiß blüht; der hai tung oder Lee-Ölbaum, eine Varietät,
deren Rinde medizinischen Zwecken dient; der tsing tung oder grün-
blühende Holzölbaum; pet tung (weißblühend); chi tung (mit roten
Blüten); der wu tung (ein lokaler Name) und der yin tung oder
Kerzen- und Lampenölbaum. Da nahezu jede Lokalität verschiedene
Namen für die einzelnen Varietäten benutzt, so ist es schwer, eine genaue
Einteilung zu treffen.

Geschichte desHolzöles. Die Gewinnung des Holzöles wird in China und Japan seit den
ältesten Zeiten geübt. Über die Grenze dieser Länder hinaus ist das
Holzöl jedoch erst nach den sechziger Jahren des vorigen Säkulums gekommen. Der Holzölhandel hat sogar erst innerhalb der letzten 30 Jahre
eine achtunggebietende Höhe erreicht. Die chinesischen Wirren zur Zeit
der letzten Jahrhundertwende wirkten hemmend auf die Weiterentwicklung
des im Aufblühen begriffenen Holzölgeschäftes.

Der Name Holzöl kommt daher, weil dieses Öl zum Kalfatern der
Boote dient und von alters her ein vortreffliches Holzkonservierungsmittel
bildet. Im Handel wird das Holzöl leider immer noch häufig mit dem
Gurjun-Balsam (von Dipterocarpus turbinatus oder Dipt. crispa-
latus) verwechselt, den man auch unter dem Namen Holzöl handelt, obzwar er mit dem Tungöl in keiner Weise verwandt ist.

---

[1]) Seifenfabrikant, 1905, S. 378.
[2]) Wird hauptsächlich seines zarten, weichen Holzes wegen kultiviert.

Rohmaterial.

Die Früchte des Ölfirnisbaumes erinnern im Aussehen etwas an unseren Apfel; sie springen zur Zeit der Reife (September—Oktober) auf

a　　　　　b　　　　　c

Fig. 10. Holznuß (Aleurites cordata Müll.). Natürliche Größe.
a = von der Bauchseite, b = von der Rückseite gesehen, c = Samenkern.

und enthalten 3 bis 5 hell- bis graubraune Samen (Fig. 10), deren Steinschale je einen gelbweißen Kern von doppelter Haselnußgröße umschließt. Auf einer besonders für diesen Zweck konstruierten Entschälmaschine konnten aus den Holznußsamen

$$48\,^0/_0 \text{ Schalen }[1] \quad \text{und}$$
$$52\,^0/_0 \text{ Kerne}$$

abgesondert werden. Die letzteren enthielten 58,7 % Fett, zeigten in hohem Maße giftige Eigenschaften und sind in dieser Beziehung wohl nicht weniger gefährlich als die Rizinuskerne. Dabei sind die Samenkerne des Ölfirnisbaumes fast wohlschmeckend zu nennen, zeigen allerdings in gemahlenem Zustande einen eigenartigen scharfen Geruch, der vor ihrer Giftigkeit warnt.

Die vielen Spielarten, welche man in China und Japan von dem Holznußbaum kennt, machen es begreiflich, daß die spärlichen in der Fachliteratur zu findenden Angaben über den Ölgehalt der Holznüsse voneinander abweichen und bald 20 %, bald 35 % als Fettgehalt der ganzen Nüsse angegeben werden.

Über die Samenkerne liegen zwei vollständige Analysen vor, welche lauten:

	a [2]	b [3]
Wasser	3,98 %	6,24 %
Rohprotein	19,62	21,57
Rohfett	57,42	47,80
Stickstoffreie Extraktstoffe	12,68	17,27
Rohfaser	2,68	3,02
Asche	3,62	4,10
Summa	100,00 %	100,00 %

---

[1] Seifensiederztg., Augsburg 1903, S. 873.
[2] Nach Mitteilungen des Jardin colonial in Nogent-sur-Marne.
[3] Notices publiées par la Direction de l'agriculture de forêts et du commerce de l'Indochine, 1906, S. 136.

Die Schalen enthielten:

Wasser . . . . 14,40 %
Rohprotein 2,50
Rohfett 0,04
Stickstoffreie Extraktstoffe 27,62
Rohfaser 50,64
Asche 4,80

Summa 100,00 %

Gewinnung.

Gewinnungsweise.
Man gewinnt das Holzöl in China und Japan auf recht primitive Weise. Ein amerikanischer Konsularbericht meldet darüber:

Wenn die Früchte geerntet und getrocknet sind, werden sie auf eisernen Pfannen, die einen Durchmesser von zwei Fuß haben, geröstet, wodurch sich die Hülsen öffnen und die reinen Samenkerne bloßgelegt werden. Letztere mahlt man entweder mit der Hand oder mittels Walzen zu Mehl, zu welchem Behufe die Nüsse in einen steinernen Trog geschüttet werden, der mehrere Abteilungen von je einigen Fuß Durchmesser besitzt. Die schwere steinerne Walze wird von einem Büffel, Ochsen oder Esel gedreht, das erhaltene Mehl gesammelt und in eine Keilpresse gebracht. Das Öl pflegt man in Kesseln aufzufangen und mit etwas Wasser aufzukochen. Zwecks Reinigung des Öles gießt man es hierauf durch ein Sackfilter aus Leinengewebe, worauf das Produkt fertig für den Markt ist. Um eine höhere Ausbeute zu erzielen, wird das Preßgut vor dem Einbringen in die Keilpresse auch durch Wasserdämpfe angewärmt[1]).

Ausbeuteergebnisse.
Bei einem Preßversuche in größerem Maßstabe auf modernen hydraulischen Pressen erhielt ich bei der ersten Pressung (kalt) eine Ausbeute von 43% Öl: die zweite (heiße) Pressung lieferte 10,7% Öl[2]) vom Kerngewichte.

Vor dem Pressen wurde ein gründliches Entschälen der Samen vorgenommen; das ganze Arbeitsergebnis stellte sich wie folgt:

22,36 % Öl erster Pressung
5,56 % Öl zweiter Pressung
24,08 % Kuchen
48,00 % Schalen

100,00 % Samen und Schalen.

Das Öl erster Pressung war blaßgelb, das Nachschlagöl orangegelb und wesentlich dickflüssiger als das Vorschlagöl. Die frisch gepreßten Öle erwiesen sich als fast geruchlos; nach längerem Lagern unter Luftzutritt trat jedoch der dem Holzöle des Handels eigentümliche Geruch auf, welcher teilweise an den der Blattwanze, teils an den unseres Rauchfleisches

---

[1]) Öl- und Fetthandel, 1905, Nr. 16.
[2]) Chem. Revue, 1901, S. 179.

erinnert. Sowohl das kalt als auch das warm gepreßte Öl waren von weit reinerer Beschaffenheit als die auf den Markt kommenden Holzöle, bei deren Herstellung wahrscheinlich auch alte, teilweise angefaulte Holznüsse mitverwendet werden.

Versuche, minderwertige Gattungen von Holzöl zu desodorisieren, schlugen bisher fehl. Ulzer[1]) hat den unangenehmen Geruch durch Ausschütteln des Öles mit Permanganatlösungen, mit Chlorkalkaufschlämmungen, mit verdünntem Alkohol, durch Filtrieren über Knochen- und Holzkohle, Erhitzen mit Kartoffelmehl und andere Prozeduren vergeblich wegzubringen versucht. Auch ein Verdecken des Geruches durch ätherische Öle, eine Behandlung des Öles mit Natriumbisulfitlösung zwecks Entfernung etwa vorhandener aldehyd- oder ketonartiger Körper brachten keinen Erfolg. Als das Beste erwies sich noch ein Abtreiben des Holzöles mit überhitztem Wasserdampf, doch zeigten die so behandelten Öle schon nach kurzem Stehen kristallinische Abscheidungen und nahmen bald wieder den ursprünglichen Holzölgeruch an. Offenbar ist dieser auf Oxydationsprodukte des Öles zurückzuführen, wiewohl sich diese Annahme nicht mit einem von Bang und Ruffin[2]) empfohlenen Verfahren in Einklang bringen läßt, nach welchem Holzöl durch 6- bis 8 stündiges Einleiten von trockener atmosphärischer Luft in das auf 50^0 C erwärmte Öl geruchfrei gemacht werden soll.

Desodorisieren des Holzöles.

Eigenschaften.[3])

Das Holzöl des Handels ist von hellgelber bis rotbrauner Farbe und zeigt ein bemerkenswertes Lichtbrechungsvermögen; dieses ist allerdings nur bei den besseren Marken zu beobachten, weil die minderwertigen Sorten meist trübe und für Lichtstrahlen undurchlässig sind. Der Geruch des nicht vollkommen frischen Öles ist unangenehm; wie schon oben bemerkt, erinnert er an Rauchfleisch, bei anderen Qualitäten an Baumwanzen. Die Dichte des Holzöles schwankt zwischen 0,934—0,943; die chinesischen Sorten sind spezifisch schwerer als das Öl japanischer Herkunft.

Im Handel unterscheidet man kalt geschlagenes und heiß gepreßtes Holzöl; das erstere kommt unter dem Namen „weißes Tungöl" („white tung Oil"), das letztere unter dem Namen „schwarzes Tungöl" in den Handel.

Eigenschaften.

---

[1]) Chem. Revue, 1901, S. 7.
[2]) Oil and Colourmans Journ., 1898, S. 471.
[3]) Cloez, Compt. rendus, 1875, S. 469 u. 1876, S. 501 u. 943; Davies, Pharm. Journ. and Trans., 1885, S. 634; Holmes, Chem. Revue. 1895, S. 15; de Negri und Sburlatti, Moniteur scient., 1896; Chem. Revue, 1896, S. 255; Jean, Rev. Chim. Ind., 1898; Chem. Ztg. Rep., 1898, S. 183; Jenkins, Journ. Soc. Chem. Ind., 1897, S. 193; Analyst, 1898, S. 113; Williams, Journ. Soc. Chem. Ind., 1898, S. 304; Chem. Revue, 1898, S. 144; Zucker, Pharm. Ztg., 1898, S. 628; Chem. Ztg. Rep., 1898, S. 251; Milliau, Les corps gras, 1900, Heft 3; Kitt, Chem. Ztg., 1899, Nr. 3; Chem. Revue, 1905, S. 242; Fraps, Amer. Chem. Journ., 1901, S. 25.

Das schwarze Tungöl wird nach Lewkowitsch in China und Japan selbst verbraucht und kommt nicht auf den Weltmarkt.

In den bekannten Fettlösungsmitteln ist Holzöl leicht löslich, absoluter Alkohol nimmt bei gewöhnlicher Temperatur sehr wenig davon auf.

Das Holzöl besteht hauptsächlich aus den Glyzeriden der Öl- und der Eläomargarinsäure: L. Maquenne[1]) will darin auch eine Säure der Formel $C_{18}H_{30}O_2$ gefunden haben. Die aus dem Öl abgeschiedenen Fettsäuren haben einen Schmelzpunkt zwischen 36 und 40° C und erstarren bei 31—34° C.

Bei frisch bereitetem Holzöle ist der Gehalt an freien Fettsäuren gering; er übersteigt auch bei älteren Proben nur selten 5% Unverseifbares ist im Holzöl weniger als 1% vorhanden; Williams konstatierte im Maximum 0,69%, Jenkins 0,63%. Die Viskosität des Holzöles ist sehr verschieden und wechselt je nach Qualität, Gewinnungsweise, Alter und Art der Aufbewahrung von der des Rüböles bis zu jener des Rizinusöles.

Gepreßtes Holzöl bleibt bis zu —17° C flüssig. Beim Verdampfen seiner Lösung (besonders der Schwefelkohlenstofflösung) bleibt dieses Öl aber als eine kristallinische Masse zurück, die erst bei 34° C schmilzt.

Auch durch Belichtung und Erwärmung geht Holzöl aus der tropfbarflüssigen Form in den festen Aggregatzustand über; die dabei gebildeten festen Massen sind als Polymerisationsprodukte (nicht Oxydationsprodukte) aufzufassen.

Zum Festwerden durch Lichteinfluß ist nach Cloez besonders das kalt gepreßte Öl geneigt. Füllt man z. B. kaltgepreßtes Holzöl in eine Glasröhre und schmilzt sie — des Luftabschlusses wegen — zu, umgibt den einen Teil der Röhre mit einer Hülle von schwarzem Papier und setzt die Röhre hierauf dem Sonnenlichte aus, so erstarrt nach Verlauf einiger Wochen das Öl im belichteten Teil der Röhre zu einer festen weißen Masse, während das unter der Papierhülle befindliche Öl flüssig bleibt. Nach Cloez sind es besonders die violetten Strahlen, welche auf das Holzöl einwirken.

Ebenso charakteristisch wie das Festwerden durch Belichten ist für das Holzöl auch die Solidifikation durch Erhitzen. Wird reines, kalt gepreßtes Holzöl bis auf ungefähr 230° C unter stetem Umrühren erhitzt, so entwickeln sich anfangs Dämpfe, dann erstarrt die Flüssigkeit unter starkem Aufschäumen plötzlich zu einer gallertartigen Masse, welche wenig klebrig, sondern leicht zerreiblich ist und bei nochmaligem Erhitzen auf 250° C nicht schmilzt.

Zusammensetzung geronnenen Holzöles. Die Zusammensetzung der festgewordenen Holzöle ist noch wenig studiert worden; Cloez berichtet über das durch Belichtung erhaltene Pro-

---

[1]) Compt. rendus, 1902, S. 696. Die Säure $C_{18}H_{30}O_2$ soll sich durch Schwefel sehr leicht in eine isomere feste Säure verwandeln, z. B. schon beim Extrahieren der Holznüsse mit schwefelhaltigem Schwefelkohlenstoffe. — Siehe auch W. Normann, Chem. Ztg., 1907, Nr. 15.

dukt als von einer fettsäurefreien Masse, welche beim Kochen mit Wasser kein Glyzerin an dieses abgibt. Kitt konstatierte beim Koagulieren des Holzöles durch Erhitzen eine Gewichtsabnahme von 8,83 %; seiner Ansicht nach bilden sich beim Erhitzen des Öles innere Anhydride. Er gibt der Annahme Raum, daß während des Erhitzens des Öles vielleicht eine Spaltung der Glyzeride stattfinde und das Festwerden möglicherweise auf einer Anhydridbildung der entstandenen freien Fettsäuren beruhe. Der geringe Glyzeringehalt, welchen Kitt bei dem Polymerisationsprodukt fand, gibt dieser Vermutung eine gewisse Berechtigung.

Durch Erhitzen geronnenes Öl gibt Fettsäuren von braungelber, grünlich fluoreszierender Farbe, welche in frischem Zustande dickflüssig sind, nach einigen Tagen aber zu einer kristallinischen Masse erstarren, die erst bei über 40° C schmilzt.

Das durch Einwirkung des Lichtes festgewordene Holzöl liefert feste Fettsäuren, aus welchen durch wiederholtes Umkristallisieren aus Alkohol eine bei 72° C erstarrende Säure erhalten wurde, die Cloez Eläostearinsäure nennt.

Nach de Negri und Sburlatti wird durch Schwefelkohlenstoff extrahiertes Holzöl auch schon beim Erhitzen auf 100° C in eine kristallinische Masse verwandelt, die bei 32° C erstarrt und bei 34° C schmilzt. Ein Gelatinieren des gepreßten Öles tritt auch ein, wenn man das Öl durch 2 Stunden auf 180° C erhitzt.

Wird in Holzöl bei 150—180° C Luft eingeleitet, so findet eine lebhafte Sauerstoffaufnahme statt und nach zweistündiger Luftzufuhr resultiert ein äußerst dickflüssiges Öl.

Holzöl übertrifft hinsichtlich seiner Trockenfähigkeit das Leinöl bei   Trockenvermögen. weitem; ein dünner Anstrich trocknet auf einer Glasplatte schon innerhalb weniger Stunden hart ein. Legt man eine mit Holzöl bestrichene Glasplatte in eine Schale mit verdünnter Salpetersäure (1:1), so läßt sich nach Kitt schon nach wenigen Minuten die Ölschicht als zusammenhängendes Häutchen abziehen.

Nicht unerwähnt darf die Giftigkeit des frisch hergestellten Holz-   Giftigkeit. öles bleiben. Es wirkt nicht nur innerlich giftig, sondern ruft auch auf der Haut durch bloße Berührung wunde Stellen und schwer heilende Eiterungen hervor. Die Chinesen verwenden als Mittel gegen solche Geschwüre die Abkochung von Spänen einer besonderen Fichtenart. Einreibung der wunden Stelle mit diesem Extrakt verschafft sofort Linderung des Schmerzes und befördert die Heilung.

Verwendung.

Die Verwendung des Holzöles ist eine äußerst vielseitige. Die Japaner   Verwendung in China und Japan. und Chinesen gebrauchen es hauptsächlich zum Wasserdichtmachen (Kalfatern) ihrer Boote. Auch als Brennöl dient es diesen Völkern, wenngleich das Holzöl in dieser Richtung nur ganz bescheidenen Ansprüchen zu genügen vermag; es brennt für sich allein mit flackernder, rußender Flamme und erzeugt dabei in die Augen beißende Dämpfe. Ein Zusatz anderer Pflanzenöle mindert diesen Übelstand zwar merklich herab, hebt ihn aber nicht gänzlich auf.

Der Ruß des Holzöles wird zur Bereitung der bekannten chinesischen Tusche benutzt.

Eine Verwendung des Holzöles als Speiseöl ist infolge dieser Giftigkeit wie auch wegen seines unangenehmen Geruches ausgeschlossen.

Das Holzöl hat sich auch in der Medizin der Chinesen einen Platz zu verschaffen gewußt. Zühl und Eisenmann[1]) versuchten, es auch in den europäischen Arzneischatz einzuführen, indem sie ein Gemisch von polymerisiertem und gewöhnlichem Öl mit etwas Wachs an Stelle von Lanolin empfahlen. Hertkorn[2]) machte mit Recht auf die Bedenklichkeit dieses Kosmetikums aufmerksam und berichtete über seine eigenen Erfahrungen bezüglich der schwer ausheilenden Abszesse und Eiterungen, welche Holzöl hervorzurufen vermag.

Zur Bereitung von Kitten und Klebemitteln, Tinten, welche auf Glas und Porzellan schreiben, und ähnlichen Präparaten wird Holzöl in China und Japan viel benutzt. Seine Hauptverwendung findet dieses Produkt aber neben dem Gebrauch für das Wasserdichtmachen von Holz, Papier und Bambusgeflecht in der Firnis- und Lackfabrikation.

Zu dem oben erwähnten Kalfatern der Schiffe und Boote verwendet man gewöhnlich nicht naturelles Holzöl, sondern gekochte Ware, welche sich zu dem gewöhnlichen Holzöl ganz ähnlich verhält wie gekochtes Leinöl zu ungekochtem[3]).

Gekochtes Holzöl.

Das Kochen des Holzöles ist eine ziemlich schwierige Operation, weil man dabei auf sein Gerinnungsvermögen achten muß. Die Chinesen und Japaner kochen ihr Holzöl in offenen, nicht zu großen Eisenkesseln, welche über freiem Feuer stehen und nach Belieben der Feuerung näher gebracht oder von ihr entfernt werden können. Man erhitzt zuerst langsam, bis alle Feuchtigkeit aus dem Öle vertrieben ist. Steigert man die Temperatur zu jäh, so entweicht das in dem rohen Öle meist in reichlicher Menge enthaltene Wasser unter so lebhafter Schaumbildung, daß leicht ein Übergehen und damit ein Anbrennen des ganzen Kesselinhaltes eintritt.

Ist alles Wasser entwichen, so treibt man die Temperatur langsam auf 200° C und bleibt ca. eine Stunde lang auf dieser Wärmestufe, wobei man durch fortwährendes Umrühren des Kesselinhaltes für ein vollkommenes

---

[1]) D. R. P. Nr. 124874 v. 19. Juni 1900.
[2]) Chem. Ztg., 1903, S. 635.
[3]) Wird Holzöl in naturellem Zustande auf Holz aufgestrichen, so trocknet es matt ein. Die Ursache des Mattwerdens dürfte in der Ausscheidung von in dem Öle gelösten Schleim- und Eiweißstoffen zu suchen sein.

Durchmischen des Öles sorgt. Sobald letzteres so dick geworden ist, daß entnommene Proben „spinnen" oder „Faden ziehen", unterbricht man den Kochprozeß und läßt erkalten oder setzt noch Trockenpräparate (Bleiacetat, Bleiglätte, Manganborat usw.) zu, um veritable Firnisse zu erhalten. Dieses in China gebräuchliche Kochverfahren ist mehrfach modifiziert worden.

Sehr zu achten ist beim Kochen des Holzöles darauf, daß die Temperatur nicht bis auf 230°C steige, weil sonst sofortige Koagulation (Polymerisation) des Öles eintritt. Geronnenes Holzöl ist in den gewöhnlichen Fettlösungsmitteln unlöslich und für Zwecke der Firnis- und Lackfabrikation nicht direkt zu gebrauchen.

Das koagulierte Holzöl wird jedoch in den in der Firnis- und Lackindustrie gebräuchlichen Lösungs- und Verdünnungsmitteln löslich, wenn man es mit ungefähr gleichen Mengen Mohn- oder Nußöles bei 300°C zusammenschmelzt[1]). Man erhält dabei ein zähes Produkt, welches von Benzol, Aceton, Terpentinöl, Amylacetat, Kampferöl usw. leicht aufgenommen wird und Öllacken zugesetzt diesen größere Widerstandsfähigkeit und Hochglanz verleiht.

Verfahren
von
Haller.

Wird Holzöl vor dem Kochen mit Leinöl vermischt, so erscheint die Koagulationsgefahr stark herabgedrückt, doch gehen durch den Verschnitt auch die Vorzüge des Holzöles — rasch und hart zu trocknen, widerstandsfähige und elastische Lacke zu liefern — teilweise verloren.

Kronstein[2]) hat ein Patent auf das Kochen vermischten Holzöles genommen. Er versetzt letzteres vor dem Erhitzen mit Harz, Leinöl oder anderen trocknenden Ölen (auch Terpentinöl) und erhitzt dann unter Beigabe eines Oxydationsmittels. Auch empfiehlt er, koaguliertes Holzöl mit Leinöl und Harz aufzuschmelzen und die Mischung zu oxydieren.

Verfahren
von
Kronstein.

Sehr wertvoll ist für die Firnisindustrie die Eigenschaft des Holzöles, durch und durch, bzw. von unten aus zu trocknen. Unser Leinöl trocknet bekanntlich von oben nach abwärts, d. h., es bildet sich zuerst auf der Oberfläche der Leinölschicht eine Haut, welche nach und nach an Stärke zunimmt, bis endlich die ganze Schicht fest geworden ist. Werden nun mehrere Anstriche übereinander aufgetragen, so muß man jedesmal das vollständige Trocknen der unteren Schicht abwarten, bevor man mit einem neuen Anstrich beginnen darf. Achtet man darauf nicht, so kleben die Anstriche außerordentlich lange, ziehen Falten und reißen oft bis auf den Grund[3]).

Art des
Trocknens.

Beim Holzöl erfolgt das Trocknen in anderer Weise; es verdickt sich in der ganzen Schicht gleichmäßig, wodurch elastischere und härtere Überzüge[4]) entstehen, als die Leinölfirnisse liefern.

---

[1]) D. R. P. Nr. 144400 v. 30. Juni 1899 und österr. Patent v. 15. Febr. 1900, Wilhelm Haller in Friedberg (Hessen).
[2]) Engl. Patent Nr. 1386 v. 12. Febr. 1901 (A. Kronstein in Karlsruhe).
[3]) Siehe auch Farbenztg., 1905, S. 498, 524 u. 621.
[4]) Bei ungekochtem Holzöle fallen diese Überzüge aber matt aus.

Es ist aus diesem Grunde besonders für Fußbodenanstriche sehr geeignet. In China gibt man dem Holze vor dem Firnis gewöhnlich einen Kalkanstrich und trägt erst dann mit Farbstoffen versetztes, gekochtes Holzöl auf.

L. E. Andés[1]) empfiehlt für Fußböden folgende Präparation des importierten Öles:

Herstellung von Fußboden-ölen. Man erhitzt Holzöl in einem emaillierten Kessel durch zwei Stunden auf ungefähr 170° C, läßt hierauf langsam abkühlen und mehrere Tage ruhig stehen. Der sich bildende Bodensatz wird zu Kitten oder minderwertigen Firnissen verarbeitet, während man das Öl in einem zweiten Kessel nochmals erhitzt, und zwar auf 180° C. Nach einstündigem Erhitzen kühlt man auf 130° C ab und streut nun langsam 2°/₀ feingemahlener Bleiglätte über das Öl, rührt noch einigemal tüchtig um und läßt darauf rasch erkalten. Durch entsprechenden Terpentinölzusatz erreicht man die zur Streichfähigkeit erforderliche Dünnflüssigkeit des Firnisses, welche der eines guten Leinölfirnisses ähnlich sein soll.

Verfahren von Knoche. L. Knoche[2]) fabriziert aus Holzöl ein gutes Fußbodenöl derart, daß er das rohe Öl einfach auf 205° C erhitzt, nach dem Erkalten Naphtha oder Terpentinöl zusetzt und eventuell mit Kotton- oder Leinöl vermischt.

Mit Vorteil wird Holzöl auch zu Schleiflacken verwendet. Ersetzt man bei Herstellung derselben einen Teil des Leinöles durch Holzöl, so erhält man gut trocknende, nach dem Abbimsen matt bleibende Schleiflacke, denen durch Auftragen weiterer Lackschichten hoher Glanz verliehen werden kann.

Schiffs-boden-anstrich. Rathjens[3]) verwendet das Holzöl zur Bereitung submariner Anstriche für Schiffe.

Zusatz zu Tuben-farben. M. Kitt empfiehlt einen Holzölzusatz zu den in Zinntuben in den Handel kommenden Malerfarben. Letztere scheiden beim Lagern sehr leicht Öl aus, und man muß diesem Übelstande durch Zusatz von 5—10°/₀ Wachs abhelfen. Diese Ingredienz vermindert aber die Adhäsionsfähigkeit der Farben und macht letztere auch schlechter trocknend, wogegen eine Beimengung von Holzöl an Stelle des Wachses diesen Übelstand nicht zeigt, sondern sehr geschmeidige und schnell trocknende Farben liefert. Für diese Zwecke wird aber nicht das gewöhnliche flüssige Holzöl verwendet, sondern besser das aus kalt gepreßtem Öle durch Belichtung hergestellte konsistente (koagulierte) Öl.

S. G. Rosenblum hat in Gemeinschaft mit Rideal[4]) und mit dem Commercial Ozone Syndicate[5]) in London Verfahren zur Herstellung

---

[1]) Chem. Revue, 1901, S. 252.

[2]) Engl. Patent Nr. 24 224 v. 18. Dez. 1895.

[3]) Farbenztg., 1905, Nr. 43.

[4]) S. G. Rosenblum und Rideal, engl. Patent Nr. 16 147 v. 7. Juli 1897.

[5]) S. G. Rosenblum und Commercial Ozone Syndicate, London, engl. Patent Nr. 12 508 v. 3. Juni 1898.

von holzölsauren Metallsalzen (Tungaten) erhalten. Die Mangan- und Tungate. Bleitungate sollen als Sikkative, die Lösungen des Aluminiumsalzes als feuer- und wasserfeste Masse, die Arsen- und Quecksilbertungate als fäulnishemmende Substanzen verwendet werden.

In der Linoleumfabrikation hat man das Leinöl durch das rascher Linoleum-
fabrikation. trocknende Holzöl wenigstens teilweise zu eliminieren versucht. So z. B. haben die unter dem Namen „Actella" in den Handel gebrachten wachstuchartigen Fabrikate Holzöl zur Grundlage.

H. Dewar, Staines und The Linoleum Manufacturing Co. Ltd. in London[1]) verwenden Holzöl in Gemeinschaft mit Leinöl für Zwecke der Linoleumerzeugung. Sie mischen polymerisiertes Holzöl mit oxydiertem Leinöl (auch geblasenem Rizinusöl, Harzöl usw.) und erhalten dadurch ein Produkt, dessen Schmelzpunkt unter dem des polymerisierten Holzöles (300° C) liegt und sich für industrielle Zwecke besser eignet als dieses.

Das gelatineartige, durch Polymerisation des Holzöles entstandene Produkt empfiehlt sich infolge seiner Beschaffenheit als Kautschukersatzmittel (Faktis) und ist als solches auch wiederholt empfohlen worden. Faktis.

Ein Patent von C. Repin[2]) bringt eine Behandlung des geronnenen Holzöles mit Petroleumdestillaten in Vorschlag; das Koagulum quillt dabei auf, geht aber nicht in Lösung. Nach dem Vertreiben des Petroleums restiert ein zerreibliches Produkt, welches sich angeblich als Kautschukersatz besser eignet als die ursprüngliche, zwar sehr elastische, aber schwer zu verarbeitende Masse.

Die großen Hoffnungen, welche man an das Holzöl vor 10—15 Jahren setzte, haben sich aber bisher nicht ganz erfüllt; es hat nicht nur in der Kautschukindustrie, sondern auch in der Firnis- und Lackfabrikation ziemlich enttäuscht. Die hervorragende, fast umstürzlerische Rolle, die man ihm in diesen Industrien bei seinem Auftreten in Europa auf Grund seiner eminenten Trockenfähigkeit und anderen Eigenschaften (durch und durch zu trocknen und leicht zu polymerisieren) voraussagte, hat es bis jetzt noch nicht angetreten; es steht heute vielmehr fest, daß das Holzöl nie imstande sein wird, das Leinöl zu verdrängen. Einen gesicherten, ehrenvollen Platz neben dem Leinöl wird sich das Holzöl aber im Laufe der Zeit wohl erwerben. Es ist dies bis zu einem gewissen Grade übrigens schon der Fall. Wenn das den verschiedenen Holzölprodukten gespendete Lob nicht allgemein erklingt, so liegt die Ursache in der ungleichen Qualität der auf den europäischen Markt gebrachten Holzöle und in der Schwierigkeit der Verarbeitung dieses Öles. Sobald die Eigenschaften des Holzöles noch weiter erforscht sein werden und man seine Veredlung dementsprechend besser zu leiten wissen wird, dürfte sich auch seine Anwendung verallgemeinern.

---

[1]) Engl. Patent Nr. 5789 v. 12. März 1903.
[2]) Belg. Patent Nr. 139077.

Rückstände.

Die Rückstände der Holzölfabrikation enthalten nach Lefeuvre[1]):

Wasser . . . . 11,80 %
Rohprotein 35,50
Rohfett . . . . 1,42 [2])
Stickstoffreie Extraktstoffe 26,58
Rohfaser 13,60
Asche 11,10

Von den 11,10 % Asche sind 1—51 % Phosphorsäure und 1,08 % Kali.

Die Holzölkuchen können als Futtermittel nicht verwendet werden, weil sie giftig wirken. Durch Extraktion des in ihnen enthaltenen Öles läßt sich aber ein ungiftiges Futtermittel herstellen. In China und Japan dienen die Kuchen als Dünger.

Die bei der Holzölgewinnung abfallenden Schalen, deren Zusammensetzung bereits angegeben wurde, werden meistens verbrannt und die dabei resultierende Asche wird den Pottaschefabriken zugeführt.

100 Teile Schalen enthalten nämlich 0,95 % Pottasche, das sind ca. 20 % der bei der Verbrennung erhaltenen Aschenmenge.

Handel.

Als Produktionsland für Holzöl kommt in erster Reihe China in Betracht. Die Erzeugung Japans wird fast im Inlande verbraucht; der geringe Export, welcher von der Insel Jeso (Hokkaido) aus stattfindet, kommt gegenüber dem Chinas kaum zur Berücksichtigung.

Der Hauptsitz des chinesischen Holzölhandels ist Hankow, von wo ausgeführt wurden:

1878 . . . .   201 600 Meterzentner
1895 . . . .   174 378   „
1896 . . . .   113 130   „
1897 . . . .   130 497   „
1898 . . . .   197 076   „
1899 . . . .   210 443   „
1900 . . . .   196 530   „
1901 . . . .   167 011   „

während der nächstgrößere Exportplatz Chinas — Wuhow — nur verschiffte:

1898 . . . .   6 536 Meterzentner
1899 . . . .   12 376   „
1900 . . . .   14 563   „
1901 . . . .   18 529   „

[1]) Noticés publiées par la direction de l'agriculture de forêts et du commerce de l'Indochine, 1906, S. 136.

[2]) Der auffallend niedere Fettgehalt läßt vermuten, daß es sich um eine extrahierte Ware handle, wie andererseits der hohe Rohfasergehalt auf ein sehr unvollkommen entschältes Rohmaterial hindeutet.

Dabei ist der Holzölhandel im Lande selbst sehr bedeutend. So betrug der Import Shanghais aus den verschiedenen chinesischen Häfen:

1896 . . . . 57 756 Meterzentner
1897 . . . . 63 093   „
1898 . . . . 79 392   „
1899 . . . . 49 167   „
1900 . . . . 28 209   „

In Hankow unterscheidet man eine helle Sorte Holzöl und zwei dunklere (eine braune und eine schwarze). Die bessere, strohgelbe Marke bildet das eigentliche Exportöl, doch wird auch viel Öl nach Europa verschifft, welches unter die dunklen Sorten eingereiht werden muß.

Der Export von Holzöl wird durch den Mangel an Fässern, welcher in den betreffenden Produktionsdistrikten herrscht, erschwert. Man bringt das Öl gewöhnlich in Bambuskörben, die man mit öldichtem Papier ausgelegt hat, nach Hankow auf den Markt. Ein solcher Korb (bou genannt) enthält ca. 1 Pikul (60,5 kg) Öl. Die amerikanischen Exporteure in Hankow, welche sich für Holzöl lebhaft interessieren, beabsichtigen, amerikanische Dauben und Reifen nach China kommen zu lassen, und erhoffen davon eine Hebung der Ausfuhr. Die außerchinesischen Haupthandelsplätze für Holzöl sind die Häfen von New York und London.

Die steigende Bedeutung des Holzöles hat zu Anbauversuchen in englischen und französischen Kolonien geführt; so bemühen sich die Engländer seit Jahren, den Ölfirnisbaum auf Ceylon, Dominica, Jamaika und Sansibar anzupflanzen, wie die Franzosen Kulturversuche mit diesem Baume in Algier anstellten. Auf Bourbon gedeiht der Baum übrigens recht gut.

Der Berliner botanische Garten hat ebenfalls Anpflanzungsversuche in den deutschen Kolonien angeregt; nach Warburg dürfte sich der Tungölbaum hier aber nur für Bergkulturen geeignet erweisen.

Schließlich haben es auch die Amerikaner an Anpflanzungsexperimenten des Tungölbaumes nicht fehlen lassen, doch liegen Berichte über die erzielten Erfolge bisher nicht vor. Man ist der Ansicht, daß der Tungölbaum in den Vereinigten Staaten nur bis Georgia und Alabama gedeihen dürfte.

Eine Ausdehnung der heutigen Holzölbaumkulturen und ein regelmäßiges Sammeln der heute in großen Mengen ungenutzt gelassenen, in den Wäldern verfaulenden Holznüsse wären sehr zu begrüßen, weil damit die auffallende Stagnation in der Produktion des Tungöles (man vergleiche die Ausfuhrquanten Hankows vom Jahre 1878 und 1901) endlich beseitigt und diesem Artikel der Weltmarkt weiter erschlossen würde.

Als Preis des Holzöles notierte man in Hamburg:

am 1. Januar 1904 . . . 53,00 Mark per 100 kg
 „ 1. „ 1905 . . . 57,00 „ „ „ „
 „ 1. „ 1906 . . . 57,00 „ „ „ „

Bis zum Jahre 1906 wurde in Deutschland auf Holzöl ein Zoll von 9 Mark per 100 kg eingehoben, doch verlangten die deutschen Interessenten schon im Jahre 1898, in Anbetracht der Wichtigkeit dieses im Inlande nicht erzeugten Produktes für die Lack- und Farbenindustrie, eine Aufhebung desselben. Nach dem neuen Zolltarife vom 1. März 1906 ist für Holzöl ein Zoll von nur 4 Mk. per 100 kg zu zahlen.

Bankulnußöl. [1])

Candlenußöl. — Lackbaumöl. — Kerzennußöl. — Lichtnußöl. — Ketunöl. — Kekunaöl. — Huile de noix de chandelle. — Huile de noix de Bankoul. — Candlenut Oil. — Olio di noci di Bankol. — Kukui Oil (Sandwichinseln). — Belgaum Walnut Oil. — Indian Walnut Oil (Indien). — Kekune Oil (Ceylon). — Oleum Aleurites. — Woodooga (Telinga). — Bua Kara (Borneo). — Tel Kekum (Ceylon). — Japhal (Bombay).

Herkunft und Geschichte.

Ab-
stammung.

Das Bankulnußöl liefern die Früchte eines in die Familie der Euphorbiaceen gehörenden Baumes (Aleurites moluccana Willd. = A. triloba Forst[2]) = A. commutata Geisel = A. Ambinux Pers. = A. cordifolia Steud. = A. lobata Blanco = A. lanceolata Blanco = Camirium cordifolium Gaertn. = Jatropha moluccana L.), dessen Heimat sich von den Südseeinseln über den Malaiischen Archipel bis nach Hinterindien erstreckt, doch hat er sich im Laufe der Zeit auch auf Madagaskar, auf den Maskarenen und in vielen Teilen Vorderindiens seßhaft gemacht. Besonders häufig trifft man ihn in Neu-Kaledonien, Neu-Guyana, Queensland, Tahiti, auf den Fidschi- und Samoainseln. In Cochinchina ist der Lichtnußbaum (bancoulier) unter dem Namen cay-lai bekannt, in Bengalen heißt er Bangla akrot, bei den Tamulen Nattu akrotu.

Die Südseeinsulaner verwenden die Rinde des Baumes zum Gerben und Färben[3]), kauen das aus dem Baum ausschwitzende Harz (Gummi) und genießen die halbreife Frucht, welche mit etwas Salz einen deliziösen

---

[1]) de Candolle, Prodomus, Bd. 15, S. 722; Levis, Tropic. Agriculturist, 1898, S. 317; Wichmann, Berichte d. zool.-bot. Gesellsch., Wien 1879; E. Hartwich, Chem. Ztg., 1888, S. 859; Lach, Chem. Ztg., 1890, S. 14 u. 871; de Negri, Österr. Chem. Ztg., 1898, S. 202; Kaßler, Seifensiederztg., Augsburg 1902, S. 689; Wiesner, Deutsche Industrieztg., 1874, S. 308.

[2]) Das von Lewkowitsch (Chem. Technologie u. Analyse d. Öle, Fette u. Wachse, Braunschweig 1905, S. 46) als besondere Spezies angeführte Öl der Nüsse von Aleurites triloba Forst (Kekunaöl — Journ. Soc. Chem. Ind., 1901, S. 642) ist mit dem Bankulnußöle identisch. Man hat zwar früher Aleur. triloba wegen ihrer dreilappigen Blätter als besondere Art unterschieden, doch mußte diese Unterscheidung fallen gelassen werden, da man oft alle Übergänge von ungelappten zu gelappten Blättern an einem und demselben Baume findet.

[3]) Catal. des Colon. franç., Paris 1867, S. 100.

Geschmack haben soll, während reife Früchte als ungesund angesehen und nur in Notstandszeiten gegessen werden. Nach Mitteilungen einiger Botaniker sollen die Fruchtkerne übrigens stets eine purgierende Wirkung äußern, wenn sie in rohem Zustande genossen werden; durch Kochen oder Rösten der Kerne können diese Eigenschaften jedoch behoben werden.

Die Kerne werden von den Eingeborenen mitunter auch auf Bambus- Herkunft
des
Namens. stäbe oder auf die Mittelrippen von Kokosblättern aufgesteckt, mehrere solcher Stengel dann mittels Bast zusammengebunden oder in ein Palm- blatt eingewickelt und bilden so recht gut brennende Fackeln, die allerdings stark rußen und nicht gerade angenehm riechen. Diese Fackeln, welche der Ölfrucht den Namen „Lichtnuß" oder „Kerzennuß" (Candle-nut) eingebracht haben, werden vielfach beim Fischen zur Nachtzeit verwendet, wie man auch den bei der Verbrennung der Nüsse entstehenden Ruß zum

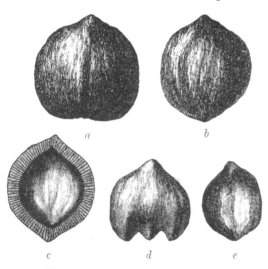

Tätowieren oder in Ge- meinschaft mit dem in der Rinde des Bankul- nußbaumes enthaltenen dunkelroten Saftes zum Schwarzfärben benutzt.

In Europa wurde das Geschichte. Lichtnußöl um die Mitte des vorigen Jahrhunderts bekannt. G. E. Wilson nahm 1852 ein englisches Patent zur Gewinnung und Reinigung dieses Öles, das er durch Kochen mit verdünnter Schwefelsäure zu reinigen empfahl[1]).

Fig. 11. Bankulnuß. (Natürliche Größe.)

a = von der Breitseite gesehen, b = von der Schmalseite ge- sehen, c = Schale der Bankulnuß durchschnitten, d = Samen- kern von der Breitseite gesehen, e = Samenkern von der Schmalseite gesehen.

Rohmaterial.

Der Bankulnußbaum Frucht. (engl. auch Lamburg- nut) trägt fleischige, kahle, rundliche, mit vier schwachen Furchen versehene Kapselfrüchte von olivgrüner Farbe, welche ein bis zwei roßkastaniengroße Samen enthalten und ungefähr 4 bis 6 cm im Durch- Same. messer haben[2]). Die in dem Fruchtfleisch steckenden Samen (Fig. 11) ähneln äußerlich unsren Walnüssen, nur daß ihre Steinschale dicker ist. Diese steinharte, furchige, runzlige braune Schale umschließt einen gelblichen, ölig schmeckenden Samenkern.

---

[1]) Engl. Patent Nr. 600 v. 1. Nov. 1852.
[2]) Uhlworm, Bot. Centralbl., 1880, S. 486.

Nach P. Charles[1]) bestehen die Bankul, Kekune-, Candle-,
Kawiri-, Kewiri-, Belgaum- oder Lumbangnüsse, welche man auf
den Südseeinseln „Kukui" oder „Tutui" nennt, aus

57 % Schalen,
43 % Kernen;

über die Zusammensetzung der letzteren liegen nachstehende Analysenergebnisse vor:

	Mutschler u. Krauch[2])	Corenwinder[3])	Nallino[4])	Dietrich[5])	P. Charles[6])	Schädler[7])	
	%	%	%	%	%	%	%
Wasser	3,69	5,00	5,25	4,43	9,10	5,15	5,00
Protein	22,75	22,65	—	23,77	17,41	23,00	22,50
Fett	60,93	62,17	62,97	59,23	61,50	59,82	62,15
Stickstoffreie Extraktstoffe	6,54	6,82	—	6,68	5,87	} 8,53	7,00
Rohfaser	2,67	—	28,99	1,58	2,73		
Asche	3,42	3,34	2,79	4,33	3,38	3,50	3,35

Schale.   Charles hat auch die Schalen näher untersucht und dabei gefunden:

1,7 % stark riechender ätherischer Öle,
89,63 % organischer (?) Stoffe,
0,09 % Phosphorsäure,
1,65 % Stickstoff,
0,08 % Kali und
8,50 % verschiedener Salze.

Das Klebermehl der Candlenüsse besteht nach Ritthausen[8]) meist
aus stickstoffarmen Proteinen. Es enthält 65,4 % in Kaliwasser löslicher,
7,7 % in Kaliwasser unlöslicher Proteinsubstanzen, 15,5 % Faser und stickstoffreier Substanzen (darunter Glykose) und 11,4 % Asche.

[1]) Chem. Centralbl., 1879, S. 112.
[2]) Centralbl. f. Agrikulturchemie, 1879.
[3]) Hoffmanns agrikulturchem. Jahresberichte, 1876, Bd. 1, S. 205.
[4]) Berichte d. deutsch. chem. Gesellsch., 1872, Bd. 2, S. 731.
[5]) Fuehlings neue landw. Zeitung, 1872.
[6]) Journ. de Pharm. et de Chim., 1879.
[7]) Schädler, Technologie d. Fette u. Öle, 2. Aufl., Leipzig 1892, S. 665; die erstgenannte Schädlersche Analyse stammt von indischen Bankulnüssen, die zweite
von solchen aus Tahiti; Fendler fand den Ölgehalt von Bankulnußkernen aus
dem botanischen Garten zu Viktoria (Kamerun) mit 64,4 % (Zeitschr. f. Untersuchung der Nahrungs- und Genußmittel, 1903, S. 1025).
[8]) Berichte d. deutsch. chem. Gesellsch., 1881, S. 2588.

In der Zusammensetzung der Asche von Bankulnüssen fällt der hohe Gehalt an Phosphorsäure und Kali auf. Schädler[1]) gibt als einzelne Komponenten der Asche an:

Kali	17,25 %
Natron	0,42
Magnesia	15,13
Kalk	13,06
Eisenoxyd	0,09
Chlor	0,05
Schwefelsäure	0,26
Kieselsäure	5,13
Phosphorsäure	48,61

Die ölreichen Bankulnüsse könnten ein sehr beachtenswertes und brauchbares Rohmaterial für die Ölindustrie abgeben, zumal auch die Fabrikationsrückstände durch ihren Stickstoffreichtum und ihren hohen Gehalt an Kali und Phosphorsäure hochwertige Produkte darstellen. Um einen namhaften Export dieser Ölsamen möglich zu machen, ist jedoch die vorherige Entfernung der wertlosen Schalen, welche mehr als die Hälfte vom Gesamtgewichte der Nüsse darstellen, dringend notwendig, weil die Ware eine solche nutzlose Mehrfracht nicht verträgt. Die Entschälarbeit ist leider höchst langwierig und wird von den Eingeborenen bisher lediglich durch Handarbeit besorgt, indem sie die Nüsse vorher schwach rösten oder kochen und die Schale hierauf durch einen leichten Schlag mit einem Stein aufbrechen.

Die Franzosen haben sich im Interesse Tahitis große Mühe gegeben, die bei den dort üblichen relativ hohen Arbeitslöhnen zu kostspielige Handentschälerei durch Maschinenarbeit zu verbilligen und der Bankulnuß damit den Weltmarkt zu eröffnen. Man hat ein Entschälen sowohl mittels Zertrümmern der Schale auf starken Walzenstühlen oder Brechmaschinen und nachheriges Absieben als auch durch Kochen der Nüsse in Wasser versucht. Bezüglich des letzteren, vom Comité agricole in Tahiti vorgeschlagenen Verfahrens brachte ich in Erfahrung, daß durch das kochende Wasser auch die Kerne selbst etwas mitgenommen wurden, weshalb man diese Methode wieder aufgegeben hat[2]).

Bisher müssen die Bemühungen, eine billige Entschälmethode zu finden, als gescheitert angesehen werden. Die Bankulnüsse bilden daher heute nur auf ganz wenigen Sundainseln (z. B. Sumbara) und auf einigen polynesischen Inseln, den Molukken, Neu-Süd-Wales und Chili einen wirklichen Exportartikel. Sie kommen von dort via London auf den europäischen Markt.

---

[1]) Schädler, Technologie d. Fette u. Öle, 2. Aufl., Leipzig 1892, S. 665.
[2]) Die Pariser Weltausstellung, Seifensiederztg., Augsburg 1900, S. 333.

Gewinnung.

Die Verarbeitung der entschälten Bankulnüsse beschränkt sich auf das Zerkleinern der Samenkerne und darauffolgendes Auspressen derselben, welch letzteres gewöhnlich in zwei Phasen (kalt und warm) geschieht. Das ausfließende Öl wird einfach filtriert.

Bei einer Verarbeitung von Bankulnüssen im großen dürfte sich das Extraktionsverfahren empfehlen, weil bei den schwach abführenden Eigenschaften des Bankulnußöles eine möglichst vollständige Entfettung der Fabrikationsrückstände geboten erscheint, falls man letztere zu Fütterungszwecken verwenden will.

Die Ölausbeute wird beim Preßverfahren mit 55 bis 58 % angegeben, beim Extrahieren vermag man leicht auf 60 bis 61 % zu kommen.

Eigenschaften und Verwendung. [1]

Kalt gepreßtes Bankulnußöl ist dünnflüssig, hellgelb, fast farblos, zeigt milden Geschmack und angenehmen Geruch, kann aber trotzdem wegen seiner purgierenden Wirkung als Speiseöl nicht verwendet werden. Das warm gepreßte Öl ist gelb bis rötlichgelb, weist einen an Erdnußöl erinnernden Geruch und eine relativ geringe Azidität auf; so konstatierte Lewkowitsch bei einem aus längere Zeit gelagerten Samen gepreßten Öle einen Gehalt an freien Fettsäuren von 4 %. Nördlinger fand dagegen in einer drei Jahre alten Probe 56,4 % freier Fettsäuren [2]. Das spezifische Gewicht des Bankulnußöles liegt zwischen 0,920 und 0,926 (bei 15 °C), sein Erstarrungspunkt wird von de Negri als bei —18 °C liegend angegeben. Das Öl besteht aus den Glyzeriden der Linolsäure (30 %) sowie anderer trockenen Säuren und enthält ferner Stearin, Palmitin, Myristin und Olein.

Die Trockenfähigkeit des Bankulnußöles erreicht jene des Leinöles nicht; ersteres findet aber trotzdem in China und Japan in der Firnis- und Lackfabrikation vielfache Verwendung. Zur Zeit von Hochkonjunkturen in Leinöl soll es zum Fälschen des letzteren dienen. Auch zur Bereitung von Druckerschwärze ist das Bankulnußöl empfohlen worden [3].

---

[1] Siehe auch A. Schischkoff, Berichte d. deutsch. chem. Gesellsch., 1874, S. 486; Lach, Chem. Ztg., 1890, S. 871; de Negri, Österr. Chem. Ztg., 1898, S. 202; Walker u. Warburton, Analyst, 1902, S. 237; Nördlinger, Zeitschr. f. analyt. Chemie, 1889, S. 183; Hartwich, Chem. Ztg., 1888, S. 859.

[2] Lach lag eine Candlenußprobe von salbenartiger Konsistenz vor, die erst bei 24 °C schmolz. Das hornartig erstarrende, Wanzengeruch zeigende Fett dürfte ein Candlenußstearin (die in dem Öle enthaltenen festen Triglyzeride) gewesen sein, wie sich denn überhaupt die zum Teil widersprechenden Angaben über die physikalischen Eigenschaften und chemischen Konstanten des Bankulnußöles durch die ungleichen Gewinnungsweisen dieses Öles und durch die verschiedenen Provenienzen des Rohmaterials erklären.

[3] Offizieller Ausstellungsbericht über die Wiener Ausstellung 1873; J. Wiesner, Pflanzenstoffe zu industriellem Gebrauch, Wien 1874, S. 134; Dinglers polyt. Journ., 1874, Bd. 214, S. 256; Polyt. Centralbl., 1874, S. 1424; Deutsche Industrieztg., 1874, S. 354.

Als Brennöl wird es von einigen Autoren, z. B. von Corenwinder[1]), sehr
gerühmt; letzterer behauptet, daß es in dieser Hinsicht das Rüböl übertreffe.
E. Heckel[2]) bestreitet diese Angaben. Nach seiner Mitteilung hat man
z. B. in Neu-Kaledonien vergeblich versucht, das Öl für Leuchttürme zu benutzen; die den Docht umgebenden Metallbrenner waren bald zerstört und
selbst Platinbrenner wurden schnell zerfressen. Versuche, welche Heckel
im Auftrage der französischen Regierung angestellt hatte, um die der Verwendung des Bankulnußöles entgegenstehenden Übelstände zu beseitigen,
schlugen fehl und so mußte selbst da, wo die Bankulnuß im Überfluß vorhanden
ist, der Gebrauch des Öles für Beleuchtungszwecke aufgegeben werden.

Vorzüglich eignet sich das Candlenußöl für die Seifensiederei; es
versiedet sich sowohl mit Kali- als auch mit Natronlauge leicht und glatt.

Die Kaliseife ist weder transparent noch so stark weiß getrübt,
um als Silberschmierseife verwendet werden zu können. Versiedet man
aber das Öl nicht für sich, sondern mit der gleichen Menge Elain (technische
Ölsäure) oder Kottonöl, so resultiert eine gut transparente Schmierseife, die
der aus Leinöl gesottenen keineswegs nachsteht.

Die Natronseife bildet einen weißen, leidlich festen Kern, ähnlich wie
die Kottonöl-Natronseife. Für sich allein läßt sich Bankulnußöl also nicht zu
Kernseife verarbeiten, doch kann es bis zu 20, ja sogar 30% dem üblichen
Fettansatze zugemischt und auf gleiche Weise wie Kotton- und Erdnußöl
verwertet werden[3]).

Rückstände.

Die ersten Candlenußkuchen kamen in den achtziger Jahren des vorigen
Jahrhunderts von den Sundainseln und den Molukken, von Westindien
und Ceylon aus zuerst nach England und Holland, dann nach Deutschland.

Die importierten Bankulnußkuchen sind zumeist von auffallender Dicke
(4 bis 5 cm), von runder Form (30 cm Durchmesser) und wiegen 4 bis 5 kg.
Ihre Farbe ist gelblichweiß bis schmutziggelb; der Kuchen zeigt dabei einige
braune bis schwarze Tupfen, die von der Samenschale herrühren.

Die Zusammensetzung der Bankulnußkuchen ist nach Dietrich und
König[4]):

	Minimum	Maximum	Mittel
Wasser	6,60%	12,53%	8,4%
Rohprotein	35,12	57,07	49,0
Rohfett	5,50	21,50	11,2
Stickstoffreie Extraktstoffe .	12,33	27,80	18,7
Rohfaser	3,28	5,67	4,1
Asche	5,04	12,40	8,6

---

[1]) Dinglers polyt. Journ., 1875, Bd. 218, S. 464.
[2]) Compt. rendus, 1875, S. 371; Dinglers polyt. Journ., 1876, Bd. 219, S. 376.
[3]) Vergleiche Seifensiederztg., Augsburg 1902, S. 472.
[4]) Dietrich und König, Zusammensetzung und Verdaulichkeit der Futtermittel, 2. Aufl., Berlin 1891, S. 694, 1031 u. 1036.

Einen Kuchen mit auffallend niedrigem Rohfasergehalt untersuchte Lewkowitsch[1]); die Probe zeigte: 10,00 % Wasser, 46,16 % Rohprotein, 8,80 % Rohfett, 25,29 % stickstoffreier Substanzen, 1,47 % Rohfaser und 8,28 % Asche, welche aus 23,52 % Kali und 13,04 % Phosphorsäure bestand.

Vollständige Aschenanalysen der Bankulnußkuchen veröffentlichte Schädler; nach ihm sind in 100 Teilen Asche enthalten:

Kali . . . . 20,30 %
Natron 1,30
Magnesia 16,26
Kalk 8,29
Eisenoxyd 2,50
Chlor 1,03
Schwefelsäure 0,84
Kieselsäure 5,00
Phosphorsäure . . . . <u>44,48</u>
100,00 %.

Verwertung der Kuchen. Die schwach abführende Wirkung des Lichtnußöles dürfte auch den Kuchen eigen sein, weshalb ihrer Verwendung für Futterzwecke eine gewisse Beschränkung auferlegt ist. Gute, gesunde Lichtnußkuchen werden von den Rindern gern genommen und sind in England und Holland mehrfach verfüttert worden.

Die Verdaulichkeitskoeffizienten sind für gut entschälte Ware ziemlich günstig; man kann für

Rohprotein einen Ausnützungsgrad von   89 %
Rohfett 90
Stickstoffreie Extraktstoffe 90
Rohfaser 38

annehmen.

Genaue Untersuchungen über die Candlenußkuchen liegen nicht vor und es ist möglich, daß frische, gesunde Ware günstigere Resultate erzielen würde als die bisher veröffentlichten, welche eigentlich nicht ganz klar lauten und sich in einigen Punkten sogar widersprechen. So sollen diese Kuchen, an Milchkühe verabreicht, eine sehr weiche und scharf schmeckende Butter erzeugen. In Hohenheim konstatierte man, daß Schafe und Schweine die Aufnahme dieser Kuchen überhaupt zumeist verweigern; Schafe hungerten lieber drei Tage lang, bevor sie ein mit Lichtnußkuchen vermischtes Gersten-schrot fraßen.

Sollte der Bankulnußkuchen einmal in regelmäßigen, größeren Posten auf den Markt kommen, so ist trotz der bis heute vorliegenden, nicht

---

[1]) Chem. Revue, 1901, S. 156; die großen Schwankungen der verschiedenen Bankulnußkuchen-Analysen sind auf das mehr oder weniger gute Entschälen der Nüsse vor der Entölung zurückzuführen.

gerade sehr animierenden Versuchsergebnisse diesem Produkt seitens der
Viehzüchter doch besondere Aufmerksamkeit zu schenken. Die hohe Verdaulichkeit dieses äußerst proteinreichen Ölkuchens wird ihn — gute
Bekömmlichkeit vorausgesetzt — unter den Kraftfuttermitteln in erster Reihe
erscheinen lassen.

Die Bankulnußkuchen bilden auch ein vortreffliches Dungmittel und
wird besonders Ware, die sich aus irgend einem Grunde zum Verfüttern nicht
eignet, für diesen Zweck verwendet. Neben seinem Stickstoffgehalt kommt
hierfür noch sein Kali- und Phosphorsäuregehalt in Betracht, der auf Grund
der S. 76 gegebenen Aschenanalyse ganz beträchtlich ist.

Handel.

Nach Cuzent wird das auf den Sandwichinseln gewonnene Öl von
dort aus unter dem Namen „Kukuiöl" nach Callao in Peru, Valparaiso,
Acapulco in Mexiko, New York und Kalifornien versendet. Hartwich
gibt die jährliche Produktion der Sandwichinseln mit 45 000 kg an, während
Schädler eine Jahreserzeugung von 10 000 Barrels nennt. Letztere Ziffer
dürfte die für die heutigen Verhältnisse richtigere sein, wie denn auch in
den jüngsten Jahren auf den Molukken, in Westindien und auf Ceylon
Bankulnußöl erzeugt wird. Wären die Schwierigkeiten beim Entschälen der
Bankulnüsse überwunden, so würden diese voraussichtlich einen achtens-
werten Platz unter den Ölsamen des Welthandels erobern.

Stillingiaöl.

Talgsamenöl. — Huile de Stillingia. — Stillingia Oil. — Tallow-
seed Oil. — Olio di Stillingia. — Tse-ieou, Ting yu (China).

Herkunft.

Das Stillingiaöl wird aus den Samenkernen des chinesichen Talgbaumes gewonnen, einem 7—8 m hohen, überaus zierlichen Baume, der
durch seine Blätter etwas an unsere Espe erinnert und wie der Holz-
nuß- und Lichtnußbaum zu den Euphorbiaceen gehört. Der Talgbaum
= Stillingia sebifera Mich. = Stillingia sinensis Baill. = Ex-
caecaria sebifera Müll. = Croton sebiferum L. = Carrumbium
sebiferum Kurz = Sapium sebiferum Roxb. = Albero del sego =
Arbre à suif = Tallow-tree = Arbol del sebo = Pippal-Jang
(Indien) = Man Tcina oder Tcelat pipal (Bengalen) = Tojapipali
(Sanskrit) = Cay-soi (Anam) = Krêmnon châm bâk (Kambodscha)
= Kuen tse chou (China) = Jaricou (Cochinchina) scheint seine Heimat
in Indo-China zu haben, wo er wild wächst und mit jedem Boden vor-
lieb nimmt. In Tonkin ist der Baum in den Provinzen Hung-hoa,
Tyên-quang, Hoa-binh, Son-tay, Vinh-yên und anderen Wald-

*Ab-
stammung.*

*Heimat
des Talg-
baumes.*

gegenden häufig anzutreffen, ebenso findet er sich in den chinesischen Provinzen Se-tschouan, Koui-tscheou, im ganzen Westen von Hounam und Houpé sowie auch in Chen-si, Ngan-houei, Kiang-sou, Kiang-si, Tsché-kiang und endlich in gewissen Teilen von Nord-Yunnan.

Die Engländer haben den Baum auch in Indien anzupflanzen versucht und man trifft ihn heute im Punjab, am Himalaja und auf den Gebirgen Ceylons wie auch in Südkarolina, Florida und bisweilen in Südeuropa.

Der Talgbaum gedeiht überall leicht und wird durch die Vögel, welche die Samen gierig fressen und sie im Fluge wieder unverdaut abgeben, viel verbreitet.

In Tonkin wird er hauptsächlich wegen seiner Blätter geschätzt, welche zum Schwarzfärben von Seide verwendet werden.

In China kultiviert man ihn dagegen hauptsächlich wegen seiner Früchte in großem Maßstabe. In Südkarolina, Florida und Südeuropa dient er manchmal als Zierbaum; seine im Herbste rot werdenden Blätter heben sich malerisch von den schneeweißen Samen ab und machen ihn als Gartenzierbaum sehr geeignet.

Rohprodukt.

Früchte.   Die Frucht des chinesischen Talgbaumes ist eine trockene, kugelig zugespitzte, haselnußgroße Kapsel von 10—12 mm Länge; diese Kapsel enthält drei eiförmige Samen, deren Reifezeit in die Monate Oktober bis Dezember fällt.

Same.   Die Ernte der cay soi genannten Talgsamen erfolgt derart, daß man die fruchttragenden Zweige des Talgbaumes abbricht und sie behufs Trocknung haufenweise aufstapelt. Nach einiger Zeit pflückt man die kleinen

a   *b*   *c*   *d*

Fig. 12. Talgsame (Stillingia sebifera) Dreifach vergrößert.
a = Bauchseite, *b* = Rückseite, *c* = seitliche Ansicht, *d* = Samenquerschnitt.

Fruchtbüschel ab und unterwirft sie einer leichten Trocknung, worauf die schwarzgefärbte Kapsel von selbst aufspringt und die infolge ihres Talgüberzuges in frischem Zustande fast schneeweiß erscheinenden Samen von Erbsengröße zum Vorschein kommen. Die Gestalt derselben ist aus Fig. 12 ersichtlich.

Erträgnis.   Der Ertrag eines Baumes beläuft sich auf 25—30 kg Samen. Dieselben werden nur in jenen Ländern gesammelt, wo der Talgbaum häufig vorkommt und eine regelrechte Kultur genießt. Das Abschneiden der Zweige des Talgbaumes für Färbereizwecke (siehe oben) schädigt die

Ernte an Talgsamen ganz merklich. Der erste, im Juni stattfindende Schnitt erfolgt kurz nach der Blütezeit und mindert daher die Samenernte weit mehr als der zweite, der im Dezember ausgeführt wird.

Die Samen des chinesischen Talgbaumes enthalten zwei Arten von Fett; einmal ist das eigentliche, gelblichweiße Samenfleisch ölhaltig, dann aber erscheint auch auf den ziemlich resistenten schwarzen Samenschalen eine ungefähr 1 mm dicke talgartige Masse abgelagert. Durch Witterungseinflüsse wird die weiße, auf der Samenschale abgelagerte Talgmasse bisweilen grau oder braun; wenigstens lagen mir verschiedentliche Proben von Samen des chinesischen Talgbaumes vor, wovon 30—40 % grauschwarz geworden waren.

Die Samen bestehen zu zwei Dritteln aus Schalen und zu einem Drittel aus reinen Kernen. Sie enthalten nach Lemarié 29,5 % ihres Gewichtes talgartiges Fett, während das angenehm bitterlich schmeckende Samenfleisch zu 59,5 % aus reinem, flüssigem Öl besteht.

Tortelli und Ruggeri konstatierten in den Talgsamen 22 % festen Fettes und 11,2 % flüssigen Öles. Rechnet man diese Angaben auf das Schalen- und Kerngewicht um, so decken sie sich mit den Daten von Lemarié fast vollständig. Das Gewicht von 1000 Samen beträgt 125—130 g.

Zusammensetzung der Samen.

Gewinnung.

Bei den Samen des Talgbaumes muß man das auf der Samenschale abgelagerte feste Fett von dem in den Samenkernen enthaltenen flüssigen Fette wohl unterscheiden. Das erstere liefert ein hochschmelzbares fettes Pflanzenfett, welches in den Gewinnungsländern unter dem Namen pi-ieou oder pi-yu bekannt ist; das flüssige Öl heißt tse-ieou oder ting-yu. Schließlich kommt auch noch ein Gemisch dieser beiden Fette auf den Markt, welches den Namen mou-ieou führt. Das talgartige Fett wie auch das Gemisch des auf der Samenschale abgelagerten und des in den Kernen enthaltenen Fettes werden unter „Stillingiafett" behandelt. An dieser Stelle soll nur das in die Gruppe der trocknenden Öle gehörige flüssige Öl aus den Samenkernen (tse-ieou) besprochen werden.

Um das Öl der Samenkerne für sich zu gewinnen, ist es notwendig, daß die Samenkerne der Talgsamen von den Samenschalen getrennt werden. Diese Trennung geschieht in der Regel auf Mahlgängen, wie sie für die Enthülsung von Sonnenblumen gebräuchlich sind. Der Betrieb dieser Mahlsteine erfolgt in China aber nur in den seltensten Fällen durch mechanische oder tierische Betriebskraft, wird vielmehr gewöhnlich durch 2—3 Männer besorgt, welche durch Handräder die Mahlsteine drehen. Aus den Samenschalen wird dann weiter auf geeignete Weise das feste Fett beim Schälprozesse gewonnen, die erhaltenen ölreichen Samenkerne werden zerkleinert und warm gepreßt. Die Erwärmung des Preßgutes erfolgt auf ziemlich primitive Weise über direktem Feuer; ein Zusatz von Wasser oder eine Zufuhr von Wasserdampf finden beim Erwärmen des Saatfleisches nicht statt.

Gewinnungsweise.

In der Fachliteratur begegnet man vielfach Mitteilungen, nach welchen das feste Fett des Talgbaumes durch einfaches Ausschmelzen gewonnen werden soll; diese von Grosjean stammende unrichtige Darstellung der Verarbeitungsweise gibt Grund zu der Vermutung, daß das flüssige Öl der Talgsamenkerne aus den ausgeschmolzenen, von dem Schalenfette befreiten, sonst aber unverletzten Samen durch Zerkleinern und Auspressen gewonnen werde. Das trifft jedoch nicht zu, sondern es geht der Gewinnung des flüssigen Stillingiaöles stets eine Entschälung der Saat voraus.

Die Entschälung erfolgt nur dann glatt, wenn die Samen gut ausgetrocknet sind, weil sich dann das Sameninnere von der Schale vollkommen losgelöst hat und beim Zerbrechen der Samenschale ihre Trennung von den Samenkernen sich leicht vollzieht.

Ausbeute.   Crevost[1]) gibt an, daß 100 kg Talgsamen ca. 15—16 kg Stillingiaöl liefern. Vergleicht man diese Angaben mit dem von Tortelli und Ruggeri ermittelten Gehalte der Talgsamen an flüssigem Öl (19,2 %), so muß man diese Ausbeute angesichts der primitiven Betriebsmittel als recht gut bezeichnen.

Eigenschaften. [2])

Eigenschaften.   Das Stillingiaöl ist von dunkelgelber Farbe, besitzt einen eigentümlichen Geruch, der zwischen dem von Lein- und Senföl liegt, zeigt eine Dichte von 0,936—0,9458 (bei 15° C) und trocknet, in dünnen Schichten der Luft exponiert, ziemlich rasch ein. Nash[3]) fand in einer Probe von Stillingiaöl 3,1 % freier Fettsäuren und 0,44 % Unverseifbares; Tortelli und Ruggeri konstatierten dagegen bei einer anderen Probe 6,15 % freier Fettsäuren und 1,45 % Unverseifbares. 100 Teile absoluten Alkohols lösen bei gewöhnlicher Temperatur 4,28 % neutralen Öles auf. Die aus dem Öle abgeschiedenen Fettsäuren erstarren bei 12,2° C, um bei 14—15° C wiederum zu schmelzen; sie scheiden beim Stehen etwas feste Fettsäure aus.

Die chemische Zusammensetzung ist weder für diese festen Ausscheidungen noch für die Gesamtfettsäuren ermittelt worden.

Verwendung.

Verwendung.   Das Stillingiaöl findet nur ganz lokale Verwendung, und zwar wird es hauptsächlich für Brennzwecke, wohl auch als Speiseöl und zur Herstellung von Firnissen benutzt. Ein beträchtlicher Teil des Stillingiasamen wird nicht zu reinem Stillingiaöl und festem Pflanzentalg verarbeitet, sondern zu dem auf Seite 79 erwähnten Mischfette (mou-ieou)[4]).

---

[1]) Bulletin économique, 1902, Juni-Oktober.
[2]) Siehe auch: de Negri und Sburlatti, Chem. Ztg., 1898, S. 5; de Negri und Fabris, Chem. Ztg., 1894, S. 32.
[3]) Analyst, 1904, S. 111.
[4]) Näheres über die Verarbeitung der Stillingiasamen und deren wirtschaftliche Bedeutung siehe unter „Stillingiafett".

Parakautschuköl.

Paragummiöl. — Huile de siphonie élastique. — Para rubber
tree seed Oil. — Olio d'albero di cacciù.

Herkunft.

Dieses Öl entstammt den Samen des Paragummibaumes (Hevea
brasiliensis Müll. Arg.), eines im unteren Amazonental, in der
Provinz Para vorkommenden, Kautschuk liefernden
Baumes. In neuerer Zeit haben die föderierten Malaien-
staaten mächtige Areale mit diesem nützlichen Baume
bepflanzt und man bemüht sich, nunmehr auch seine
Samen nutzbringend zu verwerten.

Frucht und Samen des Parakautschukbaumes sind in Fig. 13[1]) abgebildet.

Ab-
stammung.

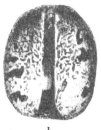

a   b   c

Fig. 13. Frucht und Samen des Parakautschukbaumes (Hevea brasiliensis). Natürliche Größe.
a = Frucht, b und c = Samen.

Rohprodukt.

Die Kerne machen ungefähr 50 % der ganzen Samen aus; letztere enthalten
nach A. Schröder[2]) ungefähr 24 % Öl. Die Kerne wurden von L. Wray[3])
näher untersucht und in denselben ein Fettgehalt von 42,3 % konstatiert.

Same.

Die Schalen der Paragummisamen enthalten geringe Mengen eines
festen Fettes.

Nach L. Wray wiegen 1000 Stück enthülster und an der Sonne
getrockneter Samenkerne des Parakautschukbaumes 2041 g, welches Quantum
dem jährlichen Minimalertrage eines Baumes entspricht.

Es ist wichtig, daß die Samenkerne kurz nach der Entschälung zu
Öl verarbeitet werden. Jedes Einlagern derselben benachteiligt die Farbe
des Öles sehr wesentlich, weil die Luft auf das in den Samenkernen enthaltene Öl stark oxydierend einwirkt. Die zerkleinerten Samenkerne kommen

---

[1]) Stanley Arden, L'Hevea brasiliensis dans la Péninsule malaise, Paris 1904.
[2]) Archiv d. Pharm., 1905, S. 628; Chem. Revue, 1906, S. 12.
[3]) Seifensiederztg., Augsburg 1904, S. 316.

bisweilen als Paragummisamenmehl auf den Markt. Dieses Produkt ist frei von Schalenteilen, zeigt eine helle, rötlichgelbe Farbe und einen angenehmen Geruch. Es liefert bei der Extraktion weniger Öl (36,1 %) als die frisch zerkleinerten Samen und das Öl unterscheidet sich merklich von dem aus reinen, frisch zerkleinerten Paragummisamen gewonnenen.

Das Paragummisamenmehl zeigte die folgende Zusammensetzung:

Wasser	9,1 %
Rohprotein	18,2
Rohfett	36,1
Stickstofffreie Extraktstoffe	29,67
Rohfaser	3,4
Asche	3,53

in welch letzterer 30,3 % Phosphorsäure konstatiert wurden.

Schädler erwähnt auch die Samen von Hevea guianensis Aubl. = Siphonia elastica L. als ölgebend.

Eigenschaften.

Eigen-
schaften.

Das aus frischen Kernen erhaltene Öl ist von hellgelber Farbe, spiegelklar von Aussehen und erinnert im Geruch etwa an Leinöl.

Werden die Kerne samt Schalen zu Öl verarbeitet, so weicht das dabei erhaltene Öl in seinen Eigenschaften nur unwesentlich von dem aus reinen Samenkernen gewonnenen Öle ab, weil die aus den Schalen kommende Ölmenge gegenüber der aus den Kernen stammenden äußerst gering ist.

Die Direktion des Perak-Museums und der Forests and Gardens in Penang hat vor kurzem Veranlassung genommen, das Öl aus den Paragummisamenkernen und aus der ganzen Saat zu untersuchen, wobei in den Konstanten nur geringfügige Abweichungen beobachtet wurden. Das spezifische Gewicht war beim Öl aus reinen Kernen 0,9302, bei dem aus der ganzen Saat 0,9316.

Das aus dem Paragummisamenmehl gewonnene Öl besaß einen schwach sauren Geruch und erstarrte beim Stehen bald zu einer weichen kristallinischen Masse, die bei 19 ° C zu schmelzen anfing, aber erst bei 28 ° C vollkommen klar wurde. Das spezifische Gewicht dieses Öles war 0,911 (bei 15 ° C).

Der auffallende Unterschied zwischen dem aus dem Samenmehl ausgebrachten und dem aus frischen Samen erhaltenen Öl zeigte sich am deutlichsten in der Azidität des letzteren. Während eine Probe Öl aus Mehl 65,6 % freier Fettsäuren enthielt, wies eine solche aus frischen Samen nur eine Azidität von 5,4 % auf. Der hohe Fettsäuregehalt des ersteren Produktes ist offenbar auf eine durch Enzyme bewirkte Fettspaltung zurückzuführen.

Das Paragummisamenöl besteht nach den Untersuchungen A. Schröders aus den Triglyzeriden der Stearin- und Palmitinsäure sowie aus solchen von ungesättigten, noch nicht näher bestimmten Fettsäuren. Flüchtige Fettsäuren sind nicht vorhanden. Die gesättigten Säuren des Öles betragen $9{,}49\,\%$, der Rest entfällt auf ungesättigte Triglyzeride.

Verwendung.

Das Paragummisamenöl kann an Stelle des Leinöles zur Firnisbereitung verwendet werden. Verseift gibt es eine gelbliche, ziemlich weiche Natronseife, ist also für Zwecke der Seifenfabrikation nicht besonders geeignet. Verwendung.

Rückstände.

Die Preßrückstände der Paragummisamen sind noch nicht näher untersucht worden, doch hat Wray ihre Zusammensetzung auf Grund vorgenommener Samenanalysen berechnet und dabei gefunden: Parasamenkuchen.

Wasser	$15{,}36\,\%$
Rohprotein	26,81
Rohfett	6,00
Stickstoffreie Extraktstoffe	43,64
Rohfaser	5,00
Asche	5,19

Diese Zusammensetzung läßt die Kuchen als ein sehr brauchbares Kraftfuttermittel erscheinen; es bleibt aber abzuwarten, wie sie sich bei der Verfütterung praktisch bewähren.

Wirtschaftliches.

Ein Handel in Paranüssen findet jetzt nur in ganz beschränktem Umfange statt. Sollte er in Zukunft größere Ausdehnung annehmen, so wäre auf eine Verfrachtung der ungeschälten Samen hinzuarbeiten. Keinesfalls dürfte das Mehl der Samenkerne versandt werden, wie dies versuchsweise geschehen ist; die Qualitätseinbuße, welche das Öl dadurch erleidet, läßt eine Verfrachtung entschälter Samenkerne als untunlich erscheinen. Handel

Manihotöl. [1]

Dasselbe ist in den Samen von Manihot Glazcovii enthalten, welche aus Manihotöl.

$$74{,}5\,\% \text{ Schalen und}$$
$$25{,}5\,\% \text{ Kernen}$$

bestehen. Der Gesamtfettgehalt der Samen beträgt $9{,}94\,\%$, wovon $8{,}98\,\%$ auf die Kerne und $0{,}96\,\%$ auf die Schalen entfallen.

Das von Fendler und Kuhn mittets Äther extrahierte trocknende Öl war von grünlichgelber Farbe, zeigte Olivengeruch, bitteren, kratzenden

---

[1] Chem. Revue, 1906, S. 34; Berichte d. deutsch. pharm. Gesellsch., 1905, Heft 9.

Geschmack, eine Dichte von 0,9258 (bei 15° C) und einen Gehalt von 0,90 % an Unverseifbarem.

Die aus dem Öle isolierten Fettsäuren bestehen zu 10,97 % aus festen, zu 89,03 % aus flüssigen Fettsäuren, schmelzen bei 23,5° C und erstarren bei 20,5° C.

Andere trocknende Euphorbiaceenöle.

Neben dem Holz-, Bankulnuß- und Stillingiaöl kennt man noch eine Reihe anderer trocknende Öle, welche aus Samen von in die Familie der Wolfsmilchgewächse gehörenden Pflanzen stammen, doch haben sie bei weitem nicht die technische und kommerzielle Wichtigkeit der erstgenannten. Zu nennen wären [1]):

Das Öl aus den Samen der lanzettartigen Wolfsmilch (Euphorbia dracunculoides Lam. = Euphorbia lanceolata Rottl.), welches in Bengalen, Madras und im Pandschab gewonnen wird und unter dem Namen „Jy-chee oil" als Brenn- und Firnisöl verwendet zu werden pflegt;

das Öl der Samen des in Malabar und an der Koromandelküste heimischen Lumbo oder Pyal (Buchanania latifolia). Die unter dem Namen „chironji" gehandelten, ähnlich wie die Pistaziennüsse schmeckenden Samen liefern 50 % eines als Speisefett verwendeten Öles (Chironji oil);

das Camulöl (Huile de Polongo, camul oil), welches aus den Samen eines in Abessinien, Südarabien, Indien, auf den Philippinen, in Ostchina und Nordaustralien zu findenden strauchartigen Baumes (Mallotus Philippinensis Müll. = Rottlera tinctoria Roxb.) gewonnen wird.

Auch die Samen der in Japan vorkommenden Elaeococca verrucosa Juss[2]) und der in Westindien und Guinea heimischen Omphalea triandra L. geben trocknende Öle.

Die Samen anderer Wolfsmilcharten liefern halbtrocknende (z. B. Krotonöl) und nicht trocknende Öle (Rizinusöl).

Hanföl.

Huile de chanvre. — Huile de chènevis. — Hempseed Oil. — Olio di canape. — Oleum cannabis. — Bazrub ginnab (Arabien). — Kinnabis defroonus (Afghanistan). — Ganjar-bij (Bengalen). — Ganje-ke-Cing (Hindostan). — Ganja-atta (Ceylon). — Tuhkme-Kinnab (Persien).

Geschichte.

Die Hanfpflanze, aus deren Früchten das Hanföl gewonnen wird, hat sich später und auf anderen Wegen über die Erde verbreitet als ihr Zwillingsbruder, der Flachs. Den alten Ägyptern und Phöniziern war

---

[1]) Schädler, Technologie d. Fette u. Öle, 2. Aufl., Leipzig 1892, S. 669.
[2]) Ist nach Harz mit der Holznuß (Aleurites cordata) identisch.

die Hanfpflanze unbekannt. Herodot erwähnt sie als eine bei den Skythen wildwachsende, aber auch kultivierte Pflanze. Die Thrazier wie auch die medopersischen Stämme benutzten die Hanffaser zur Herstellung von Geweben und kannten auch schon die betäubende Wirkung des Haschisch.

In Indien scheint man den Hanf schon 800—900 Jahre vor Christo gekannt zu haben, denn unter der in der Atharvaveda erscheinenden, mit dem Sanskritnamen cana bezeichneten Pflanze kann nur Hanf zu verstehen sein[1]).

Von den römischen Schriftstellern ist es Lucilius (um 100 v. Chr.), welcher die Hanfpflanze zuerst anführt. Plinius nennt sie nicht als Gespinst-, sondern bloß als Heilpflanze und berichtet, daß sie im Sabinerlande baumhoch werde.

Auch in Gallien und den slawischen Ländern wurde Hanf in früher Zeit angebaut; von hier aus hat er sich dann allmählich, und zwar relativ spät, über das eigentliche Europa verbreitet[2]).

Über die Geschichte des Hanföles weiß man so gut wie nichts. Das erste Patent, welches zur Gewinnung des Hanföles genommen wurde, stammt aus dem Jahre 1844[3]).

Herkunft.

Als die eigentliche Heimat des Hanfes ist Südasien zu betrachten, vor allem Persien, Baktrien, Sogdiana und die Aralgegenden. Die Südabhänge des Himalaja sollen enorme Mengen wildwachsenden Hanfes aufweisen. Heute trifft man die kultivierte Hanfpflanze in Ostindien, Persien, China, Arabien, in ganz Afrika, Nord- und Südamerika und am ganzen europäischen Kontinente, namentlich in Rußland an. Der Hanf spottet fast allen Unterschieden in bezug auf Klima und Bodenverhältnisse; nur über dem 60. Grad nördlicher Breite gedeiht er nicht mehr gut. *Heimat des Hanfes.*

Die Hanfpflanze (Cannabis sativa L.), wie sie in Europa allenthalben zu finden ist, stellt die einzige Spezies der Gattung Cannabis (Familie der Urticaceen) dar; der sogenannte Riesenhanf (Cannabis gigantea = Cannabis chinensis) wie auch der indische (Cannabis indica Lam.) und der amerikanische Hanf (Cannabis americana) sind *Arten.*

---

[1]) Wiesner, Rohstoffe des Pflanzenreiches, 2. Aufl., Leipzig 1903, 2. Bd., S. 307.

[2]) Siehe auch Hehn, Kulturpflanzen und Haustiere, 7. Aufl., Berlin 1902, S. 189; Blümner, Technologie u. Terminologie der Gewerbe u. Künste bei den Griechen u. Römern, Leipzig 1875, 1. Bd., S. 188.

[3]) Engl. Patent Nr. 10262 v. 15. Juni 1844 (William Taylor).

nur tropische Kulturformen von Cannabis sativa L.[1]). Der indische Hanf wird, wie fast aller in den Tropen angebauter Hanf, wenig als Faser oder Ölpflanze [2]) verwertet, sondern hauptsächlich zur Herstellung betäubender Genußmittel und Medikamente gebraucht [3])

---

[1]) Nach O. Wherell gibt es im Drogenhandel eine große Anzahl von Varietäten des Hanfsamens; diese Arten, von denen die wichtigsten nachstehend aufgezählt seien, stammen zum Teil auch von anderen Pflanzen als Cann. sativa:

1. Unfruchtbarer Hanf, Schwarzsamenhanf, chinesischer, gemeiner, ostindischer, deutscher, indischer, Kentucky-, russischer und neuseeländischer Hanf, sämtlich von Cannabis sativa.
2. Amerikanischer Hanf, von Cannabis americana.
3. Agrimoniahanf, von Eupatorium cannabinum.
4. Bastardhanf, von Datisca cannabina.
5. Ambarnhanf (Dekareehanf), von Hibiscus cannabinus.
6. Bengalischer, brauner, Bombay-, Madras- und Sonnenhanf, von Crotolaria junea.
7. Bowsteringhanf, von Sansevieria Zeylanica.
8. Schwarzer indischer Hanf, Kanadahanf, von Apocynum cannabinum oder A. androsaemifolium.
9. Jubbulporehanf, von Crotolaria tennifolia.
10. Manilahanf, von Musa Aextilis.
11. Nesselhanf, von Galeopsis Tetrahit.
12. Sisalhanf, von Agave sisalana.
13. Rajinahalhanf, von Marsdemia tenacissima.
14. Wasserhanf, von Acnida cannabina.
15. Westindischer Hanf, von Asclepias incarnata.
16. Wilder Hanf, von Ambrosia trifida.

Mit dem Namen „chinesischer Hanf" bezeichnet man auch die Fasern von Abutilon, Chinagras und Cannabis americana (Seifenfabrikant, 1897, S. 941).

[2]) Siehe Watt, Econom. Prod. of India. Calcutta 1883, 3. Bd., Nr. 62.

[3]) Der indische Hanf weist eine viel gröbere Faser auf als der europäische und scheidet (namentlich an den weiblichen Blüten) ein gelblichgrünes Harz aus, welches sich bei der gewöhnlichen Art Cannabis sativa nicht oder doch nicht in so reichlicher Menge vorfindet. Dieses Harz wird in Ostindien (besonders in der Präsidentschaft Bombay und in Bengalen) gesammelt und bildet unter den Namen Charas, Churus, Momeka, Tschers ein sehr beliebtes Berauschungsmittel der Inder. Auf den europäischen Markt kommt dieses gelblichgrüne, kugelförmige Klümpchen darstellende Produkt nicht, wohl aber kennt man im Drogenhandel Europas ein aus den Blütenständen und Blättern der weiblichen Pflanze bestehendes Gemenge, welches durch das ausgeschwitzte Harz meist ganz verklebt ist und häufig auch mehrere kleine graugrüne Samen einschließt. Dieses Produkt wird, meist zerkleinert, unter den Namen Haschisch, Bhang, Bheng, Siddhi, Sabzi oder Guaza in den Handel gebracht. Endlich kennt man noch ein Produkt, welches ausschließlich aus den äußersten Spitzen des Blüten- und Fruchtstandes der weiblichen Pflanze besteht und Ganjah, Gunjah, Ganga oder Quinnab heißt. Die harzartigen Ausscheidungen finden neben den wässerigen Abkochungen des Hanfkrautes in der Medizin Verwendung. Auf den verderblichen Einfluß, welchen die gewöhnlich unter dem Namen Haschischprodukte zusammengefaßten Hanfpräparate auf die Asiaten üben, sei hier nur kurz hingedeutet (Brestowski, Handwörterbuch der Pharmazie, Bd. I, Wien 1893, S. 351.)

Rohmaterial.[1]

Die Hanffrüchte — im Verkehre fälschlich Hanfsamen genannt — Hanffrucht.
zeigen die Form eines etwas abgeflachten Ellipsoids, sind 4—5 mm lang,
$3^{1}/_{2}$—4 mm tief und fast ebenso breit. Das Hanfnüßchen ist von einer
hüllenartigen Deckplatte umgeben, welche indes bei der auf den Markt gebrachten Ware fehlt. Die nackten Früchte sind glatt und glänzend, von
schwarzer, grauweißer bis grünlicher Färbung und mit weißlicher, feiner,
aber deutlich hervortretender Äderung versehen. Die 0,2 mm dicke, spröde
Schale (Fruchtwand) umschließt einen grünlichen Samen, der ca. 4 mm
lang ist und im Längsschnitt die Keimblätter und das Würzelchen in dem
nur spärlich vorhandenen Netzgewebe erscheinen läßt (Fig. 14)[2].

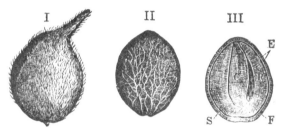

Fig. 14. Hanf (Lupenbild).
I = Frucht und Hülle, *II* = nackte Frucht, *III* = Frucht im Längsschnitt.
S = Samenschale, *E* = Nährgewebe, *C* = Keimblätter, *R* = Würzelchen,
F = Frucht und Samenschale.

Ähnlich wie bei Lein, unterscheidet man auch beim Hanf „Säehanf"
und „Schlaghanf". Ersterer muß von bester Beschaffenheit sein und
darf vor allem nicht über ein Jahr gelagert haben, weil der hohe Fettgehalt der Früchte leicht ihr Ranzigwerden mit sich bringt, was die
Keimkraft aufhebt oder doch abschwächt. An „Schlagsaat" stellt
man weniger rigorose Bedingungen und es kann auch ein ·alter, ranzig ge-
wordener Hanfsamen zur Ölbereitung benutzt werden, wenngleich sich auch
für diese Zwecke die Verarbeitung von gesundem, frischem Rohmaterial
empfiehlt.

---

[1] Siehe auch: Tschirch, Über den anatomischen Bau der Sekretdrüsen des
Hanfes (Naturforscherversammlung 1886, Bericht in der Pharm. Ztg., 1886, S. 577);
Macchiati, Sessualita, anatomia del frutto e germanatione del seme della canape,
Bull. d. Stazione agraria di Modena, 1889, Novemberheft; Winton, Anatomie des
Hanfsamens, Zeitschrift f. Untersuchung der Nahrungs- und Genußmittel, 1904,
S. 385.
[2] Nach Möller, Mikroskopie der Nahrungs- und Genußmittel, 2. Aufl.,
Berlin 1905, S. 320.

Die Hanffrüchte schmecken ölig und milde, riechen im gequetschten Zustande eigenartig und wiegen pro Hektoliter 50 kg. Sie enthalten im Durchschnitt[1]):

Wasser	8,92 %
Rohprotein	18,23
Rohfett	32,58
Stickstoffreie Extraktstoffe . . .	21,06
Rohfaser	14,97
Asche	4,24

Der deutsche Hanf ist nach Schädler etwas fettreicher (33,60 %) als der russische (31,42 %).

Asche.

Die Asche der Hanfsamen besteht nach Wolff[2]) aus:

Kaliumoxyd	20,28 %
Natriumoxyd	0,78
Calciumoxyd	23,64
Magnesiumoxyd	5,70
Eisen- und Manganoxyd . . .	1,00
Phosphorsäureanhydrid	36,46
Schwefelsäureanhydrid	0,19
Kieselsäure	11,90
Chlor	0,08

Eingehendere Studien über die einzelnen chemischen Bestandteile der Hanffrüchte sind von S. Frankfurt[3]) und Osborne[4]) durchgeführt worden. Ersterer fand weder Stärke noch Glykose, wohl aber wasserlösliche Kohlehydrate (Rohrzucker), außerdem ein nicht kristallisierendes Kohlehydrat, Hemizellulose und Zellulose, Pentosane, Zitronensäure usw. vor und die Zusammensetzung des Hanfsamens stellt sich nach seinen Untersuchungen wie folgt:

---

[1]) Mittel aus fünf Analysen von J. B. Boussingault. Th. Dietrich und J. König, Th. Anderson und C. Schädler (König, Chemie der Nahrungs- u. Genußmittel, 4. Aufl., Berlin 1904, 1. Bd., S. 609).

[2]) Wolff, Aschenanalysen von landwirtschaftlichen Produkten, 1871, S. 109.

[3]) S. Frankfurt, Zusammensetzung der Samen und der etiolierten Keimpflanzen von Cannabis sativa und Helianthus annuus, Landw. Versuchsstationen, 1894, Bd. 43, S. 143. — E. Schulze und Frankfurt, Über den Lecithingehalt einiger Pflanzensamen, Landw. Versuchsstationen, 1894, Bd. 43, S. 307.

[4]) Osborne studierte besonders die kristallisierten Globuline der Hanffrüchte. (Connecticut Experiment Station Record, 1893, S. 138.)

Eiweißstoffe (Myosin, Vitellin) . . . . 18,63 %
Nuklein 3,36
Lecithin 0,88
Fettsäureglyzeride 30,92
Cholesterin 0,07
Rohrzucker und andere lösliche Kohlehydrate 2,59
Rohfaser 26,33
Lösliche organische Säuren 0,68
Sonstige organische Verbindungen (Basen, Hemizellulose) 11,03
Asche 5,51

Die Hanffrüchte enthalten auch etwas von dem in der ganzen Pflanze verbreiteten Alkaloid, welches man früher für Nikotin[1]) ansah, dann als ein Gemenge zweier speziellen Verbindungen, Cannabin und Tetanocannabin, betrachtete; nach den neueren Anschauungen Jahns[2]) hat man es dabei aber mit Cholin zu tun[3]).

Außer zur Ölbereitung werden die Hanffrüchte noch zu verschiedenen anderen Zwecken benutzt; so vor allem als Futter für Hühner und sonstiges Geflügel, auch für Pferde, Kühe und andere Haustiere. Die Hanffrüchte sollen besonders die Geschlechtstätigkeit anregen (?), eine Wirkung, die, falls sie wirklich besteht, auf ihren Alkaloidgehalt zurückzuführen sein dürfte.

Verwendung der Hanfsaat.

Die russischen Bauern verwenden den Samen vielfach als Nahrung; sie enthülsen ihn, brühen ihn mit kochendem Wasser ab, zerreiben ihn dann und gebrauchen ihn in diesem Zustande als Zugabe zu der Kohlsuppe (Schtschi). Nach Lemcke[4]) ist die Hanfsuppe auch in der Lausitz und in der Mark Brandenburg ein Leibgericht der ländlichen Arbeiter.

In der Medizin verwendet man die Hanfsamen zur Herstellung von Emulsionen, die bei entzündlichen Krankheiten ein kühlendes Getränk abgeben.

In China soll man Hanfsamen auch verbrennen und den Ruß zur Herstellung von Tuschen benutzen[5]).

Gewinnung.

In Rußland, dem Hauptproduktionslande des Hanföles, erfolgt die Verarbeitung der Saat auf ziemlich primitive Weise, indem man die Früchte durch Schlagwerke (Stampfen) zerkleinert, erwärmt und auf einfachen

Verarbeitung zu Öl.

---

[1]) Husemann-Hilger, Die Pflanzenstoffe in chemischer, physikalischer u. toxikologischer Hinsicht, 2. Aufl., 1. Bd., S. 512.

[2]) Archiv f. Pharmakologie, Bd. 25, S. 479.

[3]) König, Chemie der Nahrungs- und Genußmittel, 4. Aufl., Berlin 1903, Bd. 2, S. 805.

[4]) Lemcke, Über Hanfkuchen, Landw. Versuchsstationen, 1901, Bd. 55, S. 169.

[5]) Chen-Ki-Souen nennt bereits in seinem im 14. Jahrhundert erschienenen Werke als Rohmaterial für Tusche neben dem Holzöle das Hanföl. (Maurice Jametel, L'encre de Chine, son histoire et sa fabrication. D'après des documents chinois, Paris 1882.)

Pressen auspreßt. Wenn Lemcke in einer Beschreibung der russischen Hanfölgewinnung einschaltet, daß in Moskau eine besondere Fabrik bestehe, welche sich mit der Entfernung der an den Preßkuchen haften bleibenden Haare befasse, so ist das nicht so ganz wörtlich zu nehmen, wirft aber auf die Arbeitsweise immerhin ein recht grelles Licht.

Das Wärmen (Rösten) des Preßgutes erfolgt gewöhnlich über freiem Feuer; infolge Ungeschicklichkeit der Arbeiter werden die Chargen mitunter überhitzt (verbrannt), wodurch sich nicht nur minderwertige Öle, sondern auch schlechte Preßrückstände ergeben. Die landwirtschaftliche Versuchsstation in Königsberg (Preußen) fand von 100 eingesandten Proben Hanfölkuchen nicht weniger als 46 verbrannt, d. h. entweder durchwegs von dunklerer Farbe, als sie dem Normalen entspricht, oder von größeren Konglomeraten schwarzer, verkohlter Kuchenstücke durchsetzt.

Vinohradov empfiehlt zur Erzielung einer besseren Ölausbeute das Trocknen der Hanffrüchte vor der Zerkleinerung auf den in Bd. I, S. 431 beschriebenen Dörrapparaten. Dadurch wird die Zerkleinerung der Saat wesentlich erleichtert, die Feuerröstung des Preßgutes kann fortfallen und das gewonnene Öl ist von besserem Geschmack als das aus feuchter Saat erhaltene.

In Deutschland, England und Frankreich wird Hanföl auf gleiche Weise erzeugt wie Leinöl. Ein Entschälen der Saat ist nirgends, ein doppeltes Pressen nur sehr selten in Gebrauch. Die zur Herstellung von Hanföl dienende Pressentype ist die anglo-amerikanische, doch kann man auch auf Pressen anderer Konstruktion Hanfsaat schlagen. Die Ausbeute schwankt zwischen 23—26%; das Extraktionsverfahren liefert 30—32%.

Die kalte Pressung gibt ein hellgrünes, ziemlich dünnflüssiges Öl, bei der warmen Pressung erhält man intensiver gefärbte Öle, die umso dunkelgrüner ausfallen, ie höher die Saat angewärmt wurde. Das kalt gepreßte, helle Öl, wie es hauptsächlich in den russischen Bauernhöfen gewonnen wird, ist sehr wenig haltbar, wird schnell ranzig und kann dann nur zur Firnisfabrikation verwendet werden. Das dunkelgrüne, heiß gepreßte Öl ist weit beständiger und wird in dieser Qualität hauptsächlich von den größeren Ölmühlen geliefert.

Eigenschaften.

Eigenschaften. Das in frischem Zustande grünlichgelbe bis dunkelgrüne Hanföl verliert beim Stehen bald die Grünfärbung, hat eine Dichte von 0,925 bis 0,931 (bei 15° C) und erstarrt bei −27° C. Geruch und Geschmack sind eigenartig, aber milde.

Hanföl löst sich in den bekannten Fettlösungsmitteln; auch von der 30 fachen Menge kalten Alkohols wird es aufgenommen. Von kochendem Alkohol genügt die 12 fache Menge; die heißgesättigte Lösung scheidet beim Erkalten feste Triglyzeride aus. Die Fettsäuren des Hanföles schmelzen bei 19° C und erstarren bei 15° C.

Nach Bauer sowie nach Hazura und Grüßner bestehen die flüssigen Säuren des Hanföles der Hauptsache nach aus Linolsäure, doch sind auch Öl-, Linolen- und Isolinolensäure vorhanden. Die festen Glyzeride erwiesen sich als Palmitin und Stearin. Das Hanföl enthält bis zu 5 % freier Fettsäuren und ungefähr 1 % Unverseifbares (besonders Cholesterin und Lecithin).

König ermittelte für Hanföl die folgende Elementarzusammensetzung [1]:

Kohlenstoff . . . . 76,00 %
Wasserstoff 11,30
Sauerstoff 12,70

Hanföl trocknet zwar nicht so rasch ein wie Leinöl, doch ist sein Trockenvermögen immerhin sehr bemerkenswert.

Verwendung.

In Rußland wird das Hanföl allgemein als Speiseöl (Fastenöl) be- nutzt; der russische Bauer liebt seinen faden,. milden Geschmack. Die minderen Sorten dienen wohl auch als Brennöl, wiewohl Hanföl infolge seiner trocknenden Eigenschaften für diese Zwecke nicht so recht geeignet ist; es wird deshalb auch selten für sich allein, als vielmehr im Gemisch mit Rüböl für Beleuchtungszwecke verwendet. In Deutschland findet das Hanföl ausgedehnte Anwendung in der Seifenindustrie. In Rußland wird es auch zu Firnis verarbeitet [2].

Rückstände.

Gute Hanfölkuchen sind von dunkelbrauner Farbe und zeigen einen grünlichen Reflex mit mattem Glanz. Man begegnet indessen auch Kuchen, die fast schwarz sind, sowie solchen, die im großen und ganzen normales Aussehen besitzen, aber größere Partikelchen verkohlter Saat eingeschlossen enthalten. Die auf den Bauernhöfen erzeugten Kuchen sind oft bis 4 cm dick und sehr ölreich, die in modernen Betrieben hergestellten zeigen eine Dicke von 1—2 cm und weisen einen der rationelleren Entölung entsprechenden geringeren Fettgehalt auf.

Da ein Schälen der Hanfsaat nicht üblich ist, so enthalten die Preßrückstände bedeutende Mengen von Rohfaser. Die Zusammensetzung der Hanfkuchen wird von Dietrich und König [3] auf Grund einer größeren Anzahl Einzelanalysen wie folgt angegeben:

[1] Analysen von Sacc nach Knapp, Lehrbuch d. Technologie, 3. Aufl., Bd. 1, S. 371.

[2] Siehe Lidoff, Über die Zusammensetzung von Hanfölfirnis. (Führer durch die Fettindustrie, St. Petersburg 1900, S. 38.)

[3] Dietrich und König, Zusammensetzung und Verdaulichkeit der Futtermittel, 2. Aufl., Berlin 1891, Bd. 1, S. 686/7.

	Mittel	Maximum	Minimum
Wasser	11,9 %	19,5 %	5,3 %
Rohprotein	29,8	38,9	25,1
Rohfett	8,5	15,8	4,3
Stickstoffreie Extraktstoffe	17,3	38,8	8,8
Rohfaser	24,7	27,5	14,6
Asche	7,8	11,2	3,6

Die landwirtschaftliche Versuchsstation in Königsberg (Preußen), bei welcher Hanfkuchen besonders zahlreich zur Untersuchung einlangen, gibt als Mittelwerte von 661 Analysen[1]) an:

Wasser	10,81 %
Rohprotein	30,76
Rohfett	10,17
Stickstoffreie Extraktstoffe und Rohfaser	40,59
Asche	7,69

Diese Daten stellen sich also hinsichtlich des Protein- und Fettgehaltes etwas günstiger als die Mittelwerte von Dietrich und König.

In Frankreich und Belgien wird der Hanfkuchen als Düngemittel verwendet; er bildet aber auch ein gut brauchbares Kraftfuttermittel, sofern er gesund ist.

Verdaulich-
keit.

Der Verdaulichkeitsgrad der Nährstoffe des Hanfkuchens ist allerdings etwas geringer als der anderer Ölkuchen. Er stellt sich für

Rohprotein auf	70 %
Rohfett auf	85
Stickstoffreie Extraktstoffe auf	60
Rohfaser auf	21

Bei den verbrannten Kuchen liegen die Verhältnisse noch etwas ungünstiger. Klien[2]) hat zwar bei künstlichen Verdauungsversuchen mit überhitzten Kuchen recht gute Resultate erhalten, doch blieben die praktischen Erfolge hinter den theoretischen Werten weit zurück. Der Mist mit verbrannten Kuchen gefütterter Ochsen enthielt größere Mengen unverdauter brauner Kuchenteile, was ein Beweis für die Richtigkeit der Stutzerschen Behauptung[3]) ist, wonach verbrannte Ölkuchen von den Verdauungssäften viel langsamer gelöst werden als gesunde.

---

[1]) Lemcke, Über Hanfkuchen, Landw. Versuchsstationen 1901, Bd. 55, S. 172. — Der Aufsatz „Die Hanfkuchen" von S. Talanzeff (Führer durch die Fettindustrie, St. Petersburg 1902, Nr. 2 u. 3), der in verschiedenen deutschen Fachblättern wiedergegeben wurde, stellt nur einen Auszug der Arbeit Lemckes dar.

[2]) Bericht über die Tätigkeit der landw. Versuchsstation zu Königsberg, 1885.

[3]) Stutzer, Nachweis einer Wertverminderung der Ölkuchen durch zu starke Erhitzung, Landw. Versuchsstationen, 1892, Bd. 40, S. 323.

Die Hanfkuchen des Handels sind nicht selten von Schimmel befallen. Ursache dieses Übelstandes ist das häufig geübte Aufstapeln nicht genügend ausgekühlter Kuchen und ihr zu hoher Wassergehalt; letzterer soll nicht über 11% hinausgehen. Der Ansiedlung von Schimmelpilzen scheint das durch das Mitverpressen der Schalen bedingte losere Gefüge der Hanfkuchen Vorschub zu leisten. Lemcke hat gefunden, daß sich Penicillium crustaceum B. von allen Schimmelpilzen am häufigsten findet. Auch Aspergillus niger v. Tiegh und Mucor spinosus v. Tiegh sind viel anzutreffen, seltener Mucor Mucedo Bref. und Aspergillus flavus de Bary sowie das strahlenförmige Mycel von Phycomyces nitens Kunze et Schmidt.

Verderben der Hanf- kuchen.

Der Hanfkuchen neigt auch stark zum Bitterwerden, weniger leicht wird er sauer; selbst bei längere Zeit lagernden und stark verschimmelten Kuchen waren im äußersten Falle nur 20% (meist nur 10%) des Gesamtkuchenfettes in freie Fettsäuren gespalten.

Ein normaler Hanfkuchen muß, unter Wasser gelegt, allmählich auseinandergehen und das Wasser weiß färben; verschimmelte Hanfkuchen bleiben unter Wasser meist kompakt und färben dieses gelb bis dunkelbraun.

Verfälschungen kommen bei Hanfkuchen fast nie vor, denn ihr Marktpreis ist ziemlich niedrig und das Fälschen würde daher nicht lohnen. Um so mehr trifft man aber verdorbene Kuchen, ferner solche, die mit Unkrautsamen stark durchsetzt sind, und Ware mit hohem Sandgehalt.

Fäl- schungen.

Die Hanfkuchen werden von den landwirtschaftlichen Milchtieren gern genommen und üben eine ganz vorteilhafte Wirkung, wenn sich ihre Ration in bescheidenen Grenzen bewegt. Übersteigt die verabreichte Menge 1 kg pro 500 kg Lebendgewicht und Tag, so wirken die Kuchen bei andauernder Verfütterung erschlaffend. Pferden können sie bis zu 1,5 kg pro Tag verabreicht werden und bilden hier einen sehr guten Haferersatz. Füttert man größere Tagesquanten, so leiden die Pferde vor allem stark an Durst und zeigen einen auffallend starken Umsatz an stickstoffhaltigen Stoffen, dem bald ein Kräfteverfall folgt. Größere Mengen von Hanfkuchen können aber auch direkt berauschend wirken.

Ver- wendung.

In Deutschland wird der Hanfkuchen fast ausschließlich zur Schweinemast verwendet, wogegen er Hornvieh nur sehr selten gegeben wird.

In Jahren von Mißernten sind Hanfkuchen in Rußland auch als menschliches Nahrungsmittel verwendet worden; man mischte sie in gemahlenem Zustande mit Roggenmehl und buk aus dem Gemenge Brot.

Produktionsverhältnisse.

Als Produzent für Hanfschlagsaat kommt in erster Reihe Rußland in Betracht; die Hanfernte in Ungarn, Oberitalien und Deutschland (Baden, Oberrhein, Elsaß, Rheinpfalz) ist für die Ölfabrikation kaum von Bedeutung.

Hanf- produktion.

In Rußland wird hauptsächlich am Ural, in der Wolgagegend, am Kaspischen Meere und in der Ukraine Hanf gebaut. Die wichtigsten Gouvernements für Hanfbau sind: Woronesch, Kaluga, Kursk, Mohileff, Orel, Pensa, Poltawa, Smolensk, Tula, Charkoff, Tschernigoff, und Tamboff.

Die Quanten der in Rußland jährlich geernteten Hanfsaat unterliegen ziemlichen Schwankungen. Nach amtlichen Schätzungen wurden geerntet:

Jahr	Tonnen
1892	151 000
1893	264 400
1894	260 000
1895	281 800
1896	262 100
1897	166 200
1898	179 440
1899	291 088
1900	214 512

Davon wurden ausgeführt:

Jahr	Tonnen
1898	7 072
1899	21 744
1900	9 144

Die Ausfuhr ging hauptsächlich nach England, Deutschland, Frankreich, Österreich-Ungarn, Belgien und Holland. Die Ausfuhrhäfen waren Riga, Libau, Grajewo und Odessa.

Der weitaus größere Teil der russischen Leinsaat wird im Inlande verwertet. Die Darstellung des Hanföles ist in Rußland meist noch Hausindustrie oder liegt in den Händen kleiner Unternehmungen; besonders in den Schwarzmeer-Gouvernements existieren zahlreiche kleine Fabriken. Fast alles in Rußland hergestellte Öl wird auch im Lande verbraucht. Nach Finnland gingen:

Jahr	Pud	
1890	1990	
1892	8777	
1893	4705	
1897	1510	(Wert 21 343 Rubel)
1898	2055	(„ 9 094 „)

Über die in Rußland erzeugte gesamte Jahresmenge an Hanföl liegen zwar einige Schätzungen vor, doch sind diese so wenig zuverlässig, daß sie besser gar nicht genannt werden.

Hanfsaat-Einfuhr Deutschlands. Deutschland hat einen bedeutenden Handel in Hanfsaat zu verzeichnen. Von den beträchtlichen Importquanten wird ein großer Teil wieder ausgeführt;

immerhin aber ist die in Deutschland zu Öl verarbeitete Hanfmenge bemerkenswert.

Die deutschen Ein- und Ausfuhrziffern für Hanfsaat lauten:

Jahr	Einfuhr Tonnen	Ausfuhr Tonnen	Wert in 1000 Mark Einfuhr	Ausfuhr
1897	7443	4033	1940	719
1898	4856	3457	1020	725
1899	12010	7215	2425	1434

An der Einfuhr beteiligte sich Rußland in den verschiedenen Jahren mit 70—90 %, den Rest lieferten Österreich-Ungarn und die Niederlande. Das ausgeführte Quantum ging hauptsächlich nach Frankreich und England.

Frankreich produziert ziemliche Mengen von Hanfsaat, hat nebenher aber auch einen Import in diesem Artikel zu verzeichnen. Die betreffenden Mengen betrugen in den Jahren *Produktion und Import Frankreichs.*

	Inlandsernte Tonnen	Einfuhr Tonnen
1897	10480	5840
1898	9710	6160
1899	9370	12180
1900	9450	8730
1901	8800	6050

Holland und Dänemark verarbeiten ebenfalls etwas Hanfsaat zu Öl; diese Menge ist aber nicht gerade bedeutend. *Einfuhr Hollands und Dänemarks.*

Die Einfuhr beider Länder an Hanfsaat betrug:

	Holland Tonnen	Dänemark Tonnen
1897	4100	170
1898	4000	170
1899	9000	160
1900	6590	680
1901	1700	1020
1902	2240	1250

Hanföl erscheint am Weltmarkte wenig, es wird in den verschiedenen Produktionsländern (Rußland Frankreich, Deutschland und England) aufgebraucht. *Hanföl.*

Die Hanfkuchen bilden dagegen einen wichtigen Handelsartikel; Rußland führt davon beträchtliche Mengen aus, die vornehmlich nach England, Deutschland, Holland und Belgien gehen. *Hanfkuchen.*

Die russische Hanfkuchenausfuhr betrug:

Jahr	Pud	Wert in Rubel
1896	540000	341000
1897	1623758	1171767
1898	1096428	791215

Hanfkuchen notierten pro Pud in:

	1896	1897	1898	1899	
Riga	46,1	49,4	52,9	55,8	Kopeken
Libau	49,2	54,6	57,4	56,2	„
Orel	28,9	33,6	39,5	34,8	„

Mohnöl.

Huile d'oeillette. — Huile blanche. — Huile de pavot du pays. —
Poppy seed Oil. — Poppy Oil. — Maw Oil. — Olio di papavero. —
Oleum papaveris. — Posta-ka-tel (Hindostan). — Cassa unnay
(Telinga). — Khusch-khasch (Arabien). — Kuknar (Persien).

Herkunft und Geschichte.

Geschicht-
liches.

    Die Mohnpflanze (Papaver somniferum L.), deren Samen wir das Mohnöl
verdanken, ist seit den ältesten Zeiten als Arzneipflanze bekannt. Die betäubende,
einschläfernde Wirkung des in fast allen Teilen der Pflanze (besonders aber
in den unreifen Samenkapseln) enthaltenen Milchsaftes ließ den Mohn im
Altertum zum Attribut des Schlafes werden. Homer besingt den Mohn-
saft als „beglückenden Sorgenbrecher" und Hippokrates, Heraklid von
Torent, Nikander von Kolophon, Theophrast, Dioscorides, Plinius
sowie Galenus[1]) beschreiben die Gewinnung des Milchsaftes.

    In neuerer Zeit hat C. Hartwich[2]) unwiderleglich nachgewiesen,
daß die Pfahlbauer der Schweiz die Mohnpflanze schon kannten.

    Unbeschadet der alten Kultur des Mohns ist die Verwertung seines Samens
zur Ölgewinnung doch erst in verhältnismäßig später Zeit versucht worden; Thomas Smith beschreibt im Jahre 1717 die Gewinnung von Mohnöl in einem englischen Patente. Man verwendete aber trotzdem die reifen Samen fast ausschließlich als Speise, die unreifen als Schlafmittel. Die Philologen sehen in dem lateinischen Namen Papaver auch eine Ableitung des Wortes „papa"[3]), womit man
einen aus unreifen Mohnkapseln bereiteten Schlafbrei für Kinder bezeichnete[4]).

---

[1]) Leunis, Synopsis, Leipzig 1885, Bd. 2, S. 458.

[2]) Apothekerztg., 1899, S. 278; Bot. Centralbl.

[3]) F. Mach, Mohn u. Mohnkuchen, Landw. Versuchsstationen, 1902, Bd. 57, S. 420.

[4]) Das wirksame Prinzip des Mohnsaftes ist Morphium. Das durch Eindicken des Mohnsaftes gewonnene, unter dem Namen „Opium" in der Pharmazie
verwendete Produkt enthält 10—20 % Morphium. Der in Deutschland gebaute
Mohn gibt ein an Morphium reicheres Opium (20 % Morphiumgehalt, während das
deutsche Arzneibuch nur 10 % vorschreibt), und zwar ist nach Dietrich (Fuehlings
neue landw. Zeitung, 1873, S. 475) besonders der blaue deutsche Mohn stark narkotisch.
Ausländische Mohnsaaten ergaben, in Deutschland ausgesät, dagegen Pflanzen, deren
Milchsaft morphiumarm war (Wollny, Saat u. Pflege d. landw. Kulturpflanzen,
Berlin 1885, S. 196.). — Näheres über die Verwertung des Mohns als Opiumpflanze
siehe C. Hartwich, „Das Opium als Genußmittel" (Neujahrsblätter der natur-
wissensch. Gesellsch., Zürich 1898) und H. Thoms, Über Mohnbau und Opium-
gewinnung, Berlin 1907.

Die eigentliche Heimat des in die Familie der Papaveraceen gehörenden Mohnes ist nicht bekannt, doch wird mit einer gewissen Berechtigung das Mittelmeergebiet als solche angenommen; hier findet sich nämlich die wildwachsende Stammform (Papaver setigerum D. C.) unseres Mohnes.

Heimat des Mohnes.

Die heute für den Mohnbau in Betracht kommenden Länder sind Indien (die Gangesgebiete Shahabad, Behar und Malakka), China, Persien, Kleinasien und die Türkei; weniger wichtig als diese sind Nordamerika, Nordafrika, Ägypten, Rußland und Südeuropa.

Die Mohnkulturen befassen sich mit zwei Hauptformen des Mohnes: mit Papaver album D. C. und Papaver nigrum D. C.; die erste Form liefert weiße, die zweite graue, blaue bis schwarze Samen.

Rohprodukt. [1]

Die Frucht der Mohnpflanze — die Mohnkapsel — ist allgemein bekannt, weshalb eine nähere Beschreibung ihres Aussehens unterbleiben kann. Ihre Bauart zeigt Fig. 15 [2]).

Mohnsame.

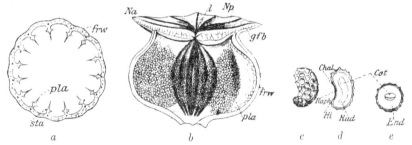

Fig. 15. Mohnkapsel und Mohnsame. (Nach Tschirch-Oesterle.)
a = Längsschnitt durch eine halbreife Kapsel, b = Querschnitt durch eine reife Kapsel, c = Same, d = Längsschnitt des Samens, e = Querschnitt des Samens. (c, d und e vergrößert.) Na = Narbe, l = leitendes Gewebe, Np = Nebenpapillen, gfb = Gefäßbündel, pla = Samenleiste, sta = Nebenleisten, frw = Fruchtwand, Chal = Chalaza oder Knospengrund, Raph = Samennaht, Hi = Nabel, Rad = Würzelchen, Cot = Keimblätter, End = Sameneiweiß.

Der Mohnsame (pavot, oeillette, poppy seed, in Süddeutschland Magsamen genannt, litauisch aguna) ist nierenförmig, am Mykrophyllenende spitz, am anderen Ende stumpf gerundet (Fig. 15 c, d und e). Die Oberfläche des Samens zeigt eine netzartige Struktur, welche im Verhältnis zu der geringen Größe des Samens als tief und einschneidend bezeichnet werden muß. Die Farbe der Samen ist sehr verschieden und wechselt je nach

---

[1]) Siehe auch: Hockauf, Beobachtungen an Handelsmohnen, Chem. Ztg., 1903; Meunier, Les téguments séminaux des Papaveracées, Paris 1891, S. 377; Michalowski, Beitrag zur Anatomie und Entwicklungsgeschichte von Papaver somniferum L., 1. Teil, Dissertationsarbeit, Breslau 1881; Winton, The Anatomy of certain oil seeds, Conn. Agr. Exper. Stat. Rep., 1903, S. 175.

[2]) Nach Tschirch-Oesterle, Anatom. Atlas der Pharmakognosie und Nahrungsmittelkunde, Leipzig 1900, Tafel 17.

der Spielart und dem Orte der Ernte; sie ist bald weiß, fleischfarben, gelb, hell-braun, braun, blaugrau oder grauschwarz. Die weißen Samen (von **Papaver album**) liefern ein feineres Öl und werden auch für medizinische Zwecke aus-schließlich verwendet; die blaue oder schwarze Saat wird aber trotzdem — besonders in Europa — mehr angebaut, weil sie reichere Ernteerträge gibt.

Die Größe der Samen schwankt innerhalb weiter Grenzen; als Maximum kann eine Länge von 1,5 mm, eine Breite von 1,1 mm und eine Dicke von 0,9 mm gelten; die kleinkörnigen Mohnsamen aus Ostindien messen kaum halb so viel.

Harz[1]) und Mach[2]) haben das Gewicht der verschiedenen Mohnvarietäten ermittelt, wobei sich ergab:

	Gewicht von 1000 Stück	Auf 1 kg entfallen Samen	
Weißer Mohn aus Steiermark	0,531 g	1 880 000	Stück
Blauer Mohn aus Bayern	0,469 „	2 132 196	„
Grauer Mohn aus Bayern	0,505 „	1 980 198	„
Schwarzer Mohn mit geschlossenen Köpfen[3])	0,355 „	2 810 000	„
Mohn aus der Levante (Gemisch von weißen, braunen und blauen Samen	0,364 „	2 748 500	„
Mohn aus der Türkei (weiß mit etwas braunen und blauen Samen	0,381 „	2 627 500	„
Weißer Mohn aus Ostindien (Khandesch) .	0,269 „	3 711 500	„
Desgleichen	0,239 „	4 184 100	„

Das spezifische Gewicht des Mohnsamens ist nach Schübler[4]) 1,142; das Hektolitergewicht liegt zwischen 58 und 64 kg.

Zusammen-setzung der Mohnsaat. Die chemische Zusammensetzung des Mohnsamens, besonders sein uns in erster Linie interessierender Ölgehalt, ist je nach der Spielart ziemlich ver-schieden.. Dietrich und König[5]), Wolff[6]) und Pott[7]) geben die folgenden Durchschnittszahlen an:

	Dietrich u. König	Wolff	Pott Mittel	Pott Maximum	Pott Minimum
Wasser	8,15 %	14,7 %	8,2 %	14,7 %	3,9 %
Rohprotein	19,53	17,5	15,0	17,5	12,6
Rohfett	40,79	41,0	47,3	54,6	40,1
Stickstoffreie Extraktstoffe	18,72	15,4	17,0	18,6	15,4
Rohfaser	5,58	6,1	5,9	16,1	5,8
Asche	7,23	5,3	6,6	—	—

[1]) Harz, Landw. Samenkunde, Breslau 1885, S. 994.

[2]) Landw. Versuchsstationen, 1902, Bd. 57, S. 427.

[3]) Ähnlich wie bei Lein kennt man auch bei Mohn eine Varietät, deren Kapseln sich zur Zeit der Reife öffnen (Pap. somn. vulgare), und eine mit geschlossener Frucht (Schließmohn = Pap. somn. officinale Gmel.).

[4]) G. Schübler, Untersuchungen über das spezifische Gewicht der Samen. (Inauguraldissert., Tübingen 1826).

[5]) Haberlandt, Landw. Pflanzenbau, S. 106.

[6]) Wolff, Fütterungslehre, Berlin, 1885, S. 223.

) Pott, Landw. Futtermittel, Berlin 1889, S. 480.

Die von Pott genannten Grenzwerte zeigen auch die großen Abweichungen im Ölgehalte der verschiedenen Sorten, doch ist sowohl bei den Pottschen als auch bei den Durchschnittswerten von Dietrich und König sowie von Wolff zu berücksichtigen, daß in die Mittelwertberechnung Analysen einbezogen wurden, welche viel niedrigere Ölgehalte aufweisen, als der Wirklichkeit entspricht. Mohnsamen mit 23,45% und 30,76% Fett[1]) kommen bestimmt nicht vor und sollten bei der Mittelwertberechnung einfach ausgeschaltet werden.

Exakte und vollständige Analysen über Mohnsamen verschiedener Provenienz liegen von F. Mach[2]) vor:

	Ostindien (handgereinigt)	Ostindien (fabriksmäßig gereinigt)	Levante (handgereinigt)	Türkei (handgereinigt)
	%	%	%	%
Wasser	4,50	4,30	4,28	3,87
Rohprotein	22,68	22,61	20,28	20,35
Eiweiß	21,60	21,52	18,42	18,88
Eiweiß, unverdaulich	2,58	2,60	2,39	2,06
Amine, Amide usw.	1,08	1,09	1,86	1,47
Rohfett	48,02	47,42	50,65	51,40
Rohfaser	5,18	5,45	5,38	5,64
Pentosane	3,44	3,60	3,05	3,20
Stickstoffreie Extraktstoffe	9,81	9,55	10,58	9,50
Rohasche	7,14	8,15	6,61	6,84
Reinasche	6,00	6,36	5,56	5,59
Sand	0,37	0,71	0,22	0,45

Das Rohprotein des Mohnsamens setzt sich nach den Untersuchungen von Mach aus 90,7—95,3% Eiweißstoffen und 4,7—9,3% nichteiweißartigen Stickstoffverbindungen zusammen. Der Levantemohn ist an letzteren am reichsten, die ostindische Saat am ärmsten.   Rohprotein.

Von den Eiweißstoffprozenten sind 79,0—83,7 verdaulich, 10,1—11,7 nicht verdaulich.

Im Rohfett des Mohnsamens ist, wie bei allen Ölsamen, Lecithin enthalten. E. Schulze und S. Frankfurt[3]) ermittelten den Lecithingehalt der wasserfreien Mohnsaat mit 0,25%, Mach mit 0,94%.   Rohfett.

---

[1]) Die betreffenden Analysen stammen von Dietrich, Hesse und Greitherr (Landw. Ztg. und Anzeiger f. d. Regierungsbezirk Cassel, 1886, S. 654). — Analysen über Mohnsamen siehe auch Sacc in Moleschotts Physiologie d. Nahrungsmittel, 1859, Bd. 2, S. 129.
[2]) Mach, Landw. Versuchsstationen, 1902, Bd. 57, S. 429.
[3]) Landw. Versuchsstationen, 1894, Bd. 43, S. 312.

Die reifen, gesunden Mohnsamen sind frei von Glykosiden und Alkaloiden. Wenngleich Accarie und Meurin[1]) angeben, in frischer, reifer Mohnsaat 0,065 % Morphium nachgewiesen zu haben, und es andererseits heißt, daß die schwarzen Mohnsamen infolge ihres höheren Morphiumgehaltes narkotischer wirken als weiße, so sind diesen Mitteilungen die negativen Resultate Machs bei dem versuchten Nachweise von Opiumalkaloiden in reifer Mohnsaat sowie die Tatsache entgegenzuhalten, daß Mohnsamen in großen Mengen als menschliches Nahrungsmittel benutzt werden, ohne dabei den geringsten nachteiligen Einfluß auf die Gesundheit der betreffenden Individuen zu üben. Nur die Mohnkapseln enthalten etwas Narkotin (sind aber frei von Morphium und Codein) und werden daher in der Medizin zur Bereitung eines Schlaftrunkes verwendet.

Oxalsäure-gehalt.   Die Schale des Mohnsamens enthält Oxalsäure in Form von Calciumoxalat (2,63 % Calciumoxalat vom Totalgewichte des Samens). Nach Arthur Meyer[2]) bedingen die in den Samenschalen enthaltenen Kristalle von Calciumoxalat bei den blauen Sorten die Färbung. Während nämlich bei den braunen und dunklen Varietäten die zweite, dritte und zum Teil auch die vierte Zellschicht unter der Oberhaut ein rotbraunes Pigment enthalten, befindet sich bei den blauen Mohnarten an dessen Stelle Luft. Die weißen, kleinen Kristalle von oxalsaurem Calcium erteilen nun unter Umständen (als auf einer undurchsichtigen Masse liegend) der Saat ein blaues Aussehen. Durch Lösen der Kriställchen mittels Salzsäure schlägt die Blaufärbung in ein Braun um.

Asche.   Die Asche des Mohnsamens ist von Wiedenstein[3]) und Mach[4]) untersucht worden. 100 Teile Reinasche enthalten:

	Bei deutscher Mohn-saat (Wiedenstein)	Bei indischer Mohn-saat (Mach)
Kali	13,62 %	10,85 %
Natron	1,03	0,70
Kalk	35,36	34,90
Magnesia	9,49	9,05
Eisenoxyd und Tonerde . .	0,43	2,65
Phosphorsäure	31,36	32,10
Schwefelsäure	1,92	3,75
Kieselsäure	3,24	1,35
Chlor und Differenz . . .	4,58	4,65

Arten der Mohnsaat.   Am geschätztesten, weil das beste, wohlschmeckendste Öl liefernd, sind die deutsche und die französische Mohnsaat, nach diesen kommen in

[1]) Journ. chim. med., 1883, S. 431.
[2]) Arthur Meyer, Drogenkunde, 1891, Bd. I, S. 160.
[3]) Liebig und Kopp, Jahresberichte, 1851, Tabelle C.
[4]) Jahresberichte, 1902, S. 180.

qualitativer Hinsicht der Mohn aus Rußland und der Türkei, während die Levante- und die indischen Saaten als weniger gut gelten.

Man unterscheidet im Handel:

	Farbe
ostindische Mohnsaat . . .	weiß bis bräunlich
Levantiner Mohnsaat . . .	gelb bis blau
türkische Mohnsaat	gelb bis blau
russische Mohnsaat	bläulich
französische Mohnsaat . . .	blau
deutsche Mohnsaat	grau bis blau

Die Verunreinigungen schwanken zwischen 3—7 %; nach der Handelsusance werden aber nur 3 % Fremdkörper toleriert, das Darübergehende muß vergütet werden.

Frisch geerntete Mohnsaat zeigt große Neigung zum Schimmeln, weshalb beim Ankauf auf gut ausgetrocknete Ware besonders zu achten ist.

Die Samen von Papaver Rhoeas L. (Feldmohn, Klatschmohn oder Klatschrose, in Frankreich coquelicot genannt) sowie von Papaver dubium L. (zweifelhafter Feldmohn, Pavot ou Coquelicot douteux, smooth-fruited corn poppy) werden zur Ölgewinnung nicht benutzt.

Gewinnung.

Die Verarbeitung der Mohnsaat zu Öl erfolgt gewöhnlich in zwei Pressungen. Um Speiseöl ohne unangenehmen Erdgeschmack zu erhalten, ist eine gründliche Reinigung der Saat vor dem Zerkleinern und Pressen notwendig. Die Reinigungsoperation bietet bei der Kleinkörnigkeit der Mohnsaat gewisse Schwierigkeiten; auch haften infolge der rauhen Beschaffenheit der Mohnsamenoberfläche Erde und Staub an den Samen, die sich durch einfaches Absieben[1] nicht entfernen lassen. Es sind zu diesem Zwecke Bürstmaschinen fast unerläßlich, besonders bei dem gewöhnlich stark verunreinigten weißen, indischen Mohn, der obendrein noch sehr kleinkörnig ist.

Die Zerkleinerung der gereinigten Saat und ihr Verpressen vollziehen sich in bekannter Weise. Die erste Pressung wird stets bei gewöhnlicher Temperatur vorgenommen, die zweite geschieht heiß.

Gewinnungsweise.

---

[1] Die beim Absieben des Mohnes erhaltenen Abfälle werden nach F. Mach auch als Aufsaugmaterial bei der Melassefutterherstellung benutzt. Eine Probe solcher Mohnabfälle enthielt 9,22 % Wasser, 10,56 % Protein, 3,69 % Fett, 35,97 % stickstoffreier Extraktstoffe, 13,15 % Rohfaser, 27,41 % Mineralstoffe mit 15 % Sand und Erde. Nach Mach ist die Verwendung solcher Abfälle, selbst wenn ihre Zusammensetzung eine günstigere und ihr Sandgehalt ein geringerer ist, zu verwerfen, weil der Hauptbestandteil dieser Abfälle aus Bruchstücken von Mohnkapseln besteht, welche narkotisch wirkende Stoffe enthalten können. (Amtsblatt d. Landw. Kammer. Cassel 1903, S. 350.)

Will man gute Speiseöle erhalten, so darf man die Mohnsaat nicht
allzulange lagern lassen. Älterer Mohn liefert ranzige, schwach firnisartig
schmeckende und dunkelgefärbte Öle, welche sich nur für technische Zwecke
eignen. Bei der Aufbewahrung von für Speisezwecke bestimmtem Mohnöl
ist darauf zu achten, daß es nicht in zu innige Berührung mit Luft komme,
weil es sonst leicht verdirbt.

Die Totalausbeute schwankt zwischen 38—40 %; an Öl erster Pressung
erhält man 30—35 %, an Nachschlagöl 10—12 %.

Eigenschaften.

Das Mohnöl zeigt eine Dichte von 0,924—0,927 (bei 15 ⁰ C) und erstarrt bei —18 ⁰ C. Kalt gepreßte Ware ist von hellgelber Farbe, angenehmem Geruche und Geschmack; heiß gepreßtes Öl ist dunkelgelb bis
gelbrot, schmeckt firnisartig und kratzend. Die Fettsäuren des Mohnöles
erstarren bei 16 ⁰ C und schmelzen bei 20,5 ⁰ C.

Der feste Anteil der Fettsäuren soll nach Tolman und Munson[1])
aus Palmitin- und Stearinsäure bestehen. Die im Mohnöl enthaltenen
flüssigen Fettsäuren setzen sich nach Hazura und Grüßner aus

$$5 \% \text{ Linolensäure,}$$
$$65 \% \text{ Linolsäure und}$$
$$30 \% \text{ Ölsäure}$$

zusammen.

Der Gehalt des Mohnöles an Unverseifbarem beträgt ungefähr
$1/2$ %; letzteres besteht nach Boemer und Winter hauptsächlich aus
Phytosterin, welchem geringe Mengen schwer entfernbarer Fremdstoffe
anhaften.

Die Azidität des Mohnöles schwankt, je nach seinem Alter und der
Gewinnungsweise, zwischen 0,70 % und 17,73 %. Die unterste Grenze
fand Nördlinger bei einem kalt gepreßten Speiseöle, den Maximalgehalt bei einem heiß gepreßten, für technische Zwecke bestimmten Mohnöle. Rechenberg, Salkowsky, Croßley und Le Sueur ermittelten
Aziditätsziffern, welche sich zwischen 2 und 10 % freier Fettsäuren
bewegten.

Die Elementarzusammensetzung des Mohnöles wurde von Sacc[2]) und
Lefort[3]) geprüft und im Durchnitt gefunden:

$$76,6 \% \text{ bzw. } 77,2 \% \text{ Kohlenstoff,}$$
$$11,6 \% \quad , \quad 11,4 \% \text{ Wasserstoff,}$$
$$11,8 \% \quad , \quad 11,4 \% \text{ Sauerstoff.}$$

[1]) Journ. Amer. Chem. Soc, 1903, S. 690.
[2]) Ann. de Chim. et de Phys., 3. Serie, Bd. 27, S. 483.
[3]) Journ. de Pharm., 3. Serie, Bd. 23, S. 346.

Über die Trockenfähigkeit des Mohnöles wurden schon von Mulder[1]), später Cloez[2]), Dietrich[3]), Livache[4]) und anderen Experimente angestellt.

Das Mohnöl des Handels ist nicht selten mit Sesamöl verunreinigt oder auch absichtlich vermischt. Utz[5]) hat zuerst auf diesen Umstand aufmerksam gemacht. Bewegt sich der Gehalt des Mohnöls an Sesamöl unter $2\,^0/_0$, so ist diese Verunreinigung wohl stets auf das Verarbeiten der Mohnsaat auf Zerkleinerungsmaschinen und Pressen zurückzuführen, welche vorher der Sesamarbeit gedient hatten und unvollständig gereinigt wurden. Wenn sich das Sesamöl in größeren Prozentsätzen vorfindet, so handelt es sich dagegen um einen Zusatz, der zum Zwecke der Qualitätsaufbesserung minderer Mohnöle und ihres Haltbarermachens erfolgte. Sesamöl vermag nicht nur einen ranzigen, scharfen Geschmack des Mohnöles vollkommen zu decken, sondern vermindert auch bei letzterem die Gefahr des Ranzigwerdens, die bei reiner Ware in hohem Maße besteht. Auf die Frage, ob ein Mohnölverschnitt mit Sesamöl kurzweg als Fälschung bezeichnet werden soll, wie Utz annimmt, oder ob dieser langjährige Usus als Analogon vieler anderer Fälle bei der Nahrungsmittelherstellung anstandslos passieren darf, kann hier nicht näher eingegangen werden.

Neben Sesamöl finden sich in dem Handelsspeisemohnöle zuweilen auch Erdnuß- und Olivenöl.

Verfälschungen.

Verwendung.

Die Verwendung des Mohnöles ist mannigfach. Der größte Teil der kalt gepreßten Ware wird als Speiseöl verwertet; in Deutschland und Frankreich ist das Mohnöl wegen seines milden, angenehmen Geschmackes ganz besonders beliebt und wird in gewissen Gegenden dieser Länder allen anderen Speiseölen vorgezogen. Als Tafelöl kommen aber nur die feineren Marken in Betracht, welche außer zu Speisezwecken nur noch in der Pharmazie und zur Herstellung feiner Malerfarben Verwendung finden. Pharmazeutisch dient es hauptsächlich zur Herstellung von Emulsionen; in der Firnisfabrikation kann es seines hohen Preises halber nur zur Bereitung der feinsten Tubenfarben angewendet werden[6]). Die minder guten kalt gepreßten Öle sowie alle heiß gepreßte Ware werden hauptsächlich zu Seife versotten.

Als Brennöl ist Mohnöl ebenfalls versucht worden, doch leistet es hier nur schlechte Dienste.

Verwendung.

---

[1]) Mulder, Chemie der austrocknenden Öle, Berlin 1867, S. 133 u. 137.
[2]) Schädler, Technologie d. Fette u. Öle, 2. Aufl., Leipzig 1892.
[3]) Landw. Versuchsstationen, Bd. 13, S. 246.
[4]) Compt. rendus, 1895, S. 842.
[5]) Chem. Ztg., 1903, S. 1176 u. Chem. Ztg., 1904. S. 673.
[6]) Siehe Moritz Lotter, Über Wasser- u. Ölfarben f. Kunstmaler, Chem. Ztg., 1894, S. 1696.

Preßrückstände.

Mohn-
kuchen.

Die bei der Mohnölerzeugung erhaltenen Preßrückstände schwanken, je nach der Art der verarbeiteten Saat, in ihrer Farbe zwischen weißgrau, gelblich- bis dunkelbraun und dunkelblau. In Deutschland, wo man den blauen oder schwarzen Mohn anbaut, erfreuen sich die dunklen Kuchen wegen ihrer vermeintlichen deutschen Abstammung größerer Beliebtheit als helle Ware. Dieses Vorurteil gegen hellfarbige Kuchen entbehrt nicht einer gewissen Berechtigung, weil die dunklen Kuchen, falls sie tatsächlich aus deutscher Mohnsaat erzeugt wurden, einen größeren Reinheitsgrad zeigen als die Preßrückstände der meist recht unreinen indischen oder der Levantesaat.

Dietrich und König[1]) geben die Zusammensetzung der Mohnkuchen des Handels wie folgt an:

	Mittel	Maximum	Minimum
Wasser	11,4 %	17,70 %	7,52 %
Rohprotein	36,5	40,54	27,90
Rohfett	11,5	17,07	3,80
Stickstoffreie Extraktstoffe	18,4	26,82	8,49
Rohfaser	11,2	22,27	4,90
Asche	11,0	14,50	10,10

Asche.

Die Asche der Mohnkuchen besteht nach Wolff[2]) durchschnittlich aus:

Kali	2,95 %
Natron	3,02
Magnesia	8,00
Kalk	35,04
Eisenoxyd	1,03
Chlor	0,66
Schwefelsäure	2,52
Kieselsäure	5,79
Phosphorsäure	41,01

Analysen über Mohnkuchen bestimmter Provenienz liegen von Decugis, Garola[3]), Boussingault[4]), Mulder[5]) und Wolff[6]) vor. Die Machschen Resultate sollen als die zuverlässigsten hier Platz finden:

---

[1]) Dietrich und König, Zusammensetzung und Verdaulichkeit der Futtermittel, 2. Aufl., Berlin 1891, Bd. 1, S. 686.

[2]) Wolff, Aschenanalysen, 1871, S. 106 (Mittel aus den Analysen von Sacc und Karmrodt).

[3]) Collin et Perrot, Les résidus industriels, Paris 1904, S. 142.

[4]) J. Boussingault, Landwirtschaft usw., S. 200.

[5]) Weendes Jahresberichte, 1854, Bd. 2, S. 26.

[6]) Wolff, Württemb. Wochenblatt f. Landwirtschaft, 1882, Bd. 2, S. 218.

	Französische Kuchen aus türkischer Saat, gelblich, mit einem Graustich	Französische Kuchen aus Levante- saat, dunkelbraun	Deutsche Kuchen aus ostindischer Saat, hellgelblich	Deutsche Kuchen aus ostindischer Saat, weniger ausgepreßt
	%	%	%	%
Wasser	10,05	11,20	8,48	8,46
Rohprotein	37,29	32,03	40,47	38,35
Rohfett	8,11	5,65	8,63	13,36
Pentosane	5,32	5,01	5,58	5,52
Stickstoffreie Extraktstoffe .	14,38	21,26	15,81	16,87
Rohfaser . . . . ·.	12,35	11,13	9,23	7,95
Asche	13,49	14,88	13,26	10,83

Über die Zusammensetzung der stickstoffhaltigen Bestandteile (Roh- Rohprotein. protein) der Mohnkuchen liegen Studien von Klinkenberg [1]) und F. Mach [2]) vor. Das Rohprotein enthält

	nach Klinkenberg	nach Mach
Eiweißsubstanz	95,0 %	95,5 %
Nichteiweißstoffe	5,0	4,5
Verdauliches Eiweiß	85,9	82,3
Unverdauliches Eiweiß . . .	9,1	13,2

Das Rohfett der Mohnkuchen ist reich an freien Fettsäuren; es zeigt Rohfett. bei frischen, unverdorbenen Kuchen im Mittel eine Azidität von 42 % (Maximum 70,7 %, Minimum 27,6 %), bei verdorbenen Kuchen kann die Azidität sogar bis auf 86,29 % ansteigen [3]).

Loges und Mühle [4]) weisen auf die Unterschiede der Azidität des getrockneten Ätherextraktes (des „Rohfettes" der Analyse) und einer durch Ausschütteln mit kaltem Äther erhaltenen Fettlösung hin. Verschimmelte Kuchen ergeben große Differenzen in dem Säuregehalt der beiden Fette, während bei gesunden Kuchen diese Zahlen fast gleich sind.

Das Rohfett des Mohnsamens ist auch reich an Lecithin; es enthält davon nach Stellwaag [5]) 13,27 %, so daß auf 100 Gewichtsteile Mohn-kuchen, wenn man selbe mit 10 % Fett annimmt, ungefähr 1,32 Teile Lecithin entfallen.

---

[1]) Biedermanns Centralblatt f. Agrikulturchemie, 1889, S. 815.
[2]) Landw. Versuchsstationen, Bd. 57, S. 445.
[3]) Siehe Dietrich und König, Zusammensetzung und Verdaulichkeit der Futtermittel, 2. Aufl., Berlin 1891, 2. Bd., S. 1275.
[4]) Loges und Mühle, Bestimmung der Azidität in Futtermittelfetten, Landw. Versuchsstationen, 1902, Bd. 56, S. 95.
[5]) Stellwaag, Zusammensetzung der Futtermittelfette, Landw. Versuchs-stationen, Bd. 37, S. 135.

Erwähnenswert ist auch der Oxalsäuregehalt der Mohnpreßrückstände; sie enthalten 2—3 % oxalsauren Kalkes und ähneln in dieser Beziehung den Sesamkuchen.

Verdaulichkeit. Die Verdaulichkeit der in Mohnkuchen enthaltenen Nährstoffe haben G. Kühn und Konsorten[1]) durch Fütterungsversuche, K. Bülow[2]) auf künstlichem Wege und experimentell bestimmt. Danach liegen die Verdaulichkeitskoeffizienten

für Rohprotein bei . . . .   79 %
für Rohfett bei.   91
für stickstoffreie Extraktstoffe bei   .   64
für Rohfaser bei   50

sind also nicht gerade als günstig zu bezeichnen.

Verwendung. Die Mohnkuchen, sofern sie aus gesunder und entsprechend gereinigter Saat hergestellt sind, verdienen als Futtermittel die volle Beachtung der Landwirte. In mäßiger Menge verabreicht, bekommt dieses äußerst schmackhafte Kraftfuttermittel den Tieren sehr gut und kann überall an Stelle der Rapskuchen treten. Knieriem empfiehlt Mohnkuchen für Milchkühe, welchen man davon bis zu 1,5 kg pro Tag verabreichen darf. Größere Mengen zu verfüttern ist nicht ratsam, denn man hat gefunden, daß dann der Fettgehalt der Milch herabgesetzt wird. So lieferte eine größere Anzahl von Milchkühen, welche früher eine Milch mit einem Fettgehalt von 3,15 % gab, nach dem vollständigen Ersatz des verfütterten Erdnußkuchenquantums durch Mohnkuchen eine Milch mit nur 2,67 % Fett; nach Rückkehr zur alten Fütterungsmethode mit Erdnußkuchen stieg der Fettgehalt dann wieder auf 3,26 %.

Vortrefflich eignen sich Mohnkuchen für erwachsenes Mastvieh, welchem es bis zu Tagesrationen von 2—3 kg gegeben werden kann.

An Jungvieh soll man Mohnkuchen nicht verfüttern; fehlt es doch nicht an Mitteilungen, welche auch über nachteilige Wirkungen der Mohnkuchenfütterung berichten. Sind solche zwar bei erwachsenen Tieren nicht zu befürchten, so können sie bei jungen, noch in Entwicklung begriffenen Tieren immerhin eintreten. Die Meldung, daß Bullen nach Fütterung mit Mohnkuchen ihren Geschlechtstrieb verloren hätten und daß die Tiere nach dem Genusse dieses Futtermittels schläfrig und träge würden, bedarf noch der genauen Überprüfung. Mach hat nachgewiesen, daß ein Opiumgehalt dabei nicht in Frage kommen kann; selbst die Kapseln enthielten nach seinen Befunden kein Morphium und Codein, wohl aber Narkotin, was sich mit den Resultaten Clantrians[3]) deckt, nach welchen beim Absterben der Mohnpflanze mit dem Milchsaft auch die in demselben ent-

---

[1]) G. Kühn, Böttcher, Schoder, W. Zielstorff und F. Barnstein, Versuche über Verdaulichkeit d. Mohnkuchen, Landw. Versuchsstationen, Bd. 44, S. 177.

[2]) Journ. f. Landwirtschaft, 1900, S. 1.

[3]) Bot. Centralbl., 1889, Nr. 44.

haltenen Alkaloide schwinden und sich nur in den Kapselhülsen teilweise erhalten.

Dort, wo man schlecht gereinigte, noch mit Fruchtkapseln verunreinigte Mohnsaat verarbeitet, werden also Kuchen resultieren, welche sich als Futtermittel nicht gut eignen. Solche unreine Kuchen sollen ausschließlich zu Dungzwecken verwendet werden, wozu sie auch infolge des hohen Stickstoff- und Phosphorsäuregehaltes sehr gut taugen. 100 kg Mohnkuchen entsprechen hinsichtlich des Stickstoffgehaltes 1470 kg Stalldünger und kommen bezüglich Phosphorgehaltes 1265 kg Stalldünger gleich.

Handel.

Die Mohnölindustrie Deutschlands wie auch der deutsche Import von Mohnsaat sind in stetem Wachsen begriffen.

Die heimische Ernte an Mohn ist nicht allzu groß; sie betrug im Jahre 1880 noch 5303 Tonnen, ist aber nach Blomeyers[1]) Schätzungen in den letzten zwei Jahrzehnten stark zurückgegangen. In Thüringen, Sachsen und am Mittelrhein sind jedoch noch heute ausgedehnte Mohnfelder anzutreffen. Renow[2]) macht darauf aufmerksam, daß für Mohnkulturen besonders Ostdeutschland gut geeignet wäre. Ein großer Teil der in Deutschland geernteten Mohnmenge wird zu Genußzwecken verwendet, nur ein kleiner Bruchteil wird auf Öl verarbeitet. Die Ölfabriken beziehen ihr Rohmaterial meist aus Britisch-Ostindien, der Türkei und Rußland.

Deutschlands Produktion und Handel in Mohnsaat.

Die Mohnsameneinfuhr Deutschlands betrug in den letzten Jahren:

Jahr	Tonnen	Wert Millionen Mark	Davon entfielen auf		
			Rußland Tonnen	Türkei Tonnen	Britisch-Indien Tonnen
1891	16444	4,3	197	908	7997
1892	21162	4,9	236	1958	10547
1893	19955	5,0	237	2305	14114
1894	22345	5,3	1239	2259	13421
1895	17255	3,9	1838	2087	16552
1896	20541	4,6	1590	1627	16708
1897	22987	5,1	1614	1909	18963
1898	25371	5,8	1038	2017	22025
1899	27981	6,6	1590	1418	24543
1900	28749	6,7	1284	1965	24838

Die Ausfuhr beträgt durchschnittlich 150—200 Tonnen im Jahr.

---

[1]) A. Blomeyer, Kultur der landwirtschaftlichen Nutzpflanzen, Berlin 1891, Bd. 2, S. 307.
[2]) Jahresberichte der Agrikulturchemie, 1887, S. 221.

Frankreich erzeugt in Lille, Arras, Douai und Marseille Mohnöl;
die französische Ernte an Mohnsaat betrug in den Jahren

	Tonnen
1899	8150
1900	6830
1901	4700

bei einer gleichzeitigen Einfuhr von

	Tonnen
1899	28700
1900	24150
1901	29200

Marseille empfing in den Jahren

	Tonnen
1890	4657
1900	3938
1901	3516
1902	3975
1903	5101
1904	6156
1905	3795

hauptsächlich aus Indien und der Levante stammend.

Österreich-Ungarn erzeugt kein Mohnöl; die davon jährlich importierten ca. 100 Tonnen werden Genußzwecken zugeführt.

Hornmohnöl.

Glauciumöl. — Huile de pavot cornu. — Horned poppy Oil. —
Oleum Glaucii.

Neben den Samen von Papaver somniferum wären auch die des
ebenfalls in die Familie der Papaveraceen (Rhoeaden) gehörigen Horn-
mohns oder großblumigen Schellenkrautes (Glaucium luteum Scop.
= Chelidonium glaucium L.) zur Ölgewinnung geeignet. Das aus
diesen Samen hergestellte Öl wird aber nur selten gewonnen, obzwar der
Umstand, daß der Hornmohn auch auf steinigem und unfruchtbarem Boden
gut weiterkommt und an Küstenstrichen gut gedeiht, für dessen regelrechten
Anbau spräche und er besonders in Frankreich, Belgien, Holland,
Dänemark und Deutschland als Ölpflanze kultiviert werden könnte.
Nach Cloez soll der Anbau von Hornmohn jährlich über 30% Nutzen
vom Anlagekapital abwerfen.

Die Samen des Hornmohns enthalten $30—35\%$ Fett. Das durch
Kaltpressen gewonnene Öl zeigt nach Cloez eine Dichte von 0,913, ist
fast farblos und kann als Speiseöl verwendet werden; das heiß gepreßte Öl
eignet sich als Brennöl und zur Seifenfabrikation. Es zeigt ähnliche
trocknende Eigenschaften wie das Mohnöl.

Argemoneöl.

Huile de pavot épineux. — Huile de chardon jaune. —
Argemone Oil. — Olio di Argemona. —
Shial-Kanta Oil (Bengalen). — Suchianas (Hindostan).

Herkunft.

Die Samen der unserer Mohnpflanze ähnelnden, in Amerika, Afrika, *Ab-*
stammung.
an der Koromandelküste, in Malabar und Bengalen heimischen sogenannten „mexikanischen Argemone" (Argemone Mexicana L.)
liefern ein fast geschmackloses Öl von orangegelber Farbe und schwachem,
aber eigenartigem Geruche.

Die zur Familie der Papaveraceen gehörende Argemone ist den
Engländern unter dem Namen „Mexican poppy" oder „Yellow thistle"
bekannt, die Spanier heißen die Pflanze „Figo del inferno", d. i. Höllenfeige
(wegen der Stacheln), bei den Tamulen führt sie den Namen Bramadandoo,
in Dukan Feringie datura oder Peela, in Hindo-
stan Bherband und in Bengalen Buro-shialkanta
oder Thialkanta.

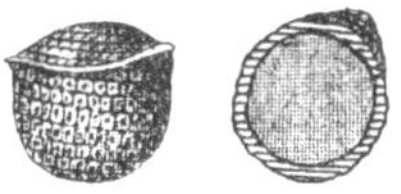

a   b
Fig. 16. Argemonesamen
(Lupenbild).

a = ganzer Same,
b = Querschnitt
des Samens.

Die Stengel und Blätter der Pflanze enthalten einen
gelben Saft, welcher bei chronischer Ophthalmie gebraucht wird.

Rohmaterial.

Die Samen (Fig. 16) [1]) sind klein, rund ,schwarz, *Same.*
mit netzartiger Zeichnung, haben ungefähr die Größe
unserer Rapssamen und enthalten 25—30 % Öl. Sie gelten als ein Sub-
stitut für Ipecacuanha und besitzen narkotische Eigenschaften, welche
die des Opiums übertreffen sollen.

Eigenschaften.

Das Argemoneöl zeigt eine Dichte von 0,9247—0,9259 (bei 15° C) *Eigen-*
schaften
und soll nach Schädler außer den Glyzeriden der höheren Fettsäuren *und*
auch solche der flüchtigen Säuren (Essig-, Butter- und Valeriansäure) *Zusammen-*
setzung.
enthalten; Croßley und Le Sueur[2]) konnten diese flüchtigen Säuren
in echten Argemoneöl aber nicht nachweisen. Eine von den Genannten
untersuchte Probe enthielt über 40 % freier Fettsäuren und wurde von
der 9—10fachen Menge absoluten Alkohols bei gewöhnlicher Temperatur
vollkommen gelöst.

Verwendung.

Das nur schwer erstarrende Öl soll in Ostindien als Speiseöl ver- *Ver-*
wendung.
wendet werden, welche Angabe sich jedoch nicht gut mit einer anderen
in Einklang bringen läßt, nach welcher das Öl in Westindien und Mexiko

---

[1]) Schädler, Technologie d. Fette u. Öle, 2. Aufl., Leipzig 1892, S. 705.
[2]) Journ. Soc. Chem. Ind., 1898, S. 991.

ein viel gebrauchtes Purgativmittel[1]) bilden soll. In letzteren beiden Ländern wird das Argemoneöl auch als Arzneimittel, als Brenn- und Schmieröl sowie als Anstrichöl für Holz verwendet.

Drury berichtet von dem Argemoneöle als von einem äußerst wirksamen Mittel gegen Magenkrämpfe. Wenige Tropfen des Öles auf Zucker genommen sollen die Schmerzen sofort lindern und einen erfrischenden Schlaf sowie leichten Stuhlgang bewirken. Auch als Mittel gegen Kopfschmerz (Einreibungen) wird das Argemoneöl benutzt.

Sonnenblumenöl.

Sonnenrosenöl. — Huile de tournesol. — Sunflower Oil. — Turnsol Oil. — Olio di girasole. — Oleum Helianthi annui. — Suraj-mukhi (Hindostan).

Geschichte und Abstammung.

Histo-risches.

Die Gewinnung des Sonnenblumenöles wird schon in einem englischen Patente[2]) vom Jahre 1716 erwähnt und seine Anwendung in der Tuchindustrie, zu Anstrichzwecken und zur Lederkonservierung empfohlen.

Der Gründer der heute sehr bedeutenden russischen Sonnenblumenölindustrie ist der Bauer Bokaroff, welcher um das Jahr 1820 in seinem Dorfe Alexejefka (Gouvernement Woronesch) das erste Öl aus Sonnenblumenkernen gewann. Seinem Beispiele folgten allmählich viele, so daß das Dorf Alexejefka in den Jahren 1864—1867 durchschnittlich 900000 Pud = 144000 q Sonnenblumenöl auf den Markt brachte. Heute hat das Gouvernement Woronesch seine einstige Bedeutung für den Sonnenblumenölhandel zum größten Teil verloren und seine Stellung an die Gouvernements von Saratow, Noworossijsk usw. abgetreten[3]).

Be-schreibung der Pflanze.

Die gemeine einjährige Sonnenblume (Helianthus annuus) — zu unterscheiden von der ausdauernden Sonnenrose (Helianthus tuberosus), welche hauptsächlich der Knollen halber als Futterpflanze angebaut wird — wird in ihrem Vaterlande (Mexiko und Peru) bis $5^{1}/_{2}$ m hoch; bei uns erreicht sie nur eine Höhe von 2—$2^{1}/_{2}$ m. Sie besitzt von allen Pflanzen die größten Blütenköpfe; die Randblüten sind unfruchtbar, die Scheibenblüten fruchtbar. Ihre Blütenscheibe steht am Morgen gegen den Ort des Sonnenaufganges und folgt dann der jeweiligen Sonnenstellung bis gegen Abend. Der Grund dieser Bewegung, welche der Pflanze auch den Namen gegeben hat, ist anscheinend darin zu suchen, daß die von der Sonne beschienenen Fibern des starken Blumenstieles sich durch die Erwärmung zusammenziehen. Die treue

---

[1]) W. H. Bloemendal, Chem. Centralbl., 1906, S. 1556.
[2]) Engl. Patent Nr. 408 v. 12. Sept. 1716 v. Arthur Bunyan sen.
[3]) M. Rakitin, Die Sonnenblumenindustrie im Gouvernement Woronesch (Führer durch die Fettindustrie, St. Petersburg 1902, S. 36).

Gefolgschaft, welche die Sonnenblume der Sonne leistet, hat sie auch zum Symbol der Anhänglichkeit in den Wappen lehenspflichtiger Ritter gemacht.

Die Heimat der gemeinen Sonnenblume (Helianthus annuus) ist Mexiko und Peru, wo sie schon lange vor der Entdeckung dieser Länder durch die Spanier von den Inkas angebaut wurde. 1569 kam die Pflanze dann nach Europa, wo sie lange Zeit als Zierpflanze gezogen, vereinzelt aber auch als ölgebende Pflanze regelrecht kultiviert worden ist. In Holland, Belgien, Südfrankreich und Italien wird sie oft als Einfassung von Mais-, Kartoffel- oder Futterrübenfeldern gepflanzt, in geschlossenen Ständen für Zwecke der Ölgewinnung nur in einigen Gegenden Deutschlands, hauptsächlich Badens, in Ungarn, Rußland und China gezogen. **Heimat.**

Im Russischen Reiche erfreut sie sich weitester Verbreitung. Vom Kaukasus in nördlicher Richtung bis über Wologda, Wjatka und Perm, in den Flußgebieten des Dnjepr, Don und der Wolga, ganz besonders aber nördlich auf der großen Kubaebene in den Gouvernements Saratow, Samara, Simbirsk, Kasan und Ufa, findet man überall große Flächen (oft bis über 1000 ha) mit Sonnenblumen bebaut.

Von der einjährigen Sonnenblume kennt man zwei Varietäten: die sogenannte gemeine oder kalifornische und die kaukasische.

Die kaukasischen Sonnenblumenkulturen leiden sehr unter einem gefährlichen Schädling (Homöosoma nebulella), gegen den sich alle Schutzmaßregeln bisher vergeblich erwiesen. Die kalifornische Sonnenblume ist gegen ihn gefeit, doch sind ihre Früchte zu wenig ölreich, als daß es sich für die russischen Bauern empfehlen würde, sie an Stelle der jetzt gebauten Abart zu pflanzen. Nach Karsin soll man aber eine sehr ölreiche und dabei bedeutend weniger empfindliche Abart erhalten, wenn man die kalifornischen Blüten mit kaukasischem Blütenstaub befruchtet und aus diesen Samen Pflanzen zieht. Durch Auslesen der besten Samen einer solchen Aussaat soll die Varietät bereits gefestigt sein und wäre, falls sich die Beobachtungen Karsins bewahrheiteten, der russischen Sonnenblumenkultur ein großer Vorschub gegeben. Die Unempfindlichkeit gegen die Schädlinge erklärt man durch den etwas veränderten anatomischen Bau der Samen der kalifornischen Sonnenblume[1]. **Arten.**

T. Iwanow[2] empfiehlt den Anbau einer Varietät der sogenannten gepanzerten Sonnenblume als Ölpflanze. Die Samen derselben sollen infolge ihrer resistenteren Haut vor den Angriffen des Insektes Homoeosoma nebulella geschützt und schwerer sowie ölreicher sein als die der gewöhnlichen Art. Bestätigungen dieser Angaben sind noch ausständig.

Die Sonnenblumenblätter sollen einen ganz annehmbaren Ersatz für Tabak abgeben; ihre Hauptverwendung finden sie aber als Viehfutter. Die **Verwertung der einzelnen Pflanzenteile.**

---

[1] Führer durch die Fettindustrie, St. Petersburg 1902, S. 342. — D. N. Prianichnikow, Le tournesol (Journ. d'agriculture tropicale, 1907, S. 17).

[2] Wjestnik schirowych wjeschtsch, 1905, S. 137.

ziemlich holzigen Stengel liefern ein gutes Brennmaterial, dessen kalireiche Asche ein gehaltvolles Material für die Pottaschefabrikation darstellt.

Die Sonnenblume verlangt einen sehr kräftigen, besonders kalihaltigen Boden, wenn sie gut gedeihen soll. Wenn man, wie dies in Rußland leider geschieht, die dem Boden entzogenen Kalisalze nicht wieder zurückgibt, sondern die Asche der Stengel an Pottaschefabriken verkauft, so degeneriert die Pflanze bald und Mißernten und Krankheiten vernichten ihre Kulturen.

Das Mark der Sonnenblumenstengel ist wegen seines außerordentlich geringen spezifischen Gewichtes ($d = 0,028$!) zur Herstellung von Schwimmgürteln vorgeschlagen worden[1]).

Rohprodukt.

Sonnen-
blumen-
früchte.

Die Sonnenblumenfrüchte (fälschlich „Sonnenblumenkerne“ genannt) sind in trockenem Zustande von länglich-eiförmiger, seitlich schwach zugeschärfter, am breiten (oberen) Ende etwas eingesunkener oder doch wenigstens abgeflachter Form (Fig. 17). Genau betrachtet, ist die Frucht nicht ganz symmetrisch; die Symmetrie wird besonders dadurch gestört, daß die am schmalen (unteren) Ende gelegenen kurzen, abgerundeten, zahnartigen Vorsprünge ungleiche Größen besitzen[2]).

Fig. 17.
Sonnenblumen-
frucht.
(Nach Harz.)
Frucht
mit längs durch-
schnittenem
Fruchtgehäuse.
w = Fruchtwand.
s = Samenkern.
n = Nabel.
(Vergrößert.)

Harz[2]) unterscheidet nach der sehr variablen Größe und Form der Sonnenblumenkerne:

1. kurzfrüchtige, welche nur um weniges länger als breit sind;

2. gewöhnliche, welche doppelt so lang wie breit sind;

3. langfrüchtige, welche über zweimal so lang wie breit sind.

Von den 16 verschiedenen Fruchtformen, welche Harz aufzählt, ist die kleinste 5 mm breit, 8 mm lang (kurzfrüchtig), die größte 8—8$^1/_2$ mm breit und 16—17 mm lang.

Hülse.

Das holzartig spröde, der Länge nach leicht spaltbare Fruchtgehäuse[3]) (fälschlich Schale genannt) hat eine Dicke von 0,5 bis 0,6 mm und ist von schwarzer, schwarzbrauner, strohgelber, grauer oder weißer Farbe, mitunter auch mit schmalen schwarzen, grauen oder weißen Bändern versehen. Der eigentliche Kern ist weich und läßt sich von seinem Schalengehäuse ziemlich leicht trennen.

---

[1]) Chem. Revue, 1899, S. 72.

[2]) Wiesner, Rohstoffe des Pflanzenreiches, 2. Aufl., Leipzig 1903, Bd. 2, S. 868.

[3]) Siehe auch: Heineck, Zur Kenntnis des Baues der Fruchtschalen der Kompositen, Inaug.-Dissert., Gießen 1890; Kraus, Über den Bau trockener Perikarpien, Inaug.-Dissert., Leipzig 1866; T. F. Hanausek, Zur Entwicklungsgeschichte des Perikarps von Helianthus annuus, Berichte d. deutsch. bot. Gesellsch., 1902, S. 449.

Das Verhältnis der Schale[1]) zum Kern stellt sich:

bei russischen Riesensonnenblumensamen wie 43,5 : 56,5,

bei ungarischen Sonnenblumensamen wie . 45,5 : 54,5.

Die Zusammensetzung der Sonnenblumenfrüchte des Handels (Schale und Kern) ist:

Zusammensetzung der Früchte,

	Deutsche Ware[2])	Ungarische Ware[3])	Italienische Ware[4])	Russische Ware[5])
Wasser	9,62%	6,88%	10,30%	7,80%
Stickstoffsubstanz	14,12	15,19	8,97	13,80
Rohfett	33,48	28,79	29,21	34,25
Stickstoffreie Extraktstoffe .	{ 39,90	17,36	13,17 }	40,59
Holzfaser		28,54	30,00 }	
Asche	2,86	3,20	2,35	3,56

Welch starken Schwankungen die Zusammensetzung der Sonnenblumenfrüchte ein und desselben Landes unterworfen sein kann, zeigen am besten die Untersuchungen von R. Windisch[6]) über die ungarischen Sonnenblumensamen. Der Genannte fand bei ungeschälter Saat

	Maximum	Minimum	Mittel
Wasser	12,88%	3,37%	6,88%
Stickstoffsubstanz	19,11	13,52	15,19
Rohfett	36,51	22,21	28,79
Stickstoffreie Extraktstoffe	21,26	13,37	17,36
Rohfaser	32,27	23,48	28,54
Asche	4,14	2,63	3,20

Die Samenkerne bestehen aus:

der Kerne.

	Ungarische Kerne		Russische Mammutkerne
Wasser	4,00%[7])	14,70%[8])	6,90%[9])
Stickstoffsubstanz	24,93	24,95	29,36
Rohfett	50,54	49,62	43,92
Stickstoffreie Extraktstoffe . . .	12,83	4,18	13,02
Rohfaser	3,14	3,28	2,64
Asche	4,01	3,27	4,16

[1]) G. C. Wittstein gibt für die schwarzgestreiften Sonnenblumenfrüchte ein Verhältnis der Fruchthülsen zum Samenkern von 41 : 59 bis 60 : 40 an, für die weißfrüchtigen von 44,6 : 55,4 bis 42,5 : 57,5 (Archiv d. Pharm. 1876, S. 289).

[2]) Schädler, Technologie d. Fette u. Öle, 2. Aufl., Leipzig 1892, S. 711. die Angabe, daß es sich hier um enthülste Samen handle, ist offenbar unrichtig.

[3]) R. Windisch, Landw. Versuchsstationen, 1902, Bd. 57, S. 305.

[4]) Canello, Le Stazioni sperimentali agrarie italiane, Bd. 35, S. 753.

[5]) Schädler, Technologie d. Fette u. Öle, 2. Aufl., Leipzig 1892, S. 711.

[6]) Landw. Versuchsstationen, Bd. 57, S. 305.

[7]) Landw. Versuchsstationen, Bd. 57, S. 306.

[8]) Th. Kosutany, Landw. Versuchsstationen, 1893, Bd. 43, S. 254.

[9]) R. W. Kilgore, Experim. Stat. Rec., 1893, S. 65.

Frankfurt[1]) hat in der Stickstoffsubstanz der Sonnenblumenkerne 0,51 %, Nuklein, im Rohfett einen Gehalt an Cholesterin und 0,23 %, Lecithin, in den Extraktivstoffen Pentosane gefunden.

Zusammen-.
setzung
der
Schalen.

Die Schalen der Sonnenblumenkerne, welche den Ölfabriken zumeist als Heizmaterial dienen, enthalten:

Wasser	8,6 %
Stickstoffsubstanz	3,3
Rohfett	0,5
Stickstoffreie Extraktstoffe . . .	37,1
Holzfaser	48,3
Asche	2,1

Es kann jedoch das Enthülsen im großen nie so exakt vorgenommen werden, daß nicht auch Bruchteile von den Samenkernen mit in die Schalen rutschten, weshalb die in den Fabriken abfallenden Schalen stets protein- und fettreicher sind, als die obige Analyse angibt.

In Rußland kennt man mehrere Sorten von Sonnenblumensamen; die in südlicheren Gegenden geernteten sind ölreicher als die aus nördlicheren Distrikten stammenden. Eine Sorte, die sich durch besonderen Wohlgeschmack auszeichnet, ist ärmer an Fett und wird zur Herstellung eines feinen, nach Mandeln schmeckenden Grieses benutzt, der Konditorzwecken dient[2]). Auch als Geflügelfutter sind die Sonnenblumenkerne vielfach in Verwendung.

Gewinnung.

Die Verarbeitung der Sonnenblumensamen erfolgt in geschältem und ungeschältem Zustande, doch beschränkt sich die letztere Methode heute nur noch auf wenige kleine Hausbetriebe, während alle halbwegs besseren Ölmühlen das allein rationelle Verfahren der Verarbeitung geschälter Saat ausüben.

Entschälen.

Das Entschälen (richtiger Enthülsen) der Sonnenblumenfrüchte geschieht auf verschieden konstruierten Vorrichtungen. Vor dem Enthülsen muß man durch Siebzylinder von verschiedener Maschenweite den Staub aus der Saat entfernen und diese selbst nach ihrer Größe sortieren. Zur Entfernung der Stengelteile hat man auch langgeschlitzte Siebe in Verwendung, deren Schlitze die dünnen Stengel, nicht aber die dickeren Samenkörner durchfallen lassen. Das Enthülsen erfolgt in den russischen Mühlen auf Mahlgängen[3]) mit Steinen von nur 110 cm Durchmesser, die mit ca. 160 Touren in der Minute rotieren. Durch genaues Einstellen des oberen Steines läßt sich die Arbeit der Mahlgänge so regulieren, daß nur die Hülsen, nicht aber die Kerne zerquetscht werden. Bei den verschiedenen

---

[1]) Landw. Versuchsstationen, 1893, Bd. 43, S. 166.
[2]) Vgl. Pott, Landw. Futtermittel, Berlin 1889, S. 449.
[3]) Siehe Bd. I, S. 195.

Größen der Sonnenblumenfrüchte ist dies aber eben nur durch vorheriges Sortieren der Saat zu erreichen. Bei richtig sortierter Saat und gut eingestellten, nicht zu rasch rotierenden Mahlgängen dürfen die Schalen nicht in kleine Stücke zerdrückt werden, weil dadurch deren Absondern von den Kernen sehr erschwert wird.

Das Trennen des vom Mahlgange gelieferten Materials in Schalen und Kerne wird durch ein System von Schüttelsieben bewirkt, die entweder hintereinander oder übereinander angeordnet sind und bei denen die Sortierung durch Luftströme unterstützt zu werden pflegt[1]).

Das Entschälen mittels Mahlgang funktioniert ganz befriedigend, nur ist der Kraftbedarf sehr groß. Weniger gut arbeiten die Siebvorrichtungen, welche nicht alle Schalen aus dem Kernmaterial zu entfernen vermögen.

Es ist daher das Bestreben in den Sonnenblumenölfabriken, jene vollkommenen Entschälvorrichtungen einzuführen, deren sich die Erdnußölfabriken schon seit langem bedienen. Spitzgänge, wie sie die Grießputzerei kennt, sind bereits vielfach in Anwendung.

In den russischen Sonnenblumenöldistrikten ist man übrigens vielfach der irrigen Ansicht, daß ein gewisser Gehalt an Schalen für die Ölausbringung aus dem Preßgute von Vorteil sei. T. Iwanow[2]) hat diesen Irrtum vor kurzem richtig gestellt. Auch im Interesse reinerer, gehaltvollerer Preßrückstände und besserer Öle ist der Verbesserung des Schälprozesses sehr das Wort zu reden.

Nach A. Vinohradov[3]) geht die Enthülsung von Sonnenblumenfrüchten viel besser vor sich, wenn man sie nicht in frischem Zustande verarbeitet, sondern ihnen vorher einen Teil ihrer natürlichen Feuchtigkeit entzieht. Die Hülsen frischer Früchte sind zu wenig spröde, um sich gut entfernen zu lassen; es resultiert daher bei der Entschälarbeit ein Preßgut, welches 10 %, ja sogar 15 % Hülsenfragmente beigemengt enthält.

Trocknet man die Samen auf Saatdarren[4]), so werden die Hülsen spröde, zerspringen leicht und sondern sich gut von den Samenkernen.

Das Auspressen der zerkleinerten Samenkerne erfolgt in zwei Verpressen. Phasen (kalte und warme Pressung); vielfach begnügt man sich aber auch mit einer einzigen Heißpressung.

In den russischen Sonnenblumenöldistrikten war seinerzeit die Feuerröstung sehr beliebt, weil sie dem Öle einen gewissen aromatischen Beigeschmack gibt, den die Konsumenten wünschen. Die Einführung der Dampfröstung war in jenen Gegenden mit Schwierigkeiten verknüpft, ist aber jetzt doch in allen größeren Fabriken in Anwendung.

---

[1]) M. Rakitin, Führer durch die Fettindustrie, St. Petersburg 1902, S. 37.
[2]) Siehe Bd. I, S. 701.
[3]) Seifensiederztg., Augsburg 1906, S. 34.
[4]) Siehe Bd. I, S. 237.

Eine Besonderheit bilden noch die Kesselanlagen der russischen Sonnenblumenölfabriken, welche in den Schalen ein hinlängliches Quantum an Heizmaterial haben. Wenn man noch Kohle zukaufen muß, so ist das nach Rakitin ein Zeichen unvollkommener Entschälung oder unrationeller Heizanlagen. Die Rostanlagen für die Verbrennung der Schalen sind für diesen Zweck eigens konstruiert, lassen aber oft betreffs Ökonomie viel zu wünschen übrig.

Die Asche der Schalen enthält bis zu 30 % Kaliumkarbonat und wird an Pottaschefabriken abgegeben, obzwar sie zur Düngung der künftigen Sonnenblumenfelder noch mehr am Platze wäre (siehe Seite 112).

Die Filtration des frisch gepreßten Öles darf nur in der Kälte erfolgen, weil warm gefiltertes Öl beim Lagern neuerdings flockige Verunreinigungen ausscheidet. Viele Fabriken vermeiden aber die Filtration überhaupt und klären das Öl nur durch Abstehenlassen.

Eigenschaften und Zusammensetzung.

Eigenschaften.

Kalt gepreßtes Sonnenblumenöl ist von hellgelber Farbe, angenehmem Geruche und mildem Geschmack; warm gepreßt zeigt es dunklere Färbung und einen eigenartigen Geschmack, der in manchen Gegenden besonders beliebt ist. Es ist langsam trocknend, besitzt eine Dichte von 0,912—0,936 (bei 15° C), stockt erst bei Temperaturen unter —17° C und nähert sich nach Holde[1]) im Viskositätsgrade sehr dem Mohnöl.

Zusammensetzung.

Das Sonnenblumenöl besteht aus Linolein, Olein, Palmitin und kleinen Mengen anderer Glyzeride. Jean[2]) gibt den Gehalt an Unverseifbarem mit 0,72 % an, hält es für schwer verseifbar und für Seifensiederzwecke wenig geeignet (?); v. Hübl, welcher die Sauerstoffaufnahme des Öles erforschte, kam auf die folgenden Resultate:

	Sauerstoffabsorption nach		
	2 Tagen	7 Tagen	30 Tagen
Sonnenblumenöl	1,97 %	5,02%	? %
Fettsäuren des Sonnenblumenöles . . .	0,85	3,56	6,3

Die dunkleren Sorten des Sonnenblumenöles werden durch Vermischen mit 5—6 % Lauge von 30° Bé mit Erfolg gebleicht.

Die Fettsäuren des Sonnenblumenöles schmelzen bei 17—22° C und erstarren bei 17—18° C.

Heiß gepreßtes Sonnenblumenöl scheidet beim Erkalten gelbbraune Flocken aus, welche gewöhnlich als „Satz" bezeichnet werden. P. S. Steinkeil[3]) hat diesen Niederschlag näher untersucht und gefunden, daß er aus Schleim, Kalk- und Magnesiaverbindungen sowie Phosphaten besteht und Spuren von schwefliger Säure enthält.

---

[1]) Mitteilungen der Kgl. technischen Versuchsstation in Berlin, 1894, XII, S. 36.
[2]) Ann. Chim. anal. appl., 1901, Bd. 6, S. 166.
[3]) Wjestnik schirowych promysl., 1906, S. 62.

Verwendung.

Die feineren Marken des Sonnenblumenöles bilden ein gutes Speiseöl, das nach Jolles und Wild[1]) auch in der Margarinefabrikation an Stelle des Kottonöles Verwendung finden soll. In Spanien und Ägypten, wo Sonnenblumenöl billig erhältlich ist, ersetzt es häufig das Kottonöl und dient auch vielfach zur Fälschung des Olivenöles. Auch zur Herstellung von Firnissen findet es Anwendung.

In Jahren, wo es gegenüber anderen Fetten billig erscheint, wird es in ausgedehntem Maße in der Seifensiederei verarbeitet. Zu Kern- und Eschwegerseifen läßt es sich zwar nicht allein, aber ganz gut im Verein mit anderen Fetten und Ölen versieden. Für sich allein liefert es eine etwas gelb gefärbte Seife, die recht geschmeidig ist und auch angenehmen Geruch hat, aber beim Trocknen niemals ganz fest wird, sondern in der Mitte des Riegels weich bleibt. Dieser Übelstand hört auf, sobald man Sonnenblumenöl mit anderen Fetten versiedet. So eignet es sich für Eschwegerseifen ganz gut, wenn man nicht mehr als ein Drittel des Fettansatzes mitverwendet. Es muß beim Sieden zuerst zugegeben und erst dann darf Talg und Kokosöl verseift werden; bei nicht zu starker Abrichtung und genügender Kürzung erhält man großen Marmor und weißen Grund.

Zu Textilseifen eignet sich Sonnenblumenöl ebenfalls; es kann dabei Oliven-, Erdnuß- oder Kottonöl ersetzen. Zu kalt gerührten Seifen taugt es nur als ganz geringer Zusatz zu dem Hauptfette (Kokosöl). Wenn sich diese Zusätze in Grenzen bis zu 5 % bewegen, verleiht das Sonnenblumenöl den kalt gerührten Seifen aber sogar eine gewisse Geschmeidigkeit und Zartheit[2]).

Zu Schmierseife versotten gibt es anfangs einen etwas unangenehmen Geruch, der aber durch Harzzugabe leicht verdeckt wird. Da es sich mit Laugen schwerer verbindet als Leinöl, ist die genaue Kenntnis seiner Eigenheiten nötig, um es mit Erfolg an Stelle des letzteren zur Schmierseifenfabrikation verwenden zu können. Bei richtiger Behandlung ist es aber ein guter Ersatz für Leinöl. Die Ausbeute des Sonnenblumenöles beim Versieden zu Kernseife ist 142 %, zu Schmierseife 232 %.

Beim Autoklavieren des Sonnenblumenöles erhält man ziemlich dunkle Fettsäuren, die sich schwer bleichen lassen und Seifen geben, welche auch bei mehrmaligem Auswaschen des Kernes ihre dunkle Färbung nicht verlieren.

Als Brennöl soll Sonnenblumenöl sehr zufriedenstellen; auch als Sardinenöl leistet es gute Dienste.

Rückstände.

Je nachdem man die Sonnenblumensaat enthülst oder ganz gepreßt hat, unterscheidet man geschälte und ungeschälte Kuchen. Da vielfach die Enthülsung recht mangelhaft erfolgt, ist eine scharfe Grenze zwischen den

---

[1]) Chem. Ztg., 1893, S. 879.
[2]) C. Dirks in „Seifenfabrikant", 1903, S. 947.

beiden Typen nicht zu ziehen. Hülsenfragmente sind auch in den meisten der geschälten Kuchen enthalten und die Zusammensetzung der Sonnenblumenkuchen (tourteau de grand soleil — tourteau de tournesol — panello di girasole — panello di tornasole) weist Schwankungen auf, wie kaum eine andere Kuchengattung:

<table>
<thead>
<tr><th></th><th>Mittel</th><th>Maximum</th><th>Minimum</th></tr>
</thead>
<tbody>
<tr><td>Wasser . . . .</td><td>9,2 %</td><td>15,18 %</td><td>4,10 %</td></tr>
<tr><td>Rohprotein . . . .</td><td>39,4</td><td>50,10</td><td>21,44</td></tr>
<tr><td>Rohfett . . . .</td><td>12,6</td><td>29,58</td><td>4,90</td></tr>
<tr><td>Stickstoffreie Extraktstoffe .</td><td>20,7</td><td>35,62</td><td>10,04</td></tr>
<tr><td>Rohfaser . . . .</td><td>11,8</td><td>23,58</td><td>6,05</td></tr>
<tr><td>Asche . . . .</td><td>6,3</td><td>11,27</td><td>4,91</td></tr>
</tbody>
</table>

Zusammensetzung.

Die Sonnenblumenkuchen haben infolge ihres Gehaltes an Samenschalen eine sehr harte Konsistenz und sind nur schwer zu zerkleinern; ihre Farbe ist grau bis grauschwarz und die in größerem oder minderem Ausmaße vorhandenen Schalentrümmer lassen sich mit freiem Auge noch deutlich von dem reinen ausgepreßten Kernmateriale unterscheiden.

Verdaulichkeit.

Die Verdaulichkeit der Nährstoffe des Sonnenblumenkuchens prüfte Wolff[1]) und fand dabei folgende Verdauungskoeffizienten:

Für Rohprotein . . . . 89,58 %
„ Rohfett 87,89
„ Stickstoffreie Extraktstoffe . 71,23
„ Rohfaser 30,47

Knieriem[2]), der zu seinen Verdauungsversuchen Kaninchen nahm (an Stelle der von Wolff verwendeten Hammel), erhielt etwas andere Werte, nämlich:

Für Rohprotein . . . . 85,7 %
„ Rohfett 79,1
„ Stickstoffreie Extraktstoffe . 45,0
„ Rohfaser 13,7

Die abweichenden Befunde sind anscheinend darauf zurückzuführen, daß Wolff einen an Rohfaser bedeutend ärmeren, also leichter verdaulichen Kuchen zu seinen Versuchen verwandte Diese Resultate zeigen daher gleichzeitig auch die Vorteile, welche gut geschälte Kuchen bei der Verfütterung bieten; nicht nur, daß ihr Gehalt an Nährstoffen größer ist, stellt sich auch ihre prozentuale Verdaulichkeit wesentlich günstiger.

Soxhlet hat in dem Rohfette der Sonnenblumenkuchen Cholesterin und Spuren von Lecithin gefunden; nach Damman sollen diese Ölkuchen mitunter auch opiumhaltig sein und bei der Verfütterung betäubend wirken.

Verwertung.

Gute, frische Sonnenblumenkuchen sind ein vorzügliches Kraftfutter für alle landwirtschaftlichen Nutztiere, und zwar kann man Zug-, Zucht-

---

[1]) Landw. Versuchsstationen, 1881, Bd. 26, S. 417 u. 1882, Bd. 27, S. 215.
[2]) Landw. Jahrbücher, 1898, Bd. 27, S. 616.

und Mastvieh damit füttern. In Schweden, Dänemark und den deutschen Ostseeprovinzen werden die aus dem Russischen Reich importierten Kuchen in ausgedehnter Weise als Futtermittel benutzt. Wegen ihres angenehmen, milden Geschmackes nimmt sie das Rindvieh sehr gern; mit Wasser angerührt und als schleimige, ölige Masse verabreicht, sollen sie ähnliche diätetische Wirkungen äußern wie Leinkuchen.

Die schwedischen und dänischen Landwirte sind warme Fürsprecher für diese Kuchen, deren günstige Wirkungen auf Milchvieh aber von deutscher Seite bezweifelt werden. Fütterungsversuche von Schrodt und H. v. Peter haben den Pessimisten insofern recht gegeben, als durch Sonnenblumenkuchenfutter der Fettgehalt der Milch zwar gesteigert, die Milchmenge jedoch nicht vermehrt wurde. Knieriem[1]) und Klein haben dementgegen auch auf die Milchproduktion vorteilhaften Einfluß wahrgenommen, doch gibt nach Klein solche Milch eine sehr weiche Butter und ein Verabreichen von Sonnenblumenkuchen an Milchkühe soll nur dann ratsam sein, wenn die Milch nicht verbuttert, sondern direkt verkauft wird.

Auch bei der Schweinemast machten Sonnenblumenkuchen bei größeren Mengen den Speck weich; bei Hammeln hat dies nichts zu sagen, ja Albert konnte dabei sogar eine günstige Beeinflussung des Fleischgeschmacks konstatieren. Die Jodzahl des Fettes von Hammeln, welche bei der Fütterung mit

Kleie und Erbsen 29,3
Raps und Weizenkleie 30,9
Erdnußkuchen und Gerstenschrot . . . 31,5

war, stieg bei der Fütterung mit

Sonnenblumenkuchen und Mais auf . . . 37,9.

Irgend welche nachteilige Einflüsse auf die Gesundheit der Tiere äußern Sonnenblumenkuchen nicht; im Gegenteil ist die Freßlust der Tiere stets rege und dieses Kraftfutter kann auch an Pferde mit Erfolg verabreicht werden. Man gibt es letzteren entweder breiförmig aufgeweicht oder mit trockenem Häcksel gemengt.

In Fabriken, wo man ungünstig schält, wo also nicht nur viele Hülsen im Kernmateriale bleiben, sondern umgekehrt auch ziemliche Mengen von Kernanteilen in die abgesonderten Hülsen übergehen, werden diese ihres hohen Fettgehaltes halber entweder mit Kartoffeln und Haferspreu vermischt und gedämpft an Rindvieh und Schweine verfüttert oder mit Kornausputz zu Kuchen verpreßt, die im Aussehen dem gepreßten Torfe ähneln und nach Windisch 12—20% Rohprotein und 3,6—4% Öl enthalten.

Sonnenblumenkuchen aus Mühlen, die mit sehr primitiven Hilfsmitteln arbeiten, enthalten zuweilen auch Unkrautsamen, Staub, Stengel, Erde und Sand in einem das zulässige Normale überschreitenden Ausmasse.

---

[1]) Jahresbericht der agrikulturchemischen Versuchsstation Breslau, 1902.

Schulze[1]) fand in 1761 Proben Sonnenblumenkuchen

1720 Proben mit unter   1 °/₀ Sandgehalt[2])

25 ,,   ,,   ,,   1—1,5 °/₀   ,,

11 ,,   ,,   ,,   1,5—2 °/₀   ,,

2 ,,   ,,   ,,   2—3 °/₀   ,,

3 ,,   ,,   ,,   3 °/₀   ,,

Handel.

Die Hauptproduzenten und Konsumenten für Sonnenblumenöl sind China, Rußland, Ungarn und Deutschland. Sowohl die Verarbeitung der Sonnenblumensaat als auch der Verbrauch ihrer Produkte beschränkt sich zumeist auf die Gegenden der Sonnenblumenkulturen, weshalb denn auch in den Zahlen, die uns die Statistik des Welthandels liefert, die Bedeutung dieser Industrie nicht so recht zum Ausdruck kommt.

Nach Angabe des statistischen Bureaus in Petersburg waren

im Jahre 1881 . . . 136355 Desjatinen[3])

1887 . . . 261294   ,,

1902 . . . 500000   ,,

Felder mit Sonnenblumen bebaut, welche Kulturen sich auf die Gouvernements Saratow, Tambow, Samara, Kursk, Simbirsk, Kasan, Ufa und das Dongebiet verteilen; außerdem liefern auch noch Bessarabien, Kleinrußland, die Weichselgegend und der nördliche Kaukasus Sonnenblumenkerne[4]).

Eine Desjatine gibt 30 — 200 Pud Samen und 150 — 200 Pud Stroh (Stengel und ausgedroschene Köpfe). Danach ließe sich die Jahresernte an Sonnenblumensaat mit ca. 15—80000 Waggons berechnen, was nun allerdings einer anderen Angabe, nach welcher im Jahre 1893 in Rußland nur 1150 Waggons Sonnenblumenöl erzeugt wurden, widerspricht. Diese letzter Schätzung ist aber offenbar viel zu tief gegriffen, denn die Mühlen des Kubangebietes erzeugen allein über 1500 Waggon Sonnenblumenöl und die des Bezirkes Noworossijsk nicht viel weniger.

Die statistischen Angaben über die Ausfuhr von Sonnenblumensaat werfen diese mit Mohnsaat zusammen. Der Export Rußlands in diesen zwei Ölsaaten betrug:

Jahr	Tonnen	Wert in Rubel
1889	4400	1034000
Durchschnitt 1890/94	7500	407000
1895	10900	1899000
1896	8500	1320000
1897	9200	987000
1898	11008	—
1899	19744	—
1900	18576	—

---

[1]) Jahresbericht der agrikulturchem. Versuchsstation Breslau, 1902.

[2]) Als Sand ist hier der in Salzsäure unlösliche Anteil der Asche aufgefaßt.

[3]) Eine Desjatine = 109,25 Ar.

[4]) Führer durch die Fettindustrie, St. Petersburg 1903, S. 35.

Welches Kontingent zu diesen Werten die Mohnsaat stellt, läßt sich nicht feststellen.

Aufzeichnungen über die Menge des in Ungarn geernteten und verpreßten Sonnenblumensamens fehlen.

Die Ausfuhr von Sonnenblumen- und Mohnkuchen betrug in Rußland [1]):

im Jahre 1898 . . . . . 44 640 Tonnen,
1899 . . . . . 89 632 „
1900 . . . . . 133 696 „

aus welchen Ziffern schon die Bedeutung der russischen Sonnenblumenölindustrie spricht.

Die Vereinigten Staaten haben zwar eine beträchtliche Einfuhr in dieser Saat aufzuweisen, doch wird diese fast ausschließlich als Geflügelfutter benutzt. Versuche, die von der Oil seed pressing Company in New York in bezug auf die Verarbeitung von Sonnenblumensaat vorgenommen wurden, scheiterten, ebenso wie der probeweise Anbau der Pflanze durch Samuel Crump in Washington, an Unrentabilität. Anbauversuche in anderen Ländern.

Da die Sonnenblume dem Boden große Wassermengen entzieht und in Holland sumpfige Malariagegenden verbessert haben soll, hoffte man ein Gleiches auch in Indien zu erzielen. In sumpfigem Terrain mit stehendem Wasser gedeiht aber die Sonnenblume nicht, weshalb man die Anbauversuche in Indien, welche in den Jahren 1873—77 in größerem Maßstabe betrieben wurden, wieder fallen ließ.

Auch in Essex (England) hat man zur Verbesserung der schlechten Lage der dortigen Landwirtschaft die Zucht der Sonnenblume vorgeschlagen, wie denn überhaupt für deren Kultur allenthalben Propaganda gemacht wird [2]).

Safloröl.

Saffloröl. — Huile de carthame. — Huile de safre. — Safflower Oil. — Saffron Oil. — Cardy Oil. — Olio di cartamo. — Duhn-el-Kartum (Arabien). — Koosum (Hindostan). — Koosumbha (Ceylon).

Herkunft und Geschichte.

Aus den Früchten der Saflorpflanze (Carthamus tinctorius L. = Garthamus oxyacantha) — auch falscher Safran, wilder oder deutscher Safran, Bürstenkraut oder Färberdistel genannt — einem Kompositenblütler, welcher neben dem Indigo als die wichtigste Farbpflanze betrachtet werden kann, wird in Indien, Ägypten usw. ein Öl gewonnen, das den verschiedensten Zwecken dient, bis heute aber nur eine lokale Bedeutung hat. Abstammung.

---

[1]) Bericht von H. W. Wiley (durch Seifensiederztg., Augsburg 1901, Nr. 51).
[2]) Chemist and Druggist, 1896, S. 603.

     Über die Heimat des Saflors wissen die Botaniker nichts Bestimmtes, doch kann mit großer Wahrscheinlichkeit Ostindien als diese angenommen werden. Nach Semler[1]) ist Saflor eine vorderasiatische Steppenpflanze und die Ansicht, nach welcher sie aus Ägypten stammen soll, unrichtig. Wiesner[2]) führt die letztere Angabe darauf zurück, daß Saflor in Indien schon lange gebaut und von dort nach Europa exportiert wird, während die ostindische Ware erst Ende des 18. Jahrhunderts nach England kam. Schweinfurth[3]) hat durch neuere Funde in Pharaonengräbern nachgewiesen, daß Saflor in Ägypten schon über 3500 Jahre kultiviert wird. Als Farbpflanze wurde Saflor im 17. Jahrhundert auch in Thüringen und im Elsaß vielfach gebaut, bis im 18. Jahrhundert der levantinische Saflor den deutschen verdrängte. Heute baut man diese Pflanze in der Pfalz und in Thüringen nur mehr in bescheidenem Maße an, ebenso in Ungarn, und zwar in der Umgebung von Debreczin; von europäischen Ländern kommen noch Spanien, Italien und Frankreich in Betracht.

     Für den Anbau der Saflorpflanze stehen Indien, Bengalen, Persien und Ägypten in erster Reihe, dann kommen China, Japan, Süd- und Mittelamerika, Kolumbien und Australien (Neu-Süd-Wales). Die wichtigsten Zentren des Saflorhandels sind heute: Haiderabad, Cawnpore, Bombay und der Pandschab, ebenso Madras und Bengalen.

     In neuerer Zeit hat man versucht, die Saflorgewinnung auch nach Rußland zu verpflanzen, um welche Sache sich A. A. J. Uwarow in Saratow[4]) große Verdienste erworben hat. Nachdem er in Südfrankreich die Saflorpflanze kennen gelernt hatte, versuchte er im Jahre 1894 deren Anbau auf seinen russischen Gütern, wobei sofort befriedigende Resultate erzielt wurden.

     Saflor wird heute eigentlich nur als Farbpflanze in großem Maßstabe gebaut; die ölhaltigen Früchte fanden bisher nur ganz lokale Verwendung, doch könnten sie bei zweckentsprechender Entschälung am Gewinnungs- orte auch am Weltmarkt als Ölsaat konkurrieren.

Rohmaterial.

     Die birnenförmigen Früchte[5]) der Saflorpflanze (vierrippige Nüsse) sind 6—8 mm lang, 4—5 mm breit und ca. 3—4 mm dick. Die 0,25 mm dicke, spröde und harte Schale ist glänzend grauweiß bis gelblich und

---

[1]) Semler, Tropische Agrikultur, 2. Aufl., Wismar 1900, 2. Bd., S. 644.

[2]) Wiesner, Rohstoffe des Pflanzenreiches, 2. Aufl., Leipzig 1903, 2. Bd., S. 679.

[3]) Berichte d. deutsch. bot. Gesellsch., 1885, S. 210.

[4]) Gomilevsky, Führer durch die Fettindustrie, St. Petersburg 1902, Nr. 7; A. A. J. Uwarow, Saflor, eine neue Ölpflanze, Saratow 1897.

[5]) Harz, Landw. Samenkunde, Berlin 1885, S. 862; R. Pfister, Ölliefernde Kompositenfrüchte, Landw. Versuchsstationen, 1894, Bd. 43, S. 1.

umschließt einen grünlichweißen Samen, der eng an der Schale anliegt (Fig. 18) [1]).

Fendler[2]) fand Saflorfrüchte von Deutsch-Ostafrika im Durchschnitt Zusammensetzung. 0,052 g schwer und es entfielen auf

Schalen . . . . . 46,15 Gewichtsprozente
Kerne . . . . . . 53,85 %.

Der Fettgehalt der ganzen Früchte wurde von Fendler mit 25,8 %, der der Samenkerne mit 50,4 % konstatiert. Suzzi fand in Saflorfrüchten aus der Eritrea, wo sie vielfach zur Ölgewinnung benutzt und unter dem Namen Ssuff gehandelt werden, 6,12 % Feuchtigkeit und 23,76 % Öl, während Cloez in einer Probe unbekannter Provenienz sogar nur 18,39 % Ölgehalt ermittelte.

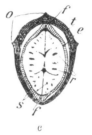

Fig. 18. Saflorfrucht (vergrößert).

a = Ganze Frucht, b = Ganze Frucht von oben gesehen. c = Frucht quer durchschnitten.

m = Ansatzstelle der Blumenkrone, n = Fruchtnabel, o = Rippen, f = Fruchtgehäuse, t = Gefäßbündel der Samenschale, e = Samenschale, r = Gefäßbündelanlagen der Samenlappen, s = Samenlappen.

Wilhelm gibt den Gehalt der in Ungarn geernteten Saflorkerne mit 29 % an, Schindler fand 28,4 % bzw. 30.3 %.

Andere Autoren stellten den Ölgehalt teils mit 18—24 %, teils mit 30—35 % fest, welche divergierenden Angaben darauf zurückzuführen sein dürften, daß einerseits der Ölgehalt auf die ganze Frucht gerechnet, andererseits bloß der Kern untersucht wurde, wie schließlich auch die Früchte von Pflanzen verschiedener Gegenden in ihrer Zusammensetzung ziemlich variieren.

In Indien kennt man zwei Varietäten dieser Samen: eine weiße, glänzende Art und eine scheckigbraune, graue oder grauweiße von etwas geringerer Größe.

Für einen Export der Saflorfrüchte zum Zwecke der Ölgewinnung erscheint das Entschälen an ihrem Produktionsorte dringend notwendig. worauf schon Lewkowitsch[3]) hingewiesen hat. Da sich die Schale (richtiger das Fruchtgehäuse) in der Längsrichtung (Rippen) leicht spaltet, so wäre der Bau von entsprechenden Schälmaschinen nicht allzu schwierig.

[1]) Harz, Landw. Samenkunde, Berlin 1885, S. 863.
[2]) Zeitschr. f. Untersuchung der Nahrungs- und Genußmittel, 1903, S. 1025.
[3]) Problems in the Fat Industry, Journ. Soc. Chem. Ind., 1903, S. 590.

Gewinnung und Eigenschaften.

In Indien und Ägypten wird das Safloröl auf primitive Weise durch Pressen der samt Schale zerkleinerten Saflorfrüchte gewonnen. Nach Tylaikoff[1]) erhält man aus den Saflorfrüchten 17—18% Öl. Letzteres ist fast geruchlos, von goldgelber Farbe, zeigt in frischem Zustande einen sehr angenehmen Geschmack und bildet ein beliebtes Speiseöl.

Nach Fendler wird das Öl beim Stehen aber sehr bald ranzig und nimmt dann einen unangenehmen Geruch an, der seiner Ansicht nach dessen Verwendung als Speiseöl unmöglich macht. Fendler dürfte indes bei seinen Versuchen alte, verdorbene Saflorfrüchte verwendet haben, wofür schon der hohe Gehalt an freien Fettsäuren (5,84%) des daraus frisch bereiteten Öles spricht.

Das Safloröl hat eine Dichte von 0,916—0,928 (bei 15° C), erstarrt unter 0° C, dreht die Polarisationsebene nach rechts und besteht aus den Triglyzeriden der Palmitin-, Stearin-, Öl- und Linolsäure. Tylaikoff hat in dem Safloröl auch geringe Mengen Isolinolensäure nachgewiesen. Beim Stehen des Öles setzt sich eine Kristallmasse ab, welche einen Schmelzpunkt von 60° C zeigt und hauptsächlich aus Palmitinsäure besteht.

Verwendung.

Das Safloröl wird von den Indern zum Einreiben des Körpers verwendet, ferner als Speise- und Brennöl sowie auch zur Bereitung von Firnissen und Lacken benutzt. In der Firniserzeugung kann es zwar Leinöl nicht vollkommen ersetzen, doch zeigt es immerhin so gute trocknende Eigenschaften, daß es als brauchbares Surrogat für Leinöl genommen werden kann. Das Safloröl wird von den Indern ganz ähnlich gekocht, wie wir dies mit unserem Leinöl tun; man erhitzt das warm gepreßte, speziell für technische Zwecke hergestellte Öl in tönernen Gefäßen zwölf Stunden lang, wobei namhafte Mengen von Akrolein entweichen, und bringt es dann in zum Teile mit Wasser gefüllte Schalen, in welchen rasch ein Erstarren zu einer gelatinösen Masse eintritt. Letztere ist in Lahore, Bombay, Kalkutta und Delhi unter dem Namen „Roghan" (Afridiwachs) bekannt und wird dort zur Herstellung des sogenannten Afridiwachs-Linoleums benutzt. Auch fertigen daraus die Eingeborenen Zeichnungen und Muster auf Geweben an, indem sie mittels Stäbchen das noch nicht völlig erstarrte Roghan auf die Gewebe auftragen. Roghan

---

[1]) Crossley und Le Sueur, Journ. Soc. Chem. Ind., 1898, S. 989; Jones, Chem. Ztg., 1900, S. 272; Walker und Warburton, The Analyst, 1902, S. 237; N. Tylaikoff, Nachrichten des Moskauer landw. Instituts (durch Chem. Ztg. Rep., 1902, S. 85); Fendler, Zeitschr. f. Untersuchung der Nahrungs- und Genußmittel, 1903, S. 1025.

ist weniger ein Trockenprodukt als ein solches der Polymerisation[1]). Auch zur Herstellung von Schmierseifen kann Safloröl verwendet werden und vermag hierbei das Leinöl zu ersetzen.

Nach Schädler wird das Safloröl auch medizinisch angewendet, und zwar als Mittel gegen Paralyse. Das gekochte Öl dient auch als Einfettungsmaterial für Leder, Seile und andere Waren, die vor Nässe geschützt werden sollen.

Rückstände.

Die Preßrückstände erscheinen bisher nicht im Handel, doch hat Lewkowitsch einen versuchsweise hergestellten Saflorkuchen analysiert und gefunden:

Saflor-kuchen.

Wasser	11,60 %
Rohprotein	20,11
Öl	11,91
Stickstoffreie Extraktstoffe .	10,83
Rohfaser	40,75
Asche	4,80

Der hohe Rohfasergehalt schmälert den Wert dieser Kuchen als Kraftfuttermittel; in Rußland sollen aber die Preßrückstände dennoch mit gutem Erfolge an verschiedene Haustiere verfüttert werden.

Madiaöl.

Huile de Madia. — Madia Oil. — Olio di Madia. —
Oleum Madiae.

Abstammung und Geschichte.

Das Madiaöl wird aus den Früchten der Ölmadia, Saatmadia, Madia oder Melosa (Madia sativa L.), einer in Chile heimischen Kompositenart, gewonnen, welche sich auch in Nordamerika, und zwar von Kalifornien bis Oregon findet. Nordamerika weist außer der eigentlichen Madiapflanze noch weitere 11 Pflanzen derselben Gattung auf.

Feuilleé, der im Jahre 1709—1711 Chile und Peru bereiste, fand dort das Madiaöl für Brenn- und Speisezwecke sowie als schmerzstillendes Einreibungsmittel bei den Eingeborenen in allgemeinem Gebrauch.

Geschicht-liches.

Im Jahre 1835 hat man die Ölmadia über Empfehlung Boschs versuchsweise auch in Württemberg angebaut. Man rühmte der Pflanze die mannigfaltigsten Vorteile nach; sie sollte mit dem schlechtesten Boden vorlieb nehmen; gegen Krankheiten ziemlich gefeit sein, Frühlingsfrost leicht

---

[1]) Lewkowitsch, Chem. Technologie u. Analyse der Öle, Fette u. Wachse, Braunschweig 1905, Bd. 2, S. 58 und 564.

aushalten, sich schnell entwickeln und reichliche Ernten[1]) geben. Dazu kam noch die Vorzüglichkeit des aus den Früchten bereiteten Öles und die Eignung des Krautes als Brennmaterial. Trotz all dieser Vorzüge konnte aber die Kultur der Madiapflanze in Deutschland nicht recht Wurzel fassen; sie machte sich vor allem durch die drüsig klebrige Behaarung, welche die Ernte erschwerte, und durch den eigenartigen Geruch, den sie verbreitete, unbeliebt. Zudem reift die Pflanze in den gemäßigten Klimaten ziemlich ungleich und da der Same sehr schnell ausfällt, wenn man den richtigen Zeitpunkt des Schnittes versäumt, so ging ein nicht unbeträchtlicher Teil der Ernte verloren. Auch war der unangenehm riechende Saft der Pflanze beim Mähen und Dreschen der getrockneten Schwaden lästig.

Bis heute ist Chile das einzige Land, welches die Ölmadia in größerem Maßstabe baut und von wo Madiasaat in bescheidenen Mengen auf den europäischen Markt kommt.

Rohmaterial.

Madia-
früchte.

Die Madiafrüchte, welche eine gewisse Ähnlichkeit mit der Sonnenblumenfrucht haben, sind von unsymmetrischer, schwach gekrümmter, zugespitzter Form, ungefähr $6\frac{1}{2}$—$7\frac{1}{2}$ mm lang, am oberen Ende $2\frac{1}{2}$ mm tief und 1—$1\frac{1}{2}$ mm breit (Fig. 19)[2]). Sowohl an den Schmal- als auch an den Längsseiten besitzen sie je eine schwach vorspringende Längsrippe. Das lederartige Fruchtgehäuse wird zur

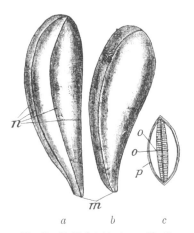

Fig. 19. Madiafrüchte (vergrößert).
Nach Harz.
n = Rippen, o = Samenlappen,
p = Fruchtwand, m = Ansatzstelle der
Blumenkrone.

Zeit der Reife schwarz, behält diese Farbe jedoch beim Aufbewahren der Saat nicht immer bei, sondern wird mitunter infolge Austrocknung der Oberhautzellen, die sich dabei mit Luft füllen, grau. Neben den schwarzen und mausgrauen Madiafrüchten findet man auch solche von brauner Farbe.

Das Fruchtgehäuse schließt einen 5 bis 6 mm langen Samen von verkehrt eiförmiger Gestalt ein, dessen Samenschale weiß bis schmutziggrau ist und von vier Gefäßbündeln durchzogen erscheint. Die Samen haben einen milden, süßen, mandelartigen Geschmack und zeigen die nachstehende Zusammensetzung:

---

[1]) Nach Landron (Hoffmanns Agrikulturchem. Jahresberichte, 1873/74, Bd. 1, S. 312) liefert ein Hektar 2500 kg Früchte.

[2]) Harz, Landw. Samenkunde, Berlin 1885, S. 855.

	Boussin-gault[1]	Anderson[2]	Dietrich u.König[3]	Schädler[4]	Kühn	
Wasser	8,40 %	6,32 %	7,73 %	7,40 %	7,40 %	Zusammen-setzung.
Rohprotein	22,90	18,41	16,28	19,80	20,60	
Rohfett	41,00	36,55	37,32	38,82	38,80	
N-freie Extraktstoffe	5,00 ⎱	34,59	17,41 ⎱	29,78	6,20	
Rohfaser	18,00 ⎰		17,13 ⎰		22,50	
Asche	4,70	4,13	4,13	4,20	4,50	

Souchay[5]) und Schädler[6]) haben die Asche der Madiasaat unter-sucht und folgende Komponenten gefunden:

	Souchay	Schädler
Kali	9,53 %	12,66 %
Natron	11,24	6,09
Kalk	7,74	16,34
Magnesia	15,42	13,38
Eisenoxyd	1,08	1,12
Phosphorsäure	54,99	45,28

Gewinnung und Eigenschaften.

Zur Bereitung des Madiaöles werden die Madiafrüchte einfach zer-kleinert und ausgepreßt, ein Entschälen ist nicht usuell.

Das Madiaöl ist von dunkelgelber Farbe, riecht charakteristisch, aber nicht unangenehm, und hat einen milden, nußartigen Geschmack. Das naturelle Öl zeigt eine Dichte von 0,935, wird aber bei der Raffination mit Schwefelsäure spezifisch leichter und dünnflüssiger. Es ist ziemlich kältebeständig und wird erst bei Temperaturen unter -15^0 C fest. Die betreffenden Literaturangaben weichen ziemlich voneinander ab; der Er-starrungspunkt des kalt gepreßten Öles wird mit $-22,5^0$ C angegeben, der des heiß gepreßten als zwischen -10 und -17^0 C liegend.

Das Madiaöl zeigt nur schwach trocknende Eigenschaften und steht in chemischer Hinsicht eigentlich zwischen den trocknenden und nicht-trocknenden Ölen; da es bei der Elaidinprobe flüssig bleibt, beim Stehen an der Luft größere Mengen Sauerstoff absorbiert und dabei

Eigen-schaften.

Zusammen-setzung.

[1]) Boussingault, Landwirtschaft usw., S. 202.
[2]) Trans. Highl. Soc. Tim., 1857, S. 493.
[3]) Dietrich und König, Zusammensetzung und Verdaulichkeit der Futter-mittel, 2. Aufl., Berlin 1891, S. 575.
[4]) Schädler, Technologie d. Fette u. Öle, 2. Aufl., Leipzig 1892, S. 715.
[5]) Wolff, Chem. Forschungen usw., 1847, S. 331.
[6]) Schädler, Technologie d. Fette u. Öle, 2. Aufl., Leipzig 1892, S. 715.

dickflüssig wird, wurde es hier unter der Gruppe der trocknenden Öle
behandelt. Nach Hartwich [1]) besteht das Madiaöl aus den Glyzeriden
einer festen ($C_{14}H_{28}O_2$) und einer flüssigen Säure ($C_{15}H_{27}O_2$ oder
$C_{16}H_{27}O_2$?); die von Luck beschriebene Madiasäure $C_{16}H_{32}O_2$, welche
bei 55^0 C schmelzen soll, existiert nicht [2]).

Verwendung.

Ver-
wendung.   Das Madiaöl findet in seinen besseren Sorten als Speiseöl Verwendung, die minder guten Qualitäten werden als Leinölersatz zu Firnissen
verarbeitet, als Brennöl oder zur Herstellung von Seife benutzt. Die in
Europa erzeugten und eingeführten Mengen von Madiaöl sind übrigens nicht
sehr groß.

Rückstände.

Madia-
kuchen.   Die recht selten anzutreffenden Preßrückstände sind grau bis grauschwarz
und enthalten, da eine Entschälung vor dem Pressen nicht stattfindet,
ziemliche Mengen Rohfaser. Ihre Zusammensetzung ist die folgende:

	Mittel	Maximum	Minimum
Wasser	10,8 %	11,2 %	10,5 %
Rohprotein	31,8	32,7	31,6
Rohfett	9,0	15,0	8,6
Stickstoffreie Extraktstoffe	21,7	20,3	9,8
Rohfaser	19,2	25,7	19,2
Asche	7,5	—	—

Der Verdauungskoeffizient stellt sich für

Rohprotein auf	70,0 %
Rohfett	94,0
Kohlehydrate	60,0
Rohfaser	50,0

Sacc[3]) bezeichnete seinerzeit die Madiakuchen als giftig, doch haben
Boussingault und Payen[4]) experimentell ihre Verwendbarkeit als
Futtermittel dargetan. Sie dürften eine den Sonnenblumenkuchen ähn-
liche Wirkung äußern und analog wie diese angewendet werden. Es ist

[1]) Hartwich, Chem. Ztg., 1888, S. 958.
[2]) de Negri und Fabris, Publ. delle Gabelle, Bd. 2, S. 107.
[3]) Sacc, Chim. agric., 2. Aufl., S. 262; Décugis, Les tourteaux de graines
oléagineuses, Paris, S. 318.
[4]) Boussingault et Payen, Annales de chimie et de physique, 1841,
Bd. 3, S. 78.

jedoch nicht ausgeschlossen, daß in den Früchten der Madiapflanze, also
auch in den Kuchen, Spuren eines narkotischen Stoffes enthalten sind,
welch letzterer in den übrigen Teilen dieser Pflanze, speziell in ihrem
unreifen Zustande, nachweisbar ist. Eine gewisse Vorsicht ist also bei
dem Verfüttern der Madiakuchen jedenfalls geboten.

Als Dungmittel angewandt, entsprechen 100 kg Madiakuchen 1265 kg
gewöhnlichen Stallmistes hinsichtlich ihres Stickstoffgehaltes und 1700 kg
hinsichtlich ihres Gehaltes an Phosphorsäure.

Nigeröl.

Niggeröl. — Huile de Niger. — Huile de ram-till. — Niger Oil. —
Ramtil Oil. — Guizot Oil. — Oleum Guizotiae. — Cana yellow. —
Kala til (Hindostan). — Ramtil (Bengalen). — Rumeylee (Ceylon). —
Valesuloo (Telinga).

Herkunft und Geschichte.

Das Nigeröl wird aus den Früchten einer in Abessinien heimischen Ab-
einjährigen Kompositenart, der Nigerpflanze, Öltrespe oder Ramtille (Gui- stammung.
zotia oleifera D. C. = Verbesina sativa Roxb. = Ramtilla olei-
fera D. C. = Polymnia abyssinica L. = Heliopsis platiglossa
Cassini = Tetragonotheca abyssinica Ledeb. = Helianthus oleifera Wallich = Anthemis mysorensis Id. = Buphthalmum ram-
tella Hamilton = Joegera abyssinica Sprengel), gewonnen, welche
man in Deutschland hie und da auch unter dem Namen Gingellikraut
oder abyssinische Guizotie findet, in England teel oder til, auf
Malabar Ramtil und in Abessinien Nook oder Neuk, in Hindostan verin-
nua oder kutrello nennt.

Die ersten Nigerfrüchte kamen nach Virey schon im Jahre 1837 Geschichte.
von Kalkutta aus nach Marseille, doch hatte es vorerst bei diesem Probe-
import sein Bewenden. Im Jahre 1851 wurde diese Ölfrucht dann auf
den Londoner Markt gebracht und wird seither in wechselnden Mengen
aus Afrika (niger seed) und Bombay (Keersanee seed) nach Frankreich, England und Deutschland eingeführt.

Den Namen Guizotia hat die Pflanze, welche vereinzelt in allen
Tropen zu finden ist, nach dem französischen Geschichtsprofessor und
späteren Minister Louis Philipps P. G. Guizot erhalten. An der Ost-
und Westküste Afrikas, besonders auch in Deutsch-Togo, in Abessinien
und in Ost-, etwas auch in Westindien wird die Nigerpflanze der
Saatgewinnung halber angebaut. Am meisten kultiviert man sie in der
Gegend von Mazulipatum an der Koromandelküste; die dortige Ernte
gelangt von Cocanada aus zum Export.

Rohprodukt.

Die Nigerfrüchte (fälschlich Samen genannt) sind 4—6 mm lang, drei- oder vierkantig, eilänglich, meist schwach gekrümmt, die dreiseitigen am Rücken gewölbt (Fig. 20)[1]. Ihre Farbe ist hellbraun bis tiefschwarz, dabei fettglänzend, bei flüchtiger Betrachtung an die Kristalle des Permanganats erinnernd[2]. Die Innenseite der dünnen Fruchtwand ist grau; letztere macht ca. 20 % vom Samengewichte aus und umschließt einen einzigen Samen, der aus einer sehr zarten, fast immer an der Fruchtwand haften bleibenden Samenhaut, dem Keime und den Samenlappen besteht, dessen Hälften auf der Berührungsseite mit je einer tiefen Furche versehen sind. 342 Samen wiegen nach Décugis 1 g.

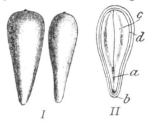

Fig. 20. Nigerfrüchte (vergrößert).
I = Zwei ganze Früchte,
II = Längsschnitt durch die Frucht.
a = Würzelchen, c = Samenlappen,
b = Fruchtwand, d = Samenschale.

Die Früchte der Ölramtille setzen sich wie folgt zusammen:

	Anderson[3]	Schädler[4]
Wasser	7,02 %	6,42 %
Rohprotein	19,37	19,45
Rohfett	43,22	42,89
Stickstoffreie Extraktstoffe	12,37 }	
Rohfaser	14,33 }	27,63
Asche	3,48	3,61

Die Asche der Nigerfrüchte enthält nach Schädler:

Kali	18,64 %
Natron	11,28
Magnesia	14,32
Kalk	15,50
Eisenoxyd	0,62
Chlor . . . . ·	4,23
Schwefelsäure	4,00
Kieselsäure	8,16
Phosphorsäure	23,25

Die Früchte der mit der Nigerpflanze nahe verwandten Guizotia villosa, welche in Abessinien vorkommt, werden nicht zur Ölgewinnung verwertet.

[1]) Harz, Landw. Samenkunde, Berlin 1885, S. 85.
[2]) Wiesner, Rohstoffe des Pflanzenreiches, Bd. 2, S. 870; T. F. Hanausek, Lehrbuch d. techn. Mikroskopie, S. 374; Harz, Landw. Samenkunde, S. 856.
[3]) Trans. Highl. Soc. Tim., Juli 1860.
[4]) Schädler, Technologie d. Fette u. Öle, 2. Aufl., Leipzig 1892, S. 522.

Gewinnung.

In Abessinien, wo die Nigerpflanze von den Eingeborenen für eigenen Bedarf angebaut wird, geschieht die Entölung des Samens nach Suzzi auf die folgende Weise:

Man röstet den Samen, der vielfach auch als Nahrungsmittel dient, pulverisiert ihn sodann in einem „Mogu" genannten Mörser und bringt das zerstoßene Material in einen Kessel mit kochendem Wasser. Das Öl tritt alsbald aus und wird von der Oberfläche abgeschöpft, der ausgekochte Samen wird, ohne ihn weiter zu pressen, einfach weggeworfen.

In den europäischen Betrieben wird die Nigersaat in der Regel zweimal gepreßt. Die erste, kalte Pressung gibt ungefähr $18\,^0/_0$ neutralen, speisefähigen Öles, das durch seinen leisen aromatischen Geschmack entfernt an Thymian erinnert. Das bei der zweiten, warmen Pressung erhaltene Öl (ca. $14\,^0/_0$) ist bräunlich und nicht von so angenehmem Geruch wie das Vorschlagöl. Ein Entschälen der Früchte ist, entgegen den bejahenden Bemerkungen älterer Handbücher, weder in Marseille noch in Hull, den beiden wichtigsten Produktionsstätten des Nigeröles, gebräuchlich.

(Randnotiz: Verarbeitungsweise.)

Eigenschaften und Verwendung.

Das Nigeröl ist von gelber Farbe, zeigt ungefähr die Viskosität des Sesamöles, mit welchem es auch öfter verwechselt wird, besitzt eine Dichte von 0,9242 (bei $15\,^0$ C) und erstarrt bei $-15\,^0$ C.

Das Öl ist optisch fast inaktiv und enthält größere Mengen freier Fettsäuren (besonders das Nachschlagöl). Croßley und Le Sueur fanden bei ostindischen Nigerölsorten eine Azidität von $5,2\,^0/_0$ bis $11,6\,^0/_0$[1]).

Das Nigeröl dient in seinen feineren Qualitäten als Speiseöl; seine trocknenden Eigenschaften machen es auch als Ersatz für Leinöl geeignet. Da es mit ruhiger Flamme brennt, wird es bisweilen auch für sich oder im Verschnitt mit Rüböl als Brennöl benutzt. Früher traf man vereinzelt mit Nigeröl gefälschtes Rüböl im Handel. Mit Ätznatron liefert Nigeröl eine schöne, harte Seife, weshalb man es auch in der Seifenfabrikation verwendet.

(Randnotiz: Eigenschaften.)

(Randnotiz: Verwendung.)

Rückstände.

Die unter dem Namen Nigerkuchen bekannten dunkelbraunen bis schwarzen Preßrückstände der Nigerfrüchte enthalten:

(Randnotiz: Nigerkuchen.)

	Mittel	Maximum	Minimum
Wasser	$11,5\,^0/_0$	$12,5\,^0/_0$	$10,4\,^0/_0$
Rohprotein	33,1	33,4	32,8
Rohfett	4,4	5,4	2,7
Stickstoffreie Extraktstoffe	23,4	26,4	20,5
Rohfaser	19,6	21,0	18,1
Asche	8,0	—	—

---

[1]) Journ. Soc. Chem. Ind., 1898, S. 491.

G. Burkhard [1]) fand in den Nigerkuchen geringe Mengen von Glykose. Über die Verdaulichkeit der Nigerkuchen liegen keine Resultate vor, wie denn überhaupt die Anwendung dieser Kuchen beschränkt ist. Sie dürften sich bezüglich ihrer Verdaulichkeit ungefähr so verhalten wie ungeschälte Sonnenblumenkuchen. Böhmer [2]) berichtet, daß bisweilen Gemenge von Preßrückständen der Erdnuß und der Nigersaat mit einem Gehalte von 44—45 % Protein unter dem Namen „indische Ölkuchen" auf den Markt kommen.

Klettenöl.

Klettensamenöl. — Huile de Bardanne. — Bur Oil. — Burdock Oil. — Olio di bardana. — Oleum Bardanae.

Herkunft und Rohmaterial.

Abstammung.

Das Klettenöl, welches mit dem unter dem Namen „Klettenwurzelöl" [3]) in den Handel kommenden Produkt nicht zu verwechseln ist, stammt von der ebenfalls zur Familie der Korbblütler (Kompositen) gehörigen, in Europa und Asien allgemein verbreiteten Klette (Arctium Lappa L. = Lappa minor D.C.)

Klettensamen.

Das Auspressen der Klettensamen zwecks Ölgewinnung ließ sich Thomas Smith schon 1717 in England patentieren.

Die Klettensamen haben ungefähr die Größe von Leinsamen. A. P. Lidow [4]), welcher sich mit der Untersuchung der Klettensamen befaßte, fand das 1000-Stück-Gewicht der Klettensamen mit 6,41 g. Die Samenschale ist sehr hart und elastisch; sie läßt sich daher nur schwer zerkleinern.

Die Samen ergaben bei der Handentschälung:

$$46,4\,\% \ \text{Schalen}$$
$$53,6\,\% \ \text{Kerne.}$$

Der Fettgehalt der ganzen Samen betrug 14,8 %.

Die Samen der Klette scheinen auch ein Alkaloid zu enthalten, welches ihren bitteren Geschmack wie auch des Öles bedingen dürfte; die Isolierung des Alkaloids ist bis heute noch nicht gelungen.

Zerreibt man die Samen in einer vorher angewärmten Reibschale mit Ätzkalk, so entwickelt sich ein intensiver Tabakgeruch.

Eigenschaften und Verwendung.

Eigenschaften und Verwendung.

Das durch Pressen gewonnene Klettensamenöl ist von goldgelber Farbe, erinnert im Geruch etwa an Leinöl und hat einen bitteren Geschmack.

---

[1]) Pott, Landw. Futtermittel, Berlin 1889, S. 524.

[2]) Böhmer, Kraftfuttermittel, Berlin 1903, S. 467; Biedermanns Centralbl., 1889, S. 424.

[3]) Ein Öl, welches von den Wurzeln der Klette abstammt, gibt es in Wirklichkeit nicht; das unter der Bezeichnung „Klettenwurzelöl" bekannte kosmetische Haarwuchsmittel ist ein gewöhnliches Haaröl, zu dessen Herstellung wohl nur höchst selten Klettenwurzel verwendet wird.

[4]) Wjestnik schirowych wjeschtsch, 1904, S. 79 (Chem. Ztg. Rep., 1904, S. 161).

Lidow konstatierte bei längerem Aufbewahren von Klettenöl in Glasflaschen ein Ausscheiden nadelförmiger Kristalle an den Flaschenwandungen. Das eine Dichte von 0,9255 (bei 17⁰ C) zeigende Klettensamenöl besitzt trocknende Eigenschaften, enthält aber keine Oxyfettsäuren.

Es trocknet langsamer als Leinöl und gibt ein Linoxynhäutchen, welches farbloser, elastischer und härter ist als das Leinölhäutchen, weshalb es sich vorzüglich zur Herstellung feiner Firnissorten eignet. Auch in der Seifenfabrikation kann es vorteilhaft Verwendung finden.

Distelöl.

Huile de Chardon. — Thistle Oil.

Das Öl der Samen der in Europa sehr verbreiteten Frauen- oder Krebs- distel (Onopordon acanthium L.) ist dem Klettenöl ziemlich nahe verwandt. Der Fettgehalt der Distelsamen beträgt 30—35 $\%$.

Distelöl.

Echinopsöl.

Echinops Oil. — Thiutleseed Oil.

Die Samen von Echinops ritro, einer in Asien und dem Mittel- meergebiet zu findenden Kompositenart, enthalten 26—28$\%$ eines Öles, welches von Wijs[1] näher untersucht wurde. Proben des gelblichweißen Fettes zeigten eine Dichte von 0,9253—0,9285 (bei 15⁰ C), einen Schmelz- punkt von 11—20⁰ C und einen Gehalt von 4,4—7,3 $\%$ freier Fettsäuren.

Das Öl löst sich beim Erwärmen im gleichen Volumen Alkohol, um sich beim Erkalten wieder auszuscheiden. Bei 15⁰ C erfordert es die fünf- undzwanzigfache Volumenmenge zur Lösung (Greshoff[2]). In Petroläther, Äther, Schwefelkohlenstoff und Benzol löst es sich in jedem Verhältnisse; Eisessig löst in der Wärme ein gleich großes Volumen Echinopsöl[3].

Echinopsöl.

Nußöl.

Walnußöl. — Huile de noix. — Walnut Oil. — Nut Oil. — Olio di noce. — Oleum Juglandis. — Oleum nucum Juglandis. — Charmaghz (Persien). — Akirut, Khausif (Arabien). — Olass-dio (Hindostan). — Ho-tao (China).

Herkunft.

Das Walnußöl wird aus den Samen des welschen oder Walnußbaumes (Juglans regia L.) gewonnen, dessen Heimat am Himalaja und in Persien zu suchen ist, der aber jetzt in ganz Europa Verbreitung gefunden hat.

Ab- stammung.

---

[1] Zeitschr. f. Unters. der Nahrungs- und Genußmittel, 1903, S. 492.

[2] M. Greshoff, Verslagen der Kon. Academie van Wetenschappen, 1900, S. 699.

[3] Wijs hat das Lösungsvermögen des Äthylalkohols für Echinopsöl näher studiert und gefunden, daß neutrales Öl andere Lösungsverhältnisse aufweist als die von Greshoff angegebenen.

Rohmaterial.

Frucht.

Die Frucht von Juglans regia L. ist eine ovale, ungefähr 4 cm lange Steinfrucht, welche mit einer Längsfurche versehen ist und deren glatte, mit kleinen, blassen Pünktchen besetzte Oberfläche grüne Farbe zeigt. Unter der Fruchthülle, die zur Zeit der Reife zweiklappig aufbricht, befindet sich eine braune Steinschale von knochenharter Beschaffenheit und runzliger Oberfläche, welche einen Samen enthält; derselbe ist von der in Fig. 21 dargestellten Form, unregelmäßig buchtig und runzlig.

Same.

Der unter der Steinschale liegende Same schmeckt in frischem Zustande angenehm süß und ölig; bei einzelnen Spielarten ist die die weißen Samenlappen bedeckende braune oder gelbe feine Samenhaut von unan-

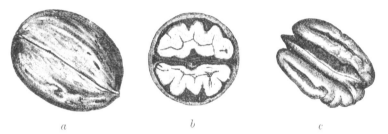

Fig. 21 Walnuß (Juglans regia).
Natürliche Größe.
a = Ganze Nuß, *b* = Querschnitt, *c* = Same.

genehm kratzendem Geschmacke. Bei frischen Samen läßt sich letztere leicht entfernen, bei alten sitzt sie jedoch ziemlich fest auf dem Samenfleische und macht solche Nüsse zum Genuß wenig geeignet.

Die Nüsse sind unter dem Namen Walnüsse oder welsche Nüsse allgemein bekannt. Auf ihre vielen Spielarten näher einzugehen, ist hier nicht der Ort.

Zusammensetzung.

König[1] gibt als Mittelwerte für die Zusammensetzung frischer und getrockneter Samenkerne der Walnuß an:

	Frische Kerne	Trockene Kerne
Wasser	23,53 %	7,18 %
Rohprotein	13,80	16,74
Rohfett	48,17	58,47
Stickstoffreie Extraktstoffe .	10,69	12,99
Rohfaser	2,45	2,97
Asche	1,36	1,65

---

[1] König, Chemie der Nahrungs- und Genußmittel, Bd. I, 4. Aufl., Berlin 1903, S. 611.

Die Asche der Samen enthält nach Wolff[1]):

Kali . . . . 31,10 %
Natron 2,75
Magnesia 12.18
Kalk 9,16
Eisenoxyd 1,50
Chlor 0,13
Schwefelsäure 0,18
Kieselsäure 0,52
Phosphorsäure 42,48

Gewinnung.

Die Gewinnung des Walnußöles erfolgt nicht im Großbetrieb, sondern meist in den Bauernhöfen, und zwar auf recht primitive Weise. Nach Pfister[2]) hat die Erzeugung von Nußöl in den letzten Jahren bedeutend abgenommen, besonders in der Schweiz, wo früher große Mengen dieses Öles produziert und verbraucht wurden. Heute wandert das Gros der Walnüsse auf die Obstmärkte, wie übrigens auch die Zahl der Walnußbäume und damit die Produktion an Nüssen infolge des wachsenden Bedarfes an Nußholz sich stark reduziert haben. In der Umgebung von Lyon und in der Dauphiné werden aber noch immer beachtenswerte Mengen von Nußöl aus Levante- und Isère-Nüssen gewonnen; nach Mariani soll auch im Kanton Tessin (im Maggiatale) Walnußöl in größeren Posten erzeugt werden.

Verarbeitungsweise.

Um den ölreichen Kern bloßzulegen, werden die harten Steinschalen durch Schläge zerkleinert und entfernt. Diese Handarbeit liefert ein sehr reines Kernmaterial, weshalb die Preßrückstände sehr arm an Holzfaser sind. Frische Nüsse können nicht zur Ölgewinnung benutzt werden, weil die jungen Samenkerne infolge ihrer Feuchtigkeit ein trübes, sich sehr schwer klärendes Öl — sogar förmliche Emulsionen — liefern; nur aus 2—3 Monate gelagerten, nachgereiften Samen läßt sich ein klares Öl auspressen. Zu alte Samen liefern wiederum ein ranzig und kratzend schmeckendes Öl. Die von Schädler erwähnte Entfernung des braunen, dünnen Samenhäutchens erfolgt wohl nur in den seltensten Fällen.

Die Samen werden durch Stampfen zerkleinert und zuerst kalt, dann warm gepreßt.

Ein eigenartiges, praktisch aber wohl kaum benutztes Verfahren haben Th. Graham und Kellogg[3]) in Vorschlag gebracht; bei demselben wird zur Ausbringung des Öles eine Art Diffusionswirkung angewendet:

Verfahren von Graham und Kellog.

Die Nußkerne werden bei dieser Methode meist bei 150—180° C leicht geröstet. Dann werden sie von ihrem Samenhäutchen befreit, durch Walzenstühle zu

---

[1]) Wolff, Aschenanalysen.
[2]) Landw. Versuchsstationen, 1894, Bd. 43, S. 448.
[3]) D. R. P. Nr. 109 239; siehe auch S. 345 des I. Bandes.

Brei zerrieben und in einem Mischbehälter mit Wasser angefeuchtet. Während des Zufließens des Wassers beginnt das Öl aus der dicken Masse auszutreten und infolge seines geringeren spezifischen Gewichtes nach aufwärts zu steigen. Ein Zusatz von 32 kg Wasser zu ungefähr 100 kg Nüssen soll ungefähr 32 kg Öl ergeben.

Der Ertrag an Öl hängt übrigens von der Temperatur ab, bei welcher man arbeitet. Das beste Resultat, welches bei 45% Öl enthaltenden Nüssen erreicht wurde, soll eine Ausbeute von 33% gewesen sein.

Eigenschaften. [1]

Das kalt gepreßte Walnußöl ist fast farblos, höchstens schwach grünlichgelb bis strohgelb, hat angenehmen Geruch und Geschmack und besitzt eine Dichte von 0,925—0,9265 (bei 15° C). Es trübt sich erst bei —12° C und erstarrt bei —27,5° C. Warm gepreßtes Öl ist von mehr dunkelgrünlicher Farbe als das kalt gepreßte und schmeckt eigenartig bitter; beim Verbrennen entwickelt es einen unangenehmen, charakteristischen Geruch.

Nußöl wird bald ranzig und besitzt dann abführende Eigenschaften. Die Elementarzusammensetzung des Öles ist:

$$\text{Kohlenstoff} \ldots \ldots \ldots \ldots \quad 77{,}46\%$$
$$\text{Wasserstoff} \ldots \ldots \ldots \ldots \quad 11{,}83$$
$$\text{Sauerstoff} \ldots \ldots \ldots \ldots \quad 10{,}71$$

Das Trockenvermögen des Nußöles steht etwas hinter dem des Leinöles zurück.

Die Fettsäuren des Nußöles, welche bei +16° C erstarren und bei 18—20° C schmelzen, sind noch nicht genau untersucht. Die flüssigen Fettsäuren bestehen der Hauptsache nach aus Linolsäure, enthalten daneben aber auch geringe Mengen Öl-, Linolen- und Isolinolensäure; in den festen Fettsäuren will man Myristin- und Laurinsäure gefunden haben.

Verwendung.

Kalt gepreßtes Nußöl ist ein gutes Speiseöl, doch darf es nicht zu lange aufbewahrt werden. Die kalt gepreßte Ware dient auch zur Herstellung feinster Malerfarben.

Minder gute Qualitäten werden als Brennöl und in der Seifenfabrikation verwertet. Die verfügbaren Mengen von Nußöl sind aber nicht sehr groß und es kommen häufig unter diesem Namen auch Surrogate auf den Markt.

Lyman F. Kebler [2] untersuchte zwei Sorten Walnußöl des Handels und erkannte die eine, als „walnut oil white" ausgebotene Art als verdünntes Glyzerin, das mit einem mentholartigen Körper parfümiert war, während die zweite Marke, „walnut oil conc.", zu ungefähr 80% aus Methylalkohol und Nitrobenzol bestand.

---

[1] Blasdale, Journ. Soc. Chem. Ind., 1896, S. 206; Crossley und Le Sueur, ebenda, 1898, S. 989; Petkow, Zeitschr. f. Untersuchung der Nahrungs- und Genußmittel, 1901, S. 826; Pierre Balavoine, Journ. Suisse de Chimie et Pharm., 1907, S. 224.

[2] Amer. Journ. Pharm., 1901, S. 173.

Preßrückstände.

Die Nußkuchen gehören zu den holzfaserärmsten Ölkuchen. Je nach der Nußkuchen. mehr oder weniger sorgfältigen Verarbeitung der Nußkerne sind die Kuchen von gelber bis brauner Farbe und enthalten durchschnittlich (nach J. Kühn):

Wasser	13,8 %
Rohprotein	34,6
Rohfett	12,2
Stickstoffreie Extraktstoffe	27,6
Rohfaser	6,7
Asche	5,1

Die Walnußkuchen sind leicht verdaulich; man rechnet bei ihnen mit Verdaulichkeitskoeffizienten von

90 % für Rohprotein,
95 % für Rohfett,
85 % für stickstoffreie Extraktstoffe und
25 % für Rohfaser.

In einigen Gegenden Frankreichs und der Schweiz dienen die Nußkuchen als menschliches Nahrungmittel. Sie können aber hierfür nur in frischem Zustande verwendet werden; ältere Kuchen schmecken unangenehm ranzig und firnisartig.

Als Futtermittel werden die Nußkuchen besonders an Ochsen, Schweine und Geflügel verabreicht. Tiere, welche mit ranzigen Kuchen gefüttert wurden, liefern Fleisch von unangenehmem Geschmack. Nach M. Raynaud[1] herrscht in gewissen Gegenden Südfrankreichs (so z. B. in Parn) ein stillschweigendes Übereinkommen zwischen Viehhändlern und Schlächtern, nach welchem mit Nußkuchen gefütterte Tiere vom Fleischmarkte ausgeschlossen sind, weil der durch dieses Fütterungsmittel dem Fleische und dem Fette der betreffenden Tiere erteilte Geruch und Geschmack die Produkte schwer verkäuflich machen.

Andere Nußöle.

Neben den Nüssen von Juglans regia kommen auch noch die Öle Andere
Nußöle. anderer Walnußarten unter dem Namen „Nußöl" in den Handel. So vor allem das Öl der Samenkerne von

Juglans nigra, der schwarzen Walnuß, welche in Nordamerika heimisch ist, deren Kerne aber im Wohlgeschmack denen unserer Walnuß (Juglans regia) bedeutend nachstehen, so daß dieser Baum nicht wegen seiner Frucht, sondern fast ausschließlich des Holzes halber gepflanzt wird.

Die Kerne der Nüsse von Juglans nigra enthalten nach Lyman F. Kebler 66 % Öl von der Dichte 0,9215 (bei 15° C). Das durch Kalt-

---

[1] Revue vétérinaire, 1879, S. 498.

pressen gewonnene Öl war schwach grünlichgelb, von angenehmem Geruch und Geschmack, trübte sich bei −12° C und zeigte ausgesprochen trocknende Eigenschaften[1]).

Achille Romagnoli[2]) untersuchte Nüsse vom Kilimandscharo. Die Kerne derselben enthielten:

Wasser . . . . 3,70 %
Rohfett 65,04
Sonstige organische Stoffe . . . 28,59
Asche 2,67

Das kalt gepreßte Öl dieser Nüsse beschreibt Romagnoli als dunkelgelb und bitterschmeckend. Durch eine Waschung mit heißem Wasser ließ sich der Bittergeschmack beheben, wobei ein helleres, angenehm schmeckendes Produkt resultierte.

Die Samenkerne von

Juglans rupestris (in Nevada, Arizona und Neumexiko heimisch),

Juglans cinerea (weiße oder graue Walnuß, auch Bitternuß genannt, findet sich in Nordamerika),

Juglans californica (wahrscheinlich eine wilde Spielart von J. rupestris) und

Juglans racemosa (die aus Japan stammende Walnuß) werden nur ganz vereinzelt der Ölgewinnung nutzbar gemacht.

Hickoryöl.

Amerikanisches Nußöl. — Huile de Hickory. — Hickory Oil.

Abstammung.

Dieses Öl entstammt den Samenkernen der zur Familie der Juglandaceen zählenden Gattung Carya, welche früher von den Botanikern als zur Gattung Juglans gehörig betrachtet ward.

Die wichtigsten Caryaarten sind:

Carya alba Mich. = weiße Hickorynuß,

Carya olivaeformis Nuttal = Pekanuß und

Carya illionoensis Nuttal = Illinoisnuß.

Der Hickorybaum, der Hauptlieferant des Rohmaterials für das Hickoryöl, hat seine Heimat, wie alle Caryaarten, in Nordamerika, wo er den Namen Thick Shellbark Hickory führt. Hickory ist eine Ortschaft in Pennsylvanien.

Die Hickorynüsse kennt man auf den amerikanischen Märkten unter den Handelsnamen Shellbark, Shagbark oder Scalybark-Hickory.

Das aus den Hickorynüssen gewonnene Öl übertrifft hinsichtlich des Wohlgeschmackes unser Walnußöl und findet daher zu Speisezwecken vorteilhafte Verwendung. Es wird aber auch als Brennöl und als Heilmittel gebraucht.

---

[1]) Siehe auch die diesbezüglichen Mitteilungen von W. E. Stone im Chem. Centralbl., 1895, S. 22.

[2]) Revue vétérinaire, 1879, S. 478.

Lallemantiaöl.

Huile de Lallemantia. — Lallemantia Oil. — Olio di lallemantia.

Herkunft und Geschichte.

Dieses Öl stammt aus den Früchten von Lallemantia iberica Fisch. et Mey. = Dracocephalum aristatum Bertol. = Lallemantia sulphurea Koch., einer zur Familie der Lippenblütler (Labiaten) gehörenden Pflanze, welche in Sibirien, Armenien und Persien heimisch ist und in diesen Ländern wie auch in der Umgebung von Kiew gebaut wird. In Europa ist diese Ölpflanze durch die Wiener Weltausstellung vom Jahre 1873 in weiteren Kreisen bekannt geworden; es waren in der persischen Abteilung die Lallemantiasamen ausgestellt, was zu Kulturversuchen in Westeuropa, hauptsächlich in Südrußland, Anlaß gab.

Die Vorzüge der Lallemantia liegen in ihrer Anspruchslosigkeit hinsichtlich Boden und Witterung sowie in einer großen Fruchtbarkeit. Jede Pflanze soll 2000—2500 Samen entwickeln, während Leinsamen nur 120 bis 180, bestenfalls 250 Samen pro Pflanze liefert. Nun ist allerdings der Lallemantiasamen ungefähr viermal leichter als das Leinsaatkorn, doch verbleibt deshalb noch eine drei- bis viermal größere Ergiebigkeit. Der Lallemantiapflanze ist es daher vielleicht beschieden, später einmal eine beachtenswertere Stellung unter den Ölpflanzen einzunehmen, als dies heute der Fall ist. Eignet sich doch die sogenannte Schwarzerde in Südrußland nach den Angaben W. Gomilewkis[1]) vorzüglich für den Anbau der Lallemantia, und der Distrikt des Schwarzen Meeres, der Kaukasus, das Kaspische Gebiet, Turkestan und fast alle Landstriche Südwest- und Südostrußlands geben vortreffliche Anbaugebiete ab. Ja selbst im nördlichen Laufe der Wolga (Gouvernement Nischnij Nowgorod) wären gute Ernteergebnisse zu erhoffen.

Abstammung.

Verbreitungsgebiet.

Rohmaterial.

Die Lallemantiafrüchte[2]) (in Persien Gundschide siah genannt) sind dreieckig, nach einer Seite hin ein wenig gekrümmt und von schokoladebrauner bis schwarzer Farbe mit gelblichweißem Nabelflecke. Im Innern der Fruchthöhle liegt der das Fach vollkommen ausfüllende Same. Die Früchtchen, welche 4,6—5 mm lang, 1,3—1,6 mm breit und ca. 1 mm dick

Frucht.

---

[1]) Wjestnik schirowych wjeschtsch, 1904, S. 187.
[2]) Harz, Landw. Samenkunde, Berlin 1885, S. 868; E. Willdt, Landw. Centralbl. f. Posen, 1878, S. 132; L. Richter, Landw. Versuchsstationen, 1887, Bd. 33, S. 455; Chem. Ztg. Rep., 1887, S. 234—241; T. F. Hanausek, Zeitschr. d. allgem. österr. Apothekervereins, 1887, S. 483; Chem. Ztg. Rep., 1887, S. 298; F. Benecke, Hegers Zeitschr. f. Nahrungsmittelunters. u. Hyg., 1887, S. 237; Schenk, Zur Kenntnis des Baues der Früchte der Kompositen und Labiaten; Bot. Ztg., 1877, S. 409.

sind, bisweilen auch falscher oder langer, wohl auch brauner oder schwarzer Sesam genannt werden, enthalten in der Trockensubstanz:

	Nach Willdt[1]	Nach Richter
Rohprotein	26,87 %	23,79 %
Rohfett	29,56	33,52
Stickstoffreie Extraktstoffe . . .	21,92	17,36
Rohfaser	16,35	21,37
Asche	5,30	3,96
	100,00 %	100,00 %

Unter Wasser quellen die Lallemantiafrüchte, ähnlich wie die Samen von Lein oder Leindotter, auf und erscheinen nach einigen Minuten von einer weißen Gallerte umgeben.

Eigenschaften und Verwendung.

Eigenschaften. Das durch Auspressen der zerkleinerten Lallemantiafrüchte gewonnene Öl ist von hell- bis dunkelgelber Farbe, zeigt eine Dichte von 0,9336 und erstarrt erst bei −35 ° C. Es gehört zu den besttrocknenden Ölen (Jodzahl 162). In ungekochtem Zustande auf Glas gestrichen, trocknet es nach Verlauf von 9 Tagen zu einer dicken, harzartigen Haut ein. Ein Öl, das man 3 Stunden lang auf 150 ° erhitzt, trocknet schon nach 24 Stunden; die Sauerstoffabsorption beträgt nach 24 Stunden 15,8 %, die Fettsäuren nehmen nach 8 Tagen 14 % an Gewicht zu[2].

Das Lallemantialöl soll in Rußland teils als Speiseöl, teils als Brennöl dienen und seiner vorzüglich trocknenden Eigenschaften wegen auch zur Firnisbereitung verwendet werden.

Rückstände.

Preßkuchen. Die Rückstände der Lallemantiasamen enthalten ca. 30 % Rohprotein, stellen also ein — trotz des hohen Rohfasergehaltes (ungefähr 25 %) — beachtenswertes Kraftfuttermittel dar. Über ihre Bekömmlichkeit und Verdaulichkeit ist noch nichts bekannt.

Perillaöl.

Huile de Perilla. — Perilla Oil. — Olio di Perilla.

Abstammung.

Heimat und Herkunft. Die in Indien, Japan und China heimische und in ausgedehntem Maße kultivierte, zur Familie der Labiaten gehörige königskraut- oder basilikumartige Perille[3] (Perilla ocymoides L. = Perilla heteromorpha

---

[1] Fuehlings neue landw. Zeitung, 1878, S. 905 und 1880, S. 77.

[2] Vergleiche Lewkowitsch, Chem. Technologie u. Analyse der Öle, Fette u. Wachse, Braunschweig 1905, 2. Bd., S. 43.

[3] Siehe Hooker, Flora of British India, Bd. 4, S. 646.

Carr.), welche das Perillaöl liefert, wurde auch bei uns von maßgebender Seite wiederholt zum Anbau empfohlen, doch sind diese Vorschläge bis heute ungehört verhallt. In Indien und Japan wird der Same dieser Pflanze zur Ölgewinnung verwendet.

Rohmaterial.

Die Früchte der Perillapflanze sind graue, bräunlich geäderte Nüßchen, die auf der Außenseite stark gerundet, matt und glanzlos erscheinen. Sie sind von beinahe kugeliger Gestalt (im Mittel 2,8 mm lang, 2,3 mm breit und dick), wiegen pro 1000 Stück ca. 4 g und enthalten nach Wijs[1] 35,8 % Öl. Die dünnen, leicht zerbrechlichen Fruchtwände schließen einen locker gelagerten Samenkern ein, dessen angenehmer öliger Geschmack an den unseres Hanfes und Mohnes erinnert. In Japan kennt man die Perillafrüchte unter dem Namen „Ye-Goma", „Yama hakka", „Tennin so" und „Se-no-abura"[2].

Nach O. Kellner enthalten die Früchte:

Wasser	5,41 %
Rohprotein	21,52
Rohfett	43,42
Stickstoffreie Extraktstoffe	11,33
Rohfaser	13,88
Asche	4,44
	100,00 %

Eigenschaften und Verwendung.

Das Perillaöl besitzt ein spezifisches Gewicht von 0,9306 (bei 20° C) und erstarrt erst bei sehr niedriger Temperatur[3]. Es hat die höchste Jodzahl aller bis jetzt bekannten Öle, steht aber trotzdem in der Trockenfähigkeit hinter dem Leinöl. Das Öl läßt sich außerdem nur schwer auf eine Unterlage aufstreichen, da es schlecht adhäriert, sondern wie das Quecksilber Tropfen bildet.

In Japan benutzt man das Perillaöl zur Herstellung von Firnissen und Lacken, für welche Zwecke es hoch geschätzt wird. Es dient auch zum Extrahieren von Pflanzenwachs, indem man den bei der Gewinnung des letzteren resultierenden Preßkuchen mit 10—15 % dieses Öles vermischt und nochmals auspreßt. Dabei werden die letzten Reste von Japanwachs im Öle gelöst und fließen mit diesem ab. In der Mandschurei und am Himalaja, wo man ebenfalls Perillaöl gewinnt, bildet es ein Speiseöl.

Früchte.

Eigenschaften.

Verwendung.

[1] Wijs, Zeitschr. f. Untersuchung der Nahrungs- und Genußmittel, 1903, S. 492.
[2] Mitteilungen d. deutsch. Gesellsch. f. Natur- u. Völkerkunde Ostasiens, Sonderabdr. aus Bd. 4, 1880, S. 35.
[3] Siehe Wittmack, Monatsschr. d. Vereins z. Förderung d. Gartenbaues, 1879, S. 56; Just, Bot. Jahresberichte, 1879, Bd. 2, S. 345 u. 421.

Nach Harz wird die Hauptmenge des erzeugten Perillaöles aber bei der Erzeugung eines in Japan viel verbrauchten, halb durchscheinenden pergamentartigen Papieres verwendet.

Hyptisöl.

Hyptisöl.

Unter den Lippenblütlern oder Labiaten gibt es auch eine im Gebiete der zentralafrikanischen Seen vorkommende krautartige Pflanze (Hyptis spicigera Lamk.), welche nino oder kindi heißt und deren äußerst kleine, rot oder schwarz gefärbte Samen nach Warburg zu Öl verarbeitet werden [1]).

Fettes Salbeiöl. [2])

Herkunft.

Ab-
stammung.

Die Samen der Salbeiarten (Salviaarten, Familie der Labiaten) enthalten größere Prozentsätze eines Öles, welches in seinen Eigenschaften dem Leinöl ähnelt. Suzzí, welcher vor kurzem auf die Ölhaltigkeit der Salbeisamen aufmerksam gemacht hat, empfiehlt von den in Abessinien vorkommenden Arten besonders zwei für Zwecke der Ölgewinnung.

Die Pflanze der ersten Art ist durch breite, wollige Blätter von seegrüner Farbe und unangenehmem Geruch sowie durch ihre blaßvioletten Blüten charakterisiert und heißt in der Sprache der Abessinier „Abahaderà".

Die zweite Art ist kleiner, hat glatte, grüne Blätter, riecht ähnlich wie Salvia officinalis und heißt in Abessinien „Entatie Vallahà".

Rohprodukt.

Same.

Die Samen von Abahaderà, welche pro Liter 640 g wiegen, ähneln den Hanfsamen und zeigen Äderungen auf aschgrauem Grunde; jene von Entatie Vallahà sind etwas kleiner, härter und dunkler und haben ein Litergewicht von 700 g.

Die Eingeborenen Abessiniens scheinen die Salbeisamen als Nahrungsmittel zu verwenden, wie sie nach Suzzi auch zu medizinischen Zwecken benutzt werden.

Nach Suzzi, welcher über die Salbeisamen und das darin enthaltene Öl eine Spezialarbeit geliefert hat, enthalten die Samen:

	Abahaderà	E. Vallahà
Wasser	8,08 %	7,06 %
Rohfett	22,78	27,59

In Wasser eingeweicht, quellen die Salbeisamen unter Abscheidung von Schleimstoffen in gleicher Weise wie Leinsaat auf; die Wasseraufnahme beträgt bei Abahaderà das 15 fache, bei Vallahà das 10 fache des Eigengewichtes.

---

[1]) Semler, Tropische Agrikultur, 2. Aufl., Wismar 1900 2. Bd., S. 532.
[2]) Suzzi, Memoria inserita negli atti del VI congresso intern. di chimica applicata, Roma 1906.

Gewinnung, Eigenschaften und Verwendung.

Um ein klares Öl zu gewinnen, muß man die Salbeisaat nach der Gewinnung. Ernte einige Wochen nachreifen lassen. Durch Auspressen der nachgereiften Abahaderasaat erhält man ein goldgelbes, beim Lagern von selbst ausbleichendes und beinahe farblos werdendes Öl. Geruch und Geschmack erinnern an das Leinöl, ebenso die stark trocknenden Eigenschaften.

Die Dichte des kalt gepreßten Abahaderàöles beträgt bei 15° C 0,9273, Eigenschaften. jene des mittels Äthers extrahierten 0,9320; das kalt gepreßte Vallahàöl besitzt ein spezifisches Gewicht von 0,9355. Der Erstarrungspunkt des extrahierten Salbeiöles liegt zwischen —2 und —8° C, des kalt gepreßten zwischen —16 und —20° C.

Die aus dem Öle abgeschiedenen Fettsäuren besitzen einen Schmelzpunkt von +16 bis +20° C und einen Erstarrungspunkt von +8 bis +12° C.

Das Salbeiöl könnte vorteilhafte Verwendung in der Firnis- und Lack- Verwendung. industrie finden und zu Seife versotten werden.

Tabaksamenöl. [1]

Huile de Tabac. — Tabacco seed Oil. — Olio di tabacco.

Herkunft.

Dieses Öl wird aus den Samen der bekannten Tabakpflanze (Nicotiana Abstammung. tabacum L.), einer aus Amerika stammenden Nachtschattenart, gewonnen.

Rohmaterial.

Die langen, eiförmigen Kapselfrüchte der Tabakpflanze enthalten zahlreiche sehr kleine, kugelige oder ovale, nierenförmige Samen (Fig. 22) [2] von hell- oder dunkelbrauner Farbe. Sie sind 0,65—0,80 mm lang, 0,50—0,56 mm breit, geruchlos, von mildem, öligem Geschmacke und enthalten 30 bis 40 % Öl.

Neben den Samen von Nicotiana tabacum L. wird auch aus denen von Nicotiana latissima Miller = Nicotiana macrophylla Spreng. sowie aus den Samen von Nicotiana rustica L. und Nicotiana chinensis L. Öl gewonnen. Die Samen der beiden letzteren Arten sind bedeutend größer als die der erstangeführten [3].

Fig. 22. Tabaksamen (Lupenbild).
a = ganzer Same,
b = Längsschnitt.

---

[1] Das Tabaksamenöl darf nicht mit dem sogenannten „Tabakfett" verwechselt werden. Mit diesem Namen bezeichnet man das beim Extrahieren von Tabak mittels Äther erhaltene Fett, welches jedoch eigentlich ein Gemenge von Tabakharz und Wachs darstellt, wie dies schon Neßler sowie Kießling nachgewiesen haben. (Berichte d. deutsch. chem. Gesellsch., Bd. 16, S. 2432.)

[2] Schädler, Technologie d. Fette u. Öle, 2. Aufl., Leipzig 1892, S. 707.

[3] Harz, Landw. Samenkunde, Berlin 1885, S. 1020.

Eigenschaften.

Das ausgepreßte Tabaksamenöl ist von blaßgrüner Farbe, angenehmem Geschmacke, charakteristischem, aber nicht unangenehmem Geruche, zeigt bei 15 ⁰ C ein spezifisches Gewicht von 0,9232 und erstarrt bei —25 ⁰ C. Das extrahierte Tabaksamenöl ist dunkler als das gepreßte und hat schwache Grünfluoreszenz.

Das Öl trocknet ziemlich leicht und löst sich in 30 Teilen absoluten Alkohols auf; es ist mit Terpentin, Chloroform und Schwefelkohlenstoff in jedem Verhältnisse mischbar.

Ampola und Scurti[1]) fanden in den Fettsäuren des Tabaksamenöles

$$24{,}50\,{}^0\!/_0 \text{ Ölsäure,}$$
$$14{,}80\,{}^0\!/_0 \text{ Linolsäure,}$$
$$32{,}10\,{}^0\!/_0 \text{ Palmitinsäure}$$

und sehr wenig Stearinsäure.

Rückstände.

Die Preßrückstände der Tabaksamen kommen bisweilen auf den Markt; sie wurden von Moser[2]) untersucht, welcher in zwei Proben fand:

	I.	II.
Wasser	10,69 %	14,40 %
Rohprotein	25,60	26,04
Rohfett	14,60	15,14
Stickstoffreie Extraktstoffe	15,08	13,80
Rohfaser	22,43	21,57
Asche	5,31	9,06

Die Tabaksamenkuchen waren ziemlich unrein (4,6 % bzw. 6,29 % Sandgehalt), enthielten aber kein Nikotin; ihrer Verwendung als Futtermittel würde somit nichts im Wege stehen.

Tollkirschenöl.

Belladonnaöl. — Huile de Belladonne. — Belladonna seed Oil. —
Oleum Belladonnae.

Neben den Tabaksamen werden auch die eines anderen Nachtschattengewächses, nämlich der Toll- oder Wolfskirsche (Atropa belladonna L.), zur Ölgewinnung verwendet.

Dieses Öl wird hauptsächlich in den Waldgegenden Schwabens hergestellt. Die glänzendschwarzen Beeren der Tollkirsche enthalten einen rosenroten, sehr giftigen Saft, den man in Italien für Schminkzwecke verwendet, woher auch der Name „bella donna" (schöne Frau) stammt. Die

---

[1]) Oils, colours and drysalteries, 1905, Nr. 2.
[2]) Berichte der k. k. landw. Versuchsstation in Wien, 1870—77, S. 61.

in den Beerenfrüchten enthaltenen Samen werden gesammelt, zerkleinert, erwärmt und ausgepreßt. Die beim Erwärmen des Samenbreies entstehenden Dämpfe erzeugen Schwindel.

Das ausgepreßte Öl ist ungiftig, von goldgelber Farbe, geruchlos, zeigt milden Geschmack, besitzt ein spezifisches Gewicht von 0,925 (bei 15⁰ C) und erstarrt erst bei −27⁰ C. Das Tollkirschenöl findet als Speiseöl, als Brennöl und als Heilmittel (zu Einreibungen) Verwendung. *Eigenschaften.*

Die Preßrückstände wirken giftig und sind daher als Futtermittel unbrauchbar.

Bilsenkrautsamenöl.

Huile de jusquiame. — Henbaneseed Oil.

Herkunft.

Dieses Öl wird aus den Samen des echten oder schwarzen Bilsenkrautes (Hyoscyamus niger L.) gewonnen. *Abstammung.*

Rohmaterial.

Die Samen dieser Pflanze sind platt nierenförmig, 0,8—1,2 mm lang, von grünbrauner Farbe, besitzen einen widerlich scharfen, bitterlichen Geschmack und narkotische Eigenschaften. Über die Bilsenkrautsamen liegen ältere Untersuchungen von Kirchhoff, Brandes, Peschier, Höhn und anderen vor[1]. Nach Kirchhoff enthalten sie *Bilsenkrautsamen.*

$5,8\%$ Rohprotein,
$15,6\%$ Öl mit etwas Harz,
$2,3\%$ Extraktivstoffe mit etwas Zucker,
$41,8\%$ Rohfaser,
$6,2\%$ Gummi,
$28,3\%$ Wasser, Narkotika und Verlust,
$\overline{100,00\%}$.

Brandes fand in den Samen

$19,6\%$ alkohollöslichen Fettes und
$4,6\%$ in Alkohol nur schwer löslichen Fettes,
$24,2\%$ Gesamtfett und Harz.

Die auffallenden Unterschiede dieser Angaben mögen sich zum Teil durch die groben Verunreinigungen der Samen erklären, über welche schon Reichardt[2] klagt.

Die Samen des weißen Bilsenkrautes (Hyoscyamus albus L.) sind denen des schwarzen sehr ähnlich, nur etwas heller von Farbe.

---

[1] Siehe Harz, Landw. Samenkunde, Berlin 1885, S. 1024.
[2] Landw. Versuchsstationen, 1871, Bd. 14, S. 149.

Gewinnung.

Das Bilsenkrautsamenöl[1]) wird vielfach in den Apotheken gewonnen; man preßt zu diesem Zwecke die zerstoßenen und erwärmten Samen auf Schraubenpressen aus.

Eigenschaften.

Das Öl ist in rohem Zustande trüb und gelbrot, gefiltert fast farblos, schmeckt milde und erinnert im Geruch etwas an Knoblauch. Es ist ziemlich zähflüssig, fluoresziert schwach und trocknet in dünner Schicht aufgestrichen auch nach längerer Belüftung nicht ein[2]). Seine Dichte liegt bei 0,939 (bei 15° C). In 17 Teilen absoluten Alkohols ist es löslich (Schwanert)[3]), bei der Elaidinprobe bleibt es flüssig.

Verwendung.

Bilsenkrautsamenöl wird als Heilmittel gegen Rheumatismus und Gicht verwendet (Einreiben der betreffenden Körperteile).

Isanoöl.

Unguekoöl. — I'Sanoöl. — Huile d'ongueko. — Huile d'Isano du Congo. — Huile d'Ongoké.

Herkunft.

Dieses Öl entstammt den Samen des Isano- oder Onguenkobaumes, eines zur Familie der Oleaceen gehörigen, im französischen und belgischen Kongo heimischen, ungefähr 8—9 m hohen Baumes, der von M. Pierre[4]) unter dem Namen Ongokea Klaineana beschrieben wurde.

Rohmaterial.

Die Isanonüsse, welche von den Eingeborenen in den Kongostaaten Onguéco oder Ongoké genannt werden, in Loango und in den Wäldern von Mayombé aber Isano heißen, sind in Fig. 23[5]) abgebildet. Sie kommen von dem Exokarp befreit in den Handel und beherbergen unter ihrer harten, holzigen, widerstandsfähigen, weißlichgrauen, rotgestreiften oder auch gefleckten Schale einen strohgelben Samenkern, der sehr ölreich ist.

Nach Heckel bestehen die Isanosamen aus 32,26% Schalen und 67,74% Kernen.

---

[1]) Archiv d. Pharm., Bd. 232, S. 130.
[2]) Mjoen, Archiv d. Pharm., Bd. 234, S. 286—289.
[3]) Chem. Ztg. Rep., 1894, S. 96.
[4]) Bulletin de la Soc. Linn. de Paris, Séance du 18 juin 1897.
[5]) Heckel, Les graines grasses nouvelles, Paris 1902, S. 67.

A. Hébert hat Schalen und Kerne näher untersucht und gefunden:

	Kerne	Schalen	Ganze Samen
Rohprotein	12,80 %	3,44 %	—
Rohfett	60,00	0,05	35 %
Rohfaser	2,70	56,80	—
Asche	1,70	0,92	—

Fig. 23. Isanonüsse (Ongokea Klaineana).
a = Ganze Nüsse, b = Längsschnitt, c = Samen.

Eigenschaften.

Das Isanoöl ist von rötlichgelber Farbe, zeigt einen faden Geschmack und tranähnlichen Geruch, ist ziemlich dickflüssig und besitzt trocknende Eigenschaften. Eigenschaften.

Bei —15⁰ C noch flüssig, hat es bei 23⁰ C eine Dichte von 0,973. Nach Hébert bestehen die Fettsäuren des Isanoöles aus 14 % fester und 86 % flüssiger Fettsäuren. Die letzteren setzen sich wiederum zusammen aus

15 % Ölsäure
75 % Linolsäure
10 % Isansäure,

über deren eigentümliches Verhalten an der Luft das Nähere bereits in Band I, S. 55 gesagt wurde.

Verwendung.

Das Isanoöl kann an Stelle von Leinöl bei der Firnisfabrikation verwendet werden. Die Preßrückstände würden ein gutes Futtermittel abgeben, denn die aus entschälten Mandeln gepreßten Kuchen enthalten über 30 % Rohprotein und nur 6,7 % Zellulose. Verwendung.

Wirtschaftliches.

Bei dem Umstande, daß der Isanobaum nicht nur als Lieferant ölreicher Samen, welche ein Nahrungsmittel der Kongoneger bilden, sondern auch als Schattenspender für Vanille- und Kakaokulturen gute Dienste leistet, ist die Möglichkeit nicht ausgeschlossen, daß später einmal größere Mengen dieser Ölsaat in regelmäßigen Posten auf den Markt gebracht werden und daß das heute nur wissenschaftliches Interesse beanspruchende Isanoöl technische Wichtigkeit erlangt.

Mohambaöl.

Huile de Mohamba.

Mohambaöl.

Dieses Öl stammt von Samen, welche denen des Isanobaumes sehr ähnlich sind, aber nur 12 %/$_0$ Fett enthalten. Das bei —15° C noch flüssige Öl zeigt eine Dichte von 0,915 (bei 23° C), ist von gelber Farbe, fadem Geschmack und ohne nennenswerten Geruch.

Resedasamenöl.

Wausamenöl. — Wauöl. — Huile de gaude. — Weldseed Oil. — Oleum Resedae luteolae.

Herkunft.

Herkunft.

Die Samen der in die Familie der Resedaceen (Rhoeadeen) gehörigen gelben Reseda, auch Färberreseda, Wau, Färberwau, Gelbkraut, Strichkraut, Harnkraut, Winde oder Waude genannt (Reseda luteola L.), liefern ein Öl, das unter dem Namen Resedasamenöl beschränkte Bedeutung erlangt hat. Die Färberreseda ähnelt sehr der Gartenreseda, ist aber geruchlos; sie wird in Deutschland, Holland und England kultiviert.

Man sät im Herbste aus, zieht die Pflanze im nächsten Sommer zur Zeit des Verblühens aus und verwendet sie in der Färberei, hauptsächlich für Seide. Der im Wau enthaltene gelbe Farbstoff (Luteolin) ist von Chevreul entdeckt und von Schuetzenberger und Paraf sowie Rockleder und Breuer näher untersucht worden.

Rohmaterial.

Reseda-samen.

Die Kapselfrüchte der Färberreseda, welche 4 mm lang und an der Spitze 5 mm breit sind, enthalten zahlreiche glänzende, glatte, rotbraune Samen von nierenförmiger Gestalt. Die Samen sind 0,95—1 mm breit, 0,49—0,56 mm dick und wiegen nach Harz pro 1000 Stück 0,268 g, so daß auf 1 kg 3 731 300 Samen entfallen.

Die meist nicht ganz ausgereiften Wausamen zeigen einen widerlichen Geruch und unangenehmen Bittergeschmack. Ihr Ölgehalt beträgt nach Blumenbach 30 %/$_0$ [1].

Eigenschaften und Verwendung.

Eigen-schaften.

Das in einigen Gegenden Frankreichs aus den Wausamen gepreßte Öl ist dünnflüssig, dunkelgrün, schmeckt bitter und riecht widerlich. Es erstarrt erst bei —20° C und besitzt bei 15° C ein spezifisches Gewicht

---

[1] Harz, Landw. Samenkunde, Berlin 1885, S. 988.

von 0,9358. In dünner Schicht auf Flächen aufgestrichen und der Luft Ver-
wendung. exponiert, trocknet es ein; es kann daher zur Firnisbereitung verwendet werden. Sein Hauptverbrauch ist aber wohl der als Brennöl.

Die Preßrückstände können nicht verfüttert werden; man benutzt sie als Düngemittel.

Zedernußöl.

Zirbelnußöl. — Huile de noix de cèdre. — Cedarnut Oil.
Olio di noci di cedro.

Herkunft.

Das Zedernußöl wird aus den Samen der sibirischen Zeder, auch Ab-
stammung. Zirbelkiefer, Zirbe oder Arve genannt (Pinus Cembra L.), gewonnen. Die Zirbelkiefer findet sich in Waldbeständen in den Ostalpen und im nördlichen Rußland. In den ausgedehnten Hochebenen Sibiriens sind die Zirbenwaldungen fast der einzige Reichtum der dortigen Bewohner.

Rohmaterial.

Die Samen der sibirischen Zeder — die Zirbelnüsse — sind un Zirbelnüsse. geflügelt und enthalten einen eßbaren Samenkern. E. Schulze und N. Rongger[1]) haben die Zirbelnüsse näher untersucht und gefunden, daß die Samenschalen mehr als 60% vom Gewichte der Samen betragen. Viele Samen enthalten stark verkümmerte Kerne und bestehen fast ganz aus Samenschalen. Bei einer größeren, vorsichtig entschälten Probe wurde ein Verhältnis von

$$30,5\% \text{ Kernen und}$$
$$69,5\% \text{ Schalen}$$

konstatiert. Die Analyse der Samen samt Schale ergab in der Trockensubstanz:

Rohprotein	$6,54\%$
Rohfett[2])	14,90
Stickstoffreie Extraktstoffe[3])	9,02
Rohfaser	46,00
Asche	1,60
Unbestimmbare Stoffe[4])	21,94
	$100,00\%$.

---

[1]) E. Schulze und N. Rongger, Über die Bestandteile der Samen von Pinus Cembra (Landw. Versuchsstationen, 1899, Bd. 51. S. 196).
[2]) Davon $0,03\%$ Cholesterin und $0,37\%$ Lecithin.
[3]) Davon $2,78\%$ Stärkemehl.
[4]) Vorzugsweise Schalenbestandteile, welche beim Kochen mit verdünnter Schwefelsäure und verdünnter Kalilauge (Rohfaserbestimmung) in Lösung gingen.

Die Zusammensetzung der Schalen war bei der gleichen Probe:

Rohprotein . . . . 0,84 %
Rohfett 1,18
Stickstoffreie Extraktstoffe und Rohfaser 98,18
Asche 0,80
_____
100,00 %.

Die Samenkerne zeigten in der Trockensubstanz:

Rohprotein . . . . 17,24 %
Rohfett 50,25
Stickstoffreie .Extraktstoffe 24,27
Rohfaser 5,19
Asche 3,05
_____
100,00 %.

Gewinnung, Eigenschaften und Verwendung.

Die Gewinnung von Zirbelnußöl ist im asiatischen Rußland (Sibirien, Transbaikalien) zuhause, doch wird es auch im europäischen Rußland in größeren Mengen erzeugt. Die Herstellungsweise gibt zu besonderen Bemerkungen keinen Anlaß.

Eigen-
schaften.

Das Zedernußöl ist von goldgelber Farbe, angenehmem Geruch und Geschmack, zeigt eine Dichte von 0,930 (bei 15° C), ist bei gewöhnlicher Temperatur flüssig und erstarrt bei —20° C. Schwefelkohlenstoff und Benzol lösen das Öl in der Kälte nur schwierig, in der Wärme dagegen leicht.

Über die chemische Zusammensetzung des Zedernußöles liegen Untersuchungen von Kryloff[1]) und von v. Schmölling[2]) vor.

Kryloff beobachtete, daß die abgeschiedenen Fettsäuren des Zedernußöles beim Stehen einen kristallinischen Niederschlag geben, der als Palmitinsäure anzusprechen ist. Der flüssige Anteil der Fettsäuren besteht nach v. Schmölling hauptsächlich aus Linolsäure, sehr wenig Linolen- und etwas Ölsäure.

Ver-
wendung.

Das Zedernußöl wird in Rußland zu Speisezwecken benutzt, doch kann es bei seinem hohen Preise mit Olivenöl nicht gut konkurrieren. Zur Firnisbereitung ist es trotz seiner trocknenden Eigenschaften nicht recht geeignet. Ein mittels Manganborat aus Zedernußöl bereiteter Firnis braucht nach L. v. Schmölling zum Trocknen die doppelte Zeit wie ein analog hergestellter Leinölfirnis und erinnert im Aussehen an geblasene Öle.

Handel.

Für Sibirien ist das Sammeln und der Verkauf von Zirbelnüssen von großer wirtschaftlicher Bedeutung. Nach amtlichen Schätzungen werden alljährlich aus dem Gouvernement Tomsk 3—400000 Pud Zedernüsse

[1]) Journ. d. russ. phys.-chem. Gesellsch., 1899, S. 103.
[2]) Chem. Ztg., 1900, S. 815.

nach Tjumen gebracht und von hier aus über Perm nach dem europäischen Rußland verschickt. In Sibirien kostet 1 Pud (16,38 kg) Zedernüsse ungefähr 2—2½ Rubel, so daß der Jahresexport einen Wert von annähernd 1 Million Rubel repräsentiert.

Auch die Samen der übrigen Koniferenarten enthalten beträchtliche Mengen Öles; so vor allem die Samen unserer Kiefer, Tanne und Fichte.

Kiefernsamenöl.

Föhrensamenöl. — Huile de pin. — Pintree Oil. — Pine Oil. — Olio di pinoli. — Oleum Pini pingue.

Dasselbe entstammt, wie schon der Name besagt, den Samen der gemeinen Kiefer oder Föhre (Pinus sylvestris L.). Die Samen sind geflügelt und enthalten nach E. Schulze[1]) in der Trockensubstanz: {Kiefernsamen.}

Rohprotein . . . . 40,50 %
Rohfett 27,70
Stickstoffreie Extraktstoffe . 6,07
Rohfaser 18,58
Asche 7,15

Das aus den Samen gepreßte Öl ist bräunlichgelb, zähflüssig, von terpentinartigem Geruch und Geschmack, erstarrt bei —30° C und besitzt eine Dichte von 0,9312 (bei 15° C).

Das Öl trocknet ziemlich rasch und wird sowohl zur Firnisbereitung wie auch als Brennöl benutzt.

Tannensamenöl.

Huile de sapin. — Pitchtree Oil. — Pitch Oil. — Oleum abietis seminis.

Dieses wird aus den Samen der Weiß- oder Edeltanne (Pinus picea L. = Pinus Abies Duroi = Abies pectinata D. C.) gewonnen. E. Schulze[2]) fand in den Tannensamen (Trockensubstanz): {Tannensamen.}

Rohprotein . . . . 11,90 %
Rohfett 26,12
Stickstoffreie Extraktstoffe . 27,86
Rohfaser 31,40
Asche 2,72

Das Tannensamenöl ähnelt in seinen Eigenschaften dem Kiefernsamenöl, trocknet aber etwas langsamer als dieses. Es erstarrt bei —27° C und besitzt eine Dichte von 0,9250 (bei 15° C).

---

[1]) Landw. Versuchsstationen, 1901, Bd. 55, S. 275.
[2]) Landw. Versuchsstationen, 1901, Bd. 55, S. 275.

Fichtensamenöl.

Huile de pinastre. — Red pine seed Oil. — Pinaster seed Oil. —
Oleum piceae seminis.

Die Samen der Fichte oder Rottanne (Pinus Abies L. = Pinus
picea Duroi = Picea vulgaris Lamk. — Picea excelsa Link.)
enthalten nach E. Schulze in der Trockensubstanz:

Rohprotein	22,38 %
Rohfett	35,13
Stickstoffreie Extraktstoffe	12,35
Rohfaser	25,40
Asche	4,74

Das Öl erinnert an das Tannen- und Kiefernsamenöl, ist aber nach
Schädler in Farbe heller (goldgelb)[1] als diese, zeigt eine Dichte von
0,9288 (bei 15° C) und erstarrt bei — 27° C.

Fichtensamenöl wird besonders im Schwarzwalde, in Lüneburg
und Sachsen hergestellt. Die Fichtenzapfen werden dort auf besonderen
Darren getrocknet, die Samen hierauf ausgedroschen und das darin enthaltene Öl ausgepreßt.

Blasdale[2] beschreibt unter dem Namen Fichtennußöl (Pine nut Oil)
ein braunes, trocknendes Öl, welches unangenehm riecht und schmeckt,
0,933 spezifisches Gewicht hat und von Pinus Monophylla stammt.

Andere Koniferenöle.

Auch die Samen der Lärche (Larix europaea L.) und der Seestrand-
kiefer (Pinus maritima) enthalten nennenswerte Mengen Öles und können,
wie die Samen der übrigen Koniferenarten, zur Ölgewinnung verwertet
werden. E. Schulze gibt für die Lärchen- und Seestrandkiefersamen
folgende Zusammensetzung (in der Trockensubstanz) an:

	Lärchensamen	Samen der Seestrandkiefer
Rohprotein	7,41 %	22,40 %
Rohfett	10,66	22,76
Stickstoffreie Extraktstoffe	28,18	13,84
Rohfaser	51,76	36,53
Asche	1,99	4,47

---

[1] Nach Allen ist schottisches Fichtensamenöl jedoch braungelb.
[2] Journ. Soc. Chem. Ind., 1896, S. 205.

Anisöl.

Herkunft.

Die Früchte der zur Familie der Umbelliferen gehörenden Anispflanze (Enes, Eneis, Anis bibernelli = Pimpinella Anisum L. = Sison Anisum Spreng. = Anisum vulgare Gärtn. = Anisum officinale Mönch = Tragium Anisum Link.) enthalten neben ätherischem Öle auch ein fettes Öl.

Dieses wird aber nur in den seltensten Fällen gewonnen, weil die Anissamen hauptsächlich zur Bereitung des in ihnen enthaltenen ätherischen Öles verwendet und die nach dem Abdestillieren desselben verbleibenden Rückstände zumeist direkt verfüttert werden. So kommt es, daß das fette Anisöl heute noch fast unbekannt ist, während die Anispflanze schon in der Bibel erwähnt wird.

Rohmaterial.

Die Anisfrüchte sind ungefähr 6 mm lang, 4 mm dick und 3 mm breit, von grünlichgrauer Farbe, dicht behaart, mit weißlichen, etwas vorstehenden Rippen. Die Früchtchen besitzen einen angenehmen gewürzhaften Geruch und aromatischen, süßlichen Geschmack. Ihre Zusammensetzung geht aus nachstehender Analyse hervor:

	Anis unbekannter Provenienz [1]	Russischer Anis [2]	Levantiner Anis [3]
Wasser	11,42 %	12,75 %	12,81 %
Rohprotein	16,31	18,09	18,15
Ätherisches Öl	1,92	0,78	1,01
Fett	8,36	9,95	10,45
Zucker	3,89	5,50	3,42
Stärke		5,54	4,86
Sonstige stickstoffreie Extraktstoffe	23,96	25,01	28,72
Rohfaser	25,23	12,10	14,59
Asche	8,91	10,42	5,99

Zur Gewinnung des fetten Öles kommen weniger die naturellen Anisfrüchte als die ausdestillierten, bei der Gewinnung ätherischen Anisöles resultierenden Anisrückstände in Betracht, welche in besonderen Apparaten getrocknet werden [4]. Nach Pott enthalten die lufttrockenen Rückstände:

---

[1] Über die Geschichte des Anisanbaues siehe Gildemeister und Hoffmann, Die ätherischen Öle, Berlin 1889, S. 729.

[2] Hannoverische Monatsschrift, Wider die Nahrungsmittelfälscher, 1879, S. 83.

[3] Zeitschr. f. angew. Chemie, 1893, S. 136.

[4] Muspratt-Stohmann, Technische Chemie, 4. Aufl., Braunschweig 1888, Bd. 1, S. 69.

	Mittel	Maximum	Minimum
Wasser	10,2 %	8,3 %	12,0 %
Rohprotein	17,5	17,8	17,2
Rohfett	20,2	22,1	18,3
Stickstoffreie Extraktstoffe . . .	24,5	26,6	22,4
Rohfaser	15,9	18,4	13,5
Asche	11,8	12,5	11,1

E. Meissl fand in einer Probe sogar 27 % Rohfett und J. Dewjanow und S. Zypljankow[1]) gaben den Fettgehalt der Anisrückstände mit 25 % an.

Eigenschaften.

Eigen-
schaften.

Dewjanow und Zypljankow erhielten durch Extraktion der vom ätherischen Öle freien Anisfrüchtchen ein grünlichgelbes Öl von einem an Bilsenöl erinnernden Geruch und trocknenden Eigenschaften. Die Dichte des Öles betrug bei 15°C 0,924. Die abgeschiedenen Fettsäuren erstarrten beim Nullpunkt.

Durch Oxydation mit Permanganat erhielten die Genannten einen zur Hälfte in Äther löslichen Körper, der aus Alkohol umkristallisiert bei 113—114° C schmolz. Der in Äther unlösliche Teil des Oxydationsproduktes zeigte einen Schmelzpunkt von 172—173° C, was ungefähr dem Schmelzpunkte von Saturinsäure oder Tetraoxystearinsäure entspricht.

Bei dem relativ hohen Fettgehalt der abdestillierten Anisfrüchte würde sich ihr Abpressen als rationell erweisen. Die dabei erhaltenen Preßkuchen würden infolge des Protein- und Fettgehaltes ein gutes Kraftfuttermittel abgeben, sofern dem ursprünglichen Anis nicht giftige Fremdsamen beigemengt waren oder große Reste ätherischen Öles in dem Material zurückgelassen wurden[2]).

Bei einer Entölung der gesamten Anisernte würde das erzeugte Quantum an fettem Anisöl zwar kein imposantes, aber immerhin annehmbar sein. Werden doch in Rußland, welches der Hauptproduzent für Anis ist, jährlich ungefähr 4 500 000 kg Anis geerntet. Die Gouvernements Woronesch, Kursk, Charkow, Cherson, Podolien und Taurien sind für den Anisbau die wichtigsten.

Andere fette Umbelliferenöle.

Auch die Früchte vom

Feldkümmel (Carum Carvi L. = Aegopodium Carum Willd., Apium Carvi Crtz., Bunium Carvi Bieberst., Foeniculum Carvi Link., Lagoecia cuminoides Willem., Ligusticum Carvi Bth., Seseli Carvi Lam., Seseli Carum Scop., Sium Carvi Bernh.),

Fenchel (Foeniculum vulgare Gärtn. = Foeniculum officinale All. = Anethum Foeniculum L. = Meum Foeniculum Spreng., Anethum segutum

---

[1]) Journ. d. russ. phys.-chem. Gesellsch., 1905, S. 624 durch Seifensiederztg., Augsburg 1905, S. 801.
[2]) Vergleiche auch Uhlitzsch, Rückstände der Fabrikation ätherischer Öle; Landw. Versuchsstationen, 1893, Bd. 42, S. 29.

Lam., Anethum piperitum Bertol., Foeniculum dulce Link., Ligusticum
Foeniculum Roth) sowie die Samen von

Koriander[1] (Coriandrum sativum L. = C. majus Gouan.), Dill (Anethum
graveoleus L. = Pastinaca Anethum Spreng. = Selinum Anethum Rot),
Ajowan (Carum Ajowan = Ptychotis Ajowan D. C.) und Pfefferkümmel
oder Cumin (Cuminum Cyminum) enthalten beträchtliche Prozentsätze fetten
Öles und könnten nach Abdestillieren der ätherischen Öle zur Gewinnung
von fetten Ölen dienen.

Die Zusammensetzung der von ihrem ätherischen Öle befreiten Samen
ist nach Pott[2]:

Rückstände der Kümmelsamen:

	Mittel	Maximum	Minimum
Wasser	9,3 %	10,0 %	8,5 %
Rohprotein	20,1	25,7	13,9
Rohfett	18,1	22,5	15,5
Stickstoffreie Extraktstoffe . . .	28,1	29,7	26,6
Rohfaser	16,6	19,6	13,8

Rückstände der Fenchelsamen:

Wasser	10,8 %	12,0 %	9,1 %
Rohprotein	17,3	18,8	15,3
Rohfett	13,7	15,7	12,1
Stickstoffreie Extraktstoffe . . .	29,9	33,1	24,4
Rohfaser	19,8	21,8	17,4

Rückstände der Koriandersamen:

Wasser	24,5 %	37,1 %	12,0 %
Rohprotein	12,6	13,6	11,6
Rohfett	14,5	17,6	11,3
Stickstoffreie Extraktstoffe . . .	25,5	29,8	21,1
Rohfaser	16,9	19,9	13,9

Meissl fand bei einer Probe von abdestillierten Koriandersamen einen
Fettgehalt von 19,8 %.

Das Korianderöl (Huile de coriandre — coriander oil — olio di coriander) ist von Meyer[3] näher untersucht worden, der bei dem dunkelbraunen Öle
eine Dichte von 0,9019 und schwach trocknende Eigenschaften konstatierte.

Weder das fette Kümmelöl noch die anderen fetten Umbelliferenöle
werden heute im großen gewonnen, wiewohl man bei ihrem Abpressen

---

[1] Der Koriander, auch gemeiner, großer oder zahmer Koriander, Wanzen-
dill oder Schwindelkorn genannt, ist von dem schwarzen Koriander (Schwarzkümmel = Nigella sativa) zu unterscheiden. Die Samen des letzteren geben
ein nichttrocknendes Öl. (Siehe Seite 497.)

[2] Pott, Landw. Futtermittel, Berlin 1889, S. 493/5.

[3] Seifensiederztg., Augsburg 1903, S. 772.

Rückstände erhalten würde, welche wegen ihrer Haltbarkeit und der damit verbundenen leichten Transportmöglichkeit dem nicht entfetteten Material nicht nachständen [1]).

Nachtviolenöl.

Rotrepsöl. — Huile de julienne. — Garden rocket Oil. — Hesperis Oil. — Dames violet Oil. — Olio di esperide.

Rotreps-saat. Die Samen der in Mittel- und Südeuropa heimischen, in Frankreich und der Schweiz angebauten, in Deutschland bisweilen in Gärten gezogenen Nachtviole (Hesperis matronalis L.) ähneln der Rapssaat, sind aber etwas kleiner. Jede Pflanze liefert ein namhaftes Samenerträgnis. Der Fettgehalt der Samen der in die Familie der Kreuzblütler gehörenden Nachtviole ist nach Schädler 25—30 %.

Eigen-schaften. Das Nachtviolenöl ist von grünlichgelber Farbe, die sich am Lager aber bald in ein Braun verfärbt; es hat einen pikanten Geruch und einen eigenartigen Bittergeschmack [2]). Seine Dichte liegt zwischen 0,9282 und 0,9335 (bei 15 ° C), sein Erstarrungspunkt bei —23 ° C.

Das ziemlich dünnflüssige, gut trocknende Öl wird in bescheidenem Umfange hergestellt und gewöhnlich als Brennöl benutzt.

Amooraöl.

Immergrünöl. — Amoora Oil.

Dieses Öl wird aus dem Samen des Immergrünbaumes (Amoora Rohituka) gewonnen.

Amoora-samen. Die Amoorasamen (Fig. 24) sind länglichrund, mehr oder weniger eingeschrumpft und runzelig, zeigen ungefähr doppelte bis dreifache Erbsen-

größe und wiegen im Durchschnitt 0,5 g. Sie sind von schwarzer Farbe und zeigen auf der einen Seite einen von der Spitze des Samens ausgehenden weißen Streifen. Unter der schwarzen Samenschale liegt der gelblich-weiße Samenkern.

a   b

Fig. 24. Amoorasamen (Amoora Rohituka). Vergrößert.
a = ganzer Same, *b* = Quer-schnitt des Samens.

Das Amooraöl stellt ein rötlichbraunes Öl dar, dessen Geruch schwach an Leinöl erinnert. Eine von Crossley und Le Sueur [3]) untersuchte Probe besaß eine Dichte von 0,9386 (bei 15°C) und enthielt 17,03 % freier Fettsäuren.

Nach Lewkowitsch [4]) wird das Amooraöl in Bengalen von den Ein-geborenen als Brennöl und als Arzneimittel verwendet.

---

[1]) Uhlitzsch, Rückstände der Fabrikation ätherischer Öle; Landw. Versuchs-stationen, 1893, Bd. 42, S. 29.

[2]) de Negri und Fabris, Gli olii, Roma 1893, Bd. 2, S. 51.

[3]) Journ. Soc. Chem. Ind., 1898, S. 991.

[4]) Lewkowitsch, Chem. Technologie u. Analyse der Öle, Fette u. Wachse, Braunschweig 1905, 2. Bd., S. 64.

Indisches Lorbeeröl.

Huile de laurier indien. — Indian laurel Oil. —
Olio di lauro indico.

Das Öl der Früchte des indischen Lorbeers (Laurus indica) wurde von de Negri und Fabris[1]) untersucht. Sie fanden es von brauner Farbe, dickflüssig und mit bedeutendem Gehalt an freien Fettsäuren (33 %). Es besaß eine Dichte von 0,926 und verdickte sich bei seiner Abkühlung auf —15 ° C merklich, ohne indes zu erstarren. Der Schmelzpunkt der Fettsäuren des Öles liegt bei 24—26 ° C, ihr Erstarrungspunkt bei 18—19 ° C.

Indisches Lorbeeröl.

Erdbeersamenöl.

Huile de fraises. — Strawberry seed Oil. — Olio di fragola.

Die Früchte unserer Erdbeere (Fragaria vesca L. = Fragaria elatior Ehrh. = Fragaria collina Ehrh.) enthalten nach J. Th. Anarin[2]) in frischem Zustande 1,14 %, in der Trockensubstanz 11,64 % Öl. Die Samen der Beeren ergeben bei der Extraktion in lufttrockenem Zustande 19,02 %, in der Trokensubstanz 20,85 % Öl. Dieses ist sehr dickflüssig, bei gewöhnlicher Temperatur leicht getrübt, wird bei schwachem Anwärmen aber klar. Sein spezifisches Gewicht ist bei 15 ° C 0,9345.

Das Öl trocknet ungefähr so rasch wie Leinöl.

Erdbeersamenöl.

Spargelsamenöl.

Huile d'asperges. — Asparagus seed Oil.

Herkunft.

Das Spargelöl entstammt den Samen des gemeinen Spargels (Asparagus officinalis L.). Die roten, kugeligen, 7—8 mm Durchmesser habenden Beerenfrüchte des Spargels enthalten mattschwarze, feinrunzelige, 4—4,5 mm lange, 3—3,5 mm breite, ovale, schildförmige Samen. Dieselben besitzen eine spröde, tiefschwarze Samenschale mit halb herablaufender Samennaht und zentralem, blaßgelbem oder weißlichem Nabel.

Abstammung.

Rohmaterial.

Die Spargelbeeren sind von Reinsch[3]) näher untersucht worden, die Samen von W. Peters[4]), welcher darin fand:

Spargelsamen.

Wasser . . . . 11,52 %
Rohprotein 18,69
Rohfett 15,30
Rohfaser 8,25

[1]) Chem. Ztg. Rep., 1896, S. 161.
[2]) Prot. d. russ. phys.-chem. Gesellsch., 1903, S. 213.
[3]) Hoffmanns Jahresberichte, 1870—72, Bd. 2, S. 26.
[4]) Archiv. d. Pharm., 1903, S. 53.

Stärke konnte Peters in den Samen nicht nachweisen, wohl aber konstatierte er Mannan.

Nach Harz[1]) enthalten die Spargelsamen außer dem fetten Öle auch ein aromatisches Harz, eine aus Alkohol leicht kristallisierende, alkoholische Kupferoxydlösungen reduzierende Zuckerart und einen kristallinischen Bitterstoff. Die Spargelsamen finden in geröstetem Zustande als Kaffeersatz-mittel Verwendung.

Eigenschaften.

Eigen-
schaften.

Das fette Öl der Spargelsamen ist von gelblicher Farbe, besitzt eine Dichte von 0,928 (bei 15° C) und besteht nach Peters aus den Glyzeriden der Palmitin-, Stearin-, Öl-, Linol-, Linolen- und Isolinolensäure.

Akazienöl. [2])

Robinienöl. — Huile d'acacia blanc. — Huile d'acacia faux. — Acacia Oil.

Ab-
stammung.

Die gemeine Robinie, auch falsche Akazie oder gemeiner Schotendorn (Robinia pseudoacacia L.), welche, aus Nordamerika stammend, jetzt in ganz Südeuropa zu finden ist und ihres Holzes wegen im südlichen Rußland in ausgedehntem Maße kultiviert wird, liefert Samen mit ungefähr 13% Ölgehalt.

Weiß-
akazienöl.

Das durch Extraktion erhaltene Öl (Weißakazienöl, White acacia oil) zeigt trocknende Eigenschaften und enthält neben 3,7% fester Fettsäuren von hohem Molekulargewichte (Stearin- und Erukasäure) Öl- und Linolensäure. Die Samen der in Südrußland ebenfalls stark verbreiteten gelben Akazie (Caragena arborescens) sind etwas ölärmer als die Robiniensamen; sie enthalten nach Jones nur 12,4% Öl.

Gelb-
akazienöl.

Das Gelbakazienöl (Yellow acacia Oil) enthält 8,74% fester Fettsäuren (Palmitin-, Stearin- und Erukasäure); die flüssigen Fettsäuren bestehen aus Öl- und Linolsäure. Linolensäure ist nicht vorhanden, weshalb das Gelbakazienöl auch weniger trocknend ist als das Robinienöl.

Celosiaöl.

Huile de Célosia. — Celosia Oil. — Olio di celosia.

Celosiaöl.

Die Samen des zur Familie der Amarantaceen gehörigen Hahnenkamms (Celosia cristata L.) enthalten ein ziemlich braungefärbtes, in Alkohol nur wenig lösliches Öl, welches von de Negri und Fabris[3])

---

[1]) Harz, Landw. Samenkunde, Berlin 1885, S. 1119.
[2]) Valentin Jones, Mitteilungen d. technol. Gewerbemuseums Wien, 1903, Heft 10, S. 223; Chem. Revue, 1903, S. 285.
[3]) Pharm. Post., 1896, S. 189.

näher untersucht wurde. Die Genannten fanden den Erstarrungspunkt des Öles bei —10° C, den der Fettsäuren zwischen +19 und +21° C, den Schmelzpunkt der Fettsäure bei 27 bis 29° C liegend.

Das Celosiaöl zeigt trocknende Eigenschaften.

Néouöl.[1])

Huile de néou du Sénégal. — Feraf, bel, behad, tambokoumba, dâf, nif, nêva, néouli (Senegambien).

Abstammung.

Dieses Öl wird aus den Samen von Parinarium senegalense Guill. und Perr. = P. macrophyllum Sabine gewonnen, einem 3—7 m hohen Baume, der in Senegambien und St. Thomas heimisch ist, das ganze Jahr hindurch blüht und neben den Blüten gleichzeitig reife und unreife Früchte trägt.

Ab-
stammung.

a   b   c

Fig. 25.
Frucht von Parinarium senegalense Guill. et Perr.
(Nach Heckel.)

a = Die ganze Frucht, *b* = die vom Fruchtfleisch befreite Steinschale, *c* = Längsschnitt durch die ganze Frucht, *d* = Querschnitt durch die ganze Frucht.

Rohprodukt.

d

Die Früchte von Parinarium senegalense (Fig. 25 a) sind unter dem Namen „pommes du cayor" bekannt; das zuckerhaltige, erfrischende Fruchtfleisch (Ginger bread plum) wird von den Eingeborenen sehr gerne gegessen. Die Früchte kommen regelmäßig auf den Markt von Saint Louis. Die

Frucht.

[1]) Heckel, Les graines grasses nouvelles, Paris 1902, S. 131; Oliver, Flora of tropical Africa, 2. Bd., S. 369; Florae Senegambiae Tentamen, 1. Bd., S. 273; Sébire, Les plantes utiles du Sénégal, 1899, S. 133.

Fischer verwenden die unreifen Nüsse, um daraus eine Art Leim zu erzeugen, mit welchem sie die Fischgeräte konservieren.

Nach Schlagdenhauffen enthält das reife Fruchtfleisch:

Wasser	17,196 %
Wachs und Harz	1,000
Zuckerartige Stoffe	16,791
Stärkeartige Stoffe	6,397
Gummiartige Stoffe	6,240
Stickstoffhaltige Substanzen	4,857
Rohfaser	45,060
Asche	2,459
	100,000 %

Same.

Der von dem Fruchtfleische bedeckte Same (Fig. 25 b) heißt tiahoy, kadia oder sal und enthält unter einer harten Steinschale einen oder zwei Samenkerne, deren Gewicht ziemlich schwankend ist; falls zwei Kerne in einem Samen stecken, so wiegt einer durchschnittlich 0,47 g, ist nur ein Samenkern vorhanden, so wiegt er im Durchschnitt 0,74 g. Die von einer gelblichen Samenhaut bedeckten Kerne enthalten nach Heckel in der Trockensubstanz:

Rohfett	57,250 %
Zuckerartige Stoffe	2,370
Gummiartige Stoffe	0,450
Stickstoffhaltige Substanzen	10,108
Rohfaser	27,072
Asche	2,750
	100,000 %

Die Samen liefern im Durchschnitt

84,86 % Schalen und
15,14 % Kerne,

also ein so ungünstiges Verhältnis, daß eine lukrative Verwertung der Samen fast ausgeschlossen ist.

Der Ölgehalt der Samenkerne beträgt 62,40 %.

Eigenschaften und Verwendung.

Eigenschaften.

Das Néouöl ist bei gewöhnlicher Temperatur flüssig, hat bei 15° C eine Dichte von 0,954 und wird leicht ranzig, wobei es sich verdickt. Es erinnert in seinen physikalischen Eigenschaften vielfach an das Bankulnußöl, trocknet wie dieses sehr rasch ein und liefert beim Verseifen Fettsäuren, welche bei 20° C erstarren. Das Öl könnte an Stelle des Leinöles in der Firnisbereitung Anwendung finden.

Rückstände.

Die Preßrückstände der Néousamen sind verhältnismäßig proteinarm und haben daher sowohl. als Futtermittel wie auch als Düngemittel nur geringen Wert.

Das Öl, ebenso die Kuchen haben indessen nur theoretisches Interesse, weil der Schalenreichtum der Samen ihre technische Verwertung bisher ausschloß.

Essangöl. [1])

Engessangöl. — Huile d'Engessang. — Huile d'Essang du Gabon.

Abstammung.

Dieses Öl stammt von den Samen eines an der Westküste Afrikas   Herkunft. häufig vorkommenden Baumes, dem Ricinodendron Heudelotii Pierr. = R. africanus Müll. Arg. = Jatropha Heudelotii Baill. Der Baum, welcher eine Höhe von 4—12 m erreicht, ist besonders in Foutah-Djallon, auf der Insel Fernando-Po, in den Waldgebirgen von Carengo und Golungo-alto sowie in der Umgebung von Libreville zu finden. In Futah-Djallon heißt der Baum Boumet, am französischen Congo Essang (nach Jolly), Engessang (nach Autran) oder Issanguila (nach Klaine).

Die Eingeborenen des französischen Gabon-Congo verwenden das in den Samen ziemlich reichlich enthaltene Öl in frischem Zustande als Speisefett, während sie die Blätter dieser Pflanze nach Jolly kochen und mit trockenen Fischen essen.

Rohprodukt.

Die Frucht von Ricinodendron Heudelotii Pierre ist eine Stein- Same. frucht (Fig. 26), welche im Aussehen an die Bankulnuß erinnert, aber

a   b   c

Fig. 26. Ricinodendron Heudelotii Pierre. (Nach Heckel.)
a = Same von der Seite gesehen, b = Längsschnitt des Samens, c = Same von oben gesehen.

wesentlich kleiner ist als diese. Die Nuß, welche durchschnittlich 1,766 g wiegt, besteht zu mehr als $2/_3$ aus steinharter Schale. Heckel fand bei genauen Wägungen

69 % Schalen,
31 % Kerne.

---

[1]) Heckel, Les graines grasses nouvelles, Paris 1902, S. 40.

Die letzteren sind gewöhnlich zu zweit in einer Nuß vorhanden; sie sind von weißer Farbe und enthalten nach Heckel:

Wasser	8,275 %
Rohprotein	24,454
Rohfett	52,365
Stickstoffreie Extraktstoffe	2,635
Rohfaser	8,911
Asche	3,420,

Schalen. während die harten Schalen sich wie folgt zusammensetzen:

Harzsubstanzen	6,500 %
Rohfaser	75,345
Wasserlösliche Stoffe	1,625
Asche	16,530
	100,000 %

Gewinnung.

Ge-
winnung. Durch Auspressen der Samenkerne erhält man 50 % eines gelblichen, bei gewöhnlicher Temperatur flüssigen Öles. Bei dem großen Prozentsatze an Schalen ist die Ölausbeute, auf das Gewicht der ganzen Nüsse bezogen, nur gering und beträgt kaum 17 %.

Werden die Samenkerne mit Schwefelkohlenstoff extrahiert, so resultiert sonderbarerweise kein flüssiges, sondern ein festes Fett. Das Essangöl verhält sich also ähnlich dem Holzöle (siehe Seite 62), welches ebenfalls durch Lösen in Schwefelkohlenstoff in eine isomere Form überführt wird.

Eigenschaften.

Eigen-
schaften. Das Essangöl ist von hellgelber Farbe, zeigt bei 25° C eine Dichte von 0,935 und trocknet, in dünner Schicht der Luft ausgesetzt, rasch ein. Die aus dem Öle abgeschiedenen Fettsäuren schmelzen bei 30° C. Das Öl wird nur schwer ranzig und schmeckt angenehm.

Verwendung.

Ver-
wendung. Essangöl kann für Speisezwecke verwendet werden, wiewohl sein Hauptwert in der Eignung zur Firnisherstellung liegt. In Seifensiedereien und Stearinfabriken ist das Öl nicht gut zu gebrauchen. Die daraus dargestellte Seife ist unansehnlich und die Fettsäuren enthalten zu wenig feste Anteile, um bei der Stearinverarbeitung eine befriedigende Ausbeute zu geben.

Rückstände.

Schlagdenhauffen hat den bei der Extraktion der Samenkerne mittels Schwefelkohlenstoff erhaltenen Rückstand untersucht und dabei gefunden:[1)]

Wasser	9,470 %
Rohprotein	51,681
Rohfett	1,990
Stickstoffreie Extraktstoffe	5,299
Rohfaser	23,618
Asche	7,072

Bei dem hohen Proteingehalte des Rückstandes müssen die Preßkuchen als ein vortreffliches Futtermittel angesehen werden. Auch für Düngezwecke ist das Produkt gut geeignet.

Kreuzdornöl. [2)]

Dieses in den Samen der zur Familie der Rhamnaceen gehörenden Kreuzdornes‹ (Rhamnus cathartica) enthaltene Öl ist von grünlichbrauner Farbe und unangenehmem Geschmacke, zeigt eine Dichte von 0,9195 (bei 15 ° C) und besteht nach N. J. Krassowski[2)] aus 6 % Stearin-, 1,12 % Palmitin-, 22,4 % Isolinolen-, 35 % Linol- und 30,12 % Ölsäure; daneben sind noch 0,24 % flüchtiger Säuren, 0,59 % Unverseifbares und 4,35 % Glyzerin vorhanden.

In dem Kreuzdornöle ist ein Farbstoff — Emodin, ein Trioxymethylanthrachinon — enthalten.

Vogelbeerenöl. [3)]

Stammt aus den Samen der Eberesche oder Vogelbeere (Sorbus Aucuparia L.), aus welchen es von L. v. Itallie und C. H. Nieuwland mittels Petroläther extrahiert wurde. Der Ölgehalt der Samen wurde dabei mit 21,9 % gefunden.

Das Vogelbeerenöl bildet eine süßschmeckende, dünnflüssige, gelbe bis gelblichbraune Flüssigkeit, welche ein spezifisches Gewicht von 0,9317 (bei 15 ° C) besitzt und an der Luft rasch trocknet.

Der entölte Same ergab bei der von L. v. Itallie und C. H. Nieuwland vorgenommenen Analyse einen Gehalt von 34 % Protein. 100 g des Rückstandes entwickelten nach Digestion und darauffolgender Destillation mit Wasser 7,29 mg Blausäure.

[1)] Wir geben die Analysendaten in der in Deutschland allgemein gebräuchlichen Zusammenstellung·wieder, obgleich die Originalanalyse die Ergebnisse der Extraktion mittels Benzins, Alkohols und Wassers anführt.

[2)] Journ. d. russ. phys.-chem. Gesellsch., 1905, Nr. 8 (durch Seifensiederztg., Augsburg 1906, S. 995).

[3)] Archiv d. Pharm., 244. Bd., S. 58; Chem. Revue, 1906, S. 172.

B) Halbtrocknende Öle.

Chemismus.

Die halbtrocknenden Öle stehen in chemischer und physikalischer Beziehung zwischen den trocknenden und den nicht trocknenden Ölen. Sie enthalten nicht, wie die trocknenden Öle, Linolensäure, weisen aber im Gegensatz zu den nicht trocknenden Ölen einen beträchtlichen Gehalt an Linolsäure auf. Die Jodzahl der halbtrocknenden Öle ist dementsprechend kleiner als die der trocknenden, aber größer als die der nicht trocknenden Öle.

Physikalische Eigenschaften.

In dünner Schicht der Luft ausgesetzt, werden halbtrocknende Öle dick und bilden bei entsprechend langer Expositionsdauer eine zähe Masse, doch erreicht ihr Trockenvermögen nie den Grad, welcher bei den eigentlich trocknenden Ölen zu beobachten ist.

Die Trockenfähigkeit der einzelnen Glieder der Klasse der halbtrocknenden Öle ist übrigens sehr verschieden. Baumwollsamenöl und Maisöl zeigen z. B. stärker ausgeprägte trocknende Eigenschaften als das Rüböl, welches bei der Elaidinprobe bereits eine butterartige Masse liefert, sich also schon den nicht trocknenden Ölen nähert.

Lewkowitsch teilt daher die halbtrocknenden Öle in zwei Unterabteilungen: in eine Baumwollsaatöl- und in eine Rübölgruppe. Für die Glieder der letzteren ist außer dem geringen Trockenvermögen auch die niedere, durch den Gehalt an Erucin bedingte Verseifungszahl charakteristisch.

Kottonöl.

Baumwollsamenöl. — Baumwollsaatöl. — Baumwollöl. — Nigeröl. — Huile de coton. — Cotton seed Oil. — Cotton Oil. — Olio di cotone. — Kootn Beerson, Hotten (Arabien). — Poombeh (Persien). — Kapase, Tula (Bengalen). — Kapas, Rooi (Hindostan). — Watta (Java). — Kapu (Ceylon).

Herkunft.

Abstammung.

Das Kottonöl wird aus den Samen der verschiedenen Arten von Gossypium (Baumwollstaude) gewonnen, einer zur Familie der Malvaceen gehörenden Pflanzengattung, welche uns wertvolle Fasern liefert und deren Vorkommen sich fast über die ganze Erde verbreitet. Es sind kraut-, strauch- bis baumartige Gewächse, welche in den Tropen gewöhnlich ausdauernd, in der gemäßigten Zone meist einjährig sind.

Arten.

Kultiviert werden die folgenden Spezies[1]) von Gossypium:

Gossypium barbadense; stammt aus Westindien, wird aber wegen der Länge seiner Fasern in allen Baumwollbau treibenden Ländern kultiviert,

---

[1]) Die Zahl der Arten von Gossypium wird von den Botanikern sehr verschieden angegeben; einige zählen davon nur 4, andere bis 54 auf. Rohr unterschied im Jahre 1807 29 Arten, Parlatore reduzierte die verschiedenen Formen im Jahre 1866 auf 7, Semler nennt deren 10, Harz 12.

besonders in Nord- und Mittelamerika, Brasilien, Peru und Nord-afrika. Im Handel nennt man die dieser Art entstammende Baumwolle Sea Island-Baumwolle.

Gossypium hirsutum; ist in Westindien und in dem wärmeren Teile Amerikas (Mexiko) heimisch. Man baut diese Art in ganz Amerika und versuchte, sie auch in Italien zu pflanzen. Ihre Faser ist unter dem Handelsnamen Upland-Baumwolle bekannt.

Gossypium peruvianum Cav.; ursprünglich in Peru und Barbados zu finden, ist sie heute in ganz Südamerika anzutreffen (Nierenbaumwolle).

Gossypium herbaceum; die Heimat dieser Art ist nicht ganz sicher eruiert, doch kann Ostindien mit großer Wahrscheinlichkeit dafür gelten. Sie wird heute besonders in Ostindien gebaut (daher die Bezeichnung „indische Baumwolle"), aber auch in Kleinasien, in der Türkei, Ägypten und Nordamerika.

Gossypium arboreum; dürfte afrikanischen Ursprungs sein. Sie kommt in Abessinien, am oberen Nil und in Guinea in wildem Zustande vor und wird in China, Ost- sowie Westindien und anderen Baumwoll-ländern auch angebaut, wenngleich sie weniger für die Baumwollkultur im großen, als für lokale Verwertung benutzt wird.

Diese 5 Arten unterscheiden sich durch die Form und Beschaffenheit ihrer Blätter, durch die Farbe der Blüten und die Art der Behaarung der Samen.

Geschichte.

Die Kultur der Baumwolle ist jünger als die des Flachses und keines-falls so alt, wie man vielfach noch immer annimmt. Für die Alte Welt muß Indien als das Ursprungsland der Baumwolle und der daraus gefer-tigten Gespinste und Gewebe gelten. Die von den Arabern, Persern, Ägyptern, Römern und Griechen des Altertums benutzten Baumwollwaren waren durchweg indischer Herkunft.

Die Verwertung der Baumwollfaser für gewerbliche Zwecke geht aber trotz anders lautender Mitteilungen[1]) nicht über 500—600 Jahre n. Chr. zurück[2]). Viele früher für Baumwolle gehaltenen Gewebe, welche zum Beweise des hohen Alters der Baumwollkultur herangezogen worden waren, erwiesen sich als Leinen. Ebenso ist die bis noch vor ca. 20 Jahren allgemein verbreitete Meinung von der Existenz uralter Baumwollpapiere endgültig wider-legt worden; auch hier handelt es sich um Papiere aus Lein- oder Hanffasern.

Läßt sich die Baumwollkultur Indiens aber doch mit Sicherheit bis wenigstens in das 6. Jahrhundert zurückverfolgen, so schließen die Angaben Brandes'[3]), welcher eine gleich alte Kultur auch für Ägypten gelten lassen

Alter der Baumwoll-kultur.

---

[1]) Watt, Econom. Prod. of India, Calcutta 1883.

[2]) Wiesner, Rohstoffe des Pflanzenreiches, 2. Aufl., Leipzig 1900, Bd. 2, S. 259.

[3]) Brandes, Über die antiken Namen und die geographische Verbreitung der Baumwolle im Altertum, Leipzig 1866, S. 101.

will mehrfache Zweifel ein. Das Land der Pharaonen dürfte vielmehr erst in späterer Zeit sich mit dem Anbau der Baumwollstaude und der Verwertung ihrer Faser befaßt haben.

Weit zurück datiert die Kottonkultur auch auf dem südamerikanischen Kontinente, was Funde in altperuanischen Gräbern unzweifelhaft dargetan haben. Zur Zeit der Eroberung Perus durch die Spanier (1532) stand das Gewerbe, welches sich mit der Herstellung von baumwollenen Gespinsten und Webstoffen befaßte, bereits in hoher Blüte[1]).

Nach Europa kam die erste rohe Baumwolle zu Ende des 16. Jahrhunderts, und zwar durch die Holländer, welche dieses Produkt in Brügge und Gent verwebten. England begann erst später die Baumwolle zu verarbeiten, und dies anfänglich in Gemeinschaft mit Hant, vom Jahre 1772 ab für sich allein.

Im Jahre 1770 versuchte auch Nordamerika, die Baumwollstaude in größerem Umfange zu kultivieren. Die jährliche Produktion wuchs erstaunlich rasch an; sie wurde durch den amerikanischen Bürgerkrieg vorübergehend reduziert (man bezeichnet diese Periode, in welcher Baumwolle am Weltmarkte fehlte, als die des „Baumwollhungers"), um nach Beendigung desselben umso schneller anzusteigen.

Verwertung der Samen.

Den in den Kapseln der Baumwollstaude enthaltenen Samen hat man erst sehr spät Beachtung zu schenken begonnen. Ursprünglich wurden die Samen als wertloser Abfall betrachtet und deren Vernichtung sogar in einzelnen Staaten der Nordamerikanischen Union angeordnet, weil man eine Vergiftung der Flüsse, eine Beeinträchtigung des Bodens und eine Verschlechterung des Rindviehstandes befürchtete, wenn die Samen als Dünge- oder Futtermittel angewandt würden.

Entölung derselben.

Zu Ende des 18. Jahrhunderts wandten die Engländer dem Ölgehalte der Baumwollsaat ihre Aufmerksamkeit zu. Die Londoner Society of Arts verschaffte sich im Jahre 1783 eine größere Partie Baumwollsaat und ließ in einer englischen Ölmühle unter Beisein ihres Sekretärs Versuche über ihre Verwendbarkeit zur Ölgewinnung anstellen. Diese Experimente fielen leider recht wenig befriedigend aus, und die Gesellschaft versprach demjenigen ihre goldene Medaille, der auf einer der britisch-westindischen Inseln Baumwollsamen so zu Öl verarbeiten würde, daß dabei harte und trockene, zu Fütterungszwecken geeignete Kuchen resultierten.

Als Bedingung für die Zuerkennung der Medaille war ein Mindestquantum von einer Tonne zu produzierenden Öles und 5 Zentnern Kuchen bestimmt. Ein Marseiller Industrieller namens Germiny sandte daraufhin im Jahre 1784 an die Gesellschaft ein Muster von Kottonöl und zeigte das Produkt auch auf der Ausstellung zu Edinburg; die Qualität desselben

---

[1]) Wittmack, Über die Nutzpflanzen der alten Peruaner, Compt. rendus du Congrès Intern. des Americanistes, Berlin 1888. (Separatabdruck, S. 22.)

entsprach jedoch nicht, und die zweijährige Frist, welche für die Preis-
ausschreibung ursprünglich festgesetzt worden war, verlief, ohne daß weitere
Konkurrenten sich meldeten. Man verlängerte dann Jahr für Jahr diese Frist,
bis endlich im Jahre 1799 das Preisausschreiben mangels jeglichen Wett-
bewerbes zurückgezogen wurde.

Die Idee, die Kottonsaat der Ölgewinnung nutzbar zu machen, geriet
in der Folge ganz in Vergessenheit, bis die Amerikaner sich wieder mit
dieser Frage zu befassen begannen.

Um 1818 machte Col. Clark, ein genialer Erfinder, einige Versuche, das Baumwollsaatöl in Lampen zu brennen. In Providence, R. I.,
verkaufte man rohes Kottonöl zu 80 Cents per Gallone.

Mills berichtet, daß Benjamin Waring in Columbia im Jahre 1826
eine Ölmühle errichtet und aus „Kottonsaat ein sehr gutes Öl gepreßt habe".

Eine eingehende Erwähnung der technischen Verwendung der Saat zur
Ölerzeugung in Amerika geschah in einem Original des „Niles Register"
vom Jahre 1829, in welchem es heißt:

„Baumwollsaat gibt eine beträchtliche Menge vorzüglichen Öles. Die Schwierigkeiten, welche sich dem Auspressen desselben entgegenstellen und ihren Grund in
der Menge und in dem Aufsaugevermögen der Kernhülsen haben, waren so groß,
daß man ehedem keine nennenswerten Quantitäten dieses Öles erzeugte. Nun sind
wir so glücklich, melden zu können, daß eine hochangesehene Persönlichkeit in
Petersburg, Va., eine Maschine erfunden hat, mit welcher die Saat vollständig
enthülst und zur leichten Ausbringung des Öles bereit gemacht wird. Der Erfinder
ist im Begriffe, eine Entkernungsmaschine für Baumwollsaat zu bauen. Soweit
wir informiert sind, besteht die Maschine aus einem Granitzylinder, der sich innerhalb zweier runderhabenen, auf eine besondere Art gewendeten und angeordneten
Stücken aus derselben Substanz dreht. Ein untergestelltes Drahtsieb trennt die
Schalen von dem Kernanteil, und nach Durchzug eines Windstromes erscheint das
Saatfleisch zum Auspressen bereit." [1]

Harry Hammond behauptet, daß um 1832 eine kleine Ölmühle auf
einer Insel der Georgiaküste betrieben wurde. Ein Versuch, Baumwollsaat
zu mahlen und zu Öl zu verarbeiten, wurde auch in Natchez, Miss., im
Jahre 1834 unternommen [2]. Die Pioniere waren dabei J. H. Cooper und
S. A. Plumber. Letztere gründeten im Verein mit Follet und A. Miller
eine mit Keilpressen ausgerüstete Kottonölfabrik, die aber infolge ihrer
primitiven Einrichtung bald fallierte.

Bis zum Jahre 1843 hatte in den Vereinigten Staaten gebaute Baumwollsaat aber keinen eigentlichen Handelswert. Die Pflanzer nahmen von der Saat,
was sie zum Aussäen brauchten, und ließen den Rest auf den Feldern faulen.

Frederik Good baute dann im Jahre 1852 eine Anlage zur Verarbeitung von Baumwollsaat in New Orleans. Good war bei dieser Gründung der Geldmann, die praktischen Kenntnisse gab sein Associé William
Wilber. Die tägliche Produktion des sehr einfach eingerichteten Betriebes

---

[1] Nach Oil, Paint and Drug Reporter.
[2] Statement of Jules Aldigé, 27. Juni 1882.

belief sich auf nicht ganz 3 Barrels. Auch dieses Unternehmen konnte sich nicht halten. Die ganze Anlage wurde zum Preise von altem Eisen von W. Bradbury angekauft, der die Mühle so gut es ging wieder in Gang setzte, ohne aber den Betrieb länger als ein Jahr aufrecht zu erhalten. Die Sache ruhte dann bis zum Jahre 1860, um welche Zeit Bradbury in Gemeinschaft mit B. Nautré eine Fabrik mit neuen Maschinen errichtete. Während des Bürgerkrieges ging aber auch diese Firma in Konkurs.

F. M. Fisk gründete 1855 eine Kottonölmühle, welche in dem bald folgenden Kriegsjahre von der Regierung konfisziert wurde. Die ebenfalls um die Mitte der fünfziger Jahre des vorigen Jahrhunderts von P. J. Martin erbauten „Bienville oil works" bestehen dagegen noch heute.

In New Orleans errichtete um dieselbe Zeit wie Fisk und Martin auch Paul Aldigé eine Fabrik zur Erzeugung von Baumwollsaatöl, welchem Beispiele im Jahre 1859 A. A. Maginnis folgte[1]. Die Union Oil Company hatte in der gleichen Zeit ihre Mühle nach Providence, R. I., verlegt und empfing ihre Vorräte aus dem Süden. Diese Unternehmungen operierten mit mehr Glück als die früheren und im Jahre 1860 verzeichnete man in den Vereinigten Staaten bereits sieben Unternehmungen, welche Baumwollsaatöl regelmäßig erzeugten.

Infolge der vielen mißglückten Versuche zur Verwertung der Kottonsaat galt diese vor den Erfolgen der 60er Jahre als lästiges Nebenprodukt und machte den Baumwollpflanzern viel zu schaffen. Die Saat wurde damals gewöhnlich an einen abseits gelegenen Platz gebracht, um dort zu verfaulen, oder in einen passenden Strom laufenden Wassers geworfen. Mit dem Anwachsen der Bevölkerung und der Baumwollsaatkultur brachte diese unachtsame Methode oft großen Schaden. In bezug hierauf dürfte der folgende Auszug aus einem der Gesetze in Mississippi von Interesse sein:

Gesetzliche Bestimmungen.

„Artikel 18: Jeder Besitzer einer Baumwollkapsel-Entfaserungsanlage, welche innerhalb einer halben Meile Entfernung von einer Stadt oder einem Dorfe errichtet wurde, wird dadurch aufgefordert, alle Baumwollsaat, welche aus einem solchen Betriebe abfallen kann, zu beseitigen oder zu vernichten, damit diese keinen Nachteil für die Bewohner solcher Städte oder Dörfer bringe, und jeder, der diese Bestimmung unbeachtet lassen sollte, verfällt dem Gesetze und zahlt, nachdem er 5 Tage zuvor benachrichtigt worden war, die Summe von 20 Dollar für jeden Tag Verzögerung oder Weigerung, die vorerwähnte Kottonsaat zu beseitigen oder zu vernichten, zugunsten und zur Verfügung desselben Landes, wo sich der Betrieb befindet.

Artikel 19: Keine Person, welche Besitzerin irgend eines Baumwollkapsel-Entkörnungsbetriebes ist, soll berechtigt sein, Baumwollsaat aus einem solchen Betriebe in einen Fluß, Bach oder Strom zu werfen oder werfen zu lassen, deren Wasser zum Trinken oder Fischen benutzt wird, und jeder, der gegen diese Bestimmung verstößt, verfällt und zahlt für jeden solchen Fall die Summe von 200 Dollar an der zuständigen Gerichtsstelle, welche Summe zur Hälfte demjenigen zufällt, der den Namen eines solchen Übertreters zur Anzeige gebracht hat, zur anderen Hälfte zur Verfügung des betreffenden Landes bleibt, in welchem das Vergehen stattfand[2].

---

[1] Vergleiche Seifenfabrikant, 1883, S. 570.
[2] Revised Code of Mississippi, 1857, S. 207.

Dieses Gesetz hat einerseits die ausgiebige Verwertung der Kottonsaat als Düngemittel bewirkt, andererseits auch die Entwicklung der Ölindustrie gefördert, weil es viele Köpfe zwang, über ein passendes und womöglich rentables Unschädlichmachen der Saat nachzudenken. Als man einsah, daß eine Entölung der Saat deren Düngewert nicht beeinträchtigt und dabei doch ein wertvolles neues Produkt liefert, waren der Idee der Kottonölfabrikation die Wege geebnet.

Der Bürgerkrieg hob indes alle praktische Entwicklung der neuen Industrie wieder auf. Die wirtschaftliche Stumpfheit nach der Rekonstruktionsperiode in den Südstaaten beweist der Umstand, daß dort im Jahre 1867 bloß vier Baumwollsaatölmühlen waren.

Während des Bürgerkrieges wurde die Kottonölerzeugung in New York[1]) aufgenommen, und unter den ersten Müllern waren die Stonewall Oil Company und die Brüder Goodkind. Die Glamorgan Company war Empfängerin, welche das Öl raffinierte und hauptsächlich zu Seife verarbeitete.

Es vergingen noch manche Jahre, bevor man von einer eigentlichen Kottonölindustrie sprechen konnte. Erst als im Jahre 1869 General E. P. Alexander eine größere Kottonölmühle in Columbia errichtet hatte, der bald eine Menge ähnlicher Betriebe in den eigentlichen Zentren der Kottonplantagen folgte, kann man von einer regelmäßigen Verarbeitung von Baumwollsaat zu Öl sprechen.

Zu den vorerwähnten Namen derer, welche mit der früheren Entwicklung dieser Industrie in New Orleans verbunden sind, mögen noch hinzugefügt werden: Kapitän D. C. Mc Cann und W. E. Hamilton. In Memphis bemühten sich zu früher Zeit um die Entwicklung der Kottonölindustrie auch Wyley B. Miller, J. W. Cochran, J. C. Johnson und E. Urquhart in hervorragender Weise. Um den Aufschwung dieses neuen Betriebszweiges im Innern machten sich am meisten verdient George O. Baker in Selma, O. O. Nelson in Montgomery, Robert Thompson in Nashville und James R. Miller in Little Rock und Memphis.

Das in amerikanischen Baumwollsamenölfabriken geübte Verfahren wurde ursprünglich streng geheim gehalten. Die ersten maschinellen Anlagen wurden aus England bezogen; sie waren in ihrer Konstruktion nicht unpraktisch und lehnten sich an die bei der Leinölgewinnung verwendeten Apparaturen und Pressen an. Die Fachleute, welche die ersten Kottonölmühlen einrichteten, ließen sich ihre Kenntnisse sehr teuer bezahlen und arbeiteten obendrein in recht langsamem Tempo, so daß bis zum Jahre 1880 der Bau und die Inbetriebsetzung von Anlagen selbst bescheidensten Umfanges zwei Jahre währten.

Die im Jahre 1880 bestehenden 45 Kottonölmühlen Amerikas arbeiteten hinsichtlich Ölausbeute recht unökonomisch und lieferten Produkte, welche

Arbeits-
weise.

---

[1]) Oil, Paint and Drug Reporter, 1880, S. 220.

auch in Qualität nicht ganz auf der gewünschten Höhe standen. Erst als
sich im Jahre 1882 einige tüchtige Ingenieure mit dieser Industrie näher
zu befassen anfingen, begann für die amerikanische Kottonölfabrikation eine
Periode von Verbesserungen, die einen ungeahnten Aufschwung der ganzen
Industrie zur Folge hatten. Von der sehr richtigen Erkenntnis ausgehend,
daß die Entfernung der am Samenkorne haftenden kleinen Baumwollfäserchen
vor der Pressung höchst wichtig ist, konstruierte man für diese Zwecke
die ersten Enthaarungsmaschinen (linter); weiter griff man eine frühere
Idee [1]) wiederum auf, versuchte die Samenschale zu entfernen und nur
das eigentliche Kernfleisch der Ölfabrikation zuzuführen, wozu man Schälmaschinen (huller) baute. Im Jahre 1884 eröffnete die erste nach diesen
modernen Prinzipien eingerichtete Baumwollsaatölmühle ihren Betrieb, und
die von ihr erzeugten Produkte fanden solche Anerkennung, daß auch die
übrigen Betriebe ihre alte Arbeitsweise verließen und zur Entfaserung und
Entschälung übergingen. Seit jener Zeit hat man die Technik der Kottonölfabrikation mehr und mehr ausgebildet; die Zahl der auf Konstruktion von
Lintern, Pressen, Saatwärmern, Entschälmaschinen, Zerkleinerungsapparaten
usw. erworbenen Patente ist heute Legion. Die rege Erfindertätigkeit hat
bewirkt, daß man jetzt nicht nur mit sehr geringen Spesen arbeitet, sondern
auch hohe Ausbeuten erzielt und bessere Qualitäten von Öl und Kuchen erhält.

Den größten Nutzen dürfte die Kottonölgewinnung in Amerika vor dem
Jahre 1880 abgeworfen haben, zu welcher Zeit die Ölmüller über 100%
vom Saatwerte verdient haben sollen. Heute ist die Aussicht auf Gewinn bei
weitem nicht mehr so glänzend und sie wird sich um so mehr reduzieren,
je größere Ausdehnung die amerikanische Kottonölproduktion annimmt und
einen je höheren Schutzwall die europäischen Industriestaaten gegen das
Baumwollsamenöl errichten und dadurch dem Produkte die Konkurrenz
auf dem Weltmarkte erschweren. Daß die Kottonölproduktion zurzeit noch
nicht ihren Höhepunkt erreicht hat, muß als sicher gelten; es gelangen
heute nur 60% des geernteten Kottonsamens zur Verpressung.

Ein Bild über das Anwachsen der amerikanischen Kottonölindustrie
wird im statistischen Abschnitte dieses Kapitels und auf Tafel III gegeben.

Die amerikanischen Kottonölfabriken sind zumeist von kleinem Umfange;
nur ganz vereinzelt weisen sie jene große Leistungsfähigkeit auf, welche wir
mit der Vorstellung von amerikanischen Betrieben zu verbinden gewohnt sind.
Die tägliche Durchschnittsleistung der meisten Kottonölmühlen beträgt 100 bis
120 Tonnen und außerdem arbeiten diese Betriebe nur höchstens 100 Tage
im Jahre. Die durchschnittliche Jahresleistung der amerikanischen Kottonölfabriken kann daher mit ca. 12000 Tonnen Saat veranschlagt werden, was
einer jährlich produzierten Ölmenge von rund 2000 Tonnen entspricht.

Kottonöl-
industrie
in England.   Die Engländer haben nach ihren mißglückten Versuchen zu Ende des
18. Jahrhundertes die Baumwollölfabrikation erst dann wieder verfolgt, als

---

[1]) Vergleiche Seite 167.

sie die Erfolge der Amerikaner sahen. Die Technik der Kottonölgewinnung steht aber in England auf einer weit geringeren Stufe als in Amerika, wogegen die Franzosen, welche seit dem Jahre 1872 in Marseille Baumwollsaat — wenn auch nur in geringen Mengen — verarbeiten, Produkte erzeugen, die die amerikanischen, wenn nicht übertreffen, so ihnen doch wenigstens gleichstehen.

In neuerer Zeit hat man auch in Rußland, im Kaukasus und in Russisch-Zentralasien der Baumwollölindustrie Aufmerksamkeit zu schenken begonnen, und die dortigen Betriebe sind teils von amerikanischen, teils von deutschen Maschinenfabriken eingerichtet. Im letzten Jahre (1906/07) haben auch Deutschland (Bremen) und Österreich (Triest) Kottonsaat in großem Maßstabe zu verarbeiten begonnen. Kottonöl-industrie in anderen Staaten.

Rohmaterial.

Die Frucht der Baumwollstaude ist eine 3—5 fächrige Kapsel, die sich zur Zeit der Reife fachspaltig öffnet. Die Formen der Kapsel der einzelnen Varietäten weichen etwas voneinander ab; Fig. 27 zeigt Kapseln der wichtigsten Baumwollsorten.

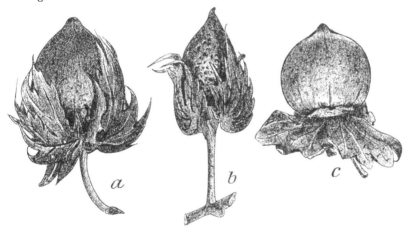

Fig. 27. Baumwollkapseln knapp vor der Reife.
a = Upland-Baumwolle, *b* = Sea-Island-Baumwolle, *c* = ägyptische Baumwolle.

Die Kapseln der Baumwollstaude reifen nicht gleichzeitig, man pflückt daher dreimal ab und spricht von einer ersten, zweiten und dritten Lese. In den aus den sich zur Reifezeit öffnenden Fruchtkapseln hervorquellenden dichten Haarbüscheln sind zahlreiche Samen verborgen. Die Baumwollfasern, welche die Samen umschließen, werden durch besondere Maschinen (Egreniermaschinen oder gins genannt) von dem Saatkorne losgetrennt. Man kennt von diesen Maschinen zwei Systeme: die Walzen- und die Sägenegreniermaschine. Kapseln.

Ent-
körnungs-
maschinen.

Die erstere[1]) ist die ältere, und man kennt ihre ursprüngliche Form seit den frühesten Zeiten. Bei den modernen Konstruktionen dieser Art wird die Saat über einen Tisch einer rauhen Walze aus Walroßleder zugeführt; die Walze nimmt die Samen mit, bis diese an eine an der Walze streifende Stahlplatte anstoßen, in welchem Moment eine rasch vibrierende Klinge die Samenkörner ausschlägt. Letztere fallen durch geeignet angebrachte Öffnungen des Tisches nach abwärts und werden gesammelt, die von den Samen befreiten Fasern werden von der Walze weitergeführt und auf passende Weise von dieser abgenommen. Die Sägen-Egrenier-maschinen (saw gins) bestehen aus einem Kasten, dessen eine Seite aus einem Roste von Stahlstäben zusammengesetzt ist. In die Spalten des Rostes greifen die auf einem rotierenden Zylinder sitzenden Sägeblätter ein, deren Zähne die Fasern erfassen und von den Samen abziehen. Durch eine zylindrische Stachelbürste werden

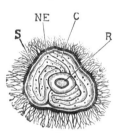

Fig. 28. Baumwollsamen.
a = Längsschnitt, *b* = Querschnitt.
S = Schale, *NE* = Nährgewebe, *C* = Keimblätter,
R = Würzelchen.

dann die Fasern von dem Sägenzylinder abgelöst, während die wollfreien Samen durchfallen.

Auf die konstruktive Durchbildung dieser beiden Gin-Typen braucht hier nicht näher eingegangen zu werden.

Die Menge der Kottonfaser ist ungefähr halb so groß wie die des Samens. Das Gewichtsverhältnis zwischen Kottonfaser und Kottonsaat schwankt übrigens in den einzelnen Jahrgängen und stellte sich z. B. in Amerika in den Perioden:

	Kottonfaser	Kottonsaat		Kottonfaser	Kottonsaat
1902/03	30,0 %	70,0 %	1904/05	33,3 %	66,7 %
1903/04	29,6 %	70,4 %	1905/06	34,0 %	66,0 %
			1906/07	33,0 %	67,0 %

Same.

Die bloßgelegten Baumwollsamen sind von unregelmäßiger (Fig. 28)[2]) eiförmiger Gestalt, haben eine Länge von 6—9 mm und eine größte Breite von 4—5 mm. Die dunkle, meist schwarze, derbe, spröde Samenschale ist teils mit langen weißen, gelben oder grünlichen, teils mit kurzen, aber dicken Haaren (Grundwolle) besetzt. Letztere überzieht entweder gleichmäßig den ganzen Samen als dicker Filz oder findet sich nur an der Spitze und Basis des

---

[1]) Seifensiederztg., Augsburg 1904, S. 836.
[2]) Möller, Mikroskopie der Nahrungs- u. Genußmittel, 2. Aufl., Berlin 1905, S. 315.

Samens. An der einen Seite der Samenschale befindet sich eine gegen das breite Ende kantig vorspringende Naht.

Die Samenschale ist 0,3—0,4 mm dick und besteht aus fünf Gewebsschichten, welche Harz wie folgt beschreibt:

„Zu oberst liegt eine aus unregelmäßig geformten, senkrecht zur Oberfläche gestreckten, dickwandigen Zellen gebildete Gewebsschicht mit bräunlichem Inhalt. Die Länge dieser Zellen beträgt 0,018—0,045 und die Dicke etwa 0,017 mm. Diese derbe Schicht ist an der Handelsware stellenweise stark verletzt. Hieran schließt sich eine aus sehr dickwandigen, rundlichen, etwa 0,016 mm im Durchmesser habenden Zellen geformte Gewebslage. Es folgt dann eine Schicht zarter, langer, mit den Elementen der äußersten Schicht parallel liegender Zellen, deren Länge etwa 0,051 und deren Breite beiläufig 0,012 mm beträgt. Der Inhalt dieser Elemente ist farblos, bis auf die unterste Partie, welche eine bräunliche, kernige Masse darstellt. An diese Zellschicht schließt sich ein mehrschichtiges Gewebe an, dessen Zellen in Form und Lage mit den vorher genannten übereinstimmen und sich von ihnen nur durch den die Zellen gänzlich erfüllenden bräunlichen Inhalt unterscheiden. Die innerste, unmittelbar an den Embryo angelehnte Gewebsschicht besteht aus farblosen bis braunen, tangential gestreckten, stark abgeplatteten, polygonal begrenzten Zellen, deren längster Durchmesser etwa 0,09 mm beträgt.“

Von dem unter der Samenschale liegenden Kern läßt sich ein dünnes Häutchen (Nährgewebe NE in Fig. 28 b) ablösen. Der eigentliche Samenkern (das sogenannte Samenfleisch) besteht aus dem Keim und den Nucellarresten. Am Keim erkennt man ein ziemlich langes und dickes Würzelchen (R in Fig. 28 b), welches im Gegensatze zu den beiden vielfach gerollten Keimblättern (C in Fig. 28) von den charakteristischen schwarzen Pünktchen frei ist. Letztere stellen sich als Sekreträume (Harzdrüsen) dar, welche mit einem grünlichschwarzen, opaken Inhalt angefüllt sind [1]).

Die verschiedenen Arten der Baumwollstaude liefern Samen mit mannigfachen Abweichungen. Für die Kottonölgewinnung kommen aber nur die nachstehenden Handelssorten in Betracht: Arten der Kottonsaat.

Uplandsaat, Sea-Islandsaat, ägyptische, kleinasiatische und indische Baumwollsaat.

Die Uplandsaat (Upland seed) bildet fast ausschließlich das Rohmaterial der amerikanischen Kottonölindustrie. Die $5/8$—1,25 Zoll langen Wollfasern haften sehr fest am Saatkorn und die Saat sieht nach der Egrenierung wie mit einem leichten Wollmantel bekleidet aus. Viele Varietäten der Uplandsaat haben infolge der anhaftenden Grundwolle eine grünliche Färbung, daher auch der mitunter gebrauchte Name „green cotton seed“. Ein Samen wiegt durchschnittlich 0,104 g. Uplandsaat.

―――――――

[1]) Siehe auch: v. Bretfeld, Anatomie der Baumwoll- und Kapoksamen, Journ. f. Landw., 1887, S. 29; T. F. Hanausek, Zur mikroskopischen Charakteristik der Baumwollwarenprodukte, Zeitschr. d. allg. österr. Apoth.-Vereins, 1888, S. 569 u. 591; Völcker, Methods of Discriminating between Egyptian and Bombay Cotton seed cakes, Analyst, 1903, S. 261; A. L. Winton, The Microscopic Examination of American Cotton seed cakes, Analyst, 1904, S. 44.

Die Sea Island-Saat stammt hauptsächlich von den amerikanischen Küstengegenden und hat 1,5—2,5 Zoll lange Wollfasern, die im Gegensatze zur Uplandsaat sehr leicht entfernbar sind. Diese Saat hat demgemäß nach dem Egrenieren ein nacktes, kahles Aussehen, weshalb man sie auch „bald headed seed" (Glatzkopfsaat) oder — ihres infolge des Fehlens der Grundwolle schwarzen Aussehens halber — „black seed" nennt. Auf Öl wird diese Saatgattung nur wenig verarbeitet. Ein Samen wiegt ca. 0,106 g.

Die ägyptische Saat (Alexandrette) ähnelt vielfach der Sea Island-Saat, ist wie diese nach dem Egrenieren ziemlich haarfrei,. enthält aber mehr Öl als die zwei erstgenannten amerikanischen Sorten und stellt das Hauptkontingent an Rohmaterial für die englischen, französischen und deutschen Kottonölmühlen. Ein Korn wiegt ungefähr 0,105 g.

Die indische Saat ist sehr klein; ein Korn wiegt nur 0,046 g. Die Samen sind mit Baumwollfäden ganz bedeckt und der filzige Haarüberzug läßt sich auch bei der Linterung nur schwer entfernen. Diese Saat gibt nicht so gutes Öl wie die übrigen Gattungen.

Die kleinasiatische Saat (russische Kottonsaat) ist ebenfalls stark behaart und dabei nicht so ölergiebig wie die anderen Baumwollsaatarten.

Ein Bild von der verschiedenen Zusammensetzung der einzelnen Baumwollsaaten gibt die nachstehende Tabelle:

	Wasser	Roh-protein	Rohfett	N-freie Extrakt-stoffe	Roh-faser	Asche
	%	%	%	%	%	%
Upland-Saat[1]) . . .	7,04	19,16	22,53	24,56	23,43	3,28
Sea Island-Saat[2]) . .	8,05	20,96	19,71	31,44	15,31	4,53
Ägyptische Saat[3]) . .	11,42	19,94	23,34	22,08	18,93	4,29
Kleinasiatische Saat[4])	10,17	15,44	17,08	32,45	21,13	3,73
Indische Saat[5]) . . .	7,60	19,00	19,25	28,15	22,00	4,00

[1]) J. B. Mc Bride, Jahresberichte über Agrikulturchemie, 1892, S. 449. Als Grenzzahlen der Zusammensetzung von Uplandsaat nennt man in Amerika:

	Maximum	Minimum		Maximum	Minimum
Wasser	17,51%	8,00%	Stickstoffreie Extraktstoffe	36,70%	7,58%
Rohprotein	29,70%	13,62%	Rohfaser	32,40%	17,60%
Rohfett	39,34%	10,40%	Asche	8,00%	2,89%

Nach H. H. Harrington und G. S. Fraps sind die Samen aus Texas die proteinreichsten. (Chem. Centralbl., 1904, 2. Bd., S. 245.)

[2]) Jahresberichte über Agrikulturchemie, 1902, S. 175.

[3]) J. Cosack, Landw. Ztg. f. Westfalen u. Lippe, 1884, S. 185.

[4]) König, Chemie der Nahrungs- und Genußmittel, Bd. 1, S. 615.

[5]) Chem. Revue, 1902, S. 112; D. Tschernowski gibt als durchschnittlichen Ölgehalt von amerikanischer Uplandsaat 21,19% an. Für amerikanische Saat aus Andishan nennt er einen prozentualen Fettgehalt von 23,46%, für ägyptische Saat 23,35, für bucharische Samen 17,15—17,75%. (Wjestnik schirowych wjeschtsch, 1902, S. 272.)

Die Samenschale beträgt 66—71 Gewichtsprozente vom ganzen Samen und setzt sich wie folgt zusammen:

Wasser 13,80%
Rohprotein 2,78
Rohfett 0,75
Stickstoffreie Extraktstoffe 14,41
Rohfaser 65,59
Asche 2,73

Analysen von Baumwollsaat sowie den dazugehörigen Samenkernen und Samenschalen liegen nur in geringer Zahl vor. Erwähnt sei die betreffende Untersuchung der Sea Island-Saat von F. S. Skinner[1]):

	Ganze Saat	Samenkern[2])	Samenschale
Wasser	8,05%	6,47%	10,29%
Rohprotein	20,96	34,00	6,71
Rohfett	19,71	34,65	3,04
Stickstoffreie Extraktstoffe . .	31,44	16,80	44,73
Rohfaser	15,31	2,31	32,22
Asche	4,53	5,77	3,01
	100,00%	100,00%	100,00%

Die Asche setzte sich zusammen aus:

	Ganze Saat	Samenkern	Samenschale
Phosphorsäure, gesamte . . .	1,63%	2,68%	0,39%
„ unlösliche . . .	0,08	0,12	0,05
„ lösliche	1,36	1,66	0,34
„ zurückgegangene	0,18	0,90	0,01
Kali, gesamtes	1,61	1,73	1,35
„ wasserlösliches	1,37	1,56	1,09
Kalk	0,32	0,37	0,24
Magnesia	0,66	0,90	0,33
Unlösliche Asche	0,04	0,05	0,05

Der Phosphor ist nach Ansicht Skinners hauptsächlich in Form von Meta- und Pyrophosphorsäure vorhanden. Die im Lecithin (0,86% vom Samengewicht) enthaltene Menge Phosphorsäure kommt wenig in Betracht.

Calvert[3]) hat bei früheren Untersuchungen in Baumwollsamen nur 3,52% Asche gefunden, welche bestand aus:

0,652% phosphorsaurer Magnesia
0,013% phosphorsaurem Eisenoxyd
0,387% phosphorsaurem Alkali
2,428% anderen Salzen.

[1]) South Carolina Experim. Station Bull., durch Experim. Stat. Rec., 1902, S. 110.
[2]) In den Kernen wurden 4,49% Pentosane gefunden.
[3]) Monit. scientif., 1870, S. 118; Journ. f. prakt. Chemie, Bd. 107, S. 122.

Während die ganze Saat daher 1,092 % Phosphate enthält, sind in den Schalen nur 0,300 % vorhanden, von welchen 0,178 % an Alkali, 0,122 % an Schwermetalle gebunden sind.

Das Rohprotein[1]) der Baumwollsamen enthält Edestin und Proteose.

Im Rohfett[2]) sind neben dem eigentlichen Öle auch ein harzartiger Körper und ein Farbstoff enthalten, welch letzterer Gossypol benannt wurde, von phenolartiger Konstitution sein soll und die Ursache der rotbraunen Färbung des rohen Kottonöles ist.

Man hat in den Baumwollsamen auch Cholin und Betain nachgewiesen, zwei Ptomaine, von denen das erste schwach toxische Eigenschaften besitzt, das andere aber ungiftig ist. Die giftige Substanz, welche Baumwollsaat in naturellem und entöltem Zustande bei längerer Berührung mit Wasser an dieses abgibt, ist noch nicht erforscht[3]).

Der Ölgehalt der Baumwollsamen wechselt alljährlich und hängt vom Wetter zur Zeit der Samenreife ab. Günstige Witterung liefert ölreiche Saat, schlechtes Wetter ölarme. Als letzteres sind sowohl allzugroße Hitze als auch übermäßige Kälte zu bezeichnen.

Ein beträchtlicher Teil der alljährlich gewonnenen Kottonsaat wird, entgegen dem seinerzeitigen Verbote (s. S. 168), heute als Düngemittel benutzt; speziell in den östlichen Staaten der Nordamerikanischen Union ist diese Verwendungsart der Saat stark im Gebrauch. Der Gehalt der Kottonsaat an Stickstoff, Phosphor und Kali macht sie für diesen Zweck recht geeignet. Als Mittel- und Grenzwerte von 15 Analysen[4]) ergaben sich folgende:

	Mittel	Maximum	Minimum
Stickstoff	3,13 %	5,17 %	1,96 %
Phosphorsäure	1,27	1,77	0,76
Kali	1,17	1,63	0,73

[1]) Vergleiche auch die Zusammensetzung des Rohproteins in den Preßrückständen der Baumwollsamen, Seite 223.

[2]) Mit dem Baumwollsamenöle darf das Baumwollfett oder Baumwollwachs nicht verwechselt werden. Letzteres bildet einen Überzug der Faser und erklärt die Schwierigkeit, mit welcher die Baumwollfaser Feuchtigkeit aufnimmt. Nach Schunck ist das Baumwollwachs in Wasser unlöslich, löslich in Alkohol und Äther, schmilzt bei 86° C und erstarrt bei 81—82° C. Die Verseifung des Baumwollfettes liefert eine bei 85° C schmelzende und bei 77° C erstarrende Fettsäure. — Die Baumwollfaser enthält außer dem Baumwollfett auch geringe Mengen freier Fettsäuren, welche eine Mischung von Stearin- und Palmitinsäure darstellen und bei 55° C schmelzen. Nach Schunck ist es fraglich, ob diese Fettsäuren in der Baumwollfaser von Natur aus enthalten sind, oder ob sie beim Auskörnen der Saat von dem Fett der letzteren auf die Faser mechanisch übertragen werden. (Seifensiederztg., Augsburg 1904, S. 877.)

[3]) Vergleiche Cornevin, Studie über das Gift der Baumwollsamen und Baumwollsamenkuchen. Chem. Centralbl., 1897, S. 515; Hefter, Verwertung der Kottonsaatkuchen als menschliches Nahrungsmittel, Seifensiederztg., Augsburg 1906. S. 1019. (Siehe auch S. 229 dieses Bandes.)

[4]) Der Saaten-, Dünger- und Futtermarkt, 1903, S. 1155.

Die Baumwollsaat neigt mehr als andere Ölsaaten zum Verderben. Bei frisch geernteter, feuchter Saat tritt leicht eine Selbsterwärmung ein, welche unter Umständen das gänzliche Verderben der Ware zur Folge haben kann. Es muß daher sehr darauf geachtet werden, daß keine zu feuchte Saat zur Einlagerung komme; in dieser Hinsicht ist eine strenge Magazins-kontrolle dringend notwendig. Die Saat der ersten Lese ist wasser-haltig und neigt deshalb mehr zum Verderben als die Saat der zweiten und dritten Lese, welche ohne sonderliche Gefahr eingelagert werden kann. Saat erster Lese, wie auch beregnete, sollte man nie auf Lager nehmen, sondern sofort verarbeiten.

Haarfreie Ware kann länger gelagert werden als die behaarten Gattungen, wenngleich auch erstere von der Erhitzungsgefahr nicht ganz frei ist.

Die Amerikaner arbeiten in ihren Kottonölmühlen mit einem 10 prozen-tigen Wertverlust durch Heißwerden des Rohmaterials. Dieser Prozentsatz läßt sich durch vorsichtiges Manipulieren aber leicht auf 5 % herunterdrücken; eine richtige Behandlung (Belüftung) der Saat kann sogar die Havarien auf ein recht bescheidenes Minimum reduzieren. Ein langes Lagern findet in den amerikanischen Kottonölmühlen übrigens nicht statt, da diese Be-triebe meist in der Nähe der Kottonplantagen liegen und die Saat direkt von den Egreniermaschinen weg verarbeiten; nur der momentan nicht zu bewältigende Überschuß wird für kurze Zeit in Saatmagazinen aufgespeichert. Die Furcht vor dem Verderben der Baumwollsaat bringt es auch mit sich, daß alle amerikanischen Kottonölmühlen nur Kampagnearbeit haben, also nur zur Zeit der Baumwollernte, das ist vom September bis Dezember, in Betrieb stehen.

Es sind vielfach Versuche unternommen worden, die amerikanische Kottonsaat durch Trocknen und Enthaaren haltbar und für den Export geeignet zu machen[1]). Über das Resultat dieser Versuche hat man nur wenig Positives gehört; die in die Öffentlichkeit gedrungenen übertrieben ungünstigen Nachrichten von diesen Bestrebungen sind vielfach von den amerikanischen Kottonölproduzenten ausgestreut worden, welche großes Interesse daran haben, daß ein Export der Saat nicht stattfinde, sondern alle Saat im Lande bleibe. Eine Ausfuhr von Kottonsaat würde den Preis für ihr Rohmaterial steigern und das Monopol, das heute der ameri-kanische Kottonöltrust besitzt, zerstören.

Daß die technischen Schwierigkeiten, welche einer Verfrachtung und längeren Einlagerung der amerikanischen Baumwollsaat im Wege stehen, überwindbar sind, unterliegt keinem Zweifel. Lufttrockene Ware ist schon viel beständiger als frischgeerntete Saat; durch vorsichtige künst-liche Trocknung der Uplandsaat läßt sich absolut haltbare Ware her-stellen, doch birgt diese Konservierungsmethode die Gefahr, daß des Guten

---

[1]) Vergleiche Engl. Patent Nr. 2988 v. 6. Nov. 1871 von A. V. Newton (J. J. Powers).

leicht zu viel getan und die Ölqualität durch den Trockenprozeß verdorben wird. Die Entfaserung der Saat vor der Entölung und vor dem Transporte ist ebenfalls in Vorschlag gebracht worden, und speziell in allerletzter Zeit wird eine enthaarte (delinted) und getrocknete Uplandsaat in Europa ausgeboten.

Die ägyptische haarfreie Saat unterliegt der Selbsterwärmung viel weniger als die amerikanische, was schon die Möglichkeit der Verfrachtung dieses Produktes von Ägypten nach England beweist. Die englischen Kottonölmühlen, welche ausschließlich ägyptische Saat verarbeiten, haben mit geringeren Saathavarien zu rechnen als die amerikanischen.

Die dichtbehaarte indische Saat scheint dagegen den Transport weniger gut zu vertragen; eine in der Nähe Kölns errichtete Ölfabrik, welche indische Saat verarbeiten wollte, hat zum wenigsten Fiasko gemacht.

Beim Aufbewahren von Baumwollsaat hat man aber nicht nur das Heißwerden, also das absolute Verderben der Saat zu befürchten, sondern muß auch damit rechnen, daß ältere Saat kein so gutes Öl liefert wie frische. Diese Tatsache wird am besten durch die Erfahrungen der amerikanischen Kottonölraffinerien bestätigt, welche das aus frischer Saat erzeugte Öl mit dem geringsten Aufwande an Chemikalien und kleinstem Raffinationsverluste gut zu reinigen vermögen, während Öl aus mehrere Wochen gelagerter Saat größere Prozentsätze und stärker konzentrierte Raffinationslaugen erfordert, eine geringere Ausbeute an Raffinatöl ergibt und häufig Betriebsschwierigkeiten mit sich bringt.

Handels-
usancen. Die Handelsusancen für Baumwollsaat sind in den einzelnen Ländern verschieden. In Amerika, Ägypten und England wird kurzweg „gesunde Saat" gehandelt, in Frankreich (Marseille) läßt man nur einen Fremdkörpergehalt von 5 % zu; höhere Prozentsätze an Fremdstoffen bedingen für den Verkäufer eine Vergütungspflicht.

Zur Bestimmung des Schmutzes und der Fremdstoffe werden 50 g Saat auf einem Sieb (mit 20 Maschen) geschüttelt und der durchfallende Staub und Schmutz in einem darunter befestigten Trog gesammelt. Die gesiebte Saat wird dann auf einem sauberen Bogen Papier ausgebreitet, wo gröberer Schmutz und Zweigstücke ausgelesen werden können. Beide Arten von Verunreinigungen werden zusammen gewogen.

Zur Ermittlung des prozentualen Gehaltes an schlechten, verdorbenen Körnern werden 25 g Saat auf einem Bogen weißen Papiers ausgebreitet und die schlechten sowie beschädigten Samenkörner mit der Hand ausgelesen und gewogen[1].

Gewinnung. [2]

Die Verarbeitung der Baumwollsaat zu Öl erfolgt nahezu immer durch Pressung; das Extraktionsverfahren wird zur Gewinnung von Kottonöl fast gar nicht angewendet.

---

[1] Seifensiederztg., Augsburg 1905, S. 418.
[2] Über die Verarbeitung der Baumwollsaat siehe: A. Adriani, Chem. News, 1865, Nr. 169 und 282; Deutsche Industrieztg., 1865, S. 144; Dinglers polyt. Journ.,

Beim Preßverfahren muß man zwei Methoden auseinanderhalten:

Bei der einen wird der Samen samt Schale zerkleinert und gepreßt, bei der zweiten wird der Samenkern (Samenfleisch, die Keimblätter mit dem Würzelchen) von der Schale getrennt und nur der erstere der Pressung unterzogen. Das Verpressen der Saat samt und sonders ist das ältere und primitivere Verfahren, aus welchem sich erst allmählich die Methode des Verarbeitens des bloßgelegten Samenfleisches herausgebildet hat[1]. Allgemeines.

a) Verarbeitung der Kottonsaat samt Schale.

Dieses Verfahren, welches in Ägypten, England und Frankreich vielfach angewendet wird, eignet sich nur für haarfreie Saatqualitäten (ägyptische Kottonsaat); faserreiches Rohprodukt würde nicht nur eine verminderte Ölausbeute ergeben, sondern auch Preßrückstände liefern, welche infolge ihres Baumwollfasergehaltes als Futtermittel vollkommen untauglich wären. Liefert doch selbst die ziemlich haarfreie ägyptische Saat beim Verpressen samt Schale eine Kuchenqualität, welche, abgesehen von dem durch den Schalengehalt bedeutend herabgeminderten Proteingehalt, der darin enthaltenen Haarreste halber als weniger wertvoll gilt. Inwieweit diese Ansicht richtig oder übertrieben ist, wird S. 223—226 erläutert. Verpressen ungeschälter Saat.

Gepreßt wird gewöhnlich nur einmal, und zwar bei möglichst hoher Temperatur. Der Schalengehalt des Preßgutes befördert den Ölabfluß[2], so daß Kuchen aus ungeschälter Saat stets einen geringeren Ölgehalt aufweisen als geschälte Preßrückstände.

Der Arbeitsgang gestaltet sich bei diesem Verfahren ziemlich einfach und setzt sich aus folgenden Phasen zusammen:

α) Reinigen der Saat von Fremdkörpern,

β) Zerkleinern der Saat samt Schale,

γ) Wärmen des Preßgutes und Preßarbeit,

δ) Raffinieren des Öles.

Bd. 176, S. 233; Abel, Monit. scientif., 1871, S. 716; H. N. Fraser, Monit. scientif., 1873, S. 359; Widemann, Wochenschrift für den Fetthandel, 1878, S. 215, 223, 239 und 256; L. Pribyl, Wochenschrift d. niederösterr. Gewerbevereins, 1882, S. 280; W. L. Kilgore, Chem. Ztg., 1899, S. 616; J. Jacobs, S. 344; J. Ziabitzky, Wjestnik schirowych prom., 1906, S. 146. Die meisten der in den letzten Jahren in den deutschen und englischen Fachzeitungen veröffentlichten Abhandlungen über die amerikanische Fabrikationsweise lehnen sich an die verdienstvollen Arbeiten von D. A. Tompkins und L. L. Lamborn an.

[1] Das Entschälen der Kottonsaat hat man zwar von allem Anbeginn an versucht (siehe S. 167), doch nahm man von dieser Idee angesichts der großen technischen Schwierigkeiten bald wieder Abstand, bis in den 80er Jahren des vorigen Jahrhunderts die ersten brauchbaren Entschälmaschinen gebaut wurden.

[2] Vergleiche das in Band I, S. 239 beschriebene Patent Johnson.

Das Reinigen der Saat wie auch ihr Zerkleinern und Pressen ähneln ganz und gar den bei der Leinölgewinnung besprochenen Vorgängen. Das Wärmen des Preßgutes erfolgt in Wärmepfannen, wie solche in Band I, S. 234—237 besprochen wurden. Zum Pressen werden in der Regel anglo-amerikanische Etagenpressen benutzt.

Bei ägyptischer Saat rechnet man auf eine Ausbeute von 15 bis 17 % Öl, je nach dem Ölgehalte der betreffenden Saatpartien. Das erhaltene Öl ist von dunkelroter Farbe und läßt sich nicht so leicht raffinieren wie das bei Verarbeitung von bloßgelegten Samenkernen erhaltene Rohöl.

Die englischen Kottonölfabriken erhoben bis vor kurzem überhaupt keinen Anspruch darauf, daß man ihre Öle als speisefähig betrachte. Ihre Produkte waren in Farbe meist dunkler und in Geschmack stets schlechter als die aus Amerika importierten, welche durchweg nach der zweiten Methode (Verarbeitung geschälter Saat) gewonnen werden.

Erst in neuerer Zeit bemühen sich die Engländer, ihre Fabrikationsweise zu verbessern und die Qualität ihrer Erzeugnisse zu heben. Die Minderwertigkeit der in England erzeugten rohen Kottonöle und die sich bei deren Raffination bietenden größeren Schwierigkeiten sind vielfach der Minderwertigkeit der ägyptischen Saat und der Unzulänglichkeit der Betriebsweise zugeschrieben worden. Dies trifft jedoch nicht ganz zu, denn die Franzosen verstehen es, aus ganz derselben Saat und durch dieselbe Betriebsart ein Öl herzustellen, welches den amerikanischen Produkten an Güte nicht nachsteht. Es mag dabei vielleicht die kürzere Reisedauer Alexandrien—Marseille gegenüber Alexandrien—Hull, also das längere Lagern der Saat, eine wenn auch unbedeutende Rolle spielen, der Hauptgrund liegt aber jedenfalls in der gar zu geringen Sorgfalt, welche die Engländer beim Putzen der Saat und beim Wärmen des Preßgutes aufwenden.

Ein Entfasern der Saat vor dem Zerkleinern ist vielfach versucht worden, doch standen die notwendigen Spesen für die Entfaserungsarbeit in keinem Verhältnisse zu den erreichten Resultaten. Das Verpressen ohne Entfaserung und ohne Entschälung ist für eine so haarfreie Saat wie die ägyptische zweifellos das rationellere Verfahren.

Die Entschälung verbietet sich deshalb, weil weder in Ägypten noch in England oder in Frankreich, den drei wichtigsten Ländern, welche ägyptische Saat verarbeiten, die Baumwollsaatschalen als solche Käufer finden würden, wogegen sie, in den Preßrückständen belassen, von den Landwirten mitverfüttert werden können, zumal die ehemalige Anfeindung der Kottonkuchen aus ungeschälter Saat allmählich einer anderen Auffassung Platz gemacht hat.

Über die Raffination des rohen Kottonöles und die Verwertung der Preßrückstände siehe S. 202—213 bzw. S. 223—226 und 229—233.

b) Verarbeitung der Kottonsaat ohne Schalen.

Diese Betriebsweise ist heute in Amerika allgemein üblich. Wie schon Seite 170 bemerkt wurde, hat man — abgesehen von vorübergehenden Versuchen[1]) — die Kottonsaat in Amerika ursprünglich ebenfalls samt Schale verpreßt. Erst vor 2—3 Dezennien fing man allgemein an, die Schale von dem Samenfleische zu trennen und letzteres für sich weiter zu verarbeiten. Allgemeines.

Das Entschälen der amerikanischen Saat konnte solange nicht durchgeführt werden, als man kein Mittel kannte, die die Schale umgebenden kurzen Baumwollfasern zu entfernen. Ein einfaches Bloßlegen des Samenfleisches durch Zerschneiden des Saatkornes und Absieben der dadurch erhaltenen beiden Schalenhälften ist nämlich unmöglich, weil die an den Samenschalen befindlichen Härchen das Samenfleisch festhalten und eine halbwegs gute Trennung der Schalen vom Samenkorn nicht zulassen. Daran scheiterte auch die im Niles Register erwähnte Verarbeitung der Kottonsaat auf Öl durch Schälen und Pressen. Die Entfernung der als Fangarme für das Saatfleisch wirkenden Baumwollfäserchen vor dem Entschälen ist daher unerläßlich. Selbst der relativ haarfreie ägyptische Baumwollsamen läßt sich ohne vorherige Entfaserung nicht entschälen, und einige in dieser Richtung angestellte Versuche, welche in England unternommen wurden, scheiterten vollständig.

Der Fabrikationsgang, welcher beim Verarbeiten von entschälter Kottonsaat einzuhalten ist, wird durch die Entfaserungsarbeit wesentlich komplizierter und besteht aus folgenden Phasen:

α) Vorreinigen der Saat,
β) Entfasern der gereinigten Saat,
γ) Entschälen der haarfrei gemachten Saat,
δ) Zerkleinern und Wärmen des Saatfleisches,
ε) Preßarbeit,
ζ) Raffinieren des Öles.

Diese Arbeitsweise gibt höherwertige (proteinreichere) Kuchen als das Verpressen der ganzen Baumwollsaat, doch wird dabei die Verwertung der ausgeschiedenen, fast 50% des Saatgewichtes betragenden Samenschalen zur wichtigen ökonomischen Frage. In Amerika hat man diese letztere mit bestem Erfolge gelöst, indem man die wenn auch protein- und fettarmen Schalen als ein vortreffliches Beifutter für Masttiere verwertet. Die Farmer scheinen dabei recht gut ihre Rechnung zu finden, denn ihre jahrelangen Erfahrungen mit diesem Futtermittel müßten sie längst über die Unrentabilität des relativ gut bezahlten Produktes aufgeklärt haben, wenn eine solche bestände.

---

[1]) Siehe S. 167.

α) Vorreinigen der Saat.

Die in die Kottonölmühle kommende Saat enthält sehr häufig Eisenteile, die sich während der Erntearbeiten oder beim Egrenieren in dieselbe verirrt haben, ferner Erde, Sand, Stengelteile und Schmutz aller Art. Eine recht praktische Vorreinigung der Saat schafft man in vielen Ölfabriken dadurch, daß man den Trog jener Transportschnecken, welche die Saat in die Magazine oder zur Verarbeitungsstelle befördern, aus perforiertem Blech herstellt, dessen Öffnungen kleiner sind als das Baumwollsaatkorn. Diese in Band I dieses Werkes S. 184 abgebildeten Reinigungsschnecken entfernen aus der Kottonsaat eine Menge feinen Sandes und Schmutzes und erleichtern damit den eigentlichen Siebapparaten, welchen die weitere Reinigung der Saat zufällt, die Arbeit.

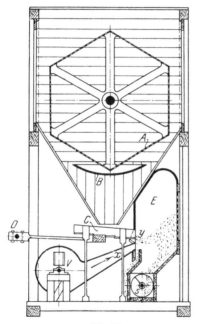

Diese Siebapparate führen in Amerika den Namen „sand and boll screen" und bestehen in der Hauptsache aus einem rotierenden Siebprisma, welches die gröberen Verunreinigungen zurückhält, während die Saatkörner durch die Siebmaschen durchfallen, auf ein Flachsieb gelangen und endlich einen Luftstrom passieren, der eine Scheidung der Saat nach ihrem spezifischen Gewicht vornimmt.

Fig. 29.
Apparat für Baumwollsaat-Reinigung.
(Sand and boll screen.)

In Fig. 29, welche ein sand and boll screen darstellt, ist *A* das Rotativsieb, welches die groben Verunreinigungen zurückhält, um sie an einem Stirnende in die Schale *B* abzugeben. Die Saatkörner fallen durch die Siebmaschen und gelangen auf das vom Exzenter *D* bediente Schüttelsieb *C*, welches die Samen gegen *y* zu schiebt. Dort trifft sie ein vom Ventilator *V* erzeugter Luftstrom *X*, dessen Stärke derart gewählt ist, daß die reinen Saatkörner in die Windkammer *E* getragen werden und in die Schnecke *s* fallen, schwerere Verunreinigungen (Steinchen) dagegen in einen unterhalb *y* befindlichen Schlitz gelangen, um auf diese Weise von dem Saatgute abgesondert zu werden.

Fig. 30 zeigt ein sand and boll screen perspektivisch gesehen. Bei dieser Konstruktionsart sind das Schüttelsieb und die Windkammer etwas mehr ausgebildet und letztere mit einem Entlüftungsrohr versehen.

Unter den durch diese Reinigungsapparate entfernten Fremdkörpern befinden sich auch viele Baumwollknäulchen, sogenannte „Grabots"; diese kommen noch einmal in die Ginnerie zurück, wo deren Öffnen besondere Aufmerksamkeit gewidmet werden muß. Die häufig in den Grabots enthaltenen Eisensplitter sind mitunter Ursache von Bränden, weil sie zu Funkenbildungen in den Egreniermaschinen Anlaß geben.

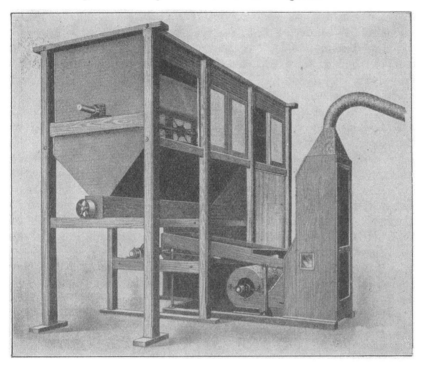

Fig. 30. Apparat für Baumwollsaat-Reinigung. (Sand and boll screen.)

β) Enthaarung der Saat.

Die von den Egreniermaschinen auf den Samen belassenen Baumwoll- Enthaarung
fasern betragen bei der amerikanischen Uplandsaat im Durchschnitt $3,5\,^0/_0$ der Saat.
vom Gewichte der Saat. Je nach Beschaffenheit der letzteren und der
mehr oder minder guten Arbeitsweise der Egreniermaschinen kann dieser
Prozentsatz bis auf $2,5\,^0/_0$ fallen, sich aber auch bis auf $6,5\,^0/_0$ steigern.
Die Saat erster Lese hält mehr Haarfäserchen zurück als die später
geerntete.

Die ersten Versuche, Kottonsaat zu entfasern (lintern), datieren aus
den sechziger Jahren des vorigen Jahrhunderts[1]. Man hat dabei zwei

---

[1] Siehe engl. Patente Nr. 1480 v. 15. Juni 1864, Nr. 2196 v. 12. April 1866
und Nr. 1142 v. 5. Sept. 1868, sämtlich von F. A. E. G. de Massas genommen,
ferner engl. Patent Nr. 3443 v. 3. Dez. 1867 von N. Grew.

Wege eingeschlagen, indem man die Entfaserung auf chemische und mechanische Weise versuchte.

Die auf chemischer Grundlage fußenden Verfahren zielen auf eine Zerstörung oder Lösung der Baumwollfäserchen ab, dürfen dabei aber die Samenschale nicht verletzen und die Qualität des aus den Samen erzeugten Öles sowie der Preßrückstände nicht nachteilig beeinflussen.

Die chemische Entfaserung ist zuerst von Girardin versucht worden, welcher bereits im Jahre 1843 hierauf bezügliche Vorschläge [1]) machte, welche dann später von Schramm [2]), und zwar unabhängig von Girardin, aufgenommen wurden.

Schramm empfiehlt, die von den Egreniermaschinen kommenden Samen mit konzentrierter Schwefelsäure zu befeuchten, wodurch die an der Samenschale haftenden Härchen rasch zerstört werden und die Schale selbst sich vom Samenkern loslöst. Nach gründlichem Waschen mit Wasser werden die säurefrei gemachten Samen getrocknet, geschält und ausgepreßt.

Eine Behandlung der Kottonsaat mit ziemlich starker Schwefelsäure, darauffolgendes Waschen mit Wasser oder schwach alkalisch reagierenden Lösungen und nachheriges Trocknen der Saat ist später (1868) auch von W. Lorberg [3]) versucht worden. Die abfallende Säurelösung sollte dabei als Dünger verwendet werden.

H. W. Goldring [4]) hat für die Säurebehandlung der Kottonsaat einen besonderen Apparat konstruiert, in welchem die Saat nach der Einwirkung mit der Säure gebürstet, poliert und getrocknet wird.

Die mit Schwefelsäure [5]) arbeitenden Verfahren haben indes gänzlich versagt und sind heute nirgends in Anwendung, wie denn überhaupt die chemische [6]) Entfaserung keinen Erfolg aufweisen kann. Amerikanischen

---

[1]) Bullet. de la Société d'Encouragement, 1858, S. 300.

[2]) Dinglers polyt. Journ., Bd. 148, S. 79.

[3]) Engl. Patent Nr. 3149 v. 14. Okt. 1868.

[4]) Engl. Patent Nr. 644 v. 3. März 1869.

[5]) Siehe auch das amerik. Patent Nr. 289041 von T. Taylor sowie das in Deutschland patentierte Verfahren von R. S. Baxter (D. R. P. Nr. 49043). Nach letzterem werden die Baumwollsamen zunächst mit verdünnter Schwefelsäure durchtränkt und darauf in langgestreckten Drahtgeflechtzylindern, welche in einem heizbaren Raume liegen, getrocknet. Die Säure ist dabei so stark zu verdünnen, daß ein Karbonisieren der Fasern nicht stattfinden kann, sondern diese nur locker werden. Bei der Passage der Saat durch die Drahtgeflechtzylinder werden dann die Fasern durch die Reibung von der Samenschale entfernt.

[6]) Es existieren auch einige Patente, welche sich mit der Entfaserung der Schalen nach der Entschälarbeit befassen, wie auch solche, die auf eine Entfernung von Samenschalenresten aus den Lints abzielen. Zur ersteren Kategorie gehört das Verfahren von J. Kitsee, zur letzteren das von C. Knopf. — Nach der Methode von J. Kitsee (amerik. Patent Nr. 789978 v. 16. Mai 1905) werden die vom Samenfleische befreiten Schalen mit Salpetersäure behandelt, wodurch die Fasern nitriert werden und durch geeignete Mittel leicht abgewaschen werden können. — C. Knopf & Co. (engl. Patent Nr. 12650 v. 12. Juni 1905) eliminieren

Meldungen zufolge soll allerdings P. C. Thiele im Jahre 1899 ein bisher geheimgehaltenes Entfaserungsverfahren auf chemischem Wege erfunden haben, welches die Saat nicht nur in tadelloser Beschaffenheit beläßt, sondern auch ein sehr beachtenswertes Klebmittel als Nebenprodukt liefert. Ob die zu Houston (Texas) nach dem System Thiele errichtete Fabriksanlage je in Betrieb gekommen ist und ob sie noch nach dieser Methode arbeitet, ist nicht bekannt geworden. Der Mangel an günstigen Nachrichten läßt aber darauf schließen, daß auch das Thielesche Verfahren nicht das hielt, was es versprochen hatte.

Trotz der bisherigen Mißerfolge werden alljährlich neue Methoden zur chemischen Entfaserung von Kottonsaat zum Patent angemeldet. Auf diese Vorschläge näher einzugehen, ist hier nicht der Raum; bei der Unwichtigkeit des Gegenstandes kann um so leichter davon Abstand genommen werden.

Das Entfasern von Kottonsaat auf mechanischem Wege läßt viele *Mechanische Entfaserung.* Lösungen der Frage zu. In Amerika allein sind mehrere hundert Patente auf Entfaserungsvorrichtungen (Linter genannt) genommen worden. Wenn sich diese Patente auch oft nur durch kleine Konstruktionsdetails der Maschinen unterscheiden, so gibt es doch auch prinzipielle Unterschiede in den vorgeschlagenen mechanischen Methoden. Es ist unmöglich, die verschiedenen Wege hier auch nur andeutungsweise zu kennzeichnen, und ich muß mich darauf beschränken, bloß die wichtigste Lintertype zu erläutern. Auch von dieser Grundform sind die verschiedensten Varietäten in Gebrauch, doch kann sie gewissermaßen als grundlegend für die Konstruktion der meisten mechanischen Entfaserungsvorrichtungen angesehen werden. Über 90% der in Amerika in Arbeit befindlichen Linter sind auf diesem Prinzip aufgebaut.

Das Prinzip der Linter — der Name ist von dem Worte „lint", *Linter.* womit man in Amerika die Baumwollfasern bezeichnet (die kleinen, an der Saat haftenden Baumwollfäserchen heißen „short lints"), abgeleitet — ist in Fig. 31 wiedergegeben:

Der Samen wird dem Fülltrichter *a* zugeführt, von wo er durch eine Speisewalze auf die rotierende Trommel *b* gebracht wird. Hier packen ihn die auf einer Welle in geringen Abständen nebeneinander befindlichen Sägeblätter *e*, zwischen denen die auf dem Holzbrette *f* sitzenden Rippen *d* angeordnet sind. Nachdem die Sägen *e* die kurzen Härchen der Samen (lints) knapp an der Samenoberfläche abgeschnitten haben, fallen die Samen unten aus der Maschine, während die Baumwollfasern durch die Bürstenwalze *l* von den Sägen abgenommen werden und in den Schlot *g* gelangen, wo sie von dem durch die Rotation der Bürstenwalze hervor-

umgekehrt aus den bei der Entschälung abfallenden, mit Schalenresten vermengten Fasern die Schalenfragmente durch Behandeln des ganzen Abfalles mit Alkalien, Oxyden der alkalischen Erden, verdünnten Säuren, Alkalisulfiten oder Bisulfiten des Calciums, Magnesiums, Kaliums und Natriums unter 4—6 Atmosphären Druck. Die Schalen erweichen dadurch und lassen sich in diesem Zustande leicht durch Waschen, Schlagen oder Sieben aus den Fasern entfernen.

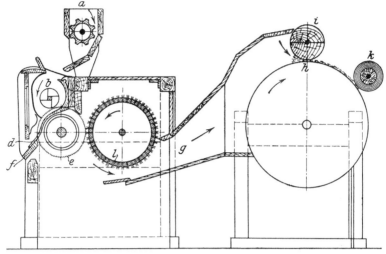

Fig. 31. Schema eines Linters.

Fig. 32. Seitenansicht eines Linters.

gerufenen Windstrom nach der aus perforiertem Eisenblech bestehenden Kondensatortrommel *h* geführt werden. Hier verdichten sich die Härchen zu einem regelmäßigen Flaume, der dann durch die Kompressortrommel *i* noch weiter zusammengepreßt und endlich von *k* aufgenommen wird. Meist sorgt man durch Anordnung besonderer Ventilatoren für eine genügende Stärke des Luftstromes.

Früher hielt man den Schlauch *g* möglichst lang und versah ihn mit einem ins Freie mündenden Staubrohr. Diese Anordnung hat jedoch keine besonderen Vorteile, und man führt die Länge des Kanals *g* jetzt ungefähr in dem aus Fig. 31 ersichtlichen Verhältnis aus.

Fig. 33. Seitenansicht eines Linters.

Fig. 32 und 33 zeigen Lintermaschinen in Seiten-, Fig. 34 in Vorderansicht[1]).

Die Linterei ist ein ziemlich feuergefährlicher Betriebsabteil der Kottonölfabriken, und man hat besonders für die richtige Abführung der „short lints" zum Kondensator Sorge zu tragen. Bei größeren Anlagen ist für mehrere Linter nur ein Kondensator vorhanden, welchem die „short lints" von den einzelnen Entfaserungsmaschinen durch ein Rohrsystem zugeführt werden. Eine solche Anordnung zeigt Tafel III.

---

[1]) Die in den Figuren 32—34 abgebildeten Linter stellen Konstruktionen der Continental Gin Company in Birmingham, Alb., dar.

Von den beiden Reihen von Lintern (a und a_1) gehen durch die Kanäle c, c_1, die short lints nach der Rohrleitung r, r_1 ab, welch beide Rohre sich außerhalb des eigentlichen Linterraumes A vereinigen und in den im Raume B befindlichen Kondensator C einmünden. Der auf diesem gebildete Wattestrang wird in die beiden Pressen P, P_1 geleitet, wo die für den Versand notwendige Komprimierung des short lints-Stranges stattfindet.

Durch diese Anordnung ist der eigentliche Lintereiraum vollständig frei von herumfliegenden Baumwollfäserchen und die Entzündungsgefahr wesentlich herabgemindert. Das Manipulieren mit den feuergefährlichen short lints erfolgt in einem kleinen, separaten Raume B, von wo im Ernstfalle ein Überschlagen des Feuers nach A wegen des in der Richtung $A—B$ herrschenden Windstromes nicht erfolgen kann.

Fig. 34. Vorderansicht eines Linters.

Leistungs-
fähigkeit
der Linter. Die Leistungsfähigkeit der Linter hängt von der zweckmäßigen Konstruktion ihrer einzelnen Teile ab. Den Bau von Lintern besorgen in Amerika mehrere Fabriken, welche sich ausschließlich mit der Erzeugung dieser Maschinen befassen und ihre Herstellung ganz ähnlich betreiben, wie dies etwa bei der Fabrikation der Nähmaschinen der Fall ist. Man baut daher nur Linter von bestimmter Größe und bequemt sich dieser Beziehung nicht den jeweiligen Wünschen der einzelnen Besteller an.

Mitunter wird die von den Lintern kommende Baumwollsaat nochmals über ein Schüttelsieb mit Ventilator geleitet, wobei etwa noch lose an der Saat haftende Reste abgeschnittener Samenhaare abgesaugt und auf einer Kondensatortrommel gesammelt werden. (Siehe Fig. 35.)

Linter-Anlage
einer größeren Kottonölfabrik.

Verlag von Julius Springer in Berlin.   Techn.-art. Anstalt von Alfred Müller in Leipzig.

Die Linter haben meist 106 Sägeblätter von 12 engl. Zoll Durchmesser und arbeiten mit 350 Touren pro Minute, wobei sie 8—10 Tonnen Saat pro 22 Stunden bewältigen. Durch Abänderung der Tourenzahl der Zuführungswalzen kann man aber die Leistungsfähigkeit des Linters von 3—15 Tonnen pro Tag variieren. Je langsamer man lintert, um so besser entfasert ist die Ware.

Von einer Tonne Saat erhält man 10—25 kg short lints. Man kann die **Ausbeute an Fasern.** Entfaserungsoperation entweder in einer einzigen Passage der Saat durchführen, oder aber diese zweimal durch die Linter schicken; in letzterem Falle werden bei der ersten Passage längere Fasern gewonnen als bei der zweiten, und die lints der ersten Linterung haben daher auch einen entsprechend höheren Wert. Begnügt man sich mit nur einer Linterpassage, so

Fig. 35. Schüttelsieb mit Kondensor.

muß, um den annähernd gleichen Effekt zu erzielen, das in der Zeiteinheit der Maschine zugeführte Saatquantum entsprechend verringert werden. Die dabei resultierenden Lints bestehen dann aus kurzen und kleinen Fasern, setzen sich also aus einem Gemenge jener beiden Produkte zusammen, die man bei doppelt durchgeführter Linterung getrennt erhält.

Die short lints finden in der Watte- und Papierfabrikation **Verwertung** Verwertung und gelten in Amerika gewöhnlich 3 Cents per Pfund; die **der Fasern.** Fasern erster Passage werden mit 4 Cents, die der zweiten mit 2 Cents per Pfund bezahlt. Durchschnittlich rechnet man daher für eine Tonne Saat mit 15 kg = 30 Pfund lints einen Erlös von 90 Cents für die Entfaserungsarbeit. Bei den großen Preisschwankungen der Baumwolle geht natürlich auch der Preis für die Lints stark auf und nieder, und die genannten Zahlen müssen daher als Mittelwerte betrachtet werden.

Schärfen der Sägeblätter.

Die Schärfe der Sägeblätter ist eine Vorbedingung für das zufriedenstellende Arbeiten der Lintermaschinen. Die Zähne müssen sowohl an der Stirnfläche geschliffen als auch seitlich gespitzt sein. Für diese Zurichtung benutzt man besondere Schärfmaschinen, wie sie in Fig. 36 dargestellt sind.

Das Schleifen des Zahnes erfolgt durch eine rotierende Scheibe, während das seitliche Spitzen desselben durch eine hin und her gehende Feile geschieht, welche zu gleicher Zeit die beiden entgegengesetzten Seiten der Zähne anschärft.

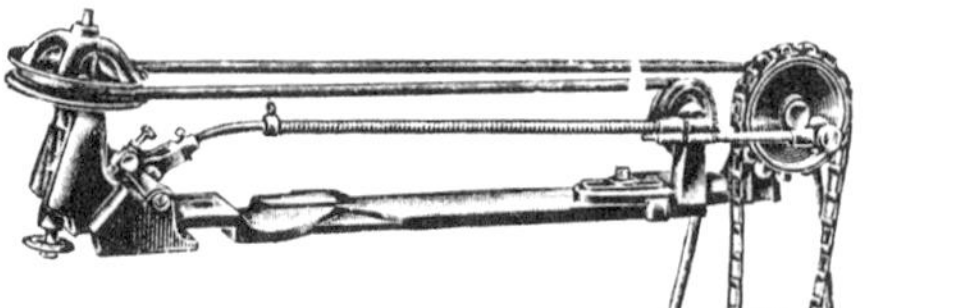
a

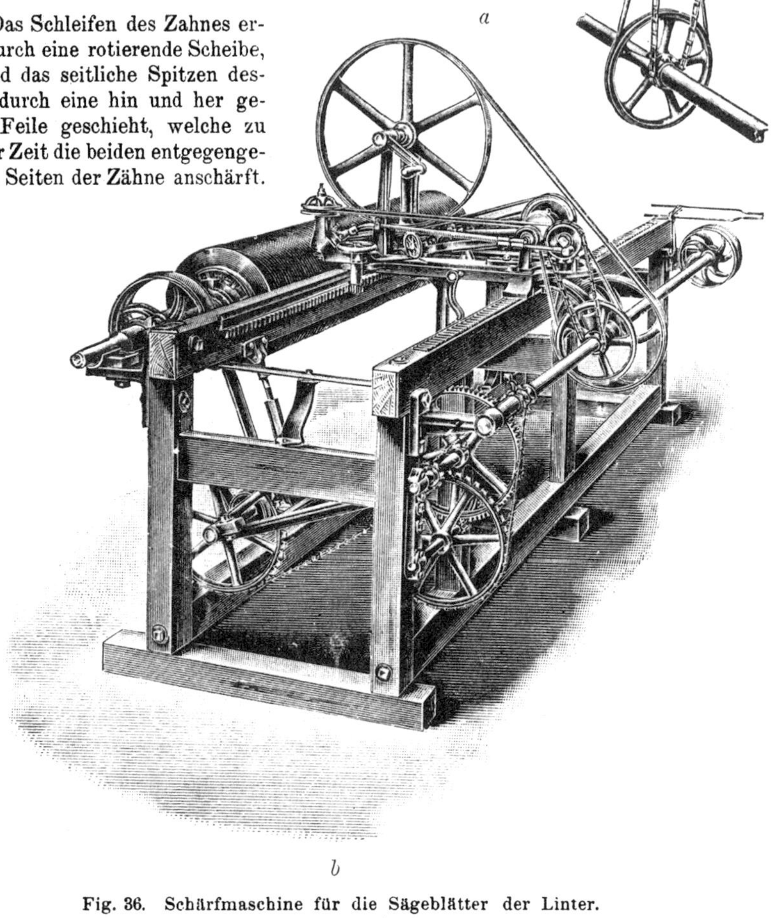
b

Fig. 36. Schärfmaschine für die Sägeblätter der Linter.
a = Eigentlicher Schärfapparat, *b* = komplette Maschine.

Ist ein Zahn fertig, so wird die Feile zurückgezogen und der nächste Zahn in Angriff genommen. Sind alle Zähne bearbeitet, so rückt die Maschine (Fig. 36*a*), welche auf ein passendes Gestell montiert ist (Fig. 36*b*), automatisch aus und wird zum nächsten Sägeblatt verschoben.

Infolge des selbsttätigen Verschubes bedarf die ganze Maschine also keiner besonderen Wartung.

γ) Entschälen der Saat.

Da das Innere des Samens — das Samenfleisch (die Keimblätter und die Würzelchen) — nicht mit der Samenschale verbunden ist, sondern lose darin liegt, so ermöglicht das einfache Öffnen der Schale eine Trennung des Samenfleisches von dieser. Nur bei feuchter Saat stößt eine solche Trennung auf Schwierigkeiten, weil hier das Samenfleisch nicht so lose in der Samenschale liegt wie bei trockener Saat.

Ein Zerschneiden der Baumwollsaat in zwei oder mehrere Stücke und nachheriges Ausbeuteln oder Absieben des erhaltenen Bruchmaterials ist also der springende Punkt der Entschälarbeit. Das Gelingen der Operation setzt aber nicht nur eine ziemliche Trockenheit des Samens voraus, sondern ist auch von möglichstem Haarfreisein der Saat bedingt, weil sich sonst das Saatfleisch in den feineren Härchen verfängt und nicht losgesiebt werden kann. Eine vollständige Trennung der Schalen vom Samenfleische ist aber auch bei trockener und gut entfaserter Saat nicht möglich; es bleiben vielmehr stets einige Schalenteilchen im Samenfleische, wie umgekehrt ein Teil des letzteren in die Schale übergeht. So kommt es, daß die Kottonsaat, welche tatsächlich 36—44 % ihres Gewichtes an Schalen enthält, bei der Entschäloperation 42—48 % Schalenabfall liefert.

Die Entschäloperation nennt man in Amerika „to huller", die dazu dienenden Maschinen „Huller".

Man kennt in Amerika zwei Systeme von Hullern, welche sich durch die Art der Messerstellung voneinander unterscheiden.

Die erste Art besteht aus einer Serie rotierender Stahlmesser C, die an einer Scheibe B so angeordnet sind, wie es Fig. 37 zeigt. Ein exzentrisch gelagerter Mantel D kann der Messertrommel beliebig genähert oder von ihr entfernt werden und die Einstellung der notwendigen Entfernung läßt sich während des Ganges durchführen. Der halbkreisförmige Mantel D ist ebenfalls mit einer Serie von Messern oder besser Schlagleisten versehen, welche fest zwischen Eichenholzklötzen E und dem Mantelblech F sitzen. Die innere Trommel rotiert mit 900—1300 Umdrehungen per Minute, welche Tourenzahl eventuell noch um 10 % gesteigert werden kann. Die große Geschwindigkeit des rotierenden Messerzylinders macht ein gutes Ausbalancieren desselben zur dringendsten Notwendigkeit. Um dies zu erreichen, ist vor allem ein annähernd gleiches Gewicht der verschiedenen Messer erforderlich; das letzte genaue Einstellen des Gleichgewichtes erfolgt aber durch verschiebbare Balancegewichte H. Die einzelnen Messer des Halbkreises D sind durch Stellschrauben genau adjustierbar.

Die durch die Verteilungswalze A dem Huller zugebrachte Saat verläßt denselben bei G in der in Fig. 37 gezeichneten Pfeilrichtung. Sie fällt in die Schnecke G, welche sie weiter zum Separator transportiert.

Man baut diese Huller gewöhnlich in zwei Größen, und zwar hat das kleinere Modell Messer von 20 Zoll, das größere solche von 30 Zoll. Die erste Größe von Hullern verarbeitet in 22 Arbeitsstunden 30 Tonnen Saat, die zweite 60 Tonnen. Die kleineren Huller rotieren mit 1300 Umdrehungen per Minute, die größeren mit 900. Eine Steigerung der Leistung dieser Apparate läßt sich durch Erhöhen der Tourenzahlen wohl erreichen, doch wachsen damit auch die Reparatur- und Instandhaltungskosten nicht unbeträchtlich.

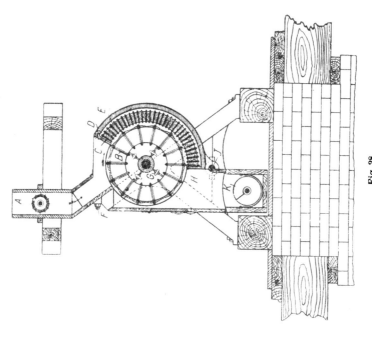

Fig. 38.

Entschälmaschine für Baumwollsaat. (Huller.)

Nach Tompkins.

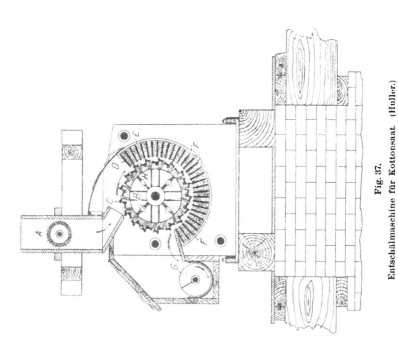

Fig. 37.

Entschälmaschine für Kottonsaat. (Huller.)

Nach Tompkins.

Für die zweite **Art** der Hullermaschinen ist die radiale Stellung der rotierenden **Messer** charakteristisch:

Die Messer *B* sitzen dabei in radialen Spalten des inneren rotierenden Zylinders (Fig. 38) und können durch Stellschrauben entsprechend vor- und zurückgeschoben werden. Zum Ausbalancieren sind Gewichte *G* vorhanden. Der feststehende äußere Messerkranz ist ähnlich konstruiert wie bei der früher beschriebenen Hullerkonstruktion. Die Messer *C* sitzen zwischen Eichenbolzen *E* festgekeilt und werden von einem Rahmen *D* getragen, welcher um ein Scharnier *J* aufklappbar ist. Die Saat wird

Fig. 39. Hullermaschine.

durch die Speisewalze *A* der inneren Messertrommel zugeführt, diese nimmt sie mit und läßt sie die feststehende Messerreihe des Randrahmens passieren, um sie dann bei *H* auszuwerfen. Die zerkleinerte Saat fällt in die Schnecke *K*, welche sie weiter zum Separator schafft.

Die Huller des zweiten Systems baut man nur in einer Größe und läßt sie gewöhnlich mit 900 Umdrehungen in der Minute arbeiten, wobei sie in 22 Arbeitsstunden rund 80 Tonnen Saat bewältigen.

Fig. 39 zeigt die perspektivische Ansicht eines Hullers der ersten, Fig. 40 eines solchen der zweiten Konstruktionsart.

Die mitunter vorkommende Verstopfung der Huller ist entweder auf ihre zu reichliche Beschickung oder auf ein Nichtfunktionieren der Abführungsvorrichtungen zurückzuführen. Durch Abstellen des Hullers und eine halbe, nach rückwärts gehende Drehung des Messerzylinders lassen sich solche Verstopfungen leicht beheben.

Das richtige Speisen der Enthülsungsmaschine ist sehr wichtig; die Saat soll in einem konstanten Strome zufließen und sich über die ganze Messerbreite gleichmäßig verteilen. Zu diesem Zwecke sind eigene Zu-

Fig. 40. Hullermaschine.

führungsapparate (Fig. 41) in Gebrauch, deren Ausführung ähnlich ist wie die der bei den Walzenstühlen üblichen Speisewalzen und von ihr sich nur dadurch unterscheidet, daß ein Stufenkonus eine beliebige Veränderung der Geschwindigkeit zuläßt. Die Zuflußmenge der Saat kann durch ein verstellbares Seitenblech reguliert werden.

Ab-
sonderung
der
Schalen.

Die Hullermaschinen bewirken die Bloßlegung des Saatfleisches von der Samenschale, liefern also ein Durcheinander von Schalenteilen und Stückchen inneren Saatfleisches. Dieses Gemenge zu trennen, ist Aufgabe der Separatoren.

Fig. 41. Zuführungsapparat für Huller.

Fig. 42. Huller mit Schüttelsieb von hinten gesehen.

  Es sind dies Apparate, welche der Hauptsache nach eine Siebarbeit
verrichten und meist Kombinationen von Rotativ- und Flachsieben darstellen. Die Rotativsiebe trennen den Hauptanteil des Saatfleisches von den
Schalen ab, letztere kommen hierauf weiter auf Flachsiebe, wo ein weiterer
Teil des von ihnen noch zurückgehaltenen Fleisches abgesiebt wird. Die

Fig. 43. Huller mit Schüttelsieb von vorn gesehen.

Schalen fallen dann in eine Schnecke, um mittels dieser in den sogenannten
Hullerpackraum geschafft zu werden.

  Vielfach kombiniert man auch die Huller direkt mit Flachsieben, wie
dies in Fig. 42 und 43[1]) gezeigt ist.

  Um die in dem Schalenanteile enthaltenen Reste von Samenfleisch
zu gewinnen, benutzt man für den Transport vom Huller in den Hull-

---

[1]) Die in den Figuren 39—43 dargestellten Maschinen geben Konstruktionen
der The Buckeye Iron and Brass Works in Dayton (Ohio) wieder.

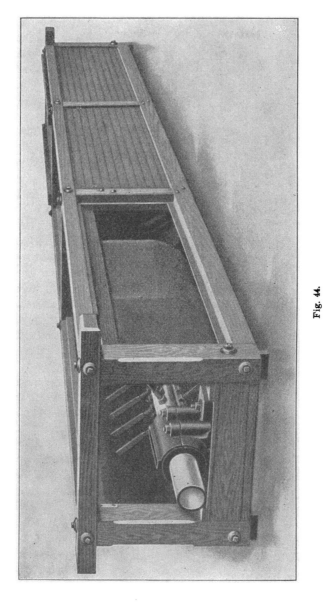

Fig. 44.

Siebschnecke (Separatorschnecke) für Kottonschalen.

preßraum meist Schnecken mit perforiertem Trogblech, wie solche in Band I, S. 184 (Fig. 25) beschrieben wurden. Auch Schnecken mit Schlagarmen, welche das Schalenmaterial durcheinanderarbeiten und das losgebeutelte Samenfleisch durch die siebartige Trogfläche durchfallen lassen (Fig. 44), sind für diese Zwecke in Verwendung. Nicht selten werden auch Bürsten an

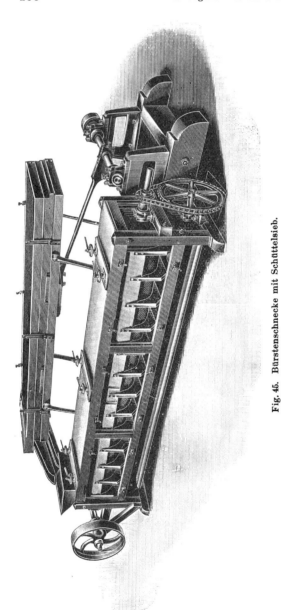

Fig. 45. Bürstenschnecke mit Schüttelsieb.

Stelle der Schlagarme in die Siebschnecke eingebaut und diese mit einem Schüttelsiebe zusammenmontiert (Fig. 45).

Zum Schleifen der Hullermesser sind in den Kottonölfabriken eigene Schleifmaschinen in Verwendung, wie solche Fig. 46 darstellt.

Die Cotton seed Company Ltd. in London hat ein Verfahren zum Entschälen von Baumwollsaat ausgearbeitet, bei welchem an Stelle der Huller walzenstuhlähnliche Maschinen verwendet werden, welche die Samen aufbrechen. Durch wiederholtes Absieben und nochmaliges Zerkleinern des erhaltenen Absiebsels mit darauffolgenden Siebprozessen wird endlich eine glatte Trennung der Fasern und Schalen von den Kernanteilen erreicht [1]).

Neben der mechanischen Entschälung sind auch Vorschläge für eine Bloßlegung des Samenfleisches auf chemischem Wege gemacht worden. So haben Mac Farlane und Reinohl ein Verfahren empfohlen, bei welchem man die Samen in eine eventuell mit teilweise vergorenem Zucker versetzte Lauge bringt. Die Hülsen lösen sich hierbei von den Kernen, welche nach aufwärts steigen, gesammelt und weiter verarbeitet werden. Bei frischem Samen verwendet

---

[1]) D.R.P. Nr. 118012 v. 13. April 1900 und D.R.P. Nr. 141365 v. 30. Sept. 1902.

man Lauge von 2⁰ Bé, bei altem von 4⁰ und bei 3—4 jährigem Samen von 5⁰ Bé. Bei Gebrauch von Zucker stellt man sich eine Lauge von 2⁰ Bé her und gibt von ersterem so viel hinzu, bis eine Dichte von 4—5⁰ Bé erreicht ist. Die zu enthülsenden Samen beläßt man 20—30 Minuten in der 35 bis 65⁰ C heißen Lauge; bei älteren Saaten wird diese Zeit noch weiter ausgedehnt und die Temperatur höher genommen. Die Schalen werden dabei

Fig. 46. Schleifvorrichtung für Hullermesser.

weich und lassen sich daher leicht entfernen, das Samenfleisch nimmt etwas Alkali auf, welches die freien Fettsäuren des in dem Saatfleische enthaltenen Öles teilweise neutralisieren und die spätere Ölraffination vereinfachen helfen soll (?).

Eine Entfaserungs- und Entschälanlage einer kleineren Baumwollsaatölfabrik zeigt Tafel IV [1]:

Plan einer Entfaserungs- und Entschälanlage.

Die Transportschnecke a bringt die Saat vom Speicher in die Fabrik und gibt sie hier an das Becherwerk b ab, welches die Samen auf den Saatputzapparat s bringt. Die von gröberen Verunreinigungen und Sand befreite Baumwollsaat fällt dann in den Elevator q, welcher sie der zu den Lintern d führenden

---

[1] Ausgeführt von G. & B. Köbers Eisen- u. Bronzewerken in Harburg a. E.

Schnecke c übergibt. Die von den Lintern d kommende entfaserte Saat wird von der Schnecke e und f sowie von dem Elevator g nach der Hullermaschine h gebracht. Es folgt hierauf eine Passage durch das Schüttelsieb i und den Separator l, wo die Schalenteile von dem Samenfleisch getrennt werden. Erstere werden durch die Schnecke n in die Schalenmüllerei gebracht, letzteres wird durch die Schnecke m den Walzenstühlen, Wärmern und Pressen zugeführt. Die Maschinen o und p dienen zum Schleifen der Hullermesser bzw. der Lintersägeblätter.

Durch das Entschälen der Saat wird das Quantum des Preßgutes ganz bedeutend verringert. Betragen doch die bei dem Entschälprozeß erhaltenen Schalen 44—48 % vom Saatgewichte, so daß die übrigbleibende Preßgutmenge, wenn man die beim Entfasern erhaltenen Lints mit in Anrechnung bringt, nur 50 % vom ursprünglichen Saatgewicht ausmacht. Beim Verarbeiten der Kottonsaat nach dem amerikanischen System bedarf es daher nur der Hälfte der Zerkleinerungsvorrichtungen und Pressen, welche beim Verpressen der Saat mit Schale nötig wären. Der scheinbare Vorteil einer geringeren Investitionssumme dieser Fabriken wird jedoch durch Ausgaben für die Entfaserungs- und Entschälanlagen wieder aufgehoben.

δ) Zerkleinern und Wärmen des Saatfleisches.

Die Zerkleinerung des schalenfreien Saatfleisches erfolgt ausschließlich auf Walzenstühlen. Diese Operation bietet nichts Bemerkenswertes und braucht daher nicht näher beschrieben zu werden.

Wärmen des Preßgutes. Das vor dem Pressen erfolgende Anwärmen des zerkleinerten Materials weicht dagegen von der bei anderen Ölsaaten üblichen Ausführung dieser Prozedur teilweise ab. Die Kottonsaat erfordert zur richtigen Ausbringung des Öles ein rasches und intensives Erwärmen und es wird gewöhnlich die für jede einzelne Pressenfüllung nötige Charge für sich erwärmt. Man hat zu diesem Zwecke eigene Beschickungsapparate in Verwendung und sei bezüglich der Einrichtung der letzteren wie auch betreffs der für Kottonsaat gebrauchten Wärmerkonstruktionen auf Seite 234—236 des I. Bandes verwiesen.

Meist wird bei der Erwärmung des zerkleinerten Saatfleisches auch eine Herabminderung seines Feuchtigkeitsgrades angestrebt. Es ist daher nicht üblich, direkten Dampf in das Preßgut einströmen zu lassen, sondern man arbeitet fast ausschließlich mit indirektem Dampf. Nur bei lange gelagerter, stark ausgetrockneter Saat wird hie und da mit etwas direktem Dampfe nachgeholfen, um das Preßgut auf den richtigen Feuchtigkeitsgrad zu bringen.

In englischen Kottonölmühlen soll man im Gegensatze zu der amerikanischen Betriebsweise für die Erwärmung der Saat meist offenen Dampf anwenden. Die in England verarbeitete, einen längeren Transport hinter sich habende und daher ausgetrocknete ägyptische Saat läßt diese Arbeitsweise erklärlich erscheinen; bei der meist in frischem und ungetrocknetem Zustande verpreßten amerikanischen Saat ist eine regelmäßige Verwendung

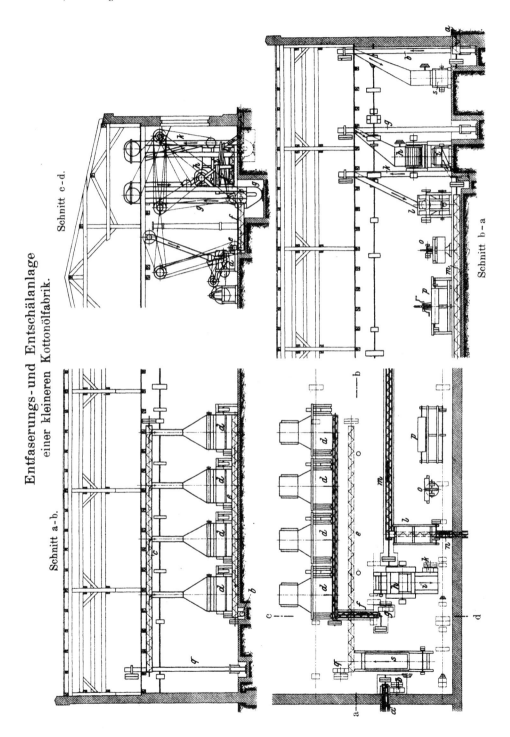

Entfaserungs- und Entschälanlage einer kleineren Kottonölfabrik.

Schnitt c–d.

Schnitt a–b.

Schnitt b–a.

von direktem Dampf aber untunlich. Übrigens mag wohl auch der Umstand der Schalenfreiheit des amerikanischen Preßgutes bei dieser Frage eine Rolle spielen.

Den Wärmeprozeß des Kottonpreßgutes richtig zu leiten, ist nicht so einfach; die Beaufsichtigung der Wärmarbeit erfordert vielmehr jahrelange Erfahrung, und der Posten des Wärmeraufsehers ist deshalb sehr wichtig, weil von der richtigen Wärmung der Saat die Ölausbeute und die Qualität der erhaltenen Produkte abhängen, und zwar hierbei viel mehr als bei der Verarbeitung aller anderen Ölsaaten.

Die in die Presse kommende Saat soll eine Temperatur von 104° C (220° F) haben, doch ist letztere allein kein Maßstab für das richtige Garsein des Preßgutes. Die in den einzelnen Fabriken in den Wärmern angebrachten Thermometer mit Registriervorrichtungen können daher nicht als vollwertige Kontrollapparate betrachtet werden, wenngleich sie den einen großen Vorteil haben, die Betriebsleitung über die Regelmäßigkeit der Wärmerbedienung zu unterrichten.

ε) Preßarbeit.

Das Verpressen des erhitzten Gutes erfolgt in Amerika fast ausschließlich in sogenannten Kastenpressen (boxpresses), deren Konstruktion auf Seite 317—322 des I. Bandes vorgeführt wurde. Diese Pressen machen das bei den gewöhnlichen Etagenpressen notwendige Beschneiden der Kuchen überflüssig und liefern direkt versandfähige Ware. ^{Preßarbeit.}

Die Ölausbringung aus dem schalenfreien Kottonfleische hat selbst bei guter Zerkleinerung und richtiger Wärmung ihre Schwierigkeiten. Der Ölgehalt der Preßrückstände beträgt selten weniger als 12%. Wird die Baumwollsaat samt Schale verpreßt, so ist der Ölabfluß unter den Pressen viel vollständiger.

Ed. L. Johnson[1]) hat auf dieser Tatsache eine Methode aufgebaut und patentieren lassen, welche die Ölausbeute bei dem amerikanischen Arbeitsverfahren erhöhen soll. ^{Patent Johnson.}

Er enthülst die Saat auf gewöhnliche Weise, mischt dem Samenfleisch aber entweder vor oder nach dem Zerkleinern und Erhitzen einige Prozente Schalen bei. Der Zusatz eines bestimmten Schalenquantums zum Saatfleisch vor dem Zerkleinern und Wärmen ist das Schicklichere und ist dieser Art dann der Vorzug zu geben, wenn auf die Qualität des Öles kein besonderes Gewicht gelegt wird. Die zweite Art, wo die Schalen erst nach dem nahezu oder vollständig beendeten Erhitzen der Saat zugegeben werden, ist umständlicher, soll jedoch eine bessere Ölqualität geben, weil nach Ansicht des Patentnehmers der in den Baumwollsaatschalen enthaltene Farbstoff sich hierbei nicht auflöst, was der Fall sein soll, wenn man die Schalen vor dem Erhitzen zumischt (?).

---

[1]) Amer. Patent Nr. 691342 v. 14. Jan. 1902. Siehe auch Bd. I, S. 239.

Die Menge des zuzusetzenden Baumwollsamenschalenmehles bewegt
sich zwischen 2,5 und 30%. Ein größeres Quantum als 30% soll nach
Johnson den Vorteil des Gebrauches von Schalenmehl wegen seiner eigenen
Absorptionsfähigkeit gegenüber dem Öle aufheben, während eine geringere
Menge als 2,5% keine nennenswerte Steigerung der Ölausbeute bewirke.

Die erstere Behauptung ist nicht zutreffend, denn bei Verarbeitung
von Kottonsaat samt Schalen sind fast 40% Schalenanteile im Preßgute
enthalten, und der Ölabfluß ist trotzdem bei weitem besser als beim Pressen
reinen Saatfleisches.

Eigenartig ist das Verfahren zu nennen, welches der American Cotton
Oil Company[1]) patentiert ist. Nach demselben wird das Fleisch von
Baumwollsamen nach dem Zerkleinern mit so viel Alkali versetzt, daß nicht
nur die vorhandenen freien Fettsäuren neutralisiert werden, sondern auch ein
geringer Überschuß an Alkali vorhanden ist. Hierauf erwärmt man und
preßt ab. Das Verfahren soll offenbar das Raffinieren des Öles überflüssig machen oder doch erleichtern (?), wie dies schon Seite 198 bei dem
Patent von Mac Farlane und Reinohl erwähnt wurde.

ζ) Reinigen des Kottonöles.

Das von der Presse ablaufende Öl ist dunkelorange bis rotbraun
gefärbt und zeigt einen ganz eigentümlichen, aber durchaus nicht unangenehmen Geruch. Es enthält neben Harz- und Schleimstoffen, welche
durch die nun folgende Raffination beseitigt werden müssen, stets etwas
Wasser, das infolge des gleichzeitigen Vorhandenseins von Eiweißstoffen und Pflanzenschleim leicht eine faulige Gärung hervorruft.
Die dabei entwickelten unangenehm riechenden Gase können das Öl für
Speisezwecke vollständig unbrauchbar machen, weshalb es ratsam ist, das
rohe Öl nicht unfiltriert lagern zu lassen, sondern sofort nach der Pressung
zu filtrieren. Durch die Filtration wird nicht nur das dem Öle gewöhnlich beigemengte Samenmehl, sondern auch das vorhandene Wasser entfernt und damit die Gefahr eines Fauligwerdens beseitigt.

Rohes
Kottonöl.   Das rohe Baumwollsamenöl wird in dieser Form fast gar nicht
verwendet. Ist sein Genuß wegen des kratzenden Bittergeschmackes von
vornherein ausgeschlossen, so ist es andererseits nicht als Brennöl brauchbar, wie es seiner dunkeln Farbe halber auch nicht in der Seifenindustrie
verwendet werden kann. Diese Umstände mögen die Einbürgerung der
Kottonölgewinnung nicht wenig erschwert haben. Erst als es gelang,
die Farb- und Bitterstoffe des rohen Öles auf relativ einfache Weise
zu entfernen und damit das Öl speisefähig und für alle erdenklichen
technischen Zwecke geeignet zu machen, war der Kottonölindustrie der
weitere Weg geebnet.

---

[1]) Amer. Patent Nr. 705785 v. 29. Juli 1902.

Die Reinigung des rohen Baumwollsamenöles erfolgt nicht immer in demselben Betriebe, wo es gepreßt wurde. Es existieren sowohl in Amerika als auch in England eigene Fabriken, welche sich ausschließlich mit der Raffination von rohem Baumwollsamenöl befassen, welch letzteres sie von den umliegenden Kottonölpressereien beziehen. Es hat sich daher schon vor Jahren ein regelrechter Handel mit rohem Kottonöl entwickelt, welcher unterscheidet:

Prime crude oil (Prima Rohöl),

Choice crude oil (Primissima Rohöl) und

Off oil (Sekunda Rohöl).

Qualitäts-abstufun-gen.

Nach den Bestimmungen der Interstate Cotton Crushers Association[1]) muß

Prime crude oil aus gesundem, enthülstem Samen erzeugt worden sein, muß süßen Geschmack und angenehmen Geruch besitzen und darf weder Schmutz noch Wasser enthalten. Beim Reinigen mittels Natronlauge muß es ein gutes Speiseöl ergeben, wobei der Raffinationsverlust 9% nicht übersteigen darf. Gibt das Rohöl größere Verluste und liefert dabei aber ein gutes Speiseöl, so gilt die Ware zwar als prime crude oil, doch tritt eine Reduktion des früher vereinbarten Preises ein.

Choice crude oil muß hinsichtlich Herstellungsart, Geschmack und Geruch, Wasser- und Satzfreiheit dieselben Bedingungen erfüllen wie das prime crude oil, darf jedoch nur Raffinationsverluste von 6 bzw. 7% geben. Die erste Ziffer gilt für Texasöl, die letztere für rohes Kottonöl aus anderen Staaten.

Off oil ist ein minderwertiges Produkt, welches nach Muster gehandelt wird. Die Ware darf beim Raffinieren nur denselben Verlust zeigen wie das Muster. Bei geringerer Ausbeute tritt eine dem kleineren Rendement entsprechende Vergütung ein; bei einer Minderausbeute von über 2% hört für den Käufer die Verpflichtung der Übernahme auf.

Der Handel mit Rohöl erscheint durch die obigen Bestimmungen geregelt. Die übliche Untersuchung der abgelieferten Ware beschränkt sich aber nicht nur auf die organoleptische Probe und Raffinierversuche, sondern umfaßt gewöhnlich auch noch die Bestimmung der Säurezahl und die Prüfung auf eventuell vorhandenes Samenmehl.

Bei der Durchführung des Raffinierversuches verfährt man wie folgt[2]):

Wert-beurteilung des Rohöles.

Man bringt in ein Becherglas von 400 ccm Rauminhalt 200 ccm des zu prüfenden Öles und erwärmt es auf eine zwischen 49 und 54,5° C liegende Temperatur. Hierauf wird eine gemessene Menge Ätznatronlauge (deren Stärke je nach dem Säuregehalt des betreffenden Öles etwas wechselt) innig untergerührt. Man läßt nun das Gemisch an einem warmen Platze einige Stunden — noch besser über Nacht — stehen, kühlt ab und gießt dann das oben schwimmende Öl von dem Bodensatze in einen Meßzylinder ab. Die durch 2 dividierte Volumenverminderung gibt den Verlust in Prozenten an, und eine durch ein trockenes Filter in eine farblose Flasche gebrachte Probe zeigt die Farbe.

---

[1]) Seifensiederztg., Augsburg 1903, S. 521.

[2]) Seifensiederztg., Augsburg 1905, S. 438.

Es werden mehrere solcher Versuche angestellt, indem man die Menge der anzuwendenden Lauge wechselt, dabei mit 5 % beginnend. Für ein Öl, das 0,5—1 % freier Fettsäuren enthält, sollte die Stärke der Lauge etwa 12 ° Bé sein; enthält es 1—2 % freier Fettsäuren, so nimmt man eine Lauge von ca. 14 ° Bé, bei 2—3 % Fettsäuregehalt eine solche von 16 ° Bé.

Raffinationsverfahren. Diese Prüfungsmethode ist dem allgemein gebräuchlichen, im großen ausgeführten Raffinationsverfahren angepaßt. In allen Kottonölfabriken wird für die halbwegs guten Rohöle ausschließlich das Laugenraffinationsverfahren angewendet, dessen Prinzip in Band I, S. 642 und 643 beschrieben wurde.

Wer diese von Evrard[1]) und Bareswill[2]) für Rüb- und Leinöl empfohlene Methode als Erster für das Kottonöl versucht hat, ist nicht bekannt. Wird rohes Kottonöl mit ätzenden oder kohlensauren Laugen behandelt, so werden die in dem Öle enthaltenen freien Fettsäuren sowie die Harzsubstanzen verseift, die ausfallenden Seifenflocken hüllen die Farbstoffe und sonstigen Verunreinigungen des Öles ein und reißen sie mit zu Boden, so daß ein nicht nur keinerlei freie Fettsäuren enthaltendes, sondern auch hellfarbiges und von anderen Verunreinigungen befreites Raffinat resultiert.

Nicht alle Rohöle lassen sich in gleich leichter Weise reinigen. Die Provenienz der Saat, aus welcher die rohen Öle gepreßt wurden, ebenso das Alter und die Verarbeitungsart derselben sind von Einfluß auf die Raffinationsfähigkeit des Öles. Frisch geerntete Saat gibt leichter zu reinigendes Öl als gelagerte oder solche Saat, die längere Zeit an der Baumwollstaude gehangen hat. Die Saat erster Lese wird daher mehr geschätzt als solche zweiter und dritter Lese. Die Art des Wärmens des Preßgutes und sein Schalengehalt beeinflussen die Rohölqualität ebenfalls bedeutend. Je stärker erhitzt wird und je mehr Schalen in dem Preßgute enthalten sind, umso minderwertiger ist das erhaltene Öl. Die Verarbeitung ungeschälter Samen gibt stets geringwertigere Öle, weil ein Teil des in der Samenschale sitzenden Farbstoffes ebenfalls mit in das Öl übergeht und dieser neben dem in den Harzdrüsen des Samenfleisches enthaltenen Farbkörper entfernt werden muß, was nicht immer gelingt.

Laugenmenge. Bei aus gesunder Saat gepreßtem frischen Öl genügen schon 4 % einer Lauge von 6 ° Bé, für „off oil" muß Lauge von 15 ° Bé in einem Prozentsatze bis zu 20 % verwendet werden.

Temperatur. Erstklassiges Öl läßt sich bei gewöhnlicher Temperatur raffinieren, minderwertiges erfordert eine Erwärmung, die umso größer sein muß, je geringwertiger das zu reinigende Öl ist. Bei Speiseölen darf man aber Temperaturen über 55 ° C nicht anwenden, weil sonst der Geschmack des Raffinates leidet.

---

[1]) Polyt. Zentralbl., 1885, S. 368.
[2]) Dinglers polyt. Journal, Bd. 149, S. 80. — Verhandlungen des niederösterr. Gewerbevereins, 1858, S. 413. — Journ. de Pharm., 1858, S. 446.

Die Ausführung der Baumwollsaatölreinigung erfolgt nach obigen Grundsätzen gewöhnlich in der nachstehenden Weise:

Das rohe, rotbraune Kottonöl wird in das zylindrische, unten konisch zulaufende eiserne Raffinationsgefäß gebracht, in welches eine mechanische Rührvorrichtung und eine Dampfschlange eingebaut sind. Nachdem das Rührwerk in Tätigkeit gesetzt wurde, läßt man die Raffinierlauge zuströmen. Man verteilt diese durch ein gelöchtes Schlangenrohr, durch eine Brause oder durch eine dem Segnerschen Wasserrad nachgebildete Vorrichtung über das Öl. Nach dreiviertel- bis einstündigem Durchrühren wird mittels der Dampfschlange langsam angewärmt, wobei braune bis schwarze Pünktchen ausfallen, die sich nach und nach zu Flocken zusammenballen, welche in dem hellgelben Öle herumschwimmen. Eine aus dem Raffinationsgefäße genommene Probe muß nach kurzem Stehen die schwarzen Flocken am Boden ausscheiden und das obenstehende Öl klar und hellgelb erscheinen lassen. Ist die Raffination bis zu diesem Punkt gediehen, so stellt man das Rührwerk ab und überläßt die Mischung der Ruhe.

Der ausgeschiedene Raffinationsrückstand wird in einen eisernen Behälter abgezogen, wo er beim Lagern noch etwas Öl ausscheidet. Der auf diese Art entölte Rückstand wird als „soapstock" bezeichnet und zu einer minderwertigen schwarzen Seife verarbeitet oder anderweitig verbraucht.

Das vom Raffiniergefäße kommende Öl wird gewöhnlich einer Nachbehandlung unterzogen. Man bringt es in einen in Form und Größe dem Reinigungsgefäße gleichenden Behälter (den finishing tank), wo das Öl schwach erwärmt und langsam umgerührt wird. Dabei scheiden sich das in dem Öl etwa enthaltene (von der Raffinationslauge stammende) Wasser und die letzten im Öle suspendierten Reste des Raffinationsrückstandes aus.

Waren zur Reinigung des Öles große Laugenmengen notwendig, so zeigt das Raffinat einen leichten Seifengeschmack oder Laugenstich, der durch Waschen des Öles mit warmem Wasser oder Salzlösung behoben werden kann. Diese Waschoperation kann sowohl im finishing tank als auch in einem besonderen Waschgefäße erfolgen, das man zwischen Raffinier- und finishing tank einschaltet. Gewaschene Öle klären sich zumeist schwierig und entwässern sich in dem gewöhnlichen finishing tank nur unvollkommen. Eine mit einer Luftpumpe in Verbindung stehende, über dem finishing tank angebrachte Absaugevorrichtung, welche ein Verdunsten des Wassers bezweckt, ist für solche Fälle sehr angezeigt.

Vom finishing tank kommend, passiert das Öl Filterpressen oder es kommt in besondere Klärbassins. Die Amerikaner geben den letzteren den Vorzug und behaupten, durch Abstehen bessere und klarere Öle zu erhalten als durch Filtration.

Das nach dieser Methode erhaltene Baumwollsamenöl ist von zitronenbis rötlichgelber Farbe, in seinen besten Qualitäten von nußartigem, angenehmem Geschmack, während die geringeren Marken leicht kratzend und seifenartig schmecken. Je nach der Beschaffenheit des Rohöles trüben sich die Raffinatöle bei leichter Abkühlung mehr oder weniger.

Behufs Korrektur zu dunkler Färbung oder zur Erzeugung ganz farbloser Öle sind besondere Bleichmethoden, zur Erzielung kältebeständiger Öle spezielle Gefriermethoden in Gebrauch. Bevor auf diese eingegangen wird, seien aber noch einige der vielen in Vorschlag gebrachten Varianten des obigen, als normal anzusehenden Raffinationsverfahrens kurz erwähnt:

Nach Frank Boulton Aspinall[1]) in See wird das rohe Kottonöl nicht direkt mit Natronlauge behandelt, sondern vorher mit einer Kochsalzlösung vermischt.

Früher wurde nach Kuhlmann[2]) das rohe Baumwollsamenöl mittels Kalkmilch und kohlensauren Kalkes raffiniert. Man ließ diese Ingredienzien in der Wärme auf das Öl einwirken, wobei sich eine pechartige Masse ausschied. Das Öl wurde dann noch mittels Chlorkalk und Salzsäure gebleicht.

Mit Karbonaten und Kalkmilch arbeiten auch G. Tall und W. Ph. Thompson[3]), welche Baumwollsaatöl mittels Alkalikarbonat reinigen und dann mit schwach milchigem Kalkwasser vermischen. Nach dem Absetzen wird letzteres abgezogen und das Öl mit trockener Walkerde auf 150—180° C erhitzt. Dabei verliert das Öl den ihm noch häufig anhaftenden Beigeschmack und die letzten Reste des gelben Farbstoffes.

E. S. Wilson[4]) raffiniert das rohe Kottonöl mittels Wasserglases und bleicht dann mit Chlorkalk.

Für Öle, welche Brennzwecken dienen sollen (miner oils), ist vielfach an Stelle der Alkaliraffination die Schwefelsäurereinigung[5]) in Anwendung. Speisefähige Öle lassen sich durch die Säuremethode jedoch nicht herstellen.

Bleichen des Öles. Von den Bleichmethoden bietet nur die für Speisekottonöl in Verwendung stehende Interesse, die anderen, minder gute Öle ergebenden Verfahren bringen nichts Neues und sei in dieser Beziehung auf Band I, S. 655—682 verwiesen[6]).

Um bei der Raffination zu dunkel ausgefallenes Baumwollsamenöl zu bleichen, ohne es im Geschmack ungünstig zu beeinflussen, oder zur Herstellung

---

[1]) D. R. P. Nr. 82734 v. 3. Jan. 1895. — Engl. Patent Nr. 11324 v. 11. Juni 1894.
[2]) Compt. rendus, Bd. 53, S. 444.
[3]) D. R. P. Nr. 49012.
[4]) Amer. Patent Nr. 365921.
[5]) Siehe Rüböl, S. 353.
[6]) Ein spezielles, zum Bleichen von Kottonöl bezw. der daraus hergestellten Seifen oder Fettsäuren bestimmtes Verfahren hat James Longmore in Liverpool empfohlen. Er verwendet zu diesem Zwecke Chlorkalk (D. R. P. Nr. 29447). — Siehe auch die über Kottonölraffination handelnden englischen Patente: Nr. 28418 v. 20. Dez. 1895 (E. S. Wilson und E. Stewart); Nr. 15647 v. 15. Nov. 1887 (G. Tall und W. P. Thompson); Nr. 17870 v. 9. Nov. 1889 (R. Hunt).

wasserheller Kottonöle für die Compound'lard-Fabrikation bedient man sich der Walkerde (fuller earth, Magnesium-Aluminium-Hydrosilikat, siehe I. Band S. 661/62) als Bleichmittel. Man bleicht bei gewöhnlicher Temperatur oder unter ganz mäßiger Erwärmung und schickt das behandelte, mit Walkerde vermischte Öl durch eine Filterpresse.

Fig. 47 zeigt einen Bleichapparat, wie solche in Amerika viel gebraucht werden; als Rührvorrichtung ist dabei ein Schraubenrührer (s. Bd. I, S. 624) in Anwendung.

Um den eigenartigen, leicht säuerlichen Geschmack der mit Walkerde gebleichten Öle zu vermeiden, mischt man während der Bleichoperation Natriumbikarbonat bei. Dieses in Amerika so beliebte Mittel wirkt aber nicht absolut sicher, wie übrigens auch die Bleichwirkung der Walkerde nicht bei allen Sorten von Kottonöl dieselbe ist. Während man bei manchen Ölen schon mit 2—3 % Silikatpulver fast farblose Produkte erhält, werden andere Sorten auch mit weit größeren Prozentsätzen des Bleichmittels kaum heller. Für die Herstellung von hellen Ölen sind daher Vorversuche über die Bleichfähigkeit der betreffenden Ölpartien unerläßlich.

Fig. 47. Bleichapparat für Kottonöl.

Das gereinigte Kottonöl ist reich an festen Triglyzeriden. Letztere werden beim Abkühlen teilweise ausgeschieden, was das Baumwollsamenöl für manche Zwecke nicht recht geeignet erscheinen läßt. Durch entsprechende Arbeitsweise bei der Herstellung des Rohöles läßt sich einem vorzeitigen Trübwerden des Raffinatöles von vornherein vorbeugen. Der meist geübte Arbeitsgang beim Verarbeiten von Kottonsaat liefert aber Öle, die infolge ihres Reichtums an festen Anteilen nur für bestimmte Zwecke (z. B. Margarineindustrie, Compoundlard-Fabrikation) brauchbar sind. Sollen sie als Tafelöle Verwendung finden, so ist ein besonderes Kältebeständigmachen derselben nicht zu umgehen.

Kältebeständigmachen der Öle.

Diese Operation ist unter dem Namen „Demargarinieren"[1] allgemein bekannt und beruht auf dem partiellen Ausscheiden der festen Glyzeride. Das Kottonöl wird ganz allmählich abgekühlt und die dabei

----
[1] Siehe Band I, S. 698.

in Flockenform ausfallenden festen Anteile werden durch Filtration oder Zentrifugieren von dem flüssig gebliebenen Öle abgesondert. Erfolgt die Abkühlung nicht langsam genug, so scheiden sich die festen Triglyzeride in einer Form aus, die ihre Trennung von den flüssigen Anteilen sehr erschwert, ja, es kann selbst ein „Stocken in der Masse" oder eine Art „Gelatinieren" eintreten, welches eine Scheidung des festen Anteils von den flüssigen Bestandteilen geradezu ausschließt.

Die Abkühlung der Öle erfolgt in Räumen, deren Temperatur man durch künstliche Kühlvorrichtungen genau regulieren kann; die zum Kältebeständigmachen des Kottonöles notwendige Anlage wird dadurch ziemlich kostspielig.

Zur Absonderung des ausgeschiedenen festen Fettes — Kottonstearin genannt — werden in Amerika Filterpressen benutzt. Ob das von Bertainchand[1]) für Olivenöle empfohlene Zentrifugieren des abgekühlten Öles auch bei Baumwollsamenöl zweckmäßig ist, muß durch Versuche im großen noch ermittelt werden.

Pollatschek[2]) hat versucht, die allgemein gebräuchliche Methode der Entstearinierung des Kottonöles zu vervollkommnen, indem er dem Baumwollsamenöle vor dem Abkühlen feste Fette, wie Kokosöl, Kakaolin usw., zumischte. Werden solche Fettgemische auf eine Temperatur von 10^0 C unterhalb des Schmelzpunktes des zugesetzten Fettes abgekühlt, so scheiden sie letzteres kristallinisch aus und bringen dabei auch die in dem Kottonöle enthaltenen festen Glyzeride teilweise zur Ausfällung.

Der Erfolg dieser Versuche war aber kein genügend befriedigender, weshalb Pollatschek[3]), von der Annahme ausgehend, daß sich das Glyzerid der Ölsäure schwerer verseife als, das der festen Fettsäuren[4]), eine partielle Verseifung des Öles versuchte. Diese Experimente sollen — abgesehen von der Unzweckmäßigkeit des Verfahrens[5]) — qualitativ befriedigende Resultate ergeben haben, was aber im Widerspruch zu den Befunden Thums[6]) steht.

Handelsmarken. Im Handel unterscheidet man meist folgende Marken von raffiniertem Kottonöl:

1. Summer yellow oil. Ist ein Raffinat, welches keine besondere Bleiche durchgemacht hat und relativ reich an festen Glyzeriden ist, also bald trüb wird. Je nach der Reinheit des Geschmackes spricht man von choice, prime und off summer oil (vorzüglichem, gutem und minderem Sommeröl). Diese stearinreichen Öle heißen auch mitunter heavy bodied oils.

[1]) Seifensiederztg., Augsburg 1903, S. 528.
[2]) Chem. Ztg., 1902, Nr. 58.
[3]) Chem. Ztg., 1902, Bd. 2, S. 664.
[4]) Siehe Patent Baudot, Bd. I, S. 112.
[5]) Die Verseifung muß eine ziemlich weitgehende sein, was einerseits großen Laugenverbrauch, andernteils geringe Ölausbeute mit sich bringt.
[6]) Siehe Bd. I, S. 112.

2. Winter yellow oil; erhält man durch Entstearinierung (Demargarinieren) des erstgenannten Öles. Charakteristisch für Winteröle ist ihre Kältebeständigkeit; sie sollen beim Nullpunkte nicht fest sein, sondern müssen noch „fließen", wenngleich durch bereits eingetretenes Ausscheiden fester Triglyzeride bei dieser Temperatur die Öle auch trüb und sehr schwerflüssig sind. Auch hier unterscheidet man choice-, prime- und off-Marken.

3. Summer white oil. Wird durch Bleichen des Summer yellow oil gewonnen und unterscheidet sich von diesem nur durch hellere Farbe.

4. Winter white oil. Stellt ein gebleichtes Winter yellow oil dar.

5. Kottonstearin. Je nachdem dieses aus naturgelber oder gebleichter Ware gewonnen wurde, ist es mehr gelblich oder weiß.

Der Raffinationsrückstand der Kottonölfabrikation (Soapstock genannt) stellt eine dunkelblaue bis schwarze Masse dar, deren Konsistenz dickflüssig bis salbenartig ist und welche einen eigenartigen, nicht gerade unangenehmen Geruch zeigt. Die Masse besteht aus Wasser, Farbstoffen und Seife und enthält außerdem neben unverseiftem Fett etwas freies Alkali. Guter Soapstock soll von letzterem möglichst wenig und nur geringe Mengen unverseiften Fettes enthalten. *Soapstock.*

Der Gehalt an Fett (verseift und unverseift) beträgt mitunter bis 70 % und ist umso größer, je konzentrierter die Laugen waren, mit denen man arbeitete.

Der Soapstock findet die verschiedenartigste Verwertung. Er wird nicht selten vor seinem Versand mit Mirbanöl parfümiert und gelangt in dieser Zubereitung bisweilen auch zum Export. *Verwertung desselben.*

Für den Handel mit Soapstock gelten in den Vereinigten Staaten bestimmte Usancen, welche einen Normalgehalt von 50 % Fett (in Form verseifter und unverseifter Fette) festlegen. Ware mit einem geringeren oder höheren Gehalte erfährt einen Preisabzug oder Zuschlag, doch wird ein Produkt mit weniger als 45 % Fett nicht mehr als „good delivery" angesehen.

Für die Untersuchung des Soapstocks hat die Vereinigung der amerikanischen Kottonölmühlen bestimmte Vorschriften fixiert, welche nachstehend wiedergegeben seien[1]):

Für die Soapstockanalyse ist vor allem die Entnahme eines richtigen Durchschnittsmusters eine wichtige und schwierige Sache, welche stets vom Fabrikschemiker genau überwacht werden sollte: *Wertbeurteilung des Soapstockes.*

Bestimmung des Wassergehaltes: 10 g des Durchschnittsmusters werden in eine tarierte Schale eingewogen, mit einer genau gewogenen Menge trockenen Sandes (etwa 10 g) innigst vermischt und dann im Lufttrockenschrank bei 110° C bis zum konstanten Gewicht getrocknet. Der Gewichtsverlust mit 10 multipliziert ergibt die Prozente Wasser.

Öl und verseifbares Fett: Es werden 10 g des Musters genau abgewogen und mit so viel reinem Sand gemischt, daß die Masse körnig wird. Bei dieser Operation muß man achtgeben, daß keine Verluste entstehen. Die körnige Mischung wird in eine Extraktionshülse gebracht, welche oben mit einer leichten Schicht entfetteter Watte verschlossen wird und dann in den Soxhletschen Apparat kommt, wo sie 3 Stunden lang mit Äther extrahiert wird. Der Ätherextrakt wird zur

---

[1]) Nach Seifensiederztg., Augsburg 1905. S. 587.

Entfernung beigemengter Seife zweimal mit kaltem Wasser gewaschen, darauf in einen tarierten Kolben übergeführt und nach Abdestillierung des Äthers das zurückgebliebene Öl gewogen. Mit 10 multipliziert, ergibt letzteres den prozentischen Gehalt.

Gesamtfettsäure: 10 g der Probe werden in einer Porzellanschale gewogen und das vorhandene Öl durch Zugabe von starker Ätznatronlauge auf dem Wasserbade verseift. Die Verseifung wird durch Hinzufügen von einigen ccm Alkohol befördert und ist nach 20 Minuten, wenn der Alkohol sich verflüchtigt hat, beendigt. Die gebildete Seife wird mit einer hinreichenden Menge Wasser in Lösung gebracht und daraus durch verdünnte Schwefelsäure die Fettsäure abgeschieden. Man läßt die Mischung etwas abkühlen und bringt sie dann in einen Scheidetrichter. Die in der Schale hängen bleibenden Fettsäureteilchen werden mit Äther ebenfalls in den Scheidetrichter abgeführt. Hat sich der Inhalt des letzteren genügend abgekühlt, so fügt man mehr Äther zu und schüttelt gut durch. Darauf läßt man die beiden Schichten sich trennen, zieht die saure, wässerige Schicht unten ab und wäscht die ätherische Fettsäurelösung mit Wasser aus. Endlich bringt man die klare Ätherlösung in einen tarierten Kolben, destilliert den Äther ab und wiegt die zurückgebliebenen Fettsäuren. Ihr Gewicht multipliziert mit 10 liefert die Prozente der Gesamtfettsäuren.

Mehl und Nichtseife: 10 g der Soapstockprobe werden viermal hintereinander mit je 20 ccm von heißem denaturierten Spiritus oder Methylalkohol mazeriert und dabei jede Portion Spiritus durch ein gewogenes Papierfilter abgegossen. Darauf wird der Rückstand ebenfalls auf das Filter gebracht, noch einmal mit heißem Spiritus und dann einmal mit Äther ausgewaschen. Das Filter mit dem Rückstand wird nun im Wassertrockenschrank bis zum konstanten Gewicht getrocknet. Das Gewicht des Rückstandes gibt, mit 10 multipliziert, den Prozentgehalt an Mehl und nicht seifenartigen Stoffen.

Die Billigkeit des Produktes — Soapstock kostet z. B. in Amerika selten mehr als $1^1/_8$—$1^1/_2$ Cents für 1 engl. Pfund[1]) — würde es zu einem beliebten Seifenfette stempeln, wenn sich die dunkle Färbung des Rückstandes und der daraus hergestellten Seife leicht wegbringen ließe.

Verarbeitung zu Seife.　　Die Fabriken, welche den Soapstock zu marktfähiger Seife verarbeiten, bleichen zumeist mit Chlorkalk oder Natriumsuperoxyd und verfahren dabei wie folgt:

Der Chlorkalk wird mit $80\,^0/_0$ seines Gewichtes an kalzinierter Soda angerührt und abstehen gelassen. Der sich bildende Bodensatz ($CaCO_3$) wird mit Wasser ausgesüßt und das Waschwasser mit der ersten klaren Lösung vereinigt oder zu einer nächsten Operation verwendet. Die zu bleichende Seife wird dann entsprechend dünn gesotten und mit der Bleichflüssigkeit gekocht, bis der gewünschte Grad von Helligkeit erreicht ist. Bei Verwendung von $20\,^0/_0$ Chlorkalk (auf das Seifengewicht gerechnet) erzielt man eine helle, strohgelbe Färbung, die später beim Lagern allerdings etwas nachdunkelt. Ein eventueller Harzzusatz zu der Seife wird erst nach der Bleiche durchgeführt. Handelt es sich nicht um bloßen Soapstock, sondern um einen mit gewöhnlicher Seife bereits verlängerten Raffinationssatz, so genügt ein weit geringerer Prozentsatz von Chlorkalk und es ist auch die Herstellung einer fast weißen Seife möglich.

---

[1]) Ein engl. Pfund = 0,4536 kg.

Natriumsuperoxyd ist ebenfalls zur Bleichung von Soapstock versucht worden, bis jetzt aber nur mit wenig Erfolg, da sich die Kosten zu hoch stellen.

Einige amerikanische Fabriken geben auch den aus Soapstock hergestellten Seifen durch Zugabe blauer Anilinfarben eine Grünfärbung, decken mit Mirbanöl den Geruch und bringen die Ware dann als „grüne Seife" auf den Markt.

Soapstock wird nach vorgenommener Nachverseifung durch Vermischen mit kalzinierter Soda auch auf Seifenpulver verarbeitet.

Vor Jahren gelangte Soapstock auch nach Deutschland. Eine solche Probe zeigte bei der Untersuchung:

$$32,4\,^0/_0 \text{ Wasser}$$
$$38,7\,^0/_0 \text{ verseiften Fettes}$$
$$23,5\,^0/_0 \text{ fetten Öles.}$$

Andere Sendungen stellten ein getrocknetes, bröckliges Produkt dar, welches alle Eigenschaften einer Seife besaß und angeblich als Tuchwalkmittel verwendet wurde (?).

Justus Wolff in Mannheim[1]) verwendet den wasserfreien Soapstock zur Herstellung einer plastischen, lederartigen Masse. Der getrocknete Rückstand wird mit Fetten, Ölen, Paraffin, Ceresin, Wachs, Harz u. dgl., ferner mit Graphitpulver, Zinnober, Ruß usw. innig vermengt und dann dem Gemenge Schwefelpulver und Schwefelkohlenstoff zugesetzt. Durch Erhitzen dieser Massen auf 80—150 ° C erhält man eine mehr oder weniger harte plastische Masse.

Interessant sind auch die Versuche, den im Soapstock enthaltenen Farbstoff zu gewinnen. Der erste dahinzielende Vorschlag stammt von Kuhlmann, welcher die folgende Methode empfahl:

Der Soapstock wird mit 3—6 % konzentrierter Schwefelsäure vermischt und das Gemenge 5—6 Stunden lang auf einer Temperatur von 100°C erhalten, wobei sich eine blaue Masse bildet, die ungefähr zur Hälfte aus Fettsäure besteht, außerdem aber auch freie Schwefelsäure, Glaubersalz und Gips[2]) enthält. Nach dem Auswaschen mit Wasser löst man die Masse mit Alkohol und fällt nachher mit Wasser aus. Die ausgeschiedenen Fettsäuren werden durch Benzol aufgenommen und der rückbleibende Farbstoff durch mehrfaches Lösen und Ausfällen gereinigt. Er stellt ein körniges Produkt dar, das auf Platinblech ohne Rückstand verbrennt und in alkoholischen Flüssigkeiten löslich ist; bei Zusatz von überschüssiger Säure schlägt sich der Farbstoff unverändert nieder. Konzentrierte Schwefelsäure gibt purpurrote Färbung; Wasser fällt aus dieser Lösung den Farbstoff wieder aus. Alle Versuche, den Farbstoff, welchem

Randnotiz: Andere Verwertungen von Soapstock.

Randnotiz: Verfahren Kuhlmann.

---

[1]) D. R. P. Nr. 20483.
[2]) Die Anwesenheit von Gips erwähnt Kuhlmann deshalb, weil nach seiner Raffinationsmethode mit Kalkmilch gearbeitet wird.

nach Kuhlmann die Formel $C_{32}H_{24}O_8$ zukommt, in der Färbereipraxis zu
verwenden, blieben bisher erfolglos. Die erzielten Färbungen ließen an
Echtheit viel zu wünschen übrig[1]).

Ungefähr 20 Jahre später hat dann James Longmore[2]) in Liverpool ein Verfahren angegeben, auf welches er auch ein deutsches Reichs-
patent erhielt.

Verfahren
von
Wilson und
Steward.   Nach E. S. Wilson und E. Steward[3]) wird der Soapstock gelöst
und die darin enthaltenen Fettsäuren, Harze und sonstige Fremdkörper
durch fraktionierte Fällung mittels Magnesium- oder Calciumchlorid ausgeschieden. Der in Lösung gebliebene Farbstoff wird dann mit verdünnter
Schwefelsäure oder mittels einer anderen Säure gefällt, der flockige Niederschlag abfiltriert und abgepreßt.

Später haben Wilson und Steward im Verein mit B. P. March-
lewski[4]) ihr Verfahren verbessert. Die im Soapstock enthaltenen Fettsäuren werden dabei durch Metallsalze ausgefällt und die zurückbleibende
Flüssigkeit sodann mit einer Säure, z. B. Salzsäure, versetzt, welche die
Alkaliverbindungen zerlegt und den gelösten Farbstoff in Form von Flocken
ausscheidet. Er kann durch wiederholte Kristallisation aus Eisessig und Alkohol gereinigt werden und bildet gelbe Kristalle, welche in Alkohol, Äther,
kochendem Eisessig und wässerigen Alkalilösungen leicht löslich, in Wasser
dagegen unlöslich sind. Wenn der Farbstoff mit Nitrosodimethyl- und
Nitrosodiäthylanilin in Alkohol oder Eisessig kondensiert wird, erhält
man Farbstoffe, welche in essigsaurer und alkoholischer Lösung Baumwolle
und Wolle auf Eisen- Chrom- und Zinkbeizen gelbbraun bis braun färben
und in Wasser unlöslich sind. Lösliche Derivate, welche für die Färbung
gebeizter Wolle geeignet sind, werden durch Sulfonieren des wasser-
unlöslichen Farbstoffes gewonnen. Mit α-Nitro-β-Naphthol und β-Nitro-
α-Naphthol in konzentrierter Schwefelsäure auf 55—75° C erhitzt, gibt
der Soapstock Gossypolverbindungen, welche gebeizte oder auch ungebeizte
Wolle braun färben.

Auch zur Bereitung von Druckerschwärze[5]) hat man Soapstock
empfohlen.

Die Einrichtung einer Kottonölraffinationsanlage führt Tafel V vor.

Das Rohöl wird von den Rohölbehältern R in die Raffinationsgefäße A
gepumpt, wo es mit der von L kommenden Lauge vermischt wird. Als Rührvorrichtung dient entweder komprimierte Luft oder ein mechanisches Rührwerk.
Der in A gebildete Raffinationsrückstand kommt nach S, das gereinigte Öl nach
den finishing tanks F. Nachdem der Raffinationsrückstand in S einige Zeit ab-
gestanden ist, wird das von diesem noch abgeschiedene Öl nach F gepumpt, der

---

[1]) Compt. rendus, Bd. 53, S. 444; Wagners Jahresberichte, 1861, S. 581.
[2]) D. R. P. Nr. 27311.
[3]) Engl. Patent Nr. 24418 v. 20. Dez. 1895.
[4]) Engl. Patent Nr. 9477 v. 8. Mai 1896.
[5]) Engl. Patent Nr. 23231 v. 19. Dez. 1900.

Plan einer Kottonöl-Raffinerie.

Schnitt x - y.

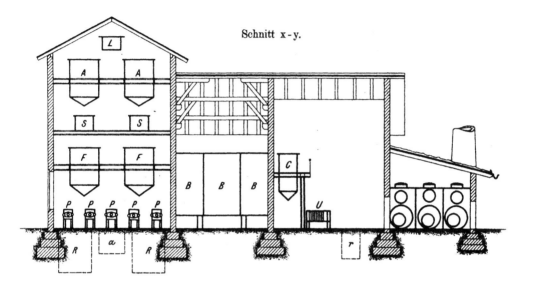

Grundriß.

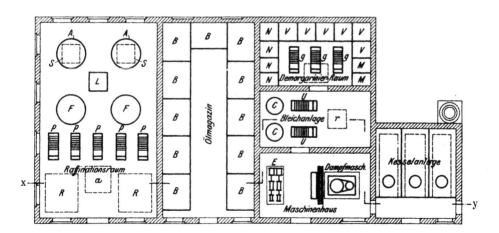

Verlag von Julius Springer in Berlin.   Techn. - art. Anstalt von Alfred Müller in Leipzig.

eigentliche Soapstock aber in Fässer abgezogen. Vom finishing tank macht das Öl eine Passage durch Filterpressen P, gelangt nach a und von hier in die Vorratsbehälter B.

Das auf diese Weise erhaltene Raffinat wird dann in dem **Demargarinierraume** kältebeständig gemacht. Dieser Raum wird durch eine in einem Rohrsystem zirkulierende Kühlflüssigkeit, welche von der Eismaschine E auf den notwendigen Kältegrad gebracht wird, allmählich abgekühlt, wobei das in den Behältern V befindliche Kottonöl seine festen Anteile ausscheidet, welche durch die Filterpressen G abgesondert werden. Das abgesonderte feste Fett, das Kottonstearin, wird in M, das kältebeständige Öl in N aufbewahrt.

Zur Herstellung außergewöhnlich heller Baumwollsaatöle dient eine **Bleichanlage**, in welcher das Öl in den Bleichgefäßen C auf bekannte Weise mit Walkerde, Blutlaugensalzpulver usw. behandelt und nachher durch die Filter U filtriert wird. Das gebleichte Öl wird in dem vertieften Behälter r aufgefangen und von hier in die Vorratsbehälter B (Ölmagazin) gepumpt.

Allgemeines über die Anlage von Kottonölmühlen.

Die Verarbeitung von Baumwollsaat erfolgt entweder auf kleinen, primitiv arbeitenden und leicht transportabeln Einrichtungen, welche im I. Bande dieses Werkes unter dem Namen „Exportmühlen" beschrieben wurden, oder in modernen Großbetrieben, die man in Bahnzentren, in der Nähe von Baumwollplantagen oder auch in ausländischen Hafenstädten errichtet.

Die transportabeln, kleinen Mühlen gestatten ein leichtes Aufschlagen und Abbrechen der Anlage inmitten der Baumwollpflanzungen; sie lassen die Transportkosten für das Rohmaterial ganz wegfallen und die nahegelegenen Farmer sind gleichzeitig Abnehmer für die erzeugten Kuchen, während das gewonnene Öl an besondere Raffinerien abgegeben wird. *Transportable Kleinbetriebe.*

Die großen Betriebe sind auf den Bezug von Kottonsaat aus größerem Umkreise angewiesen; die in England, Deutschland und Österreich befindlichen Kottonölfabriken müssen ihr Rohmaterial sogar von weit her beziehen. *Stabile Betriebe.*

Viele der groß angelegten Betriebe arbeiten, genau so wie die transportabeln Kleinbetriebe, nur kampagneweise, und zwar meist 100—120 Tage im Jahre. Von dieser Regel machen nur die wenigen europäischen Fabriken eine Ausnahme.

Bis vor nicht allzu langer Zeit war man in Amerika der Ansicht, daß die Zukunft den kleinen mobilen Ölmühlen gehöre. Inzwischen sah man aber ein, daß diese Kleinbetriebe nicht mit der bei der komplizierten Kottonsaatverarbeitung unumgänglich notwendigen Präzision arbeiten, und wendet das Interesse jetzt ganz und gar den rationell eingerichteten stabilen Betrieben zu, die man bis zu einer Tagesleistung von 20 Tonnen herab baut und dann auch direkt in die Baumwollplantagen verlegt und mit der Entkörnungsanlage (Ginnery) zusammenarbeiten läßt.

Das Maximum der Tagesleistung ist bei der Kottonölfabrikation recht hoch gelegen; man kennt Betriebe, welche bis zu 600 Tonnen pro *Tagesleistungen.*

24 Stunden zu verarbeiten vermögen, doch haben derartige Betriebskolosse nicht selten mit Schwierigkeiten der Saatverproviantierung zu kämpfen. Kottonölfabriken mit nicht weniger als 20 Tonnen und nicht mehr als 150 Tonnen gelten daher als am geeignetsten.

Über Einrichtungen zum Raffinieren von Kottonöl verfügen kleinere Betriebe überhaupt nicht, wie auch manche größere Fabriken solcher Anlagen entbehren.

Anlage- *kosten.* Über die Kosten amerikanischer Baumwollsaatölmühlen gibt die folgende Tabelle[1]) Aufschluß:

Kosten von Kottonölfabriksanlagen.

Anlage mit einer Leistungsfähigkeit per 24 Stunden von	Kosten des Fabrikations- raumes und der Magazine	Kosten des Bau- grundes und der Wasser- versorgung	Kosten der Pressenanlage	Andere maschinelle Einrichtung	Montagekosten	Gesamtkosten der Fabrik für Rohöl- erzeugung	Kosten der Raffinerie	Gesamtkosten der Ölfabrik und Raffinerie
10—15 Tonnen	5 000	1 000	4 500	5 000	2 000	17 500	—	—
20—30 ,,	10 000	2 000	6 400	8 500	4 500	31 400	11 600	43 000
30—40 .,	10 000	2 000	8 200	10 000	4 800	35 000	15 000	50 000
60—80 ,,	15 000	2 000	12 500	22 000	8 500	60 000	25 000	85 000
100—120 ,,	22 000	2 500	18 500	34 500	12 500	90 000	35 000	125 000

Über die Situierung der Kottonölanlagen und über die Anordnung der einzelnen Betriebsabteilungen geben Tafel VI und VII Aufschluß.

Pläne von *Kottonöl-* *fabriken.* Tafel VI zeigt den Situationsplan einer in unmittelbarer Nähe einer Plantage gelegenen Kottonölfabrik, wo der in der Entkörnungsanlage der Kapseln (Ginnery) bloßgelegte Samen durch mechanische Transportmittel in das Saatmagazin gebracht wird. Bevor die Saat von hier in die Ölfabrik wandert, erfolgt ein Vorreinigen der Samen auf den Putzapparaten (sand and boll screen). Die gereinigte Saat wird dann mittels einer Siebschnecke in die Ölfabriksanlage transportiert, kommt hier zuerst auf die Linter, dann auf den Huller, Separator, die Walzen- stühle, den Wärmer und endlich in die Presse. Das Öl sammelt man in größeren Behältern, um es an besondere Ölraffinerien abzugeben. Die bei der Enthülsung abfallenden Schalen werden in einer eigenen Abteilung der Fabrik gemahlen, die beim Lintern erhaltenen Fäserchen in Ballenpressen komprimiert. Das rohe Baumwollsamenöl wird an Raffinerien abgegeben. Der Weg, welchen die Saat bei ihrer Verarbeitung nimmt, ist aus der Buchstabenerklärung der Tafel VI ersichtlich.

In Tafel VII ist die Anordnung der einzelnen Betriebsabteilungen einer größeren Kottonölmühle veranschaulicht. Die Beschreibung der Fabrikation, welche auf S. 178—213 gegeben wurde, macht eine weitere Erläuterung des Planes überflüssig. Charakteristisch für diese Anlage ist die Trennung der einzelnen Ab- teilungen durch Feuermauern, um bei einer ausbrechenden Feuersbrunst eine Lokali-

---

[1]) Farmers Bulletin, Washington 1896, Nr. 36, S. 8.

Situationsplan
einer in der Plantage gelegenen
Kottonölmühle.

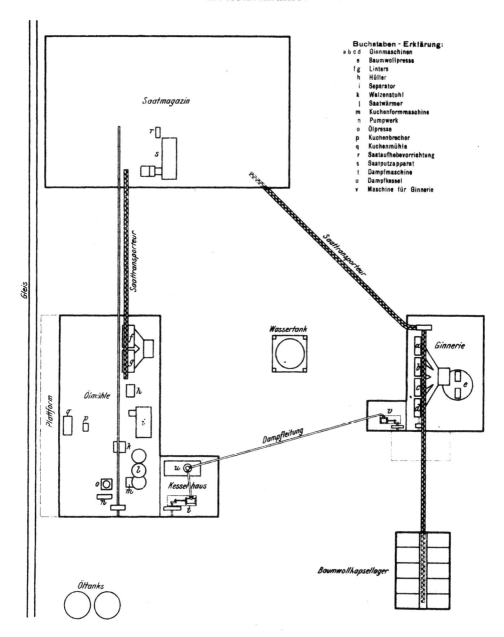

Buchstaben - Erklärung:

a b c d   Ginnmaschinen
e   Baumwollpresse
f g   Linters
h   Hüller
i   Separator
k   Walzenstuhl
l   Saatwärmer
m   Kuchenformmaschine
n   Pumpwerk
o   Ölpresse
p   Kuchenbrecher
q   Kuchenmühle
r   Saataufhebevorrichtung
s   Saatputzapparat
t   Dampfmaschine
u   Dampfkessel
v   Maschine für Ginnerie

Verlag von Julius Springer in Berlin.   Techn.-art. Anstalt von Alfred Müller in Leipzig.

Plan einer Kottonölfabrik nach amerikanischem System.

Bahngleis

Brückenwage

Magazin für Ölkuchen, Kuchen- und Schalenmehl

Kuchen- u. Schalenmüllerei

Kuchenkracher

Desintegrator

Saatwärmer

Form-maschine

Pressensaal

Ölpressen

Ölmagazin

Kuchen-schneidemesser

Walzen-stuhl

Maschinen-haus

Akkumu-latoren

Pumpenhaus

Pumpe

Elektr. Anlage

Pumpe

Kesselhaus

Kessel

Kohlenrampe

Separator

Entschalanlage

Mess-schnecke

Hüllen-anlage

Linter

Linteranlage

Sägesohleflm.

Saatreinigungs-raum

Saatputz-apparat

Saatwittapparat

Lintpresserei

Lintpresse

sierung des Brandes zu ermöglichen. Linter und Hullermaschinen, welche den gefährlichsten Teil der Gesamtanlage bilden, sind sowohl von dem Saatreinigungs- als auch von dem Pumpen- und Akkumulatorenhause feuersicher abgetrennt. Letzteres ist wieder von dem Pressensaale und dem Kesselhause durch Feuermauern separiert. Eine Anlage zur Reinigung von Kottonöl ist mit der in dem Plane gezeichneten Ölmühle nicht verbunden.

Die Technik der Verarbeitung von Kottonsaat hat in den letzten **Ausbeute.** 35 Jahren bedeutende Fortschritte gemacht; diese erhellen am besten aus einer Gegenüberstellung der Ausbeuteziffern amerikanischer Betriebe, welche um das Jahr 1870 erreicht wurden, und jener, die man jetzt verzeichnet:

		Alte Betriebe	Moderne Anlagen
Ausbeute[1]) an	Lints . . .	—	1,50 %
„	„ Schalen . .	50,00 %	47,50
„	„ Kuchen . .	11,25	15,00
„	„ rohem Öl .	38,75	36,00

Mit diesen Verbesserungen gehen 30 % Ersparnis an Fabrikationsspesen Hand in Hand.

In den Zeiträumen 1890—1900 und 1901—1906 erhielt man im Durchschnitt die folgenden Ausbeuten[2]):

	1890—1900	1901—1906
Lints	1,35 %	2,00 %
Schalen	40,00	35,00
Kottonkuchen	36,60	40,35
Rohes Öl	14,00	15,00
Verlust und Saathavarie . .	8,05	7,65

Ein sehr anschauliches Bild von der durchschnittlichen Größe der Betriebe in den einzelnen Kottonöl erzeugenden Staaten der Union, den erreichten Ausbeuten und lokalen Preisen für die einzelnen Produkte gibt die umstehende, nach amtlichen Ermittlungen zusammengestellte Tabelle.

Darnach arbeiteten hinsichtlich Ölausbeute die Fabriken in Nordkarolina am besten, die von Texas und Indian Territory am ungünstigsten; den billigsten Saatpreis hatte der Oklahomadistrikt, den höchsten Südkarolina.

Grimshaw[3]) hat ein Diagramm entworfen, welches die Verarbeitung der Baumwollsamen und die erhaltenen Produkte graphisch darstellt. Nachfolgend (S. 217) sei dieses Diagramm wiedergegeben, jedoch mit der Erweiterung, daß auch die Verwertung bzw. Weiterverarbeitung der Kuchen, Schalen, Fasern und des Öles verzeichnet ist.

---

[1]) Die Ausbeuteziffern beziehen sich auf das Gewicht verarbeiteter Saat.
[2]) Die Ziffern beziehen sich auf das Gewicht der eingekauften Saat.
[3]) Farmers Bulletin, Nr. 36, S. 5.

Ausbeute.

Tabellarische Übersicht der in den Kottonölmühlen der Vereinigten Staaten im Jahre 1900¹) erzielten durchschnittlichen Ausbeuten und erreichten Verkaufspreise.

Staaten und Territorien	Anzahl der Betriebe	Durchschnittliche Saatverarbeitung eines Betriebes	Erhaltene Gewichtsprozente an					Wert einer Tonne Saat	Wert der aus einer Tonne Saat erhaltenen Produkte							
									Effektiv (Dollar)				Prozentual			
			Öl	Kuchen	Schalen	Lints	Verlust		Öl	Kuchen	Schalen	Lints	Öl	Kuchen	Schalen	Lints
			%	%	%	%	%						%	%	%	%
Alabama	27	6 374	14,6	35,1	46,6	1,3	2,4	11,73	8,84	6,25	1,26	0,80	51,5	36,4	7,4	4,7
Arkansas . . .	20	9 501	14,3	34,4	47,7	1,2	2,4	11,82	8,65	6,01	1,31	0,81	51,6	35,8	7,8	4,7
Georgia	46	5 909	14,6	33,7	48,7	1,2	1,8	11,94	9,08	6,30	1,49	0,74	51,6	35,8	8,4	4,2
Indian Territory	6	4 403	13,2	34,8	49,5	1,3	1,2	11,28	7,85	6,92	1,25	0,87	46,4	41,0	7,4	5,2
Louisiana . . .	21	11 952	14,5	36,4	45,6	1,2	2,3	11,29	8,86	6,83	1,14	0,69	50,5	39,1	6,6	3,8
Mississippi . . .	41	9 626	14,3	35,9	46,9	1,2	1,0	11,60	8,52	6,63	1,01	0,74	50,4	39,3	5,9	4,4
North Carolina .	20	5 383	15,2	33,5	48,5	1,0	1,8	12,20	9,10	6,31	1,35	0,70	52,0	36,2	7,8	4,0
Oklahoma . . .	6	4 404	13,3	35,9	47,0	1,0	2,8	9,37	7,07	6,20	1,55	0,70	45,5	40,0	10,0	4,5
South Carolina .	48	3 263	14,7	37,0	45,7	1,1	1,6	13,96	9,87	7,47	1,39	0,70	50,7	38,4	7,2	3,7
Tennessee . . .	15	11 220	14,4	35,4	47,5	1,2	1,6	10,98	8,10	6,21	1,177	0,78	49,9	38,2	7,2	4,7
Texas	102	6 700	13,2	36,6	47,4	1,1	1,8	10,92	8,22	6,31	1,41	0,69	49,5	38,0	8,4	4,1
Andere Staaten .	5	4 346	14,4	40,0	43,4	1,0	1,3	11,70	8,77	7,04	1,08	0,52	50,3	40,5	6,2	2,9
Vereinigte Staaten	357	6 945	14,1	35,7	47,2	1,2	2,2	11,55	8,63	6,46	1,29	0,73	50,4	37,9	7,5	4,2

¹) Vergleiche die unter „Nachträge" gegebene analoge Tabelle für das Jahr 1905.

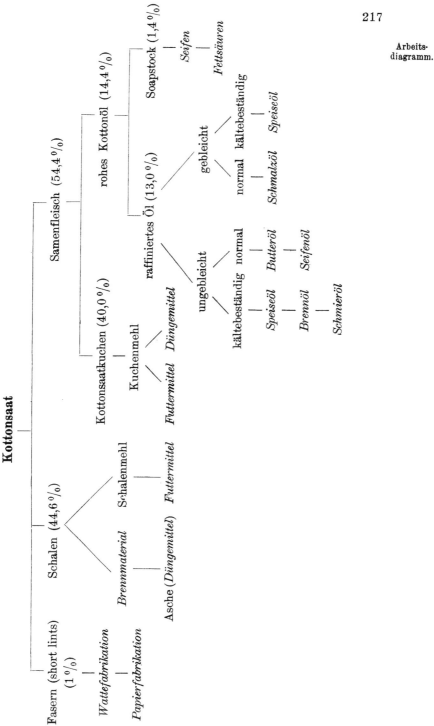

Arbeits-
diagramm.

Kottonsaat

Fasern (short lints) (1 %)
— Wattefabrikation
— Papierfabrikation

Schalen (44,6 %)
— Brennmaterial
— Schalenmehl — Futtermittel
— Asche (Düngemittel)

Samenfleisch (54,4 %)

Kottonsaatkuchen (40,0 %)
— Kuchenmehl — Futtermittel
— Düngemittel

rohes Kottonöl (14,4 %)

raffiniertes Öl (13,0 %)
— ungebleicht
— kältebeständig
— Speiseöl
— normal
— Butteröl
— Brennöl
— Seifenöl
— Schmieröl

gebleicht
— normal
— Schmalzöl
— kältebeständig
— Speiseöl

Soapstock (1,4 %)
— Seifen
— Fettsäuren

Eigenschaften des Kottonöles.

Rohes Öl.

Das rohe Baumwollsamenöl, wie es durch Auspressen der zerkleinerten Samen oder des zerkleinerten Samenfleisches gewonnen wird, stellt eine rötlichbraune Flüssigkeit von eigenartigem, aber nicht unangenehmem Geruch und bitterem, kratzendem Geschmack dar.

Raffiniertes Öl.

Das gereinigte Öl ist in ungebleichtem Zustande stroh- bis zitronengelb, schmeckt mandelartig süßlichmild und riecht charakteristich angenehm. Die Dichte des gereinigten Öles liegt zwischen 0,922 und 0,930 (bei 15° C). Das Öl scheidet bei langem Stehen auch bei relativ hoher Temperatur feste Triglyzeride aus und erscheint dann flockig getrübt. Je nach der Qualität des Kottonöles erfolgen diese Ausscheidungen schon bei höherer oder erst bei niedrigerer Temperatur. Die nicht demargarinierten Öle werden schon bei +15° C trübe und beginnen Kottonstearin auszuscheiden, die kältebeständigeren „Winteröle" bleiben bis zu +5° C klar. Der eigentliche Erstarrungspunkt liegt bei gewöhnlichem Kottonöl zwischen 5 bis 6° C, bei Winteröl beträgt er —4 bis —6° C.

Zusammensetzung.

Die aus dem Baumwollsamenöle abgeschiedenen Fettsäuren schmelzen bei 35—43° C und erstarren bei 30—40° C; sie bestehen, je nach der Qualität der Öle, aus denen sie stammen, zu 22—32% aus festen und 68—78% aus flüssigen Säuren. Der flüssige Anteil der Fettsäuren setzt sich aus Öl- und Linolsäure im ungefähren Verhältnisse von 3:1 zusammen. Von den festen Fettsäuren ist hauptsächlich die Palmitinsäure im Kottonöle enthalten, während Stearinsäure nur in geringer Menge nachgewiesen wurde. Freie Fettsäure findet sich nur in sehr geringer Menge vor, was durch die Raffinationsweise des Öles erklärlich ist.

Baumwollsaatöl enthält auch 0,73—1,64% Unverseifbares, welches der Hauptsache nach aus Phytosterin besteht.

Papasogli[1]) hat im Kottonöle eine der Rizinolsäurereihe angehörende Säure, die von ihm „Kottonölsäure" benannt wurde, gefunden. (?)

Dupont[2]) beobachtete bei der Destillation des Öles mittels Wasserdampf das Übergehen eines öligen, widerlich riechenden, schwefelhaltigen, in Äther löslichen Körpers. Auch Charabot und Marsh[3]) fanden in dem Baumwollsamenöle schwefelhaltige Verbindungen, während P. N. Raikow[4]) den Gehalt des Kottonöls an Schwefel bestreitet, dagegen das Vorkommen von Chlorverbindungen nachweist. Dieselben sind in Wasser löslich, in Alkohol unlöslich und — selbst in überhitztem Wasserdampf — nur sehr wenig flüchtig.

Soltsien[5]) hat beobachtet, daß Fettgemische, welche Kottonöl enthalten, beim Lagern eine hell- bis intensiv gelbe Färbung annehmen, und

---

[1]) Pubblicazione del laboratorio chimico delle Gabelle, 1893, S. 90.

[2]) Bull. Soc. Chim., 1895, S. 696.

[3]) Bull. Soc. Chim., 1899, S. 552.

[4]) Chem. Ztg., 1899, S. 760 und 802.

[5]) Chem. Club, Erfurt, Sitzung v. 27. März 1896.

dies bei völligem Licht- und Luftabschluß. Ja, es scheint die Abwesenheit von Licht und Luft sogar Vorbedingung für diese Zufärbung zu sein,
welche sich beim Aufbewahren unter Licht- und Luftzutritt nicht einstellt.
Das Kottonöl nimmt bei der Probe von Livache (s. I. Band, S. 120)
5,9 % Sauerstoff in 24 Stunden auf. Beim Einblasen von Luft in Baumwollsamenöl bei Temperaturen von 90—100 ° C hat Lewkowitsch[1])
die Bildung von nur geringen Mengen oxydierter Säuren, dagegen ein
beträchtliches Ansteigen der hydroxylierten Fettsäuren beobachtet. Das Öl
wird dabei dickflüssig und bekommt eine dem Rizinusöl ähnliche Viskosität
(geblasenes Baumwollsamenöl).

Zum Nachweis von Kottonöl in Fettgemischen dienen verschiedene
Reaktionen — die Salpetersäurereaktion, die Goldchloridprobe, die
Reaktion von Halphen, von Becchi, Perkins usw. — doch ist hier nicht
der Ort, auf dieselben näher einzugehen[2]).

Die chromogene Substanz, welche die Ursache dieser Reaktionen ist,
findet sich in dem Kottonöle nur in sehr geringer Menge (reichlicher in
den Kottonsaatkuchen) und ist noch nicht näher erforscht[3]).

Das beim Entstearinieren des Baumwollsamenöles gewonnene Kottonstearin (Baumwollstearin, vegetabilisches Margarin, margarine
de coton, margarine végétale, cotton seed stearine, margarina di
cotone) bildet ein blaßgelbes Fett von butterartiger Konsistenz, das je nach
seiner Gewinnungsweise einen Schmelzpunkt von 26—40 ° C zeigt und bei
16—32,5 ° C erstarrt. Die Fettsäuren des Kottonstearins schmelzen nach
de Negri und Fabris bei 27—30 ° C; nach Lewkowitsch besitzen sie
einen Erstarrungspunkt von 34,9—35,1 ° C. Man sieht daraus, daß dieses
Fett nicht etwa lediglich aus Glyzeriden fester Fettsäuren besteht, sondern
auch beträchtliche Mengen flüssiger Fettsäureglyzeride enthält. Beim Abscheiden des Kottonstearins, d. h. beim Ausfällen der Palmitin- und Stearin-
säureglyzeride aus dem Baumwollsamenöle, hüllen die sich bildenden Flocken
auch flüssiges Öl ein, und zwar, je nach der Art des Ausfällens, größere
oder kleinere Mengen. Die Zusammensetzung des Kottonstearins weicht
daher von der des Baumwollsamenöles nur unwesentlich ab.

Unter dem Namen „Kottonsstearin" kommt auch eine reichliche Mengen
„Unverseifbares" enthaltende Fettsäure auf den Markt, welche aus Soapstock hergestellt ist und mit dem beim Demargarinieren des Baumwollsamenöles entstehenden Produkt nicht verwechselt werden darf.

---

[1]) Lewkowitsch, Chem. Technologie u. Analyse der Öle, Fette u. Wachse,
Braunschweig 1902, 2. Bd., S. 104.

[2]) Siehe Benedikt-Ulzer, Analyse der Fette, 4. Aufl., Berlin 1903.
S. 632—640; Lewkowitsch, Chem. Technologie u. Analyse der Öle, Fette u.
Wachse, Braunschweig 1902, 2. Bd., S. 105—110.

[3]) Soltsien, Zeitschr. f. öffentl. Chemie, 1899, S. 306; Charabot und Marsh.
Bull. Soc. Chim., 1899, S. 552; Raikow, Chem. Ztg., 1899, S. 760, 892. 1900. S. 562.
583, 1902, S. 10; Gill und Denison, Journ. Amer. Chem. Soc., 1902. S. 355.

Verwendung. [1]

Das unraffinierte Baumwollsamenöl kann wegen seiner intensiv braunroten Färbung, seiner verharzenden Eigenschaften und seines unangenehmen Bittergeschmackes weder in der Technik noch als Nährmittel verwertet werden. Nur für medizinische Zwecke findet es Anwendung; so weiß Pott zu berichten, daß das rohe Kottonöl in Japan als Abortivmittel vielfach gebraucht wird.

Speiseöl. Die Verwendung des gereinigten Kottonöles ist eine mannigfache; die weitaus größten Mengen davon werden zu Speisezwecken benutzt. Das Vorurteil, welches das Publikum gegen das Baumwollsamenöl anfänglich hegte und das zum Teil noch heute nicht geschwunden ist, bringt es mit sich, daß dieses Öl im Detailverkauf nur selten unter seinem wahren Namen ausgeboten wird, sondern unter fremder Flagge segelt. Es wird teils mit anderen Ölen verschnitten, teils rein als Tafelöl, Salatöl usw. verkauft; vielfach führen aber auch Gemenge von Kottonöl mit Oliven-, Sesam- und Erdnußöl in irreführender Weise bloß nur die Bezeichnung der Verschnittöle.

Die großen Mengen von Kottonöl, welche alljährlich nach Frankreich, Italien und Spanien importiert werden, dienen fast in ihrer Gesamtheit Mischzwecken und gelangen dann als Tafel-, Oliven-, Erdnuß- oder Sesamöl zur Ausfuhr. Die Tendenz, das Kottonöl nicht als solches zu bezeichnen, sondern es unter falschem Namen an den Mann zu bringen, hat diesem Produkte viel geschadet.

Gut brauchbar ist das Baumwollsamenöl auch als Back- und Bratöl sowie für die Fischkonservenindustrie (Sardinen in Öl usw.).

Verwendung in der Kunstschmalzfabrikation, Amerika verbraucht enorme Mengen des Öles zur Herstellung von Kunstschmalz (compound lard)[2]; man nimmt an, daß 30% der in den Vereinigten Staaten produzierten Kottonölmenge dieser Verwendung zugeführt werden.

in der Margarineindustrie, Auch in der Margarineindustrie spielt dieses Öl eine wichtige Rolle. Sowohl zur Fabrikation von Margarine als auch von Kunstschmalz werden die leicht stockenden, stearinreichen Öle vorgezogen, während für Speiseöle die kältebeständigeren Marken (winter oils) besser brauchbar sind.

Von technischen Verwendungsarten wäre die Verwertung als Brennöl, Schmieröl, als Rohprodukt der Seifenerzeugung, der Faktisfabrikation usw. zu erwähnen.

als Brennöl. Das zum Brennen verwendete Kottonöl wird zum Teil mittels Schwefelsäure raffiniert und kommt dann unter dem Namen „miners oil" in den Handel. In den mit Lauge raffinierten Ölen können geringe Seifenmengen gelöst sein, welche Ursache einer vorzeitigen Verstopfung des Dochtes

---

[1] Siehe auch Tafel VIII, welche über die einzelnen Verwendungen des in den Vereinigten Staaten erzeugten Kottonöles ein vollständiges Bild liefert.

[2] Siehe unter „Schweinefett" im 5. Kapitel dieses Bandes und Kapitel „Speiseöle und Speisefette" im III. Bande.

Additional material from *Gewinnung der Fette und Öle,*
ISBN 978-3-662-01825-5 (978-3-662-01825-5_OSFO2),
is available at http://extras.springer.com

werden. Es dürfen daher von Laugenraffinaten nur beste Qualitäten zu Brennzwecken verwendet werden.

Als Schmieröl ist Kottonöl wegen seiner schwach trocknenden Eigenschaften, welche ein Verharzen des Öles zur Folge haben, eigentlich nicht zu empfehlen; es wird aber trotzdem für sich und im Gemisch mit anderen Ölen zum Schmieren von Maschinenteilen gebraucht. Verwendung als Schmieröl,

Das durch Einblasen von Luft bei höherer Temperatur verdickte Öl (geblasenes Kottonöl, lösliches Rizinusöl, thickened oil, blown oil, soluble castor oil) wird vielfach zum Erhöhen der Viskosität von Mineralölen benutzt. Das äußerst zähflüssige, orangegelbe Produkt mischt sich im Gegensatz zu Rizinusöl in jedem Verhältnisse mit Mineralöl. Über die Herstellung und näheren Eigenschaften des geblasenen Baumwollsamenöles siehe Band III, Kapitel „Geblasene Öle".

Die Seifenindustrie hat in dem Kottonöle ein vortreffliches Rohprodukt gefunden. Es eignet sich zur Herstellung aller Arten von Seife. Doch wird es fast nie für sich allein, sondern in Gemeinschaft mit anderen Ölen und Fetten versotten. in der Seifenindustrie.

Das Baumwollsamenöl verseift sich nur mit schwachen Laugen vollständig; der dabei erhaltene Seifenleim läßt sich schwer aussalzen und der ausfallende Kern bleibt auch bei großem Salzzusatz sehr wasserreich und stellt eine weiche, schmierige Seife dar, welche in frischem Zustande weiß ist, nach dem Austrocknen aber gelb wird und einen unangenehmen Geruch annimmt.

Wird Kottonöl mit Kokos- oder Palmkernöl zu Kernseifen verarbeitet, so zeigt sich der Übelstand der Kottonölseifen wohl weniger, aber auch hierbei ist eine auf dem Lager nachgilbende und ranzig werdende Ware nichts Seltenes. Solche Seife wird weniger in der ganzen Masse gelb, sie zeigt vielmehr nach einiger Zeit gelbe bis orangene Flecken, welche das Aussehen der Ware herabsetzen und außerdem eigenartig ranzig riechen. Die Ursache dieser Erscheinung scheint in der chromogenen Substanz des Kottonöles zu suchen zu sein.

Für Schmierseifen — sogenannte glattweiße Schmierseife und Naturkornseife — ist Kottonöl gut brauchbar.

In der Erzeugung von Faktis ist Baumwollsamenöl bisher nur spärlich benutzt worden, obwohl es von verschiedener Seite für diesen Zweck warm empfohlen wurde. Besonders erwähnt sei nur der Vorschlag von A. G. Day[1]), welcher ein Gemenge gleicher Teile von Kotton- und Leinöl mit 58 % Steinkohlenteer und 72 % Schwefel durch 4—5 Stunden auf 160° C erhitzt, um ein brauchbares Kautschuksurrogat zu erhalten. Verarbeitung zu Faktis.

Die Anstrengungen, aus dem Kottonöle einen guten Firnis zu bereiten, sind trotz aller gegenteiligen Gerüchte bis heute noch von keinem Erfolge gekrönt worden.

---

[1]) Deutsche Industrieztg., 1871, S. 509.

Rückstände.

Die bei der Baumwollsamenölgewinnung verbleibenden Rückstände sind
— je nach der angewandten Arbeitsweise — in Aussehen, Beschaffenheit und chemischer Zusammensetzung verschieden.

Ungeschälte
Kuchen. Ein Verpressen der Kottonsaat samt Schale gibt Ölkuchen, bei
welchen aus der grüngelben Grundsubstanz (dem ausgepreßten Samenfleisch)
die Trümmer der zerkleinerten schwarzen Samenschale deutlich hervorsehen
und die merkliche Reste von Baumwollfasern enthalten; sie kommen unter
dem Namen „ungeschälte Kottonkuchen" in den Handel. Diese Kuchen
sind — je nach der Saatzerkleinerung, der Intensität der Anfeuchtung und
Anwärmung des Preßgutes und dem beim Auspressen angewendeten Druck
— von wechselnder Härte; man kennt Kuchen, welche sich in der Hand
leicht zerbröckeln lassen, während es wiederum solche gibt, die mit einem
Hammer kaum zu zerschlagen sind.

Die chemische Zusammensetzung der ungeschälten Kottonkuchen ist
nach Pott:

	Mittel	Maximum	Minimum
Wasser	10,8 %	14,2 %	6,6 %
Rohprotein	24,7	28,6	18,0
Rohfett	6,4	9,8	4,8
Stickstoffreie Extraktstoffe	26,6	36,7	24,9
Rohfaser	24,9	27,0	17,0
Asche	6,6	7,5	6,5

Geschälte
Kuchen. Wird die Kottonsaat vor dem Verpressen entschält, also nur das
Samenfleisch zu Öl verarbeitet, so resultieren lebhaft hellgrüne Kuchen, die
nur vereinzelte Fragmente von Samenschalen enthalten und im technischen
Sinne als frei von Baumwollfasern zu betrachten sind. Das Fehlen der
rohfaserreichen, aber nährstoffarmen Samenschalen bedingt einen höheren
Nährstoffgehalt der geschälten Kuchen, welche enthalten:

	Mittel	Maximum	Minimum
Wasser	9,60 %	12,74 %	6,25 %
Rohprotein	43,90	44,19	35,68
Rohfett	12,90	20,82	6,95
Stickstoffreie Extraktstoffe	20,50	26,73	12,90
Rohfaser	5,70	13,50	2,90
Asche	7,40	—	—

Da das Extraktionsverfahren bei der Gewinnung von Kottonöl nicht in
Gebrauch ist, erscheinen Extraktionsmehle von Baumwollsaat nicht auf dem
Markte; die als Baumwollsaatkuchenmehl in den Handel kommenden
Produkte stellen gemahlene Preßrückstände dar.

Über die Zusammensetzung des in den Kottonkuchen enthaltenen Rohproteins, Rohfettes und der Kohlehydrate liegen mehrfache Untersuchungen vor.

H. Weiske, B. Schulze und E. Flechsig[1]) fanden vom Gesamtstickstoff der schalenhaltigen Kuchen:

91,4—94,2 % als Eiweißstickstoff,
4,0— 6,3 % „ Amidstickstoff,
1,8— 2,3 % „ in Essigsäure unlöslich.

Nach W. Klinkenberg[2]) besteht das Rohprotein der Baumwollsaatkuchen aus:

86,97 % Eiweiß,
8,68 % Nuklein,
4,35 % Nichteiweiß.

H. Ritthausen[3]), Th. Osborne[4]), Clark und Voorhees haben die Proteide untersucht und neben Albumosen und Proteosen Globulin und Edestin gefunden. Im Verein mit F. Weger konstatierte Ritthausen[5]) in den Kottonkuchen auch Betain, R. Böhm[6]) wies in verdorbener Ware Cholin und W. Maxwell[7]) Betain nach.

Das Rohfett der Kottonkuchen enthält neben Harz- und Farbstoffen Cholesterin und Lecithin.

In den stickstofffreien Extraktstoffen haben Ritthausen und Böhm[8]) eine besondere Zuckerart gefunden, welche mit Raffinose und sogenanntem Pluszucker identisch ist, mitunter Gossypose, gewöhnlich aber Melitose oder Melitriose benannt wird.

Bei der Verwertung der Baumwollsaatkuchen als Futter- oder Düngemittel werden die geschälten und ungeschälten Kuchen, ihrem verschiedenen Gehalte an Nähr- und Dungstoffen entsprechend, verschieden hoch bewertet. Auf die Eignung der beiden Gattungen von Ölkuchen für Futter- und Düngezwecke sei nachfolgend etwas näher eingegangen.

a) Ungeschälte Kottonkuchen.

Diese hauptsächlich in England, Ägypten und Frankreich erzeugten Kuchen werden meist aus ägyptischer Baumwollsaat — zum Teil allerdings auch aus indischer — gewonnen und führen daher nicht selten den Namen „ägyptische Kottonkuchen" oder „Alexandriner Kuchen".

In frischem Zustande grünlichgelb, mit hirse- bis linsengroßen Schalenstücken durchsetzt, wird die Grundsubstanz an der Oberfläche der Kuchen

---

[1]) Journ. f. Landwirtschaft, 1885, S. 240.
[2]) Centralbl. f. Agrikulturchemie, 1883, S. 306.
[3]) Journ. f. prakt. Chemie, neue Folge, 23. Bd., S. 481.
[4]) Chem. Centralbl., 1894, S. 993.
[5]) Journ. f. prakt. Chemie, neue Folge, 30. Bd., S. 32.
[6]) Archiv f. experim. Pathologie, Bd. 19, S. 60.
[7]) Chem. Centralbl., 1892, S. 170.
[8]) Journ. f. prakt. Chemie, neue Folge, 30. Bd., S. 32.

beim Lagern braungrün. Der Bruch gelagerter, aber unverdorbener Kuchen muß jedoch stets ein intensiv grünes Saatfleisch zeigen, wie auch bei gesunder Ware der eigenartige Geruch nicht einem unangenehmen gewichen sein darf.

A. Renouard[1]) unterscheidet drei Arten von ungeschälten Kuchen:

den wolligen (tourteau de coton cotonneux),
den rohen (tourteau de coton brut) und
den gereinigten (tourteau de coton épuré).

Wollige, ungeschälte Kuchen. Der Kuchen erster Art ist mit Fasern ganz durchsetzt und auch sonst stark verunreinigt. Da auf seine Herstellung keine Sorgfalt verwendet wird, ist auch die Färbung dieses Kuchens dunkler, als man es bei anderen Kottonkuchen gewohnt ist. Die tourteaux de coton cotonneux kommen von Syrien aus auf den Markt und können ihrer geringwertigen Beschaffenheit halber nur als Dungmittel verwendet werden. Die aus der filzigen indischen Kottonsaat erzeugten Ölkuchen sind ebenfalls dieser Gattung beizuzählen.

Gewöhnliche ungeschälte Kuchen. Die Kottonkuchen, welche Renouard als „rohe" bezeichnet, sind mit den in England aus ägyptischer Saat erzeugten ungeschälten Kuchen identisch. Diese Ware enthält die Gesamtmenge der Schalen der Baumwollsaat, ist aber sonst frei von Fremdkörpern. Der Fasergehalt bewegt sich in zulässigen Grenzen und ist viel geringer als bei den „wolligen" Kottonkuchen. Die tourteaux de coton brut werden zumeist verfüttert; um sie von den aus indischer Saat hergestellten zu unterscheiden, bedient man sich der nachstehenden Probe[2]):

Man zerstößt eine passende Menge Kuchen im Mörser und siebt das erhaltene Mehl durch ein feines Sieb, wobei das feine Mehl hindurchfällt und die Schalenbruchstücke zurückbleiben. Handelt es sich um ägyptische Kuchen, so sind die Schalen ziemlich frei von kurzen Baumwollfasern, während bei Kuchen aus indischer Saat die Schalenfragmente mit kurzen, verfilzten Fasern bedeckt sind. Wurde der Kuchen aus einem Gemisch von indischer und ägyptischer Saat hergestellt, so machen sich beide Kennzeichen bemerkbar. Zur weiteren Bestätigung stellt man folgende Reaktionen an:

	Indischer Kuchen	Ägyptischer Kuchen
Man weicht die Schalen 5 Minuten in heißem Wasser ein:	Das Wasser färbt sich braun.	Das Wasser bleibt ungefärbt.
Man versetzt den wässerigen Auszug mit verdünnter Natronlauge:	Sofort rotbraune Färbung.	Sehr hellgelbe Färbung.
Zu vorstehender alkalischer Lösung setzt man im Überschuß konzentrierte Salpetersäure:	Die rotbraune Farbe wird dunkler und es scheiden sich gelbe Flocken aus.	Die gelbe Färbung vertieft sich, aber es tritt kein Niederschlag ein.

[1]) Centralbl. f. Agrikulturchemie, 1883, S. 163.
[2]) Seifensiederztg., Augsburg 1905, S. 550.

Der „gereinigte" Kuchen wird nach Renouard in Marseille fabriziert und ist infolge der besonderen Sorgfalt, welche bei der Reinigung der
Saat geübt wird, noch faserfreier als jener der mittleren Kategorie. Er
wird zu Fütterungszwecken verwendet.

Die ungeschälten Kuchen — ausgenommen die sogenannten „wolligen" — gelten in England allgemein als ein wertvolles Kraftfuttermittel.
Sie werden dort sogar den geschälten Kuchen vorgezogen[1]), obschon letztere
wesentlich reicher an Nährstoffen sind. Die auffallende Beliebtheit, welcher
sich die ungeschälten Kottonkuchen bei den englischen Landwirten erfreuen,
steht in krassem Widerspruche zu den Ansichten der deutschen Agrarier und
einiger Agrikulturchemiker, welche diese Kuchen als minderwertig bezeichnen
und sie am liebsten von der Liste der Futtermittel gestrichen sehen möchten.
In neuerer Zeit legte Böhmer[2]) eine Lanze für die ungeschälten Kottonkuchen
ein, indem er in seinem Werke „Die Kraftfuttermittel" wörtlich sagt:

> „Diese Kuchen sind in diätetischer Hinsicht keineswegs
> minderwertig, wie man in Deutschland vielfach noch heutigen
> Tags annimmt, sondern sie bewähren sich, in zweckent-
> sprechender Menge und Ration verabreicht, ebensogut wie
> die aus bestgeschälten Samen. Vor noch nicht zwei Jahr-
> zehnten wurden sie auch in Deutschland von Harburg aus in
> vorzüglicher Qualität in den Handel gebracht, mußten aber
> bald wieder das Feld räumen, weil man ihnen all die unan-
> genehmen Eigenschaften aufbürdete, die bei unbedachtsamer
> Verwendung aller Futtermittel dieses Namens zutage treten."

Das gewöhnliche absprechende Urteil in Deutschland stützt sich nicht
auf praktische Fütterungsversuche, sondern auf theoretische Erwägungen.
Der hohe Prozentsatz rohfaserreicher und nährstoffarmer Schalen wird als
ganz wertloser Ballast angesehen, als eine Verunreinigung, die neben den
Resten von Baumwollfasern leicht Anlaß zu Verdauungsstörungen der damit
gefütterten Tiere geben könne. Die Verdauungsversuche, welche
Wolff sowie Weiske mit solchen Kuchen an Hammeln angestellt haben,
ergaben aber relativ gute Verdauungskoeffizienten, wenngleich diese naturgemäß tiefer liegen als die Kuchen aus geschälter Saat.

Es wurden verdaulich gefunden:

	Wolff	Weiske	Weiske
Von dem Rohprotein	73,35 %	73,73 %	75,78 %.
„ „ Rohfett	90,76	90,69	87,75
„ den Kohlehydraten . . .	46,24	52,72	54,50
„ der Rohfaser	22,68	10,08	14,65

In England ist man nicht nur mit dem Nährwerte der ungeschälten
Kuchen sehr zufrieden, sondern schätzt an ihnen auch besondere nützliche diätetische Wirkungen. Nach Völcker haben diese ihre Ursache

---

[1]) Völcker, Landw. Versuchsstationen, 1884, 3. Heft.
[2]) Böhmer, Kraftfuttermittel, Berlin 1903, S. 547.

in dem adstringierenden Einflusse der Schalen. Pott gibt nur eine Reiz-wirkung der Schalen auf die Wandungen des Verdauungskanals zu, welche besonders bei Arbeits- und Weidekühen von Vorteil ist, weil die Kuchen infolgedessen weniger erschlaffend auf den Verdauungsapparat einwirken.

Daß die Schalen nicht einfach als wertloser Ballast angesehen werden dürfen, der, wie Sieverts[1]) Versuche glauben machen wollen, keinerlei Nährstoff an den Tierkörper abgibt, ist jedenfalls unrichtig. Beweis dafür sind die praktischen Erfolge der englischen Landwirte und die Fütterungs-resultate der Amerikaner, welche neben schalenfreien Kuchen gleichzeitig enorme Partien reiner Schalen verfüttern. Nun muß es sich aber für den schließlichen Effekt vollkommen gleich bleiben, ob die Schalen bei der Festsetzung der Futterration nachträglich mit den ungeschälten Kuchen vermischt werden[2]), oder ob dieses Gemisch von vornherein von der Ölfabrik hergestellt wird.

Daß den ungeschälten Kuchen ein geringerer Marktpreis zukommt als den höhergehaltigen schalenfreien Preßrückständen, ist zweifellos; der Kaufwert beider Kuchensorten ist aber dem Verbrauchswerte gut angepaßt, und deshalb müssen die ungeschälten Kottonkuchen als ein preiswertes Kraftfuttermittel angesehen werden.

b) Die geschälten Kuchen.

Geschälte Kuchen. Diese grüngelben Ölkuchen sind in technischem Sinne als frei von Samenhaaren zu bezeichnen, enthalten dagegen noch merkliche Reste von Samenschalen. Je weniger sorgfältig bei der Entschälung der Saat vorgegangen wurde, um so größer ist der Prozentsatz der in den Kuchen enthaltenen Schalen und der wenigen Fasern. Die Qualität der geschälten Kuchen war in den ersten Jahren nach Einführung der amerikanischen Betriebsweise bei weitem nicht so gut wie jetzt. Mit der allmählichen Vervollkommnung des Linter- und Hullerprozesses hat sich auch die Kuchenqualität gehoben, und man kann heute bei guter Betriebsleitung als oberste Grenze für Schalen- und Fasergehalt 9% annehmen. Durch Vermahlen geschälter Kottonkuchen und Absieben des erhaltenen Mehles lassen sich die Schalenreste wie auch die vorhandenen geringen Fasermengen ziemlich vollständig entfernen. Um ein möglichst hochwertiges, faser- und schalenfreies Produkt zu gewinnen, wird dieses Mahlen und Absieben im großen geübt, und die geschälten Kuchen kommen nur selten in Stückform, sondern fast ausschließlich in gemahlenem Zustande in den Handel. Das als

c) Kottonkuchenmehl

Kotton-kuchen-mehl. oder Baumwollsamenkuchen-, Baumwollsaat-, Texasmehl, ameri-kanisches Kuchenmehl usw. auf den Markt gebrachte Mehl stammt also

---

[1]) Siehe S. 236.
[2]) Siehe S. 237.

zum allergrößten Teil — wenn auch nicht ausschließlich — von geschälten Kuchen und unterscheidet sich in der Zusammensetzung von diesen meistens durch einen etwas höheren Protein- und geringeren Rohfasergehalt.

Kottonkuchenmehle, welche durch Mahlen ungeschälter Kuchen erhalten wurden, unterscheiden sich von denen geschälter Kuchen durch den großen Schalengehalt und den dadurch natürlicherweise beeinträchtigten Nährstoffgehalt.

Die Veredelung der geschälten Kottonkuchen durch Mahlen und Absieben ist außer in Amerika (besonders Texas) auch in Deutschland in Schwung. In Bremen und Hamburg bestehen eigene Großbetriebe, deren einzige Aufgabe es ist, von Amerika importierte geschälte Baumwollsaatkuchen zu mahlen und durch wiederholtes Absieben des erhaltenen Mehles auf Sieben mit immer kleiner werdender Maschenweite ein Produkt herzustellen, das fast ganz frei von Fasern und beinahe frei von Schalenmehl ist. Die reinsten deutschen Kottonkuchenmehle enthalten

0,4 % Fasern und
1,0 % Schalen,

die amerikanischen Produkte gewöhnlich

1 % Fasern und
6 % Schalen.

Während die ungeschälten Kuchen im Durchschnitt (siehe Seite 222)

31 % Protein und Fett,
25 % Rohfaser

enthalten, werden die gesiebten Texaskuchenmehle und die deutschen Produkte mit einer Garantie von

58—60 % Protein und Fett

gehandelt, bei einem Rohfasergehalt von 5—6 %.

Die Art der Zerkleinerung und die Maschenweite der benutzten Siebe lassen übrigens ziemliche Abweichungen hinsichtlich der Reinheit der erzeugten Mehle zu, wenngleich nach den Versuchen von Th. Dietrich und denen von v. Dobeneck die Zusammensetzung des Siebrückstandes von der des Feinmehles nicht so stark abweicht, als man erwarten könnte. Das Zerkleinern und Absieben liefert nämlich keineswegs einerseits reines Schalen- und Fasernmaterial und andernteils reines ausgepreßtes Kernfleisch, sondern trennt das ursprüngliche Material nur in ein etwas schalenärmeres und ein etwas schalenreicheres Produkt.

Den minder sorgfältig gesiebten amerikanischen Mehlen sagt man alle erdenklichen Mängel nach. Wenn es nun auch richtig ist, daß sich in einem weniger sorgfältig hergestellten Kottonkuchenmehle neben größeren Prozentsätzen Schalen mitunter auch Fasern und vereinzelt auch andere Fremdkörper (Bruchstücke eiserner Maschinenteile) vorfinden, so muß man die selbst von ernst zu nehmender Seite verbreitete Nachricht, nach

Fehlerhaft gesiebte Ware.

welcher in jedem Waggon amerikanischen Kottonkuchenmehles durchschnittlich 1—2 Stück Eisenteile vorkommen, als maßlos übertrieben bezeichnen.
Die mit den geschälten Baumwollsaatkuchen bzw. den Baumwollsaat-
mehlen angestellten Verdauungsversuche ergaben folgende Resultate:

	nach Wolff	nach Kuhn	
Vom Rohprotein	84,70 %	83,60 %	verdaulich
„ Rohfett	87,59	97,30	„
von den Kohlehydraten . .	83,72	68,50	„

Die Koeffizienten stellen sich also günstiger als bei den ungeschälten
Kuchen (vergleiche Seite 225) und die Beliebtheit, welcher sich geschälte
Kuchen bzw. gesiebte Kuchenmehle besonders in Deutschland erfreuen, wird
dadurch wie auch durch den hohen Protein- und Fettgehalt erklärlich.

Es soll hie und da vorkommen, daß man das Mehl geschälter
Kuchen mit dem Mehle der beim Schälprozeß erhaltenen Samenschalen
vermischt. Man hat es dabei ganz in der Hand, durch das Mischungs-
verhältnis den Nährstoffgehalt des Gemenges zu fixieren. Ist diese
Manipulation auch vom rein wirtschaftlichen Standpunkte aus kaum zu loben,
weil sie eine absichtliche Verschlechterung eines hochwertigen Produktes
darstellt, so darf sie doch nicht als Fälschung bezeichnet werden, sobald
die Deklaration des Produktes richtig ist, also keine Schalenfreiheit
verspricht und keine unwahren Angaben über den Nährstoffgehalt gemacht
werden. Ein solches Gemenge von Mehl geschälter Kuchen mit gemahlenen
Samenschalen ist bei entsprechendem Mischungsverhältnisse in seiner Beschaffenheit und seiner Zusammensetzung genau dasselbe wie das Mehl
ungeschälter Kuchen. Auch seine Wirkung bei der Fütterung muß genau
die gleiche sein wie die ungeschälter Kuchen, und es erscheint als eine
unerklärliche Inkonsequenz, wenn Böhmer[1]) dieses Gemenge hinsichtlich
seiner Wirkung auf den tierischen Organismus als „verdächtig" bezeichnet,
für die ungeschälten Kuchen dagegen warme Worte der Verteidigung findet.[2])
Richtige Deklarierung, Gehaltsgarantie und Gesundheit der Ware
vorausgesetzt, muß solchen Gemischen im Futtermittelhandel derselbe be-
rechtigte Platz eingeräumt werden wie den ungeschälten Kuchen, um so
mehr, als die Amerikaner ihre schalenfreien Kottonkuchen fast immer mit
reichlichen Schalenmengen verfüttern und dabei nicht nur keine nachteiligen,
sondern auffallend günstige Folgen zu verzeichnen haben[3]).

Verderben der Kottonsamenrückstände.

Vorbedin-
gungen für
die Halt-
barkeit.

Wie alle Ölkuchen, sind auch die Kottonkuchen bei unrichtiger Bereitungsweise und unzweckmäßiger Einlagerung dem Verderben unterworfen. Kottonkuchen und die daraus hergestellten Mehle halten sich

[1]) Böhmer, Kraftfuttermittel, Berlin, 1903, S. 567.
[2]) Siehe S. 225 dieses Bandes.
[3]) Siehe d. Urteile d. Versuchsstation v. Nord-Carolina, S. 236/37 dieses Bandes.

indessen am Lager lange Zeit gesund, wenn sie von gutem Rohmaterial stammen, nicht über 14% Wasser enthalten und nicht feucht oder in zu heißen Räumen gelagert werden. Feuchte und warme Atmosphäre sowie hoher Wassergehalt der Kuchen lassen auf denselben Schimmel- und Oidiumarten sowie auch Bakterien gedeihen. Die Schimmel- und Oidiumarten zerstören dabei vorwiegend Fett (von den Stickstoffsubstanzen nur das Nichtprotein), die Bakterien greifen die Proteinverbindungen an, diese zumeist in elementaren Stickstoff verwandelnd.

Verdorbene Kottonkuchen sind außer an der in krasseren Fällen auftretenden, mit freiem Auge wahrnehmbaren Pilzflora auch an der veränderten Färbung und dem unangenehmen dumpfigen Geruche zu erkennen. Die ursprüngliche, mehr oder weniger gelbgrüne Färbung macht einem Braungrün Platz, der angenehme Geruch frischer Kuchen schlägt in einen schimmligen, modrigen um. Aussehen verdorbener Ware.

Kottonkuchenmehle unterliegen dem Verderben mehr als Kuchen in Stücken. Die Verwendung der

Kottonkuchen als Futtermittel

ist eine allgemeine, setzt aber eine größere Sorgfalt bei der Verabreichung voraus, als dies bei anderen Ölkuchensorten der Fall zu sein braucht. So vorteilhaft die Baumwollsamenprodukte bei richtiger, sachgemäßer Anwendung für Mast- und Milchvieh sowie für Schafe auch wirken, ebenso nachteilige Folgen kann ihre Verfütterung nach sich ziehen, wenn zu große Gaben an junge Tiere oder bestimmte Gattungen von Haustieren (besonders an Schweine) verabreicht werden.

Die Ursache der mitunter auftretenden schädlichen Wirkung von Baumwollsaatkuchen ist noch nicht erforscht. Man hat das plötzliche Erkranken von Tieren, welche sich bisher bei Kottonkuchenfütterung recht wohl befanden und gut gediehen, durch Bildung von pathogenen Mikroorganismen[1] in dem länger lagernden Futtermittel zu erklären versucht, doch haben Zopf[2] im Verein mit Pütz wie auch Spieckermann und Bremer diese Ansicht nicht experimentell zu bestätigen vermocht. Ch. Cornevin[3] will in den Kottonsamen ein durch Wasser extrahierbares Gift gefunden haben, dessen Vorkommen nach ihm als Ursache der vereinzelten Schädlichkeit dieses Futtermittels angesehen werden könne. Auch das in den Kottonkuchen enthaltene Cholin und Betain wurde in den Bereich der Betrachtung gezogen. Das einzig Richtige trifft aber wohl jene Meinung, welche die Baumwollsaatkuchen als ein nur mittelbar nachteiliges Kraftfutter erklärt, seine direkte (unmittelbare) Giftigkeit aber gänzlich verneint. Ursache der vereinzelten Giftigkeit.

---

[1] Biedermanns Zentralbl., 1884, S. 472.
[2] Beiträge zur Physiologie und Technologie niederer Organismen, 1892.
[3] Pharm. Zentralhalle, 1897, S. 516.

Nur so wird es erklärlich, daß ein und dasselbe Produkt, an mehrere Tiere derselben Art verfüttert, bei einzelnen günstig, bei anderen schädlich wirkt. Es scheint, daß Tiere mit gestörtem Verdauungsvermögen, Tiere in jugendlichem Alter und solche, welche ein unzweckmäßig zusammengesetztes Hauptfutter verabreicht erhielten, die Kottonprodukte nicht zu peptonisieren vermögen, weshalb sich infolge des Überhandnehmens von Mikroorganismen im Verdauungstrakte Ptomaine bilden, welche gesundheitsschädliche, ja selbst tödliche Wirkung äußern. Das Gift findet sich also nicht in den Baumwollsaatkuchen, wie sie zur Verfütterung gelangen, fertig gebildet vor, sondern entwickelt sich erst im Verdauungstrakt der Tiere, wenn selbe über keine genügend kräftige Verdauung verfügen[1]).

Nach Böhmer ist diese Annahme um so richtiger, als die von Böhm und Ritthausen in den Kottonkuchen gefundenen Alkaloide, Betain und Cholin[2]), an sich nur schwach giftige Eigenschaften haben[3]), die nachteiligen Folgen mancher Baumwollsamenkuchenfütterung also nicht rechtfertigen können, während das durch gewisse Organismen aus dem Cholin sich leicht bildende Neurin[4]) viel giftiger ist und eine solche Umwandlung des Cholins in Neurin im Verdauungstrakt sich sehr leicht vollziehen kann.

Nach dem Gesagten wird auch die Vorliebe der Engländer für ungeschälte Kuchen und das in Amerika übliche Verfüttern des 3—4fachen Quantums Kottonschalen vom Gewichte des verabreichten Kuchenmehles (siehe Seite 237) erklärlich. Die Kottonschalen befördern durch den auf die Wände des Verdauungskanals ausgeübten Reiz die Digestionstätigkeit der Tiere und beugen durch ihr adstringierendes Prinzip andererseits dem Durchfall vor, wirken also in jeder Weise jenem Moment entgegen, bei welchem die Kottonkuchen, statt verdaut zu werden, nur in einer für den Organismus schädlichen Art verändert werden. Es wird ferner klar, daß Kottonkuchen niemals an Tiere mit gestörtem Verdauungsvermögen verabreicht werden dürfen.

Empfindlichkeit junger Tiere, Jungen, unter einem Jahr alten Tieren sollen gar keine oder nur sehr geringe Mengen von Kottonkuchen gegeben werden. Je jünger die Tiere sind, um so eher erkranken sie bei Verfütterung zu reichlicher Gaben von Kottonkuchenmehl, ja man hat beobachtet, daß Jungvieh in solchen Fällen in der Reihenfolge des Alters der einzelnen Tiere abstarb.

der Schweine. Ganz besonders empfindlich gegen Baumwollsaatprodukte sind die Schweine. Die landwirtschaftliche Versuchsstation zu Texas hat bei eingehenden Versuchen über die Verwendbarkeit der Kottonkuchen zur Schweinemast beobachtet, daß viele Schweine bei vierwöchiger ununter-

---

[1]) Böhmer, Kraftfuttermittel, Berlin 1903, S. 573.

[2]) Böhm, Archiv für experimentelle Pathologie, Bd. 19, S. 60; Ritthausen und F. Weger, Journ. f. prakt. Chemie, neue Folge, 30. Bd., S 32; W. Maxwell, Chem. Centralbl., 1892, S. 73.

[3]) Schmidt und Weiß, Chem. Centralbl., 1901, S. 202.

[4]) Brieger, Bericht d. deutsch. chem. Gesellsch., 1884, S. 1137; Böhm, ebenda, 1886, S. 38.

brochener sachgemäßer Fütterung mit diesem Futtermittel starben. Die Sterblichkeit erreichte $100\,\%$, sobald das Baumwollsamenkuchenmehl in genügender Menge und entsprechend lange verabreicht wurde [1]. Ähnliche Resultate veröffentlichten die landwirtschaftlichen Versuchsstationen in Kentucky, Jowa, Kansas und Alabama. Das Eigentümliche bei der Wirkung der Kottonkuchen auf Schweine ist, daß die damit gefütterten Tiere anfangs auffallend gut gedeihen, bis eine ganz unerwartete plötzliche Erkrankung auftritt, die gewöhnlich einen bösen Verlauf nimmt. Nur eine starke Reduktion der Tagesration an Kottonkuchen läßt Erkrankungen vermeiden; wenn Pott [2] diese Futterstoffe auch für Schweine geeignet findet, hat er wohl solche sehr geringe Tagesgaben im Sinne.

In der Tat scheinen auch in Amerika in einigen Schweinezüchtereien Kottonkuchen und deren Mehl vereinzelt verfüttert zu werden, denn wohl nur auf Grund solcher Mitteilungen wurden die Arbeiten von Emmeth und Grindley, von Virchow und anderen vorgenommen, welche den Einfluß der Kottonkuchenfütterung auf die Zusammensetzung des Schweinefettes studierten.

A. D. Emmeth und H. S. Grindley [3] fanden, daß das Fett der mit Baumwollsaatkuchen gefütterten Schweine bestimmte Bestandteile des Kottonöles enthält, also ein Teil des in dem Baumwollsaatkuchenmehl enthaltenen Öles vom Tierkörper absorbiert und in unverändertem Zustande abgelagert wird.

C. Virchow [4] hat sich durch direktes Verfüttern von Kottonöl an Schweine Aufschluß darüber verschafft, ob das in dem Öle enthaltene Phytosterin (das sogenannte „Unverseifbare“) im Tierkörper verbleibe, also in das Körperfett übergehe oder nicht. Die Versuche wurden hauptsächlich deshalb vorgenommen, um zu entscheiden, ob gewisse Schweinefette mit verdächtigen analytischen Konstanten als Fälschungen (direkter Zusatz von Kottonöl) anzusehen seien, oder ob sich die besondere Beschaffenheit solcher Schweinefette durch die Verfütterung von Baumwollsamenöl (in Form von Kottonkuchen) erklären lasse. Nach Virchows Befunden geht das Phytosterin des Baumwollsamenöles nicht in das Körperfett über, doch zeigt dieses die Halphen'sche Kottonölreaktion, eine Tatsache, die neuerdings durch K. Farnsteiner, K. Lendrich und P. Buttenberg experimentell bestätigt wurde.

Diese Versuche sind indes keine Empfehlung für ein ausgiebiges Anwenden der Kottonkuchen zur Schweinemast, sondern mehr durch die Aussagen einiger Schweinefett- bzw. Compoundlardfabrikanten ausgelöst worden, welche in dem Übergehen des Fettes der angeblich verfütterten

---

[1] Vergleiche Hefter: Ist Kottonkuchenmehl als menschliches Nahrungsmittel brauchbar? (Seifensiederztg., Augsburg 1906, S. 1020.)

[2] Pott, Landw. Futtermittel, Berlin 1889, S. 517.

[3] Journ. Amer. Chem. Soc., 1905, Märzheft; Chem. Revue, 1905, S. 111.

[4] Zeitschr. f. Untersuchung der Nahrungs- und Genußmittel. 1899, S. 599.

Kottonkuchen in das Schweinefett ein Argument gefunden zu haben glaubten, womit die Unterscheidung echten Schweinefettes von gefälschtem oder künstlichem unmöglich gemacht werden könnte.

Für Schafe und Mastochsen bewähren sich Baumwollsamenkuchen vortrefflich; bei Schafen geht man bis zu Tagesrationen von $1/4$ kg pro Haupt, bei Ochsen bis zu 4,50 kg.

Milchvieh gedeiht bei Kottonkuchen gut, doch soll man diese nicht als ausschließliches Kraftfutter verwenden, weil sonst der Geschmack der Milch und der daraus hergestellten Butter wie auch die Haltbarkeit dieser Produkte beeinflußt werden sollen. Die ausschließliche Fütterung von Milchkühen mit Kottonkuchen und Kottonschalen, wie sie in Amerika gepflogen wird, spricht allerdings gegen diese bei uns landläufige Annahme.

T. E. Thorpe[1] hat gefunden, daß das Butterfett von Kühen, welche mit Kottonölkuchen gefüttert wurden, eine schwache Baumwollsaatölreaktion zeigt. Die Reaktion tritt schon bei geringen Gaben innerhalb 24 Stunden nach der Verabreichung auf, verstärkt sich aber bei größeren Rationen nur unmerklich.

Interessant ist die Mitteilung Potts, nach welcher Kottonkuchen nachteilig auf Zuchttiere (junge Böcke, junge Bullen) wirken.

Kotton-
kuchen als
Nahrungs-
mittel für
Menschen.

Baumwollsaatkuchen bzw. das weitestgehend gereinigte, schalen- und faserfrei gemachte Mehl entschälter Kuchen ist von Connel auch zur Bereitung proteinreicher, für menschlichen Genuß bestimmter Backwaren in Vorschlag gebracht worden. Die nachteilige Wirkung, welche Kottonsaatrückstände auf Schweine ausüben, läßt bei dem sehr ähnlichen Verdauungsapparat des Menschen erwarten, daß diese Produkte auch für ihn nicht zuträglich sein werden. Rommel widersprach daher den Connelschen Vorschlägen[2].

In vielen Distrikten Nordamerikas werden die

Kottonkuchen als Düngemittel

verwendet. Der Gehalt des amerikanischen, schalenfreien Kuchenmehles an Dungstoffen stellt sich:

	Mittel	Maximum	Minimum
Stickstoff	6,79 %	8,08 %	3,23 %
Phosphorsäure	2,88	4,62	1,26
Kali	1,77	3,32	0,87

Trotz des beachtenswerten Phosphorsäure- und Kaligehaltes werden die Kottonkuchen doch in erster Linie als Stickstoffdünger geschätzt. Storer[3] bezeichnet diese Ölkuchen als ein ebenso gutes Stick-

---

[1] Analyst, 1898, S. 255.
[2] Hefter, Ist Kottonkuchenmehl als menschliches Nahrungsmittel brauchbar? (Seifensiederztg., Augsburg 1906, S. 1019.)
[3] Saaten-, Futter- und Düngermarkt, 1903, S. 1151.

stoffdüngemittel wie Fisch- und Fleischguano, vorausgesetzt, daß das Land nicht zu trocken ist. Die Südstaaten der Union weisen besonders bei Zuckerrohr, Baumwolle, Tabak und Getreide gute Erfolge mit Kottonkuchendünger auf. Verdorbene Kuchen, die als Futter nicht mehr verwendet werden können, finden auf solche Art gute Ausnützung.

Um das Verhältnis der drei wichtigsten Dungstoffe (Stickstoff, Kali und Phosphorsäure) den jeweiligen Bedürfnissen des Bodens anzupassen, werden die gemahlenen Kottonkuchen nicht selten mit anderem künstlichen Dünger vermischt und dadurch ein Produkt von erwünschter Zusammensetzung erhalten. In Atlanta gibt es mehrere größere Betriebe, welche sich mit der Herstellung solcher Mischungen (Gossypiumphosphat genannt) befassen.

Die Einrichtung dieser Fabriken ist höchst einfach. Die in Schlagkreuzmühlen zerkleinerten Komponenten der Mischung (Kottonkuchen, Kalidünger und Superphosphat) werden in Mischvorrichtungen gut durcheinandergemengt, worauf man das Gemenge durch einen rotierenden Siebzylinder gehen läßt, um sich einer möglichst feinen Pulverisierung zu vergewissern.

Die zu Ende der achtziger Jahre aus Amerika kommenden Nachrichten, nach welchen die Verwendung der Kottonkuchen zu Dungzwecken bald solche Dimensionen annehmen dürfte, daß ein Anbieten dieses Ölkuchens als Futterkuchen fast gänzlich verschwinden würde, haben sich nicht bewahrheitet. Man findet in der Verfütterung der Baumwollsaatkuchen nach wie vor ihre lukrativste Verwendung.

Bei der amerikanischen Verarbeitungsweise der Kottonsaat werden außer den Kuchen auch noch die

Samenschalen

als Nebenprodukt erhalten; diese machen einen ganz bedeutenden Prozentsatz des verarbeiteten Saatquantums aus (ca. 50 %).

Die Schalen (hulls) wurden früher ganz allgemein als Heizmittel verwendet, doch ist man allmählich von dieser Verwertung abgekommen und speziell im Süden der Vereinigten Staaten werden sie nunmehr fast ausschließlich als Futterstoff benutzt.

Den Heizwert der Schalen schätzt man in Amerika mit 80—90 Cents *Verwertung* pro Tonne ein, bei einem Preise von 2 Dollar für die Klafter Fichtenholz *als Heizmittel.* und 3,5 Dollar für die Tonne Steinkohle. Man setzt also den Heizwert einer Klafter Holz gleich 2,5 Tonnen Schalen und den einer Tonne Steinkohle gleich 4,5 Tonnen Schalen.

Eine Kottonölmühle mit 40 Tonnen Tagesleistung erzeugt gerade soviel Schalen, um für ihre Dampfkessel genügend Heizmaterial zu haben. Ist der Betrieb hinsichtlich Dampf- und Kraftverbrauch rationell eingerichtet, so resultiert dabei sogar ein Überschuß an Schalen.

Bei der größeren Betriebsökonomie umfangreicherer Unternehmungen wächst dieser Schalenüberschuß beträchtlich an und kann unter Umständen zu einer wahren Last für die Fabrik werden, weil die Verfrachtung des voluminösen Materials sehr schwierig ist. In losem Zustande nimmt eine Tonne Baumwollsaatschalen einen Raum von 300 Kubikfuß ein und hat dabei nur den Heizwert von ungefähr 250 kg Kohle, die nur 10 Kubikfuß Raum erfordert. Man hat also bei demselben Heizwert mit einem dreißigmal größeren Volumen zu rechnen und es liegt daher auf der Hand, daß der Versand der losen Schalen eine wirtschaftliche Unmöglichkeit darstellt.

Komprimieren der Schalen.

Um den Transport der Schalen zu ermöglichen, werden sie zu kubischen Paketen verdichtet, die bei 2 Fuß Seitenkante ca. 100 Pfund wiegen. Das Komprimieren der Schalen erfolgt in besonders konstruierten Pressen (hull presses), welche mit Hebeln oder durch hydraulischen Druck betrieben werden. Große Massen loser Schalen neigen zur Selbstentzündung.

Asche der Samenschalen.

Die beim Verbrennen der Baumwollsaatschale resultierende Asche besitzt wegen ihres Reichtums an Kali und Phosphorsäure einen hohen Dungwert und wird besonders von den Tabakbauern geschätzt; sie bildet seit 1880 ein Handelsprodukt. Ihre Zusammensetzung schwankt bedeutend, weil nur selten Schalen für sich verbrannt werden, ihre Asche daher meist mit jener anderer Brennstoffe vermischt erscheint. 185 Analysen von Handelsasche ergaben:

	Durchschnitt	Maximum	Minimum
Wasser	9,00 %	22,30 %	0,25 %
Phosphorsäure	9,08	15,37	2,37
Kali	23,40	44,72	7,02
Kalk	8,85	19,35	0,86
Magnesia	9,97	17,15	2,85
Kohlensäure	10,57	11,59	9,56

Das Kali ist in der Hauptsache als Karbonat vorhanden, welches von den Pflanzen leicht aufgenommen werden kann. Das schwer lösliche Kalisilikat findet sich in untergeordneter Menge.

Verwertung der Schalen als Futtermittel.

Die bei der Entschälung der Baumwollsaat resultierenden Schalen enthalten beachtenswerte Prozentsätze von Samenfleisch, weshalb die Zusammensetzung der handelsüblichen Schalen von jener reiner Schalen erheblich abweicht. Bei einer Serie von Analysen[1]) ergab sich:

	Durchschnitt	Maximum
Wasser	11,36 %	16,73 %
Rohprotein	4,18	5,37
Rohfett	2,22	5,41
Stickstoffreie Extraktstoffe . . .	34,19	41,24
Rohfaser	45,32	66,95
Asche	2,73	4,43

---

[1]) A. Bömer fand bei der Untersuchung von Baumwollsaatschalenmehl einer Bremer Ölfabrik 9,21—10,65 % Wasser, 6,05—6,13 % Rohprotein, 2,38—2,54 % Rohfett, 38,32—39,45 % stickstoffreier Extraktstoffe, 39,72 % Rohfaser und 2,80—3,03 % Asche. (Landw. Presse, 1903, S. 158.)

während durch Handarbeit erhaltene, vom Samenfleisch vollkommen freie Schalen nach Sievert zeigten:

Wasser	13,80 %
Rohprotein	2,78
Rohfett	0,75
Stickstoffreie Extraktstoffe	14,41
Rohfaser	65,59
Asche	2,73

Der Gehalt an Rohprotein, Rohfett und Kohlehydraten, welchen die Schalen des Handels aufweisen, deutet auf ihre Verwertung als Futtermittel hin. Man hat auch schon im Jahre 1870 hierauf bezügliche Versuche angestellt, doch erst zehn Jahre später griff die Idee mehr um sich.

In Memphis, New Orleans, Houston, Little Rock, Raleigh, Atlanta (Stone) gab man sich um das Jahr 1883 dieser Frage mit vieler Energie hin, doch waren die ersten Resultate wenig ermutigend. Erst später, als man daran ging, wissenschaftliche Verdauungsexperimente anzustellen, wurde man sich über den Fütterungswert der Schalen klar.

Die amerikanischen landwirtschaftlichen Versuchsstationen ermittelten dann durch Verdauungsversuche, daß das in den Schalen enthaltene

Rohprotein mit	10 %
Rohfett mit	77
die stickstofffreien Extraktstoffe mit . .	40
die Rohfaser mit	38

verdaulich ist, so daß der Durchschnittsgehalt der Schalen

an verdaulichem Rohprotein	0,42 %
„ Rohfett	1,69
verdaulichen Kohlehydraten (Extraktivstoffe und Rohfaser)	30,95

beträgt.

Man hat als theoretischen Futtermittelwert der Kottonsaatschalen einen Betrag von 9,69 Dollar per Tonne, d. i. 4,20 Mark per 100 kg berechnet, doch gilt als normaler Handelspreis der Hulls in Amerika 5 Dollar per Tonne, d. i. 2 Mark per 100 kg. Ein Import von Schalen nach Deutschland ist versucht worden, doch vertrug das billige Produkt nicht die relativ hohen Frachtspesen. Auch sind die deutschen Landwirte von dem Nährwert der Schalen, in welchen nur sehr geringe Mengen Protein und Fett enthalten sind, in denen daher auch die Kohlehydrate bewertet und bezahlt werden müssen, nicht so überzeugt wie die Amerikaner. So glaubt z. B. Sievert durch einen Versuch nachgewiesen zu haben, daß ungemahlene Schalen den Tierkörper in fast unveränderter Form verlassen. Sievert

hat bei der Analyse solcher Schalen vor der Fütterung und in den vom
Kote befreiten, den Tierkörper passiert habenden Schalen gefunden:

	Vorher	Nachher
Rohprotein	3,9 %	4,3 %
Stickstoffreie Extraktstoffe	35,5	36,8
Rohfaser	44,6	42,2
Asche	2,7	3,0

Nach diesen Zahlen scheint es, als ob dem Tierkörper durch Aufsaugen
von Verdauungssäften und gelösten Nährstoffen durch die Schalen direkt
Nährstoffe entzogen worden wären.

Die Sievertschen Befunde stehen in krassem Widerspruch zu jenen der
amerikanischen Versuchsstationen und zu den praktischen Resultaten, welche
Viehzüchter beim Verfüttern von Baumwollsamenschalen erreichten, und es
muß die Frage aufgeworfen werden, ob die Versuchsbedingungen bei den
Sievertschen Experimenten auch richtige waren, ob das Produkt genügend
gekaut war und ob zerkleinerte Schalen (Schalenmehl) nicht günstigere
Resultate ergeben hätten als grobstückige.

Die Baumwollsamenschalen sind jedenfalls vortrefflich dazu geeignet,
konzentrierte Futtermittel auf ein passendes Nährstoffverhältnis zu
bringen, und sie geben — besonders für Wiederkäuer — ein ausgezeichnetes Rauhfutter ab welches bei niedrigem Anschaffungspreise
volle Beachtung verdient.

Die gegenteilige Anschauung, welche man in Deutschland in landwirtschaftlichen Kreisen in dieser Beziehung hegt, wird hinfällig bei Betrachtung der auffallend günstigen Resultate, welche die amerikanischen
Viehzüchter mit diesem Futtermittel bei Mast- und Melkvieh erhalten.

Fütterungs-
normen.   Gewöhnlich werden die Schalen an Ort und Stelle ihrer Erzeugung
verfüttert und als Beifutter zu Baumwollsaatkuchen verabreicht. Bei dem
Vorurteil, welches gerade die deutschen Landwirte[1]) gegen Kottonschalen
und kottonschalenhaltige Futtermittel (ungeschälte Baumwollsaatkuchen)
noch immer haben, seien daher die von der North Carolina-
Versuchsstation ausgearbeiteten Regeln zur Verwertung der Schalen
und des Schalenrestes vollinhaltlich wiedergegeben:

1. Als Unterhaltungsfutter. Wo es erwünscht ist, ein Tier gerade aus-
reichend zu füttern, um es ohne Verlust zu unterhalten, muß man wie folgt verfahren: Schalen von ziemlich grünen Samen können allein gegeben werden, da die
Kernpartikelchen, welche zufällig an den Schalen sitzen bleiben, zum Unterhalt
oder vielleicht zum langsamen Mästen genügen. Es hängt aber natürlich ganz
davon ab, wieviel von den Kernen an die Schalen übergegangen ist. Bei gut gereinigten Schalen muß jedenfalls etwas Baumwollsamenmehl hinzugefügt werden,
je nach der Art des Tieres. Bei einer Kuh, die 950 Pfund wiegt, genügt 1 Pfund
Mehl auf je 7 Pfund Schalen, um das Gewicht zu erhalten und ca. 20 Unzen
Milch pro Tag zu erzeugen. Wahrscheinlich werden 8—10 Pund Schalen auf

---

[1]) Vergleiche Böhmer, Kraftfuttermittel, Berlin 1903, S. 547.

1 Pfund Mehl, wenn so viel von dieser Mischung gegeben wird, wie ohne Beifutter gefressen werden kann, als Unterhaltungsfutter ausreichen.

2. Für langsames Mästen. In diesem Falle können Rationen, die zwischen 7 Pfund Schalen auf 1 Pfund Mehl bis hinunter zu 5 oder 4 Pfund auf 1 Pfund schwanken, je nach den zu fütternden Tieren und der Geschicklichkeit des Wärters gegeben werden. Jedes Tier sollte gerade mit dem versehen werden, was es verzehren kann und mit nicht mehr. Bei gedeihendem Vieh wird ein Verhältnis von 4 zu 1 sehr gutes Wachstum hervorbringen und bei reiferen Tieren kann man hierbei rechnen, sie in 80—100 Tagen zu mästen.

3. Für schnelles Mästen. Um gutes Rindfleisch schnell hervorzubringen, kann man Rationen von 4 zu 1 bis hinunter von 2 zu 1 verabreichen und sogar 1,5 zu 1, da schon Ochsen erfolgreich mit der letzteren Ration gefüttert sind. Um halbfettes Vieh in 30—40 oder 60 Tagen zu mästen, sind diese letzten Rationen gut geeignet. Aber es ist zweifellos ein guter Plan, nach der deutschen Regel die weitere Ration zuletzt zu geben, damit mehr von dem verdaulichen Futter sich als Muskelgewebe ansetzen kann.

4. Für Milchvieh. Um die höchste Produktion von Milch zu erzielen, ist eine Fütterung ausschließlich mit Baumwollsamenschalen und -Mehl ein zweifelhaftes Experiment, obwohl beide in der Ration vorwiegend sein können. Wenn Baumwollsamenmehl in Mengen gefüttert wird, welche an sich hinreichen, eine Kuh in den Stand zu setzen, eine große Menge Milch zu geben, so kann ihre Gesundheit in Gefahr kommen, was sicher der Fall ist, wenn Schweine und Kälber in gleicher Weise gefüttert werden. Wenn eine Kuh 4 oder 5 Monate trächtig ist und die Milchmenge sich sehr vermindert hat, so kann sie auf eine Ration von Schalen und Mehl im Verhältnis von 4 zu 1 bis 8 zu 1 Schalen zu Mehl gesetzt werden, bis sie trocken steht. Dies wird die Kuh gut erhalten. Es würde jedoch die ganze Zeit hindurch vorteilhaft sein, sie einmal des Tages mit Heu oder Stroh zu füttern oder sie einen Teil jeden Tages grasen zu lassen. Zwei oder drei Wochen vor dem Werfen des Kalbes sollte aber die Ration der Kuh durch Ersetzen des Baumwollsamenmehles durch ein saftiges Nahrungsmittel oder durch Kleie geändert werden.

Die auf den Markt kommenden relativ geringen Mengen Kottonschalen werden vor dem Versande auf Desintegratoren fein gemahlen, also in Mehlform verwandelt. Das Mahlen der Schalen erfordert einen erheblichen Kraftaufwand.

Gutes Kottonschalenmehl soll frei von allen Faserbeimengungen sein. Bei schlechter Hullerarbeit sind in den Schalen mehrere Prozente Samenfleisch enthalten, welche den Futterwert des Schalenmehles erhöhen; vom betriebstechnischen Standpunkte aus muß man darauf sehen, daß in den Schalen möglichst wenig Samenfleisch verbleibe.

Außer zu Heiz- und Futterzwecken hat man die Baumwollsamenschalen auch anderweitig zu verwerten versucht. So bemühte man sich vor allem, den in den Schalen enthaltenen Farbstoff zu isolieren.

Nach einem Patente[1]) von Th. Newsome in Roslindale, Mass., welches von der American By Products Company of New Jersey erworben wurde, wird der Farbstoff aus den Baumwollsaatkuchen so gewonnen, daß man das Material in einem geeigneten Digestor der Einwirkung von Kohlen-

---

[1]) Amer. Patent Nr. 683786 v. 1. Okt. 1901; D. R. P. Nr. 139431. (Vergleiche auch Seifensiederztg., Augsburg 1903. S. 295.)

wasserstoffdämpfen unter Druck unterwirft, wodurch das Öl, die Fettsäuren und Gummi in Lösung gehen. Sodann leitet man einen Strom heißer Luft durch die Masse, damit der Kohlenwasserstoff entfernt werde, und mazeriert die zurückbleibende Substanz mit kaltem Wasser, bis die Zersetzung beginnt. Hierauf folgt eine Behandlung der mazerierten Masse unter Druck, wobei man den Farbstoff in Form wässeriger Extrakte erhält.

Gebrüder van den Bosch in Goch (Rheinland) empfehlen Baumwollsamenschalen zur Herstellung farbiger Zellulosegebilde (Kunstseide). Die Schalen werden zu diesem Zwecke einer Behandlung mit Natronlauge unterworfen, hierauf gut ausgewaschen und in einem Chlorbad mit 3—4 % wirksamen Chlors mazerieren gelassen. Die sich dabei bildende knorpelartige Masse wird gut ausgesüßt (eventuell unter Verwendung der bekannten Antichlormittel) und ist, je nach der Einwirkungsdauer des Chlors, rot bis gelb gefärbt. Ihre Verarbeitung zu Zellulosefäden erfolgt dann nach der üblichen Methode.

Volkswirtschaftliches.

Die Menge der Kottonsamen, welche der Ölindustrie alljährlich zur Verfügung steht, ist enorm. Über die Saatproduktion finden genaue statistische Aufzeichnungen nicht statt, doch läßt sich diese auf Grund der ziemlich genauen Daten über die jährliche Baumwollfaserproduktion annähernd schätzen.

Weltproduktion von Baumwolle.

Die jährliche Weltproduktion an Baumwollfasern schätzt man heute auf 3300 Millionen kg oder 3300000 Tonnen. Da 1000 kg Fasern ungefähr 2000 kg Saat entsprechen, so macht dies eine theoretische Jahresernte von 6600 Millionen kg Samen aus; davon geht ein beträchtlicher Teil verloren, so daß man nur mit rund 5000 Millionen kg Saat rechnen darf.

An der Weltproduktion partizipieren nach Semler die einzelnen Länder wie folgt:

Vereinigte Staaten Nordamerikas mit	62,5 %	(2040000 Tonnen Baumwollfasern)
Ostindien	15,3	(500000 ″ ″)
China	7,9	(260000 ″ ″)
Ägypten	7,3	(240000 ″ ″)
Afrika (außer Ägypten)	2,1	(68000 ″ ″)
Asiatisches Rußland	1,9	(61000 ″ ″)
Mexiko	1,0	(33000 ″ ″)
Brasilien	0,7	(20000 ″ ″)
Türkei	0,4	(14000 ″ ″)
Japan	0,4	(13000 ″ ″)
Peru	0,2	(7000 ″ ″)
Persien	0,1	(4300 ″ ″)
Französisch-Cochinchina	0,05	(2100 ″ ″)
Griechenland	0,04	(1700 ″ ″)
Columbia und Venezuela	0,02	(1000 ″ ″)
Italien	0,02	(600 ″ ″)
Westindien	0,01	(400 ″ ″)
Australien und andere Länder . . .	0,06	(2000 ″ ″)
	100,00 %	(3261000 Tonnen Baumwollfasern)

Unter den Baumwollkultur treibenden Ländern haben bisher nur Nordamerika, Ägypten und Indien eine Verwendung der Saat für Ölfabrikationszwecke versucht. Ein Versand der Saat vom Orte der Ernte nach dem industrietreibenden Auslandsstaaten findet bei Kottonsaat nur in beschränktem Maße statt; nur Ägypten macht hierin eine rühmliche Ausnahme, während der Export der Unionstaaten an Baumwollsaat sehr bescheiden ist.

Vereinigte Staaten.

Die Geschichte der Kottonölindustrie Nordamerikas wurde bereits Seite 166—170 behandelt; über die Entwicklung dieser Industrie seit 1870 sei nachstehend noch einiges gesagt:

Die Zahl der Kottonsaat verarbeitenden Betriebe betrug 1870 nur 26, während im Jahre 1905 nicht weniger als 715 Fabriken sich mit der Erzeugung von Baumwollsamenöl befaßten. Die Neugründungen waren in der Periode 1900 bis 1905 am zahlreichsten. Es bestanden in den Unionstaaten:

1860	. . . . .	7	Betriebe mit	183	Arbeitern
1870	. . . . .	26	„	„ 644	„
1875	. . . . .	35	„	„ 2124	„
1880	. . . . .	45	„	„ 3114	„
1885	. . . . .	80	„	„ 4900	„
1890	. . . . .	119	„	„ 6301	„
1895	. . . . .	250	„	„ ?	„
1900	. . . . .	357	„	„ ?	„
1905	. . . . .	715	„	„ ?	„

Die Gründungslust war im Jahre 1902 am größten; im ersten Semester dieses Jahres wurden in den Vereinigten Staaten nicht weniger als 117 neue Baumwollölfabriken errichtet. Es entfielen von diesen auf

Alabama	11	Fabriken
Arkansas	8	„
Georgia	30	„
Florida	1	„
Kentucky	1	„
Louisiana	7	„
Mississippi	19	„
Nord-Carolina	11	„
Süd-Carolina	4	„
Tennessee	4	„
Texas	12	„
Indianer-Territorium	3	„
Oklahoma	6	„

Summa 117 Neubetriebe.

In der Campagne 1900 verarbeitete eine Kottonölmühle durchschnittlich 6945 Tonnen, im Jahre 1905 betrug die mittlere Produktion pro Mühle nur 4666 Tonnen Saat. Die in der letzten Zeit gegründeten Mühlen waren also von bescheidenerem Umfange als die früheren.

Es ist interessant, an Hand der Aufzeichnungen des Washingtoner statistischen Amtes zu verfolgen, wie seit 1872 der Prozentsatz der zur Ölgewinnung benutzten Jahresernte an Saat allmählich gestiegen ist:

Jahr, endend mit 30. Juni	Ernteergebnis in Baumwollsaat	Prozentsatz der verarbeiteten Saat	Quantität der verarbeiteten Saat
1872	1 317 637 Tonnen	4	52 705 Tonnen
1873	1 745 145 „	3	52 354 „
1874	1 851 652 „	4	74 066 „
1875	1 686 516 „	5	84 325 „
1876	2 056 746 „	6	123 404 „
1877	1 968 590 „	5	98 429 „
1878	2 148 239 „	7	150 376 „
1879	2 268 147 „	8	181 451 „
1880	2 615 608 „	9	235 404 „
1881	3 038 695 „	6	182 321 „
1882	2 455 221 „	12	294 626 „
1883	3 266 385 „	12	391 966 „
1884	2 639 498 „	15	395 924 „
1885	2 624 835 „	19	498 718 „
1886	3 044 544 „	19	578 463 „
1887	3 018 360 „	23	694 222 „
1888	3 290 871 „	25	822 717 „
1889	3 309 564 „	24	794 295 „
1890	3 494 811 „	25	873 702 „
1891	4 092 678 „	25	1 023 169 „
1892	4 273 734 „	25	1 068 433 „
1893	3 182 673 „	33	1 050 282 „
1894	3 578 613 „	40	1 431 445 „
1895	4 792 205 „	35	1 677 271 „
1896	3 415 842 „	42	1 434 653 „
1897	4 070 100 „	40	1 628 040 „
1898	5 252 767 „	40	2 101 106 „
1899	5 471 521 „	43	2 352 754 „
1900	4 668 346 „	53	2 479 386 „
1901	4 830 280 „	50	2 415 140 „
1902	4 983 239 „	60	2 975 000 „
1903	5 208 000 „	60	3 277 233 „

Für die Aussaat werden ungefähr 10 % des eingebrachten Saatquantums benötigt, weitere 2—3 % gelangen zum Export und 60—62 % werden verarbeitet; es bleibt also gegenwärtig ein ungefährer Prozentsatz von 20—25 % an Baumwollsaat in Amerika unausgenutzt, und die als immens hingestellte Möglichkeit des Ansteigens der amerikanischen Kottonölproduktion bewegt sich nur noch in relativ engen Grenzen.

Die Ausfuhr von Baumwollsaat[1]) aus der nordamerikanischen Union betrug in den Jahren von 1895—1900:

1895	. . .	11051812	Pfund	im Werte	von	86695	Dollar,
1896	. . .	26980110	„	„	„	„	179621	„
1897	. . .	26566024	„	„	„	„	170604	„
1898	. . .	32764781	„	„	„	„	197258	„
1899	. . .	34443806	„	„	„	„	197023	„
1900	. . .	49855238	„	„	„	„	346230	„

Dem bedeutenden Anwachsen der Kottonölproduktion Nordamerikas kam eine steigende Nachfrage nach diesem Artikel im In- und Auslande zu Hilfe. Speziell der Inlandskonsum Amerikas in Kottonöl hat sich ganz rapid entwickelt. Nichtsdestoweniger vermag das Land nicht die Gesamtmenge des erzeugten Baumwollsamenöles aufzunehmen.

Die folgende Tabelle zeigt die in Nordamerika erzeugten Quanten an Baumwollsaatöl und -Kuchen sowie das Exportquantum und den Inlandsverbrauch seit 1872. Bei den Kottonsaatkuchen konnten Ausfuhr und Inlandskonsum nicht angegeben werden, weil die Vereinigten Staaten nur den Gesamtexport von Ölkuchen, nicht aber den der einzelnen Gattungen notieren.

Jahr	Erzeugtes Öl	Erzeugte Ölkuchen	Exportiertes Öl	In den Vereinigten Staaten konsumiertes Öl	Durchschnittlicher Wert pro Gallone
	Gallonen[2])	Tonnen	Gallonen	Gallonen	Cents[2])
1872	2108000	18400	547165	1560835	53,6
1873	2094000	18300	709370	1384424	52,2
1874	2963000	25900	782067	2180933	47,7
1875	2373000	29500	417387	2955613	51,9
1876	4936000	43200	281054	4654946	52,0
1877	3937000	34400	1705422	2231578	49,4
1878	6015000	52600	4992349	1022656	58,4
1879	7258000	63500	5352530	1905470	41,7
1880	9416000	82400	6997796	2418204	46,1
1881	7293000	63800	3444084	3848916	42,5
1882	11785000	103000	713549	11071451	46,3
1883	15679000	137200	415611	15263389	52,1
1884	15837000	138500	3605946	12231054	43,6
1885	19949000	174500	6364279	13584721	41,1
1886	23138000	202400	6240139	16897861	33,9
1887	27799000	243000	4067138	23701862	38,8
1888	32909000	287900	4458597	28450403	43,2

---

[1]) Siehe auch unter „Nachträge".
[2]) 1 amerik. Gallone = 3,785 l, 1 Cent = ca. 4,2 Pfennige.

Jahr	Erzeugtes Öl Gallonen	Erzeugte Ölkuchen Tonnen	Exportiertes Öl Gallonen	In den Vereinigten Staaten konsumiertes Öl Gallonen	Durchschnittlicher Wert pro Gallone Cents
1889	31 772 000	278 000	2 690 700	29 081 300	48,3
1890	43 948 000	305 800	13 384 185	21 563 615	39,5
1891	40 927 000	358 100	11 003 160	29 923 840	36,1
1892	42 737 000	374 000	13 859 278	28 877 722	36,0
1893	42 011 000	367 600	9 462 074	32 548 926	41,5
1894	57 258 000	501 000	14 958 309	42 299 691	40,2
1895	67 090 840	587 044	21 187 728	45 903 112	32,2
1896	57 386 120	502 128	19 445 888	37 940 272	28,2
1897	65 122 000	569 800	27 198 882	37 923 118	25,0
1898	84 044 000	735 300	40 230 784	43 831 216	25,2
1899	94 110 000	823 400	50 627 219	43 482 781	23,9
1900	93 325 729	884 391	46 902 390	46 423 339	30,1
1901	96 605 600	845 299	49 356 741	47 248 859	33,5
1902	119 000 000	1 041 250	23 042 848	85 975 152	39,4
1903	131 089 320	1 146 532	35 642 994	95 447 326	39,8

Die Verteilung der im Jahre 1900 verarbeiteten Saatmenge bzw. Erzeugung an Öl, Kuchen, Schalen und Lints sowie der Gesamt- und Einheitswert dieser Produkte sind in einer weiteren Tabelle zusammengestellt[1]). Man sieht, daß Texas unter den Kottonsaatprodukte erzeugenden Territorien den ersten Platz einnimmt, dann folgen das Mississippigebiet, Georgia und Louisiana.

Staaten und Territorien	Verarbeitete Saatmenge und produzierte Warenmengen in Tonnen				
	Saat	Öl	Kuchen und Mehl	Schalen	Lints
Alabama	172 093	25 112	60 389	80 167	2 165
Arkansas	190 015	27 060	65 459	90 683	2 306
Georgia	271 833	39 740	91 637	132 344	3 199
Indian Territory	26 415	3 490	9 185	13 074	337
Louisiana	250 983	36 302	91 348	144 446	3 067
Mississippi	394 678	56 679	141 529	185 060	4 599
North Carolina	107 660	16 436	36 088	52 139	1 075
Oklahoma	26 415	3 509	9 481	12 424	262
South Carolina	156 642	22 705	57 986	71 542	1 612
Tennessee	168 307	24 176	59 613	79 858	2 029
Texas	692 604	91 215	252 983	328 119	7 772
Andere Staaten	21 731	3 126	8 693	9 430	209
Vereinigte Staaten . . .	2 479 386	349 534	884 391	1 169 286	28 636

[1]) Siehe auch unter „Nachträge".

Interessant ist es, die Unterschiede in den Einheitspreisen der verschiedenen Produkte in den einzelnen Distrikten zu verfolgen. Die Saat war im Territorium Oklahoma am billigsten, in Südcarolina am teuersten; die Kuchen werteten am wenigsten in Texas, am höchsten in Südcarolina; die Schalen wurden im Mississippigebiet am geringsten, in Oklahoma am teuersten bezahlt und die Lints erzielten in Louisiana die niedrigsten, in Nordcarolina und Oklahoma die höchsten Preise.

Die wichtigsten Ausfuhrhäfen Nordamerikas für Kottonsaatprodukte sind New York, New Orleans, Galveston, Newport News, Norfolk, Saluria usw. Von den größeren Hafenplätzen wurden in den Jahren 1898 bis 1900 folgende Mengen Kottonöl verschifft:

	1898	1899	1900	
Baltimore	1 482 321	2 587 962	2 395 873	Gallonen
Corpus Christi . . .	643 868	813 100	352 017	„
Galveston	7 714 780	6 551 201	5 945 770	„
New Orleans . . .	10 829 557	15 172 286	11 407 751	„
Newport News . .	2 640 822	2 568 270	3 742 571	„
New York	20 084 769	16 355 517	16 907 095	„
Norfolk	822 880	1 515 431	592 000	„
Pensacola	197 865	699 979	281 766	„
Philadelphia . . .	824 839	870	255 934	„
Saluria	403 997	1 650 545	2 082 315	„
Savannah	252 956	800 003	222 774	„

Wert der verarbeiteten Saatmenge und der erhaltenen Produkte in Dollar					Preis einer Tonne in Dollar					Gesamtwert der erzeugten Produkte (Öl, Kuchen, Schalen und Lints)
Saat	Öl	Kuchen und Mehl	Schalen	Lints	Saat	Öl	Kuchen	Schalen	Lints	
2 019 085	1 520 834	1 076 150	217 925	137 345	11,73	60,56	17,82	2,72	64,—	2 952 254
2 245 710	1 644 465	1 142 102	248 770	153 475	11,82	60,77	17,45	2,74	66,—	3 188 812
3 246 814	2 468 386	1 713 038	405 581	200 095	11,94	62,11	18,69	3,06	62,—	4 787 100
297 939	207 251	182 807	32 972	23 048	11,28	59,38	19,90	2,52	68,—	446 078
2 833 767	2 222 762	1 715 424	287 650	172 055	11,29	61,21	18,78	2,51	56,—	4 397 891
4 577 995	3 364 278	2 618 405	396 791	291 557	11,60	59,35	18,50	2,14	64,—	6 671 031
1 313 663	979 637	678 973	145 928	74 477	12,20	59,60	18,81	2,80	70,—	1 880 015
247 520	186 791	163 785	40 897	18 620	9,37	53,23	17,28	3,29	70,—	410 063
2 186 408	1 545 934	1 169 645	217 886	110 082	13,96	68,08	20,17	3,05	68,—	3 043 547
1 848 829	1 363 555	1 045 795	196 105	131 583	10,98	56,40	17,54	2,46	64,—	2 737 038
7 560 661	5 696 263	4 371 377	975 489	476 527	10,92	62,44	17,28	2,97	62,—	11 519 656
254 225	190 848	153 075	23 360	11 367	11,70	61,05	17,61	2,48	54,—	378 351
28 632 616	21 390 674	16 030 576	3 189 854	1 801 231	11,55	61,20	18,13	2,73	62,—	42 411 835

Von der amerikanischen Kottonölausfuhr entfielen im Jahre 1900 auf:

Deutschland . . . . 8,50 %

Frankreich 30,50

Großbritannien 10,00

Österreich-Ungarn 8,60

Andere europäische Staaten 28,00

Mexiko 6,20

Asien und Südamerika 5,60

Afrika 1,50

Australien 1,10

der Gesamtausfuhr. ──────────

　　　　　　　　　　　　　　　　　100,00 %

Tafel VIII gibt Aufschluß darüber, welchen Zwecken das in den Vereinigten Staaten produzierte Kottonöl zugeführt wurde und welcher Teil der Produktion zur Ausfuhr gelangte[1]).

Die Ausfuhr von Baumwollsaatkuchen wird, wie schon bemerkt wurde, in den Vereinigten Staaten statistisch nicht separat geführt. Es ist indes anzunehmen, daß der überwiegende Teil des Gesamt-Ölkuchenexportes Kottonsaatkuchen betrifft.

Diese Totalausfuhr von Ölkuchen und Ölkuchenmehlen[2]) stellt sich in der Periode 1895—1900 wie folgt:

1895 . . .	489 716 053	Pfund im Werte von	4 310 128	Dollar
1896 . . .	404 937 291	„ „ „ „	3 740 232	„
1897 . . .	623 386 638	„ „ „ „	5 515 800	„
1898 . . .	919 727 701	„ „ „ „	8 040 710	„
1899 . . .	1 079 993 479	„ „ „ „	9 253 398	„
1900 . . .	1 143 704 342	„ „ „ „	11 229 188	„

Ägypten.

Die ersten Kottonanpflanzungsversuche gehen hier bis in das Jahr 1821 zurück, doch kann man erst vom Jahre 1863 an von einer regelmäßigen, intensiver betriebenen Kultur sprechen. Die Anbaufläche und somit auch der jährliche Ernteertrag sind in stetem Steigen begriffen, was aus nachstehenden Ziffern hervorgeht:

1878/79	1 683 749	Kantars[3])	Baumwolle und	130 000	Tonnen	Samen
1888/89	2 723 000	„	„	„	210 000	„	„
1897/98	6 543 128	„	„	„	500 000	„	„

───────────

[1]) Die in Tafel VIII als im Inlande konsumiert verzeichneten Kottonölmengen weichen von den amtlichen, statistischen Ermittlungen etwas ab, weil in beiden Fällen nicht die gleichen Jahresperioden verglichen werden.

[2]) Nach Aufzeichnungen des Treasury Department of Washington. — Siehe auch unter „Nachträge“.

[3]) 1 Kantar = 44,928 kg.

Im Lande selbst wurde bis vor wenigen Jahren nur ein sehr geringer Teil der geernteten Kottonsaat verarbeitet. Statistische Aufzeichnungen besagen, daß z. B. nur 177000 Ardeb[1]) für die Inlandsindustrie gedient haben.

Inzwischen sind zwar in der Nähe Alexandriens mehrere bedeutende Kottonölfabriken entstanden, doch reicht das produzierte Baumwollsamenöl-quantum noch lange nicht aus, um den Bedarf an diesem Artikel zu decken. In den letzten Jahren sollen die ägyptischen Ölmühlen verarbeitet haben:

Saison	Ardeb	oder	Tonnen
1901/02	422978		50546
1902/03	678000		81021
1903/04	740349		88472

Ägypten exportiert beträchtliche Mengen von Kottonsaat; unter den Ländern, welche Alexandriner Saat verarbeiten, steht England obenan, dann folgen Frankreich und Spanien, welchen Staaten sich in jüngster Zeit Deutschland und Österreich angeschlossen haben.

Der Export ägyptischer Saat (vom 1. September bis 31. Juli) betrug nach den folgenden Ländern:

Jahrgang	England	Frankreich	Spanien	Gesamtausfuhr	
1893/94 . .	333607	26496	538	360541	Tonnen
1894/95 . .	298033	23133	—	321166	„
1895/96 . .	330462	23971	—	354433	„
1896/97 . .	371084	44331	989	416404	„
1901/02 . .	—	—	—	3483170	Ardebs
1902/03 . .	—	—	—	2973737	„
1903/04 . .	—	—	—	2966416	„

Indien.

Die durchschnittliche Baumwollernte Indiens von 500000 Tonnen läßt eine Samenernte von 1000000 Tonnen erwarten und übertrifft die Produktion Ägyptens um das Doppelte. Von diesem Quantum wird nur ein verschwindender Teil in Indien selbst zur Ölgewinnung benutzt. Die Kottonölindustrie kann sich in Indien insolange nicht entwickeln, als die dortigen Ölgewinnungs-methoden nicht auf rationeller Basis umgestaltet werden. Die schüchternen Versuche, welche vor kurzem in Lahore und Akola mit der Aufstellung hydrau-lischer Maschinen gemacht wurden, werden aber kaum eine Verdrängung der Chekku[2]) zur Folge haben, und mit diesen läßt sich die ölarme Kotton-saat nicht verarbeiten. Übrigens hat die indische Regierung jede staat-liche Förderung dieser Industrie abgelehnt, weil man sie in Regierungs-kreisen für sehr wenig aussichtsvoll ansieht. Einige Sätze aus dem inter-essanten amtlichen Referat über diese Frage seien hier wiedergegeben:

---

[1]) 1 Ardeb = 121 kg brutto oder 119,2 kg netto.
[2]) Siehe Seite 598 dieses Bandes.

„ . . . Der Erfolg derartiger Etablissements scheint auf Grund der in Amerika gemachten Erfahrungen weit davon entfernt, sich rentabel zu gestalten. Man darf nicht vergessen, daß Baumwollsamen für Indien keineswegs ein überschüssiges Produkt bedeuten, vielmehr von der Landwirtschaft als Futtermittel verwendet werden. Man betont zwar zugunsten der Industrie, daß sie die Baumwollölkuchen als wertvollen Futter- und Düngestoff im Lande halte, während nur das Öl exportiert werde. Die Erfahrung hat aber das genaue Gegenteil erwiesen: das Öl wurde im Lande verkauft und die Ölkuchen nach Europa exportiert. Unserer Ansicht nach kann die heutige indische Landwirtschaft für hydraulisch gepreßte Futterkuchen nicht den Preis bezahlen, der beim Export erzielt wird, und würde daher weniger Nutzen ziehen als vielmehr Verluste, wenn eine große Baumwollölindustrie geschaffen würde, da die Versuchung zu groß wäre, das ganze Produkt an die Fabriken zu verkaufen, der Landwirtschaft also auch die Ölkuchen zu entziehen. Aus diesem Grunde muß der Ansicht Ausdruck verliehen werden, daß kein Anlaß besteht, die Errichtung solcher Industrien von Staats wegen zu fördern."

Dem Fußfassen der Kottonölfabrikation in Indien steht auch die geringere Qualität der dortigen Saat hindernd im Wege. Die Saat ist nicht nur ölärmer als die ägyptische, sondern liefert auch Öl von geringerer Güte, das sich nur schwierig raffinieren läßt.

Die vor Jahren unternommenen Versuche, indische Kottonsaat in Deutschland zu verarbeiten, schlugen fehl. Auch England verpreßt nur kleine Mengen dieser Ölsaat.

Der ganze Export Indiens an Kottonsaat betrug:

Jahr	Gallonen	Wert in Rupien
1891	19 000	3 700
1892	16 000	4 200
1893	24 000	6 200
1894	38 000	9 200
1895	97 000	19 000

Asiatisches Rußland.

Die kleinasiatischen Baumwollkulturen liefern ungefähr 13 000 Tonnen Samen, von welchen in den dortigen Fabriken ca. 40 % verarbeitet werden. Eine eigentliche Ölmühle befindet sich aber in den Hauptgegenden der Baumwollkultur (Namangan, Margelan, Kokand und Andishan) nicht; die Eingeborenen pressen in primitiver Weise nur das für ihren beschränkten Bedarf erforderliche Öl. Zwar wurden schon zu Anfang der neunziger Jahre einige Ölmühlen errichtet, doch konnten sich diese nicht halten, zum Teil wegen zu geringen Kapitals, zum Teil wegen der Ungunst der Verhältnisse in Rußland, der Schwierigkeit des Transports und der Abneigung der einheimischen Bevölkerung gegen maschinell erzeugtes Öl. Auch eine in Katta Kurgan erbaute Ölmühle hatte lange mit den schwierigen Verhältnissen zu kämpfen; erst als gleichzeitig mit dem Bau der Eisenbahnlinien Andishan und Taschkent die Mühle in den Besitz der turkestanischen Gesellschaft für Baumwollreinigung und Ölfabrikation übergegangen war, vermochte diese Industrie zu gedeihen [1]).

Kurze Zeit später entstanden dann Fabriken in Taschkent und Ashabad sowie Osaka (Kreis Margelan). Die russische Kottonölindustrie hat zweifellos eine Zukunft vor sich.

Mexiko.

Von den in diesem Lande geernteten Kottonsamen (ca. 66 000 Tonnen) werden nur ca. 10 000 Tonnen zu Öl verarbeitet. Im Jahre 1900 betrug die mexikanische Baumwollsaatölproduktion rund 1500 Tonnen.

Von den Ländern, welche Kottonsaat nicht produzieren, wohl aber verarbeiten, steht

England

obenan; letzteres importierte an Baumwollsamen:

	1880	1890	1895	1897
aus Ägypten	219 388	282 670	334 265	381 600
„ der asiatischen Türkei	—	5 272	12 945	7 970
„ den Unionstaaten . .	5 746	4 250	6 388	10 340
„ Brasilien	1 226	15 767	13 211	9 730
	229 520	314 080	371 544	412 900

Mehr als neun Zehntel der Kottonsaateinfuhr stammen danach aus Ägypten. In den letzten Jahren betrug der englische Import von Baumwollsaat:

Jahr	Tonnen
1900	406 478
1901	437 149
1902	550 620
1903	537 491
1904	468 653
1905	568 928

Die durchschnittliche Jahreserzeugung Englands kann mit 60 000 bis 70 000 Tonnen Baumwollsamenöl eingeschätzt werden, wovon ein namhafter Teil ausgeführt wird. Der Inlandskonsum Englands beträgt beiläufig 60 000—70 000 Tonnen Kottonöl. Der englische Import von Kottonöl ist in stetem Ansteigen begriffen, was aus den folgenden Ziffern ersichtlich ist:

Jahr	engl. Gallonen	oder Tonnen
1880/81	130 719	547
1885/86	1 426 743	5 988
1895/96	2 411 459	10 104
1904	2 518 616	10 553
1905	4 367 540	18 300

---

[1]) Seifenfabrikant, 1902, S. 269. — Seifensiederztg., Augsburg 1906, Nr. 1.

Die Ausfuhr Englands von Baumwollsamenöl betrug in der Periode
1897—1905:

Jahr	Tonnen
1900	19 625
1901	17 896
1902	28 530
1903	23 118
1904	16 726
1905	18 300

Die Ausfuhr verteilt sich:

	1897		1905	
auf Frankreich	9 400	Tonnen	1 771	Tonnen
„ Deutschland . . .	8 960	„	4 938	„
„ Holland	3 890	„	5 331	„
„ Belgien	2 870	„	3 476	„
„ Schweden-Norwegen	770	„	522	„
„ Österreich	510	„	134	„
	26 400	Tonnen	16 172	Tonnen

Im Gegensatz zum Kottonöl werden die in England produzierten Baumwollsaatkuchen insgesamt im Inlande verbraucht. Außerdem findet noch ein beträchtlicher Import von diesem Artikel statt.

Von den europäischen Festlandstaaten verarbeitete bisher nur

Frankreich

eine nennenswerte Menge Kottonsaat; diese wird zum weitaus größten Teile aus Ägypten bezogen, andere Provenienzen kommen so gut wie gar nicht in Betracht. Die Kottonöl erzeugenden Betriebe befinden sich in Marseille, Dünkirchen und Havre. Mehr als zwei Drittel der importierten Baumwollsaat verarbeitet Marseille, das in den letzten Jahren einführte:

1896	23 285	Tonnen
1897	41 714	„
1898	27 233	„
1899	29 629	„
1900	13 126	„
1901	23 132	„
1902	223 940	„
1903	149 720	„
1904	129 510	„
1905	141 490	„
1906	183 910	„

Es ist auf den ersten Blick auffallend, daß sich Marseille der Kottonsaatverarbeitung nicht mit größerer Energie annimmt; der geringe Schutzzoll (6 Franken per 100 kg Kottonöl) ist aber ein hinreichender Erklärungs-

grund dafür, daß dieser Zweig der Ölindustrie in Frankreich nicht recht
Fuß fassen will.

Die Einfuhr von Kottonöl nach Frankreich betrug:

Jahr	Tonnen
1896	25 761
1897	55 556
1898	61 782
1899	61 249
1900	44 990
1901	37 935

Marseille allein bezog in dem letzten Jahrzehnt die folgenden Mengen
Kottonöl:

	Gesamteinfuhr	Davon aus Amerika	England
1897 . . .	49 025 Tonnen	42 027	6805 Tonnen
1898 . . .	52 962 „	51 003	1792 „
1899 . . .	49 239 „	47 547	1463 „
1900 . . .	34 582 „	32 783	1672 „
1901 . . .	34 323 „	33 604	605 „
1902 . . .	14 794 „	13 712	1030 „
1903 . . .	15 304 „	13 473	1374 „
1904 . . .	15 003 „	13 384	1323 „
1905 . . .	32 448 „	32 282	80 „
1906 . . .	22 836 „	17 325	5074 „

Deutschland.

Die deutschen Ölmühlen haben mit der Verarbeitung von Baumwollsamen im Jahre 1896 begonnen; die in der Nähe Kölns befindliche Fabrik,
welche damals die Kottonölerzeugung in ihr Programm aufgenommen hatte,
vermochte nicht zu gedeihen. Mehr Glück hatten nach Überwindung mehrfacher Kinderkrankheiten in den allerletzten Jahren zwei Bremer Betriebe,
welche anfangs amerikanische Saat bezogen, jetzt aber fast ausschließlich
ägyptische Saat verarbeiten.

Das importierte Saatquantum ist noch immer bescheiden; es betrug:

Jahr	Tonnen
1895	99
1896	888
1898	1 668
1900	3 482
1902	15 203
1903	20 738
1904	17 079
1905	12 335

Deutschland bezieht dagegen große Mengen Kottonöles. So wurden eingeführt:

Jahr	Tonnen Kottonöl		
1890 . . .	18 350		
1895 . . .	34 459		
1900 . . .	49 129, davon 25 508	} denaturiert.	
1905 . . .	58 644, „ 29 246		

Österreich-Ungarn.

In diesen Staaten wurden in den Jahren 1903, 1904 und 1905 versuchsweise kleine Posten Kottonsaat verpreßt, nach welchen Vorarbeiten im Jahre 1906 eine Triester Fabrik die Verarbeitung von Baumwollsamen im großen Maßstabe begann.

Bis zum Jahre 1896 bewegte sich die österreichisch-ungarische Kottonöleinfuhr in Grenzen von 5000—8000 Tonnen. Im Jahre 1897 setzte eine Zunahme des Importquantums ein, das bis zur Einführung des neuen, erhöhten Zolltarifs standhielt. Die Einfuhrmengen betrugen:

Jahr	Tonnen
1897	12 858
1898	16 728
1899	16 308
1900	13 786
1901	14 058
1902	11 756
1903	14 856
1904	15 736
1905	19 209
1906	20 483

Der bisherige Import von Baumwollsaatöl dürfte durch die Inlandsproduktion wesentlich eingeschränkt werden.

Die übrigen Staaten Europas verbrauchen nur Kottonöl, ohne solches zu erzeugen. In der Türkei wird seit einigen Jahren Kottonöl als gesundheitsschädlich betrachtet, und alle zum menschlichen Genusse bestimmten Fettwaren (Margarine, Speiseöl usw.) werden von den Zollchemikern zurückgewiesen, wenn sie nur eine Spur von diesem Öle enthalten.

Die Einfuhr denaturierten Kottonöles ist in der Türkei jedoch gestattet; als Denaturierungsmittel wird Lotwurzel (Onosma echioides) verwendet.

Die Preisschwankungen, welchen das Kottonöl seit dem Jahre 1872 unterworfen war, bringt Tafel IX zum Ausdruck. Die neben der Preiskurve verzeichneten Mengen der in den Vereinigten Staaten geernteten und der zu Öl verarbeiteten Kottonsaat sollen zeigen, wie weit der Preis des Kottonöles durch das Emporblühen der Baumwollkulturen und das Anwachsen der Saatverarbeitung beeinflußt wurde.

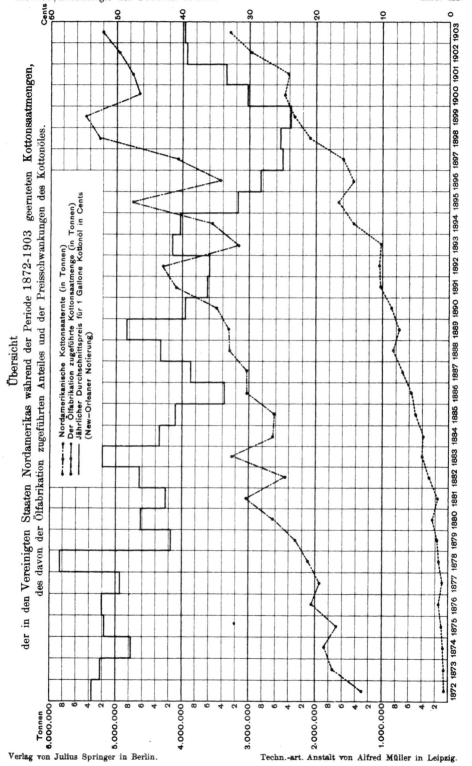

Übersicht
der in den Vereinigten Staaten Nordamerikas während der Periode 1872-1903 geernteten Kottonsaatmengen, des davon der Ölfabrikation zugeführten Anteiles und der Preisschwankungen des Kottonöles.

Nordamerikanische Kottonsaaternte (in Tonnen)
Der Ölfabrikation zugeführte Kottonsaatmenge (in Tonnen)
Jährlicher Durchschnittspreis für 1 Gallone Kottonöl in Cents (New-Orleaner Notierung)

Thespesiaöl.

Herkunft.

Dieses Öl wird aus dem zur Familie der Malvaceen gehörenden Baume
Thespesia populnea Corr. = Hibiscus populneus L. gewonnen.
Der im tropischen Afrika, in Asien, Polynesien
und Westindien anzutreffende Baum liefert ein
im Splinte hellrotes, im Kerne dunkelrotes Holz,
das in der Kunsttischlerei verwendet wird
(faux bois de rose).

a   *b*

Fig. 48. Thespesiasame.
(3fach vergrößert.)

a = Ganzer Same,
b = Querschnitt desselben.

Rohmaterial.

Die Samen haben die in Fig. 48 dargestellte
Form, wiegen pro Stück ungefähr 1,1 g und ent-
halten unter der braunen, stellenweise ganz schwach behaarten Samenschale
ein Samenfleisch, das an jenes des Kottonsamens erinnert. Die Samen enthalten:

Wasser . . . . 9,95 %
Rohprotein 24,88
Rohfett 17,94

Eigenschaften und Verwendung.

Das gelbrote Thespesiaöl ist ziemlich dickflüssig und wird als Arznei
verwendet.

Kapoköl. [1]

Capochöl. — Huile de capock. — Huile de Capoquier. —
Kapok Oil. — Olio di capoc.

Herkunft.

Das Kapoköl wird aus den Samen des in die Familie der Bombaceen
gehörenden gemeinen Wollbaumes, auch Panjabaum, Sangoribaum,
Algodanob oder Donsboom, silk cottontree, arbre à coton, Suffaid
sembul (Dekan) genannt, gewonnen. Dieser ursprünglich in Amerika
heimische Baum (Eriodendron anfractuosum D. C. = Bombax pen-
tandrum L. = Ceiba pentandra (L.) Gaertn. findet sich heute außer in
Mexiko und auf den Antillen auch in Guayana, in Afrika, auf dem
Malaiischen Archipel, in ganz Ost- und West-Indien und besonders
auf Java.

Sämtliche Glieder der Gattung Eriodendron sind große Bäume mit
gefingerten Blättern und großen, rotweißen Blüten, welche fünffächrige

---

[1] Seifensiederztg., Augsburg 1901, Nr. 30, Handelsblatt.

Kapseln mit Früchten tragen, deren zahlreiche Samenkerne in Wollfasern gehüllt sind.

Von dem eigentlichen Kapokbaum (Eriodendron anfractuosum) unterscheidet Harz[1]) drei Abarten, nämlich:

1. E. anfr. D. C. var. indicum,
2. E. anfr. D. C. var. caribaeum,
3. E. anfr. D. C. var. africanum.

Die Kapokfrucht ist im Umriß eilänglich, an der Spitze rund und genabelt. Ungefähr 16 cm lang und 6 cm Durchmesser habend, beherbergt die Frucht in ihren 5 Fächern mehrere Samen, welche in ein dichtes Wollhaarpolster eingebettet sind. Die Wollhaare der Kapokfrucht gehen aber nicht wie bei der Baumwollkapsel von den Samen aus, sondern haften an der inneren Fruchtwand. Die Kapokwolle ist daher keine Samenwolle, sondern ein Fruchtgewebe[2]).

Die Kapokhaare — kurzweg Kapok genannt — bilden für viele Zwecke einen vortrefflichen Ersatz für Roßhaare, so z. B. als Polsterungsmaterial für Matratzen und Möbel. Sie können auch zur Herstellung von Watte und ánderen Dingen verwendet werden, und speziell in Niederländisch - Indien bildet der Kapok einen beachtenswerten Handelsartikel.

a   b   c

Fig. 49. Kapoksamen.
a = von oben gesehen,
b = von der Seite gesehen,
c = Querschnitt.
(Doppelte natürliche Größe.)

Rohmaterial.

Kapoksamen.

Die Kapoksamen (Fig. 49) sind von Erbsengröße und haben eine spröde, schwarze Schale, welche nach genauen Wägungen 43—44 % des Gesamtgewichtes der Samen ausmacht. Sie sind frei von allen Pflanzenhärchen, was, zum Unterschied von Baumwollsamen, die Verarbeitung auf Öl sehr erleichtert.

1000 Samenkerne wiegen 44,520 g.

Analysen betreffs der Zusammensetzung der Kapoksamen liegen nur in geringer Zahl vor. Hefter[3]) gibt hierfür an:

Wasser	11,85
Rohprotein	18,92
Rohfett	24,20
Rohfaser	23,91
Stickstoffreie Extraktstoffe	15,90
Asche	5,22 [4]).

---

[1]) Harz, Landw. Samenkunde, Berlin 1895, S. 751.
[2]) Engler-Prantl, Pflanzenfamilien, Bd. 3 (6), S. 56.
[3]) Chem. Revue, 1902, S. 274. Über die Mikroskopie des Kapoksamens siehe: v. Bretfeld, Journ. f. Landw., 1887, S. 51.
[4]) E. Durand und A. Baud fanden in einer Probe Kapoksamen 6,4 % Asche und 30,12 % (!) Rohprotein. (Ann. chim. anal. appl., 1903, S. 328.)

Corenwinder[1]) veröffentlichte eine Analyse von Kapoksamen, in welcher ein Fettgehalt von 62,17% angegeben ist. Es handelt sich dabei offenbar um Bankulnüsse und nicht um Kapoksamen.

Die Kapoksamen werden in der Heimat des Kapokbaumes von den Eingeborenen roh und geröstet gegessen, der größte Teil davon wird aber wohl unbenutzt weggeworfen. Die Versuche, aus den Samen ein Öl zu gewinnen, sind jüngeren Datums; es haben sich in dieser Richtung besonders die Holländer bemüht.

Neben der Kapoksaat werden bisweilen auch die Samen des malabarischen Wollbaumes (Bombax Malabricum) zur Ölgewinnung benutzt.

Gewinnung.

Die Gewinnung des Kapoköls ist bei der Faserfreiheit des Rohmaterials Gewinnung. ziemlich einfach und kann sich auf ein einfaches Zerkleinern und nachheriges Warmpressen der Samen beschränken. Will man die holzfaserreichen Schalen nicht in die Rückstände bekommen, so genügt ein Absieben der nur leicht zerkleinerten Samen unter Zuhilfenahme von Luftströmen. Bei einer Preßprobe erhielt ich eine Ölausbeute von 17,8% vom Samengewicht.

Eigenschaften.

Das durch Pressen gewonnene Kapoköl ist von hellgelber Farbe Eigenschaften. und angenehmem Geruche, ziemlich dickflüssig und stearinreich; seine Dichte liegt bei 0,920 (bei 15° C). Der von E. Durand und A. Baud[2]) genannte Erstarrungspunkt von 29,6° C ist nicht für alle Kapokölsorten zutreffend; die meisten Proben sind bei gewöhnlicher Temperatur flüssig. Das Kapoköl erinnert sowohl in seinen physikalischen als auch in seinen chemischen Eigenschaften an raffiniertes Baumwollsamenöl. Mit der Untersuchung des Kapoköles haben sich Henriques[3]), Durand und Baud sowie Philippe[4]) beschäftigt[5]). Nach letzterem setzen sich die Fettsäuren aus 70% flüssigen und 30% festen Fettsäuren zusammen; letztere bestehen ausschließlich aus Palmitinsäure. Bei längerem Stehen des Kapoköles bei mäßiger Temperatur scheidet es Tripalmitin (Kapokstearin) aus.

Verwendung.

Das Kapoköl, speziell das kalt gepreßte, gibt ein vorzügliches Speiseöl Verwendung. ab; sein Geschmack liegt zwischen dem des Arachides- und jenem des Kottonöles. Das Öl ist auch zur Seifenfabrikation, als Brennöl und zu anderen technischen Zwecken verwendbar.

---

[1]) Compt. rendus, 1875, S. 471.
[2]) Ann. chim. anal. appl., 1903, S. 328.
[3]) Chem. Ztg., 1893, S. 1283.
[4]) Moniteur scientifique, 1902, S. 728.
[5]) Siehe auch Hefter, Chem. Revue, 1902, S. 274.

Rückstände.

Die beim Verarbeiten von Kapoksamen auf Öl resultierenden Kapokkuchen waren schon wiederholt Gegenstand genauer Untersuchungen. Zuerst
hat sich mit denselben Reinders[1]) befaßt, später auch F. J. van Pesch[2])
und in neuerer Zeit Hefter[3]). Die Analysenresultate stimmen im allgemeinen gut überein und seien nachstehend neben den in der Versuchsstation zu Wageningen ermittelten Durchschnittswerten auch noch die
bisher bekannt gewordenen Maximal- und Minimalwerte genannt:

	Durchschnitt	Maximum	Minimum
Wasser	13,6 %	14,5 %	12,4 %
Rohprotein	28,4	29,8	23,5
Rohfett	7,9	10,7	5,8
Stickstoffreie Extraktstoffe . . .	17,5	19,9	13,7
Rohfaser	26,1	29,7	22,2
Asche	6,4	7,5	6,0

Die Kapokkuchen ähneln äußerlich den dunkeln Sesamkuchen. Wenn
die Samen nicht sehr fein zerkleinert wurden, lassen sich aber in den
Kuchen mit freiem Auge deutlich größere Schalensplitter unterscheiden.
Kapokkuchen sind bis heute nur ganz vereinzelt auf den europäischen Markt
gekommen; diese Kuchen werden in Niederländisch-Indien, wo man sich
mit der Kapokölgewinnung in bescheidenem Umfange befaßt, gewöhnlich als
Düngemittel verwertet.

F. J. van Pesch berichtet über die Verwertung von Kapokkuchen
als Futtermittel und es ist daran nicht zu zweifeln, daß sie ein ganz
brauchbares Kraftfutter abgeben können.

Handel.

Den Kapoksamen hat man bis heute recht wenig Aufmerksamkeit
geschenkt, obwohl diese leicht zu verarbeitenden, wenn auch nicht gerade
ölreichen Samen alle Beachtung verdienen. Der Handel mit Kapokfasern
hat in den letzten 20 Jahren erfreuliche Fortschritte gemacht, und es ist
nicht ausgeschlossen, daß er noch weitere Ausdehnung gewinnt. Niederländisch-Indien allein führte in den letzten Jahren ungefähr 4000 Tonnen
Kapokfasern aus. Das entsprechende Quantum Kapoksamen ist ungleich
größer und würde einen namhaften Handelswert darstellen. Ein regelmäßiges Sammeln der bei der Gewinnung der Kapokfaser als Nebenprodukt
erhaltenen Samen wäre daher im volkswirtschaftlichen Interesse sehr zu
wünschen.

---

[1]) Landw. Versuchsstationen, Bd. 19, S. 161.
[2]) Landw. Versuchsstationen, Bd. 47, S. 471.
[3]) Chem. Revue, 1902, S. 274.

Sesamöl.

Huile de sésame. — Gingelly Oil. — Sesame Oil. — Benné Oil. — Benny Oil. — Til Oil. — Teel Oil. — Jinjili Oil. — Olio di sesamo. — Til, tir, gingli, krishna-tel, barik-tel, mitha-tel, til-ka-tel (Hindustan). — Tili, bareek til, gingili, mitha-tel (Dekan). — Zilecba til, chokbota-tela (Malabar). — Yeltoo-cheddie. — Nal-lenny (Tam.). — Nuvvu, nuvvulu, manchi nune, novvooloo (Telinga). — Wollelu, achchellu, ellu, valle, yanne (Kan.). — Schit elu, miniak, bijan, nallenna (Malaien). — Hnan, nahu-si (Burm). — Tun-pattala, teltala (Singh.). — Tila, snehaphala, tila-taila (Sanskrit). — Duhn, djyl-djylan, shiraj, dhonul-hal, dhonu simsim (Arabien). — Roghane kunjad (Persien).

Abstammung und Geschichte.

Das Sesamöl liefern uns die Samen der zu der kleinen Familie der Pedaliaceen gehörenden Sesampflanze. Die Gattung Sesamum umfaßt nach Semler 14 Arten, deren Heimat noch nicht mit Sicherheit ermittelt ist. Blume hat auf Java eine Varietät wildwachsend gefunden, was neben den verschiedenen geschichtlichen und sprachlichen Belegen dafür sprechen soll, daß der Ursprung des Sesams auf den Sundainseln zu suchen sei. Von hier wäre die Pflanze nach Indien, dem Euphratgebiete und nach Ägypten, andererseits nach China, Korea, Japan usw. gekommen. *Herkunft.*

Gewöhnlich wird aber Indien als die Heimat des Sesams betrachtet, weil die Geschichtsforscher des alten Hindulandes uns eine stattliche Reihe von Dokumenten über die dort schon seit den frühesten Zeiten betriebene Sesamkultur überliefert haben.

Die Sesampflanze spielt schon in den alten orientalischen Märchen und Volksgebräuchen eine große Rolle; das Zauberwort „Sesam", welches versperrte Türen zu öffnen[1] vermag, ist uns allen aus dem persisch-arabischen Sagenbuche „Tausend und Eine Nacht" zur Genüge bekannt. Der Sesamsamen bildete, genau wie heute, auch schon im Altertum die Hauptnahrung vieler Millionen von Menschen. Das Grabmal Rhamses III. (1269—1244 v. Chr.) trägt eine Zeichnung, welche das Vermischen des Mehles vor dem Ausbacken mit Sesamsamen darstellt. Es läßt sich allerdings aus dem Bilde nicht deutlich erkennen, ob der Künstler Sesamsamen oder eine andere kleinkörnige Saat (Kümmel usw.) darzustellen im Sinne hatte, doch meinen die Geschichtsforscher, daß es sich hier um Sesam handle. *Geschichte der Pflanze.*

Der Name Semsem oder Simsim ist semitischer Herkunft[2]), stammt aber aus einer weniger weit zurückdatierenden Zeit des Talmud und

---

[1] Mit Bezug auf die zur Reifezeit aufspringenden Kapselfrüchte gebraucht.
[2] Bezüglich dieser geschichtlichen Daten vergleiche: Watt. Econom. Prod. of India, Calcutta 1883.

wird erst nach dem Erscheinen der landwirtschaftlichen Abhandlung von
Alawwam, die nach dem Beginn der christlichen Ära verfaßt wurde, gebraucht. In dem von Ebers im Jahre 1872 zu Theben gefundenen Pa-
pyrus wird von Sesam unter dem Namen „semsewat" bzw. „semsemt"
Erwähnung getan. Im Sanskrit heißt Sesam „Tila", im Malaiischen „Wid-
jin", im Chinesischen „Moa" oder „Chisma", im Japanischen „Koba".
Schon die alten Sanskritschriften beschreiben die mannigfachen Formen
der Sesamsaat, bezeichnen den relativen Wert einer jeden Art und geben
eine ziemlich genaue Beschreibung des Öles sowie dessen Verwendung in
der Medizin und Küche.

Die „Bhava prakasa" beschreibt drei Arten von Sesamsaat: schwarze,
weiße und rote. Von diesen gilt die schwarze Art als für Medizinalzwecke
bestgeeignet und gibt auch den größten Ertrag an Öl. Weißer Sesam ist
von mittlerer Qualität, roter wird als geringwertig und für medizinischen
Gebrauch ungeeignet erklärt.

Der Sesam bildet einen wesentlichen Artikel gewisser religiöser
Zeremonien der Hindus und bekam daher auch den Namen „homadhánya"
(heiliges Korn) oder „pitritarpana" (das Korn, welches den verschiedenen Vorfahren als Opfer dargebracht wird). Zahlreiche Gerichte,
welche aus dieser Saat bereitet wurden, wie auch eine große Menge von
Geräten, deren man sich bei ihrem Anbau bediente, haben in Sanskrit-
werken technische Namen, in welchen die Wurzel „tila" erhalten erscheint. So z. B. Tila-dhenu = ein Spezialgericht aus diesen Samen,
welches die Form einer Kuh darstellt, die man Brahma opferte; Tila-
piccata = ein Zuckerwerk aus Sesamsaat[1]); Tila-brishta = gerösteter
Sesam; Tilanna = eine Mischung von Sesamsaat und Reis; dann wieder:
Tila-homa = ein Brandopfer von Sesamsaat; Tila-vratin = Bezeichnung
für diejenigen, welche ein Gelübde abgelegt hatten, nur Sesamsaat zu essen;
Tila-taila oder tila-rasa = Sesamöl.

Das Gattungswort „Taila" = Öl, welches von „Tila" abgeleitet ist,
sowie der Umstand, daß man von diesem Namen direkt entsprechende Worte
(til = Sesampflanze, tel = ein beliebiges Öl) in der ganzen Länge und
Breite Indiens sowie quer durch das Himalajagebiet bis nach Afghanistan
bildet, können als Beweis für die Altertümlichkeit der Wurzel all dieser
Benennungen dienen.

Zur Darlegung des wichtigen Platzes, welchen Tilasaat und Tilaöl
in der Mythologie des alten Hindulandes einnahmen und tatsächlich noch
in der Gegenwart inne haben, seien nur die betreffenden Stellen aus den

---

[1]) Ein unter dem Namen Tahine oder Tahiné gehandeltes Sesamprodukt
gilt im Orient als beliebte Leckerei. Sie wird durch Zerkleinern der Sesamsamen und Anreiben des Mehles mit Sesamöl, Zucker und Gewürzen hergestellt.
Diese Speise wird auch von den in den Vereinigten Staaten ansässigen Assyrern
konsumiert.

„Institutes of Manu" [1]) angeführt. In der ersten Vorlesung der letzteren wird des Sesams wiederholt Erwähnung getan. Man teilt uns dort die eigentümliche Form mit, unter welcher Sesam Brahma geopfert wurde; es wird darin von dieser Saat als von einem der drei Dinge gesprochen, welche zu einem „Craddha" reinigen, sowie von einem Opfer, welches Erfolg sichert und Nachkommenschaft verleiht; man verbietet darin, irgendeine mit Sesamsaat vermischte Speise nach Sonnenuntergang zu essen; es ist dort die Bestrafung vermerkt, die dem zuteil wird, der unberechtigt die Opferung von Tila übernimmt, wie auch die eigentümliche Seelenwanderung, welche dem Dieb dieser Saat als Los zufällt.

Nach Ägypten scheint der Sesam nicht lange vor Theophrastus und Dioscorides gekommen zu sein; das erste Denkmal der ägyptischen Sesamkultur (Grabmal Rhamses III) wurde schon oben angeführt. Durch die Portugiesen kam der Sesam von der Guineaküste nach Brasilien.

In dem Werke „Ain-i-Akbari", einer Art Verwaltungsbericht aus dem Jahre 1590 der Herrschaft des Kaisers Akbar, wird Sesam häufig erwähnt, und zwar sowohl weißer als auch schwarzer; von besonderer Bedeutung ist jedoch darin der Umstand, daß beide Gattungen in dem Verzeichnis der Herbsternten erscheinen.

Die Gewinnung des Sesamöles und dessen Verwendung zu Speisezwecken, als Haarschmiermittel und kosmetischer Artikel ist ebenfalls uralt. Plinius berichtet, daß das Öl von Sindh (westlicher Teil Bombays) über das Rote Meer nach Europa gekommen war, und im „Periplus" findet sich eine Bemerkung, nach welcher Guzerat als Sesamöl produzierende Landschaft genannt wird.

Geschichte des Sesamöles.

Xenophon weiß zu erzählen, daß sich die griechischen Söldner bei ihrem Rückzuge aus Persien den Körper mit Sesamöl einrieben, um ihn widerstandsfähiger gegen Kälte zu machen.

Jedenfalls ist Sesamöl schon lange vor Christi Geburt erzeugt worden; als Beweis hiefür kann ein Papyrusfund gelten, der das Steuerpachtgesetz, welches König Ptolomäus Philadelphus im Jahre 1259 vor Christi Geburt erließ, enthält. In dieser Urkunde wird das Sesamöl ausdrücklich erwähnt.

Das Mittelalter weiß uns von Sesamöl nichts zu erzählen. Erst im 16. Jahrhunderte findet man wiederum einige Aufzeichnungen über dasselbe. So wird es im Jahre 1510 von Varthema unter dem Namen „zerzalino" erwähnt; im Jahre 1552 von Castanheda als „gergelim" genannt; im Jahre 1599 von Fredericke als „zezeline", im Jahre 1606 von Gouvea als „gergelim"; 1610 von Mocquet als „gerselin"; 1661

---

[1]) Manu ist in der indischen Mythologie der Stammvater der Menschen; die „Institutes of Manu" sind aufgebaut auf den Betrachtungen der Veden und als ein Sammelwerk der Moral und Wohlfahrtslehren zu betrachten.

von Thevenot als „telselin"; 1673 von Galland als „georgeline";
1675 von Heiden als „jujoline"; 1726 von Valentijn als „gingeli",
exportiert aus Orissa (Landschaft der indobritischen Präsidentschaft Bengalen); 1727 von Kapitän A. Hamilton als „gingerly" und im Jahre
1807 von Buchanan-Hamilton als „gingeli". Belli und Gualterai
gaben 1744 einen eingehenden Bericht über Anbau und Pflege der Sesampflanze sowie über die Verwertung ihrer Samen.

　　　Als regulärer Handelsartikel ist Sesamöl in Europa relativ spät bekannt
geworden. Erst als Jaubert im Jahre 1840 die ersten größeren Proben
Sesamsaat nach Marseille gebracht hatte, begann man sich für das neue
Öl und dessen Rohprodukt zu interessieren und es entstand bald in den
Mittelmeerhäfen (in erster Linie in Marseille) eine neue, rasch empor-
blühende Industrie. Deutschland, Belgien, später auch Österreich folgten
dem Beispiele Marseilles und sind heute bemerkenswerte Sesamölproduzenten.

Kultur der Sesampflanze. Die Kultur der Sesampflanze erstreckt sich gegenwärtig über ganz
Indien, den Malaiischen Archipel, Siam, China, Korea, Japan,
Kleinasien, Ägypten, die südliche Somali- und Suaheliküste,
Sansibar, Mozambique, Natal, Westafrika, Griechenland, Bra-
silien, Mexiko, Westindien und den südlichen Teil Nordamerikas.
Versuche, die Pflanze in Südfrankreich zu kultivieren, scheiterten an
den Temperaturschwankungen des dortigen Klimas.

　　　Die im Aussehen an unseren roten Fingerhut (Digitalis purpurea)
erinnernde Sesampflanze ist ein krautartiges Gewächs von $1/2$—1 m Höhe und
zeigt weißlich bis violett, purpurrot oder gelblich gefleckte Blüten, die sich
zu zweifächrigen, viele (ca. 60) Samen enthaltenden, an der Spitze aufspringenden dosenartigen Kapseln entwickeln.

　　　O. Stapf[1] unterscheidet von der Gattung Sesam drei Unterabteilungen,
und zwar:

　　　　　　1. Sesamotypus Benth. und Hook;

　　　　　　2. Sesamopteris Endl;

　　　　　　3. Chamaesesamum Benth. und Hook.

　　　Zur ersten Untergattung gehören Sesamum indicum L. und Sesamum
orientale.

　　　Zur zweiten Untergattung sind die afrikanischen Arten zu rechnen,
insbesondere Sesamum radiatum Schum. und Thonn., ferner Sesamum
pentaphyllum, Sesamum Schinzianum und Sesamum Schenckia-
num, endlich auch Sesamum Marlothii, Sesamum calycinum und
Sesamum alatum.

　　　Die dritte Untergruppe umfaßt zwei sich nur wenig voneinander unterscheidende Arten, welche im südlichen Vorderindien vorkommen.

---

[1] Engler-Prantl, Pflanzenfamilien, Abschnitt „Pedaliaceen".

Rohprodukt.

Im Handel erscheinen, abgesehen von den in neuerer Zeit bisweilen auf den Markt gebrachten afrikanischen Arten, nur die Samen von

Sesamum indicum und
Sesamum orientale.

Von diesen beiden Arten gibt es eine Unzahl Spielarten, die sich auch vom Kenner nur schwierig auseinander halten lassen. Die Samen dieser Varietäten unterscheiden sich durch die Größe ihrer Körner, durch den Ölgehalt und die ganze chemische Zusammensetzung sowie durch die Farbe der Saat.

Vielfach wird Sesamum orientale nur als eine Kulturform von Sesamum indicum aufgefaßt, was wohl auch zutreffend sein mag.

Die Sesamsaat (Fig. 50) ist glatt, etwa 3 mm lang und 1,5 mm breit, beiderseits abgeplattet und, wie schon erwähnt, von verschiedener Farbe.

Fig. 50. Sesam. (Nach Wiesner.)

a = Offene Kapsel von Sesamum indicum,
b = Same von Sesamum indicum,
c = derselbe im Längsschnitt,
d = Same von Sesamum radiatum.

a in natürlicher Größe, *b—d* Lupenbilder.

Die Samen der verschiedenen Spielarten von Sesamum indicum — im Handel unter dem Kollektivnamen „indische Sesamsaat" zusammengefaßt — sind weiß, gelblich, braun, rotbraun, braunschwarz oder tiefschwarz und besitzen nach Harz größere Oberhautzellen mit großen Calciumoxalatdrüsen, welche von einem schwarzgrünen Farbstoffe umgeben sind. Nach Wiesner enthalten bisweilen auch die Zellwände diesen Farbstoff, doch beschränkt Hebebrand diesen Fall auf Sesamum radiatum.

Die Samen der verschiedenen Abarten von Sesamum orientale — im Handel „Levantiner Saat" genannt — zeigen gelblichweiße Farbe, enthalten ebenfalls Oxalsäureverbindungen, sind ölreicher als die indischen Provenienzen und liefern bessere Qualitäten von Öl und Preßkuchen als diese.

Auf den Markt kommen auch Sesampartien, welche teils aus dunkelfarbigen, teils aus hellfarbigen Körnern bestehen (Bigarré-Saaten).

Über das durchschnittliche Gewicht der Sesamsamen haben Flückiger und Hebebrand Untersuchungen angestellt und dabei gefunden:

Indische weiße Samen wiegen 3,2 mg pro Stück (auf 1 g gehen 313 Stück)
Indische dunkle Samen wiegen 3,0 mg pro Stück (auf 1 g gehen 336 Stück)
Levantiner Samen wiegen 3,0 mg pro Stück (auf 1 g gehen 329 Stück).

Die Zusammensetzung der einzelnen Sesamsorten variiert in den verschiedenen Jahrgängen nicht unbedeutend, wie auch die Düngung und die sonstige Pflege der Pflanze neben den klimatischen und den Bodenverhält-

(Marginalien:) Indischer Sesam. — Levantiner Sesam. — Zusammensetzung der Sesamsaat.

nissen die Güte der Saat beeinflussen. Die nachstehenden Analysen Hebebrands[1]) sind daher nur als ungefähre Beispiele aufzufassen; sie treffen
aber den Durchschnitt weit richtiger als die meisten anderen in der Fachliteratur zu finden den Angaben, welche den Ölgehalt fast durchweg zu
niedrig angeben[2]).

| | Indische Saat | | Levantesaat |
	weiß	schwarz	gelblich
Wasser	5,42 %	6,50 %	5,25 %
Rohprotein	22,69	21,77	19,49
Rohfett	52,75	51,40	56,75
Stickstoffreie Extraktstoffe	6,30	8,44	6,04
Rohfaser	7,57	6,44	8,40
Asche	5,27	5,45	4,07
	100,00	100,00	100,00

Diese Werte beziehen sich auf eine absolut unkrautfreie Saat; die
Sesamsaat des Handels ist durch die stets vorhandenen Beimengungen von
Fremdsämereien, Stengelteilen, Erde usw. mehr oder weniger verunreinigt
und enthält daher weniger Protein und Fett, dafür etwas mehr Rohfaser
und Asche, als obige Analysen angeben.

Was die nähere Beschaffenheit des Rohproteins, des Rohfettes, der
Extraktivstoffe und der Rohfaser anbetrifft, so sei auf die betreffenden
Spezialuntersuchungen Hebebrands[3]) verwiesen und nur das Wichtigste
darüber kurz gesagt.

Zusammen-
setzung
des Roh-
proteins,

Der Stickstoffgehalt der Sesamsamen ($N \times 6{,}25 =$ Rohprotein) verteilt sich nach Hebebrand wie folgt:

| Stickstoff | Indische Saat | | | | Levantesaat | |
| | weiß | | schwarz | | gelblich | |
	%	% vom Gesamt-N	%	% vom Gesamt-N	%	% vom Gesamt-N
Gesamt-Stickstoff . .	3,63	100,00	3,48	100,00	3,11	100,00
Eiweiß- „ . .	3,46	95,30	2,93	84,19	3,04	97,74
Amid- „ . .	0,17	4,70	0,55	15,81	0,07	2,26
Verdaulicher Stickstoff	3,35	92,28	3,13	·89,94	2,86	91,96
Unverdaulicher „	0,28	7,72	0,35	10,06	0,25	8,04
Wasserlöslicher „	0,54	14,78	—	—	0,44	14,14

des
Rohfettes.

Das Rohfett des Sesams enthält 2—3 % freier Fettsäuren, Lecithin
und verschiedene charakteristische, die Farbreaktion des Sesamöles
bedingende Substanzen.

---

[1]) Landw. Versuchsstationen, 1898, Bd. 51, S. 53..
[2]) Die Analysen von Anderson, Th. Dietrich, A. Hesse, Greitherr
und anderen geben unrichtige (zu niedrige) Ölgehalte an.
[3]) Landw. Versuchsstationen, 1898, Bd. 51, S. 53.

Von den stickstoffreien Extraktstoffen sind über drei Viertel wasserlöslich; die Rohfaser besteht zum großen Teil aus Pentosanen, und zwar enthalten:

	Indische Saat		Levantesaat
	weiß	schwarz	gelblich
Rohfaser	7,57 %	6,44 %	8,40 %
Pentosane	4,69	4,74	4,69

Charakteristisch ist für den Sesamsamen auch der Gehalt an Oxal-säure, welche sich in Form von Calciumoxalat in der Samenschale findet. Hebebrand konstatierte in der Sesamsaat folgende Mengen von Oxalsäure und oxalsaurem Kalke:

	Indische Saat		Levantesaat
Oxalsäure in wasser-	weiß	schwarz	gelblich
löslicher Form . .	0,130 %	0,256 %	0,080 %
Oxalsaures Calcium .	1,821	1,229	0,210

Die Asche der Sesamsaat besteht nach Hebebrand aus:

Kieselsäure	3,04 %
Schwefelsäure	0,89
Chlor	0,16
Phosphorsäure	30,82
Eisenoxyd	3,04
Kalk	35,14
Magnesia	12,88
Kali	11,85
Natron	1,79

Neben dem Oxalsäuregehalt der Samen ist für die Sesamsaat die Gegenwart verschiedener organischen Verbindungen ganz besonders charak-teristisch, Verbindungen, welche beim Auspressen oder Extrahieren des Öles in dieses übergehen und die Ursache jener Farbveränderungen bilden, welche unter dem Namen Baudouinsche oder Furfurol[1])-Reaktion all-gemein bekannt sind.

Villavecchia und Fabris[2]) haben die Zusammensetzung dieser Ver-bindung näher studiert; sie isolierten aus dem Sesamöle durch Verseifen,

---

[1]) Übergießt man ein kleines Stückchen Zucker (5—10 g) mit Salzsäure von der Dichte 1,18 (23° Bé) und schüttelt mit dem doppelten Volumen Sesamöl oder eines Sesamöl enthaltenden Ölgemisches, so tritt Rotfärbung ein (Bau-douinsche Reaktion). Villavecchia und Fabris zeigten, daß die Reaktion durch das durch die Einwirkung der Salzsäure auf den Zucker gebildete Furfurol hervorgerufen wird. — Eine für Sesamöl charakteristische Farbreaktion ist auch die mit Zinnchlorür (Soltsiensche Reaktion); die Proben von Beythien, Tocher, Bishop, Lalande und Tambon lassen an Empfindlichkeit zu wünschen übrig. (Siehe Benedikt-Ulzer, Analyse der Fette und Öle, 4. Aufl., Berlin 1903, S. 647.)

[2]) Annal. del Lab. chim. centr. delle Gabelle, Bd. 3, S. 13.

Fällen der wässerigen Seifenlösung mit Chlorbaryum und Ausziehen der getrockneten Barytseife mit Alkohol drei Substanzen, und zwar:

1. eine mit dem Namen „Sesamin" belegte Verbindung, welcher die Formel $(C_{11}H_{12}O_3)_2$ zukommt, die die Furfurolreaktion nicht gibt und lange, farblose Nadeln bildet, welche in Äther, Alkohol und Mineralsäuren unlöslich, in Benzol, Chloroform und Eisessig dagegen leicht löslich sind und bei 123° C schmelzen;

2. einen farblose, perlmutterartig glänzende Blättchen bildenden Alkohol vom Schmelzpunkte 137,5° C und der Formel $C_{25}H_{44}O + H_2O$. Dieser Alkohol reagiert mit Furfurol ebenfalls nicht;

3. ein dickes, geruchloses, in Alkohol, Äther, Chloroform und Eisessig leicht lösliches Öl, das von Alkalien nur wenig, von Wasser und Mineralsäuren nicht aufgenommen wird und als der eigentliche Träger der Sesamölreaktion zu betrachten ist.

Untersuchungen von Canzonari und Perciabosco. In letzter Zeit haben sich F. Canzonari und F. Perciabosco[1]) mit dem Studium dieser Verbindungen beschäftigt, gingen dabei aber nicht vom Öle, sondern vom Samen aus, indem sie einen alkoholischen Extrakt darstellten, diesen verseiften und dann mit Äther und Petroläther behandelten. Das Sesamin bleibt bei dieser Behandlung in dem Alkoholrückstande, während das Cholesterin und eine neue, vorläufig noch unbenannte, von Canzonari und Perciabosco mit „x" bezeichnete Verbindung in den Ätherauszug übergehen. Diese neue Verbindung schmilzt bei 91—92° C, besteht aus 66,62% Kohlenstoff und 5,89% Wasserstoff, ist in Alkohol, Äther und Chloroform löslich und stellt breite Tafeln dar. Mit Salzsäure behandelt, geht diese Verbindung in zwei neue Körper über, und zwar in ein die Furfurolreaktion sehr lebhaft zeigendes rotes Öl, das an der Luft in eine kristallinische Substanz vom Schmelzpunkt 185—186° C sich verwandelt; diese veränderte Substanz zeigt die Furfurolreaktion nicht mehr und die Veränderung des erwähnten roten Öles beim Lagern an der Luft erklärt auch das anormale Verhalten mancher Sesamöle bei der Baudouinschen Reaktion.

Die zweite bei der Salzsäurebehandlung erhaltene Verbindung ist eine harzartige Masse, welche keine Furfurolreaktion gibt. Das Cholesterin des Sesamsamens soll nach Canzonari und Perciabosco die Formel $C_{26}H_{44}O + \frac{1}{2}H_2O$ haben[2]).

Sesamsaat als Nahrungsmittel. Die Sesamsaat findet in Indien, China und Japan vielseitige Verwendung. Wie schon S. 255 erwähnt wurde, bildet sie für die Bewohner

---

[1]) Gaz. chim. ital., 1904, 2, S. 253; Chem. Centralbl., 1904, S. 45.
[2]) Siehe auch: H. Sprinkmeyer u. H. Wagner, Beiträge zur Kenntnis des Sesamöles, Zeitschrift für Untersuchung der Nahrungs- und Genußmittel, 10. Bd., S. 347; Hans Kreis, Zur Kenntnis des Sesamöles, Chem. Ztg., 1902, S. 1014, 1903, S. 116, S. 1030. — Vergleiche auch Seite 269.

dieser Länder ein Hauptnahrungsmittel. Der hohe Fett- und Proteingehalt macht die Saat zu einer der nahrhaftesten Vegetabilien, welche uns die Natur bietet. Ein schlechter Ausfall der indischen und chinesischen Sesamernte ist für viele Gebiete dieser Länder gleichbedeutend mit einer argen Hungersnot.

Neben den Ernährungszwecken dient der Samen wie auch andere Teile [1] der Sesampflanze zur Herstellung verschiedener Heilmittel. **Sesamsaat in der Medizin.**

Man spricht der Sesamsaat (welche bisweilen auch Bennésaat genannt wird) eine mächtige menstruationsfördernde Wirkung zu und glaubt, daß sie geeignet sei, eine Frühgeburt herbeizuführen. In der Pharmacopoeia India wird sie bei Amenorrhoea (Ausbleiben der Menstruation) in Form eines warmen Sitzbades empfohlen, in welches man eine Handvoll zerquetschten Samens gibt. Dymock ist indessen der Meinung, daß mit Rücksicht auf die Quanten, welche die Hinduweiber täglich davon verzehren, diese Behauptung unrichtig sei, welcher Meinung Ebers beipflichtet.

Ein mit Zucker versüßter Absud der Saat wird bei Husten verschrieben und eine Abkochung derselben in Gemeinschaft mit Leinsamen wendet man als Aphrodisiacum (erotisches, Sinnlichkeit erweckendes Mittel) an. — Ein Umschlag von diesem Samen, zermahlen, wird auch bei Brandwunden und Verbrühungen verabreicht.

Sesamsaat wird auch als Linderungsmittel bei Dysenterie und Harnkrankheiten gebraucht. Dem schwarzen Sesam schreibt man größere Heilkraft zu als dem weißen.

Die Menge Sesamsaat, welche in den Anbauländern zur Bereitung von Öl benutzt wird und welche als Ölsaat zum Exporte gelangt, macht einen relativ geringen Teil der Gesamternte aus. Zur Ausfuhr gelangen überhaupt nur bestimmte Provenienzen.

Am Marseiller Markt werden am meisten die nachstehenden Sesamsaatmarken gehandelt.

---

[1] In den United States Dispensatory werden die Blätter der Sesampflanze unter die Medizinaldrogen gereiht. Man sagt von ihnen, daß sie „eine reichliche Menge eines gummiartigen Stoffes enthalten, den sie leicht an Wasser abgeben und so eine reiche, milde Schleimmasse liefern, die in den Südstaaten bei mannigfachen Übeln getrunken wird, wo Linderungsmittel anwendbar sind; so z. B. bei Kinderruhr, Diarrhöe, Dysenterie, Katarrh und Erkrankungen der Harnwege". Ein oder zwei frische Blätter von voller Größe, verrührt mit einer halben Pinte kalten Wassers genügen; bei trockenen Blättern nimmt man heißes Wasser. Die Blätter dienen auch zur Bereitung eines erweichenden Umschlages (Kataplasmas)."

In Indien genießen die Blätter nicht denselben günstigen Ruf wie in Amerika, doch werden sie immerhin von Ebers (Indian Medical Gazette, März 1875, S. 67) für die oben genannten Krankheiten empfohlen.

Atkinson erwähnt eine etwas merkwürdige Eigenschaft der Sesampflanze. „Der Tau", sagt er, „den man von der Blüte am Morgen nimmt, wird von dem Volke des Distriktes Meerut (Britisch-Indien) allgemein als ein Universal- und Schutzmittel gegen alle Augenkrankheiten betrachtet".

$\left.\begin{array}{l} \text{Jaffa,} \\ \text{Caifa,} \\ \text{Tarsous,} \\ \text{Smyrne,} \\ \text{Adalia,} \\ \text{Alexandrette,} \\ \text{Marve,} \\ \text{Samsour} \end{array}\right\}$ Levantiner Saat

$\left.\begin{array}{l} \text{Kurrachee blancs,} \\ \quad\quad\; \text{„} \quad\quad \text{bigarrés,} \\ \quad\quad\; \text{„} \quad\quad \text{bruns,} \\ \quad\quad\; \text{„} \quad\quad \text{noirs,} \\ \quad\quad\; \text{„} \quad\quad \text{Dehra noirs,} \\ \text{Bombay rouges } 40\,^0/_0 \text{ jaunes,} \\ \quad\quad\; \text{„} \quad\quad \text{„} \quad\quad 15 \quad\quad \text{„} \\ \quad\quad\; \text{„} \quad\quad \text{„} \quad\quad 5 \quad\quad \text{„} \\ \quad\quad\; \text{„} \quad\quad \text{blancs petites graines,} \\ \quad\quad\; \text{„} \quad\quad \text{„} \quad\quad \text{grosses} \quad \text{„} \\ \text{Khandesch blancs,} \\ \text{Bombay noirs,} \\ \text{Kutnee} \quad\quad \text{„} \\ \text{Bombay bigarrés,} \\ \text{Bellary rouges,} \\ \quad\quad\; \text{„} \quad\quad \text{noirs,} \\ \text{Guzerat bruns,} \\ \quad\quad\; \text{„} \quad\quad \text{jaunes,} \\ \text{Cocanada puces,} \\ \quad\quad\; \text{„} \quad\quad \text{récolte de Mai,} \\ \text{Coromandes puces,} \\ \quad\quad\; \text{„} \quad\quad \text{bigarrés,} \\ \text{Broach jaunes,} \\ \text{Bassorah} \end{array}\right\}$ indische Saat

$\left.\begin{array}{l} \text{China blancs,} \\ \quad \text{„} \quad \text{jaunes} \end{array}\right\}$ ostasiatische Saat

$\left.\begin{array}{l} \text{Sansibar,} \\ \text{Senegal} \end{array}\right\}$ afrikanische Saat

　　Die Fremdsämereien, welche sich in der Sesamsaat vorfinden, bestehen bei der indischen Saat der Hauptsache nach aus:

Samen von Soja hispida (Sojabohne), Ervum Lens (Linse), Trigonella foenum graecum (Bockshornklee), Vicia cracca (Wicke), zwei Lathyrusarten, Medicago und zwanzig andere Leguminosenarten, Sinapis glauca (Senf), Vicia hirsuta, Vicia Faba (Saubohne), Raphanus Raphanistrum (Hederich), Capsicum annuum (Paprika), Gossypium (Baumwollstaude), Coriandrum sativum (Koriander), Piper nigrum (schwarzer Pfeffer), Coffea arabica (Kaffee), Ricinus communis (Rizinussaat), Linum usitatissimum (Lein), Cannabis indica (indischer Hanf), Cucumisarten (Gurken), vier Convolvulaceen, acht Gramineen (Gräser), darunter Zea Mais (Mais), Panicum crus galli (Hirse), Papaver somniferum (Mohn), Allium (Zwiebel), Vitis vinifera (Weinstock), Adonis aestivatis, Sclerotien (Mutterkörner), Palmkerne sowie mehrere andere Saaten.

In der Levantiner Saat fanden sich: Samen von Panicum miliaceum (Hirse), Papaver somniferum (Mohn), Sinapis glauca (Senf) und Sinapis arvensis (Ackersenf), Soja hispida (Sojabohne), Ervum Lens (Linse), Latyrus, Trigonella foenum graecum (Bockshornklee), Gossypium (Baumwollstaude), Coriandrum sativum (Koriander), Linum usitatissimum (Lein), Cucumis Cucurbita (Gurke), Agrostemma Githago (Kornrade), Galium tricorne (Labkraut), Polygonum Convolvulus (Knöterich), Lolium temulentum (Taumellolch), Triticum murinum (Weizenart), Sorghum saccharatum (Zuckerhirse), Triticum vulgare (Weizen), Oryza sativa (Reis), Vitis vinifera (Weinstock), Convolvulus arvensis (Windenart), Rumex crispus, Foeniculum officinale (Fenchel), Datura Stramonium (Stechapfel), Poterium sanguis orba (Becherblume), Fumaria (Erdrauch), Saponaria Vaccaria (Seifenkraut), Melampyrum arvense, Bromus, Camelina dentata (Leindotter), Veronica agrestis (Ehrenpreisart), Ranunculus, (Anemone), Cephalaria syriaca, Phalaris canariensis (Kanariensamen), Euphorbia cyparissias, Lycopsis arvensis und andere mehr[1]).

Nicht selten finden sich in der Sesamsaat auch angeschimmelte oder angefaulte Körner, welche die Qualität des daraus gewonnenen Öles stark beeinträchtigen. Ein leichter Modergeruch, wie ihn mitunter die Chinasaat zeigt, läßt sich oft durch Belüftung der betreffenden Saatpartien beheben oder doch verringern.

Für die qualitative Überprüfung der verschiedenen Sorten sind am Marseiller Platze bestimmte Normen festgesetzt, welche unter anderem besagen:

Weiße Sesamsaat darf höchstens 15% andersfarbiger Körner enthalten; jedes über diesen Gehalt hinausgehende Prozent farbiger Körner bedingt eine Preisvergütung nach einem bestimmten Schlüssel. Ware mit über 28% farbiger Körner braucht nicht übernommen zu werden. Bei Levantinersaat werden nur 6% dunkler Samen toleriert.

Marseiller
Usancen.

Bigarréware soll normalerweise aus 35% heller und 65% farbiger Körner bestehen; sind mehr als 65% farbiger Samen vorhanden, so ist vom Verkäufer eine Vergütung zu leisten, doch gilt Ware mit 85% farbiger Körner überhaupt nicht mehr als Bigarrésaat, sondern als schwarze Saat. Der Schlüssel, nach welchem bei Bigarrépartien mit mehr als 65% farbiger Körner die Bonifikation berechnet wird, ist durch die Marseiller Platzusancen ebenfalls festgelegt.

Für Sesam „Bombay rouges mélangés de 15 ou 5% jaunes" bestehen ähnliche Vorschriften.

In den als „graines grosses" gehandelten Partien dürfen 20% kleinerer Körner sein; ein darüber hinausgehendes Maß wird nach einem bestimmten Schlüssel vergütet, doch gilt eine Beimengung von 50% kleinkörniger Saat als das zulässige Maximum.

Ähnliche Bestimmungen bestehen bezüglich havarierter Körner, Fremdsamen und Staub. 3% Fremdkörner sind zulässig, was darüber geht, wird prozentual vergütet.

---

[1]) Befunde von H. Kraut. Nach Seifensiederztg., Augsburg 1904, S. 513.

Gewinnung des Öles.

In Indien und China wird aus dem Sesamsamen auf ziemlich primitive Weise Öl gewonnen. Nach der „Description de l'Égypte" wurde im 18. Jahrhundert der Sesamsamen derart auf Öl verarbeitet, daß man ihn in Wasser einweichte, sechs Stunden lang in einem besonderen Ofen röstete, dann zwischen horizontalen Steinen einer Mühle schrotete und schließlich auf einer Hebelpresse auspreßte. Die bescheidenen Qualitätsansprüche, welche die Eingeborenen an das Sesamöl stellen, machen eine gründliche Reinigung der Saat vor dem Pressen entbehrlich. Anders in unseren Gegenden, wo man großen Wert darauf legt, möglichst reine, von jedem Beigeschmack freie Öle zu erzeugen. Für diesen Fall ist eine intensive Reinigung der Sesamsaat, besonders die Entfernung der in der Saat stets reichlich enthaltenen Erdteilchen und des Sandes unerläßlich. Der feine Staub, welcher den Sesamkörnern anhaftet, vermag die Qualität des erhaltenen Öles stark zu beeinträchtigen und ihm einen eigenartigen, unangenehmen Erdgeschmack zu erteilen.

Saat-
reinigung.
  Wiederholtes Sieben, Passagen durch Luftströme und endlich Bürstprozeduren sind Mittel, um die Sesamsaat von den beigemengten Fremdsämereien und den erdigen Verunreinigungen zu befreien. In den meisten Betrieben begnügt man sich aber damit nicht, sondern sucht auch die Samenschale, welche der Sitz von Farb- und Bitterstoffen ist, nach Möglichkeit zu entfernen. Das Entschälen der Sesamsaat bietet jedoch mancherlei Schwierigkeiten und kann nie so vollkommen durchgeführt werden wie z. B. das Entschälen von ölarmen Sämereien (Reis, Hirse usw.). Beim Wegnehmen der Samenschale findet nämlich sofort ein, wenn auch nur geringer Ölaustritt aus den Samenkörnern statt und das Öl verschmiert nach kurzer Zeit die betreffenden Schälapparate. Man muß daher mit größter Vorsicht arbeiten und darf nicht zu intensiv schälen, weil dann das Verschmieren der Schälapparate um so sicherer eintritt.

Preßarbeit.
  Die gereinigten und teilweise entschälten Samen werden durch zwei- oder dreimaliges Pressen verarbeitet. In Deutschland wird vielfach nur ein Vor- und ein Nachschlag gemacht, wobei das Nachschlagöl der besseren Qualitäten noch als geringeres Speiseöl gilt und nur jenes weniger guter Saatqualitäten technischen Zwecken zugeführt wird.

In Marseille, der Heimstätte der Sesamölindustrie, ist ein dreimaliges Pressen üblich; die bei den ersten zwei Pressungen resultierenden Öle werden für Genußzwecke, das Öl dritter Pressung für technische Zwecke benutzt. Der letzte Schlag wird mit erwärmtem Preßgute vorgenommen, die ersten beiden Pressungen führt man bei gewöhnlicher Temperatur aus, weil ein Erwärmen der Samenmasse bittere und dunkle, für Speisezwecke ungeeignete Öle ergeben würde.

Reinigung
der Öle.
  Die von der Presse ablaufenden Öle werden meist nur einer einfachen Filtration unterzogen. Chemische Reinigungs- oder Bleichmethoden sind

bei Sesamöl nur selten in Anwendung; höchstens daß man mitunter eine
Behandlung mit Bleicherde zwecks Erzielung hellerer Öle anwendet.

Die Sesamölindustrie arbeitet sowohl mit offenen Etagenpressen
als auch mit geschlossenen Pressen. In Frankreich kennt man allgemein die im ersten Bande S. 239 beschriebenen offenen Pressen, welche

Fig. 51. Pressensaal einer Sesamölfabrik.

nach ihrem Ursprungsorte auch Marseiller Pressen genannt werden. In
Deutschland, welches in den letzten Jahren der französischen Sesamölindustrie in technischer Hinsicht den Rang abgelaufen hat, sind dagegen
Ring- und Seiherpressen vielfach zu finden, und besonders letztere
bürgern sich infolge ihres reinlichen Arbeitens mehr und mehr ein.

Fig. 51 [1]) zeigt den Pressensaal einer modern eingerichteten Sesamölfabrik.

---

[1]) Ausgeführt von Fritz Müller in Eßlingen.

Je nach dem vorhandenen Pressensystem, der Art der Saatzerkleinerung und der Intensität der Saatdurchwärmung verbleiben in den Rückständen, wie sie bei der letzten Pressung resultieren, 6—12 % Öl.

Extrahieren der Preßrückstände. Da in Frankreich die Preßrückstände der dunkel gefärbten Sesamarten nicht Fütterungszwecken zugeführt, sondern zur Düngung verwendet werden und hiefür der Ölgehalt eher schädlich als nützlich ist (vgl. Bd. I, S. 451), so werden diese schwarzen Sesamkuchen in mehreren Fabriken noch durch Extraktion weiter entfettet.

Die extrahierten, meist mittels Schwefelkohlenstoffs gewonnenen Sesamöle sind von tief dunkelbrauner Farbe, zeigen vereinzelt auch einen eigentümlichen Grünschimmer und verraten sich durch einen besonderen Geruch sofort als Extraktware. In Deutschland und Österreich kennt man ein derartiges Entölen der Preßrückstände nicht, weil durch das in diesen Ländern geübte sorgfältige Verfahren der Saatverarbeitung auch die Kuchen von schwarzen Sesamsaatsorten vortreffliche Futtermittel darstellen.

Eigenschaften.

Es ist einleuchtend, daß bei den vielen Spielarten von Sesamsaat und bei ihrer verschiedenartigen Entölung die physikalischen Eigenschaften der Sesamöle großen Schwankungen unterworfen sind, was besonders hinsichtlich der Farbe, der Viskosität, des Erstarrungspunktes, des Geschmackes und des Geruches gilt.

Farbe. Die bei der ersten Pressung der Levantiner Sesamsaat erhaltenen Öle sind hellgelb, beinahe farblos, die Vorschlagöle der indischen Saat schwanken zwischen einem Weingelb und Hellorange, die heißgepreßten Öle sind, je nach der Qualität der Saat, bräunlichgelb bis dunkelbraun. Die Extraktöle präsentieren sich als dunkelbraune, fast schwarze Öle mit schwacher Grünfluoreszenz.

Viskosität. Kalt gepreßte Öle sind ziemlich dünnflüssig — im Handel sagt man, sie haben wenig Körper oder seien wenig fett — die heißgepreßten Nachschlagöle sind dickflüssiger.

Erstarrungspunkt. Der Erstarrungspunkt der besseren Marken von Sesamöl liegt zwischen —4° und —6° C; die schleim- und harzreichen Nachschlagöle zeigen bei Temperaturen unter Null flockenartige Ausscheidungen, welche sich nur durch eine Filtration der gekühlten Öle (Patent Benz, s. Bd. I, S. 613) vermeiden lassen.

Geschmack und Geruch. Der Geschmack und Geruch der verschiedenen Sesamöle ist außerordentlich verschieden. Während die feinsten Marken ein sehr angenehmes Aroma zeigen und einen reinen Geschmack haben, welcher von vielen dem des Olivenöles vorgezogen wird, riechen die warmgepreßten Öle dritter Pressung schwach brenzlich und schmecken widerlich bitter.

Das spezifische Gewicht des Sesamöles liegt bei 0,9210—0,9240 (bei 15° C).

Zusammensetzung. Sesamöl besteht aus den Glyzeriden der Öl-, Stearin-, Palmitin- und Linolsäure, zeigt ganz schwach trocknende Eigenschaften, wird schwer ranzig und enthält die Seite 462 beschriebenen Substanzen, welche die Furfurolreaktion bedingen.

Nach Farnsteiner[1]) enthält das Sesamöl 12,1—14,1 °/₀ fester Fettsäuren, eine Angabe, die durch die Befunde Lanes[2]) bestätigt wird.
Tocher[3]) hat dem Sesamöl mittels Eisessigs zwei Substanzen entzogen,
deren eine harzartig und mit dem von Villavecchia und Fabris gefundenen Sesamin identisch ist, deren zweite aber ein dickes braunes Öl
darstellt, Träger der Furfurolreaktion ist und der von Villavecchia und
Fabris als „farbgebende Substanz" bezeichneten Verbindung entspricht.
H. Kreis[4]) hat im Sesamöl eine bisher unbekannte Substanz phenolartiger
Natur — Sesamol genannt — entdeckt.

Die kalt gepreßten Sesamöle haben eine auffallend niedere Säurezahl; die ersten Pressungen von Levantesaat enthalten oft weniger als
$1/_2$°/₀ freier Fettsäuren. Um so auffallender ist der hohe Gehalt an freien
Fettsäuren bei den warm gepreßten Nachschlagölen, welche oft 15 bis 20°/₀
und mehr freier Fettsäuren haben. Die vor der letzten Pressung meist
erfolgende Anfeuchtung des Preßgutes bedingt im Verein mit dem Warmpressen eine merkliche Spaltung des Öles. Die aus Sesamöl abgeschiedenen
Fettsäuren schmelzen zwischen 25—32° C und erstarren bei 23,5° C.

Verwendung.

Die hauptsächlichste Verwendung des Sesamöles ist die als Speiseöl. Speiseöl.
Sein neutraler Geschmack und seine große Haltbarkeit stempeln es zu einem
vorzüglichen Tafelöl, welches nicht nur für sich allein verwendet werden
kann, sondern auch ein vortreffliches Verschnittöl abgibt. Mit Olivenöl
gemischt, mildert es dessen eigenartigen, manchem Gaumen nicht besonders
zusagenden Geschmack, und ein solches Gemenge wird als „Salatöl"
allgemein geschätzt.

Das deutsche Margaringesetz vom 15. Juni 1897, wie auch das Latente
analoge österreichische Gesetz vom 25. Oktober 1901 schreiben für Mar- Färbung der
garine und Kunstbutter einen Sesamölzusatz von 10°/₀ vor[5]). Dies Margarine-
produkte.

---

[1]) Chem. Ztg., 1896, S. 213.
[2]) Journ. Soc. Chem. Ind., 1901, S. 1083.
[3]) Pharm. Journ. and Trans., 1891, S. 639 u. 1893, S. 700.
[4]) Chem. Ztg., 1903, S. 1030. — Siehe auch: E. Gerber, Beiträge zur Sesam-
reaktion, Zeitschr. f. Untersuchung der Nahrungs- u. Genußmittel, 1907, S. 65.
[5]) Durch das Gesetz vom 15. Juni 1897, welches an Stelle des früheren
Margarinegesetzes vom 12. Juli 1887 trat, wird in § 6 verfügt:
„Margarine und Margarinekäse, welche zu Handelszwecken bestimmt sind,
müssen einen die allgemeine Erkennbarkeit der Ware mittels chemischer Untersuchung erleichternden, Beschaffenheit und Farbe derselben nicht schädigenden Zusatz
enthalten. Die näheren Bestimmungen hierüber werden vom Bundesrat erlassen
und im Reichsgesetzblatt veröffentlicht."
Das R.-G.-Bl. vom 4. Juli 1897 bestimmte als einen solchen nicht schädlichen
Zusatz das Sesamöl, und zwar 10°/₀ vom Gewichte der Margarine. Da Deutschland
gegen 20 Millionen Kilo Margarine pro anno erzeugt, hat die Sesamölfabrikation
einen Absatz von 2 Millionen Kilo Sesamöl pro Jahr gesichert.

aus dem Grunde, weil Sesamöl leichter als alle anderen Öle durch die
Furfurolreaktion nachzuweisen ist und Buttersurrogate durch den vor-
geschriebenen Sesamölzusatz leicht und sicher von Naturbutter unterschieden werden können.

Heilmittel.   Die Araber und andere orientalische Völker verwenden das Sesamöl als
Heilmittel bei Hautkrankheiten (unter dem Namen „serej") und zum Einreiben des Körper im allgemeinen. Es wird dabei eine Wasser-Sesamöl-
Emulsion auf die erkrankten Stellen aufgetragen, worauf nach drei- bis vier-
maliger Applikation die Heilung erfolgen soll. Die Einreibung mit Sesamöl
erfrischt den gesunden Körper, macht ihn gegen Kälte unempfindlicher und
wirkt besonders bei Ermüdung wohltuend.

O'Shaugnessy[1]) betrachtet mit Sorgfalt erzeugtes Sesamöl (Jinjiliöl)
als zu medizinischen und pharmazeutischen Zwecken gleich gut geeignet wie
Olivenöl. A. Burn[2]) empfiehlt ein Präparat aus Sesamöl bei Behandlung
von Wunden, Geschwüren usw. Ein einfaches Mittel zwar, schätzt er es
jedoch höher als manch anderes, besonders während der warmen Jahreszeit.
Waring[3]) berichtet, er habe Sesamöl einige Jahre hindurch als Olivenöl-
ersatz bei Zubereitung von Linimentum Calcis zur vollen Zufriedenheit
angewendet. Baden-Powell bemerkt, daß man im Punjab Sesamöl bei
Rheumatismus und Beulen gebrauche. Die Inder verwenden dieses Öl
für diätetische Zwecke, und es bildet in ihrem Lande einen Träger für
verschiedene Drogen. Für diesen Zweck ist es besonders gut geeignet,
weil es nur einen schwachen Geschmack und Geruch besitzt und beim
Lagern keine Neigung zum Ranzigwerden zeigt.

Interessant sind die Beobachtungen E. Rautenbergs[4]), welcher bei
Darmirrigationen mit Sesamöl Methämoglobinvergiftungen konstatierte.
Diese äußerten sich durch Schwächegefühl, Erkältung der Extremitäten und
Cyanose des Gesichtes, in einem besonders krassen Falle stellte sich sogar
eine geringe Methämoglobinurie sowie ein Verfärben des Blutes (kaffeebraun)
ein und das Spektrum des Blutes zeigte den charakteristischen Absorptions-
streifen. Diese Vergiftungserscheinungen dürften aber nur auf Verfälschungen
des betreffenden Sesamöles zurückzuführen sein, und es sind jedenfalls
Nachprüfungen dieser Befunde abzuwarten, bevor man ein endgültiges Urteil
über die Verwendbarkeit des Sesamöles für Darmirrigationen und ähnliche
Zwecke fällt.

Geruch-
anziehendes   Sesamöl wird vielfach auch als Geruchsträger verwendet und zur
Mittel. Fixierung von Blumengerüchen durch Enfleurage benutzt. Die
in Indien unter dem Namen „atar" bekannten duftenden Öle haben meist
Sesamöl zur Grundlage.

---

[1]) Beng. Dispens., 479.
[2]) Med. Phys. Trans., Bombay 1838, Bd. 1.
[3]) Pharm. Ind.
[4]) Berliner klinische Wochenschrift, 1906, Nr. 43; Medizinische Blätter, Wien
1906, Nr. 47.

Häufig wird bei der Herstellung von „atar" so verfahren, daß man die Blumen mit Sesamsamen in Berührung bringt; die geruchsanziehende Wirkung ist so ausgeprägt, daß auch das in den Samen enthaltende Öl duftfixierend wirkt.

Die Darstellung der verschiedenen Atarsorten erfolgt daher meist derart, daß man eine 12—15 mm dicke Blütenschicht mit einer halb so hohen Sesamschicht bedeckt, dann wieder 12—15 mm hoch Blüten streut und so fort bis zu 8—10 Lagen von jedem Material. Nach 12 Stunden entfernt man die Blüten und läßt die Samen im Sonnenschein trocknen, um sie hierauf wieder mit neuen Blüten in Berührung zu bringen. Der Geruch haftet den Samen zähe an; selbst nach einjährigem Lagern beim Auspressen geben sie ein vortreffliches Duftöl.

In Indien findet das Sesamöl auch als Brennöl Verwendung; der Ruß der Sesamölflamme wird in China zur Herstellung von Tusche benutzt.

Brennöl.

Die heiß gepreßten Sesamöle finden in der Seifenfabrikation Verwertung; die besseren Marken derselben versieden sich ähnlich wie Leinöl, die stearinreichen Sorten (Satzöle) verhalten sich Laugen gegenüber ähnlich wie Schweinefett. Die Verseifung der Sesamöle erfolgt sehr leicht. Sie können in Gemeinschaft mit anderen Fetten und Ölen sowohl zu Schmier- als auch zu Kernseifen verarbeitet werden.

Seifen-
rohmaterial.

Rückstände.

Die beim Verarbeiten der Sesamsaat nach dem Preßverfahren resultierenden Rückstände — die Sesamkuchen — sind, genau wie die Sesamsaat, von sehr verschiedener Färbung. Die von weißer Sesamsaat stammenden Preßrückstände sind gelblichgrau, die von brauner und Bigarrésaat braunrot bis grauschwarz, während die Kuchen von dunkelfarbigen Samen schwarzbraun bis schwarz sind. Die Preßkuchen zeigen auch verschiedene Härte; je wasserreicher der Kuchen ist, um so weniger mürbe ist er.

Sesam-
kuchen.

Häufig kommen die Sesamkuchen auch in gemahlenem Zustande (Sesamkuchenmehl) auf den Markt; Extraktionsmehle sind relativ selten zu finden, weil man nur in Frankreich bei Sesam das Extraktionsverfahren anwendet, und zwar bloß zur Entziehung des restlichen Öles aus den schon zweimal gepreßten dunkeln Sesamsaaten.

Im Handel unterscheidet man gewöhnlich hellfarbige und dunkle Sesamkuchen. Die hellfarbigen — meist von Levantesaat stammend — zeichnen sich durch größeren Proteingehalt aus als die aus dunkelfarbiger indischer Sesamsaat gepreßten dunkeln Kuchen. Es finden sich aber auch unter diesen letzteren solche mit hohem Proteingehalte, weil eben die verschiedenen Sesamsaatvarietäten in ihrer Zusammensetzung voneinander stark abweichen.

Als Mittelwerte für die beiden Handelsgattungen von Sesamkuchen gelten:

	Sesamkuchen hell	dunkel
Wasser	9,9 %	12,0 %
Rohprotein	39,5	37,5
Rohfett	10,5	˙9,5
Stickstoffreie Extraktstoffe .	22,0	23,0
Rohfaser	8,5	8,5
Asche	9,6	9,5

Rohprotein. Der Stickstoff des Rohproteins der Sesamkuchen verteilt sich nach Dietrich und König auf

96,4 % Eiweißstickstoff
3,6 % Nichteiweißstickstoff.

Sie fanden von den Stickstoffsubstanzen des Sesamkuchens

96,5 % verdaulich,
4,5 % unverdaulich.

Hebebrand[1]) fand ganz ähnliche Werte; er konstatierte

95,5 % des Stickstoffes als Eiweiß,
4,5 % desselben als Nichteiweiß

und ermittelte

95,7 % des Stickstoffes als verdaulich,
4,3 % als unverdaulich.

Ob sich das Rohprotein der verschiedenen Sesamkuchen hinsichtlich Zusammensetzung und Verdaulichkeit gleich verhält, ist noch nicht erwiesen; die Untersuchungen Hebebrands über die Zusammensetzung des Rohproteins der Sesamsaaten lassen aber bei den dunklen Sorten einen größeren Gehalt an Nichteiweißstoffen erwarten als bei den hellen Kuchen[2]).

Ritthausen fand unter dem Rohprotein der Sesamkuchen 10,1 % eines Globulins mit 18,38 % Stickstoffgehalt und 16,9 % eines Legumins mit 16,96 % Stickstoff. E. Schulze fand im stickstoffhaltigen Nichtprotein der Sesamkuchen Cholin und Lecithin.

Rohfett. Die Fettsubstanz des Sesamkuchens ist von Stellwaag[3]) untersucht worden. Das durch Benzin oder Äther gewonnene Rohfett zeigt einen Schmelzpunkt von 22—26° C, also einen weit höher gelegenen als das reine Sesamöl, enthielt 1,6—3,2 % Unverseifbares und bestand zum größten Teile aus freien Fettsäuren.

König und Dietrich geben bei 36 Proben gesunder Sesamkuchen den Fettsäuregehalt des Rohfettes im Mittel mit 65 % an. Beim Lagern der

---

[1]) Landw. Versuchsstationen, 1898, Bd. 51, S. 472.
[2]) Vergleiche Seite 273.
[3]) Landw. Versuchsstationen, 1890, Bd. 37, S. 135.

Kuchen steigt dann dieser Fettsäuregehalt noch weiter an und überschreitet nicht selten 90%. Bei Sesamkuchenmehlen geht dieser Spaltungsprozeß rascher vor sich als bei ganzen Sesamkuchen.

Eine große Azidität des Sesamkuchenfettes kann keinesfalls als ein Zeichen des Verdorbenseins der Kuchen aufgefaßt werden. Selbst Ware mit auffallend hoher Azidität erwies sich als nicht ranzig, weil die abgespaltenen Fettsäuren noch nicht den zum Ranzigsein notwendigen Oxydationsprozeß durchgemacht hatten.

Über die Asche des Sesamkuchens liegen Analysen von Harz, Wolff und Hebebrand vor. Sie lauten: Asche der Sesamkuchen.

	Harz	Wolff	Hebebrand
Kali	20,82%	15,46%	11,85%
Natron	5,63	3,74	1,79
Magnesia	14,47	13,65	12,88
Kalk	15,13	26,76	35,14
Eisenoxyd, Tonerde . .	2,00	—	3,04
Chlor	17,40	0,64	0,16
Schwefelsäure	3,20	1,81	0,89
Kieselsäure	6,82	0,96	3,04
Phosphorsäure	30,19	34,86	30,82

Die Daten Hebebrands beziehen sich auf die Asche aus reiner Saat.

Der Sandgehalt der Sesamkuchen hängt von der mehr oder weniger Sandgehalt. sorgfältigen Reinigung ab, welcher man die Saat vor dem Verpressen unterzogen hat. B. Schulze untersuchte eine größere Anzahl von Sesamkuchen des Handels und fand Sand in

2 Proben über	3%
4 " "	2
6 " "	1
99 " unter	1

Die Sesamkuchen sind als ein preiswertes Kraftfuttermittel allgemein ge- Sesamkuchen als Kraftfuttermittel. schätzt; dies gilt sowohl von den hellen als auch von den dunklen Kuchen, sofern man bei der Herstellung der letzteren die notwendige Sorgfalt walten ließ.

Die Verdaulichkeit der einzelnen Nährstoffgruppen stellt sich wie folgt:

	Sesamkuchen	
	hell	dunkel
Rohprotein	90,0%	89,0%
Rohfett	95,5	91,0
Kohlehydrate	63,0	62,0
Rohfaser	25,0	25,0

Sesamkuchen werden von allen Tieren gerne gefressen; sie eignen sich für Mast- und Milchvieh in gleicher Weise. Als Mastfutter angewendet, wirken sie nicht nur günstig auf die Vermehrung des Körpergewichtes im allgemeinen, sondern namentlich auch auf die Fleisch- und Fettproduktion, ohne daß letztere zu sehr die Oberhand gewänne[1].

Nach Th. Dietrich[2] kommen die Sesamkuchen als Milchfutter den Palmkernkuchen annähernd gleich. Auch Pott[2] empfiehlt dieses Kraftfuttermittel für Milchkühe, weil es den Geschmack der Milch und der Butter in keiner Weise beeinflußt. Tagesrationen von über 1 kg pro Kopf und Tag bewirken allerdings ein Weichwerden der Butter[4].

Spampani und Daddi[5] haben an Ziegen, Scheibe[6] an Kühen nachgewiesen, daß das Milchfett von mit Sesamkuchen gefütterten Tieren die Sesamölreaktion zeigt, weil das in den Kuchen enthaltene Sesamöl, bzw. die darin enthaltene, den Träger der Furfurolreaktion darstellende Substanz in die Milch übergeht. M. Siegfeld[7] hat in dieser Richtung eingehende Untersuchungen angestellt und gefunden, daß die Intensität der Furfurolreaktion solcher Butter von Zufälligkeiten abhängig ist, aber auch nach Aufhören der Sesamkuchenfütterung noch einige Zeit anhält.

Diesen Beobachtungen stehen die gegenteiligen Befunde von Ramm und Mintrop[8], Sohn[9], Weigmann[10] und T. E. Thorpe[11] gegenüber.

Handel.

Handel
in
Sesamsaat. Der Handel mit Sesamsaat und deren Produkten ist sehr bedeutend, doch spielen diese Waren erst seit der Mitte des vorigen Jahrhunderts eine Rolle auf dem Weltmarkte. Ehedem hatten sie für die Kultivationsländer eine, wenn auch maßgebende, so doch nur lokale Bedeutung. Dies gilt insbesondere für die

Sesamsaat,

welche für mehr als 250 Millionen Menschen ein wichtiges Nahrungsmittel darstellt. Das Hauptproduktionsland für Sesamsaat ist nach wie vor Indien. Genaue Aufzeichnungen über die Jahresernte an Sesam liegen nicht vor; die Ziffern, welche hierüber nach Europa gelangen, stellen Anbau-
flächen. nur grobe Annäherungswerte dar. Auch über die jährliche Anbaufläche von Sesam sind amtliche Ziffern nicht erhältlich, weil bei den betreffenden Erhebungen die Kulturen aller ölhaltigen Sämereien zusammen-

[1] R. Heinrich, Zweiter Bericht der landw. Versuchsstation Rostock, 1894.
[2] Jahresbericht über die Tätigkeit der landw. Versuchsstation Marburg, 1893.
[3] Die landw. Futtermittel, Berlin 1889.
[4] Dettweiler Milchztg., 1897, Nr. 50.
[5] Le Stazioni sperimentali agrarie italiane, 1896, S. 29.
[6] Milchztg., 1897, S. 745.
[7] Chem. Ztg., 1898, S. 319, und Milchztg., 1898, Nr. 32.
[8] Milchztg., 1898, Nr. 27.
[9] Milchztg., 1898, Nr. 32.
[10] Hildesheimer Molkereiztg., 1898, Nr. 28.
[11] Analyst, 1898, S. 255.

gezogen werden. Der größte Teil der nachstehend ausgewiesenen Anbauflächen ist aber wohl als Sesamkultur zu rechnen[1]):

	1879/80 Acres[2])	1889/90 Acres	1894/95 Acres	1896/97 Acres
Bengalen	unermittelt	unermittelt	4 159 300	3 512 800
Nordwestprovinzen	—	732 539	859 532	405 261
Audh	286 972	279 055	242 472	168 769
Punjab	747 917	617 311	1 092 768	672 904
Unter-Birma . . .		83 354	26 037	24 702
Ober-Birma . . .	16 503	305 230	385 460	383 580
Zentralprovinzen .	1 209 398	1 348 327	2 288 577	1 522 542
Assam	275 160	172 448	142 632	203 112
Ajmere	—	17 864	39 918	44 329
Coorg	—	—	40	60
Madras	796 024	1 908 022	1 700 261	1 688 020
Bombay und Sindh	1 275 241	1 941 678	2 457 661	1 524 564
Berar	417 478	433 940	534 129	380 632
Pergana und Maupur	—	1 065	1 182	589
Im ganzen . .	5 024 693	7 840 833	13 929 969	10 531 864

Der Export Indiens ist speziell in den siebziger Jahren des vorigen
Jahrhunderts rasch angestiegen, hat sich dann aber nicht mehr wesentlich
verändert. Die folgenden Angaben, welche auch das Mittel jedes Quin-
quenniums ziehen, beweisen dies:

Indischer Export.

1870—71 exportierte Indien	779 333 cwt.[3]) Sesamsaat i. Werte v.	46,75,615 Rupien[4])
1871—72 „ „	565 854 „	„ „ „ „	33,95,224 „
1872—73 „ „	447 878 „	„ „ „ „	26,87,275 „
1873—74 „ „	908 430 „	„ „ „ „	54,49,184 „
1874—75 „ „	1 203 222 „	„ „ „ „	72,28,920 „
Durchschnitt	580 943 cwt. Sesamsaat i. Werte v.	46,87,243 Rupien
1875—76 exportierte Indien	1 409 908 cwt. Sesamsaat i. Werte v.	78,74,782 Rupien
1876—77 „ „	1 307 815 „	„ „ „ „	86,82,937 „
1877—78 „ „	1 158 802 „	„ „ „ „	84,82,262 „
1878—79 „ „	1 039 687 „	„ „ „ „	79,96,210 „
1879—80 „ „	1 670 185 „	„ „ „ „	1,19,79,042 „
Mittel	1 317 279 cwt. Sesamsaat i. Werte v.	90,03,046 Rupien
1880—81 exportierte Indien	1 907 008 cwt. Sesamsaat i. Werte v.	1,31,26,933 Rupien
1881—82 „ „	1 917 854 „	„ „ „ „	1,21,77,307 „
1882—83 „ „	2 305 414 „	„ „ „ „	1,46,23,753 „
1883—84 „ „	2 843 382 „	„ „ „ „	1,97,97,536 „
1884—85 „ „	2 646 484 „	„ „ „ „	1,92,30,128 „
Mittel	2 324 028 cwt. Sesamsaat i. Werte v.	1,57,91,131 Rupien

[1]) Semler, Tropische Agrikultur, 2. Aufl., Wismar 1900, Bd. 2, S. 476.
[2]) 1 Acre = 40,46 m².
[3]) 1 cwt. (englischer Zentner) = 50,8 kg.
[4]) 1 Rupie = ca. 1,36 Mk.

1885—86 exportierte Indien 1759343 cwt. Sesamsaat i. Werte v. 1,19,41,829 Rupien
1886—87 „ „ 2114484 „ „ „ „ „ 1,41,08,994 „
1887—88 „ „ 2747270 „ „ „ „ „ 1,87,70,501 „
1888—89 „ „ 1537444 „ „ „ „ „ 1,14,70,019 „
1889—90 „ „ 1775559 „ „ „ „ „ 1,30,98,813 „

Mittel 1986820 cwt. Sesamsaat i. Werte v. 1,38,78,031 Rupien

1890—91 exportierte Indien 1846732 cwt. Sesamsaat i. Werte v. 1,35,69,800 Rupien
1891—92 „ „ 2302172 „ „ „ „ „ 1,76,53,400 „
1892—93 „ „ 2554768 „ „ „ „ „ 2,09,23,160 „
1893—94 „ „ 2424280 „ „ „ „ „ 1,93,05,000 „
1894—95 „ „ 2324793 .„ „ „ „ „ 1,88,08,350 „

Mittel 2290549 cwt. Sesamsaat i. Werte v. 1,80,51,942 Rupien

Von der indischen Sesamsaat empfing Frankreich allein:

Durchschnitt der Periode 1870—75 . . . . . 668012 engl. Zentner
„ „ „ 1875—80 . . . . . 992556 „ „.
„ „ „ 1880—85 . . . . . 1784927 „ „
„ „ „ 1885—90 . . . . . 1369549 „ „
„ „ „ 1890—95 . . . . . 2290549 „ „

Levante. Für den Welthandel kommt als Sesamsaatproduzent in zweiter Linie die Levante in Betracht.

Genau so wie in Indien, steht auch hier der Export von Sesamsaat in keinem Verhältnis zu dem eigenen Verbrauch. Die feinen Qualitäten, welche die Levante hervorbringt, scheinen mehr als die indischen Sorten für Genuß-zwecke geeignet zu sein. Der Handelswert der Levantiner Sesamsaat ist dem höheren Ölgehalte wie auch der besseren Qualität der Ware ent-sprechend höher als der Preis indischer Saaten.

China und Japan. China und Japan wären ebenfalls als Sesamproduzenten zu nennen; in China kommt dem Sesamanbau sogar eine ähnliche Bedeutung zu wie in Indien, doch wird der Samen in diesem Lande fast ausschließlich Nahrungszwecken zugeführt. Erst in den letzten Jahren hat man auch chinesische Sesamsaat zu exportieren begonnen und steigt das Ausfuhr-quantum alljährlich an. Der japanische Sesamanbau ist von keiner be-sonderen Bedeutung.

Afrika. Neben Asien kommt Afrika als Produktionsland von Sesamsaat in Betracht. Zu nennen wären: Deutsch-Ostafrika, Sansibar, Sene-gambien und der ganze Westen von Afrika. Der afrikanische Sesam-saathandel steckt aber noch in den Kinderschuhen, und das von diesem Erdteil auf den Weltmarkt gebrachte Quantum Sesamsaat kommt gegen-über den aus Indien und der Levante fließenden Mengen kaum in Betracht.

Amerika. Der Sesamanbau Süd- und Zentralamerikas genügt kaum zur Deckung des geringen heimischen Bedarfes; für den Welthandel spielt die Produktion dieser Länder keine Rolle.

Als Konsumenten des in den Handel gebrachten Sesams sind in erster Linie Frankreich, Deutschland, Italien, Österreich und Belgien zu nennen; die übrigen europäischen Industriestaaten verarbeiten nur geringe Mengen dieser Ölsaat.

Frankreich gilt heute noch immer als der stärkste Konsument von Sesamsaat. Die ersten schüchternen Versuche zur Verwendung der Sesamsaat in der Ölfabrikation, welche im Jahre 1834/35 unternommen wurden, zeitigten schon im Jahre 1841 einen namhaften Import dieses Artikels, der in der Folge sehr rasch anstieg.

Sesamsaat-bedarf Frankreichs

Marseille, das als die Wiege der europäischen Sesamölindustrie zu betrachten ist, empfing die nachstehenden Mengen Sesamsaat:

Jahr	Levantesaat dz	Indischer und afrikanischer Sesam dz	Summe dz
1834	—	—	6,01
1835	—	—	6,32
1841	—	—	16 080
1842	—	—	124 084
1843	—	—	179 634
1850	—	—	257 295
1855	159 703	190 512	340 215
1870	128 780	649 250	778 030
1890	118 420	635 850	772 270
1891	64 260	668 020	732 280
1892	91 640	686 360	778 000
1893	108 920	972 000	1 080 920
1894	122 740	716 620	839 360
1895	114 910	854 530	969 440
1896	112 680	615 480	728 160
1897	81 980	332 000	413 980
1898	52 010	640 210	692 220
1899	37 890	577 430	615 320
1900	47 690	615 020	662 710
1901	58 850	595 020	653 870
1902	42 960	685 850	728 810
1903	23 330	1 209 060	1 238 390
1904	36 070	845 370	881 440
1905	36 960	428 100	465 060
1906	66 650	547 510	614 601

Die Gesamteinfuhr Frankreichs ist mit der Marseilles nahezu identisch; die nachstehenden Ziffern beweisen dies:

Jahr	Einfuhr von Sesamsaat in Frankreich dz	in Marseille dz
1890	898 769	772 270
1895	1 020 210	969 440
1896	861 570	728 160

Die in den letzten drei Jahren nach Marseille importierten Sesam-
mengen verteilen sich nach Provenienzen wie folgt:

Sesam aus		1904 dz	1905 dz	1906 dz
Jaffa, Caifa oder St. Jean d'Acre		22720	12590	45930
Tarsous		11580	21560	17520
Alexandrette	Levantesaaten	1260	2450	570
Smyrna, Echelle Neuve, Satalie .		100	—	1830
Gallipoli (Dardanellen), Enos . .		260	360	700
Saloniki usw.		150	—	100
Coromandelküste { puces, bruns, bigarrés } . . .		73870	63910	10800
Kurrachée (blanches, bigarrées, noires) und Dehra	indische Saaten	68550	26100	13450
Hingheng. jaunes, Broach jaunes, Bombay (blancs, bigarrés 50%, noirs G. G., rouges G. G., rouges G. G., rouges 15% jaunes), Bellary noirs, Kutnee noirs, Guzerat jaunes, Calcutta und Cawnpore noirs		694340	305690	291730
China		—	24000	204440
Bangkok (Bassorah)		2180	100	12810
Sansibar (Mozambique)	afrik. Saaten	2290	880	2020
Lagos, Congo, Senegal		4140	7420	12060

Sesam-
einfuhr nach
Deutsch-
land. Die Sesamölindustrie Frankreichs ist im Rückgang begriffen. Der
Konservatismus der dortigen Ölfabrikanten, welcher sich gegen alle technischen Neuerungen verschließt, nicht minder aber auch die in den anderen
europäischen Industriestaaten gegen das französische Sesamöl errichteten
Zollschranken haben es bewirkt, daß die führende Rolle, welche Marseille
ehedem innehatte, dieser Stadt wenn schon nicht verloren ging, so doch
wesentlich eingeschränkt wurde.

Nach Frankreich kommt als nächstgrößter Sesamsaatkonsument D e u t s c h-
l a n d in Betracht. Die deutsche Sesamsaateinfuhr betrug seit dem Jahre 1890:

Jahr	dz	Wert in Mark
1890	142130	4037000
1891	152586	4332000
1892	126829	3195000
1893	202839	5281000
1894	174354	4496000
1895	206532	4820000

Jahr	dz	Wert in Mark
1896	232534	5468000
1897	210238	5455000
1898	312320	8211000
1899	387710	9958000
1900	296365	8403000
1901	358698	10207000
1902	498177	14382000
1903	615380	15495000
1904	513129	12210000
1905	464892	12094000

Das auffallende Steigen der Einfuhr seit dem Jahre 1897 ist hauptsächlich auf den Mehrverbrauch an Sesamöl infolge des neuen deutschen Margaringesetzes zurückzuführen.

Österreich-Ungarns Sesamölindustrie ist jünger als die deutsche. Der Sesamsaatimport wird zwar nicht besonders angegeben, doch bezieht sich die statistische Rubrik „nicht näher tarifierte Ölsaat" fast ausschließlich auf Sesam. Die in den betreffenden Angaben enthaltenen Erdnußmengen sind nicht von Bedeutung, und deshalb können die nachstehenden Ziffern als mit den Sesamimportquanten fast identisch betrachtet werden: *Import Österreich-Ungarns.*

Jahr	dz	Wert in fl. ö. W.
1891	897	9149
1892	10626	107483
1893	52115	571294
1894	169518	1577857
1895	141101	1970870
1896	83698	774953
1897	76114	798829
1898	136007	1726139
1899	126032	1412312
1900	132885	1673307
1901	154399	2139720
1902	126082	3530296
1903	317933	8902124
1904	367674	9743361
1905	154914	4182678

In Österreich hat sich die Wirkung des neuen Margarinegesetzes weniger fühlbar gemacht als in Deutschland und der von den österreichischen Sesamölproduzenten erhoffte Aufschwung ihrer Industrie hat sich bisher nicht eingestellt.

Italien besitzt in Turin, Pavia, Alessandria della Paglia und Genua Sesamölfabriken, doch erreicht das dort verarbeitete Sesamsaatquantum nicht das Österreichs. *Andere Staaten.*

Die Sesamölindustrie Belgiens und Hollands ist ebenfalls nennenswert; nähere Daten über die in diesen Ländern jährlich verarbeitete Sesam-
saatmenge liegen aber nicht vor.

In Rußland begann man um das Jahr 1890, das erste Sesamöl zu
pressen, und zwar in kleineren Betrieben, deren Zahl sich im Laufe der
Jahre auf ungefähr 20 vermehrte. Diese Fabriken, welche sich in den
Gouvernements Cherson und Erivan, im Kaukasus und in Turkestan
befinden, erzeugen aber insgesamt nur eine Menge von 20—25000 Pud
Öl im Jahre im Werte von ungefähr 150000 Rubel. Die Russen verwenden
Sesamsaat auch zu Bäckereien, vor allem aber zur Herstellung eines „chalwa"
genannten Naschartikels[1]).

England hat so gut wie keine Sesamölindustrie.

Der Ausfuhrhandel mit

Sesamöl,

ist in Indien und den anderen überseeischen, Sesam produzierenden Staaten
von keiner Bedeutung. Den bedeutendsten Außenhandel in Sesamöl hat
Frankreich aufzuweisen. Nach den Berichten der Marseiller Handelskammer wurden in den letzten Jahren folgende Mengen Sesamöl von Marseille
aus verschifft:

	q
1896	102045
1897	107697
1898	128868
1899	113792
1900	121718
1901	115956
1902	109334

Der bedeutenden Ausfuhr von durchschnittlich 1000 Waggons pro anno
stehen nur ganz geringfügige Importziffern gegenüber. Die Einfuhr beträgt
kaum 1 Waggon jährlich.

Deutschland führt in seinen statistischen Ausweisen Sesamöl nicht
getrennt an, doch ist anzunehmen, daß die Position Speiseöl (mit Ausnahme
von Oliven- und Baumwollsamenöl) sich zumeist aus Sesamöl zusammensetze.
Demzufolge würde der Im- und Export an Sesamöl ungefähr betragen haben:

Jahr	Ausfuhr dz	Einfuhr dz
1899	36400	2912
1900	30120	3616
1901	26349	5395
1902	19097	6697
1903	20863	9651
1904	26975	12854
1905	21290	9561

---

[1]) Führer durch die Fettindustrie, St. Petersburg 1903, Heft 6.

Österreich-Ungarn, das vor dem Jahre 1890 namhafte Mengen Sesamöl aus Frankreich bezog, deckt seinen Bedarf nunmehr zu mehr als 90 % selbst. Der Außenhandel in diesem Artikel stellt sich wie folgt:

Jahr	Einfuhr dz	Ausfuhr dz
1898	4 780	3 317
1899	6 078	2 176
1900	5 145	2 098
1901	8 728	660
1902	22 843	218
1903	9 684	1 190
1904	9 912	1 457
1905	8 167	3 068
1906	6 261	267

Als Sesamölkonsumenten kommen außerdem die Orientstaaten in Betracht; obwohl ein großer Teil des Bedarfs auf der Balkanhalbinsel selbst gepreßt wird, werden noch große Mengen eingeführt, und Frankreich besitzt für diesen Import ein wahres Monopol. Die Höhe der Importziffer hängt sehr mit der Olivenernte zusammen, da Sesamöl als Verschnitt für Olivenöl im Oriente stark verwendet wird, und zwar zu Zeiten schlechter Olivenernten mehr als bei guten.

Sesamkuchen.

Diesen Artikel führen Frankreich und Österreich in großem Maßstabe aus. Nehmer sind vor allem Deutschland und die Schweiz.

Preisverhältnisse.

Von den Preisschwankungen des Sesamöles innerhalb der letzten 5 Jahre gibt Tafel XV ein übersichtliches Bild.

Aburöl.

Toiöl. — Huile de toi. — Toi Oil. — Abura toi.

Die ebenfalls zu den Sesamgewächsen gehörige, in Japan heimische filzige Bignonie (Paulownia imperialis Sieb. und Zucc. = Bignonia tomentosa Thunbg.) liefert Samen, aus denen das Aburöl gewonnen wird. Dieses Öl wird in Japan zu den verschiedensten Zwecken, aber nur in bescheidenem Umfange, verwendet. *Aburaöl.*

Maisöl.

Kukuruzöl. — Huile de mais. — Huile de papetons. — Corn Oil. Maize Oil. — Olio di mais. — Oleum Zeae Mais.

Herkunft.

Das Maisöl wird aus den Keimen der Samen der Maispflanze (Zea Mais L.) gewonnen, deren Heimat in Amerika zu suchen ist. De Candolle hat in den alten Inkasgräbern von Peru Maiskörner gefunden und *Abstammung.*

auch der Name Mais ist aus der Sprache der Inkas abgeleitet[1]). Der Mais wurde bald nach Europa und von da über den ganzen Erdball verpflanzt. So führten die Portugiesen den Maisbau in Afrika und Asien ein. Japanische Schriften berichten allerdings, daß um das Jahr 1200 Maiskörner durch das Meer an die Küste getrieben wurden und so der Keim zu den Maispflanzungen gelegt worden sei. Chinesische Dokumente führen den Mais erst im 16. Jahrhundert an und Thunberg zählt ih 775 unter den Nutzpflanzen Japans auf.

Nach den Südseeinseln ist der Mais schon im Jahre 1595 durch Mendana gebracht worden und Cook wiederholte 1777 auf den Lefoogainseln die Aussäeversuche, welche Mendana zwei Jahrhunderte früher den Bewohnern der Marquesainseln vorgeführt hatte. Der Mais konnte jedoch gerade auf den Inseln der Südsee keinen rechten Fuß fassen.[2])

Heute wird er im ganzen südlichen Europa, in Mittel- und Südasien, auf dem Indischen und dem Großen Archipel, in Asien und Afrika, hauptsächlich aber in Amerika angebaut.

Die Gewinnung von Maisöl datiert noch nicht allzulang zurück. Das erste Maisöl dürfte in den siebziger Jahren auf den Markt gekommen sein, zu einer Zeit, als man anfing, das Maiskorn in ausgiebiger Weise in der Spiritusfabrikation zu verwerten. Heute wird das Maisöl nicht nur als Nebenprodukt der Spiritusdestillation, sondern auch als solches der Maisstärke-(Maizena-)Fabrikation und teilweise auch der Maismehlerzeugung gewonnen.

Rohprodukt.

Das Maiskorn (Fig. 52), auch Welschkorn, Kukuruz oder türkischer Weizen genannt, heißt in Frankreich grain de mais, grain de panouil, in Amerika indian corn, in Italien grano turco, grano di maice, auf Java Djagon, auf Bunaj Pyungbu, auf Ceylon Muwa, in Indien Makkai oder Bhoot-mukka, in Bengalen Mokka, in Telinga Mokkajuna, in China Yii-schu-schu, Yii-mi oder Lachucha, in Japan Nanbamthbi, Sjokuso oder Too-kibbi, in Persien Ghendum-i-Mekka und an den Dardanellen Kalamasitaro; es zeigt verschiedene Farbe, Form und Größe. Gewöhnlich gelb oder gelbbraun, porzellanartig glänzend, beträgt sein Durchschnittsgewicht 0,25 g.

Der Mais dient hauptsächlich als Futtermittel, wird aber in nicht unbeträchtlichen Mengen auch als menschliches Nahrungsmittel

Fig. 52.
Maiskorn.
x = Fruchtnabel.

---

[1]) Zea entstammt dagegen der griechischen Sprache. — Über die Geschichte des Maises siehe auch: C. Hartwich, Die Bedeutung der Entdeckung Amerikas f. d. Drogenhandel, Berlin 1893; Chem. Ztg., 1892, S. 1471; Ed. v. Lippmann, Chem. Ztg., 1892, 1396 und 1477; Meissl, Chem. Ztg., 1892, S. 1525.

[2]) Semler, Tropische Agrikultur, 2. Aufl., Wismar 1903, Bd. 3. S. 63.

(Polentamehl) verwendet; außerdem findet er als Rohmaterial der Stärke- und Spiritusfabrikation Verwertung.

Man kennt von Zea Mais eine erkleckliche Anzahl von Spielarten, die sich in der Zusammensetzung ihrer Samen nicht unwesentlich unterscheiden. Für amerikanischen Mais, der als der Grundtypus aller anderen Sorten gelten kann, nennen Dietrich und König[1]) nachstehende Mittel- und Grenzwerte:

	Mittel	Maximum	Minimum
Wasser	13,35 %	20,68 %	6,59 %
Rohprotein	10,17	13,30	6,62
Rohfett	4,78	6,81	3,28
Stickstoffreie Extraktstoffe	68,63	77,57	65,12
Rohfaser	1,67	3,14	0,76
Asche	1,40	1,77	1,05

Der Mais ist die fettreichste aller Getreidearten; das Fett ist fast ausschließlich im Keimling enthalten, während die übrigen Teile des Samenkornes verhältnismäßig fettarm sind. Durch 15—20 Minuten währendes Einweichen der Maiskörner in heißem Wasser lassen sie sich leicht in folgende Teile zerlegen:

Teile des Maiskornes.

1. in die Spitzenkappe;
2. in die Hülle;
3. in die hornartige Kleberschicht, welche das Aleuronlager enthält und als zweite, dickere, unmittelbar unter der Hülle liegende Schicht das Maiskorn umgibt;
4. in die hornartige Stärke;
5. in die weiße Stärke; diese wird durch die nach dem Innern des Kornes vordringende hornartige Stärke in zwei am Boden und an der Spitze des Kornes liegende Teile geschieden, welche kurz als Spitzen- und Bodenstärke bezeichnet werden;
6. in den Keim;
7. in Abfälle; diese enthalten, da Spitzenkappe, Hülle und Keim sich leicht vollständig abtrennen lassen, nur Bestandteile der hornigen Hülle und der hornartigen sowie weißen Stärke.

Untersucht man diese verschiedenen Teile des Maiskornes an Samen verschiedener Herkunft, so findet man, daß die Keime bei Arten, deren Gesamtgehalt an Eiweiß und Fett ziemlich schwankt, dennoch fast gleiche Zusammensetzung haben.

C. G. Hopkins, L. H. Smith und E. M. East haben das zuletzt Gesagte an drei Beispielen bewiesen:

---

[1]) Zusammensetzung und Verdaulichkeit der Futtermittel, 2. Aufl., Berlin 1891, 11. Bd., S. 520.

	In Prozenten des Ganzen	Zusammensetzung der Teile			
		Eiweiß %/o	Öl %/o	Kohlehydrate %/o	Asche %/o
Mais Nr. 1 (mit geringem Eiweißgehalte)					
Spitzenkappe	1,20	7,36	1,16	90,57	0,91
Hülle	5,47	4,97	0,92	93,29	0,82
Hornige Schicht . .	7,75	19,21	4,00	75,87	0,92
Hornartige Stärke . .	29,58	8,12	0,16	91,54	0,18
Bodenstärke	16,94	7,22	0,19	92,27	0,32
Spitzenstärke . . .	10,03	6,10	0,29	93,31	0,29
Keim	9,59	19,91	36,54	33,07	10,48
Abfälle	18,53	9,90	1,06	88,43	0,61
Das ganze Korn . .	100,00	9,28	4,20	85,11	1,41
Mais Nr. 2 (mit mittlerem Eiweißgehalte)					
Spitzenkappe	1,46	8,83	2,30	87,76	1,11
Hülle	5,93	3,96	0,89	94,36	0,79
Hornige Schicht . .	5,12	22,50	6,99	69,09	1,72
Hornartige Stärke . .	32,80	10,20	0,24	89,32	0,24
Bodenstärke	11,85	7,92	0,17	91,67	0,24
Spitzenstärke . . .	5,91	7,68	0,39	91,62	0,31
Keim	11,53	19,80	34,84	35,46	9,90
Abfälle	24,40	11,10	1,23	87,10	0,57
Das ganze Korn . .	100,00	10,95	4,33	83,17	1,55
Mais Nr. 3 (mit hohem Eiweißgehalte)					
Spitzenkappe	1,62	4,64	1,99	91,50	1,87
Hülle	6,09	3,84	0,76	94,30	1,10
Hornige Schicht . .	9,86	24,58	4,61	69,07	1,74
Hornartige Stärke . .	33,79	10,99	0,22	88,58	0,21
Bodenstärke	10,45	8,61	0,52	90,50	0,37
Spitzenstärke . . .	6,23	7,29	1,36	90,75	0,60
Keim	11,93	19,56	33,71	36,73	10,00
Abfälle	20,03	12,53	1,15	85,71	0,61
Das ganze Korn . .	100,00	12,85	5,36	80,12	1,67

Bei ölreicheren Maissorten ist also der Keim nur größer ausgebildet, macht also prozentual mehr vom Gesamtkorn aus, ist dagegen nicht in dem Verhältnisse ölreicher, als man dies nach dem hohen Ölgehalte des Gesamtkornes erwarten könnte.

Man hat es übrigens in der Hand, durch entsprechende Pflege ölreicheren oder ölärmeren Mais zu erhalten. Die landwirtschaftliche Versuchsstation zu Champaign [1]) (Illinois) hat in dieser Hinsicht Züchtungs-

---

[1]) Seifensiederztg., Augsburg 1904, S. 752.

versuche angestellt und in acht aufeinanderfolgenden Jahren folgende Resultate erhalten:

Jahr	Korn der Züchtung auf hohen	niederen Ölgehalt
1896	4,70 %	4,70 %
1897	4,73	4,06
1898	5,15	3,99
1899	5,64	3,82
1900	6,10	3,95
1901	6,09	3,43
1902	6,41	2,01
1903	6,53	2,97

Das eigentliche Rohprodukt der Maisölgewinnung ist, wie schon erwähnt wurde, nicht das Maiskorn an sich, sondern der ölreiche Teil desselben, der Keim.

Die Maiskeime, wie sie als Nebenprodukt der Maisstärke- und Spiritusfabrikation resultieren, enthalten natürlich außer den eigentlichen Keimlingen eine Menge anderer Abfälle und weichen daher in ihrer Zusammensetzung von der reiner Keime ab.

Die technisch erhaltenen Maiskeime bestehen aus [1]):

	Mittel	Maximum	Minimum
Wasser	11,87 %	15,00 %	11,79 %
Rohprotein	11,98	31,12	10,75
Rohfett	16,91	17,36	15,28
Stickstoffreie Extraktstoffe .	48,76	51,57	30,04
Rohfaser	5,49	12,17	3,87
Asche	4,99	6,82	4,34

Auch hier zeigt sich die auffallend geringe Schwankung im Fettgehalte.

Gewinnung.

Der Ölgehalt des Maiskornes beeinträchtigt die Haltbarkeit des daraus hergestellten Maismehles und erschwert außerdem dessen Weiterverarbeitung zu Stärke, Glukose, Bier und Spiritus. Man war daher schon um die Mitte des vorigen Jahrhunderts bestrebt, ein haltbares und technisch besser zu verwertendes Maismehl herzustellen und den Keim, welcher als Sitz des im Maiskorn enthaltenen Öles erkannt wurde, vor der Vermahlung zu entfernen.

Erst seitdem die Entkeimung des Maises im großen durchgeführt wird, kann man von einer Maisölfabrikation sprechen, die frühere Gewinnung dieses Öles als Nebenprodukt der Maisspirituserzeugung war nicht von besonderem Belang. Wenn das gemälzte und zerkleinerte Maiskorn ohne

Gewinnung.

---

[1]) Böhmer, Kraftfuttermittel, Berlin 1903, S. 276.

vorherige Entfernung der Keime dem Gärungsprozesse unterworfen wird, so erschwert das in den Keimen enthaltene Öl die vollständige Ausgärung der Maische, was einem Verluste an Alkohol gleichkommt. Andererseits teilt das aus den ölhaltigen Teilen des Maises sich entwickelnde Öl dem daraus gewonnenen Alkohol einen übeln Geruch und Geschmack mit. Durch Abschöpfen des an der Oberfläche der Maische sich in den Gärbottichen abscheidenden Öles suchte man diesen Übelständen nach Tunlichkeit vorzubeugen und gewann durch Waschen, Abstehenlassen und Filtrieren des abgeschöpften Öles ein Produkt, welches unter dem Namen „Maisöl" trotz seiner Unreinheit eine beschränkte Verwendung fand.

Um das Jahr 1870 tauchten dann besondere Entkeimungsverfahren auf, welche die Isolierung des ölführenden Keimes von dem übrigen Maiskorn bezweckten und die Herstellung eines haltbareren und technisch besser verwertbaren Maismehles anstrebten. Von diesen Verfahren sei als grundlegendes das von Cavaye und Lavour[1]) genannt, bei dem man das Korn zunächst zwischen zwei horizontal laufenden Mühlsteinen schrotet und hierauf in besonderen Apparaten die Keime von den mehlhaltigen Teilen trennt.

Die auf diese Weise gewonnenen Maiskeime werden weiter zerkleinert und entweder durch Pressung oder durch Extraktion auf Öl verarbeitet.

Neben diesem vor der Verarbeitung des Maiskornes isolierten Material steht der Maisölgewinnung noch ein anderes Rohprodukt zur Verfügung; es ist dies der bei der Maisstärkefabrikation sich ergebende Abfall. Wird die bei dieser Fabrikation resultierende „Schlempe" mittels Filterpressen teilweise entwässert, die so erhaltene „Maispreßschlempe" zerkleinert und vorsichtig getrocknet, so erhält man die „getrocknete Maisschlempe", welcher durch Pressung oder Extraktion das Maisöl entzogen werden kann.

Die Maisölfabrikation an sich bietet nichts Besonderes; sie bewegt sich ganz in dem Rahmen der allgemein gebräuchlichen Methoden. Nur die Gewinnung des Rohmaterials zur Maisölerzeugung ist interessant, doch kann an dieser Stelle kaum über die obigen Andeutungen hinausgegangen werden, da man sonst auf Details von Industriezweigen eingehen müßte, welche der Ölindustrie zu fern liegen[2]).

Die Maisölfabriken bilden gewöhnlich Nebenbetriebe von Maismehlmühlen, Maisstärkefabriken oder Maisspiritusdestillerien. Selbständige Be-

---

[1]) Engl. Patent Nr. 1288 v. 5. Mai 1870; siehe auch die engl. Patente von T. Muir (Nr. 2560 v. 17. Juni 1875), A. M. Clark (Nr. 480 v. 3. Febr. 1874 und Nr. 2007 v. J. 1875). Clark empfiehlt auch vor der mechanischen Entkeimung eine leichte Behandlung des Maiskornes mit Schwefelsäure. (Engl. Patent Nr. 1968 v. 19. Mai 1877.)

[2]) Über Maisölgewinnung siehe auch die englischen Patente: Nr. 2567 v. 4. Juli 1877 u. Nr. 4501 v. 29. Nov. 1877 (R. B. Roberton); Nr. 1968 v. 19. Mai 1877 (A. M. Clark-L. Chiozza); Nr. 2736 v. 3. Juli 1880 (J. H. Johnson); Nr. 4957 v. 21. April 1885 (W. R. Lake); Nr. 5270 v. 9. April 1877 (L. Rappaport) und Nr. 13659 v. 30. Juli 1900 (H. Vulkan und H. Straetz).

triebe, welche ihr Rohmaterial von den letztgenannten Fabriken aufkaufen und auf eigene Rechnung zu Öl und Futtermitteln verarbeiten, gibt es nur sehr wenige.

Das mitunter recht dunkelfarbige Maisöl läßt sich mittels der gewöhnlichen Bleichmethoden nur schwierig heller machen. Es verdient daher ein vor kurzem veröffentlichtes Verfahren von H. A. Metz und S. Clarkson[1]) Beachtung, bei welchem hydroschweflige Säure als Bleichmittel dient.

Man vermischt Maisöl mit der dreifachen Menge kalten Wassers, welches 2 $^1/_2$ $^0/_0$ Natriumhydrosulfit enthält. Letzteres wird in der üblichen Weise aus Natriumbisulfit und Zinkstaub hergestellt. Das Gemisch von Maisöl und der Bleichflüssigkeit wird wiederholt aufgerührt, und es erfolgt nach 10 Stunden ein Umschlagen der Farbe in ein Strohgelb, das nach weiteren 20 Stunden einem Gelblichweiß gewichen ist[2]).

Verschiedentliche Versuche, den eigenartigen Geruch des Maisöles zu entfernen, hatten bisher kein befriedigendes Ergebnis.

Die Reinigung des rohen Maisöles läßt vielfach zu wünschen übrig. Durch geeignete Raffinationsmethoden ließe sich die Qualität des heute auf den Markt gebrachten Maisöles zweifellos noch verbessern.

Eigenschaften.

Das aus den Maiskeimen durch Pressung erhaltene Öl ist hell- bis goldgelb von Farbe, riecht und schmeckt eigenartig, zeigt ein spezifisches Gewicht von 0,9215—0,9239 (bei 15 ^{0} C), erstarrt erst bei Temperaturen unter —15 ^{0} C und wird von absolutem Alkohol sowie Eisessig in geringen Mengen gelöst.

Das durch das Gärungsverfahren oder durch Extraktion der Maiskeime erhaltene Öl ist von gelbbrauner bis braungrüner Färbung und unangenehmem Geruche.

Die chemische Zusammensetzung des Maisöles suchten Hopkins, Tolman und Munson, Vulté und Gibson sowie Rokitansky u. a. zu erforschen[3]).   Zusammensetzung.

---

[1]) Franz. Patent Nr. 366630 v. 28. Mai 1906. — Übrigens hat Bornemann bereits vor Jahren als Erster auf den Gebrauch der hydroschwefligen Säure als Bleichmittel für Öle und Fette hingewiesen. (Vgl. Bd. I, S. 682.)

[2]) Seit einiger Zeit kommen auch fertige Reduktionspräparate, welche ähnlich wie Natriumhydrosulfit zusammengesetzt sind und genau so wirken wie dieses, in den Handel. Wir erwähnen davon nur „Hydralit" oder „Hydrosulfit NF" (ein Formaldehyd-Sulfoxylat = $NaHSO_2 \cdot CH_2O$), die verschiedenen Keton- und Aldehyd-Hydrosulfite und Sulfoxylate der Chem. Fabrik von Heyden und der Bad. Anilin- und Sodafabrik. (Näheres siehe Seifensiederztg., Augsburg 1907, S. 47.)

[3]) Über Eigenschaften und Zusammensetzung des Maisöles siehe: Hart, Chem. Ztg., 1893, S. 1522; Spüller, Dinglers polyt. Journ., Bd. 264, S. 626; de Negri und Fabris, Zeitschr. f. analyt. Chemie, 1894, S. 565; Dulière, Les Corps gras, 1897, S. 255; Hopkins, Journ. Amer. Chem. Soc., 1898, S. 948; Archbutt, Journ. Soc. Chem. Ind., 1899, S. 346; Rokitansky, Chem. Ztg., 1894, S. 804; Chem. Centralbl., 1895, S. 22; Vulté und Gibson, Journ. Amer. Chem. Soc., 1900, S. 413, u. 1901, S. 1.

Hopkins fand in den abgeschiedenen Fettsäuren, welche bei $18-20^0$ C schmelzen und bei $14-16^0$ C erstarren, $4{,}55\,^0/_0$ gesättigter Fettsäuren, Tolman und Munson stellten den Anteil fester Fettsäuren in dem Fettsäuregemische mit $7{,}44\,^0/_0$, Vulté und Gibson mit $27{,}74\,^0/_0$ [1]) fest; Hoppe und Seyler konstatierten darin Stearin- und Palmitinsäure, Vulté und Gibson Arachin- und Hypogäasäure. Von den flüssigen Säuren sind neben Ölsäure auch Linol- und Rizinolsäure (Rokitansky) zugegen. Von flüchtigen Fettsäuren wurden in Maisöl Ameisen- und Essigsäure bestimmt nachgewiesen; wahrscheinlich sind auch Capron-, Capryl- und Caprinsäure vorhanden.

Der Gehalt des Maisöles an Unverseifbarem beträgt ungefähr $2\,^0/_0$. Letzteres besteht aus Lecithin und einem Alkohol, in dem man früher Cholesterin vermutete, der aber nach A. H. Gill und Ch. G. Tufts aus Sitosterin bestehen soll. Das Sitosterin des Maisöles schmilzt bei 138^0 C; Gill und Tufts haben auf der Tatsache, daß das Acetat des Sitosterins in Alkohol etwas schwerer löslich ist als das des im Kottonöle enthaltenen Phytosterins, einen analytischen Nachweis von Maisöl- im Baumwollsamenöl gegründet [2]).

Eigen-
schaften.
    Die Trockenfähigkeit des Maisöles übertrifft die des Kottonöles, steht aber weit hinter jener der trocknenden Öle zurück. In dünner Schicht der Luft ausgesetzt, trocknet es kaum, selbst wenn es vorher gekocht wurde.

Läßt man einen Luftstrom durch das auf ca. 150^0 C erwärmte Öl gehen, so tritt bei weitem nicht die Verdickung ein, welche bei der gleichen Behandlung von Kottonöl zu konstatieren ist (blown oils). Wird geblasenes Maisöl aber mit Manganborat vermischt, so nimmt es trocknende Eigenschaften an.

Verfäl-
schungen.
    Verfälschungen des Maisöles kamen bisher nicht vor, wohl aber wird dieses mitunter zum Verschneiden anderer Öle benutzt. Sollte die Maisölproduktion weiterhin so rapid zunehmen wie in den letzten Jahren, so dürfte dieses Öl bei seiner Billigkeit ein beliebtes Fälschungsmittel von Lein- und Kottonöl werden.

Verwendung.

Ver-
wendung.
    Das Maisöl findet vielseitige Verwendung. Seine beste, mit Natronlauge raffinierte Sorte bildet ein Speiseöl, welches wegen seines spezifischen getreideartigen Geschmackes und Geruches allerdings nicht als erstklassig gelten kann. Auch in der Margarine- und Compoundlardindustrie wird es verarbeitet.

Als Brennöl leistet das Maisöl gute Dienste; es brennt mit weißer, nicht rußender Flamme.

---

[1]) Offenbar ein durch einen Analysenfehler zu hoch gefundenes Resultat.
[2]) Journ. Amer. Chem. Soc., 1903, S. 254.

Weniger geeignet ist es als Schmieröl, da es zum Verharzen neigt. Im Gemisch mit Olivenöl oder anderen Pflanzenölen sowie mit Mineralöl ist es für Schmierzwecke gut brauchbar.

Seine Hauptverwertung findet das Maisöl in der Seifenfabrikation, und zwar besonders für die Erzeugung von Schmierseifen[1]).

In Amerika wird das Maisöl in großen Mengen zu Firnis und Anstrichfarben verarbeitet. Allein angewandt, liefert es zu langsam trocknende Produkte, im Gemisch mit Leinöl leistet es jedoch für diese Zwecke recht gute Dienste, weil es den Anstrichen eine bleibende Elastizität verleiht und sie vor Rissigwerden schützt.

In letzter Zeit gewinnt auch das vulkanisierte Maisöl mehr und mehr Boden; es ist dies eine Art Faktis, welche in der amerikanischen Kautschukindustrie verarbeitet wird.

Rückstände.

Die durch Pressen reiner Maiskeime erhaltenen Kuchen sind von brauner bis grauer Farbe, hart, lassen sich nur schwer brechen und zerfallen in Wasser nur sehr langsam; die Bruchstelle ist graubraun und von körnigem Aussehen. Die abgepreßten Maisdestillationsrückstände sind dunkler von Farbe als die reinen Maiskeimkuchen. Die Zusammensetzung der letzteren ist: *Maiskeimkuchen.*

Wasser	11,3 %
Rohprotein	19,5
Rohfett	9,0
Stickstoffreie Extraktstoffe	44,8
Rohfaser	8,8
Asche	6,6
	100,00 %

Die beim Extrahieren der Maiskeime erhaltenen Rückstände sind wesentlich fettärmer.

Die Verdaulichkeit der Maiskeimkuchen und Maiskeimextraktionsrückstände ist recht befriedigend. Man kann für die einzelnen Nährstoffe die nachstehenden Verdauungskoeffizienten annehmen:

Für Rohprotein	77 %
„ Rohfett	85
„ Kohlehydrate	86
„ Rohfaser	75

Je nach der Art des Rohmaterials (s. S. 285/86) sind das Aussehen und die Beschaffenheit der Maiskuchen verschieden.

Die durch Pressen der vor der Verarbeitung des Maises isolierten Keime erhaltenen Kuchen sind von graubrauner Farbe, angenehmem Ge-

---

[1]) Siehe Seifensiederztg., Augsburg 1906, S. 373.

ruche und körnigem Bruch. Prüft man letzteren unter der Lupe, so bemerkt man, daß er sich nicht aus Gleichartigem zusammensetzt; man unterscheidet darin verschieden gefärbte Elemente, deren dunkelste von der Kleie herrühren.

Die Maisdestillationsrückstände, welche gepreßt wurden, ergeben braune Kuchen, die mehr gefärbt sind als die vorerwähnten.

Die Maiskuchen sind schmackhaft, gut bekömmlich und nach Heugefeld als Milch- und Mastfutter sogar den Leinkuchen überlegen.

Wirtschaftliches.

Bei den ungeheuren Mengen Mais, welche alljährlich geerntet werden, würde — wenn man allen Mais entkeimte und die Keime zu Öl verarbeitete — das produzierte Maisölquantum ganz kolossal sein.

Welternte an Mais. Nach Angabe des Department of Agriculture in Washington beträgt die jährliche Maisernte ungefähr:

In Europa	350 000 000	Bushels
Asien	1 000 000	„
Afrika	15 000 000	„
Nordamerika (U. S. A.)	2 300 000 000	„
dem übrigen Amerika	225 000 000	„
Australien	10 000 000	„
Insgesamt	2 901 000 000	Bushels.

Da 1 Bushel Mais einem Gewichte von 25,4 kg gleichkommt, so macht das ein Gesamterntequantum von 7 660 000 000 kg aus, aus welcher Menge man ungefähr 300 000 000 kg oder 300 000 Tonnen Öl gewinnen könnte.

Heute wird aber bei weitem nicht aus allem Mais der Keim entfernt, während andererseits nicht alle isolierten Maiskeime der Ölgewinnung zugeführt werden. Die Folge davon ist, daß das jährlich produzierte Maisölquantum noch von bescheidener Höhe ist. Schenkt man doch erst seit ungefähr 10 Jahren in Amerika, dem wichtigsten Maisproduktionslande, dieser Sache Aufmerksamkeit. Im Laufe der Zeit dürfte das Maisöl aber in namhaften Mengen auf den Weltmarkt kommen.

Heute kommen als Maisölproduzenten in Betracht: Ungarn, Italien, Frankreich, Belgien, England und Amerika.

In Ungarn wird das Maisöl zum größten Teil durch Extraktion gewonnen, in Italien, Frankreich und Belgien preßt man die Keime in der gewöhnlichen Weise ab, in Amerika bedient man sich ebenfalls des Preßverfahrens.

Nach Semler[1]) ist als Zentrum der nordamerikanischen Maisproduktion und damit auch der Maisölindustrie die Stadt Springfield in Illinois zu

---

[1]) Semler, Tropische Agrikultur, 2. Aufl., Wismar 1903, 3. Bd., S. 57.

betrachten. In einem Umkreise von 900 englischen Meilen Länge (in der Richtung Ostwest) und 600 Meilen Breite (in der Richtung Südnord) werden hier ungefähr drei Viertel der Gesamtwelternte an Mais produziert. Die Staaten Illinois, Jowa, Kansas, Nebraska, Missouri, Ohio und Indiana kommen also für die Maiskultur in erster Linie in Betracht.

Die Menge des in Amerika jährlich produzierten Maisöles[1]) beträgt heute schätzungsweise aber erst 200000 Faß. Die Ausfuhr stellte sich in den Jahren 1899—1903 wie folgt:

Jahr	Gallonen	Wert in Dollar
1899	3188061	838336
1900	4576637	1598163
1901	5187071	2045419
1902	4383828	1504618
1903	3534929	1482998

Die Ausfuhr von Maiskuchen betrug 1903 5410970 Pfund im Werte von 65338 Dollar.

Cerealienöle.

Außer dem Mais enthält von den Gramineen nur der Hafer (Avena L.) größere Mengen Fettes, die übrigen Getreidearten (Weizen, Roggen, Gerste, Buchweizen, Reis und Hirse) sind ölärmer als der Mais, wie dies aus der nachstehenden Tabelle hervorgeht:

Fettgehalt der Cerealien.

	Fettgehalt		
	Mittel	Minimum	Maximum
Mais	4,78 %	3,28 %	6,81 %
Hafer	4,99	2,11	10,65
Weizen	1,70	1,00	3,59
Roggen	1,77	0,21	3,01
Gerste . . . , . . .	1,98	0,26	3,19
Buchweizen	2,04	1,98	2,82
Reis	2,12	1,95	2,78
Rispenhirse	3,30	2,60	3,63

Das in diesen Körnern enthaltene Öl konzentriert sich aber — genau wie beim Mais — im Keim und in den äußersten Schichten des Kornes.

Beim Schäl- oder Mahlprozeß werden die äußere Samenhaut, die darunter liegende Kleberschicht und der Keim von dem eigentlichen Mehlkorn getrennt und damit auch die ölreicheren Teile von den ölärmeren Partien geschieden. Für die Haltbarkeit des erzeugten Mehles ist das Entfernen dieser ölreichen Teile sehr wichtig; je ölärmer das Mehl, um so haltbarer

---

[1]) Die Menge des seit dem Jahre 1884 in Nordamerika alljährlich geernteten Maises zeigt Tafel XIX.

19*

ist es. Die ölreichen Mehlabfälle werden leicht ranzig und daher fast ausschließlich als Futtermittel verwertet; in den letzten Jahren hat man aber angefangen, dem hohen Ölgehalte dieser Produkte mehr Aufmerksamkeit zuzuwenden und sie zur Ölgewinnung heranzuziehen.

L. Rappaport[1]) machte vor fast zwei Jahrzehnten bereits einen Vorschlag in dieser Richtung und empfahl, aus den Benzinextrakten der Abgänge beim Mahlen der Körnerfrüchte die darin enthaltenen festen, kristallisierbaren, alkohol- bzw. ätherartigen Körper (Cholesterinester??) zu gewinnen.

Nach seinem patentierten Verfahren wird der Benzinauszug mit wenig Alkohol versetzt, worauf man ihn stehen läßt und nach erfolgter Klärung filtriert. Der Filterrückstand wird mit Alkohol, Äther oder Alkalien ausgewaschen und durch Umkristallisieren aus Chloroform und Schwefelkohlenstoff gereinigt. Der mit Alkohol in Lösung gehende Teil des Benzinextrakts stellt ein Gemenge von freien Fettsäuren und Neutralfett dar und kann in der Seifenindustrie Verwertung finden.

Haferöl.

Haferöl.   Huile d'avoine. — Oat Oil. — Olio di avena.

Nach Dietrich und König enthalten die Haferkörner:

	Maximum	Minimum
Wasser	25,80 %	6,21 %
Rohprotein	18,84	6,00
Rohfett	10,65	2,11
Stickstoffreie Extraktstoffe	64,63	48,69
Rohfaser	20,08	4,45
Asche	8,64	1,34

Der durchschnittliche Fettgehalt des Hafers beträgt 4,99 %; das Fett sitzt nicht, wie bei den übrigen Cerealien, fast ausschließlich in den peripherialen Schichten und im Keime, sondern ist gleichmäßig im Korne verteilt.

Bei dem zum Zwecke der Herstellung von Hafergrütze, dem sogenannten Kindernährmehl, und ähnlichen Produkten durchgeführten Entschälen des Hafers ergeben sich daher Abfallprodukte, die fettärmer sind als die Mahl- und Schälabfälle anderer Cerealien.

Es zeigten:

Schälmehl	6,69 %	Fett[2])
Schneidemehl	8,29	
Haferbrotmehl	7,16	
Hafergrützemehl	5,78	

---

[1]) D. R. P. Nr. 40265; Wagners Jahresberichte 1888, S. 1129.
[2]) Die Futtermittel des Handels, Berlin 1906, S. 1001.

Ein Entfetten der Haferabgänge findet nirgends statt. Untersucht haben das im Hafermehl enthaltene Fett König[1]), Stellwaag[2]) und Moljawko-Wysotzky[3]).

König ermittelte für das Haferfett eine elementare Zusammensetzung von:

Kohlenstoff . . . . 75,67 %
Wasserstoff 11,77
Sauerstoff 12,56

Das intensiv gelbe, flüssige Öl, wie es durch Extraktion der Haferkörner gewonnen wird, besteht nach König aus den Triglyzeriden der Öl-, Palmitin- und Stearinsäure und enthält neben dem Neutralfett auch viel freie Fettsäure.

Moljawko-Wysotzky konstatierte im Haferfett Ameisen-, Capryl- und Caprinsäure, Erucasäure (welche zwei Drittel der nicht flüchtigen Säuren ausmacht) und neben anderen Fettsäuren auch Oxysäuren.

Stellwaag extrahierte Haferfett mittels Benzins und Äthers. Im letzteren Falle enthielt das Fett größere Mengen eines schleimigen Körpers, welcher nur durch eine Filtration durch Tonzellen, nicht aber durch eine Filterpapierpassage abgesondert werden konnte.

Die Extrakte weichen in ihren Eigenschaften und in ihrer Zusammensetzung etwas voneinander ab:

	Schmelzpunkt des Fettes	Gehalt an freien Fettsäuren	Lecithin	Unverseifbares
Ätherextrakt (unfiltriert) .	20 ⁰	35,38 %	0,76 %	2,65 %
Ätherextrakt (filtriert) . .	12	27,56	2,87	2,41
Benzinextrakt	16	32,55	1,31	2,28

Weizenöl.

Weizenkeimöl. — Weizenkernöl. — Huile de blé. — Wheat Oil. — Olio di germi di grano.

Rohprodukt.

Nach A. Girard[4]) besteht das Weizenkorn aus

14,36 % Hüllteilen und Kleber (Aleuron),
84,21 % Mehlkörpern und
1,43 % Keimen.

Nach den neueren, verbesserten Mahlverfahren wird der Kern ohne große Beimengung von Kleieteilen losgetrennt, und die in modern ein-

---

[1]) Landw. Versuchsstationen, 1871, Bd. 13, S. 241 u. 1874, Bd. 17, S. 1.
[2]) Landw. Versuchsstationen, 1890, Bd. 37, S. 135.
[3]) Chem. Ztg., 1894, S. 804.
[4]) Biedermanns Zentralbl., 1886, S. 186.

gerichteten Weizenmühlen erhaltenen Weizenkeime weisen folgende Zusammensetzung auf:

	König[1]	de Negri[2]
Wasser	15,4 %	11,55 %
Rohprotein	28,6	39,07
Rohfett	10,3	12,50
Stickstoffreie Extraktstoffe	37,3 ⎫	31,76
Rohfasser	3,1 ⎭	
Asche	5,3	5,30

Die Asche besteht aus:

Kali	27,88 %
Natron	0,59
Kalk	2,97
Magnesia	16,95
Eisenoxyd	0,68
Phosphorsäure	50,58
Schwefelsäure	0,25
Kieselsäure	0,89

In der stickstoffhaltigen Substanz der Weizenkeime ist nach C. A. Crampton und C. Richardson[3] Allantoin enthalten; E. Schulze und S. Frankfurt[4] haben Albumosen, Cholin, Betain und Asparagin vorgefunden.

Die Keime werden entweder für sich verfüttert oder den anderen, ölärmeren Mahlabgängen (Weizenkleie) zugemischt; sie neigen aber sehr zum Ranzigwerden und vermindern daher auch die Haltbarkeit der Weizenkleie, falls sie in dieselbe verarbeitet werden.

Die Menge der beim Mahlprozeß des Weizens erhaltenen Keime schwankt je nach dem Mahlverfahren; de Negri schätzt sie auf 1 %, amerikanische Angaben lauten dagegen auf höhere Ziffern.

Gewinnung und Eigenschaften.

Eine Entölung der Weizenkeime durch Auspressen ist bisher nicht gelungen; die wenigen Betriebe, welche sich mit der fabriksmäßigen Gewinnung von Weizenöl befassen, arbeiten mit Benzinextraktion, doch zeigen die Mahlmühlen aus feuersicherheitlichen Gründen gegen das Extrahierverfahren eine gewisse Scheu.

Das erhaltene Öl ist gelblichbraun, von eigenartigem, an Weizenmehl erinnerndem Geruch, löst sich in allen bekannten Fettlösungsmitteln und

---

[1] König, Chemie der Nahrungs- u. Genußmittel, 4. Aufl., Berlin 1904, Bd. 2, S. 830.
[2] Chem. Ztg., 1898, S. 976. — G. B. Frankforter und E. P. Harding fanden in den Weizenkeimen 11,6 % Rohfett.
[3] Berichte d. deutsch. chem. Gesellsch., Berlin 1886, S. 1180.
[4] Landw. Versuchsstationen, Bd. 46, S. 49, u. Bd. 47, S. 449.

wird auch von der 30fachen Menge heißen absoluten Alkohols aufgenommen. Es zeigt, je nach der Weizenspielart, von welcher die Keime stammen, sehr wechselnde physikalische Eigenschaften. So fand de Negri[1] bei einigen Proben den Erstarrungspunkt unter 0^0 C, während andere Muster schon bei $+15^0$ zu einer kristallinischen, gelben Masse erstarrten. Die Dichte gibt de Negri mit 0,9245 an, Frankforter und Harding[2] nennen 0,9292—0,9374 (bei 15^0 C). Das Öl wird leicht ranzig, zeigt schwach trocknende Eigenschaften und erweist sich als Purgativmittel.

G. B. Frankforter und E. P. Harding fanden in dem Weizenöle 2% Lecithin und $2,5\%$ Phytosterin, Schulze und Frankfurt[3] $0,44\%$ Cholesterin und $1,55\%$ Lecithin.

Die Elementarzusammensetzung des Weizenöles ist nach König:

Kohlenstoff . . . . 77,19 %
Wasserstoff 11,97
Sauerstoff 10,84

In Amerika, wo man angeblich das rohe Weizenöl durch Raffination zu einem speisefähigen Produkte veredelt, wird das Öl als Tafelöl (?), in der Seifenfabrikation und als Schmiermittel benutzt[4].

Rückstände.

Die entölten Weizenkeime bilden ein haltbareres Futtermittel, als es die natürlichen Keime sind, auch zeigen sie nicht die durch das Weizenöl veranlaßte purgierende Wirkung der letzteren. Nach Snyder beruhen auch die eigentümlichen physiologischen Eigenschaften des Grahammehles auf seinem Ölgehalte.

Dem Weizen- oder Weizenkeimöl sehr ähnlich ist das

Weizenmehlöl

Huile de farine de froment. — Wheatmeal Oil. — Olio di farina di frumento,

welches durch Extraktion des Weizenmehles erhalten wird und nach Spaeth[5] ein spezifisches Gewicht von 0,9068 (bei 15^0 C) zeigt. Das in dem Weizenmehle enthaltene Öl stammt ebenfalls zum größten Teile von den peripherialen Schichten und Keimen des Weizenkornes, und der Ölgehalt des Weizenmehles wird um so größer sein, je unrationeller der Mahlprozeß vorgenommen wurde. Mitunter kann Weizenmehl durch das Ranzigwerden des darin vorhandenen Öles geradezu ungenießbar werden, wie dies Bernbeck[6] in einem Falle gezeigt hat.

Weizen-
mehlöl.

[1] Chem. Ztg., 1898, S. 976.
[2] Journ. Amer. Chem. Soc., 1899, S. 758.
[3] Landw. Versuchsstationen, Bd. 46, S. 49, u. Bd. 47, S. 449.
[4] Harry Snyder, Seifenfabrikant, 1904, Nr. 16.
[5] Zeitschr. f. Untersuchung der Nahrungs- u. Genußmittel, 1896, S. 171.
[6] Arch. Pharm., 1881, S. 337.

Roggenöl.

Roggenkernöl. — Huile de seigle. — Rye seed Oil. — Olio di segale.

Roggenöl.   Die bei der Roggenmehlfabrikation resultierenden Keime enthalten weniger Öl als die Weizenkeime; ihre Zusammensetzung ist wie folgt:

	Nach König	Nach Böhmer
Wasser	8,34 %	8,01 %
Rohprotein	27,78	34,11
Rohfett	7,76	10,72
Stickstoffreie Extraktstoffe	44,96	36,36
Rohfaser	6,59	4,54
Asche	4,57	4,88

Durch Extraktion derselben kann man ein gelbbraunes Öl gewinnen, welches ein spezifisches Gewicht von 0,9334 besitzt und dessen Fettsäuren nach R. Meyer[1]) bei 36° C schmelzen und bei 34° C erstarren. Die Elementarzusammensetzung des Roggenöles ist nach König[2]):

Kohlenstoff	76,71 %
Wasserstoff	11,79
Sauerstoff	11,50

Gerstenöl.

Gerstensamenöl. — Huile d'orge. — Barley seed Oil. — Olio d'orzo.

Gerstenöl.   Bei der Malzbereitung rollen sich die ölhaltigen Keime des Gerstenkornes während des Darrprozesses zu dünnen Fäden zusammen und werden auf eigenen Malzentkeimungsmaschinen entfernt. Sie werden bei dieser Prozedur mit Resten der Kornhülle vermischt, welches Gemenge unter dem Namen „Malzkeime" ein beliebtes Futtermittel bildet.

Die Gerstenmalzkeime[3]) enthalten:

	Mittel	Maximum	Minimum
Wasser	12,00 %	18,30 %	4,20 %
Rohprotein	23,11	29,26	15,80
Rohfett	2,05	5,60	0,30
Stickstoffreie Extraktstoffe	43,01	56,80	32,10
Rohfaser	12,32	19,19	5,00
Asche	7,51	15,70	3,80

Bei dem geringen Fettgehalte lohnt sich ein Extrahieren der Malzkeime nicht.

---

[1]) Chem. Ztg., 1903, S. 958.
[2]) Landw. Versuchsstationen, 1871, Bd. 13, S. 241.
[3]) Böhmer, Kraftfuttermittel, Berlin 1903, S. 205.

Das Fett frischer Gerstenkörner haben König[1]), Lermer[2]), Stellwaag[3]), Wallerstein[4]) und Meyer[5]) untersucht. König ermittelte folgende Zusammensetzung des Gerstenfettes:

Kohlenstoff 76,27%
Wasserstoff 11,78
Sauerstoff 11,95

Die verschiedenen Autoren beschreiben das Gerstenöl als ein hellgelbes bis braunes dickflüssiges Öl, welches bei ungefähr $+13^\circ$ C fest wird. Das spezifische Gewicht wird als zwischen 0,9145—0,9474 liegend angegeben.

Auffallend ist der hohe Gehalt an Unverseifbarem (Cholesterin) und an Lecithin. Stellwaag und Wallerstein fanden:

Unverseifbares (Cholesterin)	Stellwaag	Wallerstein
des Gerstenöles	6,08%	4,70%
Lecithingehalt	4,24	3,06

Reisöl.

Huile de riz. — Rice Oil. — Olio di riso.

Herkunft und Rohprodukt.

Das Reiskorn enthält im Durchschnitt 2,12% Öl, welches vollständig in der Kleienschicht und im Keim sitzt. Die unter dem Namen „Reiskleie" auf den Futtermittelmarkt kommenden Produkte sind Gemenge der Aleuronschicht des Reiskornes mit abgebrochenen Keimen, Mehlstaub und Bruchreis. Ein ungefähres Bild der Zusammensetzung der einzelnen Teile des Reiskornes und der handelsüblichen Reiskleie geben die nachstehenden Ziffern[6]):

(Marginalie: Abstammung.)

	Reisschalen (Spelzen)	Reiskeime	Reismehl
Wasser	10,01%	—	10,58%
Rohprotein	3,68	15,67	14,16
Rohfett	1,37	24,29	14,31
Stickstoffreie Extraktstoffe . .	30,02	—	43,88
Rohfaser	40,52	—	7,93
Asche	10,40	—	9,14

Die in den Reisschälfabriken resultierenden Abfälle — Reiskleie oder Reismehl — neigen sehr zum Ranzigwerden. Das in diesen Pro-

---

[1]) Landw. Versuchsstationen, 1871, Bd. 13, S. 241.
[2]) Lermer, Untersuchung der Gerste und des daraus bereiteten Malzes, München 1862.
[3]) Landw. Versuchsstationen, 1890, Bd. 37, S. 135.
[4]) Forschungsberichte, 1896, S. 372.
[5]) Chem. Ztg , 1903, S. 958.
[6]) Böhmer, Kraftfuttermittel, Berlin 1903, S. 253.

dukten enthaltene Fett wird durch ein Enzym, die Lipase, welches sich gleichfalls in den Reisabfällen vorfindet, schon nach kurzer Lagerzeit weitgehend gespalten, doch kann man diese Zersetzung des Reisfettes durch Erwärmen der Reisabfälle verhindern. Eine Erwärmung auf 95° C genügt vollständig zur Unschädlichmachung des fettspaltenden Enzyms.

Da aber das Öl des Reiskornes purgierende Eigenschaften zeigt, versuchte man eine Entfernung desselben aus den Reisfuttermitteln. Über derartige Versuche wurde zuerst im Jahre 1893 von Smethan berichtet. Vor kurzem hat man den Gedanken, Reisabfälle fabriksmäßig zu entfetten, wieder aufgegriffen, und die Besitzer großer Reisplantagen in Louisiana, Texas usw. haben bereits entsprechende Versuche in größerem Maßstabe durchgeführt, welche recht befriedigend ausfielen.

Gewinnung und Eigenschaften.

Gewinnung.
Für die Gewinnung des Reisöles eignen sich sowohl das Preß- als auch das Extraktionsverfahren, doch dürfte bei dem relativ geringen Fettgehalte des Rohproduktes die letztere Methode besser sein.

Eigenschaften.
Die Eigenschaften des Reisöles sind bei der wechselnden Beschaffenheit der zu seiner Gewinnung dienenden Reisabfälle sehr verschieden. C. A. Browne[1]) erhielt durch Extraktion von amerikanischer Reiskleie mittels Äther ein Öl von halbfester Konsistenz, welches bei 24° C zu schmelzen begann, aber erst bei 47° C vollkommen klar war. Das braungelbe Öl zeigte eine Dichte von 0,8907 (bei 99° C) und enthielt einen großen Prozentsatz freier Fettsäuren, sowie 1% unverseifbarer Substanzen. Bei der Elaidinprobe liefert das Reisöl keine feste, sondern eine schmierige gelbliche Masse.

Der Gehalt des Öles an freien Fettsäuren hängt von dem Alter des Rohproduktes ab, aus welchem es gewonnen wurde. Während frische Kleie (sechs Stunden nach dem Mahlen) ein Oel mit ungefähr 12% freien Fettsäuren (auf Ölsäure berechnet) gibt, liefert dieselbe Ware nach einmonatigem Lagern ein Öl von 62,2% Azidität[2]).

Das Reisöl gehört nicht, wie die anderen Cerealienöle, zu den halbtrocknenden, sondern zu den nicht trocknenden Ölen und wurde an dieser Stelle nur deshalb behandelt, um alle Cerealienöle gemeinsam besprechen zu können.

Durch Ablagern des Reisöles bei 26—32° C scheidet sich ein fester Bodensatz aus, welcher aus den Glyzeriden der festen Fettsäuren besteht und, je nach der Ausscheidungstemperatur, 20—50 Gewichtsprozente des Öles ausmacht.

---

[1]) Journ. Americ. Chem. Soc., 1903, S. 948; Zeitschr. f. Untersuchung der Nahrungs- u. Genußmittel, 1904, S. 423.

[2]) Lewkowitsch, Chem. Technol. u. Analyse der Öle, Fette u. Wachse, Braunschweig 1905, 2. Bd., S. 182.

Verwendung.

Da es nicht immer möglich ist, die Reiskleie sofort nach ihrer Gewinnung zu entölen, so muß man sich bei ihrer raschen Zersetzlich-
keit auf Öle gefaßt machen, welche wenigstens 10% freier Fettsäure enthalten. Diese hohe Azidität schließt eine Verwertung des Produktes als
Schmieröl oder als Speisefett aus; Raffination (Neutralisation) könnte allerdings den Fehler beheben, doch ist es zweckmäßiger, das Öl nach Trennung
in einen festen und flüssigen Anteil der Seifen- und Stearinindustrie
zuzuführen.

Das flüssige Reisöl ist ein vortreffliches Seifenfett, welches sich
sowohl für die Herstellung von Schmier- als auch von Kernseifen eignet.
Das feste Reisfett liefert gut kristallisierende Fettsäuren, welche ein gutes
Preßmaterial für Stearinfabriken abgeben.

Bedeutende Mengen Reisöles werden übrigens nie produziert werden;
würde doch die gesamte Reisernte der Vereinigten Staaten nach vorliegenden
Schätzungen nur ungefähr 4000 Tonnen Reisöl pro anno liefern. In bescheidenen Quanten wird Reisöl in der Zukunft aber doch regelmäßig
auf den Markt kommen, weil die Entölung der Reisabfälle im Interesse
ihrer Qualitätsverbesserung geboten erscheint.

Hirseöl.

Herkunft.

So wie das Maiskorn, enthält auch das Hirsekorn beachtenswerte
Mengen von Öl. Das Hirsekorn ist der Same einer zur Familie der Gräser
(Gramineen) gehörenden Getreideart, deren wichtigste und bekannteste
Arten sind:

> die gemeine, echte oder graue Rispenhirse (Panicum milia-
> cum L.);
> die italienische Kolbenhirse oder der Fennich (Panicum itali-
> cum L. = Setaria italica);
> die Moharhirse (Panicum germanicum Rth.);
> die Negerhirse (Panicum spicatum Roxb. oder Pennisetum
> spicatum Kcke.);
> die Bluthirse (Panicum sanguinale L.).

Diese Arten gliedern sich in mehrere hundert Varietäten, welche
sich teils durch den Blütenstand, teils durch Farbe und Form der Samenkörner unterscheiden. Man kennt weiße, gelbe, rote, schwarze und allerhand mittelfarbige Hirsekörner. Die wärmeren Zonen (namentlich die
subtropische) aller Erdteile sind für den Anbau der verschiedenen Hirsearten geeignet.

Rohmaterial.

Nach B a l l a n d [1]) schwankt die Zusammensetzung des Hirsekornes hinsichtlich des Protein- und Fettgehaltes bedeutend; er nennt folgende Grenzwerte:

	Minimum	Maximum
Wasser	10,10%	13,00%
Rohprotein	8,98	15,04
Rohfett	2,20	7,30
Stickstoffreie Extraktstoffe . . .	57,06	66,33
Rohfaser	3,00	10,23
Asche	1,40	6,00

Für den Gebrauch als Nahrungsmittel werden die Hirsekörner von der
Samenschale befreit (geschält) und poliert; bei dieser Operation resultieren
ungefähr 73 % Reinhirse vom Gewichte der verarbeiteten Rohhirse.

Über die Zusammensetzung der dabei erhaltenen Zwischen- nnd Endprodukte hat die Wiener k. k. landwirtschaftliche Versuchsstation eingehende
Untersuchungen angestellt, welche wir nachstehend gekürzt wiedergeben:

	Wasser	Rohprotein	Rohfett	Stärke	Sonstige N-freie Extraktstoffe	Rohfaser	Asche	Verseifungszahl des Rohfettes	Jodzahl des Rohfettes
Rohhirse	9,40	11,56	3,29	62,56	0,31	10,00	2,88	216	60
Geputzte Rohhirse . .	12,10	13,06	2,53	56,70	0,42	12,91	2,28	217	61
Kleine und beschädigte Hirse (Futterhirse) .	11,31	9,87	3,55	57,66	0,59	14,23	2,79	220	65
Verschiedene Hirsequalitäten Nr. I	9,77	13,06	2,84	72,62	0,37	0,46	0,88	213	56
Nr. II	9,88	12,19	2,94	72,67	0,72	0,60	1,00	214	59
Nr. III	9,40	12,20	3,13	72,56	0,56	0,88	1,07	214	59
Nr. IV	9,16	11,40	2,81	74,40	0,74	0,23	1,26	214	61
Hirseschalen (Spelzen) und Spelzenmehl Nr. I	9,83	6,68	2,52	27,68	1,03	43,70	8,56	209	56
Nr. II	10,25	5,81	2,02	22,44	9,97	47,73	10,78	208	65
Nr. III	10,27	6,68	2,33	19,03	0,47	52,50	8,72	213	58
Nr. IV	9,65	6,25	2,38	27,83	0,75	43,78	9,36	216	59
Hirsemehl	8,83	18,06	18,48	34,12	0,90	11,07	8,44	210	58
Polierstaub	9,00	18,37	16,50	41,59	1,02	6,38	7,14	112	58
Hirsekuchen Nr. I . .	7,62	16,56	17,26	49,58	1,06	9,72	8,20	211	59
Hirsekuchen Nr. II . .	8,89	19,44	19,58	38,53	0,63	6,83	6,60	212	59
Hirsekuchen Nr. III . .	8,23	18,43	17,53	36,31	0,53	9,91	9,24	208	56

Wie aus diesen Analysendaten [2]) erhellt, ist der Sitz des Öles in den
peripherischen Schichten zu suchen, die bei der Schälarbeit als Abfall-

---

[1]) Compt. rendus, 1898, S. 239.
[2]) Landw. Versuchsstationen, 1895, Bd. 46, S. 111.

produkte unter dem Namen Hirsemehl, Polierstaub und Hirsekuchen abgesondert werden. Die Bezeichnung „Hirsekuchen" kommt davon, daß sich die kleinen ölreichen Keime auf den Polierflächen zu zähen Klumpen zusammenballen. Diese Hirsekuchen, das Hirsemehl oder der Polierstaub bilden neben der Bruchhirse (Futterhirse) eine Art Kraftfuttermittel, könnten aber zufolge ihres Ölgehaltes auch — ähnlich den Maiskeimen — zur Ölgewinnung benutzt werden. Gewerbsmäßig geschieht diese indes heute noch nicht.

Eigenschaften.

Das Hirseöl, wie es durch Pressen oder Extrahieren der ölreichen Anteile des Hirsekornes dargestellt wurde, ist von hellgelber Farbe, angenehmem Geruch und löst sich, ähnlich wie Rizinusöl, in Alkohol auf. Beim Versetzen der Alkohollösung mit Wasser bilden sich zwei Schichten, von denen die obere alkoholische sauer reagiert und wahrscheinlich freie Fettsäuren gelöst enthält. *Eigen-schaften.*

In dünnen Schichten trocknet Hirseöl innerhalb weniger Tage zu einer durchsichtigen, glänzenden Haut ein. Beim Stehen des durch Extraktion erhaltenen Hirseöles scheiden sich kleine Kristallflitterchen ab, welche in Wasser und Alkohol unlöslich, in Chloroform, Schwefelkohlenstoff und Benzin ziemlich leicht löslich sind. Durch Umkristallisieren aus Chloroform konnten schön ausgebildete, farblose, durchsichtige Kristalle erhalten werden, welche erst bei 285° C schmolzen[1]). Kassner[2]) benennt diesen Körper „Panicol"; er erkannte ihn als tertiären Alkohol, dem die Formel $C_{12}H_{17}OCH_3$ zukommt.

Bezüglich der Zusammensetzung der Fettsäuren liegen nur wenige Untersuchungen vor; nach Kassner enthalten sie hauptsächlich eine Rizinolstearinsäure und Hirseölsäure, welch letzterer die Formel $C_{18}H_{32}O_2$ zukommt[3]). Nach den Untersuchungen N. F. Andrejews[4]) über das Öl der Dschugarahirse herrscht im Hirseöl unter den Fettsäuren die Erucasäure vor. Neben dieser finden sich noch geringe Mengen Olein, Rizinolein und Leinsäure. Andrejew[4]) konstatierte in den abgeschiedenen Fettsäuren 72,7% fester Fettsäuren. Die im Hirseöl enthaltenen 0,32% flüssiger Fettsäuren bestehen aus Baldrian- und Ameisensäure im Verhältnis von 2:1. *Zusammensetzung.*

Hirseöl besitzt bis heute keinerlei praktische Bedeutung, doch kann es zu einer solchen wohl einmal gelangen.

---

[1]) Kassner, Archiv d. Pharm., 1887, Bd. 25, S. 395; Chem. Ztg. Rep., 1887, S. 146.
[2]) Archiv d. Pharm., 1888, Bd. 26, S. 536; Chem. Ztg. Rep., 1888, S. 217.
[3]) Wjestnik schirowych wjeschtsch, 1905, S. 155; Chem. Ztg., Rep., 1906, Nr. 4.
[4]) Russ. Journ. f. experim. Landw., 1903, S. 780.

Sorghumöl.

Die Samenkörner der den Hirsearten nahe verwandten Durra-, Mohr-
oder Sorghohirse (Sorghum cernuus Host. = Andropogon cernuus
Roxb. = Holcus cernuus Ard.), einer besonders in Turkestan angebauten mehlliefernden Kulturpflanze, enthalten ein gelbes, im Aussehen
vaselinartiges Fett, welches bei 39—40° C schmilzt, eine Dichte von
0,9282 hat, langsam trocknet, in chemischer Beziehung zwischen Hafer-
und Maisöl steht und nach N. Andrejew[1]) zu 96% aus den Glyzeriden
der Erucasäure besteht, außerdem aber auch geringe Mengen von Öl-,
Rizinol-, Linol-, Ameisen- und Valeriansäure, wahrscheinlich auch
etwas Caprin- und Laurinsäure enthält.

Buchweizenöl.

Die Kleie, welche bei der Verarbeitung des Buchweizenkornes[2]) resultiert (eine besondere Ausscheidung der Keime findet überhaupt nicht statt),
ist nicht so ölreich, als man nach dem Ölgehalte des ganzen Kornes erwarten dürfte.

Untersucht haben das aus Buchweizen mittels Äthers extrahierte Fett
Soxhlet sowie auch Stellwaag. Ersterer fand einen Cholesteringehalt
von 10,45% und 2,53% Lecithin; Stellwaag erhielt ein bei gewöhnlicher
Temperatur festes Fett, in welchem 7,24% unverseifbarer Bestandteile
(Cholesterin) und 1,88% Lecithin nachgewiesen wurden.

Sojabohnenöl.

Saubohnenöl. — Bohnenöl. — Chinesisches Bohnenöl. —
Huile de Soya. — Soja bean Oil. — Soy bean Oil. — Bean
Oil. — Chinese bean Oil. — Olio di Soia.

Herkunft.

Das Sojabohnenöl entstammt den Samen eines in China heimischen
Schmetterlingsblütlers (Soja hispida Mönch. = Glycine hispida Maxim.
= Dolichos Soja L. = Phaseolus hispidus Oken. = Soja japonica
Savi). Die strauchartige Pflanze wurde von China aus zuerst nach Japan
verpflanzt; in neuerer Zeit ist die sehr fruchtbare Sojabohne versuchsweise
auch in Europa angebaut worden und waren die Erfolge hier recht ungleich. Während z. B. in Ungarn die erzielten Resultate befriedigten,
ließen sie in Deutschland viel zu wünschen übrig. Die tropische oder

---

[1]) Wjestnik schirowych wjeschtsch, 1903, S. 186.
[2]) Der Buchweizen gehört in die Familie der Polygonaceen.

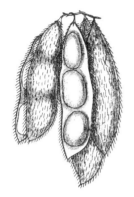

halbtropische Zone sichert wohl die besten Erträgnisse der Sojabohne, deren nahrhafte und ölreiche Samen in der Mandschurei und in Japan nicht nur als menschliches Nahrungsmittel, sondern auch zur Ölgewinnung benutzt werden[1]).

Nach Harz[2]) muß man zwei Rassengruppen der Sojabohne unterscheiden (flachfrüchtige und gedunsenfrüchtige), von denen es wieder verschiedene Arten gibt.

Rohprodukt.

Die fast steifborstig behaarte, zweiklappig aufspringende Frucht (Fig. 53) enthält meist 2—3, seltener 4—5 Samen, welche in Farbe, Gestalt und Größe stark variieren. Ihre Länge schwankt zwischen 3,5—10 mm, ihr Gewicht von 0,081—0,518 g. Sojabohne.

Die Sojabohne, über deren Bau Fig. 54 a und b Aufschluß gibt, besitzt einen milden, ölartigen Geschmack, der etwas an Bohnen erinnert, und einen hohen Gehalt an Eiweiß und Fett, welcher sie für Nahrungszwecke ganz besonders geeignet macht.

Die Zusammensetzung der Sojabohnen (vielfach „peas" genannt) hängt von den Kultivationsbedingungen ab, wie auch jede Spielart von der anderen abweicht. Es liegen darüber zahlreiche Analysen vor, auf welche hier nur verwiesen werden kann[3]). Pott[4]) gibt folgende Mittelwerte an:

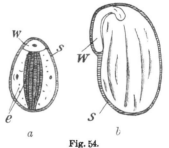

Fig. 54.
Same der Sojabohne. (Nach Harz.)
a = Querschnitt, b = Längsschnitt.
W = Würzelchen, e = Samenlappen,
S = Samenschale.

| | Sojabohnen | |
	gelbe	graue
Wasser	9,5 %	9,2 %
Rohprotein	34,3	35,1
Rohfett	17,7	17,8
Stickstoffreie Extraktstoffe	28,4	28,6
Rohfaser	4,8	4,5
Asche	5,3	4,7

---

[1]) Semler, Tropische Agrikultur, Wismar 1892, 4. Bd., S. 476; A. Hosie, Manchuria, London 1901.

[2]) Harz, Landw. Samenkunde, Berlin 1885, S. 690 (vgl. auch v. Martens, Die Gartenbohnen, Ravensburg 1869).

[3]) König, Chemie der Nahrungs- u. Genußmittel, 4. Aufl., Berlin 1904, Bd. 1, S. 595.

[4]) Pott, Landw. Futtermittel, Berlin 1889, S. 438.

A. Nikitin[1]) fand bei der vergleichenden Untersuchung mehrerer Arten von Sojabohnen die in Südrußland gezogenen am ölreichsten (20,27 %/₀ Fettgehalt).

Die Sojabohne wird wegen ihrer schweren Verdaulichkeit nicht direkt genossen, sondern durch besondere Zubereitungen „aufgeschlossen" und in Form von Shoju (Soja oder Shoja) sowie Miso gegessen. Shoju besteht aus einem Gemenge von Weizen, Reis und Sojabohnen, das durch einen Schimmelpilz (Aspergillus oryzae oder Eurotium oryzae) invertiert wurde. Miso ist eine ebenfalls durch Gärung erzeugte Sülze. Daneben wird aus den Sojabohnen noch Natto oder Tofu (Japan) oder Taohu (China) bereitet, eine Art Käse, der in China und Japan sehr beliebt ist.

Gewinnung.

Gewinnung.   Sojabohnenöl wird nur in China und Japan (besonders auf Formosa) gewonnen, und zwar mit den dort üblichen primitiven Mitteln.

Nach den in China hauptsächlich in der Gegend von Newchwang geübten Arbeitsweisen werden die Sojabohnen auf einer durch drei oder vier Maulesel in Bewegung gesetzten kollergangähnlichen Vorrichtung zerkleinert. Die Masse wird hierauf in Jutesäcke eingeschlagen und über einem Kessel postiert, in welchem sich siedendes Wasser befindet. Haben die auf Sieben ruhenden Saatpakete durch die aus dem Kessel aufsteigenden Dämpfe eine genügende Durchwärmung erfahren, so bringt man sie unter die Presse, welche gewöhnlich zur Gattung der Keilpressen gehört.

Emil Marx[2]) berichtet übrigens, daß in neuerer Zeit in der Sojabohnenölfabrikation Spindelpressen Verwendung finden sollen, bei welchen 40—50 Kulis das Zu- und Aufdrehen der Spindel besorgen. Moderne hydraulische Preßvorrichtungen vermochten sich bis heute noch nicht Bahn zu brechen; Versuche, welche in dieser Hinsicht in den Jahren 1861 und 1867 unternommen worden waren, mußten der Opposition der Chinesen weichen[3]).

Eine besondere Reinigung des Öles findet nicht statt, man begnügt sich mit der Klärung durch Abstehen. Die Ausbeute beträgt ungefähr 10 %/₀.

Versuche von Europäern, rationellere Methoden einzuführen, scheiterten teils an der Indolenz der eingeborenen Arbeiter, teils an der mangelnden Umsicht der europäischen Aufsichtsorgane.

---

[1]) Wjestnik obschtschew higieny, 1900, S. 453.

[2]) Emil Marx beschrieb die zur Fabrikation des Sojabohnenöles verwendete Vorrichtung eingehend, unter bildlicher Vorführung derselben. (Seifensiederztg., Augsburg 1900, S. 351.)

[3]) Siehe die Mitteilungen des britischen Konsuls in Tamsui. (Seifenfabrikant, 1893, S. 785.)

Eigenschaften.

Das auf den Markt gebrachte Sojabohnenöl ist von gelblichweißer bis braungelber Farbe und zeigt nicht selten einen grünlichen Stich. Sein Geruch ist dem des Olivenöles nicht unähnlich, der Geschmack nähert sich dem minder guter Speiseöle. Bei längerem Stehen scheidet es einen Bodensatz von festen Triglyzeriden aus. Das spezifische Gewicht des Sojabohnenöles beträgt 0,924—0,927 (bei 15° C), sein Erstarrungspunkt liegt zwischen +8 und +15° C, seine Fettsäuren schmelzen bei 27 bis 29° C und erstarren bei 23 bis 24° C.

Die abgeschiedenen Fettsäuren enthalten 11,5 % fester Fettsäuren, welche aus Palmitinsäure bestehen, während der flüssige Anteil sich aus Öl- und Linolsäure zusammensetzt.

Verwendung.

Das Sojabohnenöl wird als Speise-, Brenn- und Seifenöl verwendet. W. Korentschewski und A. Zimmermann[1] haben während des russisch-japanischen Krieges die Bekömmlichkeit und Verdaulichkeit dieses Öles studiert und gefunden, daß es für Speisezwecke gut geeignet ist. Ein langes Lagern verträgt das Öl aber nicht gut, weil es ziemlich rasch ranzig wird. Die Chinesen und Japaner konsumieren von dem Sojabohnenöle große Mengen.

Für Brennzwecke ist das Öl brauchbar, wenngleich es mit seinen schwach trocknenden Eigenschaften nicht gerade das Ideal eines Brennöles darstellt.

Das nach Europa verschiffte Öl wird meist zu Seife versotten, worüber Wiedert[2] eingehend berichtete. Die englische Bezeichnung bean oil hat zu Verwechslungen mit Benöl (Behenöl) Veranlassung gegeben.

Rückstände.

Die in China und Japan bei der Sojabohnenölfabrikation erhaltenen Preßrückstände sind ziemlich fettreich und werden allgemein als Düngemittel benutzt. Eine Verfütterung dieser Kuchen ist nicht gebräuchlich, obwohl über ihre Verdaulichkeit und Unschädlichkeit kein Zweifel bestehen kann.

König gibt die Zusammensetzung der Sojabohnenkuchen wie folgt an:

Wasser	13,4 %
Rohprotein	40,3
Rohfett	7,5
Stickstoffreie Extraktstoffe	28,1
Rohfaser	5,5
Asche	5,2

[1] Chem. Ztg., 1905, Nr. 58.
[2] Seifenfabrikant, 1904, S. 1045.

Die Verdaulichkeit

des Rohproteins wurde mit	91,0 %
des Rohfettes mit	90,6
der stickstofffreien Extraktstoffe mit . .	91,5
der Rohfaser mit	67,3

gefunden.

Bei der Verwendung als Düngemittel kommt neben dem **Stickstoff-gehalte** der Kuchen (ca. $6^1/_2$ % Stickstoff, entsprechend 40 % Rohprotein) auch noch der Reichtum an **Phosphorsäure** und **Kali** in Betracht. Die Asche der chinesischen Sojabohne, welche 4,8 % vom Samengewichte beträgt, enthält nämlich:

Phosphorsäure	29,13 %
Kali	45,02
Kalk	8,92
Magnesia	8,19
Schwefelsäure	1,37
Chlor	0,75
Kohlensäure	4,10
Diverses	2,52
	100,00 %

Handel.

Handel. Die Produktion in Newchwang soll sich nach Marx jährlich auf einige Millionen Pikuls Öl und Ölkuchen belaufen; die statistischen Aufzeichnungen geben darüber nur unvollkommenen Aufschluß. Die für das Jahr 1890 amtlich veröffentlichten Werte nennen ein Kuchenexportquantum von 156 000 Tonnen, welches von Newchwang ausgeführt worden sein soll, und eine Menge von 60 000 Tonnen, welche von Tschefuh aus versandt wurde. Bei einem etwas regeren Unternehmungsgeiste könnte das chinesische Bohnenöl ein Welthandelsartikel werden.

Die Sojabohnen galten in der Zeit von 1882—1891 durchschnittlich 2,91 Taels per Pikul[1]), während das Bohnenöl in derselben Zeit per Pikul 3,43 Taels kostete und die Ölkuchen (bean cakes) per Pikul mit 3,60 Taels bezahlt wurden [2]).

Kinobaumöl. [3])

Dhak Kino tree Oil. — Pallas tree Oil.

Herkunft.

Ab-stammung. Dieses Öl wird aus den Samen des zur Familie der Leguminosen (Gattung Phaseoleen) gehörenden Kinobaumes oder malabarischen Lackbaumes (Butea frondosa Roxb. = Butea monosperma Taub.

---

[1]) 1 Pikul = ca. 60 kg. — 1 chin. Tael = ca. 3,20 Mk.
[2]) Seifensiederztg., Augsburg 1900, S. 351.
[3]) Heckel, Les graines grasses nouvelles, Paris 1902, S. 94.

= **Erythrina monosperma Lam.**) gewonnen, eines Baumes von mittlerer
Größe, dessen Heimat Indien ist und der dort **Porassamaram, Pallas Kakria**
oder **Polassie** genannt wird. Die hellorangeroten Blüten (tésú, paláské-
phul, késú) dienen zum Gelbfärben, der teils freiwillig aus dem Stamm des
stattlichen, sich auch als **Zierbaum** empfehlenden Baumes fließende, teils
durch Einschnitte zum Ausfließen gebrachte **Saft** bildet als Kino ein Gerb- und
Farbmaterial; auch die **Wurzel** liefert einen roten Farbstoff und der **Bast**
gibt eine Spinnfaser.

Rohmaterial.

Die gestielten, abgeflachten **Schoten** (Hülsenfrüchte) des Kinobaumes·
enthalten einen Samen (Fig. 55) mit ziemlich dicker kupferroter oder
kastanienbrauner Samenhaut, welche an den Samenlappen sehr fest anhaftet.
Letztere sind sehr dünn, bisweilen etwas ausgebaucht, an der Peripherie
von derselben Stärke wie in der Mitte und zeigen eine blaßgelbe Farbe.

a b c d

Fig. 55. Kinobaumsamen. (Natürliche Größe.)
a und b = ausgebauchter Same, von der konkaven (a) und von der konvexen (b) Seite gesehen,
c = plangeformter Samen, d = seitliche Ansicht desselben.

Die größte Länge dieses Samens ist 34—36 mm, die Breite 24—25 mm
und die Dicke 2 mm; er ist also fast scheibenartig. Die Samen zeigen
verschiedene Seitenflächen; die eine ist leicht gewölbt, die andere flach.
Der Umriß ist nierenförmig, mit einer ausgeschweiften Kelchnarbe. Die
stets runzelige, manchmal mit sehr hervorspringenden und netzartigen
Nerven versehene Samenhaut ist glatt wie glasiert. Der Embryo hat in
dem trockenen Samen einen zuerst süßen, dann leicht bitteren Geschmack,
der stark an rohes Gemüse erinnert. Das Gewicht dieser Samen einschließlich der Samenhaut schwankt zwischen 1—1,20 g.

Lépine[1]) konstatierte in den Samen, welche als wurmabtreibendes
Mittel Verwendung finden sollen, einen Fettgehalt von 16,4 %.

Hefter fand in einer Probe von Kinobaumsamen:

Wasser	9,50 %
Rohprotein	22,36
Rohfett	16,80
Stickstoffreie Extraktstoffe und Rohfaser	47,76
Asche	3,58

---

[1]) Journ. de Pharm. et de Chim., 3. Serie, Bd. 4.

Neben den Samen von Butea frondosa werden auch noch die von Butea superba Roxb. zur Ölgewinnung verwendet. Dieser in Concan, Bengalen, Orissa und Birma vorkommende schöne Baum trägt mehr den Charakter einer Schlingpflanze und liefert etwas kleinere, aber gleichgeformte Samen wie Butea frondosa. Das aus beiden Samengattungen gewonnene Öl zeigt die gleichen Eigenschaften.

Eigenschaften und Verwendung.

Eigenschaften.

Das Kinobaumöl ist von gelber Färbung und salbenartiger Konsistenz und besitzt bei 15⁰ C eine Dichte von 0,917. Die abgeschiedenen Fettsäuren schmelzen bei 45⁰ C.

Verwendung.

Das Öl könnte sowohl in der Seifenindustrie als auch in der Stearinfabrikation gute Verwendung finden.

Rückstände.

Rückstände.

Schlagdenhauffen hat die Extraktionsrückstände der Samen von Butea frondosa untersucht und darin einen Gehalt von 38,18 $^0/_0$ an stickstoffhaltigen Körpern, 10,05$^0/_0$ Zucker, 1,25$^0/_0$ Stärkezucker (Glukose), 3,22$^0/_0$ Stärkemehl und 35,79$^0/_0$ Rohfaser gefunden.

Der bittere Geschmack der Samen ist auch den Preß- und Extraktionsrückständen eigen; man kann bei ihnen daher nur an eine Verwertung als Düngemittel, nicht aber als Futterstoff denken.

Pongamöl. [1])

Korungöl. — Kagooöl. — Huile de Korung. — Huile de Hongay. — Huile de Pongam de l'Inde. — Korung Oil. — Kanoogoo, Kanoogamanoo, Kanuga-Karra, Kanuga-Chettu, Kanugoo (Ostindien). — Houge Oil (Mysore).

Herkunft.

Abstammung.

Das Pongamöl wird aus den „Pongambohnen" gewonnen. Es sind dies die Früchte von Pongamia glabra Vent. = Dalbergia arborea Willd. = Galedupa indica Lam. = Robinia mitis L. = Galedupa arborea Roxb., einem in Ostindien sehr häufigen Baume, der zur Familie der Schmetterlingsblütler und Leguminosen gehört. Der Baum findet sich in Pondichery, im Zentrum und im Osten des Himalaja, auf Ceylon und Malakka, besonders an den Küstenstrichen. Auch auf den malaiischen Inseln, in Australien und Polynesien kennt man den Pongambaum.

---

[1]) Siehe Heckel, Les graines grasses nouvelles, Paris 1902, S. 88.

Rohprodukt.

Die Früchte des Pongambaumes, welche unter dem Namen „Carapa- Frucht.
racés" im Jahre 1885 in Marseille zum erstenmale ausgeboten wurden,
haben die in Fig. 56 gezeichnete Form und enthalten einen oder zwei rote
Samen, welche sich beim Lagern der Früchte schwärzen. Die Kotyledonen
der Samen sind hellgelb und schmecken bitter. Das mittlere Gewicht der

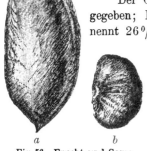

Samen ist 2 g; wenn zwei Samen in einer Frucht stecken,
so sind sie entsprechend kleiner und wiegen nur 1,25 g.

Der Ölgehalt der Samen wird sehr verschieden an- Same.
gegeben; Heckel ermittelte ihn mit $36,37\%$, Maiden[1])
nennt 26% und Lépine[2]) 27%.

Lewkowitsch[3]) fand beim Extrahieren
der Pongambohnen mit Äther $33,7\%$ Fett.

Gewinnung,
Eigenschaften und Verwendung.

Die Gewinnung des Pongamöles wird in Gewinnung.
Ostindien vielfach gepflogen; man bedient sich
dazu der bekannten, dort üblichen primitiven
Preßvorrichtungen.

Fig. 56. Frucht und Same
von Pongamia glabra.
(Natürliche Größe.)
a = Same in der Hülse (Frucht),
b = Samenkern.

Das erhaltene Öl ist von butterartiger Eigen-
schaften.
Konsistenz, zeigt eine Dichte von 0,936 bis
0,9458, ist gelb bis orangefarben und schmeckt unangenehm bitter. Der
bittere Geschmack scheint auf die Gegenwart eines Harzes zurückzuführen zu
sein und nicht, wie man früher annahm, auf das Vorhandensein eines
Alkaloids. Das Pongamöl enthält nur geringe Mengen freier Fettsäuren,
dafür aber umso mehr an Unverseifbarem. Der Gehalt an letzterem schwankt
zwischen 6,0 und $9,5\%$.

Das Öl wird in Indien als Arzneimittel geschätzt, der Hauptsache Ver-
wendung.
nach aber als Brennöl verwertet.

Bei dem häufigen Vorkommen des Pongambaumes könnte das Pongamöl
in viel größeren Quanten erzeugt werden, als dies bis heute der Fall ist.
Größere Posten dieses Öles würden von der Seifen- und Stearin-Industrie
gern aufgenommen werden.

Rückstände.

Die Preßrückstände der Pongamfrüchte könnten ein allerdings nicht Rückstände.
besonders proteinreiches Futtermittel abgeben.

---

[1]) Useful nat. plants of Australia, S. 286.
[2]) Ann. de l'agric. des Col., 1860, S. 20.
[3]) Lewkowitsch, Chem. Technologie u. Analyse der Öle, Fette u. Wachse,
Braunschweig 1905, 2. Bd., S. 269. — Siehe auch Watt, Dictionary of the Economic
Products of India, 6. Bd., S. 322.

Kürbiskernöl.

Huile de pépins de citrouille. — Huile de courge. —
Pumpkinseed Oil. — Pompion Oil. — Oleum peponis,
Koomra (Hindostan). — Cumbuly (Telinga).

Herkunft.

Ab-
stammung　　　Das Kürbiskernöl gewinnt man aus dem Samen des gemeinen Kürbisses,
auch Eier-, Feld- oder Birnkürbis genannt (Cucurbita pepo L.). Die
Heimat dieser Pflanze dürfte in Asien (Orient und Persien) zu suchen
sein, zum wenigsten wurde sie dort schon im Altertume kultiviert.

Rohmaterial.

Same.　　　Die allgemein bekannten Früchte der Kürbispflanze enthalten viele
eiförmige Samen (Fig. 57), welche etwa $2-3\,^0/_0$ vom Gewicht des Kürbisses

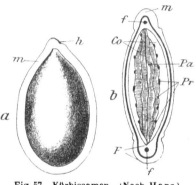

ausmachen, $6-25$ mm lang und halb
so breit sind und schmutzigweiße Farbe
zeigen. Bisweilen sind sie wohl auch
isabellfarbig oder erdbraun. Ein Hektoliter dieser Samen wiegt $64-74$ kg.

Das Gewichtsverhältnis zwischen Samenschale und Samenkern ist sehr wechselnd und bewegt sich nach Kosutany
in äußerst weiten Grenzen; er fand bei
einigen Proben von Kürbissamen nur
$19,77\,^0/_0$ Schalen, bei anderen $49,52\,^0/_0{}^1$).

Demgemäß ist auch der Ölgehalt der
ganzen Samen starken Schwankungen
unterworfen, denn die Schalen enthalten fast gar kein Fett. Die älteren
Angaben der Fachliteratur geben als Ölgehalt der Kürbissamen $20-25\,^0/_0$ an,

Fig. 57. Kürbissamen. (Nach Harz.)
Lupenbilder.

$a=$ Same, $b=$ Querschnitt des Samens.
$h=$ Nabel, $m=$ Randschwiele, $F=$ Samenschale,
$f=$ Gefäßbündel derselben, $Co=$ Kotyledonen,
$Pa=$ deren Pallisadenschicht, $Pr=$ deren Pro-
cambiumstränge.

doch ist der durchschnittliche Gehalt zweifellos höher, wenn auch die Werte
russischer Autoren ($45-55\,^0/_0$) zu hoch gegriffen sind und sich wahrscheinlich
auf schalenfreies Kernmaterial, nicht aber auf das ganze Samengewicht beziehen.

Kosutany[2]) fand bei ungarischen Kürbissamen, welche aus $24,5\,^0/_0$
Samenschalen und $75,5$ Samenkernen bestanden, die Trockensubstanz wie
folgt zusammengesetzt[3]):

---

[1]) H. Strauß fand $23,5\,^0/_0$ Gewichtsteile Schalen und $76,5\,^0/_0$ Gewichtsteile
Kerne, welch letztere $47,43\,^0/_0$ Fett enthielten. In den ganzen Samen betrug der
Ölgehalt $36,60\,^0/_0$. (Chem. Ztg., 1903, S. 527.)

[2]) Landw. Versuchsstationen, Bd. 43, 1893, S. 267.

[3]) Die Analysen von Strauß seien hier übergangen, weil in ihnen der Gehalt
der stickstoffhaltigen Substanz unrichtig angegeben ist. J. Schumow (Wjestnik
schirowych wjeschtsch, 1903, S. 29) ermittelte in russischen Kürbissamen aus Saratow
$35\,^0/_0$ Fett (auf das Totalgewicht der Samen berechnet).

	Samen samt Schalen	Kerne
Rohprotein	30,31 %	36,06 %
Rohfett	38,45	51,53
Stickstoffreie Extraktstoffe	9,21	7,17
Rohfaser	18,10	1,63
Asche	3,42	4,61

Über die Zusammensetzung des in den Samen enthaltenen Eiweißes liegen Untersuchungen von G. Gräber[1]) vor.

Gewinnung und Eigenschaften.

Die Gewinnung des Kürbiskernöles erfolgt in der Regel in kleinen Be- *Gewinnung.* trieben. Der Same wird teils samt Schale, teils enthülst gepreßt; gewöhnlich geht der Entschälung eine Röstung der Samen voraus. Je nach der mehr oder weniger gründlichen Entfernung der Hülsen, nach der Intensität des Zerkleinerns und des Anwärmens des Preßgutes erhält man hellgelbe oder dunkelbraune Öle, welch letztere im durchfallenden Lichte bräunlichgrün, im reflektierten tief rot erscheinen. Der Farbstoff des Kürbiskernöles widersteht den bekannten Bleichmitteln in bemerkenswerter Weise. Dunkelfarbige Öle lassen sich überhaupt nur durch Raffination mit Natronlauge in goldgelbes Öl umwandeln, und das in der Kürbisölfabrikation angewandte Reinigungsverfahren erinnert sehr an das bei der Baumwollsaatölerzeugung gebräuchliche.

Das Kürbiskernöl besitzt eine Dichte von 0,919—0,925 (bei 15° C), *Eigen-* erstarrt bei 16° C und liefert bei der Verseifung Fettsäuren, welche einen *schaften.* Schmelzpunkt von 28° C haben und bei 24,5° C erstarren[2]).

Verwendung.

Kaltgepreßtes oder gut raffiniertes heißgepreßtes Kürbiskernöl ist als *Ver-* Speiseöl verwendbar und wird in Ungarn und Rußland, den Haupt- *wendung.* produktionsländern dieses Artikels, viel konsumiert. Kürbiskernöl brennt mit rußfreier Flamme und kann daher auch als Brennöl verwendet werden. Auch zum Schmieren wird es hie und da benutzt, wie es ferner zur Bereitung von Türkischrotöl an Stelle von Rizinusöl empfohlen wurde.

Bei der Verseifung entwickelt das Kürbiskernöl einen unangenehmen, an Wanzen erinnernden Geruch; besonders die geringeren Marken zeigen diese unangenehme Eigenschaft. C. von Slop[3]) empfiehlt das Kürbiskernöl als wirksames Bandwurmmittel; offenbar äußern aber nur heiß gepreßte, unraffinierte Öle eine wurmabtreibende Wirkung, nicht aber die Speisezwecken dienenden kalt gepreßten oder raffinierten Kürbiskernöle.

---

[1]) Journ. f. prakt. Chemie, 1881, S. 97.
[2]) H. Poda, Zeitschr. f. Untersuchung der Nahrungs- u. Genußmittel, 1898, S. 625; Schattenfroh, Zeitschr. f. Nahrungsmitteluntersuchung u. Hygiene, 1894, S. 15; W. Graham, Amer. Journ. Pharm., 1901, S. 352, und Apothekerztg., 1901, S. 517.
[3]) Pharm. Zentralhalle, 1881, S. 283.

Preßrückstände.

Die Kürbiskernkuchen schwanken in ihrer Zusammensetzung sehr stark, weil man in den verschiedenen Betrieben auf die Entfernung der ·Hülsen vor dem Pressen nicht gleiche Sorgfalt verwendet.

Als Ergebnis einer Reihe von Analysen von Kürbiskernkuchen teilt Wolff mit:

	Mittel	Maximum	Minimum
Wasser	9,5 %	12,00 %	11,00 %
Rohprotein	31,6	55,6	32,6
Rohfett	22,7	25,6	11,4
Stickstoffreie Extraktstoffe	11,8	10,8	8,0
Rohfaser	14,1	15,7	4,9
Asche	5,8	—	—

Die Kürbiskernkuchen zeichnen sich durch besondere Schmackhaftigkeit und leichte Verdaulichkeit aus. Die Verdauungskoeffizienten betragen für

Rohprotein	90 %
Rohfett	96
Stickstoffreie Extraktstoffe . . .	85
Rohfaser	45

Die Kuchen bilden daher ein sehr beliebtes Futtermittel; die den Samen nachgesagte nachteilige Wirkung auf die Milchsekretion konnte man bei der Verabreichung von Kürbiskernkuchen an Milchvieh nicht konstatieren. Auch die von Amerika gemeldeten Vergiftungserscheinungen bei mit Kürbiskernkuchen gefüttertem Geflügel sind nach Kosutany bei Kuchen aus europäischem Samen ausgeschlossen. Möglicherweise enthalten die amerikanischen Kürbiskerne ein noch nicht näher erforschtes Gift.

Wassermelonenöl.

Beraföl. — Huile de melon d'eau. — Huile de citrouille. — Huile de Béraf. — Watermelon Oil. — Olio di citriuolo. — Oleum citrullum. — Kharbuz (Indien). — Melancia (Brasilien).

Herkunft.

Dieses Öl wird aus den Samen der Wassermelone oder Arbuse, auch Angurie (Cucumis citrullus L. = Cucurbita citrullus Lour.) gewonnen, einer Pflanze, welche aus dem Innern Afrikas stammt, wo neben süßen und naschhaften auch bitter schmeckende, giftige Sorten vorkommen. Jetzt wird die Wassermelone in allen Ländern mit gemäßigtem und warmem Klima kultiviert, in Europa hauptsächlich in Frankreich, Ungarn und Rußland.

Rohmaterial.

Die Samen der Wassermelone sind von verschiedenster Färbung. Manche   Same.
Sorten sind fast weiß, andere hell- bis dunkelbraun, einige tiefschwarz.
Die ungarischen Wassermelonensamen wiegen pro 100 Stück 15,0 bis
20,7 g, haben eine Länge von 13—15 mm, eine Breite von 9 mm und
eine Dicke von 2,1—2,9 mm.

Nach Wijs[1]) bestehen die Samen der Wassermelone aus

$$62\,^0/_0 \text{ Kernen und}$$
$$38\,^0/_0 \text{ Schalen.}$$

Die Samenkerne schließen 60—70 $^0/_0$ Öl ein. A. P. Lidoff[2]) konnte
in den Melonensamen Südrußlands und der Ukraine 29,38 $^0/_0$ Öl nachweisen
und Weinarowskaja und S. Naumowa[3]) gaben den Fettgehalt der Samen
aus Kleinrußland und der Ukraine gar nur mit 21—22 $^0/_0$ an.

M. Greshoff, J. Sack und J. J. van Eck[4]) haben indische Samen von
Citrullus edulis, welche in Holländisch-Indien „Kwa Aji" genannt werden,
analysiert und in den entschälten Samen gefunden:

Wasser . . . . 5,24 $^0/_0$
Rohprotein 34,56
Rohfett 49,94
Stickstoffreie Extraktstoffe . . . . Spuren
Rohfaser 1,42
Asche 3,12

Eigenschaften und Verwendung.

Das Wassermelonenöl ist von hellgelber Farbe, besitzt eine Dichte   Eigen-
von 0,916 bei 20 ^{0} C und enthält nur geringe Mengen freier Fett-   schaften.
säuren. Die abgeschiedenen Fettsäuren schmelzen bei 34 ^{0} und erstarren
bei 32 ^{0} C.

Das Öl findet als Speiseöl und in der Seifenfabrikation Ver-   Verwendung.   wendung.

Rückstände.

Die beim Auspressen der Melonenkerne verbleibenden Kuchen sind   Rückstände.
in Frankreich unter dem Namen Berafkuchen (tourteaux de béraf)
bekannt.

---

[1]) Zeitschrift f. Untersuchung der Nahrungs- und Genußmittel, 1903, S. 492.
[2]) Wjestnik schirowych wjeschtsch, 1903, S. 112.
[3]) Journ. d. russ. phys.-chem. Gesellsch., 1902, S. 695.
[4]) Analysen des Kolonialmuseums zu Haarlem durch König, Chemie der
Nahrungs- und Genußmittel, 4. Aufl., Berlin 1903, S. 1485.

Melonenöl.

Huile de graines de melon. — Huile de melon. — Melonseed Oil. —
Olio di mellone. — Oleum Melonis. — Duhn es Kirboozeb (Arabien).

Herkunft.

Ab-
stammung.
  Das Melonenöl wird aus dem Samen der echten Melone (Cucumis
Melo L., Cucumis deliciosus Roth., Cucumis cantalupensis Roem.,
Melo sativus Sagaret.) gewonnen. Diese Samen bilden an der Gold-
und Sklavenküste Westafrikas einen wenn auch nicht wichtigen, so doch
immerhin nicht ganz zu unterschätzenden Handelsartikel. Im Lagos-
gebiete findet eine größere Ausfuhr von Abbeokuta statt; ebenso exportieren Sierra-Leone und das deutsche Togogebiet Melonensaat. In
Gambia, wo dieses Produkt unter dem Namen „Sarroh" den Eingeborenen
auch als Nahrung dient, werden nur geringe Mengen an europäische Kauf-
leute abgegeben. Die für diesen Artikel immer niedriger werdenden Preise
haben im übrigen den afrikanischen Melonensaathandel von Jahr zu Jahr
eingeschränkt, und heute ist nur noch China leistungsfähig. Der Hauptausfuhrhafen für chinesische Melonensaat ist Chefoo, von wo aus auch
Melonensamenöl exportiert wird. Häufig werden wohl auch Kürbissamen als
Melonensamen gehandelt, wie auch Samen anderer Cucurbitaceen unter
diesem Namen auf den Markt kommen.

Rohmaterial.

Same.
  G. Fendler[1]) untersuchte Melonensamen aus Togo und fand einen
Fettgehalt von 43,8 %.

Eigenschaften und Verwendung.

Eigen-
schaften.
  Das Melonenöl ist hellgelb, geruchlos, von süßlichem Geschmack und
erstarrt bei 0 ° C, um erst bei 5 ° C wieder zu schmelzen. Es findet in
geringem Maße als Speiseöl und zur Herstellung von Seife Verwendung.

Gurkenkernöl.

Huile de concombre. — Huile d'Egusi (Westafrika). — Cucumber
seed Oil. — Oleum cucumeris. — Huile d'Abobora (Brasilien). —
Duhu-es-Kusud (Arabien).

Ab-
stammung.
  Die Samen der echten Gurke (Gummer, Kukumer, Kümmerling, Cucumis sativus L.) enthalten nach Schädler ungefähr 25 % fettes Öl.
Sie sind von länglicher oder lanzettartiger Form, ca. 11 mm lang, 4 mm
breit und wiegen pro 100 Stück beiläufig 3 g. Die Verwertung der
Gurkensamen zur Ölgewinnung ist bis heute noch sehr gering.

---

[1]) Zeitschrift f. Untersuchung der Nahrungs- und Genußmittel, 1903, S. 1025.

Kadamöl.

Herkunft.

Die Samen von Trichosanthes Kadam Miq., einer auf Sumatra, hauptsächlich in der Provinz Padang häufig anzutreffenden Schlingpflanze, liefern ein Fett von butterartiger Konsistenz, welches Kadamfett oder Kadamöl benannt wird.

Rohprodukt.

J. Sack[1]), welcher die Kadamsamen näher untersuchte, gibt dafür ein Maximalgewicht von 100 g und eine maximale Länge von 10 cm an. Die Samen bestehen aus:

46% Samenschalen,
$2^{1}/_{2}\%$ Samenmark und
51% Samenkernen.

Letztere schmecken bitter und enthalten:

Wasser	$3,5\%$
Rohprotein	$21,5$
Rohfett	$68,7$
Kohlehydrate und Rohfaser	$3,7$
Asche	$2,6$

Gewinnung und Eigenschaften.

Die Gewinnung des Kadamfettes erfolgt in Padang durch primitive Handpressen. Dabei liefern 20 Samenkerne bereits eine Flasche Öl. Da nach Semler[2]) jede Pflanze jährlich 50—100 Früchte hervorbringt, könnten bei richtiger Pflege dieses Gewerbszweiges hübsche Quanten des Öles auf den Markt kommen.

Das Kadamfett ist weiß bis gelblich, geschmack- und geruchlos, schmilzt bei 21° C und besitzt eine Dichte von 0,919. Es besteht aus Olein und Palmitin. Ein Muster alten Kadamfettes, das wahrscheinlich durch Austranen (s. Band I, S. 695) konsistenter gemacht wurde, zeigte einen Schmelzpunkt von 45° C.

Andere Cucurbitaceenöle.

Schädler[3]) führt als ölliefernde Samen der Familie der Cucurbita- ceen außerdem an:

Cucumis Colocynthis L. = Citrullus Colocynthis Schrad. = Citrullus vulgaris Schrad., die in Asien und Nordafrika heimischen

---

[1]) Pharm. Weekblad, Bd. 40, S. 313 (durch Chem. Centralbl., 1903, S. 1313).
[2]) Semler, Tropische Agrikultur, 2. Aufl., Wismar 1900, Bd. 2, S. 526.
[3]) Schädler, Technol. d. Fette u. Öle, 2. Aufl., Leipzig 1892, S. 694.

Coloquinten, welche das Colocynth seed oil liefern und deren Samen vom Senegal und den ostafrikanischen Kolonien bisweilen nach Frankreich gebracht werden [1]);

Lagenaria vulgaris C. = Cucurbita lagenaria L. (Flaschenkürbis);

Feuillea cordifolia Vell., eine Schlingpflanze Brasiliens, deren Samen 55—60 % Öl vom spezifischen Gewicht 0,9309 enthalten.

Luffa acutangula Roxb. (Luffa);

Luffa aegyptica. Die Samen dieser in Ostindien heimischen Pflanze — als Schwammkürbis bekannt — geben das Schwammkürbisöl (huile de Luffa, Luffa seed Oil), ein schwach riechendes, rotbraunes Öl, welches die Juden als Speiseöl benutzen. Crossley und Le Sueur [2]) bestimmten die Konstanten dieses Öles.

Krotonöl.

Granatillöl. — Huile de Croton. — Huile de tilly. — Croton Oil. Oleum crotonis. — Oleum Tiglii. — Jamalgota (Hindostan). — Batoo (Arabien). — Dund (Persien).

Herkunft.

Abstammung.   Das Krotonöl wird von den Samen des Granatillbaumes, Purgierbaumes oder Purgierkrotons (Croton tiglium L. = Tigliu.̈ officinale Klotzsch.) geliefert. Die Pflanze stammt von der Malabarküste, wird aber heute in Süd-Asien, auf dem Indischen Archipel und hauptsächlich in China kultiviert. Holz und Samen des Granatillbaumes kamen im 16. Jahrhundert zum erstenmal nach Europa, das Krotonöl kannte man aber schon zu Herodots Zeiten. W. E. E. Conwell [3]) besprach 1822 die Gewinnung, Reinigung und medizinische Anwendung dieses Öles.

Rohmaterial.

Same.   Die unter dem Namen Purgierkörner (Granatill, Pignon d'Inde, graine de Tilly, Croton seed, grana molucca, grana tiglia) bekannten Samen des Purgiernußbaumes sind ungefähr 12—14 mm lang, 7—9 mm breit und 6—8 mm dick, von schmutzig graubrauner Farbe, bisweilen wohl auch gelblichbraun mit dunkeln Flecken, zeigen ein glattes Aussehen und liefern beim Entfernen der dünnen zerbrechlichen Samenschale 2/3 ihres Gewichtes Samenkerne, welche anfangs mild, später aber

---

[1]) Catalogue des Colonies franç., 1867, S. 9.

[2]) Journ. Soc. Chem. Ind., 1898, S. 991.

[3]) The preparation and application of a certain purgative vegetable oil, Newtons London Journ., Vol. 4, S. 235.

scharf und kratzend schmecken. Die Purgierkörner reifen während des ganzen Jahres, so daß es eine bestimmte Erntezeit für sie nicht gibt. In Süd-Asien werden die Früchte gewöhnlich allwöchentlich von den Bäumen geschüttelt, alsdann an einem sonnigen Platze getrocknet und hierauf in den Handel gebracht. Da es fast 600 Spielarten des Krotonölbaumes gibt, unterscheiden sich auch die Krotonsamen des Handels in verschiedener Hinsicht voneinander. Die meisten davon zeigen eine solche Schärfe, daß mitunter schon eine mehrstündige Beschäftigung mit ihnen genügt, um Erkrankungen der Schleimhäute und der Augen herbeizuführen. Äußerlich wirken die Purgierkörner, wie schon ihr Name sagt, heftig abführend. Über das giftige Prinzip der Krotonsamen hat Harold Senier[1]) Untersuchungen angestellt, doch vermochte er es nicht zu isolieren.

Gewinnung und Eigenschaften.

Die Gewinnung des Krotonsamenöles erfolgt zumeist an Ort und Stelle der Ernte. Man verfährt in der Weise, daß man die Samen in Preßsäcke einhüllt und zwischen heiß gemachten Platten einem starken Drucke aussetzt. Die nach diesem ersten Auspressen erhaltenen Kuchen werden mit der doppelten Gewichtsmenge Alkohol versetzt, im Sandbade auf 50 bis 60° C erhitzt und nochmals gepreßt. Der Alkohol wird aus dem erhaltenen Alkoholgemische abdestilliert, das Öl ablagern gelassen und hierauf filtriert. Gewinnung.

Das Krotonöl des Handels ist von bernsteingelber bis braungelber, ja sogar brauner Farbe. Helle Öle dunkeln beim Lagern bald nach. Das Krotonöl zeigt einen unangenehmen Geruch, brennenden Geschmack und wirkt als heftiges Purgativ. Die Dichte des Öles liegt zwischen 0,9375 und 0,9437 (bei 15° C), der Erstarrungspunkt bei — 7° C. Die aus dem Öl abgeschiedenen Fettsäuren erstarren bei ungefähr 19° C und bestehen aus Stearin-, Palmitin-, Myristin-, Laurin-, Valerian-, Butter-, Essig-, Ameisen-, Öl- und Tiglinsäure. Eigen-
schaften.

Früher unterschied man im Handel zwei Sorten von Krotonöl: das englische und das indische. Ersteres war von bräunlichgelber Farbe, letzteres hellgelb. Diese Unterschiede werden heute aber nicht mehr gemacht.

Interessant sind bei Krotonöl die Lösungsverhältnisse. Nach Kobert[2]) sind einige Sorten des im Handel vorkommenden Krotonöles mit Alkohol in jedem Verhältnis mischbar. Es dürften dies jene Krotonöle sein, die mittels Alkohols der Saat entzogen wurden. Die aus der Saat direkt gepreßten oder extrahierten Krotonöle sind nach Javillier[3]) nur mit Mengen von Alkohol

---

[1]) Chem. Ztg., 1883, S. 1695.
[2]) Chem. Ztg., 1887, S. 416.
[3]) Journ. Pharm. Chim., Bd. 7, S. 524.

mischbar, welche geringer sind als das Ölvolumen. Gleiche Raumteile von absolutem Alkohol und Krotonöl lassen sich schon nicht mehr mischen, sondern liefern eine getrübte Flüssigkeit, und weiterer Zusatz von Alkohol bewirkt eine Trennung in zwei Schichten. Die Löslichkeit des Krotonöles in Alkohol erinnert an die ähnliche Eigenschaft des Rizinusöles, doch ist das Krotonöl zum Unterschied von diesem in Petroläther leicht löslich.

Giftigkeit.   Das Krotonöl ist nicht nur innerlich genommen ein drastisches Purgiermittel, es bewirkt auch schon heftiges Abführen, ja sogar mit Blut durchmischte Ausleerungen, wenn es bloß äußerlich auf den Unterleib aufgestrichen wird. Auf der menschlichen Haut, welche das Öl schnell resorbiert, verursacht es nach einigen Minuten ein vehementes Brennen, Rötung des bestrichenen Teiles und hierauf ein Blasenziehen und pustelartige Ausschläge.

Krotonöl zeigt auch schwach trocknende Eigenschaften. Es verdickt sich beim Stehen an der Luft und bleibt bei der Elaidinprobe flüssig, weshalb Ölsäure nicht vorhanden sein dürfte. Das eigenartige Verhalten des Krotonöles war Ursache vieler Spezialuntersuchungen; von diesen seien nur die von Pelletier und Caventon, Buchner und Schlippe, Geuther und Fröhlich[1]), Schmidt und Berendes[2]), von Senier und J. Meck, von Peter, Dunstan und Boole[3]) sowie Dulière[4]) angeführt.

Nach Kobert ist das abführende und hautreizende Prinzip des Krotonöles die Krotonölsäure. Dunstan und Boole fanden aber im Krotonöl eine harzartige Substanz, welche stark blasenziehend wirkte und einer Formel von $C_{13}H_{18}O_4$ entsprach. Dieses hellgelbe Harz ist in Petroläther und Wasser fast unlöslich, wird dagegen von Alkohol, Äther und Chloroform leicht aufgenommen. Beim Erhitzen erweicht diese Verbindung allmählich, um bei 90° C völlig zu schmelzen, reagiert weder sauer noch basisch, wird aber beim Kochen mit Alkalien zersetzt. Das von Schlippe in dem Krotonöl gefundene Krotonol $C_4H_4O_2$, welchem man ebenfalls die hautreizende Wirkung des Krotonöles zuschreibt, ist im Krotonöl zu 4 % enthalten. Das von Brandes als Bestandteil des Krotonöles angegebene Krotonin ist nach Weppen nichts anderes als fettsaure Magnesia.

Verwendung.

Verwendung.   Das Krotonöl findet hauptsächlich in der Pharmazie Verwendung. Seine heftige Wirkung macht eine vorsichtige Anwendung zum Gebot. Die größte Einzelgabe darf 0,05 g, die größte Tagesgabe 0,1 g nicht übersteigen. Nach Kobert und Hirschheydt[5]) wäre für medizinische Zwecke ein neutrales Krotonölglyzerid dem gewöhnlichen Krotonöle vor-

[1]) Jahrbuch d. Chemie, 1870, .S. 672.
[2]) Liebigs Annalen, Bd. 191, S. 94.
[3]) Pharm. Journ., 1895, S. 5.
[4]) Seifensiederztg., Augsburg 1901, S. 656.
[5]) Arbeiten aus dem pharm. Institut u. Depart., 1890, Bd. 4.

zuziehen. Unter Krotonölglyzerid verstehen die Genannten das Glyzerid der von Buchheim entdeckten Krotonölsäure (acidum crotonolicum), welche erhalten wird, wenn man Krotonöl mit Weingeist auszieht, den Auszug mit heiß gesättigter Barytlösung im Überschusse mischt und den entstandenen Brei wiederholt auswäscht und in Äther zerreibt, wobei ölsaures und krotonsaures Barium in Lösung gehen. Nach dem Verdunsten des Äthers bleibt eine seifenartige Mischung zurück, die man mit Weingeist behandelt, wobei das krotonsaure Baryt allein in Lösung geht. Aus letzterer Verbindung kann man durch Schwefelsäure leicht die Krotonölsäure[1] abscheiden.

Während Krotonölsäure innerlich genommen schon in Gaben von 10 Milligramm stark drastisch wirkt und ein höchst unangenehmes Brennen im Mastdarme verursacht, wirkt das Glyzerid dieser Säure milder, bleibt auf die Schleimhäute des Mundes und des Gaumens ohne Einwirkung und spaltet erst im Zwölffingerdarm durch den Pankreassaft Krotonsäure ab, die dann ihrerseits ihre Wirkung äußert.

Wird Krotonöl äußerlich als hautreizendes Mittel angewandt, so vermischt man es gewöhnlich mit Olivenöl.

Rückstände.

Die Preß- oder Extraktionsrückstände der Krotonsamen sind äußerst giftig; wenige Gramm genügen schon, um ein Schaf zu töten. Nach Girardin bestehen die Krotonkuchen im Durchschnitt aus:

Kroton-
kuchen.

Wasser	6,00 %
Rohprotein	14,88
Rohfett	17,00
Stickstoffreie Extraktstoffe und Rohfaser	56,62
Asche	5,50
Summe	100,00 %

Bei der großen Giftigkeit dieser Kuchen ist selbst bei ihrer Verwendung als Düngemittel allergrößte Vorsicht geboten. Der nicht besonders hohe Gehalt an Stickstoff (2,38 %) und Phosphorsäure (1,12 %) bedingt auch nur einen bescheidenen Düngewert.

Handel.

Als Hauptexportplätze für Krotonöl mögen Bombay und Cochin gelten; als Hauptmarkt für Krotonsamen wie auch Krotonöl ist London anzusehen, wohin von Ostindien über Madras und Kalkutta die Hauptmenge der Krotonprodukte geht. In neuerer Zeit wird auch in Deutschland Krotonöl gepreßt, und das deutsche Produkt hat sich bereits in Rußland, Dänemark und Amerika einen hübschen Absatz gesichert.

Handel.

---

[1] Die Krotonölsäure oder Krotonoleinsäure ist später als ein Fettsäuregemenge erkannt worden (siehe Band I, S. 34).

Curcasöl.

Kurkasöl. — Purgiernußöl. — Höllenöl. — Arzneinußöl. — Huile de Purgueria. — Huile de pignon d'Inde. — Huile de médicinier. —- Purgirnut Oil. — Oleum cicinum. — Oleum infernale. — Pinhoes de purga (Brasilien). — Mandubai guacu (Brasilien). — Bag bherindha (Hindostan). — Nepalam (Telinga). — Rataendaroo (Ceylon).

Herkunft.

Abstammung.   Das Curcasöl entstammt den Samen des Purgierstrauches (Jatropha curcas L. = Curcas purgans Ad. = Jatropha cathartica), eines in Indien, nach anderen in Amerika heimischen, 4—5 m Höhe erreichenden Strauches, der in fast allen tropischen Ländern gepflanzt wird, und zwar meist als Hecken-, wohl aber auch als Stützpflanze für Vanille, Pfeffer

u. dgl. In größerem Umfange wird die betreffs Bodenart sehr wenig Ansprüche machende Pflanze an der Coromandelküste, in Travancore, am Gabon, in Südamerika und auf den Kapverdischen Inseln angebaut; speziell die letzteren liefern größere Mengen von Purgiernüssen.

Der 50—100 Jahre alt werdende Strauch hat zerstreute, breite, herzförmige, fünflappige, glatte Blätter,

Fig. 58. Frucht des Purgierstrauches. (Jatropha curcas L.) Natürliche Größe.

trägt kleine, grüne, rispenständige Blüten und liefert zweimal im Jahre Früchte: einmal im August, das zweitemal im November. Die Novemberernte bleibt gegen die des August quantitativ wesentlich zurück. Die Blätter, das Holz und die Rinde des Purgierstrauches haben eine gewisse Schärfe im Geruch und werden daher von den Tieren nicht berührt.

Rohprodukt.

Frucht.   Die Früchte (Fig. 58) sind dreifächerige Kapseln, die in Büscheln angeordnet wachsen und in drei Längsrissen aufspringen. Jedes Fach der Kapsel enthält einen Samen, der in Form und Aussehen an die Rizinusbohne erinnert, aber größer ist als diese.

a   *b*
Fig. 59. Purgierkörner. (Samen von Jatropha curcas L.) Natürliche Größe.
a = Bauchseite,
b = Rückenseite.

Same.   Die Samen (Fig. 59 [1]) sind eiförmig länglich, messen 20 mm in der Länge, ca. 12 mm in der Breite und 8 mm in der Dicke. Die Farbe der Samenschale ist schwärzlichgrau, ihre Oberfläche rauh und fast immer von weißlichen Flecken übersät, welche unter der Lupe als Spalten oder mikroskopische Abschuppungen erscheinen und gewöhnlich der Vertrocknung oder dem Zerreißen des Gewebes zugeschrieben werden, in Wirk-

---

[1]) Nach Boery, Les plantes oléagineuses, Paris 1888, S. 58.

lichkeit aber verschiedenen Ursprung haben. Unter der holzigen Samen-schale ist ein loser weißer Kern verborgen, der von einem silberweißen gefurchten Häutchen umgeben ist. Im Geschmack ähneln die Purgier-nüsse den Mandeln, doch haben sie einen kratzenden Nachgeschmack und erzeugen Durchfall und Erbrechen.

Im Handel kennt man die Purgiernüsse unter den verschiedensten Namen und infolge dieser Vielnamigkeit sind der Verwechslung mit anderen Ölsamen Tür und Tor geöffnet. Die gebräuchlichsten Bezeichnungen sind: Brechnüsse, Purgiernüsse, Pulguera-Erdnüsse, purgères, Pul-ghères, noix américaines, grands haricots du Pérou, gros pignons d'Inde, pignons de Barbarie, médiciniers, noix de Barbade, Ricins d'Amérique, Ricins sauvages, nuces catharticae, Purgeira, Purga usw. *(Handels-namen.)*

Die Zusammensetzung einer Probe von Purgiernüssen war die folgende: *(Zusammen-setzung der Samen,)*

Wasser	6,8 %
Fett	40,6
Rohprotein	15,8
Stickstoffreie Extraktstoffe und Holzfaser	32,0
Asche	5,8

Gewinnung.

Die Verarbeitung der Purgiernüsse zu Öl erfolgt fast ausschließlich *(Gewinnung.)* durch das Preßverfahren. Die Ausbeute an Öl ist, je nach der Samen-qualität, 30—38 %.

Eigenschaften.

Die Zusammensetzung des Curcasöles ist noch nicht ganz aufgeklärt. *(Zusammen-setzung.)* Nach Klein[1]) besteht das Curcasöl aus den Glyzeriden der Palmitin-, Stearin-, Öl- und Linolsäure. Vielleicht kommen auch geringe Mengen von Myristinsäureglyzerid vor. Die Glyzeride der Rizinolsäure, der Linolen- und Isolinolensäure konnten nicht nachgewiesen werden. Die von Bouis ge-fundene Isocetinsäure wurde als ein Gemisch von Palmitin- und Myristin-säure erkannt. Klein fand im Curcasöle auch etwas über $1/2$ % Phytosterin.

Das Öl ist von strohgelber Farbe und besitzt einen schwach rötlichen Stich. *(Eigen-schaften.)* An der Luft dunkelt es etwas nach. Charakteristisch ist sein Geruch, durch den es sich von anderen Fetten und Ölen leicht unterscheiden läßt.

Bei gewöhnlicher Temperatur ist Curcasöl flüssig und es kommt ihm ungefähr die Viskosität des Olivenöles zu. Bei 0° wird es dickflüssig, bei —8° erstarrt es. Seine Dichte wird mit 0,915 bis 0,920 angegeben.

Curcasöl löst sich in Petroläther vollkommen, in Eisessig nicht in der Kälte, wohl aber in der Wärme. In Alkohol ist es nur wenig löslich.

---

[1]) Zeitschr. f. angew. Chemie, 1898, S. 1012.

De Negri und Fabris[1]) fanden, daß 1 Teil Curcasöl zur vollständigen Lösung 100 Teile 96% Alkohols benötigt. Nach Klein ist Curcasöl in der neunfachen Menge Alkohols zu 24% löslich. Nach Arnaudon und Ubaldini[2]) gehen bei der sukzessiven Behandlung mit geringen Mengen kalten Alkohols die flüssigen Glyzeride in Lösung, während die festen ungelöst bleiben[3]). Curcasöl schmeckt milde, zeigt aber einen unangenehmen und kratzenden Nachgeschmack. Es besitzt stark purgierende Eigenschaften und übertrifft in dieser Beziehung das Rizinusöl bei weitem. 10—12 Tropfen Curcasöl bringen dieselbe Wirkung hervor wie ungefähr 30 von Rizinusöl

Auf die Haut gebracht, bildet es keine Blasen und unterscheidet sich dadurch von dem ihm sonst nahe verwandten Krotonöl.

Verwendung.

Ver-
wendung.

Das Curcasöl findet mehrfache technische Anwendung. Es liefert eine feste, weiße Seife, doch verseift es sich nicht so leicht wie andere Fette. Seine Eigenschaft, mit ruhiger, rauch- und geruchloser Flamme zu brennen, hat ihm eine Beliebtheit als Brennöl gesichert, ebenso wird es als Schmieröl gerne genommen. In englischen Wollspinnereien soll es auch als Spicköl Eingang gefunden haben, und Schädler berichtet, daß es auch in Firnissiedereien angewendet werde.

In Indien steht es als Heilmittel in gutem Ansehen und wird teils als Mittel gegen Hautausschläge, teils als Purgativ gebraucht.

Eine Heranziehung des Curcasöles zu Speisezwecken ist wegen seiner abführenden und giftigen Wirkung ausgeschlossen. Wenn Hiepe[4]) über Olivenölverfälschung mit Curcasöl berichtet, so ist dies nicht ganz zutreffend; seine Ansicht muß auf einem Irrtum oder auf einer unzulässigen Verallgemeinerung eines seltenen Einzelfalles beruhen. Nach Klein[5]) schließt schon der Geruch des Curcasöles seine Beimischung zu Speiseölen aus; auch würde sich ein derartiger Zusatz nach dem Genuß des betreffenden Öles sofort bemerkbar machen.

Rückstände.

Curcas-
kuchen.

Die Curcaskuchen sind in Zusammensetzung und Aussehen verschieden, je nachdem sie aus ungeschälten oder geschälten Samen gepreßt wurden. Die ungeschälten Kuchen zeigen deutlich die Fragmente der dunkeln Samenschale in dem grünen, von ausgepreßtem Kernmaterial gebildeten Grunde. Die geringeren Marken ungeschälter Kuchen sind fast schwarzbraun, sehr hart und weisen einen unregelmäßigen Bruch auf.

---

[1]) Annal. del Lab. chim. centr. delle Gabelle, 1891, S. 220; Journ. Soc. Chem. Ind., 1893, S. 453.
[2]) Annal. del Lab. chim. centr. delle Gabelle, 1893, S. 934.
[3]) Siehe auch Lewkowitsch, Chem. Revue, 1898, S. 212.
[4]) Repert. d. analyt. Chemie, 5., 326.
[5]) Zeitschr. f. angew. Chemie, 1898, S. 1013.

Die in Marseille erzeugten geschälten Curcaskuchen sind meist grau von Farbe und zeigen nur wenige schwärzliche Splitter der Samenschale eingesprengt.

Die Curcaskuchen sind in der Regel sehr ölreich und können ihrer giftigen Eigenschaften wegen als Futtermittel keine Verwendung finden. Auch für Düngezwecke sind sie wegen des relativ geringen Stickstoff- und Phosphorsäuregehaltes nicht so wertvoll wie andere Ölkuchen.

Handel.

Der Sitz der Curcasölgewinnung ist Lissabon, wo sich zwei Fabriken mit der Herstellung dieses Öles befassen. Vorübergehend ist Curcasöl wohl auch in Marseille erzeugt worden, doch nie in jenem Maßstabe wie in Portugal. Dieses dominiert in dem Artikel deshalb, weil die portugiesischen Kolonien die Hauptproduzenten von Purgiernüssen sind. Sie sollen ca. 20 000 Tonnen jährlich produzieren, wovon auf die Kapverdischen Inseln allein gegen 15 000 Tonnen entfallen. Davon werden im Durchschnitt 10 000—12 000 Tonnen nach Portugal verschifft und in Lissabon verarbeitet. Andere Schätzungen geben all die betreffenden Quantitäten allerdings nur halb so hoch.

Handel.

Andere halbtrocknende Euphorbiaceenöle.

Von Pflanzen aus der Familie der Wolfsmilchgewächse oder Euphorbiaceen, deren Samen halbtrocknende Öle liefern und hie und da zur Ölgewinnung benutzt werden können, wären noch zu nennen:

Jatropha glandulifera Roxb. = Jatropha glauca Vahl., deren erbsengroße Samen ein dickflüssiges, strohgelbes Öl geben, das hautreizende Wirkungen besitzt, bei —5° C erstarrt und in Indien unter den Namen Addaley oder Nela-amida bekannt ist.

Jatropha multifida L. Die Samen dieser Pflanze, deren Blätter eßbar sind (Kohl von Nicaragua), liefern das Brech- oder Pinhoenöl.

Jatropha Lathyris L. = Euphorbias lathyris = kreuzblättrige Wolfsmilch. Die braunen und hellgrau gesprenkelten Samen (Semen Cataputiae minoris) enthalten 35–45 % Öl, das anfangs milde schmeckt, aber einen kratzenden Nachgeschmack hat und abführend wirkt. Dieses Öl — Purgierkernöl, huile d'épurge, purging oil genannt — erstarrt erst bei — 11 °C und findet als Brennöl sowie in der Seifenfabrikation[1] Anwendung.

Hura crepitans L. = gemeiner Sandbüchsenbaum. Die Samen geben das Sandbüchsenbaumöl (sand box tree oil).

Anda Gomesii Juss. Die Samen dieses brasilianischen Baumes enthalten ein blaßgelbes, geruch- und geschmackloses, in Brasilien für medizinische Zwecke benutztes Öl.

Andere halbtrocknende Euphorbiaceenöle.

---

[1] Die Verwendung dieses Öles zu Seife ließ sich de Berenger schon 1811 patentieren. (Siehe Register of Arts and Sciences, Bd. 4, S. 421.)

Croton pavana Hamilt., Croton oblongifolius Roxb. und Croton polyandrus Roxb. = Baliospermum montanum Müll. = Jatropha montana Willd. Diese Samen kommen auch mitunter im Gemisch mit echten Krotonsamen auf den Markt und werden als solche verkauft.

Die Samen von Croton pavana, welche in ihrem Ursprungslande (Assam und Birma) Thet-yen-nee heißen, sind unter dem Namen grana moluccana (Molukkenkörner) bekannt; die Samen von Croton oblongifolius werden in Bengalen als „Baragech" gehandelt und die von Croton polyandrus führen in Hindostan den Namen Hakon, in Bengalen heißt man sie Düntee, in Telinga Konda-amadum[1]).

Buchenkernöl. [2])

Bucheckernöl. — Buchnußöl. — Buchelöl. — Huile de faines. — Huile de fruits du hêtre. — Beechnut Oil. — Beech tree Oil. — Olio di faggio.

Herkunft.

Ab-stammung.   Die Verwendung der Früchte unserer Rotbuche (Fagus silvatica) datiert mehr als zwei Jahrhunderte zurück. Lorenz Rusé schrieb damals schon über die Giftigkeit der Buchenkernpreßrückstände und Aaron Hill nahm im Jahre 1713 ein englisches Patent[3]) auf die Gewinnung von Öl aus Buchenkernen.

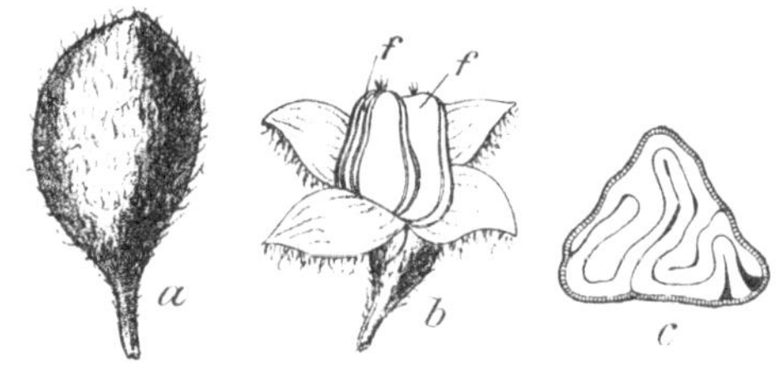

Rohprodukt.

Frucht.   Die Früchte der Buche (Fig. 60) werden durch eine leicht behaarte, sich vierlappig öffnende Scheinfruchthülle paarweise zusammengehalten.

Fig. 60. Bucheicheln. (Nach Harz.)
a = Fruchthülle geschlossen, b = dieselbe vierklappig geöffnet, zwei Früchte f einschließend, c = Samenquerschnitt. — a u. b = natürliche Größe, c = Lupenbild.

Die einzelnen Früchte (Buchenkerne, Bucheckern, Bucheln oder Bucheicheln) sind Nüsse, welche zumeist nur einen Samen haben; mitunter findet man auch in einer Frucht neben einem großen noch einen zweiten, mehr oder weniger unentwickelten Samenkern, bisweilen, wenn auch selten, erscheinen in einer Frucht zwei gleich große oder selbst mehr als zwei Samen.

Die Früchte zeigen die Gestalt einer dreiseitigen Pyramide mit nach der Spitze hin stark geflügelten Kanten. Die Spitze der 1,2—1,5 cm langen Frucht ist dicht mit Wollhaaren besetzt. Die hellbraun glänzende,

---

[1]) Schädler, Technol. d. Fette u. Öle, 2. Aufl., Leipzig 1892, S. 547.
[2]) Siehe meine Studie „Buchenkernöl" in Chem. Revue, 1905, S. 11 u. 30.
[3]) Engl. Patent Nr. 393 v. 23. Oktober 1713 (siehe Rolls Chapel Reports, 6. Report, S. 155).

0,2 mm dicke Fruchtschale läßt zwei Schichten erkennen: eine äußere, aus ziemlich transparenten, dicht wolligen, und eine innere, aus tangentiellen, abgeplatteten, opaken Zellen zusammengesetzte.

Die Fruchtschale umschließt einen mit einer braunschwarzen, dicht behaarten Samenhaut überzogenen Kern, der durch seinen süßen Geschmack sich als Surrogat für Mandeln und Haselnüsse verwertbar gezeigt hat und geröstet ein Kaffee-Ersatzmittel gibt. Analysen von Buchenkernen finden sich in der Fachliteratur von Boussingault[1]), Schädler[2]), Th. Dietrich und J. König; die Angaben von Boussingault und Schädler können aber kaum als richtig anerkannt werden, weil Buchenkerne mit 18,70 bzw. 31,26 % Fettgehalt nicht existieren.

In der ganzen Frucht (Kern und Schale) finden sich:

Zusammensetzung der Buchenkerne.

	nach Dietrich und König[3])	nach König[4])
Wasser	4,74 %	11,13 %
Rohprotein	14,34	15,59
Fett	23,08	28,89
Stickstoffreie Extraktstoffe .	32,27	24,46
Rohfaser	21,99	16,45
Asche	3,58	3,48
	100,00 %	100,00 %

König hat in seiner Probe 66,81 % reiner Kerne und 33,19 % Schalen gefunden, die wie folgt zusammengesetzt waren:

	Kerne	Schalen
Wasser	9,09 %	15,25 %
Rohprotein	21,67	3,39
Fett	42,49	1,53
Stickstoffreie Extraktstoffe .	19,17	35,04
Rohfaser	3,72	42,08
Asche	3,86	2,71
	100,00 %	100,00 %

Die Buchenkerne enthalten einen giftigen Körper, der von Herberger[5]) „Fagin" genannt und als ein alkaloidartiger Körper angesehen wurde. Buchner hält diesen Körper mit dem im Schierling enthaltenen Coniin wenn nicht für identisch, so doch ihm sehr ähnlich. Brandt und Rakowiecki[6]) glaubten, das Fagin als Trimethylamin erkannt zu haben, doch zeigte Habermann, daß man es tatsächlich mit einer Alkaloidverbindung zu tun

---

[1]) Die Landwirtschaft usw., Bd. 3, S. 202.
[2]) Schädler, Technol. d. Fette u. Öle, 2. Aufl., Leipzig 1892, S. 645.
[3]) König, Chemie der Nahrungs- und Genußmittel, Berlin 1903, 1. Bd., S. 612.
[4]) Landw. Zeitung für Westfalen und Lippe, 1889, Bd. 4, S. 38.
[5]) Jahresbericht Berzelius, Bd. 12, S. 273.
[6]) Chem. Centralbl., 1865, S. 143.

hat und daß diese hauptsächlich in der den Samenkern überziehenden
Samenhaut enthalten ist. Nachdem es Böhm[1]) gelungen ist, aus den
Bucheicheln Cholin zu isolieren, spricht eine große Wahrscheinlichkeit für
die Identität des Fagins mit Cholin. Die Giftigkeit des letzteren, welche
Gäthgen[2]) nachgewiesen hat, sowie die Eigenschaft dieses Alkaloids,
beim Kochen mit Natronlauge Trimethylamin abzuspalten, machen die
Befunde von Brandt und Rakowiecki erklärlich.

Das Fagin wirkt innerlich giftig, doch sind die verschiedenen Tiere
gegen dieses Alkaloid nicht in gleicher Weise empfindlich. Während z. B.
das Pferd, der Esel, das Maultier, die Maus und die Taube das
Fagin als starkes Gift empfinden, reagieren die Wiederkäuer, das Schwein
und Geflügel aller Art nur sehr wenig darauf. ja Schweine und Hühner
leiden überhaupt nicht darunter, sonst könnten Bucheckern nicht als Mastfutter für diese Tiere verwendet werden.

Die Giftwirkung, welche Bucheckern bei Pferden äußern, hat bereits
Jean Bauhin um das Jahr 1550 bemerkt und Lefort[3]) bewies, daß
Bucheckern in Gaben unter 2 kg Pferde zu töten vermögen.

Die frisch geernteten Buchenkerne werden zweckmäßig vor der Aufbewahrung und Entschälung getrocknet; dies geschieht in luftigen, warmen
Räumen, mitunter auch in künstlich geheizten Trockenstuben. Aus den
trockenen Buchenkernen nimmt man durch Sieb- und Windapparate die
tauben Früchte heraus und lagert die Ware dann ein. Ein Einmagazi-
nieren nicht getrockneter Bucheln ist wegen ihres leichten Schimmligwerdens
nicht anzuraten.

Gewinnung.

Gewinnung.   Die Bucheckern werden in geschältem und ungeschältem Zustande zu Öl verarbeitet. Das Verarbeiten geschälter Bucheckern ist schon
mit Rücksicht auf die hierdurch erzielbare bessere Qualität der Preßrückstände empfehlenswert. Da Bucheicheln meistens in kleinen Betrieben
verarbeitet werden, sind zu ihrer Entschälung in den meisten Fällen recht
primitive Vorrichtungen im Gebrauche.

Kalt gepreßte Buchenkerne ergeben ein vorzügliches, tadellos
schmeckendes Speiseöl; die Warmpressung liefert ein minder gutes,
aber immer noch genießbares Öl. Ein Kalt- und nachheriges Warmpressen ist nur bei Verarbeitung entschälter Kerne üblich; werden die
Bucheicheln samt den Schalen verarbeitet, so preßt man in der Regel nur
einmal, unter entsprechender Anwärmung des Preßgutes. Das auf solche
Weise erhaltene Öl schmeckt stark adstringierend und ist von weniger
guter Qualität.

---

[1]) Arch. exp. Path. u. Pharm., Bd. 19, S. 87.
[2]) Dorpater med. Zeitschr., Bd. 1, S. 79.
[3]) Journal d'agriculture pratique, 1840, S. 235.

Eigenschaften.

Das Buchenkernöl ist, je nach seiner Gewinnungsweise, von blaßgelber bis schöner Orangefärbung, erstarrt erst bei — 17° C und zeigt eine Dichte von 0,9205—0,9225. Der Gehalt an freien Fettsäuren ist sehr gering und wächst auch bei längerem Lagern des Öles kaum an. Das Öl hält sich überhaupt vorzüglich und verdient daher als Speiseöl größte Beachtung. Dalican berichtet, daß Buchenkernöl 10—20 Jahre lagern kann, ohne auffallend ranzig zu werden. Diese Behauptung dürfte etwas zuviel besagen, nichtsdestoweniger aber muß die Haltbarkeit des Buchenkernöles beim Lagern als charakteristische Eigenschaft hervorgehoben werden.

Eigenschaften.

Verwendung.

Das Buchenkernöl dient teils für sich, teils in Mischung mit Oliven-, Mohn- oder Nußöl als Tafelöl; mitunter wird es auch als Brennöl benutzt. Zur Herstellung von Seife eignet es sich weniger, denn die aus Buchenkernöl erzeugten Seifen sind ziemlich weich, werden beim Lagern gelb und später grünlich.

Verwendung.

Rückstände. [1])

Die bei der Herstellung von Buchenkernöl erhaltenen Rückstände, die sogenannten Buchenkernkuchen (tourteaux de faines, cakes of beechnuts, panello di faggio), zeigen eine bräunlichrote Färbung und sind, je nachdem sie aus geschälter oder ungeschälter Saat hergestellt wurden, von verschiedener Konsistenz.

Buchenkernkuchen

Ungeschälte Kuchen lassen sich in frischem Zustande ziemlich leicht bröckeln, werden bei längerem Lagern aber sehr hart und sind dann schwer zu zerkleinern.

Die geschälten Buchenkernkuchen sind nicht so hart wie die Kuchen aus ungeschälter Saat, zeigen an der Bruchstelle nur ganz vereinzelte Fragmente der Fruchtschale und sind ziemlich homogen.

Die mittlere Zusammensetzung der Kuchen beträgt:

	Ungeschält	Geschält
Wasser	10,0 %	9,5 %
Rohprotein	23,9	36,7
Rohfett	4,2	9,2
Stickstoffreie Extraktstoffe . .	31,8	28,6
Rohfaser	24,0	6,6
Asche	6,1	9,4

Die Bucheckernkuchen können an Schweine und Wiederkäuer anstandslos verfüttert werden; Pferden, Eseln und Maultieren dürfen solche Kuchen jedoch nicht verabreicht werden, weil auf diese Tiere das in den Kuchen enthaltene Alkaloid nachteilig wirkt.

---

[1]) Siehe: Die Futtermittel des Handels, Berlin 1907, S. 219.

Daturaöl.

Stechapfelöl. — Huile de Datura. — Datura Oil. —
Olio di Stramonio.

Herkunft und Rohprodukt.

Herkunft. 　　　Das Daturaöl wird aus den Samen des Stechapfels (Datura Stramonium L.) gewonnen. Die Frucht dieser Pflanze ist eine ca. 5 cm lange,
außen mit Stacheln besetzte Kapsel, welche im Querschnitt abgerundet
vierseitig ist und vier den Aufsprungslinien entsprechende Längsfurchen
(Fig. 61) aufweist[1]).

Same. 　　　Die schwarzen, matten Samen sind nierenförmig, seitlich zusammengedrückt, 3—4 mm lang und haben eine mit vielen kleinen Grübchen übersäte
Oberfläche. Eine Frucht be-
herbergt oft mehrere Hun-
derte von diesen Samen,
die nach Gérard 25%[2]),
nach Holde 16,7% Öl ent-
halten.

Eigenschaften. [3]

*Eigen-
schaften.* 　　　Das grünlich- bis bräun-
lichgelbe Öl riecht eigenartig,
setzt beim Stehen einen besonderen harzigen Bodensatz
ab, zeigt eine Dichte von
0,9175, beginnt bei einer
dem Nullpunkt nahen Tem-
peratur zu gelatinieren, wird
bei —5°C dünnsalbig und
bei —15°C ziemlich zähe.

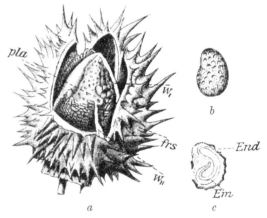

Fig. 61. Stechapfel. (Nach Tschirch-Oesterle.)
a = Aufgesprungene reife Frucht, b = ein Same von
außen, c = Längsschnitt des Samens.
pla = Samenleiste, w,, w,, = Scheidewände, frs = Fruchtschale, End = Nährgewebe, Em = Keimling.

In dünner Schicht der Luft ausgesetzt, blieb das Öl bei gewöhnlicher
Temperatur nach 23 Tagen noch flüssig, bei 50°C trocknet es aber schon
nach 13 Stunden zu einer festen Haut ein.

　　　Das Daturaöl enthält neben anderen Fettsäureglyzeriden auch Glyzeride der Daturin- und Palmitinsäure sowie einer bei 53—54°C
schmelzenden Säure und einer ungesättigten festen Fettsäure, die noch
nicht näher bestimmt ist. — Das Öl könnte in der Seifenfabrikation
Verwendung finden.

[1]) Tschirch-Oesterle, Anat. Atlas d. Pharmakognosie und Nahrungsmittelkunde, Leipzig 1900, S. 285 und Tafel 65.
[2]) Compt. rendus, Bd. 110, S. 305 und 565.
[3]) Mitteil. a. d. kgl. techn. Versuchsanstalten, Berlin 1902, Heft 2; Zeitschr.
f. Untersuchung d. Nahrungs- und Genußmittel, 1903, S. 848.

Paranußöl.

Brasilnußöl. — Juviaöl. — Huile de castanheiro. — Huile de châtaignes du Brésil. — Brazil nut Oil. — Olio di noci del Brasile.

Herkunft und Geschichte.

Das Paranußöl stammt von den unter dem Namen Para- oder Brasilnüsse bekannten Samen zweier in Brasilien und an den Ufern des Orinoco heimischen hohen majestätischen Bäume, welche der Familie der Lecythidaceen angehören. Die Botaniker nennen diese auch am Amazonenstrome, in Südamerika und Guayana wildwachsenden sowie kultivierten Bäume Bertholletia excelsa Humb. und Bertholletia nobilis (nach dem Chemiker Berthellot).

Abstammung.

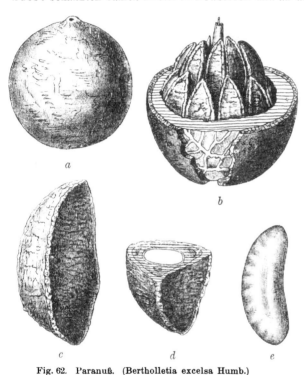

Fig. 62. Paranuß. (Bertholletia excelsa Humb.)
Nach Schädler.
a = Kapselfrucht geschlossen, *b* = Kapselfrucht geöffnet, *c* = Samen in Schale, *d* = Samenschale durchgeschnitten, *e* = Samenkern. *a* und *b* sind verkleinert, *c*, *d* und *e* in natürlicher Größe.

Mit der Gewinnung dieses Öles befaßte sich bereits im Jahre 1847 ein Patent von J. B. Wilks[1]).

Geschichtliches.

Rohmaterial.

Die Paranüsse, wohl auch Amazonenmandeln, brasilische oder Maranhonkastanien, Stein- oder Juvianüsse genannt, liegen zahlreich in einer holzigen, ellipsoidförmigen Hülle von Kindskopfgröße (Fig. 62). Die harte, schwere Hülle muß durch wuchtige Schläge mit Schmiedehämmern geöffnet werden, um die Samen freizulegen. Letztere sind 3—5 cm lang, scharf dreikantig, schwach nierenförmig gekrümmt, mit zwei ebenen Flächen und einer gewölbten Rückenfläche.

Frucht.

[1]) Engl. Patent Nr. 11774 v, 3. Juli 1847.

Die holzige, harte Schale ist rauh und querrunzlig, von graubrauner Farbe und enthält einen äußerlich rotbraunen, innen weißen, äußerst ölreichen Kern von haselnußartigem Geschmacke. Die Zusammensetzung der Paranüsse (entschält) ist die folgende:

	Schädler[1])	König[2])
Wasser	7,50 %	4,37 %
Rohprotein	15,20	15,75
Fett	65,45	69,84
Stickstoffreie Extraktstoffe . . }	7,62	2,52
Holzfaser . . . . }		3,97
Asche	4,23	3,55
	100,00 %	100,00 %

Wegen ihres angenehmen Geschmackes werden die Paranüsse vielfach gegessen; zum Zwecke der Herstellung von Öl werden sie nur in Südamerika in nennenswertem Umfange verwendet.

Eigenschaften und Verwendung.

Das aus den Paranüssen durch Pressen gewonnene Öl ist hellgelb, fast geruchlos und hat einen angenehmen Geschmack. Es zeigt eine Dichte von 0,9180—0,9185 (bei 15 ⁰ C) und erstarrt bei ungefähr 0 ⁰ C[3]). Beim Stehen an der Luft scheidet es etwas feste Triglyzeride aus. Der Gehalt an freien Fettsäuren steigt unter Umständen hoch an; so fand Niederstadt[4]) in einer untersuchten Probe von Paranußöl 16 % freier Fettsäuren.

In Südamerika dient das Öl zu Speisezwecken, teilweise auch als Brennöl; in Europa benutzt man es zur Herstellung von Seifen.

Preßrückstände.

Diese sind bisher nur ganz vereinzelt im Handel erschienen; ihr Gehalt an Protein ist jedenfalls sehr beträchtlich und sie dürften ein vorzügliches Kraftfuttermittel abgeben, zumal über ihre Bekömmlichkeit kein Zweifel bestehen kann: Ist doch das Rohmaterial selbst für Genußzwecke geeignet.

Handel.

Die auf dem Weltmarkt erscheinenden Mengen von Paranüssen und Paranußöl sind unbedeutend; erst in den letzten Jahrzehnten ist der Export in diesen Artikeln von Südamerika aus nach Europa und Nordamerika nennenswert geworden. Ein großer Teil der Nüsse wird in England als Dessertnüsse verwertet. Zur Verpressung kommen meist nur die minderwertigen Samen.

---

[1]) Schädler, Technol. d. Fette und Öle, 2. Aufl., Leipzig 1892, S. 583.
[2]) König, Chemie der Nahrungs- und Genußmittel, 4. Aufl., Berlin 1903, Bd. 1, S. 616.
[3]) Berichte d. deutsch. pharm. Gesellsch., 1902, S. 144.
[4]) de Negri und Fabris, Zeitschr. f. analyt. Chemie, 1894, S. 563.

Sapucajaöl.

Brasilnußöl. — Huile de Sapucaya. — Huile de semences
de la marmite de singe.

Dieses Öl wird aus den Samen des Topffruchtbaumes oder Topf- **Ab-**
baumes (Lecythis ollaria L.) gewonnen, welcher in die Familie der **stammung.**
Myrtenblütler gehört und tief im Innern Brasiliens und Guayanas
wächst. Seine kopfgroßen Früchte gleichen nach Semler einem rostigen
Eisentopfe mit Deckel. Zur Zeit der Samenreife fällt dieser Deckel ab und
gibt die bernsteinbraunen, glattschaligen, länglichen Samen frei.

Die Samen haben einen mandelähnlichen, milden Geschmack und **Rohprodukt.**
werden unter dem Namen Brasilnüsse oder Sapucayananüsse gehandelt. Ihre Qualität übertrifft die der Paranüsse und sie würden leicht
Käufer finden, wenn sie in regelmäßigen, größeren Quantitäten auf den
Markt kämen; da die Bäume aber in den Wäldern heute nur zerstreut
wachsen, eine planmäßige Produktion von. Brasilnüssen also nicht stattfindet, außerdem ein Teil der wildwachsenden Nüsse den danach jagenden
Affen und ähnlichen Tieren zur Beute fällt, so kommen nur geringe
Mengen dieser Samen nach den Hafenstädten.

Die Früchte des Topfbaumes nennt man vielerorts auch Affentöpfe,
den Baum selbst mitunter auch Kanonenkugelbaum.

Das durch Auspressen der Brasilnüsse gewonnene Öl dient haupt- **Öl.**
sächlich als Speisefett, wird aber auch zu vielen anderen Zwecken verwertet.

Die Samen der gleichfalls in die Familie der Myrtenblütler gehörenden Barringtonia speciosa L. und B. racemosa L., welche auf
den Molukken und Java vorkommen, sollen nach Schädler ein gutes
Brennöl liefern.

Comouöl.

Coumouöl. — Comuöl. — Patavaöl. — Huile de Comou. —
Comoubutter.

Durch Auskochen der Samenkerne der in Mittel- und Südamerika **Ab-**
heimischen Palmenarten Oenocarpus Bacaba Mart. und Oenocarpus **stammung.**
Patava L. gewinnt man ein hellgelbes Öl, das schwach trocknende Eigenschaften besitzt[1]).

Die Früchte der Comoupalme sind steinfruchtartig und haben Oliven- **Rohprodukt.**
größe. Der rötlichviolette fleischige Teil der Frucht dient zu Genußzwecken und zur Bereitung eines schokoladeartigen Getränkes (Yukisse).

---

[1]) Bassière, Journ. Pharm. Chim., 1903, S. 323; Spruce, Journ. of Bot.,
Bd. 6, S. 334.

Öl. Die Indianer gewinnen das in den Samenkernen enthaltene Öl auf ganz primitive Weise. Das Comouöl ist farblos, schmeckt süßlich und wird als Speiseöl verwendet, obwohl es leicht ranzig wird. Es liefert auch eine weiße, leicht schäumende Seife. Seine Fettsäuren schmelzen bei 19° C.

Pinotöl.

Parapalmöl. — Parabutter. — Huile d'Assay. — Beurre d'Assay.

Ab- Die Kerne der in Brasilien und Französisch-Guayana häufig vor-
stammung. kommenden gemeinen Kohl-, Assai- oder Palmitopalme (Euterpe oleracea Mart.), deren Früchte das in Südamerika (besonders in Para) so beliebte rahmartige Getränk „Assai" liefern, enthalten ein leicht aromatisch riechendes und angenehm schmeckendes Öl, das durch Auskochen der von ihrer Steinschale befreiten, zerkleinerten Kerne gewonnen wird.

Öl. Das Öl, welches nach Bassière[1]) aus 52°/$_0$ Triolein und 48°/$_0$ fester Fettsäureglyzeride bestehen soll, zeigt schwach trocknende Eigenschaften; die Befunde Bassières dürften daher nicht richtig sein. Das Öl wird in frischem Zustande in Brasilien als Speiseöl benutzt.

Daphneöl.

Seidelbastöl.

Ab- Man gewinnt dieses Öl aus den Samen der Seidelbastarten, und
stammung. zwar von Daphne Cnidium (semen coccognidii), Daphne Mezereum und anderen Daphnearten, welche nach Peters[2]) 36—37°/$_0$ Öl enthalten.

Öl. Das Daphneöl ist von grünlichgelber Farbe, hat eine Dichte von 0,9237 und zeigt schwach trocknende Eigenschaften.

Die Fettsäuren bestehen aus Palmitin-, Stearin- und Ölsäure. Das Vorhandensein von Linol-, Linolen- und Isolinolensäure ist noch nicht mit voller Sicherheit erwiesen, wird aber angenommen.

Kleesamenöl.

Huile de trèfle. — Clover Oil. — Olio di trifoglio.

Ab- Dieses nur wissenschaftliches Interesse beanspruchende Öl wird aus
stammung. den Samen der Kleearten gewonnen. Valentin Jones[3]) fand in den Samen unseres Rotklees (Trifolium pratense perenne L.) 11,1°/$_0$, in denen von Weißklee (Trifolium repens L.) 11,8°/$_0$ Öl.

---

[1]) Journ. Pharm. Chim., 1903, S. 323.
[2]) Archiv d. Pharm., 1902, S. 240.
[3]) Mitteilungen d. k. k. technol. Gewerbemuseums Wien, 1903, S. 223.

Jones, welcher die Konstanten der beiden Öle bestimmt hatte, fand in dem Öle des Rotkleesamens neben Ölsäure Linolsäure, von festen Säuren Palmitin- und Stearinsäure vor.

Paprikaöl.

Huile de poivre de Guinée. — Huile de paprica. — Capsicum
Oil. — Paprica Oil. — Olio di paprica.

Die Paprikasamen enthalten nennenswerte Mengen Öles. F. Strohmer[1] Rohprodukt. hat die Samen, Schalen und Früchte des Paprikas untersucht und dabei gefunden:

	Samen	Schalen	Ganze Frucht
Wasser	8,12 %	14,75 %	11,94 %
Rohprotein	18,31	10,69	13,88
Rohfett	28,54	5,48	15,26
Stickstoffreie Extraktstoffe . .	24,33	38,73	32,63
Rohfaser	17,50	23,73	21,09
Reinasche	3,20	6,62	5,20

W. Szigeti[2] beschreibt das mittels Äther extrahierte Paprikaöl als Öl. eine dunkelrote Flüssigkeit von angenehmem Geruche und äußerst scharfem Geschmack. Seine Dichte ist 0,9316 (bei 15,5° C).

Leindotteröl.

Dotteröl. — Rapsdotteröl. — Rüllöl. — Deutsches Sesamöl. —
Huile de Cameline. — Huile de camomille. — Huile de sésame
d'Allemagne. — Cameline Oil. — German sesam Oil. — Olio di
cameline. — Oleum Camelinae. — Oleum Myagri.

Herkunft und Geschichte.

Das Leindotteröl gewinnt man aus den Samen der Lein- oder Flachs- Ab-dotterpflanze, auch Dotterkraut, Finkensame, deutscher Sesam oder ge- stammung. meine Cameline genannt (Camelina sativa Crutz, Myagrum sati-vum L.), welche zur Familie der Kreuzblütler gehört. Die Leindotterpflanze findet sich in ganz Mitteleuropa, im Kaukasus und in Sibirien, wo sie teils wild wächst und oft zu lästigem Unkraut in Flachs- und Raps-kulturen wird, teils als Ölpflanze kultiviert wird.

Die wilde Spielart der Pflanze (Cam. pilosa D. C., Cam. sylve-stris Fr.) ist behaart, die kultivierte Form (Cam. glabrata D. C.) kahl.

Die Leindotterpflanze wird in den Schriften der Äbtissin Hildegard Geschicht-im 11. Jahrhundert zum erstenmal erwähnt und scheint um diese Zeit liches.

---

[1] Wagners Jahresberichte, 1884, S. 1180.
[2] Zeitschr. d. landw. Versuchsstationen Österreichs, 1902, S. 1208.

in Deutschland vielfach angebaut worden zu sein. Heute ist ihre Kultur in den deutschen Landen stark eingeschränkt worden, doch wird sie zuweilen noch in Pommern, Mecklenburg und Ostdeutschland, besonders aber in Süddeutschland gebaut. Einen regulären Anbau erfährt Leindotter auch in Belgien, Holland und in den Balkanstaaten, desgleichen im europäischen und asiatischen Rußland, wo er vom Kaukasus bis nach Sibirien allgemein bekannt ist. In allen diesen Ländern kommt der Leindotter aber auch als Unkraut vor.

Rohmaterial.

Frucht.   Der Leindotter trägt birnenförmige Schötchen, welche mehrere gelbe bis bräunliche, ja selbst rötliche Samen von länglich walzenförmiger Form enthalten (Fig. 63). Die Samen sind 1,9 mm lang, 1 mm dick, zeigen einen

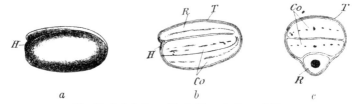

Fig. 63. Leindotter. (Nach Harz.) Lupenbilder.
a = Same, b = Samenlängsschnitt, c = Samenquerschnitt. — H = Nabel, Co = Kotyledonen, R = Würzelchen, T = Samenschale.

rübenähnlichen, bitterlich süßen, schleimigen Geschmack und besitzen nach Hoffmann ein spezifisches Gewicht von 1,058; 1000 Stück Samen wiegen 0,826 g. In Wasser gebracht, quillt die äußerste Membranschicht rasch auf und bildet eine froschlaichartige, gallertähnliche Masse, welche die Samen umhüllt.

Nach Haselhoff[1] kann das Gewicht der Leindottersaat durch Wasseraufnahme bis auf das $4^{1}/_{2}$fache steigen, während Leinsamen nur die $2^{3}/_{4}$fache Wassermenge aufzunehmen vermag.

Die Zusammensetzung der Leindottersamen ist folgende[2]:

	Mittel	Maximum	Minimum
Wasser	7,5 %	10,0 %	5,7 %
Rohprotein	25,9	28,3	18,6
Rohfett	29,4	33,0	28,2
Stickstoffreie Extraktstoffe . . .	17,3	19,8	12,2
Rohfaser	10,7	11,5	9,0
Asche	9,2	—	—

Nach W. Klinkenberg sind im Rohprotein 8,53 % amidartiger Verbindungen enthalten.

---

[1] Die Futtermittel des Handels, Berlin 1906, S. 29.
[2] Siehe Pott, Landw. Futtermittel, Berlin 1889, S. 446.

Gewinnung und Eigenschaften.

Die Verarbeitung der Leindottersamen erfolgt entweder durch zwei-
maliges Pressen (kalt und warm) oder durch einmalige Warmpressung.
Das kalt gepreßte Öl ist von goldgelber Farbe, das heiß gepreßte grün-Eigen-
schaften.
lichbraun bis bräunlichgelb. Die Dichte des Öles ist 0,9240 — 0,9260
(bei 15° C), sein Erstarrungspunkt —18° C. Die Fettsäuren des Öles
schmelzen zwischen 18—20° C und erstarren bei 13—14° C[1]).

Das Leindotteröl zeigt schwach trocknende Eigenschaften und besteht
aus den Glyzeriden der Öl-, Palmitin- und Erucasäure sowie einer
noch nicht näher identifizierten Säure der Linolsäurereihe.

Verwendung.

Kalt gepreßtes Leindotteröl wird in Deutschland vielfach als SpeiseölVer-
wendung.
benutzt, daher auch der Name „deutsches Sesamöl". Auch Ungarn
konsumiert große Mengen dieses Öles (dort Rüllöl genannt) für Speisezwecke. Der Geschmack sowie auch der Geruch des Öles sind indes sehr
häufig stechend und unangenehm knoblauchartig, was von den der Dottersaat
mitunter beigemengten Samen von Thlaspi arvense herrührt. Bei längerem
Lagern solch minderwertigen Öles schwinden der unangenehme Geruch und
Geschmack merklich. Leindotteröl wird auch bisweilen im Gemisch mit
Leinöl zur Bereitung von Firnissen benutzt. Da es in reinem Zustande mit
ruhiger, nicht rußender Flamme brennt, verwendet man es auch als Brennöl.

Seine hauptsächlichste Verwertung findet das Leindotteröl aber in der
Seifenfabrikation; es liefert Schmierseifen, die auch bei größerer Kälte
transparent bleiben.

Rückstände.

Die Leindotterkuchen[2]) sind von einer charakteristischen gelbenLeindotter-
kuchen.
bis orange- und rötlichgelben Farbe und entwickeln, mit Wasser in Berührung gebracht, einen senfölartigen Geruch. In trockenem Zustande
sind sie jedoch geruchlos. Unter Wasser sondern sie — ähnlich wie die
Leinkuchen — Schleim ab[3]).

Die Zusammensetzung der Leindotterkuchen ist wie folgt:

	Mittel	Maximum	Minimum
Wasser	10,4 %	14,5 %	9,7 %
Rohprotein	33,1	36,5	27,1
Rohfett	9,7	15,4	7,0
Stickstoffreie Extraktstoffe	29,1	30,4	27,3
Rohfaser	11,2	11,6	10,7
Asche	6,5	8,8	5,9

[1]) de Negri und Fabris, Zeitschr. f. analyt. Chemie, 1894, S. 555.
[2]) Siehe F. J. van Pesch, Leindotterkuchen, Landw. Versuchsstationen, 1892,
Bd. 4, S. 94.
[3]) Vgl. S. 34 dieses Bandes.

Die Verdaulichkeitskoeffizienten sind noch nicht experimentell ermittelt, doch dürften sie sich für

Rohprotein auf . . . . 80 %
Rohfett auf 95
Stickstofffreie Extraktstoffe auf 80
Rohfaser auf 40

stellen.

Das Rohprotein der Leindotterkuchen besteht nach W. Klinkenberg aus

8,53 % Nichtprotein (amidartige Verbindungen),
78,89 % verdaulichen Eiweißes,
12,58 % unverdaulichen Eiweißes (Nuklein).

Die Leindotterkuchen[1]) des Handels enthalten fast immer mehr oder minder nennenswerte Mengen von Unkrautsamen, namentlich von Brassica- und Sinapisarten, Thlaspi und Lepidium, ebenso Klee- und Flachs- seide. Diese Tatsache hat dem Rufe der Leindotterkuchen in den Kreisen der Landwirte ziemlich geschadet; auch ist vielfach die Ansicht verbreitet, daß Leindotterkuchen bei trächtigen Tieren Abortus erzeugen und bei Milch- kühen die Qualität der Milch und Butter nachteilig beeinflussen. Böhmer hält diese Annahmen für unzutreffend und bemerkt, daß man heute noch nicht einmal mit Sicherheit festgestellt habe, ob Leindotterkuchen Senföl zu entwickeln vermögen oder nicht. Die einen bitterlich süßen, seifigen Geschmack zeigenden, aus reiner Saat hergestellten Leindotterpreßrückstände eignen sich nach Böhmer zur Verfütterung ganz gut und können ungefähr in eine Klasse mit guten Rapskuchen gestellt werden. Tagesrationen von nicht über 1 kg in Mischung mit anderen Kraftfuttermitteln sollen keinerlei unerwünschte Nebenerscheinungen hervorrufen[2]).

Extrahierte Leindottersamen werden als Düngemittel verwendet. 100 kg solcher Ware entsprechen hinsichtlich Stickstoffgehalt 1232 kg, bezüglich des Phosphorsäuregehaltes 935 kg gewöhnlichen Stalldüngers.

Produktion und Handel.

Produktion und Handel.   Die Leindotterölgewinnung ist besonders in Rußland und Deutschland zuhause. In Rußland wird das Öl hauptsächlich von Bauern hergestellt, in den Fabriken gelangen nur geringe Mengen von Leindottersaat zur Verarbeitung. (Nach Gomilewski jährlich 17—20000 Pud im Werte von 60—62000 Rubeln.)

Deutschland führte an Leindottersamen ein:

im Jahre 1902 . . . 27921 dz im Werte von 470000 Mark,
im Jahre 1903 . . . 30431 dz im Werte von 468000 Mark.

---

[1]) Siehe auch F. J. van Pesch, Leindotterkuchen, Landw. Versuchsstationen, 1892, Bd. 41, S. 94.
[2]) Böhmer, Kraftfuttermittel, Berlin 1903, S. 471.

Von dem im letzten Jahre importierten Quantum stammten:

49 dz aus Frankreich,

2 063 dz aus Österreich-Ungarn,

101 dz aus Belgien,

26 077 dz aus Rußland und

290 dz aus Niederländisch-Indien.

Der Preis pro Meterzentner schwankte in den Jahren 1897 bis 1903 zwischen 13,00 und 21,00 Mark.

Persimmonöl.

Die Samen des in Nordamerika heimischen Persimmon-Baumes oder der Dattelpflaume (Diospyros virginiana L., Familie Ebenaceen), dessen eßbare gelbrote Früchte (Persimmonen) in unreifem Zustande als Adstringens und Amarum benutzt werden, enthalten nach N. J. Lane[1]) ein bräunlichgelbes Öl, das ähnlich wie heißgepreßtes Erdnußöl schmeckt und riecht. Es erstarrt bei —11 ^{0} C, hat eine Dichte von 0,9244 (bei 15 ^{0} C) und liefert bei der Verseifung Fettsäuren, die einen Titer von 20,2 ^{0} C (nach Dalican) zeigen.

Senföl.

Huile de moutarde. — Mustard seed Oil. — Olio di senape.

Herkunft.

Das Senföl wird aus den Samen mehrerer Sinapisarten gewonnen. *Abstammung.* Diese waren schon im Altertum bekannt und werden im Neuen Testament mehrfach in symbolischem Sinne genannt. Der Senf scheint zuerst als Gewürz, später auch als Arzneimittel verwendet worden zu sein. Theophrast, Dioscorides, Plinius, Scribonius Largus und andere führen den Senfsamen in ihren Schriften als Heilmittel an.

Nach Guérard bestanden um das Jahr 800 in der Umgebung von Paris *Geschichtliches.* größere Senfkulturen. Im 10. Jahrhundert fand der Senfbau von den arabischen Anpflanzungen Spaniens aus in Deutschland und England Eingang.

Ältere Aufzeichnungen über die Gewinnung von fettem Senföl sind nicht vorhanden, doch scheint man dieses schon seit langem zu kennen. Als Erster schrieb darüber Langley James (1751).

Rohprodukt.

Für die Senfölgewinnung kommen hauptsächlich die folgenden Samen- *Senfarten.* arten in Betracht:

Sinapis nigra L. = Brassica nigra Koch = Brassica sinapioides Roth. = Schwarzsenf.

---

[1]) Journ. Soc. Chem. Ind., 24. Bd., Nr. 8.

Sinapis alba L. = Brassica alba Boiss. = Weißsenf.
Sinapis juncea L. = Brassica juncea Hook. fil et Thoms. =
   Brassica Besseriana Andrz = Brassica Willdenowii Boiss.
   = Sinapis integrifolia Willd. = Sareptasenf.

Schwarz-senf. Die Samen des schwarzen Senfes (Moutarde noire, Black Mustard) sind von kugeliger oder ellipsoidischer Form (Fig. 64), haben ungefähr 1 mm im Durchmesser und wiegen pro Korn durchschnittlich 1 mg. Die Farbe der Saat ist nicht, wie der Name vermuten läßt, schwarz, sondern hell- bis tiefbraun; die Samenschale zeigt unter der Lupe eine netziggrubige Oberfläche und läßt mitunter die Oberhaut etwas abblättern, so daß die Samen dann mit zarten, weißen Schüppchen bedeckt erscheinen. Die Samen sind an und für sich vollkommen geruchlos, beim Zerreiben und Anfeuchten mit Wasser entwickeln sie aber einen stechenden, scharfen Geruch und ebensolchen Geschmack (Entwicklung von ätherischem Senföl).

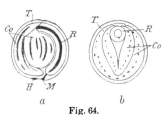

Fig. 64.
Senfsamen. (Nach Harz) Lupenbilder.
a = Samenlängsschnitt,
b = Samenquerschnitt.
T = Samenschale, Co = Kotyledonen,
R = Würzelchen,
H = Nabel, M = Mikropyle.

Hinsichtlich des Geschmackes verhalten sich die schwarzen Senfsamen ebenso; anfangs schmecken sie ölig, sehr bald tritt aber infolge der Einspeichelung die erwähnte Senfölentwicklung ein, die sich sofort in einem heftig kratzenden Geschmacke äußert.

Der schwarze Senf wird in Südfrankreich, Rußland und Griechenland in großem Maßstabe gebaut, auch im südlichen Sibirien und China, Indien, Kleinasien, Nordafrika und Nordamerika wird er kultiviert.

Weißer Senf. Der weiße Senf (Moutarde blanche, White Mustard) hat weiße, gelblich- oder grünlichweiße Samen von mattem Aussehen und kugeliger Gestalt, welche an der Oberfläche ebenso feingrubig punktiert sind wie die Samen des schwarzen Senfes. Die weiße Senfsaat ist jedoch viel grobkörniger als die schwarze; der Durchmesser des einzelnen Kornes beträgt ungefähr 2—2$\frac{1}{2}$ mm, das Gewicht im Mittel 5 mg. Eine teilweise Abschieferung der äußersten Oberhaut der Samenschale ist auch beim weißen Senf zu beobachten, doch ist sie nicht so auffallend wie bei der erstbesprochenen Art. Der weiße Senfsame ist geruchlos, nimmt aber beim Zerkleinern und Befeuchten einen scharfen Geruch an. Die Samenkörner schmecken scharf und rettigartig.

Der weiße Senf wird in Mittel- und Südeuropa, in Nordafrika, England (besonders in den Grafschaften Essex und Cambridgeshire)

---

[1]) Wiesner, Rohstoffe des Pflanzenreiches, Leipzig 1903, 2. Aufl., Bd. 2, S. 716.

sowie in Indien als Öl- und Gewürzpflanze angebaut. Besonders geschätzt sind die holländischen und mährischen Qualitäten.

Der Same des Sareptasenfs ähnelt der schwarzen Senfsaat; der Durchmesser des Kornes ist hier 1,2—1,7 mm, das mittlere Gewicht 2,1 mg. Die Farbe der Sareptasaat ist heller als die des schwarzen Senfs.

Sareptasenf.

Sareptasenf wird besonders in Zentralasien, in Rußland (Gouvernements Saratow, Tambow und Stawropol) und in Indien angebaut. In letzterem Lande kommt die Saat unter den Namen „Rai"[1]) oder „Indian Mustard" auf den Markt. Es ist im übrigen noch nicht mit voller Sicherheit erwiesen, daß Rai und Sareptasenf von ein und derselben Pflanze stammen, man kann es hier möglicherweise auch mit zwei verschiedenen Arten zu tun haben, wie denn überhaupt die Zahl der zur Familie der Kreuzblütler gehörigen Arten äußerst groß ist und Verwechslungen oder Irrungen kaum zu vermeiden sind.

Neben diesen drei Senfarten kennt man im Handel auch noch andere als „Senf" bezeichnete Sämereien, welche aber mehr den Rapsarten zuzuzählen sind und daher zum Teil beim Abschnitte „Rüböl" näher besprochen werden. Von diesen Saatarten seien hier nur erwähnt:

Andere
Senfarten.

Der sogenannte indische Senf (Brassica glauca Roxbg.), im Handel wohl auch als „gelber, indischer Raps oder „Guzeratraps" bekannt, wird in den Rübölfabriken verarbeitet.

Der chinesische oder kohlblätterige Senf (Brassica rugosa Prain), der spitzblätterige Senf (Sinapis dissecta Lagasca) und der sogenannte falsche weiße Senf (Brassica iberifolia) haben geringere Bedeutung.

Im anatomischen Bau ähneln einander die verschiedenen Arten der Senfsamen in auffälliger Weise; nur die Samenschale zeigt einige für die einzelnen Arten charakteristische Unterscheidungsmerkmale[2]).

Über die Zusammensetzung der verschiedenen Arten von Senfsamen liegen Analysen von R. Hoffmann[3]), H. Hassall[4]), Ch. Piesse und

---

[1]) Von Rai kennt man drei Spielarten, die Ihuni, Lalki Tori und Kazli Sarisha heißen.

[2]) Es sei diesbezüglich auf die nachstehende Spezialliteratur verwiesen: T. F. Hanausek, Nahrungs- u. Genußmittel aus dem Pflanzenreiche, Wien 1884, S. 334; J. Moeller, Mikroskopie d. Nahrungs- u. Genußmittel, Berlin 1906, 2. Aufl., S. 301; Tschirch-Oesterle, Anatomischer Atlas d. Pharmakognosie, Leipzig 1900, S. 17 u. Tafel 5; Tichomirow, Lehrbuch d. Pharmakognosie, Moskau 1900, S. 463 (russisch); Sempolowski, Beiträge zur Kenntnis der Samenschale, Inaug.-Diss., Leipzig 1874, S. 49; O. Buchard, Über den Bau der Samenschale einiger Brassica- u. Sinapisarten im Journ. f. Landwirtschaft, 1896, S. 337—341; W. Kinzel, Über die Samen einiger Brassica- u. Sinapisarten, in Landw. Versuchsstationen, 1899, Bd. 52, S. 169; M. Wolff, Zur Kenntnis der Senfarten des Handels, in Pharm. Ztg., 1893, S. 761.

[3]) Landw. Versuchsstationen, 1863, 5. Bd., S. 191.

[4]) Hoffmanns Jahrbücher, 1873. S. 241.

Stansell [1]), V. Dircks [2]), Th. Anderson [3]), Richardson [4]) und Schädler [5]) vor.

Nach König ergibt die gewöhnliche Futtermittelanalyse für die
drei Hauptsenfarten folgende Werte:

	Schwarzer Senf	Weißer Senf	Sareptasenf
Wasser	5,51 %	7,18 %	7,35 %
Rohprotein	26,32	27,59	28,60
Rohfett (Ätherextrakt) . .	35,05 [6])	29,66	28,45
Stickstoffreie Extraktstoffe	16,87	20,83 }	29,86
Rohfaser	11,20	10,27 }	
Asche	5,05	4,47	5,74

Die Senfsamen enthalten — wie alle Kruziferensamen — myronsaures Kali (Sinigrin) und einen als Myrosin bezeichneten Eiweißkörper. Im weißen Senf finden sich außerdem noch Sinalbin und Rhodansinapin. Die näheren Eigenschaften dieser Verbindungen sind wegen der
Verwertung der Preßrückstände von Interesse:

Sinigrin.   Das Sinigrin oder myronsaure Kali ($C_{10}H_{18}KNS_2O_{10}$) gehört zur
Gruppe der Glukoside, d. s. Verbindungen, welche durch Einwirkung von
bestimmten ungeformten Fermenten in Gegenwart von Wasser in Zucker
und andere, meist charakteristische Eigenschaften zeigende Produkte zerfallen.
So spaltet sich z. B. das myronsaure Kali bei Berührung mit Wasser durch
die Einwirkung des in den Senfsamen enthaltenen eiweißartigen Fermentes
(Myrosin) in Zucker, Kaliumbisulfat und ätherisches Senföl oder

Allylsulfocarbonylamin [7]) = Allylthiocarbimid = $N{<}^{CS}_{C_3H_5}$.

Der dabei sich abspielende Prozeß verläuft nach der folgenden Formel:

$$C_{10}H_{18}KNS_2O_{10} = C_6H_{12}O_6 + C_3H_5NCS + KHSO_4$$

Myronsaures Kali = Traubenzucker + äther.Senföl + Kaliumbisulfat.

Myrosin.   Das Myrosin ist ein ungeformtes Ferment (Enzym) und gehört in
die Gruppe der Eiweißkörper; es ist nach L. Guignard und A. Tichomirow
mit dem Millonschen Reagens leicht nachzuweisen [8]).

---

[1]) Chem. Centralbl. 1881, S. 374.
[2]) Landw. Versuchsstationen, 1883, Bd. 28, S. 179.
[3]) Bot. Centralbl. 1887, S. 249.
[4]) Richardson, Foods and foods adulterants, Washington 1887, S. 181.
[5]) Schädler, Technologie d. Fette u. Öle, Leipzig 1892, 2. Bd., S. 603.
[6]) Darin 1,33 % flüchtiger Stoffe.
[7]) Die für diese Verbindung bisweilen gebrauchte Benennung Rhodanallyl
ist unrichtig, denn diesem kommt die Formel $S{<}^{CN}_{C_3H_5}$ zu.
[8]) Weißer Senf enthält nur sehr wenig Kaliummyronat.

Das für den weißen Senfsamen charakteristische, wohl aber auch in anderen Senfarten vorkommende Sinalbin[1]) ist ein Glukosid von der Formel $C_{30}H_{44}N_2S_2O_{16}$ (oder nach Gadamer $C_{30}H_{42}N_2S_2O_{15}$) und wird durch Myrosin in Gegenwart von Wasser ähnlich wie das myronsaure Kali gespalten, wie denn überhaupt Myronsäure und Sinalbin vollkommene Analogie zeigen.

$$C_{30}H_{44}N_2S_2O_{16} = C_7H_7ONCS + C_{16}H_{24}NO_5NSO_4 + C_6H_{12}O_6$$

Sinalbin = Sinalbinsenföl + saures schwefelsaures Sinapin + Traubenzucker.

Dem besonders in der schwarzen Senfsaat sich findenden Rhodansinapin ($C_{16}H_{23}NO_5HSCN$), das von Henry und Garat entdeckt, von Babo und Hirschbrunn eingehend untersucht wurde, kommt geringere Bedeutung zu als den früher genannten Schwefelverbindungen der Senfsaaten.

Das ätherische Senföl oder Allylsenföl (kurzweg auch nur Senföl genannt), welches sich beim Zusammenbringen von Senfsaat mit Wasser bildet, darf nicht mit dem fetten Senföl, das uns in erster Linie interessiert, verwechselt werden. Das ätherische Senföl stellt in reinem Zustande eine farblose, bei 150° C siedende Flüssigkeit dar, die unerträglich scharf riecht und schmeckt, die Augen zum Tränen reizt, auf der Haut Blasen zieht und die Schleimhäute heftig angreift.

Da die Preß- oder Extraktionsrückstände der Senfsamen — besonders der vom schwarzen Senf[2]) — beim Einweichen in Wasser oder beim Einspeicheln ätherisches Senföl entwickeln und dieses sofort seine unangenehmen Eigenschaften zeigt, so kann an ein regelmäßiges Verfüttern der Senfsamenrückstände nicht gedacht werden. Sehr geringe Mengen ätherischen Senföles wirken als Anregungs- und Reizmittel; die Verwendung der Senfsamen als Gewürz (Tafelsenf) beruht auf ihrem Senfölgehalt[3]).

Das Sinalbinsenföl ist in seinen Eigenschaften und Wirkungen dem Allylsenföl ähnlich, doch bei weitem nicht so vehement wie dieses. Der weiße Senf, welcher vornehmlich Sinalbin und nur wenig myrosinsaures Kali enthält, daher mehr Sinalbinsenföl und nur ganz wenig Allylsenföl entwickelt, wirkt also minder drastisch als der schwarze Senf.

---

[1]) Das Sinalbin isolierten zuerst Robiquet und Boutron, näher untersucht haben es H. Will und A. Laubenheimer.

[2]) Das ätherische Senföl scheint zuerst von dem Pariser Apotheker Nic. le Febvre (um 1660) beobachtet worden zu sein, wenngleich schon die Alten den beißenden Geschmack des Senfes einem flüchtigen Öle zugeschrieben haben. Boerhaave befaßte sich 1732 mit dem Senföl, Thibierge wies 1819 seinen Schwefelgehalt nach, Glaser (1825), Boutron und Robiquet (1831), Fauré sowie Guibourt erkannten, daß die Verbindung im Senfsamen nicht fertig gebildet vorkommt, und Boutron und Fremy (1840) bewiesen, daß ein eiweißartiger Körper (Myrosin) bei Gegenwart von Wasser eine senfölbildende Reaktion auslöst. Bussy isolierte dann 1840 das myronsaure Kali, Ludwig und Lange (1860) bestätigten die Befunde Bussys, während Will und Körner (1863) die Formel dieser Verbindung feststellten.

[3]) Wiesner, Rohstoffe des Pflanzenreiches, Leipzig 1903, 2. Aufl., 2. Bd., S. 723.

Gewinnung.

Das fette Senföl wird vielfach als Nebenprodukt der Tafelsenf-
(Mostrich-)gewinnung oder bei der Darstellung von Allylsenföl
(durch Auspressen der zerkleinerten Saat) gewonnen. Mitunter geht dem
Zerkleinern und Verpressen der Senfsaat ein Schälprozeß voraus, was nach
Bornemann besonders bei Sareptasenf üblich sein soll. Ein Anfeuchten
oder eine Erwärmung des Preßgutes mit direktem Dampf darf nicht stattfinden, weil sich bei einer solchen Arbeitsweise ätherisches Senföl entwickeln
und dadurch die Qualität des fetten Senfoles geschädigt würde. Das Auspressen erfolgt übrigens zumeist kalt, weil durch Erwärmen der Samenmasse die Qualität der Preßrückstände leiden könnte und diese einesteils
nicht mehr zur Herstellung von ätherischem Senföl (wegen Zerstörung
der Myrosinwirkung durch Wärme), andernteils nicht mehr für die Fabrikation von Gewürzsenf geeignet wären. Nur in Rußland, wo man in
neuerer Zeit der Fabrikation von fettem Senföl besondere Aufmerksamkeit
zuwendet und es seiner selbst willen erzeugt, wird kalt und warm gepreßt,
also intensiver entölt.

Senföl wird zuweilen auch raffiniert, und zwar sowohl nach der
Säuremethode als auch mittels Lauge.

Eigenschaften. [1])

Das fette Senföl schwankt — je nachdem es aus schwarzer oder weißer
Senfsaat gewonnen wurde — etwas in seinen Eigenschaften.

Das Schwarzsenföl (Huile de moutarde noire, Black mustard seed
oil) ist von bräunlichgelber Farbe, schmeckt milde und hat einen an Rüböl
erinnernden Geruch. Seine Dichte liegt zwischen 0,9155 und 0,9200
(bei 15⁰ C); es erstarrt bei —17,5⁰ C.

Das Weißsenföl (Huile de moutarde blanche, White mustard seed
oil) ist goldgelb, schmeckt beißend, hat ein spezifisches Gewicht von
0,9125—0,9160 (bei 15⁰ C) und erstarrt bei —16,3⁰ C.

Die aus den Senfölen abgeschiedenen Fettsäuren zeigen einen Schmelzpunkt von 16—17⁰ C und einen Erstarrungspunkt von 15,5⁰ C.

Im Schwarzsenföl finden sich geringe Mengen von Stearin- und
Arachinsäure, Eruca- und wahrscheinlich auch Rapinsäure.

Im Weißsenföle sind dieselben Säuren, vielleicht aber in einem anderen
Mischungsverhältnisse enthalten [2]).

---

[1]) De Negri und Fabris, Zeitschr. f. analyt. Chemie, 1894, S. 554;
Blasdale, Journ. Soc. Chem. Ind., 1896, S. 206; Crossley und Le Sueur,
Journ. Soc. Chem. Ind., 1898, S. 991.

[2]) Über die chemische Zusammensetzung des Senföles siehe: Goldschmiedt,
Wiener Sitzungsberichte, Bd. 70, S. 451; Archbutt, Journ. Soc. Chem. Ind., 1898,
S. 1099; Reimer und Will, Berichte d. deutsch. chem. Gesellsch., Bd. 20, S. 854.

Verwendung.

Das Senföl findet die verschiedenartigste Verwendung. In Rußland wird es allgemein als Speiseöl benutzt; es ist als solches in vielen Gegenden äußerst beliebt und wird allen anderen Tafelölen und Speisefetten vorgezogen.

Auch als Brennöl und in der Seifenfabrikation ist es gut brauchbar. In neuerer Zeit empfiehlt man es ganz besonders als Schmieröl. Auf die vorzügliche Schmierwirkung des Senföles hat zuerst M. Thier[1]) aufmerksam gemacht; letzthin hat wiederum Rohrbach[2]) darauf hingewiesen. Bei schnellaufenden Mechanismen soll kein anderes vegetabilisches oder mineralisches Öl so tadellos schmieren und dem Heißlaufen vorbeugen wie Senföl. Da man für das Senfschmieröl bisher wenig Reklame machte, ist es heute noch wenig bekannt.

Vorteilhafte Anwendung findet das Senföl auch in der Pharmazie. Seine geruchentziehenden Eigenschaften machen es zur Desodorisation alter Glasflaschen sehr geeignet; ihr Ausschütteln mit etwas Senföl nimmt alle früheren Gerüche vollkommen weg[3]). Sein Eigengeruch ist angenehmer als der des Rüböles; die damit hergestellten Kräuterauszüge dunkeln nicht nach.

P. Fahlberg[4]) meint, daß Senföl in der pharmazeutischen Praxis nicht nur Rüböl, sondern in den meisten Fällen auch Olivenöl zu ersetzen vermöge.

In der Kosmetik kann Senföl zur Herstellung von Haarölen, Linimenten, Seifenpräparaten, Cremes usw. verwendet werden.

Schließlich dient Senföl noch verschiedenen technischen Zwecken; so kann es z. B. in der Kattundruckerei das Rizinusöl mit Erfolg vertreten.

Rückstände.

Die durch Pressen entölten Senfsamen (Senfkuchen) werden hauptsächlich zur Fabrikation von Tafelsenf, zur Herstellung von ätherischem Senföl, zur Bereitung von Senfpflastern usw. benutzt.

Die ungefähre Zusammensetzung der Senfkuchen geht aus der nachstehenden Analyse eines Preßkuchens von schwarzer Senfsaat hervor:

Wasser	10,6 %
Rohprotein	47,9
Rohfett	12,9
Stickstoffreie Extraktstoffe	13,7
Rohfaser	8,5
Asche	5,8

[1]) Deutsche Industrieztg., 1888, S. 5.
[2]) Seifensiederztg., Augsburg 1904, S. 595.
[3]) Seifenfabrikant, 1899, S. 757.
[4]) Pharm. Ztg., 1903, S. 638.

Handelt es sich um die Gewinnung von ätherischem Senföl, so ist der Gehalt der Kuchen an myronsaurem Kali bzw. Sinalbin ihr Wertmesser. Der Gehalt der Senfkuchen an dieser Verbindung kann nur indirekt bestimmt werden, indem man die Menge ätherischen Senföles, welche die Gewichtseinheit der betreffenden Kuchen zu entwickeln vermag, ermittelt.

Zu Tafelsenf verarbeitet, geben die intensiver entölten Senfsamen nur Produkte minderer Qualität. Die feineren Marken von Speisesenf werden aus naturellem oder nur wenig entöltem Samen erzeugt.

Die Preßrückstände des weißen Senfs können nach Lichtenberg in sehr geringen Mengen auch dem Futter unserer Haustiere beigemischt werden. Sie befördern, in bescheidener Dosis verabreicht, die Verdauung, wirken schleimlösend und erhöhen die Freßlust. Bewegt sich die Dosis aber nicht in sehr enggezogenen Grenzen, so erfolgen Reizungen der Magenschleimhaut, die nur schwer wieder gut zu machen sind.

Handel.

Über die Senfölproduktion liegen nur ganz spärliche statistische Aufzeichnungen vor. Die Importziffern von Senfsaat geben nur ein ungenaues Bild von der Menge des erzeugten Senföles.

Deutschland führte in den Jahren 1897—1899 ein:

	Meterzentner	Wert in Mark
1897	38 750	959 000
1898	38 260	1 373 000
1899	38 310	1 187 000

In Rußland gibt es im Saratowschen Gouvernement 19 kleinere Ölschlägereien, die fast ausschließlich Senf verarbeiten und zusammen rund 100 Waggons Senföl im Jahre fabrizieren.

Rettichöl.

Rettigöl. — Huile de raifort. — Radish seed Oil. — Olio di rafano. — Olio di ravanello. — Oleum raphani. — Moollee (Hindostan). — Mouélah (Pegu).

Herkunft.

Das Rettichöl wird aus den Samen des Ölrettichs (Raphanus sativus L.) und der Varietät Raphanus sativus chinensis oleiferus L., einer zur Familie der Kruziferen zählenden Pflanze, gewonnen, die, aus China stammend, seit einigen Jahrzehnten auch in Europa angebaut wird.

Die Gewinnung des fetten Rettichöles beschreibt zuerst Woolaston (1716).

Rohmaterial.

Die Samen der Ölrettichpflanze sind rotbraun gefärbt, von länglich-runder Gestalt, klein (2—3 mm im Durchmesser), 7—8 mg schwer, geruchlos und schmecken milde, süßlich und fettig.

Die Zusammensetzung des Samens ist nach Schädler[1]):

Wasser	7,85%
Rohprotein	24,37
Rohfett	46,13
Stickstoffreie Extraktstoffe . . . . . $\left.\right\}$	18,10
Rohfaser	
Asche	3,65

Eigenschaften.

Das fette Rettichöl — es gibt auch ein ätherisches Rettichöl — ist von goldgelber Farbe, hat einen angenehmen milden Geschmack und einen eigenartigen, aber nur ganz schwach hervortretenden Geruch.

Die Dichte des Öles beträgt 0,9150 bis 0,9175 (bei 15° C), sein Erstarrungspunkt liegt bei —10 bis —17,5° C[2]). Von den Fettsäuren sind Stearin-, Brassica- und Ölsäure vorhanden. Eine vollständige Untersuchung des das Rettichöl ausmachenden Glyzeridgemisches fehlt aber bis heute noch. Die abgeschiedenen Fettsäuren schmelzen bei +20° C und erstarren zwischen 14 und 15° C.

Verwendung.

Das Rettichöl wird hauptsächlich als Speiseöl verwertet. Zum Brennen eignet es sich nicht besonders, weil seine Flamme stark rußt. In China benutzt man den Ruß des Rettichöles zur Herstellung von Tusche.

Rückstände.

Die Rettichsamenkuchen bilden ein vorzügliches Futtermittel, das von Rindern und Schweinen gerne genommen wird und ihnen gut bekommt. Die Gefahren, welche die Preßrückstände der Senfsamen bei ihrer Verfütterung involvieren, sind bei den Rettichsamenkuchen nicht zu fürchten. Sie entwickeln nur sehr geringe Mengen von ätherischem Rettichöl, welches zudem nicht die reizende Wirkung des ätherischen Senföles besitzt.

---

[1]) Schädler, Technologie d. Fette u. Öle, Leipzig 1892, 2. Aufl., S. 608.
[2]) Über die Eigenschaften des Rettichsamenöles siehe: de Negri und Fabris, Zeitschr. f. analyt. Chemie, 1894, S. 555; Crossley und Le Sueur, Journ. Soc. Chem. Ind., 1898, S. 991; Wijs, Zeitschr. f. Untersuchung der Nahrungs- und Genußmittel, 1903, S. 492.

Rüböl. [1])

Colzaöl. — Kohlsaatöl. — Huile de Colza. — Coleseed Oil. —
Colza Oil. — Cabbage Oil. — Olio di Colza. — Aburana (Japan). —
Petsac (China). — Oleum Brassicae.
Rapsöl. — Repsöl. — Rapssamenöl. — Huile de navette. — Rape-
seed Oil. — Rape Oil. — Olio di napi. — Sursoo (Bombay). — Sur-
sul (Guzerat). — Oleum Napi.
Rübsenöl. — Huile de rabette — Rubsen seed Oil. — Rubsen
Oil. — Oleum raparum. — Rae, Bubrae (Bengalen). — Rata-aba
(Ceylon). — Kudaghoo (Tamulen). — Avoloo (Telinga). — Khurdal,
Khardul (Arabien). — Sir-shuf (Persien).

Herkunft und Geschichte.

Geschichte.   Das aus den Samen verschiedener Brassicaarten gewonnene Rüb- oder
Rapsöl gehörte in früherer Zeit zu den meist gebrauchten Fettstoffen; war es
doch vor dem Bekanntwerden des Petroleums das allgemein verwendete Beleuchtungsmaterial für die ehemals so verbreitete Moderateurlampe. Heute
fristet Rüböl als Beleuchtungsstoff nur mehr ein bescheidenes Dasein (Nachtlichtöl, Laternenbeleuchtung usw.) und hat auch als Schmiermittel nicht
mehr jene Bedeutung, die ihm vor Einführung der Mineralschmieröle zukam.
Trotzdem ist der Rübölkonsum in Europa noch sehr stattlich und die Fabrikation dieses Artikels gehört zu den wichtigsten Spezialzweigen der Ölindustrie.

Nähere Aufzeichnungen über die Geschichte der Rübölfabrikation liegen
nicht vor. Ebenso sind nur ganz spärliche Notizen über das Alter des
Rapsbaues vorhanden; in Deutschland datiert er bis in die zweite Hälfte
des 18. Jahrhunderts zurück, um welche Zeit vlämische Kolonisten am Niederrhein Rapskulturen einführten.

Duhamel erwähnt in seinen 1762 erschienenen „Elements d'agriculture" noch nichts von diesen Kulturen; sie dürften erst durch die
Monographie des Abbé Rozier „Über die Kultur des Rapses" (1774)
gefördert worden sein.

Der um die Mitte des vorigen Jahrhunderts sehr ausgedehnte europäische
Rapsbau hat in den letzten Jahrzehnten bedeutend abgenommen, doch setzte
dafür ein Import von indischem Raps ein, der in einzelnen Jahren große
Dimensionen annimmt.

Rohmaterial.

Das zur Rübölfabrikation dienende Rohmaterial rekrutiert sich aus
den Sämereien einer ganzen Reihe von hauptsächlich in die Familie der
Kreuzblütler (Kruziferen) gehörenden Pflanzen, von denen die in

---

[1]) Die Nomenklatur der aus den verschiedenen Kruziferensamen erhaltenen,
unter dem Sammelnamen „Rüböl" zusammengefaßten Ölsorten ist ziemlich unsicher.
Wir folgen aber der Einteilung Schädlers, welcher außer Raps- und Rübsenöl
auch noch ein Colza- oder „Kohlsaatöl" unterscheidet.

Europa geernteten Arten Raps und Rübsen die wertvollsten sind. Weniger geschätzt sind (vielfach mit Unrecht) die aus Indien stammenden Kruziferensamen, welche gewöhnlich unter dem Kollektivnamen „indischer Raps" in den Handel kommen, und den geringsten spricht man den verschiedenen senfölentwickelnden, mit den Rapsarten verwandten Unkrautsämereien zu, welche teils zufällig, teils beabsichtigt als Beimengsel europäischer oder indischen Rapses erscheinen.

a) Europäische Rapsarten.

Diese sind auf zwei Grundarten zurückzuführen, nämlich:

Europäische
Rapsarten.

Brassica Napus L. = Raps,
Brassica Rapa L. = Rübsen.

Von diesen beiden Brassicaarten gibt es eine große Zahl nicht scharf voneinander zu unterscheidender Varietäten, die ihre Formen je nach der Kulturzeit, dem Boden und den klimatischen Verhältnissen entsprechend ändern.

Von Brassica Napus leitet sich eine zweijährige Form: Brassica Napus oleifera biennis Rchb. = Brassica Napus β oleifera D. C. = Brassica Napus oleifera hiemalis Döll ab, deren Samen unter den Namen Winterraps, Winterkohlraps[1]), Kohlraps, Kohlsaat, Kolza, Lewat bekannt sind, und eine einjährige Form: Brassica Napus oleifera praecox Rchb. = Brassica Napus annua Koch = Brassica Napus oleifera annua Metzg., deren Saat als Sommerraps, Sommerreps, Sommerkohlreps, Sommerkolza oder Sommerkohlsaat[1]) gehandelt wird.

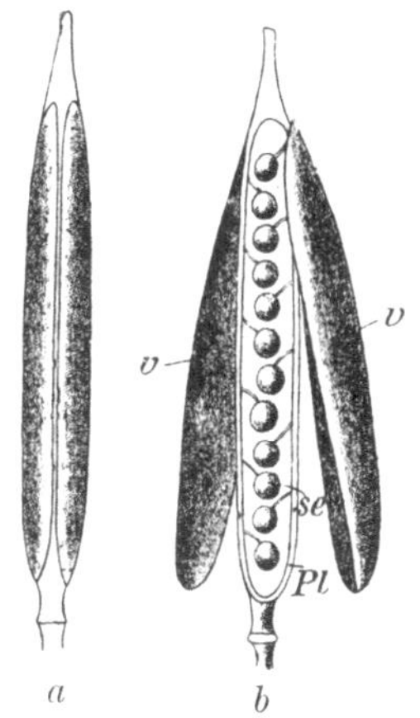

Brassica Rapa L. (Brassica asperifolia Lam. = Brassica campestris L.), die Stammpflanze der allgemein bekannten weißen Rübe (wilder Feldkohl), kennt man ebenfalls als Winter- und Sommerfrucht.

Fig. 65.
Frucht von Brassica Napus.
(Nach Harz.)
a = Frucht geschlossen,
b = Frucht mit sich ablösenden Klappen.
v = Klappen, se = Samen,
Pl = Fruchtknoten.
Natürliche Größe.

Als erstere (Brassica Rapa oleifera D. C. = Brassica Rapa oleifera biennis Metzg. = Brassica campestris β oleifera D. C. = Brassica Rapa oleifera hiemalis Mart.) liefert sie den Winterrübsen, Wintersaat, Rübsaat, Biewitz, Awehl oder Navette, als Sommerfrucht den Sommerreps, Sommerrübsen oder Sommerlewat[2]).

Die Frucht des Rapses (Fig. 65) ist eine längliche Schote.

---

[1]) Schädler führt die sogenannten „Kohlsaat"arten (Colza, Colsat) als besondere, von den eigentlichen Rapssamen verschiedene Formen an.

[2]) Vergleiche: Wiesner, Rohstoffe des Pflanzenreiches, 2. Aufl., Leipzig 1903, 2. Bd., S. 725.

Die Rapssaat stellt kleine runde, glatte, braun- bis blauschwarze Körner von 1,0—2,5 mm Durchmesser und 2,0—5,5 mg Gewicht dar.   Sommer-

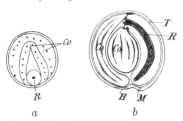

Fig. 66. Querschnitt des Rapssamens.
(Nach Harz.) Lupenbilder.
a = Brassica oleracea, b = Brassica Rapa.
R = Würzelchen, Co = Kotyledonen,
T = Samenschale.

raps ist kleinkörniger als Winterraps; nach Rob. Hoffmann[1]) wiegen 100 Samen-körner von ersterem 200 mg, von letz-terem 360 mg. Das Korngewicht kann aber auch bis zu 5,5 mg anwachsen; Harz nennt für steirischen Winterraps sogar 7,26 mg. Das spezifische Gewicht des Kornes ist bei Sommerraps 1,000, bei Winterraps 1,150.

Die dem freien Auge glatt erschei-nende Samenschale zeigt sich unter der Lupe feinnetzig, fast gemascht. Unter ihr liegt der zitronengelbe Keim, welcher aus zwei gefalteten Keimblättern und einem kaum 1 mm langen Würzelchen besteht (siehe Fig. 67).

Die Zusammensetzung der Rapsschalen ermittelte Lehmann[2]) wie folgt:

Wasser	13,48 %
Rohprotein	3,33
Rohfett	1,61
Stickstoffreie Extraktstoffe	43,77
Rohfaser	30,90

Rübsen ist gewöhnlich etwas heller von Farbe als Raps und zeigt eine geringere Korngröße. Die Rübsensamen sind durchschnittlich 2,0 bis 3,3 mg schwer, und man rechnet nach Förster[3]) bei

Sommerrübsen	2,0 mg
Winterrübsen	2,4
Biewitz	2,4
Awehl	2,0

für das Korn. Das spezifische Gewicht der Rübsensamen liegt zwischen 1,108 bis 1,125[4]), das von Biewitz bei 1,000 bzw. 0,937[5]). Im übrigen ähneln die Rübsensamen in ihrer Bauart ganz dem Raps. Eine unter dem Namen Awöl oder Awehl bekannte und besonders in den dreißiger Jahren des vorigen Jahrhunderts in Holland und Belgien sehr verbreitete Rübsenart wurde von hier nach Pommern und Mecklenburg verpflanzt, wo man sie heute in Gemeinschaft mit Hederich als Getreideunkraut findet. Eine wei-

---

[1]) Landw. Versuchsstationen, 1863, S. 191, Bd. 5.
[2]) Zeitung für deutsche Landwirte, 1858, S. 95.
[3]) Zeitung für deutsche Landwirte, 1858, S. 95.
[4]) Landw. Versuchsstationen, 1898, Bd. 50, S. 385.
[5]) Marek, Das Saatgut und dessen Einfluß auf Menge und Güte der Ernte.

tere Spielart ist der Biewitz, der in Böhmen und Mitteldeutschland kultiviert, in seinem Korne noch kleiner als der Rübsen ist, etwas früher reift und witterungsbeständiger ist als dieser[1]).

b) Indische Rapsarten.

Ist es schon schwierig, die europäischen Spielarten auseinander zu halten, so erscheint es für den Nichtbotaniker geradezu unmöglich, die verschiedenen Sämereien, welche unter dem Kollektivnamen „indischer Raps" auf den Markt kommen, voneinander zu unterscheiden. Belegt man doch fälschlicherweise nicht selten auch Senfsaaten[2]) (Sinapisarten), Rettichsamen[3]) und andere Saat von der Familie der Kreuzblütler mit dem Namen „indischer Raps". Eine verdienstvolle Arbeit über die verschiedenen Sämereien, welche hier mitspielen, hat uns David Prain[4]) gegeben, doch kann hier darauf nur verwiesen werden. *Indischer Raps.*

Als eigentliche Rapsarten können nur aufgefaßt werden die Samen von:

Brassica glauca Roxb., im Handel gelber indischer Raps oder Guzeratraps genannt;

Brassica dichotoma, der braune indische Raps, und

Brassica ramosa, der sogenannte punktierte indische Raps.

Der gelbe indische Raps (Guzeratraps) ist hinsichtlich der Form seines Kornes dem weißen Senf nicht unähnlich und besteht aus flachen, etwas eckigen Körnern von gelber Farbe und wechselnder Größe. Ungefähr $10\,^0/_0$ der Körner sind hellbraun gefärbt und etwas kleiner als die gelben Samen, welche 6,2 mg pro Korn wiegen. *Guzeratraps.*

Der braune indische Raps gleicht unserem heimischen Raps in Größe und Aussehen, nur ist er etwas lichter gefärbt. *Brauner und punktierter indischer Raps.*

Die Samen des punktierten Rapses sind, wie schon der Name besagt, gefleckt, im übrigen dem braunen indischen Raps gleich.

Der Same von Brassica juncea (Sareptasenf) könnte nötigenfalls auch zu den indischen Rapsarten gerechnet werden, wird aber wohl richtiger bei den Senfsaaten besprochen[5]). *Sareptasenf.*

---

[1]) De Negri und Fabris beschreiben ein aus den Samen einer Varietät der Gattung Brassica gewonnenes Öl, welches den Namen „Jambaöl" führt, im physikalischen und chemischen Verhalten den anderen Rübölsorten ähnelt und sich von diesen nur dadurch unterscheidet, daß beim Einblasen von Luft in das erwärmte Öl kein Dickwerden des letzteren erfolgt und auch keine durch die Reaktionswärme hervorgerufene Temperatursteigerung eintritt (Annali del Laboratorio delle Gabelle, 1891/92, S. 137.)

[2]) Siehe Seite 338—340 dieses Bandes.

[3]) Siehe Seite 345 dieses Bandes.

[4]) A note on the mustard cultivated in Bengal; siehe Landw. Versuchsstationen, Bd. 50, S. 377.

[5]) Siehe Seite 339 dieses Bandes.

Die chemische Zusammensetzung der einzelnen Sorten von Rapssamen ist, wie nicht anders zu erwarten, recht verschieden, und die Gehalte
der einzelnen Stoffe welche die Analyse ausweist, bewegen sich auch
bei den in ein und dieselbe Klasse gehörigen Samenproben in weiten
Grenzen [1]). Nachstehend seien einige Durchnittsresultate angeführt:

	Wasser	Roh-protein	Rohfett	N-freie Extrakt-stoffe	Rohfaser	Asche
	%	%	%	%	%	%
Europäischer Raps . . .	7,28	19,55	42,23	20,78	5,95	4,21
Europäischer Rübsen . .	7,86	20,48	33,53	24,41	9,91	3,81
Guzeratraps	5,14	22,00	44,44	10,05	14,72	3,65
Brauner indischer Raps .	5,74	21,00	41,23	13,08	12,52	6,43
Punktierter indischer Raps	6,14	22,44	39,05	21,02	6,80	4,55

Die indischen Rapsarten sind also an Protein und Fett reicher als
die europäischen, und man sollte nun meinen, daß sie für die Ölfabrikanten
wertvoller seien. Dies ist jedoch nicht immer der Fall. Der Raps indischer
Abkunft enthält zuweilen größere Mengen von Sinigrin und Myrosin[2])
als die europäischen Rapsarten und seine Preßrückstände entwickeln dann
beim Zusammenbringen mit Wasser größere Mengen ätherischen Senföles,
weshalb sie als Futtermittel weniger brauchbar sind.

Spuren von Sinigrin und Myrosin finden sich in allen Kruziferensamen, doch scheinen die Samen der in Europa gebauten Arten diese
Stoffe in einer für den Tierorganismus weniger schädlichen Form zu enthalten. Durch die häufige Vermengung dieser Ölsamen mit Unkrautsamen,
wie Sinapisarten (Senfsamen) und Hederichsamen (Raphanus Raphanistrum), welche die genannten Körper in beträchtlicher Menge und in
einer intensivere Wirkung äußernden Form enthalten, wird die Qualität
der europäischen Rapsarten aber häufig herabgedrückt.

Einige Agrikulturchemiker lassen als Maß für die in den Brassicaarten
enthaltenen Myrosinverbindungen die Menge des zu entwickelnden ätherischen
Senföles gelten, welche sie nach verschiedenen Methoden[3]) bestimmen. Diese
Untersuchungsmethoden geben aber sehr ungenaue Resultate, die oben-
drein nur wenig besagen, weil ja die verschiedenen Rapsarten ätherisches
Senföl von verschieden intensiver Wirkung entwickeln.

Als Durchschnitt mehrerer Untersuchungen ergab sich, daß Raps europäischer Herkunft 0,123 % , Rübsen 0,131 % Senföl entwickelt.

---

[1]) Viele der in der Fachliteratur angegebenen Rapssaatanalysen müssen als
unrichtig bezeichnet werden; Rapssamen mit über 50 % Fettgehalt (siehe Dietrich
und König, Zusammensetzung und Verdaulichkeit der Futtermittel, Berlin 1891,
S. 1316/17 und 1334/35) existieren nicht.

[2]) Siehe Seite 340 dieses Bandes.

[3]) Vergleiche Seite 344 dieses Bandes.

Bei Brassica glauca fand man dagegen im Mittel $0,727\,^0/_0$ [1]), bei Brassica dichotoma $0,32\,^0/_0$ [2]) und bei Brassica ramosa $0,39\,^0/_0$ [3]).

Schwarzer Senf liefert durchschnittlich $1,043\,^0/_0$ Senföl, weiße Senfsaat nur $0,061\,^0/_0$.

Jedenfalls ist im Interesse der zu erzeugenden Ölkuchenqualität bei allen Rapssaaten auf einen möglichst geringen Gehalt an Myrosin und Sinigrin (also an Senföl bildenden Hederich- und Senfsaaten) zu achten. Die großen Prozentsätze von Fremdsämereien, welche sich in der Rapssaat des Handels vorfinden, haben auch noch den Nachteil, daß sich manche Unkrautsamen (speziell die kleinkörnigen) bei der Verarbeitung des Materials zu Öl der Zerkleinerung entziehen, sich daher unbeschädigt im Ölkuchen wieder zeigen. Sie kommen dann zur Verfütterung und passieren oft den Tierkörper, ohne ihre Keimfähigkeit zu verlieren. Diese in unveränderter Form in den Stallmist gelangenden Sämereien kommen später mit dem Dünger auf die Felder und tragen zur Verbreitung von Unkraut bei.

Über einen besonders krassen Fall von verunreinigtem Raps berichtet Heinrich[4]). Er untersuchte nicht die Saat, sondern die daraus erzeugten Preßkuchen.

In 100 Gramm [5]) eines Kuchens waren enthalten:	Anzahl der Körner	Gewichtsprozente auf Kuchen berechnet
Kornrade (Agrostemma Githago)	404	$4,80\,^0/_0$
Wucherblume (Chrysanthemum segetum) .	3680	2,98
Knöterich (Polygonum lapathifolium) . .	896	2,94
Kornblume (Centaurea cyanus)	212	0,72
Weizen (Triticum vulgare)	92	0,71
Sauerampfer (Rumex acetosa)	240	0,40
Melde (Chenopodium album)	400	0,27
Kleeseide (Cuscuta epythymum)	544	0,26
Blutkraut (Polygonum bistorta)	56	0,25
Sherardia (Sherardia arvensis)	124	0,20
Lein (Linum usitatissimum)	40	0,11
Ehrenpreis (Veronica chamaedris)	36	0,10
Wegebreit (Plantago lanceolata)	56	0,05
Valerianella (Species?)	80	0,08
Lolium (Species?)	28	0,04
	6988	$13,00\,^0/_0$.

[1]) Landw. Versuchsstationen, 1898, Bd. 50, S. 422.
[2]) Böhmer, Kraftfuttermittel, Berlin 1903, S. 403.
[3]) Landw. Versuchsstationen, 1898, Bd. 50, S. 423.
[4]) Jahresbericht für Agrikulturchemie, 1879, S. 346.
[5]) Verschiedene agrikulturchemische Lehrbücher (z. B. König, Untersuchung landw. wichtiger Produkte; v. Ollech, Die Rückstände der Ölfabrikation) bringen dieses Beispiel mit dem Druckfehler, daß statt 100 g Kuchen 100 kg genannt sind.

Gewinnung.

Die Reinigung der in den Rübölfabriken verarbeiteten Ölsaat beschränkt sich beim Raps auf ein Absieben der gröberen Verunreinigungen und des Staubes.

Raps wird nach dem Preßverfahren verarbeitet, sein Extrahieren findet nur ausnahmsweise statt. Die Zerkleinerungsoperation, die Saatwärmung, das Pressen wie auch das Extrahieren bieten in den Einzelheiten ihrer Durchführung nichts Bemerkenswertes.

Das von den Pressen ablaufende oder bei der Extraktion resultierende Rüböl ist durch eine einfache Entfernung der mechanischen Verunreinigungen noch nicht handelsfähig; der Filtration muß eine chemische Reinigung folgen.

Raffination des Rüböls. Zum Raffinieren des rohen Rüböles wird allgemein die sogen. Schwefelsäuremethode benutzt, welche in Band I, Seite 635—642 eingehend beschrieben wurde. Das Thenardsche Verfahren ist allgemein üblich; die Modifikationen dieser Methode, wie sie Cogan, Hall, Mills, Puscher usw. in Vorschlag brachten, haben sich nicht einzubürgern vermocht.

Die heute vielfach gebräuchliche Luftrührung scheint beim Rübölraffinationsprozesse zuerst von J. H. Johnson[1]) angewandt worden zu sein. Später hat sich auch C. Michaud[2]) dieser Art des Vermischens der Schwefelsäure mit dem zu raffinierenden Öle bedient.

Vor der Raffination läßt man das rohe Rüböl gewöhnlich 6—8 Tage lagern; es wird behauptet, daß solch gelagertes Öl sich besser und leichter raffiniere als frisch gepreßtes. Das ist aber nicht richtig; das frisch gepreßte (junge) Öl raffiniert sich nur dann schwieriger, wenn es wasserhaltig ist und wenn vorher nicht alle mechanisch suspendierten Verunreinigungen aus dem Öle entfernt wurden. Eine sofort nach dem Pressen vorgenommene Filterpressenpassage macht das Öl ohne weiteres raffinationsfähig. Nur die Gepflogenheit vieler älteren Betriebe, das Rohöl überhaupt nicht zu filtrieren, sondern bloß durch einfaches Abstehenlassen zu klären, hat die Ansicht gezeitigt, daß nur abgelagertes Öl raffinationsfähig sei.

Die zwecks Entfernung der letzten Spuren der zur Reinigung verwendeten Chemikalien notwendige Waschung des Öles mit heißem Wasser ergibt ein milchig getrübtes Produkt, zu dessen Klärung man wasserentziehende Filter braucht. (Siehe Band I, Seite 614—617.) Ein Entwässern des gereinigten Öles durch einfaches Abstehenlassen (Selbstklärung) würde viel zu lange Zeit erfordern und Öle ergeben, die trotz ihres momentanen „Spiegels" Spuren von Wasser enthalten, welche späterhin Ursache von Trübungen sein könnten. Unvollständig entwässerte Öle trüben sich besonders bei Temperaturerniedrigungen (sie „schlagen um") oder auch durch anhaltende Rüttelwirkungen, wie sie z. B. beim Transporte unvermeidlich sind.

---

[1]) London Journ. of arts, 1863, S. 78; Dinglers polyt. Journ., Bd. 171, S. 158.
[2]) Deutsche Industrieztg., 1869, S. 276; Dinglers polyt. Journ., Bd. 193, S. 147.

Die für Schmierzwecke verwendeten Rüböle werden bei der der Schwefel-
säurebehandlung folgenden Wasserwaschung (eventuell unter Zugabe von
alkalisch reagierenden Stoffen) neutralisiert, wozu man sich der in Band I,
Seite 638 angegebenen Methoden bedient.

In neuerer Zeit versucht man die Schwefelsäureraffination des Rüböles durch
eine einfache Filtration durch Silikatpulver zu ersetzen. Es findet dabei eine
Entschleimung und Entfärbung des rohen Öles statt, so daß das Filtrat für
Brenn-, Schmier- und andere Zwecke geeignet ist. Man bedient sich zu dieser
Rübölreinigung Anlagen, wie sie in Tafel X des I. Bandes dargestellt sind[1]).

Um Rüböl als Brat- und Backöl verwenden zu können, sind verschiedene Reinigungsmethoden in Vorschlag gebracht worden. In jenen
Gegenden, wo Rüböl als Bratöl benutzt wird, pflegen es die Hausfrauen
vor der eigentlichen Verwendung in offenen Pfannen auf der Ofenherdplatte
zu erwärmen, wobei es stark schäumt und durch die Koagulierung der gelösten Eiweißstoffe eine Läuterung erfolgt.

Rüböl wird auch bisweilen mit 3—4% Kartoffelstärke langsam bis
auf 120° C erhitzt, wobei unangenehm riechende Gase entweichen und die
in dem Rüböle enthaltenen schwefelhaltigen Verbindungen durch die Kartoffelstärke gebunden werden. Das so entschwefelte Öl wird als „Schmalzöl" gehandelt und zur Herstellung von Kunstschmalz benutzt.

Die Herstellung eines für Back- und Kochzwecke gut geeigneten
Rüböles, das angenehmen Geruch und Geschmack zeigt, ist auch durch eine
Läuterung des Rohöles mittels fetter, ungekochter Milch möglich. Nach
Linde[2]) versetzt man das Rüböl dabei mit 10—15% Milch oder Sahne,
rührt bis zur Emulsionsbildung gut durch und bringt es in einen offenen
Dampfkochapparat, der aber höchstens nur bis zum ersten Drittel seiner
Höhe gefüllt werden darf. Ein allmähliches Erhitzen auf 100° C verdampft
die wässerigen Bestandteile der Milch und läßt auf der Oberfläche der
Flüssigkeit eine weiße Schicht erscheinen, die das Hochsteigen und Über-
kochen verhindert. Bei weiterer Temperatursteigerung bräunt sich diese weiße
Schicht, unter Verbreitung eines angenehmen Aromas. Die bei der Prozedur
in das Rüböl übergegangenen Fettbestandteile der Milch geben dem Raffinat
einen wesentlich veränderten Charakter betreffs Geruch und Geschmack.

Ein unter dem Namen „Grana" in den Handel gebrachtes flüssiges
Speisefett, das besonders für Backzwecke empfohlen wird, besteht in der
Hauptsache aus neutralisiertem und desodorisiertem Rüböl.

Der bei der Rübölraffination sich bildende Rückstand[3]), „Sauertrub"   Sauertrub.
oder „Sauertrieb" genannt, ist dickflüssig bis salbenartig, von schwarz-

---

[1]) Es sei hier richtiggestellt, daß die Tafel X des I. Bandes nicht nach Ent-
würfen der Owl Company, sondern nach solchen des Herrn Prof. H. Hirzel in Leipzig
gezeichnet wurde.

[2]) D. R. P. Nr. 116503 v. 7. März 1900.

[3]) Berichte d. deutsch. chem. Gesellsch., 1887, S. 2338.

grauer Farbe und riecht eigentümlich. Er enthält neben den verkohlten Eiweiß- und Schleimstoffen, welche im rohen Rüböle enthalten waren, Sulfofettsäuren und Glyzerinschwefelsäure wie auch unverändertes Rüböl und Wasser. Beim Kochen mit Wasser zerfallen die Sulfofettsäuren und auch die Glyzerinschwefelsäure in ihre Komponenten.

Der Sauertrub findet in der Weißblechfabrikation, in der Spiritusindustrie, in der Weißgerberei usw. Verwendung.

Eigenschaften.

Physikalische Eigenschaften. Das rohe Rüböl ist von dunkelgelber bis braunroter Farbe und zeigt einen angenehmen, an frisch gebackenes Brot erinnernden Geruch.

Raffiniertes Rüböl ist hellgelb, schmeckt herb, riecht ganz charakteristisch und erinnert dabei keineswegs an rohes Rüböl.

Das spezifische Gewicht des Rüböles liegt zwischen 0,914 und 0,917, der Erstarrungspunkt zwischen $+2$ und $-10°$ C.

Die Öle aus den verschiedenen, zur Rübölfabrikation benutzten Samen unterscheiden sich in ihrem physikalisch-chemischen Verhalten kaum voneinander. Die nachstehenden Unterscheidungen Schädlers haben daher nur geringen Wert:

	Dichte bei 15° C	Viskosität bei 15° C	Viskosität bei 7,5° C	Erstarrungspunkt
Sommerrübsenöl aus Brassica Rapa annua	0,9139	15,1	22,0	$-10,0°$ C
Winterrübsenöl aus Brassica Rapa biennis	0,9154	17,6	22,6	$-7,5$
Sommerrapsöl aus Brassica Napus annua	0,9147	16,4	22,7	$-4,0$
Winterrapsöl aus Brassica Napus biennis	0,9157	18,0	22,4	$-3,0$
Kohlsaatöl (Colzaöl) aus Brassica campestris	0,9150	—	—	$-6,0$
Japanisches Rüböl (Gabagge oil)	0,9140	—	—	$+2,0$

Chemische Zusammensetzung. Rüböl löst sich in den gewöhnlichen Fettlösungsmitteln; 100 Teile Alkohol nehmen nach Jüngst 0,534 Teile des Öles auf.

Die Rüböle bestehen fast ausschließlich aus Glyzeriden flüssiger Fettsäuren. Nach Tolman und Munson sind nur 1,02% fester Fettsäuren in diesem Öle enthalten. Diese bestehen nicht, wie Reimer und Will[1] angeben, aus Behensäure, sondern, wie Ponzio[2] zeigte, aus Arachinsäure, welchen Nachweis auch Archbutt[3] bestätigte.

---

[1] Berichte d. deutsch. chem. Gesellsch., 1887, S. 2338.
[2] Journ. f. prakt. Chemie, 1893, Bd. 48, S. 487.
[3] Journ. Soc. Chem. Ind., 1898, S. 1009.

Von ungesättigten flüssigen Fettsäuren sind Eruca- und Rapinsäure isoliert worden; wahrscheinlich sind aber auch Säuren der Linol- und Linolensäure-Reihe vorhanden.

Halenke und Möslinger[1]) haben die bei gewöhnlicher Temperatur aus Rüböl beim Lagern abgeschiedenen festen Fettmassen (Rübölstearin genannt) als fast reines Glyzerid der Erucasäure erkannt, wogegen Reimer und Will[2]) diese Ausscheidungen als mit Dierucin (Diglyzerid der Erucasäure) identisch fanden.

Schweißinger[3]) bestätigte die Untersuchungen von Thompson und Ballantyne, wonach in Rübölen 0,58—0,70 % Phytosterin enthalten ist.

Der Gehalt an freien Fettsäuren schwankt bei Rüböl zwischen 0,52—6,64 %. Die für Schmierzwecke hergestellten Öle sind fast frei von jeder Azidität.

Rüböl absorbiert aus der Luft Sauerstoff; es verdickt sich beim Stehen und wird dabei ranzig, trocknet aber nicht ein. Altes Rüböl zeigt nebenher auch eine wesentliche Zunahme in der Dichte (bis 0,9478) und hohe Acetylzahlen[4]).

Die heiß gepreßten Rüböle enthalten Schwefelverbindungen, die kalt gepreßten sind auf Grund der Ergebnisse meiner Untersuchungen schwefelfrei.

Die aus Rüböl abgeschiedenen Fettsäuren zeigen bei 15,5° C eine Dichte von 0,8438, schmelzen zwischen 16 und 22° C und erstarren bei 16 bis 18° C.

Das Rüböl ist mehr als andere Öle Verfälschungen unterworfen. Das beliebteste, glücklicherweise aber auch am leichtesten nachweisbare Verfälschungsmittel ist Mineralöl. Man macht es zu diesem Zwecke „scheinlos", d. h. man benimmt ihm durch gewisse Zusätze die Grünfluoreszenz. Übrigens ist letztere durchaus kein so charakteristisches Merkmal für Mineralöle, wie allgemein angenommen wird, denn auch reine Rüböle zeigen mitunter eine leichte Fluoreszenzerscheinung.

Je nach der Preislage des Rüböles und der anderer Pflanzenöle werden auch Leinöl, Hanf-, Mohn-, Leindotter- und Baumwollsamenöl, Trane usw. zur Verfälschung des Rüböles benutzt.

Verfälschungen:

Verwendung.

Das rohe, unraffinierte Rüböl wird nur für ganz wenige Zwecke verwendet; so z. B. als Mittel gegen das Überschäumen der Saturationsgefäße in Zuckerfabriken. Aber auch diese ohnehin nur geringe Mengen

---

[1]) Korresp. d. Vereins bayer. Chemiker, Nr. 1.
[2]) Berichte d. deutsch. chem. Gesellsch., 1886, S. 332.
[3]) Zeitschr. f. analyt. Chemie, 1891, S. 379.
[4]) Gripper, Journ. Soc. Chem. Ind., 1899, S. 342.

verbrauchenden Verwendungen schwinden allmählich, weil man im Laufe der Zeit bessere Mittel gefunden hat. Als Brenn- und Schmieröl ist das rohe Rüböl unverwendbar; es verstopft einerseits die Poren des Dochtes und gibt eine rußende Flamme, andererseits verharzt es die Lager.

Das raffinierte Öl wird als Brenn-, Schmier- und Speiseöl benutzt. Die Rolle, welche es in der Seifenfabrikation spielt, ist von untergeordneter Bedeutung, dagegen dient es anderen technischen Zwecken, so z. B. zur Herstellung von Faktis, geblasenen Ölen usw.

Brennöl.
Rübbrennöl war bis zum Auftauchen des Petroleums ein wichtiger Handelsartikel. Heute wird es nur mehr als Nachtlichtöl, als Ewiglichtöl in den Kirchen, für die Speisung von Eisenbahnwagenlampen, Bahnsignallaternen usw. verwendet. Gutes Rübbrennöl muß eine ruhige, rauchlose Flamme geben und darf am Dochte keine sogenannten „Räuber" bilden. Die größeren Konsumenten stellen für die Lieferung ihres Bedarfes gewisse Qualitätsbedingungen auf; so verlangen die preußischen Staatsbahnen folgendes:

„Raffiniertes Rüböl muß von heller weingelber Farbe, klar, gut raffiniert, nicht ranzig und frei von Säure sein; es darf keinen Bodensatz bilden, muß mit heller, weißer Flamme, ohne zu blaken, ohne Rußabsatz und ohne Geruch zu verursachen, brennen und darf nicht mit Hanföl, Harzöl oder Tran vermischt sein. Es muß so vollkommen raffiniert sein, daß es mit 1 % Schwefelsäure versetzt, keinen Bodensatz bildet. Das Öl muß an der Fischerschen Ölwage eine Dichte von 37—38⁰ (entsprechend einem spezifischen Gewichte von 0,9132—0,9112) zeigen."

Rübschmieröle.
Die Rübschmieröle haben ebenfalls ihre einstige Bedeutung verloren, seit mit dem Aufblühen der Petroleumindustrie auch große Mengen billiger Mineralschmieröle auf den Markt gebracht werden. Rübschmieröle müssen, wie alle Schmieröle, frei von Säure und allen harzenden Bestandteilen sein. Mitunter wird für Schmierzwecke neben raffiniertem und entsäuertem Öle auch rohes Rüböl verwendet. So schreiben mehrere deutsche Bahndirektionen in ihren Lieferungsbedingungen für Rübschmieröl rohes Rüböl vor und geben als oberste Grenze des zulässigen Fettsäuregehaltes 0,3 % Säuregehalt auf Schwefelsäure gerechnet (entsprechend 2,1 % Ölsäure) an. Da unraffiniertes Öl viel eher zum Verharzen neigt als raffiniertes, ist es eigentlich ganz verfehlt, das rohe Öl als Schmieröl für Lokomotiven und Tender zu verwenden.

Breuil empfiehlt, den Rübschmierölen geringe Mengen Kreosot zuzusetzen, wodurch dem Ranzigwerden des Öles vorgebeugt sein soll.

Für Preßluftmaschinen, wie sie in den Minen verwendet werden, sollte Rüböl als Schmiermittel nicht erlaubt sein; die bei der Preßluftschmierung mitwirkenden Druck- und Temperaturverhältnisse zersetzen das Rüböl in Kohlenwasserstoffe, Kohlensäure und Kohlenoxyd, welch letzteres sich an der Arbeitsstelle ansammelt und den Bergleuten gefährlich werden kann. Auf diese Art verunglückten in der Concordiagrube zu Dambach im Jahre 1899 zwei Arbeiter[1].

---

[1] Näheres darüber siehe Bd. III, Kapitel „Schmieröle".

Als **Seifenmaterial**[1]) ist Rüböl nicht besonders geeignet. Es verseift sich schwer, gibt Kaliseifen, welche schon bei geringer Kälte auseinandergehen, und liefert krümlige Natronseifen. _Seifen._

Geschätzt sind die aus Rüböl hergestellten **Faktis** und die **geblasenen Rüböle**, welche zum Verdicken von Mineralschmierölen Verwendung finden. Das geblasene (oxydierte) Rapsöl enthält nach E. Lecocq und H. Vandervoort[2]) Kondensationsprodukte (**Keton**verbindungen), die seine Dickflüssigkeit bedingen. _Faktis._

Versuche, das Rüböl für Wollspickzwecke zu verwenden, hatten keinen Erfolg, weil die eingefettete Wolle beim Lagern zu leicht klebrig wird. Ein Vorschlag Richters[3]), das Rüböl, welches zum Spicken verwendet werden soll, nach einer besonderen Methode zu reinigen, wobei es in einen dickflüssigen, tiefolivengrünen, trocknenden Anteil und in ein hellgelbes, völlig neutrales (von Richter „**Kernöl**" genanntes) Produkt geschieden werden soll, ist wegen seiner nebulosen Angaben nicht ernst zu nehmen.

Rückstände.

Die bei der Rübölfabrikation erhaltenen Preßrückstände — die **Rüb-** oder **Rapskuchen** — bilden, je nach Art des verwendeten Rohmaterials, entweder ein beachtenswertes **Kraftfuttermittel** oder sie können nur zu Düngezwecken verwertet werden.

Im Handel unterscheidet man bisweilen zwischen **Raps-** und **Rübsenkuchen**, doch läßt sich diese Trennung nicht immer aufrecht erhalten. Diese Kuchen sind von **grünlicher** bis **graugrüner** oder **graubrauner** Färbung, riechen eigentümlich, fast zwiebelartig, und zeigen, je nach der Konstruktion der angewandten Pressen, verschiedene Formen. Sie stellen entweder runde oder viereckige Platten dar oder sie haben trapezförmige oder ziegelartige Gestalt, welch letztere von den Landwirten besonders geschätzt wird. _Aussehen._

Extraktionsmehle kommen nur äußerst selten vor.

Als mittlere Zusammensetzung dieser Ölkuchensorten gilt:

	Rapskuchen	Rübsenkuchen
Wasser	11,5 %	10,4 %
Rohprotein	30,9	31,4
Rohfett	9,6	9,0
Stickstoffreie Extraktstoffe . . .	29,8	33,8
Rohfaser	11,0	8,2
Asche	7,2	7,2
	100,0 %	100,0 %.

[1]) Das in Jahren hoher Leinöl- und niederer Rübölpreise als Leinölersatz für die Schmierseifenfabrikation angegebene **Rapolein** ist Rübölfettsäure.
[2]) Seifensiederztg., Augsburg 1902, S. 894 u. 909.
[3]) Deutsche Industrieztg., 1869, S. 505; Jacobsens chem.-techn. Repertorium, 1869, Bd. 1, S. 135.

Rohprotein.   Der Stickstoff des Rohproteins der Raps- und Rübsenkuchen besteht nach den Untersuchungen von A. Stutzer, W. Klinkenberg und anderen durchschnittlich aus

$$92,73\,^0/_0 \quad \text{Eiweißstickstoff und}$$
$$7,27\,^0/_0 \quad \text{Nichteiweißstickstoff.}$$

Die stickstoffhaltigen Nichteiweißverbindungen setzen sich der Hauptsache nach aus den für die Kruziferensamen charakteristischen Verbindungen (Sinigrin und Sinalbin) zusammen. Der Gehalt der Rapskuchen an diesen Stoffen und das in diesen Ölkuchen sich in wechselnden Mengen vorfindende eiweißartige Enzym, das Myrosin, sind der Verwendung dieser Preßrückstände als Futtermittel in gewisser Hinsicht nachteilig, worauf weiter unten noch zurückgekommen wird.

Rohfett.   Das Fett der Rapskuchen enthält in der Regel weniger freie Fettsäuren, als dies bei anderen Ölkuchen der Fall ist. Bei einer Reihe von Untersuchungen fand man in dem Fette der Rapskuchen

	nach Ulbricht	nach R. Heinrich
Durchschnitt	$12,22\,^0/_0$	$11,30\,^0/_0$
Maximum	30,18	55,50
Minimum	4,99	4,80

freier Fettsäuren.

Die Rapskgchen werden der Hauptsache nach als Futtermittel verwertet. Zu Düngezwecken werden nur die aus unreiner Saat gepreßten oder viel Senföl entwickelnden Rapskuchen benutzt, weil diese Verwertung viel unrentabler ist als der Verbrauch als Kraftfuttermittel.

Rapskuchen als Futtermittel.   Als letzteres sind die Rapskuchen wegen ihrer Schmackhaftigkeit und ihrer hohen Verdaulichkeitskoeffizienten sehr gut geeignet, doch muß man auf die in diesen Ölkuchen enthaltenen senfölbildenden Stoffe stets Bedacht nehmen.

Die Verdaulichkeit der Nährstoffe der Rapskuchen wurde von Hofmeister durch Fütterungsversuche an Schafen, von Kühn durch solche an Rindern erprobt. Es wurde gefunden:

	bei Schafen	bei Rindern
für Rohprotein	$83,9\,^0/_0$	$86,1\,^0/_0$
„ Rohfett	59,8	87,7
„ stickstoffreie Extraktstoffe . .	66,0	74,4
„ Rohfaser	—	21,2

Die schwefelhaltigen Stickstoffverbindungen der Rapskuchen, welche beim Abschnitte „Fettes Senföl" eingehender beschrieben wurden, entwickeln unter den Seite 340 dieses Bandes erwähnten Bedingungen „ätherisches Senföl". Die Menge des letzteren hängt von der Beschaffenheit der betreffenden Rapskuchen, bzw. von ihrem Gehalte an Sinigrin und Sinalbin ab.

Da sich beim Verfüttern der Rapskuchen durch diese auch im Tierkörper ätherisches Senföl bildet, bzw. dieses, wenn auch vorher bereits entwickelt, doch in den Magen gelangt, kann es infolge seiner ätzenden Eigenschaften für die Gesundheit der Tiere höchst nachteilig werden. Ölkuchen, die große Mengen von Senföl zu entwickeln vermögen, sind daher von der Verwendung als Futtermittel auszuschließen, wie ja aus demselben Grunde auch die Preßrückstände vom schwarzen Senf nicht verfüttert werden dürfen, desgleichen jene von weißer Senfsaat nur mit Vorsicht als Kraftfutter benutzt werden können.

Zur Bestimmung des von Rapskuchen entwickelten ätherischen Senföles wurden von Dircks[1]), Schlicht[2]), Förster[3]), Passon[4]), Gunner und Jörgensen[5]) sowie von Hagemann und Holtschmidt[6]) und anderen analytische Methoden ausgearbeitet, auf die hier nur hingewiesen werden kann; sie lassen hinsichtlich ihrer Genauigkeit sehr viel zu wünschen übrig, sind aber auch aus einem anderen Grunde für die Wertbeurteilung von Kruziferensamenkuchen kaum geeignet. Die aus den verschiedenen Kreuzblütlersamen entwickelten Senföle sind nicht von gleicher Zusammensetzung und äußern eine verschieden heftige Wirkung auf die Schleimhäute. Daß das aus Sinigrin stammende Senföl weniger schädlich wirkt als das aus Sinalbin abgespaltene, wurde schon Seite 341 erwähnt.

B. Sjollema[7]) hat gezeigt, daß auch das schwefelhaltige Öl, welches sich aus Kuchen reiner Rapssaat (Brassica Napus) entwickelt, mit dem gewöhnlichen ätherischen Senföl nicht identisch und weniger giftig ist als dieses.

Interessant ist der Umstand, daß Preßrückstände, die aus vorher erwärmtem Preßgut erhalten wurden, weit mehr Senföl zu entwickeln vermögen als kalt gepreßte. Nach Förster[8]) lassen sich für dieses auffallende Verhalten drei Gründe angeben:

Die Kruziferensamen können erstens vielleicht außer dem Kaliummyronat noch andere Körper enthalten, welche infolge ihrer Zersetzung beim Erwärmen in senfölliefernde Verbindungen übergeführt werden. Zweitens ist es möglich, daß das Myrosin erst durch Wärme zur vollen Wirksamkeit gelangt, wie endlich drittens der Meinung Ausdruck gegeben wurde, das Erwärmen des Preßgutes koaguliere einen Teil der schleimigen, das Eindringen der Myrosinlösung hemmenden Stoffe und bringe diese andererseits in Lösung, so daß das Zellgewebe nach dem Erwärmen dickflüssiger und die ganze Menge des Kaliummyronats der Zersetzung zugänglicher sei als vorher.

---

[1]) Landw. Versuchsstationen, 1883, Bd. 28, S. 174.
[2]) Landw. Versuchsstationen, 1892, Bd. 41, S. 175.
[3]) Landw. Versuchsstationen, 1888, Bd. 35, S. 209, und 1898, Bd. 50, S. 420.
[4]) Zeitschr. f. analyt. Chemie, 1896, Bd. 36, Heft 19.
[5]) Tidskrift Physik og Chemie, 1898, S. 91.
[6]) Fühlings neue landw. Ztg., 1903, Heft 213.
[7]) Landw. Versuchsstationen, 1900, Bd. 54, S. 317.
[8]) Landw. Versuchsstationen, 1898, Bd. 50, S. 429.

Die Ermittlung des Gehaltes eines Rapskuchens an senfölbildenden Bestandteilen, bzw. die Feststellung, ob der Kuchen als Futtermittel verwendbar ist oder nicht, kann besser als durch die chemisch-analytischen Methoden durch eine einfache Geruchprobe geschehen.

Man rührt zu diesem Zwecke die Kuchen in heißem Wasser an und beobachtet die Intensität des sich alsbald zeigenden Senfölgeruches.

So einfach diese Probe an und für sich ist, muß man bei ihr doch verschiedene Nebenumstände beobachten: Erstens soll das Wasser nicht über 70° C heiß sein, weil bei höherer Temperatur die Fermentwirkung des Myrosins aufgehoben und damit die Senfölbildung unmöglich gemacht wird. Zweitens soll man bei Ölkuchen, welche heiß gepreßt wurden, bei denen also ebenfalls das in den Samen enthaltene Myrosin durch Hitze vielleicht zerstört[1]) wurde, Myrosin oder ein myrosinhaltiges Material[2]) zufügen, damit sich durch dessen Fermentation Senföl entwickeln könne. Endlich ist nach Pott auf das Vorhandensein anderer Riechstoffe, welche den charakteristischen Geruch des Senföles verdecken können, zu achten (z. B. die an Cumarin reichen Melilotussamen).

Die allgemein verbreitete Ansicht, wonach die aus heimischer Saat gepreßten Raps- und Rübsenkuchen weniger Senföl entwickeln als Kuchen aus indischem Raps, ist weder durch die Bestimmung des sich bildenden Senföles noch durch praktische Fütterungsversuche bestätigt worden. Wenn dennoch gegen die Verwendung von Rapskuchen aus Saaten indischer Provenienz als Futtermittel eine gewisse Voreingenommenheit herrscht, so ist daran der Umstand schuld, daß man mitunter Saaten, die stark mit schwarzer Senfsaat, Hederich usw. verunreinigt sind, unter dem Namen „indischer Raps" auf den Markt bringt. Daß die aus solchem Material gewonnenen Ölkuchen kein gutes Futtermittel darstellen, liegt auf der Hand.

Böhmer[3]) will bei den Rapskuchen des Handels vier Arten unterschieden wissen:

1. Kuchen aus deutscher Saat gepreßt, in denen sich kaum vereinzelt Unkrautsämchen auffinden lassen;
2. Kuchen, die ausschließlich oder doch zum großen Teil aus indischen Samen hergestellt sind;

---

[1]) Die Zerstörung des Myrosins erfolgt nur bei Temperaturen, welche höher liegen als die bei der Saaterwärmung angewandten. Ein mäßiges Erwärmen scheint die Fermentwirkung des Myrosins eher zu fördern als zu hemmen, da ja durch Wärme die Senfölbildung erhöht wird.

[2]) Die im Verdauungskanal vorkommenden Enzyme wie auch Pepsin entwickeln nach Böhmer aus Kaliummyronat kein Senföl; Ptyalin reagiert in diesem Sinne gleichfalls sehr träge. Rapskuchen, worin durch einen Wärmprozeß das Myrosin vollkommen unwirksam gemacht worden war, könnten daher trotz ihres Sinigringehaltes im Tierkörper kein Senföl bilden, wären also als absolut unschädlich anzusehen.

[3]) Böhmer, Kraftfuttermittel, Berlin 1903, S. 402.

3. Kuchen, die aus durchaus unreinem, meist aus Südeuropa stammendem Rapssamen gepreßt sind oder Rapssamen mit Zusatz von Ausputz enthalten;

4. Kuchen, zu denen ausschließlich die verschiedensten Kruziferensamen, namentlich Senfarten oder allerlei Ausputzsamen verwendet werden.

Die Kuchen der ersten Art erfreuen sich bei den Landwirten einer Beliebtheit, welcher sich in gleichem Umfange wohl nur die Leinkuchen rühmen dürfen. Die viele Jahrzehnte zurückdatierende Verwendung der aus inländischer Saat gepreßten Rapskuchen hat letztere so gut eingeführt und die Landwirtschaft mit diesem Artikel so intensiv bekannt gemacht, daß die Nachfrage das Angebot mitunter übersteigt.

Die Menge des aus „deutschen Rapskuchen" sich entwickelnden Senföles spielt für ihre Brauchbarkeit als Futtermittel nur eine nebensächliche Rolle, da nach den Befunden Sjollemas das aus reiner Rapssaat gebildete Senföl milder wirkt als das anderer Kruziferensamen und mit dem Allylsenföl nicht identisch ist.

Die Rapskuchen aus indischer Saat sind in ihrer Zusammensetzung ziemlich verschieden, weil man von indischem Raps mehrere voneinander recht abweichende Handelssorten kennt. Am meisten vertreten ist in der indischen Saat Brassica glauca (Guzeratraps), doch werden diese goldgelben Samen nur selten für sich verarbeitet, sondern mit der Saat von Brassica juncea und Brassica dichotoma gemischt, weil man dadurch Preßrückstände erhält, die sich äußerlich von den aus europäischem Raps gewonnenen kaum unterscheiden. Guzeratraps für sich allein verpreßt, liefert dagegen gelbbraune bis gelbgraue Ölkuchen.

Die aus den indischen Rapsarten erhaltenen Ölkuchen stehen leider an vielen Orten noch immer in geringem Ansehen. Schuld mag daran der Umstand sein, daß vor langer Zeit sehr unreiner, mit schwarzem Senf vermischter, vielleicht auch verdorbener indischer Raps nach Europa gebracht wurde, wo man die daraus erhaltenen Kuchen ursprünglich als Düngemittel verkaufte. Letzteres mag bei der Unreinheit der Ware das Richtige gewesen sein. Die Samen waren durch den Seetransport nicht selten havariert und man gab sich auch gar keine Mühe, die oft außergewöhnlich schmutzige Ware vor der Verpressung besonders zu reinigen. Als man dann später aus Rentabilitätsgründen die Kuchen doch als Futtermittel an den Mann zu bringen suchte und durch sorgfältigeres Verarbeiten die Qualität des Artikels hob, war das Renommee der indischen Rapskuchen bereits so schlecht, daß das eingenistete Vorurteil nicht mehr verbannt werden konnte.

Auch haben wohl die Anläufe, den indischen Raps durch eine Behandlung mit Kalkwasser für den Transport zu konservieren, den indischen Kuchen Abbruch getan.

(Randnotiz:) Deutsche Rapskuchen.

(Randnotiz:) Indische Rapskuchen.

Daß die aus reinem indischen Raps bei sorgfältiger Verarbeitung erhaltenen Kuchen als ein gutes Futtermittel zu betrachten sind, darüber geben die Versuche von Hansen und Hecker Gewißheit. Hansen fand bei parallelen Fütterungsversuchen, die er mit deutschen und indischen Kuchen an Melkvieh vorgenommen hatte, folgendes [1]):

1. Die Rapskuchen aus indischer Saat hatten bei gleichem Nährstoffgehalt keinen höheren Gehalt an Senföl als die aus deutscher Saat. Auch konnte dem Senföl der ersteren keineswegs eine größere Schädlichkeit als dem der letzteren zugesprochen werden.

2. In der Produktion von Milchfett waren beide Ölkuchenarten gleichwertig; in der Menge der Milch und der fettfreien Trockensubstanz waren die deutschen Rapskuchen den indischen wenig überlegen, doch dürfte sich der Unterschied in den Grenzen der unvermeidlichen Versuchsfehler halten. Den prozentischen Fettgehalt hatten die schlesischen Rapskuchen im Gegensatze zu den indischen und Mecklenburger Rapskuchen deutlich ungünstig beeinflußt. Im ganzen dürfte die Nährwirkung der untersuchten indischen und deutschen Rapskuchen gleich sein.

3. Schädliche Wirkungen auf die Gesundheit der Versuchstiere wurden bei keiner Rapskuchenart beobachtet und ebensowenig — trotz der ziemlich hohen Gabe von 4 kg pro 1000 kg Lebendgewicht — ein bitterer Geschmack von Milch und Butter. Nach diesen Richtungen waren die indischen Rapskuchen mindestens gleichwertig.

4. Unter der Voraussetzung, daß der billigere Preis der indischen Rapskuchen gegenüber dem höheren für deutsche Ware bestehen bleibt, kann aus Rücksicht auf die Rentabilität der Fütterung zur Verwendung der ersteren geraten werden.

Rapskuchen der dritten Gruppe (aus unreiner, meist aus Südosteuropa stammender Saat oder aus Rapssamen mit Zusatz von Unkrautsamen gepreßt) werden in Rußland, England und Ungarn hergestellt und enthalten viel Hederichsamen beigemengt. Alle Kuchen, die aus sogenanntem Donau-, Odessa- oder Schwarzmeerraps, aus Ravison usw. fabriziert wurden, gehören hierher. Die Verfütterung dieser Kuchen ist nicht zu empfehlen.

Die Rapskuchen der vierten Art (aus verschiedenen Kruziferensamen, einschließlich der Senfarten und allerlei Ausputz) sollten ebenfalls von der Verabreichung als Futtermittel ausgeschlossen sein.

Neben der einfachen Einweichungsprobe, wie sie auf Seite 360 erwähnt wurde, bildet die mikroskopische Untersuchung der Rapskuchen ein Kriterium für deren Güte. Um die schädliche Wirkung der Senfölbildung bei den verschiedenen Rapskuchensorten aufzuheben oder doch einzuschränken, sind zwei Methoden empfohlen worden: die Trockenfütterung und das Dämpfen.

Bei der Trockenfütterung, welche Repk [2]), Schneider [3]), Ulbricht [4]) und Haubner [5]) empfehlen, wird der Senfölbildung durch die mangelnde

Verab-
reichungs-
art.

---

[1]) Die Verwendung indischer Rapskuchen (Sonderabdruck aus Landw. Jahrbücher, Berlin 1903).
[2]) Der Landbote, 1890, S. 464.
[3]) Landw. Versuchsstationen, 1890, Bd. 31, S. 45.
[4]) Der Landbote, 1891, S. 535.
[5]) Pott, Landw. Futtermittel, Berlin 1889, S. 476.

Feuchtigkeit vorgebeugt. Das von vielen Seiten gegen das trockene Verfüttern geltend gemachte Argument, daß die Senfölentwicklung dabei im
Tierkörper stattfinde und daher noch schädlicher sei, als wenn sie sich
vor der Verabreichung vollzieht, ist sehr beachtenswert, denn bei der Einspeichelung wie auch durch die Verdauungssäfte wird dem Futter genügend
Feuchtigkeit zugeführt, um die Senfölbildung zu ermöglichen.

Das von Pott empfohlene Kochen oder Dämpfen senfölbildender Futtermittel scheint daher das Bessere zu sein, weil dabei das entwickelte flüchtige
Senföl wenigstens teilweise abgetrieben wird.

Die Krankheitserscheinungen, welche sich bei der Verabreichung senfölbildender Ölkuchen einstellen, sind Durchfall, Verkalben, Kolik und
Fieber. Oft verlaufen diese Krankheiten tödlich. Wenn nicht zu große Tagesrationen verabfolgt werden, lassen sich jedoch selbst Kuchen mit reichlicher
Senfölentwicklung anstandslos verfüttern.

Auch bei Rapskuchen tadelloser Qualität soll man bei bescheidenen
Tagesrationen bleiben, schon deshalb, weil zu hohe Gaben die Verdaulichkeit des Gesamtfettes beeinträchtigen. Speziell an Milchkühe, welche
als Hauptkonsumenten von Rapskuchen zu betrachten sind, soll nicht mehr
als 1 kg pro Tag und Kopf gegeben werden; größere Mengen erteilen der
Milch einen üblen, scharfen Geschmack und der daraus hergestellten Butter
einen Trangeschmack. Für Mastochsen, Schweine und Schafe eignen
sich Rapskuchen gut, doch haben auch hier zu große Gaben ihre Nachteile,
indem sie die Qualität des Fleisches und Fettes beeinträchtigen. An Arbeits-
vieh, Jungvieh und Zuchtsauen sollten Rapskuchen nicht verfüttert
werden oder doch nur in sehr bescheidenen Tagesgaben. Die von Kornauth[1])
ausgearbeitete Fütterungsnorm für Rapskuchen trifft für alle diese Fälle das
Richtige:

Jungvieh im ersten Lebensjahre	0,50 kg
Stiere im ersten Lebensjahre .	0,56
Jährige Stiere	1,00
Absatzstiere	0,25
Zweijährige Kälber	0,50
Mastochsen	1,50—2,00
Kühe	0,50—1,00
Säugende Lämmer pro 100 Stück	20,00
Mastschafe	0,80—1,23
Hammel	0,40—0,80

Die heute in Europa gehandelten Rapskuchen sind nur zum kleinen
Teil aus inländischer Rapssaat hergestellt, mehr als 50 % dürften aus
Samen indischer Herkunft stammen. Die indischen Kuchen werden nicht
immer unter diesem Namen gehandelt, sondern segeln oft unter falscher

[1]) Kornauth, Die landwirtschaftlich wichtigen Rückstände der Ölfabrikation,
Wien 1888, S. 10.

Flagge. In den letzten Jahren ist auch vonseiten der maßgebenden Kreise der Landwirtschaft viel geschehen, um die unberechtigte Abneigung gegen indische Kuchen zu brechen. Daß gegen letztere, wenn sie unter ihrem wahren Namen gehandelt werden und von entsprechend reiner Qualität sind, prinzipiell nichts einzuwenden ist, wurde schon oben (Seite 362/63) betont.

Handel.

Deutschland. Die Rübölfabrikation rangiert in der deutschen Ölindustrie an zweiter Stelle. Von den 265 Ölfabriksbetrieben Deutschlands, welche pro anno 800000 Tonnen Ölsaat verarbeiten, werden jährlich 270000 Tonnen Lein und 220000 Tonnen Raps und Rübsen verpreßt.

Rapsbau
Deutsch
lands. Der Anbau von Raps und Rübsen ist in Deutschland noch immer ganz bedeutend, denn es werden dort fast 120000 Tonnen davon im Jahre geerntet. Der Löwenanteil (ca. 70 %) der Rapsproduktion Deutschlands fällt Preußen zu, wo es wiederum Schlesien ist, das den meisten Raps anbaut, dann folgen Schleswig-Holstein, Westpreußen, Pommern, Ostpreußen, Brandenburg, Hannover, das Rheinland, Hessen-Nassau, Posen und Westfalen.

In dem letzten Jahrzehnt hat der deutsche Rapsbau aber eine ganz bedeutende Brachlegung erfahren, was hauptsächlich auf das unsichere, stark schwankende Ernteertägnis zurückzuführen sein mag; dieses bewegt sich zwischen 5,5 und 17,5 Meterzentner Saat pro Hektar.

Rapsimport. Die Inlandsernte vermag den Bedarf Deutschlands an Rapssaat nicht zu decken; es findet ein der Inlandsproduktion annähernd gleicher Import statt. Es wurden

	geerntet	eingeführt	ausgeführt	somit Inlandskonsum	
1894	109981	137280	4235	243026	Tonnen
1895	117371	116342	6660	227053	„
1896	111262	90282	5320	196224	„
1897	131325	120095	6237	245073	„
1898	116953	120291	4922	232322	„
1899	110320	105321	7651	207990	„
1900	140222	131914	2220	269916	„

Der nach Deutschland eingeführte Raps und Rübsen kam hauptsächlich aus Britisch-Ostindien, Rumänien und Rußland. So verteilte sich z. B. der Import in den letzten Jahren wie folgt:

	Belgien	Österr.-Ungarn	Rumänien	Rußland	Britisch-Indien	Niederländ.-Indien
1895 . .	2678	2140	12533	44555	50148	2632
1896 . .	2279	2072	5004	42770	35178	1242
1897 . .	4955	3659	4048	23183	79946	2611
1898 . .	2309	896	1435	16566	94752	1293
1899 . .	2833	550	747	31462	76909	1028
1900 . .	1186	1027	42206	22170	62273	801

Das Deutsche Reich führt einen Teil des erzeugten Rüböles aus, und zwar betrug dieser Export:

	Tonnen	Wert Millionen Mark
1895	6476	2,1
1896	8724	3,7
1897	3015	1,3
1898	3744	1,4
1899	5221	1,8
1900	7997	2,8

Da für Rapssaat 5, vertragsmäßig 2 Mark Eingangszoll erhoben werden, ist die Ausfuhr von Rüböl natürlich nur im Veredlungsverkehr möglich; das exportierte Öl geht hauptsächlich nach England (ca. $70^0/_0$), Hamburg und Norwegen [1]).

Die Einfuhr von Rüböl, welche Deutschland aufzuweisen hat, ist nicht von besonderem Belang; sie betrug:

	Tonnen	Wert Millionen Mark
1895	93	0,05
1896	198	0,10
1897	1775	0,70
1898	972	0,30
1899	387	0,20
1900	198	0,10,

wovon noch durchschnittlich $15^0/_0$ auf den Veredlungsverkehr entfallen.

Österreich-Ungarn. Der Rapsbau dieses Staates ist, wie der des Deutschen Reiches, sehr zurückgegangen; dagegen erfreut sich die Rapsverarbeitung einer guten Prosperität. In Jahren schlechter Rapsernte genügt das im Inlande produzierte Saatquantum nicht zur Deckung des Bedarfes und es findet in solchen Zeiten ein beträchtlicher Import von indischer, russischer und rumänischer Saat statt, während in Jahren guter Rapsernte die Ausfuhr dieser Saat den Import überwiegt. In den letzten Jahren stellten sich die Verhältnisse wie folgt:

	Import	Export
	dz Rapssaat	
1895	8213	15415
1896	1103	18266
1897	2961	63477
1898	24261	9155
1899	56884	2578
1900	107685	9516
1901	181675	7980

[1]) Näheres über die Zollverhältnisse siehe im Schlußkapitel von Bd. IV.

Der Auslandsverkehr an Rüböl ist weniger lebhaft, wie folgende Ziffern zeigen:

	Ausfuhr	Einfuhr
	dz Rüböl	
1895	132	1106
1896	117	1563
1897	123	627
1898	985	395
1899	1119	1711
1900	688	1866
1901	62	949

Rußland.   Rußland. Über den bedeutenden Rapsbau dieses Landes liegen keine näheren statistischen Aufzeichnungen vor, doch geben die Exportziffern von der Größe der russischen Rapskultur ein ungefähres Bild. Es wurden exportiert:

	Pud	Wert in Rubeln
1887	6 287 000	5 946 000
1890	7 135 000	9 856 000
1895	11 348 000	7 452 000
1896	9 698 000	6 718 000
1897	5 584 000	5 146 000
1898	4 693 000	3 772 000

Die Ausfuhr findet in der Hauptsache von den Häfen des Schwarzen Meeres aus statt und erhalten:

Großbritannien	31 %
Deutschland	19
Frankreich	18
Belgien	14
Österreich-Ungarn, Holland und Bulgarien	18

des exportierten Quantums.

Rußland selbst besitzt 55 Ölmühlen, die sich besonders in den Gouvernements Livland, Minsk und Cherson befinden und ungef... 300 000 Pud Rüböl pro anno erzeugen. Dieses wird zumeist im Inlande verkauft.

Frankreich.   In Frankreich ist der Rapsanbau seit ca. 40 Jahren sehr eingeschränkt worden. So war beispielsweise die mit Raps bebaute Fläche im Jahre 1862 210 000 Hektar, wogegen sie 1898 nur 50 000 Hektar betrug. Dafür findet ein ziemlich lebhafter Import von Rapssamen statt, und zwar werden hauptsächlich die Marken

Colza rouges de Kutnee,
Colza Ferozepore,

Colza Yamba und
Colza Currachée

eingeführt, deren Import im Jahre 1899 16000 Tonnen im Werte von
3200000 Franken betrug.

Marseille allein bezog:

	Colza (Rapssaat)	Ravison (Hederichsamenart)
	Meterzentner	
1900	63160	2690
1901	78230	2700
1902	50070	150
1903	28500	3200
1904	21620	—
1905	15460	100
1906	31910	—

Der in Marseille importierte Raps ist zumeist indischer Herkunft.

England. Die englische Rübölindustrie ist achtunggebietend. Der
Verbrauch dieses Öles ist im Lande sehr groß, außerdem findet aber auch
ein namhafter Import darin statt.

Von dem Umfang der Rübölproduktion Englands geben die nachstehenden Zahlen ein Bild:

	Einfuhr von Rapssaat	Einfuhr	Ausfuhr von Rüböl
1900 . . .	134243 Quarters[1])		statistisch
1901 . . .	163329 „		nicht besonders aus-
1902 . . .	228278 „		gewiesen
1903 . . .	308296 „		
1904 . . .	309325 „	12055	2956 Tonnen
1905 . . .	181326 „	10992	3390 „

Auch Italien, Belgien, die Balkan- und anderen europäischen Staaten
sind Rapssaat- und Rapsölproduzenten. Von den überseeischen Ländern
kommt als Rapssaatlieferant, wie schon wiederholt erwähnt, hauptsächlich
Indien in Betracht. Es wurden von dort ausgeführt:

1899 . . .	11424 cwt[2])	im Werte von	80136 Rupien[3])
1900 . . .	7058 „	„ „ „ „	55962 „
1901 . . .	10323 „	„ „ „ „	74556 „
1902 . . .	3856 „	„ „ „ „	27030 „
1903 . . .	7100 „	„ „ „ „	53260 „
1904 . . .	78 „	„ „ „ „	546 „

[1]) 1 Quarter = 416 engl. Pfund à 0,4536 kg = 188,6976 kg.
[2]) 1 cwt = 50,8024 kg.
[3]) 1 Rupie = 1,36 Mark.

Die Anbaufläche und der Ernteertrag an Kruziferensämereien (Raps und Senf) gestalteten sich nach amtlichen Mitteilungen in Britisch-Indien wie folgt:

	Anbaufläche in Acres [1]		Ernteertrag in Tonnen	
	1903/4	1904/5	1903/4	1904/5
Vereinigte Provinzen	2560926	2647136	571643	354813
Bengalen	1973900	1961200	365500	358800
Punjab	1038900	1210800	159236	119330
Nordwestgrenze . .	130231	55719	17127	8341
Assam	172039	129524	29098	28411
Bombay	36007	24227	5786	2892
Sindh	85525	63268	16550	2959
Hyderabad	14917	12993	266	218
Zusammen	6012445	6104867	1165206	875764

Über die Preisbewegungen der Rapssaat und der daraus erzeugten Produkte in der Periode 1886—1895 geben die nachstehenden Durchschnittswerte Aufschluß:

	Durchschnittspreis pro Tonne		
	Rapssaat	Rapsöl	Rapskuchen
	Mk.	Mk.	Mk.
1886	210,2 [2]	418 [3]	115 [4]
1887	210,5	440	116
1888	240,9	506	129
1889	288,4	636	140
1890	268,9	664	125
1891	265,0	619	122
1892	235,1	541	135
1893	222,0	501	124
1894	190,9	451	117
1895	187,8	459	119

In den letzten 25 Jahren war der Rübölpreis im Jahre 1883 am höchsten, wo dieses Öl in Hamburg mit 76,70 Mark pro Meterzentner notierte. Rapskuchen waren im Jahre 1881 am teuersten, zu welcher Zeit die Tonne 147 Mark kostete.

Die Preisschwankungen der Rübsaatprodukte während der Periode 1900 bis 1906 zeigt Tafel X.

---

[1]) 1 Acre = 40,4671 Ar.
[2]) Preis ab Amsterdam.
[3]) Preis inklusive Faß ab Hamburg.
[4]) Preis ab Hamburg.

Additional material from *Gewinnung der Fette und Öle,*
ISBN 978-3-662-01825-5 (978-3-662-01825-5_OSFO3),
is available at http://extras.springer.com

Hederichöl.

Huile de ravison. — Huile de raphanistre. — Hedge radish Oil. —
Hedge mustard Oil. — Olio di rafano.

Herkunft und Geschichte.

Das Hederichöl wird aus den Samen des auf Äckern und Wegen als   Ab-
stammung.
Unkraut vorkommenden Hederichs oder Heideretttichs, auch Acker-
rettichs (Raphanus raphanistrum L. = Raphanistrum arvense
Wall.) gewonnen. Förster macht darauf aufmerksam, daß der unter den
Namen Hederich, wilder Raps oder Ravison in den Handel kommende
Ölsame wahrscheinlich der Hauptsache nach vom Ackersenf und nicht vom
Hederich abstamme, weil sich die Samen des letzteren nur sehr schwierig
aus ihren Hülsen entfernen lassen.

Nach Valenta wurde Hederichöl zuerst im Jahre 1880[1]) in Ungarn   Geschichtliches.
in größerem Maßstabe gewonnen, in welchem Jahre die Rapsernte sehr
schwach ausgefallen und die Suche nach einem Rübölersatze allgemein
war. Nach anderen Angaben soll man schon im Jahre 1877 die Gewinnung von Hederichöl im großen versucht haben. In Marseille wird eine
Art von Hederichsamen (Ravison) schon seit vielen Jahren in größerem
Maßstabe auf Öl verarbeitet. (Siehe S. 367.)

Rohmaterial.

Die kleinen, im Aussehen an Rübsen erinnernden heimischen Hederich-   Same.
samen enthalten nach Holdefleiß[2]):

Wasser	7,12 %
Rohprotein	23,60
Rohfett	25,56[3])
Stickstoffreie Extraktstoffe	22,17
Rohfaser	10,13
Asche	11,42

Gewinnung, Eigenschaften und Verwendung.

Das bisher erzeugte Hederichöl ist wohl ausschließlich durch Pressung
gewonnen worden. Valenta[4]) gibt für gepreßtes, unraffiniertes Hederichöl   Eigenschaften.
eine Dichte von 0,9175 (bei 15° C) und einen Erstarrungspunkt von unter-

---

[1]) Dinglers polyt. Journ., 1883, Bd. 247, S. 37.
[2]) Fühlings Landw. Ztg., 1890, S. 793; Jahresbericht d. Agrikulturchemie,
1890, S. 444.
[3]) Die Angaben von Schädler, Valenta, Lewkowitsch usw., nach welchen
Hederichsamen 35—40% Öl enthalten sollen. treffen nur für gewisse, am Marseiller Markte unter dem Namen „Ravison" bekannte Arten zu.
[4]) Dinglers polyt. Journ., 1883, Bd. 247, S. 36.

halb — 8 ° C an. Das dunkelolivgrüne Öl zeigt einen dem Rüböl ähnlichen Geruch und Geschmack, nur schmeckt es hinterher kratzend. Das raffinierte Öl — am besten dürfte sich zur Raffination von rohem Hederichöl die bei Rüböl gebräuchliche Schwefelsäuremethode eignen — ist von gelber Farbe und kann an Stelle des Rüböles zu Beleuchtungs- und anderen Zwecken verwendet werden.

Rückstände.

Hederich-kuchen.   Die in Frankreich unter dem Namen Ravisonkuchen bekannten Öl-kuchen sind keine Hederichkuchen, sondern stammen von Sinapis arvensis. Hederichkuchen werden unter ihrem wirklichen Namen kaum angeboten, sondern gelangen gewöhnlich mit Rübsenkuchen vermischt zum Verkaufe. Diesem verwerflichen Vorgang begegnet man besonders in jenen Gegenden, wo die Hederichpflanze stark verbreitet ist und wo man dem Samen eine möglichst lukrative Verwertung geben will.

Gartenkressensamenöl.

Huile de cresson. — Huile de cresson alenois. — Garden cress Oil. — Olio di crescione.

Herkunft.

Ab-stammung.   Dieses Öl wird aus den Samen der im Orient heimischen, heute aber in ganz Europa zu findenden Gartenkresse (Lepidium sativum L.) gewonnen, die nach J. J. A. Wijs[1] 25,2 % davon enthalten.

Eigenschaften.

Eigen-schaften.   Das Öl besitzt den charakteristischen Gartenkressengeruch, und zwar riecht das extrahierte Öl stärker als das ausgepreßte; dieses ist von gelber Farbe, jenes rötlich. Beim Verseifen des Öles beobachtete Wijs ein Verschwinden des Gartenkressengeruches und das Auftreten eines unangenehmen Trangeruches. Die Dichte des gepreßten Öles ist 0,9212, die des extrahierten 0,9221 (bei 20 ° C). Das Gartenkressenöl ist ziemlich kältebeständig; es trübt sich bei — 6 ° C, erstarrt aber erst bei —15 ° C.

Man gewinnt dieses Öl besonders in Indien. In Bengalen und im Pendschab dient es zu Speisezwecken, als Brennöl und zur Seifenbereitung.

Zachunöl.

Ab-stammung.   Dieses Öl wird in Indien gewonnen und von den Eingeborenen verwendet. Das Rohprodukt dafür sind die Samen des ägyptischen Zahn-

---

[1]) Chem. Revue, 1903, S. 180.

baumes (Ximenia aegyptiaca Roxb. = Balanites Roxburghii Planch. = Balanites aegyptiaca Willd.), der in Hindostan unter dem Namen Hingu, bei den Tamulen als Numjoonda bekannt ist.

Rohprodukt.

Die anfangs grüne, später rötliche Frucht des Zachunbaumes wird von den Arabern zur Bereitung von Konserven benutzt. Sie erinnert etwas an die Dattel und besteht nach den Untersuchungen von Milliau und von Suzzi aus:

Frucht.

$$44,72\,^0/_0 \text{ Fruchtfleisch,}$$
$$44,48\,^0/_0 \text{ Samenschale,}$$
$$10,80\,^0/_0 \text{ Samenkern,}$$
$$\overline{100,00\,^0/_0.}$$

Der Samenkern enthält:

Same.

Wasser	3,60 $^0/_0$
Rohprotein	26,86
Rohfett	41,20
Stickstoffreie Extraktstoffe	20,76
Rohfaser	4,56
Asche	3,02
	100,00 $^0/_0$

Eigenschaften.

Das Zachunöl ist hellgelb, geruchlos, schmeckt nicht unangenehm und brennt mit ruhiger, rußfreier Flamme. In seiner Zusammensetzung und seinem Verhalten ähnelt es dem Kottonöle.

Eigen-
schaften.

C) Nichttrocknende Öle.

Diese Klasse umfaßt alle jenen Öle, welche bei gewöhnlicher Temperatur keine oder doch nur ganz geringe trocknende Eigenschaften besitzen. Sie bestehen der Hauptsache nach aus Triglyzeriden der Ölsäure, enthalten daneben aber auch solche der Stearin- und Palmitinsäure sowie anderer gesättigter Fettsäuren. Linolensäureverbindungen sind in den nichttrocknenden Ölen nicht enthalten, Linolsäureglyzeride nur in ganz untergeordneter Menge. Der hohe Prozentsatz der in diesen Ölen enthaltenen Ölsäureglyzeride läßt die Elaidinreaktion ganz besonders exakt auftreten.

Einige nichttrocknende Öle zeigen einen auffallenden Gehalt an hydroxylierten Säuren (Rizinusöl, Traubenkernöl u. a.), welche den betreffenden Ölen charakteristische Eigenschaften erteilen und durch ihre hohe Jodzahl auffallen. Lewkowitsch reiht daher diese Glieder der Klasse der nichttrocknenden Öle in eine besondere Gruppe. Bemerkenswert sind bei diesen letzten Produkten die hohe Acetylzahl (Maß für die hydroxylierten Fettsäuren) und die Lösungsverhältnisse, die von denen anderer Öle abweichen.

Olivenöl.

Baumöl. — Aixeröl. — Provenceröl. — Jungfernöl. — Salatöl. — Huile d'olives. — Huile de Provence. — Olive Oil. — Sweet Oil. — Virgin Oil. — Olio d'uliva. — Aceyte conum (Spanien). — Aceyte (Portugal). — Bomolie (Dänemark). — Olyfoly (Holland). — Oleum Olivarum.

Abstammung und Geschichte.

Herkunft.

Das Olivenöl wird aus dem Fleische (zum Teil auch aus den Samenkernen) der Früchte des gemeinen Ölbaumes gewonnen. Von diesem in die Familie der Oleaceen gehörigen Baume kennt man zwei Formen: den wildwachsenden und den kultivierten Ölbaum.

Der wilde Ölbaum oder Oleaster (Olea europaea var. sylvestris L. = Olea europaea var. oleaster D. C. = Olea oleaster L.) stellt ein mehr strauchartiges Gewächs dar, dessen Zweige in Dorne auslaufen; die kultivierte Form (Olea europaea culta L. = Olea europaea var. sativa D. C.) ist in ihrer vollkommensten Art ein mehr oder weniger hoher Baum mit sehr verästelter, immergrüner Krone, in verwildertem Zustande bildet sie dichte Sträucher. Die Größe der Bäume ist sehr verschieden. Von den schwächlichen, zarten Formen angefangen, kennt man Exemplare, deren Stammumfang 6—7 Meter beträgt; das deutet bei solchen Kolossen auf ein respektables Alter hin. 600—700 Jahre sind bei einer Altersangabe der Olivenbäume keine zu hohe Zahl; werden doch von einigen Botanikern 1000 Jahre und darüber als das erreichbare Alter der Olivenbäume genannt.

Die wilden Olivenbäume (Oleaster) können durch Okulieren und andere Veredlungsmethoden veredelt werden. Von der kultivierten Form kennt man viele Dutzend Arten. Auf diese näher einzugehen, ist hier nicht der Ort; es seien nur einige der wichtigsten, in Frankreich und Italien gezogenen Varietäten erwähnt. Degrully und Viala[1] sagen über die französischen Spielarten folgendes:

Spielarten.

„In der Provence und namentlich in der Umgebung von Aix, welche Stadt wegen ihres feinen Öles bekannt ist, wird die Varietät „Pigale" in großem Umfange kultiviert; sie liefert eine erstklassige Frucht, die eine reichliche Ausbeute an vorzüglichem Öl gibt. Die Varietät „Verdale" wächst hauptsächlich in Languedoc; nur ein kleiner Teil der Ernte wird zur Ölgewinnung verwertet, das Gros dient

---

[1] Seifensiederztg., Augsburg 1903, S. 707.

als Tafeloliven. Die Abart „Rouget" ist ein sehr kräftiger Baum, der auch strenger Winterkälte widersteht; die erzielte Ölausbeute ist reichlich, die Qualität des Öles eben noch genügend. „Picholine" gehört zu den ausgezeichnetsten Olivenbäumen Frankreichs und wird speziell in der Provence angetroffen; gewöhnlich werden die Früchte dieses Baumes in grünem Zustande abgepflückt und eingemacht. Der „Sayern" wird in der Provence ausschließlich der Ölgewinnung halber kultiviert; er liefert reichlich Öl von vortrefflicher Qualität. Der „Pendoulier" ist eine sehr kräftige Varietät, die ein hohes Alter erreicht und als die schönste französische Abart bezeichnet wird. Ungeachtet seiner großen Vorzüge findet man diesen Baum selten in großen Plantagen, wenn man ihn auch hie und da antrifft, wo immer Oliven wachsen. Das Öl aus dieser Varietät ist von allerfeinster Qualität. Eine andere gerühmte Varietät wird „Cailletier" genannt; man findet sie in der Gegend von Nizza und in Ligurien. In dem letzteren Lande scheint sie wegen ihrer allgemeinen Vorzüge alle anderen Varietäten zu ersetzen. Sie liefert viel Öl von feiner Qualität."

Von italienischen Sorten zählen Oliva gentile, Frantoia oder Grassaia, Moraiola oder Morinella und Leccino zu den bekanntesten.

Oliva gentile, deren Früchte viel Öl vorzüglicher Qualität geben, ist für wärmere Gegenden sehr geeignet, in den Ebenen und auf niedrigem Hügellande ist die spät reifende Frantoia oder Grassaia zu finden; Moraiola gedeiht bis hoch ins Gebirge hinauf und reift dabei ziemlich früh; Leccino ist stark und kräftig gebaut und vermag Witterungsunbilden am besten zu widerstehen.

Der Olivenbaum hat trotz mehrfacher Krankheiten, die ihn befallen können, eine überaus zähe Natur; selbst nach dem Abhauen des Stammes treibt der Baumstumpf aufs neue aus (Stockausschläge [1]).

Über die verschiedenen Schädlinge [2]) und Krankheiten, welche den Ölbaum heimsuchen, kann hier nur ganz kurz berichtet werden.

Der gefährlichste Schädling ist die Ölfliege (Dacus oleae), welche Schädlinge. sich vom Fruchtfleische der Olive nährt und in Südeuropa in manchen Jahren Verheerungen anrichtet, welche sich auf mehrere Millionen Franken oder Lire belaufen. Dieses in Frankreich „la Mouche de l'olivier", in Italien „Mosca delle olive" genannte Insekt, von dem man mehrere Generationen kennt, legt seine Eier in das Fruchtfleisch der jungen Olive, die ausschlüpfenden Maden leben von demselben und verpuppen sich darin oder im Erdboden.

Weniger häufig zu finden ist die Ölmotte (Tinea olealella), deren erste Generation ihre Eier auf die jungen Triebe ablegt, während die zweite Generation sich hierfür die Blütenstände und jungen Früchte aus-

---

[1]) Um das Jahr 1830 wurden in Istrien, Dalmatien. Toskana und Ligurien fast alle Olivenbäume durch Frost vernichtet und die heute dort vorhandenen älteren Bäume sind fast durchwegs „Stockausschläge" dieser erfrorenen Kulturen.

[2]) Näheres über Schädlinge des Olivenbaumes siehe: Goureau, Insectes nuisibles aux arbres fruitiers, Paris 1861; M. Peragello, L'olivier, son histoire, sa culture, ses ennemis et ses amis, Nizza 1882; G. Boyer, Recherches sur les maladies de l'Olivier (Annales de l'Ecole nat. d'agricult. de Montpellier, 1892); V. Mayet, Les insectes de l'Olivier (Progrès agricole et viticole, 1898, Bd. I).

sucht. Die Larven der zweiten Generation fressen die jungen, weichen Kerne der Oliven, wodurch die Frucht abfällt.

Von Schädlingen des lebenden Holzes wären Phloeothribus oleae, Hylesnus oleiperda und Coccus ligniperda zu nennen.

Auch durch Pilze hat der Olivenbaum zu leiden; so vor allem durch Cycloconium oleaginum (in Italien Occhio di pavone genannt), der Blätter und Früchte befällt.

In Algier, besonders im Gebiete von Bibans, gibt es viele Olivenbäume, welche im Sommer eine Art Manna absondern. Man nennt dieses dem Eschenmanna sehr ähnliche Produkt „Honig des Olivenbaumes" (Assal Zitoun). Nach Untersuchung von Trabut scheint das Manna durch Stiche von Insekten hervorgerufen zu werden. Letztere sollen einen Pilz übertragen, der im Cambium zu leben vermag, die Zusammenziehung des Bastes herbeiführt und die Absonderung des zuckerhaltigen Exsudats hervorruft. Die von der Krankheit befallenen Bäume tragen dennoch Früchte[1]).

Der Olivenbaum zieht die Küstenstriche dem Binnenlande vor, doch gedeiht er bei sonst günstigen Vegetationsbedingungen auch tief im Inlande sehr gut. Es ist daher ganz irrig anzunehmen, daß feinste Olivenölkulturen an Orten, die 150—200 km vom Meeresufer entfernt sind, nicht mehr möglich seien (die blühenden Kulturen am Gardasee, die Olivenbestände in der Nähe Madrids).

In den Mittelmeerländern sind alte Kulturstände zu finden, die förmliche Waldungen darstellen (Fig. 67). Die silbergraue Färbung der lanzettförmigen Olivenblätter läßt solche Olivenbestände aus der Ferne eigenartig graugrün erscheinen.

Heimat. Die eigentliche Heimat des Olivenbaumes ist noch nicht mit voller Sicherheit ermittelt, doch kann man nach den bisherigen Forschungen Vorderasien, Syrien, Palästina und Anatolien als solche ansehen. Battandier nimmt Algier als Ursprungsland an und meint, es könne keine Pflanze mit größerer Berechtigung als dort heimisch bezeichnet werden wie der Ölbaum, denn er bilde einen bedeutenden Teil der algerischen Waldbestände, trotzdem hier an künstliche Anpflanzungen gar nicht zu denken sei. Auch in Marokko fand man den Ölbaum in wildem Zustande wachsen.

Nach Willkomm[2]) ist der Oleaster in Spanien und Marokko sowie auf Sardinien heimisch; dieser Autor schlägt sich zu denjenigen, die die Meinung vertreten, daß der Ölbaum außer im Osten auch um das Mittelmeer herum von den frühesten Zeiten an vorkam und daß der Oleaster keineswegs eine vernachlässigte Form der Edelolive sei, sondern ihre Stammpflanze darstelle.

---

[1]) Seifenfabrikant, 1901, S. 718.
[2]) Zwei Jahre in Spanien und Portugal, Leipzig 1856, Bd. 2, S. 302.

Additional material from *Gewinnung der Fette und Öle,*
ISBN 978-3-662-01825-5 (978-3-662-01825-5_OSFO4),
is available at http://extras.springer.com

Die veredelte Form des Olivenbaumes ist besonders in den Mittelmeerländern zu finden, doch sind auch in Asien, Amerika (Kalifornien) und Australien Kulturen dieses nützlichen Baumes anzutreffen.
Über die Verbreitung des Ölbaumes im Mittelmeer hat Theobald Fischer
eine äußerst exakte Karte ausgearbeitet, die wir in verkleinertem Maßstabe
auf Tafel XI[1]) wiedergeben.

Fig. 67. Olivengarten in Agnani (Toskana, Italien).

Für die Geschichte des Olivenbaumes finden sich in der heidnischen Geschichte.
und christlichen Altertumskunde interessante Dokumente. Die Taube, welche
Noah die Botschaft brachte, trug einen Ölzweig in ihrem Schnabel; Moses
werden die Worte in den Mund gelegt: „Ölbäume wirst du sehen in allen
deinen Grenzen." Der Ölbaum spielt überhaupt in der Bibel eine wichtige
Rolle. Den Israeliten wird im Gelobten Land neben Feigen und Wein die
Olive verheißen; Olivenzweige wurden beim Laubhüttenfest zum Aus-
schmücken der Hütten verwendet. David sowie Salomo förderten die
Olivenkultur. Bekannt ist aus der Leidensgeschichte Jesu der Ölberg,
der noch heute acht Bäume aufweisen soll, die aus Christi Zeiten

---

[1]) Entnommen der verdienstvollen Studie Theobald Fischers, Der Ölbaum,
Gotha 1904. (Sonderabdruck aus „Petermanns Mitteilungen", 1904, Er-
gänzungsheft Nr. 147.)

stammen. Bei der Zerstörung Jerusalems ließ Titus alle Olivenwaldungen um die Stadt umhauen, doch fingen die Baumstümpfe wieder an zu treiben und erblühten aufs neue.

Der griechischen Sage nach stritten Poseidon und Athene einst miteinander um die Schutzherrschaft und um den göttlichen Besitz von Hellas, ein Streit, der nicht mit dem Schwerte, sondern mit der edelsten Waffe der Götter, mit der Macht des Segens, ausgefochten werden sollte. Das Land sollte dem gehören, der ihm die größte Wohltat erwiesen hatte. Poseidon entlockte darauf dem Felsen der Burg Akropolis den heiligen Quell des Erechtheion, Athene beschenkte das Land dagegen mit dem Ölbaume und gab ihm damit den höchsten Segen. Die Frucht des Öl-baumes ist denn auch ein Sinnbild des Gedeihens und des glückbringenden Friedens geblieben.

Nach Hehn[1]) kultivierten die Griechen zur Zeit Homers den Oliven-baum nicht, welcher Ansicht jedoch Schrader widerspricht. Dafür zeugt die öftere Erwähnung des Ölbaumes in der Odyssee und in der Iliade. Solon erließ Gesetze zum Schutze der Ölbaumkulturen.

In Italien und Gallien war die Olivenkultur von alters her bekannt. Die Phöniker sollen den Olivenbaum nach Marseille gebracht haben (680 v. Chr.). Von der Olivenkultur Italiens, insbesondere Roms, legen unter anderem auch die Ausgrabungen Pompejis Zeugnis ab. (Siehe S. 379.)

Die Gewinnung und Verwendung von Olivenöl datiert nicht so weit zurück wie die Kultur des Ölbaumes, dessen Früchte man ursprünglich nur als Nahrungsmittel verwandte. Bei der leichten Ausbringbarkeit des Öles aus dem Fruchtfleisch kam man aber bald hinter die Verwertung der Olivenfrucht als Ölgeberin. Nach Hehn hätte Griechenland zu Homers Zeiten noch kein Olivenöl erzeugt und die geringen Mengen dieses Pro-duktes, welches damals nur von den Edlen und Reichen zum Salben des Körpers verwendet wurde, aus dem Westen bezogen. Dies scheint aber nicht ganz zuzutreffen, sowohl was die Einfuhr des Öles, als auch dessen Verwendung betrifft.

Bei den Ausgrabungen auf der griechischen Insel Santorin[2]) fand man unter anderem auch Ölpressen, was beweist, daß diese abgelegene Insel, die heute bis auf eine vereinsamte Dattelpalme baumlos ist, damals nicht nur Ölbäume beherbergte, sondern auch Olivenölgewinnung betrieb.

Auch scheint es feststehend, daß das Öl schon damals außer zu kosmetischen Zwecken (Einreiben des Körpers und des Haares) auch als Speisefett, zum Brennen in Lampen, zum Geschmeidigmachen der Gespinstfaser usw. Verwendung fand. Es diente ferner zum Salben der Könige und zu verschiedenem rituellen Gebrauche, wie das Ölivenöl ja auch im katholischen Ritus verwendet wird.

---

[1]) Hehn, Kulturpflanzen und Haustiere, 7. Aufl., Berlin 1902, S. 102.
[2]) Fouqué, Santorin et ses éruptions, Paris 1879, S. 94.

Das Einreiben des Körpers mit Öl war früher eine so allgemeine Sitte, daß Plinius darüber sagen konnte: „Zwei Flüssigkeiten gibt es, die dem menschlichen Körper angenehm sind: innerlich der Wein und äußerlich das Öl." Auch Demokritos von Abdera hat auf die Frage, wie man sein Leben verlängern könne, den Ausspruch getan: „Innerlich Honig, äußerlich Öl."

Die phönikischen Städte Leptis magna und Leptis parva mußten zu Cäsars Zeiten jährlich 3 Millionen Pfund (ca. 1 Million Kilogramm) Olivenöl nach Rom liefern. Numidien führte während der römischen Kaiserzeit viel Öl aus.

In Spanien war die Provinz Andalusien als gute Ölproduzentin bekannt; zu Beginn unserer Zeitrechnung führte dieses Land sehr reichliche Mengen guten Öles aus[1]).

In Afrika war es Algier, das zuerst die Olivenölgewinnung auf eine gewisse Höhe brachte. Besonders auf dem Hochlande von Tebessa scheint die Ölerzeugung ziemlich entwickelt gewesen zu sein. An letzterem Orte sind noch heute gut erhaltene Ölmühlen aus dem 3. und 4. Jahrhunderte zu sehen. Am Flusse Muthul war übrigens der Ölbaum um jene Zeit ein wichtiger Kulturträger; er verwandelte viele Landschaften längs des Flußlaufes, die früher öde und ohne jede Vegetation waren, in fruchtbare Kulturländer, welche Tausenden von Menschen nicht allein Wohlstand, sondern auch Gesittung verliehen. Wie dicht die damalige Bevölkerung dieser Gegenden gewesen sein mag, davon zeugen die vielen Trümmerstätten, die man in jenem Lande findet, und für die Intensität der Olivenzucht sprechen die in enormen Mengen und selbst in achtunggebietender Größe vorhandenen Überreste von Ölmühlen und Ölpressen.

Zum Gegenstande des Welthandels dürften die Phöniker das Olivenöl gemacht haben. Sie führten das hauptsächlich in Palästina und Syrien gewonnene Öl nach Ägypten und — wie schon bemerkt — in das Römische Reich, und man kann sogar zeitweise Überflutungen des Marktes mit Olivenöl konstatieren. Eine solche Überproduktion scheint zur Zeit des Todes des Septimius Severus bestanden zu haben, denn es wird berichtet, daß Rom damals Olivenölvorräte besaß, die genügten, ganz Italien für fünf Jahre mit diesem Produkte zu versehen. Daß man in Rom einige Jahrhunderte vor Christi Geburt auch selbst Olivenöl gewann, bezeugt eine in Pompeji vorgefundene Ölmühle[2]). Das

---

[1]) Der Ölbaum wird von den Spaniern Olivo, von den Portugiesen Oliveira genannt, welch beide Namen auf Italien hinweisen. Doch gebraucht man auch den vom Arabischen übernommenen Namen Aceytuno und Aceite (Öl). Den wilden Ölbaum nennen die Berber Acebuche, die Katalonier Ollastre.

[2]) L. G. Moderatus Columella, der bedeutendste Ackerbauschriftsteller des Altertums, welcher um die Mitte des 1. Jahrhunderts nach Christi lebte, beschreibt in seinem 12 Bücher umfassenden Werke „De re rustica" die in Italien übliche Olivenölgewinnung auf das genaueste. Es ist staunenswert, wie richtig die von Columella gegebenen Ratschläge auch in technischer Beziehung sind.

Fig. 68. Ölmagazin im alten Pompeji.

Magazin derselben mit den aus Steinkrügen bestehenden Aufbewahrungsbehältern zeigt Fig. 68.

Im Mittelalter lag der Olivenölhandel ganz in den Händen der Italiener, welche dieses Produkt bis nach China sandten. Dort galt nach den Berichten des Armeniers Hethum das Olivenöl noch zu Beginn des 14. Jahrhunderts als ein höchst kostbarer Artikel, den nur die Herrscher und Vornehmen des Reiches verbrauchten.

Sfax (Tunesien) exportierte nachgewiesenermaßen im 10. Jahrhundert Olivenöl nach Sizilien; auch Spanien beteiligte sich lebhaft an dem Olivenhandel. Balducci Pegolotti erzählt von der Einfuhr italienischen Olivenöles nach Konstantinopel, auf dessen Märkten es in der ersten Hälfte des 14. Jahrhunderts Eingang fand [1]).

Rohprodukt.

Die Frucht des Ölbaumes (die Olive) ist eine Steinfrucht von Haselnuß- bis Taubeneigröße. (Siehe Fig. 69.) Die Oliven haben gewöhnlich eine eiförmige, aber auch länglichrunde bis kugelige Form, wechselnde Größe und sind je nach der Reifezeit grün, rosa, später violett und schließlich schwarz.

Das Fruchtfleisch wird zur Zeit der Reife ziemlich weich und enthält in seinen Parenchymzellen eine wässerige Flüssigkeit, in welcher Fettröpfchen

Frucht.

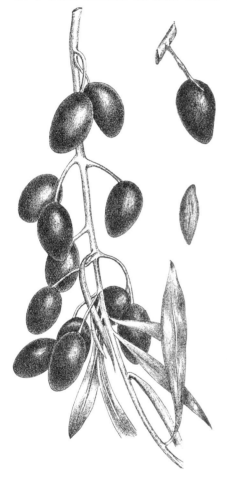

Fig. 69.
Olivenzweig, Olive und Olivenkern.

suspendiert sind. Die Fruchthaut, die das Fruchtfleisch äußerlich überzieht, besteht aus derbwandigen, mit einer violetten Farbstofflösung gefüllten Zellen. Das Fleisch der Olive schmeckt in unreifem Zustande bitterherb und unangenehm; je mehr sich die Frucht aber dem Reifezustande nähert, um so milder wird ihr Geschmack.

---

[1]) Theobald Fischer, Der Ölbaum, Gotha 1904, S. 42.

Unter dem Fruchtfleische ist ein von einer knochenharten, dicken Steinschale umgebener Samenkern enthalten. Er mißt einschließlich der Steinschale 1—1,5 cm in der Länge, ungefähr die Hälfte davon in der Breite und enthält einen, in seltenen Fällen zwei Samen. Der Samenkern ist ziemlich ölreich und schmeckt eigenartig bitter. Das Verhältnis des Fruchtfleisches zum Samen ist bei den verschiedenen Sorten äußerst wechselnd.

J. Dugast[1]) hat · bei einer großen Anzahl verschiedener Olivenvarietäten aus Algier dieses Verhältnis bestimmt und gefunden, daß die geringste Menge Fruchtfleisch die Olive Dra el Mizan (Petit Chemlal) aufwies, welche bei einem durchschnittlichen Gewichte der Frucht von 1,35 g aus

$$46\,\%\ \text{Fruchtfleisch und}$$
$$54\,\%\ \text{Samen}$$

bestand. Den kleinsten Samen hatten die großen Oliven Tlemcen Limi, welche 5,94 g wogen und

$$87,75\,\%\ \text{Fruchtfleisch und}$$
$$12,25\,\%\ \text{Sameh}$$

zeigten.

Ähnlich schwankt auch das Gewichtsverhältnis zwischen Samenkern und Steinschale. Dugast fand es bei den „Olives Medal Jemmapes" wie 1 : 6, bei den „Olives Barbachi Taher" wie 1 : 60; 100 Oliven der ersten Art ergaben nämlich

$$3,16\ \text{g Samenkerne und}$$
$$18,30\ \text{g Steinschalen,}$$

100 Oliven der letzten Gattung lieferten nur

$$0,34\ \text{g Samenkerne, dagegen}$$
$$20,27\ \text{g Steinschalen.}$$

Zusammensetzung der Olive.   Mit diesem auffallenden Unterschied in der Beschaffenheit der Olivenfrucht geht eine äußerst verschiedenartige Zusammensetzung der einzelnen Teile der Frucht Hand in Hand. Die effektiven Gehalte an Wasser und Öl weichen von den nachstehenden Durchschnittswerten oft sehr beträchtlich ab:

	Mittlere Zusammensetzung der Olive:		
	Fleisch	Steinschale	Samenkern
Wasser	24,22 %	4,20 %	6,20 %
Rohfett	56,40	5,75	12,26
Rohprotein	6,80	15,60	13,80
Kohlehydrate und Rohfaser	9,90	70,29	65,58
Asche	2,68	4,16	2,16
	100,00 %	100,00 %	100,00 %

---

[1]) Dugast, L'Industrie oléicole, Paris 1904, S. 24—27.

Die Zusammensetzung der Olive ist übrigens auch je nach dem Reifegrade sehr verschieden.

Die Asche der Fruchtteile besteht nach **Wolff** aus:

Zusammen-
setzung
der Asche.

	Fruchtfleisch	Asche von Steinschale	Samenkern
Kali	80,90 %	58,80 %	30,25 %
Natron	7,53	6,60	1,96
Magnesia	0,18	0,36	1,15
Kalk	7,46	7,45	30,39
Eisen	0,72	0,81	0,11
Chlor	0,18	4,72	0,11
Schwefelsäure . . .	1,05	3,27	2,43
Kieselsäure	0,65	1,25	5,36
Phosphorsäure . . .	1,33	16,74	28,24
	100,00 %	100,00 %	100,00 %

Der Olivenbaum beginnt gewöhnlich erst in seinem 15. Jahre [1]) Früchte zu tragen und liefert nur alle 2 Jahre eine eigentliche Ernte. Oft bleibt ein reichliches Erträgnis aber auch viele Jahre hindurch aus.

Die Zeit der Ernte fällt je nach der Gegend in die Periode vom Oktober bis Februar oder März, mitunter auch bis Juni [2]). In den Bouches du Rhône findet die Pflücke z. B. schon im Laufe des November statt, in dem Departement Var im Dezember und in den Alpengegenden dauert es bis Februar und März.

Erntezeit.

In Italien wird einem alten Brauche zufolge gewöhnlich am 21. November mit der Olivenernte begonnen. An diesem Tage die ersten Früchte abzupflücken, ist natürlich mehr Zeremonie als eigentliche Ernte, denn der Reifezustand der Oliven hängt mehr wie der anderer Früchte von der Witterung während der Reifemonate ab und wechselt in den einzelnen Jahren ganz beträchtlich.

Die Früchte sollen übrigens nicht vollkommen am Baum ausreifen, sondern, wie **Semler** angibt, nur zu $5/6$ reif sein. Dies ist der Fall, wenn die Oliven durch heftiges Schütteln von den Ästen fallen. Versäumt man diesen Zeitpunkt, läßt man also die Früchte vollkommen reif werden, so schrumpfen sie allmählich ein und sind dann zur Ölfabrikation nicht mehr so gut geeignet.

Das Abnehmen der Oliven von den Bäumen erfolgt entweder mit der Hand oder durch Abklopfen.

Das **Handpflücken**, wie es in einigen Gegenden Frankreichs und Italiens geübt wird, liefert ein sehr reines Olivenmaterial, ist aber ziem-

Art des Erntens.

---

[1]) In für die Olivenkultur günstigen Klimaten liefert der Ölbaum auch schon früher Früchte.

[2]) In Dalmatien und Istrien erstreckt sich die Ernte oft bis Juni und man findet bisweilen Ölbäume, welche Blüten und alte Früchte zugleich tragen.

lich kostspielig. So berichtet Latière, daß man im Süden Frankreichs für den Hektoliter handgepflückter Oliven einen Sammellohn von 2,00—2,50 Franken zahlt, wobei ein Taglohn von 1,25 Franken für Weiber und 2,50 Franken für Männer angenommen ist.

In den meisten Gegenden werden daher die Oliven gewöhnlich durch Abklopfen von den Bäumen entfernt, wobei leider Früchte aller Reifegrade — vornehmlich aber überreife — und auch dürres Laub, verdorbene Ästchen, Rinde usw. mit in die Ernte gelangen, wie auch die Bäume selbst beschädigt werden.

Verwertung der Oliven. Die Oliven bilden in den Heimatsländern des Olivenbaumes ein für die ärmere Bevölkerung sehr wichtiges Nahrungsmittel. Die Hirten und Bauern ernähren sich während der in Griechenland sehr häufigen Fasttage ausschließlich mit Oliven und Brot.

In Carolina werden große Mengen der amerikanischen Olive (Olea americana Mchx. = Osmanthus americanus Gray) genossen.

Eingelegte (konservierte) Oliven kommen als grüne Oliven (Salzoliven), schwarze Oliven (gedörrt) und Olivenpickels auf den Markt und bilden einen beliebten Naschartikel.

Der größte Teil der geernteten Oliven wird aber der Ölgewinnung zugeführt.

Wichtig ist es für den Ölmüller, Oliven von richtigem Reifegrad zu erhalten, denn dieser bildet einen ausschlaggebenden Faktor für die Quantität und Qualität des gewonnenen Öles.

Eignung zur Ölgewinnung. Bracci hat gezeigt, daß die vollständig ausgereifte Olive am ölreichsten ist, daß sich beim Lagern der Früchte aber der Ölgehalt fortlaufend verringert.

Sehr unreife Oliven geben ein bitter schmeckendes, herbes, grüngefärbtes Öl, ganz abgesehen davon, daß auch die Ausbeute nicht befriedigt, seines charakteristischen Fruchtgeschmackes wegen aber als Verschnittöl (olio da taglio) beliebt ist. Nicht vollkommen reife Oliven liefern ein Öl mit schwach bitterem Geschmack, der an frische Oliven erinnert, sich aber beim Lagern bald verliert. Weniger gut ist das Öl von ganz reifen Oliven; es zeigt zu sehr den spezifischen Olivengeschmack, ist „zu fett" und hält sich auf Lager nicht so gut wie die vorerwähnte Qualität. Überreife Oliven geben sehr stearinreiche Öle.

Durch Abklopfen geerntete Oliven sind infolge ihrer gewöhnlich vorhandenen Überreife weniger haltbar als durch Pflücken gewonnene. Das Öl aus Oliven ersterer Art ist etwas reicher an freien Fettsäuren als jenes aus gepflücktem Rohmaterial; ganz besonders macht sich aber dieser Qualitätsunterschied der Öle bemerkbar, wenn die Oliven vor dem Pressen einige Zeit lagern. P. Pollatschek[1]), der hierauf bezügliche Versuche mit spanischen Oliven anstellte, hat gefunden:

---

[1]) Chem. Revue, 1907, S. 4.

	Sofort ausgepreßt	Nach 24 Stunden ausgepreßt	
Öl aus gepflückten Oliven	0,80 %	0,85 %	} freie
Öl aus abgeklopften Oliven	1,40	5,40	Fettsäuren

Der Transport der Oliven in die Mühle erfolgt entweder in **Kübeln**, **Körben** oder **Säcken**. Die eingebrachten Oliven werden nicht direkt verarbeitet, sondern 3—4 Tage abliegen gelassen, was für die Ölausbeute sehr wichtig ist und vielfach auf dem Dachboden der Ölmühle oder auf besonderen sonnigen Terrassen (Solajo) erfolgt. Letzteres trifft besonders für Süditalien zu. Das Abliegenlassen bewirkt neben dem Trocknen der Frucht auch eine leichte Veränderung des Fruchtfleischzellgewebes, dessen Zellen sich dabei besser öffnen lassen und ihr Öl leichter abgeben. Es gehört eine große Erfahrung dazu, um bezüglich dieses Abliegens der Oliven das Richtige zu treffen. So vorteilhaft die dabei eintretende Veränderung des Fruchtfleischzellgewebes für die Ölausbeute ist, ebenso nachteilig kann ein „Zuviel" dieser Veränderung für die Ölqualität werden. Die von Semler empfohlene **künstliche Trocknung** der Oliven dürfte z. B. Öle ergeben, welche kaum als erstklassig zu bezeichnen sein werden.

Das Abliegen der Oliven erfolgt gewöhnlich in einem an das Arbeitslokal der Ölmühle anstoßenden luftigen und gut temperierten Raum. Die Früchte müssen nämlich nicht nur trocken, sondern dürfen auch nicht zu kalt sein, wenn sie zur Verarbeitung kommen, weil sonst das in ihnen enthaltene Öl zu dickflüssig ist und daher eine schlechte Ausbeute resultiert.

In den meisten Ölmühlen können aber nicht alle frisch geernteten Oliven regelmäßig nach 3—4 Tagen Ablagerungsfrist verarbeitet werden. Um die Betriebe zur Regenzeit nicht brachliegen zu lassen, muß man bei schönem Wetter größere Mengen von Oliven einbringen, als die Ölmühle zu verarbeiten vermag.

Das Aufstapeln des Rohmaterials ist nun aber in Olivenölbetrieben eine recht schwierige Sache. Während die Ölsämereien sich Monate hindurch unverändert halten, unterliegt die an Wasser und Öl reiche Olivenfrucht sehr bald dem Verderben. Schon nach kurzer Lagerzeit treten in den Oliven Gärungserscheinungen auf, und das aus solcher Ware erzeugte Öl ist minderwertig.

Nach G. Tolomei[1]) wird die Gärung der Oliven durch ein in ihnen enthaltenes Enzym — die **Olease** — hervorgerufen. Dieses Enzym wirkt nur bei Temperaturen oberhalb 35 °C. Werden daher die Oliven in dünnen Schichten gelagert und wird durch Umschaufeln dafür gesorgt, daß eine etwa beginnende Erwärmung (infolge des Einsetzens der Gärungserscheinungen) nicht aufkommen kann, die Ware vielmehr stetig abgekühlt wird, so kann eine weitergehende Veränderung der Oliven nicht statt-

Marginalien: Transport von Oliven. — Ablagern lassen. — Olease.

[1]) Atti Accad. d. Lincei, 1896, 1. Sem., S. 122.

finden. Anders dann, wenn die Oliven gehäuft lagern, in welchem Fall die bei der Gärung auftretende Wärmeentwicklung die Wirkung der Olease erst recht zur Geltung bringt. Als Gärungsprodukte wären Kohlen-, Essig-, Öl- und Sebacinsäure sowie andere Fettsäuren anzuführen; hat deren Menge einen bestimmten Prozentsatz erreicnt, so hört die Gärung von selbst auf.

Die Olease wirkt auch fettspaltend und entfärbt das Öl unter Ausscheidung gefärbter Massen.

Angesichts dieser tiefgreifenden und dabei sehr leicht eintretenden Veränderungen lagernder Oliven bildet deren Konservierung einen der wichtigsten Faktoren.

Häufen der Oliven.

In manchen Olivenbau treibenden Gegenden, so z. B. in Kalabrien, werden die Oliven vor dem Verpressen nicht nur einfach abtrocknen, sondern absichtlich so lang in Haufen lagern gelassen, bis eine Erwärmung auf 35—37° C eingetreten ist. Trotzdem man genau weiß, daß dieses Erwärmen der Frucht der Ölqualität starken Abbruch tut, hält man doch an diesem „Häufen der Oliven" fest, weil man meint, daß die in Haufen (Zimbuni) aufgestapelten Früchte eine bessere Ölausbeute geben als die nur leicht abgetrocknete, aber sonst unveränderte Ware. Diese irrige, in den Köpfen der Landbevölkerung festsitzende Ansicht beruht auf einem Trugschluß. Die frischen Oliven verlieren auf dem Haufen fast 20% an Volumen, worauf der Ölbauer aber nicht achtet. Er sieht nur, daß irgend ein Hohlmaß der gegorenen, komprimierten, durch Wasserverlust eingeschrumpften Oliven mehr Öl ergibt, als dasselbe Hohlmaß frisch geernteter Früchte, auf welche Tatsache er nun seine falsche Meinung gründet.

Für das Aufbewahren der Oliven in Haufen bedient man sich großer Holzbottiche oder gemauerter Kammern von 1,5 m Höhe und 1,5 m Breite. Diese Kammern ziehen sich längs der Magazinwände hin und sind vorne mit einem Schieber geschlossen. Durch Öffnen des letzteren kann man die angehäuften Oliven leicht auf Wägelchen schaufeln und zu den Zerkleinerungsapparaten bringen.

Das Ansammeln der Oliven in Haufen bedingt bei längerer Selbstüberlassung sehr weitgehende Veränderungen des Öles. Mastbaum[1]) fand in einem acht Monate gelagerten Haufen von ungefähr 3 Kubikmetern folgende Zusammensetzung der Oliven:

	Wasser	Öl	Öl in der Trockensubstanz	Freie Fettsäuren des Öles
Oberste Schicht	12,12%	26,76%	30,45%	43,41%
Seitliche Schicht . . .	33,58	24,25	36,51	27,44
Inneres des Haufens . .	33,19	23,38	35,00	15,72

---

[1]) Chem. Revue, 1904, S. 56.

Dabei war die oberste Schicht der Früchte vertrocknet und eingeschrumpft und mit weißlichen Schimmelpilzen bedeckt. Die inneren Früchte waren dunkelfarbig und feucht, die seitlichen Schichten standen im Aussehen zwischen den beiden erstgenannten.

Dort, wo man Wert darauf legt, gute Speiseöle zu erzeugen, darf die „Häufmethode" nicht angewendet werden. Eine bessere Konservierung der Oliven erzielt man durch Lagern derselben in möglichst dünner Schicht. Man schüttet die Oliven entweder in geringer Höhenlage auf die Fußböden

Lagern auf Stellagen.

Fig. 70 ¹).
Stellagen zum Aufbewahren der Oliven. (Toscana.)

und sorgt durch öfteres Umwenden der Früchte mittels Rechen für eine Luftberührung aller Partien. Diese Einlagerungsmethode ist leider sehr platzraubend; durch Anbringung von Stellagen (Anditi) aus Brettern, Schilfrohr etc. ist es möglich, größere Partien Oliven auf derselben Grundfläche unterzubringen (Fig. 70).

Besser noch als diese Stellagen eignen sich leicht transportable Hürden (Graticci). Diese bestehen aus 2 bis 4 Meter langen und

Lagern auf Hürden.

---

¹) Die Figuren 70—75 und 78—83 sind Wiedergaben photographischer Original-aufnahmen des Herrn Joh. Bolle, Direktors der k. k. landw. chem. Versuchs-station in Görz.

1 bis 2 Meter breiten Rahmen, deren Boden aus Rohrgeflecht gebildet und derart mit Füßen versehen ist, daß man mehrere Hürden bequem und sicher aufeinander stellen kann (Fig. 71). Es hantiert sich mit diesen Hürden sehr leicht und die Oliven trocknen infolge des allseitigen Luftzutrittes leicht aus. Wenn auf diesen Hürden wider Erwarten ein Warmwerden der Oliven eintritt, so ist dies ein Zeichen, daß die Schichten zu hoch sind; man muß in solchen Fällen die Oliven dünner lagern und öfter umwenden. Graticci werden besonders in Mittel- und Oberitalien verwendet.

Es wurde auch versucht, Oliven in fließendem Wasser zu konservieren. Die Früchte behalten dabei tatsächlich ein vollkommen gesundes Aussehen, verlieren nichts von ihrer Rundung und Frische und zeigen eine glatte, glänzende Haut. Versuche, die von Ramiro, Larcher, Marcel und Klein vorgenommen wurden, ergaben sehr gute Resultate, nur hatte das Öl der so konservierten Oliven keinen angenehmen Geschmack, wenngleich es weder scharf noch kratzend gefunden wurde.

Bemerkenswerter ist die Konservierung der Oliven durch Salzwasser und durch Einsalzen, wobei man entweder für einen Ablauf der Salzlake sorgen kann oder diese auf den Oliven beläßt.

Das von Mastbaum vorgeschlagene Einsalzen ergab Oliven, welche im Geschmack befriedigende Öle lieferten. Diese Methode kann daher als recht beachtenswert bezeichnet werden.

Mastbaum[1]) veröffentlichte eine Serie von Analysen über die Zusammensetzung und Ölausbeute frischer und konservierter Oliven, welch letztere 45—90 und 135 Tage lang aufbewahrt worden waren:

Art der Aufbewahrung	Zeit		Wasser-gehalt	Direkt
				Ölgehalt der Oliven
			%	%
Frische Oliven . .	—		53,83	21,21
An der Luft getrocknet	Nach 45 Tagen		21,75	33,08
	„ 90 „		17,03	34,40
	„ 135 „		28,58	29,40
Gesalzen mit Ablauf der Lake	„ 45 „		42,16	21,88
	„ 90 „		39,70	23,30
	„ 135 „		38,56	24,84
Gesalzen ohne Ablauf der Lake	„ 45 „		54,28	20,44
	„ 90 „		48,56	23,42
	„ 135 „		54,56	20,80

---

[1]) Chem. Revue, 1904, S. 89.

Fig. 71.
Hürden (Graticci) zum Einlagern der Oliven.

gefunden		Auf wasserfreie Substanz der Oliven berechnet		
Abgepreßtes Öl	Öl in den Kuchen	Ölgehalt der Oliven	Abgepreßtes Öl	Öl in den Kuchen verbleibend
%	%	%	%	%
10,58	10,63	45,94	22,91	23,03
20,20	12,88	42,28	25,81	16,47
22,32	12,08	41,44	26,88	14,56
17,04	12,36	41,16	23,87	17,29
9,53	12,35	37,85	16,54	21,31
10,34	12,96	38,64	17,16	21,48
12,96	11,88	40,45	21,12	19,93
8,18	12,26	44,73	17,91	26,82
9,38	14,04	45,58	18,25	27,33
8,02	12,79	45,81	17,66	28,15

Beim Lagern der Oliven in flacher Schicht nimmt also der ursprüngliche Wassergehalt rapid ab (von 53,83 % auf 21,75 bzw. 17,03 %), steigt nach längerer Zeit aber wieder etwas an. Bei den gesalzenen Oliven ändert sich der Wassergehalt nur unbedeutend; wenn für einen Ablauf der Lake gesorgt ist, werden die Oliven durch das Konservieren etwas wasserärmer, ohne Ablauf der Lake bleibt die Feuchtigkeit der frischen Oliven ziemlich erhalten.

Überraschend sind die auf den Ölgehalt bezüglichen Ziffern; die auf wasserfreie Substanz berechneten Werte sollten eigentlich bei allen Proben dieselben sein. Das Abnehmen des prozentualen Fettgehaltes bei den luftgelagerten Oliven ist nicht recht erklärlich; bei den mit Lakenablauf eingesalzenen Früchten kann man zwar eine partielle Entölung durch Mitreißen von Öl beim Ablauf der Salzlösung annehmen, wogegen bei der anderen Methode jegliche Erklärung fehlt.

Die Frage nach einer leicht durchführbaren und vollständigen Olivenkonservierung ist noch nicht gelöst; nach den heutigen Erfahrungen ist die Hürdenlagerung (auf Graticci) noch immer das Beste, doch sollte man die Früchte nicht länger als acht Tage auf den Hürden liegen lassen.

Nachreifen. Bemerkenswert ist auch das Nachreifen der Oliven beim Lagern. Durch Einlegen unreifer Früchte in 60 cm breite und ebenso tiefe, in trockenem sandigen Boden gemachte Gruben kann man die durch Stürme vorzeitig von den Bäumen gerissenen, noch unausgereiften Oliven, die an und für sich kaum zu verwerten wären, für die Ölgewinnung brauchbar machen. Die aus künstlich nachgereiften Oliven erhaltenen Öle sind zwar nicht erster Qualität, können aber immerhin als Speiseöle passieren.

Verarbeitung der Oliven.

Allgemeines. Das Rohmaterial der bisher besprochenen Öle bestand aus Ölsämereien; für die Olivenölgewinnung kommt dagegen der Ölgehalt des Fruchtfleisches der Olive in Frage. Dementsprechend sind auch die bei der Ausbringung des Olivenöles in Anwendung kommenden Methoden in den Einzelheiten von den bei der Samenölgewinnung gebräuchlichen abweichend. Bleibt der Arbeitsgang im wesentlichen derselbe, so ist z. B. die Zerkleinerung des Rohmaterials und die Präparierung des Preßgutes vor der Pressung (Wegfall des Wärmeprozesses) eine andere, als sie bei der Verarbeitung von Ölsamen geübt wird. Dabei sind außerdem die Klärung des Olivenöles und die Weiterverarbeitung der Preßrückstände besonderer Art, weshalb die einzelnen Fabrikationsphasen der Olivenölgewinnung als Spezialmethoden ausführlicher beschrieben werden müssen.

Wir wollen die nachstehenden Ausführungen in Abschnitte gliedern:

a) Reinigen der Oliven,
b) Zerkleinern derselben,
c) Auspressen des Olivenbreies,
d) Aufarbeiten der Preßrückstände,

e) Klären des Öles,
f) Entmargarinieren des Öles,
g) Einlagern des Olivenöles,
h) Bleichen der Sulfuröle.

Fig. 72. Absieben der Oliven, um Blätter, Stroh und Schmutz zu entfernen.

a) Reinigung der Oliven.

Die in die Fabrik gebrachten Oliven sind meist durch trockene Blätter, Holzteilchen, Staub, Sand usw. verunreinigt. Wenn sie bei regnerischem Wetter geerntet wurden, sind sie auch nicht selten mit Erde beschmutzt, wie sie endlich stets einen gewissen Prozentsatz verdorbener (wurmstichiger, über- oder unreifer, angefaulter usw.) Früchte beigemengt enthalten. *(Randnotiz: Reinigen der Oliven.)*

Um aus so geernteten Oliven möglichst gute Öle zu erzeugen, ist eine Reinigung der Früchte ratsam. Je nach dem Grade der Verunreinigung, bzw. je nach der gewünschten Qualität des zu produzierenden Öles wendet man folgende Reinigungsprozeduren an:

1. Absieben der lose anhaftenden Erde und gleichzeitiges Absondern der in die Oliven geratenen Blätter, Ästchenteile usw.

2. Waschen der Oliven zwecks Entfernung der fester anhaftenden Erde.

3. Auslesen der Früchte behufs Ausscheidung der verdorbenen
Oliven.

Absieben.

Das Absieben erfolgt durch größere, ziemlich weitmaschige Siebe,
die durch Stricke an der Decke des Magazins festgemacht sind und mit
der Hand bequem in schwingende Bewegung versetzt werden können.
(Fig. 72). In manchen Orten sucht man die Reinigung der Oliven dadurch vorzunehmen, daß man sie aus ihren Aufbewahrungsbehältern in
andere Körbe umfüllt und dabei von einer mäßigen Höhe fallen läßt.
Wird dieses Umfüllen im Freien vorgenommen und ist gleichzeitig ein
Luftzug vorhanden, so werden allerdings, wie gewollt, die leichten Fremdkörper fortgeblasen, im allgemeinen wird aber der erreichte Effekt weit
hinter dem erwarteten zurückbleiben; zudem erleiden die Oliven eine gewisse Quetschung, was nicht von Vorteil ist. Besondere Reinigungsapparate
(Mondatoji) sind daher kaum entbehrlich.

Waschen.

Das Waschen der Oliven erfolgt bei Vorhandensein eines fließenden
Wassers in der Weise, daß man die Frucht in Weidenkörbe oder Holz-
tröge bringt und letztere kurze Zeit in den Bach versenkt. Liegt die
Fabrik abseits eines Baches, so wäscht man die Oliven in trogartigen, mit
Siebböden versehenen Gefäßen, die man in Wasserbassins eintaucht, wobei
man die dadurch in dem Korbe schwimmenden Oliven mit der Hand
durcheinander rührt. Avenosi wie auch Bracci haben besondere Vorrichtungen zum Waschen der Oliven in Vorschlag gebracht.

Auslesen.

Das Auslesen der in die Ernte geratenen vertrockneten oder verfaulten
Oliven kann nur durch Handarbeit geschehen. Es erfolgt auf großen
Tischen, wo die Oliven ausgebreitet werden und durch die Hände von
Frauen gehen, welche das schlechte Material von dem guten sondern.
Bracci teilt mit, daß eine Frau bei achtstündiger Arbeit täglich 2—2,5 hl
zu sortieren vermag; bei den in Italien billigen Taglöhnen stellen sich
demnach die Kosten für das Handauslesen auf 20—25 italienische Cente-
simi per Hektoliter. Nicht nur verfaulte oder schimmlige, sondern auch
wurmstichige oder sonstwie von Insekten beschädigte Oliven beeinträchtigen
die Güte des zu erzeugenden Öles und werden daher entfernt.

b) Zerkleinern der Oliven.

Zerkleinern.

Bei der Verarbeitung der Oliven können zwei Wege eingeschlagen
werden:

Bei dem ersten wird vor dem Auspressen das ölhaltige Fruchtfleisch von den Kernen getrennt, bei dem zweiten wird die Olivenfrucht samt und sonders zerkleinert und aus dem erhaltenen Brei das
Öl ausgepreßt.

Es ist viel darüber gestritten worden, welche der beiden Methoden die prinzipiell richtige ist, d. h., welches Verfahren wertvollere Öle liefert. Nach Aussprüchen allererster Ölkenner zeigen lediglich aus dem Fruchtfleische stammende Olivenöle und Produkte, welche Kernöl beigemengt enthalten, keinen auffallenden Unterschied und ein vorliegendes Olivenöl läßt sich nicht ohne weiteres in die eine oder die andere Klasse einreihen. Das gilt nicht nur hinsichtlich des Geschmackes, sondern auch betreffs der chemischen Zusammensetzung[1]). Die Menge Öl, welche bei dem meist gebräuchlichen Zerkleinerungs- und Preßverfahren aus den Kernen ausgebracht wird, ist übrigens sehr gering, da deren Fettgehalt recht bescheiden ist.

Das Entkernen der Oliven ist auf maschinellem Wege nicht leicht durchführbar. Bei Maschinen, welche absolut keine Kerne zerdrücken, bleiben namhafte Mengen von Fruchtfleisch an diesen haften, was aus ökonomischen Gründen zu verwerfen ist; sorgt man andererseits für eine möglichst vollständige Entfernung des Fruchtfleisches von den Kernen, so wird bei solcher Arbeit ein guter Teil der Schalen zerbrochen, wodurch Kernmaterial in das Fleisch gelangt.

Es wird daher fast in allen Ölmühlen die Olive samt Kern zerkleinert, wozu man sich gewöhnlich eines Vorzerkleinerers bedient (Pestello, trituratore), der als ein leicht gebauter Walzenstuhl mit zwei gegenüberliegenden geriffelten Walzen betrachtet werden kann. Von diesem Vorzerkleinerer, der aber nur selten vorhanden ist, kommt der Olivenbrei unter den Kollergang, welcher als die gebräuchlichste Zerkleinerungsmaschine für Oliven zu bezeichnen ist. Bei der in Olivenölmühlen anzutreffenden Konstruktion kreisen die beiden Läufersteine nicht selten auf einem muldenförmig vertieften Grundsteine, was bei der breiigen Beschaffenheit des Mahlgutes ganz zweckmäßig ist. Das Rutschen der Läufersteine, welches sich bei zu hohem Wassergehalt der Oliven oder auch bei zu ölreichen Produkten leicht einstellt, kann durch Zugabe kleiner Mengen von bereits ausgepreßten Oliven oder auch von Stroh und anderem ölaufsaugenden Material vermieden werden. Das allerdings nur sehr selten geübte Zumischen von Stroh zu dem Preßgute soll die Qualität des Öles nachteilig beeinflussen, nicht so ein Zusatz von Olivenpreßlingen. Diese müssen natürlich vollständig unverdorben sein und man darf in dem Prozentsatz der Zugabe auch nicht zu hoch gehen, weil sonst die Tagesleistung der Ölmühle zu sehr beeinträchtigt wird.

Wichtig ist auch, daß sich die Masse durch das Kollern nicht zu stark erwärmte, wodurch die Qualität des erzeugten Öles leiden könnte.

---

[1]) J. Slaus-Kantschieder hat die im Fruchtfleische und in den Olivenkernen ein und derselben Frucht enthaltenen Öle untersucht und die gleiche Jod- und Verseifungszahl gefunden. (Österr. Zuckerindustrie, 1897, S. 592.)

Fig. 73. Kollergangaulage mit einem Laufsten.

Fig. 73 und 74 zeigen Zerkleinerungsanlagen italienischer Olivenölfabriken (Trappeti)[1]; bei der ersten Anlage (Fig. 73) sind Kollergänge mit nur
einem Läufer in Verwendung, Fig. 74 stellt eine Anlage mit gewöhnlichen
Kollergängen (zwei Laufsteinen) dar. Auf letzterem Bilde sind nun auch
die Geräte zum Einfüllen des Olivenbreies in die Preßbeutel zu sehen.

c) Auspressen des Olivenbreies.

Auspressen. Das Auspressen des Olivenbreies erfolgt auf Spindel-, Kniehebel-, Keil- und
hydraulischen Pressen. Die meisten kleineren Ölmühlen arbeiten fast durchweg
mit Spindel- oder Schraubenpressen, größere, modern und rationell eingerichtete
Betriebe besitzen auch hydraulische Pressen. Diese Betriebe machen den
ersten Schlag auf Spindel- oder Schraubenpressen, den Nachschlag auf hydraulischen Pressen. Die breiartige Beschaffenheit des Preßgutes erfordert (auch
bei den geschlossenen Pressen) ein Einpacken des Preßgutes in Preßbeutel.

Es sei diesbezüglich auf das in Band I dieses Werkes Seite 262/263
Gesagte verwiesen. Die dort erwähnten, aus Hanf, Piassava oder anderen
widerstandsfähigen Fasern hergestellten Ölpreßbeutel (Sporte, fiscole oder
bruscole) sind in Fig. 75 dargestellt.

---

[1] Trappeto in engerem Sinne heißt der Raum, in welchem sich die Zerkleinerungsmaschinen befinden, in weiterem Sinne wird damit aber auch die Gesamtanlage einer Olivenölmühle bezeichnet.

Fig. 74. Kollergauganlage mit zwei Laufsteinen.

Fig. 75. Preßbeutel für Olivenbrei.
(Sporte, fiscole oder bruscole.)

Auf die Verschiedenartigkeit der Preßvorrichtungen, wie sie in den meistens Kleinbetriebe darstellenden Olivenölmühlen anzutreffen sind, kann bloß ein Spezialwerk über Olivenverwertung näher eingehen.

Am gebräuchlichsten sind Spindelpressen (Schraubenpressen), wie solche in Band I, S. 246, beschrieben wurden. Um Platz zu sparen, werden mitunter zwei oder drei Pressen zu einem Stücke zusammengekuppelt, wie dies Fig. 76 zeigt. Zum Niederschrauben der Preßspinden bedient man sich der verschiedensten Vorrichtungen. Ein Handrad am oberen Spindelende ist die einfachste und unzweckmäßigste davon; besser ist das Niederziehen mittels langer hölzerner oder eiserner Stangen,

Spindelpressen.

welche in die an dem Schraubenkopf angebrachten Öffnungen (siehe Fig. 76) [1]) gesteckt werden und wie Hebel wirken. Um diese Hebelwirkung zu verstärken, die Schraubenspindel also mit besonderer Kraft niederschrauben zu können, wird an das Ende der erwähnten Hebelstange ein Seil befestigt, das man mittels einer Winde aufhaspelt. Dadurch wird die am Hebelende wirkende Kraft bedeutend vergrößert, besonders wenn man sich nicht einfacher Haspeln, sondern solcher mit Zahnradübersetzung (Fig. 77) bedient.

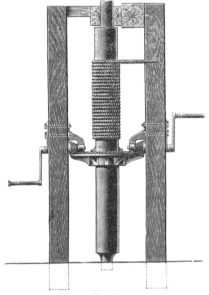

Fig. 76.
Spindelpresse für Olivenöl.

Fig. 77.
Winde zum Anziehen der Hebelstange
der Spindelpressen.

Der Druck, den das Preßgut erfährt, ist trotz dieser Vorrichtungen nicht so groß, wie bei den hydraulischen Pressen. Die oberen und unteren Preßbeutel werden relativ gut ausgepreßt, die gegen die Mitte zu liegenden dagegen weniger. (Abnahme des Druckes infolge innerer Reibung.) Man schichtet daher nach dem ersten Auspressen die Preßbeutel derart um, daß die früher in der Mitte gelegenen oben und unten zu liegen kommen, die ehedem an den Enden der Preßbeutelkolonne gelegenen aber in die Mitte verschoben werden. Das bei diesem Nachpressen gewonnene Öl ist gleichwertig wie das bei der ersten Lage der Preßbeutel erhaltene, und das Umschichten der letzteren wird nicht als Nachpressung betrachtet.

Hydrau-
lische
Pressen.   Von hydraulischen Pressen haben sich besonders die Seiherpressen (siehe Band I, S. 262) in die Olivenölmühlen einzuführen versucht.

---

[1]) Konstruktion nach Francesco de Blasio in Bari.

Gepreßt wird bei der Olivenverarbeitung gewöhnlich zweimal, nur selten folgt der zweiten Pressung noch eine dritte, die sich nur beim Vorhandensein hydraulischer Pressen bezahlt macht. Beim Vorschlage bedient man sich eines relativ geringen Druckes (bis 50 Atmosphären), beim Nachschlage geht man bis auf 150 Atmosphären und darüber, falls hydraulische Pressen vorhanden sind. Den Preßrückständen des ersten Schlages, welche für den Nachschlag durch Zerkleinern auf Kollergängen präpariert werden, setzt man oft etwas Wasser zu, wodurch die Ausbeute bei der zweiten Pressung

Fig. 78. Füllen der Preßbeutel.

erhöht wird. Das zugesetzte Wasser ist mitunter heiß, wodurch zwar bessere Ausbeute erzielt. aber die Qualität des Öles verschlechtert wird. Wird ein drittes Mal gepreßt, so feuchtet man das Preßgut für den dritten Schlag in ausgiebiger Weise an, doch erhält man trotz dieser ausbeuteverbessernd wirkenden Prozedur nur wenig Öl und die Spesen für das dritte Pressen werden durch das gewonnene Öl kaum hereingebracht.

Nicht unerwähnt darf die an manchen Orten geübte tadelnswerte Gepflogenheit bleiben, die ausgepreßten Oliven, solange sie noch unter der Presse stehen, mit heißem Wasser zu übergießen, wodurch man die Ölausbeute erhöhen will.

Fig. 78 zeigt den Raum einer Ölmühle, in dem das Füllen der Preßbeutel vorgenommen wird. Rechts ist der S. 391 beschriebene Trituratore zu sehen, links ein Tisch von besonderer Bauart mit Olivenbrei und einige bereits gefüllte Preßbeutel.

Fig. 79 gibt den Pressenraum einer Ölmühle wieder; rechts der Hebelbaum zum Niederschrauben der Preßspindeln.

Der in Fig. 80 dargestellte Pressenraum zeigt Schrauben- und hydrau-lische Pressen; bei dieser Kombination werden jene für die erste Pressung, diese für den Nachschlag benutzt.

Fig. 79. Pressenraum einer Olivenölmühle.

Kontinuier-
liche
Pressen.

Einen beachtenswerten Vorschlag, die in den Olivenölmühlen gebräuch-lichen Pressen durch bessere, rationeller arbeitende zu ersetzen, stellt die kontinuierliche Presse von Collin dar. Diese im Jahre 1904 versuchs-weise aufgestellte und von Bertainchand und Marcille geprüfte Presse[1] ist der kontinuierlichen Ölpresse von Anderson nachgebildet und besteht aus zwei Schnecken, deren Windungen in entgegengesetztem Sinne angeordnet sind, auf gemeinsamer Achse sitzen und sich in kontrürer Richtung drehen. Diese Disposition verhindert, daß das Preßgut allzu rasch durch den Pressen-zylinder befördert werde; die Vorwärtsbewegung des Preßgutes findet einen

---

[1] Seifensiederztg., Augsburg 1905, S. 741.

Widerstand, der nicht nur die Zeit des Verweilens im Pressenzylinder
vergrößert, sondern auch druckerzeugend wirkt.

Diese kontinuierliche Ölpresse erfordert keine weitere Bedienung als
die Aufgabe der Olivenmasse in den Fülltrichter und arbeitet ohne Preß-
deckelkonsum. Die Ausbeute war bei den bisherigen Versuchen ganz vorzüglich. Die die Presse verlassenden Rückstände sollen sogar um vieles
ölärmer sein als die Kuchen der hydraulischen Pressen; während letztere

Fig. 80. Pressenraum einer Olivenölmühle.

11—14 % Öl aufweisen, gibt die Collinsche Presse Produkte mit nur 7 %
Ölgehalt. Der einzige Nachteil, den die Presse zeigt, ist der, daß das ausgepreßte Öl durch Reste von Olivenfruchtfleisch ziemlich verunreinigt ist
und sich daher schwerer klärt als die auf andere Weise erhaltenen, schlamm-
freieren Öle.

Das mit geringstem Drucke ausgebrachte Öl ist das beste (Jungfernöl).
Die mittels höheren Druckes ausgepreßten Öle wie auch die bei der 2. und
3. Pressung erhaltenen sind in Qualität abfallend.

Die Entölung der Oliven unter Zuhilfenahme des elektrischen Stromes
verdient nur des Kuriosums halber Erwähnung[1]).

---

[1]) Les corps gras industr., 1903, S. 290; siehe auch Bd. I, S. 435.

Auch das Zentrifugieren der Oliven, welches G. W. Shaw[1]) an Stelle des Auspressens zu setzen versuchte, hat bisher keine praktische Anwendung gefunden. Selbst bei hoher Tourenzahl der Zentrifuge und bei bester Vorpräparierung des Olivenbreies lassen die Ausbeuten sehr viel zu wünschen übrig. Dabei ist die Zentrifugenarbeit für Kleinbetriebe, um welche es sich bei der Olivenölgewinnung ja in erster Linie handelt, nicht geeignet.

Ein auf der Diffusionswirkung basierendes Verfahren, welches Charl. Tanquerel[2]) vor kurzem empfahl, dürfte sich mehr für die Aufarbeitung der Sansa (siehe Seite 399) als für die Entölung ganzer Oliven eignen. Das Verfahren sucht das in dem Fruchtfleische enthaltene Öl durch Lösungen von Chlorcalcium und anderen anorganischen Metallsalzen zu verdrängen und gleichzeitig ein Niederschlagen der Schleimstoffe durch Alaunlösung zu erreichen.

d) Aufarbeitung der Preßrückstände.

Die nach zwei- oder dreimaligem Pressen des Olivenbreies sich ergebenden Rückstände (Sansa, Grignons, Bagassa) enthalten noch 10 bis 20 % Öl, das man ihnen natürlich möglichst zu entziehen trachten muß. Durch wiederholtes Zerkleinern und nochmaliges Pressen der Olivenkuchen ist ihre weitere Entölung nicht zu erreichen, weshalb man zu besonderen Methoden Zuflucht nimmt.

Die Aufarbeitung der Olivenpreßlinge — gleichgültig, nach welcher Methode sie erfolgt — läßt sich in den seltensten Fällen sofort nach Erhalt der Rückstände besorgen. Meist teilen sich die Olivenölfabriken die Arbeit derart ein, daß sie die Preßrückstände erst nach Beendigung der eigentlichen Olivenkampagne aufzuarbeiten beginnen. Für diesen Fall ist es sehr wichtig, daß die ölreiche Sansa möglichst gut konserviert wird.

Ein einfaches Liegenlassen der Preßkuchen in losen Stücken würde bei dem reichlichen Wassergehalte des Produktes ein baldiges Schimmeln mit sich bringen und eine sehr weitgehende Spaltung des vorhandenen Fettes bewirken. Diesen nachteiligen Veränderungen wird vorgebeugt, wenn man die Preßlinge in allseits geschlossene Behälter (Gruben) bringt, während des Einlagerns für eine möglichst gute Komprimierung der Masse sorgt und die Behälter oben mit Stroh oder Asche bedeckt. Derart behandelte Sansa hält sich mehrere Monate hindurch ziemlich unverändert.

Das rationellste Verfahren der Sansaverwertung ist wohl die Extraktion des Fettes. Das Öl wird dabei bis zum letzten Reste gewonnen und die entölten Rückstände sind noch immer als Düngemittel, als Brennmaterial oder als Rohstoff für die Gewinnung von Produkten der trockenen Destillation brauchbar. Als Extraktionsmittel wird

---

[1]) Siehe Band I, S. 435 u. 701, und die Arbeit: W. Shaw, California Olive Oil, Washington 1904.
[2]) Les corps gras, 1907, S. 290.

fast ausschließlich Schwefelkohlenstoff angewendet. Dieser löst aus den Preßrückständen nicht nur das Fett, sondern auch reichliche Mengen von Chlorophyll, welches ·den erhaltenen Ölen eine intensiv grüne Färbung erteilt. Bei Verarbeitung nicht gut konservierter Sansa sind die Extraktöle jedoch nicht grün, sondern grünbraun bis grünlichgrau und enthalten große Mengen freier Fettsäuren.

Die aus der Sansa extrahierten Öle kommen unter dem Namen „Sulfuröle" in den Handel, doch nennt man sie auch „Olivenkernöle". Letztere Bezeichnung ist aber nicht zutreffend, weil die Öle nicht nur das Fett der Olivenkerne darstellen, sondern auch Öl aus dem Fruchtfleisch enthalten.

Benzin ist in der Ölextraktion nicht in Anwendung, weil Italien, wo das Extraktionsverfahren am meisten Eingang gefunden hat, kein Selbstproduzent von Benzin ist und dieses Produkt mit einem hohen Eingangszoll belegt hat.

In neuerer Zeit ist vielfach Tetrachlorkohlenstoff[1]) an Stelle des Schwefelkohlenstoffs zur Entölung der Sansa in Vorschlag gebracht worden, wobei qualitativ höherwertige Öle resultieren. Ein von Paul Bernard in Arras konstruierter Extraktor („Novo" genannt) soll in mehreren Orten eingeführt worden sein und zur Zufriedenheit arbeiten. Die von Jürgensen[2]) gegebene Rentabilitätsberechnung, bei welcher nur 0,4% Verlust an Tetrachlorkohlenstoff (bezogen auf die Menge des Extraktionsgutes) gerechnet werden, erscheint mir etwas zu optimistisch.

Extraktionsanlagen zur Verarbeitung der Sansa können sich die kleineren Olivenölmüller nicht anlegen; derartige Betriebe sind nur für die in größerem Umfange arbeitenden Fabriken erreichbar, denn der Anschaffungswert einer Extraktionsanlage ist kein geringer. Die Extraktionsanlage erfordert das Vorhandensein einer Dampfanlage und einer regelrechten Betriebsleitung. Naheliegend wäre es nun, daß mehrere Kleinproduzenten sich zusammenfinden und eine gemeinsame Extraktionsanlage für ihre Preßrückstände schaffen. Ein solches Zusammenarbeiten ist bisher jedoch nur in wenigen Fällen erfolgt und die kleinen Olivenölmüller ziehen es vor, ihre Sansa an Extraktionsfabriken zu verkaufen oder auf primitive Weise zu entölen oder sie direkt als Futter oder Düngemittel zu verwerten.

Eine in vielen Olivenölmühlen Toscanas geübte Art der Aufarbeitung der Frullino. Sansa ist die Behandlung am sogenannten „Frullino". Die Preßrückstände werden dabei vorerst auf einem Kollergange unter Wasserzusatz fein zermahlen und die erhaltene Masse mit Wasser aufgeschlämmt, wodurch sich die ölarmen schweren Steinschalen von dem ausgepreßten, aber doch noch ölreichen Fruchtfleische und den Fruchtkernen sondern. Die harten, schweren Samen-

---

[1]) Über die Extraktion von Ölen und Fetten mittels Tetrachlorkohlenstoff siehe auch Band I, S. 356 und Band II, Abschnitt „Knochenfett".
[2]) Chem. Revue 1907, S. 38; Zeitschr. f. angew. Chemie, 1906, S. 36.

schalen sinken zu Boden, während das Fruchtfleisch und die Samenkerne
an der Oberfläche des Wassers schwimmen. Das oben schwimmende Material wird abgeschöpft und einer nochmaligen Pressung unterworfen, wobei
eine Mischung von Wasser und Öl von der Presse abläuft, welche durch
Abstehenlassen, eventuell auch durch Filtrieren geklärt wird und ein für
die ärmeren Bevölkerungsschichten bestimmtes Speiseöl (Lavatöl genannt)
abgibt, falls ganz frische Sansa verarbeitet wurde. Alte Sansa liefert Lavat-
öle, die nur als Seifenmaterial verwendet werden können.

Die nähere Einrichtung des Frullinos ist aus Tafel XII[1]) ersichtlich.

Die beiden Kollergänge K_3 und K_4 zermalmen die Olivenpreßlinge auf die bekannte Weise. Das Mahlgut kommt in einen runden, „Sciarbo" genannten Behälter,
$F_1 F_2$, wo es unter reichlichem Wasserzufluß mittels eines am Boden angebrachten
rechenartigen Rührwerkes aufgeschlämmt wird. Die dabei an die Oberfläche steigenden
Olivenfleischteilchen werden samt einem Teil des Wassers in das Absetzgefäß B_1
abgezogen, wo die weitere Separierung erfolgt. Mittels eines Schaumlöffels nimmt
man das sich in B_1 abscheidende ölhaltige Material ab und läßt dann die Flüssigkeit durch die Öffnung des Bodenhahnes zwecks weiterer Separierung nach B_2
übergehen, wo man gleich verfährt wie in B_1. Nach B_2 müssen die Wässer noch
die Zisterne B_3 und B_4 passieren, wo weitere Mengen ölhaltigen Materials abgesondert und mittels eines Schaumlöffels gesammelt werden. Das von B_4 ablaufende
Wasser geht unrationellerweise mitunter in die Abflußkanäle der Ölmühle, besser
aber in die „Hölle" (Inferno) benannten Separierungszisternen (siehe S. 406). Hier
sondert sich noch die sogenannte „Ölhefe" ab, der ein Düngewert innewohnt
und die übrigens auch aus sanitären Rücksichten nicht in die Flußläufe abgelassen
werden sollte.

Das gesammelte Fruchtfleisch wird auf Wägelchen Z in eine besondere Abteilung
des Frullinoraumes gebracht und unter Anfeuchtung mit heißem Wasser (siehe
Heißwasserreservoire I, II im Parterre-Grundriß) in Preßsäcke gefüllt und auf
den hydraulischen Pressen P ausgepreßt. Das ausfließende Öl-Wassergemisch klärt
sich in den Reservoiren r.

Die Ölmühlen in Mittel- und Norditalien (hauptsächlich in Toscana)
arbeiten mit dem Frullino, in Süditalien und Frankreich wird die Sansa
gewöhnlich extrahiert.

e) Klären des Olivenöls.

Klären des
Öles.
Bei dem reichlichen Wassergehalte, den die zur Verarbeitung kommenden Oliven gewöhnlich noch aufweisen, entfernt die Presse nicht nur Öl,
sondern auch Wasser („Vegetationswasser") aus dem Preßgute. Die zum
Ausflusse gebrachte Wassermenge wächst mit größer werdendem Drucke,
womit gleichzeitig auch die Menge der von dem Öle gelösten Schleim- oder
Zellstoffe ansteigt. Es ist klar, daß das unter geringem Drucke ausfließende
wasser- und schleimstoffärmere Öl sich viel leichter klärt und auch von
vornherein besserer Qualität sein wird als die unter höherem Drucke abgepreßten, an Wasser und Schleimstoffen reicheren Öle. Wenn die Olivenöl-
fabrikanten das bei den einzelnen Phasen der Preßoperation ablaufende Öl

---

[1]) Nach Dom. Martelli, L'Oleificio di Stiava, Pisa 1906.

getrennt auffangen und auf die Scheidung der einzelnen Ölfraktionen großes Gewicht legen, so hat dies seine gute Berechtigung [1]).

Die schon während des Einfüllens der zerkleinerten Oliven in die Preßbeutel durch den Eigendruck der Masse ablaufenden Ölquanten führen den Namen „Jungfernöl" und gelten als das höchstwertige Produkt. Die beim Unterdruckgehen der Presse sich ergebenden Ölfraktionen bilden die Primissimaware. Als Prima gilt das bei mäßigem Drucke ausgepreßte Öl, während man die mittels höheren Druckes zum Ausfließen gebrachten Öle als am wenigsten gut bezeichnet.

Bei den Nachschlagölen ist das getrennte Auffangen des ausgepreßten Öles ebenfalls gebräuchlich, nur macht man hier weniger Fraktionen.

Die Reinigung des frisch gepreßten Öles erfolgt in den meisten Betrieben durch Selbstklärung. Alle Olivenölspezialisten sind darin einig, daß die Klärung durch längere Ruhe der einzig richtige Weg ist.

Man bedient sich dazu nicht zu großer Behälter, die in einem heizbaren Raume untergebracht sind. Die richtige Temperatur des Klärraumes liegt zwischen 15 und 18°C. Größere Wärme würde der Ölqualität Abbruch tun, Temperaturen unter 15°C würden wegen der dabei schon ziemlich hohen Viskosität des Öles den Klärprozeß sehr verlangsamen.

Wichtig ist, daß man das geklärte Öl wiederholt von dem sich abscheidenden Wasser und Bodensatz entfernt und das erste Abgießen möglichst bald vornimmt, damit der Bodensatz und das Vegetationswasser nicht lange mit dem Öle in Berührung bleiben. In Tunis erfolgt das erste Abgießen schon eine Stunde nach dem Pressen, in anderen Olivenöl produzierenden Gegenden 8—10 Stunden später. Hierauf gießt man erst wieder in 2—3 Tagen ab und wiederholt dies etwa vier- bis fünfmal.

Zur Dekantierung der Öle von dem sich aus dem Ölmoste ausscheidenden Vegetationswasser bedient man sich besonderer Separationsgefäße, die nach gleichem Prinzipe gebaut sind wie die in Band I, S. 630 beschriebene Florentinerflasche (Band I, Fig. 339).

Es ist des öfteren die Frage aufgeworfen worden, ob nicht durch eine sofortige Filtration des Olivenöles frisch von der Presse weg die Qualität der ganzen Olivenölproduktion gehoben werden könnte. Wiederholte Versuche haben leider gezeigt, daß die beim Filtrieren unvermeidliche Berührung mit Luft dem Öle nicht gut bekommt (es wird „entnervt") und daß es besser ist, auf eine sofortige Separierung des Vegetationswassers und des Pflanzenschleims zu verzichten, als die Öle in intensiven Kontakt mit Luft zu bringen und dadurch dem Ranziditätsprozesse Vorschub zu leisten.

Von der Filtration der Öle wird daher nur bei geringeren Olivenölsorten Gebrauch gemacht sowie in Fällen, wo es sich um einen Versand

Filtration.

---

[1]) Mastbaum hat die Richtigkeit dieser Annahme durch Analysenbefunde bestätigt. Die bei niederem Drucke gewonnenen Öle zeigten eine geringere Azidität als die bei Hochdruck erhaltenen. (Chem. Revue, 1904, S. 42.)

kurz nach dem **Auspressen** des Öles handelt. Eine Filtration durch wasser-
anziehende Stoffe (**Baumwolle** usw.) leistet dabei gute Dienste. (Vgl. Bd. I,
S. 614—617.)

Die Erscheinung, daß gerade Olivenöl gegen den Lufteinfluß so empfindlich ist, hängt wahrscheinlich mit dem Vorhandensein gewisser, aus
dem Fruchtfleische stammender Fermente (Tolomeis Olease) zusammen,
welche die Samenöle, d. h. die aus Ölsamen erzeugten Öle, nicht besitzen.
Ist doch auch das aus dem Fruchtfleische der Ölpalme gewonnene Palmöl
gegen Luft ebenso empfindlich wie Olivenöl.

Durch das Absondern der verschiedenen Ölfraktionen ist die Klärarbeit
wesentlich erleichtert. Die guten, schleimarmen Öle klären sich viel
rascher als die durch ihren reichlichen Wasser- und Schleimgehalt dickflüssigen Öle. Die von vornherein besseren Ölsorten bleiben daher nur
relativ kurze Zeit mit den geringen Mengen von Fremdstoffen, welche sie
enthalten, in Berührung, wodurch die Gefahr des Ranzigwerdens und Ver-
derbens dieser feinsten Ölmarken herabgemindert ist. Bei den sich schwerer
klärenden Ölen kommt das lange Inberührungbleiben mit den den Zersetzungsprozeß bedingenden Fremdstoffen nicht so sehr in Betracht, weil
diese Öle ohnehin nicht mehr als erstklassig gelten.

In einigen Fabriken läßt man über das noch nicht oder halb geklärte
Öl einen feinen Regen von frischem und reinem Wasser niederfallen
(frappe à l'eau). Das Wasser reißt die Fremdstoffe zu Boden und das
Öl nimmt eine hellere Farbe an. Diese Prozedur hat jedoch ihr Mißliches;
manche Öle geben mit dem Wasser Emulsionen, die nur schwer wieder
zu trennen sind. Auch läuft man bei dieser Wässerung der Öle die Gefahr
einer Zunahme der Azidität.

Als klärungbeschleunigende Mittel sind außerdem Zitronensäure,
Tannin u. a. vorgeschlagen worden. Alle chemischen Mittel verderben
aber die Zartheit des Geschmackes und werden daher nur bei geringeren
Sorten angewandt.

Eine besondere Klärvorrichtung ist unter anderen auf Tafel XII, welche
das dem Herzog von Parma gehörige Oleificio di Stiava darstellt, wiedergegeben. Diese Art der Klärung erweist sich vornehmlich für solche Öle
als zweckmäßig, die aus verdorbenen Oliven gewonnen wurden und daher schleimreicher sind als gewöhnliche Öle.

Solche sich schwer klärende Produkte bringt man in den obersten Behälter
einer Wannenserie w_1 oder w_2 (Schnitte $a—b$ und $c—d$ und Grundriß Parterre
und 1. Stock), wo sie durch einen am passenden Orte angebrachten Wasserhahn
bequem mit einem Wasserregen überrieselt werden können. Nach einiger Zeit der
Ruhe zieht man das Öl aus dem obersten Behälter in den darunter befindlichen,
und so fort, bis es im untersten angelangt ist.

Jeder Behälter besitzt drei Ablaßvorrichtungen, wovon eine am Boden, eine
10 cm oberhalb des Bodens, die dritte ungefähr in der Mitte der Seitenwand angebracht ist. Dadurch hat man es in der Hand, je nach dem Grade der Klärung

Additional material from *Gewinnung der Fette und Öle,*
ISBN 978-3-662-01825-5 (978-3-662-01825-5_OSFO5),
is available at http://extras.springer.com

kleinere oder größere Flüssigkeitsmengen von dem höher stehenden in den tiefer angeordneten Behälter abzuziehen. Zur Erwärmung des Klärlokales dient ein Ofen *o*. Die abstehenden Wässer werden durch den Bodenhahn entfernt und kommen behufs weiterer Klärung in die „Hölle".

Dieses Dekantationssystem erspart die viele Handarbeit, welche bei horizontal angeordneten Absetzgefäßen notwendig wird.

Hauptsache für ein richtiges Funktionieren der Klärung ist gleichmäßige Wärme, die entweder durch Dampfheizung oder, wie in unserem Plane, durch einen gewöhnlichen Eisenofen *o* geliefert wird.

Fig. 81. Klär- und Filterraum der Scuola di Oleificio in Bari.

Zur Trennung des Fruchtwassers vom Öle haben Bertainchand und Marcille auch das Zentrifugieren des frisch gepreßten Öles vorgeschlagen. Ein solcher von Hignette konstruierter Apparat lieferte ganz vorzügliche Resultate. Das abgesonderte Öl war infolge eingeschlossener kleiner Luftbläschen milchig getrübt, klärte sich aber nach 24stündiger Ruhe vollständig. Auch durch Filtration des zentrifugierten Öles kann man ohne weiteres eine Klärung des luftgetrübten Öles herbeiführen. Bertainchand und Marcille betonen ausdrücklich, daß die eingeschlossene Luft der Qualität des Öles keinen Abbruch tue, was sich mit der allgemein gegen andere Separationsvorrichtungen so oft ins Treffen geführten Ansicht nicht deckt.

Die verschiedenen Bleichmethoden, welche für Olivenöle in Vorschlag gebracht worden sind, verderben meist dessen Geschmack; auch stehen die Kosten gewöhnlich in keinem Verhältnisse zu dem erreichten Effekt. Die vielen Rezepte zur Geschmacksverbesserung der Olivenöle, welche von Geheimnistuern immer und immer wieder angeboten werden, sind fast durchwegs wertlos. Um gutes Olivenöl zu erzeugen, darf man sich nicht auf eine nachträgliche Veredlung der Öle verlassen, sondern muß die Verarbeitung der Oliven rationell einrichten.

Fig. 82. Sammel- und Klärraum.

Die verschiedenen, zum Auffangen des Ölmostes dienenden Gefäße (Sottini) und die für den Öltransport bestimmten Behälter wie auch Filterapparate zeigt Fig. 81, welche den Klär- und Filterraum der „Scuola di Oleificio in Bari" darstellt.

Aufbewahren des Öles. Die Aufbewahrung der geklärten, versandfähigen Öle erfolgt in Steinkrügen, in Gefäßen aus emailliertem Ton (in Toscana), in Behältern aus Weißblech (in Süditalien) und in Eisenreservoiren.

Der Raum, in welchem die Öle lagern, soll gleichmäßig temperiert, luftig, aber nicht zu hell sein.

Fig. 82 zeigt den Sammel- und Klärraum einer italienischen Ölmühle. Rechts sind die Auffanggefäße für den Ölmost, links die Vorratsbehälter für das geklärte Öl. Im Hintergrunde sieht man den zur Temperierung des Raumes bestimmten Ofen.

In Fig. 83 ist ein anderes Ölmagazin mit Ölvasen aus emailliertem Ton dargestellt.

Das bei der Kläroperation sich abscheidende Vegetationswasser enthält noch merkliche Mengen von Öl suspendiert und es würde daher nicht zu unterschätzende Verluste mit sich bringen, wollte man dieses Wasser direkt in die Abflußkanäle ableiten. Man sammelt es deshalb in aus Stein

Verwertung der Klärwässer.

Fig. 83. Ölmagazin.

gemauerten oder aus Zement hergestellten Zisternen („Inferno", enfer oder Hölle genannt) und läßt es dort eine Art Gärung durchmachen. Dabei sondern sich die letzten Ölreste an der Oberfläche des Wassers ab und werden von Zeit zu Zeit abgeschöpft. Diese Öle haben eine ziemlich weitgehende Spaltung erlitten und zeigen außerdem fast immer einen eigenartigen Geruch, der auf die bei der Gärung des Vegetationswassers sich bildenden, unangenehm riechenden Gase zurückzuführen ist.

Zur vollständigen Abscheidung des Öles aus den Klär- und Waschwässern einer Olivenölmühle ist ein wenigstens vierzehntägiges Stehen dieser Wässer notwendig. Da während dieser Zeit die Flüssigkeit nicht bewegt werden soll, so ist das Vorhandensein von mindestens zwei Gruben für jede Ölmühle notwendig; während in der einen Grube die gerade von der Ölmühle abfallenden Wässer zusammenlaufen, befindet sich der andere Behälter im Klärstadium. Man hat übrigens auch vorgeschlagen, mehrere Gruben in systematischer Reihenfolge zusammenarbeiten zu lassen, doch empfiehlt sich eine solche Arbeitsweise nur für große Betriebe.

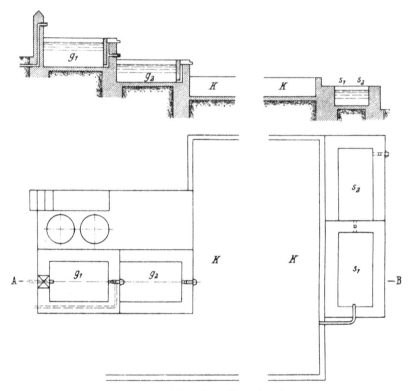

Fig. 84. „Hölle" einer Olivenölmühle.

Die Einrichtung der Hölle letzterer Art zeigt Fig. 84.

Die Wässer, welche bei der Olivenölklärung, beim Waschen der verschiedenen Fabriksräume, der Pressen und Geräte resultieren, wie auch die sich bei den Frullinos ergebenden Abwässer werden gesammelt und kommen vorerst in zwei stufenförmig angeordnete, gemauerte Zisternen gg_1, die miteinander durch einen Siphonauslauf kommunizieren. In der ersten Grube g_1 sondert sich ein beträchtlicher Teil der in den Abwässern enthaltenen Ölmenge und des Fruchtfleisches ab. Vom Boden des Behälters g_1, wo sich das relativ klarste Wasser befindet, fließt das Wasser durch einen Siphonheber in die Grube g_2. Hier vollzieht sich eine weitere Klärung der Flüssigkeit, welche wiederum vom Boden ausgehend in ein großes Klärbassin K läuft. In diesem sammeln sich nicht nur, wie in den Gruben g_1 und g_2, auf der Oberfläche fetthaltige Stoffe, sondern es setzen sich hier auch infolge der geringen Flüssigkeitsbewegung die bisher im Wasser schwebend gebliebenen Verunreinigungen ab, teils auf die Oberfläche steigend, teils zu Boden sinkend.

Aus dem großen Separationsbehälter K kommt die Flüssigkeit noch in zwei weitere Separationsgruben ss_1, welche ebenfalls stufenweise angeordnet sind. Erst von hier aus gelangen die Wässer in den Fabrikskanal.

In der „Hölle" werden nicht nur die bei dem Klärprozesse sich ergebenden Klärwässer, sondern auch sämtliche Waschwässer der Fabrik gesammelt, um das in ihnen enthaltene Fett nicht verloren gehen zu lassen. Die Menge des aus der „Hölle" gewonnenen Öles ist ganz beträchtlich und beläuft sich, je nach der bei der Klärarbeit geübten Vorsicht, auf 0,50—1 kg pro 100 kg verarbeiteter Oliven.

Die aus den Sammelgruben gewonnenen Öle heißen „Höllenöle" (Oli d'inferno, huiles d'enfer).

Die Gärungsgase, die sich in den Höllengruben bilden, können unter Umständen die Qualität der anderen Olivenöle beeinträchtigen, weshalb es ratsam ist, die Hölle möglichst weit entfernt von der eigentlichen Ölmühle anzulegen sowie für einen möglichst dichten Abschluß der Grube vorzusehen.

Das Klärwasser der Höllengrube riecht meist infolge weit vorgeschrittener Gärungsvorgänge höchst unangenehm. Seine Dichte wechselt von 1,050 bis 1,065 (7—9° Bé). Bertainchand, Milliau und Malet konstatierten in der unfiltrierten Flüssigkeit pro Liter 175,8 g Abdampfrückstand, darunter 24,23 g Mineralstoffe. Der Gesamtsäuregehalt betrug nach den Genannten per Liter 6,30 g (auf H_2SO_4 berechnet), der Gehalt an Gerbstoff 0,3 g, an stickstoffhaltigen Substanzen 3,98 g. Fett war nur in Spuren nachweisbar [1]).

Mineral-gehalt der Abwässer.

Die Mineralstoffe (24,23 g pro Liter) bestanden in der betreffenden Probe aus:

Kali	12,43 g pro Liter
Natron	0,36 g „ „
Kalk	0,78 g „ „
Magnesia	0,33 g „ „
Schwefelsäure	Spuren
Chlor	2,55 g „ „

Die Abfuhr der Klärwässer bereitet in Betrieben, wo kein Abflußkanal vorhanden ist, Schwierigkeiten. Sie auf die Felder zu bringen, geht nur im Winter an, im Frühling und im Sommer erwies sich dies für die Vegetation als nachteilig, ohne daß man bis heute den Grund dieser Schädlichkeit anzugeben wüßte. Man hört zwar vereinzelt die Meinung, daß die in der Flüssigkeit enthaltenen Spuren von Fett schuld daran seien, doch ist kaum anzunehmen, daß so geringe Fettmengen, wie sie durch die Abwässer auf die Felder geraten, das Pflanzenwachstum beeinträchtigen können. Man geht wohl richtiger, wenn man den Säuregehalt der Wässer für diese Wirkung haftbar macht.

---

[1]) Siehe Seifensiederztg., Augsburg 1901, S. 756.

Bei Berührung mit Luft geht die Flüssigkeit bald in eine alkoholische Gärung über, der binnen kurzem ein Fäulnisprozeß folgt. Darauf treten äußerst unangenehm riechende Ausdünstungen auf und der Spiegel der Flüssigkeit bedeckt sich nicht selten mit einer dichten Decke von Schimmelpilzen. In einer Probe vergorener Flüssigkeit fand man pro Liter 7,75 g Alkohol und 9,7 g organischer Säure (auf Schwefelsäure berechnet), wovon 0,5 g flüchtig waren. Der Alkoholgehalt der vergorenen Flüssigkeit ist zu gering, als daß sich dessen Gewinnung lohnen würde. Auch eine Verwendung in der Gerberei ist kaum empfehlenswert, dagegen dürfte sich nach Milliau, Bertainchand und Malet eine Ausbeutung der in der Morchia gelösten Kalisalze empfehlen.

Die Verdampfung der aus einer tunesischen Ölmühle stammenden Höllenabwässer lieferte ein Salz, welches nach der Karbonation die folgende Zusammensetzung zeigte:

Kaliumkarbonat	55,15 %
Natriumkarbonat	2,57
Chlorkalium	21,89
Natrium- und Kaliumsulfat	Spuren.

Beim Reinigen dieses Salzes durch Lösen in Wasser und Eindampfen der erhaltenen klaren Lösung ergab sich ein Produkt von

Kaliumkarbonat	68,68 %
Natriumkarbonat	3,21
Chlorkalium	27,27
Wasser und nicht bestimmte Stoffe .	0,84
	100,00 %,

während als unlöslicher Anteil beim Lösen des Rohsalzes ein Gemisch aus Kieselsäure, Kohle, Erdalkalikarbonaten und Phosphaten resultierte[1].

Die Untersuchungen der genannten 3 Fachleute verdienen alle Beachtung. Durch geeignete Weiterverarbeitung der Abwässersalze ließe sich eine sehr hochwertige Pottasche gewinnen, wodurch die Rentabilität größerer Betriebe[2] merklich erhöht werden könnte.

Am Boden der Hölle lagert sich eine dunkle, schlammige Masse ab (Hefe oder Ölhefe genannt), welche nach Abstumpfung der darin enthaltenen Säure mittels Kalk zum Düngen der Felder verwendet werden kann. Gewöhnlich wird aber die Hefe einfach an der Luft getrocknet und nachher verbrannt.

---

[1] Milliau, Bertainchand und Malet, Rapport sur les huiles d'olives en Tunisie et sur l'utilisation des margines, Tunis 1900, S. 13.

[2] Das Obengesagte bezieht sich auf die Abwässer solcher Höllen, in die nicht auch die Frullinowässer geleitet wurden; diese bezeichnet man mitunter mit dem Namen Morchia (frz. Margine). Morchia heißt aber richtiger der sich beim Lagern junger Olivenöle bildende Bodensatz.

Sestini hat zuerst auf den Stickstoff-, Schwefel- und Kaligehalt dieses Rückstandes aufmerksam gemacht und gezeigt, daß er einen größeren Düngewert besitzt als guter Stallmist. Martelli gibt den Gehalt der Ölhefe für den Fall, als auch Frullinowässer in die Hölle geleitet wurden, mit

0,91 % Stickstoff,
0,16 % Pottasche, und
0,34 % Schwefelsäure an.

f) Entmargarinieren stearinreicher Olivenöle.

Ein Nachteil mancher Olivenöle ist deren großer Gehalt an festen Triglyzeriden. Öle, welche größere Mengen solcher Glyzeride enthalten, erstarren bei einer relativ hohen Temperatur und sind daher als „Tafelöle" nicht gut zu gebrauchen. Die Ursache, warum einige Olivenbäume kaltbeständigere Öle geben als andere, ist heute noch nicht aufgeklärt. Die Spielart der Pflanze, die Zusammensetzung des Bodens, in dem sie wurzelt, und insbesondere die klimatischen Verhältnisse[1]) des Ortes scheinen dabei mitzuspielen. Von den tunesischen Ölen sind speziell die von Sfax reich an festen Fettsäuren. Diese beginnen sich schon bei 11º C zu trüben und scheiden bei Temperaturen von 9—10º C bereits Fettkristalle aus, um bei 6—7º C (oft bei noch höherer Temperatur) ganz zu erstarren. Die Kälteunbeständigkeit der Tunisöle erschwert ihnen die Konkurrenz auf dem Weltmarkte sehr beträchtlich. Es hat daher nicht an Versuchen gefehlt, die festen Tristearine abzusondern und dadurch die Öle ebenso kältebeständig zu machen, wie es z. B. die Provencer Produkte und jene aus Ligurien und Toscana sind. Ein langsames Abkühlen der Öle auf +8º C und ihr nachheriges Abfiltrieren oder Zentrifugieren gibt befriedigende Resultate. Bertainchand[2]) hat das Abzentrifugieren der durch langsames Abkühlen ausgeschiedenen Fettkristalle ausprobiert und sich für diese Methode ausgesprochen.

Das beim Kältebeständigmachen der Olivenöle erhaltene feste Fett (Olivenölstearin) kann in der Seifenfabrikation Verwendung finden. Es ist ein gut brauchbares Speisefett, doch verhindert leider der spezifische Olivenölgeschmack des Produktes seine Anwendung in der Kunstschmalz- und Kunstbutterindustrie.

Kältebeständigmachen der Olivenöle.

g) Einlagerung der Olivenöle. — Qualitätsfragen.

Erstklassige Olivenöle bedürfen nach ihrer Fertigstellung einer richtigen Einlagerung. Sie sind mehr als alle anderen Speiseöle empfindlich und müssen in gut gelüfteten, aber möglichst dunkeln Räumen aufbewahrt

---

[1]) Je heißer das Klima, um so stearinreicher die Olivenöle.
[2]) Seifensiederztg., Augsburg 1903, S. 528; vergleiche auch Bd. I, S. 698.

werden. Sonnenlicht ist ebenso schädlich wie dumpfe Luft. Rotes oder gelbes Licht ist dem Öle weniger nachteilig als blaues oder volles Tageslicht. Auch das Reinhalten des Lokales spielt eine wichtige Rolle. Die Behälter, in welchen das Öl aufbewahrt wird, sollen nach jeder Entleerung gründlich gereinigt werden und es ist dabei sehr darauf zu achten, daß nach der Reinigung keine Feuchtigkeit im Behälter zurückbleibe. Die Temperatur des Lagerraumes soll nicht zu hoch sein und keinesfalls über 18° C liegen.

In den Aufbewahrungsgefäßen für Olivenöl bildet sich mit der Zeit ein leichter Bodensatz (Morchia), der aus Pflanzenschleim besteht. Das klare Öl wird von demselben abgezogen und der Rückstand mit Wasser ausgekocht, um das in diesem Bodensatze enthaltene Öl zu gewinnen.

Als qualitätsbestimmende Faktoren müssen neben der Güte des Rohmaterials die möglichst saubere Arbeit beim Zerkleinern und Pressen und die möglichst rasche Scheidung des Öles vom Vegetationswasser angesehen
werden. Sämtliche zur Fabrikation gebrauchte Gerätschaften und Apparate müssen peinlich sauber gehalten werden; die Berührung des noch ungeklärten Öles mit Fremdstoffen ist strenge zu vermeiden. Die Frage, ob die Berührung mit Eisen die Güte der Öle herabzusetzen vermöge, hat Bracci studiert. Er fand, daß geringe Mengen Eisen den Geschmack des Öles nicht ungünstig beeinflussen können und daß ferner:

1. Olivenöl an und für sich Spuren von Eisen enthält, die sich auch bei solchen Ölen nachweisen lassen, welche nie mit Eisenbestandteilen in Berührung gekommen sind;

2. wenn zur Verarbeitung von Oliven eiserne Apparate benutzt werden, die frei von Rostflecken sind, sehr wenig Eisen in das Öl übergeht, wogegen rostige Maschinenbestandteile größere Mengen von Eisen an das Öl abgeben;

3. das Vegetationswasser größere Mengen von Eisen enthält als das Öl.

h) Bleichen der Sulfuröle.

Die entweder intensiv grüne oder grünbraune Färbung der Sulfuröle hat man wiederholt zu entfernen versucht; das Bleichen dieser Produkte ist aber ziemlich schwierig und nur durch kräftigwirkende Bleichmittel möglich. Die vielen in der Fachliteratur genannten Rezepte zum Entfärben der Sulfuröle versagen fast alle.

Die mittels Bichromat- oder Chlorkalkbleiche entfärbten Sulfuröle geben nicht selten Seifen, bei welchen der Grünstich wieder hervorbricht.

Auf den Markt werden übrigens gebleichte Sulfuröle nicht gebracht; der Seifensieder entfärbt diese Öle nach Bedarf im eigenen Betriebe.

Allgemeine Anlage von Olivenölmühlen.

Den Plan einer mustergültig angelegten Olivenölmühle bringt Tafel XII [1]).

Die geernteten Oliven werden in den im ersten und zweiten Stockwerk gelegenen Lagerraum L gebracht, welcher vorzüglich ventiliert ist. Schmutzige Oliven werden vor ihrer Verarbeitung in dem Waschapparat X gewaschen. Reine Oliven werden nach nur wenige Stunden dauernder Lagerzeit durch den Trichter T auf den Kollergang K_1 gebracht. Dieser zermalmt die Früchte zu einem preßfähigen Brei, welcher in Preßbeutel gefüllt und in die 10 Schraubenpressen p_1 gebracht wird. Das bei der Pressung ausfließende Öl geht zu den Sammelreservoiren s_1.

Plan einer Olivenöl-mühle.

Die sich bei der ersten Pressung ergebenden Preßrückstände werden auf Wägelchen zum Kollergang K_2 gebracht, welcher etwas größer ist und daher kräftiger arbeitet als K_1. Das Mahlgut wird abermals in Preßbeutel gefüllt und kommt nun unter hydraulische Pressen p_2, welche ihr Öl an die Sammelgefäße s_2 abgeben. Die Preßrückstände der zweiten Pressung werden auf Wägelchen in die Frullinoabteilung gebracht, wo sie nach der bereits S. 400 beschriebenen Weise weiterverarbeitet werden.

In den Ölauffanggefäßen s_1 und s_2 setzt sich ein großer Teil des mit dem Öl ausgepreßten Vegetationswassers ab, das in die „Hölle" (siehe S. 406) abgelassen wird. Halb geklärte Öle werden entweder in besonderen, in Tafel XII nicht gezeichneten, in der Klärabteilung befindlichen Abstehgefäßen und Filtern vollständig geklärt oder aber in die Dekantationswannenserie w_1 und w_2 gebracht. Der sich hier abspielende Vorgang wurde bereits S. 405 beschrieben. Zum Aufbewahren des geklärten Öles dienen die Ölbehälter R. Das Klärlokal bzw. Ölmagazin wird durch einen Ofen o erwärmt.

Sämtliche aus dem Fabriksbetriebe sich ergebenden Abwässer werden durch geeignete Rohranlagen gesammelt und in die „Hölle" gebracht, deren Einrichtung S. 406 klargelegt wurde.

Zum Betriebe der Kollergänge, der Pumpe i und des Akkumulators u, der Frullini usw. ist eine Turbinenanlage M vorhanden.

Über die zweckmäßige Anlage von Olivenölmühlen machten auch Bracci[2]), Cassella[3]) und Mingioli[4]) verschiedentliche Vorschläge, auf die aber hier nur hingedeutet werden kann.

Eigenschaften.

Die Olivenöle kann man in zwei Gruppen teilen; zu der einen gehören die für Speisezwecke bestimmten, zur anderen die zu technischen Zwecken verwendeten Öle.

Als Speiseöle werden die bei der ersten und zweiten Pressung der Oliven bzw. des Olivenfleisches erhaltenen Öle angesehen. Die durch Eigendruck gewonnenen, am mildesten schmeckenden Sorten bezeichnet man als Jungfernöle; für die übrigen Olivenspeiseöle kennt man eine sehr stattliche Reihe von Provenienz- und Phantasienamen.

[1]) Nach Plänen von Domenico Martelli, Direttore delle tenute ducali in Camaiore (siehe „Oleificio di Stiava", di S. A. R. il Duca di Parma, Pisa 1906). Siehe auch Seite 400 und 402 dieses Bandes.
[2]) Flaminio Bracci, Manuale di Olivicoltura ed Oleificio, Mailand 1894.
[3]) P. Cassella, L'ulivo e l'olio, Neapel 1889.
[4]) Eustachio Mingioli, Oleificio, Neapel 1887; Note di Elaiologia, Mailand 1889; Note di Oleificio, Mailand 1888.

Die für technische Zwecke verwendeten Olivenöle faßt man unter der Bezeichnung „Baum- oder Fabriksöle" zusammen. In diese Gruppe gehören alle aus minder guten Oliven bereiteten Öle, oder solche, die man in der Hölle oder aus den Preßrückständen auf dem Frullino oder durch Extraktion erhält.

Handels-
sorten.

Bornemann unterscheidet bei den Fabriksölen folgende Typen:
1. Brennöle (huiles à brûler),
2. Tournantöle (huiles tournantes) und
   Höllenöle (huiles d'enfers),
3. Nachmühlenöle (huile à fabrique, huiles de ressence oder huiles de récence),
4. Sulfuröle (huiles de grignons),
5. Satzöle.

Die Brennöle werden aus angefaulten Oliven erhalten und man wendet bei deren Herstellung gewöhnlich warme Pressung an. Die Öle müssen sorgfältig geklärt sein, weil nur wasserfreie Produkte ruhig brennen.

Die Tournantöle stellen Öle mit einem großen Prozentsatz freier Fettsäure dar. Sie bilden sich aus guten Olivenölen durch allzulanges Lagern von selbst, doch werden als Tournantöle häufig auch die sogenannten Höllenöle bezeichnet, welche weiter oben bereits besprochen wurden. Häufig versteht man unter „Tournantöle" die bereits sulfurierten und neutralisierten Olivenöle, wie sie in der Türkischrotfärberei verwendet werden.

Die Nachmühlenöle sind die aus den bereits abgepreßten Oliven durch Behandlung auf dem Frullino und nachheriges Auskochen und Abpressen erhaltenen Produkte. Sie zeigen grüne bis braune Farbe, intensiven Geruch und sind dickflüssig. Gewöhnlich enthalten diese Produkte $3—5\%$ Wasser und namhafte Mengen Fettsäuren. Durch Ablagernlassen der Öle kann man sie in ein flüssiges, kältebeständigeres und in ein stearinreicheres, dickeres Öl trennen; ersteres wird mitunter als Fabriksöl (élaine de ressence) verkauft, während der stearinreichere Anteil als huile de ressence in den Handel kommt und zur Herstellung harter Seifen benutzt wird. Die Quantität der erzeugten Nachmühlenöle hat bedeutend nachgelassen, seitdem die größeren Ölfabriken das Extraktionsverfahren eingeführt haben.

Letzteres gibt die Sulfuröle (huiles de grignons). Dies sind unangenehm riechende, durch feste Glyzeride getrübte, gewöhnlich grünlich bis grünbraun gefärbte Öle, welche $20—40\%$ an freien Fettsäuren enthalten. Die Sulfuröle sind nicht vollkommen wasserfrei, doch sollen die Öle des Handels nicht über 1% Wasser enthalten.

Als Satzöle bezeichnet man die sich vom Bodensatze (Morchia) der Ölreservoire abscheidenden dickflüssigen, schmutziggelben Öle. Werden diese geklärt, so erhält man halbhelle Öle, die für Seifensiederzwecke brauchbar sind.

Es liegt auf der Hand, daß diese verschiedenen Produkte in ihren physikalischen und chemischen Eigenschaften stark voneinander abweichen müssen. So schwankt die Farbe der verschiedenen Olivenspeiseöle von einem hellen Strohgelb bis zu einem Zitronen- oder Goldgelb. Die Fabriksolivenöle sind gelb bis braungelb, meistens mit einem grünlichen Stich. Letzterer bekommt bei den Sulfurölen die Oberhand und ist dem Vorhandensein von Chlorophyll zuzuschreiben. Farbe.

Der Geschmack des Olivenöles hängt mit dessen Bereitungsweise und der Provenienz der Olivenfrucht zusammen. Die Feinheit des Geschmackes hängt mit der Reinheit nur ganz lose zusammen. Viele in technischem Sinne als rein zu bezeichnenden Öle zeigen einen unangenehmen Geschmack, der ihre Verwendung als Speiseöl fast ausschließt. Die Bewohner nördlicherer Gegenden haben überhaupt gegen den spezifischen Olivengeruch eine gewisse Abneigung und heißen nur jene Öle gut, welche möglichst neutral schmecken. Geschmack.

Canzoneri[1]) hat aus dem herben Puglia-Olivenöl Eugenol isoliert und betrachtet diese Verbindung neben dem in dem Öle ebenfalls enthaltenen Brenzchatechin, Tannin, der Gallussäure sowie einer noch nicht näher untersuchten Substanz als Ursache des herben Geschmackes.

Eigentümlich ist bei Olivenöl, daß sich sein Geschmack beim Lagern bis zu einem gewissen Grade verbessert, das Ablagern also genau wie beim Weine ein Veredeln des Produktes herbeiführt.

Für Genußzwecke eignen sich nur die bei der ersten und zweiten Pressung gewonnenen Olivenöle; die ganz arme Bevölkerung der Olivenbau treibenden Länder nimmt auch mit den besseren Lavatölen als Speiseöl vorlieb. Der Geschmack der Öle aus angefaulten, selbsterhitzten oder gegorenen Oliven ist infolge des hohen Gehaltes an freien Fettsäuren, welche diese Produkte aufweisen, kratzend und stechend und ihr Geruch abscheulich. Die Sulfuröle schmecken geradezu ekelerregend und ist es eine mehr als überflüssige Sache, wenn die deutschen Zollbehörden für die Extraktöle Denaturierungen vorschreiben.

Der Geschmack der Olivenöle leidet auffallend, wenn sie längere Zeit mit Wasser in Berührung bleiben. Das Wasser scheint nicht nur eine Hydrolyse der Glyzeride herbeizuführen, sondern auch Pilze [2]) in das Öl einzuführen, die es trüben und seine Qualität auch sonst nachteilig beeinflussen.

Der Geruch der verschiedenen Olivenöle schwankt zwischen dem milden, angenehmen der feinen Sorten und dem ganz spezifisch ausgesprochenen, an Oliven erinnernden der geringeren Marken. Ölivenöl besitzt wie alle Öle und Fette die stark ausgeprägte Fähigkeit, Gerüche anzuziehen (s. Bd. I, S. 82), Geruch.

---

[1]) Gaz. chim. ital., 1897, Bd. II, S. 1.
[2]) Kurpjuweit hat in mehreren Olivenölproben avirulente Bakterien gefunden. Auch kennt er eine Reihe von pathogenen Bakterien (Staphylokokken, Bacterium coli, Diphtherie- und Typhusbazillen, Pyocyaneus, Micrococcus ureae), die sich etwa 10 Tage im Öl lebensfähig erhalten. (Centralbl. f. Bakteriologie, 1903, S. 157.)

weshalb man bei seiner Herstellung und Aufbewahrung alle üblen Gerüche fern halten muß.

Die Dichte der Olivenöle liegt zwischen 0,914 und 0,919 (bei 15 ⁰ C); innerhalb dieser Grenzen liegt auch das spezifische Gewicht der Sulfuröle.

Der Erstarrungspunkt der Olivenöle ist sehr schwankend. In der Fachliteratur findet man vielfach die Angabe verzeichnet, daß Olivenöle im allgemeinen bei +2 ⁰ C trüb werden und bei −6 ⁰ C erstarren. Diese Daten haben aber nur ganz bedingte Gültigkeit. Es gibt sehr viele Olivenölsorten, welche schon bei weit höherer Temperatur trüb zu werden beginnen, und die tunesischen Öle erstarren sogar schon bei 6—7 ⁰ C (vgl. S. 409).

Mit dem Erstarrungspunkte wechselt natürlich auch die chemische Zusammensetzung der Olivenöle. Während nach Untersuchungen von Tolman und Munson[1]) die italienischen Produkte minimal 5 % (Toskaner Provenienzen) und maximal 17,72 % (Bariöle) fester Fettsäuren enthalten, zeigten die kalifornischen Olivenöle von 2—13 % fester Fettsäuren, und Bertainchand[2]) fand im tunesischen Öl im Durchschnitt 25 % an festen Fettsäuren. Die ältere Annahme, wonach das Olivenöl im Durchschnitt 28 % fester Glyzeride enthält, ist durch diese Untersuchungen hinfällig geworden.

Die festen Fettsäure-Glyzeride bestehen in der Hauptsache aus Glyzeriden der Palmitinsäure und enthalten daneben geringe Mengen von Arachinsäure. Stearinsäure-Glyzeride scheinen nach Hehner und Mitchell[3]) im Olivenöl sich nicht zu finden.

Die flüssigen Glyzeride des Olivenöles können als fast reines Triolein betrachtet werden, denn der Gehalt des flüssigen Olivenölanteiles an Linolsäure ist nach Hazura und Grüßner ganz gering (6—7 %). Holde und Stange[4]) fanden im Olivenöle 1—2 % eines gemischten Glyzerids (Oleodimargarin).

An Unverseifbarem ist im Olivenöl 1—1,5 % vorhanden; dasselbe besteht nach Bömer und Soltsien aus Phytosterin und nicht aus Cholesterin, wie man früher vermutete.

Die besseren Sorten von Olivenöl enthalten 1—3 % freier Fettsäuren, die für technische Zwecke verwendeten, durch Pressung gewonnenen Öle gehen in dem Gehalte an freien Fettsäuren bis zu 10 % hinauf. Die Höllenöle wie auch die durch Extraktion gewonnenen Sorten bestehen sogar bis zu 50 % und darüber aus freien Fettsäuren.

Das leichte Ranzigwerden des Öles wurde bereits Seite 402 erwähnt. Scala[5]) wies in ranzig gewordenem Olivenöl die Gegenwart von Önanthaldehyd, Ameisen-, Essig-, Önanthyl-, Azelain- und Korksäure nach.

---

[1]) Journ. Americ. Chem. Soc., 1893, S. 956.
[2]) Bull. de la Direction du Commerce, Tunis 1903, S. 107.
[3]) The Analyst, 1896, S. 328.
[4]) Berichte d. deutsch. chem. Gesellsch., 1901, S. 2402.
[5]) Stazione sperim. agrar. ital., Bd. 30, S. 613.

Die aus dem Olivenöl abgeschiedenen Fettsäuren schmelzen zwischen 19,2—31°C (Tolman und Munson) und erstarren zwischen 17—22°.

Die Elementaranalyse des Olivenöles ergibt:

Kohlenstoff . . . . 77,20 %

Wasserstoff 11,30

Sauerstoff 11,50

100,00 %

Seiner Zusammensetzung und seinem chemischen Verhalten nach muß das Olivenöl als das Prototyp der nichttrocknenden Öle bezeichnet werden. Bei der Elaidinreaktion liefert es eine feste Masse von weißer und schwach grünlicher Färbung.

Durch Sonnenlicht bewirkte Veränderungen des Olivenöles hat L. Moschini[1]) studiert. Er konstatierte, daß nach einmonatiger Belichtung alle besseren Olivenöle vollkommen entfärbt und ranzig geworden waren, wobei eine Zunahme der Dichte nicht stattfand. Solche Öle zeigten die Elaidinreaktion noch in exakterer Weise, dagegen reagierten Öle, welche 2—3 Monate lang belichtet worden waren, bei der Elaidinreaktion nicht mehr.

Das aus den Olivenkernen durch Kaltpressung gewonnene Öl ist von mildgelber, das durch heiße Pressung gewonnene Öl von grünlichgelber Farbe, zeigt süßlichen, an Mandelöl erinnernden Geschmack, enthält nur ganz geringe Mengen freier Fettsäuren und ähnelt in seinen chemischen Verhältnissen dem Fruchtfleischöle der Olive fast vollkommen. Oliven-
kernöl.

Da fast gar kein aus frischen Kernen gepreßtes Olivenkernöl in den Handel kommt, sondern fast ausschließlich Extraktware (Sulfuröl), so hat sich seit langem die Meinung festgesetzt, daß das in den Olivenkernen enthaltene Öl von minderwertiger Beschaffenheit, und zwar grünlich von Farbe, reich an freien Fettsäuren und mit der Neigung zum Ranzigwerden behaftet sei. Diese Eigenschaften treffen aber nur für die Extraktöle und allenfalls für die auf dem Frullino gewonnenen Öle zu, nicht aber für die durch sorgfältiges Auspressen unverdorbener Olivenkerne gewonnenen Öle, was O. Klein[2]) durch gewissenhafte Untersuchungen klarstellte.

Die Sulfurolivenöle sind durch ihre charakteristische Färbung und durch ihren relativ hohen Gehalt an festen Glyzeriden gekennzeichnet. Sie enthalten nicht selten geringe Mengen freien Schwefels, auf welchen Umstand zuerst Morpurgo hinwies. Sulfuröl.

Verwendung.

Die feineren Sorten der Olivenöle werden ausschließlich als Speise-öle verwendet. Es wurde schon Seite 413 bemerkt, daß reine Olivenöle häufig nicht dem Geschmack des Publikums entsprechen, weshalb man sie Speiseöl.

---

[1]) Deutsche Industrieztg., 1872, S. 305.
[2]) Zeitschr. f. angew. Chemie, 1898, S. 847.

vielfach mit neutral schmeckenden Ölen, wie Erdnuß-, Sesam-, Kotton- oder Mohnöl, vermengt, welche Gemische dann unter dem Kollektivnamen „Tafelöle" oder unter freigewählten Handelsbezeichnungen auf den Markt kommen. Zu Verschnittzwecken (Verschnittöl) eignet sich sehr gut das Öl grüner, unreifer Oliven, weil es intensiver nach Oliven schmeckt als das Öl reifer Oliven. In Apulien wird mit Vorliebe solches Öl gewonnen. Die Südländer verwenden das Olivenöl nicht nur als Salatöl, sondern auch zu Kochzwecken, die Nordländer benutzen es außerdem auch zum Konservieren verschiedener Nahrungsmittel (Ölsardinen usw.).

Medizin. In der Medizin dient das Olivenöl zum Schlüpfrig- und Geschmeidigmachen, zum Erweichen von straff gespannten Teilen, zur Verminderung von Reizwirkungen aller Art, insbesondere als Gegenmittel bei ätzenden Vergiftungen.

Auch als Hustenmittel, bei Steinleiden und anderen Krankheiten wird es mit Erfolg angewendet. Für die Bereitung vieler pharmazeutischer Salben, Pflaster usw. bildet es die Grundlage. Ehedem war es auch als Mittel gegen den Biß giftiger Schlangen sehr in Ansehen.

Kali-, Ammoniak- und andere Seifen aus reinem Olivenöl werden in der Kosmetik verwendet.

Die verschiedensten Arten von Baumölen finden als Schmier- und Brennöl, zum Spicken der Wolle, zur Herstellung von Türkischrotölen und Seife vielseitige Anwendung.

Schmieröl. Als Schmieröl kann selbstverständlich nur Olivenöl mit einem sehr geringen Gehalt an freien Fettsäuren gebraucht werden. Für feinere Mechanismen ist Olivenöl als Schmieröl sehr beliebt, doch schränken hier die Mineralöle seine Verwendung mehr und mehr ein.

Brennöl. In den Olivenbau treibenden Ländern, wo das Öl billig zu haben ist, dient es häufig als Beleuchtungsmittel. Die als Brennöl benutzten Öle dürfen ebenfalls keine zu hohe Azidität zeigen, weil sie sonst stark rußen und den Docht vorzeitig verkohlen. Alle besseren Olivenöle brennen mit ruhiger, nicht rußender Flamme. Ein großer Konsument von Olivenöl ist Rußland, wo nach den rituellen Vorschriften in den Kirchen und vor den Heiligenbildern nur Olivenöl gebrannt werden darf.

Wollspicköl. Als Wollspickmittel ist Olivenöl sehr beliebt, doch haben dieser Verwendung die weit billigeren Ölsäuren und die verschiedenen Wollspickpräparate Abbruch getan. Für das Einfetten der Wolle eignen sich die an freien Fettsäuren reichen Öle besser als die neutralen, weil sie sich bei dem nach dem Verspinnen stattfindenden Waschprozeß viel leichter emulgieren und sich daher bequemer und vollständiger aus der Faser entfernen lassen.

Türkischrotöl. Zur Herstellung von Türkischrotöl wählt man die stark sauren Olivenöle, wie sie als Tournantöle oder „huiles de ressence" auf den Markt kommen.

Zur Seifenfabrikation verwendet man die Satz- und Sulfuröle. *Seifen-* *fabrikation.*
Olivenöl wird hauptsächlich zu besseren Kernseifen, Sulfuröl zu den sogenannten Textilseifen versotten. Charakteristisch für die Seife der Olivenöle
ist ihre Eigenschaft, sich sehr leicht aussalzen zu lassen. Die durch Pressung
gewonnenen Olivenöle bedürfen zur Einleitung der Verseifung schwacher
Laugen, die Sulfuröle verseifen sich dagegen mit Laugen beliebiger Stärke.

Die Sulfuröle werden zu verschiedenen technischen Zwecken, hauptsächlich zur Herstellung von Textilseifen benutzt. Der hohe Gehalt der
Sulfuröle an freien Fettsäuren schränkt ihre Verwendungsmöglichkeit beträchtlich ein; so sind diese Produkte infolge ihrer großen Azidität weder
als Schmier- noch als Brennöle zu gebrauchen. G. Gianoli[1]) hat daher
schon vor fast 20 Jahren eine Neutralisation dieser Produkte ins Auge gefaßt, wozu er sich sowohl der bekannten Entsäuerungsmethoden als auch
synthetischer Verfahren bediente, bei welch letzteren die freien Fettsäuren durch Erhitzen mit Glyzerin in Glyzeride übergeführt werden (Berthe-
lotsche Reaktion). In Betracht könnte auch ein Verfahren von Twitchell[2]) kommen, wobei die Vereinigung freier Fettsäuren und Glyzerin
durch Sulfofettsäuren bewirkt werden soll.

Rückstände.

Es ist selbstverständlich, daß bei der verschiedenen Art der Oliven- *Sansa.*
verarbeitung die Rückstände eine sehr wechselnde Zusammensetzung und abweichende Beschaffenheit haben. Die durch zwei- oder dreimalige Pressung
der Olivenfrüchte erhaltenen Preßkuchen (Sansa, grignons, bagassa)
stellen braune, granulöse Massen dar, die in frischem Zustande schwach
säuerlich, aber durchaus nicht unangenehm riechen und enthalten:

	Italienische Sansa	Tunesische Sansa
Wasser	30,17 %	29,98 %
Rohprotein	3,48	3,51
Rohfett	14,84	15,40
Stickstoffreie Extraktstoffe	38,49	31,73
Rohfaser	15,89	16,64
Asche	2,13	3,34

Wird die Fruchthaut aus den Rückständen durch Aufschlämmen
abgesondert und nochmals gepreßt, so resultieren infolge der Abwesenheit der proteinarmen und holzfaserreichen Samenschale weit höherwertige

---

[1]) Seifensiederztg., Augsburg 1906, S. 1163.
[2]) Franz. Patent Nr. 371 689 v. 29. Nov. 1906; Seifensiederztg., Augsburg 1907,
S. 402. — Die Gründe, weshalb die bekanntermaßen fettspaltend wirkenden Sulfofettsäuren auch umgekehrt synthetische Kräfte besitzen sollen (?), hat E. Twitchell
in seiner Patentschrift unerörtert gelassen.

Kuchen (tourteaux de ressence), die ungefähr die folgende Zusammensetzung haben:

Wasser	13,85 %
Rohprotein	6,06
Rohfett	29,15
Stickstoffreie Extraktstoffe	42,46
Rohfaser	6,00
Asche	2,48

Diese tourteaux de ressence sind ebenfalls braun bis grünlichbraun, riechen gewöhnlich säuerlicher und unangenehmer als die ursprünglichen Preßkuchen und sind etwas kompakter als letztere.

In der Fachliteratur nimmt man es mit dem Auseinanderhalten dieser beiden Kuchensorten in der Regel nicht sehr genau, sondern spricht einfach von Olivenpreßrückständen. Kühn gibt als Zusammensetzung dieser Produkte die nachfolgenden Werte an:

	Durchschnitt	Maximum	Minimum
Wasser	13,8	17,1	10,8
Rohprotein	6,0	8,6	3;5
Rohfett	13,2	25,7	3,1
Stickstoffreie Extraktstoffe	26,8	30,7	22,4
Rohfaser	33,4	38,2	28,6
Asche	6,8	—	—
	100,0 %		

Verfütterung.   In früherer Zeit wurden die Olivenölpreßrückstände gewöhnlich verbrannt. Später sah man ein, daß diese Rückstände eine lukrativere Verwertung verdienen, und man versuchte hie und da, die Olivenpreßlinge an Hühner und Schweine zu verfüttern.

Ein eigentliches Kraftfuttermittel, wie wir es in fast allen anderen Arten von Ölkuchen besitzen, stellen die Olivenkuchen aber nicht dar, denn ihr Proteingehalt ist recht bescheiden. Der Vorteil des mitunter beträchtlichen Fettgehaltes wird durch den Reichtum an Rohfaser zum Teil aufgehoben. Insbesondere die Preßrückstände von Oliven, bei welchen das Verhältnis der Samenschale zum Fruchtfleisch ungünstig ist, ergeben sehr geringwertige Kuchen. Falls sie noch frisch und unverdorben sind, besitzen sie nach Pott in entsprechend zerkleinertem Zustande doch einen gewissen Nährwert und können ganz gut verfüttert werden.

Die sehr fettreichen und dabei holzfaserarmen tourteaux de ressence sind als Futtermittel natürlich viel wertvoller als die Sansa. Letztere wird heute übrigens wohl kaum mehr als Futtermittel angeboten, da man ihre weitere Entölung (sei es durch die Frullino-Arbeit, sei es durch Extraktion) anstrebt. Die als Futtermittel ausgebotenen Olivenpreßlinge stammen gewöhnlich von Fabriken, welche Ressenceöle herstellen, sind also mehr oder weniger schalenfrei und daher holzfaserärmer.

Man verwendet die frischen Olivenpreßlinge bisweilen für die S c h w e i n e -
mast und bei der Aufzucht von Hühnern, wo man sie gleichzeitig mit M a i s
verfüttert. Sie ohne jedes weitere Beifutter zu verabreichen, ist un-
vorteilhaft.

Die Verwendung der Olivenpreßlinge als D ü n g e m i t t e l erscheint bei
ihrem beträchtlichen Ölgehalte unrationell. Außerdem ist ihr Düngewert
nicht bedeutend.

Die rationellste Verwertung der Olivenpreßlinge besteht in der mög- **Entfettung.**
lichst vollständigen Gewinnung des in ihnen enthaltenen Fettes. Es wurde
bereits jene primitive Methode (F r u l l i n o) beschrieben, deren sich die
kleinen Fabriken bedienen, um aus der ausgepreßten Sansa noch weitere
Reste von Öl durch Auspressung zu gewinnen. Dieses unvollkommene Verfahren ist durch die Einführung der Extraktion der Sansa überholt worden
(s. S. 399).

Die wiederholt vorgeschlagene Entölung der Sansa durch Abtreiben
des Fettes mittels überhitzten Wasserdampfes ist als ein technisches Un-
ding zu bezeichnen[1]).

Die Entfettung der Olivenpreßlinge geht bei der Schwefelkohlenstoff-
extraktion gewöhnlich ziemlich weit. Das Extraktionsgut enthält nach voll-
endetem Prozesse nur 1—1,5 % Fett. Eine Verfütterung der mittels Schwefelkohlenstoff extrahierten Olivenpreßlinge geht wegen ihres unangenehmen Geruches nicht gut an, weshalb sie entweder verbrannt oder als Dünger auf das
Feld geführt werden. Ihr Düngewert ist nicht sehr hoch; sie enthalten im
Durchschnitt nur:

$$1—1\tfrac{1}{4}\,\% \ \text{Stickstoff,}$$
$$0,15—0,2\,\% \ \text{Phosphate,}$$
$$0,8—1,0\,\% \ \text{Kali.}$$

Eine bemerkenswerte Verwertung des entölten Olivenfleisches und der **Verfahren**
Olivenkerne haben J ü r g e n s e n und B a u s c h l i c h e r empfohlen. Die Ge- **von**
nannten wollen durch t r o c k e n e D e s t i l l a t i o n vollständig entfetteter Rück- **Jürgensen**
stände eine weit bessere Verwertung derselben erzielen, als dies durch ihre **und Bausch-**
Verfütterung oder Verwendung als Brenn- oder Düngemittel möglich ist. **licher.**
Die Ausbeute an E s s i g s ä u r e, M e t h y l a l k o h o l, A z e t o n und H o l z k o h l e
entsprechend der bei der trockenen Destillation von B u c h e n - oder E i c h e n -
h o l z erhaltenen, gleich.

Die Produkte entsprechen qualitativ den analogen Stoffen aus anderen
Rohmaterialien. Die H o l z k o h l e ist von Erbsengröße, enthält sehr wenig
Asche und hat einen Heizwert von 6800 Kalorien[2]).

---

[1]) Chem. Ztg., 1888, S. 754.
[2]) Ob die Hoffnungen, die J ü r g e n s e n und B a u s c h l i c h e r an ihre Methode
knüpfen und durch die sie den holzarmen Gegenden des Mittelmeeres eine Holz-
destillationsindustrie versprechen, sich erfüllen werden, muß abgewartet werden.

Für eine ähnliche Verwertung der entfetteten Olivenölpreßrückstände, wie sie Jürgensen und Bauschlicher vorsehen, setzt sich auch André Dufau[1] ein. Letzterer trägt sich mit der Idee, die zerkleinerten Rückstände, nach einer Trocknung bis auf 5% Feuchtigkeitsgehalt, mittels Tetrachlorkohlenstoffs zu extrahieren und dann in einer Blase mit Vorlagen zu destillieren. Die Ausbeute soll dabei nach Dufau betragen:

Öl	10,0%
Holzessig	48,0
Teer	3,8
Koks	27,0
Wasser	11,2
	100,0%.

Produktions- und Handelsverhältnisse.

Die Hauptproduktionsländer für Olivenöl sind die Küstenländer des Mittelmeeres. Italien, Frankreich, Spanien, Tunis und Kleinasien versorgen der Hauptsache nach den Weltmarkt mit diesem Artikel. Über die Verbreitung des Olivenbaumes im Mittelmeergebiete gibt Tafel XI eine Übersicht.

Weltproduktion. Man schätzt die jährliche Weltproduktion von Olivenöl wie folgt:

Italien	1 350 000	
Spanien und Portugal	1 600 000	
Frankreich	170 000	
Tunis	160 000	
Algier	125 000	Barrels à 184 kg
Österreich-Ungarn	35 000	
Griechenland	310 000	
Asiatische Türkei (inkl. Kreta)	1 000 000	
Summa	4 750 000 Barrels = 8 740 000 dz.	

Über die einzelnen Produktionsländer ist folgendes zu bemerken:

Italien. Italien: Auf der Apenninischen Halbinsel ist mehr als 1 Million Hektar mit Olivenbäumen besetzt. Der Ertrag ist sehr schwankend; er betrug in den nachstehenden Jahren:

	Bebautes Areal	Ertrag pro Hektar	Gesamtertrag
Durchschnitt 1870—74	859 000 ha	3,71 hl	3 323 000 hl
„ 1879—83	929 000 „	3,66 „	3 390 000 „
im Jahre 1890 . . .	1 013 000 „	3,04 „	3 086 000 „
„ „ 1895 . . .	1 034 000 „	2,80 „	2 894 000 „
„ „ 1901 . . .	1 082 000 „	2,16 „	2 337 120 „
„ „ 1902 . . .	1 086 000 „	1,70 „	1 846 200 „
„ „ 1903 . . .	1 089 000 „	2,99 „	3 256 110 „

---

[1] Seifensiederztg., Augsburg 1904, S. 752.

Von den 69 Provinzen Italiens kultivieren nur 19 den Olivenbaum nicht; es sind dies die folgenden:

Piemont (Provinz: Turin, Cuneo, Allessandria und Novara),

Lombardei (Provinz: Mailand, Sondrio, Pavia, Cremona und Mantua),

Venetien (Provinz: Venezia, Rovigno, Treviso, Belluno und Udine),

Emilia (Provinz: Piacenza, Parma, Reggio, Emilia, Modena und Ferrara).

In Oberitalien haben die Gegenden am Gardasee die bedeutendsten Olivenkulturen. Desgleichen muß Ligurien unter die olivenreichsten Landstriche Italiens gerechnet werden. Guten Ruf genießt toskanisches Olivenöl.

Neapel (adriatische und Mittelmeerregion) und Sizilien liefern zwei Drittel des gesamten in Italien gewonnenen Öles. Bari bringt von allen italienischen Provinzen am meisten Öl hervor und hat ein Areal von ca. 98 000 ha mit Olivenbäumen bestanden. Lecce stellt eigentlich einen großen Olivenhain dar.

Sizilien erzeugte in der Periode 1888—1892 im Mittel 454 000 hl Öl im Werte von 40 Millionen Lire, im Jahre 1890 590 000 hl im Werte von 60 Millionen Lire.

Mingioli[1]) gibt die nachstehende Tabelle über die Verteilung der Olivenkulturen und Ölproduktion in Italien im Jahre 1899:

	Kultivations- fläche in Hektaren	Ölproduktion in Hektolitern	Zahl der Ölmühlen (Trappeti)	Zahl der Pressen	Zahl der beschäftigten Arbeiter	Dauer der Kampagne in Tagen	Mittlere Produktion pro Hektar
Piemont	—	—	—	—	—	—	—
Lombardei	2 874	3 650	144	204	264	94	1,27
Venetien	3 128	3 729	39	79	239	84	1,19
Ligurien	54 312	91 993	1 455	4 300	3 465	138	1,69
Emilia	4 478	4 747	5	?	33	?	1,06
Marche und Umbrien	77 710	164 380	1 508	842	4 206	50	2,12
Toskana	118 096	185 478	1 883	2 455	5 745	82	1,57
Latium	49 721	103 674	?	?	?	?	2,09
Mittelmeerregion . .	210 187	575 550	3 639	6 041	14 028	97	2,74
Adriatische Region .	365 952	852 284	3 811	11 977	17 061	86	2,33
Sizilien	133 539	485 220	2 335	3 447	11 390	58	3,63
Sardinien	18 689	43 993	?	?	—	?	2,42
Zusammen	1 038 686	2 514 698	14 819	29 345	56 431	86	2,42
Hierzu eingeschätzte Daten	—	—	2 954	4 382	9 581	64	
Summe	1 038 686	2 514 698	17 773	33 727	66 012	75	

Wie schon die S. 420 gegebene Zusammenstellung zeigt, schwanken die Ergebnisse der einzelnen Jahre sehr bedeutend; eine schlechte Ernte

---

[1]) Mingioli, Diffusione ed importanza dell'Olivicoltura ed Oleificio, Rom 1900, S. 6.

bringt kaum $1^1/_2$—2 Millionen Hektoliter Öl, eine mittelgute $2^1/_2$—3 Millionen Hektoliter und ein vorzügliches Jahr vermag bis zu 4 Millionen Hektoliter Olivenöl zu liefern.

Italien exportierte in der Periode 1893—1901 die folgenden Mengen an Olivenöl:

1893	430759 hl
1894	605207 „
1895	441790 „
1896	578031 „
1897	568612 „
1898	411748 „
1899	506000 „
1900	289506 „
1901	424334 .,

In den Jahren 1894—97 verteilte sich die Ausfuhr auf die einzelnen Länder wie folgt:

Nach	1894	1895	1896	1897
Österreich-Ungarn . .	52543	42038	44201	43172
Frankreich	139547	77204	140385	126274
Deutschland	53549	34496	47357	34653
Großbritannien . . .	88212	54759	76304	62364
Malta	10933	9288	10291	7378
den Niederlanden . .	37227	21603	31672	29094
Rußland	81634	71551	69294	97199
Schweiz	10433	8227	10754	12337
Nordamerika	51450	41495	38136	51400
Süd- und Mittelamerika	51638	57608	79287	56886
anderen Ländern . . .	28041	23251	30350	47855
Italiens Totalausfuhr	605207	441520	578031	568612

Im Jahre 1897 zahlte man für feine Speiseöle durchschnittlich 116 Lire per hl, im Jahre 1898 144 Lire, während der Preis für technisches Öl im Mittel 91 resp. 101 Lire betrug.

In früherer Zeit erzielte man weit bessere Preise sowohl für Oliven als auch für Olivenöle. So kostete im Jahre 1890 1 hl Olivenöl im Mittel 104 Lire gegenüber ca. 180 Lire im Jahre 1877 (Porto Maurizio).

Als Exporthäfen für Olivenöl kommen vornehmlich in Betracht: Bari, Palermo, Messina, Livorno, Genua, Gallipoli, Porto Maurizio, Neapel und Tarent.

Neben dem bedeutenden Export findet auch eine ausgiebige Einfuhr fremden Olivenöls statt. Meist sind es minderwertige Marken, die zu Verschnittzwecken vom Auslande bezogen werden.

Die **Iberische Halbinsel**. Diese weist infolge ihrer günstigen Lage und auf Grund ihrer Eigenschaft als Tafelland eine sehr ausgedehnte Olivenkultur auf.

Der Ölbaum gedeiht fast in ganz **Portugal**, doch bringt man seiner Pflege und Kultur ein immer geringeres Interesse entgegen, was wohl darauf zurückzuführen sein dürfte, daß man sich von der zweiten Hälfte des 19. Jahrhundertes an dem lukrativeren Weinbau zu widmen begann. Demgemäß gehen auch die portugiesischen Ausfuhrziffern stetig zurück, die sich in den einzelnen Jahren folgendermaßen stellen[1]): *Portugal.*

1855	583 669 hl
1862	359 690 „
1897	206 340 „
1898	259 230 „
1899	233 115 „
1900	379 509 „

In **Spanien** schenkt man der Ölbaumkultur mehr Aufmerksamkeit als in Portugal, wenngleich auch hier bedeutend reger gearbeitet werden könnte. *Spanien.* Dieses Land, das die schönsten Ölbaumkulturen aufzuweisen hat, erzeugt nur minderwertige Oliven und Öl. Der wichtigste Ort für Olivenkultur ist in Spanien **Andalusien**, berühmt durch seine zahlreichen langgestreckten Olivenhaine.

Die leider unverläßliche Statistik Spaniens weist die mit Ölbäumen bepflanzte Fläche des Landes mit ca. 1 154 000 ha aus. Durchschnittlich werden hier im Jahre ungefähr 2 976 000 hl Oliven im Werte von 195,5 Millionen Pesetas geerntet, welch niedriger Preis auf eine nicht gerade vorzügliche Ölqualität schließen läßt. Man widmet eben in Spanien dem Baume nicht die gehörige Pflege und Sorgfalt, wie auch die Ölgewinnung auf ziemlich unzeitgemäße, primitive Art vor sich geht.

An der spanischen Ernte des Jahres 1880 von rund 3 Millionen Hektolitern Oliven im Werte von 192 000 000 Pesetas nahmen teil[2]):

die Provinz Cordoba	mit 586 696 hl im Werte von	36 973 232 Pesetas
Sevilla	„ 433 169 „ „ „ „	27 692 741 „
Lerida	„ 160 286 „ „ „ „	10 458 395 „
Tarragona	„ 157 403 „ „ „ „	10 959 617 „
Badajoz	„ 89 165 „ „ „ „	5 815 502 „
Murcia	„ 80 398 „ „ „ „	5 629 454 „
Ciudad Real	„ 76 994 „ „ „ „	5 017 472 „
Toledo	„ 75 988 „ „ „ „	2 201 999 „
Valencia	„ 75 350 „ „ „ „	5 261 397 „
Malaga	„ 68 893 „ „ „ „	4 624 244 „
Zaragoza	„ 52 288 „ „ „ „	3 658 360 „

---

[1]) Deutsches Handelsarchiv, 1900, S. 312.
[2]) Pablo Riera y Sans, España y sus Colonias, Barcelona 1891, S. 239.

Spanien hat einen sehr großen Eigenkonsum von Olivenöl, exportiert aber immerhin ein stattliches Quantum dieses Produktes. So wurde davon im Jahre

　　　　　1896 für 24 255 868 Pesetas.
　　　　　1897 „ 12 116 699 　 „
　　　　　1898 „ 57 319 756 　 „
　　　　　1899 „ 18 377 000 　 „
　　　　　1900 „ 31 275 000 　 „

ausgeführt [1]).

Die wichtigsten Exportplätze sind: Sevilla, Malaga, Cadiz, Barcelona. In Qualität läßt das spanische Olivenöl meist zu wünschen übrig; sein Preis liegt weit unter dem des französischen und italienischen Produktes.

Frankreich.　　Frankreich: Die mit Olivenkulturen besetzte Fläche beträgt in Frankreich 130 000—150 000 Hektar; es werden durchschnittlich $1\frac{1}{4}$ Millionen Meterzentner Oliven geerntet. Die für Olivenkultur wichtigsten Departements sowie der Marktwert der in den einzelnen Distrikten erzielten Produkte gehen aus der nachstehenden Tabelle [2]) hervor:

Departement								Durchschnitts- wert von 1 hl Oliven
Alpes Maritimes .	600 000	dz	i.	Werte	v.	7 200 000	Fr.	12,00
Var	310 790	„	„	„	„	1 725 000	„	5,55
Bouches du Rhône	179 700	„	„	„	„	4 693 000	„	26,07
Korsika	75 000	„	„	„	„	1 125 000	„	15,00
Hérault	48 080	„	„	„	„	1 490 600	„	31,00
Andes	46 870	„	„	„	„	937 300	„	20,00
Gard	36 820	„	„	„	„	835 400	„	22,70
Drôme	30 240	„	„	„	„	1 058 000	„	35,00
Vaucluse . . .	25 000	„	„	„	„	1 000 000	„	40,00
Alpes (Basses-) .	17 460	„	„	„	„	384 200	„	22,00
Pyrénées Orientales	15 160	„	„	„	„	242 600	„	16,00
Ardèche	4 020	„	„	„	„	72 360	„	18,00

Im ganzen . . . 1 389 100 dz i. Werte v. 20 764 000 Fr.

Die Eigenproduktion Frankreichs an Olivenöl bleibt weit hinter dem Eigenverbrauch zurück und müssen beträchtliche Quanten fremden Öles eingeführt werden (aus Spanien, Italien, Algerien usw.), welche meist minderwertige Produkte man durch entsprechende Behandlung verbessert. In neuerer Zeit importiert man auch höherwertiges tunesisches Öl.

---

[1]) Öl- und Fetthandel, 1901, S. 32.
[2]) Semler, Tropische Agrikultur, 2. Aufl., Wismar 1900, 2. Bd , S. 408.

Die Ein- und Ausfuhr Frankreichs von Olivenöl geht aus den nachstehenden Ziffern hervor:

	Einfuhr dz	Ausfuhr dz
1896	214425	65271
1897	255634	37515
1898	231064	51550
1899	276990	86437
1900	167229	66007
1901	285937	187830
1902	379052	161715
1903	295882	179569
1904	472895	195955
1905	292161	217537

Das Importquantum verteilte sich auf die einzelnen Olivenölproduktionsländer wie folgt:

	Spanien dz	Italien dz	Algier dz	Tunis dz	Andere Länder dz
1896	49316	75851	18484	67122	3652
1897	27817	78667	11951	100501	36698
1898	120984	46755	14621	39206	9498
1899	21317	56977	32873	163909	1914
1900	16838	20806	65667	62350	1568
1901	64854	57058	37670	96321	30034
1902	172084	85297	60960	52411	8300
1903	159239	55035	15960	55930	9717
1904	182260	83204	47325	155008	5100
1905	88646	47773	54838	93438	7466

Der Haupthandelsplatz Frankreichs für Olivenöl ist Marseille, wo auch andere vegetabilische Öle verarbeitet und zum Verschneiden des Ölivenöles verwendet werden. (Verschnitt des Olivenöles mit Sesam- und Erdnußöl.)

Marseille führte die folgenden Mengen Olivenöl ein:

1896	9054000 kg[1]
1897	12000000 „
1898	10500000 „
1899	12900000 „
1900	8295000 „

Bei der relativ geringen Olivenölausfuhr Frankreichs kann das in der ganzen Welt als Provenceröl bekannte Olivenöl unmöglich durchwegs aus Frankreich stammen; es kommt meist aus Apulien. Die von Frankreich

---

[1] Nach Berichten der Marseiller Handelskammer.

exportierten Olivenöle zeichnen sich durch besonders feinen Geschmack aus und stehen daher auch im Preise weit höher als italienische und spanische. So kosteten z. B. im Jahre 1890 100 Liter:

französisches Olivenöl . . . . 160 Franken

italienisches Olivenöl . . . . 150 „

spanisches Olivenöl . . . . . 65 „

Es ist nicht uninteressant zu verfolgen, welche Staaten tatsächlich aus Frankreich feine Olivenöle beziehen und wie groß diese Mengen sind. Im Jahre 1902 betrugen sie für[1]):

	Kilogramm
Rußland	170 785
Schweden	11 902
Norwegen	14 701
England	369 248
Deutschland	253 002
Belgien	443 883
Schweiz	315 164
Österreich-Ungarn	126 264
Italien	120 709
Rumänien	134 174
Ägypten	64 673
Vereinigte Staaten	195 247
Kolumbien	10 254
Argentinische Republik	25 705
Englische Besitzungen in Nordamerika	6 403
Andere fremde Länder	657 417
Freie Zone	114 076
Algier	114 654
Madagaskar	268 361
Reunion-Inseln	87 363
Indo-China	227 637
Neu-Kaledonien	209 106
Französisch-Guyenne	87 780
Guadalupe	55 456
Andere französische Kolonien	213 772
Summa	4 485 105

Die südosteuropäische Halbinsel. Hier kommen für die Olivenzucht Istrien, Dalmatien, Albanien, Epirus, Mittelgriechenland, der Peloponnes, Korfu, die Kykladen, Leukas, Kephallonia und Kreta in Betracht.

---

[1]) Latière L'Olivier, Paris 1904, S. 159.

Dalmatiens und Istriens Olivenölproduktion kann man mit 100 000 bis 120 000 dz im Jahre einschätzen. 1896 produzierte Österreich (Dalmatien, Istrien und Südtirol) 134 240 dz Öl. Die Qualität des Produktes könnte bei der vorzüglichen Art der Oliven besser sein, als sie tatsächlich ist. Durch staatlich ausgesetzte Prämien für die besten von den Kleinbauern erzeugten Olivenöle sucht man die Olivenverarbeitung auf eine rationelle Stufe zu heben.

Griechenland hatte im Jahre 1875 ungefähr 167 900 ha Bodenfläche mit Olivenbäumen bepflanzt, welches Verhältnis sich heute wohl kaum um vieles günstiger stellt. Man wendet hier der Olivenkultur im allgemeinen keine große Mühe zu und sammelt die Früchte in der Regel nur dann, wenn sie bereits im überreifen Zustande abgefallen sind. Bloß Attika und Messenien sind hier rühmlicher auszunehmen; Letzteres führte im Jahre 1899 400 000 kg Öl aus. Auch Volo weist einen lebhaften Export von Oliven und Olivenöl auf, wo im Jahre 1900 in Kala Nera ein größeres Unternehmen zur Ausbringung von Olivenöl und zu dessen Weiterverarbeitung auf Seife errichtet wurde, welches jährlich 250 000 kg Olivenöl, 500 000 kg Sulfuröl und 500 000 kg Seife erzeugen soll.

Griechenland[1]) führte in der Periode 1895—1901 die nachstehenden Mengen an Olivenöl und Oliven aus:

1895	—	Oka[2])	im	Werte	von	3 182 784	hell. Fr.
1896	3 349 068	„	„	„	„	3 062 269	„ „
1897	—	„	„	„	„	4 748 023	„ „
1898	4 064 366	„	„	„	„	3 658 824	„ „
1899	2 970 407	„	„	„	„	2 673 366	„ „
1900	2 597 713	„	„	„	„	2 344 225	„ „

Im Jahre 1905 belief sich die griechische Gesamtproduktion von Olivenöl auf 52 155 600 Okas.

Die Olivenölpreise schwanken in Griechenland ganz bedeutend; sie bewegen sich zwischen 1—3 Drachmen per Oka. Die Ausfuhr, welche erst seit 12 Jahren in Aufnahme gekommen ist, macht in allerletzter Zeit erfreuliche Fortschritte.

Korfu litt in den letzten Jahren durch schlechte Ernten; diese betrugen oft nur $1/_{10}$ vom normalen Ertrag. Man glaubt, daß die häufig vorkommenden feuchten Südwinde den Olivenbeständen sehr schaden; auch leiden sie durch die Olivenfliegenplage sehr stark.

Trotzdem ist die Produktion auf Korfu bedeutend, denn es führt bei seinem beträchtlichen Eigenbedarf noch immer 20 000—30 000 dz Öl

---

[1]) Seifenfabrikant, 1901, S. 73.
[2]) 1 Oka = 1,28 kg.

als Jahresdurchschnitt aus. Neben der Türkei sind Rußland und Italien die Hauptabnehmer für Korfu-Olivenöl.

Zante liefert jährlich ungefähr 25000 dz Olivenöl; ein Teil der Produktion wird nach England verschifft.

Kephalonia erzeugt jährlich nur 3000 dz Olivenöl,

Messenia dagegen über 8000 dz.

Kreta ist besonders reich an Ölbaumkulturen und Olivenöl bildet hier das wichtigste Handelsprodukt. Die Insel hat einen überaus großen Eigenkonsum, weil die meisten Speisen dort mit Oliven oder Olivenöl gegessen werden. Es entfallen durchschnittlich auf jede Familie jährlich 208 Okas (ca. 270 kg) Öl. Kreta bringt jetzt ungefähr 30 Millionen kg Öl jährlich hervor, welches Quantum einen Wert von ca. 11 Millionen Franken repräsentiert. Die Qualität des Öles ist noch ziemlich minderwertig.

Als für die Olivenkultur von Wichtigkeit sind hier zu nennen: die Küste des westlichen Kaukasus, die griechische Insel Lesbos, welche sich durch besonders ausgedehnte Ölbaumkulturen auszeichnet, die Inseln Samos und Cypern.

Die Insel Samos erzeugt ungefähr 2000 Tonnen Öl und 250 Tonnen Seife.

Das auf der ölbaumreichen Insel Cypern erzeugte Olivenöl wurde im Jahre 1875 mit 1250 Tonnen angenommen. Die Ausfuhr dieser Insel ist sehr gering.

Kleinasiens Olivenkultur ist nicht von großer Bedeutung. Zu Beginn unserer Zeitrechnung scheint ein um vieles regerer Olivenanbau bestanden zu haben als in der Gegenwart.

Das kleinasiatische Olivenöl ist von geringer Qualität und kommt daher nur in bescheidenen Mengen nach Europa; es wird meist im Inlande verbraucht. Alle feineren Öle, welche in der Türkei konsumiert werden, sind nicht Eigenbau, sondern stammen aus Italien oder Frankreich. Die Maßregeln, welche der türkische Staat zur Hebung der heimischen Olivenölproduktion vorgeschlagen und zum Teil auch durchgeführt hat (Unterrichtung der Produzenten über zweckmäßige Fabrikation, Gründung moderner Ölmühlen und Ölraffinerien, strenge Verfolgung der Verfälschung des Öles), blieben erfolglos. Mit einer Verbesserung der heutigen nicht nur sehr primitiven, sondern überdies unsauberen Fabrikationsweise allein wäre es auch nicht getan; man müßte wohl dem Baume etwas Pflege angedeihen lassen, um höherwertige Früchte zu erhalten.

Syrien. Hier steht die Olivenkultur heute zwar nicht mehr auf der früheren Stufe, doch sind Oliven und Olivenöl immer noch das wichtigste Volksnahrungsmittel und der hauptsächlichste Ausfuhrartikel dieses Landes.

Da Syrien und Palästina einen sehr großen Eigenkonsum haben, so ist ihre Ölausfuhr verhältnismäßig gering. Der wichtigste Ausfuhrplatz ist Akka, von wo aus im Jahre 1901 ungefähr 400 Tonnen Öl exportiert wurden. Alexandrette führte im Jahre 1901 635 Tonnen Olivenöl aus, die einen Wert von ca. 400000 Mark repräsentierten.

Mesopotamien. Hier wären als von wesentlichem Belang die im Nordosten von Mosul sich hinziehenden niederen Höhen der Maklubaberge mit ihren ausgedehnten Olivenkulturen zu nennen. Das aus den Oliven ausgebrachte Öl wird hier jedoch meistens zu Seife verarbeitet, während man sich als Speisefett in diesen Gegenden des Sesamöles bedient. Die Olivenkultur anderer Orte ist von relativ geringer Bedeutung.

Iran. Auf diesem Hochlande verdient eigentlich nur das Gebiet in der nördlichen Randlandschaft Gilan im Tale des zum Kaspischen Meere gehenden Sefidrud hervorgehoben zu werden. Der Verbreitung der Olivenkultur ist übrigens die persische Regierung im Wege. Es werden in Persien ungefähr 5000 Tonnen Oliven geerntet und das daraus gewonnene trübe, dicke Öl bloß zur Seifenerzeugung verwendet.

Ägypten. Dieses Land betreibt keine Olivenkultur, und zwar ist der Boden, welcher gerade zur maßgebenden Zeit gründlich durchfeuchtet ist, ein Haupthindernis für dieselbe. Eine nennenswerte Olivenkultur trifft man nur in Fayun an, wo sie schon seit dem Altertum betrieben wird und von wo man in der Gegenwart ca. 512 dz Olivenöl ausführen mag. *Ägypten.*

Die Oase Dakhel in der Lybischen Wüste, wohin der Ölbaum seinen Weg aus Ägypten fand, erzeugt jährlich ungefähr 500 dz Öl, das nach Ägypten exportiert wird.

Barka nahm im alten Griechenland als Olivenöl erzeugendes Land den ersten Rang ein. Heute, unter der türkischen Administration in Verfall geraten, deckt es seinen minimalen Bedarf von Kreta, während es einst ganz Griechenland und Sizilien mit Olivenöl versorgte.

Tripolis weist eine ziemlich bedeutende, wenn auch keineswegs auf hoher Stufe stehende Olivenkultur auf. Sie genügt indessen nicht zur Deckung des Eigenkonsums und man ergänzt den Bedarf durch Einfuhr von Kreta. *Tripolis.*

In den Oasen von Sensur, Sauia, Soara, südwestlich von Tripolis, wie auch in dem auf tunesischem Boden liegenden Zarzis zählt man heute noch 100000 Ölbäume, doch war diese Zahl in alter Zeit viel höher. Überaus herrlich sind die Olivenbäume von Msellata, die sich durch ihr dichtes Laubwerk und ihre kuppelartigen Kronen auszeichnen.

Auf dem Tarhonahochlande fand man eigentümliche, Sanam genannte Pressen, welche den in Südtunesien gefundenen ähneln und die man noch vor kurzem als altertümliche Altäre ansprach. Sie bestehen nach Fischer[1]) aus zwei rechteckigen, 3—5 m hohen Steinpfeilern, bald Monolithen, bald aus Hausteinen erbaut, die, 0,4—0,5 m Durchmesser habend, 0,4 m voneinander abstehen und oben durch einen dritten Stein miteinander verbunden

---

[1]) Theobald Fischer, Der Ölbaum, Gotha 1904, S. 71.

sind. Sie sind genau in gleicher Höhe von rechteckigen Löchern durchbohrt, je nachdem, 2, 3 oder 4 übereinander.

In Hadege im Hochland der Matmata ist die Ölbaumzucht ziemlich namhaft und man spricht den dortigen Oliven besondere Schmackhaftigkeit und vorzügliches Aroma zu.

Sehr wichtig für die Olivenölproduktion sind auch die beiden französischen Kolonien Tunis und Algier.

Tunis.

Die größten Olivenkulturen, welche beständig im Wachstum begriffen sind, befinden sich um Sfax (Tunesien) herum, wo sich besonders französische Unternehmer betätigen. Man schätzt die hier nur in den Jahren 1885—1896 gepflanzten Bäume auf 500 000 Stück und zählte im Jahre 1900 um die Stadt herum ca. 3,3 Millionen Ölbäume. Sfax führte um das Jahr 1888 Olivenöl, Preßrückstände und Seife für ungefähr 3 Millionen Franken jährlich aus.

Die Ölfabrikationsbetriebe in Tunesien sind in stetem Entwicklungsgang begriffen und werden hier jährlich ca. 300 000 hl Öl produziert, wovon nur ungefähr ein Drittel zur Ausfuhr gelangt, während den Rest die Eingeborenen konsumieren. Man schätzt die Zahl der in Tunesien arbeitenden Ölpressen auf 532, die Zahl der Ölmühlen auf 125. Das Land führte im Jahre 1898 für fast 15 Millionen Franken Öl und Pflanzensäfte aus, im Jahre 1895 für 7 bis 9 Millionen. Nach Frankreich wurde im Jahre 1890 für 3,4 Millionen Franken Öl exportiert, im Jahre 1895 für 6 Millionen.

Im Jahre 1900 lieferte die tunesische Olivenernte einen Ertrag von 339 988 hl, im Jahre 1901 265 166 hl Öl, welche Zahlen beständig steigen.

Die tunesischen Olivenöle haben den Nachteil eines zu großen Tristearingehaltes und werden deshalb sehr bald trübe und fest; in neuerer Zeit bemüht man sich, ihren Wert durch Kältebeständigmachen zu erhöhen.

Algier.

Die Olivenzucht Algiers hat nicht die große Bedeutung jener von Tunis. Die heutige Selbsterzeugung vermag den Eigenbedarf nicht zu decken und es werden jährlich ca. 10—12 Millionen Liter Speiseöl eingeführt. Indessen werden gewisse Mengen minder guter Öle exportiert.

Das Departement Constantine weist 4,5 Millionen Ölbäume auf. Sehr große Olivenbestände ziehen sich auch durch das Tal des Wed Sahel zum Steilabhange des Dj. Djurdjura hinan, welch letzteres Gebiet für die Olivenkultur Algeriens die größte Bedeutung hat. Fischer [1] berichtet hierüber wie folgt:

„Ein Häuschen und ein Stück Land mit eigenen Ölbäumen ist das Ideal, das auch der Ärmste zu erreichen bemüht ist. Alle Hänge, vielfach terrassiert, sind hier mit Ölbäumen bepflanzt. Gerstenbrot, in Olivenöl getaucht, ist die Hauptnahrung der Gebirgsbewohner, ja man trinkt Öl zum Brot wie anderswo Wein. Freilich ist die Ölbereitung noch so urtümlich, daß für jeden anderen das Erzeugnis ungenießbar ist.“

---

[1] Theobald Fischer, Der Ölbaum, Gotha 1904, S. 76.

Die Olivenhaine Algeriens sind fast in ihrer Gesamtheit mit nur wenig   Algier.
Sorgfalt gepflegt. Daher ist auch die Qualität der algerischen Olivenöle nicht
auf voller Höhe. Es werden hier ungefähr 200000 hl Öl im Jahre erzeugt,
wovon ca. 12000 zum Export gelangen.

Die Olivenkultur Algeriens hat noch eine große Zukunft vor sich.
In neuerer Zeit erwägt man die Idee, die in den Heimatsforsten in der
Zahl von ca. 400000 vorhandenen wilden Ölbäume zu veredeln, was aller-
dings Mühe und Geld genug kosten würde, falls man einen effektiven
Nutzen davon erreichen wollte. Vorläufig ist man nur darauf bedacht,
durch diese Maßnahme wenigstens den Eigenbedarf völlig decken zu können.

Es geschieht von Staats wegen sehr viel zur Aufklärung der Oliven-
ölbau treibenden und Oliven verarbeitenden Bevölkerung und einige der
in Akbou, Tazmalt, Ighzer, Amokran, Djidjelli, Tlemcen, Tizu,
Ouzou usw. bestehenden Ölmühlen sind als Musteranstalten zu betrachten.

Marokko weist in allen Landschaften mit Ausnahme des überwiegenden   Marokko.
Teiles des Atlasvorlandes eine namhafte Ölbaumkultur auf und sein Reichtum
an Ölbäumen ist ziemlich bedeutend. Die größten Olivenhaine umgeben in Nord-
marokko Meknâs, welches mit Recht die Olivenstadt genannt wird. In den
Atlastälern wird überall rege Olivenkultur getrieben. Am olivenreichsten
ist jedoch in Marokko das Sus und insbesondere die von einem kolossalen
künstlich bewässerten Olivenhain umgebene Hauptstadt Tarudant, von wo
aus über Mogador eine beträchtliche Ausfuhr von Olivenöl stattfindet. Der
Selbstverbrauch von Olivenöl ist in diesen Orten sehr gering, da die Eingeborenen ein anderes Öl vorziehen, welches ihnen der Arganbaum liefert.
Im Jahre 1901 betrug die Ausfuhr von Olivenöl von Mogador 3595871 kg
im Werte von 2120440 Mark.

Außer den Mittelmeerländern weisen noch Amerika, Südafrika und
Australien Olivenkulturen auf.

Amerika. Nach diesem Erdteil wurde der Ölbaum von den Spaniern   Amerika.
gebracht; er gedeiht dort überall, ohne jedoch eine wirkliche wirtschaftliche
Bedeutung erlangt zu haben. Die frühesten Olivenpflanzungen weist Mexiko
auf, und man schätzt in diesem Lande die zu Tacubaya gedeihenden Ölbäume
am höchsten, weil sie ein vorzügliches Öl liefern, das mit dem italienischen
und französischen auf gleicher Qualitätsstufe stehen soll.

Einige Bedeutung gewinnt seit 1880 die Olivenkultur in Kaliforniens
Süden, wo man um dieses Jahr herum den Anbau der verschiedensten Sorten
französischer und italienischer Ölbäume anzupflanzen versuchte und gegenwärtig ungefähr siebzigerlei Arten unterscheidet. Früher waren Oliven und
Olivenöl ein fast unbekannter Artikel in den nordamerikanischen Unionstaaten,
während sie nun beinahe in jedem Haushalte zu finden sein dürften.

In Kalifornien zeichnen sich insbesondere die Landschaften San
Diego, Los Angeles, Sononia, Ventura, Fresno, San Joaquin,
Alameda, Sacramento, Butte und Riverside durch ihre Oliven-

kulturen aus. Die kalifornische Ölbaumkultur ist in beständiger Entwicklung begriffen und es ist vorauszusehen, daß sie in Zukunft zu großer Blüte gelangen werde. Vorläufig erweist sich die Ölgewinnung nur wenig lukrativ, weil das Olivenöl überall durch das billigere Kottonöl verdrängt wird, und der eigentliche Zweck der kalifornischen Olivenkultur ist vor allem die Gewinnung von Salzoliven, welche einen guten Absatz finden. Die kalifornischen, durchwegs sehr üppigen Ölbäume liefern einen Jahresertrag von ca. 300000 hl Oliven.

In Südamerika bringt Chile die klimatischen Bedingungen für Olivenkultur in seinem größten Teile mit. Die hier erzeugten Oliven werden als Speiseoliven konsumiert. Das Öl, welches hier aus Oliven gewonnen wird, ist meist von sehr schlechter Beschaffenheit.

Auch in Peru gedeihen Oliven, und zwar kultiviert man sie in Niederperu, im Tambotal an der Küste bei Arica, Tacna, Islay und Camanà. Der Ölbaum soll hier auf dem unfruchtbarsten Boden gedeihen. Peru führt geringe Mengen von Olivenöl und besonders von eingemachten Oliven nach Chile und Bolivien aus.

Desgleichen sind einzelne Gegenden des inneren Argentinien für Olivenkultur geeignet und die Ölbaumkultur in Mendoza verdient eine rühmenswerte Erwähnung, obwohl hier wahrscheinlich nur getrocknete und gesalzene Speiseoliven erzeugt werden.

Der Süden Brasiliens weist ebenfalls eine wenn auch wirtschaftlich belanglose Olivenkultur auf.

Afrika.

Südafrika. Das Kapland bringt im Südwesten ganz günstige klimatische Bedingungen für die Olivenkultur entgegen, doch wird diese weder hier noch in Deutsch-Südwestafrika bald zu einer wirtschaftlichen Bedeutung gelangen, weil bei der Gleichgültigkeit der Eingeborenen vorerst an eine rationelle Olivenkultur im großen nicht gedacht werden kann.

Australien.

Australien hat die jüngste Ölbaumkultur, und zwar eignet sich für diese besonders das Klima von Südaustralien und Viktoria. In den achtziger Jahren besaß dieser Erdteil im Süden Bestände von 53776 Ölbäumen, welche einen Ertrag von 1411 Gallonen Öl abwarfen, und australisches Olivenöl gelangt seit dieser Zeit auch zur Ausfuhr. Bei der Anlage der Olivenkulturen geht man in Australien sehr vernünftig vor; man pflanzt nur die besten Sorten und läßt ihnen sorgsame Pflege angedeihen. Im Jahre 1902 zählten die südaustralischen Kolonien bereits 66850 Olivenbäume.

Die Staaten, die über eine eigene Olivenölproduktion nicht verfügen, konsumieren in der Regel keine so großen Mengen dieses Produktes wie die Länder mit Olivenbau bzw. Olivenverarbeitung. Das in jenen Staaten verbrauchte Olivenöl ist vielfach mit Sesam- oder Erdnußöl verschnitten, was einesteils aus Preisrücksichten, andererseits aber auch deshalb geschieht, weil den Nordländern der eigenartige Geschmack des reinen Olivenöles

nicht recht behagt und ihnen seine Milderung durch die meist neutraler
schmeckenden Sesam- oder Erdnußöle willkommen ist.

Die europäischen Industriestaaten verbrauchen auch große Mengen
geringer Sorten von Olivenöl zu industriellen Zwecken. In den Vereinigten
Staaten findet ein Konsum von technischem Olivenöl nicht oder doch nur
in sehr beschränktem Umfange statt, weil dieses Produkt dort mit dem
Kotton- und Maisöle in Konkurrenz treten muß, die es in Hinsicht auf
den Preis nicht gut besteht.

Deutschland: Für industrielle und für Speisezwecke (Tafelöle)
wird jährlich für fast 10 Millionen Mark Olivenöl importiert, während
die Ausfuhr (bzw. Durchfuhr) dieses Artikels nicht einmal den Wert von
100 000 Mark erreicht. *(Randnote: Verbrauch Deutschlands.)*

Die deutsche Einfuhr von Olivenöl [1]) (für Speisezwecke und denaturiert)
betrug in den Jahren:

	Tonnen	Wert
1897	12 350	7 380 000 Mark
1898	12 100	7 800 000 ,,
1899	13 500	9 600 000 ,,
1900	10 298	8 326 000 ,,
1901	12 425	10 439 000 ,,
1902	17 866	10 168 000 ,,
1903	11 510	6 707 000 ,,

Die Ausfuhr belief sich auf:

	Tonnen	Wert
1897	62	64 000 Mark
1898	65	70 000 ,,
1899	44	59 000 ,,
1900	45	63 000 ,,
1901	51	68 000 ,,
1902	85	89 000 ,,
1903	118	120 000 ,,

Der Hauptlieferant ist Italien, dann folgen Frankreich, Österreich und
Spanien.

Österreich-Ungarn: Dieses Land führt trotz seiner in Dalmatien,
Istrien und Südtirol betriebenen Olivenölgewinnung Olivenöl ein. Der
Import betrug in den letzten 10 Jahren: *(Randnote: Österreich-Ungarn.)*

1895	42 319 dz im Werte von 3,38 Millionen Kronen
1896	45 937 ,, ,, ,, ,, 3,62 ,, ,,
1897	53 411 ,, ,, ,, ,, 4,52 ,, ,,
1898	59 602 ,, ,, ,, ,, 5,30 ,, ,,

---

[1]) Mehr als 70% der Einfuhrmenge werden denaturiert bezogen, dienen also
technischen Zwecken.

1899	45 980	dz im Werte von	4,18	Millionen Kronen
1900	42 389	,, ,, ,, ,,	4,11	,, ,,
1901	45 802	,, ,, ,, ,,	4,32	,, ,,
1902	68 041	,, ,, ,, ,,	6,82	,, ,,
1903	66 479	,, ,, ,, ,,	6,53	,, ,,
1904	59 176	,, ,, ,, ,,	5,68	,, ,,
1905	35 211	,, ,, ,, ,,	4,05	,, ,,

Die Ausfuhr ist dabei ganz unbedeutend und erreicht kaum den Wert von einer Fünftelmillion Kronen.

Es wurden nämlich exportiert:

1899	1936	dz im Werte von	0,20	Millionen Kronen
1900	1929	,, ,, ,, ,,	0,20	,, ,,
1901	1371	,, ,, ,, ,,	0,10	,, ,,
1902	1010	,, ,, ,, ,,	0,09	,, ,,
1903	822	,, ,, ,, ,,	0,07	,, ,,
1904	1125	,, ,, ,, ,,	0,09	,, ,,
1905	1834	,, ,, ,, ,,	0,12	,, ,,

England. **England:** Der Olivenölhandel dieses Staates wird durch die nach-stehenden Ziffern illustriert:

	Einfuhr		Ausfuhr	
1866	16 935	Tonnen	1383	Tonnen
1870	23 202	,,	2168	,,
1875	35 453	,,	2568	,,
1880	20 260	,,	2454	,,
1885	24 227	,,	2881	,,
1890	20 187	,,	3642	,,
1895	14 834	,,	4784	,,
1900	12 044	,,	1997	,,
1905	12 042	,,	1929	,,

Der Löwenanteil am Importquantum fällt Italien, Spanien und der Türkei zu.

Rußland: Dieses Reich verbraucht große Mengen von Olivenöl, namentlich für rituelle Zwecke. Der Handel geht fast ausschließlich über Deutschland, doch sind die eingeführten Produkte gewöhnlich französischer Provenienz.

Der Olivenölhandel in Belgien, Dänemark, den Niederlanden, Skandinavien und den Balkanstaaten ist von geringerer Bedeutung.

Vereinigte Staaten. **Vereinigte Staaten:** Trotz der kalifornischen Olivenölproduktion importieren die Unionstaaten Nordamerikas große Posten dieses Öles; ja die Einfuhr ist eher im Ansteigen als im Zurückgehen. Eingeführt wurde:

im Jahre 1884 für 814 000 Dollar Olivenöl

,, ,, 1888 ,, 629 000 ,, ,,

im Jahre 1892 für 108000 Dollar Olivenöl
„   „   1896 „ 1425000 „   „
„   „   1902 „ 2336800 „   „

Im letztgenannten Jahre verteilt sich das Importquantum auf die einzelnen Länder wie folgt:

Spanien lieferte für . . . . . .   341400 Dollar
Frankreich für . . . .   940300 „
Italien für . . . .   1043200 „
Griechenland und Türkei für . .   10900 „
Portugal für . . . .   600 „
Österreich-Ungarn für . . . . .   400 „

Zusammen für 2336800 Dollar.

Erdnußöl.

Arachisöl. — Madrasöl. — Erdeichelöl. — Achantinußöl. —
Katjanöl. — Huile d'arachide. — Huile de pistache de terre. —
Peanut Oil. — Groundnut Oil. — Earthnut Oil. — Manilanut
Oil. — Olio d'arachide. — Oleum Arachidis. — Moong-phullie
(Hindostan). — Nelaycadalay (Tam.). — Katjang-tannah (Java). —
Veru-sanaga Feling. — Cochang-gorung (Sumatra). —
Mandobi, Amendoim (Brasilien).

Herkunft und Geschichte.

Das Erdnußöl liefern uns die Früchte der Erdnußpflanze (Arachis hypogaea L.), welche von den Griechen wegen der zahlreichen teils dicken, teils dünnen, durch Armleisten verbundenen, die Hülsen durchziehenden Gefäßbündel „Arachidna"[1] (Spinngewebe) genannt wurden, mit welchem Namen aber die botanische Bezeichnung „Arachis", dem man mit Rücksicht auf das Vorkommen unter dem Erdboden den Beinamen „hypogaea" hinzugefügt hat, in keinem Zusammenhang steht[2]. *Abstammung.*

Über die Heimat der Erdnußpflanze herrschen unter den Botanikern verschiedene Ansichten; Linné behauptet, daß sie in Surinam, Brasilien und Peru zu suchen sei, R. Brown[3] verlegt sie nach China, von welchem Lande aus sie seiner Ansicht nach nach Indien, Ceylon, dem Malaiischen Archipel, nach Afrika und von hier nach Amerika *Heimat.*

---

[1] Plinius beschreibt unter dem Namen Arachis oder Arachidna eine nur aus einer Wurzel bestehende Pflanze. (Zippel-Thomé, Ausländische Kulturpflanzen, 2. Aufl., Braunschweig 1903, 3. Abschn., S. 67.)

[2] Böhmer, Kraftfuttermittel, Berlin 1903, S. 515.

[3] R. Brown, Botany of Congo. 1818, S. 53.

gebracht worden sein soll. Da die älteren Werke über China die Erdnuß mit keinem Worte erwähnen, Samen dieser Pflanze aber in den peruanischen Gräbern von Ancon vorgefunden wurden[1]), so hat die alte Annahme von Acosta[2]) sowie von Marggraf und Piso[3]), wonach die Erdnuß brasilianischen Ursprungs ist, vieles für sich, eine Meinung, der sich auch A. de Candolle[4]) anschloß.

Auch Bentham[5]), welcher uns die erste eingehende Besprechung über die Fortpflanzung der Erdnuß gegeben hat, glaubt an ihren brasilianischen Ursprung und sieht Arachis hypogaea L. als eine von den sechs heute in Brasilien vorkommenden Arachisarten[6]) abgeleitete Kulturform an.

Geschichte.

Nach Forskal[7]) scheint die Erdnuß weder den alten Ägyptern und Arabern noch den Griechen und Römern bekannt gewesen zu sein, auch kennt man für sie keinen Sanskritnamen, was dafür spricht, daß sie auch in Asien nicht seit alten Zeiten bekannt ist. Die Kulturen Afrikas datieren jedenfalls nicht allzuweit zurück[8]), wenn auch im 17. Jahrhundert in Westafrika schon so viele Erdnüsse gebaut wurden, daß die Sklavenhändler ihre Sklaven während des Schiffstransportes damit ernähren konnten.

Weiteren Kreisen ist die Pflanze erst durch die Mitteilungen des auf Hayti (San Domingo) lebenden Fernandez de Oviedo zu Beginn des 16. Jahrhunderts bekannt geworden. Er berichtete, daß die Erdnußpflanze unter dem Namen „Mani", der jetzt auf Cuba und in Südamerika noch allgemein gebräuchlich ist, von den Indianern angebaut würde. Später erwähnte der holländische Arzt Wilhelm Piso in seinem dem Großen Kurfürsten gewidmeten Werke: „Über die medizinische Naturgeschichte der beiden Indien" (Amsterdam 1658) die Erdnuß als Volksernährungsmittel und teilte in dem Berichte seine Beobachtung mit, wonach der reichliche Genuß von Erdnüssen neben anderen bedenklichen Nebenwirkungen (?) hauptsächlich Kopfschmerzen erzeuge[9]).

Im Jahre 1840 kamen zum erstenmal durch Jaubert nennenswerte Mengen Erdnüsse von den Kap Verde-Inseln nach Marseille, nachdem man

---

[1]) Rocherbrune, Bot. Centralbl., 1880.

[2]) Acosta, Hist. nat. Ind., trad. franç., 1598, S. 165.

[3]) Marggraf et Piso, Brasilien 1648, S. 37 u. 256.

[4]) A. de Candolle, Der Ursprung der Kulturpflanzen, 1855.

[5]) Martius, Flora Brasiliensis, Bd. 15.

[6]) Diese sechs Arten sind: Arachis pusilla Benth., Ar. prostrata Benth., Ar. villosa Benth., Ar. glabrata Benth., Ar. marginata Gardn., Ar. tuberosa Bong.

[7]) Flora aegyptiaco-arab., Kopenhagen 1775.

[8]) Siehe Guillemin et Perrott, Flora senegamb., u. Sureiro, Flor. cochin.

[9]) „Flatulenti sunt atque ad venerem incitantes. Multum tamen comesti capiti dolores causant." (Veröffentlichungen aus dem Gebiete des Militärsanitätswesens, Berlin 1897, Heft 12, S. 70.)

vorher wiederholte Anbauversuche der Pflanze in Deutschland und Frankreich unternommen hatte. Um diese leider durchwegs fehlgeschlagenen
Kultivationsversuche hat sich ein Deutscher namens Stisser[1]) (1697)
besonders bemüht; im Jahre 1810 setzte sich neuerdings Brioli[2]) für
den Erdnußanbau in Südeuropa ein, erreichte aber nur in Spanien und
Italien, nicht so in Südfrankreich bleibende Erfolge.

Systematisch wird die Erdnuß heute in Afrika, Amerika, Asien
und Südeuropa angebaut. Außer den bereits genannten Gegenden Afrikas
(Senegambien, Vissagosinseln, Lagos) sind besonders das Kongogebiet, das Becken des Tschadsees, das Gebiet des Bahr el Gazal,
ferner Darfur, die Niam-Niam- und Mombattuländer sowie die
Küstenstriche von Sansibar und Mozambique bemerkenswert. Auch in
Ägypten und Algier wird der Erdnußanbau gepflegt. **Anbau.**

Von asiatischen Anbaustätten sind Japan, Südchina, Java, Sumatra, die Philippinen und Formosa, Vorder- und Hinterindien
zu nennen. Von den amerikanischen Kulturen sind die von Tennessee
und Virginia die wichtigsten.

Die Erdnußproduktion von Spanien (Valencia), Südfrankreich (Departement des Landes) und Italien[3]) hat nur lokale Bedeutung.

Rohprodukt.

Die Erdnußpflanze[4]) (Arachis hypogaea L. = Arachis americana **Pflanze.**
Ten. = Arachis africana Lour.) gehört zur Familie der Leguminosen
(Gattung Schmetterlingsblütler) und stellt ein strauchartiges Gewächs dar,
das sehr an unsere Erbse erinnert. Nach dem Verblühen verlängert sich
der vorher minimale Blütenstengel unverhältnismäßig stark, biegt sich nach
abwärts und drängt die an seiner Spitze sitzende junge Frucht in den Erdboden, wo sie sich weiter ausbildet. Zur Zeit der Reife sind die Früchte
5—8 cm unter der Bodenoberfläche.

---

[1]) Botanica curiosa, Helmstedt i. Br. 1697.

[2]) Flückiger, Archiv d. Pharm., 1869, S. 72.

[3]) Über den Erdnußanbau in Italien siehe: Chiej-Gamacchio, La coltivazione
dell'Arachide nella Provincia di Torino, Ann. d. R. Acc. d'Agricoltura di Torino,
Prod. 46. — Vassalli-Eandi, Saggio teorico practico sopra l'Arachis Hypogaea,
Memoire della Soc. di Agricoltrua di Torino, 1812, Bd. 9, S. 73. — F. Suzzi,
Memoria inserita negli Atti del VI. Congresso internat. di Chimica appl., Roma 1906.

[4]) Flückiger, Archiv d. Pharm., 1869, S. 70 u. ff., und Flückiger-Ham-
bury, Pharmakographia, S. 188; F. Kurtz, Über Arachis, Sitzungsberichte d. bot.
Vereins f. d. Provinz Brandenburg, 1875, S. 42—56; Sadebeck, Die Kultur-
gewächse der deutschen Kolonien und ihre Erzeugnisse, 1899, S. 228—230; C. Benson,
The groundnut, Departm. of Land Records Agric., Madras, Bd. 2, 1899, Bull. 137,
S. 134—145; Wiesner, Rohstoffe des Pflanzenreiches, 2. Aufl., Bd. 2, S. 734—738;
Semler, Tropische Agrikultur, Bd. 2, S. 456—572; Harz, Landw. Samenkunde,
S. 642; J. Bentham in Martius, Flora Brasiliensis, Bd. 15.

Die Früchte der Erdnußpflanze[1]) (Fig. 85), (meist fälschlich Erdnüsse, aber auch · Erdeicheln, Erdmandeln, Erdpistazien, Erd-
bohnen, Schokoladewurzel, Achantinüsse, Boerennüsse, chinesische Nüsse, Peanuts, Manilanuts,· Earthnuts, Groundnuts, Pi-
staches de terre, Mani, Mandubinüsse, auf Jamaika Pindarnüsse,
in Neu-Kaledonien auch Baité, Yalé,
Magniagna, in Cochinchina Caydau-
phung genannt) sind 2—3 cm lange,
1—1,5 cm dicke strohgelbe Hülsenfrüchte, die meist zwei, manchmal aber
auch einen oder drei Samen enthalten.
Der länglichen, in der Mitte meist etwas
eingeschnürten fahlgelben, mit einer Art
Netzwerk überkleideten Hülse (fälschlich Schale genannt) haften häufig noch
kurze, etwa 2 mm dicke Stücke des
Fruchtstieles an. Innere Scheidewände
fehlen dem Fruchtgehäuse.

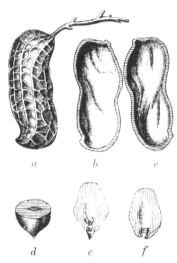

Das Reifen unter der Erde bedingt,
daß die Hülse zum Teil die Farbe des
Bodens annimmt, in dem sie gepflanzt
ist. Sandiger Boden erzeugt die hellsten

Fig. 85. Erdnuß. (Nach Schädler.)
a = Frucht, b und c = Fruchthülse längs
durchgeschnitten, d = Querschnitt,
e und f = Längsschnitt des Samens.
Natürliche Größe.

Nüsse, weil kaum ein Krümchen von
der trockenen Erde an den Hülsen haften
bleibt, feuchter, humusreicher Boden
liefert dagegen schmutzige Ware, die
selbst durch Waschen der Nüsse nicht ganz von der anhaftenden Erde
befreit werden kann. Heller aussehende, also erdfreie Nüsse notieren im
Handel höher, obwohl der innere Wert der Samen vom Aussehen der Hülse
ganz unabhängig ist.

Die haselnußgroßen, rundlichen, an einem Ende schief und kurz ge-
schnäbelten Samen sind von einer pergamentartigen, leicht ablösbaren
Samenhaut überzogen, die gelbrot, kupferrot bis braun ist und oft auch einen
Stich ins Violette hat; bei älteren Samen ist sie dunkelbraun. Die Färbung
der Samenhaut wird durch einen Farbstoff hervorgerufen, der mit den entsprechenden Eisensalzen blaugefärbte Verbindungen gibt.

Der eigentliche Samenkern besteht aus zwei leicht voneinander trenn-
baren Samenlappen, zwischen welchen das kleine, dicke Würzelchen sitzt,
an das sich das schon mit Blattanlagen versehene Knöspchen (Keimling)

---

[1]) Mit dem Namen „Erdnüsse" bezeichnet man zuweilen auch die knolligen
Wurzelanschwellungen der in Mitteleuropa und Westasien heimischen Erdmandel
oder Ackernuß (Lathyrus tuberosus) und der in Süd- und Westeuropa vorkommenden Erdkastanie (Carum bulbocastanum).

anschließt. Die Samenlappen haben die Konsistenz der Haselnuß und erinnern in ihrem Geschmacke an Bohnen, schmecken jedoch öliger als diese.

Harz[1]) führt drei Abarten der Erdnußpflanze an:

1. Arachis hypogaea var. vulgaris. Frucht mäßig eingeschnürt, Varietäten. häufig fast zylindrisch, von weißlichgelber, blasser Farbe, mit stumpfen, undeutlichen, manchmal fast ganz verwischten Rippen und Feldern, so daß die netzartige Struktur der Hülsenoberfläche nur wenig zum Ausdrucke gelangt. Samen meist kurzeiförmig, rot, gelbrot bis bläulichrot.

2. Arachis hypogaea var. reticulata, netzförmige Erdmandel, Frucht graugelblich bis goldgelb, die netzige Beschaffenheit der Oberfläche durch scharfe Längs- und Querrippen sehr deutlich ausgesprochen. Samen fleischfarbig.

3. Arachis hypogaea var. glabra D. C. (= A. africana Lour.) ist eine Form mit kahlen Blättern.

Nach Pogge[2]) werden im Kongogebiete zwei Sorten Erdnüsse angebaut, deren eine (Tumbula) ölreich ist, während die andere (Nimü) ölärmer gefunden wurde.

Thomé[3]) erwähnt, daß auf dem Malaiischen Archipel zwei, in Nordamerika drei Spielarten vorkommen.

Im Handel kennt man diese botanischen Unterschiede nicht, sondern handelt nur nach Provenienzangabe (s. S. 443). Die einzelnen Handelsmarken variieren nicht nur hinsichtlich der Größe und des Gewichtes der einzelnen Früchte, sondern auch betreffs des Gewichtsverhältnisses der Hülsen zu den Kernen und des Ölgehaltes der letzteren.

Das Gewicht einer Erdnuß ist im Mittel 1,3 g; einsamige Früchte wiegen mitunter nur 0,7 g, dreisamige dagegen bis zu 2,4 g.

Das Gewichtsverhältnis der Hülse zum Samen variiert bei den ein-, Verhältnis zwei- und dreisamigen Früchten nur unbedeutend. So fand W. Strecker[4]) der Schale zum Kern. in einer größeren Probe von Erdnüssen:

Bei der (anscheinend) größten:

das Gewicht der Samen	. . .	0,994 g =	76,29 %
„ „ „ Hülse	. . .	0,309 g =	23,71
das Gewicht der Frucht	. . .	1,303 g =	100,00 %.

Bei einer mittelgroßen:

das Gewicht der Samen	. . .	1,022 g =	78,80 %
„ „ „ Hülse	. . .	0,275 g =	21,20
das Gewicht der Frucht	. . .	1,297 g =	100,00 %.

---

[1]) Harz, Landw. Samenkunde, Berlin 1885, S. 642.
[2]) A. Woldt, Deutschlands Interessen im Niger- und Kongogebiete, Westermanns Monatshefte, 1885, S. 325.
[3]) Zippel-Thome; Ausländische Kulturpflanzen, 2. Aufl., Braunschweig 1903. 3. Abtlg., S. 70.
[4]) Siehe: Uhlitzsch, Rückstände der Erdnußölfabrikation, Landw. Versuchsstationen, 1892, Bd. 41, S. 399.

Bei der (anscheinend) kleinsten:

das Gewicht der Samen . . . 0,984 g = 76,64 %

  „   „   „ Hülse . . . 0,300 g = 23,26

das Gewicht der Frucht . . . 1,284 g = 100,00 %.

Ganz ähnliche Verhältnisse ermittelte auch v. Ollech[1]).

Erdnuß-hülsen. Die reinen Hülsen (fälschlich „Schalen" genannt) enthalten:

Wasser . . . . 8,36 %

Rohprotein 5,74

Rohfett 0,59

Stickstoffreie Extraktstoffe 15,63

Rohfaser 66,82

Asche 2,31

Diese Analyse bezieht sich auf Erdnußhülsen, wie sie durch vor-sichtiges Entkernen der Früchte mit der Hand erhalten werden. Ein solches von Samenbruchteilen freies Material wird bei dem maschinellen Enthülsen von Erdnüssen niemals erreicht, sondern die auf mechanischem Wege gewonnenen Erdnußhülsen enthalten stets größere oder geringere Prozentsätze von Samenanteilen beigemischt, was eine von der obigen Analyse abweichende Zusammensetzung dieses Produktes bedingt[2]).

Zusammen-setzung des Kernes. Über die Zusammensetzung der in den Erdnüssen verschiedener Pro-venienz enthaltenen Samen gibt die folgende Tabelle Aufschluß:

	Erdnüsse aus						
	Rufisque[3])	Kongo[3])	Bombay[3])	Japan[4])	Tennes-see[5])	Georgia[6])	Spanien[6])
	%	%	%	%	%	%	%
Wasser	4,59	5,01	7,71	15,61	4,86	13,15	12,85
Rohprotein	28,37	26,62	31,12	27,56	25,75	27,95	26,57
Rohfett	50,08	50,22	46,56	46,03	46,24	35,77	37,59
Stickstoffreie Extraktstoffe	13,37	14,09	9,39	5,05	18,36	17,73	19,04
Rohfasser	1,18	1,47	2,16	4,12	2,40	3,04	2,05
Asche	2,41	2,59	3,06	1,63	2,39	2,36	1,90

[1]) v. Ollech, Rückstände der Ölfabrikation, Leipzig 1884, S. 62.

[2]) Vergleiche Seite 454.

[3]) Landw. Anzeiger f. d. Regierungsbezirk Kassel, 1886, S. 654 (nach Dietrich, Hesse und Greitherr).

[4]) Mitteilungen d. deutsch. Gesellschaft f. Natur- u. Völkerkunde Ostasiens, Bd. 4, Nr. 35 (nach Kellner).

[5]) Bulletin d. landw. Versuchsstation in Tennessee, 1891, Bd. 4, S. 53—73 (nach Brown).

[6]) Experim. Stat. Rec., 1891, Bd. 3, S. 146 (nach White).

Frisch entschälte Erdnußkerne enthalten wesentlich mehr Wasser, als diese Analysen verzeichnen; der Feuchtigkeitsgehalt beträgt bei frischer Ware meist $12-14\%$. Der variable Wassergehalt der zur Untersuchung kommenden Nüsse ist auch die Ursache der etwas auseinandergehenden Angaben über den Ölgehalt der verschiedenen Erdnußprovenienzen, der den Ölfabrikanten ja in erster Linie interessiert.

Sadtler[1]), dem mehrere Proben Erdnüsse aus verschiedenen Ländern zur Untersuchung vorlagen, gibt den durchschnittlichen Gehalt der Samen wie folgt an:

Die Samen der Erdnüsse vom Senegal enthalten . . . 51 % Öl,
,, ,, ,, ,, ,, Kongo ,, . . . 49 % ,,
,, ,, ,, ,, aus Ostafrika ,, . . . 49 % ,,
,, ,, ,, ,, ,, Bombay ,, . . . 44 % ,,
,, ,, ,, ,, ,, Madras ,, . . . 43 % ,,
,, ,, ,, ,, ,, Amerika ,, . . . 42 % ,,

Das feine rote Samenhäutchen besteht nach König und Brown[2]) aus:

Samen-
häutchen.

Wasser	9,01 %	Stickstoffreie Extraktstoffe	20,46 %
Rohprotein	12,68	Rohfaser	34,90
Rohfett	11,76	Asche	11,19

Wie viele andere Ölsamen (z. B. die Rizinusbohne), sind auch die Erdnüsse um so ölreicher, je tropischer das Klima ist, in dem sie wachsen. Der hohe Ölgehalt der in Äquatorialländern geernteten Samen (50 %) sinkt nach Wiesner bis auf 20 % herab, wenn sich das Anbauland von den Tropen zu weit entfernt.

Handels-
sorten.

Die klimatischen und Bodenverhältnisse beeinflussen aber nicht nur die Quantität, sondern auch die Qualität des Öles. Das beste Öl geben die afrikanischen, das schlechteste die ostindischen Samen. Von den afrikanischen Erdnüssen sind wiederum die aus dem nördlichen Senegambien (Rufisque, Sine, Kapor, Galam) die besten, die von der Sierra Leone-Küste (Lagos) stammenden die geringsten, während die südlichen Gebiete bis zu den Vissagosinseln (Gambien, Kapamanze, Bulama) eine Mittelqualität liefern.

Gute Ware darf vor allem keine unausgereiften Nüsse enthalten. Werden diese gepflückt, bevor die Sträucher vollständig abgestorben sind, so sind sie weniger ölreich und weniger haltbar. Die Amerikaner lassen das umständliche Abpflücken der Nüsse durch Maschinen (Underwood-Peanutpicker) vornehmen. Dabei werden allerdings reife und unreife Früchte abgepflückt und es bedarf einer nachträglichen Sortierung, die ebenfalls von Maschinen ausgeführt wird. Die betreffende Vorrichtung ist auf der verschiedenen Schwere der Früchte ungleichzeitigen Reifezustandes basiert. Ein Windstrom führt die leichteren reifen Früchte in eine separierte Abteilung, während die schwereren unreifen Nüsse nahe der Aufgabestelle niederfallen.

---

[1]) Americ. Drugg. and Pharm. Record., 1897, Bd. 31, Nr. 5.
[2]) Biedermanns Zentralbl., 1887, S. 141, 1892, S. 166.

Das gute Trockensein der Ware ist für ihre Haltbarkeit sehr wichtig; das Trocknen geschieht an der Luft. Ein Konsularbericht erzählt, daß auf Formosa die lufttrockene Ware noch in rotierenden Trommeln geröstet werde, wodurch die Hülsen leichter entfernbar seien und der Kern bequemer bloßgelegt werden könne.

Die Erdnuß ist nicht nur eine wertvolle Ölfrucht, sie bildet auch eine außerordentlich stickstoffreiche Nahrung für die Eingeborenen mancher Tropengegenden und ist daher als Volksnahrungsmittel sehr wichtig. Die oben erwähnte Mitteilung Pisos von der Unbekömmlichkeit der Erdnüsse, welche durch Hartmann[1]) auf Grund eigener Erfahrung bestätigt worden ist, hat daher nur für solche Fälle Gültigkeit, wo besonders große Mengen Erdnüsse auf einmal genossen werden.

Die gerösteten Früchte sind recht wohlschmeckend, erinnern an Mandeln oder geröstete Kastanien und bilden einen immer beliebter werdenden Naschartikel, der ursprünglich nur in Nordamerika, Spanien und der Türkei zu Hause war, jetzt aber auch in Mitteleuropa mehr und mehr Eingang findet. Jährlich werden einige tausend Tonnen Erdnüsse auf diese Weise als Obst verzehrt.

Verwendungsarten der Erdnuß. Die Erdnuß dient auch zur Herstellung eines Kaffeersatzes, der unter der Bezeichnung „Afrikanischer Nußbohnenkaffee", „Austria-kaffee" usw. beschränkte Verbreitung gefunden hat.

Erdnußbutter. Auch als Buttersurrogat werden feingemahlene Erdnüsse verwendet. Diese in Amerika zuerst aufgetauchte Butter (Peanolia, Peanutbutter, Nutbutter) wird durch Rösten und Mahlen der Erdnüsse unter Salzzusatz hergestellt[2]). Die orangegelbe Masse hat dann das Aussehen eines Kittes; zur Erzielung weicherer Konsistenz setzt man noch etwas Wasser zu[3]). A. L. Wilton[4]) hat zwei Proben derartiger Produkte untersucht und gefunden:

	Peanutbutter	Peanolia
Wasser	2,10 %	1,98 %
Protein	28,66	29,94
Fett	46,41	46,68
Zucker und Dextrin . .	6,13	5,63
Stärke	6,15	5,58
Rohfaser	2,30	2,10
Kochsalz	3,23	4,95
Sonstige Mineralstoffe . .	0,80	1,08

---

[1]) Kurz, Verhandlungen d. bot. Vereins d. Provinz Brandenburg, Sitzung v. 30. April 1875.

[2]) W. P. Thompson (J. Lambert) empfiehlt für die Herstellung von „Peanutbutter" eine besondere Mahlvorrichtung, welche den Wurstmaschinen nicht unähnlich ist. (Engl. Patent Nr. 10705 v. 23. Mai 1899.)

[3]) Techn. Zentralbl., S. 110, Bd. 39.

[4]) Jahresbericht d. Agric. Experim. Stat., Washington 1900, S. 138.

Die geringe Feuchtigkeit des fertigen Produktes läßt aber eher auf eine Trocknung als auf den erwähnten Wasserzusatz bei der Herstellung schließen; im übrigen stimmt die Zusammensetzung mit der reiner Erdnüsse ziemlich überein.

Ein großer Teil der alljährlich geernteten Erdnüsse wird regelmäßig der Ölfabrikation zugeführt, und zwar wird Erdnußöl in ausgedehntem Maße sowohl in den Tropenländern als auch in den europäischen Industriestaaten (weniger in Amerika) gewonnen und verwendet.

Die auf den Weltmarkt kommenden Erdnüsse muß man unterscheiden in solche, welche mit ihrer Hülse (Schale) auf den Markt gebracht (Arachides en coques), und in solche, welche vor der Verfrachtung enthülst (entschält) werden, wo also nur der eigentliche Same verschickt wird (Arachides décortiquées). *(Geschälte und ungeschälte Erdnüsse.)*

Das Entkernen an der Produktionsstelle hat den Vorteil, daß die ziemlich geringwertige Hülse nicht mitverfrachtet werden muß, wodurch fast ein Drittel der Frachtspesen erspart wird. Außerdem nehmen Erdnüsse in der Schale ein viel größeres Volumen ein als ein gleichgroßes Gewicht entschälter Kerne; da nun aber die Schiffsfracht nach dem Volumen der Frachtstücke kalkuliert wird, so muß für 100 kg Erdnüsse in der Schale, die nur ungefähr 70 kg Samenkerne enthalten, obendrein noch eine höhere Fracht bezahlt werden als für 100 kg entschält verladener Ware. Dies würde dafür sprechen, sämtliche Erdnüsse gleich nach der Ernte zu enthülsen, zumal bei den in den Tropenländern zur Verfügung stehenden billigen Arbeitskräften sich diese Arbeit mit viel geringerem Kostenaufwande bewerkstelligen läßt als in den europäischen Industriestaaten.

Leider ist die enthülste Ware aber nur sehr wenig haltbar. Während Erdnüsse in Schalen nach langer Seereise und monatelangem Lagern noch immer frische Samen enthalten, die beim Auspressen ein neutrales, wohlschmeckendes Öl geben, leiden die in den Tropen entschälten Erdnüsse meist schon während des Transportes sehr stark; sie bilden ein Ansiedlungsfeld vieler Insekten, besonders des kleinen, braunen Käfers Tribolium ferrugineum L.; der mitunter sogar eine merkliche Erwärmung der Samen hervorbringt. Auch werden die enthülsten Erdnüsse sehr leicht ranzig. und es gelangen nur geringe Mengen enthülster Erdnüsse nach Europa, aus denen speisefähige Öle erzeugt werden können.

Die Zersetzung des in den enthülsten Erdnüssen enthaltenen Öles geht vielfach so weit, daß dieses beim Auspressen bis zu 20, selbst 25 % an freien Fettsäuren zeigt.

Die hochwertigen Marken von Erdnüssen (Sine, Rufisque, Kapor, Galam) werden daher samt ihrer einen wirksamen Schutz gegen Insektenfraß, Schimmel und Ranzigwerden bildenden Hülse verschifft und nur die geringeren Marken, wie Coromandel, Bombay usw., versendet man in entschältem Zustande. Erstere dienen zur Speiseölgewinnung, letztere zur Herstellung von Erdnußölen für technische Zwecke.

Das Enthülsen der Erdnüsse geschieht in den Produktionsländern fast ausschließlich durch Handarbeit (Aufschlagen der Früchte mittels Steine und Herausnahme der unverletzten Kerne).

Um dieses umständliche Verfahren etwas praktischer zu gestalten, hat man wohl auch einfache Enthülsungsmaschinen konstruiert, welche im Prinzip darin bestehen, daß zwei kannelierte Walzen die zugeführten Erdnüsse so weit zerquetschen, daß zwar die äußere Hülle gesprengt, nicht aber der Kern lädiert wird. Eine Windfege sorgt dann für die Trennung der schwereren Kerne von den leichteren Hülsen. Die meisten dieser ziemlich primitiven Enthülsungsmaschinen arbeiten nicht sehr exakt. Es finden sich in den enthülsten Kernen stets noch Fragmente von Schalen sowie vollkommen unverletzte kleinere Früchte, die sich infolge ihrer geringeren Größe der Quetschwirkung der Walzen entziehen; anderseits enthalten die Hülsen stets einen merklichen Prozentsatz an Kernmaterial, das mit den an den Produktionsstellen unverwendbaren Hülsen verloren gegeben wird.

Komplizierte, eine schärfere Trennung von Kern und Hülse erzielende Enthülsungsmaschinen aufzustellen, geht nicht gut an, weil alle für den Tropenpflanzer berechneten Maschinen in erster Linie einfach gebaut sein müssen. Das deutsche Kolonialamt in Berlin hat sich in letzter Zeit bemüht, eine gut arbeitende Erdnußenthülsungsmaschine zu schaffen, und die Firma F. Martin in Bitterfeld hat auf Veranlassung dieses Amtes eine zweckentsprechende Vorrichtung konstruiert.

Gewinnung.

Die Verarbeitung der Erdnüsse zu Öl erfolgt auf sehr verschiedene Weise. In Indien wie auch in Afrika werden die von der Hülse befreiten Erdnußkerne auf Apparaten, die ganz und gar dem im Kapitel „Kokosöl" besprochenen „Chekku"[1]) ähneln, verarbeitet.

Die Ausbeute, welche man mit dieser Quetschvorrichtung bei Erdnüssen erreicht, ist weit besser, als man meinen sollte. Es sind mir Rückstände dieser Erdnußverarbeitung vorgelegen, die nur 12% Öl aufwiesen, was als ganz respektable Leistung bezeichnet werden muß.

In Europa hat die Technik der Erdnußverarbeitung in der zweiten Hälfte des vorigen Jahrhunderts bemerkenswerte Wandlungen durchgemacht. Als 1840 die ersten Erdnußzufuhren nach Marseille stattfanden, wurden die Nüsse samt ihren Hülsen gemahlen und gepreßt. Dieses primitive Verfahren ist fast gänzlich verlassen worden; heute werden nur mehr die Samenkerne (ohne Hülsen) der Pressung unterzogen, sei es nun, daß man bereits entschälte Ware bezieht, sei es, daß man die Samen erst kurz vor der Entölung aus den Hülsen herauslöst.

Die Verarbeitung der enthülst bezogenen Erdnüsse (Arachides décortiquées) ist von der Arbeitsweise, wie sie bei anderen Ölsamen üblich ist, kaum verschieden. Wie schon erwähnt, betrachtet man die

---

[1]) Siehe Seite 599 dieses Bandes.

enthülsten Erdnüsse nicht als Rohmaterial für die Speiseölfabrikation und geht daher auch bei der Reinigung der Ware nicht allzu sorgfältig vor. Da man auf die Hervorbringung möglichst hellfarbiger Preßkuchen bedacht ist, wird bei der Reinigung der Erdnüsse vor dem Pressen neben der Entfernung von Sand und Fremdkörpern bisweilen auch eine Trennung der zum Teil schon von den Kernen losgelösten roten Samenhäutchen geübt. Siebapparate mit Ventilatoren sind die für Erdnüsse gebräuchlichsten Reinigungsmaschinen. (Fig. 86.)

Die Saat wird auf eine mit Winkeleisen besetzte Speisewalze aufgegeben und passiert einen Windstrom, der durch einen Ventilator erzeugt wird. Steine und schwere Teile fallen nach abwärts aus, die leichten Teile werden aufwärts in die Staubkammer eingeblasen. Die Nüsse gelangen auf ein Schüttelsieb, von wo sie dann weiterverarbeitet werden[1]).

Die weitere Verarbeitung der gereinigten Kerne erfolgt entweder durch Pressung oder durch Extraktion.

Bei ersterem Verfahren wird gewöhnlich zweimal gepreßt, wobei der erste Schlag mit ganzen oder doch nur leicht zerkleinerten Kernen bei mäßiger Temperatur (30 bis

Fig. 86. · Erdnußputzmaschine.

40° C) vorgenommen wird, während für den zweiten Schlag die Rückstände der ersten Pressung möglichst intensiv zerkleinert und stärker erwärmt werden (60—70° C).

Die Extraktionsmethode wird bei Erdnüssen sehr selten angewendet, hauptsächlich wohl deshalb, weil die gepreßten Erdnußkuchen zu hohen Preisen leichter Käufer finden als die extrahierten Mehle. (Vergleiche S. 433, Band I.)

Bei der Verarbeitung von Erdnüssen in der Schale geht der eigentlichen Ölentziehung eine Enthülsung (fälschlich „Entschälung" genannt) voraus. Man läßt es aber nur selten bei der einfachen Bloßlegung der Kerne bewenden, sondern nimmt meist auch noch das rote Samenhäutchen von den letzteren und trachtet, auch den zwischen den beiden Samenlappen befindlichen Keim abzusondern. Ersteres geschieht der Erzielung hellfarbiger

Verarbeitung von Erdnüssen in Schalen.

---

[1]) Konstruktion von G. und B. Koebers Eisenwerken in Harburg a. E.

Kuchen halber, letzteres deshalb, weil die Keime ein bitter schmeckendes Öl enthalten und die Qualität des ausgepreßten Öles herabdrücken, falls sie im Preßgute verbleiben.

Der Fabrikationsgang modern eingerichteter Erdnußspeiseölfabriken ist der folgende:

1. Reinigung der Erdnüsse von anhaftendem Sand, Schmutz und Erde, beigemengten Stengelteilen und sonstigen Fremdkörpern.
2. Enthülsung der Ware.
3. Befreiung der Kerne von den roten, dünnen Samenhäutchen, unter gleichzeitiger Loslösung und Separierung des Keimes.
4. Separierung des Kernmaterials von den Hülsen, Häutchen und Keimen.
5. Verpressung der gereinigten Kerne.
6. Aufarbeitung und Verwertung der Hülsen und der sogenannten Erdnußkleie.

Reinigung des Rohmaterials.

Die Reinigung der Erdnüsse von Erde, Sand, Stengelteilen usw. geschieht durch Siebapparate, bei denen bisweilen auch Luftströme mitwirken, wiewohl letztere nicht unbedingt nötig sind. Mit diesen Reinigungsoperationen, wobei auch die bei der Erntearbeit der Ware beigemengten Eisenteile entfernt werden, wird vorteilhafterweise auch eine Sortierung der Nüsse nach ihrer Größe vorgenommen. Letzteres ist für die Durchführung der

Enthülsen.

Enthülsungsoperation von Nutzen, weil die Enthülsungsmaschinen nur dann jede einzelne Erdnuß aufbrechen können, wenn die Größenunterschiede der einzelnen Nüsse nicht allzu bedeutend sind. Alle Enthülsungsmaschinen beruhen darauf, daß man die Erdnüsse zwingt, einen engen Raum zu passieren, bei welcher Passage die Hülsen durch einfache Quetschwirkung, kannelierte Walzen oder Messer aufgebrochen oder zerschnitten werden. Hat man nun ein Material zu verarbeiten, das in einzelnen Nüssen bedeutende Größen- (Dicken-)unterschiede zeigt, so ist es schwer, die Dimension der Passageenge richtig einzustellen. Wählt man den Zwischenraum zu groß, so fallen die dünneren Nüsse unverletzt durch und gelangen mit in das Kernmaterial, dieses verunreinigend. Stellt man die Passageenge derart ein, daß auch die Hülsen der kleinsten Nüsse geöffnet werden müssen, so werden bei den größer ausgebildeten Nüssen nicht nur die zu entfernenden Hülsen zerschnitten, sondern auch die Kerne selbst zerquetscht, und das die Maschine verlassende Produkt stellt sich als ein Gemengsel von Hülsenfragmenten und gebrochenen Kernen dar, das kaum mehr vollkommen in Kerne und Hülsen getrennt werden kann.

Das Zerquetschen der Kerne muß möglichst vermieden werden, selbst auf die Gefahr hin, daß die eine oder die andere Nuß sich der Enthülsung entziehe. Nur wenn das die Enthülsungsmaschine verlassende Produkt aus Hülsenhälften oder doch tunlichst großen Hülsenstücken und aus ganzen oder halben Kernen besteht, ist die der Hülsenöffnung folgende Trennung leicht durchzuführen. Bei richtiger Einstellung der Passageenge werden die Hülsen der meisten Nüsse in 2—3 Stücke zerlegt und der Kern wird gleichzeitig auch durch einen schwachen Seitendruck in zwei Längshälften gespalten. Bei dieser Zerlegung des Kernes in seine beiden Samenlappen wird obendrein noch das Samenhäutchen abgelöst und der Keim gelockert und bloßgelegt, so daß die

Schälarbeit und Entkeimung eventuell unterbleiben kann. Nur bei Enthülsungsmaschinen, welche die Kerne nicht spalten, muß nach der Enthülsung noch eine separate Entschälung erfolgen. Diese Entschälmaschinen bestehen meist aus elastisch gelagerten Gummiwalzen, durch welche die Kerne durchschlüpfen müssen, wobei die leicht ablösbare Samenhaut durch die Reibung abgenommen wird, der Kern selbst unter gleichzeitiger Loslösung des Keimes in zwei Längshälften zerfällt. Schälen und Entkeimen.

Die Trennung des von den Enthülsungs-, beziehungsweise Schälmaschinen kommenden Materials in Kernanteile, Hûlsen und Keime geschieht durch Siebapparate und Windströme. Die Arbeit ist nicht so einfach, denn so vorsichtig man auch bei der Öffnung der Hülsen zu Werke gehen mag, es wird trotzdem stets ein Teil der Kerne zermalmt und auch einzelne kleine Stückchen werden von den Hülsen losgebrochen, wodurch man ein Gemengsel erhält, das niemals vollständig in seine Komponenten zerlegt werden kann. Es existiert keine Enthülsungsapparatur, mit welcher man Erdnüsse so zu öffnen vermöchte, daß als Endprodukt reine, hülsenfreie Kerne und lose, kernfreie Hülsen resultierten. Es wird vielmehr stets ein Kernmaterial erhalten, das durch Hülsenanteile verunreinigt erscheint, wie andererseits in den Hülsen in der Regel Kernfragmente vorfindbar sein werden. Daneben erhält man Zwischenprodukte, die ein Gemenge von fein zerkleinerten Kernen und Hülsenbruchteilen darstellen und durch keine der bisher bekannten Separationsvorrichtungen getrennt werden können. Bestenfalls läßt sich diese als Erdnußkleie zu bezeichnende Mischung in Fraktionen zerlegen, deren eine Art reicher an Kernanteilen ist, während die andere mehr Hülsenteile enthält. Separierung.

Vielfach wird die Sortierung des die Enthülsungsmaschine verlassenden Materials nicht so weit getrieben, bis man reine Kerne, reine Hülsen und Erdnußkleie erhält, sondern man arbeitet nur auf eine Absonderung reiner, kernfreier Hülsen hin, beläßt aber die Kerntrümmer, Keime, Samenhäutchen wie auch Bruchstückchen von Hülsen im Kernmaterial und verarbeitet sie mit diesem.

Ölfabriken, denen es um Erzielung hochwertiger Öle und Ölkuchen zu tun ist, werden aber die Reinigung des Kernmaterials gründlich besorgen und auch die Erdnußkleie so weit als möglich separieren. Die bei letzterer Arbeit erhaltenen Fraktionen werden, je nach ihrer Beschaffenheit, für sich gepreßt, wobei sie eine mindere Qualität von Öl und Kuchen geben, oder in gemahlenem Zustande unter dem Namen „Erdnußkleie" bzw. „Erdnußhülsenmehl", „Erdnußschalenmehl" usw. verkauft werden können (siehe Seite 456).

Bisweilen werden die Samenkerne vor dem Verpressen noch einer Handsortierung unterzogen, wobei die angefaulten oder verschimmelten Samen von den gesunden getrennt werden. Um diese kostspielige und zeitraubende Handarbeit nach Möglichkeit zu vereinfachen, hat man Apparate konstruiert, welche das Zubringen des auszulesenden Materials und das Fortschaffen der gereinigten Kerne automatisch besorgen.

Verpressen des Kernmaterials. Das Verpressen des reinen Kernmaterials erfolgt gewöhnlich in drei Phasen; für die erste Pressung wird gar nicht oder doch nur wenig zerkleinert und man nimmt sie wie auch die zweite Pressung kalt vor, während der letzte (dritte) Schlag mit gewärmtem Preßgute erfolgt.

Die Öle der ersten und zweiten Pressung werden zu Speisezwecken verwendet, die Nachschlagöle sind meist nur für technische Zwecke brauchbar. Eine eigentliche Reinigung der Öle findet in der Erdnußölindustrie nicht statt, man begnügt sich hier vielmehr mit einfachen Filtrationen.

Verwertung der Hülsen. Über die Verwertung der Erdnußhülsen sowie der bei der Separierung erhaltenen, aus Samenhäutchen, Kernbruchteilen, Hülsenfragmenten und Keimen bestehenden Zwischenprodukte, welche infolge ihrer Ölarmut eine Verpressung nicht erfahren, sondern vermahlen und als Futtermittel verkauft werden, wird Seite 456 näher berichtet.

Eigenschaften.

Eigenschaften. Erdnußöl ist, je nach seiner Herkunft und Herstellungsweise, ein fast farbloses bis rötlichbraunes Öl von eigenartigem Geruche, der bei den feineren Sorten kaum bemerkbar ist, in minderen Qualitäten aber um so stärker hervortritt. Seine Dichte liegt bei 15^0 C zwischen 0,916—0,922. Die Kältebeständigkeit des Öles ist sehr verschieden; man trifft Erdnußöle, die bis zur Temperatur von -7^0 C flüssig bleiben (beste Speiseölmarken), und andere, die schon bei $+15^0$ C zu stocken (gelatinieren) beginnen. Über diese letzteren, hauptsächlich für Seifensiederzwecke hergestellten Erdnußöle liegen in der Literatur noch wenige oder keine Analysendaten vor; nur J. P. Sadtler[1] erwähnt in einer Analysenserie ein Handelsarachisöl mit $+10^0$ C Trübungstemperatur, doch zeigt die weitere Angabe, nach der dieses Öl $6{,}2\,^0/_0$ freier Fettsäuren enthielt, daß er noch kein ausgesprochenes Seifenarachisöl vor sich hatte. Bei letzterem sind Gehalte von 15—20$^0/_0$ freier Fettsäure und darüber die Regel. Die Speisearachisöle haben meist nur 1$^0/_0$, oft auch darunter, selten über 3$^0/_0$ freier Fettsäuren. Die oft gerühmte Haltbarkeit des Speiseerdnußöles beim Lagern entspricht nicht den Tatsachen; diese Öle verderben schon nach relativ kurzer Zeit.

---

[1] Americ. Drugg. and Pharm. Rec., 1887, Bd. 31, Nr. 5.

Die elementare Zusammensetzung des Arachisöles ist nach König[1]:

Kohlenstoff = 75,83 %

Wasserstoff = 11,44

Sauerstoff = 12,73 .

Erdnußöl soll die Glyzeride der Öl-, Palmitin-, Stearin-[2], Arachin-, Lignocerin- und Hypogäasäure enthalten, doch wird von verschiedenen Forschern das Vorkommen einzelner dieser Säuren im Arachisöl bezweifelt. So soll nach Kreiling[3] die von Caldwell[4] gefundene Palmitinsäure im Erdnußöl nicht zugegen sein. Hazura[5], der neben Ölsäure das Vorhandensein von Hypogäasäure ($C_{16}H_{30}O_2$) vermutet, die auch Gößmann und Scheven[6] sowie Schröder[7] nachgewiesen zu haben glaubten, wird in seiner Ansicht durch Schöne[8] widerlegt. Kreiling hat gezeigt, daß neben der zuerst von Gößmann gefundenen Arachinsäure auch eine andere feste Fettsäure vom Schmelzpunkt 81°C, die Lignocerinsäure ($C_{24}H_{48}O_2$), im Arachisöle zugegen ist. G. Perrin hat die höheren Säuren des Arachisöles abgeschieden und untersucht[9].

Das aus Erdnußöl abgeschiedene Fettsäuregemisch schmilzt bei 27 bis 34°C und erstarrt zwischen 23 und 30°C.

Viele Erdnußöle nähern sich in ihrem Charakter ganz außerordentlich dem Olivenöl, und daher läßt sich Erdnußöl in Gemischen mit Olivenöl nur durch Isolierung der für Erdnußöl typischen Arachin- und Lignocerinsäure nachweisen. Arachinsäure ($C_{20}H_{40}O_2$) ist außer im Erdnußöle nur noch im Rambutantalg, dem Fette der Samen von Nephelium lappaceum L., und in sehr geringen Quantitäten im Rüböl, in der Kakaobutter, im Macassaröl, im Holunderöl und in der Kuhbutter[10] enthalten. Lignocerinsäure findet sich überhaupt nur im Erdnußöle vor.

Alle Arachisöle — die kalt gepreßten weniger als die warm gepreßten — scheiden beim Lagern in nicht zu warmen Räumen ein festes Fett ab, das reich an Lignocerin- und Arachinsäure ist und unter dem Namen „Margarine d'arachide" bisweilen auf den Markt kommt. Eine Probe dieses Produktes hatte nach Wijs[11] einen Schmelzpunkt von 21,5°C. Eine rationelle Ausscheidung dieses festen Anteiles, der bei den Arachis-

[1] König, Chemie der Nahrungs- und Genußmittel, 4. Aufl., Berlin 1903, Bd. 2, S. 114.

[2] The Analyst, 1896, S. 328 (Hehner und Mitchell).

[3] Berichte d. deutsch. chem. Gesellsch., 1888, Bd. 11, S. 880.

[4] Liebigs Annalen d. Chemie u. Pharm., Bd. 101, S. 97.

[5] Monatshefte f. Chemie, 1889, S. 242.

[6] Ann. Chem. u. Pharm., Bd. 94, S. 340.

[7] Ann. Chem. u. Pharm., Bd. 143, S. 22.

[8] Berichte d. deutsch. chem. Gesellsch., 1888, Bd. 21, S. 878.

[9] Monit. scient., 1901, S. 320.

[10] Sie ist hier mit der von Heinz dargestellten Butinsäure identisch.

[11] Zeitschr. f. Untersuchung der Nahrungs- und Genußmittel, 1903, S. 492.

ölen das für viele Zwecke unangenehme und gerne vermiedene leichte Trübwerden und Erstarren bedingt, stößt auf große technische Schwierigkeiten, auf die bereits Lewkowitsch[1]) hingewiesen hat. Er berichtet, daß schon sehr geringe Temperaturerhöhungen genügen, um die ausgeschiedenen kristallinischen Massen zu schmelzen oder sie in gelatinöse Substanzen zu verwandeln, die eine Filtration unmöglich machen. Ich möchte dem hinzufügen, daß viele Arachisölqualitäten beim Abkühlen direkt in diesen gelatinösen Zusatz übergehen, und zwar um so sicherer, je höher ihr Erstarrungspunkt liegt. Bei solchen Ölen tritt ein kristallinisches oder flockiges Ausfallen der festen Fettanteile auch dann nicht ein, wenn die Abkühlung sehr langsam und ganz allmählich erfolgt, sonst ein probates Mittel, um das Ausfallen der festen Triglyzeride in kristallinischer Form zu erreichen. Eine Überwindung dieser Betriebsschwierigkeiten ist zwar keinesfalls unmöglich, aber doch mit großen Schwierigkeiten verbunden. Der durch das Kältebeständigmachen erreichte Vorteil steht aber kaum im richtigen Verhältnis zu dem hohen Kostenaufwande, den diese Prozeduren verursachen.

Die Behauptung G. Fendlers[2]), daß im Handel ein von Sesamöl freies Erdnußöl kaum zu haben sei, ist etwas weitgehend und widerspricht wohl den Tatsachen.

Verwendung.

Ver-
wendung als
Speiseöl. Erdnußöl findet hauptsächlich als Speise- und Brennöl sowie als Seifenmaterial Verwertung.

Die besten Arachisspeiseöle erzeugen Frankreich, Deutschland und Österreich. In Frankreich ist Erdnußöl sehr beliebt und wird vielfach zum Verschneiden des Olivenöles verwendet. Öl aus gesunden, frischen afrikanischen Erdnüssen ist von süßem, mildem Geschmack und den besten Sesamölen ebenbürtig, wenn nicht gar vorzuziehen; leider hält es sich nicht sehr lange, sondern wird am Lager leicht bitter und ranzig. Im Verschnitt mit anderen Ölen tritt diese Veränderung nicht so rasch ein wie bei reinen Ölen.

Das Arachisspeiseöl des Handels wird mitunter mit Sesamöl vermischt, teils um es kältebeständiger zu machen, teils auch aus Preisrücksichten. Das Vorhandensein kleiner Mengen von Sesamöl in Erdnußöl deutet jedoch nicht immer auf eine absichtliche Vermischung, sondern ist auch durch die abwechselnde Verarbeitung von Sesamsaat und Erdnüssen auf denselben Pressen erklärlich, ein Vorgang, der in vielen Fabriken geübt wird. Als Speiseöle sind — mit wenigen Ausnahmen — nur diejenigen Öle brauchbar, welche aus in den Schalen bezogenen Erdnüssen (en coques-Ware) hergestellt wurden. Das leichte Trüb- und Festwerden der Erdnußöle ist für deren Verwendung als Tafelöl nachteilig.

---

[1]) Journ. Soc. Chem. Ind., 1903, S. 592.
[2]) Zeitschr. f. Untersuchung der Nahrungs- und Genußmittel, 1903, S. 411.

Die sogenannten „technischen Erdnußöle", d. s. die aus entschält bezogenen Coromandel- oder Bombaynüssen gepreßten oder extrahierten Öle, finden meist in der Seifensiederei Verwendung.

Für sich allein versotten, gibt Erdnußöl keine genügend feste Kernseife; man verarbeitet es daher nie allein, sondern stets im Verein mit anderen Fetten und Ölen. Vorteilhafte Verwendung findet das Erdnußöl auch bei der Herstellung kaltgerührter Seifen, wo es dem Kokosöle bis zu 30% zugesetzt werden kann. Aus Erdnußöl gesottene Grundseifen zeichnen sich durch besondere Milde aus.

Erdnußöl gibt eine Ausbeute von 146—148% Kernseife; es erfordert bei der Verseifung möglichst kaustische Laugen, die nicht unter 18° Bé. stark sein sollen, und eine gute Abrichtung. Es kann in der Seifensiederei auch überall dort verwendet werden, wo man Kottonöl gebraucht, und ist diesem in den meisten Fällen vorzuziehen. Bei richtiger Arbeit treten die bei Kottonöl sich oft zeigenden Fleckenbildungen und ein Nachdunkeln auf Lager nicht auf. Ein Ansatz von 35% Arachisöl und 65% Palmkernöl liefert noch sehr schöne und feste Wachskernseife; bei Eschwegerseifen darf dieses Verhältnis nur höchstens wie 30 : 70 genommen werden. Für weiße Schmierseifen (Silber- und Salmiakterpentin-Seifen) ist Erdnußöl wesentlich besser geeignet als Kottonöl, weil es den verlangten zarten Perlmutterglanz in hohem Maße gibt. Auch verträgt es mehr Natronlauge als Kottonöl, ohne daß deshalb die Seifen kurz oder bröcklig würden. Auch für glatte Schmierseifen ist es ein vorzügliches Material.

H. Haupt[1]) empfiehlt das Erdnußöl für die Herstellung von Seifenspiritus.

A. M. Villon wurde durch die an Olivenöl erinnernden Eigenschaften des Erdnußöles zu Versuchen angeregt, das Öl zur Herstellung von Tournantöl zu benutzen; er hat auch ein dem Oliventournantöle ganz ähnliches Produkt erhalten, das durch seine Geruchlosigkeit und Wohlfeilheit den Vorzug vor anderen ähnlichen Präparaten verdient.

Auch als Brennöl ist Erdnußöl versucht worden; das aus Coromandel- und Bombay-Erdnüssen gepreßte Öl muß aber für diese Zwecke einer Raffination, ähnlich der des Rüböles, unterzogen werden.

J. N. Harris und H. J. Headington[2]) empfehlen Erdnußöl für medizinische Zwecke und machen es für diesen Fall durch Zufügung von geringen Mengen einer Lösung von Benzoeharz in Methylalkohol besonders haltbar.

Rückstände.

Die Preßrückstände der Erdnußölfabrikation, die sogenannten Erdnuß- oder Arachiskuchen, sind in Aussehen und innerer Qualität, je nach dem verarbeiteten Material und der dabei aufgewandten Sorgfalt, sehr verschieden.

---

[1]) Pharm. Zentralhalle, 1906, Nr. 22.
[2]) Engl. Patent Nr. 19085 v. 7. Sept. 1898.

Als ehedem die Erdnüsse samt Hülse verpreßt wurden und auch die Reinigung der Frucht viel zu wünschen übrig ließ, erhielt man holz-faserreiche und proteinarme, obendrein mit Sand und anderem Schmutz verunreinigte Kuchen, die zu Futterzwecken nur wenig geeignet waren. Solche minderwertige Kuchen finden sich heute wohl nur noch vereinzelt vor und brauchen kaum näher besprochen zu werden.

Die aus enthülst bezogenen Erdnüssen resultierenden Kuchen sind von grauweißer bis bräunlichgelber Farbe, zeigen deutlich die Fragmente des roten Samenhäutchens und enthalten auch mehrere, mit freiem Auge sichtbare Splitter von Erdnußhülsen eingesprengt. Da man bei der Ver-arbeitung von am Erzeugungsort enthülster Ware nicht jene große Sorgfalt auf-wendet, wie sie der Verarbeitung von Schalennüssen zuteil wird, so ist auch der Sandgehalt solcher Kuchen größer als bei Erdnußkuchen, welche aus Samen erhalten wurden, die erst kurz vor der Verpressung in den euro-päischen Fabriken aus den Hülsen genommen wurden.

Diese letzteren Kuchen sind von hellgelber, in manchen Fällen sogar von fast weißer Farbe und zeigen an der Oberfläche und am frischen Bruche nur ganz feine Splitter der roten Samenschale, dagegen wenige oder gar keine Fragmente der Erdnußhülse. Beim Nachschlag wird häufig ein Teil der Erdnußkleie dem Preßgute zugemischt und es resul-tieren daher, je nach dem mehr oder weniger ausgiebigen Zusatze dieser Erdnußkleie, Kuchen von höherem oder minderem Reinheitsgrade. Die Forderung der Landwirte nach möglichst reiner, hochprozentiger Ware ist an und für sich ein berechtigtes Verlangen, doch kann demselben von seiten der Ölfabrikanten nur dann entsprochen werden, wenn die größere Reinheit der Ware auch in ihrem Preise einen entsprechenden Aus-druck findet. Dies ist bis jetzt leider nicht der Fall, denn man bezahlt bei den hochprozentigen Erdnußkuchen die Gewichtseinheit Protein-Fett weniger gut als bei den geringhaltigen. Ist dies schon an und für sich für den Kuchenproduzenten ein Schaden, so wird das Mißverhältnis um so größer, wenn man bedenkt, daß zur Erreichung hochwertiger Ware ein ganz besonderer Arbeitsaufwand erforderlich ist, dessen Spesen durch einen geringen Mehrpreis für die Gewichtseinheit Protein-Fett hereingebracht werden sollten. Außerdem ist noch zu berücksichtigen, daß sich hellfarbige Kuchen — und Hellfarbigkeit gilt im Handel als eine Art Wertmesser — mit entsprechend geringem Ölgehalte kaum erzeugen lassen, daß hellfarbige Kuchen vielmehr stets um 3—4 $\%$ mehr Öl enthalten als solche, bei wel-chen man auf die Farbe nicht so viel Gewicht legt und das Hauptaugenmerk nur auf möglichst vollständige Herausbringung des Öles richtet. Dieses wertet aber um ein Vielfaches höher als der Kuchen und jedes Prozent Öl, das der Fabrikant in dem Kuchen mehr beläßt, verteuert diesen in ganz unverhältnismäßiger Weise. Also auch aus diesem Grunde ist für den Ölfabrikanten die Erzeugung von erstklassiger Ware am wenigsten lohnend, da er für die damit verbundene geringere Ölausbeute im Preise seiner schönen Ölkuchen durchaus kein Äquivalent findet.

Die durchschnittliche Zusammensetzung der verschiedenen Erdnuß- kuchen ist die folgende:

	Un- geschälte Kuchen	Kuchen aus original entschälter Ware	Kuchen aus en coques- Nüssen
Wasser	9,2 %	9,5 %	9,8 %
Rohprotein	31,6	45,2	49,0
Rohfett	8,9	8,6	8,0
Stickstoffreie Extraktivstoffe	20,7	22,4	23,5
Rohfaser	22,7	7,1	14,1
Asche	6,9	7,2	5,6

Zusammen- setzung der Erdnuß- kuchen.

Verunreinigt sind die verschiedenen Gattungen von Erdnußkuchen mitunter durch Sesam, Raps, Mohn, Niger, Lein usw., durchweg Verunreinigungen, welche dem Werte der Erdnußkuchen als Futtermittel keinen besonderen Eintrag tun und sich hauptsächlich in der Produktion solcher Ölfabriken vorfinden, die abwechselnd Erdnüsse und andere Öl- saaten verarbeiten, wo also die verschiedenen Reinigungsapparate, Trans- portbehelfe usw. Anlaß zur Vermischung der Überreste früher verarbeiteter Ölsaaten mit den Erdnüssen geben. Gefährlich kann die Beimengung von Rizinus- und Senfsamen werden.

Verun- reinigungen und Ver- fälschungen

Das Rohprotein der Erdnußkuchen besteht fast ausschließlich aus hochkonstituierten Eiweißstoffen. Ritthausen[1]) und Klinkenberg[2]) haben hierüber Detailuntersuchungen angestellt, auf die hier nur verwiesen sei. Die Stickstoffsubstanzen der Erdnuß selbst hat M. Soave[3]) eingehend studiert.

Das Rohfett der Erdnußkuchen ist mitunter stark ranzig[4]); unter den Kohlehydraten ist die Stärke bemerkenswert.

Die Verdaulichkeit der geschälten Erdnußkuchen stellt sich durch- schnittlich wie folgt:

Rohprotein	92 %
Rohfett	89
Stickstoffreie Extraktstoffe	92
Rohfaser	20

Gegen das Beimengen der Seite 477 erwähnten Erdnußkleie bzw. des Erdnußhülsenmehles läßt sich nichts einwenden, solange die Erdnuß- kuchen nach einem garantierten Protein- und Fettgehalte gehandelt werden, zumal diese Erdnußkleien ohnehin ein brauchbares Futtermittel bilden und

---

[1]) Böhmer, Kraftfuttermittel, Berlin 1903, S. 523.

[2]) Klinkenberg, Über den Gehalt verschiedener Futtermittel an Stickstoff in Form von Amiden, Eiweiß und Nuklein, Zeitschr. f. phys. Chemie, 1882, S. 155.

[3]) Marco Soave, Sui semi di arachide e sulle lore sostanze proteiche, Torino 1906.

[4]) Siehe: Heinrich, Biedermanns Zentralbl., 1890, S. 420; O. Reitmair, Landw. Versuchsstationen, 1891, Bd. 38, S. 373.

in der Regel weit höhere Gehalte an Nährstoffen aufweisen, als die Fachliteratur angibt.

Die Mitteilungen, wonach Erdnüsse bei der Verarbeitung vollständig
entölt und nachher durch Zusatz minderwertiger Öle, wie Kotton- oder
Rizinusöl, aufs neue imprägniert würden[1]), um wieder auf den handelsüblichen Ölgehalt der Kuchen zu kommen, müssen in das Gebiet der
Fabel verwiesen werden. Nur eine vollständige Unkenntnis der Kosten,
welche derartige Manipulationen erfordern, konnte diese absurden Ideen
laut werden lassen.

Schimmel-
bildung.

Die Neigung der Erdnußkuchen zur Schimmelbildung ist nicht
so groß wie z. B. die der Sesam- und Baumwollsaatkuchen; immerhin
werden sie aber von einer Menge Mikroorganismen befallen, unter denen
die Schimmelpilze die erste Rolle spielen. Cohn und Eidam[2]) haben
Untersuchungen über die die Erdnußkuchen befallenden Sporen und Pilze
angestellt und dabei gefunden:

1. einen gelben, in Europa nicht vorkommenden Aspergillus, der
   dem Aspergillus flavus nahesteht und in Japan die Vergärung
   und Verzuckerung des Reises bewirkt. Der Pilz erscheint, wenn
   man das Mehl in einem Erlenmeyer-Kölbchen mit verhältnismäßig wenig Wasser anrührt, so massenhaft, daß er nach 48 bis
   60 Stunden eine vollständig gelbe Decke bildet;

2. einen schwarzen Aspergillus, vielleicht den Aspergillus
   niger, der in Form von einzelnen Flecken zwischen dem vorigen
   auftritt. Wird das Mehl mit etwas mehr Wasser feucht gehalten,
   so bilden sich die eben genannten Pilze nur in kleinen Kolonien
   an den trockenen Stellen, an den feuchteren dagegen entsteht
   ein dichter Rasen von

3. einem dem Mucor stolonifer ähnlichen Pilz, dessen Sporen
   und selbst unverletzte Sporangien häufig schon in dem ursprünglichen Mehle aufgefunden werden können;

4. entstehen in geringer Menge mehrere Mucorarten, so Mucor
   circinellus und andere.

Gonnermann[3]) fand in einem Erdnußkuchen, dessen Genuß die
Vergiftung von Tieren herbeigeführt hatte, zehn verschiedene Bakterien-
arten und einen Sproßpilz.

In neuerer Zeit wird mehrfach von der Giftigkeit der Erdnußkuchen
gesprochen, ohne daß dafür positive Belege erbracht werden können.
W. Mooser[4]) hat allerdings in den Samen der Erdnuß neben den von
E. Schulze nachgewiesenen Cholin und Betain ein anscheinend gif-

---

[1]) Siehe Böhmer, Kraftfuttermittel, Berlin 1903, S. 533.
[2]) Biedermanns Zentralbl., 1883, S. 526.
[3]) Chem. Ztg., 1894, S. 486.
[4]) Landw. Versuchsstationen, 1904, S. 331.

tiges Alkaloid gefunden, welches nach seinem Verhalten und nach seiner Zusammensetzung mit keinem der bisher in der Literatur erwähnten Alkaloide identisch ist. Mooser belegte die neue Verbindung mit dem Namen Arachin und stellte mehrere Versuche über die augenscheinliche Giftigkeit dieses Alkaloides an, deren Erfolge aber nicht durchschlagend genug waren, um ein positives Urteil abgeben zu können[1]).

Häufig sind Erdnußkuchen auch durch Milben und Larven des Borkenkäfers und ähnlicher Insekten heimgesucht und eignen sich, ebenso wie die verschimmelte Ware, für die Verfütterung nur wenig.

Der Sandgehalt der Erdnußkuchen schwankt je nach der Sorgfalt, Sandgehalt. die bei ihrer Herstellung aufgewandt wurde. Nach B. Schulze[2]) waren in 61 untersuchten Proben enthalten:

in 48 Mustern weniger als $1\,^0/_0$ Sand,
„   1   „ $1—1^1/_2\,^0/_0$ Sand
„   5   „ $1^1/_2—2\,^0/_0$ „
„   7   „ $2—3\,^0/_0$ „

Böhmer hat sehr recht, wenn er behauptet, daß der Sandgehalt der Erdnußkuchen für die Beurteilung der bei der Herstellung aufgewendeten Sorgfalt den richtigen Maßstab bilde. Original enthülste Kuchen werden naturgemäß viel mehr Erde und Sand an sich haften haben und daher unreinere Kuchen geben als Erdnußkerne, die in der Schale verfrachtet wurden, die also an sich mit Erde und Schmutz überhaupt in keine direkte Berührung kamen.

Was die Haarfreiheit der Kuchen anbelangt, so sind in den letzten Haargehalt. Jahren die früheren Klagen wohl fast ganz verstummt. Man stellt heute speziell in Deutschland und Österreich Erdnußkuchen her, welche in dieser Richtung allen Anforderungen gerecht werden; nur die Marseiller Kuchen lassen bezüglich der Haarfreiheit noch manches zu wünschen übrig.

Sämtliche Arten Erdnußkuchen bilden ein von allen landwirtschaftlichen Nutztieren jeden Alters meist gern genommenes Futtermittel, das infolge seines hohen Proteingehaltes zur Aufbesserung eiweißarmer Futterrationen bestens geeignet ist. Spezielle Fütterungsversuche, die mit Erdnußkuchen angestellt worden waren, ergaben eine hohe Verdaulichkeit aller darin enthaltenen Nährstoffe und zeigten, daß dieses Futtermittel weder spezifisch anregend auf das Milchproduktionsvermögen der Tiere wirkt, noch dieses in irgend einer Weise nachteilig beeinflußt. Der Produktionswert der Erdnußkuchen entspricht daher ganz dem Gehalte an verdaulichen Nährstoffen.

---

[1]) Fr. Schmidt (Chem. Ztg., 1906, Nr. 73) macht darauf aufmerksam, daß die mitunter beobachteten schädlichen Wirkungen verfütterter Erdnußkuchen auf das Vorhandensein geringer Mengen von Rizinussamen zurückzuführen sein dürften. E. Krüger (Chem. Ztg., 1906, Nr. 81) ist der Ansicht, daß bei der Giftigkeit mancher Partien von Erdnußkuchen auch Wechselwirkungen gewisser in diesen Ölkuchen enthaltenen Stoffe mit den beigefütterten Nahrungsstoffen in Betracht kommen können.

[2]) Jahresbericht der agrikulturchem. Versuchsstation Breslau, 1902.

Neben den Erdnußkuchen werden auch die Erdnußhülsen (fälschlich Erdnußschalen) und die bei der Verarbeitung der Erdnüsse in
Schalen erhaltenen Zwischenprodukte (Erdnußkleien) der Landwirtschaft als Futtermittel zugeführt.

In früherer Zeit wurden die beim Entkernungsprozeß erhaltenen
Hülsen als Heizmaterial verwendet; später suchte man sie Düngezwecken zuzuführen, doch macht sie ihr nur geringer Stickstoffgehalt
hiefür wenig geeignet. In feinst gemahlenem Zustande werden die Hülsen
unter dem Namen „Erdnußschalenmehl" auch als Futtermittel angeboten.

Die Erdnußschalenmehle des Handels stellen aber nicht immer das
Mahlprodukt der reinen, nährstoffarmen Hülsen dar, sondern enthalten vielfach auch die beim Enthülsungsprozeß entstehenden Kernbruchteile und
verschiedene Zwischenprodukte dieser Operation beigemengt, stellen daher kleienartige Produkte dar. Der Nährstoffgehalt solcher Produkte
ist, wie die Gegenüberstellung der betreffenden Analysenergebnisse zeigt,
bedeutend höher:

	Reines, kern-freies Hülsenmehl	Mehl von Hülsen mit Kernanteilen (Erdnußkleie)
Wasser	8,36 %	7,26—10,30 %
Rohprotein	5,74	5,96—35,00
Rohfett	0,59	3,10—19,20
Stickstoffreie Extraktstoffe .	15,63	13,90—30,50
Rohfaser	66,82	18,70—61,65
Asche	2,31	3,83—23,69

Die sogenannten Erdnußkleien müssen als ein gut verwendbares Futtermittel deklariert werden, zumal ihr Proteingehalt vielfach auf 15 %, ihr
Fettgehalt auf 12 % ansteigt und die Verdaulichkeitskoeffizienten für

Protein bei . . . . 78 %
Fett bei 90
Kohlehydrate bei 80
liegen.

Da viele Fabriken für diese verbesserten Produkte den ursprünglichen
Namen „Erdnußschalenmehl" beibehalten haben, andererseits von un-
reeller Seite das Mehl der reinen holzigen Hülsen unter dem falschen Titel
„Erdnußkleie" auf den Markt gebracht wird, so hat sich eine große
Verwirrung breitgemacht und alle Produkte dieser Gattung sind in argen
Mißkredit geraten. Speziell in der engeren Fachliteratur über Futtermittel
wird ganz unverdienterweise auch über solche Marken von „Erdnußschalenmehl" der Stab gebrochen, welche schon kraft ihres hohen Protein-
und Fettgehaltes die Gegenwart beträchtlicher Mengen von beigemengtem
Samenkernmaterial verraten und es hinsichtlich ihres Nährwertes mit manch
anderem anerkannten Futtermittel aufnehmen können.

In neuerer Zeit finden die Erdnußschalenmehle vielfach Anwendung in der Melassefutterindustrie. Das Vermögen dieser Produkte, große Flüssigkeitsmengen aufzusaugen, macht sie für diese Zwecke sehr geeignet.

Handel und Statistik.

a) Produktion von Erdnüssen.

Die Welternte in Erdnüssen schätzt man auf ungefähr 600 bis 700 Millionen Pfund, d. s. 300000—350000 Tonnen. Dieses Quantum verteilt sich ungefähr auf:

Produktion
von
Erdnüssen.

Afrika und Indien mit ca. . . . . . . 200000 Tonnen,
Nordamerika . . . . 50000 „
Südamerika und andere Länder . . . 50000 „

Der Konsum von Erdnüssen ist in den Produktionsländern selbst ziemlich bedeutend und daher kommt nicht die gesamte Ernte auf den Weltmarkt, für den Marseille noch immer maßgebend ist, wenn auch London, die deutschen Häfen und Triest in letzter Zeit mehr und mehr an Bedeutung gewinnen.

Afrika. Die ersten Ausfuhrversuche von Erdnüssen von der west- afrikanischen Küste wurden um das Jahr 1840 gemacht. So exportierte Gambia im Jahre 1837 670 Tonnen Erdnüsse (heute ca. 15000 Tonnen und ganz Senegambien ca. 140000 Tonnen); die Kolonie Sierra Leone verschiffte 1858 1764 Tonnen Erdnüsse (jetzt über 30000 Tonnen); die Gegend des Golfes von Guinea versandte im Jahre 1840 70 Tonnen (jetzt 10000 Tonnen). Afrika.

Genaue Daten über die Produktion von Erdnüssen in den einzelnen afrikanischen Ländern liegen nur spärlich vor. Von der Kolonie Senegal wissen die Konsularberichte zu erzählen, daß die Produktion in dem letzten Dezennium des vorigen Jahrhunderts sich mehr als verdreifacht habe. Die Jahresernten betrugen nämlich:

Jahr	Tonnen
1892	46790
1893	58582
1894	65288
1895	51537
1896	63555
1897	58022
1898	95555
1899	85550
1900	140921
1901	123482
1902	115000
1903	149000
1904	138000

Der größte Teil der Ware geht nach Marseille und Bordeaux, ein ansehnlicher Teil auch nach Bremen und Hamburg sowie Holland (Rotterdam) und Triest.

Der Export des Jahres 1904 verteilte sich beispielsweise auf:

Frankreich	93 338	Tonnen
Deutschland	8 161	„
Holland	24 327	„
Belgien	4 516	„
England	1 051	„
Dänemark	3 500	„
Verschiedene andere Länder . .	4 034	„

Ein Teil der nach Holland eingeführten Erdnüsse wird in Rotterdam umgeladen und geht dann in die deutschen Ölfabriken am Rhein und Main.

Der Hauptausfuhrhafen Senegambiens ist Rufisque, welches dem Hinterlande der Erdnußkultur am nächsten liegt. Von dem senegambischen Exportquantum des Jahres 1904 entfielen auf den Hafen Rufisque 60 %. Die Erdnuß von Senegambien steht wegen ihrer guten Qualität im Preise stets um ungefähr 25 % höher als die von Mozambique oder indischer Provenienz. Die Ernte erfolgt Ende Oktober, anfangs November und die ersten Zufuhren treffen in Europa im Januar — Februar ein.

In den deutschafrikanischen Kolonien wird die Erdnuß leider nur sehr wenig beachtet. So exportierte Kamerun bislang keine Erdnüsse, Togo kaum nennenswerte Quantitäten und ebenso Deutsch-Ostafrika. Man sollte der in diesen Gebieten sehr gut gedeihenden und auch ausgiebig angepflanzten Erdnuß seitens der Exporteure lebhafteres Interesse entgegenbringen und sich an Portugiesisch-Ostafrika ein Beispiel nehmen, das durchschnittlich 10 000 Tonnen pro Jahr ausführt. Als zweitgrößtes Produktionsgebiet kommt

Indien. Indien in Betracht. Die Zufuhr Indiens drohte früher zeitweise die afrikanischen Erdnüsse zu verdrängen, doch zeigte sich bald eine Degenerierung der in Indien angebauten Erdnuß. Die indischen Landwirte suchten diesem Übelstande dadurch zu steuern, daß sie nicht mehr den selbstgezogenen Samen vorjähriger Ernte aussäten, sondern afrikanische Nüsse für Saatzwecke benutzten. Nach Semler ist das minder gute Gedeihen der Erdnuß in Indien in erster Linie auf unrationelle Pflege (hauptsächlich ungenügende Düngung) zurückzuführen und der Hebel wäre hier anzusetzen, um eine Besserung der Ernteergebnisse zu erzielen.

Der indische Hauptproduzent von Erdnüssen ist die Präsidentschaft Madras, die die Ware von Pondichery aus verschifft. Der auffallend zurückgehende Export in den Jahren 1897/99 hat sich seit 1903 wieder gebessert und im Jahre 1904 (siehe weiter unten) alle früheren Ausfuhrmengen überflügelt:

	Ausfuhr von Erdnüssen nach dem Auslande dz	Küstenschiffahrt dz
1883/4—1887/8 .	216 826	—
1888/9—1891/2 .	597 657	62 344
1892/3—1895/6 .	447 600	67 233
1896/7	247 185	37 600
1897/8	24 579	33 954
1898/9	10 296	17 316

Die Coromandelküste soll allein noch 90 000 — 100 000 Tonnen pro anno an Erdnüssen produzieren, und diese Erdnüsse kommen fast ausschließlich in enthülstem Zustande in den Handel, während nahezu die ganze afrikanische Ernte in Schalen verschifft wird.

Einen Überblick über die gesamte Erdnußproduktion von Britisch-Indien geben die folgenden Werte:

	Angebaute Fläche			Ertrag an Erdnüssen	
	10 jähr. Durchschn. Acres	1905/06	1906/07	1905/06 Tonnen	1906/07
Madras	266 000	393 100	507 600	174 500	225 400
Bombay mit den Eingeborenenstaaten	88 500	92 800	93 800	36 700	73 600
	354 500	485 900	601 400	211 200	299 000

Die ausgeführten Erdnußmengen betrugen:

		Madras	Bombay	Andere Provinzen	Total
1901/02		987 048	98 208	159	1 085 415 cwt[1])
1902/03		982 680	52 706	213	1 035 659 „
1903/04	April—März	1 827 243	91 439	3 300	1 921 982 „
1904/05		1 567 430	42 408	64 583	1 674 421 „
1905/06		1 117 037	149 559	107 618	1 374 214 „
1906 (April—Dezember)		808 084	20 567	129 982	958 633 „

Die Ausfuhr von Erdnüssen aus den französischen Häfen Ostindiens, welche sich noch im Jahre 1895 auf 638 640 dz bezifferte, fiel im Jahre 1896 auf 190 846 dz, 1897 sogar auf nur 6397 dz, und ist seitdem so zurückgegangen, daß sie in der Statistik der französischen Häfen gar nicht mehr angeführt wird. Dies wird auch bestätigt durch die Statistik der Einfuhr von Erdnüssen aus dem britischen Gebiet mit der Bahn nach Pondichery. Im Durchschnitt der Jahre 1892/3 bis 1895/6 wurden jährlich 443 223 dz mit der Bahn nach Pondichery befördert, 1896/7 nur 81 079 dz, 1897/8 sogar nur 33 119 dz und 1898/9 bloß 11 390 dz.

---

[1]) 1 cwt = 50,8023 kg.

Japans Produktion an Erdnüssen wird mit jedem Jahre größer. Die Ernte des Jahres 1906 wurde auf 14,6 Millionen Pfund geschätzt, wovon entfielen auf:

Chiba und Ibaragi	5 500 000	Pfund
Yenshui und Shanshui . .	7 000 000	„
Soshui	300 000	„
Suruga	300 000	„
Chugoku	500 000	„
Kiushui	1 000 000	„

Die japanische Ernte wird teils im Inlande verwendet, teils nach China und Amerika ausgeführt.

Nordamerika. Vereinigte Staaten. Die Erdnuß wird in Virginia, Georgia, Tennessee und Nordkarolina angebaut und die ganze atlantische Küste besitzt gutes Erdnußland. Die durchschnittliche Jahresernte an Erdnüssen beträgt in Nordamerika nicht ganz 50 000 Tonnen. Im Jahre 1899 war sie 3,5 Millionen Bushels (à 22 Pfund) = 38 000 Tonnen Erdnüsse, welche teils als Naschartikel verkauft, teils in den bestehenden 20 Fabriken des Landes verarbeitet werden; nur ein geringer Teil der Ernte gelangt zum Export. Die amerikanische Erdnußölindustrie kämpft noch mit technischen Schwierigkeiten; werden diese erst einmal gänzlich überwunden sein, so dürfte ein jäher Aufschwung der Produktion von Rohmaterial und Öl sowie ein damit verbundener Export Platz greifen. In Nordamerika ist die Erdnuß dem Obsthandel einverleibt, weil, wie schon erwähnt, ihr Verbrauch als Naschartikel sehr groß ist.

Südamerika. In Südamerika ist es besonders Argentinien, das sich mit der Anpflanzung der Erdnuß befaßt, doch ist auch hier eine stete Abnahme der Produktion zu konstatieren. Der Export Argentiniens von Erdnüssen und Erdnußöl betrug:

Jahr	Erdnüsse dz	Erdnußöl dz
1891	6312	—
1892	5423	285
1893	3133	1421
1894	1022	791
1895	609	415

Der Abfall in der Ausfuhrmenge, die ja für ein Land wie Argentinien nie hoch zu nennen war, ließe sich vielleicht durch eine Steigerung des Inlandsverbrauches erklären; aber auch dieser scheint eher gefallen als gestiegen zu sein, und der Anbau der Frucht wird noch weiter und weiter eingeschränkt, weil der Ernteertrag in Argentinien nicht sehr verlockend ist, jedenfalls weit hinter dem nordamerikanischen zurücksteht.

Auch Paraguay ist ein — wenn auch kleiner — Erdnußproduzent; es verarbeitet indes seine Erdnußerzeugung zumeist selbst. Die Ausfuhr an Erdnüssen aus Paraguay ist ganz unbedeutend.

Europa: Die Anbauversuche in Südfrankreich und Südspanien (Malaga und Valencia) wurden zwar in großem Maßstabe wiederholt aufgegriffen, doch kann von einer nennenswerten regelrechten Produktion bis heute nicht gesprochen werden. *Europa.*

Auch in Italien hat man die Erdnußpflanze zu kultivieren versucht, und die dortige Produktion wird meist als Naschartikel konsumiert, zumal Italien eine Erdnußölindustrie nicht besitzt.

b) Verarbeitung von Erdnüssen.

Die führende Stellung in der Erdnußölindustrie nimmt Frankreich ein, und Marseille ist hier der Hauptsitz dieser Fabrikation. Die ersten Einfuhren von Erdnüssen fanden in den Jahren 1834/35 statt; nachdem die Versuche, aus diesem Produkte ein brauchbares Öl zu gewinnen, günstig ausgefallen waren, setzte 1841 ein größerer Import ein, der einen raschen Aufschwung nahm. So importierte Marseille: *Verarbeitung von Erdnüssen in Frankreich.*

1834	0,601	Tonnen
1835	0,632	„
1841	1,608	„
1845	17 968	„
1850	25 729	„
1855	34 021	„
1870	72 803	„

Seit dem Jahre 1870 hat die Verarbeitung von Erdnüssen in Marseille verschiedentliche Krisen durchgemacht, deren Endergebnis aber immer ein Zunehmen dieser Industrie war.

Ein Blick auf die gewaltigen Einfuhrmengen von Erdnüssen zeigt die Bedeutung Marseilles für die Erdnußölindustrie zur Genüge:

Jahr	Erdnüsse in Schale	geschält	
1895	20 181	81 864	Tonnen
1896	27 553	49 123	„
1897	31 888	8 355	„
1898	63 286	5 460	„
1899	61 241	9 579	„
1900	81 655	23 847	„
1901	74 866	61 136	„
1902	63 132	107 656	„
1903	95 296	85 717	„
1904	80 049	100 971	„
1905	56 031	96 649	„

Ver-
arbeitung
von Erd-
nüssen
in Deutsch-
land,

Die Ölfabriken Deutschlands haben erst seit ungefähr drei Dezennien die Verarbeitung von Erdnüssen in ihr Programm aufgenommen und sich allmählich den zweiten Platz neben Frankreich erobert. Die Einfuhr Deutschlands an Erdnüssen betrug:

Jahr	Tonnen	im Werte von Millionen Mark
1880	749	0,18
1890	14854	3,50
1891	15762	3,40
1892	13176	3,00
1893	24117	4,70
1894	26667	5,30
1895	14925	2,80
1896	12391	2,30
1897	15188	3,10
1898	12776	2,40
1899	14065	2,60
1900	20138	2,80
1901	19084	6,07
1902	25642	6,10
1903	37794	7,20

wovon ca. 65 % aus Französisch-Westafrika, ca. 13 % aus Britisch-Westafrika und ca. 10 % aus Portugiesisch-Ostafrika stammten, der Rest aus Britisch-Ostafrika, Portugiesisch-Westafrika und Indien kam.

An dritter Stelle rangieren Holland, Österreich und England, welch erstere beide Erdnüsse sowohl in der Schale als auch enthülst beziehen, während England fast ausschließlich die letztere Sorte verarbeitet, also nur Erdnußöl für technische Zwecke erzeugt.

In Italien und Rußland kennt man die Verarbeitung von Arachisnüssen soviel wie gar nicht, was mit den dortigen Zollverhältnissen zusammenhängt. In der Türkei gilt Erdnußöl als gesundheitsschädlich, obwohl in den Gassen Konstantinopels geröstete Erdnüsse viel verkauft werden.

Die amerikanische Erdnußölindustrie steckt noch in den Kinderschuhen, dagegen kommt als Erdnußölproduzent neben den europäischen Industriestaaten noch Britisch-Indien in Betracht, wo ein nicht unbeträchtlicher Teil der dort geernteten Erdnüsse direkt verarbeitet wird. So erzeugt z. B. die Präsidentschaft Madras nicht nur Erdnußöl für eigenen Bedarf, sondern bringt solches auch zur Ausfuhr. In früherer Zeit war der von Pondichery ausgehende Export von Erdnußöl der bedeutendste; heute haben die anderen Madrashäfen Pondichery weit überflügelt, was aus den nachstehenden Zahlen hervorgeht:

Additional material from *Gewinnung der Fette und Öle,*
ISBN 978-3-662-01825-5 (978-3-662-01825-5_OSFO6),
is available at http://extras.springer.com

Jahr	Ausfuhr von Pondichery	Ausfuhr aus den anderen Madrashäfen	
1890/1 . . .	762195	41275	Gallonen
1891/2 . . .	724603	21979	,,
1892/3 . . .	770981	14295	,,
1893/4 . . .	869800	8717	,,
1894/5 . . .	165858	567375	,,
1895/6 . . .	64259	690134	,,
1896/7 . . .	23019	571860	,,
1897/8 . . .	9040	511614	,,

Die Erdnußkuchen bilden in Frankreich, Deutschland und Österreich einen bedeutenden Handelsartikel. Handel in Erdnuß-kuchen.

Die Preisschwankungen des Erdnußöles für Speise- und industrielle Zwecke während der letzten vier Jahre bringt Tafel XIII zur Anschauung.

Owalanußöl.

Huile d'ovala. — Ovala Oil. — Olio d'ovala.

Abstammung.

Das Owalanußöl wird aus den Samen von Pentaclethra macrophylla Benth. gewonnen, einem im tropischen Westafrika sehr häufigen, aber auch in einigen Gegenden Ostafrikas anzutreffenden Baume der Mimosenfamilie. Herkunft.

Rohprodukt.

Die in riesigen, oft bis einen halben Meter langen Hülsen steckenden platten, braunen, elliptischen und etwas schiefen Samen haben die Form einer Teichmuschel; nur ist der Rand durchaus stumpf und der Nabel entspricht nicht der Lage des Schließmuskels, sondern sitzt mehr in der Nähe des unteren Poles der in den Konturen eiförmigen bis gerundet dreieckigen Samen. Auch die Größe schwankt beträchtlich. Es gibt Samen von 7 cm Länge und 4—5 cm Breite wie auch solche von 5 cm Länge und 3 cm Breite, während die mittlere Dicke annähernd 1 cm beträgt. Dementsprechend schwankt auch das Gewicht der Samen, die unter dem Namen Owalanüsse (graines d'Ovala) bekannt sind, von 8—20 g [1]). Owalanüsse.

Die dünne, harte Schale der Samen ist kastanienbraun und läßt sich leicht vom Samenkern ablösen. Das Verhältnis der Schalen zum Kerne stellt sich nach Wedemeyer [2]) wie folgt:

20,6 % Schalen,
79,4 % Kerne.

---

[1]) Siehe Möller, Über afrikanische Ölsamen, Dinglers polyt. Journ., 1880, S. 335.

[2]) Chem. Revue, 1906, S. 210.

Nach Wedemeyer enthalten die Samen 30,4 % und 29,39 % Protein, wobei auf das Gesamtgewicht der Samen (Same samt Schale) gerechnet wurde. Aus dem Samenkerne extrahierte er 41,6 % Fett; die Untersuchung des extrahierten Samenkernes ergab 40,25 % Rohprotein.

Am Gabun werden diese Samen mit denen von Irvingia vermischt und daraus das sogenannte Dikabrot bereitet.

Eigenschaften und Verwendung.

Eigen-
schaften.

Wedemeyer beschreibt das durch Extraktion erhaltene Owalaöl als ein schwachgelbliches, bei Zimmertemperatur zwar noch flüssiges, aber bereits Stearin ausscheidendes Öl, welches sich mit den bekannten Mitteln klären läßt, einen angenehmen, hinterher aber kratzenden Geschmack zeigt und aromatisch riecht. Durch Raffination des Öles wurde ein gut schmeckendes Speiseöl erhalten.

Das spezifische Gewicht des Owalanußöles beträgt bei 25° C 0,9119. Bei +4° C erstarrt das Öl zu einer butterartigen Masse; seine Fettsäuren schmelzen bei 53,9° C und erstarren bei 52,1° C.

Das Owalanußöl wird zu verschiedenen Zwecken benutzt, hat aber nur ganz lokale Bedeutung[1]).

Ingaöl.

Die Samen von Parkia biglandulosa B., einem in Ostindien und Afrika vorkommenden Baume, der „Inga" heißt und von Mungo Park kurzweg „Mi-

mose" genannt wurde, werden trotz ihres relativ geringen Ölgehaltes hie und da zur Ölgewinnung benutzt.

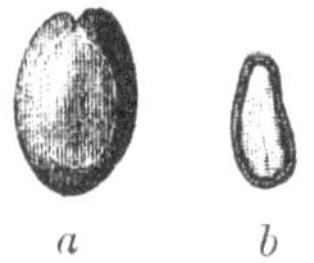

Die Samen erinnern an die des Johannisbrotbaumes und enthalten:

Fig. 87. Parkia
biglandulosa.
a = Ganzer Same,
b = Querschnitt.

Wasser	10,75 %
Rohprotein	23,64
Rohfett	15,40

Schädler gibt den Fettgehalt der Parkiasamen mit 18 % an.

Andere Mimosensamenöle.

Andere
Mimosen-
samenöle.

Außer dem Owalabaum liefern auch noch die folgenden Arten der Mimosenfamilie ölreiche Samen[2]):

Mimosa dulcis Roxb. = Inga dulcis Willd. = Pithecolobium dulce Benth., ein auf den Philippinen heimischer Baum, dessen Samen ein fast farbloses, in Viskosität und Beschaffenheit an Rizinusöl erinnerndes Öl enthalten.

[1]) Schädler, Technologie d. Fette u. Öle, 2. Aufl., Leipzig 1892, S. 510.
[2]) Siehe Schädler, Technologie d. Fette u. Öle, 2. Aufl., Leipzig 1892, S. 511.

Adenanthera pavonia L. Ein im tropischen Asien heimischer, in Afrika und Amerika eingeführter Baum, der in Indien Kuchandana, Thorla gunj heißt und allgemein unter dem Namen Condoribaum bekannt ist. Sein Holz liefert das rote, für feine Möbel verwendete Condoriholz (Red wood); seine Samen sind glänzend scharlachrot (weshalb man den Baum auch Korallenbaum nennt) und enthalten 35% Öl.

Entada scandens Benth. = Mimosa scandens Roxb. Ein in Amerika und Indien vorkommender Kletterstrauch (Riesenbohne, Meerbohne), dessen ölreiche Samen die Größe eines Hühnereies haben. Den Ölgehalt der Samen schätzt man auf 30%.

Bonducnußöl.

Huile de Bondouc. — Bonduc nut Oil. — Fever nut Oil. — Kutkaranja (Hindostan). — Nata (Bengalen). — Kulunje, Caretti (Mal.). — Kalichikai (Tamul.). — Getsakaia (Telinga). — Gutschka (Dekan).

Herkunft.

Dieses Öl stammt aus den Samen eines großen kletternden Strauches (Caesalpinia Bonducella Roxb. = Guilandina Bonduc L.), der im Osten des tropischen Asiens unter dem Namen Kati-Kati bekannt ist und zur Familie der Leguminosen gehört. Die auch Kugelstrauch benannte Pflanze findet sich außer in Asien auch in Afrika und Amerika, besonders in den Küstengegenden. *Abstammung.*

Rohprodukt.

Die Samen des Kugelstrauches — Nickersamen, Nickerseed — sind kugelrund, haben 1,5—2 cm im Durchmesser und sind grau bis braun- *Same.*

a   b   c

Fig. 88. Bonducsamen. (Natürliche Größe.)
a = Ganzer Same, b = Schalenhälfte, c = Samenkern.

grau von Farbe. Die Schale ist hart und intensiv glänzend, emailähnlich. 1—2 Samen stecken in 6—8 cm langen und 4—5 cm breiten lederartigen Hülsen, die von nierenförmiger Gestalt sind und starke Stacheln tragen.

Eigenschaften und Verwendung.

Die Samenkerne zeigen einen intensiven Bittergeschmack und werden in Indien als Arznei verwendet. *Eigenschaften.*

Das Bonducnußöl dient zum Brennen und als Arzneimittel. In Indien wird es vielfach gegen Rheuma gebraucht.

Andere Leguminosenöle.

Neben dem Erdnuß-, Owala- und Bonducnußöle sind als von derselben Pflanzenfamilie stammend auch noch jene selteneren Öle zu erwähnen, welche die Samen der folgenden Pflanzen liefern:

Dipterix dorata Willd. = Coumarouna odorata Aubl. = Tonkabaum. Dieser in Guyana heimische Baum liefert die bekannten Tonkabohnen, welche neben Cumarin auch ca. 25 % eines fetten Öles (Tonkabohnenöl, Huile de fève de Tonkin, Huile de Camura, Tonguinbean oil) enthalten. Das Öl findet beschränkte Anwendung in der Parfümerie.

Tamarindus indica L. Die Samen des Tamarindenbaumes liefern beim Auspressen ca. 15 % eines dicken, nach Leinöl riechenden und als Brennöl verwendeten Öles.

Bauhinia variegata L. = Bauhinia candida Roxb. und Caesalpinia digyna Wall. = Caesalpinia oleosperma Roxb. liefert ebenfalls ölreiche Samen.

Behenöl.

Benöl. — Huile de Ben. — Huile de Ben ailé. — Ben Oil. —
Sorinja Oil. — Mooringhy (Hindostan). — Merikoolu, Ganmurunga
(Ceylon). — Sainga, Saigut (Bombay). — Oleum Behen. —
Oleum Been. — Oleum Balaninum.

Herkunft und Geschichte.

Der indische Meerrettichbaum oder die Ölmoringie [1] (Moringa oleifera Lamark = Moringa pterygosperma Gaertn. = Guilandina Moringa L.), ein zur Familie der Moringaceen gehörender Baum, dessen Samen uns das Ben- oder Behenöl liefern, hat ihre Heimat in Ägypten, Arabien, Syrien sowie Ostindien und wurde 1784 von hier nach Jamaika eingeführt.

Die indische Moringa ist in wildem Zustande eigentlich nur in Nordindien zu Hause; ihr heutiges Vorkommen in ganz Südasien, Arabien, Ägypten, Ostafrika und Westindien erklärt sich durch die vielen Verpflanzungsversuche, welche man mit der Pflanze machte.

Außer den Samen der Moringa oleifera werden auch noch die von M. aptera Gaertn. = M. arabica Pers. zur Behenölgewinnung benutzt.

Das Behenöl war bereits den alten Griechen bekannt und wird schon seit Jahrhunderten auch im tropischen Amerika kultiviert. Im Jahre 1807 wurde der Anbau der Ölmoringie auf Jamaika behördlicherseits empfohlen.

Das Behenöl spielte in früherer Zeit eine größere Rolle als heute. Kenoble [2] empfahl es 1854 als Uhrmacheröl. Es schien damals auch für

---

[1] Norman Rudolf, The Horseradish tree, Bull. of Pharm., 1894, Bd. 11, Nr. 8.
[2] Oil and Colourmans Journal, 1904, S. 299.

die Herstellung gewisser Parfümerien und Arzneistoffe unentbehrlich; heute soll nach Warburg ein unter dem Namen Behenöl gehendes, für den gleichen Zweck bestimmtes Präparat aus Olivenöl hergestellt werden.

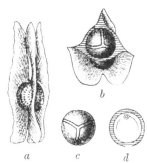

Fig. 89. Behensame.
(Nach Schädler.)
a und *b* = geflügelter Same,
c = Same ohne Flügel,
d = Same längs durchgeschnitten.

Rohmaterial.

Früchte.

Die Früchte der Ölmoringie sind dreikantig, 30—40 cm lang, mit $2-2^1/_2$ cm breiten, schwach gerieften Flächen. Die dreiklappigen Hülsen sind äußerlich flach, innen konvex und enthalten 18—22 in einer Reihe liegende Samen. Die fast runden Samen (Fig. 89) sind bei der gewöhnlichen Moringa oleifera geflügelt, bei der M. aptera ungeflügelt; ihre Größe ist (ohne Flügel) ungefähr die einer Haselnuß.

Die äußere Schale der Samen, die im Handel Behennüsse[1]) (Nuces behen — Nuces balani) genannt werden, ist steinhart und leicht zerbrechlich, die innere von schwammiger Beschaffenheit.

Nach L. von Itallie und C. H. Nieuwland[2]) bestehen die Samen aus ungefähr

$$30\,\%\ \text{Schalen,}$$
$$70\,\%\ \text{Samenkernen,}$$

welch letztere bei der Extraktion mit Benzin 36,4 % Öl lieferten. Die entölten Kerne zeigten folgende Zusammensetzung:

Wasser	6,08 %
Rohprotein	58,75
Stickstoffreie Extraktstoffe	24,17
Rohfaser	5,45
Asche	5,55
	100,00 %

Gewinnung und Eigenschaften.

Eigenschaften.

Das durch Auspressen der zerkleinerten, nicht erwärmten Samen der Ölmoringie erhaltene Öl ist schwach gelblich, beinahe weiß, geruchlos und zeigt einen angenehmen, schwach süßlichen Geschmack. Bei der Warmpressung erhält man ein Öl von dunkler Farbe, scharfem, bitterem Geschmack und abführenden Eigenschaften. Lewkowitsch[3]), der ein Behenöl von unzweifelhafter Reinheit untersucht hatte, beschreibt es als

---

[1]) Über die Anatomie der Behennüsse siehe Hartwich, Die neuen Arzneidrogen, S. 219.

[2]) Archiv d. Pharm., Bd. 244, Heft 2.

[3]) The Analyst, 1903, S. 343.

ein weißliches, durchscheinendes, bei etwa 0° C schmelzendes Öl. Nach Schädler ist das Öl bei 20—25° C dünnflüssig, bei 15° C etwas viskoser, unter 15° C beginnt es sich zu trüben und bei 7° C schon die ersten festen Kristalle auszuscheiden.

Warburg[1]) gibt den Erstarrungspunkt des Öles viel höher an (bei 15° C) und erwähnt, daß durch partielles Auskristallisierenlassen des Behenöles leicht ein kältebeständiges Öl erhalten werden könne.

Das spezifische Gewicht des Öles ist 0,912 (bei 15° C); es hält sich an der Luft sehr lange, ohne ranzig zu werden.

Zusammensetzung.
Das Behenöl enthält neben Olein, Palmitin und Stearin auch das Glyzerid einer hochschmelzenden festen Fettsäure, welche von Völcker[2]) als Behensäure ($C_{22}H_{44}O_2$, Schmelzpunkt 76° C) ermittelt worden ist.

Die von Walter aus dem Behenöl isolierten beiden Fettsäuren — eine feste, bei 52—55° C schmelzende Säure der Formel $C_{16}H_{30}O_2$, von ihm Behensäure benannt, und die flüssige Moringasäure — haben sich nach Heintz als Gemisch von Palmitin- und Myristinsäure bzw. als Ölsäure erwiesen.

Verwendung.

Verwendung.
Das kalt gepreßte Behenöl wird wegen seines angenehmen Geschmackes in Westindien als Salatöl geschätzt; das heiß gepreßte Öl dient den Indern zum Einreiben ihres Körpers und als Heilmittel gegen Rheumatismus. Als das Behenöl nach Europa gebracht worden war, verwendete man es infolge seiner Haltbarkeit sofort als Schmieröl für feinere Mechanismen (Uhrmacheröl), als Haaröl, Rostschutzmittel usw. Sein großes Aufnahmsvermögen für Gerüche sicherte ihm auch bald einen Platz in der Enfleurage-Industrie. William Hamilton hebt die Verwendbarkeit des Öles für Salbenbereitung hervor.

Handel.

Handel.
Der früher von Indien aus stattfindende Export von Behenöl ist infolge der vielfachen Verfälschungen, welche dieses Produkt erfahren mußte, heute fast ganz verschwunden. Doch bemüht man sich in Indien, namentlich auch auf Jamaika, den Handel in diesem Produkte wieder zu heben und einwandfreie Qualitäten zu erzeugen.

Pistazienöl.

Huile de pistache. — Pistachio Oil. — Olio di pistacci.

Man erhält dasselbe aus den Pistaziennüssen, das sind die Samen der echten Pistazie (Pistacia vera L. — Familie der Sumachgewächse oder Anacardiaceen). Das durch Kaltpressung gewonnene Öl ist goldgelb und fast geruchlos; extrahiertes Öl zeigt einen ausgesprochen aromatischen Ge-

---

[1]) Semler, Tropische Agrikultur, 2. Aufl., Wismar 1900, Bd. 2, S. 523.
[2]) Liebigs Annalen, Bd. 64, S. 342; siehe auch Bd. I, S. 45.

ruch und grünliche Färbung. Das leicht ranzig werdende Pistazienöl soll in der Konditorei Verwendung finden [1]).

Neben den Samen der Pistacia vera werden bisweilen auch die von Pistacia Lentiscus L. und Pistacia Cabulica Stocks der Ölgewinnung dienstbar gemacht.

Das von Pistacia Lentiscus L. — der Mastix-Pistazie — gelieferte Öl ist ein dunkelgrünes, halbflüssiges Fett, das den Namen „Lentiscusöl" führt. Durch partielles Erstarren wird es mitunter in ein bei gewöhnlicher Temperatur flüssiges und in ein höher schmelzendes Fett zerlegt.

Pistacia Cabulica Stocks ist in Afghanistan und Belutschistan heimisch. Die Pflanze heißt in dem erstgenannten Lande Kussoor, in dem letzterwähnten Pista. Das aus ihren Samen gewonnene Öl hat nur untergeordnete Bedeutung [2]).

Akaschuöl. [3])

Acajouöl. — Westindisches Elefantenläuseöl. — Huile de noix de Caju. — Huile d'acajou. — Cashew apple Oil. — Hijli Badam (Indien). — Watu caju (Ceylon).

Herkunft.

Dieses Öl wird aus den Früchten des westindischen Nierenbaumes (Anacardium occidentale L. =. Acajuba occidentalis Gaertn. = Cassuvium pomiferum Lam.), auch Kaju- oder Acajubaumes, gewonnen, als dessen Heimat das tropische Amerika gelten kann, wo das Öl schon seit Jahrhunderten verwendet wird. Gegenwärtig findet sich der Baum auch in Westindien in ziemlicher Menge.

Abstammung.

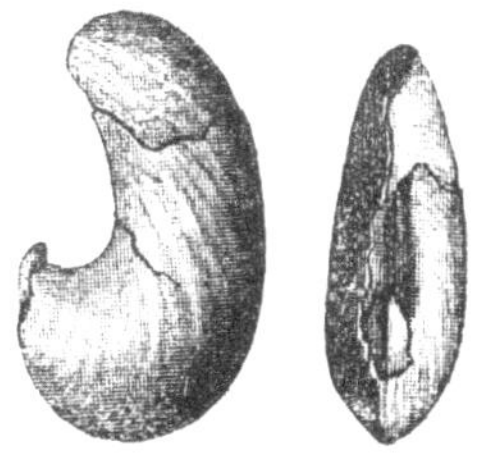

Rohprodukt.

Die Früchte des Nierenbaumes sitzen auf birnenförmig angeschwollenen eßbaren Fruchtstielen, die manchmal nur so groß wie eine Kirsche werden, mitunter aber auch zu Orangengröße anwachsen und von weißer, roter oder gelber Färbung sind. Dieser fleischige Stiel bildet ein beliebtes Obst.

a   *b*
Fig. 90.
Westindische Elefantenläuse.
(Natürliche Größe).
a = Samenkern seitlich,
b = von vorn gesehen.

Die eigentlichen, 3 cm langen, 2 cm breiten und 1,5 cm dicken Samen haben Nierenform — daher auch der Name des Baumes — und kommen als westindische Elefantennüsse, Elefantenläuse, Kaschu- oder Acajunüsse in den Handel. Sie tragen unten die Narbe des Fruchtstieles, sind von brauner Farbe, einfächrig und einsamig.

Same.

---

[1]) de Negri und Fabris, Annali del Lab. chim. delle Gabelle, 1893, S. 220.
[2]) Schädler, Technologie d. Fette u. Öle, 2. Aufl., Leipzig 1892, S. 541.
[3]) Schädler, Technologie d. Fette u. Öle, 2. Aufl., Leipzig 1892, S. 541; Semler, Tropische Agrikultur, 2. Aufl., Wismar 1900, Bd. 2, S. 520.

Unter ihrer harten, glänzenden Schale befindet sich ein Samenkern, welcher angenehm schmeckt und geröstet als Naschartikel verwertet wird. Die gerösteten Kerne sollen, in Wein gelegt, dessen Geschmack verbessern.

Die Zusammensetzung der Samenkerne fand ich wie folgt:

$$
\begin{array}{ll}
\text{Wasser} & 5,16\,\% \\
\text{Rohprotein} & 28,83 \\
\text{Rohfett} & 47,93 \\
\left.\begin{array}{l}\text{Stickstofffreie Extraktstoffe}\\ \text{Rohfaser}\end{array}\right\} & 14,52 \\
\text{Asche} & 3,56
\end{array}
$$

Bemerkenswert ist ein in den Samenschalen enthaltener Balsam; er stellt eine dicke schwarze, ätzende, auf der Haut blasenziehende Flüssigkeit dar, die durch Ätheralkohol extrahiert werden kann. In diesem Acajouharze sind Anacardsäure, Gelbsäure und Cardol enthalten, welch letzteres in gereinigtem Zustande nahezu farblos ist und in früherer Zeit in der Medizin als Vesicans (blasenziehendes Mittel) Verwendung fand. Auch als Merktinte für Wäsche wurde es ehemals benutzt.

Eigenschaften des Öles.

Eigenschaften. Werden die 40—50% Öl enthaltenden Kerne gepreßt, so erhält man ein zartes, hellgelbes, wohlschmeckendes Öl, doch wird dieses heute nur in ganz bescheidenem Umfange gewonnen, weil die Samenkerne selbst ziemlich hoch im Preise stehen und besser und vorteilhafter als Eßmandeln verwendet werden.

Anacardienöl.

Ostindisches Elefantenläuseöl.

Herkunft.

Das Anacardienöl wird aus den Samenkernen von Semecarpus Anacardium L. = Anacardium officinarum Gaertn. erhalten. Der Baum ist mit dem Nierenbaum nahe verwandt, findet sich in Ostindien ziemlich häufig und führt den Namen ostindischer Tintenbaum. Die Samen sind als „ostindische Elefantenläuse" bekannt.

Rohprodukt.

Same. Die Früchte ähneln in Form und Bauart den Akaschunüssen, doch sind die Fruchtstiele weniger verdickt als bei diesen. Die Schale des Samens enthält

Fig. 91. Anacardiennüsse. (Natürliche Größe.)

a = Ganze Nuß von vorn, b = von der Seite gesehen, c = Querschnitt durch die Nuß.

wie bei Anacardium occidentale in kleinen Hohlräumen einen dicken schwarzen Saft von ätzender Wirkung und unter der Samenschale befindet sich ein angenehm schmeckender, ungiftiger Kern. Das Harz der Schalen

wird wie das Akaschuharz verwendet — unter anderem auch zum Schwarzfärben von Paraffin — ist aber nicht so giftig wie das Akaschuharz. In
den Samenkernen fand ich 48,53 % Rohfett und 27,52 % Rohprotein.

Eigenschaften des Öles.

Das Anacardienöl zeigt eine Dichte von 0,930, schmeckt weniger
angenehm als das Akaschuöl und ist etwas dickflüssiger als dieses.

*Eigen-
schaften.*

Spindelbaumöl. [1)]

Huile de fusain. — Spindeltree Oil. — Oleum Evonymi.

Abstammung.

Das Spindelbaumöl wird aus den Samen des gemeinen Spindelbaumes,
Evonymus europaeus L., erhalten, der über ganz Europa verbreitet und
dessen Holz für feinere Drechslerarbeiten sehr geschätzt ist.

Herkunft.

Rohprodukt.

Die rosenroten Fruchtkapseln des Spindelbaumes sind 3—4fächrig
und enthalten in jedem Fache einen mit einem faltigen, gelben Samenmantel umhüllten Samen, der einen Ölgehalt von 28—29 % aufweist.
Samenkapsel und Samenmantel werden als gelbe Farbmittel verwertet.

Eigenschaften.

Das Spindelbaumöl ist dickflüssig, besitzt ein spezifisches Gewicht
von 0,938 und ist in dünneren Schichten gelb, in größeren Mengen rotbraun. Die Färbung wird durch die Gegenwart eines roten Farbstoffes
bedingt, der beim vorsichtigen Schmelzen des erstarrten Öles in Körnerform
zurückbleibt. Das Öl enthält auch ein — Evonymin genanntes — bitteres Harz.
Der Erstarrungspunkt des in Alkohol in geringer Menge löslichen
Spindelbaumöles liegt bei —15 ° C. Beim Verseifen des Öles bildet sich
neben öl-, stearin- und palmitinsaurem auch benzoesaures und essigsaures
Alkali, welch letztere beide in die Unterlauge übergehen. Die Benzoe-
säure soll in dem Spindelbaumöle in freiem Zustande, die Essigsäure als
Triacetin vorhanden sein.

*Eigen-
schaften.*

Verwendung.

Das nur in bescheidener Menge dargestellte Spindelbaumöl dient als
Brennöl, als Mittel gegen Ungeziefer in den Haaren der Menschen und
Tiere sowie als Wundarznei.

*Ver-
wendung,*

Celasteröl.

Die Samen des auch in die Familie der Spindelbaumgewächse gehörenden Celasters (Celastrus paniculatus Willd.) liefern ein dunkelrotes, in Indien bei religiösen Gebräuchen verwendetes und als Brennöl be-

Herkunft.

[1)] Schädler, Technologie d. Fette u. Öle, 2. Aufl., Leipzig 1892, S. 542.

nutztes Öl, welches unter dem Namen Celasteröl (Huile de Celastre, Staff tree oil) bekannt ist.

Die in Abessynien unter dem Namen Argudi bekannte Pflanze (Celastrus senegalensis) liefert kleine Früchte, welche einen rotbraunen Samen enthalten, deren Litergewicht nach Suzzi 670 g beträgt. Die Celastersamen ergaben bei einer Analyse einen Gehalt von

5,35 % Wasser und
49,68 % Fett.

Eigenschaften. Das aus den Samen extrahierte Öl war von grüngelber Farbe, hatte einen schwachen, eigenartigen Geruch und einen Bittergeschmack. Seine Dichte lag bei 0,9435 (bei 15° C), die abgeschiedenen Fettsäuren schmolzen bei 34—37° C. Das Öl erwies sich in kaltem Alkohol teilweise, in kochendem vollkommen löslich; von den gewöhnlichen Fettlösungsmitteln wird es wie die übrigen Öle und Fette aufgenommen.

Das Öl zeigt sich für Brennzwecke und zur Herstellung von Seifen geeignet.

Mandelöl.

Huile d'amandes. — Almond Oil. — Olio di mandorle. — Oleum Amygdalarum. — Kurwa badam (Hindostan). — Badam tulk (Persien). — Lowz ul murr (Arabien).

Herkunft.

Geschichte. Das Mandelöl wird aus den Samenkernen des Mandelbaumes (Amygdalus communis = Prunus Amygdalus Stockes) gewonnen. Der Mandelbaum wird seit den ältesten Zeiten kultiviert und schon in der Bibel wiederholt angeführt[1]. Theophrastus, Dioscorides, Scribonius Largus, Plinius, Palladius, Celsus und andere erwähnen in ihren Schriften gleichfalls die Mandel und unterscheiden bereits bittere und süße Kerne. Dioscorides war auch schon die giftige Wirkung der bitteren Mandeln bekannt.

Richtig kultiviert scheint man den Mandelbaum zuerst in Griechenland zu haben. Von da wurde er nach Italien, Spanien und Frankreich verpflanzt (im Jahre 716 n. Chr.) und im Jahre 812 gelangte er auf Veranlassung Karls des Großen auch in die Rheingegend.

Heimat und Verbreitung. Die eigentliche Heimat des Mandelbaumes ist Turkestan und Mittel-Asien, doch dürfte er auch in den afrikanischen Mittelmeerländern heimisch sein. Heute wird der Mandelbaum nicht nur in diesen Regionen, sondern auch in vielen Gegenden Mitteleuropas kultiviert, ja man trifft ihn sogar in Norwegen und er verschmäht selbst Höhen bis über 3000 m nicht. In diesen hohen Regionen findet man ihn auf dem Antilibanon

---

[1] Rosenmüller, Handbuch d. bibl. Altertumskunde, Leipzig 1831, Bd. 4, S. 263.

und im südlichen Kurdistan. Auch in Kalifornien wird der Baum gepflanzt. Ertragreich ist er aber nur in heißen oder milden Klimaten, in kälteren Gegenden figuriert er mehr als Kuriositätsobjekt.

Der 2,5—3 m hohe Mandelbaum, welcher in seinem ganzen Aussehen dem Pfirsichbaume ähnelt, wechselt sein Äußeres in den verschiedenen Kultivierungs- und klimatischen Verhältnissen nur sehr wenig. Um so mehr schwanken aber seine Früchte, und zwar sowohl in Größe, Form und Beschaffenheit der Samenschale als auch im Geschmack des Samenkernes. Eine botanische Unterscheidung der verschiedenen Kulturformen ist aber schwierig; selbst das Auseinanderhalten einer Form mit bitteren und einer solchen mit süßen Mandeln stößt bei einigen Botanikern auf Widerspruch. Es scheint übrigens, daß ursprünglich bloß bittere Mandelsamen existierten und daß nur durch anhaltende Kultur süße Samenfrüchte gezogen wurden.

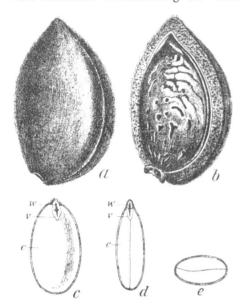

Fig. 92. Prunus amygdalus. (Natürliche Größe.) Nach Wiesner.
a = Frucht, b = Steinkern in der aufgeschnittenen Frucht, c und d = Längsschnitt des Samenkerns, e = Samenquerschnitt.
c = Samenlappen, v = Federchen, w = Würzelchen.

Rohprodukt.

Die Frucht des Mandelbaumes ist eine eiförmige, lederartig fleischige Steinfrucht, die seitlich etwas zusammengedrückt und mit einer Längsfurche gekennzeichnet ist (Fig. 92). Das grüne, trockene, nicht eßbare Fleisch bekommt zur Reifezeit seitliche Risse und löst sich dadurch von dem länglichen, plattgedrückten Samen ab, dessen Steinschale gewöhnlich sehr hart und dickwandig ist, bisweilen aber auch dünner und weicher sein kann. Letztere Mandeln sind unter dem Namen Krach-, Knack- oder Jordanmandeln als Dessertobst sehr geschätzt.

Bei den hartschaligen Mandeln ist das Entfernen der harten Steinschale schwieriger und erfolgt gewöhnlich durch Handarbeit knapp nach der Ernte; die hartschaligen Mandeln kommen daher fast immer in geschältem Zustande auf den Markt.

Unter der Schale findet man gewöhnlich einen, selten zwei Samenkerne (Fig. 92 c—e); die Frucht ist aber ihrer Anlage nach eigentlich zweisamig. Kommen beide Samen zur Entwicklung, so sind diese von plankonvexer Form; hat sich, was das Normale ist, nur ein Samen entwickelt, so erscheint dieser beiderseits konvex, dabei eiförmig zugespitzt und etwas abgeplattet. Er ist dann je nach der Spielart 1—2,5 cm lang und die beiden Durchmesser seines Querschnittes schwanken zwischen 10—15 resp. 4—8 mm. Die zimmetbraune, rauhe Samenhaut läßt sich durch Einweichen der Samen von dem Samenkern leicht abschälen, wobei nicht nur die braune Samenschale, sondern auch eine innere, weiße, dicht angefügte Haut entfernt wird. Der von der Samenhaut entblößte Samenkern besteht aus dem Keime, dessen beide Samenlappen ölig, weiß und brüchig sind und flach aufeinander liegen. Am spitzen Ende tragen die Samenlappen das frei hervorragende Würzelchen und schließen zwischen sich die Achse mit dem Knöspchen ein[1]) (siehe Fig. 92).

Süße Mandeln.   Wie schon erwähnt, kennt man süße und bitter schmeckende Mandeln. Die Samenkerne der ersten Gattung (sweet almonds, amandes douces) haben einen angenehmen, süßen, öligen, etwas gewürzartigen Geschmack und werden zur Bereitung von verschiedenen Arten Backwerk und Speisen, zur Herstellung von Mandelmilch und Mandelsirup benutzt. Die gesuchtesten Handelsmarken von süßen Mandeln sind die großen spanischen Mandeln (Valencia-, Alicante-, Malaga-Mandeln), denen sich in Qualität die großen italienischen Mandelgattungen (Sizilianer, Florenzer) anschließen. Dann kommen die kleinen, rundlichen, dicken Puglia-Mandeln, hierauf die weniger geschätzten Provencer und portugiesischen Marken und endlich die kleinen, länglichschmalen, aus Nordafrika stammenden Berber-Mandeln. Zu den süßen Mandeln gehören auch die verschiedenen Spielarten von weichschaligen Knackmandeln.

Bittere Mandeln.   Die bitteren Mandeln (bitter almonds, amandes amères) werden nur in ganz beschränktem Maße zu Speisezwecken benutzt; sie können infolge des in ihnen enthaltenen Amygdalins nur in geringen Dosen als würzende Beigabe zu Konditorwaren und Mehlspeisen verwendet werden. In größerer Menge genommen wirken sie infolge Blausäureentwicklung gesundheitsschädlich, ja selbst tödlich. Hunde, Katzen und Geflügel sind gegen die schädliche Wirkung der bitteren Mandeln viel empfindlicher als der Mensch.

Zur Ölgewinnung werden sowohl süße als auch bittere Mandeln verwendet. Süße Mandeln werden gewöhnlich nur·entölt, wenn sie aus irgend einem Grunde für Kochzwecke nicht mehr verwendbar sind, abgesehen von jenen besonderen Fällen, wo man Öl und Preßkuchen von süßen Mandeln speziell wünscht.

Zusammensetzung.   Was die chemische Zusammensetzung der Mandeln anbetrifft, so liegen detaillierte Analysen nur über süße Mandeln vor. König[2]) gibt die folgenden Durchschnittswerte an:

---

[1]) Wiesner, Rohstoffe des Pflanzenreiches, 2. Aufl., Leipzig 1903, S. 731.
[2]) König, Chemie der Nahrungs- und Genußmittel, 4. Aufl., Berlin 1903, 1. Bd., S. 612.

	Frische	Trockene
Wasser	27,72 %	6,27 %
Rohprotein	16,50	21,40
Rohfett	41,00	53,16
Stickstoffreie Extraktivstoffe	10,20	13,22
Rohfaser	2,81	3,61
Asche	1,77	2,34
	100,00 %	100,00 %

Die bitteren Mandeln enthalten in der Regel geringere Mengen Öl als die süßen, der Ölgehalt kann hier sogar bis auf 20 % zurückgehen.

Colby untersuchte die reine Asche von süßen Mandeln und fand sie wie folgt zusammengesetzt:

Kali	10,96 %
Natron	1,85
Kalk	14,13
Magnesia	18,31
Manganoxydul	0,28
Eisen und Tonerde	0,78
Phosphorsäure	48,13
Schwefelsäure	4,64
Kieselsäure	0,24
Chlor	0,27

Charakteristisch für die bitteren Mandeln ist ihr Gehalt an Amygdalin und Emulsin.

Das von Robiquet und Bourton-Charlard[1]) im Jahre 1830 entdeckte Amygdalin ist ein Glykosid von der Formel $C_{20}H_{27}NO_{11}$ und stellt einen neutralen, etwas bitter schmeckenden, kristallisierbaren, in Wasser und Weingeist löslichen, in Äther aber unlöslichen Körper dar.

Amygdalin und Emulsin.

Das Emulsin (Synaptase) wurde von Liebig und Wöhler[2]) entdeckt und als Enzym erkannt. Es ist eine amorphe, schwefelhaltige Stickstoffsubstanz, die in Alkohol unlöslich ist und auf Glykoside (also auch auf das Amygdalin) zersetzend einwirkt. Bei Gegenwart von Wasser zerlegt sie z. B. Amygdalin in Benzaldehyd, Blausäure und Traubenzucker nach der Gleichung:

$$C_{20}H_{27}NO_{11} + 2\,H_2O = C_6H_5COH + CNH + 2\,C_6H_{12}O_6$$

| Amygdalin | Wasser | Benzaldehyd | Blausäure | Traubenzucker |

Dieser Prozeß, der übrigens nicht genau nach obiger Gleichung verläuft, bei dem sich vielmehr der Benzaldehyd mit einem Teil der Blausäure zu

---

[1]) Ann. de Chimie et Physique, Bd. 44, S. 352.

[2]) Ann. d. Chemie u. Pharm., Bd. 36, S. 331; Bette, Ann. d. Chemie u. Pharm., Bd. 31, S. 211.

Benzaldehydcyanhydrin verbindet, tritt ein, wenn man bittere Mandeln mit Wasser zerreibt. Der gleiche Vorgang findet nach dem Genusse bitterer Mandeln auch im Magen statt, woraus sich die giftige Wirkung dieser Samen erklärt.

Gewinnung.

Ein Schälen der Mandeln oder, richtiger gesagt, eine Entfernung der braunen Samenhaut geht der Pressung bei der fabriksmäßigen Mandelölerzeugung nicht voraus. Die dahin lautenden Angaben der älteren Fachliteratur sind unrichtig.

Im ersteren Falle weicht man die Mandeln durch mehrere Stunden in kaltem Wasser ein, worauf sich durch einfaches Reiben die Samenhaut leicht und vollständig ablöst. Diese, gewöhnlich als Schälen der Mandeln bezeichnete Prozedur ist nicht mit der eigentlichen Schälarbeit, das ist mit dem Aufschlagen der harten Steinschale und Bloßlegen des Samenkernes, zu verwechseln.

Gewöhnlich entschält man die geringeren Gattungen der süßen Mandeln, wobei es wenig oder nichts zu sagen hat, ob man heißes oder kaltes Wasser zum Einweichen der Samen verwendet. Sollen dagegen bittere Mandeln entschält werden, so muß jede Berührung mit allzu heißem Wasser ausgeschlossen sein, sofern man auf das Intaktbleiben des Emulsins Wert legt. Damit der oben erwähnte, beim Zerkleinern der Mandeln eintretende Zersetzungsprozeß des Amygdalins nicht platzgreift, ist es auch notwendig, vor der Zerkleinerung alles überschüssige Wasser zu entfernen. Eine bei nicht zu hoher Temperatur durchgeführte Trocknung muß daher der weiteren Verarbeitung der Samen vorausgehen.

Gepreßt wird gewöhnlich zweimal; über die Preßarbeit ist nichts besonderes zu bemerken. Wenn man das Amygdalin in den Preßrückständen unversehrt erhalten will, ist nur darauf zu achten, daß beim Zerkleinern der Preßrückstände des ersten Schlages kein Wasser zugesetzt wird, wie man andererseits ein starkes Erwärmen vermeiden muß, wenn das Emulsin nicht zerstört werden soll.

Die Gesamtölausbeute beträgt bei Verarbeitung süßer Mandeln 45 bis 50%, bei bitteren Mandeln gewöhnlich 35—38%.

Eigenschaften.

Das Mandelöl ist von blaßgelber Farbe, besitzt einen sehr angenehmen, milden Geschmack und ist fast geruchlos. Das Öl der bitteren Mandeln ist von dem Süßmandelöle weder organoleptisch noch chemisch zu unterscheiden. Nur wenn beim Auspressen der bitteren Mandeln Wasser zugesetzt wurde, zeigt das Öl der bitteren Mandeln einen an ätherisches Bittermandelöl erinnernden Geruch und Geschmack.

Das spezifische Gewicht des Mandelöles liegt zwischen 0,9170 bis 0,920; das Öl erstarrt bei Temperaturen unter 10° C und liefert Fettsäuren, die bei 13—14° C schmelzen und bei 9,5—10,5° C erstarren. Die chemische Zusammensetzung des Mandelöles wurde wie folgt ermittelt[1]):

	Öl aus süßen Mandeln	Öl aus bitteren Mandeln
Kohlenstoff	·70,48 %	70,53 %
Wasserstoff . . .	10,64	10,61
Sauerstoff	18,88	18,86
	100,00 %	100,00 %

Die Fettsäuren des Mandelöles bestehen fast vollständig aus Ölsäure. Stearinsäure konnte weder von Gusserow noch von Hehner und Mitchell nachgewiesen werden, dagegen sind neben der Ölsäure auch geringe Mengen weniger gesättigter Fettsäuren zugegen; Farnsteiner konnte davon 5,79 % (Linolsäure) nachweisen. Vielfach ist die Ansicht verbreitet, daß Mandelöl, besonders das aus geschälten Samen hergestellte, leicht ranzig werde. Lewkowitsch hat aber in 1—1,5 Jahr alten Proben nur eine Säurezahl zwischen 0,79—3,1 konstatieren können, bei welcher geringen Azidität ein intensiveres Ranzigsein schwer möglich ist.

Das auf den Markt kommende Mandelöl ist in vielen Fällen nicht vollkommen rein; es wird von unreellen Händlern mit Pfirsich- oder Aprikosenkernöl verschnitten oder besteht sogar überhaupt nur aus diesen Ölen (siehe dort).

Verwendung.

Die Hauptverwendung des Mandelöles ist in der Medizin und in der pharmazeutischen Industrie zu suchen. Die Pharmazie braucht davon beträchtliche Mengen und die Arzneibücher schreiben besondere Reinheitsprüfungen dieses Produktes vor. In der Parfümerie wird das Öl teils als Geruchsträger, teils auch als kosmetisches Mittel benutzt. Geringe Mengen von Mandelöl dienen auch als Schmieröl und als Rohmaterial zur Herstellung von Toiletteseifen. Interessant ist hier die Eigenschaft des Mandelöles, sich auf kaltem Wege, ganz ähnlich dem Kokosöle, zu verseifen[2]).

Verwendung.

Rückstände.

Die Preßrückstände der Mandelölfabrikation, die sogenannten Mandelkuchen, sind von weißer bis hellgelber Farbe und zeigen einen angenehmen Geruch und Geschmack. Ihre durchschnittliche Zusammensetzung ist:

Mandelkuchen.

Wasser	9,5 %
Rohprotein	41,3
Rohfett	15,2
Stickstoffreie Extraktstoffe	20,6
Rohfaser	8,9
Asche	4,5
	100,0 %

---

[1]) Sacc, Ann. de Chim. et de Phys., 3. Serie, Bd. 27, S. 483.
[2]) Seifenfabrikant, 1893, S. 389.

Auffallend ist dabei der hohe Fettgehalt; er ist gewöhnlich auf die recht primitive Konstruktion der Pressen zurückzuführen, welche in den Drogengeschäften zum Auspressen der Mandeln verwendet werden.

Die Preßrückstände der Mandeln sind ein sehr gesuchter Handelsartikel und haben einen hohen Marktwert. Die zerkleinerten Kuchen von süßen Mandeln verwendet man zuweilen unter dem Namen „Mandelkleie“ zum Geschmeidigmachen der Haut. Nicht selten mischt man zu der Mandelkleie etwas Veilchenwurzelpulver und Reisstärke. Die sogenannte Sand-Mandelkleie ist ein Gemisch von Mandelkuchenmehl mit etwas Flußsand. Die von den Parfümeriefabriken hergestellte Mandelkleie enthält mitunter auch etwas Mehl von nicht entölten Mandeln, wodurch das Produkt infolge seines höheren Ölgehaltes noch milder und weicher wird.

Die Preßrückstände der bitteren Mandeln dienen in der Hauptsache zur Herstellung von ätherischem Bittermandelöl. Wenn beim Verarbeiten der Samen vorsichtig verfahren wurde (Zerkleinern ohne Wasserzusatz, Vermeiden einer Erwärmung des Preßgutes), so enthält der Preßkuchen unverletztes Amygdalin und vollkommen intaktes Emulsin. Beim Zermalmen und Einweichen der Kuchen wird dann das Amygdalin durch das Emulsin in Traubenzucker, Benzaldehyd, Benzaldehydcyanhydrin und freie Blausäure gespalten. Wird die zerriebene, eingeweichte Masse der Destillation unterworfen, so erhält man das in der Parfümerieindustrie eine Rolle spielende ätherische Bittermandelöl. Dasselbe setzt sich aus Benzaldehyd, freien Säuren und Benzaldehydcyanhydrin (auch Mandelsäurenitril genannt) zusammen.

Nicht unerwähnt darf auch die Verwertung der Preßkuchen süßer Mandeln als menschliches Nahrungsmittel bleiben. Die Mengen, welche eine derartige Verwendung finden, sind allerdings gering.

Pfirsichkernöl.

Huile persique. — Huile de pêche. — Peach kernel Oil. — Olio di persico — Oleum persicorum. — Ghwareshai (Afghanistan). — Mandala (Persien).

Herkunft.

Ab-
stammung.   Der aus Persien stammende, von da über Griechenland und Rom nach Mitteleuropa gekommene, heute namentlich in Indien, der Levante, Italien und Frankreich kultivierte Pfirsichbaum (Amygdalus Persica L. = Persica vulgaris Mill. = Prunus Persica Benth. und Hook. = Malum persicum Plinius) enthält in seinen von steinharten Schalen umgebenen Samenkernen ein fettes Öl, welches vielerorts gewonnen wird.

Die bitter schmeckenden und neben Emulsin auch Amygdalin enthaltenden Samenkerne weisen nach Micko[1]) einen Wassergehalt von 6,33 %
und einen Ölgehalt von 44,85 % auf.

Gewinnung.

Zwecks Gewinnung von Pfirsichkernöl werden die Samenkerne durch Gewinnung.
Aufschlagen der sie umschließenden Steinschale freigelegt, zerkleinert und
ausgepreßt. Wegen des Amygdalingehaltes der Samenkerne muß bei ihrem
Verarbeiten Wasser ferngehalten werden, sonst entwickelt sich — wie bei
den bitteren Mandeln — ätherisches Bittermandelöl.

Eigenschaften.

Das Pfirsichkernöl hat eine hellgelbe oder grünlichgelbe Farbe, erinnert Eigenschaften.
im Geschmack an Mandelöl und riecht nach Angaben Dieterichs in frisch bereitetem Zustande schwach nach ätherischem Bittermandelöl (Blausäure) (?),
ohne daß es jedoch gelang, diese Verbindung chemisch nachzuweisen[2]).

Die Dichte des Pfirsichkernöles liegt zwischen 0,918 und 0,921 (bei
15 ⁰ C), der Erstarrungspunkt bei —20⁰ C. Die Fettsäuren schmelzen, je
nach der Qualität des Öles, zwischen 10—18,9 ⁰ C, erstarren bei 13—13,5 ⁰ C
und enthalten neben Triolein auch Tripalmitin und Tristearin.

Verwendung.

Das Pfirsichkernöl wird vielfach an Stelle des wesentlich teu- Verwendung.
reren Mandelöles verwendet, teils direkt als solches verkauft oder mit
echtem Mandelöl verschnitten. Italien und Südfrankreich produzieren
nennenswerte Mengen Pfirsichkernöles. Das aus diesen Ländern kommende
Mandelöl — französisches Mandelöl oder Oleum amygdalarum gallicum — ist fast ausschließlich Pfirsichkernöl oder ein Gemisch von Pfirsich-
und Aprikosenkernöl.

Bei der geringen Größe des Pfirsichkernes im Verhältnisse zum ganzen
Steinkern — welches Verhältnis als botanisches Merkmal gelten kann — ist
die Pfirsichkernölgewinnung weniger rentabel als die des Aprikosenkernöls.

Preßrückstände.

Die Pfirsichkernkuchen sind — gute, schalenfreie Qualität der Pfirsich-
kernkuchen.
Pfirsichsamenkerne vorausgesetzt — von ähnlicher Beschaffenheit wie die
Mandelkuchen und können auch wie diese verwertot werden. Vielfach
benutzt man aber die Pfirsichkernpreßrückstände zur Bereitung eines
Likörs (Persico).

---

[1]) Zeitschr. d. Österr. Apothekervereins, 1893, S. 175.
[2]) Seifenfabrikant, 1896, S. 246.

Aprikosenkernöl.

Marmottöl. — Huile d'abricotier. — Huile d'abricotier de Briacon. — Huile de marmotte. — Huile de nossaun. — Apricot kernel Oil. — Hymalyan apricot Oil. — Olio di albicocche. — Olio di armelline. — Oleum Armeniacae. — Hari, Sari (Persien).

Rohmaterial.

Abstammung. Das Öl wird aus den Samenkernen der Aprikose (Armeniaca vulgaris Lam. = Prunus armeniaca L. = Prunus oleoginosa Des.) gewonnen, die, aus Armenien kommend, sich über ganz Europa verbreitet hat und ein fast überall anzutreffendes beliebtes Obst gibt.

Das Verhältnis des ölreichen Samenkernes zur wertlosen Steinschale ist bei den Aprikosensamen günstiger als bei den Pfirsichsamen. Nach Micko[1]) sind in den Samenkernen der Aprikosen

$$6,48\,^0/_0 \text{ Wasser und}$$
$$39,00\,^0/_0 \text{ Öl}$$

enthalten. Sie sind fast frei von Emulsin und Amygdalin und daher kann bei ihrer Zerkleinerung und Verpressung Wasserzusatz angewendet werden.

Das aus dem südöstlichen Frankreich kommende Marmottöl (Huile de marmotte) wird nach Focke aus den Samenkernen von Prunus Brigantiaca Vill. gewonnen.

Eigenschaften und Verwendung.

Eigenschaften. Das Aprikosenkernöl ist in frischem Zustande fast farblos, dunkelt aber beim Lagern etwas nach; es schmeckt angenehm milde.

Das nicht ranzig werdende Öl hat eine Dichte von 0,915—0,920 (bei 15° C), erstarrt zwischen —14° und —20° C und liefert beim Verseifen Fettsäuren, die einen Schmelzpunkt von +4,5° C und einen Erstarrungspunkt von 0° C besitzen.

Verwendet wird das Aprikosenkernöl in gleicher Weise wie das Pfirsichkernöl. Unter seinem wahren Namen begegnet man ihm nur höchst selten im Handel, meist segelt es unter der Bezeichnung „Französisches Mandelöl" oder „Oleum amygdalarum gallicum" und erscheint mit Pfirsichkernöl gemischt. Übrigens werden Pfirsich- und Aprikosenkerne zumeist gar nicht getrennt gehandelt, sondern wegen ihrer großen Ähnlichkeit unter einem Titel verkauft. Schon dadurch erklärt sich die vielfache Verwechslung der übrigens in der Zusammensetzung und Beschaffenheit fast identischen Öle dieser beiden Samenarten.

Rückstände.

Aprikosenkernkuchen. Die Preßrückstände der Aprikosensamenkerne bilden ein beliebtes Futtermittel für Geflügel, werden aber auch zu einem Likör (Ratafia) verarbeitet.

---

[1]) Seifenfabrikant, 1896, S. 246.

Pflaumenkernöl.

Huile de prunier. — Plum kernel Oil. — Olio di prugne.

Die Samenkerne der Pflaume (Prunus domestica L.), welche nur einen **Herkunft.** geringen Prozentsatz vom Gewichte des ganzen Steinkernes betragen, enthalten nach Micko[1]).

$$4{,}99\,^0/_0 \text{ Wasser und}$$
$$42{,}25 \quad \text{Öl.}$$

Das Pflaumenkernöl ist hellgelb, schmeckt angenehm, dem Mandelöl **Eigen-** ähnlich, zeigt eine Dichte von 0,916—0,919 (bei 15 ^{0} C) und erstarrt bei **schaften.** —5 ^{0} C, während die abgeschiedenen Fettsäuren schon bei +13 bis +15 ^{0} C erstarren, um bei +20 bis +22 ^{0} C wieder zu schmelzen.

Nach Schädler wird das Pflaumenkernöl im Württembergischen hergestellt und als Speise- sowie auch Brennöl benutzt. Es würde sich auch als Mandelölersatz eignen; unreelle Zwischenhändler sollen häufig Pflaumenkernöl dem Mandelöle zumischen.

Der Preßrückstand der Pflaumensamenkerne wird gewöhnlich zu Sliwowitz verarbeitet.

Kirschkernöl.

Huile de cerisier. — Cherry kernel Oil. — Olio di ciliegie.

Das Kirschkernöl stammt aus den Samenkernen unserer Kirsche **Herkunft.** (Prunus Cerasus L. = Cerasus acida Gaertn.). Diese enthalten nach Micko

$$4{,}75\,^0/_0 \text{ Wasser und}$$
$$35{,}82\,^0/_0 \text{ Öl.}$$

Letzteres hat in frischem Zustande eine goldgelbe Farbe, dunkelt **Eigen-** beim Lagern aber merklich nach, wobei sich der ursprünglich angenehme **schaften.** mandelartige Geschmack in einen intensiv ranzigen verwandelt. Das spezifische Gewicht des Öles liegt zwischen 0,9235 und 0,9285 (bei 15 ^{0} C), sein Erstarrungspunkt bei —19 ^{0} C; die Fettsäuren des Kirschkernöles schmelzen bei 19—21 ^{0} C und erstarren bei 13—15 ^{0} C.

De Negri und Fabris[3]) fanden im extrahierten Kirschkernöle beträchtliche Mengen von Blausäure.

Nach Schädler wurden ehedem Kirschkerne in den Alpentälern und in Württemberg zu Öl verarbeitet, das teils zu Speisezwecken, teils als Brennöl dient.

Zum Verschnitt mit Mandelöl ist Kirschkernöl nicht geeignet, weil es zu leicht ranzig wird.

---

[1]) Zeitschr. d. Österr. Apothekervereins, 1893, S. 175.
[2]) de Negri und Fabris, Zeitschr. f. anal. Chemie, 1894, S. 588.
[3]) de Negri und Fabris, Annali del Labor. Chim. delle Gabelle, Roma 1893, S. 71.

Apfel- und Birnenkernöl.

R. Meyer [1]) hat auch Öl aus den Samenkernen des Apfels (Pyrus malus L.) und der Birne (Pyrus communis L.) dargestellt und dessen Konstanten bestimmt.

Nach Bornemann soll man in früherer Zeit das Apfel- und Birnenkernöl in Württemberg gewonnen und als Speise- und Brennöl verwendet haben. (?)

Quittensamenöl. [2])

Huile de coing. — Quince Oil. — Olio di cologno.

Die Samen der Quitte (Cydonia vulgaris Pers. = Pyrus Cydonia L.) enthalten neben einer großen Menge Schleim ungefähr 15 % eines sehr mild schmeckenden, angenehm riechenden Öles von gelber Farbe und einer Dichte von 0,922 (bei 15° C).

Das Öl enthält neben anderen Fettsäuren Myristinsäure und eine flüssige hydroxylierte Säure der Formel $C_{17}H_{32}(OH) \cdot COOH$ [3]). Diese Säure stellt eine hellgelbe, ölige Flüssigkeit dar, deren Äthyläther farblos und sehr leicht beweglich ist.

Zitronenkernöl.

Limonenöl. — Lemon dips Oil.

Aus den getrockneten Samen der Zitrone oder Limone (Citrus Limonum Hook = Citrus medica Risso) läßt sich durch Extraktion mit Äther ein hellgelbes, stark bitter schmeckendes fettes Öl gewinnen. Petroläther liefert ein von Bittergeschmack freies, an Mandelöl erinnerndes, mildsüßes Öl.

W. Peters und G. Frerichs [4]) konstatierten, daß das mit Äther extrahierte Öl infolge seines Gehaltes an Limonin bitter schmeckt, welche Verbindung im Petrolätherextrakt nicht enthalten ist.

Das Zitronenkernöl besteht aus den Glyzeriden der Öl-, Linol-, Linolen-, Isolinolen-, Palmitin- und Stearinsäure. Das erwähnte Limonin scheidet sich beim Stehenlassen des ätherischen Auszuges der Zitronenkerne in Form farbloser, intensiv bitter schmeckender Kristalle ab. W. Peters und G. Frerichs erhielten die Verbindung durch Behandlung der mit Benzin entfetteten Kerne mittels heißen Alkohols und durch wiederholtes Umkristallisieren in reinem Zustande (farblose, glänzende Blättchen); sie ermittelten dafür die Formel $C_{22}H_{26}O_7$.

---

[1]) Chem. Ztg., 1903, S. 958.

[2]) Hermann, Archiv d. Pharm., 1899, S. 237 u. 358.

[3]) Lewkowitsch, Chem. Technologie u. Analyse der Öle, Fette u. Wachse, Braunschweig 1905, 2. Bd., S. 151.

[4]) Archiv d. Pharm., 1902, S. 659.

Orangensamenöl.

Huile d'oranger. — Orange seed Oil. — Olio d'arancia.

Dieses aus den Samen der Orange (Citrus aurantium L.) gewonnene Öl zeigt nach Meyer[1] eine Dichte von 0,923 und ähnelt im übrigen dem Zitronensamenöle.

Orangensamenöl.

Icocaöl.

Dieses liefern uns die Samen der westindischen Icocapflaume, auch Kokos- oder Goldpflaume genannt (Chrysobalanus Icoca L.), die in Amerika und auf den Antillen häufig angebaut wird. Die eiförmigen Steinbeeren enthalten unter dem braungelben Fruchtfleische Samen von 20—25 % Ölgehalt. Das Icocaöl gilt als feines Speiseöl.

Icocaöl.

Kirschlorbeeröl.

Huile de laurier cerise. — Cherry laurel Oil. —
Olio di lauroceraso.

Dieses Öl stammt aus den Samenkernen des Kirschlorbeerbaumes (Prunus laurocerasus L.), dessen Heimat im Kaukasus, in Rußland und in Persien zu suchen ist und der, durch David Ungnad nach Europa gebracht, seit dem 16. Jahrhundert in Italien gepflanzt wird.

Das goldgelbe, nach bitteren Mandeln riechende, etwas Blausäure enthaltende fette Öl, welches durch Auspressen der Samenkerne gewonnen wird, hat eine Dichte von 0,923 (bei 15° C) und erstarrt bei —19 bis —20° C. Seine Fettsäuren besitzen einen Schmelzpunkt von +20 bis +22° C und einen Erstarrungspunkt von +15 bis +17° C[2].

Kirschlorbeeröl.

Haselnußöl.

Huile de noisette. — Huiles d'avellines. — Hazelnut Oil. —
Hazel Oil. — Olio di nocciuolo. — Oleum Avellanae nucum. —
Oleum Coryli Avellanae.

Herkunft.

Das Haselnußöl wird aus den Samenkernen des Haselnußstrauches (Corylus Avellana L.) gewonnen, dessen Früchte (Nüsse) unter dem Namen Haselnüsse (noisetiers, coudriers, wild hazelnuts) bekannt sind.

Abstammung.

---

[1] Chem. Ztg., 1903, S. 958.
[2] De Negri und Fabris, Annali del Labor. Chim. delle Gabelle, Rom 1893, S 71.

Rohmaterial.

Haselnüsse.

Die in ausgedehntem Maße als Naschartikel und zu Konditoreiwaren benutzten Haselnüsse sind von kurzer, glockenförmiger Gestalt, deren Eiform von zwei Seiten zusammengedrückt ist. Am oberen Ende sind die Nüsse filzig behaart und stumpf gerundet; eine ovale oder längliche Narbe zeigt die Stelle an, wo der Kelch angesetzt war. An der Basis ist die Nuß abgestuft oder kegelförmig vorgestreckt und hier mit einer großen rundlichen, scharf umschriebenen, matten, geraden Narbe, dem Fruchtnabel versehen [1]).

Die 1—2 mm dicke Fruchtwand ist sehr hart und umschließt einen eiförmig spitzen Samen, der von einer rostbraunen, schülferigen Samenschale bedeckt ist. Die Samen enthalten:

	Nach Schädler[2]) Haselnüsse ohne Provenienzbezeichnung	Nach König und Krauch[3]) (sog. Lambertsnuß- Haselnüsse)
Wasser	10,45 %	3,77 %
Rohprotein	19,00	15,62
Rohfett	58,82	66,47
Stickstoffreie Extraktstoffe ⎱		4,03
Rohfaser . . . . . ⎰	8,63	3,28
Asche	3,10	1,83

Neben den gewöhnlichen und Lamberts-Haselnüssen (C. tubulosa L.), welch letztere sich durch eine dünne Samenschale, längliche Nußform und süßen Geschmack auszeichnen, kennt man noch die türkische oder byzantinische Haselnuß (C. Colurna L.), deren Hülle mehr als doppelt so lang ist wie die Frucht.

Eigenschaften und Verwendung.

Eigenschaften.

Das durch Auspressen der entschälten Samenkerne gewonnene Haselnußöl hat eine goldgelbe Farbe und zeigt deutlich den Haselnußgeruch. Es erstarrt nach Schädler bei —5⁰ C, nach Itallie[4]) erst bei —12⁰, besitzt eine Dichte von 0,910—0,927 und seine Fettsäuren schmelzen zwischen 10 und 11⁰ C.

Das Haselnußöl besteht nach Hanus[5]) aus:

Ölsäure	85,00 %
Palmitinsäure	9,00
Stearinsäure	1,00
Unverseifbares (Phytosterin)	0,50

---

[1]) Nach Harz, Samenkunde, Berlin 1885, S. 887.
[2]) Schädler, Technologie d. Fette u. Öle, 2. Aufl., Berlin 1892, S. 650.
[3]) König, Chemie der Nahrungs- und Genußmittel, 4. Aufl., Berlin 1903, S. 611.
[4]) Chemist and Druggist, 1893, Dezemberheft.
[5]) Chem. Ztg. Rep., 1899, S. 226.

Das Öl ähnelt in seinem Verhalten dem Mandelöl.

Haselnußöl wird hauptsächlich in Rußland (in den Gegenden um Kasan und Tambow) gewonnen und dient besonders als Speiseöl (Verfälschung von Schokoladefett) sowie in der Parfümerieindustrie. Es wird aber auch als Brennöl, als Schmieröl für feine Mechanismen und in der Seifenfabrikation benutzt.

Ver-
wendung.

Telfairiaöl.

Talerkürbisöl. — Koemöl. — Castanhasöl. — Huile de noix d'Inhambane. — Koeme Oil.

Herkunft.

Dieses Öl liefern die Samen einer Cucurbitaceenart, welche unter dem botanischen Namen Telfairia pedata Hook = Joliffia africana Del. bekannt ist. Diese Pflanze war zuerst in Westafrika bekannt, findet sich aber auch in Sansibar, Pemba, Uluguru, im Usumbaragebiete und auf den westafrikanischen Inseln. Le Joliff hat die Pflanze von Pemba nach Mauritius gebracht (daher auch der botanische Name Joliffia africana), von wo sie durch Telfair nach Neuseeland, Tahiti und Australien gelangte. Nach Bombay wurde sie durch Nimmo verpflanzt, doch scheint sie dort zugrunde gegangen zu sein[1]). In Waschambaa kennt man die Pflanze unter dem Namen Lukungu, auf Kisuaheli heißt sie Kwemme. In Mozambique ist sie als Koeme de Sansibar, noix d'Inhambane oder Castanhas de Inhambane bekannt.

Ab-
stammung.

Rohprodukt.

Die Frucht dieser gigantischen Schlingpflanze ist ein Kürbis von $1/2$—1 m Länge und 75 cm Durchmesser. Diese Früchte (in Kischamba Limba genannt) fallen zur Zeit der Reife auf die Erde und springen auf, wobei die in der Frucht enthaltenen 200—300 Samen herausfallen[2]).

Frucht.

Die Samen (noix d'Inhambane, Mkunga) sind ungefähr talergroß und wiegen 7—10 g pro Stück. Heckel konstatierte als mittleres Gewicht 8,25 g, Thoms 8,50 g. Die Samen bestehen aus einem Samenkern, welcher von einer harten Schale umschlossen ist, die ihrerseits ein sehr festes maschiges Bastgewebe umgibt. Nach Thoms entfallen

auf das Bastgewebe . . . . 7,06 %
auf die Schale 32,94
auf den Kern 60,00

vom Gewicht der ganzen Samen.

---

[1]) Catalog of the veget. products of Bombay, 2. Aufl., London, S. 202.
[2]) Das Fruchtfleisch wird als Mittel gegen Leibschmerzen geschätzt.

Same. Gilbert[1]) ermittelte die Zusammensetzung der Samen (mit Schale und Bastgewebe) wie. folgt:

Wasser . . . .   5,56 %
Rohprotein   19,63
Rohfett   36,02
Stickstoffreie Extraktstoffe   28,45
Rohfaser   7,30
Asche   2,04

Thoms konnte in den Schalen und in dem Bastgewebe der Telfairia-samen einen kristallisierenden, stark bitteren Körper nachweisen, welcher aber beim Auspressen nicht in das Öl übergeht. Die Schale enthält auch einen gerbstoffähnlichen Farbstoff, der alkohollöslich ist und teilweise auch von Äther aufgenommen wird.

In den Samenkernen konstatierte Gilbert einen Fettgehalt von 59,31 %, während Thoms und Fendler[2]) einen solchen von 64,71 % ermittelten.

Beim Extrahieren der Samenkerne mittels Äthers gehen kleine Mengen von Stärke und Bitterstoff mit in Lösung, wodurch ein Öl erhalten wird' das andere Eigenschaften zeigt als das durch Pressen gewonnene.

Mitunter gelangen als Telfairiasamen auch die Samen der mit der be-sprochenen Pflanze verwandten Telfairia occidentalis Hook auf den Markt

Die Samenkerne der Telfairianüsse schmecken angenehm mandel-artig und werden nicht nur von den Eingeborenen, sondern auch von Euro-päern gern gegessen. Sie werden gewöhnlich in Wasser gekocht oder geröstet, wobei sie einen Kastaniengeschmack erhalten. Letzterer hat den Telfairia-samen auf den portugiesischen Besitzungen den Namen Inhambanenüsse eingebracht. Nach Volkers werden die Samenkerne auch zum Glätten un-glasierter Tonkrüge verwendet.

Gewinnung.

Gewinnung. Die Telfairiasamen werden im Usumbaragebiete zur Gewinnung von Öl benutzt. Nach Bernardin beträgt die Ausbeute bei dem primi-tiven Verfahren der Afrikagebiete 16 %, auf das Gesamtgewicht der Samen gerechnet. Eine fabrikmäßige Verarbeitung der Samen dürfte wegen der Entschälarbeit auf Schwierigkeiten stoßen, die bei der eigentümlichen Form der Nüsse besonders schwierig ist.

Eigenschaften.

Eigen-schaften. Das Telfairiaöl besitzt eine Dichte von 0,918 (bei 15 ⁰ C) und erstarrt bei + 7 ⁰. Die abgeschiedenen Fettsäuren zeigen einen Schmelzpunkt von 44 ⁰ C und erstarren bei 41 ⁰ C. Das Öl besitzt einen an Olivenöl er-innernden Geschmack und ähnelt diesem auch in seinen ganzen chemi-schen Verhältnissen.

---

[1]) Jahrbuch der Hamburger wissensch. Anstalten, 1891, S. 113.
[2]) Notizblatt d. kgl. bot. Gartens u. Museums. Berlin 1898, Nr. 15.

Verwendung.

In Afrika verwendet man das Telfairiaöl als Speiseöl und als Heilmittel. Der milde, angenehme Geschmack des Telfairiaöles würde ihm
einen ersten Platz unter den Tafelölen einräumen, falls die Samen regelmäßig und in größerer Menge auf den europäischen Markt kämen und
man sich mit der Verarbeitung dieses Produktes intensiv zu befassen be-
gänne. Der Einführung des Öles als Speiseöl dürfte nur der hohe Erstarrungspunkt etwas Abbruch tun.

Auch als Rohprodukt für die Seifen- und Stearinfabrikation wäre
das Öl beachtenswert.

(Randnotiz: Ver-wendung.)

Rückstände.

Die Preßrückstände der Kerne der Telfairiasamen schmecken angenehm
und erinnern an Haselnüsse oder Mandeln. Sie könnten unter Umständen auch als menschliches Nahrungsmittel dienen, jedenfalls sind
sie aber als ein vorzügliches Futtermittel zu betrachten.

(Randnotiz: Preßkuchen.)

Wirtschaftliches.

Heute bilden weder das Telfairiaöl noch die Telfairiasamen einen nach
Europa verschifften Handelsartikel. Es bemühen sich aber sowohl die
Deutschen als auch die Franzosen, um in ihren Kolonien die keinerlei
Pflege bedürfende Schlingpflanze immer mehr und mehr einzuführen, und
es ist daher nicht ausgeschlossen, daß in absehbarer Zeit größere Posten
dieser Samen auf die europäischen Märkte gelangen.

(Randnotiz: Handel.)

Teesamenöl.

Teeöl. — Huile de thé. — Tea Oil. — Tea seed Oil. — Olio di
thé. — Cha-Te (China). — Tsja (Japan). — Char (Bombay).

Abstammung.

Das Teesamenöl entstammt den Samen der verschiedenen Arten des
Teestrauches, insbesondere denen des ölgebenden Teestrauches (Camellia
oleifera).

(Randnotiz: Herkunft.)

Die Kultur der verschiedenen Teestraucharten ist in China und Japan
sehr alt, wenngleich der Tee erst im 17. Jahrhundert nach Europa kam.
Piso beschrieb in seiner „Naturgeschichte und Medizin beider
Indien" (1658) die Teestaude und gab auch eine ziemlich gute Abbildung der Pflanze. Nachrichten über den Teestrauch drangen von da ab
immer häufiger zu uns, doch blieb es dem dadurch berühmt gewordenen
englischen Reisenden Robert Fortune vorbehalten, im Jahre 1842 in die bis
dahin vor den Augen Unberufener eifersüchtig bewachten Teedistrikte Chinas
vorzudringen und uns die Kenntnis aller Einzelheiten des Teebaues zu ver-
mitteln. Die dadurch geschaffene und sehr rasch anwachsende Konkurrenz

(Randnotiz: Geschicht-liches.)

Ostindiens und Ceylons, wozu auch noch Java und Madeira kamen, hat den chinesischen Anteil an der Weltversorgung in Tee auf 44 % herabgedrückt, während vordem China der Alleinlieferant war.

Es fehlte nicht an Experimenten, den ölhaltigen Samen des Teestrauches einer industriellen Verwertung zuzuführen, doch scheiterte ein im Jahre 1885 vorgenommener größerer Versuch gänzlich. Man warf damals eine Menge Teesamen unter dem Namen „tanne" (d. h. Samen) auf den Londoner Markt, für die sich zwar Interesse zeigte, ohne daß man aber Käufer gefunden hätte.

In neuerer Zeit hat die Indian Tea Association die Frage der Verwertung des Teesamens wiederum aufgeworfen, doch kam ihr wissenschaftlicher Berater H. H. Mann[1]) auf Grund seiner Studien zu dem Schlusse, daß der echten Teesaat eine Bedeutung im Handel niemals zukommen dürfte. Die gewöhnliche Kultur des Tees verhindert zum großen Teil die Fruchtbildung, so daß nur einzelne Teesamen zur Reife gelangen. Das zur Verfügung stehende Saatquantum ist daher trotz des immer umfangreicher werdenden Teeanbaues nicht gerade groß.

Teearten.   Wichtigkeit können dagegen die Samen jener Abarten des echten Teestrauches erlangen, die man unter dem Sammelnamen „Teeölbaum" kennt. Das aus diesen Saaten gewonnene Öl, welches schon vielfach gehandelt wird, gibt zu häufigen Verwechslungen mit dem Öle des echten Teestrauches Veranlassung, wodurch auch in der Fachliteratur eine Verwirrung entstanden ist, die man nicht so leicht zu klären **vermag.**

Eigentlich sollte man unterscheiden:

1. die Samen des echten Teestrauches (Camellia theifera Griff = Camilla Thea Link. = Thea chinensis Linn.);
2. die Samen des ölgebenden Teestrauches (Camellia oleifera Abel = Thea oleosa Lour. = Camellia sasanqua Thumb.);
3. die Samen des steinfruchttragenden Teestrauches (Camellia drupifera Lour. = Thea drupifera Pierre);
4. die Samen des japanischen Ziertees (Camellia japonica L. = Thea japonica Nois.).

Alle diese Arten haben wiederum eine Menge von einander ähnelnden Spielarten, so daß ihre genaue Unterscheidung nicht immer möglich ist. Speziell die Varietäten des ölgebenden (C. sasanqua) und des steinfruchttragenden Teestrauches (C. drupifera) lassen sich schwer auseinander halten, weshalb man alle diese Pflanzen unter dem Namen „Camellia à huile" oder „Ölteebaum" zusammenfaßt[2]). Es sind dies kleine Bäume, denen man vom 14. bis zum 30. Grade nördlicher Breite begegnet. Alle diese Arten

---

[1]) American Soap Journal, 1901, S. 111, und Oil, Paint and Drug Rep., 1902, Nr. 15.

[2]) Man führt als spezielle Abarten Var. Thumb., Var. Oleosa, Var. Lour. und Var. Kissi an, auf deren nähere Kennzeichen hier aber nicht eingegangen werden kann.

haben durchaus gleiche Blüten, variieren bloß in den Blättern, der Zahl ihrer Blumenkelchblätter und in den mehr oder weniger ausgeschweiften Blumenblättern, haben aber unleugbar die gemeinschaftlichen Merkmale[1]).

Die Thea sasanqua wird in Japan, auf den Liukiuinseln, in China und besonders in Anam und Tonkin (in den Provinzen Hunghoa und Vinh-yên) kultiviert; C. drupifera wird in ganz Hinterindien, im Gebiete von Osthimalaja bis Südchina gebaut. In Anam sind nur einige kleine Pflanzungen vorhanden, und zwar im Departement Cam-lo sowie in den Arrondissements Vinh-linh und Lethuy (Provinzen von Quang-tri und Quang-binh). Der Baum führt in diesen Regionen den Namen „cây d'âu chê" („Ölteebaum"), wegen der Ähnlichkeit seiner Blätter mit jenen des Teestrauches.

Das für die Anpflanzung der Ölkamelie geeignete Terrain ist jenes, das sich aus Sand und Tonerde oder auch aus ockerigen, rötlichen verwitterten Stoffen zusammensetzt. Der Baum scheint besonders einen feuchten Boden zu fürchten; die Ränder von Pfützen und feuchte Niederungen passen ihm nicht. Indes braucht auch er eine gewisse atmosphärische Feuchtigkeit und gedeiht vornehmlich auf den Seitenabhängen von Hügeln, welche vor trockenen Winden geschützt sind.

Die Zeit der Blüte des ölgebenden Teestrauches ist im November-Dezember und die Reife der Früchte erfolgt erst lange Zeit danach, gegen September-Oktober.

Den Aussagen der Eingeborenen zufolge erstreckt sich die Produktion auf eine Periode von drei Jahren: Auf zwei gute Ernten, deren jede 90 Liter Früchte gebe, folge ein Jahr der Erholung, während welcher Zeit der Baum nicht mehr als 20 Liter abwerfe.

Rohprodukt.

Die Samen des echten Teestrauches sitzen in runden Kapseln, die gewöhnlich dreifächrig, mitunter aber auch ein- oder zwei-, selten vierfächrig sind. Die haselnußgroßen runden Samen sind auf einer oder zwei Seiten abgeplattet, je nach der Anzahl der Fächer, die ihre Kapsel aufweist. Diese Samen sind noch von einer kaffeebraunen, dicken äußeren und einer dünnen inneren Samenschale umgeben und wiegen 0,8 bis 1,2 g. Der von den Samenschalen bloßgelegte, nackte Samenkern ist kirschengroß, hat einen gelben Nabel und enthält nach Hooper[2]) in der Trockensubstanz:

Teesame.

Öl	22,9 %
Eiweiß	8,5
Saponin	9,1
Stärke	32,5
Andere Kohlehydrate	19,9
Rohfaser	3,8
Mineralstoffe	3,3

---

[1]) Pierre, Flora Forestière de la Cochinchine et du Cambodge.
[2]) The Pharmaceutical Journ. and Trans., 1894/95, S. 687 und 605.

Der in dieser Analyse angegebene Ölgehalt ist jedoch unrichtig; fand doch Weil[1]) bei mehreren Untersuchungen **reifer Teesamen** einen Fettgehalt von $35\,^0/_0$. Da die Samen des echten Teestrauches nur für Anbauzwecke gehandelt werden und bloß in engbegrenztem Umfange einer lokalen Ölgewinnung dienen, sind sie bisher nicht Gegenstand näherer Untersuchungen gewesen.

Ebenso spärlich sind unsere Kenntnisse über die Samen des ölgebenden Teestrauches sowie der C. drupifera und der auch bei uns als Zierstrauch bekannten C. japonica, welche, wie schon der Name besagt, in Japan viel gebaut wird.

Die Früchte von C. sasanqua und C. drupifera sind Steinfrüchte von 2—3 cm Durchmesser und enthalten 3—4 Fächer, deren eines oft verkümmert ist. Diese Fächer öffnen sich jedes für sich durch eine mittlere Aufsprungfurche, um den braunen Samen freien Durchgang zu gestatten. Der innere Samenkern ist öfter mit einem hornartigen Häutchen überzogen; das Gewicht der reinen Mandeln beträgt ungefähr die Hälfte von jenem der Steinfrüchte.

Warburg[2]) berichtet, daß die frischen Saaten des ölgebenden Teestrauches ca. $50\,^0/_0$ Feuchtigkeit und $37\,^0/_0$ Öl enthalten; bei lufttrockener Saat steigt der Ölgehalt daher bis auf $60\,^0/_0$ an, so daß die zur Ölgewinnung besonders herangezogenen Arten des Teesamens zu den ölreichsten Rohstoffen der Ölfabrikation gerechnet werden müssen.

Der Gehalt sämtlicher Teesamenarten an Saponinsubstanzen macht diese Saat sehr giftig; außer Hooper hat das Vorhandensein von Saponin auch Boorsma[3]) in den Samen des Assamtees und Weil in denen des echten Tees nachgewiesen. Nur Peckolt[4]) will kein Saponin, dafür aber $1\,^0/_0$ Koffein in Teesamen gefunden haben. Thein ist nach Kellner in Teesamen nicht enthalten.

Gewinnung.

Gewinnung. Die Verarbeitung der Teesaat zu Öl erfolgt in der primitivsten Weise auch dort, wo man die letzterwähnten ölreichen Varietäten verarbeitet. Man erhält ungefähr $18—20\,^0/_0$ Öl vom Gewichte der Samenkerne.

Eigenschaften und Verwendung.

Eigenschaften. Das sich im Handel findende Teesamenöl entstammt in der Regel nicht der Saat des echten Teestrauches, sondern fast immer den Samen von C. oleifera, C. drupifera und Thea japonica. Alle diese Öle ähneln einander aber in ihrer chemischen Zusammensetzung und in ihrem physikalischen Verhalten derart, daß sie kaum voneinander unterschieden werden können.

---

[1]) Weil, Saponinsubstanzen, Straßburg 1901, S. 28.
[2]) Semler, Tropische Agrikultur, Wismar 1900, Bd. 2, S. 525.
[3]) Jets over de saponinartige Bestanddeelen van de Saten der Assam Tee, Inaugurationsdissertation, Utrecht 1901.
[4]) Weil, Saponinsubstanzen, Straßburg 1901, S. 18; Chem. Centralbl., 1887, S. 70

Die Teesamenöle sind hellgelb, zeigen einen mehr oder weniger herben Geschmack und müssen wegen ihres, wenn auch nur geringen Saponingehaltes als der Gesundheit schädlich angesehen werden. Sie gehören zu den nicht trocknenden Ölen, erinnern in ihrem Charakter an Olivenöl und bleiben bis unter — 5 ⁰ C flüssig; das Öl aus C. oleifera, welches in China „Cha yau" heißt, soll nach Schädler sogar bis —13 ⁰ C flüssig bleiben.

Lane[1]) hat durch Extraktion des Bleisalzes der Teeölfettsäuren mittels Äthers 88—95 % flüssiger Fettsäuren konstatiert.

Ver-wendung.

Trotz der giftigen Eigenschaften werden Teesamenöle von den Chinesen in der Küche verwendet. Wenn auch die Saponinsubstanzen durch das Kochen zerstört werden, so sollte doch eine Verwendung dieses Öles als Speiseöl nicht stattfinden.

Die Seifenfabrikation hat in dem Teesamenöl ein sehr gutes Rohmaterial; es gibt ausgezeichnete harte, weiße Seifen. Das Vorhandensein von Saponin übt hierbei keinen Nachteil, im Gegenteil verstärkt es die Schaum- und Waschkraft der Seife.

Auch als feines Schmieröl (Uhrmacheröl) ist das auffallend säurefreie und nur schwer ranzig werdende Öl gut verwendbar, wie es auch als Haaröl und zu Salben in China und Japan viel benutzt wird.

Rückstände.

Die beim Auspressen geschälter Teesaat erhaltenen Rückstände (Teesamenkuchen) sind von weißer Farbe, schmecken anfangs süßlich, aber dann rasch bitter und scharf und lassen ein kratzendes Gefühl im Schlunde zurück. Das im Samen enthaltene Saponin geht fast vollständig in den Kuchen über und macht diesen daher für Futterzwecke total ungeeignet.

Teesamen kuchen.

Der Stickstoffgehalt dieser Rückstände ist im Vergleich zu anderen Ölkuchen gering; er beträgt nur 1,92 % (= 12,0 % Rohprotein). An Asche enthält der Teesamenkuchen 3,3—4,07 %, wovon nach Mann[3]) 0,58 % Phosphorsäure sind. Der Düngewert des Kuchens ist somit recht gering und macht seine weitere Verfrachtung unrentabel. Man verwendet ihn wegen seines leichten, durch den Saponingehalt bedingten Schäumens als

---

[1]) Journ. Soc. Chem. Ind., 1901, S. 1083 (siehe auch Itallie, Journ. Soc. Chem. Ind., 1894, S. 79).

[2]) Davis und Holmes, Wagners Jahresberichte, 1885, S. 873.

[3]) H. H. Mann, Oil, Paint and Drug Rep., 1902 (siehe auch Seifensiederztg., Augsburg 1904, S. 96). Nach O. Kellner (Mitteilungen d. deutsch. Gesellschaft f. Natur- u. Völkerkunde Ostasiens, 4. Bd., S. 35) sind die Teesamenkuchen reicher an Rohprotein und Asche und enthalten:

Wasser	10,99 %
Rohprotein	13,31
Asche	6,25

Seifenersatz- und Fleckenreinigungsmittel; er ist zu Wasch-
zwecken mindestens ebenso gut geeignet wie die Panamarinde, an deren
Stelle er in Japan treten könnte, wenn man in letzterer schlechte Ernte hat.

In China nennt man den in gepulvertem Zustande stark zum Niesen
reizenden Preßrückstand der Samen von C. oleifera „Cha-tsai-fan". Er
dient ferner als Betäubungsmittel beim Fischfang sowie zum Vertreiben
von Insekten und Würmern aus Blumentöpfen und Grasplätzen und
kommt auch in Form dünner, runder Kuchen unter dem Namen „Cha-
Tsai-Peng" als Kopfwaschmittel in den Handel[1]).

Handel.

Handel. Wir verdanken Crevost und Brenier[2]) einige Angaben über den
Handel mit Teesamen und Teesamenöl in Cochinchina:

Die Hauptmärkte des Gebietes Thanh-ba für Teesamen sind der
von Van-bàng (Kreis Cam-khe), Vinh und Van-làng (Kreis Ha-hoa)
und Vu-yèn (Kreis Thanh-ba). Als Maß dient ein zylinderförmiger Korb
aus Bambus von ca. 8 Litern Inhalt mit einem inneren Durchmesser von
22 cm und einer fast gleichen Höhe (im Verhältnis von 7 : 9).

Das Gewicht des gefüllten Korbes schwankt indessen, je nachdem die
Samen mehr oder weniger getrocknet sind. Fünf Tage nach der Ernte
gewogen, zeigt der Korb im Mittel ein Gewicht von 5 kg; zwei Monate
nachher wiegt er bloß 3,5 kg.

Der Preis des Öles, welches zu Speisezwecken verwendet wird, ist
im Mittel 0,30 Dollar oder 0,72 Franken per Liter; im allgemeinen verkauft man das Öl in Gebinden von 1,34 Liter zu einem Preise von
0,40 Dollar (0,96 Franken).

Coulanußöl.

Huile de noix de Coula. — Huile de Koumounou.

Herkunft.

Ab-
stammung. Dieses Öl wird aus den Samen eines sich am Gabon und im französischen Kongogebiet findenden, besonders auf den dortigen Küstenstrichen anzutreffenden Baumes (Coula edulis Baillon) gewonnen. Die
M'Pongués vom Gabon nennen diesen Baum Coula, die Schwarzen von
Loango dagegen Koumounou und verwenden dessen Samenkerne hauptsächlich als Nahrungsmittel. Die Heranziehung der Samen zur Ölgewinnung hat bisher nur eine untergeordnete Bedeutung.

---

[1]) H. Mc Callum, Wagners Jahresberichte, 1885, S. 1083.
[2]) Notices publiées par la Direction d'agriculture, des forêts et du commerce
de l'Indochine, 1906, S. 97.

Rohmaterial.

Die Samen — Coulanüsse[1]) (Fig. 93) — sind fast kugelrund, dabei
aber unregelmäßig höckerig und ähneln einer kleinen Walnuß, nur daß die
bei letzterer vorhandene meridionale Wulst hier fehlt, wie sich die Coulanuß auch nicht in zwei Hälften teilt, sondern vom Scheitel aus in drei
unregelmäßigen Klappen aufspringt. Die Steinschalen der Samen sind
mitunter noch von Teilen des eingetrockneten Fruchtfleisches umgeben und
erscheinen dann schwarzbraun; fehlen diese Fruchtfleischreste, so ist die
Farbe der Nüsse rostfarbig.

Fig. 93. Coulanuß (natürliche Größe). Nach Heckel.
a und *b* = ganze Nuß, *c* = Querschnitt derselben.

Die Steinschale ist von ganz ungewöhnlicher Härte, ca. 3 mm dick
und umschließt einen losen, mandelartig schmeckenden Kern, der an den
der Haselnuß erinnert. Er ist von einer dünnen, schlüpfrigen, zimt-
braunen Samenhaut überkleidet und macht ungefähr $25\,^0/_0$ vom Gewichte
der ganzen Nuß aus[2]).

Die Steinschale der Coulanuß hat Hébert[3]) untersucht und in der
Trockensubstanz gefunden:

Rohprotein . . . . $11,25\,^0/_0$
Rohfett . . . . $4,09$
Wasserlösliche organische Substanzen $4,03$
Rohfaser . . . . $29,82$
Andere organische Stoffe . . . . . $47,78$
Asche . . . . $3,03$
$100,00\,^0/_0$

Hébert fand im Samenkern einen Wassergehalt von $10,5\,^0/_0$ und
$22\,^0/_0$ Fett. Heckel[4]) konstatierte einen Fettgehalt von $28,2\,^0/_0$ (Extraktion

---

[1]) Heckel machte auf die naheliegende Verwechslung der Samen von Coula
edulis Baillon mit den sogenannten Kola- oder Gurunüssen aufmerksam, welch
letztere als Narkotikum (koffeinhaltig) bekannt sind und der Familie der Sterculiaceen
entstammen.

[2]) Moeller, Über afrikanische Ölsamen, Dinglers polyt. Journ., 1880,
Bd. 238, S. 430.

[3]) M. Hébert, Sur les graines de Coula du Congo francais.

[4]) Heckel, Les graines grasses nouvelles, Paris 1902, S. 9.

durch Schwefelkohlenstoff), was auf die ganze Nuß 7,05 % ausmacht. Die Angaben Schädlers[1]), wonach die Samenkerne von Coula edulis Baillon 35—40 % Fett enthalten, sind entschieden zu hoch gegriffen.

Eigenschaften und Verwendung des Fettes.

Das Coulaöl, welches in Afrika durch Auspressen gewonnen wird, ist nach erfolgter Klärung vollkommen klar, von gelber Farbe, zeigt eine Dichte von 0,913 (bei 30 ° C) und erstarrt ungefähr beim Nullpunkt, um bei + 5 bis 6 ° C wieder zu schmelzen.

Die abgeschiedenen Fettsäuren des Coulaöles bestehen fast ausschließlich aus Ölsäure.

Bei der großen Haltbarkeit des Öles könnte es als Schmieröl für Feinmechanismen gute Verwendung finden. Es eignet sich auch für Seifensiederzwecke und andere technische Verwendungen.

Rückstände.

Schlagdenhauffen hat den Extraktionsrückstand der Kerne von Coula edulis Baillon näher untersucht; seine Angaben lauten wie folgt:

Rohprotein	11,812 %
Rohfett	0,875
Kohlehydrate	32,531
Rohfaser	52,418
Asche	2,364
	100,000 %

Eine wirtschaftliche Bedeutung kommt den Coulanußkuchen ebenso wenig zu wie dem Coulaöle.

Ximeniaöl.

Huile de citron de mer. — Huile d'elozy zégué.

Abstammung.

Dieses Öl liefern die Samen von Ximenia americana L., einem ästigen, dem Zitronenbaume ähnlichen, strauchartigen Baume von 4—5 m Höhe. M. de Lanessan[2]) und J. Moeller[3]) beschreiben die Pflanze bzw. deren Samen unter dem Namen Ximenia gabonensis, einer willkürlich gewählten Bezeichnung, denn in den Werken von Baillon über die Flora am Gabon ist nirgends eine Spur dieser Benennung zu finden und der „Index Kewensis", welcher in dieser Beziehung besonders vollständig ist, macht davon ebenfalls keine Erwähnung. Der am Gabon wachsenden Ximenia kommt keine Originalität der Form zu und sie kann nicht mit mehr Recht

---

[1]) Schädler, Technologie d. Fette u. Öle, 2. Aufl., Leipzig 1892, S. 662.
[2]) Lanessan, Plantes utiles des colonies francaises, Paris 1874, S. 834.
[3]) Dinglers polyt. Journ., 1880, Bd. 238, S. 430.

von Ximenia americana unterschieden werden als die folgenden, von verschiedenen Autoren ermittelten Arten: Ximenia aculeata Crantz, Xim. arborescens Tussac, Xim. elliptica Forster, Xim. fluminensis Röm., Xim. inermis L., Xim. laurina Del., Xim. lauranthifolia Span., Xim. montana Jacq., Xim. oblonga Lamk, Xim. Russeliana Wall., Xim. spinosa Salisb., in welch allen man nur Varietäten der Ximenia americana sehen darf.

M. Pierre[1]) beschreibt diese Pflanze als einen Strauch von 1—3 m Höhe, der gewöhnlich an den Rändern von Sümpfen und Lachen (besonders an der Küste der Insel Phu-quôc) wächst; R. P. Duss[2]) bemerkt, daß dieser Strauch in Guadeloupe gedeiht, wo er sehr zahlreich auf steinigem und trockenem Boden vorkommt, sowie auf dem Küstenstrich von Martinique, wo er unter dem Namen „Prune bord-de-mer" bekannt ist. Sagot und Raoul[3]) bezeichnen ihn als Küstenpflanze und Abart von Ximenia elliptica, welche die „Rama" der Bewohner von Tahiti sein dürfte[4]).

Die Ximenia findet sich in fast allen Tropengegenden (Amerika, Asien, Ozeanien und Afrika); besonders in Amerika und an der Küste Westafrikas ist sie häufig anzutreffen. Das wohlriechende Holz des Baumes wird von den Brahmanen bei ihren Zeremonien an Stelle des Sandelholzes gebraucht[5]).

Fig. 94. Frucht von Ximenia americana. (Natürliche Größe.)

Rohprodukt.

Frucht.

Die Frucht (Fig. 94) ist eine eiförmige einsamige Steinfrucht mit fleischiger Fruchthülle von der Größe eines Taubeneies, 3 cm lang und 2 cm breit; der obere Teil erscheint zugespitzt.

Das vielfach genossene Fruchtfleisch soll leicht abführend wirken. wie auch der Samenkern nach Angaben einiger Naturforscher purgierende Eigenschaften besitzen soll, eine Behauptung, die von Heckel allerdings bestritten wird.

a b c
Fig. 95. Same von Ximenia americana. Nach Heckel. (Natürliche Größe.)
a und c = ganzer Same von der Seite und von oben gesehen, b = Längsschnitt.

Same.

Hat man von dem Samen das Endokarpium abgelöst, so stellt er ein Ovoid von Isabellenfarbe dar, dessen Oberteil leicht spitz zuläuft (Fig. 95). Der

---

[1]) Flore forestière de Cochinchine, Bd. 18, S. 265.
[2]) Annales de l'institut colonial de Marseille, 1897, S. 113.
[3]) Manuel des Cultures coloniales, S. 227.
[4]) Vergleiche: Heckel, Les graines grasses nouvelles, Marseille 1903, S. 27.
[5]) Hooker, Flora of British India, Bd. 2, S. 94; H. Drury, Useful plants of India, Madras 1856, S. 217.

Querschnitt des Endosperms zeigt eine korkartige Zone, die ein Häutchen umschließt, das beim Ritzen dem Messer · nur geringen Widerstand entgegensetzt und von vieleckigen Zellen mit wenig dicken Wänden gebildet wird, die mit einem flüssigen Fettkörper gefüllt sind. Inmitten dieses einförmig öligen Gewebes sieht man hie und da getrennte Zellen oder Zelleninselchen von goldgelber Farbe, die einen festen Körper von harzähnlichem Aussehen einschließen, der in Alkohol löslich ist.

Der Same kommt aus den Ursprungsländern von seinem Endokarp entblößt auf den Markt und in diesem Zustande ist sein mittleres Gewicht 3,5 g. Der von seiner Schale befreite Samenkern wiegt 2 g. Nach Heckel bestehen die Samen aus:

$$59,79\,^0/_0 \text{ Kernen und}$$
$$40,21\,^0/_0 \text{ Schalen.}$$

Der Ölgehalt des ganzen Samens beträgt $41,43\,^0/_0$, der des reinen Kernes $69,30\,^0/_0$. Ältere Angaben, die nur auf einen Ölgehalt von $7\,^0/_0$ lauten, müssen als unrichtig bezeichnet werden.

Gewinnung, Eigenschaften und Verwendung. [1])

Eigenschaften.   Heckel berichtet, daß ein Auspressen des Öles aus dem Samenkern wegen der Zähflüssigkeit des ersteren unmöglich sei und daß bei der Verarbeitung der Ximeniakerne nur die Extraktionsmethode in Betracht kommen könne.

Das Öl ist gelb, viskos und nichttrocknend; seine Dichte ist 0,925 (bei 15⁰), sein Geschmack angenehm.

Das Ximeniaöl kann in frischem Zustande als Speisefett Verwendung finden. Für die Stearinfabrikation eignet es sich weniger gut, dafür gibt es aber ein vortreffliches Seifenmaterial.

Rückstände.

Preßkuchen.   Die Extraktionsrückstände der Ximeniasamen müssen infolge ihres hohen Stickstoffgehaltes als wertvolles Futter- und Düngemittel angesehen werden. Von der Verfütterung auszuschließen wären nur die Rückstände einiger Samenvarietäten, welche abführende Eigenschaften aufweisen.

Hartriegelöl.

Huile de cornouiller. — Sanguinella Oil. — Dogwood Oil. — Olio di Sanguinella.

Abstammung.   Das Hartriegelöl entstammt den Früchten des roten Hartriegels (Cornus Sanguinea L.). Barbi[2]) fand den Ölgehalt der Hartriegelfrüchte mit $55\,^0/_0$, wovon er $30\,^0/_0$ durch Pressung, den Rest durch Extraktion mit Schwefelkohlenstoff gewann.

---

[1]) Siehe auch Suzzi, I semi oleosi e gli oli, Asmara 1906.
[2]) Rivista di merciologia, Bd. 2, S. 1.

Das Hartriegelöl ist von grünlichgelber Farbe und zeigt einen an minder- Eigen-
schaften.
wertiges Olivenöl erinnernden Geruch und bei 15° C eine Dichte von 0,921.
Der Erstarrungspunkt dieses Öles liegt nach de Negri und Fabris[1]),
welche über dasselbe eine kurze Monographie veröffentlichten, bei —15° C.
Das Hartriegelöl soll als Brennöl und zu Seifensiederzwecken Verwendung finden.

Schwarzkümmelöl.

Huile de nigelle. — Small fennel Oil. — Olio di cominella. —
Olio di nigella.

Der in die Familie der Hahnenfußpflanzen (Ranunculaceen) Ab-
stammung.
gehörende Schwarzkümmel, auch schwarzer Koriander oder Narden-
samen genannt (Nigella sativa), birgt in seinen matten, tief schwarzbraunen bis pechschwarzen, $2^{1}/_{2}$ bis 3 mm langen und 2 mm dicken,
eiförmigen, auf dem Rücken schwach gewölbten Samen ein fettes Öl, welches
in Ostindien gewonnen und zu Speisezwecken verwendet wird.

Die Schwarzkümmelsamen enthalten nach Wigand 35% fetten Eigen
schaften.
und 0,8% ätherischen Öles, welch letzteres seinen Sitz in der Oberhaut
des Samens hat. E. Greenish wies in den Samen 1,4% eines Melan-
thin benannten Glykosids der Formel $C_{20}H_{33}O_7$ nach[2]).

Suzzi fand in Schwarzkümmelsamen von Abessinien, die dort Aves-
seda heißen,

$$6,76\% \text{ Wasser und}$$
$$39,95\% \text{ Rohfett.}$$

Die Samen werden hauptsächlich als Gewürz verwendet und kommen
nicht selten mit den Samen von Datura Stramonium und Agrostemma
Githago verfälscht in den Handel.

Mit dem Schwarzkümmelöle haben sich bisher nur Crossley und
Le Sueur[3]) sowie Suzzi näher befaßt. Es wurde als ein nicht trocknendes
Öl von der Dichte 0,9248 (bei 15° C) erkannt, das zwischen —1° und
—19° C erstarrt und eine hohe Azidität (25—45% freier Fettsäuren) besitzt.
Das Öl zeigt den charakteristischen Geruch des Schwarzkümmelsamens,
Bittergeschmack und ist von rötlicher Färbung.

Eichenkernöl.

Eichelöl. — Eicheckernöl. — Huile de gland. — Acorn Oil. —
Olio di ghiande.

Das durch Extrahieren der Früchte unserer Eiche (Quercus agrifolia) Eichen-
kernöl.
mittels Benzins oder Äthers erhaltene dunkelbraune, fluoreszierende, bei

---

[1]) Annali del Labor. Chim. delle Gabelle, 1891/92, S. 181.
[2]) Harz, Landw. Samenkunde, Berlin 1885, S. 1070.
[3]) Lewkowitsch, Chem. Technologie u. Analyse der Öle, Fette u. Wachse,
Braunschweig 1905, 2. Bd., S. 151.
[4]) Journ. Soc. Chem. Ind., 1896, S. 206.

längerem Stehen Stearin abscheidende und bei $+10^0$ C erstarrende Öl, dessen spezifisches Gewicht 0,9162 (bei 15^0 C) ist, wurde von Blasdale untersucht. Eine technische Bedeutung kommt ihm nicht zu.

Muskatöl.

Kalifornisches Muskatöl. — Huile de noix de California. — Californian nutmeg Oil. — Olio di noci di California.

Muskatöl.

Die Konstanten dieses aus den Früchten von Tumion californicum erhaltenen Fettes, welches bei 19^0 C schmilzt und bei 15^0 C eine Dichte von 0,9072 besitzt, wurden von Blasdale bestimmt[1]).

Holunderbeerenöl.

Huile de sureau. — Elderberry Oil. — Olio di sambuco.

Herkunft.

Die Beeren des roten Holunderbusches (Sambucus racemosa) enthalten ein Öl, das von Zellner[2]) untersucht wurde.

Eigenschaften.

H. G. Byers und Paul Hopkins[3]) extrahierten aus den Kernen der Spezies Sambucus racemosa arborescens, die an den westlichen Abhängen des Kaskadengebirges und in den Niederungen um den Putgetsund häufig vorkommt, ein gelbes Öl, das bei längerem Erhitzen auf dem Wasserbade nachdunkelte, eine Dichte von 0,9072 (bei 15^0 C) aufwies, bei -8^0 C erstarrte und bei 0^0 C wieder schmolz.

Die Fettsäuren dieses Öles bestanden aus:

22,0 % Palmitinsäure,
73,6 % Öl- und Linolensäure,
3,0 % Kaprin-, Kapron- und Kaprylsäure.

An freien Fettsäuren waren in einer Probe 6,65 % vorhanden, an Unverseifbarem 0,66 %; letzteres kristallisierte in hellgelben hexagonalen Tafeln und ist Träger des eigenartigen Geruches des Holunderöles.

Kaffeeöl.

Kaffeebohnenöl. — Huile de café. — Coffee berry Oil. — Olio di caffè.

Herkunft und Rohmaterial.

Abstammung.

Die Kaffeebohnen (von Coffea arabica L.) enthalten namhafte Mengen von Fett, doch schwanken die einzelnen Sorten in ihrem Ölgehalte beträchtlich. Guten Mokka-Kaffeebohnen soll man nach Payen 10—13 % Öl durch

[1]) Journ. Soc. Chem. Ind., 1896, S. 206.
[2]) Monatshefte f. Chemie, 1902, S. 937.
[3]) Journ. Americ. Chem. Soc., 1902, S. 771, durch Chem. Revue, 1902, S. 221.

Äther entziehen können. Beim Rösten der Bohnen erleidet das Öl nur eine geringe Veränderung, dagegen geht bei der Röstoperation nach Hilger und Juckenack[1]) ein Teil des Öles (9—10 %) verloren. Mit Zucker glasierte Bohnen verlieren sogar 20 % ihres Ölgehaltes.

Eigenschaften.

Das durch Äther extrahierte Kaffeebohnenöl ist von intensiv grünlich-brauner Farbe und riecht schwach nach rohem, ungebranntem Kaffee. Seine Dichte beträgt 0,951—9525, sein Erstarrungspunkt liegt bei +3˙ bis +6 °C[2]). De Negri und Fabris beobachteten bei längerem Stehen von Kaffeebohnenöl ein Ausscheiden geringer Mengen weißer kristallinischer Substanzen, welche den Charakter des Koffeins hatten und auch dessen Reaktionen zeigten. Nach Späth[3]) enthält das Öl 2,25—2,29 % freier Fettsäuren. Hilger fand bei einer von ihm untersuchten Probe eine Azidität von 7 %. Das Öl soll der Hauptsache nach aus Olein bestehen, doch sind neben diesem auch Palmitin und Stearin vorhanden[4]).

Eigen-
schaften.

Ungnadiaöl.

Herkunft.

Dieses Öl wird aus den Samen des in Texas heimischen, zur Familie der Sapindaceen gehörenden Baumes Ungnadia speciosa Endl. gewonnen.

Ab-
stammung.

Rohprodukt.

Die Frucht des Ungnadiabaumes ist eine breite, dreilappige Kapsel, deren herzförmige Klappen zur Zeit der Reife aufspringen. In jedem der drei Fächer befindet sich ein Samen von nußartiger Gestalt. Die kastanienbraune, zerbrechliche Samenschale ist weiß und hat einen angenehmen süßen Geschmack, erregt aber nach dem Genusse Unwohlsein (Neigung zum Brechen).

Same.

Eigenschaften.

Durch Auspressen des Ungnadiasamens kann man ein hellgelbes, dünnflüssiges Öl von angenehmem, mandelölartigem Geschmack gewinnen. Dieses Öl, welches bei 15 °C eine Dichte von 0,912 zeigt und bei −12 °C erstarrt, dessen Fettsäuren bei 19 °C schmelzen, um bei 10 °C wieder fest zu werden, gibt ein vortreffliches Speisefett ab. Schädler[5]), der das Öl näher untersuchte, fand neben Ölsäure (75 %) nur Palmitin- und Stearinsäureglyzerid.

Eigen-
schaften.

---

[1]) Forschungsberichte, 1897, S. 119.
[2]) Annali del Labor. chim. delle Gabelle, 1893, S. 213.
[3]) Chem. Ztg. Rep., 1895, S. 292.
[4]) Chem. Centralbl., 1894, S. 200; Chem. Ztg., 1895, S. 776.
[5]) Pharm. Ztg., 1889, S. 340.

Strophantusöl.

Huile de strophante. — Strophantus seed Oil. — Olio di strofanto.

Das Strophantusöl[1]) erhält man aus den Samen von Strophantus hispidus. Es ist ziemlich dick, von bräunlichgrüner Farbe und erscheint bei durchfallendem Lichte gelbbraun. Der Geruch des Öles ist narkotisch. In Wasser unlöslich, in den gebräuchlichen Fettlösungsmitteln dagegen leicht löslich, bleicht es im Sonnenlichte sehr schnell. Es zeigt eine Dichte von 0,925, einen Erstarrungspunkt von $-6\,^0$ C und enthält neben Ölsäure, Stearin- und Arachinsäure sowie geringe Mengen flüchtiger Fettsäuren.

Kapuzinerkressenöl.

Tropäolumöl. — Huile de cresson d'Inde. — Tropaeolum Oil. —
Olio di tropeolo.

Das Kapuzinerkressenöl[2]) ist in den Samen von Tropaeolum majus enthalten. Durch Extraktion dieser Samen mittels Äthers erhält man ein Öl, das bei Zimmerwärme drüsenförmige, aus reinem Trierucin bestehende Kristalle abscheidet. Das Öl enthält ungefähr $1\,^0/_0$ Phytosterin.

Paradiesnußöl.[3])

Huile de noix de paradis. — Paradise nut Oil. — Olio di noci
del paradiso.

Das Paradieskörneröl entstammt den Samen des zur Familie der Myrtaceen gehörenden Baumes Lecythis zabucajo Aubl. = Quatelé zambucajo, der in Guyana zu finden ist.

De Negri bestimmte oder extrahierte aus den Samen ungefähr $50\,^0/_0$ eines schmutzigweißen, fast farblosen Öles von fettem Geschmacke. Das mit Petroläther gewonnene Öl hat einen Säuregehalt von 3,19 und eine Acetylzahl von 74,08. Das ein spezifisches Gewicht von 0,895 besitzende Öl erstarrt bei $+4$ bis $+6\,^0$ C.

Mutterkornöl.

Huile de seigle ergoté. — Secale Oil. — Olio di segala cornuta.

Das Mutterkornöl ist in den Samen von Secale cornutum enthalten. Nach Mjöen[4]) besitzt es ein spezifisches Gewicht von 0,925 und liefert Fettsäuren, welche bei $39,42^0$C schmelzen. Die Acetylzahl wurde mit 62,9 festgestellt.

---

[1]) Mjöen, Archiv d. Pharm., Bd. 234, S. 283; Bjalobrsheski, Pharm. Journ., 1901, S. 199.

[2]) Gadamer, Archiv d. Pharm., Bd. 273, S. 472.

[3]) de Negri, Chem. Ztg., 1898, S. 961. — Battaglia, Les corps gras, 1901, S. 135.

[4]) Archiv d. Pharm., 1894, S. 278.

Exileöl.

Dieses Öl wird aus den Samen des in Westindien und Südamerika Exileöl. heimischen, aber auch in Ostindien vorkommenden Schellenbaumes (Cerbera thevetia L.) gewonnen.

Ihm ähnelt das aus den Samen von Cerbera manghas L. = Cerbera odollam Gaertn. erhaltene, als Brennöl verwendete und ein Wurmmittel abgebende Öl der Samen von Wrightia antidysenterica R. Br. = Codagapale Veppalei.

Pillenbaumöl.

Die kleinen nierenförmigen Samen des in Indien heimischen Pillen- Pillen-
baumöl. baumes (Cleome viscosa L. = Polanisia viscosa D. C.) liefern ein olivengrünes, dünnflüssiges Öl von der Dichte 0,9080 (bei 15° C), welches in Hindostan unter dem Namen Hoorhoorya, bei den Tamulen als Nahi-Kuddaghoo bekannt ist.

Catappaöl.

Badamöl. — Wildes Mandelöl. — Huile de Badamier. — Huile d'amandes sauvages. — Huile d'amandes des Indes. - Jungle almond Oil. — Budam oder Bademie (Hindostan). — Adamarum (Malabar). — Cotumba (Ceylon). — Catappa (Mysore).

Das Catappaöl wird aus den Samen des in allen heißen Gegenden Catappaöl. gepflanzten Schirm- oder echten Catappenbaumes (Terminalia Catappa L.) gewonnen. Die in einer ovalen Steinfrucht steckenden Samenkerne schmecken mandelartig und werden von den Eingeborenen gern gegessen. Die Fruchtschalen des Catappenbaumes (auch wilder oder javanischer Mandelbaum genannt) sind reich an Gerbstoff. Die Samenkerne werden wegen des in ihnen enthaltenen Öles (ca. 50%) von äußerst mildem Geschmacke zur Ölgewinnung herangezogen. Das Catappaöl ist hellgelb, fast geruchlos, hat eine Dichte von 0,918 (bei 15° C) und scheidet bei einer Temperatur von 5° C beim Stehen Stearin ab[1]).

Myrobalanenöl.

Dieses Öl ist in den Samen eines wie der Catappabaum in die Familie Herkunft. der Combretaceen gehörigen Baumes (Terminalia bellerica Roxb. = Terminalia punctata D. C. = Terminalia chebula Willd.) enthalten. Die mit einem feinen wolligen Haarüberzug versehenen Früchte dieser Terminaliaart kommen in getrocknetem Zustande als „bellerische Myrobalanen" auf den Markt und werden zum Gerben verwendet.

---

[1]) Schädler, Technologie d. Fette u. Öle, 2. Aufl., Leipzig 1892, S. 585.

Eigen-
schaften.

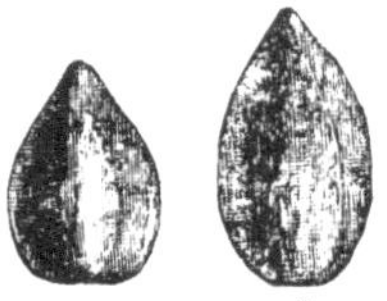

In einer Probe der von einer goldgelben glänzenden Samenhaut überzogenen Samenkerne (Fig. 96)
konnte ich 43,97 % Öl konstatieren. Das Durchschnittsgewicht der Samenkerne fand ich mit 0,573 g.

Das bisweilen aus den Kernen gewonnene Öl ähnelt
in seinen Eigenschaften dem Lentiscusöl und läßt
sich leicht in ein hellgrünes Öl und in ein weißes, butter-
artiges Fett trennen.

a   *b*
Fig. 96. Terminalia
bellerica.
a = kleiner Samenkern.
b = großer Samenkern.
(Natürliche Größe.)

Chebuöl.

Unter Myrobalanenöl wird auch das von Schädler als

Chebuöl

bezeichnete Fett der Samen von Terminalia Chebula Retz. = Terminalia
tomentosa Wright et Arn. = Myrobalanus Chebula Gaertn. verstanden,
einem in Vorder- und Hinterindien, auf Ceylon und dem südost-
asiatischen Archipel verbreiteten Baume, dessen Steinfrüchte die „echten
Myrobalanen" abgeben. Diese länglich birnenförmigen, mehr oder weniger
fünfkantig stumpfgerippten Früchte haben unter einer 3 bis 5 mm dicken,
grünlich- bis schwarzbraunen Schicht eine ungefähr 7 mm dicke gelbe, harte
Steinschale, unter welcher der mit einer gelbbraunen dünnen Samenhaut
bedeckte Samenkern liegt. Letzterer ist ölärmer als der der Catappafrucht.
Das Chebuöl ist dünnflüssig und farblos.

Roßkastanienöl.

Huile de marron d'Inde. — Huile d'hippocastane. —
Horse chestnut Oil.

Roß-
kastanienöl.

Die reifen Samen der Roßkastanie (Aesculus hippocastanum L.) enthalten 6 bis 8 % eines Öles, welches von grünlichblauer Farbe ist, einen eigentümlich rübenartigen Geschmack besitzt und sich lange hält, ohne ranzig zu
werden. Das eine Dichte von 0,927 (bei 15 ° C) zeigende Öl wird durch Aufkochen der zerkleinerten Roßkastanien mit verdünnter Schwefelsäure erhalten,
wobei sich das Öl auf der Oberfläche des Säurewassers ansammelt.

Das Roßkastanienöl wird teils als Brennöl, teils als Heilmittel
(gegen Gicht und Rheumatismus) verwendet.

Javaolivenöl.

Stinkbaumöl. — Stinking bean Oil. — Telamboo (Ceylon). — Jungle
Badam (Birma). — Penary marum (Tamulien). — Garupa-badam-
chettu (Telinga). — Djankang (Java).

Herkunft.

Ab-
stammung.

Dieses Öl wird aus den sogenannten Javaoliven oder Kaloempang-
bohnen (Olives de Java) gewonnen. Es sind dies die Samen des zur Familie
der Sterculiaceen oder Columniferen (Stinkblütler) gehörigen fingerblätte-

rigen Stinkbaumes, auch Stinkmalve genannt (Sterculia foetida L.), welcher in Vorderindien, Neu-Südwales, auf Ceylon, Cayenne, in Birma und Amerika kultiviert wird, und zwar hauptsächlich seines Holzes wegen. Nach Watt ist dieses von schwammiger, weicher Beschaffenheit, nach Grisard und v. d. Berghe weißlich oder rötlichbraun, gelb geadert, ziemlich hart und schwer, riecht in frischem Zustande unangenehm und kommt als Cayenneholz oder unter dem Namen „Bois puant" nach Europa.

Rohmaterial.

Die länglichen, faustgroßen holzigen Früchte der Stinkmalve enthalten Javaoliven. 10—15 Stück Samen, die, je nach der Spielart, in Form und Größe, im äußeren Aussehen wie auch im Ölgehalte variieren. Wedemeyer[1]) hat eine Probe von Javaoliven untersucht und ein Durchschnittsgewicht der

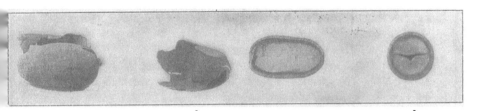

a b c d

Fig. 97. Javaoliven. (Nach Wedemeyer.) (Natürliche Größe.)
a = Ganzer Same mit Bruchstück der Hülle, b = Teil der pergamentartigen Hülle, c = Längsschnitt, d = Querschnitt.

Samen von 2,4 g festgestellt. Die in Figur 97 abgebildeten Samen zeigen eine dünne, pergamentartige Hülle, die graugrün bis schwarz geadert ist und ungefähr 6 $%$ vom Samengewicht ausmacht. Die unter der Hülle liegende harte Samenschale ist außen schokoladefarbig, innen dunkelbraun. Die von ihr umschlossenen fleischigen Kotyledonen sind rein weiß und betragen ungefähr 50 $%$ des Samengewichtes.

Wedemeyer hat den Fettgehalt der Javaoliven und den der einzelnen Teile des Samens festgestellt und folgende Mengen gefunden:
Ölgehalt der ganzen Samen (Hülle, Schale und Fleisch) . . . . 30,2 $%$
Ölgehalt der Hülle 0,0
Ölgehalt der Samenschale 9,8
Ölgehalt des Samenfleisches 46,6

Außer den Samen von Sterculia foetida L. sind auch noch die einiger verwandten Arten sehr ölhaltig. So kommen für die Ölgewinnung in Betracht die Samen von
Sterc. triphacea R. Br., Sterc. appendiculata K. Sch. und Sterc. acuminata P. R.,
welch letztere unter dem Namen Guru- oder Guranüsse bekannt sind.

---

[1]) Zeitschr. f. Untersuchung der Nahrungs- und Genußmittel, 1906, S. 210.

Eigenschaften.

Das durch Auspressen der ungeschälten Javaoliven erhaltene Öl ist von hellgelber Farbe, zeigt einen angenehmen Geschmack, ist mit Äthyläther und Benzin in jedem Verhältnis mischbar, mischt sich dagegen nicht mit absolutem Alkohol. Es ist bei gewöhnlicher Zimmertemperatur spiegelklar, enthält nur geringe Mengen freier Fettsäuren und besitzt ein spezifisches Gewicht von 0,9260 (bei 15 ^{0} C). Beim Erhitzen des Öles auf 240—244 ^{0} C tritt unter weiterer Selbsterhitzung P o l y m e r i s a t i o n ein und es bildet sich ein dem Kirschharz ähnlicher Körper. Werden große Mengen des Öles in ähnlicher Weise behandelt, so findet bei der Polymerisation eine sehr starke Selbsterhitzung statt, wobei die ganze Menge verkohlt oder sich selbst entzündet. Wird durch entsprechendes Abkühlen der Ölmasse eine Temperatur von über 250 ^{0} C vermieden, so erhält man eine an F a k t i s erinnernde, gummiähnliche Masse, welche in keinem der bekannten Fettlösungsmittel löslich ist und an der Luft nicht wieder verharzt, sondern ihre elastische Beschaffenheit beibehält.

Die Fettsäuren des Javaolivenöles verdicken sich beim Trocknen schon bei mäßiger Temperatur. Anhaltendes Erwärmen verwandelt sie ebenfalls in gummiartige, zähe Massen.

Verwendung des Öles und der Preßkuchen.

Auf Java soll das Öl von den Eingeborenen als S p e i s e - und B r e n n ö l verwendet werden.

Über die Verwertung der Preßrückstände ist nichts Näheres bekannt. Da nach W e d e m e y e r die Samen des Stinkbaumes 29,3 % Rohprotein enthalten, muß man den Rohproteingehalt der Preßrückstände auf ungefähr 40 % schätzen. Bei dem angenehmen Geschmacke, welchen das Samenfleisch der Javaolive zeigt, dürften die Preßrückstände daher als ein vorzügliches F u t t e r m i t t e l verwertbar sein.

Kanariöl. [1])

Canariöl. — Javamandelöl. — Huile de Canaria. — Java almond
Oil. — Jungle badam (Hindostan).

Herkunft.

Das Kanariöl stammt aus den Samenkernen verschiedener zur Gattung Canarium der Burseraceenfamilie gehörenden Bäume, die in großen Massen auf vielen Inseln des Malaiischen Archipels anzutreffen sind, besonders aus den Samen des gemeinen Kanarienbaumes (C a n a r i u m c o m m u n e L. = B u r s e r a p a n i c u l a t a Lam. = C o l o p h o n i a m a u r i t i a n a D. C.).

---

[1]) Dieser Name wurde von K. W e d e m e y e r (Seifensiederztg., Augsburg 1907, S 26.) in Vorschlag gebracht.

Rohmaterial.

Same.

Die schmackhaften, mandelartigen Samenkerne sind von einer harten, dreikantigen Schale umgeben und bilden spindelförmige, dreifächrige Steinkerne. Die Entfernung der harten Schale ist ziemlich mühsam, was wohl auch einen Grund bildet, daß man einer Verwertung der Samen nicht recht nachgeht.

Eigenschaften.

Die Samenkerne enthalten nach Wedemeyer 68,6 % Fett, im entölten Rückstande finden sich 34,65 % Protein. Das Öl hat bei 40° C eine Dichte von 0,8953, zeigt schwach gelbe Färbung und angenehmen, milden Geruch. Bei 15° C scheiden sich bereits einige Kristalle festen Fettes aus. Die aus dem Öle abgeschiedenen Fettsäuren schmelzen bei 40,4° C, erstarren bei 37,2° C und bestehen nach Warburg aus 51 % Öl-, 12 % Stearin- und 37 % Myristinsäure.

Verwendung.

Verwendung.

Das Kanariöl[1]) hat heute nur eine lokale Bedeutung; es wird am Gewinnungsorte als Brennöl und zu Speisezwecken benutzt. Man gewinnt es besonders auf den Molukken, auf Java und auf den Bandainseln. Die Erzeugung dieses Öles könnte weit bedeutender sein, als dies in Wirklichkeit der Fall ist, weil der Baum vielfach als Schattenspender in den Muskatnußpflanzungen angebaut wird und auch als Alleebaum sehr beliebt ist. Die Trägheit der Bewohner der betreffenden Landstriche läßt eine Verwertung der ölreichen Samen dieser Bäume aber nicht recht aufkommen.

Andere Burseraceenöle.

Andere Burseraceenöle.

Warburg erwähnt auch ein in Westafrika aus einer dort heimischen Kanarienart gewonnenes Öl sowie das im zentralafrikanischen Seengebiet bekannte rötliche Mpafufett, welches aus dem Fleisch der Früchte eines in dieselbe Familie gehörenden Baumes gepreßt wird.

Nach Engler[2]) geben auch die Samen von Canarium decumanum Rumph und C. oleosum Engl. ein als Speise- und Brennöl verwendbares Öl.

---

[1]) Greshoff (Chem. Ztg., 1903, S. 499) gibt die Zusammensetzung der Samenkerne von Canarium moluccanum, in Niederländisch-Indien Kanari-ambon genannt und offenbar mit Canarium commune identisch, wie folgt an:

Wasser	2,39 %
Rohprotein	15,88
Rohfett	75,36
Stickstoffreie Extraktstoffe . . .	2,54
Rohfaser	1,59
Asche	3,43

[2]) Engler-Prantl, Pflanzenfamilien, Bd. 3, S. 242.

Carapaöl.[1])

Carapaöl. — Andirobaöl. — Kundaöl. — Huile de Carapa. — Beurre de Carapa. — Carapa Oil. — Crab wood Oil. — Andiroba Oil. — Olio di Carapa. — Talli koonat (Westafrika). — Kadalanga (Tamul). — Hundoo (Senegal).

Abstammung.

Herkunft.   Das Carapaöl liefern uns die Samen des zur Familie der Meliaceen gehörenden Carapabaumes oder Crabholzbaumes (Carapa guianensis Aubl.). Der Baum ist zuerst von Aublet beschrieben worden, die Gewinnung des Öles von Bancroft.

Die Heimat des Carapabaumes ist Guayana, wo er besonders in Cachipour, Carséwène und Couanany häufig anzutreffen ist. Nach Duss[2]) findet er sich ferner in Brasilien, auf den Molukken und in spärlicher Menge auch auf Guadeloupe.

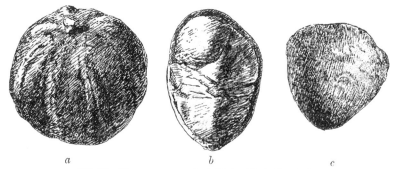

a   *b*   *c*

Fig. 98.   Carapa guyanensis Aublet. (Nach Heckel)
a = Reife Frucht (¹/₃ der natürlichen Größe), von oben gesehen.   *b* = Ein aufgesprungenes Viertel mit vier Samen (¹/₃ der natürlichen Größe).   *c* = Same, mit seiner konvexen Fläche gegen die Fruchtwand geschmiegt (¹/₂ der natürlichen Größe).

In jenen Gegenden, wo man der Sammlung der Früchte Aufmerksamkeit schenkt, spielt sich die Ernte von Februar bis Juni ab. Dieser Haupternte folgt eine Nachernte von September bis Oktober, doch sind die in dieser Periode gesammelten Früchte geringwertiger.

Rohmaterial.

Frucht.   Die Carapafrüchte (Fig. 98) stellen große kugelige, 6—12 cm Durchmesser besitzende, mit einer Spitze und fünf warzigen Längsführungen versehene Kapseln dar, welche in fünf Längslinien aufspringen, ungefähr 5 bis

---

[1]) Das Carapaöl wird sehr häufig mit dem Tulucunafett (aus den Samen von Carapa touloucouna Lam. = Carapa procera D. C.) verwechselt, woraus sich unter anderem seine unzutreffende Einreihung in die Gruppe der festen Fette (in den Werken von Benedikt-Ulzer, Lewkowitsch, Wiesner, Schädler usw.) erklärt.

[2]) Annales de l'Institut col. de Marseille, 1897. S. 130.

12 cm im Durchmesser haben und in Trauben angeordnet sind. Sie enthalten 7—9 kastaniengroße, braune, kantige Samen von sehr verschiedener Größe; die gut entwickelten sind ungefähr 3—4mal so groß wie die kleineren.

Die Samen bestehen aus einer schwammigen, glatten, hellkastanien- Same.
braunen Schale, unter welcher ein fleischiger, öliger Samenkern liegt.

Heckel[1]) stellte für kleine Samen ein Gewichtsverhältnis zwischen Schale und Samenkern von 1 : 2,2, bei großen Samen ein solches von 1 : 5,5 fest.

Die Carapasamen halten sich nicht lange, leiden leicht durch Schimmel, Maden sowie andere Insekten und keimen sehr bald. Heckel fand bei einer größeren Probe von Carapanüssen, daß ein beträchtlicher Teil davon — fast vier Fünftel — halb verfaulte, schwarz gewordene Kerne enthielt. Die verdorbenen Nüsse unterscheiden sich in ungeschältem Zustande in keiner Weise von gesunden.

Die Samenkerne zeigen einen unangenehmen Bittergeschmack und ergaben bei einer von Schlagdenhauffen[2]) vorgenommenen Analyse folgende Zusammensetzung (auf Trockensubstanz gerechnet):

Rohprotein . . . . 9,14 %
Rohfett 55,25
Stickstoffreie Extraktstoffe und Rohfaser 25,24
Alkohollösliche Anteile 9,90
Asche 0,47
$\overline{100,00\,\%}$

Auffallend ist der große Wassergehalt frischer Samen, welcher in der der obigen Analyse zugrunde liegenden Probe 52,48 % betrug.

Die Samen von Carapa moluccensis Lam. = Carapa indica Juss. = Xylocarpus granatum, eines an den Küsten Südasiens anzutreffenden Baumes, liefern ein bitteres Öl, welches ebenfalls den Namen Carapaöl führt und in Indien sowie auf Ceylon als Heilmittel gegen Rheumatismus verwendet wird.

Gewinnung.

Das Carapafett wird nach Chateau[3]) in Guayana nach zwei ver- Gewinnung
schiedenen Arten gewonnen.

Die erste besteht in einem Kochen der unenthülsten Früchte und ihrem nachherigem Aussetzen an der Luft. Die 8—10 Tage belüfteten Früchte werden dann von ihrer Schale befreit, die Mandeln zerkleinert und in Gefäßen der Sonne ausgesetzt, wobei ein Teil des Öles ausfließt. Dieses Öl ist gewöhnlich auch im Schatten flüssig und wird infolge seiner besonderen Reinheit geschätzt und unter anderem als Heilmittel verwendet.

---

[1]) Heckel, Les graines grasses nouvelles, Paris 1902, S. 145.
[2]) Heckel, Les graines grasses nouvelles, Paris 1902, S. 146.
[3]) Les corps gras, 1863, S. 263.

Die Rückstände werden fein zermahlen und unter eine Presse gebracht, wobei man nach Chateau ein konsistentes Öl[1]) erhält, das einen geringeren Wert hat als das durch die Sonnenwärme gewonnene.

Die zweite Gewinnungsart ist noch einfacher als die erste und besteht in einer direkten Entschälung der Früchte sowie in einer darauffolgenden Besonnung. Dieses Öl nennt man Touloumaca (wohl zu unterscheiden von Tulucunaöl).

Das Carapaöl soll nicht selten am Erzeugungsorte mit dem Öle der Samen von Omphalea diandra vermischt werden. Die schwarzen, hartschaligen Samen dieses Strauches sollen 60—65% eines Öles enthalten, welches angeblich dem Carapaöl sehr ähnlich ist.

Eigenschaften.

Eigen-
schaften.

Das Carapaöl, welches von Carapa guyanensis herrührt, ist von hell- bis goldgelber Farbe, zeigt einen auffallenden Bittergeschmack und ist bei gewöhnlicher Temperatur flüssig. Gegenteilige Angaben über den Aggregatzustand dieses Öles, die leider an der Tagesordnung stehen, sind auf Verwechslungen des eigentlichen Carapaöles mit Touloucanafett (von Carapa touloucouna) zurückzuführen. Heckel hat an der Hand von Samen beider ·Arten unzweifelhaft nachgewiesen, daß Carapa guyanensis stets ein bei gewöhnlicher Temperatur flüssiges, Carapa toloucouna dagegen ein festes Fett liefert.

Vielfach hört man die irrige Meinung, daß kalt gepreßtes oder durch Sonnenwärme ausgeschmolzenes Carapaöl flüssig, das durch Warmpressung oder Extraktion gewonnene fest sei.

Charakteristisch für das Carapaöl ist sein intensiver Bittergeschmack. Nach Cadet[2]) soll es geringe Mengen von Strychnin enthalten.

Die Fettsäuren des Carapaöles erstarren bei 39,2° C und bestehen aus Öl- und Palmitinsäure.

Verwendung.

Ver-
wendung.

Das Carapaöl wird in Afrika als Brennöl, Arznei und als Vertreibungsmittel von Insekten verwendet. Sein Bittergeschmack hält von den mit diesem Öle bestrichenen Körperstellen alles Ungeziefer ab. Auch als Konservierungsmittel für Holz (Kähne) dient es. Seine Verwendung als Speiseöl ist ausgeschlossen, weil sich der unangenehme Geschmack durch Kochen mit Wasser oder verdünnter Säure zwar mildern, aber nicht ganz beheben läßt.

Dieses Öl verdient auch als Rohmaterial für die Seifensiederei Beachtung.

---

[1]) Was aber nach Heckel nicht zutrifft.
[2]) Journ. de Pharm., Bd. 5, S. 44.

Rückstände.

Die Carapakuchen können wegen ihres Bittergeschmackes nicht verfüttert werden. Wahrscheinlich sind sie auch giftig (Strychningehalt?).
Sie geben wegen ihres relativ geringen Stickstoff- und Phosphorsäuregehaltes
nur ein mittelmäßiges Düngemittel ab.

Carapa-
kuchen.

Handel.

Während in den bewohnten Teilen Guayanas der Carapabaum nur noch
spärlich anzutreffen ist, weil ihn die Eingeborenen des wertvollen Holzes
halber schonungslos aushauen, ohne für einen Nachwuchs zu sorgen, ist er
im Innern des Landes noch in solchen Massen vorhanden, daß die Früchte
nach Beschreibungen einiger Reisenden den Boden stellenweise kniehoch
bedecken. Es ließe sich also Carapaöl in nennenswerter Menge gewinnen
und auch ein regelmäßiger Export der Samen anbahnen. Das Öl kommt
bisher nur ganz unregelmäßig nach Europa.

Handel.

Baobaböl.

Boababöl. — Affenbrotbaumöl. — Adansoniaöl. — Huile de
baobab. — Baobab Oil. — Olio di baobab.

Herkunft und Geschichte.

Das Baobaböl wird aus den Samen der unter dem Namen Affenbrotbaum
(Monkey bread tree) bekannten, in die Familie der Bombaceen gehörigen
Adansonia digitata L. gewonnen. Die Heimat dieses Baumes (Adansonia digitata L.) sind die Länderstriche des tropischen Afrika; er ist südlich bis Mos-
samedes, nördlich und östlich bis Kalahari zu finden. Im Norden, Osten
und Südosten dehnt sich sein Verbreitungsbezirk von Senegambien nach
Nubien und von hier bis in die Nähe der Delagoabai aus. In Angola
kommt er besonders häufig vor, wogegen er an der Küste von Loango sowie
an den Küstenstrichen Oberguineas nicht zu finden ist. Der Affenbrotbaum
— auch Adansonie genannt — wird nirgends systematisch kultiviert, man
überläßt seine Vermehrung vielmehr ganz und gar der Natur. Sein Name
ist übrigens recht schlecht gewählt und dessen Abstammung läßt sich nicht
erklären, denn alle Arten Meerkatzen sowie der Gorilla und Schimpanse sind
keine Freunde seiner Früchte. Die Eingeborenen Westafrikas nennen den Baum
übrigens Baobab oder auch Boabab. Die Sudanesen heißen ihn Tabaldieh
und an der Ostküste Afrikas führt er den Namen Mbuju. In Indien sind die
Bezeichnungen Puri-maram, Papparap-puli, Anai puliyamaram (Tam.)
bzw. Hathi-Khatiyan, Bara-Khatyan (Dekan) gebräuchlich.

Vorkommen
des
Affenbrot-
baumes.

Die Adansonie kann auf ein ehrwürdiges Alter zurückblicken. Der
Venezianer Aloysius Cadomosto beschrieb die Pflanze im Jahre 1454.
Ihm fiel besonders der wahrhaftig gigantische Umfang der Stämme dieses
Baumes auf, der auf ein in die grauesten Zeiten des Altertums zurück-

Geschicht-
liches.

reichendes Alter hindeutet. Neuere Forschungen, speziell die Messungen
von Ernst, haben indessen gezeigt, daß die früheren Angaben Adansons —
dies ist der Botaniker, dem der Baum seinen botanischen Namen verdankt —
über das Alter einiger Affenbrotbäume übertrieben sind. Man hat als
solches fünftausend und mehr Jahre genannt und Alexander von
Humboldt bezeichnet auf Grund der Adansonsschen Angaben den Baum-
sogar als „das älteste organische Denkmal unseres Planeten".

Der Affenbrotbaum[1]), welcher als Lieferant der in neuerer Zeit be-
sonders beachteten Adanson-Fiber (Bastrinde des Baumes) sowie als
Träger der Orseillefrüchte wichtig ist, zeigt mehrere Varietäten, die
Andere in der Form ihrer Früchte voneinander abweichen. Auch kennt man außer
Adansonie- Adansonia digitata L. noch andere Arten. So die auf Madagaskar heimische
Arten. Adansonia madagascariensis Baillon, die im nördlichen Australien
anzutreffende, etwas kleinere Art Adansonia Gregorii Müller, welche
wegen des säuerlichen Geschmackes ihres Fruchtmarkes auch den Namen
„Saurergurkenbaum" führt, und andere.

Rohmaterial.

Frucht.   Die Früchte (Fig. 99) des Affenbrotbaumes sind anfangs walnußgroß,
wachsen aber sehr schnell und nehmen endlich die Gestalt einer dick-

bauchigen Gurke an. Sie sind oft mehr als 25 cm
lang und mit einer lederartigen, 7 mm dicken Schale
versehen, welche ziemlich fest ist und eine in unreifem Zustande bräunlichgrüne, zur Zeit der Reife
goldfarbig werdende Rinde aufweist. Ein Schnitt
durch die Frucht zeigt, daß sie in 8
bis 10 oder mehr Fächer geteilt ist, ähnlich, wie wir dies bei unserer Orange sehen,
und zwar bestehen die Scheidewände aus
fadenartigen, zähen Fasern. Die einzelnen
Fächer enthalten ein weißes bis rötlichgelbes

a   b

Fig. 99. Baobabfrucht und Same.
a = Frucht durchgeschnitten (verkleinert), b = Same (vergrößert).

schwammiges Mark, in das die Samen
versenkt sind. Filippo Suzzi[2]) gibt das
Gewicht der in Eritrea geernteten Affen-
brotbaumfrüchte mit ungefähr 300 g per Stück an und eine Frucht soll
ungefähr 300 Samen enthalten.

Same.   Die Samen selbst sind nierenförmig und besitzen eine harte, holzige
Schale, welche nach Balland[3]) ungefähr 36 % des Gesamtgewichtes

---

[1]) Das Fruchtfleisch der Adansonie dient in frischem und getrocknetem Zustande
den Negern als Speise.
[2]) Suzzi, I Semi oleosi e gli oli, Asmara 1906, S. 31.
[3]) Bulletin de la Société Centrale d'Agriculture coloniale, Paris 1905; Journ.
de pharm. et chim., 1904, S. 529.

der Samen ausmacht, während sie nach Milliau[1]) nur $20\,^0/_0$ beträgt, nach Suzzi dagegen aber $60\,^0/_0$ darstellt. Diese ungleichen Angaben erklären sich durch die verschiedenen, voneinander ziemlich abweichenden Spielarten des Affenbrotbaumes. Dieselben Unterschiede machen sich übrigens auch bei der Größe der Samen bemerkbar. Während Balland das Durchschnittsgewicht von 100 Baobabsamenkernen mit 100 g (Maximum 139 g, Minimum 73 g) angibt, nennt Suzzi für die Samen aus Eritrea ein Gewicht von 45 g per 100 Stück.

Nach Balland enthalten die Baobabsamen:

Wasser . . . . $5,40\,^0/_0$
Rohprotein 17,60
Rohfett 63,20
Stickstoffreie Extraktstoffe 10,25
Asche 3,55

Die von Balland untersuchten Kerne stammten aus der Gegend von Morondava (Westküste von Madagaskar); von Suzzi untersuchte, aus Eritrea herrührende Kerne der Baobabsamen enthielten dagegen nur $32,7\,^0/_0$ Fett, was mit dem Schalenreichtum dieser Sorte zusammenhängt.

Zippel weiß zu berichten, daß zuzeiten von Hungersnot die entschälten Baobabsamen zu einem Brei verarbeitet und genossen werden, doch soll diese Speise der Gesundheit nicht zuträglich sein.

Gewinnung, Eigenschaften und Verwendung.

Die Baobabsamen werden nur in ganz beschränktem Maße der Öl- Saatverarbeitung. gewinnung dienstbar gemacht. Auf Madagaskar gewinnt man vereinzelt Baobaböl, in anderen Teilen Afrikas ist es dagegen so gut wie unbekannt. Die auf Madagaskar übliche Gewinnungsweise besteht in dem Auskochen der zerkleinerten Samen. Suzzi, welcher ein Auspressen der allerdings recht ölarmen Baobabsamen aus Eritrea versuchte, konnte bei gewöhnlichem Kaltpressen kein Öl ausbringen, wohl aber nach dem Anwärmen des gut zerkleinerten Preßgutes.

Das Baobaböl, wie es auf Madagaskar gewonnen wird, bildet eine weiß- Eigenschaften. liche, bei $15\,^0$ C feste Masse, welche bei $25\,^0$ C teilweise, bei $34\,^0$ C vollkommen flüssig ist. Es zeichnet sich durch einen sehr angenehmen Geruch und Geschmack aus und hält sich an der Luft lange, ohne ranzig zu werden. Es gehört zu den nicht trocknenden Ölen, löst sich in den gewöhnlichen Fettlösungsmitteln und wird auch von absolutem Alkohol in geringen Mengen aufgenommen (bei $20\,^0$ C lösen 100 Teile Alkohol 3 Teile Baobaböl).

Der gute Geschmack und die besonders bemerkenswerte Haltbarkeit Verwendung. des Baobaböles stempeln es zu einem Speisefett und es verdient als

---

[1]) Agriculture pratique des pays chauds, 1904, S. 658.

solches besondere Beachtung. Die Natronseife des Baobabfettes ist hart und weiß, schäumt aber nicht. Das von den festen Anteilen befreite, kältebeständig gemachte Öl brennt mit ruhiger, nicht rußender Flamme.

Rückstände.

Zusammensetzung der Rückstände.

Die Preßrückstände der Baobabsamen sind noch nicht eingehender untersucht, doch hat Suzzi die beim Entfetten der letzteren mit Schwefelkohlenstoff resultierenden Rückstände näher geprüft und dabei gefunden:

Wasser . . . . 13,50 %
Rohprotein 22,25
Stickstoffreie Extraktstoffe 37,02
Rohfaser 18,89
Asche . . . . 8,34.

Die Extraktionsrückstände (jedenfalls auch die Preßkuchen) erwiesen sich als ungiftig und für die Verfütterung geeignet.

Inoyöl. [1]
Pogaöl.

Inoyöl.

Das Inoyöl wird aus den Samenkernen von Poga oleosa gewonnen. Die von einer braunschwarzen, dünnen Schale umgebenen ovalen Samen enthalten über 60 % Öl, das beim Stehen feste Bestandteile ausscheidet und eine Dichte von 0,896 (bei 15° C) besitzt.

Die entölten Samen weisen einen Rohproteingehalt von 41,5 % auf; ihre Asche (8,75 %) ist sehr phosphorsäurereich.

Täschelkrautsamenöl.
Huile de cresson. — Huile de thlaspi. — Cassweed seed Oil.

Täschelkrautsamenöl.

Die Samen des Heller- oder Pfennigkrautes, auch Täschelkraut genannt (Thlaspi arvense L.), sowie die des Hirtentäschelkrautes (Capsella Bursa pastoris L.) enthalten ungefähr 20 % eines halbtrocknenden Öles, welches in einigen Gegenden Frankreichs gepreßt und als Brennöl verwendet wird.

Strychnossamenöl.

Strychnossamenöl.

Die Samen von Strychnos nux vomica enthalten nach A. Schröder 4,2 % eines Öles, das, als Ätherextrakt gewonnen, eine tiefgrüne Farbe, starke Fluoreszenz und intensiven Bittergeschmack zeigt. Sein auffallend niederes spezifisches Gewicht beträgt bei 20° C 0,8826.

---

[1] Oil and Colourman's Journ., 31. Bd., Nr. 431; Chem. Revue, 1907, S. 58.

Schröder[1]), welcher das keinerlei Bedeutung habende Öl näher untersuchte, gibt dafür folgende Zusammensetzung an: Unverseifbares 16,93 %, feste Glyzeride 8,6 %, Olein 74,47 %. Der Gehalt an freien Fettsäuren betrug 13,79 %.

Lindensamenöl.

Huile de graine de tilleul. — Olio di semi di tiglio.

Den ölreichen Samen der verschiedenen Lindenarten (Tilia parvi-folia = T. ulmifolia) hat man bereits vor über 100 Jahren Beachtung geschenkt. Schon im Jahre 1805 schreibt Christian Bohn in seinem „Wörterbuch der Produkten- und Warenkunde": *Herkunft.*

> „Der Same gibt ein süßes Öl, welches dem aus Mandeln ähnlich ist, und die Hälfte seines Gewichtes ausmacht, wenn er auf einer Schälmaschine von der Schale befreit wird. Das Zurückgebliebene benutzt man als Mandelkleie"[2]).

Die Lindensamen enthalten nach den Untersuchungen von C. Müller[3]) bis zu 58 % Öl.

Dieses ist von hellgelber Farbe, angenehm mildem, süßem Geschmack, wird nicht leicht ranzig und hält Kältegrade unter —20° C aus, ohne zu gefrieren. Es würde ein vorzügliches Speiseöl abgeben. *Eigenschaften.*

Die in letzter Zeit in der Fachliteratur aufgetauchten Mitteilungen[4]) über das Lindensamenöl sind wohl kaum auf besondere Studien zurückzuführen, sondern mehr als Wiederholungen der Resultate Müllers zu betrachten.

Lindenholzöl.

Huile de tilleul. — Baßwood Oil. — Olio di tiglio.

Mit dem Lindensamenöl darf nicht das durch Extraktion des geraspelten Holzes[5]) der amerikanischen Linde (Tilia americana) mittels Äthers erhaltene, bei —10° C erstarrende Öl von der Dichte 0,938 (bei 15° C)[6]) verwechselt werden. *Lindenholzöl.*

---

[1]) Archiv d. Pharm., 1905, Bd. 243, S. 628; Chem. Revue, 1906, S. 12.
[2]) Die damaligen Versuche, die Lindensamen an Stelle der Kakaobohnen für die Schokoladefabrikation zu benutzen, schlugen fehl.
[3]) Seifenfabrikant, 1891, S. 183.
[4]) Wjestnik schirowych wjeschtsch, 1905, S. 155.
[5]) A. Lidoff (Wjestnik schirowych wjeschtsch, 1904, S. 99) macht auf die Fettbildung beim Verwesen der Laub- und Nadelhölzer aufmerksam. Das Fett ist hier als das Produkt niederer Organismen (Pilze) zu betrachten, die neben Pigmenten auch Fett bilden und teils frei bleiben, teils an Pigmente gebunden (Lipochrome) werden.
[6]) Weichmann, Americ. Chem. Journ., Bd. 17, S. 305.

Erdmandelöl.

Huile de souches. — Cyperus Oil. — Oleum Cyperi esculenti.

Herkunft.

Während fast alle Pflanzenfette dem Fruchtfleische oder den Samen entstammen, wird dieses Öl aus den knollenförmigen Verdickungen der fadenartigen Wurzeln des Riedgrases — auch Erdmandel, Grasmandel oder indianische Süßwurzel (Cyperus esculentus) — gewonnen. Die Pflanze ist in Südeuropa, in Nordafrika und in der Levante zu finden.

Rohprodukt.

Die erwähnten Wurzelknollen — gewöhnlich Erdmandeln genannt — schmecken nußartig süß und werden vielfach in rohem oder gekochtem Zustande genossen. Sie enthalten ungefähr 20% Öl.

Eigenschaften und Verwendung.

Das golbgelbe, angenehm riechende und schmeckende Erdmandelöl gilt als vorzügliches Speiseöl. Es hat bei 15^0 C eine Dichte von 0,924 und besteht nach Hell und Twer Domedoff aus den Glyzeriden der Öl- und Myristinsäure.

Senegawurzelöl.

A. Schröder[2]) hat auch aus den Wurzeln von Polygala Senega L. ein Öl extrahiert, das von tief dunkelbrauner Farbe war, einen milden Geschmack und einen schwach ranzigen Geruch zeigte. Das Öl, welches sich bis zu $4,5\%$ in den Wurzeln findet, besteht aus $7,93\%$ Palmitin, $79,29\%$ Olein und flüchtigen Glyzeriden sowie aus $12,78\%$ Unverseifbarem. Die flüchtigen Glyzeride enthalten Salizyl- und Valeriansäure, wahrscheinlich auch Essigsäure.

Enzianwurzelöl.

Aus der Wurzel des Enzians (Gentiana lutea L.) extrahierten Hartwich und Uhlmann[3]) mittelst Äthers $5,67\%$ eines terpentinartigen, klebrigen, scharf und bitter schmeckenden, halbflüssigen Fettes, das stark nach Enzian roch und in seiner Zusammensetzung den Cholesterinfetten ähnelte.

Bärlappöl.

Die Sporen unseres Bärlapps (Lycopodium clavatum L.), welche unter den Namen Bärlappsamen, Hexenmehl, Erdschwefel, Blitzpulver, Wurmmehl usw. allgemein bekannt sind, enthalten gegen 50%

---

[1]) Bornemann, Die fetten Öle, Wien 1889, S. 259.
[2]) Archiv d. Pharm., Bd. 243, S. 628; Chem. Revue, 1906, S. 13.
[3]) Archiv d. Pharm., 1902, Nr. 6.

eines hellgelben, geruchlosen, mildschmeckenden Öles von der Dichte 0,925 (bei 15° C), das erst bei —22° C erstarrt.

Das Öl wird durch Extraktion der mit Glassplittern vermischten und damit völlig zerriebenen Sporen erhalten und besteht aus den Glyzeriden der Öl- und Palmitin- sowie jenem der Licopodiumsäure[1]).

Rizinusöl.

Castoröl. — Palmachristiöl. — Huile de ricin. — Huile de castor. — Castor Oil. — Palma Christi Oil. — Lamp Oil. — Olio di ricino. — Oleum Ricini. — Oleum Palmae Christi. — Oleum de Cherua.

Für die Rizinuspflanze und deren Samen kennt man die folgenden, mitunter auch für das Öl gebrauchten Bezeichnungen:

Arand, arend, erend, rand, ind (Hindostan); bherenda (Bengalen); eradom (Santal); eri (Assa.`); areta, alha, orer (Nepal); aneru, karnauli, arind, bedanjir (Pendschab); baz anjir, buz anjir (Afghanistan); erund, ind, rund, yarand (Dekan); erendi (Bombay); diveligo, diveli (Guzerat); amanakkam, sittamunuk, (Tamul.); amadam, amdi, sittamindi, ayen dal eramudapa (Tel.); khirva (Arabien); bedanja (Persien); pi-ma (China); jarak (Sumatra); kiki (Ägypten, Griechenland); djarak kaliki (Java); mamono (Brasilien); higuerilla (Spanisch-Amerika); carapatto (Portugiesisch-Amerika).

Herkunft und Geschichte.

Das Rizinusöl wird aus den Samen der Rizinusstaude oder des Geschichte. gemeinen Wunderbaumes (Ricinus communis L.) gewonnen, welche Pflanze seit den ältesten Zeiten kultiviert wird. Die alten Chinesen kannten bereits das aus den Samen gewonnene Öl und verwendeten es zum Malen sowie zur Zubereitung gewisser Speisen.

In Ägypten reicht die Kenntnis der Pflanze und deren Produkte ebenfalls weit zurück. Herodot berichtet, daß die alten Ägypter die Rizinusstaude, welche er „Kiki" nennt, regelmäßig anbauten und das Öl zum Brennen wie auch zur Herstellung von Salben benutzten. Caillaud fand in ägyptischen Sarkophagen Rizinuskörner, die als Bestätigung weit zurückdatierender Kultur dieser Pflanze angesehen werden können. Zu Herodots Zeiten wurde der Rizinus auch nach Griechenland eingeführt, wo er den Namen „aporano" erhielt.

Die Bibel spricht von der Pflanze unter der Bezeichnung „Kikajon"; die Übersetzung dieses Wortes mit Kürbis ist falsch. Der Legende nach soll vor der Stadt Ninive eine Rizinusstaude in einer Nacht zu Baumhöhe emporgewachsen sein und den Propheten Jona vor der Hitze der Sonnenstrahlen geschützt haben.

---

[1]) Schädler, Technologie d. Fette u. Öle, 2. Aufl., Leipzig 1892, S. 657.

Theophrastus, Nicander, Dioscorides, Plinius u. a. beschreiben die Rizinuspflanze und das Rizinusöl in ihren Schriften ausführlich. Der früher gebräuchliche Name χροτων = Kroton soll von der Ähnlichkeit der Samen mit der im Griechischen gleichbenannten Zecke (Ixodes Ricinus Latr.) herrühren, während die später aufgetauchte Bezeichnung Kastoröl darauf zurückzuführen ist, daß größere Mengen dieses Öles von Kanada, dem Lande der Biber (castor), aus in den Handel kamen.

Nach Dioscorides und Plinius wurden die Blätter und das Öl der Rizinusstaude ehedem vielfach als Heilmittel benutzt. Die Blätter galten als Mittel gegen Hautausschläge und als Kühlmittel bei Entzündungen der Haut; das Öl verwendete man als Purgans und es wurde äußerlich auch gegen Gelenkentzündungen, Halsschmerzen, Ohrenleiden usw. gebraucht.

Eine der ältesten Urkunden, welche über die Gewinnung von Rizinusöl berichten, stammt aus dem Jahre 259 v. Chr. Es wird darin ein vom König Ptolomäus Philadelphus gegebenes Gesetz, welches die Herstellung und den Verkauf des Rizinusöles sowie anderer Öle regelt und monopolisiert, wiedergegeben.

Im Mittelalter wurde die Rizinuspflanze zwar angebaut, doch erlangte sie kaum eine besondere Bedeutung. Das Wiener Hofmuseum bewahrt in seinem Herbarium ein aus dem Jahre 505 stammendes sehr schönes Exemplar dieser Pflanze auf. Nach Albertus Magnus ist Rizinus im 13. Jahrhundert in ziemlichem Umfange angebaut worden.

Die Rizinuspflanze geriet dann in fast völlige Vergessenheit und der englische Arzt Canvane mußte sie im Jahre 1764 förmlich aufs neue entdecken. Lange Zeit in Indien lebend, veröffentlichte er eine Arbeit über das Oleum Ricini und seine purgierenden Eigenschaften, welche Schrift rasche Verbreitung fand und dem Rizinusöl eine bleibende Stelle im Arzneischatze Europas sicherte.

Bis zum Beginn des 19. Jahrhunderts war alles auf den Markt kommende Rizinusöl untergeordneter Qualität. Es wurde hauptsächlich von Amerika (besonders von Brasilien und den Antillen) nach Europa verschifft, war infolge unvorsichtiger Herstellung nicht selten mit Öl aus den Samen von Jatropha Curcas gemischt und daher von intensivem Bittergeschmack.

Als Napoleon die Kontinentalsperre dekretierte, fingen die Italiener und Franzosen an, das Rizinusöl selbst zu erzeugen. Die Industrie faßte Fuß, und heute werden in fast allen Industriestaaten beträchtliche Mengen von Rizinusöl hergestellt. Sein Konsum ist bedeutend gestiegen, weil es neben seiner medizinischen Anwendung eine vielseitige technische Verwertung gefunden hat[1]).

---

[1]) Über die Geschichte der Rizinuspflanze und deren Produkte siehe auch: Balth. Ehrhart, Ökonom. Pflanzenhistorien, 1761, X. Teil, S. 63; Christian Gottfr. Whistling, Ökonom. Pflanzenkunde, 1806, S. 172; A. Flückiger und Hanbury, A History of the principal drugs.

Die zur Familie der **Euphorbiaceen** gehörende Gattung Rizinus, deren Samen das Rizinusöl entstammt, ist sehr **formenreich**; früher nahm man an, daß diese Gattung eine Menge Arten enthalte, jetzt hat aber diese Annahme der richtigen Ansicht Platz gemacht, daß es sich trotz der Beständigkeit der verschiedenen Formen doch nur um **Spielarten** handle. Die gewöhnlichste Varietät ist **Ricinus communis** L. (grüne Blätter mit rotem Stengel), dann sind noch **Ricinus sanguineus** (blutrote Pflanze und Frucht), **Ricinus inermis, Ricinus viridis, Ricinus ruber** (alle drei in Indien zuhause), **Ricinus speciosus** (Java), **Ricinus lividus** (Südamerika), **Ricinus tunisensis** (Nordamerika), **Ricinus armatus** (Malta), **Ricinus giganteus, Ricinus borboniensis** (beide auch bei uns bekannte Zierpflanzen), **Ricinus armatus** und **Ricinus nudulatus** häufiger anzutreffen.

Die **indische Rizinussaat** (Ricinus communis L.), welche für den europäischen Handel hauptsächlich in Betracht kommt, wird botanisch in zwei Varietäten unterschieden:

1. **Ricinus communis, minor** L. (small seeded variety), die hauptsächlich für medizinisches Öl verwendet wird,
2. **Ricinus communis, major** L. (large seeded variety), welche zur Herstellung technischer Öle dient.

Als die Heimat der Rizinuspflanze ist **Afrika** anzusehen. Heute ist sie in der gemäßigten und tropischen Zone allenthalben verbreitet und in **Indien, am Kap der Guten Hoffnung, an der West- und Ostküste Afrikas, in Tunis, Zentralamerika** und auf den **Antillen, in Neukaledonien, China, Tonkin** u. a. wild anzutreffen. Kultiviert wird diese Pflanze in **Ostindien,** den **Vereinigten Staaten, Westafrika, Mittel- und Südamerika,** auf **Sizilien** und in **Süditalien.**

Je nach dem Klima, in welchem die Pflanze wächst, schwankt ihre Größe von der eines Zwergstrauches bis zu der eines 6—9 m hohen Baumes; auch verwandelt sich die mehrjährige Pflanze des Südens im Norden in eine ein-, höchstens zweijährige.

Rohmaterial.

Die Frucht der Rizinuspflanze ist eine **Kapselfrucht,** die gewöhnlich blaßgrüne Farbe zeigt, aber auch rötlich bis karmoisinrot gefärbt sein kann. Sie ist mit saftigen, weichen Stacheln besetzt und führt in jedem ihrer drei Fächer einen länglichen, an beiden Seiten plattgedrückten, glatten, braun und grünlich marmorierten Samen von der Größe einer Zuckerbohne. Zur Zeit der Reife werden die Kapseln hart und spröde und springen dann von selbst auf.

Da nicht alle Kapseln eines Strauches zu gleicher Zeit reifen, ist es notwendig, mehrere Pflückungen vorzunehmen, und zwar in Zwischenräumen von 6—7 Tagen. Auch darf man die Kapsel nicht zu reif werden

lassen, weil sonst durch ihr Aufspringen eine Menge Samenkörner verloren geht.

Die geernteten Kapseln werden in 3—4 m hohen Haufen mehrere
Tage lang zum Nachreifen liegen gelassen, dann an warmen, sonnigen
Plätzen in 10 cm hohen Schichten ausgebreitet und diese öfter des Tages
umgeschaufelt. Bei günstiger Witterung sind nach 4—5 Tagen die meisten
Kapseln aufgesprungen, wobei die Körner manchmal viele Meter hoch fliegen.
Um auch den Rest der noch nicht aufgesprungenen Kapseln zu öffnen, fährt
man mit einer leichten Walze darüber und trennt schließlich durch Siebe
und Windmaschinen die Bohnen von den Kapseln.

Die Durchschnittsernte von Rizinusbohnen beträgt per Hektar ungefähr
1500 kg; die Eingeborenen in Indien erzielen allerdings nur 700 bis
1000 kg, doch lassen sich gut gehaltene Plantagen auch auf Erträge von
über 1500 kg pro Hektar bringen[1]).

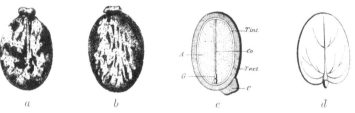

Fig. 100. Rizinussamen. (Nach Dubard-Eberhard.)
a = von der Bauchseite gesehen, b = von der Rückenseite gesehen, c = Längsschnitt des
Samens, d = Kotyledonen.
A = Sameneiweiß, C = Caroncule, Co = Kotyledonen, G = Würzelchen, T = Samenschale.

Same.   Die Rizinussamen oder Rizinusbohnen (Semen Ricini, Semen
Cataputi majoris, semence de ricin, castor oil seed, auch Brech-
oder Purgierkörner[2]) sind von ovaler Form, seitlich etwas eingedrückt
und mit einer dicken, glänzenden Schale überkleidet, unter der eine
dünne, spröde, braune Haut liegt, die den weißen Samenkern umschließt
(Fig. 100). Die wegen ihrer Form häufig auch Rizinusbohnen benannten
Samen wechseln in Größe und Färbung, je nach der Spielart der Pflanze,
sehr bedeutend.

Nach Dubard und Eberhard ist die durchschnittliche Größe der
Rizinuskörner der einzelnen Spielarten die folgende:

	Länge	Breite	Dicke
	in Millimetern		
Ricinus communis major	15,00	9,50	6,00
„ „ minor	9,50	6,00	4,25
„ viridis	11,00	7,00	5,00
„ sanguineus	16,25	10,00	7,00

[1]) Semler, Tropische Agrikultur, 2. Aufl., Bd. 2, Wismar 1900, S. 103.
[2]) Nicht zu verwechseln mit den echten Purgierkörnern S. 316.

	Länge	Breite	Dicke
	in Millimetern		
Rizinus communis de Cutch	9,00	6,25	4,25
„ zanzibarinus (graue Varietät) .	20,00	17,00	9,25
„ „ (schwarze Varietät)	19,00	11,50	6,20
„ „ (rote Varietät) . .	19,00	14,00	8,00

Das durchschnittliche Gewicht der Rizinussamen schwankt nach Harz zwischen 18,067 und 48,068 g pro 100 Samen. Halenke und Kling[1]) konstatierten bei ostindischer Rizinussaat ein Durchschnittsgewicht von 0,2055 g, bei einem Hektolitergewichte von 62,05 kg.

Das Verhältnis der Schale zum Samenkern stellt sich bei den Rizinussamen ungefähr wie 25:75. Bei kleineren und dickschaligen Varietäten kann es 30:70, bei größeren oder dünnschaligen Samen aber auch 20:80 betragen.

Der Samenkern der Rizinussamen läßt sich leicht von der Samenschale loslösen. Letztere ist von einer glänzenden, grauen, durch bräunliche Bänder und Punkte gezeichneten Oberhaut bedeckt, die den Rizinusbohnen das charakteristische Aussehen gibt. Unter dieser Haut liegt die eigentliche, äußerst spröde Samenschale, welche oben dunkelbraun bis schwarz, innen grau gefärbt ist.

Der Samenkern besteht aus einem weißen, öligen und fleischigen Endosperm, welches anfangs milde und ölig, nachher aber stark kratzend schmeckt.

Die chemische Zusammensetzung der verschiedenen Provenienzen von Rizinusbohnen ist aus der nachstehenden Tabelle zu ersehen: Zusammensetzung.

	Italienische Samen[2])	Indische Samen[2])	Texassamen R. sanguineus[2])	Texassamen R. communis[3])
Wasser	8,00 %	7,26 %	4,40 %	4,10 %
Stickstoffsubstanz . . .	20,50	19,26	3,79 (?)	2,40 (?)
Fett	52,62	55,23	46,95	45,55
Stickstoffreie Extraktstoffe	15,95	14,85	16,46	16,90
Rohfaser			25,50	27,70
Asche	2,93	3,40	2,90	2,94

Weizmann und v. Peter[4]), ebenso Halenke und Kling[5]) haben die sorgfältig abgesonderten Schalen und das Fleisch der Rizinussaat (Samenkerne) getrennt untersucht. Die Resultate der Erstgenannten sind in der

---

[1]) Die Futtermittel des Handels, Berlin 1906, S. 1096.
[2]) Schädler, Technologie d. Fette u. Öle, 2. Aufl., Leipzig 1892, S 550.
[3]) Semler, Tropische Agrikultur, 2. Aufl., Bd. 2, Wismar 1900, S. 495.
[4]) König, Chemie der Nahrungs- und Genußmittel, Berlin 1903, S. 613.
[5]) Die Futtermittel des Handels, Berlin 1906, S. 1105.

nachstehenden Tabelle unter a), die von den Letzterwähnten gefundenen Werte unter b) angeführt:

	Innerer Kern		Äußere Schale		Ganzer Same	
	a	b	a	b	a	b
	%	%	%	%	%	%
Wasser	6,46	3,60	6,46	8,76	6,46	5,14
Rohprotein	19,24	23,43	5,79	4,76	15,30	17,88
Rohfettt	66,03	66,02	3,22	0,98	51,35	46,65
Stickstoffreie Extraktstoffe .	2,91	4,01	9,15	32,92	5,07	12,61
Rohfaser	2,47	0,70	71,10	48,69	18,51	14,99
Asche	2,89	2,24	4,28	3,89	3,01	2,75

Halenke und Kling untersuchten auch die Fruchtkapseln des Rizinussamens und fanden dabei im Mittel:

Wasser	6,81 %
Rohprotein	6,94
Rohfett	1,72
Stickstoffreie Extraktstoffe	48,74
Rohfaser	27,98
Asche	7,81

Das Rohprotein der Rizinussamen ist von Ritthausen[1]) studiert worden. Es ist durch den Gehalt eines Körpers charakterisiert, welcher den Rizinussamen ihre giftige Eigenschaft erteilt. Der Sitz des Giftes sollte nach Ansichten älterer Forscher das den inneren Samenkern umgebende Samenhäutchen sein. So berief sich Wendt[2]) auf ein durch Alkoholdigestion dieses Häutchens erhaltenes Öl von brennender Schärfe und Dierbach[3]) führte das kratzende, zusammenziehende Gefühl im Schlunde an, welches man beim Kauen dieses Häutchens empfindet.

Giftigkeit. Diese sehr wenig beweisenden Tatsachen ließ Bernhardi nicht als hinreichende Begründung gelten, sondern erklärte den Sitz des giftigen Prinzips des Rizinussamens in seinem Eiweiß. Dies bestätigte auch Louberain, der die Samen vieler Euphorbiaceenarten eingehend untersucht hatte.

R. v. Tuson[4]) schrieb die toxische Wirkung der Rizinussaat einem von ihm Rizinin benannten Alkaloid zu. Im Jahre 1888 gelang es Robert und Stillmark[5]), das Gift der Rizinussamen zu isolieren; die Genannten erkannten es als ein eiweißartiges Ferment (α-Phytalbumose) und gaben ihm den Namen Rizin.

---

[1]) Journ. f. prakt. Chemie, Bd. 25, S. 131.
[2]) Geigers Magazin, 1828, S. 122.
[3]) Geigers Magazin, 1825, S. 217.
[4]) Chem. Centralbl., 1864, S. 965.
[5]) Arbeiten des pharmakol. Instituts zu Dorpat, 1889, 3. Heft.

Durch Extrahieren der ausgepreßten Rizinussamen mittels einer 10 prozentigen Kochsalzlösung, Behandlung des Extraktes mit Magnesium- oder Natriumsulfat (wodurch das gelöste Rizin wieder ausgefällt wird) und Reinigen des erhaltenen Niederschlages durch Dialyse gewann Stillmark das Rizin als ein weißes Pulver, das durch Kochen seine giftige Wirkung fast augenblicklich verlor. Nach Cushny[1]), Müller[2]) und Jacoby[3]) ist das Rizin aber kein einheitlicher Körper, sondern ein Gemenge zweier nahe verwandten Gifte.

Marco Soave[4]) glaubt, den Giftstoff der Rizinussamen in einem von ihm Rizinin (der schon von Tuson gewählte Name) benannten Körper isoliert zu haben. Er erhielt diese Substanz durch Ausziehen der Samen mittels siedenden Wassers und Reinigen des extrahierten Stoffes mittels Alkohol und verdünnter Natronlauge. Das Rizinin Soaves stellt Kristalle dar, die bei 194° C schmelzen, bei 175° C wiederum erstarren, bei vorsichtigem Erhitzen unzersetzt sublimieren und die Zusammensetzung $C_{15}H_{14}N_4O_2$ haben. Es bleibt noch zu beweisen, ob das Rizinin tatsächlich mit dem Giftstoffe der Rizinussamen identisch ist; wahrscheinlicher ist es, daß das nach der Methode Stillmarks isolierte Rizin den Träger der Giftigkeit darstellt.

Die toxische Wirkung des Rizins ist analog der vieler Bakteriengifte; mehrere Stunden nach der Einführung in den Organismus wird das Zentralnervensystem ergriffen und es tritt eine Lähmung des Atemzentrums sowie der vasomotorischen Zentren ein. Ehrlich[5]) hat gezeigt, daß das Blutserum von Tieren, welche man gegen das Rizinusgift immunisierte, ein Antitoxin gegen Rizin enthält, genau so wie es bei den Bakteriengiften der Fall ist. 1 ccm dieses Serums soll gegen eine Rizinusdosis, die mehr als das Hundertfache der tödlich wirkenden Menge ausmacht, zu immunisieren vermögen.

Die verschiedenen Tiergattungen sind übrigens gegen Rizin sehr verschieden empfindlich. Nach Cornevin[6]) bedarf es z. B. zur Tötung eines

Kaninchens . .	2,0 g	Rizinussamen	pro Kilogramm	Lebendgewicht	
Hammels . . .	2,5 „	„	„	„	„
Ochsen . . .	3,0 „	„	„	„	„
Pferdes[7]) . . .	3,0 „	„	„	„	„

[1]) Archiv f. experim. Pathol. u. Pharm., 1898, S. 438. — Vor kurzem haben sich Thomas Osborne, Lafayette, Mendel und Isaak Harris mit der Untersuchung der Proteine der Rizinusbohne beschäftigt (Zeitschr. f. analyt. Chemie, 1907, S. 213).

[2]) Archiv f. experim. Pathol. u. Pharm., 1899, S. 302.

[3]) Beiträge zur chem. Physiol. u. Pathol., 1. Bd., S. 51.

[4]) Chem. Centralbl., 1885, Bd. 1, S. 853.

[5]) Deutsche medizinische Wochenschrift, 1891, S. 212.

[6]) Annales agronomiques, 1898, Bd. 23, S. 289.

[7]) K. Bierbaum hat allerdings an Pferde bis zu 100 g Rizinusbohnen pro Tag verabreicht, ohne daß sie erkrankt wären. (Berl. tierärztl. Wochenschr., 1906, Nr. 41.) Dabei spielt wohl aber das allmähliche Gewöhnen der Pferde an das Gift eine wichtige Rolle. Siehe auch K. Bierbaum, Beitrag zur Giftigkeit des Semen Ricini communis. Inaugural-Dissertation, Gotha 1906.

Schweines . . 3,5 g Rizinussamen pro Kilogramm Lebendgewicht
Hundes . . . 5,6 „   „   „   „   „
Hahnes . . . 40,0 „   „   „   „   „
einer Ente . . . . 40,0 „   „   „   „   „

Das spezifische Symptom der Rizinusvergiftung ist das späte Einsetzer der Wirkung; diese läßt mindestens 10—12 Stunden auf sich warten. Der Nachweis einer Rizinusvergiftung an den Leichen ist nach dem heutigen Stande der Wissenschaft nicht erbringbar. Die tödliche Gabe ist für einen Menschen 0,18 g Rizin, entsprechend etwa 6 Rizinuskörnern; intravenös genügt aber schon der hundertste Teil, um zu töten. Zwölfstündige trockene Hitze zerstört das Gift nicht, wohl aber ein auch nur minutenlanges Aufkochen [1].

Früher war eine Abkochung von Rizinussamen als Abführmittel offizinell, doch hatte diese Medizin oft unangenehme Nebenwirkungen.

Die Samen der Varietät Ricinus spectabilis sollen angeblich viel weniger giftig sein als alle anderen Arten; das aus ihnen hergestellte Öl soll keinerlei purgierende Wirkung äußern und als Speiseöl benutzt werden können. Die Preßrückstände dieser Samen fand Kobert[2] aber genau so giftig wie alle anderen Rizinuskuchen.

Die Rizinussamen enthalten auch ein fettspaltendes Ferment, das in neuerer Zeit durch die Arbeiten von Connstein, Hoyer und Wartenberg zu technischer Bedeutung gelangt ist[3].

Über das Verhalten des in den Rizinussamen enthaltenen Öles während ihrer Keimung hat L. du Sablon[4] Untersuchungen ausgeführt.

Die Asche des Rizinussamens besteht nach G. Thoms[5] aus:

Phosphorsäure . . . . 23,67 %
Kali 14,30
Natron 1,88
Kalk 17,08
Magnesia 10,53
Eisenoxyd 5,65
Schwefelsäure 6,01
Chlor 0,29
Kieselsäure und Sand 19,59
Verlust bei 100 °C . . . . . . 0,30.

---

[1] Die umfangreiche Literatur über das Rizinusgift findet sich in der Realenzyklopädie der gesamten Pharmazie, 8. Bd., S. 375, zusammengestellt.

[2] Seifensiederztg., Augsburg 1906, S. 1166.

[3] Berichte d. deutsch. chem. Gesellsch., 1902, Bd. 35, S. 3988; Braun und Behrendt, ebenda, 1903, Bd. 36, S. 1142 u. 1900; Braun, ebenda, 1903, Bd. 36, S. 3003; D. R. P. Nr. 145413 v. 22. April 1902. Ausführlich wird darüber im 3. Bande (Kapitel „Fettspaltung") berichtet.

[4] Chem. Ztg. Rep., 1893, S. 276.

[5] Jahresberichte f. Agrikulturchemie, 1890, S. 137.

Der Handel unterscheidet folgende Typen von Rizinussaat:

	Beim Preßverfahren erzielbare Ölausbeute
Levante	ca. 41 %
Koromandel	„ 41
Bombay	„ 41
Cawnpore	„ 38
Italienische Saat	„ 42
Amerikanische Saat	„ 40.

Gewinnung.

Rizinusöl wird nach allen möglichen Methoden gewonnen: durch Aus- **Auskochen.**
kochen, Pressen und Extrahieren.

Das Auskochen ist hauptsächlich in der Provinz Oudh (Indien), in ganz Bengalen und Madras üblich und wird so ausgeführt, daß man die Rizinussamen in einer Pfanne röstet und, ohne sie zu schälen, in einem Mörser stößt. Die erhaltene Masse wird mit dem vierfachen Volumen Wasser in einem irdenen Topf über Feuer gestellt. Der nach dem Aufkochen erscheinende Schaum wird weggenommen und das auf der Oberfläche schwimmende Öl abgeschöpft. Der Samenbrei wird zur Erzielung einer günstigen Ausbeute nochmals ausgepreßt, wobei abermals geringe Mengen Öles auf die Oberfläche treten.

Die etwas vorgeschritteneren Distrikte Indiens gewinnen das Rizinusöl **Pressen.**
durch Pressen. Es sind meist Schraubenpressen, welche zu diesem Zwecke in Verwendung stehen; nur wenige von Europäern betriebene Fabriken arbeiten mit hydraulischen Pressen. Nach dem üblichen Verfahren der Eingeborenen wird die Rizinussaat vor dem Pressen samt den Schalen auf Mühlen zu einem feinen Brei zermahlen, dann in Tücher eingeschlagen und ausgepreßt.

In allen modern arbeitenden Fabriken zerfällt der Fabrikationsgang in folgende Phasen:

> Reinigen der Saat,
> Sortieren der Samen nach ihrer Größe,
> Schälprozeß,
> Zerkleinern der Samenkerne,
> kalte Pressung,
> warme Pressung und eventuell
> Extraktion der Preßrückstände,
> Reinigen des Öles.

Über die Reinigung der Saat ist nichts Besonderes zu bemerken.

Das Sortieren der Samen nach ihrer Größe ist deshalb notwendig, weil nur bei einer gleichen Samenkorngröße die Schälapparate gut funktionieren können. Man arbeitet gewöhnlich mit vier Größen.

Die Schälmaschinen basieren auf dem bekannten Prinzip. Die Samen werden auf geeignete Weise zerschnitten oder zerquetscht und die aus den zerkleinerten Samen herausfallenden Samenkerne von den Schalen durch Absieben und Luftströme getrennt. (Vergleiche das bei Kottonöl Gesagte, Seite 191—200 dieses Bandes.)

Fig. 101. Rizinusschälmaschine.

Die heutigen Schälmaschinen (Fig. 101) für Rizinussaat bestehen aus einem ganz leicht konstruierten Walzenpaar mit eigener Riffelung. Die Walzen arbeiten mit Differenzialgeschwindigkeit und zerbrechen die durch eine Speisewalze zugeführte Saat derart, daß nicht allzuviel gebrochene Kerne resultieren. Das Gemengsel von Schalenhälften und ganzen sowie angebrochenen Kernen fällt direkt auf ein Schüttelsieb, das durch eine Beutelwirkung die Schalen von den noch an ihnen haftenden Kernteilen separiert. Ein regulierbarer Luftstrom bläst dann die leichten Schalen in eine Staubkammer, während die schwereren Kerne in einen Sammelkasten fallen.

A. H. A. Durant[1]) hat eine Entschälung auf nassem Wege versucht, indem er aus der zerkleinerten Samenmasse das Fleisch durch Kochen mit Wasser oder durch Schütteln der ersteren in kaltem oder warmem, mit Schwefel- oder Salpetersäure versetztem Wasser entfernt.

Für technische Rizinusöle ist das Entschälen der Saat nicht immer in Anwendung, wohl aber für medizinische Öle.

---

[1]) Engl. Patent Nr. 134 v. 15. Jan. 1869.

Die Samenkerne (bei Wegfall der Entschälung die ganzen Samen) werden auf Walzenstühlen oder Kollergängen zerkleinert und das so vorbereitete Material der Pressung zugeführt.

Die erste Pressung erfolgt kalt und man erhält dabei, je nach dem angewandten Drucke und der Saatqualität, 30—36% Öl. Die große Dickflüssigkeit des Rizinusöles bedingt ein äußerst langsames Ausfließen aus der Presse und man muß für genügend lange Druckdauer wie auch für eine gleichmäßige Durchwärmung des Preßgutes Sorge tragen. Durch Ausbreiten der Saat an der Sonne oder durch ihre künstliche gleichmäßige Durchwärmung hat man versucht, das Öl weniger dickflüssig zu machen (das Auspressen also zu erleichtern), ohne die Qualität des Öles erster Pressung zu verschlechtern[1]).

Nach dem Zerkleinern des Preßrückstandes läßt man eine zweite, warme Pressung folgen, wobei 8—12% Öl resultieren. Mitunter, aber doch recht selten, ist eine dritte Pressung üblich; meist zieht man es vor, die Kuchen der zweiten Pressung behufs vollständiger Ölentziehung zu extrahieren. M. Faguer schlägt vor, dem zum Nachschlage kommenden Preßgute 20—25% Alkohol zuzusetzen, welcher das Öl löst und es leichter ausfließen macht.

Die Extraktion kann wegen der Unlöslichkeit des Rizinusöles in Benzin nur mit Schwefelkohlenstoff oder Alkohol erfolgen. Das vollständige Entölen ist bei Rizinus deshalb sehr angebracht, weil die Kuchen ihrer Giftigkeit halber doch nur unter gewissen Bedingungen als Futtermittel Verwendung finden können und bei ihrer Verwendung als Dünger der Fettgehalt keinerlei Vorteile bringt.

Das durch Kaltpressung aus geschälter, gut gereinigter Saat gewonnene Öl wird am besten durch einfache Filtration geklärt. Man beugt dabei dem leicht eintretenden Ranzigwerden vor, wenn man die Operation im Vakuum vornimmt. Die British Castor oil Co. Ltd. in London übt dieses Verfahren für medizinische Rizinusöle mit großem Erfolge aus. Um ein pharmazeutisches Produkt zu erhalten, ist allerdings auch ein gesunder Same und dessen gründliche Vorreinigung notwendig.

Reinigen des Öles.

In Indien ist für die Reinigung des frischgepreßten Rizinusöles von den gelösten Eiweißstoffen und Schleimteilen ein Kochprozeß üblich, der durch die dabei hervorgerufene Koagulation des Eiweißes auch ein Niederreißen des Farbstoffes, also eine Bleichung im Gefolge hat. Diese Kochoperation wird in Indien meist in Kupferkesseln vorgenommen und auf einen Teil Öl das fünffache Quantum Wasser gerechnet. Es bedarf großer Erfahrung, um den richtigen Zeitpunkt zu treffen, wann mit dem Sieden innegehalten werden soll. Der erfahrene Sieder läßt sich dabei von seinem Auge und seinem Gefühle leiten; sobald er sieht, daß das Aufwallen nachläßt, unterbricht er das Feuer.

---

[1]) Vergleiche Seite 17 dieses Bandes (Patent Lake).

Bei geringeren Sorten, hauptsächlich bei heißgepreßten, stark empyreu-
matischen Ölen, folgt der ersten Kochung noch eine zweite, mit wenig
Wasser und schließlich nach dem Abstehen von der Wassermenge ein Erhitzen für sich auf über 100° C, wodurch mit den letzten Feuchtigkeits-
resten auch die flüchtigen Riechstoffe vertrieben werden.

Das geklärte Öl wird dann noch filtriert und mitunter gebleicht. Das
Bleichen von Rizinusölen ist in der Regel eine ziemlich schwierige Sache; die
Grünfärbung der zweiten Pressung widersteht allen Bleichmitteln sehr hartnäckig.

Methode Parvesi.   Parvesi will Rizinusöl mit 1 % Magnesia und 2,5 % gut gereinigter
Knochenkohle bei 25° C durchmischen und dann durch drei Tage unter
mehrmaligem Umschütteln damit in Berührung lassen.

Verfahren Reich.   Während bei dieser Methode nur auf die Entfernung von festen Verunreinigungen und Farbstoffen Bedacht genommen ist, stützt sich ein Verfahren von Reich[1] darauf, das zu reinigende Öl in absolutem Alkohol zu
lösen und diesen dann durch fortgesetztes Schütteln mit destilliertem Wasser
wieder vollständig auszuwaschen, wobei die den Geschmack bedingenden
Stoffe im Alkohol gelöst bleiben und so aus dem Öle entfernt werden.
Das Verfahren wird derart ausgeführt, daß man bestes italienisches Rizinusöl
in absolutem Alkohol löst und in einem luftdicht verschlossenen Gefäße
auf 60—70° C im Dampfraume erwärmt. Hierauf wird die doppelte Menge
70° C heißen, destillierten Wassers zugegeben und durch 2—3 Stunden gut
durchgeschüttelt, wobei sich eine Emulsion bildet, die in dem luftdicht
verschlossen bleibenden Gefäße abscheiden gelassen wird. Nach Abziehen
des Alkohol-Wassergemenges wiederholt man die Waschoperation drei- bis
viermal in genau derselben Weise und überläßt endlich das vom Alkohol
befreite Öl unter Luftabschluß 48 Stunden lang bei 60—80° C der Ruhe,
damit sich die letzten Wasserspuren ausscheiden und das Öl filtriert werden
kann. Dieses Öl ist nach Reichs Angaben frei von dem spezifischen unangenehmen Rizinusölgeschmack und kann durch Geschmackskorrigenzien
noch weiter verfeinert werden.

Verfahren Majert.   Die Herstellung reiner Medizinalrizinusöle ist auch durch die üblichen
Ölentsäuerungsmethoden versucht worden, jedoch mit wenig Erfolg, da die
Emulsionsneigung des Rizinusöles zu groß ist. So berichtet Majert, daß
sich ranziges Rizinusöl durch kohlensaure Alkalien nicht verbessern lasse,
weil sich dabei Emulsionen bilden, die sich durch konzentrierte Salzlösungen zwar schichten ließen, aber nicht in eine Kochsalz-Soda-Seifen-
lösung und eine Ölschicht, sondern in eine Kochsalz-Sodalösung einerseits und
in eine Seifen-Ölschicht andererseits. Versucht man, aus letzterer die Seife
durch Waschen zu entfernen, so bilden sich von neuem lästige Emulsionen.

Majert[2] verwendet daher zum Entsäuern ranziger Rizinusöle an Stelle
der wässerigen Alkalikarbonatlösungen eine Lösung der Alkalikarbonate,

---

[1] D. R. P. Nr. 93596 v. 2. Sept. 1896.
[2] D. R. P. Nr. 144180 v. 23. April 1902.

-Phosphate oder -Borate in verdünntem Methylalkohol, Äthylalkohol oder Aceton und verfährt bei dieser Reinigungsmethode wie folgt:

Ein Rizinusöl, das z. B. die Säurezahl 12 hat, wird anhaltend mit derselben Menge einer 2 prozentigen Ammoniaksodalösung in 50 prozentigem Alkohol geschüttelt. Hat sich nach dem Abstehen eine obere Ölschicht und eine untere wässerig-alkoholische Lösung von Soda und Seife gebildet, so trennt man diese beiden Schichten und wäscht die obere Ölschicht so lange mit 40—50 prozentigem Alkohol von 50 °C Temperatur nach, bis eine Ölprobe mit Wasser durchgeschüttelt nicht mehr emulgiert wird. Dann folgen noch mehrere intensive Waschungen mit warmem Wasser und endlich die Filtration.

Ranziges Rizinusöl soll auch durch Ätherschwefelsäure verbessert werden können. Man mischt zu diesem Zwecke das Öl mit 2 prozentiger Ätherschwefelsäure (hergestellt aus gleichen Teilen 96 prozentigen Alkohols und englischer Schwefelsäure), läßt 24 Stunden absetzen, kocht das vom Niederschlage sorgfältig abgehobene Öl mit Wasser und läßt dann unter Luftabschluß längere Zeit absetzen [1]).

Eigenschaften.

Rizinusöl ist farblos bis grünlichgelb und in seinem physikalischen Verhalten durch die ihm eigene, für Fette und Öle außergewöhnlich hohe Dichte, seine große Viskosität und seine anormalen Löslichkeitsverhältnisse charakterisiert.

Seine Dichte liegt bei 15 °C zwischen 0,9611 bis 0,9736 — das ist das höchste spezifische Gewicht aller bekannten Öle — und fällt bei 99 °C auf 0,9096. Rizinusöl ist ziemlich kältebeständig; es erstarrt erst bei Temperaturen unter —12 °C, scheidet aber bei längerem Stehen schon bei —4 °C geringe Mengen eines stearinartigen Fettes aus. Rizinusöl ist fast ganz geruchlos, schmeckt anfangs milde, dann kratzend und erzeugt infolge seiner Dickflüssigkeit im Munde ein höchst unangenehmes Gefühl. Es ist bei

15 °C . . . . 203 mal,
20 °C . . . . 140 mal

dickflüssiger als Wasser.

Benzin oder Petroläther lösen Rizinusöl nicht auf; ein halbes Prozent dieses Öles erzeugt bei 16 °C in den genannten Flüssigkeiten schon merkliche Trübungen. Dagegen nimmt das Rizinusöl leicht sein eigenes Volumen Benzin auf, auch sein anderthalbfaches Volumen Petroleum oder Paraffinöl. Ein eventueller Überschuß dieser Stoffe schwimmt nach dem Vermischen obenauf.

Mit absolutem Alkohol und mit Eisessig ist Rizinusöl in jedem Verhältnisse mischbar, auch in zwei Teilen 90 prozentigen und vier Teilen 84 prozentigen Alkohols löst es sich bei 15 °C vollkommen.

Eigenschaften.

---

[1]) Giornale di farmacia (durch Seifensiederztg., 1900, S. 290).

Gemenge von Rizinusöl mit anderen fetten Ölen zeigen dieses Unlöslichsein in Petroläther und Kohlenwasserstoff nicht (Lewkowitsch).

Ein Tropfen Rizinusöl auf Wasser gebracht, breitet sich langsam über die ganze Oberfläche bis zur Gefäßwand aus und macht erstere silberglänzend und irisierend. Rizinusöl teilt diese Eigenschaften bei Zusatz zu anderen Ölen auch diesen mit und läßt sich nach Girard noch in Gemischen bis herab zu 20 % so erkennen.

Die elementare Zusammensetzung des Rizinusöles ist nach Sack:

$$
\begin{array}{ll}
\text{Kohlenstoff} & \ldots \ldots \ldots \ldots \ldots \quad 74,00\,\% \\
\text{Wasserstoff} & \ldots \ldots \ldots \ldots \ldots \quad 10,26 \\
\text{Sauerstoff} & \ldots \ldots \ldots \ldots \ldots \quad 15,71
\end{array}
$$

Chemische Zusammensetzung. Es besteht der Hauptsache nach aus Glyzeriden der Rizinusölsäure, und der eigenartigen Natur dieser Säure, die gleichzeitig eine „Carboxyl"- und eine Hydroxylgruppe enthält, also eine Oxysäure darstellt, sind die besonderen physikalischen und chemischen Eigenschaften des Öles zuzuschreiben. Hazura und Grüßner[1]) haben aus der rohen Rizinusölsäure zwei Isomere: die Rizinol- und Isorizinolsäure isoliert. Auch Sebacin-, Stearinsäure und nach Juillard Oxystearinsäureverbindungen sind im Rizinusöle enthalten, dagegen soll Palmitinsäure fehlen. Juillard[2]) und Meyer[3]) machen auch auf die leichte Polymerisation der Rizinusölsäure aufmerksam, der zufolge sich zwei Teile Rizinusölsäure $(OH \cdot C_{17}H_{32}COOH)$ zu Dirizinusölsäure $(OH \cdot C_{17}H_{32}COOC_{17}H_{32}COOH)$ verdichten, welche dann drei charakteristische Molekulargruppen enthält: eine Hydroxyl-, eine Carboxylgruppe $(COOH)$ und die Gruppe COO mit ätherartiger Funktion. Diese Dirizinusölsäure polymerisiert sich unter Umständen weiter zu Tri-, Tetra- und Polyrizinusölsäuren.

Lidoff[4]) hat beobachtet, daß die Eigenschaft der Rizinusölfettsäure, sich leicht zu esterifizieren, nicht nur dieser, sondern auch dem neutralen Öle zukommt. So hat er durch Erwärmen gleicher Teile von Rizinusöl und feingepulverter Oxalsäure bei stetem Umrühren bis zu 120—140 °C eine Verbindung dieser beiden Körper erhalten. Lidoff stellte auch noch Verbindungen des Rizinusöles mit Ameisensäure, Essig-, Phthal- und Stearinsäure her und hält es für wahrscheinlich, daß sich mit Oxystearinsäure auf gleiche Weise wachsartige Körper erhalten ließen, die man praktischen Verwertungen zuführen könnte. Auch konstatierte Lidoff, daß die schon früher von Wright beschriebene Verdickung des Rizinusöles beim Behandeln mit Chlorzink auf eine

---

[1]) Bull. soc. chim. de Paris, 3. Band, Ser. 13, S. 238.
[2]) Monatshefte f. Chemie, Bd. 9, S. 475.
[3]) Archiv d. Pharm., 1897, S. 184.
[4]) Führer durch die Fettindustrie, St. Petersburg 1901, S. 21.

Verkettung der Hydroxylgruppen der Rizinusölsäure zurückzuführen ist, womit die Wright sche Annahme einer Polymerisation bestätigt wird.

An der Luft wird Rizinusöl ranzig und verdickt sich dabei; das Öl trocknet aber selbst in sehr dünnen Schichten nicht ein. Durch Behandeln mit alkoholischem Ammoniak bilden sich weiße, bei 66^0 C schmelzende Kristalle von Rizinolamid ($C_{18}H_{33}NH_2O_3$), welche durch Salzsäure in NH_4Cl und Rizinusölsäure gespalten werden.

Bei der Elaidinreaktion gibt Rizinusöl eine ziemlich feste weiße Masse, die nach Meyer mit synthetisch hergestelltem reinen Rizinolsäuretriglyzerid nicht zu erzielen ist.

Der Gehalt des Öles an freien Fettsäuren schwankt zwischen 0,5—15,0 %; stark ranziges Rizinusöl soll giftig sein, während normales im Tierkörper nur eine lebhaft purgierende Wirkung äußert.

Meyer[1] konstatierte, daß Rizinusöl seine purgierenden Eigenschaften verliert, wenn man es mit Salzsäuregas behandelt oder auf eine Temperatur von 300^0 C erhitzt. Er nimmt als wirksames Prinzip die Rizinoleinsäure an, die durch diese Behandlung physiologisch inaktiv wird. Rizinelaidinsäure und Rizinelaidin sind für sich innerlich genommen unwirksam; äußern aber in Form einer Lösung oder Emulsion[2] abführende Wirkungen.

Die Menge des im Rizinusöl enthaltenen Unverseifbaren beträgt 0,30—0,37[3] (Thomson und Ballantyne).

Bei 265^0 C siedet Rizinusöl unter Zersetzung, wobei Akrolein, Önanthol, Önanthsäure und ähnliche Verbindungen entstehen. Wird Rizinusöl der trockenen Destillation unterworfen, so erstarrt nach dem Überdestillieren eines Teiles des Öles der Inhalt der Retorten ganz plötzlich unter lebhafter Gasentwicklung zu einer schwammartigen, kautschukähnlichen, klebrigen Masse.

Destillationsprodukte.

Thoms und Fendler haben diesen Rückstand näher untersucht und ihn als Glyzerid der zweibasischen Triundezylensäure befunden. Wird dieser Rückstand noch weiter erhitzt, so entsteht unter stürmischer Wasser- und Akroleinentwicklung nach Vermutungen Thoms' und Fendlers Triundezylensäureanhydrid, welches beim Verseifen das Säurehydrat liefert, dessen Reindarstellung aber noch nicht gelungen ist. Wird das aus der Kalischmelze des erwähnten Destillationsrückstandes isolierte Säuregemisch destilliert, so erhält man ein neues Glied der Ölsäurereihe mit 16 Kohlenstoffatomen, das den Schmelzpunkt von 36^0 C zeigt.

Wird in Rizinusöl bei 150^0 C Luft eingeblasen, so steigt sein spezifisches Gewicht an, und Lewkowitsch konnte nach zehnstündiger Luftbehandlung ein Anwachsen der Dichte von 0,9623 auf 0,9906 konstatieren,

---

[1] Chem. Centralbl, 1897, S. 591.
[2] Pharm. Ztg., 1897, S. 326.
[3] Archiv d. Pharm., 1901, Nr. 1.

bei gleichzeitiger Zunahme der Verseifungs- und Azetylzahl und Abnahme der Jodzahl.

Sulfosäuren. Mit konzentrierter Schwefelsäure behandelt, bildet Rizinusöl Sulfosäuren; über den Verlauf der Reaktionen und die Verwendung des dabei resultierenden Produktes wird im III. Bande (Kapitel „Türkischrotöl") noch gesprochen werden.

Über die Produkte, welche sich bei der Einwirkung von schwefliger Säure, Salpeter- und Untersalpetersäure bilden, haben Felix Boudet, Charles Gerhardt, J. Pelouze und E. Fremy Untersuchungen angestellt.

Andere Derivate. Felix Boudet[1]) nennt diese Produkte „Palmine", Charles Gerhardt[2]) spricht von den Fettsäuren dieser Verbindungen als von Acide ricielaidique oder Acide palmique und auch J. Pelouze und E. Fremy[3]) benutzen die Bezeichnungen Palmine und Acide palmique, welche Namen offenbar mit Rücksicht auf die Benennung des Rizinusöles als Palmachristiöl gewählt wurden, heute aber nur noch selten gebraucht werden[4]).

Rizinusöl ist seit vielen Jahren so billig im Preise, daß seine Verfälschung mit anderen fetten Ölen nicht gut denkbar ist; nur Harzöl könnte als Verfälschungsmittel in Betracht kommen. Früher kamen wohl auch bisweilen Zusätze von Rüböl und geblasenen Ölen vor.

Verwendung.

Speiseöl. Die Chinesen und Inder sollen frisch gepreßtes Rizinusöl zu Kochzwecken verwenden. Diese von einigen China- und Indienreisenden kolportierte Nachricht muß bei der purgierenden Eigenschaft des Öles befremden; es heißt allerdings, daß in China das zu Speisezwecken benutzte Öl vorher mit Tonerde und Zucker (?) von seinem Bittergeschmack befreit (entgiftet?) werde.

Medizin. Rizinusöl, welches unsere Ärzte nur als Purgiermittel gebrauchen, dient in der Heilkunde der Inder den verschiedensten Zwecken. Es wird gegen Augenleiden, Rheuma, Fieber, Krämpfe, Hautleiden, Er-

---

[1]) Annales de chimie et de Physique, 1832, 1. Bd., S. 414.
[2]) Traité de chimie organique, Paris 1856, 2. Bd., S. 767.
[3]) Traité de chimie générale analytique industrielle et agricole, 3. Aufl., Paris 1865.
[4]) Durch private Mitteilung werde ich darauf aufmerksam gemacht, daß die in der deutschen Fachliteratur wenig eingebürgerte Bezeichnung „Palmine" für Rizinusprodukte in folgenden Werken zu finden ist: Sachs Vilatte, Enzyklopädisches Wörterbuch, Schulausgabe 1903, deutscher Teil, S. 740; franz. Teil, S. 583. — Karmasch und Heeren, Techn. Wörterbuch, 3. Aufl., 1883, 4. Bd., S. 472. — Fehling, Handwörterbuch der Chemie, 1886, 4. Bd., S. 1117 und 5. Bd., S. 1254. — Liebig, Handwörterbuch der reinen und angewandten Chemie, 1854, 6. Bd., S. 26. — Auch in der englischen Literatur findet sich der Name „Palmine" für Rizinusölprodukte, so in Webster, International Dictionary of the English Language, 1903 und in Flügel, Engl.-deutsches Wörterbuch, 4. Aufl., 1891.

kältungen und gegen vieles andere Ungemach teils äußerlich, teils innerlich angewendet.

Die milde, schmerzlose Wirkung des Rizinusöles als Purgans sichert
ihm einen dauernden Platz in unserem Arzneischatze. Leider haften ihm
zwei Mängel an: es nimmt sich nicht gerade angenehm und es gehen
ihm aseptische Eigenschaften ab.

Um dem ersteren Übelstand abzuhelfen, haben Stockmann und
Doth vorgeschlagen, an Stelle des Öles dessen Magnesiaseife zu verwenden, welches trockene, geschmacklose Pulver dieselbe Wirkung äußert
wie das Öl selbst.

Wasserzug[1]) läßt dagegen das Rizinusöl durch gebrannte oder
kohlensaure Magnesia aufsaugen. Er knetet entweder eine Emulsion von
Gummiarabikum und Rizinusöl mit dem trockenen Magnesiapräparat und
trocknet nachher den Brei so lange, bis ein zerreibliches Pulver resultiert,
oder er vermengt gebrannte oder kohlensaure Magnesia mit Wasser und
Öl und läßt nachher genau so trocknen. Packison[2]) setzt zur Behebung
des unangenehmen Geschmackes dem Rizinusöl etwas Fruchtessenz oder
Saccharin zu.

Fr. Blomski[3]) schlägt andererseits vor, dem medizinischen Rizinusöle durch Zugabe von Resorzin oder Benzonaphthol desinfizierende
Eigenschaften zu erteilen, deren Vorhandensein für viele Fälle erwünscht ist.

In Indien dient das Rizinusöl in ausgedehntem Maße auch als *Brennöl.*
Brennöl; es brennt mit ruhiger, rußfreier, aber nicht intensiver Flamme.
Die Londoner orthodoxen Juden sollen Rizinusöl unter dem Namen „Kiki"
noch heute als Beleuchtungsmittel verwenden.

Vielseitige Anwendung findet das Rizinusöl in der Industrie:

Es gibt vor allem ein vortreffliches Schmieröl ab; seine hohe Vis- *Schmieröl.*
kosität läßt es erfolgreich mit allen Mineralölen konkurrieren. Die hohe
Viskosität des Rizinusöles wäre auch ein Mittel, die Schmierfähigkeit minder
viskoser Mineralöle zu verbessern, wenn Rizinusöl ohne weiteres mit Mineralölen mischbar wäre. Da dies nicht der Fall ist, hat man auf Methoden
gesonnen, das Rizinusöl mit Kohlenwasserstoff mischbar zu machen.

Nördlinger[4]) hat gefunden, daß man Rizinusöl in eine mit Mineralöl
in jedem Verhältnis mischbare Form überführen kann, wenn man es in
einer Retorte bei ziemlich starkem Feuer so rasch erhitzt, daß die Temperatur nach einer Stunde bereits auf ca. 300°C gestiegen ist. Man
setzt dann das Erhitzen fort, bis ein Gewichtsverlust von ca. 10—12 %
eingetreten ist (was etwa 2 Stunden dauert), unterbricht aber in einem
Momente, wo der Rückstand nach dem Erkalten noch flüssig bleibt. Man

---

[1]) D. R. P. Nr. 156 999 v. 3. April 1903.
[2]) Engl. Patent Nr. 1495 v. 18. Jan. 1898.
[3]) Seifenfabrikant, 1901, S. 865.
[4]) D. R. P. Nr. 104 499 v. 18. Febr. 1898.

erhält auf diese Weise ein Produkt von ungefähr gleicher Viskosität wie das Rizinusöl, das von gelblichbrauner Farbe ist und Grünfluoreszenz zeigt.

Florizinöl. Es wird vom Erfinder „Florizin" genannt, mischt sich bei gewöhnlicher Temperatur in jedem Verhältnis mit Mineralöl (vom leichtesten Benzin bis zum schwersten Schmieröl) und nimmt auch beliebige Mengen Ceresin und Vaselin auf. In Alkohol und Essigsäure ist das Florizin fast unlöslich, seine Lösungsverhältnisse sind also gerade die umgekehrten des Rizinusöles. Auch zeigt dieses Produkt eine Wasseraufnahmsfähigkeit wie Lanolin und läßt sich im Salbenmörser selbst mit der fünffachen Menge Wasser emulgieren, wie sich auch Emulsionen mit $10-100\,^0/_0$ Wassergehalt in wenigen Minuten herstellen lassen. Leider halten sich diese Mischungen nur kurze Zeit und trennen sich schon nach 12—14 Stunden wieder vollständig[1]).

Derizinöl. Das Nördlingersche Florizinöl ist später mit dem Namen „Derizinöl" bedacht worden, um bei der pharmazeutischen Verwendung des Produktes Verwechslungen zwischen Florizin und dem Glykosid „Phloridzin" vorzubeugen.

Das wie oben angedeutet gewonnene technische Derizinöl (Florizinöl, Florizin) wird infolge seiner Mischbarkeit mit Mineralöl zur Erhöhung der Viskosität des letzteren, zur Herstellung konsistenter Fette, feiner, sogenannter wasserlöslicher Öle (Bohröle, Textilöle), als Avivieröl, Tournantöl, Appretieröl, Ledereinfettungsmittel usw. verwendet. Durch Entsäuern kann es in „Reinderizinöl" verwandelt werden, welches in der Kosmetik und Pharmazie als Einfettungsmittel, als Salbengrundlage, zur Herstellung von Halogenfettpräparaten und zur Darstellung medizinischer Seife dient[2]).

Über die näheren Eigenschaften und Zusammensetzung des Derizinöles siehe Band III: „Polymerisierte Öle".

Down[3]) benutzt die hohe Viskosität des Rizinusöles zur Herstellung von Gemischen fester und flüssiger Schmiermittel. Er rührt Graphit, Glimmer, Talkum usw. in Rizinusöl ein, welche Stoffe sich in dem dickflüssigen Öle in Schwebe halten.

Türkisch-rotöl. Die in der Textilindustrie in großen Mengen verbrauchten Türkischrotöle stellen Sulfurierungsprodukte des Rizinusöles dar. Über deren Herstellung und Eigenschaften wird Band III unter dem Kapitel „Türkischrotöl" näher berichten.

Seifen. Eigenartig, wie sein chemischer Charakter überhaupt, ist auch das Verhalten des Rizinusöles gegen Laugen. Es verseift sich mit Laugen aller Stärkegrade sehr leicht, fast so rasch wie Fettsäuren, und gibt daher zu Klumpenbildungen Anlaß, die nur durch Salzzugabe vermieden werden können.

---

[1]) Fendler und Schlüter, Berichte d. deutsch. pharm. Gesellsch., 1904, Heft 3.
[2]) Seifensiederztg., Augsburg 1905, S. 322 u. 532.
[3]) Seifenfabrikant, 1904, S. 925, u. 1905, S. 821.

Gegen Salz sind die Rizinusölseifen sehr empfindlich; schon geringe Mengen salzen sie vollständig aus.

Rizinusöl gibt transparent aussehende, keinen Fluß besitzende Seifen, die schlecht schäumen, aber in Wasser ohne jedes Trüben oder Opalisieren löslich sind.

Zu Kernseifen mitversotten, macht es die Seifen weich und gibt ihnen, in höheren Prozentsätzen verwendet, eine charakteristische durchsichtige, an ungefärbte Glyzerinseifen erinnernde Färbung, die sich gar nicht vorteilhaft ausnimmt. Entgegen der allgemeinen Annahme schäumt Rizinusölseife gut.

Das Rizinusöl drückt die Ausbeute merklich herab und wird daher fast nie in 5 % überschreitenden Mengen verwendet. In diesen bescheidenen Verhältnissen übt es eine veredelnde Wirkung auf die hergestellte Seife, welche zart und milde wird.

Auch zu Schmierseifen darf es nur in mäßigen Prozentsätzen (10 % vom Ansatze) verarbeitet werden, weil es sonst die Ausbeute zu sehr reduziert und das Ausschleifen der Seife im Kessel sehr erschwert.

Allgemeine Anwendung findet es zu den sogenannten Glyzerinseifen, weil es die hier gewünschte Transparenz erhöhen hilft. Auch zu kaltgerührten Seifen wird es mitunter verwendet. Ganz ausgezeichnet ist Rizinusöl zum Ausstechen des beim Sieden von Kernseifen sich ergebenden Seifenleimes oder der Seifenunterlauge geeignet. Es entzieht dem Leim sehr rasch allen Gehalt an Alkali und trennt ihn leicht ohne weitere Salzzugabe in Kern und Unterlauge.

Ein Gemisch von Rizinusölnatronseife mit Olein und Wasser, dem eventuell noch Glyzerin zugesetzt wird, soll sich zum Einfetten der Garne sehr gut bewähren[1]) (siehe Band III: „Wollschmälzöle"). **Wollspick-mittel.**

Die sogenannten „Sulfoleatseifen" sind eigentlich keine Rizinusölseifen, sondern verseiftes Türkischrotöl. **Sulfoleat-seifen.**

J. Stockhausen[2]) hat beobachtet, daß beim Kochen von Türkischrotöl mit wenigstens 6 % Ätznatron ein in Wasser klar lösliches Produkt entsteht, welches saure Reaktion zeigt und sich bei genügender Konzentration der verwendeten Laugen oder durch Eindampfen der wässerigen Lösungen des Produktes in gelatinöser Form gewinnen läßt. Diese von Stockhausen „Sulfoleatseife" genannte gelatinöse Masse gibt klare, wässerige Lösungen, die durch Kochsalz, nicht aber durch Kalk und Magnesia gefällt werden.

Auf Grund dieser Eigenschaft ist die Sulfoleatseife als Kesselstein verhinderndes Mittel und zur Regeneration von Seifenbädern empfohlen worden. Weiters bietet ihr eigenartiges Verhalten gegen Kalk- und Magnesialösungen aber auch Gelegenheit einer vielfachen vorteilhaften Anwendung in der Textilindustrie[3]); so zum Färben und Drucken mit

---

[1]) Chem. Revue, 1902, S. 214.
[2]) D. R. P. Nr. 113 433 v. 18. Jan. 1896.
[3]) D. R. P. Nr. 126 641 v. 28. Juli 1897.

direkt färbenden Farbstoffen, beim Appretieren und Schlichten mit gefärbten Appretur- und Schlichtmassen, zum Einfetten der Gespinste im Spinnereibetriebe und zum Netzen der Gewebe vor und während der Bearbeitung in der Färberei und Bleicherei, weil bei all diesen Operationen das Ausfällen von Kalk- und Magnesiaseife lästig empfunden wird. Weiter hat Stockhausen sich auch die Verwendung seiner gelatinösen Seife als Türkischrotersatz[1]) patentieren lassen. Das Verfahren dabei ist analog der Anwendung des Türkischrotöles, und die unter Beihilfe der Sulfoleatseife erzielten Farbentöne sollen an Lebhaftigkeit die mit Türkischrot erhaltenen noch übertreffen.

Andere Ver-
wertungen. Von der mannigfachen Verwendung des Rizinusöles zu industriellen Zwecken sei nur noch seine Überführung in zähe bis hornartige Massen angeführt. Nach A. Wright[2]) kann im Kristallwasser geschmolzenes Zinkchlorid oder eine konzentrierte Lösung desselben Rizinusöl dickflüssiger und unter gewissen Umständen sogar fest machen. Je nach der angewandten Menge Zinkchlorid, der Konzentration seiner Lösungen und der innegehabten Temperatur kann man alle Abstufungen vom halbflüssigen Öl bis zu einer zähen, lederartigen Masse herstellen. Man verfährt am besten in der Weise, daß man eine Zinkchloridlösung abdampft, bis sie einen Siedepunkt von nahezu 175° C zeigt, bei welcher Temperatur der Wassergehalt ungefähr der Formel $ZnCl_2 + H_2O$ entspricht; wenn die Lösung auf etwa 125° C abgekühlt ist, wird sie mit einem Drittel ihres Gewichtes Rizinusöl, das man ebenfalls auf 125° C erhitzt hat, vermischt. Das Öl ballt sich rasch zu einem festen Klumpen zusammen, der sich von dem Zinkchlorid trennt und nach dem Auswaschen mit Wasser ein fast weißes, hornartiges Aussehen hat.

Das so fest gemachte Rizinusöl ermöglicht eine mannigfache Anwendung, hat aber dennoch in der Industrie nicht recht durchgreifen können.

Behandelt man Rizinusöl mit Salpetersäure, so resultieren halbflüssige Nitroderivate, die mit Nitrozellulose gemischt zelluloidartige Produkte geben[3]).

Rückstände.

Rizinus-
kuchen. Die bei der Gewinnung des Rizinusöles resultierenden Rückstände haben je nach der angewandten Fabrikationsmethode ein verschiedenes Aussehen und eine wechselnde Zusammensetzung.

Die geschälten Kuchen zeigen entsprechend der beim Schälungsprozesse angewandten größeren oder geringeren Sorgfalt eine weißgraue bis dunkelgraue Färbung. War die Zerkleinerung ungenügend, so lassen sich einige Reste von Samenschalen mit freiem Auge deutlich erkennen.

[1]) D. R. P. Nr. 128691 v. 28 Juli 1897.

[2]) Journ. Soc. Chem Ind., 1888, S. 326.

[3]) D. R. P. Nr. 96365 v. 28. Nov. 1895 (Reid und Earle).

Wurden ungeschälte Samen verpreßt oder wurde beim Nachschlag der entschälten Kerne eine entsprechende Menge von Schalen beigegeben, so zeigen die Kuchen eine schwarzgraue Färbung. Schalenhaltige Kuchen sind leichter zerbrechlich und färben, in kochendes Wasser gebracht, dieses sofort braun.

Rizinus-Extraktionsmehl ist ein bald gröberes, bald feinkörniges Pulver, in welchem man das helle Samenfleisch deutlich von der dunkleren Samenschale unterscheiden kann.

Vollständige Analysen von Rizinuskuchen sind in der Fachliteratur nur in geringer Zahl zu finden. Die wenigen Angaben weichen außerdem ziemlich voneinander ab, weil Kuchen von ganz verschiedenem Schalengehalte zur Untersuchung kommen. Nachstehend seien die Resultate von Decugis und von Kellner angeführt:

	Ungeschälte Kuchen (nach Decugis)	Geschälte Kuchen	Extraktions- mehl (nach Kellner)
Wasser	9,85 %	10,38 %	
Rohprotein	20,44	46,37	34,01 %
Rohfett	5,25	8,75	1,17
Stickstoffreie Extraktstoffe . .	} 49,44	24,00	15,27
Rohfaser			41,00
Asche	15,02	10,50	8,55
	100,00 %	100,00 %	100,00 %.

Das Seite 520 beschriebene Gift der Rizinussamen findet sich in den Rückständen unverändert wieder. Die Rizinuskuchen sind daher als Futtermittel nicht verwendbar, solange das in ihnen enthaltene Rizin nicht auf irgend eine Weise unschädlich gemacht wird.

Für das Entgiften der Rizinuskuchen sind verschiedene Vorschläge laut geworden. Das einfachste Verfahren besteht wohl in ihrer Behandlung unter Dampfdruck, wobei schon nach kurzer Einwirkungsdauer das Rizin vollständig unwirksam gemacht wird. Eine zweite Methode wurde von O. Nagel empfohlen; dabei wird die Löslichkeit des Rizins in 10 %iger Kochsalzlösung (vgl. S. 521) zur Entfernung des Rizins verwendet.

Entgiften der Kuchen.

Die Kuchen werden bei der Nagelschen Methode gemahlen, mit der 6- bis 7fachen Menge 10 %iger Kochsalzlösung vermischt, die Aufschlämmung 6 bis 8 Stunden stehen gelassen, um dann durch eine Filterpresse gebracht zu werden. Die in dem Filter verbleibenden Kuchen werden so lange mit 10 %iger Kochsalzlösung ausgelaugt, bis eine Probe des Filtrates beim Erhitzen klar bleibt. Dies ist nur der Fall, wenn kein Rizin mehr in Lösung geht, weil dieses sonst beim Erhitzen koaguliert und ausfällt. Die Kuchen werden dann aus der Filterpresse genommen, getrocknet und können als Futtermittel verwendet werden. Aus der Kochsalzlösung fällt man durch Kochen das gelöste Rizin, macht dieses unschädlich und verwendet die entgiftete Kochsalzlösung für eine neue Operation [1]).

---

[1]) Chem. Ztg. Rep., 1902, S. 26.

Rizinus-
kuchen
als Futter-
mittel,

Durch Dämpfen oder Behandeln mit Kochsalzlösung entgiftete Kuchen können anstandslos als Futtermittel verwendet werden. Sie rufen bei den Tieren nach Cornevin zwar etwas Verstopfung hervor, beeinträchtigen die Gesundheit des Viehes aber sonst in keiner Weise.

Kellner, Köhler, Zielstorff und Barnstein[1]) haben die Verdaulichkeit von entgifteten Rizinusrückständen bestimmt und diese

für Rohprotein mit . . . . 77 %
für Rohfett mit 90
für die stickstoffreien Extraktstoffe mit 10

gefunden.

Bei der ausschließlichen Ernährung von Tieren mit Rizinusrückständen beobachtete Cornevin ein allmähliches Abmagern der Tiere. Werden diese Kuchen aber mit anderen Futtermitteln vermischt verabreicht, so bekommen sie den Tieren gut. Spezielle günstige Wirkungen können den Rizinusrückständen allerdings nicht zugeschrieben werden.

Nach Cornevin kann man auch nicht entgiftete Rizinusrückstände verfüttern, wenn man die Tiere vorher gegen das Rizinusgift immunisiert[2]).

Wenn Rizinuskuchen verfüttert werden sollen, ist strenge darauf zu sehen, daß sie keine Schimmelbildung zeigen; zu dieser neigen die Rizinuskuchen nämlich sehr stark. F. Benecke[3]) fand wiederholt Bakterien in großer Menge wie auch sproßpilzähnliche Formen und glaubte, daß diese Pilze es seien, welche die im Rizinussamen enthaltenen Stoffe in giftige Verbindungen umsetzen, oder daß ein nicht organisiertes Ferment bei Sauerstoffzutritt die für den tierischen Organismus schädlichen Zersetzungen hervorrufe.

Wenn durch die späteren Arbeiten über die Natur des Rizins die Beneckeschen Ansichten auch hinfällig geworden sind, so bleibt doch die Gegenwart von Pilzen und Bakterien in Rizinuskuchen ein gefährlicher Umstand.

Jedenfalls ist auch das Verfüttern von entgifteten Kuchen eine heikle Sache. Es kann sehr leicht vorkommen, daß einzelne Partien einer Sendung noch Rizin enthalten, und dann genügen wenige Gramm solcher giftigen Kuchen zur Tötung eines starken Ochsen oder Pferdes.

als Dünge-
mittel.

Die Verwendung der Rizinuskuchen als Düngemittel erscheint daher sehr angezeigt. Sie sind für Düngezwecke deshalb besonders geeignet, weil sie neben Stickstoff auch 1—2 % Phosphorsäure und 0,7—1,4 Kali enthalten.

Nicht unerwähnt darf die Verwendung der Rizinuskuchen als Verfälschungsmittel bleiben. Das Vorkommen von Rizinusrückständen in an-

---

[1]) Landw. Versuchsstationen, 1896, S. 332.
[2]) Vergleiche Seite 521.
[3]) Zeitschr. d. österr. Apothekervereins, 1887, Bd. 25, S. 421 (durch Chem. Ztg. Rep., 1887, S. 233).

deren Ölkuchen ist in der Fachliteratur wiederholt besprochen worden[1]). Doch handelt es sich bei diesen Fällen wohl kein einziges Mal um eine in doloser Absicht herbeigeführte Vermischung, sondern um unliebsame Zufälle. Kein Ölfabrikant oder Futtermittelhändler wird so kurzsichtig sein und sich kleinlicher Vorteile willen sein Renommee verscherzen und obendrein noch Gefahr laufen, zugrunde gegangene Viehbestände ersetzen zu müssen. Dazu kommt noch, daß Rizinuskuchen in der Regel einen ziemlich guten Marktpreis haben, weil man sie in Südfrankreich und Italien zur Düngung von feineren Gemüsen und Hanfkulturen allem anderen kräftigen Dünger vorzieht.

Wenn sich in Raps-, Mohn-, Sesam-, Erdnuß- und anderen Ölkuchen in einzelnen Fällen Rizinusanteile vorgefunden haben, so ist dies jedenfalls nur darauf zurückzuführen, daß auf denselben Pressen, Zerkleinerungs- und Transportvorrichtungen neben Raps, Mohn und Sesam periodisch auch Rizinus verarbeitet wurde. Mit dieser Gepflogenheit mancher Ölfabriken sollte endlich gebrochen werden, denn es ist bei aller Sorgfalt tatsächlich unmöglich, alle bei der Fabrikation mitspielenden Vorrichtungen derart gründlich zu reinigen, daß nach Aufhören der Rizinusverarbeitung keinerlei Reste dieser Saat in Schlupfwinkeln zurückblieben. Die Rizinusreste lösen sich dann zu unerwünschter Zeit los und vermischen sich mit dem anderen Preßgute[2]).

Auch bei der Magazinsgebarung ist in Fabriken, die neben Rizinuskuchen auch andere Ölkuchen zu Futterzwecken erzeugen, die Gefahr einer partiellen Vermischung vorhanden, wie denn überhaupt beim Versande der Rizinuskuchen große Sorgfalt zu beobachten ist. Üben doch diese Kuchen auf die Schleimhäute mancher Personen einen derartigen Reiz aus, daß schon das Zerstäuben der Ware beim Ein- und Ausladen genügt, um tüchtigen Schnupfen, Bronchien- und Augenentzündungen hervorzurufen.

Handel.

Handel.

Die jährlich geerntete Menge Rizinussaat wie auch die Jahresproduktion an Rizinusöl lassen sich kaum abschätzen, weil eine getrennte Statistik über diese Artikel nur in wenigen Ländern geführt wird.

Das Hauptproduktionsgebiet für Rizinussaat ist Britisch-Indien, das fast die ganze Erde mit diesem Artikel versorgt. Über die Jahresernte Indiens liegen keine näheren Aufzeichnungen vor; der Export von Rizinussaat und Rizinusöl betrug[3]):

---

[1]) Landw. Versuchsstationen, Bd 34, S. 145; Jahresbericht der agrikulturchem. Versuchsstation Kiel, 1898, S. 17; Biedermanns Zentralbl. für Agrikulturchemie, 1889, S. 90 und 687; Jahresbericht der landw. Versuchsstation Posen, 1890—1892.

[2]) K. Bierbaum betont, daß ein bloßes Konstatieren vorhandener Rizinusbestandteile in einem Futtermittel keine genügende Basis bilde, um dieses als giftig zu deklarieren. Es müßten gewissenhafterweise wohl auch Fütterungsversuche gemacht werden, welche die Giftigkeit des Futtermittels unwiderleglich beweisen. (Berliner tierärztl. Wochenschr., 1906, Nr. 41.)

[3]) Seifensiederztg., Augsburg 1906, S. 811.

Jahr (1. April bis 31. März)	Rizinussamen (Bushels à 50 Pfd.)	Rizinusöl (Gallonen)
1895	2 631 765	3 215 887
1896	2 348 701	2 420 358
1897	2 235 778	2 397 613
1898	2 372 516	2 344 797
1899	2 710 709	2 569 725
1900	1 978 731	1 833 207
1901	1 926 121	1 843 207
1902	2 965 527	2 424 270
1903	3 509 781	2 488 910
1904	3 509 717	2 300 015

Madras (Dekan), Koromandel und Bombay sind die hervorragendsten Anbaudistrikte.

England bezieht ziemlich große Mengen von Rizinussaat, doch wird diese statistisch nicht separat geführt. Die Rizinusindustrie Englands dürfte die der einzelnen Kontinentalstaaten aber übertreffen.

Frankreich verzeichnet die Rizinusprodukte nicht getrennt, dafür gibt der Hafen von Marseille die Importmenge von Rizinussaat an. Sie betrug in den Jahren

1895	226 120	dz
1896	283 960	,,
1897	149 270	,,
1898	258 880	,,
1899	259 830	,,
1900	159 420	,,
1901	259 310	,,
1902	262 140	,,
1903	215 570	,,
1904	144 070	,,
1905	138 050	,,

Österreich-Ungarn führte in der Zeit von 1895—1905 die nachstehenden Mengen Rizinussaat ein:

1895	514	dz
1896	743	,,
1897	503	,,
1898	525	,,
1899	969	,,
1900	1 407	,,
1901	1 053	,,
1902	11 576	,,
1903	21 011	,,
1904	19 685	,,
1905	9 674	,,

also eine kaum nennenswerte Menge, importierte aber bedeutende Quanten von Rizinusöl, und zwar:

1895 12309 dz im Werte von 0,70 Mill. Kronen
1896 10797 „ „ „ „ 0,62 „ „
1897 11547 „ „ „ „ 0,74 „ „
1898 12835 „ „ „ „ 0,85 „ „
1899 11979 „ „ „ „ 0,69 „ „
1900 10903 „ „ „ „ 0,66 „ „
1901 13730 „ „ „ „ 0,84 „ „
1902 13843 „ „ „ „ 1,01 „ „
1903 12892 „ „ „ „ 0,64 „ „
1904 11323 „ „ „ „ 0,45 „ „
1905 12699 „ „ „ „ 0,52 „ „

Von den eingeführten Rizinusölmengen werden ungefähr 10 % in Form von reinem Medizinal-Rizinusöl bezogen, der Rest wird in denaturierter Form (zu ermäßigtem Zollsatze) eingeführt und zu industriellen Zwecken verwendet.

Deutschland verbraucht jährlich für $1/2$—1 Million Mark Rizinusöl. Es wurden eingeführt:

	Rizinussaat	Rizinusöl	
1900	10377	46	dz
1901	19709	110	„
1902	25204	144	„
1903	27803	390	„
1904	29151	95	„
1905	20360	97	„

Ein großer Konsum von Rizinusöl findet auch in den Vereinigten Staaten Nordamerikas statt.

Die aus den Deklarationen der Hamburger Seeinfuhr berechneten Durchschnittswerte für Rizinusöl stellen sich für die letzten 50 Jahre wie folgt:

1851—55 auf 95,83 Mk. pro Meterzentner netto
1856—60 „ 115,18 „ „ „ „
1861—65 „ 111,89 „ „ „ „
1866—70 „ 118,84 „ „ „ „
1871—75 „ 116,51 „ „ „ „
1876—80 „ 103,98 „ „ „ „
1881—85 „ 86,29 „ „ „ „
1886—90 „ 69,51 „ „ „ „
1891—95 „ 67,32 „ „ „ „
1896 „ 59,58 „ „ „ „
1897 „ 68,80 „ „ „ „

Rußland erzeugt ziemliche Mengen von Rizinusöl, die dort hauptsächlich für Beleuchtungszwecke verbraucht werden. Die Einfuhr von Rizinussaat betrug:

1899 . . . . 166880 dz
1900 . . . . 104800 „

Die Vereinigten Staaten Nordamerikas erzeugen Rizinusöl sowohl aus heimischen als auch aus indischen Samen; als Hauptproduzent der

Union ist der Staat Missouri zu betrachten, daneben kommen noch Kansas, das Indian Territory sowie die südlichen Distrikte von Illinois in Frage.

Bezüglich der Preisschwankungen des Rizinusöles siehe Tafel XIII, die auch die Preise von Oliven-, Sesam-, Erdnuß-, Palm-, Palm-kern- und Kokosöl verzeichnet.

Traubenkernöl.

Weinkernöl. — Rosinenöl. — Huile de pepine de raisin. — Huile de raisin. — Grape seed Oil. — Olio di vinacciuoli. — Oleum Vitis viniferae. — Oleum Vitidis.

Herkunft und Geschichte.

Herkunft.

Das Traubenkernöl wird durch Pressen der Weintraubenkerne, das sind die Samen der Weinrebe (Vitis vinifera L.), gewonnen. Die Versuche, die Kerne der Weintrauben zur Ölgewinnung heranzuziehen, reichen bis in das 18. Jahrhundert zurück. Man setzte damals große Hoffnungen auf die Ge-winnung von Traubenkernöl und machte für die Sache nicht wenig Propaganda.

Geschichte.

Erwiesenermaßen wurde in Bergamo bereits im Jahre 1770 Weintrauben-kernöl gewonnen, und eine 1778 erschienene, von der Société Georgique zu Rom herausgegebene Broschüre, betitelt: „Memoria sulla maniera di estrare l'olio dai Vinacciuoli dalle granelle dell' uva", sollte die Aufmerksamkeit weiterer Kreise auf diese neue Verwertung der Trauben-kerne lenken. Wenige Jahre später begann man, ähnliche Versuche auch in Deutschland, hauptsächlich in Württemberg zu unternehmen, und 1791 wurden in Frankreich einige Stimmen laut, die sich für die Aufnahme der Traubenkernölgewinnung aussprachen. Die zuerst von Bastilliat veröffent-lichten Versuchsergebnisse wie auch die von Rougier mitgeteilten Resultate waren zwar nicht sehr ermutigend, doch entstand trotzdem im Jahre 1800 in Alby eine Fabrik, welche lediglich der Verarbeitung von Weintrestern zu Öl diente. Später teilten Boudrey (1823) und Bouchotte (1824) einiges über die erzielte Ölausbeute mit, doch ließen diese Angaben wichtige Neben-umstände unerwähnt und gaben daher nur ein unvollständiges Bild [1].

Später machten Fontenelle[2], G. Schübler[3], v. Minutoli[4], E. Hollandt[5], A. Fitz[6] und andere[7] auf den Ölgehalt der Trauben-kerne aufmerksam und untersuchten das Traubenkernöl.

---

[1] Hefter, Über Traubenkernöl, Chem. Revue, 1903, S. 219.

[2] Journ. de chimie méd., 1827, S. 66.

[3] Journ. f. techn. u. ökonom. Chemie, Bd. 2, S. 364, und Bd. 5, S. 31.

[4] Journ. f. techn. u. ökonom. Chemie. Bd. 10, S. 352—359.

[5] Journ. f. prakt. Chemie, Bd. 1, S. 195.

[6] Berichte d. deutsch. chem. Gesellsch., 1871, S. 442; Deutsche Industrieztg., 1871, S. 228.

[7] Polyt. Notizblatt, 1858, Nr. 5; Dinglers polyt. Journ., Bd. 148, S. 238.

Trotz der ganz hübschen Anläufe, welche diese Industrie zu Beginn des vorigen Jahrhunderts genommen hatte, konnte sich das Traubenkernöl doch keinen Platz auf dem Weltmarkte erringen, ja, es ist nicht einmal zu einer rechten lokalen Bedeutung gekommen. Wenn man bedenkt, daß ein Faß Wein von 600—700 Liter Inhalt einem Traubenkernquantum von 30 kg entspricht und dieses wiederum wenigstens 4 kg Öl liefert, so wird es klar, daß eine allgemeine Benützung der Traubenkerne zur Ölgewinnung ein recht stattliches Quantum von Traubenkernöl ergeben würde.

Rohmaterial.

Die Traubenkerne bleiben bei der Traubensaftgewinnung gemein-
sam mit den Traubenstielen, den sogenannten Kämmen und Schalen, zurück, und man bezeichnet diese Rückstände mit dem Namen Trester. Letztere werden entweder mit Stärkezuckerlösung vergären gelassen, unter Zugabe von Alkohol und Zuckerwasser zur Herstellung von Tresterwein benutzt, zur Branntweingewinnung verwertet, zur Weinessigbereitung herangezogen, auf Rebenschwarz, Pottasche, Weinstein usw. verarbeitet, oder endlich direkt als Futtermittel verwendet.

*Trauben-
kerne.*

Die frischen Trester setzen sich ungefähr zusammen aus:

50 % Traubenschalen (Hülsen),
25 % Kämmen und Stielen,
25 % Kernen

und enthalten durchschnittlich (nach Pott):

	Mittel	Maximum	Minimum
Wasser	64,2 %	66,7 %	46,4 %
Rohprotein	7,4	12,0	4,5
Rohfett	5,6	8,1	3,0
Stickstoffreie Extraktstoffe . . .	24,4	32,1	13,4
Rohfaser	7,0	9,4	4,7
Asche	1,4	—	—

Soll aus den Trestern Öl gewonnen werden, so müssen die darin enthaltenen Kerne von den Stielen und Schalen separiert werden. Diese Ab-
sonderung der Kerne kann entweder auf trockenem oder auf nassem Wege geschehen und die dabei resultierenden reinen Kerne enthalten in der Trockensubstanz ungefähr 15—18 % Fett[1]). Die Zusammensetzung der Kerne verschiedener Weinstockvarietäten schwankt nicht unbeträchtlich; bezüglich des Ölgehaltes gelten folgende Regeln:

1. Weiße Trauben haben ölreichere Kerne als blaue;
2. die Kerne zuckerarmer Trauben sind ölärmer als die zuckerreicher;

---

[1]) Vohl fand in 10 Proben von Traubenkernen 16,99—19,02 % Öl. (Wagners Jahresberichte, 1871, S. 675.)

3. die ölreichsten Kerne werden von kraftvollen Weinstöcken bei vollster Reife erhalten;

4. beim Lagern nimmt der Ölgehalt der Kerne auffallend ab.

Die Kerne aus italienischen dunkeln Trauben (Trockensubstanz) ergaben bei der Analyse folgende Werte:

Rohprotein . . . . 13,7 %

Rohfett 16,8

Stickstoffreie Extraktstoffe 46,0

Rohfaser 21,9

Asche 1,6

                         100,0 %

Charakteristisch für die Traubenkerne ist ihr hoher Gerbsäuregehalt, der 5—7 % beträgt.

Gewinnung.

Ge-winnungs-weise.   Die Gewinnung des Traubenkernöles beginnt mit der Ausscheidung der eigentlichen Traubenkerne aus den Trestermassen, was auf zweierlei Weise erreicht werden kann.

Bei der einen Methode wird die Absonderung der Kerne so erzielt, daß man die Trester an der Luft gut austrocknen läßt und die Kerne durch Schlagen, Werfen und Aussieben von den Stielen, Kämmen und Hülsen trennt (trockenes Verfahren).

Das zweite, sogenannte nasse Verfahren besteht in einem Handauslesen der Kerne aus den noch feuchten Trestern (Ausrädern), wobei die entkernten Trester für die Branntweingewinnung geeignet bleiben. Nach Bontoux wird das Loslösen der Kerne von den ihnen anhaftenden Fleischteilchen wesentlich erleichtert, wenn man die Trester vor dem Ausrädern mit alkalischen Flüssigkeiten behandelt.

In Württemberg, wo die Gewinnung von Traubenkernöl in gewissen stark Weinbau treibenden Gegenden lokale Bedeutung besitzt, verfährt man nach Lichtenberg wie folgt:

Sofort nach dem Keltern, längstens aber 24 Stunden später, läßt man die Trester mit den Händen zerreiben und die dadurch losgebeutelten Kerne durch Absieben reinigen. Dieses Ausrädern wird meistens von Kindern besorgt. Bleiben die gekelterten Trester länger als 24 Stunden liegen, so beginnen sie zu schimmeln, breitet man sie aber zur Verhinderung von Schimmelbildung flach aus, so trocknen sie vorzeitig zu stark ein, kleben dann an den Hülsen und lassen sich von diesen nur schwer losmachen.

Die durchgesiebten Traubenkerne müssen vor der Verarbeitung getrocknet werden, was entweder im Freien durch direkte Sonnenbestrahlung oder auf luftigen Tennen geschehen kann. Das Trocknen der frischen Traubenkerne erfordert viel Mühe und Umsicht, weil die Gefahr des Anschimmelns groß ist. Die lufttrockenen Kerne werden vor der eigentlichen Verarbeitung auf Öl meist noch weiter getrocknet (gedörrt). Je trockener die Kerne sind, um so leichter lassen sie sich zerkleinern und um so günstiger ist deshalb auch die Ausbeute.

Die getrockneten Kerne werden auf die bekannte Art zerkleinert, das erhaltene Mehl mit 10—12% Wasser vermischt und ganz schwach erwärmt. Der ersten Pressung folgt ein Zerkleinern der erhaltenen Preß-rückstände, ein nochmaliges Feuchten (20—25% Wasserzusatz) sowie Wärmen derselben und ein zweites Auspressen. Sind die zur Verarbeitung kommenden Kerne nicht vollständig ausgetrocknet, so geben sie an Stelle klaren Öles eine Emulsion, die einer dicken Weinhefe nicht unähnlich ist und sehr schwer geklärt werden kann. Auch werden durch zu feuchte Traubenkerne die Preßtücher stark mitgenommen.

Charakteristisch für die Verarbeitung von Traubenkernen ist der große Wasserzusatz zu dem Preßgute; ohne diesen bleibt die Ölausbeute ungenügend.

Eigenschaften.

Das kalt gepreßte Traubenkernöl ist goldgelb und — wenn es aus frischen Kernen gewonnen wurde — von süßem Geschmack; ältere Kerne liefern ein bitter schmeckendes Öl von etwas dunklerer Farbe.

Das heiß gepreßte Öl ist braun und schmeckt unangenehm adstrin-gierend. Das Öl, welchem ein spezifisches Gewicht von 0,920 (Hollandt) bis 0,9561 (Horn) zukommt, ist sehr kältebeständig und erstarrt erst bei Temperaturen unter 10°C. Hollandt nennt sogar Erstarrungspunkte von 15—17°C. Das Traubenkernöl löst sich bei 70°C leicht in Weinessig; die Lösung trübt sich aber bereits bei 66,5°C. In 95%igem Alkohol ist es nur teilweise löslich. Es zeigt trocknende Eigenschaften, wenn auch nur in sehr geringem Maße; der Luft ausgesetzt, trocknet es nach sehr langer Zeit ein.

Nach Fitz enthält das Traubenkernöl beträchtliche Mengen von Eruca-säure und steht nach Horn in chemischer Beziehung dem Rizinusöle sehr nahe. Die Tatsache, daß sich Traubenkernöl mit Alkohol nicht mischt, spricht allerdings gegen das Vorhandensein großer Mengen hydroxylierter Säuren.

F. Ulzer und K. Zumpfe[1]) haben bei ihren Untersuchungen gefunden, daß Traubenkernöl ungefähr 10% Glyzeride fester Fettsäuren enthält, zum größten Teil aber aus Linolsäureglyzerid besteht. Außerdem sind noch Glyzeride der Öl-, Rizinol- und Linolensäure vorhanden. Erucasäure findet sich nach Ulzer und Zumpfe im Traubenkernöl nur in bescheidener Menge vor, keinesfalls in einem so hohen Prozentsatze (nahezu 50%), wie Fitz angegeben hat.

Verwendung.

Das durch Kaltpressen gewonnene Traubenkernöl gibt ein vortreff-liches Speiseöl. Nach den Urteilen einiger Fachleute soll Traubenkernöl, bei dessen Gewinnung man die nötige Vorsicht walten ließ, in Qualität

Eigen-
schaften.

Ver-
wendung.

---

[1]) Österr. Chem. Ztg., 8. Jahrg., Nr. 6.

nicht hinter dem Provenceröle zurückstehen. Auch zum Backen eignet sich das kalt gepreßte Traubenkernöl sehr gut. Die Weinbauern Württembergs gebrauchen es hauptsächlich für solche Zwecke und nennen es daher auch nur kurzweg „Backöl".

Die heißgepreßten Nachschlagöle dienen meistens als Brennöle; als solche werden sie vor ihrer Verwendung gewöhnlich mit Schwefelsäure raffiniert, ähnlich wie dies beim Rüböl der Fall ist. Ein gut raffiniertes Traubenkernöl brennt sehr sparsam und gibt eine vollkommen rauchlose Flamme.

Horn schlug vor, das Traubenkernöl an Stelle von Rizinusöl zur Bereitung von Türkischrotöl zu verwenden.

Rückstände.

Trauben-
kernkuchen.

Die Preßrückstände der Kerne (Traubenkernkuchen) von blauen Trauben sind von brauner bis braunroter Farbe; die Kuchen der Kerne von weißen Trauben sind etwas heller gefärbt. Die Traubenkernkuchen sind ziemlich leicht zu zerbröckeln und besitzen einen eigenartigen Geruch.

Im Handel trifft man sie nur höchst selten an, weshalb darüber auch nur wenig Analysen vorliegen. Nachstehend seien die bekannt gewordenen Untersuchungsresultate von Traubenkernkuchen angeführt:

	Decugis[1]	Pavesi[2]	Hefter[3]
Wasser	10,40 %	8,20 %	15,9 %
Rohprotein	13,84	13,03	14,5
Rohfett	10,60	3,10	8,5
Stickstoffreie Extraktstoffe	31,56	25,71 ⎱	
Rohfaser	27,00	42,31 ⎰	54,5
Asche	6,60	7,65	6,6

Die Traubenkernkuchen bilden trotz ihres Rohfaserreichtums ein brauchbares Kraftfuttermittel, das besonders von den Schafen gern genommen wird.

Die Kuchen enthalten auch geringe Gerbstoffmengen, die jedoch für das Vieh von keinerlei nachteiligen Folgen sind. Der Umstand, daß die Trester an vielen Orten direkt verfüttert werden, ist übrigens der beste Beweis für die Unschädlichkeit der Traubenkernkuchen. In Italien verwendet man diese auch zur Bereitung eines teeartigen Getränkes, das unter der ärmeren Bevölkerung nicht unbeliebt ist.

---

[1] Collin und Perrot, Les résidus industriels, Paris 1904, S. 220.
[2] Relazione delle stazione di prova di Milano, 1872/73.
[3] Chem. Revue, 1903, S. 221.

Zweites Kapitel

Die vegetabilischen Fette.

Die Glieder dieser Klasse sind bei einer für unsere klimatischen Ver- Allgemeines. hältnisse als gewöhnlich zu bezeichnenden Temperatur butterartig oder fest. Der Sprachgebrauch nimmt es aber mit dieser Unterscheidung nicht so genau und spricht von dem festen Fette der Palmkerne, der Kokospalme usw. als von Ölen (Palmkernöl, Kokosöl u. a).

Die Zusammensetzung der in diese Gruppe gehörenden Fette ähnelt jener der nicht trocknenden Öle, doch herrschen die Glyzeride der gesättigten Fettsäuren vor. Die Konsistenz der Fette ist umso größer, je geringer die Menge der in ihnen enthaltenen Glyzeride der Öl- und Linolsäure ist.

Einige der festen Fette — voran das Kokos- und Palmkernöl — zeichnen sich durch einen hohen Gehalt an Glyzeriden niedriger Fettsäuren aus und zeigen ein eigenartiges Verhalten gegenüber Laugen [1]). Sie verseifen sich mit verdünnter Alkalilösung nur schwer, bedürfen vielmehr zu ihrer Verseifung starker Laugen und ihre Seifen lassen sich nur durch große Salzmengen aussalzen. Hochgradige kaustische Laugen verseifen diese Fette auch bei gewöhnlicher Temperatur (kaltgerührte Seifen).

Palmöl.

Palmfett. — Palmbutter. — Huile de palme. — Palm Oil. — Olio di palma. — Oleum palmae. — Manteca del cororo (Spanien). — Thiothio (Antillen). — Caiane Brasilien).

Herkunft.

Das Palmöl wird aus dem Fruchtfleische mehrerer Palmengattungen, Abstammung. hauptsächlich der afrikanischen Ölpalme (Elaeis Guineensis Jacqu.) und der amerikanischen oder schwarzkernigen Ölpalme (Elaeis melanococca

---

[1]) Lewkowitsch reiht die Fette mit hohem Gehalt an niedrigen Fettsäuren in eine besondere Gruppe und rechnet zu dieser außer dem Palmkern- und Kokosöl noch Muritifett, Mokayaöl, Kohuneöl, Maripafett und das Fett von Cocos acrocomoides. (Lewkowitsch, Chem. Technologie und Analyse der Fette, Öle und Wachsarten, Braunschweig 1905, S. 314.)

Gaertn. = Alfonsia oleifera Humb.) gewonnen. Die Samenkerne dieser Palmen liefern ebenfalls ein Fett, doch ist dieses (Palmkernöl) in seinen physikalischen und chemischen Eigenschaften von dem Fette des Fruchtfleisches (Palmöl) sehr verschieden. Ein Auseinanderhalten dieser beiden von ein und derselben Frucht stammenden Fette ist daher viel wichtiger als das Unterscheiden von Olivenöl und Olivenkernöl (siehe Seite 391), die hinsichtlich ihrer Abstammung ein Analogon zu Palmöl und Palmkernöl bilden.

Wie lange die Ölpalme als Nutzpflanze betrachtet und ihr Fruchtfleisch zur Gewinnung von Öl verwertet wird, ist nicht bekannt; es datiert dies jedenfalls weit zurück. Die ersten Berichte hierüber verdanken wir einigen Afrikareisenden, welche eine Ölgewinnung aus den Früchten der Ölpalme an der Küste von Guinea erwähnen.

Die afrikanische Ölpalme, welche sich hauptsächlich in West- und Zentralafrika findet, wurde von dort durch Portugiesen nach Ceylon und durch Neger nach Java verpflanzt. Nach Tschirch[1]) ist die Einführung dieser Palmenart auf Java aber ein Verdienst von H. de Vriese, der sie 1859 auf diese Insel brachte. Durch Sklavenschiffe kam die Ölpalme schon früher auch nach Westindien und Südamerika.

Geschichte.   Der lange Zeit vernachlässigte Handel mit afrikanischem Palmöl nahm erst nach dem Aufhören des Sklavenhandels einen nennenswerten Aufschwung, weil die Bewohner von Guinea ihren dadurch erlittenen Verdienstentgang durch Export von Palmöl zu decken versuchten und die Engländer den jungen Palmölhandel nach Tunlichkeit förderten.

Das erste Palmöl kam vom Bonnyflusse und die Sendungen wurden ursprünglich gegen Glasperlen, Spiegel und Galanteriewaren eingetauscht. Um das Jahr 1830 versuchte man, die Neger zu erhöhter Produktion von Palmöl anzuspornen, indem man ihnen neue Bedürfnisse schuf, doch gelang es nur mit größter Mühe, das Interesse der Schwarzen für die Palmölproduktion zu wecken. Immerhin aber betrug die im Jahre 1840 nach Europa verschiffte Menge dieses Fettes bereits 200 000 Meterzentner. Wenige Jahre später bauten die Engländer dem König Eaman gegen Palmöllieferungen ein Haus im Werte von beiläufig 20 000 Mk. [2]).

Der Handel mit Palmöl, der fortan einen immer größeren Umfang annahm, bis er in den letzten Jahren seinen Höhepunkt erreichte, hat nach Zippel auf die Bewohner der Westküste Afrikas zweifellos einen erzieherischen Einfluß geübt; nicht nur daß die Sklavenhändler allmählich Öllieferanten wurden, schwächten sich durch die Anbahnung friedlicher Handelsbeziehungen auch die früheren Befehdungen der verschiedenen Negerstämme ab.

---

[1]) Tschirch, Indische Heil- und Nutzpflanzen, Berlin 1900, S. 11.
[2]) Zippel-Thomé, Ausländische Kulturpflanzen, 2. Aufl., Braunschweig 1903, 3. Abschn., S. 31.

Die afrikanische Ölpalme (Elaeis guineensis Jacqu.), die wichtigere der beiden Ölpalmenarten, bildet einen 10—15, mitunter sogar 30 m
hohen Baum, dessen Heimat Afrika ist. Durch Verpflanzung ist die Ölpalme
aber auch in andere tropische Gegenden versetzt worden, so daß Arthur
Meyer[1]) über das Kultivationsgebiet dieser Pflanze sagt:

„Die Grenzen des Gebietes der Ölpalme werden durch eine Linie angedeutet,
welche, etwa zwischen Kap Blanco und Kap Verde beginnend, bis Benguela an der
ganzen Westküste von Afrika sich hinzieht und die Guineainsel einschließt. Von
Benguela verläuft die Grenzlinie etwa nach dem Njassasee, von da nach dem Ost-
ufer des Tanganjikasees, dann in gleicher Richtung weiter nach dem oberen Gebiete
des Uélleflusses, von da nach dem Tschadsee und von hier zurück nach ihrem Aus-
gangspunkt. Am häufigsten wächst die Ölpalme im Nigerdelta, auf den Inseln des
Busens von Guinea, vorzüglich auf Fernando Po, und auf dem Küstengebiete von
Ober-Guinea"[2]).

Alldridge erzählt in seinem Werke „The Sherbro and its Hinter-
land" über die kolossalen Palmenwälder der Insel Sherbro und des südlich
von der Hauptstadt Freetown gelegenen Hinterlandes, das die fünf unter
britischem Protektorat stehenden Distrikte: Karene, Koinadugu, Panguma,
Ronietta und Bandajuma umfaßt.

Die Neger Afrikas schätzen zwar in der Ölpalme ihre wichtigste Nutzpflanze, geben sich aber trotzdem keine Mühe, sie besonders zu kultivieren.
Sie glauben genug getan zu haben, wenn sie dem Baume eine gewisse,
keineswegs besondere Schonung angedeihen lassen.

Buschwald und Parklandschaft sind nach Preuß das eigentliche
Gebiet der Ölpalme. Im Urwald kommt sie nicht recht fort, weil ihr
sein Schatten nicht zusagt. Am besten gedeiht die Ölpalme in feuchten
Tälern, doch findet man sie auch bis zu einer Meereshöhe von 1000 m,
wenngleich sie hier nur spärlich Früchte trägt. Sie wächst zumeist
in kleinen Gruppen oder einzeln, geschlossene Bestände bildet sie
eigentlich nur selten. Reisende berichten aber, daß an der afrikanischen
Westküste zwischen dem Kap Blanco und St. Paul de Loando meilen-
weite Strecken mit endlosen Palmenwäldern bedeckt seien; die ölreichen
Früchte fallen dort seit Jahrhunderten zur Reifezeit zu Boden, wo sie un-
verwertet verfaulen.

Die amerikanische Ölpalme (Elaeis melanococca Gaertn.) — in
Brasilien, Corozo Colorado, Neu-Granada und Venezuela „Caiane" genannt —
ist an sumpfigen, schattigen Orten der äquatorialen Zone Amerikas anzutreffen. Die Früchte dieser von Costarica bis zum Amazonas und
Madeira vorkommenden Palmenart sind rot und werden ebenfalls zur Ölgewinnung benutzt, doch wird das erzeugte Ölquantum lokal verbraucht
und erscheint nicht im Welthandel. Aus dem Fruchtfleische dieser Palme
macht man auch eine zinnoberrote Farbe (Chicha), welche die Indianer

---

[1]) Archiv d. Pharm., 1884, 22. Bd., S. 713.
[2]) Vergleiche auch Ascherson, Die Ölpalme, Globus, Bd. 35, S. 209—215.

zum Bemalen ihres Körpers und zum Färben von Geweben benutzen. Ein zwischen den Blattwinkeln sich vorfindender Filz kommt unter dem Namen „Noli" in den Handel und dient als blutstillender Stoff sowie als Feuerschwamm.

Die afrikanische Ölpalme ist viel verbreiteter und viel wichtiger als die amerikanische; gewährt sie auch nicht jenen vielfachen Nutzen wie die Kokospalme, so ist sie doch für die Tropenbewohner von größtem Werte und verdient mit Recht den Beinamen eines Freundes der Neger. Aus den Blättern der Ölpalme flicht man Matten, die zum Eindecken der Hütten, zum Umzäunen der Höfe und zu ähnlichen Zwecken dienen; die Blattstiele gebrauchen die Neger bei ihrem Häuserbau als Stützen; aus dem steifen Haargeflecht, das sich unterhalb der Blattstiele befindet, fertigt man Bürsten, und die Blätter selbst geben ein gutes Futter für Schafe und Ziegen.

Ein äußerst wichtiges Produkt der Ölpalme ist auch der Palmwein, der aus dem Baume zur Blütezeit abgezapfte und vergorene Saft. Die in frischem Zustande trübe, weiße, zuckerhaltige, nach Most schmeckende Flüssigkeit geht rasch in die alkoholische und hierauf in die essigsaure Gärung über. Solange letztere noch nicht allzuweit vorgeschritten ist, bildet der Palmwein ein bald süßliches, bald mehr saures Getränk (je nach dem Stadium des Gärungsprozesses), das bei seiner erfrischenden Wirkung und seinem relativ geringen Alkoholgehalt für die Bewohner Afrikas von großem Werte ist.

Den wertvollsten Teil der Ölpalme bildet aber ihre Frucht; sie wird teils zur Ölgewinnung, teils als Nahrungsmittel verwertet. So besteht nach Soyaux die Palmsuppe, welche in den Ländern der Ölpalme als Nationalgericht gelten kann, aus zerkleinertem Fleisch von Hühnern, Hammeln, Ziegen und Fischen, das man unter starkem Pfefferzusatz in Palmöl kocht. Die Frucht selbst soll nach Schweinfurth eine angenehme Zuspeise in der Nahrung der Neger bilden und infolge ihrer Bitterkeit einen gewissen Appetitreiz ausüben.

Von den Feinden der Ölpalme wäre der sogenannte Palmbohrer (Rhynchophorus phoenicis) zu erwähnen. Die Larven dieses Insektes leben im Stamm, ohne diesen aber besonders zu schädigen. Der Käfer selbst saugt aus dem Baume den Palmwein.

Rohprodukt.

Frucht.

Die traubenförmigen Fruchtstände der afrikanischen Ölpalme erreichen eine Länge von ungefähr 60 cm und einen Umfang von 60—90 cm. Nach Pechuel-Loesche trägt eine Ölpalme 3—4, höchstens 5 solcher Fruchtstände, nach Warburg produziert der Baum deren 3—7, während Preuß einen jährlichen Ertrag von 10 Fruchtständen als nicht zu hoch gegriffen bezeichnet.

Die kleineren Früchte erinnern in Form und Größe ungefähr an ein Taubenei, die größeren, ausgebildeten erreichen aber auch die Größe eines Hühnereies. Da für die volle Ausbildung der vielen Früchte (Palmnuts), die an ein und demselben Fruchtstande sitzen, nicht genügend Platz ist, so wird die natürliche eirunde Form der Frucht durch den gegenseitigen Druck deformiert und die einzelnen Früchte erscheinen unregelmäßig gekantet. Der Druck, der innerhalb eines solchen Fruchtbüschels herrscht, ist so groß, daß es direkt unmöglich ist, eine in der Mitte sitzende Frucht herauszunehmen. Die Früchte eines Fruchtbündels zeigen niemals denselben Reifegrad; die am Stielende sitzenden sind gewöhnlich früher vollreif als die an der Spitze der Traube befindlichen.

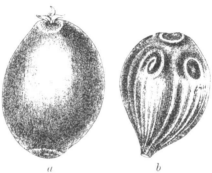

Ein vollkommen ausgereifter Fruchtstand trägt 1000 bis 2000 Früchte und wiegt 10—20 kg. Es sollen auch solche bis zu 50 kg Gewicht vorkommen; davon entfallen jedoch nur 8—20 kg auf die abgelösten Früchte, das andere auf den sehr üppigen Stengelbau.

Fig. 102. Palmfrucht. (Natürliche Größe.)
a = Ganze Frucht,
b = vom Fruchtfleisch befreiter Steinkern.

Wie bedeutend Größe und Gewicht der traubenförmigen Fruchtbündel bei den einzelnen Spielarten der Ölpalme schwanken, zeigen die Untersuchungsergebnisse von Preuß und von Grüner. So fand Preuß bei der

	Gesamtgewicht der Früchte eines Bündels	
	kg	Stück
gewöhnlichen Ölpalme, reguläres Fruchtbündel	10,840	1650
gewöhnlichen Ölpalme, großes Fruchtbündel	23,790	2323
Lisombepalme, kleinkernig	7,795	1430
Lisombepalme, großfrüchtig, vollreif . .	2,730	273
Lisombepalme, großfrüchtig	9,920	1340

während Grüner bei der

Detiölpalme	1,75—20,00 kg
Dechlapalme	8,50—10,00 kg
Kludepalme	3,00 kg

als Gesamtgewicht der Früchte eines Bündels konstatierte.

Die Palmfrüchte (Fig. 102) haben eine gewisse Ähnlichkeit mit unserer Pflaume. Zuoberst befindet sich eine mit verschiedenen Tupfen versehene dünne Oberhaut (Epicarpium), unter welcher das gelbrote, ölhaltige, schwammigfaserige Fruchtfleisch liegt, woraus das Palmöl gewonnen wird. Das Fruchtfleisch umschließt einen harten, sehr unregelmäßig geformten, meist birnenförmig plattgedrückten, spröden Steinkern von schwarzbrauner Farbe. Seine Schale ist von untereinander parallelen

Gefäßbündeln der Mittelschicht überzogen, unter denen drei unregelmäßig stehende Löcher hindurchleuchten. Von diesen drei Öffnungen ist nur eine gut ausgebildet und dient dem Keimling als Ausgangspforte, die beiden anderen sind mehr oder weniger verkümmert. Die als wertlos zu betrachtende Steinschale beherbergt den eigentlichen Samenkern, der im Handel unter dem Namen „Palmkern" allgemein bekannt ist. (Siehe Seite 568.)

Die Oberhaut der Palmfrucht zeigt verschiedenartige Färbung; sie ist bald hellgelb bis graugelb, dann wieder braun bis karmoisinrot, mitunter auch dunkelviolett bis fast schwarz.

Das Fruchtfleisch stellt eine dicke, schwammige, ölreiche, ziemlich harte Masse dar, die gegen den Steinkern zu von vielen dunkel gefärbten bis roten Gefäßsträngen durchzogen ist und in frischem Zustande angenehm veilchenartig riecht.

Das Fruchtfleisch beträgt, je nach der Varietät der Palme, 24—70 % von dem Gewichte der ganzen Frucht, der Samenkern macht 9—25 % vom Fruchtgewichte aus.

Genauere Untersuchungen über die Zusammensetzung der Palmfrüchte liegen nur in spärlicher Zahl vor. Erst in jüngster Zeit haben sich Fendler[1]), Preuß und Strunck[2]) sowie Grüner[3]) damit beschäftigt, das Gewichtsverhältnis zwischen Fruchtfleisch, Steinschale und Samenkern zu bestimmen. Es hat sich dabei ergeben:

	Durch-schnitts-gewicht einer Frucht	Die Frucht besteht aus			
		Frucht-fleisch	Stein-schale	Kern	
		%	%	%	
a) De	4,17	24,40	54,60	21,00	G.
b) De-de bakui	3,65	26,90	48,70	24,40	
c) Se-de	5,20	25,00	56,50	18,50	Fendler
d) Afa-de	5,15	23,10	61,30	15,60	
e) Lisombe, kleinkernig . . .	5,45	71,00	19,45	9,54	
f) Lisombe, großfrüchtig, vollreif	10,00	71,00	16,50	12,50	
g) Lisombe, großfrüchtig . . .	7,41	64,50	18,23	17,27	Preuß
h) Geraölpalme, gewöhnliches Fruchtbündel	6,60	37,50	47,92	14,58	und Strunck
i) Geraölpalme, sehr großes Fruchtbündel	10,24	32,03	52,14	15,82	

---

[1]) Berichte d. pharm. Gesellsch., 1903, S. 115.
[2]) Tropenpflanzer, 1902, S. 465.
[3]) Tropenpflanzer, 1904, S. 313.

	Durch-schnitts-gewicht einer Frucht	Die Frucht besteht aus		
		Frucht-fleisch	Stein-schale	Kern
		%	%	%
k) Deti, klein	3,50	—	—	27,00
l) Deti	3,10	—	—	22,00
m) Deti, mittel	4,00	—	—	15,00
n) Deti, groß	5,00	—	—	14,00
o) Dechla	4,40	—	—	16,00
p) Dechla	5,30	—	—	16,00
q) Klude	4,00	—	—	30,00

} Grüner

Das Fruchtfleisch der oberwähnten Palmfrüchte enthielt:

Frucht von	Öl	Wasser
a) De	66,50 %	5,30 %
b) De-de bakui	58,50	5,70
c) Se-de	59,20	6,90
d) Afa-de	62,90	5,60
e) Lisombe, kleinkernig	46,00	
f) Lisombe, großfrüchtig, vollreif . .	62,50	
g) Lisombe, großfrüchtig	60,50	Wasser
h) Gewöhnliche Ölpalme, regulär . .	60,30	nicht bestimmt
i) Gewöhnliche Ölpalme, sehr großes Fruchtbündel	54,60	

Grüner berechnete nicht den prozentualen Fettgehalt des Fruchtfleisches, sondern bezog das in letzterem enthaltene Fett auf das Gesamtgewicht der Früchte, wobei sich ergab:

Deti, klein	18 % Öl
Deti, klein	14
Deti, mittel	9
Deti, groß	10
Dechla	20
Dechla	16
Klude	33

Betreffs der von Fendler, Preuß und Strunck sowie Grüner
untersuchten Spielarten der Ölpalme sei folgendes bemerkt:

Die von Fendler und Grüner untersuchten Proben stammten aus
Togo, die von Preuß und Strunck beschriebenen aus Kamerun. Die
mit De (oder Deti) bezeichnete Art ist die gewöhnliche Ölpalme, so daß

in der Seite 550/51 gegebenen Tabelle die unter a) genannte Art als mit h), i), k), l), m) und n) identisch bezeichnet werden muß.

De-de bakui liefert Früchte, die durch ihre dünne, leicht zerbrechliche Samenschale charakterisiert sind. Diese kann mit den Zähnen aufgeknackt werden, während die Steinschale von gewöhnlichen Palmfrüchten auch mit dem Hammer nur schwer aufzuschlagen ist. De-de bakui dürfte mit der Lisombe- (auch Isombe-) Palme von Preuß identisch sein, wenngleich letzterer fruchtfleischreichere Spezies in Händen hatte. Sie gedeiht nur in feuchten Gegenden. In trockenen Jahren gleichen ihre Früchte denen der gewöhnlichen Ölpalme.

Se-de ist eine weniger ölreiche Spezies, liefert aber gute Kerne; ihre Früchte sind an dem grünen Kopfe erkenntlich.

Afa-de oder Afa-fat ist ziemlich selten, hat für den Handel daher keine Bedeutung. Sie gilt als ein heiliger Baum und ihre Kerne sind sehr gesucht. Man wirft eine Handvoll davon auf die Erde und aus ihrer Lage kündet der Fetisch Afa das Schicksal.

Dechla ist eine ölreiche, in Togo vorkommende Varietät. Von ihr kennt man in Gbele eine Sorte namens Deüla mit besonders großen Früchten und eine alle anderen Spezies an Ölreichtum übertreffende Art (Klude oder Agodo), welche aber nur sehr spärlich zu finden ist. Die Klude oder Agodo wird nur zur Fetischmedizin und als Nahrung verwendet, nicht aber zur Ölbereitung.

Besonderes Interesse verdient die oben erwähnte Sorte De-de bakui, welche von Preuß unter dem Namen Lisombe- oder Isombepalme ausführlich beschrieben wurde. Sie ist nicht nur durch die äußerst dünne und daher leicht zerbrechliche Samenschale, sondern auch durch den höheren Prozentsatz an Fruchtfleisch den anderen Spielarten überlegen. Die von Fendler untersuchte De-de bakui weist diese letztere Eigenschaft zwar in geringerem Maße auf (das Fruchtfleisch beträgt nur 26,9 % vom Gesamtgewichte der Frucht, während die von Preuß als Lisombefrüchte beschriebenen Palmnüsse 64,5—71 % Fruchtfleisch zeigten).

Bei einiger Pflege der Palmen (Lichtung des sie umgebenden Blattwerkes) nimmt die Größe und der Fettgehalt ihrer Früchte bedeutend zu. Man stößt in Kamerun sogar vielfach auf die Meinung, daß die Lisombepalme nur eine durch bessere Pflege erzielte Spezies der gewöhnlichen Ölpalme sei [1]).

Gewinnung.

Ge-winnungs-weise.

Die Gewinnung des Palmöles liegt heute noch ganz und gar in den Händen der Eingeborenen und die angewandten Methoden sind daher entsprechend primitiv.

Die abgeernteten Früchte werden gewöhnlich auf Haufen oder in eine Grube geworfen und dort mehrere Tage liegen gelassen, bis das

---

[1]) Tropenpflanzer, 1904, Nr. 9.

faserige, ölreiche Fruchtfleisch weich wird und sich leicht von den Kernen loslösen läßt. Dieses Nachreifen hat aber den Nachteil, daß es der Güte des Öles Abbruch tut. Es ist daher besser, die leichtere Entfernung des Fruchtfleisches durch zwei- bis dreistündiges Kochen der frisch abgenommenen Früchte zu erreichen. Letztere werden nach diesem Kochen durch Kneten, Schlagen oder Stampfen in mörserförmigen Gefäßen, wohl auch durch Bearbeiten mit den Füßen von den Kernen losgeschält. Die durchgeknetete Masse überläßt man durch mehrere Stunden sich selbst, wobei eine beträchtliche Selbsterwärmung eintritt. Alsdann wird kaltes oder auch heißes Wasser auf die Masse gegossen, die Arbeiter ergreifen sie, trennen die Kerne von den Faserhüllen, waschen diese gründlich, pressen und ringen sie stark aus und werfen die trockene Fasermasse beiseite. Die Anwendung von heißem Wasser erleichtert zwar die Abscheidung des Öles, doch ist seine Qualität bei Benutzung von kaltem Wasser besser.

In dem Trog schwimmt nun auf dem Wasser das ausgepreßte, stark verunreinigte Öl. Es wird abgeschöpft, durch feine Korbsiebe von den gröberen Unreinigkeiten befreit und hierauf gekocht, um es hierdurch noch weiter zu reinigen und von dem anhaftenden Wasser völlig zu trennen. Das Kochen und Passieren durch feine Siebe wird meist öfter wiederholt, weil mit einem Male die erforderliche Reinheit nicht erreicht wird [1]).

In Kamerun, Neukalabar, Opobo, Benin und an einigen anderen Orten bereitet man ein flüssigeres Palmöl als in den Flußgegenden Kuansa, Bengo Dande, Kongo, Tschiloango, Ogowe, Gabun, Altkalabar und Braß, wo man ein festeres Produkt gewinnt. Im ersteren Falle soll die Gewinnung so vorgenommen werden, daß man die Früchte 14 Tage lang in der Erde läßt und sie dann in der oben beschriebenen Weise verarbeitet. Um festeres Palmfett zu gewinnen, läßt man die Früchte länger, etwa 30 Tage lang, in den Erdgruben, wodurch sie eine Art Gärung durchmachen, bei welcher sich das Neutralfett zum großen Teil in Fettsäure und Glyzerin spaltet. Die Palmfruchtmasse wird dann auf die gewohnte Weise entölt, doch schmilzt das erhaltene Palmöl infolge seines großen Gehaltes an freien Fettsäuren bei höherer Temperatur als das aus Früchten, die nicht so lange Zeit gegoren haben.

Von den üblichen Palmölgewinnungsmethoden etwas abweichend ist das Verfahren der Loandoneger. Diese erwärmen die Früchte zunächst über einem Roste von gespaltenen Blattrippen der Weinpalme (Raphia vinifera), stampfen sie dann mit einem dicken Stab zu einem Teig und bringen das von den Steinkernen getrennte Fruchtfleisch in einen aus groben Stricken geflochtenen netzähnlichen Beutel. Letzterer wird dann an dem Gabelstumpf eines Baumes aufgehängt, mittels eines durchgesteckten Hebels zusammengedreht und so ausgepreßt. Die aus-

---

[1]) Semler, Tropische Agrikultur, 2. Aufl., Wismar 1900, 1. Bd., S. 760.

gepreßte Masse erwärmt man nochmals, bringt sie neuerdings in den Beutel, gibt in diesen auch mehrere faustgroße, im Feuer erhitzte Steine und preßt nochmals [1]).

Der Transport des von den Negern gewonnenen Palmöles zu den Faktoreien der Europäer wird durch Frauen, Kinder und Sklaven besorgt, die das Fett in Gefäßen tragen. Dort, wo Flüsse einen bequemeren Transport gestatten wird das Öl in Körbe verpackt, welche man in dem Kahne aufeinander schichtet. Das meist recht unreine Öl, wie es die Eingeborenen abliefern, wird von den europäischen Kaufleuten gewöhnlich einer Läuterung unterzogen. Man schmilzt es in eisernen Kesseln um, scheidet durch Absetzenlassen Wasser und Fremdkörper aus und zieht endlich das geklärte Öl in große Versandfässer ab.

Die bisherigen Verfahren zur Aufarbeitung der Palmfrüchte zeigen durchweg den Nachteil zu vieler Handarbeit bei unbefriedigender Ausbeute. Verschiedentliche Anläufe, das Entfernen des Fruchtfleisches maschinell zu besorgen und das Handauspressen des bloßgelegten Fruchtfleisches durch rationelle Preßvorrichtungen zu ersetzen, hatten bis vor kurzem wenig Erfolg. Es ist ein Verdienst des Deutschen kolonialwirtschaftlichen Komitees, durch ein Preisausschreiben die Maschinenindustrie zur Konstruktion geeigneter Palmfruchtaufbereitungsmaschinen angeregt zu haben. Aus dieser Konkurrenz sind nicht nur Palmfruchtschälmaschinen, sondern auch Apparate zum Aufbrechen der Steinkerne und zum Auspressen des Fruchtfleisches hervorgegangen, welche die Beachtung der Kolonisten in ausgesprochenem Maße verdienen.

Die Aufgabe der Konstruktion einer Palmfruchtschälmaschine, d. h. einer Vorrichtung zur Entfernung des Fruchtfleisches vom Steinkern auf mechanischem Wege, hat Fr. Haake so gelöst, daß er die Früchte zwischen zwei mit verschiedener Geschwindigkeit in gleicher Richtung rotierende Messertrommeln bringt.

Palm-
fruchtschäl-
maschine.

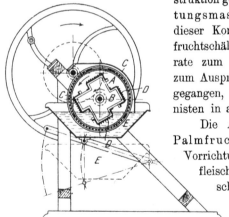

Fig. 103.
Palmfruchtschälmaschine.

Die innere Trommel B (Fig. 103) hat einen eckigen Querschnitt. Die vier ebenen, parallel mit der Achse angeordneten, mit Schneiden versehenen Flächen D liegen nicht tangential, sondern schräg gegen die äußere zylindrische Trommel A, wodurch ein dauerndes Durcheinanderwälzen der Früchte und eine größere Sicherheit für die Entfaserung gegeben ist. Beide Trommelkörper bewegen sich in gleicher Richtung,

---

[1]) Zippel-Thomé, Ausländische Kulturpflanzen, 2. Aufl., Braunschweig 1903, 3. Abtlg., S. 25.

aber mit verschiedener Geschwindigkeit, so daß eine relative Bewegung der beiden aus dreikantigen Stahlmessern gebildeten Arbeitsflächen resultiert. Der Raum zwischen den beiden Trommeln ist so groß, daß die größten Früchte frei hindurchgehen.

Nachdem eine Füllung ungeschälter Früchte durch eine Schieberöffnung in die Trommel eingebracht und der Schieber geschlossen ist, werden durch die schnelle Umdrehung des Schälkörpers die Früchte heftig gegen die innere Mantelfläche geschleudert, wobei die beiderseitigen scharfen Kanten das faserige Fruchtfleisch von den festen Nüssen ablösen.

Da ersteres sehr stark ölhaltig ist, bildet es eine schmierige Masse, die sich von den Nüssen wie von den Arbeitsflächen schwer absondert. Um das Loslösen zu erleichtern und gleichzeitig auch die Schälwirkung zu fördern, taucht die Schältrommel in ein Wasserbad E ein. Hierdurch werden die Schälabgänge abgespült und durch die Schlitze des Trommelmantels in das Wassergefäß getrieben, aus dem sie während und nach der Schälung entfernt werden.

Nach erledigter Schälung wird das Wasserbad durch ein Hebelwerk so weit gesenkt, daß die Schältrommel über dem Wasser frei geht. (Durch Strichlieren ausgedrückte Stellung des Troges in Fig. 103.) Durch einige schnelle Umdrehungen wird das noch anhaftende Wasser von den geschälten Nüssen abgeschleudert.

Nach Öffnung des Trommelschiebers werden dann die geschälten Nüsse aus der Trommel in eine untergeschobene Mulde (durch Hin- und Herdrehen der Trommel) schnell entleert. Während die Trommel eine neue Füllung erhält, werden die Schälabgänge aus dem Wasserbade entfernt und, nachdem letzteres wieder angehoben und das verminderte Wasser ergänzt ist, wird eine neue Schälung begonnen.

Die Füllung beträgt ca. 5 kg roher Früchte und die Dauer der Schälarbeit 8—10 Minuten, je nachdem die Früchte vorgekocht sind oder nicht. Die stündliche Leistung der Maschine einschließlich der Beschickung und Entleerung beträgt ungefähr 30 bis 40 kg Früchte, wobei ein bis zwei Mann zur Bedienung erforderlich sind.

Fig. 104. Intermittierend arbeitende Palmfruchtschälmaschine.

Diese intermittierend arbeitende Schälmaschine ist in Fig. 104 perspektivisch dargestellt. Eine auf gleichem Prinzip aufgebaute, mit stetiger Zu- und Abführung der Früchte bzw. des abgelösten Fruchtfleisches und der Samen arbeitende Konstruktion ist in Fig. 105 wiedergegeben. Diese Maschine entkernt — je nach der Größe — 250 oder 500 kg Palmfrüchte pro Stunde und erfordert 2—3 bzw. 4—5 Pferdekräfte.

Das sich bei der Entschälung ergebende schlammige Schälwasser wird in eine Kochpfanne (Fig. 106) gebracht, in der eine Scheidung der Masse in Fruchtfleisch, Öl und Wasser stattfindet.

Fig. 105. Kontinuierlich arbeitende Palmfruchtschälmaschine.

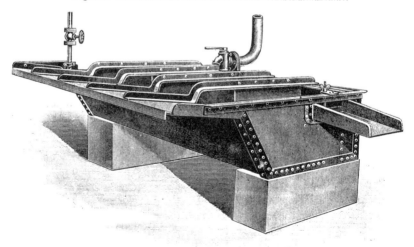

Fig. 106. Kochpfanne für das Palmfruchtschälwasser.

Kochpfanne.　　Die Kochpfanne (Fig. 106) ist durch Querwände in mehrere Abteile geteilt, die abwechselnd an der vorderen und der hinteren Längswand miteinander in Verbindung stehen, so daß das die Kochpfanne durchfließende, auf 60—80° C erwärmte Schälwasser einen entsprechend langen Weg zurücklegen muß, auf dem die Ausscheidung der leichten Ölschlammteile nach der Oberfläche und der schweren Fleischfasern nach dem Boden möglichst vollkommen stattfindet. Das Wasser wird durch eine in der Rückwand des letzten Abteils befindliche Öffnung und durch einen sich an diese anschließenden offenen Kanal in das Bassin der Schälmaschine zurückgeleitet, von wo es wieder denselben Kreislauf beginnt. Die am Boden der Pfanne abgesetzten Fleischfasern werden fortwährend mittels eines Rechens aus dem Wasser

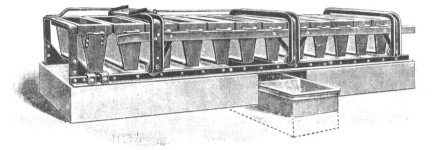

Filterbatterie.

Fig. 107. Filterkastenbatterie.

auf die sich an die Vorderwand anschließende schräge Plattform gezogen, wo das anhaftende Wasser abläuft. Der auf der Oberfläche des Wassers schwimmende Ölschlamm fließt durch eine kurze Überlaufrinne in eine Batterie von aushebbaren Filtersiebkasten (Fig. 107), in denen sich das Wasser und dünnflüssige Öl ausscheiden, um in eine darunter befindliche Sammelgrube mit anschließendem Öl- und Wasserbassin zu fließen.

Der Filterrückstand wird mit dem sich in der Kochpfanne absetzenden Fruchtfleische vereinigt und weiter entölt.

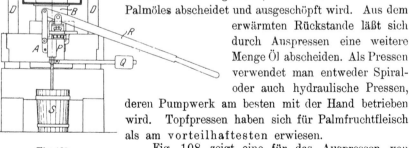

Man bringt die beim Schälen erhaltene Fruchtfleischmasse zunächst auf Beutelfilter, wo ein guter Teil des beigemengten Wassers abtropft, und erwärmt sie dann in Kochgefäßen, wobei sich ein Teil des Palmöles abscheidet und ausgeschöpft wird. Aus dem erwärmten Rückstande läßt sich durch Auspressen eine weitere Menge Öl abscheiden. Als Pressen Hydraulische Palmölpressen. verwendet man entweder Spiraloder auch hydraulische Pressen, deren Pumpwerk am besten mit der Hand betrieben wird. Topfpressen haben sich für Palmfruchtfleisch als am vorteilhaftesten erwiesen.

Fig. 108. zeigt eine für das Auspressen von Palmfleisch bestimmte hydraulische Presse mit Handpumpe (Konstruktion Haake).

Fig. 108.
Palmölpresse.

Nach Versuchen von Preuß werden bei den primitiven Gewinnungsmethoden der Eingeborenen aus 100 kg Früchten der gewöhnlichen Ölpalme ungefähr 6—7 % Palmöl gewonnen. Die Rückstände enthalten nach Analysen, welche die Firma Knutson & Valdau veranlaßt hat, ungefähr 12 % Fett (auf Trockensubstanz berechnet).

Das von Haake[1]) vorgeschlagene Verfahren ergab bei den in Togo vorgenommenen Versuchen eine Ölausbeute von 14,8 %, also mehr als das Doppelte der von Preuß gemeldeten Ziffer, welch letztere allerdings von den wirklichen Resultaten der Neger wohl übertroffen werden dürfte. Jedenfalls ist aber das Haakesche Verfahren viel vorteilhafter als die bisher üblichen Methoden, und es wäre sehr zu wünschen, daß man in den Gebieten, wo die Ölpalme zahlreich anzutreffen ist, sich die Haakeschen Vorschläge zunutze machte. Eine rationellere Entölung des Fruchtfleisches, Hand in Hand gehend mit der maschinellen Bloßlegung des für den Export bestimmten Samenkernes, würde die Rentabilität der Palmfruchtverarbeitung erheblich steigern. Der Seite 554 beschriebenen Anlage zur Aufarbeitung von Palmfrüchten ist daher alle Aufmerksamkeit zu schenken.

Hallet und Spinnael[2]) wollen die Palmfrüchte samt Schale zerkleinern und verpressen, wobei natürlich ein Gemenge von Palmöl und Palmkernöl erhalten wird. Ein besonderer Fortschritt ist in diesem Vorschlage nicht zu erblicken. Das Verfahren läßt sich wohl überhaupt nur bei Früchten mit sehr dünner Samenschale (Lisombepalme) anwenden.

Bleichen des Palmöles. Das orange- bis ziegelrote, bisweilen auch braunrote Palmöl wird häufig gebleicht. Diese Prozedur wird jedoch in Afrika selbst nur sehr selten, sondern zumeist erst in den europäischen Fabriken vorgenommen. In den Handel kommt gebleichtes Palmöl daher nur wenig, es bleicht sich vielmehr jeder Konsument das notwendige Ölquantum im eigenen Betriebe.

Ursprünglich wurde das Bleichen durch Hitze[3]) angewendet, welche Methode im Jahre 1844 Cameron und später Pohl empfahlen. In jüngerer Zeit wurde die Luftbleiche[4]) eingeführt.

John Longsdon Garle in Kensington und Colin Charlwood Frye in Caling, Midd.[5]), ließen sich zum Entfärben von Palmöl ein Verfahren patentieren, das auf einer Oxydation, d. h. Bleichung des Palmöles durch Einblasen von ozonisierter Luft in der Wärme beruht. Es wird in der Weise ausgeführt, daß man das auf 100° erhitzte Öl zunächst in ein Gefäß filtriert, in das von unten Luft in sehr fein verteilter Form durch einen Zerstäuber oder durch ein Sieb eintreten kann. In diesem Gefäß wird das Öl dauernd auf einer Temperatur von etwa 90 bis 100° C gehalten und nun von unten Ozon, ozonierter Sauerstoff oder

---

[1]) Die Figuren 100—105 geben Konstruktionen der Firma Fr. Haake, Mühlenbauanstalt in Berlin NW, wieder.

[2]) Seifensiederztg., Augsburg 1903, S. 368.

[3]) Die ausführliche Beschreibung dieser Methode siehe Bd. I, S. 669.

[4]) Über die verschiedenen Arten der Luftbleiche ist in Bd. I, S. 672 das Nötige zu finden.

[5]) D. R. P. Nr. 91 760.

ozonhaltige Luft eingeblasen bzw. durchgesaugt, bis der gewünschte Grad der Helligkeit erreicht ist.

Über die Ozonbleiche im allgemeinen wurde in Band I, S. 673 gesprochen.

Sehr häufig wird bei Palmöl auch die Bichromat-Salzsäurebleiche[1]) angewendet, die hier sehr gute Resultate gibt.

Nicht alle Palmölsorten bleichen sich gleich gut; am besten eignen sich hierzu die Marken Bonny, Oberguinea, Sansibar, Pomba, Wydah, Old Calabar, Lagos, Kamerun und Popotogo.

Eigenschaften.

Das Palmöl ist orange- bis zinnoberfarben, bisweilen auch von braun- Physikali-
sche Eigen-
schaften. roter oder schmutziggelber Farbe und riecht in frischem Zustande, genau so wie das Fruchtfleisch der Palmpflanze, nach Veilchenwurzel. Frisch bereitet schmeckt es süßlich milde. Einige Europäer, welche Gelegenheit hatten, vollkommen frisches Palmöl zu kosten, bezeichneten den Geschmack als angenehm, andere (z. B. Rohlfs) nennen ihn dagegen widerlich süß. Nach Lenz gewöhnt man sich an den eigenartigen Geschmack des Palm-öles sehr bald und genießt dann die mit diesem Fette zubereiteten Speisen ohne jeden Widerwillen.

Frisches Palmöl hat bei mittlerer Temperatur Butterkonsistenz, der Schmelzpunkt des Fettes schwankt aber nach Provenienz und Alter ganz bedeutend und bewegt sich zwischen 27—42,5 ° C (Winnem). Mit dem Alter des Palmöles nimmt dessen Schmelzpunkt zu, weil sich beim Lagern ein Teil des Fettes in Fettsäure und Glyzerin spaltet und erstere bei höherer Temperatur schmilzt als das ursprüngliche Neutralfett.

Das spezifische Gewicht des Palmöles ist bei 15 ° C 0,9209—0,9245 (Tate), bei 50 ° C 0,8930 (Allen) und bei 100 ° C 0,8600 (Thörner). In frischem Palmöle zeigen sich unter dem Mikroskop bei einer Temperatur von 20 ° C kleine Kristallnadeln, die für sich oder in Gruppen in einer gelblich öligen Grundsubstanz eingebettet sind. In altem, ranzigem Palmöle sind diese Kristalle (Fettsäuren) in reichlicher Menge vorhanden und bilden große, rundliche Klumpen. Man erkennt übrigens in altem Palmöle schon mit freiem Auge weißliche, dichtere Partien (kristallisierte Fettsäuren), welche in einer hellgelben öligen Grundmasse sitzen. Schmilzt man Palmfett um, so zeigen sich bei langsamem Erkalten Fettsäurekristalle in Form kleiner Kristallaggregate[2]).

Der Gehalt des Palmöles an freien Fettsäuren ist auffallend hoch. Chemische
Zusammen-
setzung. Palmöle mit einem geringeren Gehalt an freien Fettsäuren als 20 % trifft

---

[1]) Siehe Bd. 1, S. 677.
[2]) Wiesner, Rohstoffe des Pflanzenreiches, 2. Aufl., Leipzig 1900, 1. Bd., S. 486.

man äußerst selten, gewöhnlich sind über $40\,^0/_0$ freier Fettsäuren vorhanden, und in durchaus nicht vereinzelten Fällen findet ein fast vollständiger Zerfall in Fettsäure und Glyzerin statt.

Pelouze und Boudet nehmen im Palmöl auch ein Ferment an,
welches sie als Ursache der auffallend rasch vor sich gehenden Spaltung
des Palmfettes in seine Bestandteile ansehen (vgl. die analoge Bemerkung
über Olease bei Olivenöl, S. 384 dieses Bandes).

Die aus dem Palmfette durch Verseifung und Zerlösung der erhaltenen
Seife mittels Mineralsäure gewonnenen Fettsäuren besitzen bei $98-99\,^0$ C
ein spezifisches Gewicht von 0,8369 (Allen), wobei die Dichte des Wassers
bei $15,5\,^0$ C als Einheit angenommen wurde.

Der Schmelzpunkt der Fettsäuren liegt zwischen 47 und $50\,^0$ C, der
Erstarrungspunkt bei $40-47\,^0$ C.

Die Palmölfettsäuren bestehen hauptsächlich aus Palmitin- und Ölsäure. Unter dem festen Anteil des Fettsäuregemisches fand Nördlinger[1] neben Palmitinsäure etwa $1\,^0/_0$ Stearinsäure und eine Hepta-
decylsäure $C_{17}H_{34}O_2$, die voraussichtlich mit der Daturinsäure identisch
ist. In dem flüssigen Anteile der Fettsäure wiesen Hazura und Grüssner
neben Ölsäure geringe Mengen Linolsäure nach.

Das Palmfett enthält beträchtliche Mengen einer aromatischen Substanz,
die wahrscheinlich mit der sich in dem trockenem Rhizom der Schwertlilie
(Veilchenwurzel) vorfindenden gleich ist.

Der Farbstoff des Palmöles (Lipochrom) bleicht an der Luft
sehr bald aus, wird dagegen durch Laugen nicht zerstört. Das Palmöl
behält daher beim Verseifen seine orangerote Farbe bei, wie auch sein
angenehmer Geruch bestehen bleibt. Das Lipochrom zeigt sich übrigens
bei den verschiedenen Palmölsorten verschieden widerstandsfähig. Während
sich Lagos- und Old Calabaröle sehr leicht bleichen lassen, erweist
sich das Kongoöl den Bleichmitteln gegenüber sehr widerstandsfähig.
Schönbein hat im Palmöle Spuren von Wasserstoffsuperoxyd
nachweisen können, und dieser Befund wurde als Beweis für die
Annahme angesehen, daß beim Bleichen des Palmöles durch Luft das
in der Atmosphäre enthaltene Wasserstoffsuperoxyd das Bleichmittel sei[2].

Reinheit
der Palmöle
des Handels.   Das Palmöl des Handels ist häufig durch Schmutz und Wasser verunreinigt. Nicht selten mengen die Neger dem Fette auch Sand in be-
trügerischer Absicht bei.

H. Yssel de Schepper und A. Geitel[3] haben mehrere Palmölsorten auf ihren Gehalt an Wasser und Schmutz sowie auf den Schmelzpunkt des Fettes und dessen Fettsäuren untersucht und gefunden:

---

[1] Zeitschr. f. angew. Chemie, 1892, S. 110.
[2] Engler, Berichte der deutsch. chem. Gesellsch., 1900, S. 1007.
[3] Dinglers polyt. Journ., Bd. 245, S. 301.

	Wasser	Schmutz	Erstarrungspunkt der Fettsäuren	des Neutralfettes
Kongo	0,78—0,95	0,35—0,7	45,90	16—23
Saltpont . . .	3,5—12,5	0,9—1,7	46,20	15—25
Addah	4,21	0,35	44,15	18
Appam . . .	3,60	0,596	45,0	25
Winnebah . .	6,73	1,375	45,6	20
Fernando-Po .	2,68	0,85	45,90	28
Braß	3,05	2,00	45,1	35,5
New Calabar .	3,82	0,86	45,0	40,0
Niger	3,0	0,70	45,0	40—47
Accra	2,2—5,3	0,60	44,0	53—76
Benin	2,03	0,20	45,0	59—74
Bonny	3,0—6,5	1,2—3,1	44,5	44—88,5
Grand Bassa .	2,4—13,1	0,6—3	44,6	41—70
Kamerun . .	1,8—2,5	0,2—0,7	44,6	67—83
Kap Lahon . .	3,6—6,5	0,7—1,5	41,0	55—69
Kap Palmas .	9,7	2,70	42,1	67
Half Jack . .	1,9—4,2	0,7—1,24	39—41,3	55—77
Lagos	0,5—1,3	0,3—0,6	45	58—68
Loanda . . .	1,5—3,0	1,0—1,9	44,5	68—76
Old Calabar .	1,3—1,6	0,3—0,8	44,5	76—83
Goldküste . .	1,98	0,50	41,0	69
Sherbro . . .	2,6—7,0	0,3—1,2	42,0	60—74
Gabon	2,0—2,8	0,3—0,7	44,5	79—93

Im Palmölhandel werden gewöhnlich nur 2% Schmutz, Sand und Wasser zugelassen; größere Mengen dieser Fremdstoffe bedingen eine Vergütung.

Verwendung.

Das Palmöl wird von den Negern zu den verschiedensten Zwecken gebraucht. Wenn Preuß den täglichen Bedarf eines Negers an diesem Fette mit 10 g annimmt, so greift er entschieden zu tief; dient es doch den Eingebornen Afrikas als wichtigstes Speisefett. Sie kochen ihr Fleisch darin, bereiten damit ihre Fische, essen es als Butter usw. Nebenher benutzen sie das Palmöl auch zum Einreiben ihres Körpers, als Haarbalsam sowie als Heilmittel gegen Gicht. *Verwendung in den Tropen.*

In Europa wird das Palmöl schon seit langer Zeit in verschiedenen Industrien verwertet. Am wichtigsten ist hier wohl seine Verarbeitung zu Seifen. Das Fett ist sehr leicht verseifbar und gibt schon mit schwachen Laugen einen dicken, zähen Seifenleim. Gewöhnlich verwendet *Industrielle Verwertung.*

man zu seiner Verseifung Laugen von 12—15° Bé. Palmölseifen geben leicht einen ziemlich beständigen Schaum. Die Ausbeute an frisch geschliffener Kernseife beträgt über 160 °/₀ und an strotzig eingesottenem Kern 155 °/₀. Die hübsche Orangefarbe der Seife aus ungebleichtem Palmöl benutzt man häufig zur Erzielung eines gelben Tones in der Haus- und Toiletteseifenherstellung. Die Seife von gebleichtem Palmöl wird nicht selten an Stelle von Talgseifen verwendet.

Bedeutend ist auch die Verwendung des Palmöles in der Stearinindustrie. Da das Palmöl auch beim Autoklavieren dunkelgelbe bis braune Fettsäuren liefert, ist bei seiner Verarbeitung zu Stearin eine Destillation erforderlich.

Bevor die Stearinindustrie die heutige Ausdehnung hatte, versuchte man das Palmöl direkt als Kerzenmaterial zu verwenden. Da es an sich hierzu zu wenig konsistent war, schlugen J. Collier und N. H. Manicler[1] im Jahre 1831 vor, das Palmöl durch Abpressen in einen flüssigen und einen festen Anteil zu trennen; der erstere sollte als Brennöl, der letztere als Kerzenmaterial verwendet werden.

Palmöl wird auch in der Weißblechindustrie verwendet. Die erhitzten Eisenbleche werden zum Schutz gegen Oxydation in ein Palmölbad getaucht, um dann in das geschmolzene Zinn zu kommen. In Südwales verbraucht man für diesen Zweck bedeutende Quantitäten dieses Öles.

Rückstände.

Die sich bei der Palmölgewinnung ergebenden Rückstände werden nicht weiter verwertet. Genaue Analysen liegen über sie nicht vor, nur der Fettgehalt (auf Trockensubstanz berechnet) wurde von Knutson und Valdau bestimmt und mit 12 °/₀ gefunden.

Handelsverhältnisse. [2]

Die Gesamterzeugung von Palmöl kann auch nicht annähernd geschätzt werden. Die Produktionsländer haben einen sehr großen Selbstkonsum, über den zahlenmäßige Angaben natürlicherweise gänzlich fehlen. Nach Preuß liefert eine Ölpalme jährlich ungefähr 7 kg Öl. Das auf den Weltmarkt gebrachte Jahresquantum Palmöl dürfte zwischen 70 000 bis 80 000 Tonnen liegen.

Palmöl-
export im
Nigergebiet,
Den größten Palmölexport hat das Nigerschutzgebiet, der sich besonders in den Häfen von Opobo, Bonny, Neu- und Alt-Kalabar, ferner in der englischen Kolonie Lagos und in dem deutschen Schutzgebiet (Kamerun, Togo usw.) lebhaft gestaltet.

---

[1] Newtons London Journal, Bd. 1 (conjoined series), S. 240; Engineers and Mechanics Encyclopaedia, Bd. 1, S. 308.

[2] Vgl. Semler, Tropische Agrikultur, 2. Aufl., Wismar 1897, S. 658.

Nigergebiete wurden ausgeführt:

Jahr	Gallonen	Wert in £
1891/92	9 500 000	462 860
1892/93	10 079 000	482 803
1893/94	12 207 000	637 625
1894/95	10 000 000	505 636
1895/96	10 672 000	514 300

Den weitaus größten Teil davon bezieht England (über 80 %), dann kommt Frankreich (mit über 15 %), der Rest entfällt auf Deutschland. Alt-Kalabar exportiert nicht nur Palmöl, das im Nigerschutzgebiet erzeugt wird, sondern auch beträchtliche Mengen aus der deutschen Kolonie Kamerun stammenden Fettes. Kamerun verfügt über unermeßliche Palmenwälder, besonders an dem Oberlauf des Croßflusses. Handels- und Verfrachtungsverhältnisse bringen es mit sich, daß die hier gewonnenen Produkte der Ölpalme teils nach Alt-Kalabar gehen, statt nach der deutschen Küste. Daß aber trotzdem ein noch ganz stattliches Quantum direkt exportiert wird, beweisen die Ausfuhrziffern Kameruns.

Es wurden die nachstehenden Mengen Palmöl aus Kamerun ausgeführt:

Palmöl-export aus Kamerun.

> 1892: 34 000 hl im Werte von 1 197 000 Mark
> 1893: 33 000 „ „ „ „ 1 354 000 „
> 1894: 35 000 „ „ „ „ 1 210 000 „
> 1895: 34 000 „ „ „ „ 1 038 000 „

Größer als die Ausfuhr Kameruns ist die von Togo, die sich bezifferte:

aus Togo,

> 1892 auf 18 000 hl Palmöl im Werte von 751 000 Mark
> 1893 „ 34 000 „ „ „ „ „ 1 850 000 „
> 1894 „ 29 000 „ „ „ „ „ 1 089 000 „
> 1895 „ 29 000 „ „ „ „ „ 1 084 000 „

Der Export aus Lagos, das das weitaus beste und daher auch das höchstbezahlte Öl liefert, betrug:

aus Lagos.

1881/85 (jährlicher Durchschnitt)	2 291 000 Gallonen
1886/90 „ „	2 720 000 „
1891	4 205 000 „
1892	2 458 000 „
1893	4 073 000 „
1894	3 394 000 „
1895	3 826 000 „

Lagos-Palmöl notiert in London durchschnittlich um 3—4 £ per Tonne höher als die anderen Palmölsorten; seine besondere Reinheit und seine Eigenschaft, sich leicht zu bleichen, begründen diesen Mehrwert.

Die Goldküste, welche ein minder gutes Öl produziert, brachte zur Ausfuhr:

1881/85 (Durchschnitt)	3 079 000	Gallonen
1886/90 ,, ...	3 097 000	,,
1891	2 894 000	,,
1892	3 643 000	,,
1893	3 417 000	,,
1894	4 214 000	,,
1895	4 339 000	,,

Die Ausfuhren aus Sierra Leone und dem Kongostaate sind ziemlich schwankend; erstere ist nicht sehr bedeutend, wohl aber die letztere, welche z. B. im Jahre 1890 3127 Tonnen im Werte von ungefähr 1,5 Millionen Franken betrug.

Ostafrika hat für den Palmölhandel bis heute keine Bedeutung.

Palmöl wird besonders in England, Belgien, Frankreich, Deutschland und Österreich-Ungarn verbraucht. Die statistischen Aufzeichnungen dieser Staaten führen aber Palmöl nicht besonders an, sondern verzeichnen es unter der Rubrik Kokos-, Palmkern- und Palmöl.

Marseille bezog in den Jahren:

	Tonnen Palmöl
1870	3 822
1875	6 729
1880	6 185
1885	10 099
1890	10 617
1895	16 484
1900	20 286
1905	18 518

Deutschland führte in den Jahren 1890—1900 die nachstehenden Quanten an Palm-, Kokos- und Palmkernöl ein:

Jahr	Tonnen	Wert Millionen Mark
1890	14 706	8,3
1891	16 151	8,8
1892	17 024	8,0
1893	14 850	11,7
1894	15 757	9,7
1895	15 299	8,5
1896	13 538	8,0
1897	13 408	5,6
1898	13 510	6,4
1899	13 758	6,0
1900	14 960	5,3

Die Ausfuhr betrug im gleichen Zeitraum:

	Tonnen
1890	16 638
1891	17 622
1892	20 979
1893	27 116
1894	25 487
1895	24 215
1896	23 058
1897	17 883
1898	17 921
1899	15 939
1900	13 874

Man geht wohl nicht arg fehl, wenn man annimmt, daß die obigen Importziffern sich hauptsächlich auf Palmöl beziehen und die Ausfuhrmengen sich fast ausschließlich aus in Deutschland erzeugtem Palmkern- und Kokosöl zusammensetzen. Das Zusammenwerfen von Produkten, die zum Teil eine ausgesprochene Importware bilden (Palmöl), mit solchen, die eine starke Inlandsproduktion zu verzeichnen haben (Palmkern- und Kokosöl), sollte bei statistischen Arbeiten endlich vermieden werden. Werte wie die obigen geben recht nebulose Bilder und können leicht irreführen.

Daß übrigens meine Ansicht, der oben ausgewiesene Import von „Palm-, Palmkern- und Kokosöl" entfalle fast ausschließlich auf Palmöl, richtig ist, beweisen die Einfuhrziffern Hamburgs; diese geben die Palmölzufuhren von den übrigen Fetten getrennt an und die Jahresdurchschnitte lauten. auf:

1841/50	1 159 Tonnen
1851/60	1 985 „
1861/70	1 570 „
1871/80	3 452 „
1881/90	7 794 „
1891/95	14 201 „

Österreich-Ungarn führte an Palmöl ein:

1895 . . .	48 076	Meterzentner im Werte von 2,26 Millionen Kronen
1896 . . .	38 067	„ „ „ „ 1,60 „ „
1897 . . .	38 696	„ „ „ „ 1,42 „ „
1898 . . .	25 030	„ „ „ „ 1,00 „ „
1899 . . .	30 832	„ „ „ „ 1,38 „ „
1900 . . .	45 599	„ „ „ „ 2,32 „ „
1901 . . .	45 627	„ „ „ „ 3,18 „ „
1902 . . .	55 760	„ „ „ „ 3,90 „ „
1903 . . .	40 636	„ „ „ „ 2,23 „ „
1904 . . .	28 879	„ „ „ „ 1,72 „ „

Preis-
bewegung.

Die Preise für Palmöl unterlagen im verflossenen halben Jahrhundert bedeutenden Schwankungen. 100 kg Lagospalmöl kosteten loco Hamburg unverzollt[1]):

1851/55 durchschnittlich . . .	74,86	Mark
1856/60 „ . . .	81,51	„
1861/65 „ . . .	71,26	„
1866/70 „ . . .	79,50	„
1871/75 „ . . .	80,41	„
1876/80 „ . . .	71,55	„
1881/85 „ . . .	63,12	„
1886/90 „ . . .	42,15	„
1891/95	45,80	„
1896/1900	49,70	„
1901/05	52,30	„

Das Auf und Nieder der Preise für Old Calabar-Palmöl in den letzten vier Jahren zeigt Tafel XIII.

Aouaraöl. [2])

Huile d'Aouara. — Tucum Oil. — Kiourou (Guyana). —
Tucum (Brasilien).

Herkunft.

Ab-
stammung.

Dieses dem Palmöle sehr nahe verwandte Fett wird aus dem Fruchtfleische einer Palme Guyanas, Astrocaryum vulgare, gewonnen.

Gewinnung.

Gewinnung.

Das Öl wird aus den Früchten der erwähnten Palmart nach denselben Methoden erhalten wie das gewöhnliche Palmöl. Die Ausbeute soll 22—39% von dem Gewichte der Früchte betragen.

Eigenschaften.

Eigen-
schaften.

Das Aouaraöl stellt eine bei gewöhnlicher Temperatur salbenartige Masse von zinnoberroter Farbe dar. Es wird bei 15° C fast ganz flüssig und erstarrt erst bei 4° C. Sein angenehmer, schwach säuerlicher Geruch erinnert an den Duft frischer Gleditschiafrüchte; sein Geschmack ist milde und schwach säuerlich aromatisch. Charakteristisch für das Aouaraöl ist die Beständigkeit seines Geruches und seiner Farbe; es verliert den Geruch auch nach jahrelanger Aufbewahrung nicht, wie auch der zinnoberrote Farbstoff des Öles der Einwirkung des Lichtes fast voll-

---

[1]) Siehe Seifenfabrikant, 1901, S. 855.
[2]) Wiesner, Rohstoffe des Pflanzenreiches, 2. Aufl., Leipzig 1900, 1. Bd., S. 488.

ständig widersteht. Säuren und Alkalien greifen den Farbstoff ebenfalls nur wenig an, der nur durch kräftige Oxydationsmittel zerstört wird.

Nach Wiesner bietet das Aouaraöl bei einer bei 10° C vorgenommenen mikroskopischen Untersuchung dasselbe Bild dar wie ein Palmfettpräparat (siehe S. 559). Es zeigen sich dieselben rötlichen Tropfen, nur erscheint die ölige Grundlage intensiver als beim gewöhnlichen Palmöle und letzteres ist auch weitaus kristallreicher. Erwärmt man das Präparat von Aouaraöl durch einige Minuten bei 70—80° C und untersucht es nach erfolgter Abkühlung noch einmal, so findet man die Fettsäure nicht mehr in Nadelform kristallisierend, sondern in ovalen oder prismatischen Gebilden, und die rötlichen Tröpfchen sind vollkommen verschwunden. Dieses Verhalten läßt eine Unterscheidung des Aouaraöles vom gewöhnlichen Palmöle zu.

Verwendung.

Das Fett wird ähnlich verwertet wie das Palmöl.

Palmkernöl.

Huile de palmiste. — Huile de pepin de palme. — Palmeseed Oil. — Palmkernel Oil. — Olio di palmista.

Herkunft.

Das Palmkernöl entstammt den Samenkernen der Ölpalme (Elaeis   Herkunft. guineensis Jacqu. und Elaeis melanococca Gaertn.), über deren Heimat und Verbreitung bereits unter „Palmöl" (Fett des Fruchtfleisches der Palmfrüchte) das Nötige gesagt wurde (s. S. 546).

Die bei der Palmölgewinnung als Abfall resultierenden Samen bleiben gewöhnlich in Haufen liegen, um gelegentlich von Frauen und Kindern entkernt zu werden. Es ist aber noch nicht allzu lange her, daß man den Samenkernen der Palmfrucht überhaupt keine Aufmerksamkeit schenkte.

Wer der erste war, der die Idee der Gewinnung von Fett aus   Geschichte. Palmkernen empfahl, läßt sich nicht nachweisen. Ein Verdienst um diese Sache dürfte John Demeur[1]) gebühren, der im Jahre 1832 die seiner Ansicht nach vorteilhafteste Art der Entölung von Palmkernen beschrieb und auch die Gewinnung von Palmkernöl sich patentieren ließ[2]).

Den ersten größeren Versuch, Palmkerne zu exportieren, machte 1850 Andrew Swanzy, doch fand die Idee seitens der Ölmüller keine freundliche Aufnahme; erst später befreundete man sich mit dem neuen Rohmaterial.

Palmkernöl afrikanischer Erzeugung kam bereits 1844 nach Europa; eine Partie dieses minderwertigen braunen, unangenehm riechenden Fettes, das offenbar durch Ausschmelzen der Palmkerne gewonnen worden war,

---

[1]) Engineers and Mechanics Encyclopaedia, 1832, Bd. 2, S. 308.
[2]) Engl. Patent Nr. 6256 v. 13. April 1832.

wurde auch nach Deutschland verkauft, wo es die Firmen Heinrich
Kleibel, Rengert & Co. und A. Palis zu Seife zu verarbeiten versuchten. Die Erfolge befriedigten aber nicht, und es bedurfte noch vieler
Jahre, bis das Palmkernöl in der Seifenindustrie
festen Fuß faßte[1]).

Die Eingeborenen von West- und Zentralafrika
gewinnen heute nur in Ausnahmsfällen aus den
Palmkernen Öl und das Palmkernöl ist daher in
den Tropengegenden nur wenig bekannt.

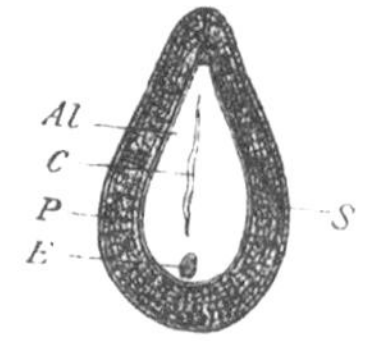

Fig. 109.
Palmkern mit Steinschale.
(Nach Harz.)
P = Steinschale (Endocarp),
Al = Palmkern (Endo-
sperm), C = Höhlung in dem-
selben, E = Embryo,
S = Samenhaut.

Natürliche Größe.

Rohprodukt.

Palmkerne.   Die Samen (Fig. 109) der Ölpalme sind eiförmig, mehr oder weniger ausgesprochen dreikantig
mit spitzer Basis. Das Steingehäuse (gewöhnlich
Samenschale genannt) ist bei den meisten Arten
der Palmsamen ziemlich dick und äußerst hart, nur
bei wenigen (z. B. bei der Lisombepalme, siehe Seite 552 dieses Bandes) ist
es dünn und leicht zerbrechlich.

Das Steingehäuse stellt die innere Fruchthaut (Endocarpium) der Palmfrucht dar und besteht aus einer steinharten Schale, die von ziemlich
parallel verlaufenden Gefäßbündeln überzogen ist und dadurch gefurcht
erscheint. Ihre Farbe ist dunkelbraun, die Dicke wechselt bei der Lagos-
palme zwischen 2—11 mm; dabei ist bei ein und demselben Samen die
Schale an verschiedenen Stellen verschieden stark.

v. Ollech fand bei fünf Proben von Lagospalmnüssen die Dicke der
Samenschale:

	I.	II.	III.	IV.	V.
am Scheitel . . .	5	6	5	3	4 mm
an der Seite . . .	3	4	3	2	3
am Grunde . . .	11	10	8	9	5

Die Samen der Lisombeölpalme besitzen Schalen in einer Stärke von nur
1 mm. Am Scheitel der Samenschale befinden sich drei relativ große Poren,
durch deren eine der Keim vordringt; diese eine Öffnung ist besser ausgebildet als die beiden anderen, mehr verkümmerten.

Unter der Samenschale liegt das Endosperm oder der Samenkern
(Palmkern, englisch „palmkernel", französisch „palmiste"). Er ist
eilänglich oder bohnenförmig, mitunter auch abgerundet dreiseitig, 1 bis
$1\frac{1}{2}$ cm lang, 1 cm breit und ebenso dick.

Die graubraune bis schwarze Samenhaut ist mit einem vertieften Adernetz überzogen, das dem Abdruck der vom Nabelstrang ausgehenden ver-
zweigten Gefäßbündel entspricht. Diese dünne Samenhaut ist mit dem gelblichweißen, ölhaltigen, fleischigen Endosperm des Samens innig verbunden.

---

[1]) Deite, Handbuch der Seifenfabrikation, 2. Aufl. Berlin 1896, S. 114.

Genau so wie der Samen bei den einzelnen Spielarten der Ölpalme einen wechselnden Gewichtsprozentsatz von der Frucht ausmacht (s. S. 550), schwankt bei den verschiedenen Palmsamensorten auch das Verhältnis zwischen Schalen- und Kerngewicht. Wir führen hier einige diesbezügliche Befunde von v. Ollech[1]), Fendler[2]) und Preuß[3]) an:

	Durchschnittliches Gewicht eines Samens g	Prozentualer Anteil		
		Schale %	Samenkern %	
Lagospalme I	12,60	79,72	20,28	
„ II	9,42	84,59	15,41	v. Ollech
„ III	10,56	75,08	24,92	
„ IV	5,33	80,51	19,49	
De	3,15	54,60	21,00	
De-de bakui	2,67	48,70	24,40	
Se-de	3,90	56,50	18,50	Fendler
Afa-de	3,97	61,30	15,60	
Lisombe, kleinkernig	1,58	19,45	9,54	
„ großfrüchtig, vollreif . .	2,90	16,50	12,50	
„ großfrüchtig	2,63	18,23	17,27	Preuß
Gewöhnliche Ölpalme, regulär . .	4,17	47,92	14,58	
Gewöhnliche Ölpalme, großes Bündel	6,96	52,14	15,82	

Wie man sieht, ist das Gewichtsverhältnis zwischen Schale und Kern bei den Palmsamen sehr wechselnd, ebenso wie die Größe und das Gewicht der Samen an sich innerhalb weiter Grenzen liegen. Dementsprechend ist auch das Gewicht der Palmkerne sehr verschieden; es schwankt zwischen 0,63—2,55 g. Die Steinschale der Palmsamen setzt sich wie folgt zusammen:

Zusammensetzung der Schalen.

	Völcker	Nach Völcker und Emmerling[4])	Wehnert
Wasser	10,12 %	10,64 %	11,16 %
Rohprotein	2,93	3,30	3,68
Rohfett	1,51	1,84	2,17
Stickstoffreie Extraktstoffe .	16,37	10,73	5,09
Rohfaser	67,90	71,62	75,33
Asche	1,17	1,87	2,57
	100,00 %	100,00 %	100,00 %

[1]) v. Ollech, Rückstände der Ölfabrikation, Leipzig 1884, S. 41.
[2]) Berichte d. pharm. Gesellsch., 1903, S. 115.
[3]) Tropenpflanzen, 1902, S. 465.
[4]) Landw. Versuchsstationen, 1898, Bd. 50, S. 13.

Über die Samenkerne, die sogenannten Palmkerne, liegen nur wenige vollständige Analysen von Dietrich und König[1]) sowie von Schädler[2]) vor. Das Mittel dieser Untersuchungen ist nach König[3]):

Wasser	8,40 %
Rohprotein	8,41
Rohfett	48,75
Stickstoffreie Extraktstoffe	26,87
Rohfaser	5,82
Asche	1,75
	100,00 %

Fettgehalt der Palmkerne. Der Fettgehalt der Palmkerne schwankt bei den einzelnen Provenienzen bis zu 5 %. H. Nördlinger[4]) hat die wichtigsten Handelsmarken von Palmkernen auf ihren Ölgehalt hin untersucht und dabei gefunden:

Palmkerne der Ausfuhrhäfen		Mittlerer Fettgehalt		Durchschnittlicher Fettgehalt d. Palmkerne
		%		%
1. Sierra Leone mit Banana	britisch	46,6	Sierra Leone-Küste	47,5
2. Insel Sherbro	„	46,7		
3. Liberia	Negerrepublik Liberia	49,4	Pfefferküste	48,5
4. Grand Bassa	Negerrepublik Liberia	50,2		
5. Half Jack	französisch	50,8	Elfenbeinküste	50,8
6. Apollonia	britisch	47,2		
7. Dixcove	„	48,4	Goldküste	48,7
8. Cape-Coast-Castle	„	50,2		
9. Winnebah	„	46,1		
10. Quitta	„	48,4	Sklavenküste	49,9
11. Togogebiet	deutsch	52,1		
12. Togogebiet	französisch	49,3		
13. Lagos	britisch	50,4	Beninbucht	50,3
14. Benin	„	49,8		

[1]) Anzeiger des landw. Zentralvereins für den Regierungsbezirk Kassel, 1870, S. 10.

[2]) Schädler, Technologie d. Fette u. Öle, 2. Aufl., Leipzig 1892, S. 831.

[3]) König, Chemie der Nahrungs- und Genußmittel, 4. Aufl., Berlin 1903, 1. Bd., S. 614.

[4]) Zeitschr. f. angew. Chemie, 1895, S. 19.

Palmkerne der Ausfuhrhäfen		Mittlerer Fettgehalt		Durchschnittlicher Fettgehalt d. Palmkerne
		%		%
15. Niger	britisch	50,5	Nigermündungen	51,2
16. Brass	„	52,5		
17. Calabar	„	50,9		
18. Bonny	„	51,0		
19. Opobo . . .	„	52,3		
20. Kamerun . . .	deutsch	49,0	Kamerungebiet	49,0
21. Kongo	Freistaat	47,4	Kongomündungen	47,4
22. Loanda	portugiesisch	50,9	Angola	50,9

Die Entkernung der Palmsamen geschieht in Afrika durch Zerschlagen der Samenschale mittels eines Steines. Diese Arbeit wird meist von Weibern und Kindern besorgt, welche die bei der Palmölgewinnung aufgestapelten Haufen dieser Palmsamen gelegentlich aufbrechen. Entkernung.

Preuß hat durch Versuche ermittelt, daß ein Mann stündlich ca. 100 Samen der gewöhnlichen hartschaligen Ölpalme entkernen kann, wobei ca. 180 Kerne im Gewichte von ungefähr 300 g gewonnen werden. Aus dieser Angabe erhellt, welch zeitraubende Arbeit das Aufschlagen der Samenschale ist, und es wird begreiflich, daß die Neger große Mengen dieser Samen gar nicht aufbrechen, sondern einfach verloren geben.

Das Entkernen auf maschinelle Weise vorzunehmen, ist wiederholt vorgeschlagen worden, doch fehlte es einerseits an sicher wirkenden und dabei einfach konstruierten, billigen Aufbrechvorrichtungen, wie es sich andererseits als schwierig erwies, die Kerne von den Schalentrümmern zu sondern. Letztere sind nämlich vielfach von derselben Größe wie die Kerne, lassen also eine Separierung durch Siebe nicht zu.

Fr. Haake in Berlin hat die Aufgabe der praktischen Palmsamenentkernung durch seine Entkernungsmaschine auf das beste gelöst. Bei dieser Konstruktion werden die Schalen durch heftiges Schleudern der Nüsse gegen harte Flächen aufgebrochen. Entkernungsmaschine.

Der Hauptbestandteil dieser in Fig. 110 abgebildeten Maschine ist eine schnell rotierende, mit Führungsrippen C besetzte Streuscheibe B, die von einem System entsprechend angeordneter Anwurfflächen D umgeben ist. Die Nüsse werden durch den Fülltrog E auf die Scheibe geleitet, und zwar in die Mitte A, wo die Rippen unterbrochen sind, nehmen allmählich deren Geschwindigkeit an und gelangen infolge der Zentrifugalkraft zwischen die Rippen, die ihnen nun die nach dem Umfange hin rapid wachsende Geschwindigkeit erteilen, mit der sie die Scheibe tangential verlassen, um gegen die senkrecht gegen ihre Flugrichtungen gestellten Anwurfflächen D geschleudert zu werden. Beim Anprallen zerbrechen die Schalen und das Gemenge von Schalenteilen und Kernen fällt unten aus der Maschine. Es wird entweder durch ein schräg liegendes bewegtes Rolltuch F

geschieden, so daß die runden Teile, also vornehmlich die **Kerne**, auf diesem hinab-
rollen und bei *H* hinunterfallen, während die flachen Teile, insbesondere die Schalen
nach der hohen Seite mitgenommen werden und bei *G* herabfallen. Eine Scheidung
der Schalen von den Kernen wird dadurch jedoch nur teilweise erreicht und es
muß noch eine Nachsortierung stattfinden. Die Kerne und Schalen fallen zu diesem

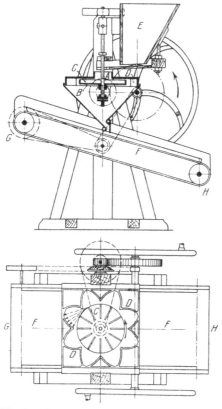

Zwecke in ein untergestelltes Gefäß
mit starker Salzlösung von ca. 20° Bé
oder zwei Teilen Salz auf fünf Teile
Wasser, in welcher die Schalen zu
Boden sinken und die Kerne an der
Oberfläche schwimmen, wo sie sofort
herausgefischt werden.

Die Maschine kann von einem
Mann leicht in Betrieb gehalten
werden und entkernt in der Stunde
150 bis 200 kg Nüsse.

In Fig. 111 ist eine doppelte
Palmnußentkernungsmaschine abgebildet, die stündlich 400 kg
Samen entkernt. Sie wirft die
zerbrochenen Samen in einen
Siebzylinder, welcher eventuell
noch unaufgebrochene Samen von
dem Bruchmaterial absondert und
dieses in einen Trog mit Salzwasser fallen läßt, wodurch eine
Separierung der Kerne von den
Schalentrümmern erfolgt.

Die Verwendung von Salz-
wasserlösungen zum Sondern der
Kerne und Schalen von Palmkernen
scheint ein Verdienst der Firma
Serpette, Lourmand Larry & Co.
in Nantes zu sein. Ein Jurybericht

Fig. 110. Entkernungsmaschine für Palmsamen.

über die Pariser Weltausstellung vom Jahre 1878 spricht nämlich von einem
Spezialverfahren dieser Firma zur Palmkernreinigung und bemerkt:

„Man hat gefunden, daß reine Palmkerne auf einer Flüssigkeit von 23° Be
schwimmen, während die Hülsen zu Boden gehen. Um die Kerne von den Hülsen
zu trennen, füllt man ein Gefäß von 4 m Tiefe und 4 m Durchmesser mit Salzwasser von 23° Bé, gibt in diese Lösung die Palmkerne und rührt tüchtig durch.
Die reinen Kerne kommen dabei an die Oberfläche, werden herausgeschöpft,
abtropfen gelassen und getrocknet. Wenn infolge der Anhäufung von Hülsen von
den nacheinander vorgenommenen Waschungen das Gefäß zu voll wird, so läßt
man die Flüssigkeit in ein zweites Reservoir laufen, entfernt die Palmkernhülsen
und bringt dann das Salzwasser von neuem in das Waschgefäß[1]).“

---

[1]) Vergleiche Öl- und Fetthandel, 1879, S. 212.

Plan einer Anlage
zur Verarbeitung von Palmfrüchten.

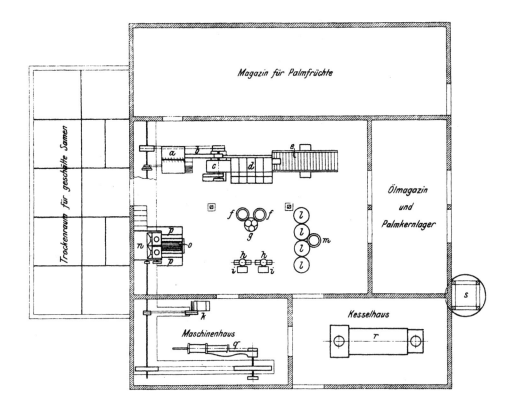

Buchstaben - Erklärung:

a	Aufgabevorrichtung	g	Packtisch	n	Entkernungsmaschine
b	Elevator	h	Pressen	o	Sortierzylinder
c	Schälmaschine	i	Ölsammelbassins	p	Ausscheidebassin
d	Kochpfanne	k	Presspumpwerk	q	Dampfmaschine
e	Filterbatterie	l	Absetzgefäße	r	Dampfkessel
f	Kochkessel	m	Raffinierkessel	s	Hochreservoir

Verlag von Julius Springer in Berlin.   Techn.-art. Anstalt von Alfred Müller in Leipzig.

Das Aussortieren der Kerne kann auch mit der Hand bewirkt werden, in welchem Falle man die Kerne in Kasten auffängt und nach besonders eingerichteten Sortiertischen bringt, wo noch die nur teilweise zerbrochenen und die unzerbrochenen Nüsse ausgeschieden werden.

Fig. 111. Entkernungsmaschine für Palmsamen.

Die maschinelle Palmsamenentkernung ist besonders dort am Platze, wo größere Mengen Palmfrüchte zu Öl verarbeitet werden, wo also auch regelmäßig größere Mengen Palmsamen abfallen. In solchen Fällen empfiehlt es sich, die Abtrennung des Fruchtfleisches, das Auspressen desselben und die Entkernung der Samen zu einem regelrechten Fabriksbetrieb zu vereinigen.

In Tafel XIV ist eine derartige Anlage[1]) dargestellt.

In diesem Betriebe sind Schälmaschinen nach der in Fig. 105, S. 556 beschriebenen Konstruktion, hydraulische Pressen nach dem in Fig. 108, S. 557 wiedergegebenen Modell und Entkernungsmaschinen nach Fig. 111 in Verwendung. Der Arbeitsgang ist aus der der Tafel beigegebenen Buchstabenerläuterung ohne weiteres ersichtlich.

Plan einer Palmfrucht-verarbeitungsanlage.

Eine Anlage, wie sie in Tafel XIV wiedergegeben ist, kann in 10 Arbeitsstunden 5000 kg Palmfrüchte verarbeiten. Der dazu erforderliche Kraftbedarf beläuft sich auf 10—12 Pferdekräfte. Der notwendige Dampf wird

---

[1]) Ausgeführt von der Mühlenbauanstalt Fr. Haake in Berlin NW.

durch Verbrennung der abfallenden Schalen und der Preßrückstände erzeugt. Von diesen Abfällen bleibt sogar noch ein Teil übrig.

Von den Palmkernen des Handels sind die vom Niger, von Opobo,
Liberias, Altkalabar, Banana, vom River und von Kamerun die
schalenreinsten. Nach den bestehenden Handelsusancen dürfen die auf
den Markt gebrachten Palmkerne 5 % Schalen beigemengt enthalten;
bei größeren Prozentsätzen findet eine entsprechende Vergütung statt.

Die Annahme Nördlingers, daß der Schalengehalt der Kerne kaum
arbeitsverschlechternd wirke, ist richtig. Die Schalenfragmente befördern
bei ihrer dichten Beschaffenheit eher das Abfließen des Öles, als daß sie
es aufsaugen [1]).

Gewinnung.

In den Verbreitungsgebieten der Ölpalme findet nur selten eine Verarbeitung der Samenkerne der Palmfrüchte zu Öl statt; nur einige Distrikte
Westafrikas (Mombattuländer) und einige Gegenden Brasiliens pflegen
die Palmkerne zu entölen. Man füllt letztere zu diesem Zwecke in irdene
Krüge, versenkt sie in die Erde und macht darüber ein Feuer an.
Dabei schmilzt ein Teil des in den Samenkernen enthaltenen Fettes und
man erhält ein brenzlich riechendes Öl von geringerer Qualität.

Fabrik-
mäßige Ver-
arbeitung
von Palm-
kernen.

Für die fabrikmäßige Verarbeitung der Palmkerne sind sowohl
das Preß- als auch das Extraktionsverfahren gut geeignet.

Die Reinigung der Palmkerne spielt eine nur nebensächliche Rolle.
Es ist in der Regel nur wenig Schmutz oder Sand in den Palmkernen
enthalten und diese Verunreinigungen können bei der grobkörnigen Beschaffenheit des Materials durch Absieben sehr leicht entfernt werden.
Die vom Sand befreiten Kerne passieren dann gewöhnlich einen Magnetapparat, welcher etwa vorhandene Eisen- oder Stahlteile ausscheidet, deren
Entfernung äußerst wichtig ist, weil sie sehr leicht die Zerkleinerungsmaschinen beschädigen, auf die die Palmkerne jetzt gebracht werden.

Zur Zerkleinerung der Palmkerne sind Schlagkreuzmühlen,
Riffel- und Glattwalzwerke wie auch Kollergänge im Gebrauche.

Die in Palmkernölfabriken zu findenden Walzenstühle haben vielfach
Zahnradübersetzung (Fig. 112).

Das Verpressen der zerkleinerten Samenmasse erfolgt gewöhnlich
in Kasten- oder Seiherpressen, die sich zu diesem Zwecke am
besten eignen. Man preßt fast überall nur einmal und erwärmt das
Preßgut dabei auf ca. 90° C. Ist das Preßgut richtig zerkleinert und gut
vorgewärmt, so erzielt man bei einmaliger Pressung Preßrückstände mit
nur 6—8 % Fettgehalt.

Das von den Pressen ablaufende Öl wird zur Beseitigung der beigemengten Schleimteile, wie auch zur besseren Absonderung der suspen-

---

[1]) Vergleiche Bd. I, S. 239 und 700.

dierten Saatpartikelchen in kleineren Betrieben aufgekocht und dann abstehen gelassen, in allen größeren Fabriken filtriert.

Die Verarbeitung der Palmkerne mittels Extraktion hat sich nicht
so stark eingebürgert, als man vor Jahren annahm. Anfänglich enthielt
das extrahierte Palmkernöl bisweilen Reste des verwendeten Lösungsmittels,
wobei das Fett nicht nur sehr unangenehm roch, sondern beim Verseifen

Fig. 112. Fünfwalzenstuhl für Palmkerne.

auch mitunter unansehnliche, streifige Seifen ergab. Es bildete sich daher
ein gewisses Vorurteil gegen Extraktionsware aus, das selbst heute, wo
man tadelloses extrahiertes Palmkernöl herzustellen versteht, noch nicht
ganz gewichen ist. Extraktionsanlagen für Palmkernöl von bedeutender
Leistungsfähigkeit befinden sich in Harburg a. E., in Berlin, in Aussig a. E.
und in vielen Orten Englands und Frankreichs.

Bei den großen Mengen von Palmkernöl, die alljährlich verfrachtet
werden, erscheint sein Versand in Kesselwaggons zweckmäßig. Dieser

faßsparenden Transport-
weise steht aber für ge-
wöhnlich der bei gewöhn-
licher Temperatur feste
Aggregatzustand des Palm-
kernöls hemmend entge-
gen. Kesselwaggons mit
eingebauten Dampfschlan-
gen ermöglichen zwar ein
Auftauen und damit ein
Umfüllen des Fettes, doch
setzen solche Vorrichtungen
das Zurhandsein einer
Dampfanlage an der Aus-
ladestelle voraus. Abgesehen
davon, daß viele Konsumenten (Seifensieder) eine solche
überhaupt nicht besitzen,
haben andere mit Dampf-
betrieb arbeitende Fabriken
häufig keinen direkten An-
schluß an das Bahngeleise,
müssen also das Entleeren
der Kesselwaggons auf der
nächsten Eisenbahnstation
vornehmen, wo die Möglichkeit des Auftauens des
Fettes durch Dampf kaum
gegeben ist.

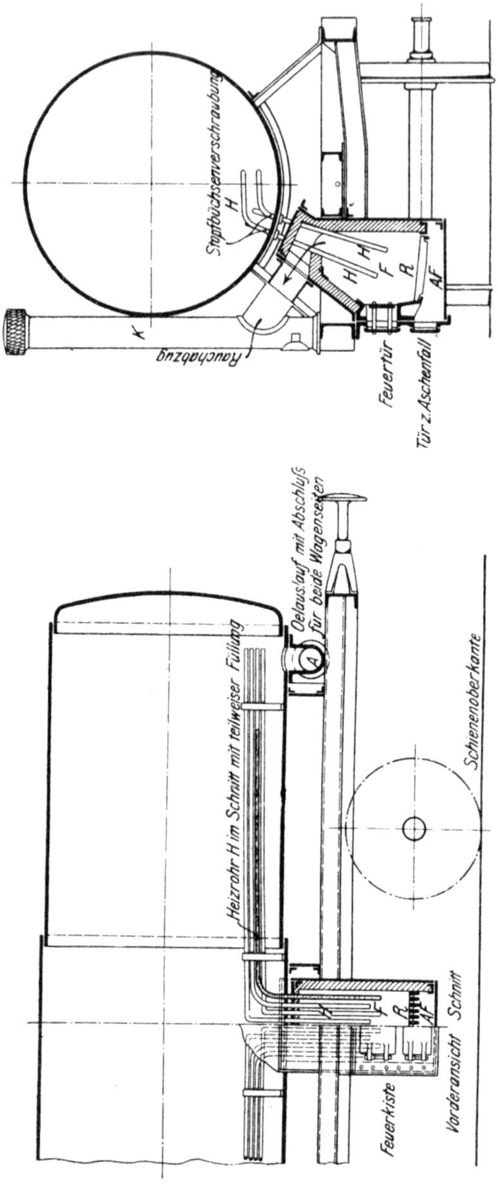

    Um nun einesteils die
Vorzüge des Öltransportes
in Kesselwaggons auch solchen Konsumenten zugän-
gig zu machen, den ein
Geleiseanschluß nicht zur
Verfügung steht oder die
überhaupt keine Dampf-
anlage besitzen, hat die

Fig. 113 a und b. Kesselwaggon mit Aufschmelzvorrichtung für den Transport fester Fette.

Firma Eugen Roeder in Budenheim bei Mainz eine Schmelzvorrichtung
konstruiert, die ein Auftauen mittels direkten Feuers gestattet.

    Als Wärmeträger werden bei dieser Schmelzvorrichtung (Fig. 113) an beiden
Enden geschlossene und teilweise mit Flüssigkeit angefüllte Hydraulikrohre H,
die im Innern der Zisterne gelagert sind und von deren Enden je eines in eine

unter dem Wagentragrahmen aufgehängte Feuerung F hineinragt, verwendet. Letztere erhält ihren Zug durch einen Kamin K und besitzt einen Aschenfall AF.

Sobald nach Anlangung des Kesselwagens auf dem Abfüllplatze mit seiner Beheizung begonnen wird, verursacht die auf dem Rost R unterhaltene, die Rohrenden H umspülende Glut in letzteren eine rapide Wärmeentwicklung durch Verdampfung eines Teiles der eingeschlossenen Flüssigkeit. Diese zirkuliert in den Rohren H, wobei die Wärme an die die Röhre umschließenden erstarrten Ölmengen abgegeben und dadurch eine rasche Verflüssigung des erstarrten Fettes herbeigeführt wird. Die mit entsprechendem Gefälle nach der Heizvorrichtung postierten Rohre führen die nach Abgabe ihrer Wärme an das aufzuschmelzende Material sich bildenden Kondenswässer nach den über dem Rost R gelagerten Rohrenden zurück, wo durch Wiederverdampfung der Kreislauf sich wiederholt.

Naturgemäß benötigen die Rohre weder einer Auffüllung noch einer Wartung oder irgend welcher Armatur, vielmehr ist die Aufschmelzvorrichtung jederzeit betriebsbereit[1]).

Eigenschaften.

Das Palmkernöl ist von weißer bis gelblicher Farbe, zeigt bei gewöhnlicher Temperatur Butterkonsistenz und riecht ganz charakteristisch. Der Geruch ist an sich zwar nicht unangenehm, wird aber lästig und aufdringlich, wenn er andauert. Dies gilt besonders für geschmolzenes Öl. In ganz frischem Zustande ist das Öl ziemlich neutral und schmeckt dann nußartig. Die Palmkernöle des Handels haben aber meist beträchtliche Mengen freier Fettsäuren und schmecken deshalb unangenehm kratzend. Die Dichte des Palmkernöles liegt bei 15°C bei 0,952, bei 40°C beträgt sie 0,9119 (Allen) und bei 99° ist sie 0,8731. Als Einheit ist diesen beiden letzten Angaben die Dichte des Wassers bei 15,5°C zugrunde gelegt. Das Fett schmilzt zwischen 23—34°C. Der Gehalt an freier Fettsäuren liegt bei den Palmkernölen des Handels gewöhnlich über 3 und unter 10%, doch finden sich wohl auch Palmkernöle mit 15% freier Fettsäuren und darüber. Emmerling[2]) hat gefunden, daß beim Lagern des Palmkernöles nur eine ganz langsame Zunahme der Azidität stattfindet.

(Randbemerkung: Physikalische Eigenschaften.)

(Randbemerkung: Chemische Zusammensetzung.)

Die aus dem Palmkernöl gewonnenen Fettsäuren schmelzen zwischen 20 und 28°C und erstarren zwischen 20—25°C. Oudemans[3]) gibt die Zusammensetzung des Palmkernöles wie folgt an:

Triolein	. . . .	26,6%
Tristearin ⎫		
Tripalmitin ⎬	. . . .	33
(Trimyristin) ⎭		
Trilaurin ⎫		
Trikaprin ⎪		
Trikaprilin ⎬	. . . .	40,4
Trikaproin ⎭		

---

[1]) Seifensiederztg., Augsburg 1905, S. 876 und 897.
[2]) Landw. Versuchsstationen, 1898, Bd. 11, S. 51.
[3]) Journal f. prakt. Chemie, Bd. 11, S. 393.

Trikaprin, Trikaprylin und Trikaproin machen ungefähr 2 $^0/_0$ aus[1]).

Auf Grund der Untersuchungen Valentas[2]) bestreitet Lewkowitsch diese Angaben, indem er als Hauptbestandteil des Palmkernöles die Laurinsäure bezeichnet und Ölsäure als nur zwischen 12—20 $^0/_0$ vorhanden annimmt.

Durch den Gehalt des Palmkernöles an flüchtigen Fettsäuren (Kapron- und Kaprylsäure), wie auch durch die Gegenwart von Laurinsäure wird das Palmkernöl in seinem chemischen Verhalten dem Kokosöl sehr ähnlich. Es braucht wie dieses größere Mengen von Alkalien zur Verseifung als andere Fette, bedarf dazu außerdem starker, hochgradiger Laugen und bildet Seifen, die nur durch Zusatz von großen Mengen Salz aus ihren Seifenleimen ausgekernt werden (vgl. Bd. I, S. 110 und Bd. IV). Die Eigenschaft, Seifen zu liefern, welche große Mengen von Salzlösungen und Wasser aufzunehmen vermögen, ohne ihre Druckfestigkeit zu verlieren, besitzt das Palmkernöl nicht in so ausgesprochenem Maße wie das Kokosöl (vgl. S. 604).

Verwendung.

Verwertung in den Tropen.

In einigen Teilen Afrikas wird das Palmkernöl zu Brennzwecken und zum Einreiben der Haut verwendet. Wie schon bemerkt wurde, ist aber die in Afrika gewonnene Palmkernölmenge sehr gering und macht einen verschwindend kleinen Prozentsatz der Gesamtproduktion aus.

Industrielle Verarbeitung.

Die bedeutenden Mengen Palmkernöl, die die verschiedenen Industriestaaten fabrizieren, werden hauptsächlich in der Seifensiederei verbraucht. Das Palmkernöl darf sich rühmen, eines der beliebtesten Seifenfette zu sein. Es verhält sich bei der Verseifung ähnlich wie das Kokosöl (siehe Seite 604), doch verlangt es keine so starken Laugen wie dieses, sondern verseift sich am leichtesten mit einer Anfangslauge von 26—30 ^{0} Bé; mit stärkeren Laugen erfolgt die Verseifung schwieriger, im Gegensatz zum Kokosöl, das sich mit hochgradigen Laugen leicht verseift. Auch bezüglich des Aussalzens bestehen zwischen den Seifen des Palmkernöles und jenen des Kokosöles Unterschiede. Die Palmkernölseifen bedürfen zwar größerer Salzmengen, sind aber doch nicht so schwer aussalzbar wie die Kokosölseifen. Palmkernölseifen kann man mittels Salzlösungen im besten Falle auf 600—700 $^0/_0$ füllen, bei Kokosöl läßt sich diese Vermehrung auf das Doppelte treiben.

Palmkernöl ist ein ausgesprochenes Kernseifenfett, während Kokosöl in erster Linie zu Leim- und kaltgerührten Seifen verarbeitet wird.

Man hört sehr häufig, daß Palmkernöl ähnlich wie das Kokosöl auch zur Herstellung von Pflanzenbutter verwendet werde. Der Name Palmin (eine der ältesten Marken für Pflanzenbutter) deutet auf Palmkernöl hin. In

---

[1]) S. Blumenfeld und H. Seidel fanden in den aus Palmkernöl abgeschiedenen Fettsäuren 4,53 $^0/_0$ flüchtiger Säuren. (Mitteilungen des technolog. Gewerbemuseums Wien, 1900, S. 165.)

[2]) Zeitschr. f. angew. Chemie, 1889, S. 335.

Wirklichkeit dürften die zu Speisezwecken verwendeten Mengen von Palmkernöl aber nicht sehr groß sein, ja gegenüber den Kokosölquanten, welche
dem gleichen Zwecke zugeführt werden, fast verschwinden. Das Geschmack-
und Geruchlosmachen des Palmkernöles ist jedenfalls ungleich schwieriger
als beim Kokosöle.

Rückstände.

Die bei der Verarbeitung der Palmkerne resultierenden Rückstände
kommen unter den Namen Palmkernkuchen, Palmkernschrot oder
Palmkernmehl auf den Markt.

*Palmkernkuchen und
Palmkernmehl.*

Palmkernkuchen (Palmnußkuchen, Palmkuchen usw.) nennt
man die beim Preßverfahren gewonnenen Rückstände. Werden diese Kuchen
gemahlen, so heißt das Produkt Palmkernkuchenmehl oder Palmkernkuchenschrot.

Extrahierte Palmkerne kommen gewöhnlich in grob gepulverter
Form in den Handel und werden Palmkernschrot oder auch Palmkernmehl genannt.

Die Namengebung der verschiedenen Arten von Palmkernrückständen
ist übrigens nicht sehr präzis, und nach der Handelsnomenklatur läßt sich
Preßware vom Extraktionsgut nicht ohne weiteres unterscheiden. Sicheren
Aufschluß über diese Frage gibt jedoch der Fettgehalt. Beträgt dieser unter
4 %, so kann man mit Bestimmtheit auf Extraktionsware schließen, ist er
höher, so liegen durch Pressung gewonnene Rückstände vor.

Alte Palmkernrückstände stellen eine vorwiegend weißgraue, von
schwarzen Krümchen durchsetzte, eigentümlich grießartige Masse dar, die
sich fettig anfühlt, nach alter Faßbutter riecht und sich in Wasser relativ
schwer verteilt. Die graue Grundmasse der Kuchen gehört dem Endosperm
an, die darin verstreuten schwarzen Pünktchen bestehen teils aus der
braunschwarzen Samenhaut, teils auch aus den Überbleibseln der Steinschale. Kuchen, die zu reichliche Mengen dieser dunkel gefärbten Fragmente enthalten, lassen auf einen reichlichen Gehalt an Steinschalenteilchen
schließen und sind daher von geringer Güte.

Die chemische Zusammensetzung der Rückstände der Palmkernölgewinnung ist ungefähr die folgende[1]):

a) Palmkernkuchen.

	Durchschnitt	Maximum	Minimum
Wasser	10,40 %	15,00 %	5,46 %
Rohprotein	16,80	20,25	12,72
Rohfett	9,50	16,11	4,43
Stickstoffreie Extraktstoffe	35,00	57,34	20,07
Rohfaser	24,00	38,21	7,64
Asche	4,30	8,85	2,32

[1]) Böhmer, Kraftfuttermittel, Berlin 1903, S. 366.

b) Palmkernschrot (extrahierte Ware).

Wasser	10,90 %
Rohprotein	17,40
Rohfett	4,50
Stickstoffreie Extraktstoffe	36,90
Rohfaser	25,90
Asche	4,40
	100,00 %

Über die Proteinstoffe der Palmkernrückstände liegen noch wenige Untersuchungen vor. Nach E. v. Wolff sind in Palmkernkuchen im Durchschnitt 2,8 % des gesamten Stickstoffes in Form von Nichteiweiß vorhanden (Minimum 0,0 %, Maximum 8,8 %). E. Schulze hat in dem Nichtprotein Cholin nachgewiesen.

Das Fett der Palmkernkuchen kann im allgemeinen als identisch mit dem Palmkernöl betrachtet werden. Stellwaag hat darin allerdings 0,71 % Cholesterin und 1,04 % Lecithin gefunden. Emmerling hat das Fett der Palmkernkuchen auf seinen Gehalt an flüchtigen Fettsäuren untersucht und dabei gefunden:

	Mittel	Maximum	Minimum	
In Palmkernkuchen	0,058 %	0,107 %	0,107 %	flüchtiger Säuren, be-
In Palmkernschrot	0,063	0,021	0,016	rechnet auf Buttersäure.

Die Azidität der Palmkernrückstände bzw. ihres Fettes nimmt beim Lagern nicht in so rascher Weise zu, wie dies bei anderen Ölkuchen der Fall ist. Emmerling, welcher diese Fragen näher studiert hat, macht darüber folgende Angaben:

Zahl der Proben	Fettgehalt	Durchschnittsgehalt der Kuchen an freien Fettsäuren (Ölsäure)	Gehalt des Fettes an freien Fettsäuren (Ölsäure)
4 . . .	11—10 %	2,15 %	18,75 %
9 . . .	10—9	2,25	23,90
9 . . .	9—8	2,09	25,00
12 . . .	8—7	2,27	30,50
11 . . .	7—6	2,57	39,10
7 . . .	6—5	2,83	50,70

Man sieht daraus, daß die durchschnittliche Azidität mit der Abnahme des Fettgehaltes steigt. Diese Regel darf aber nicht als feststehend betrachtet werden, denn es zeigen sich mitunter starke Abweichungen von derselben.

Über das Fortschreiten der Azidität mit der Lagerzeit liegen genaue Untersuchungen vor; Märcker, Emmerling und andere haben nachgewiesen, daß sich beim Lagern der Palmkernrückstände die Fettmenge verringert und die freien Fettsäuren langsam zunehmen, ohne daß sich ein bestimmter Zusammenhang zwischen Lagerzeit und Azidität konstatieren ließe.

Eine besondere Neigung zur Schimmelbildung besitzen die Palmkernrückstände nicht; sie sind überhaupt als eine der haltbarsten Ölkuchensorten zu betrachten.

Hierauf wie auch vornehmlich auf ihrer Schmackhaftigkeit, auf den ihnen eigentümlichen Nährwirkungen und ihrer großen Verdaulichkeit beruht der Wert der Palmkernrückstände, die einen unverhältnismäßig hohen Preis haben.

Die zahlreichen Verdauungsversuche, welche mit Palmkernrückständen angestellt wurden, haben sehr hohe Verdaulichkeitsziffern ergeben, doch sind einige dieser Versuche mit Reserve zu betrachten. Als Verdauungskoeffizienten nennt man: Verdaulichkeit.

	Palmkernkuchen	Palmkernmehl (extrahiert)
Rohprotein	95 %	95 %
Rohfett	95	94
Stickstoffreie Extraktstoffe	94	94
Rohfasser	82	82

Jedenfalls können die Palmkernrückstände als fast ganz verdaulich angesehen werden, und hierauf ist wohl auch die vorzügliche Wirkung zurückzuführen, die Palmkernfutter bei Milchkühen äußert.

Die Palmkernrückstände werden von den Tieren sofort und gerne genommen und auch in größerer Menge leicht vertragen. Nirgends, wo man reine und unverdorbene Ware fütterte, haben sich irgend welche Nachteile gezeigt, ein Urteil, an dem auch die vereinzelten Nachrichten nichts ändern, wonach auch schon bescheidene Mengen von Palmkernkuchen ein Verkalben der damit gefütterten Kühe zur Folge hatten.

Die Futtereinheit wird in den Palmkernkuchen hoch bezahlt und es ist daher trotz ihrer leichten Verdaulichkeit nicht ganz angebracht, ja sogar direkt unrationell, Palmkernkuchen an Zugtiere oder als Mastfutter zu verabreichen. Um so empfehlenswerter sind diese Kuchen aber als Futter für Milch- und Jungvieh. Freitag[1]), Kühn[2]) und Märcker[3]) sowie andere haben nachgewiesen, daß die Palmkernkuchen zu den wenigen Futtermitteln gehören, die nicht nur die Quantität der Milch vermehren, sondern auch ihren Fettgehalt erhöhen und der Butter eine festere Konsistenz erteilen. Der letztere Umstand macht sie besonders geeignet, die nachteilige Wirkung anderer Futtermittel, wie Mais, Reis, Schlempe usw., zu beheben, die eine weiche und wenig schmackhafte Butter ergeben. Bekömmlichkeit.

---

[1]) Journ. f. Landwirtschaft, 1868.
[2]) Journ. f. Landwirtschaft, 1877, S. 373.
[3]) Landw. Jahrbücher, 1898, Bd. 27, S. 188.

Bei Milchkühen, denen man täglich bis zu 3,5 kg verabreicht hatte, erzielte man eine fast talgartige Butter, ohne daß das Wohlbefinden der Kühe irgendwie beeinträchtigt wurde. Die spezifische Wirkung, welche die Palmkernkuchen auf die Milchabsonderung und insbesondere auf die Beschaffenheit des Butterfettes üben, ist nicht durch einen direkten Übergang des Palmkernkuchenfettes in Milch und Butterfett zu erklären, sondern auf die Wirkung des Palmkernproteins zurückzuführen.

Die Haltbarkeit der Palmkernkuchen ist eine höhere als die des Palmkernmehles, das bei mangelhafter Aufbewahrung nicht nur ranzig wird, sondern auch Schimmelpilze aufnimmt. Zu Düngezwecken eignen sich Palmkernkuchen wegen ihres geringen Stickstoffgehaltes nicht. Mitunter finden sie Verwendung zum Verfälschen von gemahlenem Pfeffer.

Die seinerzeit öfter vorgekommene Vermengung mit den Drehspänen der Steinnuß hat heute wohl ganz aufgehört. Dieses sehr fett- und proteinarme Produkt ist das Endosperm der südamerikanischen Elfenbeinpalme, das in geraspeltem Zustande im Aussehen an das gebräuchliche Palmkernmehl erinnert, in seiner Zusammensetzung aber von diesem ziemlich abweicht. Nach einer Analyse von Loges besteht Steinnußmehl aus:

Wasser	9,35 %
Rohprotein	5,09
Rohfett	1,67
Glykose	1,60
Pektinstoffe	2,98
Dextrin	2,42
Zellulose	75,65
Asche	1,24
	100,00 %

Liebscher hat mit diesem proteinarmen Futter ziemlich günstige Resultate bei dessen Verfütterung an Hammel erhalten, was wohl auf den Umstand zurückzuführen ist, daß die Zellulose größtenteils in reinem, unverholztem Zustande vorhanden ist.

Statistisches.

Das Quantum der jährlich auf den Weltmarkt kommenden Palmkerne beträgt 1,2—1,3 Millionen Meterzentner. Die Menge könnte bei weitem größer sein wenn die Bewohner Afrikas sich der Palmsamen mehr annähmen und wenn man über eine genügende Anzahl von Maschinen verfügte, die die Arbeit des Entkernens erleichterten. Nach Preuß liefert eine Ölpalme ungefähr 15 kg Palmkerne pro Jahr.

Eine Verarbeitung von Palmkernen findet in den Tropen nur in sehr bescheidenem Umfange statt; fast die Gesamtmenge der gesammelten Kerne wird ausgeführt.

Im Export[1]) steht obenan Lagos, dessen Ausfuhr betrug: Ausfuhr aus Lagos,

1881/85 (Durchschnitt)	27160	Tonnen
1886/90 „	37130	„
1891	42340	„
1892	32180	„
1893	51460	„
1894	53530	„
1895	46500	„ i. W. v. 320000 £

Dann folgt das Nigerschutzgebiet, von wo ausgeführt wurden: aus dem Nigergebiet,

	Tonnen	Wert in £
1891/92	30000	274717
1892/93	34710	301482
1893/94	39224	334143
1894/95	36000	295312
1895/96	36600	296396

Die deutschen Kolonien Togo und Kamerun stehen mit ihrem Palm- aus Togo und Kamerun, kernexport weit hinter diesen Ziffern, obwohl sie über großen Palmen- reichtum verfügen:

	Togo		Kamerun	
	Tonnen	Mark	Tonnen	Mark
1892 . . .	7100	1500000	5600	1160000
1893 . . .	6800	1460000	5600	1230000
1894 . . .	8000	1680000	6000	1230000
1895 . . .	9000	1650000	6000	1120000

Die Goldküste könnte ihr Exportquantum ebenfalls merklich erhöhen, von der Goldküste. wenn der Palmkerngewinnung etwas mehr Aufmerksamkeit geschenkt würde. Ihre Ausfuhr betrug:

1881/85 (Jahresdurchschnitt)	7700	Tonnen
1886/90 „	10870	„
1891	12930	„
1892	15850	„
1893 . . . , ...	12040	„
1894	17140	„
1895	15560	„

Sierra Leone sendet Palmkerne nach Deutschland, Frankreich und Liverpool; aus dem Kongostaate gehen 8000—9000 Tonnen Palmkerne alljährlich nach Europa, in welchem Quantum aber nur ein kleiner Prozent- satz heimischer Erzeugung ist, der größere Anteil stammt aus den benach- barten portugiesischen Besitzungen.

---

[1]) Siehe Semler, Tropische Agrikultur, 2. Aufl., Wismar 1897, 1. Bd., S. 662.

Als Empfänger der Palmkernsendungen kommen besonders die europäischen Industriestaaten in Betracht.

Deutschlands Einfuhr von Palmkernen läßt sich nicht genau angeben, weil man letztere in der Statistik mit Koprah verrechnet. Ein- und Ausfuhr (bzw. Durchfuhr) von Palmkernen und Koprah betrugen in der Dekade 1890—1900:

	Einfuhr		Ausfuhr	
	Tonnen	Wert Mill. Mk.	Tonnen	Wert Mill. Mk.
1895 . . .	148295	29,4	1690	0,5
1896 . . .	136208	26,7	1059	0,3
1897 . . .	116990	22,7	1348	0,3
1898 . . .	115396	26,4	1004	0,3
1899 . . .	128093	30,4	2504	0,6
1900 . . .	148958	35,4	1402	0,4
1901 . . .	151037	37,72	2877	0,8
1902 . . .	184909	51,09	1904	0,6
1903 . . .	199423	49,63	1870	0,6
1904 . . .	199512	55,14	2230	0,7
1905 . . .	210147	61,52	2085	0,7

Der deutsche Palmkernimport nimmt der Hauptsache nach seinen Weg über Hamburg und bildet einen hervorragenden Verfrachtungsartikel für die Elbeschiffahrt; das mit der Bahn verladene Quantum Palmkerne ist ziemlich belanglos.

Die Hamburger Hafenausweise führen übrigens die Palmkernankünfte getrennt, liefern also ein weit klareres Bild über den Verbrauch Deutschlands an dieser Ölsaat als die staatliche Statistik.

Der Hamburger Import von Palmkernen betrug:

1841/50 (Jahresdurchschnitt)	1159 Tonnen
1851/60 „	1985 „
1861/70 „	1570 „
1871/80 „	3452 „
1881/90 „	7794 „
1891	82008 „
1892	90055 „
1893	102628 „
1894	119188 „
1895	111100 „
1896	105000 „
1897	91000 „
1898	98000 „
1899	109000 „
1900	112000 „
1901	132000 „
1902	159000 „

Fabriken zur Verarbeitung von Palmkernen befinden sich in Deutschland in Harburg a. E., am Rhein und in einigen an größeren Flüssen gelegenen Industrieorten.

Österreich-Ungarn bezog in den letzten Jahren die folgenden Mengen Palmkerne [1]):

Palmkern-
import
Österreich-
Ungarns,

	Tonnen	Wert in Kronen
1891	8 964	2,24 Millionen
1892	8 305	3,30 „
1893	10 623	2,94 „
1894	12 772	3,04 „
1895	12 940	2,84 „
1896	10 553	2,32 „
1897	12 994	2,85 „
1898	13 503	3,24 „
1899	20 935	5,02 „
1900	28 971	9,12 „
1901	343 185	9,48 „

Frankreich verarbeitet ebenfalls beträchtliche Mengen von Palmkernen. Es importierte:

Frank-
reichs.

	Tonnen Palmkerne	Wert in Franken
1895	13 449	2,959 Millionen
1896	19 671	4,721 „
1897	10 955	2,520 „
1898	12 972	3,243 „
1899	7 768	2,020 „
1900	8 295	2,074 „
1901	8 894	2,224 „
1902	8 561	2,226 „
1903	5 607	1,402 „
1904	8 539	2,135 „
1905 . . .	4 626	1,203 „

Marseille allein führte in der gleichen Zeitperiode ein:

1896	19 489	Tonnen	Palmkerne
1897	13 313	„	„
1898	10 429	„	„
1899	8 940	„	„
1900	7 981	„	„
1901	11 872	„	„
1902	5 843	„	„
1903	5 513	„	„
1904	7 717	„	„
1905	3 552	„	„

---

[1]) Die Statistik faßt Obst und Palmkerne zusammen.

Die Größe der englischen Palmkernölindustrie wird durch die nachstehenden Importziffern des Rohmaterials illustriert. England bezog:

		Tonnen Palmkerne
1900	. . . .	56 668[1])
1901	. . . .	50 090
1902	. . . .	57 984
1903	. . . .	63 138
1904	. . . .	59 380

Der Handel mit Palmkernöl, der zwischen den einzelnen Industriestaaten
stattfindet, läßt sich ziffernmäßig nicht ausdrücken, weil Palmkernöl gewöhnlich mit Kokos- und Palmöl unter ein und derselben statistischen Nummer
verzeichnet erscheint.

Kokosöl.

Kokosnußöl. — Kokusöl. — Cocosöl. — Kokosfett. — Kokosbutter. — Huile de Coco. — Beurre de Coco. — Cocoanut Oil. —
Olio di coco. — Klapper olie (Holland). — Oleum Cocois.

Herkunft.

Das Kokosöl entstammt den Samen der Kokospalme (Cocos nucifera L.). Das Rohprodukt der Kokosölgewinnung ist das getrocknete Kernfleisch der Kokosfrüchte, das unter dem Handelsnamen „Koprah" bekannt
ist, vielfach aber auch fälschlicherweise Koprahschalen, Kokosschalen usw.
genannt wird.

Ein Teil des käuflichen Kokosöles soll auch von der in Brasilien
heimischen Palme Cocos butyracea L. = Elaetis butyracea Kunth.
stammen[2]).

Geschichte.

Über die Geschichte des Kokosöles und der Kokospalme in deren Heimatslanden ist nur wenig bekannt geworden. Daß die Kokospalme in Asien schon
vor 3—4000 Jahren geschätzt wurde, beweisen einige Sanskritnamen, die
sich zum Teil auch in der neueren Sprache Indiens wieder finden[3]). Das

---

[1]) Die betreffende statistische Position heißt „Nüsse und Kerne zur Ölbereitung"; die oben angeführten Mengen schließen also auch die eingeführte
Koprah, Erdnüsse usw. in sich.

[2]) Das von Niederstadt untersuchte Fett von Cocos acrocomoides bietet
kein besonderes Interesse und ist ohne jede wirtschaftliche Bedeutung. (Berichte
d. deutsch. chem. Gesellsch., 1902, S. 144.)

[3]) Am bekanntesten sind die Sanskritnamen: Nari-kela, nari-kera, nari-
keli, langalin und nari kaylum tangadra.

In den anderen exotischen Ländern, wo man die Kokospalme kennt, sind
(nach Watt und Marshall) die nachstehenden Bezeichnungen gebräuchlich:

Hindustan: Narel, náriyal, náriel, nariyel, náriyel-ka-pá.

Bengalen: Narikel, náriyal, dáb, nárakel.

historische, über Ceylon handelnde Singhalesenbuch „Maháwansa" bringt verhältnismäßig wenig Daten über das Kokosöl und seine Stammpflanze. Nach einer im Volke fortlebenden Sage soll ein an Aussatz erkrankter König Ceylons namens Kusta-Rája sich durch Baden (seabatting) in Kokosöl geheilt haben. Nach einer anderen Version hat der König Aggrabodhi I. ungefähr um das Jahr 589 n. Chr. die erste Kokosplantage anlegen lassen, welche zwischen Dondra und Weligama gelegen sein soll. Eine Statue auf einem Felsen in der Nähe von Weligama Vihara erinnert an diese für das Land so fruchtbringende Tat dieses Königs.

Auf den Sandwichinseln kannte man die Kokospalme schon in vorchristlicher Zeit. Die Früchte durften aber nur von Männern gegessen werden, während den Weibern ihr Berühren bei dem Zorne der Götter verboten war. Als aber ein Häuptlingsweib dieses Verbot übertreten hatte, ohne die Strafe der Götter zu erfahren, verschaffte es ihrem Geschlechte das Recht, ebenfalls Kokosfrüchte genießen zu dürfen.

In Amerika war die Kokospalme zur Zeit seiner Entdeckung unbekannt, und die Anpflanzungen in diesem Erdteile scheinen erst im Laufe der folgenden Jahrhunderte erfolgt zu sein.

Die erste ausführliche Beschreibung der Kokospalme verdanken wir Theophrast.

Marco Polo nennt sie in seinen Werken „die Palme mit indischen Nüssen". Rumph und Thunberg heißen sie Kulapa oder Calapa, woraus sich später wohl der holländische Ausdruck Klapperbaum gebildet haben mag. Der Name Kokos ist erst nach Magelhaens' Fahrten

---

Guj.: Nariel, náriyéla, náriera, naliyer, náryal, jhadá.

Bombay: Maar, naril, mahad, narel, naral-cha-jhádá, mar, naural.

Mar.: Narela, nárula, narálmád, mád, máda, máhad, nárala, nárel, náráli-cha-jháda, naral, mar, tenginmar.

Dukan: Nárél-ka-jhár, nárcl.

Tamulien: Tenna, tenngr, tennan chedi, tenna-maram, tengáy, taynga.

Telinga: Nari kadam, ten-káia, kabbari, goburri-koya, ten-kaya, kobri, chullu, kobbari chettu, ten-káya-chettu, erra-bondala, gujju-narekadam.

Kan.: Thenpinna, kinghenna, tengina, tenginá-gidá, tenginá-káyi, tengina chippu, tenginay amne, tenginararu.

Malaien: Tenga, ténn-maram, tenna, nur, kalapa, nyor, kalambir.

Mysore: Nur.

Arabien: Jowrhind, Jadhirdah, shajratun-nárjil, shajratul-jouze-hindi, nárjil, jouze-hindi.

Persien: Darakhte-nárgil, darakte-bándinj, nárgil badinj (narjible in Ainslie).

Sing.: Pol, pol-gass, pol-gahá, pol-nawasi, tambili.

Burm.: Ong, ung, ungbin, on, onsi, onti, ondi.

Java: Kalapa.

Mexiko: Cagolli.

China: Yai tu.

Cochinchina: Cay Dua.

Brasilien: Masogua Inaiguaruiba.

bekannt geworden, und zwar wird er von Coccus = Beere oder Kern hergeleitet.

Eine interessante Erklärung über die Herkunft des Namens Kokos geben auch Garcias und Klöden, welche meinen, daß dieses Wort von dem portugiesischen Koquo abgeleitet sei. Koquo nennen die Portugiesen die Frucht deshalb, weil sie Löcher besitzt, welche den Augen und der Nase einer Meerkatze (macoco oder coquin) entsprechen [1]).

Die Gewinnung des Öles aus den Samenkernen der Kokosfrüchte dürfte in den Heimatslanden der Kokospalme schon seit undenklichen Zeiten geübt worden sein, weil die Ausbringung des Kokosöles bei dem Ölreichtum der Kerne ziemlich leicht ist.

Das Zerschneiden und Trocknen der Fruchtkerne zwecks leichteren Transportes, größerer Haltbarkeit und besserer Ölausbringung wurde zuerst von den Franzosen in Ostafrika versucht und später von einem Hamburger Importeur namens Godefroy auf den Südseeinseln eingeführt.

Im Jahre 1842 erscheint das erste englische Patent[2]) zur fabrikmäßigen Herstellung von Kokosöl[3]). Das Verdienst, die Kokosproduktion auf Ceylon aus der ursprünglich primitiven Form auf eine fabrikmäßige Stufe erhoben zu haben, gebührt dem ersten Gouverneur von Ceylon, Sir Edward Barnes[4]). Die Unzulänglichkeit der Vorrichtungen der Eingeborenen erkennend, ließ er in den 30er Jahren des vorigen Jahrhunderts eine kleine Dampfmaschine nach Ceylon kommen und entsprechende Zerkleinerungsmaschinen bauen. Die Versuche hatten Erfolg und im Jahre 1834 wurde die kleine Fabrikanlage zur Herstellung von Kokosöl von einem englischen Handelshause übernommen. Nach wenigen Jahren schon erhielt der Kokosölexport einen starken Impuls durch die Verwendung dieses neuen Fettes in der Belmonter Kerzenfabrik (die heutige „Price Patent Candle Company"), welche Unternehmung binnen kurzem auch eine eigene Kokosölfabrik in Hulftsdorp errichtete[5]). Trotzdem auf Ceylon heute einige modern eingerichtete, in großem Stile arbeitende Kokosöl-

---

[1]) Zippel-Thomé, Ausländische Kulturpflanzen, Braunschweig 1896, 2. Abschnitt, S. 12.

[2]) Engl. Patent Nr. 9230 v. 19. Jan. 1842 von William Tindall.

[2]) Repertory of Arts, Bd. 2, S. 165; London Journals (Newtons), Bd. 24, S. 196.

[4]) Nach einer anderen Version hat der Gouverneur R. Wilmot Horton die erste Dampfölmühle auf Ceylon errichtet und auch die erste Ladung Kokosöl nach London geschickt. Die Ölfabrik soll dann sehr bald in den Besitz von Acland, Boyd & Co. übergegangen sein, und Rudel wurde deren Betriebsleiter (1835). Einige Jahre später baute die Firma Wilson & Archer die sogenannte Bellmontmühle. — Die erste Ladung Kokosöl soll übrigens schon 1820 durch Kapitän Boyd nach England gekommen sein, denselben, der später in Gemeinschaft seines Verwandten Acland die erste Ölmühle erwarb.

[5]) Manuel et Catalogue officiel de la section de Ceylon (L'exposition de Paris, 1900), S. 90. Siehe auch den Bericht des Verfassers: „Die Pariser Weltausstellung 1900" in Seifensiederztg., Augsburg 1900, S. 303.

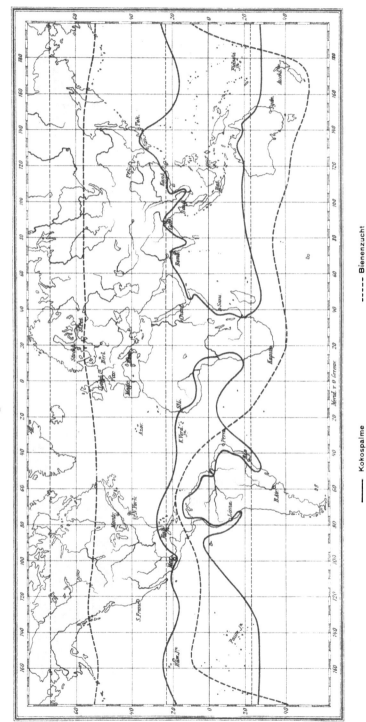

fabriken zu finden sind, hat sich doch die Mehrzahl der kleinen, von den Eingeborenen betriebenen Ölquetschen bis auf den heutigen Tag erhalten; man zählt deren auf Ceylon noch immer nahe an tausend.

Heimat, Verbreitung und Nutzen der Kokospalme.

Als die Heimat der Kokospalme (Cocos nucifera L.) wird von den meisten Forschern Südasien angenommen. Gegen diese Annahme spricht allerdings das alleinige Vorkommen einiger Varietäten dieser Art und die von einigen Botanikern aufgestellte Hypothese, wonach die Kokospalme südamerikanischen Ursprungs sein soll, erhält dadurch eine Stütze[1]. **Heimat.**

Die Kokospalme gedeiht an allen zwischen den Wendekreisen gelegenen Küstenstrichen; über die Wendekreise hinaus, wie z. B. auf den Sandwichinseln, verliert sie an Ergiebigkeit und Schönheit, während sie in der Äquatorialzone selbst auf Höhen bis zu 1100 m gut fortkommt. Das Verbreitungsgebiet der Kokospalme ist aus Tafel XV[2]) ersichtlich. **Verbreitungs-gebiet.**

Am ausgedehntesten wird die Kultur der Kokospalme, die zu ihrem Gedeihen des Seewindes bedarf und mit ihren Wurzeln dem Salzwasser zustrebt, in Ostindien und auf Ceylon betrieben. Üppige Kokoswälder finden sich auch auf den Sundainseln, den Philippinen, Carolinen, Marianen und Laccadiven. In Asien gedeiht die Kokospalme westlich von Indien nicht, ebenso ist der Westen Amerikas mit Kokospalmen nur spärlich bedacht.

Die zahlreichen Abarten der eigentlichen Kokospalme sind noch nicht näher beschrieben worden; nur die auf Java vorkommenden Varietäten wurden von Tschirch[3]) studiert, nach dessen Mitteilungen man auf Java unterscheidet:

Kalapa babi	= Cocos nucifera var.		pumila,
„ bali	„ „	„	macrocarpa et maxima,
„ besar	„ „	„	macrocarpa,
„ bohu	„ „	„	pachyphyllos,
„ burrum	„ „	„	rubescens,
„ gading	„ „	„	eburnea,
„ „ hiedju	= Cocos nucifera var.		viridis,
„ „ kuning	„ „	„	alba,

---

[1]) Martius, Historia naturalis palmarum, Leipzig 1831—1850, Bd. 2, S. 113; Miguel, Flora von Nederl. Indie, Bd. 3, S. 65; Brandis, The Forest Flora of North, West and Central India, London 1874; Engler-Prantl, Pflanzenfamilien, Bd. 2, S. 81; Finsch, Über Naturprodukte der westlichen Südsee, Berlin 1887, Kolonialverein, S. 3 u. ff.; Warburg, Die aus den deutschen Kolonien exportierten Produkte und deren Verwendung in der Industrie, Berlin 1891, S. 17.

[2]) Vgl. A. Scobel, Handelsatlas zur Verkehrs- und Wirtschaftsgeographie, Leipzig 1902, S. 9.

[3]) Tschirch, Indische Nutz- und Heilpflanzen, Berlin 1900, S. 87.

Kalapa	gindja	=	Cocos	nucifera	var.	microcarpa,
„	hiedju		„	„	„	viridis,
„	ketapang		„	„	„	cistiformis,
„	lausa		„	„	„	lanciformis,
„	manies		„	„	„	saccharina,
„	merah		„	„	„	regia,
„	parang		„	„	„	machaeroides,
„	pinang		„	„	„	pinang,
„	puju		„	„	„	pumila,
„	putih		„	„	„	alba,
„	radja		„	„	„	regia,
„	radja besar		„	„	„	pretiosa,
„	sikat		„	„	„	stupposa,
„	tawar		„	„	„	fragilis,
„	tebu		„	„	„	saccharina,
„	tenja		„	„	„	pumila,
„	tjotjok		„	„	„	machaeroides.

Bei einigen anderen Spielarten (z. B. bei Kalapa susu, Kalapa puan, Kalapa bubur, Kalapa legi, Kalapa sriwulan, Kalapa aren, Kalapa bohol) läßt sich nicht genau sagen, ob es sich hier um wirkliche Varietäten handle.

Es gibt kaum eine andere Pflanze, welche so vielfachen Nutzen gewährt wie die Kokospflanze. Von den jungen Schossen der Wipfel angefangen bis zum Holze der absterbenden Bäume wird jeder Teil der Pflanze auf die verschiedenartigste Weise verwertet, und ein singhalesisches Sprichwort sagt daher nicht mit Unrecht, die Kokospalme diene bereits 99 Zwecken, und auch den hundertsten werde man noch finden.

Nutzen der Kokospalme.

Auf den vielseitigen Nutzen der Kokospalme kann hier nur ganz kurz eingegangen werden und sei mit wenigen Worten angedeutet, welcher Art die Verwertung der einzelnen Pflanzenteile ist.

Aus dem sogenannten „Palmherz", das sind die jungen Schosse der Gipfelknospen, macht man eine wohlschmeckende Speise, Palmkohl oder Palmhirn genannt; auch gewinnt man aus ihm durch Ritzen oder Abschneiden einen Saft, der vergoren den Toddy- oder Surrisaft gibt[1]). Dieser Palmwein schmeckt in frischem Zustande säuerlichsüß und bildet ein angenehm kühlendes Getränk, das jedoch sehr bald der sauren Gärung verfällt. Um diese Gärung zu vermeiden, wird der Toddy vielfach destilliert und gibt dann eine Art Arrak, der berauschend wirkt. Eingekocht gibt der frische Surrisaft den Palmzucker, das sind runde,

---

[1]) Für Toddy sind noch die folgenden Namen gebräuchlich: Nareli (Hindostan); Tenga kallu, tennan kallu (Tamulien); Nargilie nargilli (Arabien); Tariye-nergil (Persien).

braune Kuchen, die man Jaggery (sprich „Dschagori" — aus dem Sanskrit
abgeleitet, in welcher Sprache sackara Zucker bedeutet) nennt. Läßt man
den Toddy die saure Gärung, die sich beim Lagern bald einstellt, durchmachen, so erhält man eine Art Essig.

Die in den unreifen Nüssen enthaltene Milch liefert ein angenehm
kühlendes Getränk, die „Kokosmilch". Durch ihr Vergären und Destillieren kann auch ein stark alkoholhaltiger Branntwein gewonnen werden,
der dem aus Toddy gewonnenen Arrak ähnlich ist.

Von den reifen Nüssen werden vor allem die dichten Schichten von
Kokosfasern verwertet, welche die eigentliche Kokosnuß umgeben. Diese
Fasern kommen unter dem Namen „Coir" oder „Koir" auf den euro-
päischen und nordamerikanischen Markt, nachdem man sie vorher durch
ein lang andauerndes Einweichen in Wasser, nachheriges Trocknen, Rösten
und Hecheln vollständig freigelegt hat. Koir besteht der Hauptsache nach
aus Bastzellen, ist von braunrötlicher Farbe und nach Grothe die leichteste
Pflanzenfaser, die wir besitzen. Ihre Verwendung zu Teppichen, Matten,
Fußdecken, Bürsten, Besen ist bekannt, weniger die zur Herstellung von
Maschinentreibriemen.

Die harte Samenschale der Kokosnuß, welche häufig mit der Koprah
verwechselt wird, läßt sich gut zu Knöpfen, Flaschen, Trinkgeschirren usw.
verarbeiten, da sie auf der Drehbank eine schöne Politur annimmt. In
England soll die Kokosschale durch Wasserdämpfe aufgeschlossen und dadurch in Fasern zerlegt werden, die wie Koir verwertet werden können.

Die frischen Blätter der Kokospalme dienen zur Bedachung von
Hütten, als Schirme zum Schutze gegen die sengenden Sonnenstrahlen,
zur Herstellung aller Art von Flechtwerk und als Futter für Elefanten;
auch gelten Kokosblätter als Friedens- und Freundschaftszeichen. Die
trockenen Blätter verwendet man als Fackeln, als Vorhänge, zum Flechten
von Mänteln u. ä. Die Blattrippen und Blattfasern geben verflochten
Stricke, Taue und ähnliche nützliche Dinge. Das feine Netzwerk am
Grunde der Blattstiele wird als Filtermaterial für das Kokosöl und den
Palmsaft (Toddy) verwendet, wie man daraus auch wasserdichte Kleidungs-
stücke verfertigt. Das Material wird übrigens auch unter dem Namen
„Roya" in den Handel gebracht und genau so wie Koir verwendet.

Die Rinde der Kokospalme dient als Gerbmaterial; man gewinnt
aus ihr auch das Kokosgummi, das sich durch einen überaus großen
Gehalt an Bassorin[1]) auszeichnet. Auf Tahiti wird das Kokosgummi von
den Eingeborenen auch zum Einschmieren der Haare verwendet.

Das Holz der Kokospalme eignet sich vorzüglich zu Kunsttischler-
arbeiten und führt im Handel den Namen „Porkubinenholz". Zum Abholzen

---

[1]) Ein in kaltem Wasser unlöslicher, in heißem Wasser aufquellender
Körper der Formel $C_6H_{10}O_5$ oder $C_{12}H_{20}O_{10}$, der einen Bestandteil vieler Gummi-
arten bildet.

einer Kokospalme entschließt man sich aber erst nach dem Absterben des Baumes[1]).

Von Schädlingen der Kokospalme sind hauptsächlich zwei Käferarten zu nennen, deren erste zu den Rüsselkäfern (Curculionidae) gehört, während die zweite zu den Riesenkäfern (Dynastidae) zählt. Der Rüsselkäfer (Palmenbohrer genannt) erscheint in einer Reihe von Arten, die nach Sajó als Riesenausgaben unseres kleinen schwarzen Kornwurmes (Calandra granaria) aufzufassen sind. Von den Dynastiden, die die Kokospalme heimsuchen, gibt es ebenfalls mehrere Arten; sie ähneln unseren Nashornkäfern[2]).

Auch Ratten und andere Säugetierarten fügen den Kokosplantagen vielfach Schaden zu.

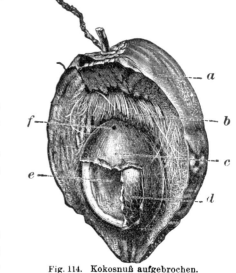

Fig. 114. Kokosnuß aufgebrochen.
(Nach A. L. Wilton.)
a = Oberhaut (Epikarp), b = Faserschicht (Mesokarp), c = Steinschale (Endokarp)
d = Samenschale, e = Nährgewebe,
f = Keimloch.

Rohprodukt.

Kokosfrucht.

Die Frucht der Kokospalme (trockene Steinfrucht) ist 22 bis 30 cm lang und hat einen Durchmesser von 18 bis 25 cm. Von diesen einige Pfund schweren, eiförmigen, mitunter fast kugeligen Früchten hängen 10 bis 30 Stück an einem Fruchtstande. Den Bau der Kokosfrucht, über welchen vielfach falsche Vorstellungen verbreitet sind, zeigt Fig. 114[3]).

Unter der glatten, dünnen, grauen oder strohgelben bis braunen Oberhaut (Epikarp) liegt eine 3—4 cm dicke Faserschicht (Mesokarp), welche die Koirfasern liefert. Diese Faserschicht ist mit der darunter liegenden 2—6 mm dicken Steinschale (Endokarp) etwas verwachsen. Letztere, die zu verschiedenen Drechslerwaren verarbeitet wird, zeigt an der Innenwand eine blaßgelbe Färbung und umschließt den eigent-

---

[1]) Nach Zippel-Thomé, Ausländische Kulturpflanzen, Braunschweig 1896, 3. Abtlg., S. 9.

[2]) Als Kuriosum sei erwähnt, daß die fetten Larven der palmenfeindlichen Käfer in vielen Gegenden in gebratenem Zustande als Leckerbissen gelten und selbst von Europäern nicht verschmäht werden.

[3]) Moeller, Mikroskopie d. Nahrungs- u. Genußm., 2. Aufl., Berlin 1905, S. 477.

lichen Samen, dessen sehr dünne, licht- bis rötlichbraune Samenschale
oder Samenhaut mit einem dichten, vertieften Adernetz versehen ist, worin
die Gefäßbündel oder deren Teile liegen. Der Abdruck dieses Adernetzes
und die ergänzenden Teile der Gefäßbündel finden sich an der Innenseite
der Steinschale wieder, die erst zur Zeit der vollkommenen Reife von der
Samenschale sich abtrennt. Der von der Steinschale gelöste Same ist von
kugeliger Gestalt und hat ungefähr 10—12 cm im Durchmesser. Er ist
innen hohl; in dem Hohlraume befindet sich in unreifem Zustande eine
säuerlichsüße Flüssigkeit (Kokosmilch), welche sich während der Reifezeit allmählich zu einem weißen Nährgewebe (Kernfleisch) verdichtet.
Letzteres erreicht eine Dicke von 1—2 cm und ist von schneeweißer Farbe
und mandelartiger Konsistenz.

Eine Frucht von mittlerer Größe wiegt ungefähr $1\frac{1}{2}$ kg und besteht aus:

Oberhaut und Faserschicht	635 g
Steinschale	161
Kernfleisch mit Samenhaut	444
Kokosmilch	260
Zusammen	1500 g

v. Ollech[1]) und v. Bachofen[2]) untersuchten das prozentuale Gewichtsverhältnis der Bestandteile der Kokosfrucht und fanden:

	v. Ollech	v. Bachofen
Oberhaut und Faserschicht	30,45 %	57,29 %
Steinschale	19,59	11,59
Kernfleisch und Samenschale	37,78	18,54
Kokosmilch	12,18	12,58
	100,00 %	100,00 %

v. Ollech hatte eine importierte Nuß von 1,133 kg Gewicht, v. Bachofen eine frische Colombonuß von 2,140 kg Gewicht vorliegen.

Über die Zusammensetzung der einzelnen Teile der Kokosfrucht hat
zuerst Brandes[3]) einiges veröffentlicht. Uns interessiert hauptsächlich der
eigentliche Same, über dessen Teile (Samenschale, Kokosmilch bzw. Kernfleisch) folgendes zu bemerken ist:

Die Samenschale enthält nach den Befunden von Brandes:

Farbstoffe	4,00 %
Harze	3,75
Cerin und Myricin	1,00
Extraktivstoffe	8,00
Salze	5,00
Faser, Wasser, gummiartige Extraktivstoffe	78,25
	100,00 %.

Zusammen
setzung
der Samen
schale.

[1]) v. Ollech, die Rückstände der Ölfabrikation, Leipzig 1884, S. 57.
[2]) Chem. Ztg., 1900, S. 16.
[3]) Achte Versammlung d. Naturforscher u. Ärzte, Heidelberg 1829, S. 655—659.

Zusammen-
setzung
der Kokos-
milch,
Die Kokosmilch ist je nach dem Reifezustande der Samen verschieden zusammengesetzt. Nach Paul Madinier[1]) ergab Milch aus reifen
und unreifen Nüssen:

	Milch aus jungen Nüssen	Milch aus reifen Nüssen
Wasser	97,62 %	97,47 %
Rohprotein	—	0,16
Zucker	1,40	1,64
Harzstoffe	0,47	0,26
Phosphorsaures Kali	0,05	0,06
Kochsalz	0,09	0,10
Kalium- und Kalkazetat	0,31	0,08
Pektinsäure	—	0,16
Essigsäure	0,96	—

Neuere Untersuchungen lieferten von diesen Ziffern etwas abweichende
Resultate:

	Milch aus jungen Nüssen[2])	Milch aus reifen Nüssen[3])
Wasser	91,37 %	95,00 %
Rohprotein	0,376	0,133
Fett	0,108	0,120
Glukose	Spur	0,397
Rohzucker	4,42	Spur
Asche	1,125	0,626

des Samen-
fleisches.
Das Samenfleisch enthält in frischem Zustande große Mengen
Feuchtigkeit und zeigt nach Lépine folgende Zusammensetzung:

	Unreife Nüsse	Reife Nüsse
Wasser	90,34 %	53,08 %
Albumin	1,46	0,30
Zucker	1,00	0,48
Harzstoffe	0,33	0,71
Fett	2,31	30,00
Rohfaser	4,40	14,41
Kalkphosphat	6,01 ⎫	
Natriumchlorid	0,11 ⎭	1,10
Pektin	0,04	—

---

[1]) Annales de l'Agriculture des Colonies, Nr. 7, 15. April 1861.
[2]) Fr. Hammerbacher, Landw. Versuchsstationen, 1875, Bd. 18, S. 472 (Mittel
aus 2 Analysen).
[3]) L. van Slyke, Chem. Centralbl., 1891, S. 595 (Mittel aus 6 Analysen).
Siehe auch die jüngsten Analysen von A. Behre über die Milch aus Ceylon-
Kokosnüssen. (Pharm. Zentralhalle, 1906, S. 1045.)

Neuere Analysen frischer Kokosnüsse lauten auf einen geringeren Wassergehalt[1]).

Das für die Ölgewinnung in Betracht kommende Kernfleisch (fälschlich auch Kokosschale oder Koprahschale genannt) würde in seiner ursprünglichen Beschaffenheit wegen des hohen Wassergehaltes sehr leicht verderben (verschimmeln), wie andererseits die Feuchtigkeit auch die Transportkosten unnötig erhöhen würde. Man hat daher das zuerst in Ostafrika von den Franzosen versuchte, dann von der Hamburger Firma C. Godefroy auf den Südseeinseln eingeführte Trocknen des Kernfleisches vorgenommen und nennt das in mehrere Stücke zerteilte, getrocknete Endosperm im Handel Koprah, Coprah oder Copperah[2]). *(Trocknen des Samenfleisches.)*

Die Anzahl der Nüsse, welche zur Herstellung einer bestimmten Quantität handelsüblicher Koprah notwendig sind, wird sehr verschieden angegeben, was ja auch bei der wechselnden Größe der Nüsse und dem ungleichen Trockengrade der Koprah erklärlich ist. Das Richtige dürfte wohl die Annahme der Handelskammer von Colombo treffen, welche auf 1 cwt. (50,8 kg) Koprah 250 Nüsse rechnet.

In Ländern mit trockenem Klima wird das Austrocknen des Kernfleisches der Kokosnüsse, also die Herstellung von Koprah, durch Sonnentrocknung erreicht.

Man spaltet die reifen Nüsse mit einem Axthieb in zwei Hälften, sticht den von der harten Steinschale befreiten Samenkern mittels eines großen Messers in nicht zu kleine Stücke und läßt diese an der Sonne trocknen. Bei gutem Wetter genügen hierfür drei Tage. Größere Stationen besitzen Einrichtungen, um die Ware bei kommendem Regenwetter vor dem Naßwerden zu schützen. Solche gedeckte Trockenräume bestehen aus mehreren übereinanderliegenden verschiebbaren Hürden, die bei Sonnenschein auseinandergezogen, bei Regenwetter zusammengeschoben werden.

Dort, wo die Witterungsverhältnisse eine Trocknung an der Sonne nicht gestatten, nimmt man zum künstlichen Trocknen Zuflucht, sei es durch einen Räucherungsprozeß unter freiem Himmel (auf einer Art Rost aus Bambusstäben auf den Philippinen) oder in geschlossenen Hütten (auf einigen Inseln Polynesiens), sei es durch Trocknung in geschlossenen Gefäßen mittels warmer Luftströme, wie dies bei Kaffee, Tee usw. stattfindet.

Während die durch Räucherung getrocknete Koprah qualitativ minderwertig ist, läßt sich durch vorsichtiges Handhaben der künstlichen

---

[1]) F. Hammerbacher (Landw. Versuchsstationen, 1875, Bd. 18, S. 472) fand 46,64 % Wasser bei 35,93 % Fettgehalt, M. Greshoff, J. Sack und J. J. van Eck (Analysen des Kolonialmuseums zu Haarlem) fanden 43,20 % Wasser bei 43,20 % Fett. In beiden Fällen dürften aber kaum vollkommen frische Kokosnüsse zur Untersuchung gekommen sein.

[2]) Für Koprah sind auch noch die folgenden Namen üblich: Khóprá (Hind.): Khópru (Guj.); Khóprá, khópré-ki-batti (Dek.); Kobbarait-téngáy (Tam.); Kobbera, kobbera-ténkayá (Tel.); Kóppara (Mal.); Kobari (Kon.).

Trockenvorrichtungen (Heißluft- oder Dampfheizung unter eventueller Zuhilfenahme des Vakuums) ganz vorzügliche Ware erzeugen[1]).

Welch hochwertige Qualitäten von Koprah man durch geeignete Trockenvorrichtungen erzielen könnte, zeigt das unter dem Namen „dessicated copra" im letzten Jahrzehnte auf den Markt kommende Produkt, das einen vortrefflichen Ersatz für Mandeln und Nüsse in Konditoreien bildet[2]).

Die jetzt gebräuchlichen Trocknungsverfahren lassen indes noch viel zu wünschen übrig, und es wäre an der Zeit, daß man die Kokosplantagenbesitzer von maßgebender Seite aus über die bedeutenden Vorteile einer rationellen Kokosnußaufarbeitung unterrichtete.

Kokosspaltmaschinen.

Auch hinsichtlich der Zerkleinerung der ganzen Nüsse ließe sich manches verbessern. Ein Schritt nach vorwärts ist durch die Konstruktion von mechanischen Kokosnußspaltmaschinen bereits geschehen.

Diese in Fig. 115 abgebildete, von Fr. Haake in Berlin erfundene Maschine besteht im wesentlichen aus drei beilartigen, in zentralen Richtungen auf- und abschwingenden Messern, deren Schneiden in der unteren Endstellung zusammentreffen, während sie in jeder anderen Stellung in einer mit der Spitze nach abwärts ge-

Fig. 115. Kokosnußspaltmaschine.

richteten Trichterfläche liegen. Wird in dieser Messerlage eine Kokosfrucht zwischen die Messer gebracht und werden hierauf durch Niederdrücken des Handhebels die Messer zusammengezogen, so wird die Frucht in der gewünschten Weise zerteilt.

Zwei Arbeiter vermögen mit dieser Maschine stündlich 600 Kokosfrüchte zu spalten.

---

[1]) In letzter Zeit wird das Evaporator-System „Ryder" sehr empfohlen. (Journ. d'agriculture tropicale, Paris 1906, S. 62.)

[2]) Dessicated copra, geraspelte Kokosnuß, coprah desséchée wird so hergestellt, daß man frischreife Kokosnüsse vorsichtig öffnet, die unmittelbar auf dem Samenkerne liegende dünne braune Samenhaut abschabt, das rein weiße Kernfleisch auf Schneidemaschinen in ungefähr linsengroße Stückchen zerteilt und diese in besonderen Trockenapparaten vollständig entwässert, wobei mitunter wohl auch eine Bestreuung mit Zucker vorgenommen wird.

Je nachdem das Trocknen durch Sonnenwärme oder über direktem Feuer erfolgte, spricht man von sonnengetrockneter Koprah (copra sundried) oder von feuergetrockneter (copra not sundried). Während erstere angenehm riecht und an der Bruchfläche fast schneeweiß ist, zeigt die letztere Sorte einen verschieden starken brenzlichen Geruch und eine gelbe bis bräunliche Bruchfläche. Sonnengetrocknete Koprah gibt ein fast wasserhelles, angenehm riechendes Öl, die feuergetrocknete liefert ein gelbliches Öl mit einem eigenartigen, an Rauch erinnernden Geruch. Der Qualitätsunterschied drückt sich in einer beträchtlichen Preisdifferenz aus.

Nicht gut ausgetrocknete Koprah ist dem Verderben (Schimmelbildung) stark ausgesetzt und schon dieser eine Grund sollte genügen, um dem Trockenprozesse vollste Aufmerksamkeit zu schenken. Herbert und Walker[1] haben gefunden, daß Koprah mit einem Wassergehalte von 4,76 % keinen Boden für Pilzkulturen abgibt, daß dagegen Ware mit größerer Feuchtigkeit äußerst leicht schimmelt, wobei eine teilweise Spaltung des in der Koprah enthaltenen Fettes eintritt. Zur Erzielung erstklassiger Ware ist aber nicht nur eine vorsichtige Trocknung Voraussetzung, sondern auch das vollständige Ausgereiftsein der Kokosnüsse notwendig.

Ungenügend getrocknete Ware verliert auf der Reise oft bis zu 7 % an Gewicht (Wasserverlust, Davillé). Übrigens wird der oft beobachtete Gewichtsverlust der Koprah auch durch Bespritzen der gut getrockneten Ware mit Seewasser hervorgerufen, ein Verfahren, das gewissenlose Händler bisweilen anwenden sollen, um eine Gewichtserhöhung herbeizuführen.

Die Eingeborenen von Polynesien üben solche Betrügereien und Verfälschungen bei Verkäufen von Koprah in Säcken (Beifügung von Steinen, Erde usw. zwecks Vermehrung des Gewichtes), so daß die Käufer den Beschluß faßten, Koprah nur direkt von der Brücke des Ernteschiffes in Haufen zu kaufen (Brenier).

Je nach dem Grade der Trocknung schwankt auch der Fettgehalt der Koprah. Die Koprah des Handels enthält, je nach Provenienz und Austrocknungsgrad, 60—70 % Fett. In der älteren Fachliteratur sind nur Analysen von Nallino[2], Dietrich und König[3] sowie Schädler[4] vorhanden, die Fettgehalte von 48—75 % ausweisen[5].

Zusammensetzung der Handels Koprah.

---

[1] Herbert und Walker, The keeping qualities and the causes of rancidity in cocoanut oil. (The Philippine Journ. of Science, Manila 1906, Februarheft).

[2] Berichte d. deutsch. chem. Gesellschaft, 1872, S. 731.

[3] König, Chemie der Nahrungs- und Genußmittel, 4. Aufl., Berlin 1903, Bd. 1, S. 616.

[4] Schädler, Technologie d. Fette u. Öle, 2. Aufl., Leipzig 1892, S. 840.

[5] Unreife Nüsse enthalten viel weniger Öl als völlig ausgereifte. Der Reifeprozeß setzt sich bis zu einem bestimmten Grade beim Lagern der Nüsse fort, daher nimmt auch der Ölgehalt beim Lagern etwas zu. (Herbert und S. Walker, Chem. Ztg., 1906).

Nachstehend seien vollständige Analysen einer sonnengetrockneten Ceylonware und einer Straitskoprah (feuergetrocknet) wiedergegeben:

	Ceylonkoprah sundried	Straitskoprah not sundried
Wasser	3,88	3,52
Rohprotein	7,81	7,90
Rohfett	66,26	64,99
Stickstoffreie Extraktstoffe	13,63	14,82
Rohfaser	5,91	5,92
Asche	2,51	2,85

Die Asche der Koprah setzt sich nach Schädler wie folgt zusammen:

Kali	40,23 %
Natron	3,14
Magnesia	2,80
Kalk	5,00
Eisen	3,60
Chlor	14,32
Schwefelsäure	2,50
Kieselsäure	4,11
Phosphorsäure	24,30
	100,00 %

Gewinnung.

Gewinnungsweise. Große Mengen von Koprah werden in den Produktionsländern direkt auf Öl verarbeitet. Von den Vorrichtungen, deren man sich dabei bedient, ist die unter dem Namen „Chekku"[1]) bekannte die weitaus verbreitetste. Fig. 116 zeigt diese Presse oder richtiger gesagt Mahlvorrichtung, die schon seinerzeit von Wüttich als Samarkandpresse beschrieben wurde[2]).

Die Vorrichtung besteht aus 4 Hauptteilen: dem Napf c, dem Reibstempel f, dem Spannbaum g und dem Gestellrahmen k. Der Napf c ist in den Baum a b eingehauen und mit einem Belage aus Buchsbaum- oder Guajakholz ausgefüttert. Der Boden des Napfes hat eine zweite Vertiefung e, die nicht ausgefüttert ist und in der sich das halbkugelförmige Ende des Reibstempels f bei der Arbeit dreht. Der Baumstamm wird in senkrechter Richtung bis zu der punktierten Linie b b in die Erde eingegraben und in dieser Lage unverrückbar befestigt. Der etwas unter 70° gegen den Horizont geneigte Reibstempel f dreht sich mit seinem oberen zugespitzten Ende in einer Art Kehle oder Pfanne des Spannbaumes g. An beiden Enden dieses Baumes werden Baststricke angebracht, die ihn mit dem Gestellrahmen in der in Fig. 116 gezeigten Weise verbinden. Der Gestellrahmen k k umschließt den Napfbaum a b vollständig, wobei auf einer Seite ein mit Steinen belastetes Brett i, auf der anderen Seite ein am vorderen Ende gekrümmtes Holz l zum Anspannen der Pferde angebracht ist. Die Maschine schließt also zugleich einen Göpel zu ihrem Betriebe in sich.

---

[1]) Vgl. Bd. I dieses Werkes, S. 244 und Rühlmann, Allgem. Maschinenlehre, 2. Aufl., Berlin 1877, 2. Bd.. S. 349.

[2]) In Indien nennt man die von Zebus (Buckelochsen) gezogenen Kokosölmühlen „Ghani".

Die in kleine Stücke geschnittene Koprah wird in den Napf c gebracht, durch die Drehung des Reibstempels f am oberen ausgefütterten Teile des Napfes g gequetscht und nach und nach an die Seitenwände immer fester angedrückt, wodurch das Öl ausgepreßt wird und sich in der Mitte des Napfes sammelt.

An den ausgefütterten Seitenwänden des Napfes legt sich die ausgepreßte Koprah allmählich steinfest an, und zwar keilförmig, so daß sie zuletzt nahe der oberen Mündung etwa 10 cm, am unteren Ende der Ausfütterung nur 0,5 cm oder noch weniger Dicke hat.

Man stellt die Vorrichtung ab, sobald bemerkt wird, daß keine Koprahteilchen mehr in dem ausgepreßten Öle schwimmen, daß sich im Napfe vielmehr eine ziemlich klare Ölschicht und eine an der Peripherie fest anhaftende Masse gebildet haben. Ist dieser Augenblick eingetreten, so löst man die Stricke des Spannbaumes g, hebt den Reibstempel f aus, entfernt das Öl mittels passend geformter Löffel und bricht schließlich die festen Rückstände von den Seitenwänden ab.

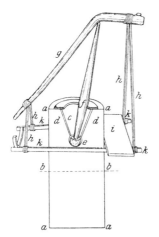 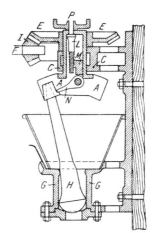

Fig. 116. Mahlvorrichtung für Koprah.   Fig. 117. Donaldsonsche Patentölmühle.

Auf den Philippinen gebraucht man zur Ausbringung des Öles aus der Koprah eine Art Keilpresse[1]).

Eine verbesserte, massivere Konstruktion des Chekku stellt die Donaldsonsche Patentölmühle dar, welche man in Indien seit einigen Jahren vielfach antrifft:

Eine Kurbel AA (Fig. 117), die eine hohle Welle besitzt, wird in dem überhängenden Lager C mittels der Konusräder E und G durch die Welle F in rotierende Bewegung gesetzt. In dem Mörser GG befindet sich das Pistill H; der Boden des Mörsers ist abnehmbar, um seine Reinigung zu ermöglichen. Die Kurbel AA ist zweiseitig und zwischen diesen beiden Seiten befindet sich ein Block, der das obere Ende des Pistills aufnimmt. Auf diesem Block ruht die Zunge N, die an dem Gleitblock M hängt. Der Druck wird erzielt, indem man diesen Gleitblock mittels der Schraube L, die durch den Handgriff P bewegt wird, niederschraubt; hierdurch wird das Pistill an das äußere Ende der Kurbel gedrückt, wie dies aus Fig. 117 ersichtbar ist. Die arbeitenden Oberflächen des Mörsers und des Pistills

---

[1]) Näheres darüber siehe Oil and Colourman's Journal, 1904, S. 332.

sind mit scharfen Rillen versehen, um eine möglichst rasche Zerkleinerung zu ermöglichen [1]).

Fabrik-
mäßige
Kokosöl-
gewinnung.
Die modernen Kokosölfabriken verarbeiten die Koprah in zweimaliger
Pressung, wobei die erste mit in linsengroße Stücke zerschnittenem, nur
schwach angewärmtem Material vorgenommen wird, während der Nachschlag fein zerkleinertes, auf 70—80° C erwärmtes Preßgut erfordert. Die
bei beiden Pressungen erhaltenen Öle weichen hinsichtlich ihrer Qualität
nur wenig voneinander ab. Das Öl erster Pressung ist zwar heller von Farbe
und enthält weniger freie Fettsäure als das Nachschlagöl, doch sind diese Differenzen hier nicht so augenfällig wie bei der Verarbeitung anderer Ölsaaten

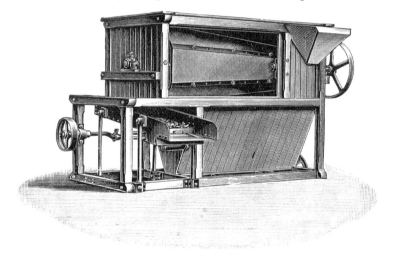

Fig. 118. Reinigungsapparat für Koprah.

Zur Erzielung guter Ölqualitäten ist eine möglichst gründliche Reinigung der Koprah Hauptbedingung. Zur Entfernung der gewöhnlich reichlich
vorhandenen erdigen Beimengungen bedient man sich einer Kombination von
Rotativ- und Schüttelsieben (Fig. 118). Ein in das Schüttelsieb ein-
gebauter Steinfänger (einfacher Trog, worin sich die spezifisch schwereren
Fremdkörper ansammeln) soll die mitunter in der Koprah enthaltenen, von
der Trockenprozedur herrührenden größeren Steine abfangen. Größere harte
Fremdkörper, wie Steine, Eisenteile usw., beschädigen sehr leicht den
Zerkleinerungsapparat; besonders die letzteren sind gefürchtet und man läßt
nicht selten die Koprah einen Magnetapparat durchlaufen, bevor man
das Material auf die Zerkleinerungsmaschinen bringt.

Die Magnetapparate mit permanenten Magneten versagen leider bei
der oft beträchtlichen Größe der in manchen Koprahpartien enthaltenen

[1]) Seifensiederztg., Augsburg, 1905, S. 361.

Eisenstücke nicht selten, weshalb Fritz Müller in Eßlingen Elektromagnete verwendet.

Diese Magnetapparate (Fig. 119) stellen einfache Rotativsiebe dar, an deren Peripherie einige Elektromagnete sitzen. Diese halten die Eisenteile fest, heben sie bei der Drehung bis zu einer gewissen Höhe, bei der der Stromzufluß automatisch unterbrochen wird, die magnetischen Eigenschaften daher aufhören und die Eisenstücke in einen passend angebrachten Trog fallen.

Fig. 119. Elektromagnetapparat.

Die zum Auspressen der Koprah verwendeten Pressen gehören fast ausschließlich in die Gruppe der geschlossenen Pressen (Kasten-, Seiher- und Trogpressen). Man baut für Koprah mit Vorliebe schwere Pressen und arbeitet mit hohem Drucke. Der Größe und Schwere der Preßseiher entsprechend verwendet man auch nicht selten 6 rädrige Seiherwagen (Fig. 120).

Das Extraktionsverfahren ist bei Kokosöl nicht in Gebrauch. Es dürfte hier kaum befriedigen, weil bei dem nicht unbeträchtlichen Gehalte des Kokosöles an flüchtigen Fettsäuren diese beim Abdestillieren der Öllösung von den Dämpfen des Lösungsmittels mitgerissen werden und sich verflüchtigen, wodurch die Ölausbeute verringert wird. Auch würden die vollständig entfetteten Rückstände nur schwer Käufer finden, da diese in den Kokosölfabrikationsrückständen besonders das darin enthaltene Kokosöl wertschätzen.

Die Raffination des Kokosöles beschränkt sich in einigen Fällen auf eine einfache Filtration (Seifenöl). Dort, wo man helle Marken wünscht, wird mit der Filtration auch ein Bleichvorgang verbunden; zum Bleichen können alle jene Prozesse verwendet werden, die in Band I, Seite 659 bis 668 beschrieben wurden[1]).

Chemische Eingriffe zur Herabsetzung des Gehaltes der Kokosöle an freien Fettsäuren (Neutralisationsverfahren) sind in Kokosölfabriken bisher nur wenig üblich, dagegen hat im Handel mit den feineren Marken von Kokosöl eine Garantie des höchstzulässigen Gehaltes an freien Fettsäuren Platz gegriffen.

Fig. 120. Sechsrädriger Seiherwagen.

Besondere Sorgfalt ist bei der Fabrikation jener Kokosöle aufzuwenden, die als Rohprodukt der Kokosbutterfabrikation dienen sollen. Bei diesem hat man insbesondere darauf zu achten, daß der Gehalt an freien Fettsäuren sich unterhalb einer gewissen Grenze halte.

Der wichtigste Faktor bei der Erzeugung gut brauchbarer Rohöle für Kokosbutterfabrikation ist unstreitig eine hochwertige, gute Koprah. Ist bei ihrem Trocknen nicht mit der möglichen Sorgfalt verfahren worden, ist sie durch zu feuchtes Einlagern von Schimmel befallen worden, hat sich bei ihr Wurmfraß eingestellt oder haben sich andere Insektenschädlinge eingenistet, so ist auf minderwertiges Öl zu rechnen.

---

[1]) In England wurde in den letzten drei Jahrzehnten eine Reihe von Verfahren zur Herstellung, Bleichung und Verbesserung von Kokosölen patentiert; doch kommt diesen Methoden — soweit sie nicht geringfügige Abänderungen allbekannter Betriebsweisen darstellen — wenig Bedeutung zu.

Der ungleiche Ausfall der Kokosöle bei der Verarbeitung verschiedener Koprahprovenienzen wird übrigens auch schon durch die mannigfaltigen Handelsbezeichnungen der Öle zum Ausdruck gebracht. Man spricht von Cochinölen als von den qualitativ höchstwertigen, von Ceylonölen als von den nächstfolgenden, von Singapore- und Straitsölen (kurzweg Koprahöle genannt) als von minder guten Produkten.

Eigenschaften.

Wie schon oben angedeutet, schwanken die verschiedenen Handelssorten von Kokosöl hinsichtlich Geschmack und Farbe beträchtlich. Gemeinsam haben alle Kokosölsorten die bei einer Temperatur von 15—20 ⁰ C zu beobachtende butterartige Konsistenz. Die aus den besseren und vorsichtig getrockneten Koprahsorten gepreßten Kokosöle sind von schneeweißer Farbe (in geschmolzenem Zustande wasserhell) und zeigen angenehmen Geruch und milden Geschmack. Die aus minderwertigem, feuergetrocknetem Rohmaterial hergestellten Kokosfette sind hell- bis bräunlichgelb, riechen unangenehm brenzlich, stechend und schmecken intensiv ranzig und kratzend. *Physikalische Eigenschaften.*

Die Dichte des Kokosöles wird bei 15 ⁰ C mit 0,9259 angegeben, den Schmelzpunkt fanden die verschiedenen Beobachter zwischen 20—28 ⁰ C liegend, den Erstarrungspunkt zwischen 14—23 ⁰ C.

Die Fettsäuren des Kokosöles, welche bei 24—27 ⁰ C schmelzen und zwischen 16—20 ⁰ C erstarren, bestehen aus Myristin-, Laurin-, Palmitin-, Stearin- und Ölsäure sowie einigen flüchtigen Fettsäuren. Unter letzteren sind zu nennen: Kapron-, Kapryl- und Kaprinsäure. Die Menge dieser flüchtigen Fettsäuren kann mit 4—10 % angenommen werden[1]. S. Blumenfeld und H. Seidel[2] erhielten durch Destillieren der Fettsäuren eines Kokosöles sogar 15,10 % flüchtiger Säuren. *Chemische Zusammensetzung.*

Die flüchtigen Fettsäuren wurden in absolutem Alkohol gelöst und in bekannter Weise mit trockenem Chlorwasserstoffgas verestert. Die gereinigten Ester zeigten einen ausgesprochenen Geruch nach Kognaköl, insbesondere der Geruch der Ester aus dem Kokosfett war von dem eines Handelskognaköles nicht zu unterscheiden.

Charakteristisch ist für das Kokosöl das Vorhandensein größerer Mengen von Glyzeriden der Myristin- und Laurinsäure. Die letztere erteilt dem Kokosöle seine typischen Eigenschaften, die in dem weiter unten beschriebenen eigentümlichen Verhalten bei der Verseifung gipfeln.

Görgey[3] nahm den Gehalt des Kokosöles an Myristinsäure sehr gering an, welche Ansicht durch die Befunde Ulzers[4] widerlegt wurde. Stearinsäure ist im Kokosöl von Lewkowitsch nachgewiesen worden, allerdings nur

---

[1] Lewkowitsch, Chem. Technologie u. Analyse d. Öle, Fette u. Wachse, Bd. 1, S. 373. — Siehe auch unter „Nachträge".
[2] Mitteilungen des technol. Gewerbemuseums Wien, 1900, S. 165.
[3] Liebigs Annalen, Bd. 66, S. 315.
[4] Chem. Revue, 1899, S. 11.

0,99 %. Demnach dürfte wohl auch etwas Palmitinsäure in dem Fette enthalten sein, wiewohl Ulzer den Gehalt dieser Säure im Kokosöl ausschließt.
Der Gehalt des Kokosöles an freien Fettsäuren schwankt zwischen
1—5 %. Das Fett ist in Alkohol ziemlich löslich; zwei Teile Alkohol
nehmen ungefähr einen Teil Kokosöl auf (60° C). Gegen die gewöhnlichen
Fettlösungsmittel verhält sich das Kokosöl wie alle anderen Fette und Öle.

Verhalten gegen Laugen. Interessant ist das Verhalten des Fettes gegen Laugen. Verdünnte
Laugen verseifen das Kokosöl nicht, dagegen greifen es starke Laugen
schon in der Kälte an. Von letzterer Erscheinung macht man in der
Seifenindustrie Gebrauch (kalt gerührte Seifen). Die Seifen des Kokosöles lassen sich durch Salzlösungen nur schwer ausfällen (aussalzen); es
bedarf dazu eines großen Überschusses an Kochsalz. Verdünnte Salzlösungen
werden von Kokosölseifen in beträchtlicher Menge aufgenommen, ohne daß die
Druckfestigkeit der betreffenden Seife dadurch sonderlich litte. Man verwertet
diese Eigenschaft des Kokosöles zur Herstellung hoch gefüllter Seifen (ge-
füllte Leimseifen).

Verwendung.

Verwertung in den Tropen. Die Verwendung des Kokosöles ist eine mannigfache. In den Tropengegenden dient das Öl zu allen erdenklichen Zwecken. Es bildet das wichtigste Speisefett vieler Küstenbewohner, wird auch als Brennöl, zum
Einsalben des Körpers und zu vielerlei anderen Dingen benutzt.

Industrielle Verwendung. In den Kulturstaaten dient das Kokosfett hauptsächlich industriellen
Zwecken (Seifenindustrie, Kerzenfabrikation usw.), doch verwendet
man es in letzter Zeit in ausgiebigster Weise zur Herstellung eines Speise-
fettes (Kokosbutter).

Seifen. Die Art der Verwendung des Fettes in der Seifenindustrie wurde
bereits oben angedeutet. Es verhält sich bei der Verseifung ähnlich, aber
doch nicht gleich dem Palmkernöle (siehe Seite 578) und dient hauptsächlich
zur Herstellung hoch gefüllter Leimseifen und sogenannter kalt gerührter
Seifen. Zur Fabrikation von Kernseifen wird es nur in beschränktem Umfange verwendet. Die Kernseife des Kokosöles ist hart und spröde und besitzt nur geringen Wassergehalt. Kokosölseifen lösen sich leicht in Wasser,
schäumen sehr leicht und ausgiebig, doch ist der Schaum nicht so haltbar
wie bei Talgseifen. Man sagt ihnen auch nach, daß sie eine empfindliche
Haut leicht angreifen, daß sie mehr als andere Seifen zum Ranzigwerden
neigen und sich daher auf Lager nicht allzulange halten. Die leichte Ver-
seifbarkeit des Kokosöles bei gewöhnlicher Temperatur, das hohe Aufnahmsvermögen dieser Seife für Wasser und Salzlösungen, die Eigenschaft, schnell
Schaum zu geben, sichern dem Kokosöl in der Seifenindustrie eine ausgiebige Verwendung. Es gehört neben dem Palmkernöl zu den meist gebrauchten Fetten der Seifensieder. (Näheres siehe Band IV.).

Kerzen. In der Kerzengießerei wird Kokosöl mitunter als Zusatzfett für
Kerzenmassen benutzt. Es mindert das Kristallisationsbestreben der Fett-

säuremischungen und erleichtert außerdem das Herausgehen der Kerzen aus den Formen. (Vergleiche Kapitel „Kerzenfabrikation" in Band III).

In dem letzten Dezennium hat die Veredlung des Kokosöles zu Speise- **Speisefett.** fett große Fortschritte gemacht. Die sogenannte **Pflanzenbutter**, die unter verschiedenen Namen (**Palmin**, **Kunerol**, **Laureol**, **Gloriol**, **Molleol**, **Ceres** usw.) auf den Markt gebracht wird, besteht aus gereinigtem und sterilisiertem Kokosfett. Die mitunter in der Fachliteratur zu findende Angabe, wonach Pflanzenbutter gereinigtes Palmkernöl darstellt, ist unrichtig.

Bei der Umwandlung des Kokosöles in Speisefett handelt es sich um zweierlei: Um die Erzielung vollständiger Geschmacklosigkeit und um das Haltbarmachen des Fettes. Dort, wo man vollständig frische Koprahnüsse zur Hand hat und wo das aus diesen gepreßte Öl sofort verwendet werden kann, läßt sich das Kokosöl ohne weiteres als Nahrungsfett verwenden. In Indien, besonders auf Ceylon, werden große Mengen des von den Eingeborenen auf primitive Weise gewonnenen Kokosöles direkt genossen. Hat man dagegen nur längere Zeit gelagertes Rohmaterial zur Verfügung oder muß man vor dem Konsum des Fettes mit einer längeren Aufbewahrung oder einem längeren Transport desselben rechnen, so empfiehlt sich das gewöhnliche Kokosöl für Speisezwecke nicht. Erst wenn man aus dem Fette mittels der in Bd. I, S. 645—655 beschriebenen Neutralisationsmethoden die freien Fettsäuren entfernt und die flüchtigen, Geruch und Geschmack gebenden Verbindungen des Fettes durch Einleiten von überhitztem Wasserdampf (vgl. Bd. I, S. 682—690) vertrieben hat, ist das Kokosöl wirklich speisefähig. Mit der letzteren Prozedur wird gleichzeitig in gewissem Sinne eine Sterilisierung des Fettes vorgenommen und seinem weiteren Verderben vorgebeugt.

Näheres über die in letzterer Zeit eine enorme Ausdehnung gewinnende Kokosbutterindustrie siehe Band III.

Kokosöl dient auch zur Herstellung des in der Parfümerie benutzten **Ätherische** Kokoinäthyläthers, wobei man nach W. Kirchmann[1]) wie folgt verfährt: **Öle.**

1 kg Kokosöl wird mit 500—600 g Natronlauge vom spezifischen Gewichte 1,38 bei 32° C verseift und der Masse **sulfoleinsaures Ammoniak** und **Äthylalkohol** zugesetzt. Sobald die Lauge mit dem Öl eine Emulsion gebildet hat und die Verseifung beginnt, tritt sofort die Bildung des Äthers ein, was man am Geruch leicht erkennt. Sowie die Bildung von Kokoinäther in der Seifenmasse beendet ist, sobald beim ferneren Zusatz von Alkohol unter gleichzeitiger Temperaturerhöhung keine Kokoinätherdämpfe mehr sich entwickeln, fügt man Wasser von 40—45° C hinzu, bis die Masse zum Destillieren dünnflüssig genug ist; man bringt sie nunmehr in einen Destillierapparat, läßt das nötige Wasser nachfließen und so lange abdestillieren, bis ein genügend stark riechendes und schmeckendes Destillat gewonnen wird. Letzteres schüttelt man jetzt mit Petroleumäther und sondert die wässerige Flüssigkeit auf dem Scheidetricher von dem Petroleumäther. Alsdann

---

[1]) D. R. P. Nr. 39 939.

verdampft man den Petroleumäther und erhält einen Kokoinäther. Dieser zeichnet sich durch einen feinen Ananas- und Reinettengeruch aus und eignet sich bei großer Ergiebigkeit zu jeder Art Parfümierung.

Rückstände.

Kokos-kuchen. Die Kokoskuchen sind von weißer bis gelbroter, ja bräunlicher Farbe, fühlen sich meist sehr trocken, leichtgriffig an und riechen in frischem Zustande angenehm haselnußartig. um bei längerem Lagern einen intensiveren, aber dabei doch nicht unangenehmen Geruch anzunehmen. Ein Ranzigwerden tritt nur spät und selten ein. Die Härte der Kokoskuchen ist ziemlich wechselnd. Sehr beliebt sind die an der Oberfläche rauhen, sehr leicht zerbrechlichen Kuchen. Die sich in der Kuchenmasse zeigenden zahlreichen braunen, schwarzbraunen, mehr oder weniger großen Pünktchen rühren von der Samenhaut her; Reste von den harten, die Koprahschalen umgebenden Steinschalen hängen nur äußerst selten an der importierten Koprah und finden sich daher auch fast nie in den Kokoskuchen vor.

Die Angabe Böhmers, daß die Koprah mitunter 5—6 % Steinschalen enthalte, muß daher als unrichtig bezeichnet werden; sollte solche Ware ausnahmsweise einmal auf den Markt gekommen sein, so kann es sich nur um einen absichtlichen Zusatz von Fremdstoffen gehandelt haben.

Die chemische Zusammensetzung der Kokoskuchen ist nach Dietrich und König im Durchschnitt die folgende:

	Mittel	Maximum	Minimum
Wasser	10,30 %	19,55 %	10,24 %
Rohprotein	19,70	29,73	20,28 (?)
Rohfett	11,00	13,04	10,63
Stickstoffreie Extraktstoffe	38,70	50,78	38,35
Rohfaser	14,40	28,30	14,30
Asche	5,90	9,45	6,20

In den Rohproteinen fand Klinkenberg 6,75 % Amidverbindungen, Ritthausen 3,2 % eines von ihm als Globulin bezeichneten Körpers und 9,9 % eines Legumins, das Chittenden als Edestin bezeichnet. Stutzer und Klinkenberg fanden in den Kokoskuchen 96,2 % des Stickstoffes als Eiweißsubstanz und nur 3,8 % als Nichteiweiß. Unter den letzteren Verbindungen ermittelte E. Schulze Cholin.

Das Fett der Kokoskuchen zersetzt sich nur ziemlich langsam; unverdorbene, frische Kokoskuchen enthalten 7—19 % freier Fettsäuren. Überschreitungen kommen selten vor; selbst stark ranzige Kuchen weisen oft keine höhere Azidität ihres Fettes auf.

Verdaulich-keit. Was die leichte Verdaulichkeit, Bekömmlichkeit und den Wohlgeschmack anbelangt, wetteifern die Kokoskuchen mit den Palmkernkuchen. Die Verdaulichkeitskoeffizienten der Nährstoffe des Kokoskuchens wurden von E. v. Wolff (für Schweine und Hammel), von G. Kühn (für Ochsen) und W. Knieriem (für Schafe und Kaninchen) experimentell wie folgt ermittelt:

	E. Wolff		Kühn	W. v. Knieriem	
	Schweine	Schafe	Ochsen	Schafe	Kaninchen
	%	%	%	%	%
Für Rohprotein	73,44	75,67	83,80	83,90	95,70
„ Rohfett	83,20	99,53	101,00	99,90	99,10
„ stickstoffreie Extraktstoffe	89,24	77,15	86,30	88,30	95,20
„ Rohfaser	68,36	61,47	73,30	100,00	89,10

Die Kokoskuchen erzielen im Handel meist sehr gute Preise, ja man muß ebenso wie bei den Palmkernkuchen von einer Überbezahlung sprechen, wenn man als Wertmesser die Anzahl ihrer Futterwerteinheiten gelten läßt. Der vorteilhafte Einfluß, den die Kokoskuchen auf die Milchabsonderung und auf die ganze Ernährung des Tierkörpers äußern, macht den höheren Handelswert dieser Produkte aber erklärlich.

Die Kokoskuchen müssen als ein sehr produktives Milchfutter angesehen werden. Ebenso wie die Palmkernkuchen regen sie nicht nur die Tätigkeit der Milchdrüsen an, sondern üben auch einen günstigen Einfluß auf den Fettgehalt der Milch und auf die Qualität des Milchfettes. Sie geben diesem einen ausgesprochen nußartigen, höchst angenehmen Geschmack, erhöhen die Konsistenz des Butterfettes und erteilen ihm eine hübsche gelbe Färbung. Knieriem[1]) hat durch Kokoskuchenfütterung die Milchmenge um 16—20% erhöht, wogegen die gleiche Menge verabreichter anderer Ölkuchen trotz höheren Proteingehaltes nur eine 12 prozentige Erhöhung der Milchabsonderung bewirkte. Auch Werner und Stutzer haben die Überlegenheit der Kokoskuchen gegenüber Erdnußkuchen für Milchwirtschaften nachgewiesen; letztere erzielten zwar eine größere Milchmenge, die ersteren aber eine bei weitem bessere und konsistentere Butter. E. Tetze und F. Rossi stellen jedoch bei aller Anerkennung der Vorzüge der Kokoskuchen die Leinkuchen auch als Milchfutter höher. Jedenfalls sind Kokoskuchen zuzeiten von Grünfütterung ein ganz vorzügliches Korrigens für die zu weich werdende Butter.

Für Schweinemast werden Kokoskuchen ebenfalls häufig empfohlen, doch können sie wegen ihrer hohen Preislage für diese Zwecke nicht mit anderen Ölkuchen konkurrieren. Ein Gleiches gilt wohl auch für die vorgeschlagene Verwendung als Pferdefutter, worüber seitens der „Société agricole" zu Paris Versuche vorgenommen und recht günstige Resultate erhalten wurden.

Be-
kömmlich-
keit.

---

[1]) Landw. Jahrbücher, Berlin 1897, S. 819, 1898, S. 568 und 1903, S. 559.
— Über die Vorzüge der Kokoskuchen als Milchfutter siehe auch: Heinrich, Mecklenburger landw. Annalen, 1891, Nr. 9, und Ber. d. landw. Versuchsstation Rostock, 1894, S. 343; Lehmann, Deutsche Landwirtschaftsztg., 1896, Nr. 1; Juretschke, Jahresbericht d. Agrikulturchemie, 1893, S. 402.

Produktions- und Handelsverhältnisse.

Die Kultur der Kokospalme ist von enormer Ausdehnung. Nach Schätzungen von Ferguson betrug das mit dieser Nutzpflanze bedeckte Areal in den Jahren 1895 und 1902:

	1895 Acres	1902 Acres
Ceylon	650 000	650 000
Südamerika	500 000	500 000
Britisch-Indien	350 000	390 000
Philippinen, Borneo, Celebes, Neuguinea usw.	250 000	350 000
Java und Sumatra	220 000	250 000
Zentralamerika	250 000	250 000
Neukaledonien, Fidschi- und Pacificinseln	250 000	260 000
Ostafrika, Madagaskar und Mauritius . .	110 000	110 000
Siam, Französisch-Indochina	100 000	100 000
Westindische Inseln	100 000	110 000
Summa:	2 780 000	2 970 000

Die Zahl der auf dieser Gesamtfläche befindlichen Kokospalmen schätzt man auf 210 Millionen, welche alljährlich ungefähr 6,4 Milliarden Kokosnüsse liefern. Eine Nuß liefert durchschnittlich 200—250 g getrockneter Koprah oder 120—150 g Öl. Wenn daher alle Nüsse auf Öl verarbeitet würden, könnte man mit einer Jahreserzeugung von 960 Millionen Kilogramm oder 96 000 Waggons Öl rechnen.

Wichtigkeit für Handel und Industrie haben die folgenden Produkte der Kokospalme:

1. die ganzen frischen Nüsse,
2. geraspelte Kokosnüsse (dessicated cocoanuts),
3. das getrocknete Kernfleisch (Koprah),
4. das Kokosöl,
5. die Kokoskuchen,
6. die Kokosfasern,
7. Arrak und Jaggery.

Die ganzen frischen Nüsse werden besonders in England, Britisch-Indien, Amerika und Belgien verbraucht. Über den Export der einzelnen diese Nüsse produzierenden Länder wird weiter unten gesprochen werden.

Geraspelte Kokosnüsse (dessicated cocoanuts) werden in beachtenswerten Mengen von den Vereinigten Staaten, Deutschland, Belgien, Holland, Österreich und Frankreich bezogen. Ceylon allein versandte von dem Artikel im Jahre 1903 7938 Tonnen, obschon der Handel mit diesem Produkt noch ganz neu ist und kaum 15 Jahre zurückdatiert. Das rapide Ansteigen der Ausfuhr von dessicated cocoanuts illustrieren die nachstehenden Ziffern.

Ceylon führte an dessicated cocoanuts aus:

Jahr	Tonnen
1891	642
1894	2596
1897	5469
1900	6171
1903	7938

Der Handel mit Koprah geht hauptsächlich von den Philippinen, Ceylon, Niederländisch-Indien, Polynesien und Sansibar aus, von wo ein Export nach den europäischen Industriestaaten und nach Amerika stattfindet.

Koprah.

In allerletzter Zeit ist der Preis von Koprah bedeutend gestiegen, was eine Folge der durch das Emporblühen der Kokosbutterfabrikation gesteigerten Nachfrage nach Kokosöl ist. Dieser Konsumsteigerung kann die Produktion an Kokosnüssen bzw. Koprah nicht rasch genug nachfolgen, denn die neuen Pflanzungen tragen erst nach 10—15 Jahren die ersten Früchte. Die Hochkonjunktur, welche übrigens auch durch die allgemeine Preissteigerung auf dem Fettmarkte beeinflußt worden ist, dürfte daher trotz vorübergehender Abschwächungen noch geraume Zeit anhalten.

Die Ausfuhrmengen unterliegen in den einzelnen Jahren starken Schwankungen, wie auch die verschiedenen Monate einen wechselnden Anteil an der Ausfuhr haben. Nachstehende Tabelle zeigt die Koprahmengen, welche die verschiedenen Produktionsländer in den einzelnen Monaten der Jahre 1905 und 1906 zum Export brachten:

Jahr	Java:	Macassar:	Sangir, Menado, Gorontalo:	Padang:	Singapore und Penang:	Ceylon:	Philippinen:	Totale:
1905:	Tonnen	Tonnen	Tonnen	Tonnen	Tonnen	Tonnen	Tonnen	Tonnen
Januar . . .	6 022	824	1 050	—	2 300	15	1 700	11 911
Februar . .	3 767	2 495	1 544	865	1 470	206	3 150	13 497
März	6 052	1 700	1 235	—	4 385	769	1 600	15 741
April	12 043	2 850	2 285	1 010	4 605	2 347	2 350	27 490
Mai	11 116	4 985	1 544	441	6 430	1 237	3 670	29 423
Juni	8 121	2 074	1 729	571	3 110	1 024	2 450	19 079
Juli	10 499	1 853	1 976	591	5 350	1 126	4 700	26 095
August . . .	14 208	2 145	1 420	686	7 675	1 841	3 500	31 475
September . .	7 040	2 543	1 544	682	3 880	2 872	7 263	27 824
Oktober . .	13 278	1 638	1 791	441	7 270	2 488	5 567	32 463
November . .	5 929	1 371	1 482	658	6 500	1 792	10 649	28 381
Dezember . .	9 634	1 483	1 914	635	3 940	2 023	3 126	22 755
	107 709	25 961	19 514	6 580	58 915	17 740	49 715	286 134

Jahr	Java:	Macas-sar:	Sangir, Menado, Goron-talo:	Padang:	Singapore und Penang:	Ceylon:	Philippinen:	Totale:
1906:	Tonnen	Tonnen	Tonnen	Tonnen	Tonnen	Tonnen	Tonnen	Tonnen
Januar . . .	5 558	876	926	291	2 480	100	5 250	15 481
Februar. . .	3 149	780	1 729	564	4 380	689	3 750	15 041
März. . . .	3 335	1 483	1 544	383	2 710	1 791	3 000	14 246
April. . . .	4 941	1 012	1 420	518	1 620	616	3 850	13 977
Mai	3 026	800	1 050	736	3 870	2 539	3 250	15 271
Juni	6 300	730	864	483	2 905	985	3 000	15 267
Juli	7 288	438	710	519	2 920	1 732	7 750	21 357
August . . .	3 582	675	1 050	824	5 110	2 289	4 750	18 280
September. .	4 570	820	1 112	481	2 710	3 358	4 750	17 801
Oktober. . .	3 397	927	1 482	605	3 970	3 104	7 250	20 735
November . .	4 014	500	1 359	405	3 580	1 348	3 750	14 956
Dezember . .	2 840	600	1 235	829	2 960	2 661	7 550	18 675
	52 000	9 641	14 481	6 638	39 215	21 212	57 900	201 087

Nach den Berichten der Marseiller Handelskammer schwankten die Preise für 1000 kg Koprah in den Jahren 1894—1906 wie folgt:

Jahr	Höchster Preis	Niedrigster Preis
1894	360 Franken	290 Franken
1895	327 „	295 „
1896	330 „	270 „
1897	360 „	275 „
1898	425 „	330 „
1899	440 „	340 „
1900	390 „	335 „
1901	452 „	360 „
1902	500 „	370 „
1903	385 „	325 „
1904	475 „	370 „
1905	479 „	375 „

Kokosöl.   Kokosöl wird zwar in fast allen Ländern mit Kokospalmenkulturen erzeugt, doch nur in wenigen findet eine den Lokalkonsum überragende Öl-produktion statt. Kokosöl führen bloß Ceylon, Britisch-Indien, Nieder-ländisch-Indien, die Philippinen, die Straits Settlements, Cochin und Sansibar aus. Große Mengen von Kokosöl exportierte in den letzten Jahren Colombo, wo jetzt einige modern eingerichtete Kokosölmühlen be-stehen. Die europäischen Industriestaaten, ebenso die Nordamerikanische Union sind wichtige Produzenten und Konsumenten von Kokosöl.

Vom Handel in Kokoskuchen (auf Ceylon „Poonac" genannt) gilt dasselbe wie für das Kokosöl.

Kokosfasern (Coir), Arrak und Jaggery werden insbesondere von Ceylon aus in den Handel gebracht; das erstgenannte Produkt kommt in rohem und verarbeitetem Zustande auf den Weltmarkt, die letzten zwei Artikel haben nur lokale Bedeutung.

Nachstehend wollen wir die Produktions- und Handelsverhältnisse der wichtigsten Länder, die über Kokospflanzungen verfügen, beleuchten.

Ceylon.

Diese Insel ist der wichtigste Produzent von Kokosnüssen. Im Jahre 1902 lagen hier die Verhältnisse wie folgt.

Provinz	Acres	Anzahl der geernteten Nüsse	Mittlerer Ertrag pro Acre	Anzahl der Kokospalmen (bei Annahme von 80 Bäumen per Acre)
Westen	344 078	336 318 000	977	27 526 240
Zentrum . . .	14 348	21 739 398	1515	1 147 840
Norden	20 082	21 392 190	1065	1 606 560
Süden	99 669	157 474 922	1578	7 973 520
Osten	33 100	121 554 556	3672	2 648 000
Nordwesten . .	302 869	1 302 598 780	4300	24 229 520
Nordmitte . .	1 940	990 550	510	155 200
Uva	3 500	5 250 000	1500	280 000
Sabaragamuwa .	33 600	58 490 000	1740	2 688 000
Totale	853 186 [1])	1 775 808 396 [1])	2081 [1])	68 254 880 [1])

Die Verarbeitung der geernteten Kokosnüsse auf Öl ist auf Ceylon von alters her bekannt. Bis zum Anfang des vorigen Jahrhunderts kannte man aber nur ganz primitive Mittel zur Ölausbringung; erst um das Jahr 1830 setzte eine Verbesserung in der Gewinnungsmethode ein (s. S. 588).

Die bei der Koprahverarbeitung resultierenden Ölkuchen werden zum größten Teil ausgeführt. Nebenher geht ein bedeutender Export von dessicated cocoanuts, von frischen Kokosnüssen für Genußzwecke und von Coir in seinen verschiedenen Formen.

Die Entwicklung des Exportes der verschiedenen Produkte der Kokospalme von Ceylon zeigt die nachstehende Tabelle, welche der verdienstvollen Arbeit Fergusons: „All about the Coconut [2]) Palm" entnommen wurde:

---

[1]) Diese von dem Blaubuch der englischen Regierung ausgewiesenen Ziffern sind nach Ferguson sehr ungenau und allzu hoch; richtiger sind die betreffenden Zahlen dieses Autors, der die mit Kokospalmen angepflanzte Fläche auf Ceylon mit 650 000 Acres angibt und die Anzahl der dortigen Kokospalmen auf 52 000 000 schätzt.

[2]) Ferguson schreibt in seinem Buche durchweg „coconut", statt des sonst gebräuchlichen „cocoanut".

Jahr	Kokosöl cwt.	Koprah cwt	Dessicated cocoanuts lb.	Kokos- kuchen cwt.	Kokosnüsse Stück	Coir		
						Stricke cwt.	Garn cwt.	Fasern cwt.
1861	85000	26000	—	—	—		42000	
1878	112825	—	—	—	—	7810	57671	5317
1883	306299	122827	—	—	—	11792	68896	18009
1888	385758	173773	—	114863	5411572	7915	79840	22826
1893	389712	44923	6414908	188538	11079028	7819	84831	56406
1894	487571	30642	5722202	165156	8292699	14416	91746	67738
1895	384140	30765	8551073	174175	10800712	12082	90112	77226
1896	343797	50049	10603598	138385	13858881	10343	68326	56516
1897	409600	106601	12054452	192479	13610508	11732	91460	74470
1898	435933	506277	13040534	216620	12027714	12333	75819	95779
1899	400979	325401	13571084	174786	117223392	12090	75525	91588
1900	443959	362467	13604913	185992	14995909	12572	87415	115090
1901	453531	439865	14055493	204356	14850781	13030	75788	122826
1902	512498	374796	16227565	247697	12588212	15631	77157	116000

Die nachstehende Tabelle Fergusons zeigt, wie sich die von Ceylon ausgeführten Produkte auf die einzelnen Staaten. verteilen:

Export von Kokosprodukten aus Ceylon im Jahre 1902.

	Kokosöl cwt.	Koprah cwt.	Dessicated cocoanuts lb.	Kokos- kuchen cwt.	Kokosnüsse Stück	Coir		
						Stricke cwt.	Garn cwt.	Fasern cwt.
England . .	801647	12908	9978170	21	9316376	—	57508	53288
Österreich	24774	15364	156300	—	12510	—	195	—
Belgien . .	5853	22944	410730	110621	313620	—	314	22894
Frankreich	238	110144	33200	—	96020	—	2035	828
Deutschland	18253	179819	2067490	136823	1169780	—	5556	21150
Holland . .	—	476	328820	—	24415	—	645	2359
Italien . . .	5955	—	—	10	11285	—	1077	—
Rußland . .	181	33136	—	—	—	—	—	7
Spanien . .	—	—	40950	—	—	—	—	—
Schweden	1129	—	97130	—	15120	—	—	10
Türkei . . .	—	—	—	—	—	—	—	—
Indien . . .	64370	5	1950	—	149500	52	5796	309
Australien	9	—	795050	221	1944	20	455	5652
Amerika . .	92996	—	2249143	—	102021	—	3052	6513
Afrika . . .	218	—	65580	1	1375621	162	25	2551
China . . .	846	—	3052	—	—	43	287	—
Singapore	1029	—	—	—	—	15354	212	439
Mauritius	—	—	—	—	—	—	—	—
Malta . . .	—	—	—	—	—	—	—	—
Totale	512498	374796	16227565	247697	12588212	15631	77157	116000

Britisch-Indien.

Nach Fergusons Annahme sind in Britisch-Indien 350000 bzw. 390000 Acres mit Kokospalmen bepflanzt; Watt schätzt diese Fläche sogar auf 500000 Acres und nimmt die Jahresproduktion ungefähr gleich groß wie auf Ceylon an, was allerdings etwas zu hoch gegriffen sein dürfte.

Die Kokospalme findet sich im Binnenlande nur vereinzelt, häufiger dagegen an der Koromandel- und Malabarküste.

Indiens Handel in Kokosnüssen stellt sich für die Jahre 1850, 1886/87 und 1894/95 wie folgt dar:

	Ausfuhr:		
	1850	1886/87	1894/95
	Franken	Franken	Rupien
Kokosnüsse	17238	14385	1600
Koprah	732713	135721	122000
Kokosöl	258133	2251801	292401
Coir (roh und verarbeitet)	483673	3386000	243431
	1491757	5787907	659432

	Einfuhr:		
	1850	1886/87	1894/95
	Franken	Franken	Rupien
Kokosnüsse	892311	1016945	48080
Koprah	1472404	2000538	10200
Kokosöl	130300	1282675	28700
Coir (roh und verarbeitet)	394287	267818	5400
	2889302	4567976	92380

Sundainseln.

Sowohl die Großen als auch die Kleinen Sundainseln sind für den Koprahhandel von Wichtigkeit. Besonders Java ist von Bedeutung. Die Qualität der Javakoprah läßt in letzter Zeit manchmal zu wünschen übrig, aber sie bleibt nach der von Ceylon und Malabar doch die gesuchteste. Sangir und Gorontalo liefern auch recht gute Qualitäten, nur verwenden sie auf die Trocknung der Ware nicht immer die nötige Sorgfalt.

Die Gesamtausfuhr von Koprahprodukten aus Niederländisch-Indien umfaßte im Jahre 1900 einen Wert von fast 23 Millionen Franken, die sich verteilen auf:

Kokosöl	1,223	Millionen Franken
Koprah	21,652	„ „
Kokoskuchen	0,036	„ „
Kokosnüsse	0,001	„ „
Zusammen	22,912	Millionen Franken.

Nach einer von Coutouly aufgestellten Statistik geht der auffallend große Koprahexport, der sogar die Ausfuhr Ceylons übertrifft, nach folgenden Ländern:

Niederlande	26 775	Tonnen
Frankreich (mit Ausnahme des Marseiller Hafens)	26 036	„
Singapore	20 252	„
Deutschland	6 851	„
Penang	3 434	„
Rußland	1 863	„
Portugal	1 851	„
Ägypten	501	„
Italien	269	„
Japan	5	„
An Ordre nach Port Said	5 532	„
Marseille	359	„
	93 728	Tonnen.

Die Amsterdamer Börse notierte für 50 kg Javakoprah in Ballen und schwimmender Ladung folgende Preise[1]):

Jahr	Höchster Preis	Niedrigster Preis Holländische Gulden	Schlußpreis
1894	17,00	14,00	14,00
1895	16,75	13,625	15,50
1896	16,00	14,25	15,00
1897	16,25	13,75	16,25
1898	20,25	17,50	18,00
1899	20,00	16,50	18,00
1900	18,50	16,50	17,50
1901	22,25	17,50	22,25
1902	24,00	18,375	19,25
1903	19,50	17,50	19,00
1904	21,875	18,75	21,625

Neben Java erzeugen auch Sumatra, Borneo und Celebes größere Mengen Koprah, die zumeist unter dem Namen „Javakoprah" zur Ausfuhr gelangen.

Philippinen.

Philippinen. Diese Inseln produzieren beträchtliche Quanten von Koprah, doch wendet man ihrer kommerziellen und industriellen Verwertung noch wenig Aufmerksamkeit zu.

---

[1]) Seifenfabrikant, 1900, S. 1171.

Im Jahre 1894 wurden 502 920 Pikuls[1]) Koprah ausgeführt, 1895 stieg die Ausfuhr auf 589 925, 1896 auf 601 907 und 1897 auf 810 504 Pikuls. Im Jahre 1898 gelangten infolge der politischen Unruhen nur 263 402 Pikuls zur Ausfuhr und 1899 aus demselben Grunde nur 391 322 Pikuls. In den Jahren 1901, 1902 und 1903 wurden 17 Millionen bzw. 130 Millionen und 181 Millionen Pfund ausgeführt.

Zurzeit wird Koprah hauptsächlich in den Provinzen Laguna und Tayabas sowie auf Mindanao gewonnen. Letztere Insel liefert die beste Koprah, von Leyte und Samar kommen gangbare Sorten, von Laguna und Tayabas geringere Marken. Die Koprahausfuhr richtet sich gegenwärtig zum größten Teil nach Europa (Marseille, Barcelona, Santander und Bilbao sowie nach London und Liverpool), während die Vereinigten Staaten von Amerika ihren Bedarf von Mexiko, Mittelamerika, den westindischen Inseln und den Inseln im Süden des Stillen Ozeans beziehen.

Die Verteilung der in den Jahren 1901—1903 ausgeführten Koprah auf die einzelnen Staaten zeigt die nachstehende Tabelle[2]):

Ausfuhr von Koprah aus den Philippinen.

	Mengen in Pfund			Werte in Dollars		
	1901	1902	1903	1901	1902	1903
Gesamtausfuhr . .	71 688 683	130 571 523	181 117 084	1 611 838	2 701 725	3 819 793
Davon gingen nach:						
Vereinigte Staaten	—	130 060	388 353	—	9 057	9 354
Großbritannien . .	711 026	12 131 190	11 227 022	36 888	337 436	240 657
Deutschland . . .	208 386	1 910 577	10 910 268	4 882	54 800	272 590
Frankreich	49 597 084	104 222 425	133 457 007	1 118 576	1 933 570	2 825 218
Spanien	15 862 705	6 069 523	15 697 687	340 452	128 596	279 622
Italien	329 566	—	667 920	7 200	—	12 522
Österreich - Ungarn	—	111 320	1 008 920	—	2 400	19 979
Belgien	—	220 257	2 486 258	- - -	4 750	50 408
Portugal	—	—	1 262 659	—	—	21 955
Rußland	120 992	787 968	446 180	3 751	23 195	1 360
China	48 261	—	—	184	—	—
Hongkong	147 754	315	—	537	10	—
Japan	2 226 400	417 991	123 497	45 000	13 936	3 479
Britisch-Ostindien .	2 435 396	4 569 897	3 328 385	54 344	193 975	78 389
Australien	1 113	—	112 928	24	—	2 560

Auf den Philippinen wird das Kokosöl in neuerer Zeit auch zur Gewinnung von Leuchtgas benutzt; das dortige Bureau of Government Laboratories hat eine solche Ölgasanlage errichtet, die ein hochwertiges

[1]) 1 Pikul = 60,5 kg.
[2]) Seifenfabrikant, 1905, S. 381.

Leuchtgas geben soll, jedenfalls ein viel besseres, als aus der asiatischen, für Gaszwecke nicht geeigneten Steinkohle erhalten wird. Auch verbraucht man auf den Philippinen vielfach den frischen, leicht vergorenen Saft der Blütenknospen, der unter dem Namen „Tuba" bekannt ist.

Hinterindien und der Malaiische Archipel.

Die Kokospalme ist in Hinterindien sehr häufig zu finden; besonders trifft dies für die französischen Besitzungen, vornehmlich für Cochin-china zu, dessen Koprah als die beste gilt, wie man auch das Cochin-Kokosöl als die vorzüglichste Qualität schätzt. Im Jahre 1875 sollen in Cochinchina 60000 Acres mit Kokospalmen bepflanzt gewesen sein, doch dürfte die Kultur seit jener Zeit bedeutend zugenommen haben, da man amt-licherseits viel für die Pflege der Kokospalme getan hat. Auf dem Malaiischen Archipel und in den Straits Settlements findet ein großer Konsum von Kokos-nüssen statt, weshalb das zur Verfügung stehende Quantum an Koprah und Kokosöl relativ gering ist. In neuerer Zeit versenden die Straits Settlements allerdings größere Quantitäten einer mittelguten Koprahqualität.

Neue Hebriden, Samoa- und Fidschi-Inseln.

Diese Inselgruppen senden größere Mengen von Koprah nach Mar-seille, Hamburg, Australien und den Vereinigten Staaten. Die Samoainseln versandten im Jahre 1901 für über 2000 Millionen Franken Koprah; die Ausfuhr des Witi-Archipels schätzt man auf 10000 Tonnen im Jahr.

Neu-Kaledonien.

Diese Insel ist das südlichste Land, auf dem die Kokospalme noch gedeiht. Sie kommt auch hier nur an der Nordküste vor, im Süden tritt sie spärlicher auf und entwickelt sich nicht so üppig, wie man sie sonst zu sehen gewohnt ist. Die Koprahausfuhr von Neu-Kaledonien steht weit hinter der der Samoa- und Fidschi-Inseln zurück und betrug in der Periode von 1900 bis 1903:

1900	1998 Tonnen
1901	1665 „
1902	1502 „
1903	1748 „

Die französischen Südsee-Inseln, vornehmlich Tahiti, betreiben einen weit stärkeren Koprahexport. Sie führten z. B. aus:

1900	5428 Tonnen
1901	4823 „
1902	7159 „
1903	8377 „
1904	5616 „

Afrika.

Afrika weist zwar an verschiedenen Punkten größere Bestände von Kokospalmen auf, doch haben diese bei weitem nicht jenen Umfang, welchen das für die Kokospalme vielerorts so zuträgliche Klima erwarten ließe. Umfassendere Kokospalmenkulturen finden sich auf Madagaskar, Sansibar und anderen Inseln der Ostküste. Die westliche Küste Afrikas weist zwar ebenfalls Kokoswaldungen auf, doch hat die dortige Ernte für den Weltmarkt keine Bedeutung.

Um die Hebung der Kokoskulturen auf Madagaskar bemüht sich die französische Regierung in anerkennenswerter Weise.

Sansibar sendet fast die ganze zur Ausfuhr gelangende Menge von Koprah nach Marseille. Die Erzeugung Sansibars und Pembas zusammen betrug in den Jahren

1900	4	Millionen Pfund
1901	10,7	„ „
1902	9,8	„ „

Auf den Seychellen gewinnt die Koprahproduktion mehr und mehr an Bedeutung. Eine interessante, von Dupont zusammengestellte Statistik gibt Aufschluß über die Produktion dieser Inseln an Kokosnüssen und deren verschiedene Verwendungen. Man ersieht daraus, daß die Verarbeitung der Kokosnüsse zu Koprah erst in den allerletzten Jahren geübt wird.

	1900	1901	1902	1903	1904
			Millionen Nüsse		
Lokalkonsum	4,000	4,000	4,000	4,000	4,000
In frischem Zustande exportiert	1,083	1,071	1,118	1,241	0,882
Auf Koprah verarbeitet . . .	—	—	—	0,203	1,781
Auf Öl verarbeitet	13,328	10,421	12,513	19,578	11,096
Auf Seife verarbeitet . . .	1,164	0,848	1,268	2,713	1,590
Totalernte an Kokosnüssen	19,575	16,340	18,899	27,735	19,349

Amerika.

Die Kokospalme ist sowohl in Zentral- als auch in Südamerika anzutreffen. Von Zentralamerika sind die atlantische und die pazifische Küste als Kultivationsgegenden zu erwähnen. Die ursprünglich ganz und gar vernachlässigten Pflanzungen erfreuen sich seit mehreren Jahren der Fürsorge der Nordamerikaner. Die Früchte werden fast ausschließlich für Speisezwecke verwendet.

In Südamerika sind die Küstengebiete Brasiliens und die Republik Kolumbien zu erwähnen. Brasilien exportiert aus dem Hafen Para jährlich 7—8 Millionen Kokosnüsse. Eine Trocknung des Kernfleisches, also die Herstellung von Koprah, findet in Brasilien kaum statt, ebensowenig in Kolumbien, wo man jährlich ca. 4 Millionen Nüsse erntet.

Die Kokospalme ist auch auf fast allen westindischen Inseln zu finden, welche für den Koprah- und Kokosölhandel insofern kein Interesse haben, als die gesamte Ernte in Form frischer Nüsse konsumiert wird.

Auf Jamaika sollen viele Tausende von Nüssen alljährlich verfaulen, weil man sich nicht die Mühe nimmt, die Ernte richtig einzubringen und zu verwerten. Immerhin führt man jährlich über 10 Millionen Nüsse aus.

Koprahverbrauch der Industriestaaten.

Koprah-
verbrauch.

Der Verbrauch von Koprah in jenen Staaten, die Kokospalmkulturen nicht besitzen, wohl aber eine bedeutende Koprahindustrie haben, läßt sich vielfach nicht genau feststellen, weil die Statistiken der meisten Länder Palmkerne und Koprah in ein und derselben Rubrik aufführen (vgl. S. 584). Unter den europäischen Industriestaaten stehen als Koprahverbraucher England, Frankreich, Deutschland und Österreich jedenfalls obenan.

England führte in den Jahren 1900—1904 die nachstehenden Mengen Koprah ein und aus:

	Import	Export
1900	552 743 cwt	
1901	478 143 „	nicht
1902	495 860 „	ermittelt
1903	782 632 „	
1904	615 238 „	
1905	705 816 „	52 008 cwt

Frankreich führte ein:

1900:	106 102 Tonnen	im Werte von	35,01 Millionen Franken				
1901:	81 069	„	„	„	„	28,37	„ „
1902:	91 953	„	„	„	„	27,59	„ „
1903:	104 316	„	„	„	„	35,47	„ „
1904:	88 111	„	„	„	„	29,96	„ „
1905:	110 579	„	„	„	„	40,91	„ „

Mehr als neun Zehntel der eingeführten Koprahmenge empfängt Marseille, dessen Bedeutung für die Kokosölindustrie nachstehende Ziffern beweisen:

	Tonnen Koprah
1875	712
1880	852
1885	22 093
1890	34 164

	Tonnen Koprah
1895	70958
1900	63734
1901	85259
1902	87348
1903	109071
1904	85568
1905	104506

Der Marseiller Export von Kokosöl betrug:

1875	106	Tonnen
1880	922	„
1885	2304	„
1890	9438	„
1895	7610	„
1900	10234	„
1905	10777	„

Der Verbrauch von Koprah in Deutschland und Österreich-Ungarn läßt sich nicht genau feststellen, weil diese Staaten in der offiziellen Statistik Koprah mit Palmkernen zusammenwerfen.

Die Preisschwankungen des Kokosöles während der letzten Jahre sind in Tafel XIII verzeichnet.

Kohuneöl.

Cohuneöl. — Cohune Oil.

Herkunft.

Dieses Öl gewinnt man aus den Kernen der zur Gattung der Attaleen gehörigen Kohunepalme (Attalea cohune Mart.), die im südlichen Zentralamerika, besonders in Britisch-Honduras[1]) ausgedehnte Wälder bildet. *Ab-stammung.*

Rohprodukt.

Die in Trauben hängenden Früchte der Kohunepalme haben die Größe eines Hühnereies und enthalten in unreifem Zustande eine angenehm schmeckende Flüssigkeit, die abführend wirkt. Die Kerne der Früchte ähneln etwas den Kokosnüssen, doch erreichen sie nur die Größe der Muskatnuß. Auch ihr Geruch erinnert an die Kokosnuß. Der Ölgehalt der Kerne beträgt ungefähr 40%. *Same.*

---

[1]) Journal of the Society of arts, Bd. 2, Nr. 81, S. 500; Seemann, Die Palmen, Leipzig 1867, S. 55.

Gewinnung.

Nach Semler[1]) erfolgt die Gewinnung des Kohuneöles auf folgende Weise:

Wenn die Früchte vom Baume gefallen sind, werden sie gesammelt und ihre harte Schale mit einem Steine weggeschlagen. Die bloßgelegten Kerne zerkleinert man in hölzernen Mörsern und kocht das erhaltene Mehl mit Wasser aus. Das dabei an der Oberfläche erscheinende Öl wird abgeschöpft, geklärt und in Flaschen gefüllt.

Eigenschaften und Verwendung.

Das Kohuneöl erstarrt nach Warburg bei einer Temperatur von 24⁰ C, doch wird von anderer Seite ein Erstarrungspunkt von 15—16⁰ C genannt[2]).

Das Kohunepalmöl wird in Britisch-Honduras hauptsächlich als Brennöl verwertet.

Maripafett. [3])

Huile de Maripa. — Maripa fat. — Grease of Maripa. —
Sego di Maripa.

Das Maripafett stammt von den Früchten dreier Palmenarten der Familie Attalea, und zwar von Attalea Maripa Aubl., Att. excelsa Mart. = Maximilian Maripa Drude und Att. spectabilis.

Die Früchte dieser Arten sind Steinfrüchte; Attalea Maripa liefert eigroße, längliche oder auch eckige Früchte, Att. excelsa ebenso große von der Form unregelmäßiger Fünfecke[4]).

Das Fett wird durch Auskochen gewonnen, ist von weißer bis gelblicher Farbe, angenehmem Geruch, mildem Geschmack, butterartiger Konsistenz und schmilzt bei 23 bis 27⁰ C[5]).

Es dient in Westindien und Französisch-Guyana als Speisefett, für welche Zwecke es mitunter durch Wasserdampf gereinigt wird, und erinnert dann sehr an unsere Kokosbutter. Auch wird es als Heilmittel gegen rheumatische Schmerzen viel gebraucht. Es verseift sich leicht und liefert dabei eine stark schäumende Seife.

---

[1]) Semler, Tropische Agrikultur, 2. Aufl., Bd. 1, 1897, S. 658.
[2]) Bull. Imperial Inst., 1903, S. 212.
[3]) Les corps gras ind., Bd. 30, Nr. 1 u. 2, durch Chem. Revue, 1903, S. 236.
[4]) Nach Wiesner werden die Nüsse von Attalea excelsa (Urukisi genannt) auch als Heizmaterial bei der Kautschukgewinnung gebraucht. (Wiesner, Rohstoffe des Pflanzenreiches, 2. Aufl., Leipzig 1900, 1. Bd., S. 375.)
[5]) Vergleiche van der Driesen-Mareeuw (Nederl. Tijdschr. Pharm., 1899, S. 245); Bassière (Journ. Pharm. Chim., 1903, S. 323).

Mocajaöl.

Makayaöl. — Mocayabutter. — Macajabutter. — Huile de mocaya. — Mocaya Oil. — Mocayabutter. — Burro di Mocaya.

Herkunft.

Dieses Öl entstammt den Samen der Mocayapalme (Acromia sclero- Ab-
carpa Mart. = Cocos sclerocarpa = Cocos aculeata Jacq. = Bactris stammung.
minor Gaertn.).

Die Mocayapalme, welche sich auf Jamaika, Trinidad und den benachbarten Inseln, an der Ostküste von Südamerika, in Guyana usw.
findet, führt die verschiedensten Namen. So nennt man sie in Westindien Macaw, in Brasilien Macahuba oder Macauba, in Guyana Ma-
coya, wie auch die Benennungen Macaja, Macajah, Macoja, Mocaja,
Mucuja gebräuchlich sind, die allerdings zumeist nur ungenaue Schreib-
weisen ein und desselben Namens darstellen.

Rohprodukt.

Die Früchte der Mocayapalme sind von olivengrüner Farbe, kuge- Samen.
liger Gestalt und erreichen ungefähr die Größe einer Aprikose. Sie enthalten einen sehr harten Kern, dessen Schale eine schöne Politur annimmt
und zu verschiedenen Schmucksachen verwertet wird. Der unter der
Schale liegende Samenkern macht nur $6,3 \%$ vom Gewichte der ganzen
Frucht aus[1]). Die Kerne enthalten ungefähr $60—70 \%$ Fett.

Gewinnung und Eigenschaften.

Um aus den Samenkernen Öl zu gewinnen, werden sie leicht geröstet Gewinnung.
und dann in einer Mühle zu Brei vermahlen. Das Samenmehl wird
hierauf mit kochendem Wasser zu einem Brei angerührt, der zwischen erwärmten Eisenplatten in Säcken ausgepreßt wird. Das erhaltene Öl unter-
zieht man einer primitiven Reinigung und erhält dadurch ein goldgelbes
Produkt von veilchenähnlichem Geruch und süßlichem Geschmack, das in
seiner Konsistenz unserer Butter gleicht.

Verwendung.

Das Mocajaöl wird teils als Speisefett verwendet, teils zu Seife Ver-
versotten. Das auf Jamaika unter dem Namen Palmöl von den Krämern wendung.
verkaufte Fett ist meist Mocayapalmfett. Der Einfluß von Luft und
Licht raubt dem Öl binnen kurzem seine schöne gelbe Farbe und auch
das Veilchenaroma.

---

[1]) De Negri und Fabris, Giorn. Farmac., 1896, Nr. 12; Chem. Revue.
1897, S. 82.

Muritifett.

Huile de Muriti. — Muriti fat. — Burro di muriti.

Abstammung.

Dieses Öl ist in den Früchten der Muriti-, auch Coyol-, Wein- oder Moritzpalme (Mauritia vinifera Mart. = Acrocomia vinifera Oerst.) genannt, enthalten, einer im Gebiete des Amazonenstromes sehr häufigen Palmenart.

Rohmaterial.

Ölhaltig sind sowohl das Fleisch als auch der Samenkern der aprikosengroßen Früchte. Das Fett des Fruchtfleisches wird gewöhnlich nicht abgesondert, sondern man kocht das zu Brei zerkleinerte Fleisch mit Zucker ein, in welcher Form es als nahrhaftes Konfekt geschätzt ist.

Eigenschaften.

Fendler[1]) hat aus den Kernen der Muritipalme 48,66 % eines hellgelben, bei gewöhnlicher Zimmertemperatur federförmige Kristalle ausscheidenden, bei längerem Stehen völlig erstarrenden Öles abgesondert, das ein spezifisches Gewicht von 0,9136 (bei 25 ° C) hatte und einen milden Geschmack und angenehmen Geruch zeigte.

Das Fett schmilzt bei 25 ° C und erstarrt bei 17 ° C; es enthält wahrscheinlich Myristinsäure und ähnelt in seiner Zusammensetzung dem Kokosfett.

Turlurufett. [2])

Huile de Tourlourou. — Tourlourou Oil. — Olio di turluru.

Turlurufett.

Die in Westindien, Guyana und Brasilien heimische Buffopalme (Mützenpalme, sacktragende Muffpalme) = Manicaria saccifera Gaertn. = Pilophora testicularis Jaq. liefert ein in der Seifenfabrikation angewandtes Fett, das unter dem Namen Turlurufett beschränkte Verwendung findet.

Parapalmöl.

Parabutter. — Huile d'Assay. — Beurre d'Assay. — Parabutter.

Parapalmöl.

Wird durch Auskochen der Früchte der Palmito- oder Kohlpalme (Oreodoxa oleracea = Euterpe oleracea Mart.) gewonnen, einer Palmenart, die in der Umgegend von Para in großen Beständen anzutreffen ist.

---

[1]) Zeitschr. f. Untersuchung der Nahrungs- und Genußmittel, 1903, Heft 22; Chem. Revue, 1904, S. 52.

[2]) Schädler macht darauf aufmerksam, daß unter dem gleichen Namen auch ein aus den Eingeweiden des Tulurukrebses oder der Erdkrabbe (Cancer ruricola L. = Gegarcinus ruricola Leach.) gewonnener Tran verstanden wird.

Fieberbuschsamenöl.

Gewürzbuschsamenöl.

Die Samen des Fieberbusches (Lindera Benzoin = Benzoin odoriferum) enthalten ein gelbes festes Fett, das in seiner chemischen Zusammensetzung wie auch in seinem physikalischen Eigenschaften dem Kokosöl nicht unähnlich ist und daher an dieser Stelle besprochen werden soll. Der Fieber- oder Gewürzbusch ist in den Vereinigten Staaten von Nordamerika stark verbreitet, und bei entsprechender Aufmerksamkeit könnten beträchtliche Quantitäten von seinen Samen gesammelt werden.

Nach Versuchen von Caspari[1]) liefern 100 kg Samen 45,6 kg Fett von gelblicher Farbe und einem Schmelzpunkt von 46° C. Es ist in Alkohol, Benzol und Aceton leicht löslich und enthält neben Ölsäureglyzerid auch Trikaprin und Trilaurin; besonders letzteres ist reichlich vorhanden. Die Gegenwart von Glyzeriden der niederen Fettsäuren gibt dem Gewürzbuschsamenfette einen kokosölähnlichen Charakter. Die Verseifungszahl (284,4) ist sogar höher als die des Kokosöles.

Für die Seifenindustrie wäre es zweifellos von Vorteil, neben Kokos- und Palmkernöl über ein weiteres Fett zu verfügen, das sich beim Verseifen ähnlich verhält wie diese Produkte.

Falls das Fieberbuschsamenfett einmal in größeren Mengen auf den Markt kommen sollte, kann es daher auf volles Interesse rechnen.

Muskatbutter.

Herkunft und Geschichte.

Die Muskatbutter bildet das Fett der Samen des Muskatnußbaumes (Myristica fragrans Houtt. = Myristica moschata Thunb. = Myristica aromatica Lam. = Myristica officinalis L.), der auf den Molukken-, den Monda- und Sunda-Inseln heimisch ist, von dort aus aber auch in anderen Erdteilen Verbreitung gefunden hat.

Die ersten Muskatnüsse dürften durch arabische Ärzte nach Europa gekommen sein. Im Jahre 1158 erschienen die Muskatnüsse unter dem Namen Nuces moscatarum bereits auf dem Markte von Genua, 1180 werden sie in den Hafenpapieren von Accon (Hafen im Süden Syriens) als indische Spezereien angeführt. Die Muskatnüsse galten damals als kostbare Gewürze, und man kannte zu jenen Zeiten ihre Herkunft offenbar nicht. Diese wurde erst im 16. Jahrhundert durch Lodovigo Barthema und Pigafetta bekannt. Als kurz darauf die Portugiesen die Molukken-

Seitliche Randbemerkungen: Abstammung. — Zusammensetzung. — Abstammung. — Geschichtliches.

---

[1]) Americ. Chem. Journ., 1901, S. 291.

Inseln in Besitz nahmen, wurde der Handel mit Muskatnüssen ein portugiesisches Monopol.

Nach der Besetzung der Gewürzinseln durch die Holländer war es das Bestreben der letzteren, sich den Alleinhandel in Muskatnüssen und anderen Gewürzwaren zu sichern. Es ist bekannt, mit welcher Engherzigkeit und Kurzsichtigkeit die Holländer dabei vorgingen. Sie rotteten den Muskatnußbaum auf allen Inseln mit Ausnahme von Ambiona aus, ohne damit die Monopolisierung des Muskatnußbaumes zu erringen. Ließ sich der Muskatnußbaum einesteils überhaupt nicht gefangen halten, weil Holztauben seine Samen immer wieder nach benachbarten Inseln verschleppten und er auf den ungesunden Bandainseln besonders üppig gedieh, so legten die Franzosen und Engländer in ihren Kolonien ihrerseits Plantagen dieser Pflanze an. Die Franzosen besitzen heute auf Mauritius, die Engländer in Benkulen (Sumatra) und in Penang Muskatnußbaumkulturen. Die kleinen, kaum 44 km² großen Bandainseln liefern aber zwei Fünftel der Weltproduktion. In den Rest teilen sich Ost- und Westindien, Java, Brasilien, Mauritius, Sumatra und Penang.

Rohmaterial.

Frucht.   Die Frucht des Muskatnußbaumes ähnelt einer Aprikose. Sie spaltet sich zur Reifezeit in zwei Hälften und zeigt dann im Fruchtfleisch den schwarzen bis dunkelbraunen Samen, umgeben von einem dunkelroten, zerschlitzten Samenmantel (Arillus), der sogenannten Muskatblüte des Handels (Macis).

Same.   Die Samen des Muskatnußbaumes stehen in der Größe zwischen den Hasel- und Walnüssen und enthalten unter einer schwarzen, holzigen, leicht zerbrechlichen Schale einen süßen losen Kern, der die eigentliche Muskatnuß darstellt.

Die von ihrem Fruchtfleische befreiten Nüsse trocknet man an der Sonne, bisweilen auch durch Räucherung, bricht dann die Schale auf und sortiert die Kerne nach ihrer Güte. Um sie vor Insektenfraß zu schützen, werden die Kerne vor ihrer Verarbeitung meist in See- oder Kalkwasser getaucht. Die frisch geerntete Frucht setzt sich aus

$$80,5\,^0/_0 \text{ Fruchtfleisch}$$
$$3,5\,^0/_0 \text{ Samenmantel (Muskatblüten)}$$
$$4,8\,^0/_0 \text{ harter Schale und}$$
$$11,2\,^0/_0 \text{ Samenkern (Muskatnuß)}$$

zusammen.

Die Muskatnüsse des Handels stellen die nackten, von Fruchtschale, Samenmantel und Samenschale befreiten Kerne dar. Sie zeigen eine Länge von 20—30 mm, eine Breite von 15—20 mm und sind von ovaler Form. (Siehe Fig. 121.)

Die braune Hülle, welche die Samenkerne bedeckt, ist die innere Schicht des Primärperisperms (Sameneiweißes) und die von dem Meristem (Teilungsgewebe) nach außen erzeugte Schicht des sekundären Perisperms *c* und *d* (Fig. 121). Von letzterem werden auch die braunen Zapfen gebildet, welche dem Quer- und Längsschnitt des Samenkernes ein charakteristisches Aussehen verleihen. Der nähere Bau ist aus Fig. 121 ersichtlich [1]).

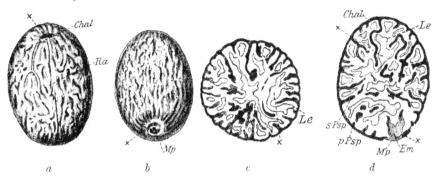

Fig. 121. Muskatnuß. (Nach Tschirch-Oesterle.)

a = Samenkern der Handelsware, von hinten, *b* = derselbe von vorn gesehen, *c* = Querschnitt durch einen Samenkern (Lupenbild), *d* = Längsschnitt desselben (Lupenbild).

Chal = vertiefter Knospengrund, *Ra* = Rinne, die der Naht der abgelösten Samenschale entspricht, *x* = Eintrittsstelle des Nahtbündels in den Samenkern, *Mp* = Mikropylarspalte, *Le* = Leitbahnen, *Em* = Keimling, *s Psp* = Sekundärperisperm, *p Psp* = Primärperisperm.

Analysen von Muskatnüssen haben Laube und Aldendorff [2]), Richardson [3]), Frühling [4]), Busse [5]), Ranvez [6]), Winton, Ogden und Mitchell [7]) ausgeführt. Als Mittel der verschiedenen Analysenbefunde (24 Analysen) nennt König [8]) die nachstehenden Werte:

---

[1]) Tschirch-Oesterle, Anatomischer Atlas der Pharmakognosie und Nahrungsmittelkunde, Leipzig 1900, S. 247 und Tafel LVII; Busse, Über Gewürze: Muskatnüsse, Arbeiten aus dem Kaiserl. Gesundheitsamte, Bd. 11, S. 11, 390, 628; Hallström, Anatomische Studien über die Samen der Myristicaceen und ihre Arillen, Arch. Pharm., 1895, S. 233, 441; Moeller, Über Muskatnüsse, Pharm. Zentralhalle, 1880, S. 453; Morpurgo, Delle Spezie, Triest 1904, S. 38; Voigt, Über den Bau und die Entwicklung des Samens und Samenmantels von Myristica fragrans, Inauguraldissertation, Göttingen 1885, S. 365; Warburg, Die Muskatnüsse, Leipzig 1897.

[2]) Hannoversche Monatsschrift „Wider die Nahrungsfälscher". 1879, S. 83

[3]) Foods and foods adulterants, Washington 1893.

[4]) Chem. Ztg., 1886, S. 523.

[5]) Arbeiten aus dem Kaiserl. Gesundheitsamte, Bd. 11, S. 390.

[6]) Annales de Pharmacie, 1900, Bd. 6, S. 1.

[7]) Jahresberichte der Conn. Agr.-Exper.-Stat., 1898, S. 208; 1899, S. 1002.

[8]) König, Chemie der Nahrungs- und Genußmittel, 4. Aufl., Berlin 1903, Bd. 1, S. 965.

Wasser	10,62 %
Stickstoffsubstanz	6,22
Ätherisches Öl	3,59
Fett	34,35
Stärke	23,49
Sonstige stickstoffreie Extraktstoffe .	13,03
Rohfaser	5,60
Asche	3,10
	100,00 %

Die in **Neu-Guinea** wildwachsende lange oder **Papua-Muskatnuß**
(**Myristica argentea**) entbehrt des Aromas, ist aber zur Muskatnußbutter-
erzeugung gut brauchbar, weshalb sie in neuerer Zeit in größeren Mengen
auf den europäischen Markt kommt. Bei dem hohen Preise der Muskatnüsse,
die eigentlich ein Gewürz darstellen, verwendet man nur die schlechten
und wurmstichigen Nüsse, den Bruch und den Abfall zur Herstellung von
Muskatbutter.

Gewinnung.

Gewinnung.

Ursprünglich wurde Muskatbutter nur auf den **Molukken** gewonnen,
zu welchem Zwecke man die minder guten Muskatnüsse auf Mühlen in
Pulver verwandelte, das geröstet, in Säcke eingeschlagen und zwischen erwärmten Platten auf Schraubenpressen ausgepreßt wurde. In den letzten
Jahrzehnten wird auch in einigen europäischen Betrieben Muskatnußbutter
gepreßt. Das Extraktionsverfahren ist, entgegen einigen dahin lautenden
Literaturangaben, kaum in Anwendung. Die Ausbeute beträgt 24—30 %.

Eigenschaften.

Handels-
sorten.

Die Muskatnußbutter stellt ein gelblichbraunes bis rötliches Fett von
talgartiger Konsistenz dar, das von kernigen, weißen Massen durchsetzt ist.
Im Handel unterscheidet man zwei Gattungen: die indische und die holländische Muskatbutter. Die erstere kommt in würfelförmigen Stücken von
0,32 kg Gewicht in den Handel, die gewöhnlich in Pflanzenblätter eingeschlagen sind. Die holländische, ein wenig heller gefärbte, angenehmer
riechende und feiner schmeckende Muskatbutter wird in etwas größeren
Würfeln gehandelt, die gewöhnlich ³/₄ kg wiegen und zumeist in Papier
eingewickelt sind. Die holländische Muskatbutter wird besser bezahlt als
die indische, welche nicht selten mit Talg, Wachs und ähnlichen Stoffen
verfälscht ist, weniger kernige Substanz enthält als die holländische und
meist einen scharfen, nicht gerade angenehmen Beigeschmack zeigt.

Physikali-
sche Eigen-
schaften.

Der Schmelzpunkt der Muskatbutter wird im Minimum mit 38 °C, im
Maximum mit 51 °C angegeben, das spezifische Gewicht zwischen 0,945 bis
0,996. In siedendem Alkohol ist Muskatbutter vollständig löslich, kalter
Alkohol nimmt sie nur teilweise auf und hinterläßt ein festes Fett, das durch
wiederholtes Kristallisieren aus Äther als reines Myristin erkannt wurde.

Die Muskatbutter enthält 4—10 % eines ätherischen Öles und etwa 45 % Trimyristin, außerdem Triolein und freie Fettsäuren. Das ätherische Öl der Muskatbutter (Oleum Macidis, Oleum Nucis Moschati, Essence de macis, Essence de muscade, Oil of mace, Oil of nutweg), welches der Muskatnuß auch ihren charakteristischen Geruch erteilt, besteht aus Pinen, Dipenten, Myristicol, Myristicin, Myristinsäure und einigen phenolartigen Körpern und wird durch Destillation der Muskatnüsse erhalten, wobei diese 8—15 % Ausbeute liefern. Auch die Muskatblüten geben bei der Destillation ätherisches Muskatnußöl, und zwar 4—15 %.

Chemische Zusammensetzung.

Die Muskatbutter enthält gewöhnlich größere Mengen freier Fettsäure (oft bis 20 %). Unter dem Mikroskop betrachtet, zeigt sich die Muskatbutter als vorwiegend aus kugeligen, aggregierten Kristallnadeln von Myristin bestehend. Die oben erwähnte kernartige Substanz setzt sich lediglich aus kristallisiertem Myristin zusammen. Auch Tröpfchen und Körnchen, ganze Zellen und Gewebsstücke aus dem Parenchym des Samengewebes sind unter dem Mikroskope erkennbar.

Die bei der Muskatbutter häufig anzutreffenden Verfälschungen bestehen gewöhnlich aus Beimengungen von Talg oder Wachs.

Verwendung.

Die Muskatbutter wird auf den Molukken als volkstümliches Heilmittel geschätzt. Bei uns dient sie in der Pharmazie zur Herstellung verschiedener Salben, aromatischer Massen, Pflaster und zur Bereitung einiger die Hauttätigkeit anregenden Einreibungen, wie solcher namentlich kränkliche Kinder bedürfen.

Verwendung.

Rückstände.

Über die Verwertung der Rückstände der Muskatölgewinnung ist bisher wenig in die Öffentlichkeit gedrungen; vielleicht eignen sie sich noch zur Gewinnung des in den Samenkernen enthaltenen ätherischen Öles.

Rückstände.

Handel.

Ehedem kam die Muskatbutter hauptsächlich von den Bandainseln zu uns (holländische Muskatbutter). In England waren diese würfel- oder ziegelförmigen Stücke unter dem Namen Bandaseife (soap of Banda) bekannt. Großbritannien bezog aber später seinen Bedarf aus Indien (Penang), und zwar entweder in der oben beschriebenen Würfelform oder auch in Blechkanistern.

Handel.

Die europäischen Firmen, welche Muskatbutter erzeugen, ahmen vielfach die Packung der Bandaware nach.

Die Jahresproduktion von Muskatbutter ist nicht sehr bedeutend. Von dem alljährlich geernteten Quantum an Muskatnüssen, das 150—200 Waggons beträgt, wird nur eine relativ kleine Menge zur Muskatbuttergewinnung verwendet.

Fett von Coelocaryum Cuneatum Warbg.

Nach Heckel enthalten die Samen einer am Kongo und in Kamerun vorkommenden Pflanze der Myristicaceenfamilie, Coelocaryum Klainii Pierre = Coelocaryum Cuneatum Warbg., ein der Muskatbutter sehr nahestehendes Fett. Heckel fand es bei 40^0 C schmelzend, in kaltem Alkohol wenig, in kochendem dagegen leicht löslich. Die Dichte des Fettes beträgt bei 15^0 C 0,997. Geruch, Geschmack wie auch Aussehen erinnern an Muskatbutter und auch die Zusammensetzung des Fettes dürfte jener der Muskatbutter nahekommen.

Virolafett.

Suif de Virola. — Tallow of Virola. — Sego di Virola.

Herkunft.

Abstammung.

Unter Virolafett ist streng genommen nur das aus den Samen von Virola sebifera Aublet und Myristica sebifera Swartz gewonnene Fett zu verstehen, über welches zuerst Aublet berichtete. Heute faßt man unter dem Namen Virolafett aber auch die Fette einer Reihe anderer ölreichen Sämereien zusammen, wovon nach Lewkowitsch[1]) die von Virola venezuelensis, nach Reimer und Will[2]) von Virola surinamensis die wichtigsten und meistverwerteten sind.

Die Virola sebifera ist in Guyana, Carolina und ganz Westindien heimisch, die Heimat der beiden anderen Arten geht aus deren Namen hervor.

Rohprodukt.

Same.

Die Früchte der meisten Virolaarten sind von kugeliger, nach beiden Seiten etwas zugespitzter Form, haselnußgroß und zweiklappig aufspringend.

Die Samen von Virola sebifera sind dunkelgrau bis schwärzlich und zeigen eine leicht zerbrechliche Samenschale. Die Samenkerne sind von einem Samenmantel umgeben und erscheinen an der Schnittfläche weiß und rot marmoriert.

Die in Venezuela „cuajo" genannten Samen von Virola venezuelensis liefern nach Lewkowitsch $47,5\,^0/_0$ Fett und enthalten außer diesem auch noch ein ätherisches Öl.

Reimer und Will beschreiben die Früchte von Virola surinamensis Rol. = Virola surinamensis, welche auf der Insel Cariba vorkommen und bisweilen unter dem Namen „Ölnüsse" als Früchte von der Form und Größe einer Kirsche auf den europäischen Markt gebracht werden. Sie besitzen eine dunkelgraue, gerippte, sehr zerbrechliche Schale, die einen hellbräunlichen harten Kern umschließt; durchgeschnitten

---

[1]) Lewkowitsch, Chem. Technologie u. Analyse der Öle, Fette u. Wachse, Braunschweig 1905, 2. Bd., S. 295.

[2]) Berichte d. deutsch. chem. Gesellsch., 1885, S. 2011.

weisen sie ein weiß und braun marmoriertes Fruchtfleisch auf. Der Geschmack der Früchte ist eigentümlich, etwas an den von Kokosnußöl erinnernd, der Geruch schwach aromatisch. Die Schalen enthalten kein Fett; ihr Gewicht beträgt etwa 16 % des Gesamtgewichtes der Nüsse. Die entschälten Kerne haben einen Fettgehalt von 73 %.

Heckel hat eine dritte Spezies von Virola, von ihm Virola Micheli benannt, untersucht. Die von einem mehrfach geteilten bänderartigen Samenmantel umhüllten Samen wiegen 2,37—2,48 g. Unter dem gelblichen Samenmantel zeigt sich die perlgraue, 1 mm dicke Samenschale, welche bei längerem Lagern des Samens eine kastanienbraune Farbe an-

| a | b | c | d |

Fig. 122. Samen von Virola Micheli Heckel. (Natürliche Größe.)

a = Same, vom Samenmantel befreit, von oben gesehen, b = Samenquerschnitt, c = Same, vom Samenmantel befreit, von unten gesehen, d = Same mit Samenmantel.

nimmt. Unter dieser Samenschale liegt ein 1,48—1,95 g schwerer Samenkern, der einen leicht aromatischen Geruch zeigt. Alte Samen besitzen diesen aromatischen Geruch nicht. Der Samenkern schmeckt schwach bitter, so wie der Samenmantel, und zeigt einen fettigen Bruch. Form und Größe sind aus Fig. 122 zu ersehen.

Gewinnung und Eigenschaften.

Die Gewinnung des Virolafettes erfolgt zumeist durch Auskochen der zerkleinerten Samen. Die Beschaffenheit der als Virolatalg bezeichneten Fette ist sehr verschieden. Das gewöhnlich in Form viereckiger Stücke in den Handel gebrachte Fett bildet eine talgartige Masse, die bei 45—50 ⁰ C schmilzt. Beim längeren Liegen an der Luft überziehen sich die Virolafettriegel mit einer perlmutterartig glänzenden kristallinischen Schicht. Die Bruchflächen älterer Fettstücke sind häufig bräunlich gefärbt und mit Kristallaggregaten durchsetzt. Eigen-
schaften.

Das Virolafett löst sich vollständig in Äther und Alkohol, zur Hälfte in Ammoniakwasser, zeigt eine Dichte von 0,995 (bei 15 ⁰) und ist nach Schädler nur teilweise verseifbar.

Das hellbraune, von Reimer und Will durch Extrahieren der Samen von Virola surinamensis mit Äther erhaltene Fett schmolz bei 45 ⁰ C. Es war im Vergleich zu anderen Fetten sehr hart, spröde und fühlte sich nur wenig fettig an.

In konzentrierter Schwefelsäure lösen sich die Fette der Virolaarten unter prachtvoller fuchsinroter Farbe auf. Beim Behandeln des Fettes aus Virola surinamensis mit Petroleumäther blieben 6,6 % eines harzartigen Rückstandes zurück und eine Sodalösung entzog 6,5 % freier Fettsäuren, wesentlich Myristinsäure.

Das von Harz und freien Säuren befreite Fett ist von hell graugelber Farbe, noch härter als das rohe Fett und schmilzt bei 47 °C. Durch Umkristallisieren desselben aus Äther wurden schneeweiße, büschelförmig gruppierte, schwach glänzende Nadeln erhalten, die bei 55 °C schmolzen und bei weiterem Umkristallisieren ihren Schmelzpunkt nicht änderten. Diese Nadeln lösen sich ziemlich gut in heißem Alkohol, dagegen fast gar nicht in kaltem, sehr leicht in heißem Äther, weniger leicht in kaltem, leicht in Benzol und Chloroform[1]).

Ver-
wendung.

Die Virolafette werden in Amerika, England und Frankreich zur Stearinfabrikation benutzt, zur Seifenfabrikation eignen sie sich weniger gut.

Andere
Myristica-
ceenfette.

Ähnlich den bereits genannten Myristicaceenarten, die Virolafett liefern, sind als ölgebende Pflanzen derselben Familie noch zu nennen:

Myristica angolensis B.,
Myristica longifolia Don.,
Myristica argentea Warbg.,
Virola guatemalensis (Hemsl) Warbg.,
Myristica Pycnanthus Warbg.,
Myristica Horsfieldia Willd.,
Myristica Gymnacranthera canarica (King) Warbg.

Die erstgenannten beiden Arten finden sich in Westafrika, Myristica Pycnanthus Warbg. in ganz Afrika, Myristica Horsfieldia Willd. in Vorderindien und Guyana, Myristica Gymnacranthera canarica auf den Philippinen. Von besonderer Bedeutung für die Ölgewinnung ist aber keine dieser Arten.

Ukuhubafett.

Urucabafett. — Becuhybafett. — Bicuhybafett. — Graisse d'Ucuhuba. — Beurre d'Ucu-uba. — Becuiba Tallow. — Ucuhuba Fat. — Sego di Ucuhuba.

Herkunft.

Ab-
stammung.

Das Ukuhubafett wird aus den Nüssen des Becuiba-Muskatbaumes (Myristica becuhyba Humb. = M. officinalis), einer in Brasilien heimischen Myristicacee, gewonnen.

Rohmaterial.

Same.

Die unter den Bezeichnungen „überseeische Nüsse", „Bicuhybanüsse" oder „Oilnuts" in den Handel kommenden Samen des Becuiba-Muskatbaumes bestehen aus dem Samenkern, der von einer dünnen und

---

[1]) Reimer und Will, Berichte d. deutsch. chem. Gesellsch., 1885, S. 2011.

leicht zerbrechlichen schwarzen Samenschale umgeben ist; letztere erscheint von breiten Furchen durchzogen und durch den sich darin festsetzenden Staub an den gefurchten Stellen grau oder braun gefärbt.

Die Samenkerne haben die Form und ungefähre Größe der Gewürz-muskatnüsse, wiegen ca. 1,2 g und sind von einer hellbraunen dünnen Haut umgeben, durch die das rötlich- oder gelblichweiße Samenfleisch an den Schnittflächen durch Einfalten der inneren Samenhaut braun mar-moriert erscheint. Die Kerne können mit dem Fingernagel geritzt und in einem Porzellanmörser leicht zu einer weichen Masse zerrieben werden; sie schmecken ähnlich wie die Kakaobutter, talgartig, haben einen bitteren Nachgeschmack und einen angenehmen, an Kakao erinnernden Geruch, namentlich wenn sie zerquetscht sind.

Die Schalen machen 15,5 % vom Gesamtgewichte der Nüsse aus [1]. Nördlinger fand

	Wasser	Fett
in der Gesamtfrucht . .	6,0 %	59,6 %
in den Samenschalen . .	11,2	2,6
in den Samenkernen . .	5,0	70,0

Eigenschaften und Verwendung.

Nördlinger, der das Ukuhubafett näher untersucht hat, beschreibt es wie folgt:

Das mittels Äthers extrahierte Fett ist hellgelb gefärbt; aus der äthe-rischen Lösung kristallisieren glänzende, weiße Blättchen, während eine gelbe, ölige Mutterlauge zurückbleibt. Das ausgepreßte Fett ist gelbbraun gefärbt und überzieht sich nach längerem Stehen an der Oberfläche mit einem weißen kristallinischen Beschlage; geschmolzen bildet es ein dunkelbraunes Öl. *Eigen-schaften.*

Das Fett riecht stark aromatisch, kakaoähnlich, schmeckt talgartig, mit einem gewürzhaften Nachgeschmack; sein Schmelzpunkt liegt bei 42,6—43 °C. Es ist leicht löslich in heißem Äther, Petroleumäther, Schwefelkohlenstoff und Chloroform, löst sich teilweise in heißem Alkohol, sehr wenig in heißem Eisessig [2].

Die chemische Zusammensetzung des Öles ist von Valenta [3] geprüft worden; nach seinen Untersuchungen besteht es aus Olein (10 1/2 %) und aus dem Glyzerid der Myristinsäure, einem ätherischen, mit Wasser-dämpfen flüchtigen Öle, einem harzartigen, nach Perubalsam riechen-den Körper und einer wachsartigen Substanz. *Zusammen-setzung.*

Das Neutralfett, das nur in geringer Menge in den Handel kommt, gibt ein geeignetes Rohmaterial für die Seifen- und Stearinfabrikation ab.

---

[1] Nördlinger, Berichte d. deutsch. chem. Gesellsch., 1885, S. 2617.
[2] Wagners Jahresberichte, 1885, S. 1085.
[3] Zeitschr. f. angew. Chemie, 1889, S. 3.

Ukuhuba-
kuchen.

Die Preß- oder Extraktionsrückstände der Ukuhubafettgewinnung sind im Handel unbekannt. Nördlinger hat aber versuchsweise solche Preßkuchen dargestellt; sie waren von rötlichbrauner Farbe und zeigten die nachstehende Zusammensetzung:

Wasser . . . . 8,86 %
Rohprotein 17,62
Rohfett 17,74
Stickstoffreie Extraktstoffe 20,66
Rohfaser 30,62
Asche 4,50
_____
100,00 %

Das in den Preßkuchen verbliebene und durch Ausziehen mit Äther daraus gewonnene Fett war dunkelbraun, besaß einen Schmelzpunkt von 44,5 °C und einen Erstarrungspunkt von 32 °C.

Ob die Kuchen als Futtermittel ohne Nachteil für die damit gefütterten Tiere verabreicht werden dürfen, ist noch nicht ermittelt worden. Infolge des geringen Proteingehaltes und des hohen Rohfaserprozentsatzes versprechen diese Ölkuchen keinen besonderen Erfolg, wie sie auch als Düngemittel nur von mäßiger Wirkung sein werden.

Ochocobutter.[1]

Beurre d'ochoco. — Beurre d'osoko du Gabon-Congo.

Herkunft.

Ab-
stammung.

Dieses Fett wird aus den sogenannten „Ochoconüssen" gewonnen. Unter diesem Namen scheinen die Eingeborenen Afrikas nicht nur die Samen einer bestimmten Pflanzengattung zu verstehen, sondern von einer ziemlich verschiedene Arten umfassenden Gruppe von Pflanzen. So kommt es, daß diese Samen von verschiedenen Botanikern je nach der bestimmten Art der untersuchten Probe verschieden klassifiziert werden.

J. Möller[2] beschreibt z. B. als Ochoconuß den Samen einer Dypterokarpeenart (Dryobalanops), Planchon und Collin[3] bezeichnen das Fett von Lophira alata[4] als Ochocotalg, Warburg[5] erklärte die Ochoconüsse als eine neue Muskatnußart von der Gattung Scypho-

---

[1]) Heckel, Les graines grasses, Paris 1902, S. 50.
[2]) Über afrikanische Ölsamen, Dinglers polyt. Journ., 1880, Bd. 238, S. 335.
[3]) Les drogues simples d'origine végétale, Paris 1880, 2. Bd., S. 735.
[4]) Die Samen von Lophira alata geben das Ménéöl (s. S. 683 dieses Bandes); die Annahme von Planchon und Collin ist also irrig.
[5]) Notizbl. des kgl. Gartens und Museums zu Berlin, 1895, Nr. 3.

cephalium und nannte sie zuerst Scyphocephalium chrysotrix[1]), später Scyphocephalium Ochocoa. Die Pflanze, welche die Warburg vorgelegenen Ochoconüsse liefert, wird von M. Pierre[2]) als Ochocoa Gabonii bezeichnet.

Rohmaterial.

Ochocoa Gabonii ist ein am Gabon zu findender Baum mit dichtem Zweigwerk, borstenhaarigen Blattstielen und großen, kugelförmigen, zusammengedrückten Früchten, die 3—4 cm lang und 4—5 cm breit sind. Die

Ochoco-
nüsse.

rostfarbigen, runzeligen Früchte (Fig. 123) sind mit borstigen Haaren bedeckt, mit oft zweiteiligen Kelchen versehen und besitzen eine 3 mm dicke Fruchthülle. Das Endocarpium ist schwammig, die 3—4 mm dicke Samenhaut krustig und brüchig.

Beim Querschnitt zeigt der Ochocosamen schokoladebraune Farbe und die Form eines Sphäroids, das an den beiden Polen stark abgeplattet und an der Peripherie unregelmäßig ist.

Das Gewicht der verschieden großen Samen ist sehr verschieden. Heckel fand die größeren Samen

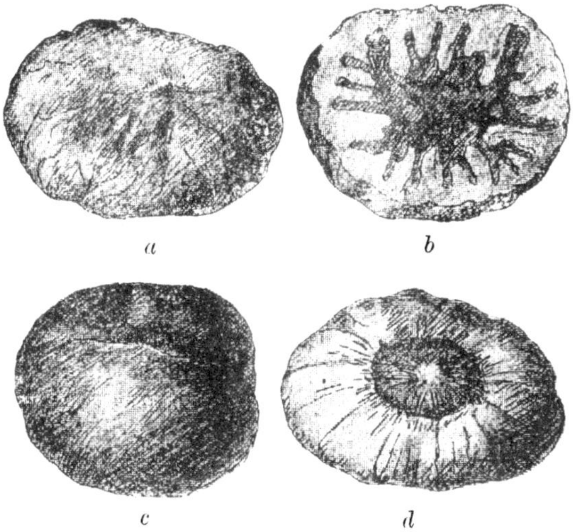

Fig. 123. Ochocoa Gabonii Pierre.
a = Samen von der Samenhaut befreit, b = Querschnitt desselben, c = Rückseite des von der Samenhaut befreiten Samens, d = Bauchseite des Samens.

über 12 g, die kleineren ungefähr 5 g schwer. Davon entfällt ungefähr ein Viertel auf die Schale, während drei Viertel auf den Samenkern kommen.

Die krustige Samenhaut wird von drei Häutchen gebildet, deren äußeres, heller als das mittlere, eng an diesem anliegt, das dunkler, fast schwärzlich ist und mit dem anderen einen Körper bildet. Es bleibt unabhängig von dem dritten, das die Innenhaut eng umschließt und von bedeutend hellerer Farbe ist, aber von zahlreichen Fasern durchfurcht erscheint. Die Innenhaut ist weiß und von stearinartiger Konsistenz; sie läßt sich mit dem Messer leicht schneiden und bricht dabei in kleine Stücke. Auf der Peripherie des Samens zeigt der Schnitt des Endosperms Zellen, deren Wände mit breiten, verholzten Streifen versehen und ornamentiert sind; diese Zellen sind gleichmäßig mit einem wachsartigen Stoffe angefüllt.

---

[1]) Monographien der Myristicaceen, Halle 1897, S. 244.
[2]) Bulletin de la Société de Paris, 1898, Nr. 159.

Möller[1]) gibt von den Ochocosamen die nachstehende Beschreibung:

Sie sind kuchenförmig, plattkugelig, mit breiten, meridionalen Wülsten, haben bei der Dicke von 15 mm einen Durchmesser von 3 cm und ein mittleres Gewicht von 6 g. An der Basis befindet sich in einer seichten Vertiefung der kreisrunde, etwa 1 cm breite Nabel. Die hellzimtbraune Oberhaut ist etwas schülfrig; in ihr verlaufen zahlreiche dunkler gefärbte Gefäßstränge, vom Rande des Nabels ausstrahlend und gegen den gleichfalls etwas vertieften Scheitel am entgegengesetzten Pole konvergierend. Der vertikale Durchschnitt zeigt unter der dünnen Oberhaut den eiweißlosen Embryo mit dem aufrechten Würzelchen und den großlappigen Keimblättern, deren Zwischenräume durch ein dunkelbraunes, vom Nabel in Begleitung der Gefäße eintretendes Gewebe ausgefüllt werden. Die Keimblätter sind hellbraun bis wachsgelb und lassen sich wie hartes Stearin schneiden und schaben.

Der Wert der Samen wird wesentlich beeinträchtigt durch das tief und in der Dicke von mehreren Millimetern in die Falten der Keimlappen eindringende rotbraun gefärbte, gerbsäurehaltige Gewebe der Samenhaut. Es nimmt fast die Hälfte des Volumens (nicht des Gewichtes) der Samen für sich in Anspruch und erschwert voraussichtlich ihre technische Ausbeutung.

Der Fettgehalt der bloßgelegten Keimblätter (des Endosperms) beträgt nach Heckel 80,8 %.

Eigenschaften und Verwendung.

Eigenschaften.

Das bei 53 °C schmelzende und bei 37—42 °C erstarrende Ochocofett ist von gelblicher bis brauner Farbe und enthält eigenartige Farbstoffe, die beim Filtrieren der Benzinlösung des Fettes durch Filterpapier zum Teil von diesem festgehalten werden und eine Blaufärbung des Papiers verursachen[2]).

Die Fettsäuren des Ochocofettes würden ein gutes Rohmaterial für die Stearinerzeugung abgeben, wenn es möglich wäre, sie ungefärbt zu erhalten.

Rückstände.

Rückstände.

Diese enthalten ungefähr 12 % stickstoffhaltiger Stoffe und können trotz ihres Mangels an Stärke als Futtermittel verwendet werden.

Otobafett.

Amerikanische Muskatbutter. — Otobabutter. — Suif d'otoba.

Herkunft.

Abstammung.

Das Otobafett wird aus den Samen des Otoba-Muskatbaumes (Myristica Otoba Humb.) gewonnen. Dieser Baum ist im nordwestlichen Südamerika (Neu-Granada) zu finden; seine Samen sind unter dem Namen „Muskatnüsse von Santa Fé" bekannt.

---

[1]) Dinglers polyt. Journ., 1880, Bd. 238, S. 335.
[2]) Näheres über dieses sehr interessante Verhalten des Ochocofettes siehe Heckel, Les graines grasses nouvelles, Paris 1902, S. 55.

Eigenschaften.

Eigenschaften.

Das Otobafett ist in frischem Zustande gelblich, fast farblos, talgartig und riecht nach Muskatnüssen. Beim Lagern wird es hell- bis schmutzigbraun und nimmt eine körnige Beschaffenheit an. Beim Schmelzen weicht der Muskatgeruch einem weniger angenehmen Geruche. Unter dem Mikroskop betrachtet, ähnelt das Otobafett der Muskatbutter, ist aber ärmer an kristallinischen Substanzen.

Der Schmelzpunkt des Fettes liegt bei 38° C. Uricoechea[1]) fand in dem Otobafette neben Myristin und Olein eine eigenartige, von ihm Otobit benannte Substanz von der Zusammensetzung $C_{24}H_{26}O_5$, welche farblose, große Prismenkristalle bildet, geruch- und geschmacklos ist, bei 133° C schmilzt und beim Umschmelzen zu einer glasigen, amorphen Masse erstarrt.

Kombobutter.[2])

Beurre de Kombo du Gabon. — Mutage d'Angola.

Herkunft.

Abstammung.

Unter diesem Namen kennt man in Kongo und am Gabon ein Fett, das aus den Samen einer Myristicacee gewonnen wird, die früher Myristica Kombo genannt, später von Warburg als Pycnanthus Kombo Baillon bezeichnet wurde[3]). Warburg bestimmte auch die Varietäten Pycnanthus microcephala Benth. und Myristica angolensis Welwitsch.

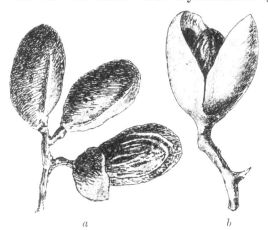

Fig. 124. Pycnanthus Kombo Warbg.
a = Fruchtzweig (natürliche Größe), b = einzelne aufgesprungene Früchte.

Rohmaterial.

Frucht.

Die Frucht dieses Baumes (Fig. 124) ist länglich und äußerlich von einer dicken Hülle bedeckt. Der Same stellt sich als ein schwärzliches Ovoid von 2 cm Länge und 1 cm Breite dar, das auf der schwarzen, wie glasierten und glänzenden Samenschale hervorspringende Linien zeigt, die mit tiefen, Streifen von der verschwundenen Samenhaut enthaltenden Furchen abwechseln.

[1]) Annalen der Chemie und Pharmazie, Bd. 41, S. 369.
[2]) Heckel, Les graines grasses nouvelles, Paris 1902, S. 100.
[3]) Warburg, Monographien der Myristicaceen, Halle 1897, S. 252.

Das Gewicht der Samen ohne Samenhülle (Fig. 125) beträgt ungefähr 2 g einschließlich des Spermoderms, ohne das letztere 1,4 g. Ein Schnitt durch den Samen zeigt eine gelblichweiße Färbung und stearinartige Konsistenz; in der Mitte des Querschnittes findet man einen leeren Raum, begrenzt von 3—4 ästigen Strahlen. Die Samenhaut (Samenschale) dringt ziemlich tief in das Endosperm.

Die so geöffneten Samen haben selbst nach längerer Zeit einen besonderen aromatischen Geruch, welcher nicht sehr angenehm genannt werden kann.

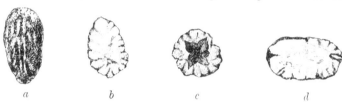

Fig. 125. Same von **Pycnanthus Kombo Warbg.** (Natürliche Größe.)
a = Same ohne Samenmantel, *b* = Längsschnitt des Samens, *c* = Querschnitt des Samens, *d* = Längsschnitt mit dem Embryo.

Der von seiner Hülle entblößte, aber mit seiner schwärzlichen, glänzenden, krustigen und brüchigen Samenschale, die sich vom Kern leicht trennen läßt, versehene Same gibt bei Behandlung mit Schwefelkohlenstoff $45,4\,^0/_0$ Fett. Von seiner Schale (Testa) befreit, gibt der Same $56\,^0/_0$ Fett.

Nach De Lanessan[1]) werden die bitter schmeckenden Samen bei verschiedenen chronischen Krankheiten verabreicht.

Eigenschaften.

Eigenschaften. Die Kombobutter — gleichgültig, ob sie durch Pressung oder Extraktion erhalten wurde — ist von rotbrauner Farbe, bei gewöhnlicher Temperatur fest und leicht aromatisch riechend. Beim Lagern nimmt sie allmählich einen höchst unangenehmen, an Heringslauge erinnernden Geschmack an, was offenbar auf die Bildung von **Trimethylamin** zurückzuführen ist.

Die Färbung des Fettes rührt von einem in der Samenhaut befindlichen Farbstoff her, der in das Öl übergeht, wenn man die Samen samt ihrer Samenhaut verpreßt. Dieser Farbstoff dürfte eine Art Harzgummi sein; beim Verseifen des Fettes geht er zum Teil in die Unterlauge über. Die Kombobutter besteht fast ausschließlich aus **Trimyristin.**

Verwendung.

Verwendung. Die Verwendung des Fettes in der Seifen- und Stearinindustrie stößt auf Schwierigkeiten. Seine Verarbeitung zu Seife wird durch die dunkle Färbung erschwert; die Verwertung in der Stearinindustrie geht wegen

---

[1]) Plantes utiles de Colonies françaises, S. 802.

der ebenfalls starken Färbung der Fettsäuren, die auch nach der Destillation nicht ganz verschwindet, und wegen des hohen Myristinsäuregehaltes der Fettsäuren nicht gut an. Myristinsäure drückt nämlich den Schmelzpunkt von Fettsäuregemischen wesentlich herab, macht also die Kerzenmasse zu leicht schmelzbar.

Rückstände.

Die Preßrückstände dieser Samen enthalten ca. 25 $\%$ Rohprotein und Rückstände. können als Futtermittel verwertet werden.

Beurre de Staudtia Kamerunensis Warbg.[1]

Herkunft.

Dieses Öl stammt von einer am französischen Kongo und in Kamerun Abstammung. ziemlich verbreiteten, wahrscheinlich aber auch an anderen Punkten der Westküste Afrikas vorkommenden Pflanze, der Staudtia Kamerunensis Warbg. Es ist dies ein Baum von 30—38 m Höhe mit schlankem Stamme, kugelförmiger Krone und rauher, brauner Rinde, dessen hartes, rötliches Holz einen roten Saft enthält.

a b c

Fig. 126. Same von Staudtia Kamerunensis Warbg. (Natürliche Größe.)

a = Same ohne Samenmantel, b = Same ohne Samenmantel und Samenhaut, c = Querschnitt des Samens.

Rohprodukt.

Die Frucht ist kurz gestielt, elliptisch, Frucht. in reifem Zustande fleischfarben, ca. 5 cm lang und 3,5 cm breit.

Der von seiner Hülle entblößte Same ist 2,5 cm lang und im Maximum 1,5 cm breit; sein Gewicht beträgt höchstens 3,5 g, wenigstens 2,1 g. Er enthält in seinen wenig dichten Zellwänden eine ziemlich reichliche Menge Stärkekörner und einen festen Ölkörper.

Die von ihrer doppelten Samenhülle entblößten Samen enthalten 31,7 $\%$ Fett.

Eigenschaften und Verwendung.

Die Staudtiabutter ist bei gewöhnlicher Temperatur fest, zeigt die Eigenschaften. Farbe des natürlichen Bienenwachses und besitzt einen eigenen aromatischen Geruch und Geschmack, der auch die Samen auszeichnet.

Die aus dem Fette abgeschiedenen Fettsäuren schmelzen bei 39 ^{0} C und bestehen aus Öl- und Myristinsäure.

Das Fett könnte als Ersatz für Muskatbutter in Betracht gezogen Verwendung. werden; für die Seifen- und Stearinindustrie eignet es sich nicht.

---

[1] Heckel, Les graines grasses nouvelles, Paris 1902, S. 111.

Lorbeerfett.

Beurre de laurier. — Huile de laurier. — Bayberry Oil. — Burro
di lauro. — Oleum lauri.

Herkunft.

Ab-
stammung.

Dieses Fett, das nicht mit dem Seite 667 besprochenen indischen
Lorbeeröle und dem als Laurelnutöl bekannten Fette von Calophyllum inophyllum verwechselt werden darf, wird aus den Früchten
des Lorbeerbaumes (Laurus nobilis L.) gewonnen.

Der ursprünglich in Kleinasien, in Syrien und im Taurus heimische
Lorbeerbaum, welcher heute in ganz Griechenland, Spanien, Italien,
Frankreich und Südtirol (an den Ufern des Gardasees) kultiviert wird,
ist von alters her als Schmuckpflanze bekannt. Im klassischen Altertum
dienten seine Zweige als Symbol des Sieges, Ruhmes und Verdienstes[1]).

Dioscorides, Palladius und Plinius führen das Lorbeerfett in
ihren Schriften als Arznei an und das Produkt wird in der ersten Aus-
gabe des Dispensatorium Noricum vom Jahre 1543 erwähnt.

Rohprodukt.

Frucht.

Die Früchte des Lorbeerbaumes sind ovale Steinfrüchte von der Größe
einer Kirsche. In frischem Zustande sind sie blauschwarz, beim Trocknen
werden sie dunkel olivenbraun. Das Fruchtgehäuse ist dünn und zerbrechlich
und beherbergt eine papierdünne Steinschale, die ihrerseits einen ölig fleischigen
Samenkern einhüllt, der leicht in zwei hellbraune Hälften zerfällt. Die
Beere enthält 24—26 % Öl.

Gewinnung, Eigenschaften und Verwendung.

Eigen-
schaften.

Durch Auskochen der frischen Lorbeeren gewinnt man ein grünes,
bei gewöhnlicher Temperatur butterartige Konsistenz zeigendes Fett von
eigentümlich aromatischem Geruch. Das Öl löst sich in siedendem Alkohol
vollständig auf, doch scheidet die Lösung beim Erkalten Kristalle von
Trilaurin aus. Das Öl zeigt bei 15° C eine Dichte von 0,9332 und
schmilzt nach den Untersuchungen von Villon und denen von de Negri
und Fabris zwischen 32—36° C. Die abgeschiedenen Fettsäuren zeigen
nach Lewkowitsch einen Erstarrungspunkt von 14,3 bis 15,1° C.

Das Lorbeerfett besteht der Hauptsache nach aus Trilaurin, neben
diesem sind Myristin sowie kleine Mengen von Harz und Chlorophyll vorhanden. Der charakteristische aromatische Geruch und Geschmack des Lor-
beerfettes werden durch die Gegenwart eines aromatischen Öles bedingt[2]).

---

[1]) Hehn, Kulturpflanzen und Haustiere, 3. Aufl., 1877, S. 196—201.
[2]) Schädler, Zeitschr. f. analyt. Chemie, 1894, S. 569.

Das Lorbeerfett wird häufig mit Schweinefett verfälscht, welches man zu diesem Zwecke mittels Kupfers schwach grün färbt.

Das Lorbeerfett findet Anwendung als Gewürz und als Veterinär-fett. In früheren Zeiten wurde es auch als Salbungsöl bei verschiedenen Zeremonien gebraucht. Ver-
wendung.

Lorbeertalg.

Hoeroe gadung (Java). — Undung (Birma).

Dieses Fett wird durch Auskochen der Samen des Talglorbeer-baumes (Tetranthera laurifolia Jacq. — Sebifera glutinosa Lour.), der sich in Cochin, China und auf Java findet, gewonnen. Der Lorbeertalg ist viel konsistenter als das Lorbeerfett und findet zur Herstellung von Kerzen Verwendung. Lorbeertalg.

Tangkallakfett. [1]

Tangkallahfett. — Tangkallak Fat. — Beurre de Tangkallah, Minjak Tangkallah (Java).

Dieses Fett stammt aus dem Samen eines Baumes, der in älteren Werken als Litsaea sebifera Bl., Cylicodaphne sebifera Bl., Cyli-codaphne Litsaea oder Tetranthera calophylla Miq. angeführt, in neueren als „Lepidadenia Wightiana Nees" bezeichnet wird. Die eigentliche Heimat dieses Baumes ist Java, doch findet er sich gegen-wärtig auch auf den benachbarten Inseln sowie in Hinterindien und wird in Bangka auch von den Chinesen angepflanzt. Ab-
stammung.

Rohprodukt.

Nach Sack enthalten die Früchte 36,5 % Fett, nach Lemarié ist ihr Fettgehalt jedoch 40—45 %; Schröder gibt sogar 51 % an. Rohprodukt.

Eigenschaften.

Das eines charakteristischen Geruches und Geschmackes entbehrende Fett schmilzt nach Sack bei 27°C, nach Lemarié bei 45° und erstarrt nach Schröder bei 27°C. Die schwankenden Angaben über den Schmelz-punkt und den Fettgehalt der Früchte lassen vermuten, daß den ver-schiedenen Forschern nicht das gleiche Produkt vorlag. Übereinstimmend wird nur der hohe Gehalt des Tangkallakfettes an Laurin angegeben, nämlich 80,6 % (Sack) bzw. 95,9 % (Schröder). Nach Schröder sind außer Laurin noch 2,6 % Olein und 1,44 % Unverseifbares enthalten. Eigen-
schaften
und
Zusammen-
setzung.

---

[1] Lemarié, Bull. Impérial Inst., 1903, S. 212; Sack, Pharm. Weekblad, 1903, S. 4; A. Schröder, Archiv d. Pharm., Bd. 243, S. 628; Miquel, Flora d. Nederl. Indie. Bd. 1, S. 934; Henkel, Naturprodukte im Welthandel, Stuttgart 1868, S. 235.

Verwendung.

Das Tangkallakfett wird auf Java und in Hinterindien zur Herstellung von Seife und Kerzen verwendet; ein Baum soll jährlich etwa 7000 Früchte liefern, deren Fruchtfleisch auf Bangka als angenehme und nahrhafte Speise sehr geschätzt wird.

Avocatoöl.

Avocatofett. — Alligatorbirnenöl. — Aguacatafett. — Perseafett. — Huile d'Avocatier. — Alligator pear Oil. — Avocado Oil.

Herkunft und Rohmaterial.

Dieses in Indochina und Amerika in beträchtlichen Mengen in der Seifenfabrikation angewandte Öl ist bis heute in Europa fast unbekannt. Es entstammt dem Fruchtfleische des in den meisten tropischen Ländern, besonders aber in Indochina, Westindien und dem ganzen Tropengürtel anzutreffenden Advokatenbaumes (Persea gratissima Gaertn. = Laurus Persea Linn.). Auch Nordbrasilien, Mexiko und Jamaika bauen diesen Baum viel an und von dort aus werden die Früchte nach den Vereinigten Staaten exportiert. Die Früchte sind unter den Namen „Avocato- oder Alligatorbirnen" bekannt und liefern ein äußerst wohlschmeckendes Fruchtmus. Lange Verfrachtung halten die Alligatorbirnen, ähnlich wie das Palmfruchtfleisch, aber nicht aus.

Eigenschaften und Verwendung.

Das Avocatofett (dieser Name ist eine Verballhornisierung des brasilianischen Wortes „aguacata") ist von grünlichbrauner Färbung, besteht aus Olein, Laurostearin und Palmitin und zeigt in seinem Verhalten eine gewisse Ähnlichkeit mit Palmöl. Das Öl findet als Speisefett und in der Seifenfabrikation Verwendung.

Cay-Cay-Butter.

Cay-cay-Fett. — Cay caybutter.

Herkunft.

Die Cay-cay-Butter wird aus den Samen zweier in Cochinchina bzw. auf Malakka heimischen Bäume (Irvingia Oliveri Pierre und Irvingia malayana Oliv.) gewonnen.

Diese stattlichen, schönen Bäume werden bis 40 m hoch, besitzen eine dunkelgrüne, glänzende Laubkrone und liefern ein hartes Holz sowie eine gerbstofffreie Rinde.

Rohmaterial.

Die Frucht ist eine eiförmige Steinfrucht mit faserigem Mesokarp und holzigem Endokarp. Im Reifezustande ist sie gelb und hat die Größe einer Zitrone. Zur Erntezeit, wenn die äußere Fruchthülle zerstört wird, verkleinert sich die Frucht bis zu ihrem Endokarpium und hat in diesem Falle die Größe und Form einer von ihrer grünen Schale befreiten Mandel; ihre Oberfläche ist dann grau und samtartig. Der unter der Schale liegende Kern hat die Größe und Form einer Mandel und ist mit einer braunen, glatten und zerbrechlichen Samenhaut bedeckt.

Crevost[1]) berichtet, daß zur Zeit der Reife (Juli und August) die Cay-cay-Früchte den Boden um die Stämme herum viele Zentimeter hoch bedecken. Die Eingeborenen sammeln die unter jedem Baum befindlichen Früchte zu einem Haufen und lassen sie so lange liegen, bis sie unter dem Einflusse des Wetters das faserige Mesokarpium verloren haben, was fast zwei Monate dauert; hierauf befördert man die Nüsse zu den Wohnplätzen, um sie an der Sonne trocknen zu lassen.

Die trockenen Samenkerne, welche von Eichhörnchen, Affen, Wildschweinen usw. mit großer Vorliebe gefressen werden, enthalten $52^0/_0$ Fett, in dem von Vignoli Triolein und Tristearin nachgewiesen wurde.

Gewinnung.

Die Verarbeitung der Cay-cay-Nüsse vollzieht sich in Cochinchina auf recht einfache Weise:

Man öffnet vorerst die getrockneten Nüsse, indem man die Klinge eines starken Messers zwischen die Längsnaht der Samenschale eintreibt oder die Schale mit einem Hammer zertrümmert. Die entblößten Kerne werden nun der Sonnenwärme ausgesetzt und sodann von dem braunen Häutchen befreit, das sie einhüllt. Nach Beendigung dieser Arbeit werden die Mandeln in einem Mörser ziemlich fein zerstampft und das erhaltene Material in ein sehr fein geflochtenes Bambussieb gebracht. Letzteres wird dann derart in einen zu zwei Dritteln mit Wasser gefüllten Kessel gelegt, daß der obere Siebrand mit der Öffnung des Kessels abschneidet und der Siebboden von der Wasserfläche noch etwas entfernt ist. Der Kessel wird dann hermetisch verschlossen und erhitzt, bis die Temperatur des Wassers nahe der Siedehitze ist, ohne diese aber zu erreichen. Der Inhalt des Siebes verwandelt sich dabei in einen klebrigen Kuchen, den man in ein Flechtwerk aus Stroh einschlägt und auf Keilpressen auspreßt. Die Preßrückstände werden dann noch ein zweites- und drittesmal dem Dünstungsprozeß in dem Wasserkessel ausgesetzt, um hierauf ausgepreßt zu werden.

Man kann den Cay-cay-Talg aber auch durch Auskochen der zerkleinerten Samenmasse gewinnen[2]).

[1]) Les arbres à suif de l'Indochine (Separatabdruck), Hanoi 1902, S. 2.
[2]) Apothekerztg., 1898, S. 169.

Das ausgebrachte Fett wird — solange es noch flüssig ist — in runde Gefäße gegossen, wo es erstarrt und dabei die handelsüblichen Fettbrote bildet. Will man unmittelbar Kerzen erzeugen, so gießt man das geschmolzene Fett in kleine, zuvor mit einem Baumwollfadendocht versehene Bambusrohre.

Die primitive Verarbeitungsweise soll trotz des hohen Ölgehaltes der Kerne (52 %) nur eine Ausbeute von 20 % vom Kerngewicht liefern[1].

Eigenschaften und Verwendung. [2]

Eigenschaften.

Das in frischem Zustande graugelbe, an der Luft ausbleichende Fett schmilzt bei 38° C und kommt in konischen Broten von 2—3 kg in den Handel. Die Cay-cay-Butter liefert feste, stark schäumende Seifen, die sich im Wasser leicht lösen und große Mengen Wasser zu binden vermögen, ähnlich wie die Kokosseife.

Verwertung.

Die Hauptverwendung des Cay-cay-Talges ist in der Kerzenherstellung zu suchen. Die Kerzen brennen mit heller, geruchloser Flamme und werden zumeist für buddhistische Zeremonien in den Götzentempeln und auf Hausaltären verbrannt.

Rückstände.

Rückstände.

Die beim Auspressen der Cay-cay-Samen resultierenden Rückstände werden als Futtermittel, als Brennmaterial und zum Düngen benutzt. Da viele Tiere die Cay-cay-Samenkerne gierig fressen, dürften die Preßrückstände ein wohlbekömmliches Futtermittel sein. Der Stickstoffgehalt der Kuchen ist aber nur 1,21 %, was einem Rohproteingehalt von ca. 7,5 % entspricht.

Dieser relativ geringe Stickstoffgehalt vermindert auch den Wert der Cay-cay-Kuchen als Düngestoff. Auffray hat neben dem Stickstoff auch die Menge der Phosphorsäure, der Kali-, Kalk- und Magnesiaverbindungen in diesen Kuchen bestimmt. Er fand einen Gehalt von

0,14 % Phosphorsäure,
0,26 % Kali,
0,30 % Kalk und
0,67 % Magnesia,

durchweg Zahlen, welche die Verwertung des Produktes zu Düngezwecken nicht gerade verlockend erscheinen lassen.

Wirtschaftliches.

Handelsverhältnisse.

Die Samen des Cay-cay-Baumes und das daraus gewonnene Fett hatten ehedem eine größere Bedeutung für den Handel Cochinchinas als heute. Die Einführung des Petroleums als Beleuchtungsstoff hat den Ver-

---

[1] Bulletin Economique, Hanoi 1902, Juniheft.
[2] Semler, Tropische Agrikultur, 2. Aufl., Wismar 1897, S. 543.

brauch des Cay-cay-Fettes als Kerzenmaterial auch in diesen Gegenden sehr eingeschränkt. Zurzeit gewinnt man es nur noch im Kanton Go-dâu-Ha und in einigen Waldgebieten der Kambodschaprovinzen, in Kompong-Thom und Kompong-Châm.

Früher wurde der Pflanzentalg in Form von kleinen Broten in den einheimischen Bazaren von Saigon feilgeboten; sogar von Kambodscha kam er herunter, während heute selbst Proben dieses Fettes nur schwer zu erhalten sind. Bloß Kerzen aus Cay-cay-Talg findet man noch häufig. Da die Kerzenerzeuger die Samen, welche sie benötigen, in den benachbarten Wäldern selbst sammeln, kommen Cay-cay-Samen gar nicht auf den Markt.

Ein Hindernis der allgemeinen Ausbeutung der Cay-cay-Früchte ist auch der Umstand ihrer schwierigen Entkernung. Diese Arbeit ist besonders dann schwer auszuführen, wenn die Ware nicht vollständig trocken ist. Ein weiterer Transport der unentschälten Samen und die maschinelle Entschälung an passend gelegenen Zentralpunkten verbieten sich durch den hohen Prozentsatz an Schalen, bzw. durch die dadurch bedingten hohen Frachtspesen.

Dikafett.

Dikabutter. — Beurre de Dika. — Huile de Dika. — Dika Oil. — Oba Oil. — Wild Mango Oil. — Sego di Dika. — Burro di Dika.

Herkunft.

Das Dikafett stammt von den Samen des Obabaumes (Irvingia Gabonensis und Irvingia Barteri — Familie der Simarubaceen —), nach anderen Angaben[1]) von Mangifera Gabonensis, doch ist letzterer Baum wohl mit Irvingia Gabonensis identisch, worauf schon Oliver[2]) aufmerksam gemacht hat. *Ab-stammung.*

Rohmaterial.

Die 5—6 cm Durchmesser habende, fast viereckig erscheinende einsamige Steinfrucht enthält einen taubeneigroßen Kern, dessen Ölgehalt nach früheren Angaben 60 % [3]), ja sogar 65—66 % [4]) betragen soll, während Lewkowitsch in einer aus Südnigeria bezogenen Probe von Dikanüssen nur 54,3 % Fett fand. *Frucht.*

Der Dikabaum findet sich an der Westküste Afrikas bis Sierra Leone hinauf, besonders aber am Gabon, in Kamerun sowie im Kongogebiet, und wird dort von den Eingeborenen „udika, dika, dita und oba"

[1]) O Rorke, Journ. Pharm. Chim., Bd. 31, S. 275.
[2]) Oliver, Flora of Tropical Africa, London 1868.
[3]) Österr. offiz. Bericht über die Pariser Weltausstellung 1867, Bd. 5, S. 343.
[4]) Atfield. Pharm. Journ., 1862, Bd. 3, S. 446.

genannt[1]). Die Früchte, welche man „iba“ heißt, werden zur Darstellung einer schokoladeartigen Masse, dem Dikabrot (Oba, chocolat du Gabon, pain du Dika, Dikabread)[2]) benutzt, das, 72% Fett und 11% Eiweiß enthaltend, in ungefähr 5 kg schweren zylindrischen Massen gewonnen wird und einen lokalen, nicht gerade billigen Handelsartikel bildet. Dieser Lokalkonsum ist nach Semler[3]) auch die Ursache, daß sich der Export von Dikanüssen nicht recht entwickeln will.

Gewinnung, Eigenschaften und Verwendung.

Die Eingeborenen verwerten die Dikafrucht hauptsächlich zu Dikabrot; sie verarbeiten nur einen Teil der Ernte zu Fett, und zwar durch Auskochen der Kerne mit Wasser und Abschöpfen des oben schwimmenden Öles. Nur ganz vereinzelt wird das Dikafett durch Auspressen der erwärmten, zerkleinerten Kerne gewonnen[4]).

Eigenschaften. Das Dikafett ist in frischem Zustande von rein weißer Farbe und süßlichem, angenehmem Geschmacke. Nach Wiesner erinnert sein Geruch an Kakao und tritt beim Erwärmen stärker hervor. Beim Liegen schlägt die Farbe des Fettes bald in ein Gelblichweiß um, um schließlich ins Orangegelbe überzugehen. Die Angabe Jacksons[5]), wonach das Dikafett einen geradezu widerlichen Geruch haben soll, trifft wohl nur für stark ranzige Produkte zu. Unter dem Mikroskop betrachtet, besteht das Fett aus dichtgruppierten dicken, prismatischen Kristallen.

Zusammensetzung. Nach Oudemans[6]) Untersuchungen besteht das Dikafett aus Myristin und Laurin; Lewkowitsch[7]) hat bei einer Überprüfung der Oudemansschen Arbeiten die Richtigkeit von dessen Befunden bestätigen können, mit der kleinen Einschränkung, daß auch einige Prozente Olein im Dikafett zugegen seien. Die Angaben Dieterichs[8]), wonach der Trioleingehalt des Fettes ungefähr 34% betragen soll, sind jedenfalls zu hoch gegriffen.

Verwendung. Das Dikafett ist leicht verseifbar und findet in den Tropen zur Herstellung von Seifen und Kerzen Verwendung. Weit wichtiger ist jedoch sein lokaler Verbrauch als Speisefett. Heckel hat sich bemüht, das Dikafett als Kakaobutterersatz einzuführen, zu welchem Zwecke es in Spanien auch bereits eine Verwendung, wenn auch nur in bescheidenem Umfange, findet.

---

[1]) The Analyst, 1905, S. 394; Seifensiederztg., Augsburg 1906, S. 106.
[2]) Catalogue des Colonies françaises, 1867, S. 93.
[3]) Semler, Tropische Agrikultur, 2. Aufl., Wismar 1900. Bd. 2, S. 542.
[4]) Heckel, in Buchners Repert. Pharm., Bd. 14, S. 156.
[5]) Technologist, Bd. 4, S. 746.
[6]) Journ. f. prakt. Chemie, Bd. 81, S. 356.
[7]) The Analyst, 1905, S 394.
[8]) Benedikt-Ulzer, Analyse der Fette, 4. Aufl., Berlin 1903, S. 763.

Tulucunaöl. [1]

Tulucunafett. — Huile de Touloucoona.

Herkunft.

Ab-stammung.

Dieses irrigerweise meist als Carapaöl bezeichnete Fett stammt von den Samen der Carapa touloucouna Guill. und Perr. = Carapa procera D. C. = Persoonia guareoides W. Dieser Baum findet sich in Westindien, Guayana und an der ganzen westafrikanischen Küste. Die Woloffs nennen ihn Tulucuna, in Diola heißt er Bonfopary oder Bukunu, im Sudan Kobi.

Rohprodukt.

Frucht.

Die lederartige Frucht (Fig. 127 a) von Carapa touloucouna ist fünf-klappig und beherbergt in jedem Fache drei in senkrechten Reihen angeordnete

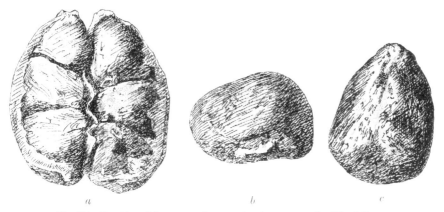

Fig. 127. Frucht und Same von Carapa touloucouna Guill. et Perr.
a = Bruchteil (²⁄₅) der Frucht (¹⁄₄ der natürlichen Größe), b und c = Samen, infolge ver-schiedener Lage in der Frucht verschieden geformt (natürliche Größe).

Same.

Samen. Letztere (Fig. 127 b u. c) haben die ungefähre Größe einer Roßkastanie und erscheinen infolge des gegenseitigen Druckes vielseitig abgeplattet. Sie sind mit einer Schale bedeckt, welche manchmal glatt, mitunter mehr oder weniger genarbt oder runzlig ist. Ersterenfalls ist die Schale weniger hart als bei der genarbten oder runzligen Ausbildung. Die Farbe der Samen-schale ist schokoladebraun und dunkler als bei Carapa guyanensis.

Die gelblichbraunen bis rosafarbenen Keimlappen der Samen sind von fester Konsistenz und schmecken bitter, doch erreicht die Intensität des

---

[1] Dieses Fett wird in der Fachliteratur gewöhnlich unter dem Namen „Carapa-fett" oder „Huile de Carapa" angeführt (vergleiche das in Fußnote 1, S. 506 Gesagte). Unter Carapafett oder richtiger Carapaöl ist aber das Öl der Samenkerne von Carapa guyanensis Aubl. zu verstehen.

Bittergeschmackes nicht den der Carapa guyanensis. Der Samenkern ist frei von Stärke und wiegt 10—12 g.

Die Samen bestehen nach Heckel[1] aus

$$28,75\,\%\ \text{Schalen}$$
$$71,25\,\%\ \text{Kernen.}$$

Die Samenkerne enthalten nach Schlagdenhauffen 65,31 % Rohfett. Die Samenschalen bestehen fast ausschließlich aus Zellulose.

Gewinnung und Eigenschaften.

Die Gewinnung des Tulucunafettes ist analog der beim Carapaöl (Seite 507) beschriebenen Methode.

Eigen-schaften.

Die von Milliau[2], Deering[3] und Hamau[4] untersuchten Proben, welche die Bezeichnung Carapafett trugen, dürften durchweg Tulucunafett gewesen sein. Bei den an der Tagesordnung stehenden Verwechslungen dieser beiden Fette, worauf zuerst aufmerksam gemacht zu haben ein Verdienst Heckels ist, und bei dem Umstande, daß sehr häufig Fettgemische unter dem gleichen Namen auf den Markt kommen, weichen die vorliegenden Daten über die physikalischen und chemischen Eigenschaften ziemlich voneinander ab.

Der Schmelzpunkt des hellgelben, fast weißen, geruchlosen, bitter schmeckenden Fettes wird als zwischen 23—31° C liegend angegeben; als Dichte nennt man 0,912 (bei 15° C), bzw. 0,9225 (bei 12,5° C).

Die Fettsäuren des Tulucunaöles schmelzen bei 32° C und bestehen aus Palmitin- und Ölsäure.

Verwendung.

Ver-wendung.

Das Tulucunafett findet dieselbe Verwendung wie das Carapaöl. Die nach Europa gebrachten Mengen des Fettes werden teils zu Seife, teils zu Stearin verarbeitet.

Rückstände.

Rückstände.

Die Preßrückstände der Tulucunasamen wechseln in Aussehen und Zusammensetzung, je nachdem geschälte Samenkerne oder Samen samt Schale verpreßt wurden. Nach Larbalétrier enthalten:

	Ungeschälte Kuchen	Geschälte Kuchen
Wasser	12,65 %	12,50 %
Rohprotein	16,51	27,10
Rohfett	9,99	4.46
Kohlehydrate und Rohfaser	53,65	51,12
Asche	7,20	4,82
	100,00 %	100,00 %.

[1] Heckel, Les graines grasses nouvelles, Paris 1902, S. 153.
[2] Les corps gras, 1899, S. 129.
[3] Journ. Soc. Chem. Ind., 1898, S. 1156.
[4] Annali del Labor. chim. centrale delle Gabelle, 1891/92, S. 271.

Wegen ihres bitteren Geschmackes werden die Kuchen von den meisten Tieren zurückgewiesen; Perrot berichtet aber, daß auf Cayenne mit diesen Kuchen Schweine gefüttert werden. Eine Verwertung als Düngemittel ist indessen wohl vorzuziehen. Nach Collin und Perrot entsprechen dabei 100 kg Tulucunakuchen 670 kg Stallmist hinsichtlich Stickstoffgehalt und 430 kg Stalldünger in bezug auf Phosphorsäuregehalt.

Mafuratalg.

Mafurratalg. — Suif de Mafoura. — Graisse de Mafouraire. — Mafoura Tallow. — Sego di Mafura.

Herkunft.

Den Mafuratalg gewinnt man aus den Samenkernen des zur Familie der Meliaceen gehörenden Mafurabaumes oder der brechenerregenden Trichilie (Mafureira oleifera Bert. = Trichilia emetica Vahl.), die in den Tropengegenden Afrikas, im Sambesigebiete und in Mozambique, auf Madagaskar und den Gesellschaftsinseln sehr verbreitet ist. Ab-
stammung.

Rohprodukt.

Die rundlichen Früchte haben 10—20 mm im Durchmesser und springen in drei lederartigen Klappen auf. Die Samen sind länglich, haben Form und Größe der Kakaobohnen, wiegen 0,7—0,8 g, sind endospermlos und haben eine den Keim nur locker umkleidende, dünne, brüchige Samenschale von rotbrauner bis scharlachroter Farbe. Der Samenkern ist 12—20 mm lang, weiß bis hellbraun und besteht aus zwei dicken, fleischigen Keimlappen, welche meist etwas verbogen sind[1]. Frucht.

Die Samenschale beträgt 12—18 % vom Totalgewichte des Samens. Der Samenkern enthält nach de Negri und Fabris 68 % Fett, die Samenschale 14 %[2].

Suzzi, der Samen aus Abessynien untersuchte, fand:

	Wasser	Fett
in der Samenschale . . .	3,65 %	51,17 %
in den Kernen	3,67	64,40
in den ganzen Samen . .	3,66	60,50

Gewinnung, Eigenschaften und Verwendung.

Das Verarbeiten der Mafurasamen erfolgt sowohl in ungeschältem als auch in geschältem Zustande. Die zerkleinerten Samen werden entweder ausgepreßt oder ausgekocht

Das in der Samenschale enthaltene Fett ist nach Suzzi von wesentlich anderer Beschaffenheit als das des Samenkernes. Während letzteres Eigen-
schaften.

---

[1] Siehe F. v. Höhnel und J. F. Wolfbauer in Dinglers polyt. Journ., 1884, Bd. 252, S. 336.

[2] De Negri und Fabris, Annali del Laboratorio Chim. delle Gabelle. 1891/92, S. 271.

ein talgartiges Produkt darstellt, ist ersteres unter die Öle einzureihen, weil es erst bei + 3° C fest wird.

Bei der Entölung ungeschälter Samen erhält man ein Gemisch beider Fettstoffe.

Das gelblich gefärbte Fett, wie es in den Tropen gewonnen wird, zeigt ein strahliges Gefüge, ist geschmacklos, hat einen kakaoähnlichen Geruch, schmilzt bei 35—42° C, erstarrt bei 25—37° C und zeigt eine Dichte von 0,925 (bei 15° C). Die abgeschiedenen Fettsäuren besitzen einen Schmelzpunkt von 51—55° C und werden bei 44—48° C wieder fest; sie bestehen nach Villon aus 55% Ölsäure und 45% Palmitinsäure.

Bei wiederholtem Umschmelzen entwickeln manche Sorten von Mafuratalg einen unangenehmen Geruch[1]).

Ver-
wendung. Das Mafurafett wird als Kerzenmaterial, im Gemisch mit Sesamöl als Mittel gegen Krätze und andere Hautkrankheiten verwendet. In Marseille dient es in der Seifen- und Stearinfabrikation.

Rückstände.

Mafura-
kuchen. Die Mafurakuchen sind rötlichbraun und leicht zerbrechlich. Nach Décugis enthalten sie:

	Ungeschält	Geschält
Wasser	9,05%	10,03%
Rohprotein	16,43	18,93
Rohfett	13,20	6,75
Kohlehydrate und Rohfaser	49,44	50,39
Asche	11,88	13,90
	100,00%	100,00%.

Diese Kuchen werden gewöhnlich als Düngemittel verwertet.

Kohombaöl.

Zedrachöl. — Veppamfett. — Veppaöl. — Neemöl. — Margosaöl. — Huile de Margosa. — Huile de Veppam. — Nimb Oil. — Kohomba Oil. — Veppa marum (Tamul.).

Herkunft.

Ab-
stammung. Das Kohombafett stammt aus den Samen des syrischen Paternosterbaumes (Margosa, Neem tree oder Margosier), einem Baume, der in Ostindien, auf Ceylon und Java sowie in Ostafrika häufig zu finden ist und botanisch Azadirachta indica Juss. = Melia Azadirachta L. genannt wird[2]).

Von dem bis zu 20 Fuß hoch werdenden Baume — der nicht mit Melia Azedarach, deren Samen das Meliaöl geben, verwechselt werden darf — kennt man zwei Arten. Die eine (Karin veppa) ist von düsterem

---

[1]) Zeitschr. f. analyt. Chemie, 1894, S. 571.
[2]) Watt, Dictionary of the Economic Products of India, Bd. 5, S. 221; Harms, S. 476.

Aussehen, weil dunkelgrün belaubt, die andere hat heller grüne, stachelige Blätter und heißt Arya-karin-veppa.

Das Holz des Neembaumes ist dem Mahagoniholz ähnlich, schön gefleckt, hart und schwer. Es ist so dauerhaft wie Kampferholz und wird von Insekten streng gemieden.

Die bitter schmeckende Rinde des Baumes bildet einen Ersatz für Chinarinde; sie wird in Indien vielfach als Arznei verwendet, und zwar nicht nur als Fiebermittel, sondern auch gegen chronischen Rheumatismus.

Die getrockneten Blätter des Neembaumes bilden ebenfalls ein in Indien beliebtes Heilmittel und werden von den einheimischen Medizinmännern zum schnelleren Reifwerden von Geschwüren, als Kühlmittel bei Quetschungen, Entzündungen, Ohren- und Augenleiden verordnet. Nach Wight[1]) bewirken die zu einer breiigen Masse zerstampften Blätter wahre Wunder betreffs Beseitigung hartnäckiger Hautausschläge; Lowther empfiehlt einen Absud der Blätter als vorzügliches Mittel gegen Cholera. Getrocknete Neemblätter bieten auch wirksamen Schutz gegen Insektenfraß in Sammlungen von Samen und Vegetabilien.

Aus den jungen Bäumen gewinnt man eine Art Toddy (s. S. 591), der Vaypumkhulloo heißt und als magenstärkendes Mittel gilt[2]).

Fig. 128. Azadirachta indica (doppelte natürliche Größe).

a = ganzer Same, b = Same mit durchgeschnittener Hülse, c = Samenkern.

Rohprodukt.

Die Frucht des Neembaumes erinnert in ihrem Aussehen an eine kleine Olive. Die Samen zeigen die in Fig. 128 wiedergegebene Form und wiegen durchschnittlich 0,2 g pro Stück.

Die fahlgelbe, ziemlich dünne, leicht zerbrechliche Samenschale macht ungefähr 44 % vom Gewichte der ganzen Samen aus. Bei 100 Samen fand ich:

8,9 g Schalen
10,8 g Kerne
_____
19,7 g Gewicht von 100 Stück Samen.

Die von einer braunen Samenhaut bedeckten Samenkerne zeigten bei der Analyse folgende Zusammensetzung:

Wasser . . . . 9,55 %
Rohprotein 26,85
Rohfett 48,72
Stickstofffreie Extraktstoffe. . } 11,46
Rohfaser . . . . }
Asche 3,42
_____
100,00 % .

_____
[1]) Agri.-Horti. Soc. Prov., 1857.
[2]) Drury, The useful Plants of India, London 1873, S. 59.

In älteren Samen ist der Samenkern häufig schokoladebraun und stark ranzig, während frische Samenkerne einen gelblichweißen Bruch zeigen und einen intensiv bitteren Geschmack besitzen.

Die Samenkerne werden als Haarwaschmittel verwendet; eine Abkochung der Samen dient auch zur Vertreibung von Termiten.

Gewinnung.

Die Samenkerne werden durch Auskochen oder Auspressen auf Öl verarbeitet, doch findet eine solche Verwertung der Neemsaat nur in verhältnismäßig wenig Distrikten Indiens statt und das Kohombaöl ist daher in den indischen Bazaren nicht allzu häufig zu finden.

Eigenschaften.[1]

Eigenschaften.

Nach Warden hat das Kohombafett eine Dichte von 0,9142 (bei 16° C). Das helle, grünlichgelbe Öl, welches einen eigenartigen, nicht unangenehmen Geruch hat, schmeckt scharf und bitter. Eine Probe zeigte auch einen nicht gerade angenehmen lauchartigen Geruch und war von dunkelgelber Farbe. Lewkowitsch fand das Fett bei gewöhnlicher Temperatur fest.

Das Öl enthält neben Öl- und Palmitinsäure auch etwas Butter-, Valerian- und Laurinsäure sowie 0,109% Schwefel[2].

Verwendung.

Verwendung.

Das Kohombaöl wird in Indien als Brennöl, zur Herstellung von Seifen und als Heilmittel benutzt. Es soll, innerlich genommen, Eingeweidewürmer vertreiben, äußerlich angewendet ein Mittel gegen Rheumatismus abgeben. Eine Verwendung als Speiseöl ist bei seinem scharfen, unangenehmen Geschmacke ausgeschlossen.

Champacafett.

Dasselbe wird aus den Samen der in Holländisch-Indien heimischen Melia Champaca erhalten. Nach Sack[3]) besteht es aus 70% Triolein und 30% Tripalmitin, schmilzt bei 44—45° C und zeigt eine Dichte von 0,903.

Seifenbaumfett.

Huile de savonnier. — Soaptree Oil. — Oleum Sapindi. — Rotah (Persien). — Konkoodo noony (Telinga). — Poovandie (Tamulen). — Bindake, Findage (Arabien). — Rarak (Mysore).

Herkunft.

Abstammung.

Das Seifenbaumfett wird aus den Samen verschiedener, in die Familie der Sapindaceen gehörender Bäume gewonnen. Von ihnen sind der

---

[1]) Lewkowitsch, The Analyst, 1903, S. 342.
[2]) Schädler, Technologie d. Fette u. Öle, 2. Aufl., Leipzig 1892, S. 789.
[3]) De Indische Mercuur, 1903, S. 28.

gemeine Seifenbaum (Sapindus emarginata Roxb. = Sapindus trifoliata L. = Sapindus laurifolia Vahl) und Sapindus saponaria L.
die bekanntesten. Die Sapindusarten sind wegen ihrer saponinhaltigen
Früchte — Seifenbeeren genannt — geschätzt. Seifenbeeren wurden
nach Weil[1]) in altrömischen Gräbern gefunden, was auf eine sehr weit
zurückdatierende Kultur der Sapindusbäume hindeutet. Die Bewohner
Südamerikas scheinen diese Bäume ihrer Früchte halber seit uralten Zeiten
gepflegt zu haben, und die Portugiesen fanden bei der Entdeckung des
Landes Seifenbeeren als Waschmittel im allgemeinen Gebrauche.

Radlkofer[2]) hat versucht, in die Nomenklatur der verschiedenen
Sapindusarten etwas Ordnung zu bringen, doch kann auf diese Arbeit wie
auf die jüngere von Weil hier nicht eingegangen werden.

Rohmaterial.

Die Früchte des gemeinen Seifenbaumes, welche in Indien Ritha   Frucht.
oder Riteh, in Arabien Finduck-i-hindi = indische Haselnüsse
genannt werden, sind nahezu kugelrunde Steinbeeren und messen etwa

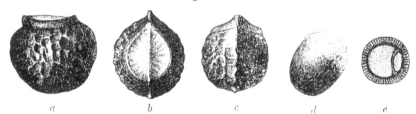

Fig. 129. Same von Sapindus saponaria L. (Natürliche Größe).
a = Ganzer Same (Vorderansicht), b = derselbe von oben, c = von unten gesehen,
d = Samenkern, e = Samenquerschnitt.

1 mm im Durchmesser. Der fleischige Teil der Frucht enthält reichliche
Mengen von Saponin. Ein linsengroßes Stück dieses Fruchtfleisches gibt
mit 50—100 ccm Wasser eine stark schäumende Flüssigkeit, die als
Reinigungsmittel verwendet werden kann und vor Erfindung der Seife den
alten Völkern diese auch ersetzte[3]).

Unter dem Fruchtfleische liegt ein schwarzbrauner bis schwarzer,   Same.
sehr harter, glänzender Same (Fig. 129), der einen ölreichen Embryo enthält. Die Samen, deren Form und Bau aus Fig. 129 ersichtlich sind,
wurden in früherer Zeit nicht selten in Silber und Gold gefaßt, als
Manschettenknöpfe, Uhranhängsel usw. verwendet oder auch zur Her-

---

[1]) L. Weil, Beiträge zur Kenntnis der Saponinsubstanzen und ihrer Verarbeitung, Inaug.-Dissert., Straßburg 1901, S. 35.

[2]) Sitzungsberichte d. kgl. bayr. Akademie, 1878, S. 316.

[3]) Saponine sind kolloide Stoffe von glykosidischer Natur. Konzentrierte
Lösungen dieser Stoffe äußern eine bemerkenswerte Klebewirkung und werden in
verschiedenen Industrien als Reinigungs-, Appretur- oder Schaummittel angewendet.

stellung von Rosenkränzen benutzt. Eine Verwertung zur Ölgewinnung erfuhren die Samen nur in ganz beschränktem Umfange.

Die Samenschale ist ziemlich dick und sehr schwer zerbrechlich. Der Samenkern ist von einer dünnen, braunen Haut überzogen und enthält in der sehr dünnwandigen Schale neben Öl große Mengen kleiner, verschieden geformter Aleuronkörner.

Die Samen von Sapindus saponaria, welcher Baum sich besonders in Westindien, auf Martinique und Guadeloupe findet, sind etwas kleiner als die von Sapindus Trifoliata, ähneln aber diesen sonst in jeder Hinsicht.

Wiesner führt neben den erwähnten Sapindusarten auch noch Sapindus pappea Sond. als ölliefernd an; übrigens dürften auch die Arten Sapindus Mukkorossi Gaertn., Sapindus abrupta Lour. sowie Sapindus Rarak ölhaltige Samen liefern.

Eigenschaften und Verwendung.

Nach Schädler gewinnt man aus den Samenkernen der Sapindusarten beiläufig 30% eines butterartigen Fettes, das bei 25—30° C schmilzt, einen eigenartigen Geruch besitzt und in Indien als Heilmittel dient. Bisweilen wird es auch zur Herstellung von Seifen benutzt.

Rambutantalg.

Rambutantalg. — Suif de Rambutan. — Rambutan Tallow. — Sego di Rambutan.

Dieses Fett entstammt den Samen der klettenartigen Zwillingspflaume (Nephelium lappaceum L.), die auf den Sundainseln, in China und auf Malakka zu finden ist. Die Samen dieser Pflanze enthalten 40—48% eines Fettes, das eine Dichte von 0,9236 zeigt, nach den Untersuchungen von Baczewski[1]) zwischen 42—46° C schmilzt und zwischen 38—39° C erstarrt.

Das Öl enthält viel Arachinsäure neben wenig Stearinsäure. Der flüssige Anteil der Fettsäuren (45,5%) besteht fast ausschließlich aus Ölsäure; Palmitinsäure dürfte in dem Fett nicht enthalten sein.

Makassaröl.

Macassaröl. — Mangkassaröl. — Huile de Macassar. — Macassar Oil. — Olio di Macassar. — Konöl, Ketjatkiöl (Celebes).

Herkunft.

Das Makassaröl wird aus den Samen des Khusumbaumes (Schleichera trijuga Willd. = Cassambium spinosum = Stadtmannia sideroxylon Bl. = Melicocca trijuga Juss.) gewonnen. Der Khusumbaum,

---

[1]) Monatshefte der Chemie, 1895, S. 866.

welcher zur Familie der Sapindaceen gehört und auch lactree oder Ceylon Oak genannt wird, findet sich häufig in Südasien, nach Hooker besonders in den trockenen Wäldern des Himalaja, sowie in Birma, auf Ceylon und Java und ist als Lieferant der wertvollsten Schellackgattung sehr geschätzt[1]).

a   *b*

Fig. 130.
Frucht und Same von
Schleichera trijuga.
(Nach Schädler.)
a = Frucht, *b* = Samen-
längsschnitt.

Rohmaterial.

Die gelblichbraunen Früchte (Fig. 130 *a*) haben die Gestalt länglichrunder Beeren von etwa 40 mm Durchmesser.

Same.

Die weißliche, aber nur in ganz geringer Menge vorhandene Pulpa der Frucht ist wegen ihres säuerlichen Geschmackes bei den Eingeborenen Südasiens als Erfrischungsmittel sehr beliebt.

Die Samen (Fig. 130 *b*) des Khusumbaumes — Khussambinüsse genannt — beherbergen unter der weißen Schale einen hellbraunen, angenehm säuerlich schmeckenden Kern und enthalten nach L. v. Itallie[2]) in ungeschältem Zustande 36 %$_0$ Fett, nach Poleck[3]) in geschältem bis zu 68 %$_0$. Wijs[4]) fand in einer Probe

in welch letzteren er

$$
\begin{aligned}
40\,\%_0 &\quad \text{Schalen,}\\
60\,\%_0 &\quad \text{Kerne,}\\
12,0\,\%_0 &\quad \text{Rohprotein,}\\
70,5\,\%_0 &\quad \text{Rohfett,}\\
3,5\,\%_0 &\quad \text{Wasser}
\end{aligned}
$$

konstatieren konnte.

Gewinnung und Eigenschaften.

An der Malabarküste wird das Öl durch Auskochen gewonnen, bisweilen werden die Samen auch ausgepreßt.

Eigen-
schaften.

Das Makassaröl ist von hellgelber Farbe, zeigt Butterkonsistenz und erinnert im Geruche etwas an Bittermandelöl. Es besteht nach Itallie aus den Glyzeriden der Öl-, Arachin-, Laurin-, Butter- und Essigsäure, welche Angaben durch Wijs in der Hauptsache bestätigt wurden. Wijs konstatierte 45 %$_0$ fester und 55 %$_0$ flüssiger Säuren, unter welchen sich Butter- und Essigsäure nachweisen ließen[5]).

---

[1]) Watt, Dict. of India. Bd. 6, S. 488; Radlkofer in Engler-Prantl, Pflanzenfamilien, Bd. 3, S. 294, 300 u. 326.

[2]) Nederl. Tijdschr. voor Pharm., 1889, S. 147; Pharm. Ztg., 1889, S. 382.

[3]) Pharm. Zentralhalle, 1891, S. 396.

[4]) Zeitschr. f. phys. Chemie, 1899, Bd. 31, S. 255.

[5]) Mit der Untersuchung des Makassaröles beschäftigten sich auch Thümmel (Apothekerztg., 1889, S. 518), Glenck (Chem. Ztg., 1894, S. 9) und Roelofsen (Americ. Chem. Journ., Bd. 16, S. 467).

Charakteristisch ist für das Makassaröl ein wenn auch nur geringer Blausäuregehalt. Poleck konstatierte in dem Öle 0,03 %, in den Samen 0,62 % Blausäure.

Der Schmelzpunkt des Makassaröles liegt bei 21—22° C; die bei längerem Stehen in der Wärme sich ausscheidenden Kristalle und festen Glyzeride schmelzen erst bei 28° C.

Verwendung.

Das Makassaröl wird in dem südwestlichen Teile der Sundainsel Celebes als Brennöl, als Mittel gegen Hautkrankheiten (Finnen, Mitesser, Krätze, Ekzeme usw.) sowie als haarwuchsbeförderndes Präparat sehr geschätzt und viel gekauft. Es ist vor längerer Zeit auch nach Europa eingeführt worden, doch gelangten sehr bald an Stelle des echten Öles Falsifikate in den Handel. Diese bestanden zumeist aus Mischungen von Kokosöl mit anderen Ölen, die mit den Blüten der Cananga odorata oder Michelia Champaca parfümiert waren. Auch mit beliebigen Riechstoffen und etwas Alcannarot leicht gefärbte Öle kamen unter dem Namen Makassaröl auf den Markt. Die Firma Gehe & Co. machte zuerst auf diese Fälschungen aufmerksam [1]).

Die ungefähr 30 % Rohprotein enthaltenden, bei der Makassarölgewinnung sich ergebenden Rückstände kommen nicht in den Handel; sie dürften sich wegen ihres Blausäuregehaltes nur für Düngezwecke eignen.

Akeeöl. [2])

Huile d'Akee. — Akee Oil. — Olio di akee.

Herkunft.

Das Akeeöl wird aus dem Samenmantel (Arillus) der Frucht von Blinghia sapida Koenig (Familie der Sapindaceen) gewonnen, einem Baume, der in Westafrika, Westindien und auf Jamaika häufig zu finden ist, wohin er 1778 durch den Admiral Bligh aus Westafrika verpflanzt wurde.

Rohmaterial.

Die um Neujahr reifenden Früchte enthalten schwarze, glänzende Samen von der Größe einer Muskatnuß und sind teilweise von einem fleischigen Arillus eingehüllt, der weiß oder crèmefarben ist. Dieser Samenmantel ist der einzige eßbare Teil der Frucht, doch ist auch dieser vor der völligen Reife der letzteren giftig. Die roten Fäden, welche strangförmig durch die Mitte des Samenmantels gehen, sind übrigens selbst nach der Reife giftig.

---

[1]) Seifenfabrikant, 1887, S. 207.
[2]) Holmes und W. Garsed, Pharm. Journ., 1900, S. 691; Apothekerztg., 1901, S. 51.

Eigenschaften.

Das Akeeöl ist von butterartiger Konsistenz, gelber Färbung, eigentümlichem Geruch und unangenehmem Geschmack. Das bei 25⁰ C zu schmelzen beginnende, aber erst bei 30⁰ C vollkommen flüssige Öl zeigt eine Dichte von 0,857 und besitzt keine trocknenden Eigenschaften; es ähnelt in seinem Verhalten dem Palm- und Olivenöl. Seine Fettsäuren bestehen ungefähr zur einen Hälfte aus gesättigten festen Fettsäuren, zur anderen aus Ölsäure.

Wiesner nennt von in die Familie der Sapindaceen gehörigen öl-liefernden Pflanzen noch:

Hoernea mauritiana Bak., einen in Mauritius heimischen Baum, der auch den Namen arbre à huile führt;

Alectryon excelsus Gaertn., eine in Neuseeland als Titoki-baum bekannte Art;

Dilodendron bipinnatum Radlk.; findet sich in Brasilien und heißt dort Pao-pobre.

Eigenschaften.

Andere Sapinda-ceenöle.

Kakaobutter.

Kakaofett. — Cacaofett. — Cacaoöl. — Beurre de cacao. — Cacaobutter. — Cocoabutter. — Oil of Theobroma. — Burro di cacao. — Oleum Cacao.

Herkunft.

Die Kakaobutter kann als ein Nebenprodukt der Schokoladefabrikation aufgefaßt werden und wird durch Auspressen der Kakaobohnen, das sind die Samen des Kakaobaumes (Theobroma cacao L.), erhalten.

Abstammung.

Geschichte.

Die Kultur des Kakaobaumes datiert jedenfalls weit zurück; fanden doch schon die spanischen Eroberer von Mexiko und Peru in diesen Ländern Kakaopflanzungen vor. Man bereitete dort aus den Früchten bereits seit urdenklichen Zeiten ein sehr beliebtes Getränk. Zur Zeit der Entdeckung Mexikos bildete die Kakaobohne für die Mexikaner eine Scheidemünze, über welche Tatsache Cortez in seinem zweiten Briefe an Kaiser Karl IV. (datiert vom 26. September 1526) berichtet. Die erste eingehendere Beschreibung über die Kakaoprodukte finden wir aber erst im Jahre 1695, und zwar stammt sie von Homberg. Der spanische Name „Theobroma" bedeutet soviel wie Götterspeise und rührt von Linné her, welcher Botaniker für das aus den Bohnen bereitete Getränk eine ganz besondere Vorliebe gehabt haben soll.

Über die Geschichte des Kakaofettes liegen leider keine Aufzeichnungen vor. Das Produkt scheint indes ehedem keine rechte Ver-

Historisches.

wendung gehabt zu haben. Darauf deuten Vorschläge hin, die ein Abpressen der Kakaobohnen bei einer Temperatur von 12⁰ C anraten; der dabei resultierende feste Anteil des Fettes wurde zur Kerzenfabrikation, der flüssige Teil nach einer Raffination mittels Schwefelsäure als Brennöl empfohlen[1]).

Verbreitung. Der Kakaobaum gehört zur Familie der Steruliaceen und findet sich hauptsächlich in Zentral- und Südamerika (Mexiko, Peru, Brasilien, Columbia, Venezuela usw.). wird aber auch in anderen Tropengebieten kultiviert; so in Guayana, auf Java, Ceylon, Celebes und in Westafrika.

Arten. Außer dem eigentlichen Kakaobaum (Theobroma Cacao L.) kommen als Lieferanten noch andere Arten derselben Familie in Betracht, vor allem die in Kolumbien und Ecuador heimische Art Theobroma bicolor Humb. et Bonp., die sogenannte Soconusbohnen liefernde Theobroma angustifolium Moç. et Sess., ferner Theobroma leiocarpum Bern., Theobroma ovalifolium Moç. et Sess., Theobroma pentagonum Bernh., Theobroma microcarpium Mart., Theobroma guayanense Aubl., Theobroma speciosum Willd. und Theobroma silvestris Mart.

Rohmaterial.

Frucht. Die Frucht des Kakaobaumes (Fig. 131) bildet eine längliche, mit zehn Längsrippen versehene, nicht aufspringende Kapsel von 10—15 cm Länge und 6—7 cm Durchmesser. In frischem Zustande gelb oder rötlichgelb, nimmt sie beim Austrocknen eine braune Farbe an. Die Frucht enthält 40—60, ja sogar bis 80 Samen, welche in ein weiches, schlammiges Mark eingebettet und in fünf Reihen verteilt sind. Man hat die Früchte einerseits mit Gurken, anderseits mit Birnen verglichen, doch sind beide Vergleiche nicht recht passend. Die vorhan-

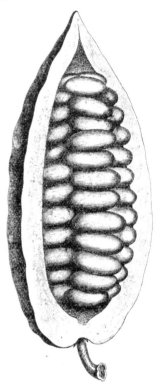

a

b

Fig. 131. Kakaofrucht.
(Nach Wiesner.)
a = Längsschnitt, *b* = Querschnitt.
(Verkleinert).

---

[1]) Engl. Patent Nr. 5842 v. 9. Sept. 1829. Siehe auch Newtons London Journal, Bd. 2, 2. Serie, S. 148 und Bd. 23, 2. Serie, S. 462.

denen zehn Längsfurchen, welche, wenn auch nicht immer aufs schärfste
ausgeprägt, so doch stets deutlich zu sehen sind, nehmen der Kakaofrucht
sowohl die Birnen- als auch die Gurkenähnlichkeit.

Die Kakaosamen (Fig. 132) sind von plattgedrückter, eiförmiger, un- **Same.**
regelmäßiger Gestalt; ihre Länge schwankt von 16—27 mm, ihre Breite
von 10—19 mm und ihre Dicke von 3,5—10 mm.

Als Durchschnittsgewicht gut entwickelter Kakaobohnen kann man
ungefähr 1,2 g annehmen, doch gibt es auch Bohnen mit nur 0,5 g wie
auch solche von 2,7 g.

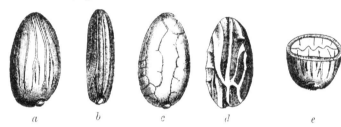

Fig. 132. Kakaobohne. (Nach Wiesner.)

a und *b* = ungeschälte Samen, von vorn und von der Seite gesehen, *c* = entschälter Same,
d = Samenhälfte, *e* = Querschnitt durch den ganzen Samen.

Die Kakaosamen besitzen eine leicht zerbrechliche, papierdünne, braun
bis rot gefärbte, fein gestreifte, glatte, mitunter aber auch etwas rauhe
Samenschale, die nicht selten mit schwarzbraunen Tupfen versehen ist.

Der Prozentsatz der Schale ist bei den einzelnen Marken ziemlich **Schalen-**
verschieden. So enthalten nach P. Welmans gereinigte ungeröstete **gehalt.**
Bohnen nachstehende Prozentsätze an Schalen:

Puerto Cabello	15,0—17,7 %
Ariba	15,44
Caracas	12,4—16,9
Guajaquil	13,24
Kamerun	8,0—13,2
Trinidad	14,05
St. Thomé	11,30
Ceylon	8,90
Samoa	12,10
Kuba	14,70
Haiti	14,20
Machala	13,80
Balao	14,00
Ariba superieur	13,70

An der Innenseite der Samenschale liegt ein zartes, farbloses, trockenes
Häutchen (Silberhaut genannt), das mit vielen ziemlich unregelmäßig

verteilten Falten in das Keimblättergewebe eindringt und dieses dadurch zerklüftet erscheinen läßt.

Unter der Samenhaut liegen zwei dunkelbraune oder dunkelrote bis violette ölreiche Keimblätter und ein von diesen eingeschlossenes kleines Würzelchen. Die Rippen des einen Blattes greifen in die entsprechenden Vertiefungen des anderen derart ein, daß der Querschnitt eine wellenartige Form bekommt. (Fig. 132 *d* und *e*.)

Die Kernlappen nennt man im Englischen „nibs". Dieser Name ist auch ins Deutsche übergegangen und wird heute im Kakaohandel ganz allgemein gebraucht.

Auf-
arbeitung
der Ernte.

Man läßt die Früchte nach der Ernte 3—4 Tage in Haufen an einem vor Witterungsunbilden und Ungezieferplage geschützten Orte liegen, wobei ein Nachreifen der Kakaosamen eintritt. Hierauf öffnet man die Früchte durch Aufklopfen und später die Samen durch Handarbeit.

Sowohl die Schoten als auch das Mark, in welches die Samen eingebettet sind, wirft man gewöhnlich weg, obwohl das Kakaomark zur Bereitung von wohlschmeckenden Gelees und Likören vorteilhafte Verwendung finden könnte.

Die Kakaosamen — gewöhnlich Kakaobohnen genannt — werden, bevor sie in den Handel kommen, entweder einfach getrocknet (Sonnenkakao oder ungerotteter Kakao), oder einer Art Selbstgärung unterworfen (gerotteter Kakao), wobei die an den Bohnen noch haftende geringe Menge schlammigen Fruchtmarkes entfernt wird. Gerottete Kakaobohnen zeigen gewöhnlich einen leichten erdigen Überzug und etwas milderen Geschmack als die rohe, ungerottete Ware.

Die Veränderungen, welche der Kakaosamen beim Rotten erleidet, sind bis heute noch nicht näher studiert; sie scheinen ziemlich tiefgreifend zu sein, weil beim Rotten auch die Keimkraft des Samens gänzlich zerstört wird.

T. F. Hanausek[1]) hat darauf aufmerksam gemacht, daß zwischen der Größe bzw. dem Gewicht der Kakaobohne und deren Handelswert ein Zusammenhang besteht. Nach Angaben von Semler wiegen je 100 Stück Kakaobohnen der verschiedenen Sorten die nachstehend verzeichnete Anzahl von Gramm:

Trinidad ordinär . . . .   98,0 g
  „   gut   . . . .   123,2 „
  „   hochfein . . . .   178,7 „
Granada mittelgut . . . .   104,5 „
Granada fein . . . .   131,0 „
Caracas gut . . . .   130,3 „
Dominica gut . . . .   110,0 „
Surinam fein . . . .   122,0 „

---

[1]) Chem. Ztg., 1894, S. 441.

Surinam klein . . . . 71,5 g
Bahia gut . . . . 118,0 „
Mexiko gut . . . . 136,5 „
Afrika gut . . . . 128,0 „

Für die Wertbeurteilung der verschiedenen Kakaosorten des Handels
hat man gewisse äußere Kennzeichen. Von guter Ware verlangt man,
daß die Nibs äußerlich purpurrot, mit einem lichtbraunen Strich gefärbt
seien und daß das Innere derselben Schokoladfarbe habe. Der Bruch
der Nibs, die sich leicht von der Schale abheben und auch voneinander
unschwer trennen lassen müssen, soll grasartig glänzend sein. Man liebt
bei ihnen einen leicht zusammenziehenden, an Schokolade erinnernden
(keinesfalls modrigen) Geschmack.

Die Vorliebe für Kakaobohnen mit zimtbrauner Schale hat eine künstliche Färbung der ersteren gezeigt. Die Annahme, daß durch diesen Färbe-
prozeß auch das Schimmeln der Bohnen erschwert werde, ist kaum zutreffend; gefärbte Bohnen („clayets", wie sie der Engländer nennt)
dürften kaum widerstandsfähiger sein als ungefärbte. Das Färben ist
übrigens nur in Südamerika (besonders in Venezuela) allgemein üblich.

Die gewöhnlichen Sorten gerotteten Kakaos zeigen fast immer einen
dünnen Belag von Mineralfarbe, weil man die nachteilige Farbveränderung
während des Gärungsprozesses (Rotten) durch künstliche Färbung zu beheben bemüht ist.

Auf Ceylon, von wo die allerbesten Sorten Kakao kommen, wird eine
Färbung aber niemals vorgenommen. Dagegen pflegt man auf dieser Insel
die Bohnen vor dem Trocknen gründlich zu waschen und den Trocknungs-
prozeß gut zu leiten, was für die Haltbarkeit der Ware sehr wichtig ist.

Die durchschnittliche Zusammensetzung der ganzen Kakaobohnen
sowie deren Schalen und Samenkerne ist nach König[1] folgende:

	Rohe ungeschälte Bohnen	Rohe geschälte Bohnen	Schalen
Wasser	6,43 %	5,60 %	11,19 %
Rohprotein	11,33	12,78	13,61
Rohfett[2]	44,44	48,90	4,21
Stickstoffreie Extraktstoffe	29,02	25,71	43,95
Rohfaser	4,78	3,65	17,16
Asche	4,00	3,36	9,88
	100,00 %	100,00 %	100,00 %

[1] König, Chemie der Nahrungs- und Genußmittel, 4. Aufl., Bd. 1, Berlin 1903,
S. 1021 u. ff.

[2] Davies und Lellan fanden bei verschiedenen Kakaosamen einen um
ca. 5 % höheren Fettgehalt; sie meinen, daß die früheren Befunde zumeist zu
niedrig lauten, weil man die Bohnen vor der Extraktion nicht genügend zerkleinerte
(Journ. Soc. Chem. Ind. durch Chem. Revue. 1904, S. 151).

Der als Rohprotein berechnete Stickstoff der Samenkerne der Kakaobohnen setzt sich nach Weigmann zusammen aus:

$$\begin{array}{ll} \text{Proteinstickstoff} & 75,2\,\% \\ \text{Nichtproteinstickstoff} & 24,8 \end{array}$$

Das Rohprotein ist nur zu ca. 40 % verdaulich.

Unter den Nichtproteinen fand Weigmann Asparagin und Ammoniak; das letztere bildet sich hauptsächlich beim Rottprozeß, ist also
in ungerotteten Samen kaum enthalten.

Die wichtigste Verbindung unter den vorhandenen Nichtproteinen ist
das Theobromin[1]), ein Alkaloid von der Formel $C_7H_8N_4O_2$, das dem
Koffein sehr nahe steht und 31,1 % Stickstoff enthält. Die Menge des
Theobromins wird sehr verschieden angegeben. Während ältere Untersuchungen von 0,38—2,0 % berichten, nennen andere, neuere Analysen
für entschälte Bohnen einen Gehalt von durchschnittlich 1,5 %. Das
Theobromin ist nicht nur in den Nibs enthalten, sondern auch in den
Schalen der Kakaobohne, doch kommt es in den letzteren nicht so reichlich
vor. Kakaobohnenschalen enthalten nur 0,42—1,11 % (im Durchschnitt
0,75 %) Theobromin.

Zipperer[2]) wie auch Trojanowski[3]) haben gezeigt, daß das Theobromin beim Rösten von Kakaobohnen durch eine Art Sublimation aus
den Kernen größtenteils in die Schalen übergeht.

Neben dem Theobromin findet sich nach James Bell[4]) noch ein
zweites Alkaloid vor, welches in seinen Eigenschaften dem Koffein und
Thein sehr ähnlich ist.

Unter den charakteristischen stickstoffreien Verbindungen der Kakaobohnen wären zu nennen: Kakaorot, Weinsäure und Stärke.

Das Kakaorot — der Farbstoff der Kakaobohne — besteht nach
Zipperer aus einem Gemenge von Harz und Glykosidgerb-
säure. Weinsäure ist in namhaften Prozentsätzen (ungefähr 3—5 %)
vorhanden. Über den Prozentsatz der vorhandenen Stärke schwanken
die Angaben der Analytiker ungeheuer. Während z. B. Tuchen nur
0,3—0,7 % Stärkegehalt nennt, will Mitscherlich einen solchen von

---

[1]) Theobromin ist in reinem Zustande ein Alkaloid der Formel $C_5H_2 \cdot (CH_3)_2$.
Nach A. Hilger (Deutsche Vierteljahresschrift f. öffentl. Gesundheitspflege, 1902,
Heft 13) ist das Theobromin in der Kakaobohne zum großen Teil in Form eines
Glykosids enthalten.

[2]) Zipperer, Untersuchungen über Kakao und dessen Präparate, Hamburg
und Leipzig 1887, S. 21 u. 23.

[3]) König, Chemie der Nahrungs- und Genußmittel, 4. Aufl., Berlin 1904,
Bd. 2, S. 1113.

[4]) James Bell-Mirus, Die Analyse und Verfälschung der Nahrungsmittel,
Berlin 1882.

13,5 — 17,5 % gefunden haben. Das Richtige dürfte in der Mitte liegen[1]).

Die Zusammensetzung der Asche ist nach König[2]):

	Asche der geschälten Bohnen	Asche der Schalen
Kali	31,28 %	38,06 %
Natron	1,33	1,80
Kalk	5,07	14,87
Magnesia	16,26	12,65
Eisenoxyd	0,14	5,87
Phosphorsäure . . .	40,46	12,83
Schwefelsäure . . .	3,74	2,64
Kieselsäure	1,51	13,96
Chlor	0,85	1,44

Gewinnung.

Das Kakaofett ist als Nebenprodukt der Schokoladefabrikation zu betrachten. Die Entfettung der Kakaobohnen vor ihrer Zubereitung als Nahrungsmittel (Schokolade, Kakaopulver) nimmt man deshalb vor, weil das fettarme Produkt leichter verdaulich ist als das fettreiche. Der Grad der Entfettung ist sehr verschieden. Es gibt Kakaobohnen (der sogenannte entölte Kakao), welchen das Fett bis auf wenige Prozente entzogen ist, und wiederum Produkte (Schokolade), die über 30% Fett enthalten. Nicht selten wird vorerst möglichst vollständig entölt, um nach entsprechender Präparierung des Rückstandes einen Teil des entzogenen Fettes wieder zuzusetzen. Hierbei sollen unreelle Fabrikanten statt des

Gewinnung.

---

[1]) Wegen näherer Details über die Zusammensetzung der Kakaobohnen muß auf die äußerst reiche Literatur über diesen Gegenstand verwiesen werden. Wir greifen aus den zahlreichen betreffenden Arbeiten nur einige der wichtigeren heraus, wenn wir anführen: Chevalier in Payen, Précis théor. et prat. des substances alimentaires, Paris 1856; A. Tuchen, Über die organ. Bestandteile des Kakaos, Dissert., Göttingen 1857; Boussingault in Grouven, Vorträge über Agrikulturchemie, 1872, S. 451; Lampadius, Der Kakao und die Schokolade, Berlin 1859; A. Mitscherlich in Hassal, Food, its adulteration and the methods for their detection, London 1876, S. 192; Saldau, Die Schokoladefabrikation, 1881; James Bell-Mirus, Die Analyse u. Verfälschung d. Nahrungsmittel, Berlin 1882, S. 82; Ch. Heisch, The American Chemist, 1876, S. 930; T. Zipperer, Untersuchungen über den Kakao und dessen Präparate, Hamburg und Leipzig 1887; Boussingault, Ann. Chim. et Phys., 1883, S. 443; Chem. Ztg., 1883, S. 902; H. Beckurts und C. Heidenreich, Arch. Pharm., 1893, S. 687; Chem. Centralbl., 1894, 1. Bd., S. 344; R. Bensemann, Rep. Analyt. Chem., 1884, S. 213 u. 1885, S. 178; J. Forster, Hygienische Rundschau, 1900, S. 305; Juckenack und Griebel, Zeitschr. f. Untersuchung der Nahrungs- u. Genußmittel, Bd. 10, Heft 1 u. 2; Fr. Schmidt, Zeitschr. f. öffentl. Chemie, Bd. 9, Heft 16.

[2]) König, Chemie der Nahrungs- u. Genußmittel, 4. Aufl., Berlin 1904, Bd. 2, S. 1114.

Kakaofettes Surrogate zumischen; solche Schokoladefette (K a k a o l i n e usw. genannt) werden aus Kokosöl hergestellt.

Bei der Verarbeitung der Kakaosamen zu Öl und Schokoladematerial kann man folgende Phasen unterscheiden:

1. das Sieben der Bohnen,
2. das Auslesen derselben,
3. die Röstarbeit,
4. die eigentliche Entschälung.
5. das Entölen der bloßgelegten Kerne.

Bei der Sieboperation, welche auf die bekannte Weise vorgenommen wird, entfernt man den an den Bohnen haftenden Sand, Staub und kleinere Steinchen.

Das darauffolgende Auslesen des gesiebten Materials geschieht durch Handarbeit; bei dieser Operation werden die leeren und faulen Bohnen, Stengelteile, Holz und andere beigemischte Fremdkörper, welche beim Sieben nicht abgesondert wurden, entfernt.

Das Rösten der gereinigten Bohnen erfolgte früher über direktem Feuer, in neuerer Zeit geschieht es fast ausschließlich in Apparaten, die mit gespanntem oder überhitztem Dampf erwärmt werden. Das Einhalten einer möglichst gleichmäßigen Temperatur ist nicht nur für die innere Qualität des Röstgutes, sondern auch für das glatte Gelingen des Schälprozesses von Vorteil.

Gewöhnlich setzt man beim Rösten den Kakaobohnen Alkalikarbonate (Kali-, Natron- oder Ammoniumkarbonat) zu, mitunter auch etwas Magnesia. Diese Zusätze bewirken eine Änderung der mechanischen Struktur des Kakaos und erleichtern das Schälen.

Das Entschälen erfolgt auf Apparaten, die den bei der Erdnuß- und Rizinusverarbeitung besprochenen ähneln.

Die enthülsten Bohnen werden dann nochmals mittels kohlensauren Alkalis und Magnesia behandelt, aufgeschlossen, fein zerrieben, mit etwas Wasser angefeuchtet, die erhaltene Masse wird in einem Wärmeschranke auf 70—80° C erwärmt und endlich ausgepreßt.

Auf den Röst- und Aufschließungsprozeß näher einzugehen, ist hier nicht der Ort; man müßte dabei die Schokolade- und Kakaofabrikation in ihrem ganzen Umfange aufrollen. Es mögen daher die gegebenen wenigen Hinweise genügen, wie auch von den in der Kakaoverarbeitung verwendeten Pressen nur gesagt sei, daß sie vielfach mit heizbaren Zwischenplatten versehen sind.

Eigenschaften.

Physikalische Eigenschaften. Die Kakaobutter stellt eine weiße bis gelblichweiße Masse dar, welche die Konsistenz eines guten Rindstalges hat. Geruch und Geschmack sind angenehm schokoladeartig. Das Kakaofett hat nach Hager bei 15° C eine

Dichte von 0,950—0,952. Dieterich gibt unter denselben Verhältnissen eine Dichte von 0,964—0,976 an. Der Schmelzpunkt der Kakaobutter liegt zwischen 28° und 34° C, der Erstarrungspunkt zwischen 21° und 26° C.

Die aus der Kakaobutter abgeschiedenen Fettsäuren zeigen einen Schmelzpunkt von 48—53° C und einen Erstarrungspunkt von 46—51° C. Die Fettsäuren bestehen aus Stearin-, Palmitin- und Arachinsäure. Früher nannte man unter den Fettsäuren der Kakaobutter auch Laurinsäure, deren Vorhandensein indes nach Untersuchungen von Traub[1]) zweifelhaft ist. Kingzett[2]) vermutete in der Kakaobutter auch Theobrominsäure ($C_{64}H_{128}O_2$), doch handelt es sich hier wahrscheinlich um Arachinsäure[3]). Lewkowitsch hat in der Kakaobutter 40 % Stearinsäure gefunden. Farnsteiner fand 59,5 % fester Fettsäuren, 31,2 % Ölsäure und 6,3 % anderer flüssigen Fettsäuren. Benedikt und Hazura[4]) haben in den flüssigen Fettsäuren der Kakaobutter Linolsäure nachgewiesen. Die frühere Annahme der Gegenwart von Ameisen-, Essig- und Buttersäure ist irrig.

Klimont[5]) hat gezeigt, daß in der Kakaobutter gemischte Glyzeride vorkommen; er isolierte speziell Oleopalmitostearin. Fritzweiler[6]) fand in dem Fette 6 % Oleodistearin.

Fr. Strube[7]) berichtet über das Abscheiden eines flüssig bleibenden Anteiles beim Erkalten größerer Blöcke von Kakaobutter. Das abgesonderte Kakaoöl erstarrt erst unterhalb 12° C und zeigt eine auffallend hohe Jodzahl.

Die vielfach anzutreffende Meinung, daß Kakaobutter nicht ranzig werde, bedarf der Richtigstellung. Dieterich hat schon vor Jahren auf diesen Irrtum hingewiesen und Lewkowitsch die Unhaltbarkeit dieser Ansicht experimentell gezeigt. Der Gehalt des im Handel befindlichen Kakaofettes an freien Fettsäuren ist allerdings sehr gering; er beträgt selten über 1 %. Lewkowitsch fand sogar in einer 10 Jahre alten, in einer versiegelten Flasche aufbewahrten Probe nur etwas über 2 % freier Fettsäure.

Die Kakaobutter unterliegt, wie kein anderes Fett, häufigen Verfälschungen. Der hohe Preis des Produktes macht ein Vermischen mit billigeren Fetten (Kokosöl, Palmkernöl usw.) für unreelle Händler sehr verlockend. Nicht selten werden auch direkt Kakaobuttersurrogate hergestellt und als Schokoladefettersatz oder unter einem frei gewählten Phantasienamen auf den Markt gebracht (siehe Band III, Kapitel „Kokosbutter").

Chemische Zusammensetzung.

Verfälschungen.

---

[1]) Wagners Jahresberichte, 1883, S. 1159.
[2]) Journ. Chem. Soc., 1878, S. 38.
[3]) Archiv der Pharmazie, 1888, S. 830.
[4]) Monatshefte für Chemie, 1889, S. 353.
[5]) Berichte d. deutsch. chem. Gesellsch., 1901, S. 2636.
[6]) Arbeiten aus dem Kaiserl. Gesundheitsamte, Bd. 18, S. 371.
[7]) Zeitschr. f. öffentl. Chemie, 30. Juni 1905.

Verwendung.

Die Kakaobutter wird zum großen Teile in der Schokoladefabrikation verbraucht; man reichert damit minderwertige, fettarme Schokolademassen an. Während man also die Kakaobohnen vorerst entölt, wird das sich dabei ergebende Fett nach Bedarf den für die Schokoladefabrikation hergerichteten Mengen des aufgeschlossenen Kakaos wiederum zugesetzt. Die Frage der Entölung bzw. Fettanreicherung des Kakaos ist einesteils eine Kalkulationsfrage, hängt andererseits aber auch von dem jeweils gewünschten Produkte ab. Andere Fette als Kakaobutter zur Anreicherung von Schokolademassen zu verwenden, ist nach den Bestimmungen der Vereinigten deutschen Schokoladefabrikanten unzulässig. Trotzdem werden bisweilen Surrogatfette an Stelle der Kakaobutter verwendet.

Das Kakaofett dient auch verschiedenen pharmazeutischen und kosmetischen Zwecken, doch sind die für diese Zwecke verbrauchten Mengen nur gering. Nach P. Soltsien[1]) wird Kakaofett besonders auch zur Herstellung medizinischer Seifen benutzt.

Rückstände.

Die bei der Kakaoentölung sich ergebenden Preßrückstände bilden das Rohmaterial für die Schokoladefabrikatation und für die Gewinnung von Kakaopulver. Es ist hier nicht der Ort, um auf diese Verwertung näher einzugehen, und sei diesbezüglich auf die Schriften über Schokolade- und Kakaoindustrie verwiesen.

J. D. Kobus hat eine Probe von Kakaorückständen untersucht, wobei sich ergab:

Wasser	11,60 %
Rohprotein	18,70
Rohfett	9,40
Stickstoffreie Extraktstoffe	30,40
Rohfaser	16,30
Asche	13,70

Handel.

Als wichtiger Kakaolieferant muß die südamerikanische Republik Ecuador gelten, die zwar nicht den feinsten, wohl aber den meisten Kakao liefert. Die Ernte würde in Qualität wie auch in Quantität viel gewinnen können, wenn eine planmäßigere Bewirtschaftung Platz griffe. Die Produktion Ecuadors geht von dem Hafen Guayaquil aus in die Welt, besonders nach Spanien und Deutschland.

Peru und Bolivia spielen in der Kakaoproduktion keine besonders wichtige Rolle. Beachtenswerter ist dagegen Brasilien, wo der Kakao-

---

[1]) Pharm. Ztg., 1887, S. 136.

baum im Amazonental und in der Provinz Para in größeren Mengen vielfach vorgefunden wird. Eine eigentliche Kultur der Kakaopflanze ist in Brasilien erst in den letzten 20 Jahren geschaffen worden.

Brasilien versendet seinen Kakao hauptsächlich von dem Hafen Para aus, und zwar besonders nach Frankreich, doch empfangen auch die Vereinigten Staaten von Nordamerika und Deutschland nennenswerte Quantitäten, während England als Abnehmer sehr wenig in Betracht kommt.

Venezuela produziert die feinsten Marken von Kakao und sind die Häfen La Guayra und Puerto Cabello für die Ausfuhr wichtig. Letzterer bedient in erster Linie Spanien und Frankreich, Deutschland ist hier ohne Bedeutung.

Kolumbien sowie die übrigen zentralamerikanischen Republiken sind mit Ausnahme von Costarica für den Kakaomarkt ohne Belang. Auch Mexiko kommt trotz seiner nicht geringen Produktion kaum in Betracht, weil in diesem Lande der Eigenbedarf sehr groß ist.

Unter den westindischen Inseln ist in erster Linie Trinidad zu nennen, das jährlich über 150 000 Meterzentner Kakaobohnen ausführt. Auch Jamaika, Dominique, St. Lucia, Haiti und Martinique sind als Kakaoproduzenten zu erwähnen.

In Afrika gedeiht Kakao besonders in Kamerun, auf São Thomé und auf Madagaskar, in Asien auf Ceylon, den Sundainseln und den Philippinen, welch letztere sich zum Anbau des Kakaos vortrefflich eignen.

Der Verbrauch von Kakaobohnen ist am größten in den Vereinigten Staaten, Frankreich, England und Deutschland, welche Staaten durchweg über 100 000 Meterzentner jährlich verbrauchen.

Da die gewonnenen Mengen Kakaobutter größtenteils in denselben Fabriken sofort weiter verarbeitet werden, gelangen nur relativ geringe Quantitäten dieses Fettes auf den Markt.

Suarinußöl. [1])

Sawarifett. — Sawaributter. — Souariöl. — Souaributter. — Huile de noix de Souari. — Sawarri Fat. — Burro di noce di Souari.

Herkunft.

Als Suarinußöl bezeichnet man das aus den sogenannten Suarinüssen — das sind die Samen von Caryocar nuciferum (wohl identisch mit Caryocar tomentosum Cuv. = Pekea guyanensis, dem sogenannten filzigen Caryocar) — gewonnene Öl. Dieser Baum findet sich häufig in Holländisch-Guayana, doch wird er in neuerer Zeit auch auf der Insel St. Vincent angebaut.

Ab-
stammung.

----

[1]) Semler, Tropische Agrikultur, Bd. 2, S. 519.

Rohprodukt.

Die Suarinüsse (auch Souari- oder Suwarrinüsse) sind von der Größe eines Hühnereies, erinnern in ihrer Form an eine Niere, zeigen eine rötlich-braune Schale, die mit großen runden Knoten besetzt ist, und enthalten einen sehr weichen Kern von angenehmstem Mandelgeschmack. Als die ersten Suarinüsse auf den Londoner Markt gekommen waren, eroberten sie sich sofort die Gunst der Feinschmecker; sie werden als die besten aller bekannten Nüsse bezeichnet.

Eigenschaften.

Man gewinnt das Fett durch Auspressen der Nußkerne; es ist ein Fett von 0,8981 spez. Gewicht (bei 15° C), das zwischen 29 und 35° C schmilzt, farblos, von angenehmem Geruch und seines milden Geschmackes wegen in Südamerika als Speiseöl sehr beliebt ist.

Nach Lewkowitsch[1]) besteht das Suarinußfett aus den Glyzeriden der Palmitin- und Ölsäure und einer hydroxylierten Fettsäure, welche sich leicht in ein Lakton umwandeln läßt.

Andere Caryocarfette.

Neben der Art Caryocar nuciferum trifft man auch noch zwei andere Spezies; es sind dies:

Car. brasiliénsis Cuv. = Rhizobolus amygdalifera Aubl., der mandeltragende Caryocar, und

Rhizobolus butyrosa W. = der Butternußbaum.

Die Samen des ersteren liefern das Caryocaröl oder Huile de Pignia; die Frucht des letzteren stellt eine Steinfrucht dar, deren harte, eigentümlich gebaute Schalen gewöhnlich vier Steinkerne umschließen, die man Pekea-nüsse, Butternüsse von Demerara oder Suarinüsse nennt.

Zwischen der Außenschale der Frucht und dem eigentlichen Steinkern liegt eine dünne Schicht eines butterähnlichen Stoffes, der eben das Pekeafett oder fälschlich Pekafett[2]) bildet. Das in den eigentlichen Samenkernen ent-haltene Öl kommt wahrscheinlich, falls es gewonnen wird, auch unter dem Namen Suaributter in den Handel, wie denn überhaupt in der Bezeichnung der aus der Familie Caryocar stammenden Produkte keine sehr genaue Unter-scheidung getroffen wird. Im Volksmunde faßt man übrigens alle Arten von Bäumen dieser Familie unter dem Namen „Pekeabaum"[3]) zusammen.

---

[1]) Journ. Soc. chem. ind., 1890, S. 844.; Chem. Ztg., 1889, S. 592.

[2]) Die Pekanüsse stammen von Carya olivaeformis (s. S. 138).

[3]) Besonders auch Pekea butyrosa Aubl. und Pekea tem|tea Aubl., die sich in Guayana bzw. auf den Antillen finden.

Tacamahacfett.

Njamplungöl. — Pinnayöl. — Dombaöl. — Ndilööl. — Tamanöl.
— Huile de Tamanu. — Poonseed Oil. — Pinnay Oil. — Poona
gamu (Telinga). — Bientanggoor (Java). — Câymuu (Indochina).

Herkunft.

Das Njamplungöl stammt aus den Samen von Calophyllum ino- Ab-
stammung.
phyllum — dem sogenannten Tacamahac-Schönblatt — eines zur
Familie der Guttiferen gehörenden Baumes, der in Polynesien und
Südasien sowie im ostafrikanischen Küstengebiete als ein schöner, in
die Augen fallender Strandbaum vorkommt[1]).

Dieser Baum liefert das ostindische Tacamahac, ein früher in der
Pharmazie angewandtes Harz; das eigentliche Tacamahac stammt von
Calophyllum Tacamahaca Willd.

Die mit Calophyllum inophyllum nahe verwandte Art Calophyllum Calaba Br., welcher auf den Antillen zu finden ist, liefert ein dem Tacamahacfett sehr ähnliches Produkt, das bisweilen mit dem Namen Calabafett (Huile
de Galba, Huile de Calaba, Calaba Oil), teils aber auch als Tacamahacfett bezeichnet wird.

Rohmaterial.

Die Calophyllum- und Calabanüsse sind kugelrund, von hellgelber Frucht.
bis schwarzbrauner Farbe und haben 2,5—4 cm im Durchmesser. Unter
der Fruchtschale enthalten sie einen Samenkern von der Form und Größe
eines Rettichs (Fig. 133).

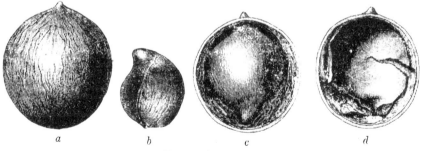

a   b   c   d

Fig. 133. Calabanüsse.
a = Ganze Nuß, b = Samenkern, c und d = Hülsenhälften.

Die im allgemeinen nur schwach angedeutete Spitze der Samenschale
korrespondiert nicht mit der Spitze des Samenkernes; diese liegt vielmehr
der ersteren meist entgegengesetzt, was indes auch nicht immer der Fall
ist, denn mitunter ist die Spitze des Samenkernes seitlich in dem Samen-
gehäuse eingebettet.

---

[1]) Bericht über die Berliner Kolonialausstellung 1897, S. 344.

Die Fruchtschale besteht aus einer holzigen, spröden Außenschicht, einer schwammigen, rotbraunen Mittelschicht und einer sehr dünnen, spröden, dunkelbraun glänzenden Innenschicht.

Samenkern.

Die Samenkerne sind in frischem Zustande geruchlos, gelblichweiß und schmecken intensiv bitter; sie verderben aber sehr leicht und werden dabei rotbraun bis braunschwarz und nehmen eine schmierige oder auch holzige Beschaffenheit an.

Eine von mir untersuchte Probe von Calabanüssen zeigte ein durchschnittliches Nußgewicht von 8,5 g; das Verhältnis zwischen Schalen und Kernen betrug dabei 52 : 48. Prevost[1]) fand dieses Verhältnis dagegen wie 56 : 44, während es Fendler[2]) mit 47,8 : 52,2 konstatierte.

Die Samenkerne bestehen nach Crevost aus:

Wasser	39,11 %
Rohprotein	5,03
Rohfett	41,28
Stickstoffreie Extraktstoffe	7,78
Rohfaser	3,50
Asche	3,30
	100,00 %

Der hohe Feuchtigkeitsgehalt trifft nur für ganz frische Nüsse zu; Proben, die eine längere Reise mitgemacht haben, enthalten um einige Prozente weniger Wasser. Fendler fand in mehreren Proben 22,8—31,5 % Feuchtigkeit, bei einem Ölgehalt von 50,5—55 %. Das Rohfett (Ätherextrakt) besteht nur zu $3/4$ aus festem Öl, den Rest bildet eine harzartige Substanz, über die weiter unten noch gesprochen wird.

Die gesunden Samenkerne bilden mit Wasser zerrieben eine Emulsion, wobei sich ein Teil des in den Samen enthaltenen Harzes an den Wandungen des Gefäßes ansetzt.

Gewinnung.

Gewinnungsweise.

Infolge des hohen Wassergehaltes der frischen Samenkerne der Calabanüsse fließt beim Auspressen der zerkleinerten Samen kein klares Öl, sondern eine Wasser-Öl-Emulsion ab. Der eigentlichen Entölung muß daher eine Trocknung der Samen vorausgehen.

Die Anamiten befreien zum Zwecke der Ölausbringung die Frucht zuerst von der Hülle, schneiden die Samenkerne in mehrere Stücke, welche sie an der Sonne trocknen lassen, zerkleinern sie sodann weiter mittels einer Stampfe und pressen endlich ab oder lassen durch Sonnenwärme ausschmelzen.

Im Norden von Anam verfährt man auf andere Weise. Die von ihrer Schale befreiten Kerne werden in einer Mühle mit Handbetrieb gemahlen. Die erhaltene Masse wird dann zwischen zwei platte Steine gebracht, auf welche

---

[1]) Apothekerztg., 1905, Nr. 1.
[2]) Bulletin de l'Indochine, Nr. 51, neue Serie.

zwei Männer einen Druck ausüben, indem sie an den äußersten Enden einer Bohle sitzen. Das Öl fließt durch kleine, an dem unteren Stein angebrachte Rinnen ab. Diese kalte und meistens oberflächliche Pressung nötigt aber zu einer zweiten, warmen Pressung. Dieser Vorgang besteht darin, daß man die Rückstände der ersten Pressung in einem Kessel während 2—3 Stunden kochen läßt und den ölhaltigen Anteil von der Oberfläche sodann in einen anderen Kessel abfüllt, der mit einem Baumwollstoff überdeckt ist und als Sieb dient.

Eigenschaften.

Das Tacamahacfett ist von gelbgrüner Farbe, harzigem Geruch und dick- flüssiger bis salbenartiger Konsistenz. Das in Cochinchina gewonnene Öl ist nach Lefeuvre[1]) durch Pflanzenschleim verunreinigt. Das durch Extraktion mittels Äthers erhaltene Öl ist nach Fendler bei Zimmertemperatur flüssig und er- starrt bei ca. $+3^0$ C, um bei $+8^0$ C wieder klar zu werden. Läßt man das Öl bei Zimmertemperatur stehen, so scheidet es allmählich ein festes Fett ab. Diese Ausscheidungen werden bald so reichlich, daß sie die ganze Flüssigkeit erfüllen, und man muß bis auf 40^0 C erwärmen, um wiederum völlige Klärung zu be- wirken. Das durch Wärme geklärte Öl erstarrt dann wiederum erst bei $+3^0$ C.

Eigen-
schaften.

Die Dichte des Öles (bei 15^0 C) fand Crevost bei 0,944, Fendler bei 0,9428.

Durch Alkalien läßt sich aus dem Öle ein Harz isolieren, dessen Menge zwischen 15 und $25^0/_0$ vom Ölgewichte beträgt. Crevost gibt für ge- preßtes Öl die höhere Ziffer, Fendler für Ätherextrakt die niedrigere an.

Chemische
Zusammen-
setzung.

Das Harz schmilzt bei $30—35^0$ C, ist dunkelgrau von Farbe, zeigt giftige Eigenschaften und löst sich in Alkohol, welche Lösung sich bei Zusatz von verdünnter alkoholischer Eisenchloridlösung tief dunkelgrünblau färbt. Die Alkohollöslichkeit des Harzes erklärt auch, daß das rohe Calo- phyllumöl von Alkohol teilweise aufgenommen wird.

Das gereinigte, harzfreie Öl ist von hellgelber bis goldgelber Farbe, erstarrt bei $+4^0$ C und scheidet wie das Rohöl beim Lagern kristallinische feste Fettsäuren ab; es hat eine Dichte von 0,9222.

Die aus dem Öle abgeschiedenen Fettsäuren schmelzen bei 38^0C, erstarren bei 33^0 C und bestehen aus Öl-, Palmitin- und Stearinsäure. Warburg gibt die Zusammensetzung des Öles mit $58^0/_0$ Olein und $42^0/_0$ Stearopalmitin an.

Das Tacamahacfett ist giftig, wenn auch nicht in dem Grade wie das aus ihm abgeschiedene Harz.

Verwendung.

Der eigenartige Geschmack und die Giftigkeit des in dem Öle ent- haltenen Harzes schließen das Öl von der Verwertung als Speisefett aus. Die Gegenwart dieses Harzstoffes macht das Fett dagegen zu einem viel

Ver-
wendung.

---

[1]) Bulletin Economique de l'Indochine, 1900. — Siehe auch L. v. Itallie, Über Tamanöl, Pharm. Ztg., 1895, S. 454.

gebrauchten Arzneimittel, das namentlich bei Hautkrankheiten und Rheumatismus verordnet wird. Der Konsum für diese Zwecke ist in Indien ziemlich bedeutend; der Baum wird in einigen Distrikten lediglich dieses Arzneifettes halber kultiviert. Das Öl hat übrigens in letzter Zeit unter dem Namen „Ndiloöl" auch in dem europäischen Arzneischatze versuchsweise Eingang gefunden.

Da das Tacamahacöl ein Gemenge von neutralem Öl und Harz darstellt, ist es also eine Art natürlicher Firnis; man könnte daher seine Verwertung in der Firnisfabrikation anstreben.

Da dieses Öl zu billigem Preise auf den Markt kommt, würde sich auch dessen Verwendung in der Seifenindustrie empfehlen; doch könnte man die damit durch Soda oder Kali erhaltenen Seifen lediglich für industrielle Zwecke gebrauchen, denn sie behalten die braune Farbe des Öles und dessen charakteristischen Geruch bei. Überdies sind die Seifen infolge des großen Harzgehaltes des Fettes etwas zu weich.

Handel.

Handel.

Der Haupthandel in Njamplungöl spielt sich zwischen Travancore und Burmah ab; ersteres ist der wichtigste Erzeugungsort, letzteres der Hauptkonsumtiónsplatz.

Die gesamte seitens der Einheimischen für Beleuchtungszwecke konsumierte Ölmenge kann nicht ziffernmässig festgestellt werden. Die Provinz Cochinchinas Vinh-long, wo die Bäume besonders zahlreich vorkommen, soll pro anno 30 000 kg Öl erzeugen, ein allerdings recht bescheidenes Quantum.

Kokumbutter.

Kokambutter. — Kokumöl. — Goabutter. — Brindoatalg. — Beurre de Cocum. — Suif de Goa. — Huile de Madool. — Kokumbutter. — Goa Butter. — Mangosteen Oil. — Sego di Kokum. — Moorgul mara (Tamul.). — Brindoa (Goa). — Kokum (Bombay).

Herkunft und Geschichte.

Abstammung.

Die Kokumbutter entstammt den Samen der indischen Mangostane oder Bridonie (Garcinia indica Chois. = Garcinin purpurea Roxb. = Brindonia indica Du Pet. = Mangostana indica Lin.), eines zur Familie der Guttiferen gehörenden, an der Westküste Vorderindiens, besonders in der Gegend zwischen Daman und Goa vorkommenden Baumes. Die Früchte der Mangostane waren nach Garcia d'Orcha bereits 1563 den Portugiesen bekannt, welch letztere den roten Saft des Fruchtfleisches zur Färberei, die Schalen zur Essigbereitung benutzten. Das Fett der Samen wird erst seit 1830 gewonnen und ist 1868 in den englisch-indischen Arzneischatz aufgenommen worden.

Rohprodukt.

Die Samen sind nierenförmig, seitlich zusammengedrückt und haben Same. eine Länge von 15—20 mm, eine Breite von 10 mm. Ihre Oberfläche ist runzelig, ihr Ölgehalt beträgt 20—25 %.

Gewinnung, Eigenschaften und Verwendung.

Zur Ausbringung des Kokumöles werden die Samen zerstoßen, mit Wasser Gewinnung. ausgekocht, die erstarrten Fettmassen abgenommen und mit der Hand in eiförmige Bälle oder Kuchen geformt. Man gewinnt auf diese Weise 10 % Fett aus den Samen, während mit Äther 30 % erhalten werden können.

In frischem Zustande ist das Kokumöl von schmutzigweißer oder gelb- Eigen-schaften. licher Farbe, zerreiblich, kristallinisch, unter den Fingern fettig wie Walrat. Der Geruch ist schwach kakaoartig, der Geschmack milde ölig; es schmilzt im Munde wie Butter und hinterläßt auf der Zunge ein Kältegefühl[1]).

Das Fett besitzt bei 40^0 C eine Dichte von 0,8952 (Heise), schmilzt zwischen 36,7—45° C und erstarrt zwischen 27,5—37,9° C.

Umgeschmolzenes Fett bleibt beim neuerlichen Ausschmelzen und Erstarrenlassen bis 24° C flüssig, doch steigt bei endlichem Eintreten des Festwerdens die Temperatur auf 33° C.

Die Fettsäuren der Kokumbutter zeigen einen Schmelzpunkt von 60—61° C und einen Erstarrungspunkt von 59,4 C[2]). Sie bestehen aus Öl- und Stearinsäure, doch sind auch geringe Mengen einer dritten Fettsäure (wahrscheinlich Laurinsäure) zugegen. Myristinsäure ist ent- gegen älteren Literaturangaben nicht vorhanden.

Nach Heise ist Kokumbutter der Hauptsache nach Oleodistearin, ähnelt also in dieser Hinsicht dem Mkanyfett.

Kokumbutter wird als Surrogat für Walrat, als Heilmittel, zur Ver-wendung. Herstellung von Seife und zu anderen Zwecken gebraucht. Häufig dient dieses Produkt auch zum Fälschen der Sheabutter.

Gambogebutter.

Suif de Gamboge. — Gambogebutter. — Mukki (Tamulen). — Parawa (Birma).

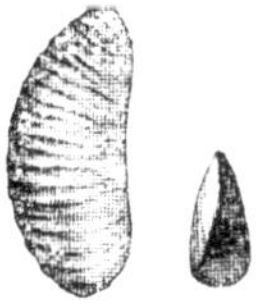

Fig. 134.
Samen von
Garcinia
pictoria.
a = Profil des
Samens,
b = Querschnitt.

Stammt von den Samen des ebenfalls in die Familie der Gummiguttigewächse (Guttiferen) gehörenden Baumes Gar- cinia pictoria Roxb., der sich in Indien in großer Menge findet.

Die Samen (Fig. 134) ähneln denen der Garcinia in- dica und enthalten 29,25 % Fett.

Das Fett dient teils Speise-, teils Beleuchtungszwecke.

---

[1]) Zeitschr. des österr. Apothekervereins, 1884, Nr. 25.

[2]) Heise, Arbeiten aus dem Kaiserl. Gesundheitsamte, Bd. 13, S. 302; Cross- ley und Le Sueur, Journ. Soc. Chem. Ind., 1898, S. 991.

Kanyabutter.

Afrikanische Pflanzenbutter. —
Beurre de Kanya. — Beurre de Lamy. — Beurre de Sierra
Leone. — Sierra Leone Butter. — Lamybutter.

Herkunft.

Ab-stammung. Die Kanyabutter liefern uns die Samen des westafrikanischen Talgbaumes (Pentadesma butyracea Don.). Dieser in Sierra Leone, Liberia, am Niger und im Golfe von Guinea heimische Baum heißt auch Butterbaum, weil der geruch- und geschmacklose, harzig-klebrige, gelbrote Saft seines Fruchtfleisches von den Eingeborenen wie unsere Butter verwendet werden soll. Warburg[1] bezweifelt diese durch Augenzeugen bisher nicht verbürgte Nachricht, weil alle Früchte der Guttiferenfamilie gummiartige Stoffe enthalten, die sie vom Gebrauche als Nahrungsmittel ausschließen.

Rohmaterial.

Frucht. Die fleischige Frucht des westafrikanischen Talgbaumes ist 16 cm lang, kugelförmig und besteht aus 5 Fächern, deren jedes 3—10 große, eckige, braune Samen enthält. Der Fettgehalt der letzteren beträgt $32-41\%$[2].

Die Samen ähneln im Aussehen der offizinellen Kolanuß (Cola acuminata) und heißen in Französisch-Guinea „Lamy".

Eigenschaften und Verwendung.

Eigen-schaften. Die Kanyabutter stellt ein bei gewöhnlicher Temperatur festes gelblichweißes Fett dar, das im frischen Zustande geruch- und geschmacklos ist und bei 15^0 C eine Dichte von 0,917 besitzt.

Die aus dem Fette abgeschiedenen Fettsäuren schmelzen bei $57,4^0$ C.

Ver-wendung. Kanyabutter bildet nicht nur ein Speisefett, das bei den Eingeborenen sehr beliebt ist, sondern stellt auch ein industriell wichtiges Produkt dar. Der hohe Schmelzpunkt seiner Fettsäuren weist deutlich auf seine Verarbeitung zu Stearin hin.

Rückstände.

Kanya-kuchen. Die entölten Samen von Pentadesma butyracea sind durch ihren hohen Tannin- und den geringen Proteingehalt charakterisiert. In den Extraktionsrückständen der Samen finden sich fast 20% Gerbstoff in löslicher und unlöslicher Form, dagegen nur $0,433\%$ Stickstoffverbindungen.

Die Kanyarückstände eignen sich daher weder für Futterzwecke, noch sind sie ein wertvolles Düngemittel[3].

---

[1] Semler, Tropische Agrikultur, 2. Aufl., 1900, 2. Bd., S. 541.
[2] Annales de l'Institut colonial, 1893, S. 114.
[3] Heckel, Les graines grasses nouvelles, Paris 1902, S. 185.

Mkanifett.

Suif de Mkany. — Mkanyi Fat. — Sego di Mkany. —
Msambo (Usambara).

Herkunft.

Das Mkanifett stammt aus den Samen des Talgbaumes (Stearoden-
dron Stuhlmannii Engl. = Allanblackia Stuhlmannii Engl.), der
zur Familie der Guttiferen gehört und einen mächtigen Urwaldbaum Ostafrikas [1]) bildet.

*Ab-
stammung.*

Rohmaterial.

Die Früchte des Talgbaumes sind 15 cm dick, 20—30 cm lang und
enthalten in 5 Fächern 20—24 rundliche oder eckige braune Samen,
welche einen Fettgehalt von 55,5 % aufweisen. Die Samen von 4 Früchten
(also 80—100 Stück Samen) sollen 1 bis 1,5 kg Mkanifett liefern.

Same.

Gewinnung,-Eigenschaften und Verwendung.

Das Mkanifett wird auf ziemlich primitive Weise gewonnen und
kommt in großen, kompakten Stücken, welche die Gestalt eines Straußen-
eies haben und 700—800 g wiegen, in den Handel. Die gelblichweißen
Klumpen sind äußerlich mit Bastgeweben belegt, riechen. schwach aromatisch und enthalten viel Wasser und Schmutz. In den Ulugurubergen
und in Usumbara ist das Mkanifett häufig zu finden; am erstgenannten
Orte heißt es Mkani, am letzteren Msambo. Es kommt von hier nach
Bagamoyo, wo es zum Verkaufe gelangt.

*Eigen-
schaften.*

Das Mkanifett zeigt eine Dichte von 0,928 (bei 15° C) und schmilzt
bei 40—41° C; vollständig flüssig wird es aber erst bei 42° C. Das
geschmolzene Fett erstarrt erst wieder bei 29,5° C, doch steigt seine
Temperatur in diesem Momente sofort wieder auf 36° C. Läßt man geschmolzenes Mkanifett langsam abkühlen, so erfolgen bei 38—39° C
kristallinische Ausscheidungen. Das Fett ist in chemischer Beziehung interessant; es enthält gemischte Glyzeride, hauptsächlich Oleodistearin [2]).

Das Fett wird in Ostafrika vielfach zu Speisezwecken benutzt. Es
würde aber auch ein vorzügliches Rohmaterial für die Stearinfabrikation
abgeben, weil es einen sehr hohen Fettsäuretiter (57,5—61,6° C) aufweist
und dabei sehr wenig Unverseifbares (0,49—1,21 %) enthält. Der geringe
Gehalt an Unverseifbarem macht es für die technische Verwendung weit
geeigneter als die ihm sonst ziemlich nahestehende Sheabutter.

*Ver-
wendung.*

---

[1]) Engler-Prantl (Nachtrag zu Bd. 3, S. 249; Semler, Tropische Agrikultur,
Bd. 2, S. 551; Harms, S. 452.
[2]) Heise, Arbeiten aus dem Kaiserl. Gesundheitsamte. Bd. 12, S. 540;
Henriques und Kühne, Chem. Revue, 1899, S. 45.

Bouandjobutter. [1]

Beurre de bouandjo du Congo français.

Herkunft.

Ab-
stammung.

Die Samen von Allanblackia floribunda Oliver (Familie der Guttiferen) enthalten ein Fett, das Heckel unter dem Namen Beurre de bouandjo du Congo français beschreibt[2]).

Allanblackia floribunda ist ein stattlicher Baum von 10—12 m Höhe, der sich in Kamerun, in der Umgebung von Libreville und in den westlichen Küstengebieten Afrikas[3]) findet.

Fig. 135.   Frucht von Allanblackia
floribunda Oliver. (¹/₀ der natürlichen
Größe.)

a = Ganze, gestielte Frucht,
b = Frucht im Längsschnitt.

Fig. 136. Same von Allanblackia
floribunda Oliver. (Natürliche
Größe.)

a = Same mit Samenhaut.
b = Same ohne Samenhaut.

Rohmaterial.

Frucht.

Die Frucht (Fig. 135) ist beerenförmig, hat 5 Fächer, eine Länge von 27—35 cm, in der Mitte eine Breite von 11 cm, ist länglich, an beiden Enden verjüngt und gestutzt, am oberen Ende mit einer scheibenartigen Nabe gekrönt, zusammengedrückt und undeutlich fünfeckig. Die Fruchthülle ist 1,8 cm dick, das Epikarpium schuppenartig und mit Warzen besetzt, das Mesokarpium dick, das Endokarpium leicht, faserig, mit Ausnahme seines Innenteiles, der saftig ist. Die Samen sind in der fleischigen Hülle doppelreihig angeordnet, sehr oft liegen 8—10 in einem Fache und haften mit der Bauchfläche an dem Mutterkuchen.

---

[1]) Heckel, Les graines grasses nouvelles, Paris 1902, S. 73.

[2]) Zwei andere Arten von Allanblackia liefern ebenfalls ölhaltige Samen: Allanblackia Sacleuxii Hua, die das Kagnéfett (S. 675) gibt, und Allanblackia Stuhlmanni Engler, von der das Mkanifett (S. 673) stammt.

[3]) Die ersten Mitteilungen über die Pflanze verdankt man Oliver (Flora of tropical Africa, Bd. 1, S. 163); später hat Pierre (Bulletin de la Société Linnéenne de Paris, März 1898, S. 21) die Frucht näher beschrieben.

Eine Frucht beherbergt in allen 5 Fächern zusammengenommen 40 bis 50 Stück Samen (Fig. 136), die in der Form oft ein wenig voneinander abweichen. Bald vielflächig infolge des gegenseitigen Druckes während der Entwicklung, sehr oft eiförmig, länglich dattelförmig, stellen sie immer eine große und eine kleine Achse mit zwei abgerundeten Enden dar; die eine mit innerem Nabel bildet den oberen Teil des Samens und ist weniger zugespitzt als die andere, welche als Basis zu betrachten ist.

Mit ihrer Samenhaut bedeckt, wiegen die Samen im Mittel 4 g und *Same.* ihr Gewicht schwankt zwischen 3,5 und 6 g. Ihre Länge ist 2,5—4 cm, ihre Breite 1,5—2 cm.

Der von den Kotyledonen befreite Keim wird von einem Stengel gebildet, der den ganzen Samen ausmacht und in frischem Zustande von gelblichweißer Farbe ist. Beim Schnitt wird seine Farbe an der Luft unmittelbar dunkler und geht in ein Schokoladebraun über.

Die Mitteilung Pierres, wonach die Samen bitter schmecken, konnte von Heckel nicht bestätigt werden; nach letzterem sollen sie nach kurzem Liegen an der Luft wie Reinetteäpfel schmecken.

Der Ölgehalt der ganzen Samen beträgt 46 %; bei ihrer Verarbeitung ist eine Entfernung der Schale nicht notwendig.

Eigenschaften und Verwendung.

Das Fett von Allanblackia floribunda ist bei gewöhnlicher Temperatur *Eigen-* fest, zeigt eine dunkelgelbe Farbe und besitzt bei 15° C eine Dichte von *schaften.* 0,9734. Die aus dem Fette gewonnenen Fettsäuren zeigen einen Titre von 60,8° C und das Fett wäre daher für die Stearinindustrie vortrefflich geeignet.

Rückstände.

Die Preßrückstände der Samen von Allanblackia floribunda enthalten *Rückstände.* ungefähr 15 % Rohprotein und könnten als Futtermittel Verwendung finden.

Handel.

Diese Samen kamen bisher noch nicht auf den Markt, doch verdienten *Handel.* sie ein erhöhtes Interesse der Pflanzer, weil Rohmaterialien mit so hochschmelzbarem Fette stets gesucht sind und gut bezahlt werden.

Kagnébutter. [1])

Kanyébutter. — Beurre de Kagné.

Dieses Fett stammt von den Samen der Allanblackia Sacleuxii [1]), *Herkunft.* einer von R. P. Sacleux entdeckten Allanblackiaart, die sich besonders

---

[1]) Nicht zu verwechseln mit Kanyabutter.

in Zanguébar[1]) findet und Samen liefert, die jenen der vorbeschriebenen Art ähneln, aber in Form mehr rund als länglich sind (Fig. 137).

Eigenschaften.

Die Kagnébutter gleicht der Bouandjobutter und wird von den Eingeborenen Zanguébars durch Auskochen der im Mörser zerstoßenen Samen erhalten. Das Fett, welches nach Schweinefett schmecken soll und zu Speise- wie auch Beleuchtungszwecken dient, kommt in Ngura und Mkani auf den Markt[2]).

Fig. 137. Same von **Allanblackia Sacleuxii Hua.**
a = Same mit Samenhaut, b = Same ohne Samenhaut.

Odyendyébutter. [3])

Beurre d'Odyendyé.

Herkunft.

Abstammung.

Dieses Fett entstammt den Samen von **Odyendyea Gabonensis (Pierre) Engler = Quassia Gabonensis Pierre**, einem am Gabon und Kongo vorkommenden Baume.

Rohmaterial.

Frucht.

Die Frucht (Fig. 138) ist eine eiförmige Steinfrucht, welche ein saftiges, dünnes Epikarpium und ein holziges, knochenartiges, widerstandsfähiges Endokarpium aufweist.

a b c

Fig. 138. Odyendyéfrüchte. (Natürliche Größe.)
a = Vorderansicht, b = Seitenansicht, c = Rückenansicht.

Die nackte Steinfrucht zeigt die in Fig. 139 dargestellte Form und wiegt im Mittel 20—25 g. Das Endokarpium brennt mit einer lebhaften, rußfreien Flamme, wobei sich 4—5 % eines in den Schalen enthaltenen öl-

---

[1]) Hua, Un nouvel arbre à suif du Zanguébar (Bull. du Mus. d'hist. nat., 1896, Nr. 4).

[2]) Engler-Prantl, Pflanzenfamilien, Nachtrag zu Bd. 3, S. 249.

[3]) Heckel, Les graines grasses nouvelles, Paris 1902, S. 12.

artigen Körpers ausscheiden. Der eigentliche Same wiegt 8—9 g und ist von einer gelblichgrauen Samenhaut bedeckt. Der Samenkern ist weiß bis gelblich und schmeckt bitter.

Heckel nennt folgende Fettgehalte:

Samen samt der holzigen Schale . . . . . 24,50 % Fett

Samen vom Endokarp (Schale) befreit, aber

    mit der Samenhaut bedeckt . . . . . 61,25 %

Same.

a   b   c

Fig. 139. Odyendyésamen (Natürliche Größe.)
a = Vorderansicht, b = Seitenansicht, c = Rückenansicht.

Die Samen enthalten reichliche Mengen eines Bitterstoffes — Quassiin — der feine, weiße, perlmutterglänzende, monokline Nadelkristalle bildet und dem nach Oliver die Formel $C_{32}H_{44}O_{10}$ zukommt. Quassiin kommt hauptsächlich im Quassiaholze vor. Massuta hat gezeigt, daß es mehrere Arten dieses Bitterstoffes gibt, daß also das Quassiin kein bestimmtes Produkt von einheitlicher Zusammensetzung darstellt.

Eigenschaften.

Durch Auspressen der geschälten Samen erhält man ein bei gewöhnlicher Temperatur festes Fett von gelber Farbe, welches beim Schmelzen eine durchscheinend rote Farbe zeigt. Das ein wenig bitter schmeckende Fett hat bei 15 °C ein spezifisches Gewicht von 0,980 und liefert Fettsäuren, die bei 54 °C schmelzen, also ein sehr gutes Stearinmaterial abgeben.

Der Bittergeschmack der Odyendyébutter läßt sich durch Waschen mit Wasser entfernen und das so behandelte Fett kann in frischem Zustande als Speisefett dienen.

Eigenschaften.

Rückstände.

Schlagdenhauffen, welcher die Preßrückstände der Odyendyésamen untersucht hatte, fand darin ungefähr 14 % Eiweißstoffe. Charakteristisch für diese Rückstände ist die Gegenwart von 3,2 % einer weißen, kristallinischen Substanz, die bei der Prüfung mit dem Polarisationsmikroskop eine irisierende Farbe zeigte und sich mit einem Tropfen konzentrierter

Rückstände.

Schwefelsäure auffallend schön violettblau färbte. Die Kristalle schmecken bitter und bedingen vielleicht zum geringen Teil den Bittergeschmack des Odyendyéfettes; der Hauptsache nach rührt dieser aber wohl vom Quassiin her, das in den Samen enthalten ist.

Borneotalg. [1]

Tangkawangfett. — Suif végétal de Borneo. — Borneo Tallow. — Sego di Borneo. — Tangkawang (Malakka). — Kakowang (Java). — Minjak-tangkawang (Indien).

Herkunft.

Ab-
stammung.

Unter dem Namen „Borneotalg" oder „Tangkawangfett" kommt von Borneo aus ein Fett in den Handel, das aus den Samen verschiedener Bäume gewonnen wird, aber dennoch eine ziemlich gleichmäßige Beschaffenheit und Zusammensetzung aufweist. Die meisten dieser Bäume gehören zur Familie der Dipterocarpeen, einige auch zu den Sapotaceen. Die wichtigsten der Borneotalg liefernden Bäume sind:

Shorea stenoptera Burck (wächst in Westborneo massenhaft und wird besonders auf früheren Reisfeldern angebaut);

Shorea hypochra Hance;

Shorea aptera Burck (ebenfalls in Westborneo heimisch);

Shorea Gysbertiana;

Shorea scaberrima;

Hopea macrophylla de Vriese = Parahopea Balangeran (auf den anderen Sundainseln zu finden);

Hopea Balangeran de Vriese;

Hopea aspera de Vriese;

Hopea lanceolata de Vriese;

Isoptera borneensis Scheff (auf der Insel Bangka vorkommend).

Außer diesen Dipterocarpeen werden in Südborneo noch die Samen der Sapotacee

Diploknema sebifera und

Pentacme siamensis Kurz = Shorea siamensis Miqu. (in Birma und Cochinchina)

zur Gewinnung des unter dem Sammelnamen Borneotalg gehandelten Fettes benutzt.

---

[1] Heckel, Zeitschr. d. allg. österr. Apothekervereins, 1865, S. 63; Neues Jahrbuch f. Pharmazie, 1865, S. 93; Engler-Prantl, Pflanzenfamilien, Bd. 3, S. 266; Geitel, Journ. f. prakt. Chemie, Bd. 36, S. 525; Heim, Revue Prod. Chim. durch Chem. Revue, 1902, S. 14; Les corps gras, 1902, Nr. 4; Chem. Revue, 1902, S. 235.

Pierre[1]) beschreibt besonders die in Indochina heimische Shorea hypochra und Pentacme siamensis.

Der erstere Baum findet sich in geschlossenen Beständen von der Bây-doc-Kette bis Phu-quôc, zerstreut trifft man ihn auch auf den Seiten-abhängen des Talùngebirges (Cam-chây) in der Provinz Cambodge.

Sein weißlich- oder zitronengelbes Holz wird von den Eingeborenen sehr geschätzt; sie verwenden es zu allerhand widerstandsfähigen Arbeiten und heißen es „vén vén“. Es ist ziemlich dauerhaft, so daß es zum Bau von Dschonken dienen kann. Die Blüten der Shorea hypochra riechen wie Honig; das gelbliche, wie Ambra duftende, reichlich vorhandene Harz wird gewonnen und exportiert.

Diese Pentacme war ehemals in Nieder-Cochinchina sehr verbreitet. Seit ungefähr 20 Jahren muß man ziemlich weit gehen, um ältere Bäume zu finden. In der trockenen Jahreszeit verliert der Baum einen Teil seiner Blätter. Er blüht zu Beginn des Jahres und seine Früchte reifen gegen das Ende derselben Jahreszeit. Die Eingeborenen verwenden sein äußerst widerstandsfähiges, fast unverwüstliches Holz und sagen, daß der Splint vor dem Verarbeiten des Holzes faul riechen soll.

Rohprodukt.

Die Früchte von Shorea stenoptera, welche den besten Borneotalg Rohprodukt. geben, bilden eiförmige, 6 cm lange, 4 cm breite, von etwa gleichlangen Flügeln umgebene Nüsse, deren Fettgehalt 40—50 % beträgt.

Die Frucht von Shorea hypochra ist länglich, spitz zulaufend, 32 mm lang, 15 mm breit und mit kleinen weißlichen Haaren bedeckt. Die Fruchthülle, welche außen von kalkartigen Zellen, innen von bast-artigen holzigen Bündeln gebildet wird, denen ausgekehlte, mit Harz ge-füllte Kanäle entgegenlaufen, hat eine sehr dünne, hornartige Samenhaut. Diese ist oben dicker als unten (1 : 1,5 mm). Der Same ist von zwei fast pergamentartigen Häutchen umgeben, deren zweites von einer Albumen-schicht überdeckt erscheint, welche unten viel reichlicher ist als oben. Man findet diesen Eiweißkörper auch zwischen den Samenlappen.

Die spitzig-eiförmige Frucht von Pentacme siamensis ist 16 mm lang. Ihre Fruchthülle wird, wie bei Shorea hypochra, von kalkartigen Zellen gebildet, die außen von weichen und vielflächigen Zellen über-deckt sind. In dem Gefäßteil findet man lange, unregelmäßige Gänge, welche ungleichmäßig mit Harzmassen angefüllt sind, die man mit freiem Auge sehen kann. Die äußere Samenhaut ist sehr dünn, pergamentartig, mit Ausnahme der Nabelgegend, wo man hie und da bastähnliche, holzige Strähne unterscheidet, die noch um den reifen Kern herum bestehen. Die zweite Samenhaut ist etwas dicker als die äußere.

---

[1]) Flore forestière de la Cochinchine; Publications de la direction de l'agricul-ture et du commerce de l'Indochine, 1902, S. 27 u. 31.

Gewinnung.

Lemarié berichtet, daß die Früchte, welche so lange am Baum bleiben, bis sie von selbst abfallen, von den Eingeborenen der Sundainseln gesammelt und an einem feuchten Orte liegen gelassen werden, bis infolge der Keimung der Samen die Schale aufbricht. Man trocknet die Nüsse hierauf durch Sonnenwärme, befreit sie von dem Perikarp und setzt sie in geflochtenen Körben den Dämpfen kochenden Wassers aus. Die Samen weichen dabei auf, werden endlich in Säcke gefüllt und ausgepreßt. Das erhaltene Fett wird nochmals mit Wasser umgeschmolzen und in das Innere von Bambusrohren gegossen, wo man es erstarren läßt. Daraus erklären sich die zylindrischen, walzenförmigen Stücke, in welchen Borneotalg gewöhnlich im Handel erscheint.

Eigenschaften und Verwendung.

Der Borneotalg[1]) bildet eine hellgrüne oder gelbe, beim Liegen an der Luft weiß und krümlig werdende Masse, welche bei 35—36 ⁰ C schmilzt und in frischem Zustande einen angenehmen, an Kokosbutter erinnernden Geschmack besitzt. Häufig ist der Borneotalg auch von kristallinischer Struktur.

Seine Fettsäuren schmelzen bei 53—54 ⁰ C und bestehen nach Geitel aus 66 % Stearin- und 34 % Ölsäure, während sie nach Heim aus 77—78 % fester Fettsäuren und nur 16—18 % Ölsäure zusammengesetzt sind.

Pierre untersuchte zwei Muster von Borneotalg, die aus den Samen von Shorea aptera bzw. von Isoptera Borneensis gewonnen worden waren.

Das Fett von Shorea aptera hatte eine weiße, schwach gelbliche Färbung, fühlte sich fettig an und ließ sich nur oberflächlich mit dem Nagel ritzen. Es roch schwach; sein Geschmack war in frischem Zustande milde und keineswegs unangenehm.

Das Fett schmolz bei 31 ⁰ C und enthielt

16,7 % Ölsäure und
78,8 % fester Fettsäuren.

Die Gesamtfettsäuren schmolzen bei 55 ⁰ C und erstarrten bei 51 ⁰ C.

Das Fett von Isoptera Borneensis zeigte dieselben organoleptischen Merkmale wie das von Shorea aptera, doch zog sich seine Farbe etwas mehr ins Grünliche. Es enthielt

18,0 % Ölsäure und
77,3 % fester Fettsäuren.

Der Borneotalg wird auf den Sundainseln als Speisefett und als Kerzenmaterial benutzt. In Europa verwertet man ihn mit Vorteil zur Seifen- und Stearinfabrikation.

---

[1]) Niamfett, das dem Borneotalg ähnlich sein soll, stammt von der in Ost- und Westafrika vorkommenden Dipterocarpee Lophira alata.

Handel.

Semler berichtet, daß in den Jahren 1877—1885 vom Hafen Pontianak auf Borneo pro anno durchschnittlich 10000 dz Borneotalg verschifft wurden. Dieser geht gewöhnlich zuerst nach Singapore, um von hier aus nach England, Deutschland und Holland weiter befördert zu werden.

Malabartalg.

Vateriafett. — Pineytalg. — Pflanzentalg. — Suif de Piney. —
Piney tallow. — Vegetable tallow of Malabar. — Malabar tallow. —
Koondricum (Tamul.). — Piennimarum (Hindostan). —
Dupada mara (Telinga).

Herkunft.

Der Malabartalg wird aus den Samen von **Vateria indica** L. = **Ab-stammung.** **Vateria malabarica** Blum = **Elaeocarpus copaliferus** Retz, dem indischen Kopalbaume, gewonnen. Dieser Baum, der uns auch das **Dammarharz** liefert, ist besonders in Malabar häufig zu finden. Auf das Vateriafett scheint zuerst **Babington**[1]) aufmerksam gemacht zu haben, später beschrieben es **Vierthaler** und **Bottura**[2]), **Dal Sie**[3]) sowie **Höhnel** und **Wolfbauer**[4]).

Rohprodukt.

Die Fruchtkapseln des Kopalbaumes sind oval, dreifurchig und dreiklappig, 6—7 cm lang, 4 cm breit und enthalten nur einen Samen. Der von der Frucht- und Samenschale befreite Kern ist 5—6 cm lang und 2—3 cm breit, von beinahe regelmäßiger elliptischer Form, an beiden Enden etwas spitzig und außen der Länge nach mit zahlreichen Adern versehen; das Würzelchen ragt am unteren Ende manchmal etwas vor.

Charakteristisch ist für die Vateriasamen, die auch **Butterbohnen** genannt werden, daß die beiden Samenlappen ungleich groß sind; nach **Höhnel** und **Wolfbauer** ist der eine 2—4 mal größer als der andere. Die 5—15 mm dicken, mehlig fleischigen Samenlappen sind meist bis über die Mitte gespalten und zeigen innen eine flache, 3—5 mm breite Furche, in welcher das Würzelchen liegt. Eigenartig sehen mitunter die kleineren abgetrennten Samenlappen aus; sie erinnern an zwei mit den breiteren Enden verwachsene spitze, bogenartig gegeneinander gekrümmte Zipfel, aus deren Verwachsungsstelle das nach rückwärts gekrümmte Würzelchen hervortritt.

Der ganz reife Samenkern erscheint im Handel fast nie, sondern nur die getrennten Samenlappen; dies kommt daher, daß die abgefallenen Früchte

---

[1]) Quarterley Journ. of Science, Bd. 19, S. 177.
[2]) Trattato di merciologia tecnica, Bd. 2, S. 33.
[3]) Bolletino delle science naturali, 1877, S. 151.
[4]) Dinglers polyt. Journ., 1884, Bd. 252, S 335.

nur ungefähr alle drei Jahre gesammelt werden. Die sumpfige Landschaft, in welcher der Vateriabaum wächst, gestattet nämlich das Sammeln nur zu besonders trockenen Zeiten. Durch das lange Liegen lösen sich die Frucht- und Samenschalen ab und der Samenkern zerfällt in seine beiden Samenlappen (gerottete Samen).

Die Handelsware ist von bräunlicher, bisweilen auch von schwärzlicher Färbung; das Normale ist ein Schokoladebraun. Von der lederartigen, innen fast korkähnlichen, fuchsbraunen Fruchtschale finden sich nur selten Bruchstücke vor. Die Braunfärbung der Samenlappen rührt nach Höhnel-Wolfbauer keinesfalls von einem Röstprozesse her, sondern ausschließlich von der Rottung.

Der Geschmack der Butterbohnen ist anfangs schwach aromatisch, dann intensiv bitter und schwach adstringierend.

Die Samen enthalten 48—56 % Öl und werden in Indien genossen.

Gewinnung und Eigenschaften.

Ge-
winnungs-
weise.

Das Fett wird in Malabar durch Mahlen des gerösteten Samens und Auskochen des erhaltenen Mehles gewonnen. Der Malabartalg ist fast geruch- und geschmacklos, zeigt eine Dichte von 0,9102—0,940, schmilzt zwischen 30 und 42 ° C und ist von grünlicher Farbe.

Der Farbstoff des Malabartalges verschwindet nicht durch Behandlung mit schwefeliger Säure, wohl aber durch nitrose Dämpfe und durch Belichtung.

Zusammen-
setzung.

Die nähere Zusammensetzung des Fettes ist noch nicht ermittelt. Der Gehalt an freien Fettsäuren ist beträchtlich; so fanden Höhnel und Wolfbauer in einer untersuchten Probe 19 % Azidität, Crossley und Le Sueur[1] aber nur 5,18 und 15,34 %. Durch Alkohol können dem Vateriafette 2 % eines flüchtigen, aromatisch riechenden Öles entzogen werden.

Ver-
wendung.

Der Malabartalg findet in frisch bereitetem Zustande bei den Indern als Speisefett Verwendung; in Europa wird er in der Seifen- und Stearinfabrikation benutzt.

Rückstände.

Vateria-
kuchen.

Die Vateriakuchen sind steinhart und ockergelb. Ein von J. Moser und Meißel[2] untersuchter Kuchen enthielt:

Wasser	3,37 %
Rohprotein	12,25
Rohfett	17,06
Stickstoffreie Extraktstoffe	57,55
Rohfaser	5,13
Asche	4,64
	100,00 %

[1] Journ. Soc. Chem. Ind., 1899, S. 991.
[2] Dietrich und König, Zusammensetzung und Verdaulichkeit der Futtermittel, Berlin 1891, S. 728.

Auch fanden sich 0,4 °/₀ eines alkaloidartigen Körpers vor, der Ursache des Bittergeschmackes des Vateriakuchens sein dürfte.

Nach Pott[1]) sind diese Ölkuchen als Mastfuttermittel gut zu gebrauchen.

Ménéöl.

Méniöl. — Huile de Méné. — Huile de Meni.

Herkunft.

Das Ménéöl wird aus den Samen eines der schönsten Bäume des zentralafrikanischen Seengebietes, der Lophila alata Banks., gewonnen. Die in die Familie der Dipterocarpeen gehörende Pflanze wurde von Lanessan[2]), Moloney[3]), R. P. Sébire[4]) beschrieben. Ihr Holz ist für feinere Drechslerarbeiten sehr geschätzt, die Blätter bilden in den Nilländern ein Zaubermittel, die Fruchtkelche werden von den Weibern der Eingeborenen als Zierde benutzt und aus den Früchten gewinnt man ein Öl. *Abstammung.*

Rohmaterial.

Die Frucht des Ménébaumes ist eine geflügelte Kapselfrucht von länglicher Gestalt. Das äußerste Kelchblatt verlängert sich nach der Blütezeit um das 10—12fache, das zweite um das 4—5fache, wodurch eine eigenartig aussehende Flügelfrucht entsteht. In Fig. 139 ist nur das kleinere Kelchblatt gezeichnet, weil der größere Flügel beim Transport der Samen entweder von selbst abbricht oder absichtlich entfernt wird. Unter der holzigen Kapsel der Frucht ist ein eiförmiger, kreiselförmig gedrehter Same (Fig. 140) enthalten. Die beiden Samenlappen besitzen in frischem Zustande einen milden, dann bitteren, zusammenziehenden Geschmack, ähnlich wie der Kolasame. *Frucht.*

Fig. 140. Ménésamen.
(Natürliche Größe.)
a = Same, *b* = Frucht.

Heckel[5]) fand das durchschnittliche Gewicht der Ménéfrucht mit 0,80 g, das Verhältnis der Schale zum eigentlichen Samen wie 37 : 63.

Nach J. Bouis wiegt 1 hl Ménésamen 67 kg und deren Fettgehalt beträgt 48,87 °/₀.

---

[1]) Pott, Landw. Futtermittel, Berlin 1889, S. 526.
[2]) De Lanessan, Plantes utiles des Colonies francaises, p. 811.
[3]) Moloney, Sketch of the forestry of W. Africa, Londres 1887.
[4]) R. P. Sébire, Plantes utiles du Sénégal, 1899, S. 41. — Siehe auch Van Tiegham, Étude sur les canaux sécréteurs des plantes (2e Mémoire in Annales des Sc. nat., 7e série, 1885, p. 67; Diptérocarpées: Sur le genre Lophira).
[5]) Heckel, Les graines grasses nouvelles, Paris 1902, S. 161.

Eigenschaften und Verwendung.

Eigen-
schaften. Das durch primitives Auspressen gewonnene Ménéöl ist halbflüssig, erstarrt bei ca. 16⁰ C und zeigt eine grünlichgelbe Farbe; durch Schwefelkohlenstoff extrahiertes Öl ist dunkelgelb und etwas konsistenter. Das Öl hat einen leicht bitteren, harzigen Geschmack, besitzt eine Dichte von 0,951 (bei 15⁰ C) und liefert bei der Verseifung Fettsäuren, die einen Erstarrungspunkt von 48⁰ C haben.

Die Bewohner Afrikas verwenden das Ménéöl als Speisefett und als Haaröl. Falls es in größeren Mengen zur Gewinnung käme, könnte es ein gut brauchbares Seifenmaterial abgeben.

Rückstände.

Rückstände. Die dunkelbraunen, nach Bittermandeln riechenden Preßrückstände werden als Düngemittel benutzt; Versuche über eine Verwertung als Kraftfutter wurden noch nicht unternommen.

Wirtschaftliches.

Handel. Obwohl Lophira alata Banks. nicht gepflegt, geschweige denn kultiviert wird, ist die Jahresproduktion von Ménésamen doch sehr bedeutend. Leider läßt die Trägheit der Bewohner der betreffenden Länder Afrikas den allergrößten Teil der Samen ungenutzt verfaulen; nur ein verschwindend kleiner Bruchteil der zur Reifezeit abfallenden Früchte wird zusammengelesen und verwertet. Durch entsprechende Anleitung der Leute könnte sich aber mit der Zeit ein regulärer Handel in dieser Ölsaat entwickeln.

Chaulmugraöl.

Huile de Chalmogree. — Huile de Lucraban. — Beurre de Chaulmougra. — Chaulmoogra Oil. — Olio di chaulmugra. — Daiphong-tu (Harioi). — Piturkurra (Bengalen). — Lukrabo (Siam).

Herkunft.

Ab-
stammung. Das Rohprodukt des Chaulmugraöles sind die Samen einer in Binuan heimischen Pflanze Taraktogenos Kurzii King und nicht die Samen von Gynocardia odorata (siehe Seite 686). Power und Gornall[1] machten auf die Notwendigkeit des Auseinanderhaltens dieser beiden Ölsamen und der daraus gewonnenen Öle aufmerksam.

Rohmaterial.

Same. Die Samen von Taraktogenos Kurzii King bestehen aus:

66 % Kernen und
34 % Schalen.

Erstere enthalten nach Power 55 % Fett, was auf das Gesamtgewicht des Samens 38 % ausmacht.

[1] Journ. Chem. Soc. Ind., 1904, S. 843.

Gewinnung, Eigenschaften und Verwendung.

Das Chaulmugraöl, welches durch Auspressen der Taraktogenossamen zu 31%, bei deren Extraktion zu 38% gewonnen wird, ist in frischem Zustande geruchlos und fast ohne Geschmack; beim Aufbewahren verfärbt sich die ursprünglich gelbe Farbe in ein Hellbraun, wobei das Öl einen Geruch nach gekochtem Terpentin annimmt. $\qquad$ *Eigenschaften.*

Der Schmelzpunkt des Fettes liegt bei $22-23^0$ C, die Dichte bei $0{,}951-0{,}952$ (bei 25^0 C). Der Gehalt des Öles an freien Fettsäuren schwankt zwischen 9 und 25%. $\qquad$ *Zusammensetzung.*

Die Zusammensetzung der Fettsäuren des Chaulmugraöles ist noch nicht genügend ermittelt. Neben Palmitinsäure finden sich hauptsächlich Säuren, die nach ihrer empirischen Formel in die Linolensäurereihe zu gruppieren wären. Die betreffenden Säuren des Chaulmugraöles sind aber mit denen der Linolensäurereihe nicht identisch, sondern nur isomer. Es sind zyklische Verbindungen, welche nur ein paar doppelt gebundene Kohlenwasserstoffatome darstellen. Power und Gornall[1]), welche die Zusammensetzung dieser Säuren erkannten, konnten aus den verschiedenen im Chaulmugraöle enthaltenen Säuren dieser Reihe nur die eine von der Formel $C_{18}H_{32}O_2$ isolieren, welche sie Chaulmugrasäure benannten.

Die Chaulmugrasäure kristallisiert aus Petroläther in glänzenden Blättchen, welche bei 68^0 C schmelzen; sie wird von schmelzenden Alkalien auch bei Temperaturen bis zu 300^0 C nicht angegriffen und liefert bei der Oxydation mit Kaliumpermanganat ein- und zweibasische Oxysäuren.

Schindelmeiser[2]) will im Chaulmugraöl eine Fettsäure der Formel $C_{21}H_{40}O_2$ isoliert haben und nimmt auch das Vorhandensein einer hydroxylierten Säure an. In dem Fett ist nach Power und Gornall auch ein neutraler Körper von der Formel $C_{18}H_{32}O_2$ enthalten, der weder zu den Säuren noch zu den Laktonen oder Alkoholen gerechnet werden konnte; ferner fanden sie ein Phytosterol $C_{26}H_{44}O$.

Das Chaulmugraöl wird in Tonkin und Siam als Heilmittel gegen Lepra und andere Hautkrankheiten viel verwendet und unter dem Namen „daiphong-tu" gehandelt. $\qquad$ *Verwendung.*

Hirschsohn[3]) konstatierte bei Handelsproben von Chaulmugraöl Verfälschungen mit Kokosöl, Palmöl und Vaselin. $\qquad$ *Verfälschungen.*

Rückstände.

Die Preßrückstände enthalten ein amygdalinspaltendes Enzym und entwickeln beim Zusammenbringen mit Wasser Blausäure. Die Verbindung, aus der die Blausäure abgespalten wird, konnte man bisher noch nicht isolieren. $\qquad$ *Rückstände.*

---

[1]) Journ. Chem. Soc., 1904, S. 843.
[2]) Berichte der pharm. Gesellschaft, 1904, S. 164.
[3]) Pharm. Zentralhalle, Bd. 44, S. 627.

In den Kuchen (zum wenigsten in den kalt gepreßten) dürfte sich auch etwas Ameisen- und Essigsäure vorfinden, die aus den Samen durch Alkohol extrahierbar sind.

Gynocardiaöl.

Krebaofett. — Graisse de Krebao. — Graisse de chung bao. — Huile de Gynocardia. — Gynocard Oil. — Olio di Gynocardia.

Herkunft.

Ab-
stammung. Das Gynocardiaöl, welches man früher mit dem Chaulmugraöle identifizierte, wird aus den Samen von Gynocardia odorata = Chaulmoogra odorata Roxb. = Hydnocarpus odorata Lindl. sowie aus denen von Hydnocarpus anthelmintica Pierre [Krebaosamen[1])] erhalten, welch letztere in China unter dem Namen „Tafung-tse" bekannt sind. Die beiden Bäume befinden sich in Ostindien, China und auf der Halbinsel Malakka.

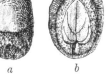

Rohprodukt.

Das als Gynocardiensamen auf den Markt kommende Produkt stammt meist von verschiedenen Hydnocarpusarten[2]). Diese mit einer Fruchthülle versehenen Beeren sind 8 cm lang, 8,5 cm breit, am oberen Ende abgestumpft und verjüngt. Die Fruchthülle ist 6—7 mm stark.

Fig. 141. Same von Hydnocarpus anthelmintica Pierre.

a = Same mit Samenmantel, *b* = Same im Längsschnitt mit Codosperm und Embryo (Natürliche Größe.)

Same. Die Samen des Handels (Fig. 141) sind von dunkler Farbe und haben im allgemeinen eine Länge von 2 cm, eine Breite von 1,5 cm. Das Gewicht des von seiner Fruchthülle befreiten Samens beträgt im Mittel 2 g. Der Samen besteht nach Heckel[3]) zu 66—70% aus Samenschale und 24—30% aus Samenkern. Der letztere enthält ungefähr 65% Fett. Nach Crevost finden die Krebaosamen in China unter dem Namen Dai phong tu, in Anam als Hat giau gio Anwendung in der Pharmazie.

Eigenschaften und Verwendung.

Eigen-
schaften. Das durch Pressung des von seiner Schale entblößten Samens erhaltene Fett ist bei gewöhnlicher Temperatur fest und zeigt einen eigenartigen starken Geruch. Es wird leicht ranzig und nimmt dann einen unangenehmen Geruch an. Seine Farbe ist schön weiß, die Dichte ist nach Heckel bei 15° C 0,955.

Die aus dem Fett abgeschiedenen Fettsäuren schmelzen bei 40,6° C und bestehen aus Öl-, Palmitin-, Stearin- und Laurinsäure.

---

[1]) Lemarié, Bulletin Impérial Inst., 1903, S. 209.
[2]) Desprez, Chemist and Druggist, 1900, S. 512.
[3]) Heckel, Les graines grasses nouvelles, Paris 1902, S. 126.

Das Öl ist noch nicht näher studiert worden, doch gleicht es in seinen Eigenschaften sehr dem Chaulmugraöle.

Das Krebaofett kann für technische Zwecke, vornehmlich zur Er- *Verwendung.* zeugung von Seifen Verwendung finden.

Rückstände.

Die Preßrückstände der Krebaosamen können als Futtermittel be- *Rückstände.* nutzt werden. Ihr Gehalt an Protein beträgt 30 %.

Pitjungöl. [1])

Herkunft.

Das Pitjungöl wird aus den Samen von Pangium edule Reinw., einem *Herkunft.* zur Familie der Flacourtiaceen gehörigen, im Malaiischen Archipel heimischen Baume gewonnen.

Rohmaterial.

Die Samen dieses Baumes sind von platter, dreikantiger Form und *Same.* liegen in größerer Anzahl in Früchten, deren Fleisch in frischem Zustande zwar giftig ist (Gehalt an Blausäure), getrocknet und geröstet aber ein wohlschmeckendes und gesundes Nahrungsmittel der Bewohner Javas bildet.

Gewinnung und Verwendung.

Die Samenkerne werden durch Trocknen und primitives Auspressen, *Gewinnung* in einigen Gegenden wohl auch durch Auskochen, entfettet. Das erhaltene braune, beinahe geruchlose salbenartige Fett wird als Lampenöl und zur Bereitung von Seife verwendet. Es ist frei von Blausäure und kann daher anstandslos auch als Speiseöl Verwertung finden.

Malukangbutter.

Malokangbutter.

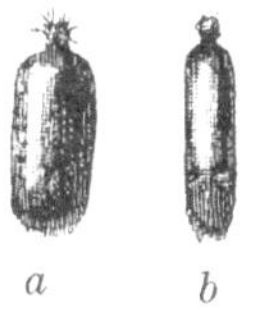

Herkunft.

Dieses Fett liefern uns die Samen von Polygala buty- *Abstammung.* racea Heck., einem zur Familie der Flacourtiaceen gehörenden buschigen Gewächse, das im oberen Nilgebiete, in Togo und in Dahome vielfach zu finden ist.

Fig. 142.
Malukangsamen.

a = Breitseite,
b = Schmalseite.
(Doppelte natürliche Größe.)

Rohprodukt.

Die ungefähr 5 mm langen und 3 mm breiten, eiförmigen, *Same.* aber leicht abgeplatteten Samen (Fig. 142) sind lichtfarbig bis schwärzlich und enden in eine von einem kurzen Haarbüschel gekrönte Spitze. Die Angaben über den Ölgehalt dieser Samen weichen sehr voneinander ab. Eine von mir untersuchte Probe enthielt 35,20 % Öl.

[1]) Semler, Tropische Agrikultur, 2. Aufl., Wismar 1900, Bd. 2, S. 527.

Eigenschaften.

Die Malukangbutter stellt ein gelbliches Fett von angenehmem Nußgeschmacke dar, das bei 35° C erweicht, aber erst bei 52° C vollständig klar wird. Nach Warburg besteht das Fett aus:

31,5 % Triolein,
57,5 % Tripalmitin,
6,2 % Trimyristin,
4,8 % freier Palmitinsäure.

Daneben finden sich nach Schädler auch geringe Mengen von Ameisenund Essigsäure vor.

Verwendung.

Die Malukangbutter wird zum Würzen verschiedener Speisen gebraucht. Vielfach verwendet man hierzu aber nicht das Fett, sondern nimmt einfach die zerstoßenen Samen.

Sheabutter.

Schibutter. — Galambutter. — Karitebutter. — Bambukbutter. — Djaveoel. — Nungubutter. — Beurre de Cé. — Beurre de Ghi. — Beurre de Shée. — Beurre de Bambouk. — Beurre de Galam. — Beurre de Kárité. — Beurre de Karé. — Suif de Noungon. — Sheabutter. — Galambutter. — Burro di Seha.

Herkunft und Geschichte.

Abstammung.

Dieses Fett entstammt den Samen des Schibaumes, Butterbaumes oder Manua[1]) (Bassia Parkii de C. = Butyrospermum Parkii Kotschy) aus der Familie der Sapotaceen. Dieser ungefähr 10 m hohe Baum ist nach Warburg in den Haussaländern und im Sudan heimisch, findet sich aber auch im Togogebiete, und man kann sagen, daß seine Verbreitung vom Nigerursprung bis zum Weißen Nil reiche. Dem inneren nördlichen tropischen Afrika ersetzt der Schibaum die Ölpalme. Wild wachsend wie diese, gibt er den Negern regelmäßig reiche Ernten und erweist sich bei seinen bescheidenen Ansprüchen hinsichtlich des Bodens als ein wahrer Segen für die betreffenden Gebiete.

---

[1]) Sheabutter wird sehr häufig mit den Samenfetten anderer Sapotaceen verwechselt. So wirft man Phulwabutter (s. S. 698) vielfach mit Sheabutter zusammen, wie einige Botaniker (Wiesner) auch die Samen von Bassia butyracea, welche das erstere Fett liefern, mit denen des eigentlichen Schibaumes (Bassia Parkii De C.) für identisch halten. — Auch Butyrospermum niloticum Kotschy nimmt man als einerlei mit Bassia Parkii an, wogegen der von Caruel beschriebene Butterbaum (Combretum butyrosum Car.) als besondere Spezies gilt. — Nicht selten werden auch die Fette von Bassia latifolia (Mahwabutter) und Bassia longifolia (Mowrahbutter) sowie die anderer Bassiaarten mit Sheabutter verwechselt und umgekehrt dieses Fett für ein anderes Bassiafett gehalten. Nach Corre wird als Galambutter auch eine in Galam bereitete Milchbutter bezeichnet.

Die erste Nachricht über ihn kam durch Mungo-Park zu Ende Geschicht-
liches. des 18. Jahrhunderts nach Europa. Er hatte ihn in dem früheren König-reiche Bambara angetroffen und rühmte den hohen Wert, den das Fett dieser Bäume wegen seiner großen Haltbarkeit besitze. Nachtigall hat den Butter-baum später auch in Bornu vorgefunden, Th. v. Heuglin und Kotschy fanden ihn in Nordostafrika, Speken und Grant in der äquatorialen Nil-gegend.

Die Sheabutter ist demnach in Afrika schon seit langem bekannt; in Europa wurde man auf sie in weiteren Kreisen erst durch die Pariser Weltausstellung des Jahres 1878 aufmerksam, bei der die königliche Hof-kerzenfabrik in Brüssel Fettsäuren aus Sheabutter ausstellte[1]). Fachleute wiesen zu jener Zeit auf die Bedeutung hin, welche dieses Fett infolge des damaligen Rückganges der Palmölgewinnung erlangen könnte, falls man an den Produktionsorten der Verwertung der Sheanüsse mehr Aufmerksamkeit schenken wollte[2]). Es kamen tatsächlich kurze Zeit darauf größere Mengen dieses Fettes auf den Markt und man durfte auf eine Ausgestaltung des Sheabutterhandels rechnen, eine Hoffnung, die sich bisher aber nicht erfüllte.

Rohprodukt.

Die Frucht des Sheabaumes, welche vom Mai bis September reift, hat Frucht. nach Oliver[3]) die Größe eines Taubeneies. Nach Warburg ähnelt sie einer unreifen Birne. Sie schmeckt sehr süß und wird deshalb von den Negern gern gegessen.

a   b   c   d

Fig. 143. Kariténüsse.

a und b = ganze Nüsse, c = Samenkern, d = Querschnitt des Samenkerns.

Die Samen sind von sehr wechselnder Größe; sie wiegen 5—12 g Same. pro Stück und zeigen die in Fig. 143 gezeigte Form. Viele Nüsse sind einseitig plattgedrückt, weil mitunter zwei Samen in der Frucht neben-einander reifen.

Die Schale der Kariténuß ist außen glänzendbraun und erinnert an die Schale unserer Roßkastanie, ihre Farbe ist aber wesentlich heller als

---

[1]) Deite, Dinglers polyt. Journ., 1879, Bd. 231, S. 169.

[2]) Pfaff, Neue Wochenschrift für den Öl- und Fetthandel, 1878, S. 76.

[3]) Transactions of the Linnean Society of London, Bd. 29, S. 104.

die der letzteren. Die Innenseite der Schale ist mattbraun und häufig von hellgelben, fast weißen, ziemlich breiten, vielfach verästeten Adern durchzogen.

Der Samenkern besteht aus zwei fleischigen Kotyledonen, die viel fester aneinander haften, als dies bei den Illipé- und Mowrahkernen der Fall ist.

Heckel[1]) fand das Gewicht der Schale und des Kernes bei kleinen, mittelgroßen und großen Samen wie folgt:

Kleine Samen	Mittlere Samen	Große Samen	
1,50 g	1,90 g	3,90 g	Schale
3,50 g	6,40 g	7,30 g	Kern
5,00 g	8,30 g	11,20 g	ganzer Samen.

Die chemische Zusammensetzung der Samenkerne ist nach Heckel:

Wasser	6,72 %
Rohprotein	10,25
Rohfett	45,36
Stickstoffreie Extraktstoffe	26,18
Rohfaser	9,49
Asche	2,00
	100,00 %

Unter den Extraktstoffen sind Tannin, Zucker, gummiartige Stoffe und Farbstoffe zu bemerken.

Die Reife der Früchte beginnt im Mai und endet in den letzten Septembertagen. Die Frauen und Kinder der Eingeborenen sammeln die herabfallenden Früchte, welche sich besonders nach Stürmen und Gewittern in reicher Menge unter den Bäumen finden.

Gewinnung.

Gewinnungsweise.

Das Bloßlegen der Nüsse geschieht gewöhnlich derart, daß man das Fruchtfleisch durch längeres Lagernlassen der Früchte in Erdgruben in einen Zustand der Gärung bringt, wobei es sich vom Kerne ablöst. Die Nüsse werden dann über freiem Feuer schwach geröstet und durch Schläge mit Holzstäben von ihren Schalen befreit. Die freigelegten Samenkerne zerkleinert man und bringt die Masse in kochendes Wasser. Das ausschmelzende Öl wird vorsichtig abgeschöpft, ausgewaschen und hierauf in Tongefäße gebracht, wo es zu einer butterartigen Masse erstarrt. Das abgeschöpfte Öl formt man zu Broten von ungefähr 1 kg, umwickelt diese mit frischen Baumblättern und bringt sie so auf den Markt.

In Europa, wohin die Sheanüsse meist in geschältem Zustande gebracht werden, verarbeitet man sie nach der gebräuchlichen Methode. Das Fett läßt sich aber nur unvollständig auspressen; die Kuchen enthalten meist über 12 % Fett.

---

[1]) Revue des Cultures coloniales, 1897, S. 233.

Eigenschaften.

Die Sheabutter überseeischer Erzeugung ist von schmutzigweißer Farbe, mitunter durch vorhandene Reste von Samenkörnern auch rötlich gefärbt und zeigt einen eigenartigen Geruch, der besonders beim Kochen dieses Fettes hervortritt. Dieser widerwärtige Geruch erklärt auch den Ekel, den manche Europäer gegen die Sheabutter und die damit zubereiteten Speisen zeigen.

Die nach Europa gebrachte Sheabutter ist von wechselnder Beschaffenheit; sie stellt nicht selten eine eigentümlich klebrige, butterartige, graue Masse von charakteristischem, terpentinartigem Geruche dar. Die klebrige Beschaffenheit rührt von einer Art Wachs her, welches 3,5 % der Sheabutter ausmacht.

Beim Auspressen nicht zu alter, gesunder Samenkerne erhält man ein Fett von sehr angenehmem, aromatischem, an Kakao erinnerndem Geruch. Auch der Geschmack eines solchen Fettes ist angenehm. Beim Preßverfahren liefern übrigens auch alte, teilweise verschimmelte Nüsse ein angenehm riechendes Öl, das allerdings im Geschmack zu wünschen übrig läßt.

Die Dichte der Sheabutter liegt bei 0,9175 (bei 15 ⁰ C), ihr Schmelzpunkt schwankt bei verschiedenen Proben zwischen 23 und 43 ⁰ C. Chateau[1]) gibt als solchen 29 ⁰ C an und Thomson und Wood[2]) nennen sogar 43 ⁰ C. Die Letztgenannten dürften wohl ein anderes Fett vorliegen gehabt haben. Richtig sind nur jene Angaben, die einen Schmelzpunkt von 23—28 ⁰ C und einen Erstarrungspunkt von 17—18 ⁰ C anführen.

Die Fettsäuren der Sheabutter schmelzen nach Milliau bei 56⁰ C und erstarren bei 52 ⁰ C.

A. C. Oudemans[3]) isolierte aus dem Fettsäuregemenge eine bei 69 ⁰ C schmelzende Säure (Stearinsäure), und Pelouze und Boudet[4]) erkannten in dem flüssigen Anteile der Sheabutterfettsäure reine Ölsäure. Nach Pfaff[5]) ist das Verhältnis der Stearin- zur Ölsäure wie 7 : 3. Außerdem enthält das Fett nach Pfaff noch 3,5 % eines wachsartigen Körpers.

Die Sheabutter enthält 8—12 % freier Fettsäuren; sie löst sich in kaltem Alkohol fast gar nicht, dagegen in 40 Teilen heißen Alkohols und in Äther auf.

Die Sheabutter hält sich lang, ohne ranzig zu werden.

Physikalische Eigenschaften.

Chemische Zusammensetzung.

---

[1]) Chateau-Hartmann, Die Fette, Leipzig 1864, S. 225.
[2]) Ann. d. Chem. u. Pharm., Bd. 72, S. 273.
[3]) Journ. f. prakt. Chemie, Bd. 89, S. 215.
[4]) Annales de Pharm., Bd. 29, S. 43.
[5]) Neue Wochenschrift für den Öl- und Fetthandel, 1878, S. 76; Industrieblätter, 1878, S. 192. — In der Fachliteratur (z. B. in Benedikt-Ulzers Analyse der Fette und in Lewkowitschs Chem. Technologie u. Analyse der Öle, Fette u. Wachse) werden die Pfaffschen Arbeiten über Sheabutter irrtümlicherweise Stohmann zugeschoben.

Verwendung.

Die Sheabutter wird in Afrika allgemein als Speisefett verwendet. Auch als Heilmittel gegen Rheumatismus, gegen Ausschläge, Sonnenbrand u. a. wird sie benutzt. Die nach Europa importierte oder hier erzeugte Sheabutter wird meist von Kerzen- und Seifenfabriken konsumiert. In Belgien soll in den 80er Jahren des vorigen Jahrhunderts das Fett in raffiniertem Zustande ebenfalls als Speisefett gedient haben.

Die Verarbeitung der Sheabutter zu Stearin bietet insofern Interesse, als die nach dem Abpressen der Fettsäuren resultierende feste Fettsäure trotz ihres hohen Schmelzpunktes für die Kerzenfabrikation nicht verwendbar ist, und zwar wegen der weichen, bröckligen Beschaffenheit und des auffallenden Zusammenziehens beim Erstarren. Infolge seiner besonderen Beschaffenheit läßt sich dieses Produkt in der Warmpresse von den färbenden Bestandteilen nur schwer reinigen. Deite[1]) hält dies für einen Beweis, daß reine Stearinsäure vorliegt, da nach H. Kopp[2]) die Entfernung der Ölsäure durch Auspressen nur bei Fettsäuregemischen möglich ist, welch letztere weniger kristallinisch und dichter sind und ein hartes, glänzendes sowie durchscheinendes Kerzenmaterial liefern, das sich beim Erkalten nicht so stark zusammenzieht wie die reinen Fettsäuren. Die Sheabutter muß daher im Gemisch mit anderen Fetten verarbeitet werden.

Über die Verarbeitung der Sheabutter zu Stearin hat in neuerer Zeit Kassler[3]) eingehende Mitteilungen gemacht.

Für Seifensiederzwecke ist die Sheabutter als Zusatzfett wohl verwendbar; sie gibt aber nur geringe Ausbeute ($135\,{}^0/_0$) und ist für Seifen, die nachträglich gefüllt werden sollen, nicht empfehlenswert, weil sie nur geringe Bindekraft besitzt.

Rückstände.

Die Preßrückstände der Sheanuß, welche $12—16\,{}^0/_0$ Fett und $16—18\,{}^0/_0$ Rohprotein enthalten, werden als Futtermittel verwendet. M. Ripper[4]) hat die Bekömmlichkeit dieser Ölkuchen durch Fütterungsversuche an Milchkühen erprobt und sehr befriedigende Resultate gefunden. Er meint, daß die Verdaulichkeit der Sheanußkuchen weit besser sein müsse als die Werte, welche man bei der künstlichen Verdauung erhält, und schätzt die Koeffizienten ungefähr gleich hoch ein wie bei Palmkernkuchen.

Handel.

Ein Export der Samenkerne ist heute noch nicht möglich, weil es an billigen Verkehrsmitteln von den Erntestätten zu den afrikanischen Hafenplätzen fehlt. Sobald diese geschaffen sein werden, ist jedoch mit den Sheanüssen als Handelsartikel zu rechnen.

---

[1]) Dinglers polyt. Journ., Bd. 231, S. 168.
[2]) Ann. d. Chem. u. Pharm., Bd. 93, S. 184.
[3]) Seifensiederztg., Augsburg 1902, S. 312.
[4]) Zeitschr. f. landw. Versuchswesen in Österreich, 1903, S. 620.

Nach Warburg bildet die Sheabutter in manchen Gegenden der
Guineaküste und am Niger einen nicht unbedeutenden Exportartikel;
auch von Togo kommt sie in bescheidener Menge auf den Markt.
Marseille hat von dem Fette wiederholt größere Posten erhalten, die in
den dortigen Stearinfabriken vorteilhafte Verwendung fanden.

Mahwabutter.

Illipebutter. — Mahulabutter. — Bassiaöl. — Doliöl. — Huile
d'Illipé. — Beurre d'Yllipe. — Huile de Mahwah. — Huile
d'Yallah. — Mahwa Butter. — Elupa Oil. — Mola (Hindostan). —
Madhuka (Sanskrit).

Herkunft.

Mahwabutter wird aus den Samen von Bassia latifolia Roxb.
= Illipe latifolia Müll. = Bassia villosa Wall. gewonnen, einem
Baume, der unter dem Namen Mahwabaum bekannt und in Zentral-
indien häufig anzutreffen ist. Mit dem Namen Mahwabaum (Madhuca,
mahoua, mawah, mawaha, moula, caat-Illoupé, kat-Elupé) bezeichnet man in Indien aber auch bisweilen den Phulwabaum (Illipe
butyracea) (siehe S. 698), der besonders in Nordindien heimisch ist.
Ebenso wie die Pflanzen werden auch die von ihnen gelieferten Fette häufig
verwechselt, also Phulwafett als Mahwafett ausgegeben, und umgekehrt.

Der richtige Mahwabaum, welcher etwas an unsere Eiche erinnert
und zu den wenigen laubabwerfenden Bäumen Indiens gehört, bildet in
Concans, den Circarbergen, in Bengalen, Rajputana, Guzerat usw. ganze
Wälder. Eine kulturelle Anpflanzung des Baumes findet nirgends statt.
Die immer intensiver werdende Bebauung des Landes hindert außerdem
vielfach das Aufkeimen der zufällig verstreuten Samen, weshalb die Zahl
der Bäume trotz der Schonung, die man ihnen überall angedeihen läßt,
nach und nach abnimmt. Auch das Gesetz, welches verbietet, einen auf
Gemeindeeigentum stehenden Mahwabaum, selbst wenn er keine Früchte
mehr zu tragen vermag, ohne besondere Erlaubnis umzuhauen, wird sein
allmähliches Aussterben nicht aufhalten können, sofern nicht bald ein regelrechter Anbau des so nützlichen Baumes aufgenommen wird.

Eine Kultur des Mahwabaumes wäre bei seiner großen Nützlichkeit den
Bewohnern Indiens im Interesse ihres Landes sehr zu empfehlen. Sind doch
nicht nur die Früchte, sondern auch die Blüten dieses Baumes verwendbar.
Letztere bilden ein wichtiges Nahrungsmittel für die ärmeren Bevölkerungs-
klassen, welche mitunter mehrere Monate des Jahres fast ausschließlich von
diesen leben, und geben auch ein alkoholreiches Destillationsprodukt, das
besonders die Parsen herstellen. Ende Februar bis Anfang April werden die
Blumenblätter des Mahwabaumes fleischiger, schwitzen einen süßen Saft aus,
lösen sich allmählich vom Kelche los und fallen zur Erde. Kurze Zeit vor Ein-

Ab-
stammung.

tritt dieses Stadiums müssen die Blütenblätter von den Bäumen abgeschlagen und gesammelt werden, wenn man sie zur Speise anrichten will. Man plündert die Bäume aber niemals vollständig, sondern läßt einen beträchtlichen Teil der Blüten zu Früchten entwickeln [1]).

Rohprodukt.

Frucht.　Die entwickelten Früchte sind etwas kleiner als Äpfel und enthalten mehrere Samen, die einen geringeren Ölgehalt aufweisen als die von Bassia butyracea. Die 20—30 mm langen und 10—15 mm breiten Samen wiegen im Durchschnitt 3 g.

Same.　Die an dem Samenkern nur ganz lose haftende hellbraune Samenschale ist glatt und glänzend und trägt an der Bauchseite den 4 mm breiten, sich fast der ganzen Länge nach erstreckenden mattbraunen Nabel. Die ziemlich dünne, nur an der Nabelstelle etwas dickere Samenschale ist leicht zerbrechlich.

Der Samenkern, welcher ungefähr die Hälfte vom Gewichte des ganzen Samens ausmacht, ist einem Dattelkern nicht unähnlich. Er ist noch zum Teile von der Samenhaut umgeben, besitzt ein sehr kleines Würzelchen und zerfällt beim Pressen zwischen den Fingern in zwei plankonvexe Keimlappen, die sowohl auf ihrer Oberfläche als auch in ihrer ganzen Masse schokoladebraun sind. An seinem Durchschnitte sieht man schon mit unbewaffnetem Auge zahlreiche zerstreute braune Pünktchen in dem farblosen Grundgewebe [2]).

Gewinnung und Eigenschaften.

Die Gewinnung der Mahwabutter erfolgt in ähnlicher Weise, wie bei der Sheabutter (S. 690) beschrieben wurde.

Eigenschaften.　Frisch bereitetes Illipefett schmeckt und riecht angenehm milde und ist von hellgelber Farbe. Beim Lagern verblaßt das Fett und wird bald ranzig. Es zeigt ein spezifisches Gewicht von 0,9175. Der Schmelz- und Erstarrungspunkt werden sehr verschieden angegeben. Einige Autoren behaupten, daß Mahwabutter bei 25—31 ^{0} C schmelze und über 17—20 ^{0} C erstarre, Schädler führt dagegen für das Fett einen Schmelzpunkt von 43—44 ^{0} C und einen Erstarrungspunkt von 36 ^{0} C an. Tatsächlich kommen solche hochschmelzbare Pflanzenfette unter dem Namen Illipefett in den Handel, ja man findet sogar noch höher schmelzende Illipefette.

Die Verwirrung in der Nomenklatur, welche zwischen Illipe- und Mahwafett einerseits und zwischen diesen beiden Fetten und der Sheabutter anderseits herrscht, hat in den Literaturdaten ein Durcheinander hervorgerufen, das sich nicht so leicht wieder ordnen läßt.

---

[1]) Über die nähere Bereitung der Blüten siehe Semler, Tropische Agrikultur 2. Aufl., Wismar 1900, 2. Bd., S. 538.

[2]) Siehe J. Möller, Dinglers polyt. Journ., 1880, Bd. 238, S. 335.

Der Schmelzpunkt der aus Mahwafett abgesonderten Fettsäuren liegt bei den konsistenteren Marken (und diese dürfen wohl als die richtigen Illipefette betrachtet werden) bei 58—60° C, der Erstarrungspunkt bei 51—52° C. Allerdings liegen auch Angaben mit 40 bzw. 38° C vor.

Das nach Europa kommende Illipefett enthält einen großen Prozentsatz freier Fettsäuren (10—30%). Blumenfeld und Seidel[1]) fanden in einem Illipefett 1,43% flüchtiger Fettsäuren.

Verwendung.

Die Inder verwenden das Fett als Nahrungsmittel, zu Beleuchtungszwecken und als Heilmittel. Das nach Europa importierte Fett wird hauptsächlich zu Stearin verarbeitet.

Rückstände.

Man unterscheidet zwei Sorten von Illipekuchen; die eine enthält neben den Rückständen des Kernes auch Bruchteile der Schale, die andere besteht bloß aus Kernen.

Die erste Gattung ist grob und erinnert an die Gerberlohekuchen. Sie sind von bräunlicher Farbe und zeigen Bruchstücke der Samenschale.

Die zweite Art von Kuchen ähnelt den Mowrahkuchen (s. S. 698), soweit es sich um Härte und Färbung handelt, welch letztere indes etwas dunkler ist. Der Bruch dieser Kuchen ist homogener als bei der ersten Sorte. In Wasser getaucht bildet diese Gattung einen rotbraunen Teig.

Der Illipekuchen wirkt infolge seines Saponingehaltes ebenfalls giftig, aber nicht so heftig wie der Mowrahkuchen. Jedenfalls ist die Verfütterung des Illipekuchens ausgeschlossen und nur seine Verwertung als Düngemittel oder als Gerbstofflieferant möglich.

Mowrahbutter.

Bassiaöl. — Meöl. — Beurre de Mowrah. — Huile de Mowrah. — Mowrahseed Oil. — Mowrah Butter. — Burro di Mowrah.

Herkunft.

Dieses Fett entstammt den Samen von Bassia longifolia L. = Illipe Melabrorum König., bei den Tamulen Kat illupi genannt, einem auf den Reunioninseln, Malakka, Madagaskar und auf den Sundainseln heimischen Baume. Als Mowrahfett oder Mowrahbutter kommt aber auch ein Gemisch der Fette von Bassia longifolia L. und Bassia latifolia L., bisweilen sogar auch letzteres allein in den Handel.

---

[1]) Mitteilungen d. k. k. technolog. Gewerbemuseums Wien, 10. Jahrg., S. 160.

Rohprodukt.

Die in Aussehen und Bau ganz und gar der Mahwasaat ähnelnden Samen sind von Valenta[1]) näher untersucht worden; er fand in der Trockensubstanz der Samenkerne:

Rohprotein . . . . 8,00 %
Rohfett 51,14
Stickstofffreie Extraktstoffe 27,86
Rohfaser 10,29
Asche 2,71
100,00 %

Das Rohprotein bestand aus

3,60 % wasserlöslichen Eiweißes und
4,40 % wasserunlöslicher Stickstoffsubstanzen.

Die stickstofffreien Extraktstoffe setzten sich wie folgt zusammen:

Alkohollöslicher Anteil . . . . . . 7,83 %
Gerbstoff 2,12
Wasserlöslicher Bitterstoff 0,60
Stärke 0,07
Pflanzenschleim 1,65
Andere wasserlösliche Extraktstoffe . 15,59
27,86 %

Die Asche der Samen ist gelblichweiß gefärbt, löst sich größtenteils in Wasser und braust, mit Säuren behandelt, schwach auf. Die Analyse enthält nach Valenta in 100 Gewichtsteilen:

Kieselsäure und in Salpetersäure un-
    löslicher Anteil . . . . 10,67 %
Phosphorsäure 15,47
Schwefelsäure 6,81
Kohlensäure 7,46
Eisenoxyd und Tonerde 2,01
Kalk 0,64
Kali und Natron (letzteres ist nur in
    geringen Mengen vorhanden) . . . 56,68
Feuchtigkeit und Verlust der Analyse 0,26
100,00 %

Gewinnung, Eigenschaften und Verwendung.

Die Mowrahsamen werden in der Heimat des Mowrahbaumes nach der bei der Sheabutter beschriebenen Schmelzmethode oder durch Auspressen auf Öl verarbeitet. Die französischen und englischen Ölfabriken, welche

---

[1]) Dinglers polyt. Journ., Bd. 251, S. 461.

sich mit der Erzeugung von Mowrahöl befassen, wenden nicht selten neben dem Pressen auch Extraktion an, weil die Rückstände doch nur als Düngemittel verwertet werden können, alles darin verbleibende Fett daher als verloren zu betrachten ist.

Lewkowitsch[1]) gibt für eine rationelle Verarbeitung der verschiedenen Mowrahprovenienzen die folgenden Ausbeuteziffern an:

Siack . . . . 43 %

Singapore 43

Balan 52

Eigenschaften.

Die Mowrahbutter ist in frischem Zustande von gelber Farbe, doch bleicht letztere leicht aus. Ihr Geschmack ist bitter, aromatisch, der Geruch erinnert an Kakaobohnen. Eigenschaften.

De Negri und Fabris[2]) führen als Schmelzpunkt der Mowrahbutter 42° C, als Erstarrungspunkt 36° C an; die Fettsäuren des Öles schmelzen nach den Genannten bei 45° C und werden bei 40° C wieder fest.

Valenta[3]), der das Fett der Bassia longifolia fälschlicherweise unter dem Namen Illipeöl beschreibt[4]), nennt als Schmelzpunkt 25,3° C, als Erstarrungspunkt 17,5° C. Er fand, daß sich das Fett von Bassia longifolia (Mowrahöl) teilweise in Alkohol, vollkommen in Äther, Schwefelkohlenstoff, Benzin u. dgl. löst, sich sehr leicht und vollständig verseift und hierbei eine harte, weiße Seife von angenehmem Geruch liefert, die eine nicht unbedeutende Menge Wasser zu binden vermag, ohne an Festigkeit zu verlieren.

Die durch Verseifen mit Kalilauge und Zerlegen der Seife mit 10 %iger Salzsäure erhaltenen Fettsäuren sind weiß und von angenehmem Geruch und Geschmack. Ihr Schmelzpunkt liegt bei 39,5° C, ihr Erstarrungspunkt bei 38° C. Sie sind in Alkohol leicht löslich.

Der Gehalt der Mowrahbutter an freien Fettsäuren beträgt ungefähr 20 %; Nördlinger fand in einzelnen Proben allerdings fast 30 %.

Das Mowrahöl besteht aus den Glyzeriden der Palmitin- und Ölsäure und enthält außerdem 2—2,5 % Unverseifbares.

Das Mowrahöl dient den verschiedensten technischen Zwecken und ersetzt in den tropischen Ländern den Talg. Bemerkenswert ist seine Verwertung als Heilmittel bei Hautkrankheiten und sein Gebrauch bei religiösen Zeremonien der Inder. Verwendung.

[1]) Lewkowitsch, Chem. Technologie u. Analyse d. Öle, Fette u. Wachse, Braunschweig, 1905, S. 277.

[2]) De Negri und Fabris, Zeitschr. f. analyt. Chemie, 1894, S. 572.

[3]) Dinglers polyt. Journ., Bd. 251, S. 461.

[4]) Benedikt-Ulzer führt die Valentaschen Resultate auch unter „Illipeöl" an.

Rückstände.

Der Mowrahkuchen, wie er in Marseille erzeugt wird, ist von brauner Farbe, sehr hart und nur schwer zerbrechlich. Er ist volkommen geruchlos und enthält in der Trockensubstanz:

Rohprotein . . . . 28,96 % [1]
Rohfett 7,71
Stickstoffreie Extraktstoffe . . . , . 40,22
Rohfaser 12,59
Asche 10,52
———————
100,00 %

Der Mowrahkuchen ist wegen seiner giftigen Eigenschaften als Futtermittel unbrauchbar. Nach Collin soll man ihn zum Betäuben oder Töten von Fischen verwenden; der Rauch dieser Kuchen soll insektentötend wirken. In Indien wird er auch als Kopfwaschmittel benutzt.

Handel.

Mowrahsamen und Mowrahöl kommen nur in mäßigen Quanten nach Europa. Ein regelmäßiger Importeur für Mowrahsamen ist Marseille, das davon einführte:

1897 . . . . 41810 dz
1898 . . . . 79170 „
1899 . . . . 129810 „
1900 . . . . 13340 „
1901 . . . . 111690 „
1902 . . . . 58850 „
1903 . . . . 73000 „
1904 . . . . 166990 „
1905 . . . . 55770 „

Fulwabutter.

Phulwabutter. — Gheabutter. — Gheebutter. — Ghibutter. — Indische Butter. — Choreabutter. — Phulwarabutter. — Beurre de Fulware. — Fulwarabutter. — Indian Butter. — Kariti [2] (Westafrika). — Chiura Chaiura (Kumaon).

Herkunft.

Die Fulwabutter stellt das Samenfett des indischen Butterbaumes (Illipe butyracea L. = Bassia butyracea Roxb.) dar. Der im Norden Indiens, an der Koromandelküste und Afrika heimische Baum ist dort auch unter den Namen Chiura (Kamaun), Cheuli (Oudh), Churi (Nepal) bekannt.

[1] O. Kellner, Deutsche landw. Presse, 1902, S. 832.
[2] Dieser Name gibt Veranlassung zu Verwechslungen mit Sheabutter (Karitébutter).

Rohprodukt.

Die eigroßen Früchte dieses Baumes enthalten 1—3 Samen, welche Frucht.
nach Möller[1]) große Ähnlichkeit mit denen der Roßkastanie haben. Der
Durchmesser vom Grunde bis zum Scheitel, welche beide abgerundet sind,
erreicht 25—30 mm, der kürzere Querdurchmesser etwas über 20 mm.
Das Gewicht der Samen beträgt im Durchschnitt 5 g, der ölhaltige Kern
allein nahezu 4 g. Die Samenschale von Bassia butyracea ist nur 0,6 mm
dick und ihr Gewicht verhält sich zum ölhaltigen Kern ungefähr wie 1 : 5.
Der Samenkern ist von hellerer Farbe als bei den übrigen Bassiaarten.

Eigenschaften und Verwendung.

Die Fulwabutter ist ein geruchloses weißes Fett von Schweineschmalz- Eigen-
schaften.
konsistenz und sehr gutem Geschmack. Crossley und Le Sueur[2]) fanden bei
einer Probe von Fulwabutter eine Dichte von 0,8970 (bei 100° C, bezogen auf
Wasser von 100° C) und einen Schmelzpunkt von 39° C. Das Fulwafett hält
sich sehr lange ohne ranzig zu werden und bildet daher einen billigen Ersatz
von Butter (Ghi). Bisweilen wird die Fulwabutter wohl auch Ghibutter Ver-
wendung
genannt und dient außer zu Speisezwecken auch noch zur Seifenbereitung
und Kerzenfabrikation.

Balamtalg.
Siaktalg.

Die Samen von Palaquium pisang Burck (Familie der Sapotaceen)
enthalten 50—54% eines bitteren, gelblichen Öles, das in der Heimat
des Baumes (Sumatra, besonders im Reiche Siak) auf primitive Weise
gewonnen wird.

Die Ausbeute schwankt, je nach der angewandten Methode, zwischen
28—45% (Semler). Das Fett kommt unter dem Namen „Siaktalg"
von Singapore aus in den Handel und dürfte vielleicht einmal eine, wenn
auch nur mäßige Bedeutung erlangen, da auf Befehl des Sultans von Siak
die Bäume geschont werden müssen und nicht mehr zum Zwecke der
Guttaperchagewinnung umgehauen werden dürfen.

Der Wert des jährlich importierten Balamtalges beläuft sich in Siak
auf rund 100 000 holländische Gulden.

Njavebutter.

Unter diesem Namen beschreibt Wedemeyer[3]) ein aus dem Samen
von Mimusops Njave = Baillonella toxisperma (Familie der Sapotaceen) stammendes Fett.

---

[1]) Dinglers polyt. Journ., 1880, Bd. 238, S. 334. Möller führt Bassia
butyracea als eine Sheabutter liefernde Pflanze an.

[2]) Journ. Soc. Chem. Ind., 1898, S. 993.

[3]) Chem. Revue, 1907, S. 35.

Die Samen — Njari-Nüsse genannt — liegen in einer harten Samenschale, welche auf der einen, platten Hälfte glänzendbraun, auf der anderen, unebenen Hälfte schmutzig graubraun ist. Die Samen wiegen 10—15 g, wovon ca. $^1/_3$ auf die Schale entfällt. Das Fleisch des Samens ist in frischem, gesundem Zustande weiß, bei ranziger Ware graugelb.

Wedemeyer fand in den Samen durchschnittlich 50 % Fett, das bei Zimmertemperatur fest ist; das geschmolzene Fett scheint bei 31 ⁰ C feste Anteile auszuscheiden und erstarrt bei 19 ⁰ C zu einer butterartigen Masse. Das entfettete Samenfleisch enthält ungefähr 19—20 % Rohprotein.

Sunteitalg.

Stammt von den Samen des Palaquium oleosum Blanco. Er stellt ein weiches, weißes Fett von süßlichem Geschmack dar, das von den Eingeborenen Sumatras als Brat- und Speiseöl benutzt wird. Die Samen liefern bei richtiger Auspressung 37 % Ausbeute.

Njatutalg.

Stellt das Fett aus den Samen des wichtigsten Guttaperchabaumes, des Palaquium oblongifolium Burck. dar. A. W. K. de Jong und W. R. Tromp de Haas [1]), welche die Samenkerne untersuchten, geben deren Zusammensetzung wie folgt an:

Wasser	45,0 %
Rohprotein	4,8
Rohfett	32,5
Stickstoffreie Extraktstoffe	14,0
Rohfaser	2,1
Asche	1,6

Njatutalg ist ein talgartiges Fett, hart und von weißer Farbe, das, aus 57,5 % Stearin, 65 % Palmitin und 36 % Olein bestehend, in Westborneo als Butterersatz verwendet wird. Die Fettsäuren schmelzen bei 60 ⁰ C.

Kelakkifett.

Wird von Payena lancifolia Burck. geliefert und in der Provinz Sintang (Westborneo) gewonnen. Es findet die gleiche Verwendung wie der Njatutalg. Ein von Lewkowitsch untersuchtes, als Surinfett [2]) (Minyak surin von Perak, Straits Settlements) bezeichnetes Produkt dürfte mit einer der letztgenannten vier Fettarten identisch sein.

---

[1]) Chem. Revue, 1904, S. 205.
[2]) The Analyst, Januar 1906; Chem. Revue, 1906, S. 34.

Bengkutalg.

Dieses von Payena latifolia Burck. stammende Fett wird auf dem Riouw-Archipel und auf den Bangkainseln gewonnen. Es zeigt angenehmen Geschmack und erinnert im Geruch an bittere Mandeln. Da es erst bei 4⁰ C erstarrt, gehört es eigentlich nicht in die Gruppe der festen Fette, wo es nur wegen seiner nahen Verwandtschaft mit dem Kelakkifette angeführt wurde.

Ketiauwöl.

Die Samen von Payena bankensis Burck. liefern ein grünliches bis weißes, bei gewöhnlicher Temperatur festes Fett, das in Bangka und Westborneo gewonnen wird.

Stillingiatalg.

Chinesischer Talg. — Pflanzentalg. — Vegetabilischer Talg. — Suif d'arbre. — Suif végétal de la Chine. — Vegetable tallow of China. — Chou-la, Tru-lah (China). — Pippalyang (Hindostan). — Pi ieou, pi-you, mou-ieou (Indochina).

Herkunft.

Der Stillingiatalg stammt von den Samen des chinesischen Talgbaumes (Stillingia sebifera), die uns auch das Stillingiaöl liefern. Über den Baum, dessen Vorkommen wie auch über die Stillingiasamen wurde auf Seite 77/78 berichtet.

Abstammung.

Gewinnung.

Aus den Stillingiasamen gewinnt man drei Gattungen von Öl (vgl. S. 79), die man gemeinhin unter dem Namen „kuen-ieou" zusammenfaßt. Das Stillingiaöl (tse ieou), welches aus dem Fruchtfleische der Samen erhalten wird, gehört zu den trocknenden Ölen, das auf der Samenschale abgelagerte feste Fett (pi ieou oder ting-yu) bildet den chinesischen oder Stillingiatalg, das Gemisch des flüssigen Fettes des Samenfleisches und des festen Schalenfettes (mou-ieou), wie es durch Verpressen der ganzen Samen erhalten wird, steht in bezug auf Konsistenz zwischen dem Stillingiaöle und Stillingiatalge, kommt aber meist unter dem letzteren Namen auf den Markt.

Gewinnung des reinen Fettes der Samenschalen. Um dieses zu erhalten, werden die Talgsamen auf Mahlgängen entschält, ungefähr auf die Weise, wie man dies bei Sonnenblumenkernen durchführt. Die Samenschalen werden dann möglichst fein zerkleinert und auf den in Indochina gebräuchlichen Pressen ausgepreßt. Man erhält dabei aus 100 kg Talgsamen ungefähr 16 kg Stillingiafett. Um eine möglichst hohe Ausbeute zu erzielen, wird mitunter zweimal gepreßt.

Fett der Samenschale.

Die vielfach zu findende Angabe, wonach der Stillingiatalg durch Auskochen der Samen mit Wasser gewonnen werden soll, ist nach Crevost[1])
irrig. Eine solche Verarbeitung der Samen finde wenigstens in Indochina
und China ganz bestimmt nicht statt. Ob in anderen Ländern ein Ausschmelzen des Schalenfettes üblich ist, läßt sich nicht mit Bestimmtheit
sagen; die Tatsache, daß wiederholt Beschreibungen dieser Fettgewinnung
nach Europa gelangten, spricht dafür. Am interessantesten von diesen Beschreibungen ist jene über eine Ausführungsart, wonach die Samen in
gelochten Zylindern der Einwirkung von Wasserdampf ausgesetzt werden.

Die Samen sollen dabei in größere Zylinder gebracht werden, deren
Wandungen gelocht sind und Ausströmungsöffnungen für Wasserdampf haben.
Der Dampf bringt den aus den Samenschalen abgelagerten Talg zum Schmelzen,
dieser fließt durch die in dem Zylindermantel befindlichen Öffnungen ab
und wird in einem Bassin gesammelt. Durch ein- oder mehrmaliges Umschmelzen des Talges über Wasser reinigt man das erhaltene Produkt,
während die zurückgebliebenen Samenkerne der Gewinnung von Stillingiaöl
zugeführt werden.

Gemisch der Fette der Samenschale und des Samenfleisches.

Gewinnung des Gemisches von Schalenfett und dem Öl des
Samenfleisches. Um dieses Produkt zu erhalten, wird die Saat samt
und sonders zerkleinert und entsprechend entölt. Dabei mischt sich
natürlicherweise sowohl das auf der Samenschale abgelagerte als auch das
im Sameninnern enthaltene Öl und es resultiert ein Fettprodukt, dessen
Eigenschaften zwischen denen des Stillingiaöles und des eigentlichen Stillingiafettes liegen. Die intensiv zerkleinerten Samen werden zur besseren
Ausbringung des Öles in kleinen Partien 3—4 Minuten lang der Einwirkung
direkten oder indirekten Wasserdampfes ausgesetzt. Die dadurch bewirkte
Feuchtung und Wärmung des Preßgutes sichert eine relativ gute Ausbeute
bei dem Auspressen, das gewöhnlich auf Rammpressen erfolgt.

Die Ausbeute an Mischfett beträgt 30—32 %. Die Angaben von de
Negri und Sburlatti[2]), wonach die Ausbeute 40, ja sogar 50 % erreichen
kann, sind nicht zutreffend.

Bevor der Stillingiatalg nach Hankow auf den Zentralmarkt kommt,
um von da weiterbefördert zu werden, wird er gewöhnlich umgeschmolzen,
um aus den verschiedenen Partien von „mou ieou" und „pi ieou" eine
möglichst einheitlich zusammengesetzte Ware zu erhalten. Pi ieou gilt nämlich als chinesischer Talg I^a, ein Gemisch von mou ieou und pi ieou
als chinesischer Talg zweiter Güte. Das erstgenannte Produkt wird
mehr im Innern Chinas (Kerzenerzeugung) konsumiert, die zweite Qualität
gelangt zum Export nach Europa und Amerika. Bei dem Umschmelzen
von pi ieou und mou ieou läßt die Gewinnsucht der Chinesen vielfach Verfälschungen unterlaufen. Es soll dem Stillingiaöle vor allem Leinöl

---

[1]) Bulletin économique, Hanoi, Juliheft.
[2]) Chem. Ztg., 1897, S. 5.

zugemischt werden, was wohl nicht so regelmäßig geschieht, als man in
der Fachliteratur verzeichnet findet[1]). Plumpe Verfälschungen mit Mineralstoffen, Wasser usw. werden von Hankower Exporteuren durch Umschmelzen
der Ware wieder gut gemacht und daher ist der auf den europäischen und
amerikanischen Markt kommende Stillingiatalg im großen und ganzen als
technisch rein zu betrachten.

Manche von Analytikern als gefälschte Ware bezeichnete Proben erwiesen
sich einfach als ein Gemisch von Stillingiafett mit Stillingiaöl, bzw. als
eine Art von „mou ieou."

Eigenschaften.

Infolge der verschiedenen Gewinnungsweise des Stillingiatalges schwanken
sowohl seine physikalische Eigenschaften als auch die chemische Zusammensetzung.

*Physikali-
sche Eigen-
schaften.*

Im allgemeinen stellt der Stillingiatalg eine weiße bis grünlichgelbe
Masse dar, die eine ziemliche Härte besitzt und einen Schmelzpunkt von
$32-52^0$ C zeigt. Der Erstarrungspunkt liegt zwischen $24-37^0$ C. Die
Dichte des Stillingiatalges beträgt bei 15^0 C 0,915. Stillingiatalg, der kein
Stillingiaöl enthält, hinterläßt beim Zerdrücken auf Papier keinen Fettfleck.

Der Stillingiatalg des Handels enthält $2,4-22,5 \%$ freier Fettsäure.
Im übrigen weichen die Untersuchungen von Thomson und Wood, Lemarié,
Jean, Hamann, De Negri und Fabris, Hobein, de Negri und Sburlatti, Klimont, Zay und Musciacco, Lewkowitsch und Vesque[2])
ziemlich voneinander ab, was sich durch die verschiedene Gewinnungsweise des Stillingiatalges und seinen wechselnden Gehalt an Stillingiaöl
ganz von selbst erklärt.

*Chemische
Zusammen-
setzung.*

Die aus dem Stillingiatalg abgeschiedenen Fettsäuren schmelzen, je
nach Beschaffenheit des Talges, zwischen $47-57^0$ C und erstarren
zwischen $40-56^0$ C. Maskelyne erkannte in den Fettsäuren des
Stillingiatalges ein Gemisch von Palmitin- und Ölsäure, konnte jedoch
keine Stearinsäure nachweisen, die auch Hehner und Mitchell[3])
nicht fanden. Klimont[4]) bestätigt ebenfalls die Resultate Maskelynes
und ist der Ansicht, daß der vegetabilische Talg vornehmlich aus Oleodi-
palmitin und kleinen Mengen von Tripalmitin bestehe. Zay und
Musciacco glauben, im Chinatalg auch Laurinsäure vorgefunden zu haben.

Stillingiatalg ist in warmem absoluten Alkohol löslich. Beim Erkalten trübt sich die Lösung unter Ausscheidung des größten Teiles des
gelösten Fettes, nur $3-4\%$ Talg bleiben in Lösung. Äther, Benzin, Chloroform und Schwefelkohlenstoff nehmen den Talg leicht auf.

---

[1]) Watt, Economic products of India, Calcutta 1883.
[2]) Traité de Botanique agricole et industrielle, S. 331.
[3]) The Analyst, 1896, S. 328.
[4]) Monatshefte f. Chemie, 1903, S. 408.

Der Stillingiatalg kommt nicht, wie andere Fette, in Barrels oder Faßgebinden in den Handel, sondern er wird in länglichrunden Broten verschickt, die 30—40 cm Durchmesser haben und 55—60 kg schwer sind. Jedes Brot ist mit der chinesischen Gewichtsangabe versehen, die entweder auf die sauber gehobelte Fläche eines Holzstückes, das im Brote steckt, oder auf schmalen Leinwandstreifen aufgeschrieben ist, die auf den Broten aufgeklebt sind. Vor dem Versand werden die Brote gewöhnlich mit Reisstroh umwickelt, und in geflochtene Bastmatten eingenäht, bisweilen wohl auch mit gespaltenen Rohren kreuzweise eingeschnürt.

Verwendung.

Verwendung.

Der Stillingiatalg wird in China allgemein zur Herstellung von Kerzen benutzt. In Europa schenkt man diesem Produkte erst seit dem Jahre 1894 ernsteres Interesse und verwendet es hier hauptsächlich zur Herstellung von Kerzenmaterial (Stearin). Die deutschen, englischen, holländischen und französischen Kerzenfabriken importieren große Mengen von diesem Produkte.

Auch zur Seifenfabrikation, wird Stillingiatalg verwendet. Er ist sowohl zur Herstellung geschliffener Kernseife als auch als Zusatz für Kernseife auf Leimniederschlag geeignet.

Rückstände.

Rückstände.

Proben von Preßrückständen, wie sie bei der Stillingiatalggewinnung resultieren, sind bis heute nicht nach Europa gelangt und es liegen auch keinerlei Mitteilungen darüber vor, was mit den Preßkuchen eigentlich geschieht. Wahrscheinlich werden sie zu Düngezwecken verwendet.

Die holzfaserarmen Preßrückstände des Samenfleisches (Rückstände der Stillingiaölgewinnung) würden auch ein gutes Futtermittel abgeben.

Handel.

Handels- und Produktionsverhältnisse.

Die Produktion von Stillingiatalg ist heute schon bedeutend, könnte aber durch geeignete Maßnahmen noch um vieles gesteigert werden. Wird doch z. B. in Tonkin heute auf das Sammeln der Stillingiasamen noch gar kein Wert gelegt und durch geeignete Anweisung der Eingeborenen könnte eine bedeutende Menge dieser ölreichen Früchte der Ölindustrie zugeführt werden. Die Mengen von Stillingiafett, welche in China zur Herstellung von Kerzen aufgebraucht werden, lassen sich auch nicht annähernd schätzen. Das langsame, aber stetige Vordringen des Petroleums als Beleuchtungsmaterial schränkt jedoch den chinesischen Konsum von Stillingiafett mehr und mehr ein und so wird das für den Export verfügbare Quantum alljährlich größer.

Der Stillingiatalg zählt in China zu den bekanntesten Spekulationsartikeln. Da er beim Lagern nicht verdirbt, eignet er sich für diesen Zweck wie kaum ein anderes vegetabilisches Produkt.

Der Umstand, daß der chinesische Talgbaum durchaus kein spezifisch tropisches Gewächs ist, sondern auch in gemäßigtem Klima ganz gut fortkommt, läßt seinen Anbau in anderen Regionen als nicht ausgeschlossen erscheinen.

Man hat den Baum auch bereits in Indien, und zwar am Himalaja, in den Gebirgsgegenden Ceylons und im Punjab anzupflanzen versucht, die Kulturen bis heute aber wegen des mühsamen Sammelns und Auspressens der Samen nicht recht lohnend gefunden.

Taririfett.

Abstammung.

Dieses Fett findet sich in den Samen von Picramnia Sow Aublet **Herkunft.** und Picramnia Camboita Engl., zweier zur Familie der Simarubeen gehörenden strauchartigen Bäumen.

Nach A. Arnaud haben die Samen des in Guatemala weit verbreiteten Strauches Picramnia Sow die Größe einer Kaffeebohne und enthalten ungefähr $67\,^0/_0$ Fett.

Die Samen von der besonders im Orgelgebirge häufigen, sich aber auch in anderen Tropengegenden findenden Picramnia Camboita Engl. werden in getrocknetem und gepulvertem Zustande als Mittel gegen Sumpffieber sehr geschätzt.

Eigenschaften.

Das aus den Samen dieser beiden Picramniaarten extrahierte Fett ist **Eigen-** von Arnaud[1]) und von Grützner[2]) untersucht worden. **schaften.**

Nach Arnaud schmilzt das Fett der Picramnia Sow bei $47\,^0$ C und kristallisiert aus siedendem Äther in prächtigen, perlmutterglänzenden Kristallen, wodurch es sich von allen anderen Fetten unterscheidet. Bei der Verseifung mit Alkalien liefert es $95\,^0/_0$ Fettsäuren und eine einem Triglyzerid entsprechende Menge Glyzerin.

Der Petrolätherextrakt der Samen von Picramnia Camboita wurde von Peckolt ursprünglich für ein Glykosid gehalten und Picramnin benannt. B. Grützner erkannte aber, daß die Substanz ein Triglyzerid darstellt und mit dem Fette aus Picramnia Sow identisch ist.

Die Fettsäuren des Taririfettes bestehen in der Hauptsache aus Taririn- **Zusammen-** säure[3]) ($C_{18}H_{32}O_2$), einer bei $50\,^0$ schmelzenden Fettsäure, die zuerst von **setzung.** Arnaud untersucht und beschrieben wurde.

Die Taririnsäure ist mit der von Owerbeck aus Ölsäure dargestellten Stearolsäure identisch.

---

[1]) Compt. rendus, 1892, S. 78.
[2]) Chem. Ztg., 1893, S. 879 und 1851.
[3]) Siehe Band I, S. 59.

Japantalg.

Japanwachs. — Sumachtalg. — Sumachwachs. — Cire du
Japon. — Japan tallow. — Japan wax. — Cera japonica. —
Tatri Arkol (Pendschab). — Lakhar, Rickhul (Hindostan). —
Fasi-no-ki (Japan).

Herkunft.

Ab-
stammung.

Der Japantalg, fälschlich auch Japanwachs genannt, stammt hauptsächlich aus dem Fruchtfleische und den Samen des Wachs- oder Sumach-
baumes (Rhus succedanea L. = Rhus acuminata De C.), der auf
den Liukiuinseln heimisch, von hier nach China und Japan verpflanzt
worden ist, wo er bis zum 38. Grad nördlicher Breite gedeiht. Besonders
häufig trifft man ihn auf den japanischen Inseln Kiushiu und Shikoku
und in Westjapan.

Japantalg liefern auch die Früchte des dem Wachsbaume nahe verwandten Firnissumachs oder Lackbaumes (Rhus vernicifera De C.
= Rhus juglandifolia Don.), doch baut man diese Pflanze nicht der
Fett-, sondern der Lackgewinnung halber an und betrachtet die Früchte
nur als gelegen kommendes Nebenprodukt.

Auch die Früchte des nur in Japan vorkommenden Waldsumachs
(Rhus sylvestris Siebold und Zuccarini) werden zur Japantalgberei-
tung verwendet.

Der große Eigenkonsum Japans und die lebhafte Nachfrage des Welt-
marktes nach diesem Fette haben es mit sich gebracht, daß auch die
Früchte anderer Sumacharten, so z. B. von Rhus toxicodendron, Rhus
trichocarpa, Cinnamomum pedunculatum und Camphora Litsaea
glauca, Lindera triloba und praecox zur Japantalggewinnung herangezogen werden.

Die früher in Europa vielfach verbreitete Ansicht, wonach die Wurzeln
der Sumachbäume der fettliefernde Teil dieser Pflanzen seien, ist nunmehr
vor der richtigen Erkenntnis geschwunden, daß nur das Fruchtfleisch
und die Samen Japantalg enthalten.

Von allen oben genannten Sumachbäumen kennt man in China und
Japan einige Spielarten, besonders aber von Rhus succedanea, den man
in einigen japanischen Provinzen als Heckenpflanze zieht und dessen Früchte
als die ölreichsten gelten.

Das Erträgnis der Bäume an ölgebenden Früchten ist nicht sehr reichlich. Der Wachsbaum beginnt erst im fünften Jahre zu blühen, vom
achten bis zum zehnten Jahre liefert er 5,5—7,5 kg Früchte, welcher
Ertrag in den nächsten 30 Jahren ständig zunimmt und bis zum 50. Jahre
auf der Maximalhöhe bleibt, die 90 kg pro anno nicht überschreitet.

Rohprodukt.

Die Früchte (Steinfrüchte) oder richtiger Beeren des eigentlichen Wachsbaumes haben gewöhnlich die Größe kleiner Erbsen, doch gibt es auch Sorten
von Weintraubengröße; sie sind in Rispen angeordnet und heißen in Japan
Hadji. Die Beeren werden vor ihrer völligen Reife gepflückt, einige Tage
an der Sonne getrocknet und dann zwischen Stroh nachreifen gelassen.

Das Fruchtfleisch der Beeren ist am talgreichsten; es besteht aus
40—65% Fett. Die im Fruchtfleische versteckten Samen sind ebenfalls fett-
haltig, doch steht die Qualität dieses Fettes hinter der des Fruchtfleisches zurück.

Gewinnung.

Zur Gewinnung des Japantalges werden die nach der oben beschriebenen
Weise nachgereiften Beeren vorerst durch leichtes Schlagen mit Bambusstäben von ihren Stielen losgelöst, durch einfache Windfegen von den beigemengten Stengelanteilen befreit und in geeigneten Paketen mehrere
Stunden der Einwirkung von Wasserdampf ausgesetzt. Hierauf erfolgt das
Auspressen auf einer Keilpresse, wobei man 15—20% Fett vom Gewichte
des Rohmaterials erhält. Dieses Fett stammt fast ausschließlich aus dem
Fruchtfleische, wogegen das bei der nun folgenden zweiten Pressung
erhaltene Fett ein Gemenge von Fruchtfleisch- und Samenkernfett darstellt.

Zur Vornahme der zweiten Pressung zerkleinert man die Rückstände
des Vorschlages, siebt daraus die sich leicht absondernden Samen ab, zerstampft sie und trennt die freigelegten Kerne von den Samenschalen ab.
Die ersteren werden zerkleinert und nach Vermischen mit den ausgepreßten
Fruchtfleischanteilen der Kuchen der ersten Pressung erwärmt und nochmals gepreßt. Das bei der Pressung erhaltene Fett ist etwas geringerer
Qualität als das erste, gilt im Handel aber ebenfalls als Japantalg. Zum
Zwecke der besseren Ausbringung des ziemlich schwer schmelzbaren Japantalges sollen die Japaner sehr häufig andere Öle, vornehmlich Perillaöl
(s. S. 141 dieses Bandes) dem Preßgute zusetzen.

Nach Schädler ist auch das Extraktionsverfahren in Anwendung.

Das rohe Fett wird gewöhnlich an der Sonne gebleicht, zu welchem
Zwecke man es nach den im Abschnitte „Bienenwachs" beschriebenen
Methoden bändert oder körnt und in diesem Zustande dem Lichte und der
Luft aussetzt.

Das gebleichte Fett wird dann umgeschmolzen und in 50—60 kg schwere
Brote gegossen, die man für den Export weiter in viereckige oder runde,
nur wenige Zentimeter dicke und wenige Kilo schwere Tafeln formt.

Je nach dem Reinigungsgrade unterscheidet man im Handel Roh-,
Prima- und Sekundawachs, welche Marken sich aber infolge des Zu-
satzes von anderen Ölen beim Preßprozeß und wegen der wechselnden Beschaffenheit des von den verschiedenen Sumacharten stammenden Rohproduktes noch weiter unterscheiden.

Eigenschaften.

Der frisch gepreßte rohe Japantalg ist von blaugrüner bis grünlich-gelber Farbe. Durch die Luftbleiche verliert er nicht nur seine Farbe, sondern auch den ihm eigenen, nicht gerade angenehmen Geruch; das gebleichte Produkt ist blaßgelb, fast weiß, hat nur einen schwachen, nicht unangenehmen Geruch und stellt eine harte, wachsartige Substanz von muschligem, mattem Bruche dar. Die Schnittfläche ist glänzend.

Beim Lagern wird der Japantalg gelb und bedeckt sich dabei mit einer weißen Schicht, die aus mikroskopisch feinen, prismatischen Nadeln besteht.

Mikosch[1]) unterscheidet bei älterem Japantalg 3 Schichten: die Innenmasse, eine peripherisch gelbe Substanz und den erwähnten weißen Belag. Er beschreibt diese drei Schichten wie folgt:

Die Innenmasse des Wachses besteht, mikroskopisch betrachtet, aus kleinen, verschieden lichtbrechenden Körnchen und größeren Blättchen, die aus mehreren verschieden lichtbrechenden Partien zusammengesetzt sind. Im Polarisationsmikroskop zeigt die Masse Doppelbrechung. Zwischen dem Haufwerk von Körnchen und Blättchen erkennt man einzelne kleine nadelförmige Kristalle, wahrscheinlich von Palmitinsäure.

Die peripherische gelbe Substanz besteht aus überaus kleinen, dicht nebeneinander liegenden Körnchen, enthält etwas mehr Kristalle als die Innenmasse, unterscheidet sich aber sonst von dieser nicht weiter.

Der weiße Belag ist reich an stäbchenförmigen und breiten prismatischen Kristallen. Erstere sind nicht selten gebogen, letztere fast stets stark korrodiert.

Bei den verschiedenartigen Provenienzen des Japantalges (s. S. 706) und dem mitunter erfolgenden Zusatze von Perillaöl sind die Handelssorten des Japantalges in ihren physikalischen und chemischen Eigenschaften voneinander stark abweichend.

So wird das spezifische Gewicht des rohen Fettes mit 1—1,006, das des gebleichten mit 0,970—0,980 angegeben. Eingehendere Untersuchungen über die Dichte des Japantalges stellte Kleinstück[2]) an, welcher fand, daß sie bei 16—18° C der des Wassers gleich ist, daß das Fett dagegen bei einer Temperatur über 18° C leichter, unter 16° C schwerer als Wasser ist. Frisch geschmolzener Japantalg ist leichter als ein längere Zeit erstarrter.

Der Schmelzpunkt des Fettes liegt nach H. Müller bei 42° C, nach Oppermann[3]) bei 48—50° C. Schädler[4]) nennt als solchen 53,5—54,5° C, bei einem Erstarrungspunkt von 40,5—41° C, und führt auch die Daten der von Hanbury (52—55° C), Sthamer (42° C) und Trommsdorf (47—50° C) gefundenen Schmelzpunkte an. Nach Rüdorff schmilzt das Japanfett bei 50,4—51° C, nach Allen bei 56° C.

---

[1]) Wiesner, Rohstoffe des Pflanzenreiches, 2. Aufl., Leipzig 1900, 1. Bd., S. 539.

[2]) Chem. Ztg., 1890, S. 1903.

[3]) Ann. de Chim. et de Phys., Bd. 49, S. 242.

[4]) Schädler, Technologie d. Fette u. Öle, 2. Aufl., Leipzig 1892, S. 873.

Rouber[1]) gibt an, daß der Japantalg zwei Schmelzpunkte besitze; er beobachtete nämlich, daß eine Probe vom normalen Schmelzpunkte unmittelbar nach dem Erstarren bei 42 ⁰ C schmolz. Desgleichen fand Eberhardt[2]) unter gleichen Verhältnissen einen Schmelzpunkt von 53 ⁰ C bzw. 49 ⁰ C.

Diese Erscheinung des doppelten Schmelzpunktes wurde bereits in Bd. I, S. 85 erklärt. Charakteristisch ist für den Japantalg auch das Durchsichtigwerden bei einer 10—12 ⁰ C unter seinem Schmelzpunkte gelegenen Temperatur.

Japantalg löst sich in kaltem Alkohol so gut wie gar nicht, in siedendem dagegen sehr leicht auf, um sich nach dem Abkühlen als körnige, kristallinische Masse wieder fast vollständig auszuscheiden. Gegen die gewöhnlichen Fettlösungsmittel verhält er sich wie alle anderen Fette.

In chemischer Beziehung gehört der Japantalg zu den Glyzeriden, ist also in die Gruppe der Fette einzureihen. Sein wachsartiges Aussehen hat aber dazu geführt, daß man ihn allgemein als „Wachs" bezeichnet und daß die Benennungen Japanwachs, Cire di Japon, Japan wax viel gebräuchlicher sind als die richtige Nomenklatur. Führt doch selbst Schädler in seiner Technologie der Fette und Öle das Japanfett unter den Wachsarten an, und ein Gleiches tut Mikosch[3]) in seiner botanischen Gruppierung der öl- und wachsliefernden Pflanzen. *Chemische Zusammensetzung.*

Das Japanfett besteht der Hauptsache nach aus Tripalmitin und freier Palmitinsäure; außerdem sind auch noch Glyzeride der Japansäure vorhanden.

Stearin- und Arachinsäure, die nach älteren Angaben ebenfalls im Japantalg enthalten sein sollen, konnten von Geitel und van der Want[4]) nicht nachgewiesen werden. Die beiden Letztgenannten konstatierten dagegen einen Gehalt von 4,66—5,96⁰/₀ löslicher Säuren, die nach Engelhardt Isobuttersäure sein dürften.

Die Japansäure findet sich als gemischtes Glyzerid vor (Japan-Palmitinsäureglyzerid).

Die aus dem Fette abgeschiedenen Fettsäuren schmelzen bei 56 bis 62 ⁰ C und erstarren bei 53—56 ⁰ C.

Die Handelssorten des Japantalges enthalten zwischen 4 und 16⁰/₀ freier Fettsäuren, 1—1,6⁰/₀ Unverseifbares und 0,02—0,08⁰/₀ Asche.

Das Japanfett wird häufig mit Stärke[5]) oder durch Einkneten von Wasser[6]) verfälscht. Beide Zusätze sind leicht nachweisbar. *Verfälschungen.*

[1]) Journ. de Pharm., 1872, S. 20.
[2]) Inauguraldissertation, Straßburg 1888.
[3]) Vgl. Bd. I, S. 17.
[4]) Journ. f. prakt. Chemie, 1900, S. 151.
[5]) Lawall, Americ. Journ. Pharm., 1896, S. 1.
[6]) Muspratts Chemie, 3. Aufl., Band „Fette", S. 571.

Verwendung.

Der Japantalg wird in seinem Produktionslande zu Kerzen und Seife verarbeitet. Der Bedarf Japans wie auch Chinas an diesem Produkte ist sehr bedeutend. Wird es doch auch zur Erzielung des Glanzes bei Holzdrechslerarbeiten, zur Herstellung von Wachszündhölzchen u. a. benutzt.

In Europa findet der Japantalg vielfache Verwendung in der Pharmazie und Parfümerie (Pomaden, Bartwichsen u. a.), zur Bereitung von Parkettwichse, Polituren, in der Lederkonservierung usw.

Wirtschaftliches.

Als Produktionsländer von Japantalg kommen fast nur Japan und Singapore in Betracht; China (Cochinchina) erzeugt nur geringe Mengen dieses Fettes. Nach Warburg liefern besonders die japanischen Inseln Kiushiu, ferner Shikoku und Westjapan Japantalg. Mikosch nennt außerdem die Inseln Hiogo, Hizen, Simabara, Chutogo und Chekusin. Auch Formosa erzeugt beachtenswerte Mengen dieses Fettes.

Der große Eigenbedarf Japans und Chinas läßt einen umfangreichen Export von Japantalg nicht aufkommen. Immerhin wurden in der Zeit von 1880—1890 im Durchschnitt ungefähr 190 000 kg pro anno nach Europa gebracht. Die Ausfuhrhäfen sind Kobe, Nagasaki, Osaka, Shanghai und Hongkong.

Myricafett.

Myricawachs. — Myrtenwachs. — Myrtentalg. — Cire de Myrica. — Myrtleberry Wax. — Myrtle Wax. — Laurel Wax. — Bayberry Wax. — Cera Myricae.

Herkunft.

Dieses wie der Japantalg meist als Wachs angesprochene Fett stammt aus den Früchten der in den Südstaaten der Amerikanischen Union heimischen Strauchart Myrica cerifera L. = Myrica carolinensis Mill. und mehrerer anderen ebenfalls in die Familie der Myricaceen gehörigen Pflanzen. Von letzteren sind zu nennen: Myrica carolinensis Willd. = Myrica cerifera Mich. β (in Nordamerika heimisch, namentlich in Neugranada und Venezuela zu finden), Myrica arguta Kunth, Myrica caracasana Humb. Bonpl. et K., ferner die in Abessynien zu findende Myrica aethiopica und die in Südafrika zur Wachsgewinnung dienenden Myrica cordifolia L., Myrica quercifolia L., Myrica laciniata Willd., Myrica serrata Lam.; auch die Früchte von Myrica brevifolia E. Mey et E. D. C., Myrica Krausiana Buching, Myrica Burmannii L. und anderer Arten werden bisweilen zur Fettgewinnung herangezogen[1]).

---

[1]) Wiesner, Rohstoffe des Pflanzenreiches, 2. Aufl., Leipzig 1900, 1. Bd., S. 534.

Rohprodukt.

Die Myricafrucht ist erbsengroß. Ihre harte braune Samenschale ist mit einer ungefähr 0,1—0,3 mm dicken schneeweißen Fett- oder Wachskruste überzogen, die von braunen oder schwarzen Punkten durchsetzt ist. Diese kleinen Punkte stellen drüsenförmige Anhänge der Fruchthaut dar und gehen bei der Darstellung des Fettes in dieses über.

Die Fettkruste der Myricabeeren bildet übrigens keine zusammenhängende Masse, sondern besteht nach Mikosch aus einem Haufwerk von Körnchen, Nadeln und Blättchen, die nach dem Ablösen von den Schalen eine pulverförmige Masse bilden und unter dem Polarisationsmikroskop doppelbrechend erscheinen [1]).

Gewinnung.

Zum Zwecke der Gewinnung des Myricafettes werden die Früchte Gewinnung. der Myricaarten in Wasser gekocht. Dabei schmilzt die die Beere umschließende Fettmasse und steigt an die Oberfläche, während die Früchte im Wasser untersinken. Die fettige Masse wird abgeschöpft und in entsprechende Formen gegossen. Nach Wiesner gibt ein Strauch jährlich 10—15 kg Beeren, die 14—25 % (?) Wachs (Fett) liefern.

Eigenschaften.

Das Myricafett ist von grünlicher Farbe, bleicht aber an der Luft Eigen
schaften. und bei Belichtung allmählich aus und wird nach Jahren endlich gelblichgrau. Wenige Millimeter unter der Oberfläche erscheint aber auch bei solchen ausgebleichten Sorten die ursprüngliche apfelgrüne Färbung. John wie auch Wiesner sind der Ansicht, daß die grüne Färbung des Myricafettes von Chlorophyll herrühre, das von dem Parenchym der Fruchthaut in das Fett überzugehen scheine.

Älteres Myricawachs zeigt einen dünnen Überzug von weißlicher bis bräunlicher Färbung; auch frische Bruchflächen des Wachses werden sehr bald von einem weißen kristallinischen Überzug belegt, der hier jedoch bei weitem nicht so dicht ist wie bei älterer Ware.

Das Myricafett ist geschmacklos und besitzt einen eigentümlichen balsamischen Geruch; letzteren lieben die Hottentotten derart, daß sie nach Schädler das Wachs wie Käse essen.

Das Myricawachs besitzt nach Allen bei 15° C eine Dichte von 0,995. John gibt bei derselben Temperatur das spezifische Gewicht mit 1 an, Moore mit 1,005 und Bostok mit 1,015. Der Schmelzpunkt dieses Fettes wird teils als bei 40° C, teils bei 48° C liegend angegeben, ebenso verschieden sind die Befunde über den Erstarrungspunkt, den die einzelnen Beobachter als zwischen 39 und 45° C liegend feststellten.

Geschmolzenes Myricafett stellt eine klare grünliche Flüssigkeit dar, in welcher viele kleine Pünktchen von brauner Farbe schwimmen. Diese

---

[1]) Wiesner, Rohstoffe des Pflanzenreiches, 2. Aufl., Leipzig 1900, 1. Bd., S. 536.

Pünktchen stellen entweder vollkommen erhaltene oder auch Fragmente der Drüsen dar, die der Fruchthaut der Myricabeere anhängen. Wiederholtes Umschmelzen, Abstehenlassen und Filtrieren vermag die braunen Pünktchen aus dem Myricawachse zu entfernen, doch gelingt ihre Separierung nie so vollständig, daß nicht wenigstens Spuren dieser Drüsen in dem Fette enthalten wären.

Das Myricawachs ist nicht so hart wie das Karnauba- oder Palmwachs, aber härter als Bienenwachs. Es löst sich in Äther und kaltem Alkohol nur wenig auf; vier Teile kochenden Äthers vermögen nur einen Teil Wachs zu lösen. Heißer Alkohol nimmt das Fett nur teilweise auf; das in dem Produkt enthaltene Palmitin bleibt ungelöst zurück. Heißes Terpentinöl löst ungefähr 6 $\%$ Myricawachs auf. Bei gewöhnlicher Temperatur vermag Terpentin das Myricawachs nur zu erweichen, nicht aber zu lösen

Smith und Wade beobachteten, daß der Schmelzpunkt des Myricawachses sich beim Lagern ganz bedeutend verändert. Bei einer Probe nahm der Schmelzpunkt innerhalb 4 Monaten um 4,45° C zu, was offenbar auf ein Übergehen des Fettes in die kristallisierte Form zurückzuführen ist.

Chemische Zusammensetzung.   In chemischer Beziehung gehört das Produkt nicht, wie der vielgebrauchte Name Myricawachs hindeutet, zu den Wachsarten, sondern zu den Fetten. Es stellt eine Verbindung von Glyzerin und Fettsäuren dar, unter welch letzteren die Palmitinsäure vorherrscht. Daneben dürfte Myristinsäure vorhanden sein. Die frühere Annahme der Gegenwart von Stearinsäure ist durch die Untersuchungen von Smith und Wade hinfällig geworden.

Nach Warburg besteht Myricatalg aus 70 $\%$ Palmitin, 8 $\%$ Myristin und 4,2 $\%$ Laurin.

Beim Veraschen hinterläßt das Fett nach Wiesner 0,17—0,20 $\%$ Asche.

Der Gehalt des Fettes an freien Fettsäuren wurde von Deering mit 3, resp. 4,4 $\%$ gefunden.

Verwendung.

Verwendung.   Das Myricafett wird vielfach als Ersatz für Bienenwachs verwendet. Da es aber nicht so knet- und dehnbar ist wie Bienenwachs, ist dieser Verwendung eine gewisse Beschränkung auferlegt. Die aus Myricawachs angefertigten Kerzen verbreiten beim Verlöschen einen unangenehmen Geruch, weshalb sich das Produkt als Kerzenmaterial nicht recht empfiehlt[1].

---

[1] Schädler, Technologie d. Fette u. Öle, 2. Aufl., Leipzig 1892, S. 878.

Drittes Kapitel.

Die animalischen Öle.

Die aus dem Tierreiche stammenden Öle ähneln in ihrem chemischen Verhalten teils den trocknenden, teils den nicht trocknenden Pflanzenölen.

Zur ersten Gruppe gehören die meisten Öle der Seetiere, die analog den trocknenden vegetabilischen Ölen eine hohe Jodzahl besitzen, aus der Luft Sauerstoff in reichlicher Menge absorbieren (ohne dabei aber einzutrocknen) und bei der Elaidinreaktion flüssig bleiben.

Die Öle der Landtiere haben dagegen eine niedrige Jodzahl, ihr Sauerstoffabsorptionsvermögen ist gering und bei der Elaidinprobe ergeben sie ein festes Reaktionsprodukt.

Einige Seetieröle besitzen weder die Eigenschaften der einen noch der anderen Gruppe in ausgesprochenem Maße und sind daher den halbtrocknenden Pflanzenölen an die Seite zu stellen.

A) Öle der Seetiere.

Diese durch einen eigenartigen Fischgeruch und Fischgeschmack charakterisierten Produkte werden im Verkehre und vielfach auch in der Fachliteratur unter dem Sammelnamen „Trane" zusammengefaßt[1]). Allgemeines.

Ihr spezifisches Gewicht liegt zwischen 0,900 und 0,930. Die chemische Zusammensetzung der in den von Seetieren stammenden Ölen enthaltenen Fettsäuren ist noch nicht hinreichend erforscht. Von festen Fettsäuren ist Palmitinsäure, vielleicht auch etwas Stearinsäure vorhanden; die flüssigen Fettsäuren gehören den ungesättigten Reihen an. Die von älteren Autoren genannte Physetölsäure konnte von Fahrion[2]) nicht nachgewiesen werden. Auch das Vorkommen von Ölsäure ist nicht mit Sicherheit erwiesen; es scheint vielmehr, als seien in der Hauptsache weniger gesättigte Säuren als diese vorhanden, welche indes nicht

---

[1]) Die Bezeichnung „Tran" wird aber nicht nur für Öle (Triglyzeride), sondern auch für wachsartige, von Seetieren stammende Verbindungen gebraucht; so spricht man z. B. von Walrattran (s. S. 853) und Döglingstran (s. S. 856), welche Produkte eigentlich flüssige Wachse sind.

[2]) Chem. Ztg. 1893. S. 521 u. 684.

der Reihe der Linol- und Linolensäure angehören können, weil die Seetieröle nicht eintrocknen.

Fahrion[1]) will Jecorinsäure ($C_{18}H_{30}O_2$) und Asselinsäure ($C_{17}H_{32}O_2$), Heyerdahl[2]) Jecoleinsäure ($C_{19}H_{36}O_2$) sowie Therapinsäure ($C_{17}H_{26}O_2$) und Bull[3]) neben Erucasäure Fettsäuren von der Zusammensetzung $C_{20}H_{88}O_2$ und $C_{23}H_{36}O_2$ gefunden haben, doch bedürfen diese Angaben noch der Bestätigung.

Früher sah man einige Farbreaktionen, welche die Öle der Seetiere mit Natronlauge, Schwefel-, Salpeter- und Phosphorsäure sowie Chlorgas[4]) geben, als für diese Ölgruppe ganz charakteristisch an. Spätere Untersuchungen haben aber gelehrt, daß diese Verfärbung (hauptsächlich die Phosphorsäurereaktion) nur auf Verunreinigungen der betreffenden Fettstoffe zurückzuführen ist, und daß reine Seetieröle diese Reaktion gar nicht zeigen, wie andererseits auch unraffiniertes Pferdefußöl, altes, teilweise oxydiertes Leinöl und Baumwollsamenöl sich bei der Phosphorprobe ähnlich verhalten wie die unreinen Seetieröle.

Der eigenartige Geruch, den die meisten Trane, besonders aber die geringeren Sorten zeigen, dürfte von stickstoffhaltigen Verunreinigungen herrühren, die bei der Gewinnung der Trane aus dem Rohmaterial in jene übergehen. Von diesen Basen darstellenden Verbindungen seien Kadaverin, Kadaserin, ($C_5H_{16}N_2$), Gadinin ($C_7H_{17}NO_2$) und Putrescin ($C_4H_{12}N_2$) genannt, welche man unter dem Namen Phonicin zusammenfaßt[5]).

Nach Léon Servais[6]) sind es dagegen hauptsächlich aldehydartige Körper, die den Geruch der Fischöle bedingen. Diese Verbindungen sollen durch Einwirkung des Luftsauerstoffes auf die in den Ölen enthaltenen Glyzeride ungesättigter Säuren entstehen.

Bei der Destillation unter Druck geben die Seetieröle petroleumartige Flüssigkeiten[7]).

Eigentümlich ist die unvollständige Löslichkeit der aus gewissen Tranen hergestellten Seifen im Wasser. Sie kommt insbesondere bei den aus Eishaitran erhaltenen Seifen vor und ist hier so charakteristisch, daß E. Boegh und S. Thorsen darauf ein analytisches Verfahren begründet haben.

---

[1]) Chem. Ztg., 1893, S. 521. — Über die Jecorin- und Asselinsäure s. Bd. I, S. 48 u. 55.
[2]) Moeller, Cod Liver oil and Chemistry, London 1895, S. 98. — Über Jecolein- und Therapinsäure s. Bd. I, S. 52 u. 56.
[3]) Chem. Ztg., 1889, S. 996 u. 1043. — Nur Dorschleberöl soll nach Bull weder Erucasäure noch die beiden anderen, von ihm in den übrigen Seetierölen gefundenen Fettsäuren enthalten.
[4]) Gasförmiges Chlor wirkt auf die meisten Trane nicht wie auf alle anderen Öle und Fette bleichend, sondern färbt sie dunkelbraun bis braunschwarz.
[5]) Chem. Ztg., 1900, S. 354.
[6]) Chem. Revue, 1903, S. 231.
[7]) Siehe Bd. I, S. 99 u. 100. — Siehe auch E. Dickhoff, Chem. Ztg., 1893, S. 14; Dinglers polyt. Journ., 1893, S. 41.

Nach Fl. Wallenstein[1]) kann man eine Einteilung der von Fischen stammenden Fettstoffe nach verschiedenen Gesichtspunkten vornehmen, und zwar: Einteilung der Seetieröle.

1. nach der Abstammung,
2. nach dem ölhaltigen Körperteile der Fische,
3. nach der Gewinnungsweise und
4. nach der Veredlungsmethode.

Eine Gruppierung der Seetieröle nach ihrer geographischen Herkunft verwirft Wallenstein mit Recht.

Lewkowitsch hat die nachstehende Einteilung der Seetieröle vorgeschlagen, die hier auch eingehalten sei:

α) Fischöle, β) Leberöle, γ) Trane.

Die Fischöle werden aus allen Körperteilen der Fische gewonnen und enthalten mitunter bemerkenswerte Mengen fester Fettsäureglyzeride, die den Leberölen und Tranen mehr oder weniger abgehen. Das Fleisch der Fische, die man zu Fischölen verarbeitet, ist im Gegensatz zu dem Fleische der Leberöle liefernden Fische ziemlich ölreich; es kommen hier hauptsächlich der Menhaden, der Hering, die Sardine, die Sardelle, die Sprotte, der Lachs usw. in Betracht.

Die Leberöle werden — wie schon der Name sagt — aus den Fischlebern gewonnen; die zur Leberölgewinnung herangezogenen Fische (Dorsch, Thunfisch usw.) besitzen sehr fettreiche Lebern, während die zur Fischölgewinnung dienenden Fische verhältnismäßig ölärmere Lebern aufweisen. Die Leberöle sind durch das Vorhandensein beträchtlicher Mengen von Cholesterin und Gallenstoffen charakterisiert.

Die von Lewkowitsch in die Untergruppe der Trane eingereihten Seetiere betreffen Produkte, die weder den Fisch- noch den Leberölen zugezählt werden können und sich teilweise durch einen namhaften Gehalt an flüchtigen Fettsäuren sowie an wachsähnlichen Verbindungen (Walrat) auszeichnen.

α) Fischöle.

Menhadenöl.

Menhadentran. — Amerikanisches Fischöl. — Huile de Menhaden. — Menhaden Oil. — Olio di Menhaden.

Herkunft und Geschichte.

Das Menhadenöl wird aus dem Fleische des Menhadenfisches (Alosa Menhaden = Brevoortia tyrannus) gewonnen. Abstammung.

Das Öl des Menhadens, eines dem Hering nicht unähnlichen Fisches, kennt man im Handel erst seit der Mitte des vorigen Jahrhunderts. Der

---

[1]) Seifenfabrikant, 1889, S. 51.

Menhadenfisch, welcher an der atlantischen Küste der Unionstaaten sich
in großen Mengen vorfindet, galt auf dem nordamerikanischen Festlande
seit alters als ein sehr brauchbares Material zum Düngen der Felder.

Geschicht-
liches. Schon die Indianer pflegten ihre Maisfelder mit Menhadenfischen zu düngen,
da deren an und für sich angenehm schmeckendes Fleisch wegen seines
Grätenreichtums nicht gut genossen werden konnte. Gegen das Ende des
18. Jahrhunderts düngten auch die Kolonisten ihre Felder längs der Küste
Maine bis Nordkarolina mit diesen Fischen.

Das Wasser, welches in den frischen Fischen als nutzloser Ballast
mitverfrachtet werden mußte (65—80 %), und das in den Fischen enthaltene
Öl (ca. 16 %), welches der Düngewirkung direkt entgegenarbeitete (siehe Bd. I,
S. 451), versuchte man schon zu Anfang des 19. Jahrhunderts zu entfernen,
doch begnügte man sich lange Zeit mit einer recht primitiven Entfettung
und ließ die Entwässerung vorerst ganz beiseite. Die Entfettung bestand
darin, daß man die Fische in Fässern mit Wasser übergoß, wobei ein Teil
des Öles langsam an die Oberfläche stieg und abgeschöpft wurde. Später
kochte man die Fische vor dem Einbringen in die Fässer, und im Jahre
1841 errichtete man in Portsmouth in Rhode-Island eine Fabrik, wo
mit Dampf gearbeitet wurde. 1850 wurde auf Shelter Island im
Staate New York eine Fabrik errichtet, die bereits jährlich 2—3 Mill.
Fische zu verarbeiten imstande war. Man schritt dann auch langsam zum
Auspressen und Trocknen der Fische und gewann dadurch ein öl- und
wasserarmes, gut transportfähiges Düngemittel.

Das ursprünglich nur lokale Bedeutung habende Öl erwarb sich bald
in der Lederindustrie ein Absatzgebiet; später wurde es in der Seifenfabrikation mit verwendet und heute bildet es einen wichtigen Artikel
unter den amerikanischen Fettprodukten.

Rohmaterial.

Roh-
material. Der zur Familie der Heringe gehörende Menhadenfisch findet sich
von Maine bis hinab nach Texas in enormen Mengen. Die wichtigsten
Plätze für den Menhadenfischfang sind die Buchten von Maine bis Nordkarolina sowie die Küste von Texas und New Jersey. Die jährliche
Menge der gefangenen Fische schwankt stark, ist aber mit 400 000 Tonnen
nicht zu hoch gegriffen.

Gewinnung.

Die Verarbeitung der Fische auf Öl und Dungstoffe erfolgt entweder
durch Auskochen und darauffolgendes Auspressen des Fischmaterials
oder durch Extraktion desselben.

Auskochen. Ursprünglich begnügte man sich mit einem einfachen Auskochen der
Fische, wobei ungefähr ein Drittel, bestenfalls die Hälfte des in ihnen
enthaltenen Öles ausgebracht wurde. Später sah man ein, daß die durch
den Kochprozeß aufgeschlossene Masse durch Druck sehr leicht das noch

in ihr verbliebene Öl abgibt, und man ließ daher dem Kochen ein Auspressen folgen.

Die in Amerika übliche Ausführungsart dieser Fischaufarbeitung war bis vor ca. zwei Dezennien recht einfach. Man brachte die Fische in gußeiserne Behälter, die mit direkter Feuerung versehen waren und worin sich eine entsprechende Wassermenge befand. Nach ungefähr halbstündiger Kochdauer wurde der Kesselinhalt erkalten gelassen, das oben schwimmende Öl abgeschöpft, die Fische wurden mittels eines Schöpfnetzes aus dem Kessel genommen und nach dem Abtropfen in einer Schraubenpresse abgepreßt.

Vielfach kochte man die Fische auch in Eisenkörben aus und bediente sich dabei einer Vorrichtung, wie sie in Band I, Fig. 265, S. 523 für Knochenentfettung angegeben ist.

Die größeren Betriebe bedienten sich zum Auskochen vielfach großer hölzerner Bottiche, die mit Doppelboden und Dampfschlangen versehen waren.

Um das Fischmaterial besser aufzuschließen, setzte man dem Wasser etwas Salz zu.

Seither sind zur Ausbringung des Öles aus Fischen viele Dutzende von Apparaten[1]) konstruiert worden; viele davon haben keine praktische Anwendung gefunden, andere dagegen haben sich in gewissen Gegenden eingebürgert und arbeiten sehr zufriedenstellend. Von neueren Konstruktionen wären die von Speltie und von Edson zu nennen.

Bei dem von Frederik Victor Speltie[2]) in Amsterdam empfohlenen, in Fig. 144 abgebildeten Apparate werden die Fische der Einwirkung hochgespannten Dampfes und einer entsprechend hohen Temperatur ausgesetzt, wodurch die völlige Aufschließung des Rohmaterials erreicht wird. Außerdem wird durch die Anordnung eines Misch- und Rührwerkes, das dem Dampfe den Zutritt zu allen Teilen der Masse gestattet und ein Aufsteigen der Tranteile sowie deren Ansammlung oberhalb der Masse bewirkt, die Ausbeute erhöht.

Verfahren Speltie.

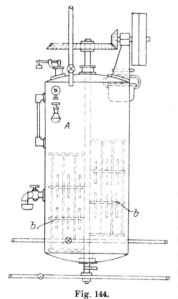

Fig. 144.

---

[1]) Siehe Engl. Patent Nr. 5286 v. 27. Dez. 1879 (H. Lissagaray); engl. Patent Nr. 25 660 v. 5. Dez. 1880 (J. F. Johnstone): engl. Patent Nr. 4728 v. 20. Nov. 1879 (L. Mc Intyre); engl. Patent Nr. 6736 v. 19. Mai 1886 (J. S. Edwards); engl. Patent Nr. 4511 v. 4. Februar 1896 (J. Jach u. M. Blake); engl. Patent Nr. 16 244 v. 26. Juli 1898 (T. Watts); engl. Patent Nr. 6334 v. 15. März 1898 (J. C. W. Stanley und Fish oil and Guano Syndicate); engl. Patent Nr. 22 916 v. 1. Nov. 1898 (T. G. Wymonde).

[2]) D. R. P. Nr. 151 553; s. auch Bd. I, S. 702.

Die Fische werden dem Kocher *A* zweckmäßig in Gestalt eines gleichförmigen Breies zugeführt, zu den sie vorher auf einer geeigneten Zerkleinerungsmaschine zermalmt wurden. Dieser Brei wird in dem Ausschmelzapparat in bekannter Weise der unmittelbaren Einwirkung des hochgespannten Dampfes ausgesetzt und die Masse dabei durch das Rührwerk kräftig umgerührt. Die Rührflügel *b* befinden sich am unteren Teile der Welle und haben eine geringe Höhe, so daß sie nur in die unteren, schwereren Teile der Masse tauchen. Durch die an und für sich bekannte Form und Anordnung der Rührflügel, welche in ähnlicher Ausführung bei Maischmaschinen häufiger anzutreffen ist, wird in der besonderen Anwendung auf das vorliegende Material insofern eine neue technische Wirkung erzielt, als durch die lotrechten Teile der Rührflügel beständig neue vertikale Kanäle im unteren Teile der Masse erzeugt werden, durch die der Dampf in die Masse dringen kann und die Tranbestandteile nach aufwärts entweichen, so daß die Aufschließung und Abscheidung des Tranes in verhältnismäßig kurzer Zeit erfolgt.

Methode Edson. Eugene Riley Edson in Cleveland[1]) hat zur Gewinnung von Öl aus Fischen ein Verfahren empfohlen, bei dem durch Erwärmen der Fische in einem geschlossenen Behälter, unter gleichzeitiger Einleitung von Druckluft von oben, Emulsionen verhindert werden und das dadurch gekennzeichnet ist, daß in den Behälter zwecks Zerteilung der zusammenbackenden Masse gleichzeitig mit der von oben kommenden Druckluft periodisch kühle Druckluft (unter etwas höherem Drucke als der herrschende Überdruck) von unten eingeleitet wird, wobei durch gleichzeitige Ableitung einer entsprechenden Luftmenge aus dem oberen Teile des Behälters das Aufsteigen der Druckluft gefördert und die gleichmäßige Erhaltung des Überdruckes gesichert wird.

In neuerer Zeit ist man zu den sogenannten kontinuierlichen Kochapparaten übergegangen. Bei diesen werden die Fische auf einer Seite in einem ununterbrochenen Strome zugeführt, um den Apparat auf der anderen Seite vollkommen ausgekocht zu verlassen. In Band I, S. 523, ist ein solcher von Charles Wacker[2]) konstruierter Apparat vorgeführt. Neben diesem kennt man auch eine stattliche Reihe anderer, ähnlicher Konstruktionen, wovon nur die des Fish Utilisation Syndicate[3]) genannt sei.

Die großen amerikanischen Fischölfabriken arbeiten mit kontinuierlichen Kochern größter Dimensionierung. Die Fische werden durch Eimerelevatoren aus den Dampfschiffen oder Barken in einen Lagerraum gehoben und von hier durch ein breites Transportband (s. Bd. I, S. 164) den Kochapparaten zugeführt. Einige derselben sind derart konstruiert, daß sich ein Teil des ausgekochten Öles sofort absondert, der weitaus größte Teil bleibt aber mit dem Fischfleische und Schmelzwasser vermengt. Man bringt daher die ganze aus den kontinuierlichen Kochern kommende Masse in hölzerne Abstehbottiche, wo sich nach mehrstündiger Ruhe reichliche Mengen Öles auf der Oberfläche abscheiden. Das Fischmaterial wird hierauf herausgenommen, abtropfen gelassen und abgepreßt.

---

[1]) Amer. Patent Nr. 149613 v. 26. August 1902; s. auch Bd. I, S. 702.
[2]) D. R. P. Nr. 135566 v. 15. Mai 1901.
[3]) D. R. P. Nr. 92798.

Die Leitung des Kochprozesses erfordert gewisse Übung. Zu kurzes Kochen gibt schlechte Ölausbeute, zu lange andauerndes liefert Öle minderer Qualität und läßt einen Teil des Stickstoffes der Rückstände verloren gehen. Man muß also den richtigen Mittelweg wählen, wobei gute Ölausbeute und qualitativ zufriedenstellende Produkte erhalten werden. Als Regel gilt, den Kochprozeß in dem Moment zu unterbrechen, sobald die Fische in Stücke zu zerfallen beginnen.

Ebenso verschiedenartig wie die Kochvorrichtungen sind auch die zum *Auspressen.* Auspressen der gekochten Masse verwendeten Pressen. Kleine Betriebe arbeiten mit einfachen Schraubenpressen, die modernen Fabriken besitzen hydraulische Preßanlagen. Auch sind einige kontinuierliche Kochapparate derart konstruiert, daß neben dem Auskochen auch ein Auspressen der Masse stattfindet.

Beim gewöhnlichen Abpressen der ausgekochten Fische auf hydraulischen Pressen erhält man einen Preßrückstand mit 5—7 % Ölgehalt. Betriebe mit unrationeller Preßeinrichtung befeuchten ihre bedeutend ölreicheren Preßkuchen mit heißem Wasser, zerkleinern flüchtig und pressen hierauf ein zweites Mal. Die Arbeit lohnt aber kaum. Die Preßrückstände werden dann getrocknet und zu Dünge- oder Futterzwecken verwertet. (Siehe S. 723).

Beim kontinuierlichen Koch-Preßverfahren werden zwei Drittel des erhaltenen Öles beim Kochprozesse, ein Drittel durch Auspressen gewonnen. Das erstere Öl ist heller von Farbe als das gepreßte, welches aus den Pressen in Form eines Wasser-Ölgemisches ausfließt. Übrigens ist auch das ausgekochte Öl nicht wasserfrei, da es unmöglich ist, das sich abscheidende Öl so vorsichtig vom Wasser abzuschöpfen, daß keine Spuren davon mitkämen.

Die wasserhaltigen Fischöle, die auch ziemliche Mengen von Fischresten enthalten, müssen möglichst rasch geklärt werden, weil sonst eine faulige Gärung eintritt, welche die Ölqualität nachteilig beeinflußt. Zwecks Abscheidung des Wassers und der Fischreste werden die rohen Fischöle in Kufen auf ca. 70° C erwärmt und abstehen gelassen. Das geklärte Öl wird weiter raffiniert, doch erfolgt diese Veredlung fast nie in den Betrieben, die Fische verarbeiten, sondern in eigenen Ölraffinerien.

Die Ausbeute ist in den verschiedenen Jahren sehr wechselnd, auch erhält man im Frühjahre weniger Öl als im Herbste und aus den in südlichen Gegenden gefangenen Fischen weniger als aus nördlichen Fischen.

Interessant ist, daß die Amerikaner bei der Fischverarbeitung nicht mit der normalen Gewichtseinheit rechnen, sondern mit einer selbstgewählten Einheit von „tausend Fischen". Diese Größe entspricht einem Fischvolumen von 22000 Kubikzoll oder 3,5 Faß = 700 Pfund und umfaßt 500—2000 Stück Fische, je nach deren Größe.

Die U. S. Menhaden Oil and Guano Association erzielte in den Jahren aus „1000 Fischen".

1873 . . . . 5,57 Gallons Öl
1878 4,96   „
1882 2,79   „
1883 5,83   „
1894 3,75   „
1897 3,68   „
1898 4,51   „

Am Boden der Klärgefäße für rohes Fischöl setzt sich eine mehr oder weniger schlammige, aus Fischfleischpartikelchen bestehende Masse ab, die man in Amerika „gurry" nennt. Sie wird entweder dem ausgekochten Fischmaterial zugesetzt und mit diesem ausgepreßt oder auch mit Schwefelsäure bespritzt (Aufschließungsprozeß) und für sich verpreßt.

Das Extraktionsverfahren, nach dem z. B. die Fischverarbeitungsanlagen von Alt-Pillau (s. Bd. I, S. 544) arbeiten, ist für Menhadenöl bisher nicht in Anwendung.

Die Fabriken, welche sich mit der Gewinnung des Menhadenöles befassen, sind von sehr verschiedener Größe; man trifft heute noch Anlagen, die nur 2—3 Kessel nebst einer einfachen Presse besitzen und 300 000—400 000 Fische pro Jahr verarbeiten können, wie auch solche, die eine Kapazität von 200 Millionen Fischen haben. Die größte Fabrik dieser Art ist heute wohl die der Fisheries & Co. gehörige Anlage zu Promised Land im Staate New York.

Das geklärte, aber sonst nicht weiter raffinierte Menhadenöl ist von strohgelber bis dunkelbrauner Farbe. Frische Fische geben helle Öle, Fischmaterial, das einige Tage gelagert hat, liefert dunklere Produkte, doch gilt diese Regel nicht allgemein. Man kennt vielmehr Fälle, wo auch ganz frisch gefangene Fische braungelbe Öle ergaben.

Im allgemeinen hat sich die Ölqualität in den letzten Jahren wesentlich gebessert. Die modernen Einrichtungen der Fischölfabriken, welche das sofortige Aufarbeiten des eingebrachten Materials auch bei reichlichstem Fischfange ermöglichen, kennen die halbfauligen Massen, welche ehedem zur Verarbeitung gelangten, kaum mehr. Die erhaltenen Öle sind daher vor allem geruchfreier als zuvor und bahnen sich allmählich einen Weg zu Fabrikationsgebieten, wo ihnen früher wegen des abscheulichen Geruches jede Verwendung versagt war.

Im Handel kennt man vier Farbabstufungen des ungereinigten Menhaden-öles A, B, C, D; A ist das hellste, D das dunkelste Öl.

Die Reinigung des Menhadenöles besteht in seiner vollständigen Entwässerung und in einer Entstearinierung; bisweilen tritt auch noch eine Entsäuerung und Bleichung hinzu. Das Entwässern erfolgt durch Erhitzen des Öles in Eisengefäßen auf 100° C durch 6—10 Stunden, wobei eine Verdunstung bzw. Verdampfung der letzten Wasserreste stattfindet. Das wasserfreie Öl wird dann in nicht zu großen Behältern langsam abgekühlt, um die festeren Glyzeride abzuscheiden. Die Abkühlung erfolgt meist durch Winterkälte; nur wenn man ausnahmsweise einmal auch im Sommer arbeitet, bedient man sich künstlicher Kälte (Kältemischungen, in die man die Behälter einsetzt). Die abgekühlte Masse wird in Preßtücher eingeschlagen und mittels hydraulischer Pressen abgepreßt. Je nach der Temperatur, bis zu welcher das Abkühlen des ungereinigten Öles erfolgte, erhält man mehr oder weniger kältebeständige Öle.

Durch Entsäuern der Menhadenöle, durch Raffination mittels Schwefelsäure und durch Bleichen wird ihre Musterkarte vervollständigt.

Der beim Abpressen der gekühlten Öle erhaltene Rückstand kommt unter dem Namen Fischstearin, Fischtalg (foot) auf den Markt [1]).

Eigenschaften.

Eigenschaften.

Menhadenöl zeigt, je nach dem Raffinationsgrade, eine weingelbe bis dunkelbraune Farbe und besitzt bei 15^0 C ein spezifisches Gewicht von 0,9311. Seine stearinreicheren Sorten erstarren schon bei Temperaturen ab $+17^0$ C, die kältebeständig gemachten haben einen Erstarrungspunkt von -4^0 C.

Das Menhadenöl besteht aus einem Gemisch gesättigter und ungesättigter Glyzeride, deren Identität aber noch nicht mit Sicherheit ermittelt ist. Der Gehalt des Öles an Unverseifbarem liegt zwischen 0,61 und 1,60%; E. W. Mann [2]) führt ein Menhadenöl mit 6,73% Unverseifbaren an, doch ist diese hohe Ziffer wohl auf außergewöhnliche Umstände zurückzuführen. Nach Jean enthält das Öl auch 0,02% Jod.

Das Menhadenöl unterliegt mitunter Verfälschungen mit Mineral- und Harzölen.

Verwendung.

Verwendung.

Das Menhadenöl findet verschiedentliche Verwendung. Die hellbraunen Sorten werden von der Lederindustrie aufgenommen; das Öl macht Leder geschmeidig und widerstandsfähig. Die dunkelbraunen Marken werden zum Tempern von Stahl und als Schmieröl beim Schraubenschneiden verwendet. Die mit Schwefelsäure raffinierten Öle dienen zu Beleuchtungszwecken, hauptsächlich für die Lampen der Bergleute.

Die Seifenfabrikation, die Jutespinnerei und die Farbenindustrie verbrauchen ebenfalls ansehnliche Mengen Menhadenöles. Bemerkenswert ist besonders die letztgenannte Verwendung, weil Seetieröle allgemein als

---

[1]) Siehe Farmers Bulletin Nr. 43, 1903, S. 7 und K. Pietrusky, Die Menhadenindustrie in den Vereinigten Staaten, Seifensiederztg., Augsburg 1905, S. 340 usf.

[2]) Journ. Soc. Chem. Ind., 1903, S. 1357.

nicht trocknend, daher als für Firnismaterial[1]) ungeeignet angesehen werden. A. H. Gill hat aber schon vor längerer Zeit auf die Trockenkraft des Menhadenöles aufmerksam gemacht; er hat sie zwar nicht gleich jener des Leinöles, aber doch größer als die des Mais- und Kottonöles gefunden[2]).

Rückstände.

Rückstände.   Die bei der amerikanischen Verarbeitungsweise der Menhadenfische sich ergebenden Rückstände enthalten $40-50\%$ Wasser, das sie ihrer leimigen Beschaffenheit halber auch bei hohem Drucke nicht abgeben. Dieser hohe Wassergehalt macht das durch seinen Stickstoff- und Phosphorsäurereichtum sehr wertvolle Produkt sehr leicht verderblich. Um seine Verfrachtung und Aufbewahrung zu ermöglichen, wird es durch Trockenprozesse von seiner überschüssigen Feuchtigkeit befreit, wozu man sich entweder der Luft- oder der künstlichen Trocknung bedient.

Lufttrocknung.   Die Lufttrocknung beruht auf einem einfachen Ausbreiten des entölten Materials auf hölzernen Plattformen in Schichten von $7-10$ cm. Man schaufelt diese Lagen des öfteren um, bringt sie nach $2-3$ Tagen in Haufen (wo sich infolge eintretender Selbsterwärmung Wasser ausscheidet), um sie hierauf wieder auszubreiten und bis zur Erreichung eines genügenden Trockengrades umzuschaufeln, wie man dies ganz ähnlich bei unserem Heu zu tun pflegt. Man kann auf diese Weise ein Produkt mit nur $10-12\%$ Wasser erhalten.

Großbetriebe können sich auf diese umständliche Trockenmethode nicht verlassen, sie arbeiten daher mit Trockenapparaten, die mit Dampf geheizt werden und meist unter Vakuum stehen.

Die Ausbeute an verbrauchsfähigen trockenen Fischrückständen (Fischguano, dried fish scraps) ist $55-56\%$ vom Gewichte des frisch gepreßten Materials. Der Gehalt des Produktes an Stickstoff beträgt durchschnittlich 8%, der an Phosphorsäure $8,5\%$.

Chemische Trocknung.   Die Herstellung getrockneten Fischguanos ist mehr in den südlichen Küstenstrichen gebräuchlich, die nördlicheren Gegenden benutzen zum Haltbarermachen des entölten Fischfleisches Schwefelsäure oder auch Glaubersalz. Der Rückstand wird zu diesem Zwecke flach ausgebreitet und mit Schwefelsäure von 50^0 Bé besprengt, und zwar mit $4-10\%$ vom Gewichte der Masse. Die Schwefelsäure bewirkt ein Auflösen der

---

[1]) Siehe Parker Mc Ilhiney, A report upon Linseed oil and its adulterants.
[2]) Hertkorn will die Trane der Firnisfabrikation dienstbar machen, indem er sie (wie Fischöle überhaupt) bis auf -3 bis -25^0 C unter gleichzeitiger Bewegung abkühlt und die dabei ausgeschiedenen festen Anteile durch Abstehenlassen, Filtrieren, Ausschleudern oder Abpressen bei denselben niedrigen Temperaturen entfernt. Diese festen Anteile (hauptsächlich Physetolein, Cholesterin usw.) sind es nach Hertkorn, welche das Trocknen der mit Fischölen versetzten Firnisse und die Erzielung glatter, glänzender Flächen verhindern. (D. R. P. Nr. 129 809 und Nr. 137 306).

Fischgräten, ein Abbinden des aus den Stickstoffsubstanzen etwa schon gebildeten Ammoniaks und ein Haltbarerwerden des „acidulated scraps" genannten Produktes[1]. Der gesäuerte Fischguano hat den Vorteil der teilweisen Löslichkeit des in ihm enthaltenen Calciumphosphats, doch ist infolge seiner großen Feuchtigkeit sein prozentueller Stickstoff- und Phosphorsäuregehalt geringer als bei getrockneter Ware. Er steht daher auch wesentlich tiefer im Preise.

Sowohl getrockneter als auch gesäuerter Fischguano werden zu Düngezwecken verwendet; indes nur selten allein, sondern meist im Gemenge mit anderen Dungstoffen. Über die Verwendung und den Dungwert der Fischguanos berichteten Way[2]), Pettitt[3]), Molon[4]) und Payen[5]).

Durch weitergehende Entfettung der Menhadenfische könnte man Rückstände erhalten, die ein gut brauchbares Futtermittel (s. Bd. I, S. 563) abgeben würden. Man hat sich mit dieser Frage in Amerika aber bisher noch nicht befaßt, wie man auch eine Verwertung des Kochwassers für Zwecke der Leimfabrikation bis heute noch nicht anstrebte.

Produktionsverhältnisse.

Die Entwicklung der Menhadenölindustrie ist durch die jeweilige Lage des Öl- und Fettmarktes stark beeinflußt worden. Die ersten nach dem Bürgerkriege in New York verkauften Posten dieses Öles erzielten 75 Cents für die Gallone, im Jahre 1865 zahlte man dafür 1,40 Dollar; die folgenden 10 Jahre brachten Preise von 50 Cents bis 1 Dollar, durch welchen andauernd günstigen Preisstand die Industrie eine derartige Ausdehnung gewann, daß eine bedeutende Überproduktion eintrat, derzufolge das Öl im Herbste 1887 unter die Gestehungskosten, nämlich auf 19 Cents für die Gallone sank. Zahlreiche Betriebseinstellungen und ein Zusammentreten der Interessenten bewirkten eine Produktionsverminderung und damit eine Preissteigerung; man erreichte im Jahre 1893 wieder Preise von 40 Cents für die Gallone, bis das Jahr 1896 abermals einen Sturz auf 18 Cents sah. Seither hat eine weitgreifende Fusionierung der einzelnen Erzeuger Platz gegriffen und die Herstellungskosten sind durch rationelle Betriebsweise reduziert worden, so daß die Industrie jetzt eine recht gesunde Basis hat.

Über den Umfang der amerikanischen Menhadenölindustrie gibt eine in der Fish Commission der Vereinigten Staaten veröffentlichte Statistik Auskunft[6]):

Produktion.

---

[1]) Vergleiche S. 727 dieses Bandes (Verfahren Slaus-Kantschieder.)
[2]) Journ. of the Royal Agricult. Society of England, Bd. 10, S. 2.
[3]) London Journ. of Arts, 1813, S. 312; Dinglers polyt. Journ., Bd. 129, S. 159.
[4]) Compt. rendus, Bd. 37, S. 1018; Dinglers polyt. Journ., Bd. 132, S. 466.
[5]) Précis de chim. ind., 3. Aufl., S. 420; Dinglers polyt. Journ., Bd. 139, S. 61; Polyt. Zentralbl., 1856, S. 491.
[6]) Seifensiederztg., Augsburg 1905, S. 341.

Staat	Jahr	Anzahl der Fabriken	Zahl der eingelieferten Fische in Tausenden	Produktion Gallonen
Rhode-Island	1902	1	114 758	897 188
Connecticut	1900	2	19 976	118 750
New York	1902	3	187 671	1 397 583
New Jersey	1901	6	27 090	109 789
Delaware	1902	1	84 869	394 119
Virginia	1901	15	387 727	723 215
North Carolina	1902	7	70 168	102 052
Texas	1901	1	26 807	69 639
Im ganzen		36	910 066	3 812 335

Sardinen- und Sardellenöl.

Japanisches Fischöl. — Sardinentran. — Sardellentran. — Japantran. — Huile de sardine. — Huile d'anchois. — Huile de Japon. — Sardin Oil. — Sardel Oil. — Japan fish Oil. — Olio di Sardine. — Olio di Sardine del Giappone.

Herkunft.

Abstammung.

Das Sardinenöl stammt von der Sardine (Clopea sardinus L.), einem unten silberglänzenden, oben azurblauen Fisch des Mittelmeeres sowie anderer Gewässer, das Sardellenöl von der Sardelle (Engraulis encrasicholus Cuv.). Das japanische Sardinenöl, kurzweg wohl auch Japantran genannt, wird von einer besonderen Sorte Sardinen gewonnen, die in den japanischen Gewässern sehr zahlreich zu finden ist. Japantran ist ein Gemisch verschiedener Fischöle, hauptsächlich aber aus Sardinenöl bestehend. Nach Eitner[1] wird Japantran aber auch zum Teil aus Heringen erzeugt, wenn man infolge Salzmangels oder ungenügenden Absatzes die letzteren anderweitig nicht verwerten kann. Auch andere Fischabfälle werden der Japantrangewinnung dienstbar gemacht, so daß man diesen als nicht lediglich von der Sardine stammend ansehen darf.

Gewinnung.

Gewinnungsweisen.

Das eigentliche Sardinenöl wird bei der Fabrikation der konservierten Sardinen erhalten, und zwar durch Auspressen der abgeschnittenen Köpfe der Sardinen. Nach J. Slaus-Kantschieder[2] zeigen die bei der

---

[1] Der Gerber, 1885, S. 124.
[2] Chem. Revue, 1902, S. 107.

von Öl	Fischguano-Produktion				Gesamtwert der Produktion in Dollars
	Getrockneter Guano		Gesäuerter Guano		
Wert in Dollars	Tonnen	Dollars	Tonnen	Dollars	
225 912	—	—	15 727	203 906	429 818
30 475	450	12 000	1 450	23 450	65 925
353 279	9 030	218 217	7 410	92 765	664 261
25 440	1 131	52 046	—	—	77 486
96 724	1 642	39 069	8 871	110 668	246 461
164 465	21 130	517 872	10 591	135 388	817 725
22 730	1 884	40 214	4 804	64 128	127 072
14 654	1 710	30 087	—	—	44 741
933 679	36 977	909 505	48 853	630 305	2 473 489

Herstellung von Ölsardinen sich ergebenden Ölabfälle folgende Zusammensetzung:

Wasser . . . . 40,67 %
Rohfett . . . . 10,05 [1])
Rohprotein 22,24
Mineralbestandteile . . . . 26,98.

Die Mineralbestandteile bestehen aus 13,03 % Chlor bzw. 21,50 % Kochsalz und 2,25 % Phosphorsäure.

Der relativ hohe Gehalt an Fett wie auch der an Kochsalz machen die direkte Verwendung dieser Sardinenabfälle für Düngezwecke unmöglich, und man hat daher in Spanien schon vor vielen Dezennien mit der Verwertung der Sardinenabfälle zur Ölbereitung begonnen. Man bedient sich dazu der beim Menhadenöl beschriebenen Methoden.

Mitunter wird das Öl aus den Köpfen der Sardinen mit dem Öle aus ganzen Sardinen vermischt. Letztere werden in Spanien (in der Bai von Biscaya) in großer Anzahl zu Öl verarbeitet, indem man sie zuerst einsalzt und hierauf auspreßt.

Das aus ganzen Sardinen gewonnene Öl ist besserer Qualität als das aus Sardinenköpfen hergestellte, weil diese meist längere Zeit lagern, bevor sie verarbeitet werden und daher faulig riechende Produkte geben.

Das japanische Sardinenöl wird durchwegs aus dem Fleische der Sardinen gewonnen, das man einfach zerkleinert und mit Wasser auskocht oder auspreßt. Zur Zeit reichen Fischfanges fehlt es an Arbeitskräften und die Fische werden daher einfach in Haufen angesammelt und

---

[1]) Der Fettgehalt der Sardinenköpfe ist in der Regel größer als J. Slaus-Kantschieder in obiger Analyse gefunden.

faulen gelassen. Dabei fließt ein Teil des Öles von selbst ab, der Rest wird später durch Auspressen gewonnen.

Das durch das Kochverfahren gewonnene Japanöl ist klar und leicht raffinierbar, das durch Verfaulenlassen der Fische erhaltene Öl riecht widerlich und ist dunkel gefärbt.

Japanisches Verfahren. Nach Villon[1]) gewinnt man das japanische Sardinenöl wie folgt:

Die zerschnittenen Fische werden in Kessel mit kochendem Wasser geworfen und das an die Oberfläche steigende Öl wird abgeschöpft. Mitunter folgt noch ein Pressen der ausgekochten Fische. Während der Fangzeit scheinen häufig nicht genügend Arbeitskräfte vorhanden zu sein, um die Fische rasch aufzuarbeiten. Beim Lagern gehen letztere in Fäulnis über und liefern ein Öl von mitunter unausstehlichem Geruche und dunkler Farbe. Das Öl kommt nach Tokio und Yokohama in Fässern von der Form eines beinahe zylindrischen, abgestumpften Kegels aus weichem Holze.

Die Japaner klären das Öl in der Weise, daß sie es in gußeisernen Kesseln auf 50—60°C erwärmen und in Bottiche schütten, wo es für mehrere Tage der Ruhe überlassen wird. Dort scheidet es sich in drei Schichten: Die obere ist flüssiges Öl, die mittlere eine Abscheidung von festem Fett und die untere Wasser mit Schleim, Fischteilen sowie Öl in feinster Emulsion. An den Bottichen sind in verschiedener Höhe mehrere Hähne angebracht. Man zieht zunächst das flüssige Öl ab, welches verkaufsfertig ist, und dann das breiige Fett. Dieses bringt man auf Filter aus Papier oder Baumwollenzeug, läßt es abtropfen, preßt es ab, schmilzt es noch einmal um und gießt es sodann in Kanister[2]).

Das rohe Sardinenöl, welches etwa 30 % fester Glyzeride enthält, wird in Jesso und Yokohama gereinigt, d. h. kältebeständig gemacht und mitunter gebleicht.

Das japanische Öl kommt in Kanistern von Tokio und Yokohama aus auf den Weltmarkt. Das Innere der Kanister ist gewöhnlich mit Papier ausgelegt, welches man mit dem Safte der unreifen Kaokifrucht[3]) tränkt.

Große Mengen von fetthaltigen Sardinenabfällen werden heute noch verloren gegeben und als lästiger, wertloser Abfall angesehen. In einigen Staaten (z. B. in Österreich) waren diese Überreste Gegenstand besonderer gesetzlicher Bestimmungen, die man zum Schutze der Küstenfischerei erlassen mußte und die vorschreiben, daß diese Rückstände nicht in der Nähe

---

[1]) Vergleiche W. Eitner, Der Gerber, 1885, S. 124, und Dinglers polyt. Journ., 1885, Bd. 258, S. 457.

[2]) Les Corps gras industriels, Bd. 13, S. 178, 196 und 290; Zeitschr. f. angew. Chemie, 1887, S. 321.

[3]) Die Früchte der Kaoki- oder Kakipflanze (Dyospiros glutinosa) enthalten 32,5 % Gerbsäure. Um das Papier zu präparieren, ziehen es die Japaner zuerst durch Wasser, in dem vorher Sardinen ausgesalzen wurden, und dann durch Kakisaft oder durch eine Wasserinfusion der Früchte.

der Küste ins Meer geworfen werden dürfen, sondern weit hinaus in das offene Meer transportiert werden müssen.

J. Slaus-Kantschieder hat es sich angelegen sein lassen, die Fischer der dalmatinischen Küste für eine rationelle Verwertung der Sardinen- und Sardellenabfälle zu interessieren, und empfahl ihnen folgendes Verfahren:

Methode Slaus-Kant- schieder.

Die Abfälle werden in Bottichen, welche mit durchlöcherten Doppelböden versehen sind, leicht zerstampft und allmählich mit einem schwach angesäuerten Wasser (von 1,5 % Schwefelsäuregehalt) übergossen. Das aufgegossene Wasser sickert durch die zerstoßene Schicht der Fischabfälle durch und wird mittels eines zwischen den beiden Böden angebrachten Hahnes entleert. Nun gießt man so viel angesäuertes Wasser über das Material, bis ungefähr 1 hl davon für 100 kg Abfälle verbraucht ist. Ist alles Wasser gut abgesickert, so preßt man schwach ab, wobei 100 kg Abfälle ungefähr 41,5 kg Preßrückstände liefern.

Die Menge der mit dem Wasser abgepreßten Fettemulsion ist nicht allzu bedeutend und das Fett wird daher von Slaus-Kantschieder mehr als nebensächlich angesehen, das Augenmerk vielmehr auf die Preßrückstände gerichtet, welche enthalten:

Wasser	39,31 %
Stickstoff	3,98
Phosphorsäure	4,07
Kochsalz	6,55
Fett	8,53

Diese Rückstände werden am besten mit Kehricht, Abfällen, Laub, Müll usw. zu Kompostdünger verarbeitet und zur Düngung von Weingärten und anderen Kulturen verwendet. Die in dem abgepreßten Wasser in reichlicher Menge enthaltene Phosphorsäure kann man eventuell durch Kalk ausfällen und den gebildeten Schlamm den Preßkuchen beimengen.

Bei einem zweiten Verfahren werden die Fischabfälle mit verdünnter Schwefelsäure übergossen und in offenen gußeisernen Kesseln über freiem Feuer eine halbe Stunde lang gekocht. Die aufgeschlossene Masse wird dann mittels gelöschten Kalkes neutralisiert und hierauf durch Säcke filtriert. Der Filterrückstand wird ausgepreßt und die Preßkuchen an der Sonne getrocknet. Die beim Filtern und darauffolgenden Pressen der aufgeschlossenen Fischmasse abfließende Flüssigkeit ist reich an Öl, das durch Klären gewonnen wird. Die Preßrückstände bilden ein pulverförmiges, sich gut konservierendes und gut wirkendes Düngemittel, dessen Zusammensetzung die folgende ist:

Wasser	4,93 %
Stickstoff	4,31
Phosphorsäure	5,67
Kochsalz	9,30
Fett	10,74

Bei dieser Verarbeitung wird also fast die ganze Phosphorsäure erhalten, während die Hälfte des Stickstoffes verloren geht. Vom Kochsalz werden der Fischmasse ca. 80 %, vom Fett ungefähr 60 % entzogen, was vollständig genügt, um das Produkt für Düngezwecke zu verwenden. Das bei dieser Aufbereitungsweise gewonnene Öl wird mitunter nicht geklärt, sondern noch im Emulsionszustande zu Schmierseife versotten.

Das japanische Sardinenöl wird häufig nach den bekannten Methoden entstearinisiert.

Die Verfahren der Sardinenverarbeitung sind zwar in den letzten Jahren vervollkommnet worden, doch sind sie technisch bei weitem noch nicht so durchgebildet wie die Methoden der Menhadenölgewinnung.

Eigenschaften.

Eigen-
schaften.

Das je nach der Qualität hellgelbe bis gelbbraune Sardinenöl besitzt eine Dichte von 0,933 (bei 15 ⁰ C), das japanische Fischöl nur 0,916. Die aus letzterem abgeschiedenen Fettsäuren zeigten nach Lewkowitsch einen Erstarrungspunkt zwischen 27,6 und 28,2 ⁰ C.

Mit der Untersuchung der chemischen Zusammensetzung des Sardinenöles hat sich Fahrion[1] eingehend beschäftigt. Die feste Fettsäure des Öles wurde von ihm zuerst für Palmitinsäure gehalten, spätere Untersuchungen lehrten ihn aber, daß es sich um ein Gemenge von Palmitin- und Stearinsäure handle, in dem die erstere allerdings vorwiegt. Der flüssige Anteil der Fettsäuren ist frei von Physetölsäure, ebenso sind nicht Öl-, Linol- oder Linolensäure zugegen, sondern er besteht lediglich aus Jecorinsäure, einer den Linolensäuren isomeren Fettsäure von der Formel $C_{18}H_{30}O_2$ (siehe Band I, S. 32 und 55).

Weiß[2] hat die Angaben Fahrions überprüft und sie als unzutreffend befunden, weshalb die von letzterem gegebene Zusammensetzung des Sardinenöles mit 14,3 % Tripalmitin und 85,7 % Trijecorin nur mit Vorbehalt wiedergegeben werden kann[3].

Verwendung.

Ver-
wendung.

Das spanische Sardinenöl wird von der Landbevölkerung nicht selten als Beleuchtungsstoff verwendet. Das japanische Öl dient zum Geschmeidigmachen von Leder, die besseren, geruchfreieren Sorten werden auch in Seifen- und Kerzenfabriken verarbeitet.

Der manchen Sardinenölen anhaftende üble Geruch zog ihrer Verwendung ehedem enge Grenzen; heute, wo die Aufarbeitung der Fische allmählich rationeller wird, hat sich auch die Qualität des Öles gehoben und damit sein Absatzgebiet vergrößert.

---

[1] Chem. Ztg., 1893, S. 435, 521, 685, 848, und 1899, S. 161 und 1048.
[2] Der Gerber, 1893, S. 137.
[3] Siehe auch Walker und Warburton, Analyst, 1902, S. 237. — Bull will aus dem Japantran 5,75—26,4 % flüssiger Fettsäuren isoliert haben, deren Jodzahl auffallend hoch (292,8—358,3) war.

Das bei dem Entstearinisieren des Japantranes sich ergebende feste Fett kommt unter dem Namen „Fischtalg" in den Handel und wird wie die analogen, aus anderen Seetierölen stammenden Produkte verwertet.

Rückstände.

Die stickstoff- und proteinreichen Rückstände der Sardinen- und Sardellenverarbeitung werden als Düngemittel benutzt. Japan verbraucht davon bedeutende Mengen; die beträchtliche Eigenproduktion des Landes vermag aber den Inlandsbedarf nicht zu decken und es müssen alljährlich ca. 3000 Tonnen dieses Fischrückstandes aus Korea und über 20000 Tonnen aus Sibirien eingeführt werden.

Rückstände.

Fetthaltige Fischrückstände, die sich für Düngezwecke nicht gut eignen, verwendet man in Japan zur Herstellung von Seife.

Produktionsverhältnisse.

Sardinenöl wird hauptsächlich in Japan, Sibirien und Spanien gewonnen. In Japan hat die Verarbeitung von Fischen zu Öl und Guano in den letzten Jahren solche Dimensionen angenommen, daß die Regierung auf gesetzlichem Wege Vorsorge treffen mußte, damit den breiten Schichten der Bevölkerung nicht allzu große Mengen von Fischen — die dort deren Hauptnahrungsmittel bilden — entzogen werden. Die Insel Jesso und die Halbinsel Awa bei Yokohama beherbergen die meisten Fischölfabriken. Auch in Kambodscha, Tonking und Cochinchina befinden sich solche.

Pro-duktions-verhält-nisse.

Über die Bedeutung der Sardine in Japan mag die nachstehende Tabelle ein ungefähres Bild geben:

Jahr	Für Nahrungszwecke verwendet		Zur techn. Verwertung herangezogen		Totale	
	Gewicht in Kwan[1])	Wert in Yens[2])	Gewicht in Kwan	Wert in Yens	Gewicht in Kwan	Wert in Yens
1901	60946485	9957358	3223674	767832	64170158	10725190
1902	68719038	10098924	3551329	796350	72720367	10895774
1903	40475124	8982363	3145328	708662	43620442	9691025

Das von Japan ausgeführte Fischöl, das in all seinen Sorten statistisch unter dem Namen „Fischtran" zusammengefaßt wird, rekrutiert sich hauptsächlich aus Sardinen- und Sardellenöl. Die Ausfuhr Japans von Fischtran betrug:

1900:	6587812 kg	im Werte von	2,40 Mill.	Franken.
1901:	8776117 „	„ „ „	„ 2,71	„	„
1902:	12253118 „	„ „ „	„ 3,98	„	„
1903:	9535760 „	„ „ „	„ 3,15	„	„
1904:	7585163 „	„ „ „	„ 2,03	„	„

[1]) 1 Kwan = 3,7565 kg.
[2]) 1 Yen = 2,183 Mark.

In Sibirien ist es die Insel Sachalin, welche sich lebhaft mit der Fischaufbereitung befaßt.

Spanien besitzt im Golfe von Biscaya mehrere Anlagen zur Sardinenölgewinnung.

Sprottenöl.

Sprottentran. — Huile d'esprot. — Sprat Oil.

Rohmaterial.

Herkunft.   Der Sprottfisch oder die Sprotte (Clupea sprattus Cuv. = Harengula sprattus Bl.) findet sich besonders an der belgischen Küste und zeigt eine dem Hering ähnliche Lebensweise. Die Quantität der jährlich gefangenen Sprotten ist ziemlich bedeutend. Sie werden teils in Fischräuchereien geräuchert (Kieler Sprotten), teils auch zu Öl und Guano verarbeitet. In Ostende besteht eine Fabrik, die allein jährlich 100 Waggons Sprotten zu Räucherkonserven verarbeitet.

Nach Henseval[1]) besteht der Sprottfisch aus:

Wasser . . . . 65—70 $^0/_0$
Fett . . . . 10—14,9
Stickstoff . . . . 2,15—3
Phosphorsäure . . . . 0,8—1,2
Asche . . . . 2,35—2,8

Gewinnung.

Gewinnung.   Die Verarbeitung der Sprotten auf Öl und Guano erfolgt entweder durch Extraktion oder durch Pressung. Die letztere Methode ist weit mehr in Verwendung als die erstere und zerfällt, genau so wie die Menhadenölgewinnung, in vier Phasen:

a) Kochen des Fisches,
b) Pressen der gekochten Fischmasse,
c) Dekantieren des Öles und
d) Entstearinisieren desselben.

Das Kochen der Sprotten erfolgt in zylindrischen, mit Rührwerk versehenen Apparaten und bezweckt eine Zerstörung des Zellgewebes. In diesen Apparaten wird direkter Dampf auf die Fische geleitet, doch soll in dem Kessel nie eine höhere Temperatur herrschen als 70—80 ^{0} C und der Dampf höchstens 0,75 Atmosphären Spannung haben. Die Kochdauer beträgt ungefähr 1 Stunde. Die gekochte Fischmasse wird durch große Ablaßhähne auf Arbeitstische abgelassen und dort sofort in Preßsäcke gefüllt.

---

[1]) Chem. Revue, 1903, S. 204 (Travaux de la Station de Recherches relatives à la Pêche maritime à Ostende).

Zum Pressen der gekochten Masse bedient man sich gewöhnlicher Etagenpressen (Marseiller Pressen), wie solche auch in der Margarinefabrikation und bei der Lardölgewinnung Verwendung finden (Fig. 146, S. 765). Das Preßgut kommt noch warm unter die Presse und wird daselbst einem Drucke von 150 Atmosphären ausgesetzt. Die von der Presse ablaufende Flüssigkeit ist ein Gemisch von Wasser und Öl, welches möglichst rasch getrennt werden muß, wenn man bessere Qualitäten von Sprottenöl erhalten will.

Die Separierung der abgepreßten Flüssigkeit erfolgt durch einfaches Dekantieren. Man läßt die noch heiße Flüssigkeit 1—2 Stunden ruhig stehen, wobei sich das Öl von dem Wasser ziemlich trennt. Durch Erhitzen der Flüssigkeit auf 60—70° C wie auch durch Zusätze von Salzlösungen zu der Emulsion kann die Dekantation beschleunigt werden. Nach einiger Zeit resultieren drei Schichten: Zu unterst befindet sich das Wasser, welches alle löslichen Bestandteile des Fisches einschließlich der löslichen Albumine enthält. Dann folgt gewöhnlich eine Schicht, bestehend aus Öl, organischen Verunreinigungen und Wasser. Zu oberst ist das allerdings durch Wasser und Verunreinigungen noch stark getrübte Öl. Die untere, wasserartige Flüssigkeit wird ungenutzt fortlaufen gelassen. Die mittlere Schicht sammelt man behufs weiterer Klärung, die obere Schicht läßt man eventuell noch weiter abstehen und füllt sie nachher in Fässer. Die ganze Separierung der von der Presse ablaufenden Flüssigkeit muß möglichst rasch geschehen, weil sich sonst faulige Gärungen einstellen, welche die Qualität des gewonnenen Sprottenöles arg verschlechtern.

Die Abscheidung des in dem Sprottenöle in wechselnder Menge enthaltenen festen Fettes geschieht durch Abkühlung des Öles auf 0° C. Bei dieser Temperatur sondern sich nach einiger Zeit die festen Glyzeride in kristallinischer Form ab und lassen sich durch Filtrieren von dem klar gebliebenen Anteile des Öles sondern.

Der in den Pressen verbleibende Rückstand wird auf Zerkleinerungsmaschinen vermahlen und hierauf in Trockentrommeln getrocknet. Dabei entwickeln sich unangenehm riechende Gase, die man durch Verbrennen unschädlich macht.

Die in Ostende bestehende Fabrik zur Aufbereitung von Sprotten erzeugt aus 100 kg Rohmaterial ungefähr 10 kg Öl und 35 kg Guano, bei nicht ganz 3 Mark Verarbeitungsspesen pro 100 kg Sprotten.

Eigenschaften.

Das Sprottenöl ist von gelber bis brauner Farbe, zeigt nach Henseval eine Dichte von 0,9274 (bei 15° C) und enthält 3—4% freier Fettsäuren. Die aus dem Sprottenöl abgesonderten Fettsäuren schmelzen bei 27,1° C und erstarren bei 25,4° C. Der Gehalt des Sprottenöles an Unverseifbarem beträgt 1,36%. Eigen
schaften.

Rückstände.

Rückstände. Das getrocknete Preßgut zeigt nach Henseval die folgende Zusammensetzung:

Wasser	$8-15\%$
Fett	$3-7$
Gesamtstickstoff	$8-10,4$
Phosphorsäure	$3-5,3$
Asche	$12,5-15,2$

Heringsöl.

Huile d'Hareng. — Herring Oil. — Olio di aringhe.

Abstammung.

Herkunft. Dieses aus dem gemeinen Hering (Clupea harengus) oder dem Astrachanhering (Clupea pontica) gewonnene Öl kommt nur selten unter seinem wirklichen Namen in den Handel, es wird vielmehr meist als „Fischöl" oder als „Japantran" gehandelt.

Gewinnung.

Gewinnung. Die Gewinnung von Heringsöl wird in großem Maßstabe an der Küste von Sachalin und in Japan betrieben. Die russische Regierung verpachtet alljährlich die Fischerei an diesen Küstenstrichen und hebt für die Ausfuhr von Fischdünger überdies einen Zoll von 0,75 Franken per 100 kg ein.

Die Fischerei wird von Ende April bis Ende Juni betrieben, während welcher Zeit die Wanderung der Heringszüge genau überwacht und ausgenutzt wird.

Eigenschaften.

Eigenschaften. Das gelbbraune Heringsöl besitzt eine Dichte von 0,9202 bis 0,9390 (bei 15^{0} C), enthält große Mengen freier Fettsäuren (bis über 40%) und $0,99\%$ Unverseifbares [1].

Bull [2] isolierte aus dem Heringsöle zwei ungesättigte Fettsäuren ($C_{20}H_{32}O_2$ und $C_{24}H_{40}O_2$), Fahrion fand $1,59\%$ Oxyfettsäure.

Verwendung.

Verwendung. Heringsöl findet dieselbe Verwendung wie die anderen Fischöle, mit denen vermischt es gewöhnlich in den Handel kommt. In der Seifenindustrie wird es zur Herstellung von Sommerschmierseife verwendet.

Rückstände.

Rückstände. Die bei der Gewinnung von Heringsöl sich ergebenden Rückstände werden als Düngemittel besonders geschätzt. Nicht aller Heringsdünger

---

[1] Chem. Ztg., 1899, S. 161 und 1048.
[2] Chem. Ztg., 1899, S. 996 und 1043.

ist aber als Nebenprodukt der Fischölgewinnung aufzufassen. Bedeutende Mengen dieses Düngers werden aus den beim Einpöckeln oder Räuchern abfallenden Teilen (dem Rückgrat, Kopf und Schwanz) sowie aus der vielerorts (z. B. in Japan) als nicht genußfähig betrachteten Milch des Herings gewonnen.

Heringsdünger wird mit Vorliebe zum Düngen der Reisfelder benutzt; für 1 ha genügen 56—75 kg, bei Getreideäckern sogar schon 18—25 kg. Die Düngung der ausgedehnten japanischen Orangenkulturen mit Heringsdünger hat besonders günstige Resultate gezeitigt, und die in den Vereinigten Staaten in dieser Beziehung angestellten Versuche sind so befriedigend ausgefallen, daß sie bereits eine bemerkenswerte Ausfuhr dieses Düngers nach Kalifornien hervorgerufen haben.

In den letzten beiden Dezennien hat man die getrockneten entfetteten Heringsrückstände als Futtermittel zu verwerten gesucht. Zwei als Heringsmehle in den Handel gebrachte Produkte ergaben bei der Analyse:

	I.[1]	II.[2]
Wasser	3,57 %	6,90 %
Rohprotein	40,87	40,60
Rohfett	11,95	16,70
Stickstoffreie Extraktstoffe und Rohfaser	34,64	28,40
Asche	8,90	7,40

Der Fettgehalt dieser Proben ist entschieden zu hoch und so fette Fischfuttermehle dürften die in Band I, S. 563 gerügten Übelstände in hohem Maße zeigen. Verfüttert wird das Heringsmehl gewöhnlich mit 15—25 % Weizenkleie oder Haferschrot.

Wirtschaftliches.

Über den Heringsfang auf Sachalin liegen statistische Daten nicht vor, über den Japans gibt die folgende Tabelle Aufschluß.

Wirtschaftliches.

Jahr	Für Nahrungszwecke verwendet		Zur techn. Verwertung herangezogen		Totale	
	Gewicht in Kwan[3]	Wert in Yens[4]	Gewicht in Kwan	Wert in Yens	Gewicht in Kwan	Wert in Yens
1902	6 702 082	1 445 747	28 404 720	7 081 739	35 106 802	8 527 486
1903	8 180 069	1 315 389	34 158 200	6 372 934	42 338 260	7 688 323
1904	5 138 949	1 117 372	25 346 000	7 145 094	30 484 949	8 262 466

[1] Analysen-Repert. der landw.-chem. Versuchsstation Breslau, 1894—1899.
[2] Jahresbericht über den Fortschritt der Agrikulturchemie, 1891, S. 571.
[3] 1 Kwan = 3,7565 kg.
[4] 1 Yen = 2,183 Mark.

Lachsöl.

Huile de saumon. — Salmon Oil. — Olio di Salmone.

Lachsöl. Dieses Öl wird in Britisch-Kolumbien aus dem Körperfleische des Lachses (Salmo salar) in großen Mengen gewonnen.

Es ist hellgoldgelb gefärbt, zeigt einen milden Fischgeruch und schmeckt angenehmer als alle anderen Fischöle. Sein spezifisches Gewicht beträgt bei 15,5° C 0,92586. Bruno de Greiff, dem wir diese Daten über Lachsöl verdanken, fand in einer Probe ungefähr 2,5% freier Fettsäuren und 4,4% Unverseifbares[1]).

Eulachonöl.

Candle fish Oil.

Herkunft. Dieses Öl wird aus dem an der Küste von Britisch-Amerika und Alaska in ungeheuren Schwärmen vorkommenden Eulachon oder Outachon (Thaleicthys pacificus) gewonnen. Dieser Fisch ist so fettreich, daß er in getrocknetem Zustande wie eine Kerze brennt, weshalb ihm die Engländer auch den Namen „Candle fish" gaben.

Gewinnung, Eigenschaften und Verwendung.

Eigenschaften und Verwendung. Das Eulachonöl, welches auf die gleiche Weise gewonnen wird wie die übrigen Fischöle, hat eine Dichte von 0,9071 (bei 15° C) und ist infolge seines Palmitin- und Stearingehaltes bei gewöhnlicher Temperatur salbenartig. Es besteht ungefähr aus:

60% Ölsäure,
20% Palmitin- und Stearinsäure,
13% einer wachsartigen Verbindung,
7% Glyzerin.

Die wachsähnliche Substanz ist bei gewöhnlicher Temperatur flüssig, hat bei 15° C eine Dichte von nur 0,865—0,872 und scheint eine dem Walrat ähnliche Zusammensetzung zu haben.

Das Eulachonöl soll innerlich genommen ähnlich wie Lebertran wirken, aber viel leichter genommen werden können und auch besser zu vertragen sein als letzterer.

Andere Fischöle.

Andere Fischöle. Neben den Seite 715 bis 734 besprochenen Fischölen kennt man noch einige andere. So z. B.:

Pilchardtran (Huile de pilchard, Pilchard oil), von einem an der Südwestküste Europas vorkommenden, der Sardine ähnlichen, aber Heringsgröße habenden Fisch (Clupea pilchardus Bl.).

---

[1]) Chem. Revue, 1903, S. 223.

Stichlingsöl (Huile de trois épines, Stickle back oil, Olio di spinello), von Gasterosterus trachurus.

Weißfischöl (Huile de cyprin, White fish oil, Olio di argentina), von unserem Weißfische (Leuciscus) kommend, von dem es ca. 84 Gattungen gibt.

Störöl (Huile d'esturgeon, Sturgeon oil, Olio di storione), von Acipenser sturio.

Hoiöl, von dem auf den Orkneyinseln vorkommenden Picked dog fish[1]).

Diese Öle haben keine besondere technische Bedeutung. Sie werden wohl vereinzelt gewonnen, kommen aber meist unter den Sammelnamen Fischöl oder Fischtran auf den Markt.

β) *Leberöle.*

Diese aus den Lebern verschiedener Fischarten gewonnenen Öle enthalten beträchtliche Mengen von Cholesterin und anderen nicht verseifbaren Substanzen. Lösungen von Leberölen in Schwefelkohlenstoff färben sich bei Zusatz von konzentrierter Schwefelsäure blau, falls die Öle ranzig waren, purpurrot. Lösungen der Leberöle in Chloroform bilden nach dem Durchschütteln mit Phosphorsäuremolybdänsäure-Reagens an der Berührungsschicht der beiden Flüssigkeiten einen blauen Ring[2]). *(margin: Allgemeines.)*

Gewöhnlich spricht man nicht von Leberölen, sondern von Lebertranen und meint damit fast immer Dorschlebertran.

Dorschleberöl.

Kabeljauleberöl. — Stockfischleberöl. — Dorschlebertran. — Kabeljaulebertran. — Huile de foie de morue. — Huile de Bergen. — Cod liver Oil. — Liver Oil. — Olio di fegato di merluzzo. — Oleum Jecoris Aselli.

Herkunft und Geschichte.

Das unter dem Namen „Lebertran" in den Handel gebrachte Produkt entstammt den Lebern der zur Familie der Weichflosser gehörenden Schellfische, vornehmlich des Stockfisches und des Dorsches. *(margin: Abstammung.)*

Der Stockfisch oder Kabeljau (Gadus morrhua L. = Asellus major Plin.) ist ein 1,2—1,6 m langer, ungefähr 50 kg schwerer Fisch, der sich in allen Meeren der nördlichen Halbkugel zwischen dem 40. und 65. Breitengrade in ungeheurer Menge vorfindet. Er wird an der Küste

---

[1]) Lewkowitsch, Chem. Technologie und Analyse der Öle, Fette und Wachse, Braunschweig 1905, 2. Bd., S. 235.

[2]) Lewkowitsch, Chem. Technologie und Analyse der Öle, Fette und Wachse, Braunschweig 1905, 2. Bd., S. 232.

Frankreichs, Großbritanniens und Neufundlands, hauptsächlich aber in den norwegischen Meeren gefangen; der Stockfischfang Norwegens beträgt 61 % des gesamten Fischereiergebnisses des Landes. Der von der Leber, seinen Eingeweiden und seinem Kopfe befreite Stockfisch bildet in frischem wie auch in getrocknetem Zustande, gesalzen und ungesalzen ein wichtiges Volksnahrungsmittel und kommt unter den Namen Kabeljau, Stockfisch, Klippfisch, Laberdan u. a. auf den Markt. Die Köpfe des Stockfisches dienen zur Viehmästung.

Der Dorsch (Gadus callarias L. = Asellus striatus Plin.) ähnelt dem Stockfische auffallend, ist aber etwas kleiner als dieser. Nach neueren Forschungen soll er auch gar keine besondere Spezies darstellen; man sieht in ihm vielmehr den Jugendzustand des Kabeljaus.

Neben dem Stockfisch und dem Dorsche werden auch die Lebern

des Ling (Gadus Molva L. = Lota Molva Cuv. = Molva vulgaris Lep.), eines langen, dabei aber sehr schmalen Fisches,

des eigentlichen Schellfisches (Gadus aeglifinus L.),

des Seyfisches, auch Merlen oder Wittling genannt (Gadus Merlangus L. = Merlangus vulgaris Cuv.),

des Köhlers oder Kohlfisches (Gadus carbonarius L. = Merlangus carbonarius Cuv.),

des See- oder Meerhechts (Merluccius vulgaris L. = Merluccius communis),

des Pollacks oder Haakherings (Merlangus pollachius Cuv.) und anderer verwandter Fischarten auf Leberöl verarbeitet.

Das aus den Lebern des Seyfisches, des Köhlers, des Seehechtes und des Pollacks erhaltene Öl wird bisweilen als besondere Sorte unter dem Namen Sejtran[1]) (Kohlfischtran, Huile de foie de Merlan, Cool fish oil, Merlan oil, Oleum Jecoris Merlangi) gehandelt.

Fang der Stockfische. Der Fang des Stockfisches und des Dorsches, der in Norwegen viele Tausende von Menschen ernährt, wird teils periodisch, teils permanent betrieben.

Der periodische Fang findet entweder vor oder nach der Laichzeit statt. Vor dieser, das ist in den Monaten Januar bis März, wird der Fisch besonders auf den Lofoten und im Moldefjord gefangen. Der Stockfisch erscheint um die erwähnte Zeit in diesen Meeresstrichen in ungeheuren Zügen, um zu laichen und hierauf im April nach Finnmarken zu ziehen. Dort wird er dann nach der Laichzeit gefangen. Die auf den Lofoten betriebene Fischerei heißt Laichfischerei oder Gydefiske, der in Finnmarken nach der Laichzeit geübte Fang wird Loddefiske genannt.

Der permanente Fang, d. i. der Fang während des ganzen Jahres, wird nur vereinzelt gepflogen, weil er weniger ergiebig ist als die auf den Lofoten und in Finnmarken betriebene Saisonfischerei.

---

[1]) Schädler, Technologie der Fette und Öle, 2. Aufl., Leipzig 1892, S. 761.

Als Fangapparate für den Stockfisch benutzt man Netz und Leine. Die gefangenen Stockfische werden durch einen Einschnitt hinter den Kiemen getötet, hierauf aufgeschnitten, die Leber und die Milch herausgenommen und separat verwertet, die Eingeweide ins Meer geworfen, während das Fleisch entweder in frischem oder in getrocknetem Zustande verkauft wird.

Lebertran wurde schon in alten Zeiten gewonnen. Die Grönländer, Lappländer und Eskimos schätzten ihn lange, bevor die Zivilisation zu diesen Völkern vordrang. Die höchst unrationelle Gewinnung des Lebertrans blieb aber durch all die Jahrhunderte immer auf derselben primitiven Stufe stehen, bis Peter Möller im Jahre 1853 ein rationelleres Aufarbeiten der Fischlebern lehrte. Die Produkte wurden dann allmählich besser und besser und erreichten einen nie geahnten Reinheitsgrad, als Heyerdahl das Ausschmelzen der Lebern bei Abwesenheit von Luft (im Kohlensäurestrom) empfahl. *Geschichtliches.*

Rohprodukt.

Die Lebern des Stockfisches und des Dorsches schwanken in ihrer Größe ungemein; das Durchschnittsgewicht beträgt etwas über 0,25 kg. Peckel Möller veröffentlichte in seiner Monographie „Cod liver oil and chemistry" eine Tabelle über die Anzahl der auf einen Hektoliter gehenden Lebern, aus der ersichtlich ist, daß die mit Netzen gefangenen Fische in der Regel größere Lebern haben als die mit der Leine erlegten. Im Jahre 1889 waren die Lebern am größten, im Jahre 1894 am kleinsten; im Mittel rechnet man auf ein Hektoliter 400 Stück Lebern. *Rohmaterial.*

Der Ölgehalt der sehr wasserreichen Lebern wechselt stark; es gibt Jahre, wo das Ölerträgnis über alle Erwartungen günstig ist, und wiederum andere, wo die schlechte Ölausbeute die Rentabilität der ganzen Leberölgewinnung in Frage stellt. (Vergleiche die Ausbeuteziffern auf S. 739.) Die Ursache des wechselnden Ölgehaltes der Lebern in den einzelnen Jahren ist bisher noch nicht erforscht.

Gewinnung.

Die Verarbeitung der Fischlebern auf Öl geschah ehedem auf recht primitive Weise. Man sammelte die Lebern der gefangenen Stockfische in Fässern und schloß sie erst dann, wenn sie vollgefüllt waren. Dies dauerte oft mehrere Tage, während welcher Zeit die Lebern mit der Luft in ziemlich innige Berührung kamen. Die geschlossenen Fässer blieben ruhig an Ort und Stelle, bis die Fangzeit vorüber war. Gewöhnlich wurde es Mai, bevor man an die Verarbeitung der Lebern ging. Man hatte dann Material, das vom Januaranfang stammte, und solches, das erst wenige Tage alt war, zur Verfügung. Der Unterschied in der Lagerzeit zeigte sich deutlich in der wechselnden Beschaffenheit des Inhaltes der einzelnen Fässer. Während bei den älteren Fässern durch die eingetretene Fäulnis *Alte Gewinnungsweise.*

und den Eigendruck ziemliche Mengen eines braungelben Öles aus den
Lebern ausgetreten waren, hatten sich bei den jüngeren, durch Fäulnis
und Eigendruck noch weniger veränderten Lebern nur geringe Mengen
eines hellgelben Öles abgesondert. Letzteres hieß man rohen Medizinaltran (Raa Medizin Tran). Die Menge dieses Öles war meist so gering,
daß man es von dem dunkleren, aus den älteren Lebern ausgeflossenen
Trane (dem sogenannten hellbraunblanken Tran oder blank tran) nur
selten getrennt hielt.

Nach dem Abschöpfen des ausgetretenen Öles war gewöhnlich der
Juni herangekommen, und die warme Witterung beschleunigte den Fäulnisprozeß auffallend. Mit dem Fortschreiten der Fäulnis traten neue Mengen
Öles aus der Masse, die durch Abschöpfen gesammelt wurden und wegen
ihrer braunen Färbung braunblanker Tran oder brun blank tran
hießen. War die Selbstausscheidung des Öles zu Ende, so wurde die
halbfaulige Lebermasse in eiserne Kessel geworfen und über offenem Feuer
erwärmt. Dabei wurde ein dunkelbrauner Tran (brun tran) ausgeschmolzen, während eine harzige Masse als Schmelzrückstand (graxe)
zurückblieb. Das Ausschmelzen erfolgte bei einer Temperatur von über
100° C, um eine möglichst gute Ausbeute zu erzielen. Der Schmelzrückstand wurde dann bisweilen noch ausgepreßt und hierauf als Düngemittel verwendet. Sein Fettgehalt betrug zwischen 20 und 30%.

Diese primitive Aufarbeitungsmethode[1]) hat heute fast gänzlich aufgehört. Die Fischer befassen sich kaum noch selbst mit der Entölung der
Lebern, sondern verkaufen sie in ihrem Originalzustand weiter. Dabei
kommt es bisweilen wohl noch vor, daß eine Ankaufsstelle von Fischlebern
nach dem alten Verfahren arbeitet. Die erhaltenen Transorten kommen dann
auf den Markt nach Bergen, welche Stadt für Lebertran der Haupthandelsplatz ist und sogar besondere Schätzmeister ernennt, die in Streitfällen die
Klassifikation der Trane nach den obgenannten vier Sorten vornehmen.

Verfahren
von Peter
Möller.

Peter Möller machte im Jahre 1853 auf das Unökonomische der
Leberverarbeitung aufmerksam, wies auf das Ausschmelzen mittels Dampf
hin und auf die Wichtigkeit, die Lebern in möglichst frischem Zustande
zu verarbeiten. Anfänglich hatte Möller einen harten Kampf gegen den
Konservatismus der Fischer und Lebertranschmelzer zu bestehen. Später
wurde ihm aber die Genugtuung, seine Idee durchdringen zu sehen, und
heute arbeitet man fast überall nach den von ihm empfohlenen Methoden.

Seine ursprüngliche Arbeitsweise bestand darin, die Lebern in einem
großen Wasserbade zu erhitzen (Wasserschmelze). Dabei war ein An-

---

[1]) Nach Bernhard Rawitz (Seifenfabrikant, 1900, S. 490) wird die Fäulnis
der Leber bei dem Prozeß des Selbstausschmelzens besonders durch eine Fliegen-
art gefördert, die ihre Eier in die Lebern legt. Da diese Fliege erst im Juni auftritt, könne man vor dieser Zeit durch das alte Verfahren Leberöle von ganz an-
nehmbarer Qualität (?) erhalten.

brennen und Überhitzen des Materials ausgeschlossen, aber die Ausbeute nicht sehr günstig.

Weiterhin empfahl er das Ausschmelzen in doppelwandigen, mit Dampf geheizten Gefäßen (indirekte Dampfschmelze).

Ein drittes von Möller vorgeschlagenes Verfahren ist dazu bestimmt, ein Ausschmelzen auf den Schiffen selbst zu ermöglichen. Das Gefäß zur Aufnahme der Leber besteht dabei aus Holz und hat die Gestalt eines abgestumpften Kegels, dessen größere Fläche den Boden bildet. Der Dampf wird direkt in die Lebermasse geleitet. (Direkte Dampfschmelze.)

Der Ölgehalt der Lebern und damit die Ausbeute schwanken be- Ausbeute. deutend; bei der auf rationellste Weise durchgeführten Dampfschmelze erzielt man 20—58 kg Öl aus 100 kg Lebern. Die im Januar und Februar ge- fangenen Fische liefern Lebern, die gewöhnlich um 2—5 % mehr Öl er- geben als Fische, die zu Ende der Saison gefangen wurden; dabei gibt es Jahre mit sehr fettreichen und solche mit äußerst fettarmen Lebern.

Peckel Möller[1]) veröffentlichte eine Ausbeutetabelle, die über diese Frage gründlichen Aufschluß gibt.

	Durchschnittliche Ölausbeute in der		
	ersten Hälfte der Saison	zweiten Hälfte der Saison	ganzen Saison
1883 . . .	23,2	19,8	20,0
1884 . . .	43,0	47,0	46,6
1885 . . .	50,0	42,0	45,5
1886 . . .	53,0	48,0	49,0
1887 . . .	46,0	40,0	43,5
1888 . . .	54,0	51,0	53,0
1889 . . .	54,0	51,0	52,9
1890 . . .	58,0	55,5	57,5
1891 . . .	57,6	54,5	56,1
1892 . . .	55,8	54,7	55,7
1893 . . .	57,6	55,2	55,4
1894 . . .	47,1	41,3	44,3

Das Verdienst Peter Möllers um die Hebung der Technik der Verdienst
Peter
Möllers. Leberölgewinnung kann nicht hoch genug geschätzt werden; nicht nur, daß er durch Einführung der Dampf- und Wasserschmelze in rein tech- nischer Beziehung die Norweger Neues lehrte, sondern er hat durch die fortwährende Betonung der Wichtigkeit, die Lebern in frischem Zustande zu verarbeiten, auch zur Verbesserung der Qualität des Lebertrans über- haupt beigetragen. Als Möller sein erstes auf rationelle Art hergestelltes Leberöl in den Handel brachte, wollte man das hellgelbe, fast geruch- und geschmacklose Produkt gar nicht als wirklichen Lebertran erkennen,

---

[1]) Peckel Möller, Cod liver oil and chemistry, London 1895, S. XLIX.

so sehr war man gewohnt, in Lebertran eine mehr oder weniger dunkelbraune, unangenehm riechende und ekelhaft schmeckende Flüssigkeit zu
erblicken.   Man sah sogar die durch den Fäulnisprozeß in das Öl übergegangenen Verunreinigungen [Ptomaine, Gallenstoffe[1]) usw.] als die
Ursache der charakteristischen Eigenschaften des Lebertranes an. Es brauchte
lange, bevor sich die Erkenntnis Bahn brach, daß Dampflebertran jedem
anderen Tran vorzuziehen ist, weil er von allen Fäulnisprodukten und
Ptomainen frei ist.

Methode
Heyerdahl.

Gewöhnlicher Dampflebertran hat als Medizinaltran aber immer
noch den Nachteil, daß er das von den Patienten so gefürchtete Auf-
stoßen hervorruft. Heyerdahl erkannte als Ursache dieser unliebsamen
Nebenerscheinung die Oxydationsvorgänge, die der Tran beim Ausschmelzen unter dem Einfluß der átmosphärischen Luft erleidet. Er zeigte,
daß Lebern, die in einer Wasserstoffatmosphäre ausgeschmolzen wurden,
ein Öl ergeben, das auch von schwachen Magen anstandslos vertragen
werden kann, und gründete daraufhin sein neues Schmelzverfahren, bei
dem im Kohlensäurestrom gearbeitet wird[2]). Der dabei erhaltene Tran
ist jedem anderen vorzuziehen.

Verfahren
Harrison,
Wild
und Robb.

R. Harrison, E. H. Wild und St. Robb schmelzen die Lebern im
Vakuum und filtrieren das erhaltene Öl ebenfalls im luftleeren Raume.
Die nicht gerade einfache Apparatur zu ihrem Prozeß ist Gegenstand eines
englischen Patentes[3]).

Preß-
verfahren.

In Schottland werden die Lebern mitunter auch durch Auspressen
entölt; sie werden zu diesem Zwecke in kleine Stücke zerschnitten, unter
fortwährendem Umrühren in eisernen Kesseln auf 80—90° C erhitzt, dann
in Säcke eingeschlagen und ausgepreßt.

Kälte-
beständig-
machen.

Der durch Ausschmelzen oder Auspressen gewonnene Lebertran enthält in einigen wenigen Fällen größere Mengen fester Fettsäuren, die man
dann durch Ausfrierenlassen entfernt. Dieses Kältebeständigmachen des
Lebertrans ist aber nur sehr selten notwendig; in der Regel ist er schon
von vornherein kältebeständig genug.

Coast cod
oil.

Wie S. 736 erwähnt erscheint, werden zur Lebertrangewinnung mitunter nicht nur die Lebern des Stockfisches und des Dorsches verwendet,
sondern auch die anderer Fischgattungen. Derartige Leberöle sollten nicht
unter der Bezeichnung Dorsch- oder Stockfischlebertran in den Handel
kommen, sondern eine Bezeichnung tragen, die die wechselnde Beschaffenheit des verwendeten Rohproduktes kennzeichnet. In der Regel nennt man
die aus den Lebern des Ling, des Schellfisches, des Köhlers usw. erhaltenen Öle Sejtran (siehe Seite 736) oder „coast cod oils“.

---

[1]) Die Gallenstoffe kamen in das Leberöl, weil man die Gallen bei den Lebern
beließ und mit diesen zusammen ausschmolz.

[2]) D. R. P. Nr. 55008; Zeitschr. f. angew. Chemie, 1891, S. 562.

[3]) Engl. Patent Nr. 25638 v. 25. Nov. 1904.

Eigenschaften.

Das Dorsch- und Stockfischleberöl ist je nach der Qualität eine hell-
bis braungelbe, ziemlich viskose Flüssigkeit, deren Geruch zwischen einem
schwachen, nicht gerade unangenehmen, aber doch charakteristischen, bis
zu einem starken, fast unerträglichen, an alten Tran erinnernden schwankt.
Ebenso verschiedenartig wie der Geruch ist auch der Geschmack der einzelnen Lebertransorten, doch nehmen sich auch die besten Qualitäten wegen
ihrer Dickflüssigkeit nicht angenehm.

Da das Öl aus den Lebern des Dorsches das beste Leberöl ist, spricht
man im Handel gewöhnlich von Dorschleberöl oder Dorschlebertran,
sobald man bessere Marken im Auge hat.

Die Dichte der Leberöle liegt bei 15° C zwischen 0,9217 und 0,9390,
ihr Erstarrungspunkt zwischen 0 und — 10° C. Die aus dem Lebertran
abgeschiedenen Fettsäuren schmelzen zwischen 21 und 25° C und erstarren zwischen 13 und 23° C.

Die Elementaranalyse des Lebertrans ergab nach König[1]:

Kohlenstoff	78,11 %
Wasserstoff	11.61
Stickstoff	10,28

Die chemische Zusammensetzung des Dorschlebertranes ist noch
nicht genügend ermittelt, obwohl man sich schon fast ein Jahrhundert lang
darum bemüht. Hat sich doch schon Wurzer im Jahre 1822 mit der
Untersuchung des Lebertrans beschäftigt, welchem Beispiele Spaarman
(1828), Marder (1830), Hopfer de l'Orme (1836), Wachenroder
(1838), Herberger (1839), Stein (1840), de Jongh (1843), Personne
(1851), Riegel (1852), Winckler (1853), Luck (1856), Nagel (1862)
Naumann (1865), Schaper (1869) und andere folgten[2].

Nach den neueren Untersuchungen ist das Leberöl, wie alle anderen
Fette, ein Gemenge verschiedener Glyzeride.

Von Glyzeriden fester Fettsäuren sind die der Palmitin- und
Stearinsäure. in dem Leberöle enthalten. Das durch Abkühlung abgeschiedene Gemisch fester Triglyzeride besteht aber nicht ausschließlich
aus Tristearin und Tripalmitin, sondern enthält noch andere Verbindungen,
was die hohe Jodzahl dieses Öles beweist.

Mehrere Forscher nennen als Fettsäuren des Leberöles die Essig-,
Butter-, Valerian- und Kaprinsäure; diese flüchtigen Säuren sind
jedoch nach Salkowski und Steenbuch nur als sekundäre Produkte
aufzufassen, die sich bei der Fäulnis der Lebern bilden und die daher in

---

[1] König, Chemie der Nahrungs- und Genußmittel, 4. Aufl., Berlin 1904,
2. Band, S. 512.
[2] Über die Geschichte der Untersuchung des Lebertrans siehe Peckel
Möller, Cod liver oil and chemistry, London 1895, S. LXXI ff.

den besseren Sorten von Medizinalölen nicht enthalten sind. Die in dem
Dorschlebertran sich findenden flüssigen Fettsäuren sind noch nicht
identifiziert; sie scheinen weniger gesättigt zu sein als die Säuren der
Ölsäurereihe. Fahrion[1]) nimmt eine Säure von der Formel $C_{17}H_{32}O_2$
(Assellinsäure) an, wogegen er Physetölsäure nicht nachweisen konnte.
Heyerdahl[2]) will im Lebertran neben 40% Palmitinsäure 20% Jeco-
leinsäure und 20% Therapinsäure gefunden haben. Durch die Bromie-
rung des Dorschlebertranes wurde nachgewiesen, daß sich in diesem Öle
Fettsäuren der Reihe $C_nH_{2n-6}O_2$ vorfinden. Die in dem Dorschleberöle
gefundene Morrhuinsäure ($C_9H_{13}NO_3$) bedarf noch der Bestätigung.

Von freien Fettsäuren sollen gute Leberöle möglichst wenig enthalten. Heyderdahl hat gezeigt, daß die Menge der freien Fettsäuren
mit dem Wachsen der beim Ausschmelzen angewendeten Erhitzungsdauer
und mit der Zunahme der Temperatur fällt. Dieses auffallende Resultat
erklärt sich derart, daß bei hoher Temperatur und bei ihrem längeren Andauern eine Verflüchtigung der freien Fettsäuren stattfindet.

An Unverseifbarem enthält das mit Dampf ausgeschmolzene Leberöl
$0,5—1\%$, technisches Öl $1,5—3\%$. Die Mengen des Cholesterins
schwanken nach Allen und Thomson zwischen $0,46$ und $1,32\%$,
während Salkowski[3]) nur $0,3\%$ als Durchschnitt angibt.

Von Basen wurden im Dorschleberöle nachgewiesen: Butylamin,
Isoamylamin, Hexylamin, Dihydrolutidin, Morrhuin ($C_{19}H_{27}N_3$)
und Assellin ($C_{25}H_{32}N_4$). Die ersten vier dieser Verbindungen sind
flüchtig, die letzten zwei nicht flüchtig. Gautier und Morgues[4]) zeigten,
daß von diesen organischen Basen $0,035—0,050\%$ vorhanden sind. Heyerdahl isolierte außerdem Trimethylamin.

Die sich im Leberöle mitunter findenden eiweißartigen Körper
müssen als sekundäre Produkte betrachtet werden.

Auch Gallenstoffe sind in reinem Leberöle nicht vorhanden; geringere Sorten enthalten davon ungefähr $0,30\%$. Die färbende Substanz des Öles
gehört nach den Untersuchungen von W. Kühne zu den Lipochromen.

Die geringen Mengen von Eisen, Mangan, Calcium, Magnesium,
Natrium, Phosphorsäure, Chlor, Brom und Jod betragen nur einige
Hundertelprozente.

Ursache
der thera-
peutischen
Wirkung.

Über die Ursache der Heilwirkung ist man sich noch nicht im
klaren. Man hat lange Zeit nach einer „aktiven Substanz" gesucht.
Nach Marpmann[5]) ist der Heilwert in jener Substanz zu suchen, die
durch Äther oder Alkohol aus dem Dorschleberöl ausgefällt wird, O. Nau-

[1]) Chem. Ztg., 1893, S. 521.
[2]) Peckel Möller, Cod liver oil and chemistry. London 1895, S. 89.
[3]) Zeitschr. f. analyt. Chemie, Bd. 26, S. 565.
[4]) Compt. rendus, Bd. 107, S, 245, 626 und 740.
[5]) Chem. Centralbl., Bd. 19, S. 1213.

mann[1]) schreibt die spezifische Wirkung des Lebertranes dessen Gallen-
bestandteilen zu. Nach Heyerdahl sind alle Annahmen einer „aktiven
Substanz" unrichtig und die spezifische Wirkung des Leberöles ist nach
ihm auf die leichte Verdaulichkeit dieses Fettes zurückzuführen. Auch
der früher für besonders wichtig gehaltene Jodgehalt des Leberöles ist
von ganz nebensächlicher Bedeutung.

Die hohen Preise des Lebertranes haben häufige Verfälschungen
gezeitigt; als Mittel dazu werden andere Leberöle, Fischtrane, Lein- und
Kottonöl wie auch Rapsöl u. a. verwendet.

*Verfäl-
schungen.*

Verwendung.

Die besseren Sorten von Dorschleberöl bilden ein geschätztes Heilmittel; sie dienen in verschiedenen Krankheitszuständen zur Hebung der
Ernährung und Kräftigung des Körpers. Die Ärzte verabreichen dieses Öl
meist in steigenden Dosen, unmittelbar nach den Mahlzeiten. Nicht selten
wird der Medizinallebertran mit einem Geschmackskorrigens versetzt.
Leberöle, die frei von hydroxylierten Säuren sind, bedürfen zwar einer
solchen Geschmacksverbesserung nicht unbedingt, werden von den Patienten
aber in unvermischtem Zustande doch nur ungern genommen.

*Ver-
wendung.*

Der sogenannte Brause-Lebertran[2]) ist ein mit Kohlensäure unter
Druck gesättigtes Dorschleberöl, aus dem bei gewöhnlichem Luftdrucke
unter Aufbrausen lebhaft Kohlensäure entweicht. In diesem Momente ein-
genommen, soll die Kohlensäure den spezifischen Geschmack des Leberöles vollkommen decken.

*Brause-
Lebertran.*

Eine Lebertran-Milch-Emulsion ist von Schleißner[3]) als Ersatz
der Frauenmilch für die Ernährung von Säuglingen empfohlen worden.
Zur Herstellung dieser Emulsion wird Kuhmilch durch Zentrifugieren mehr
oder weniger vom Fett befreit und mit einer dem ursprünglichen Fettgehalte entsprechenden Menge von Lebertran durch anhaltendes Schütteln
bei 39° C vermischt. Dieses Gemisch, das eventuell noch sterilisiert und
mit Wasser verdünnt werden kann, eignet sich besonders zur Ernährung
von rhachitischen Kindern, denen die an Estern flüchtiger Säuren arme
Muttermilch entzogen ist und die an diesen Estern reichere und daher im
Verdauungstrakte Buttersäure usw. entwickelnde Kuhmilch nicht zusagt.

*Lebertran-
emulsionen.*

W. M. Nobel empfiehlt für den innerlichen Gebrauch geschwefelten
Lebertran, den er durch Erwärmen von gewöhnlichem Lebertran mit
2 % Schwefelblüte auf 125° C herstellt. Die Erwärmung muß wenigstens
7 Stunden andauern, weil sonst der in der Wärme zwar in Lösung gehende
Schwefel nach dem Erkalten sich wieder ausscheidet.

*Ge-
schwefelter
Lebertran.*

---

[1]) Brestowski, Handwörterbuch der Pharmazie, Wien 1896, 2. Bd., S. 18.
[2]) D. R. P. Nr. 109446 vom Jahre 1899 (Chem. Fabrik Helfenberg);
engl. Patent Nr. 11410 v. 12. Mai 1902 (J. Barcley). Vergleiche Bd. I, S. 90.
[3]) Österr. Patent Nr. 5443 v. 23. Februar 1901.

Von Produkten, die Lebertran in der Pharmazie ersetzen sollen, gibt
es eine Menge. In neuerer Zeit macht das „Fukol"[1]) besonders von sich
reden. Es ist dies ein aus jodhaltigen Meeralgen und geeigneten Pflanzenölen hergestelltes angenehm nußartig schmeckendes Präparat, dem man
erhöhte Emulgierbarkeit, einen hohen Jodgehalt und großen Reichtum an
freien Fettsäuren nachrühmt. Fendler[2]), der das Fukol näher untersuchte, fand den Jodgehalt allerdings recht gering; er bewegte sich zwischen
0,0005—0,0001, während Lebertran 0,0002—0,031 $^0/_0$ Jod enthält.

Lebertran wird auch zum Einreiben kranker, skrophulöser Körperteile
verwendet. Bei Lungentuberkulose wird von Rohden eine überfettete
Lebertranseife empfohlen.

Die geringeren Sorten von Leberölen dienen verschiedenen industriellen
Zwecken, vor allem in der Gerberei, zum Geschmeidigerhalten des Leders usw.
Das aus Archangellebertran mitunter abgeschiedene feste Fett, das einen Titer
von 30—32 ^{0} C zeigt, wird nach Shukoff[3]) in Rußland zu Seife versotten.

Produktionsverhältnisse.

Unter den Ländern, die Lebertran liefern, steht Norwegen obenan;
Island, Nordamerika, England und Rußland sind nur von untergeordneter Bedeutung. Man sagt nicht zuviel, wenn man behauptet, daß
Norwegen fast ein Monopol auf die Lebertrangewinnung besitze. In
diesem Lande begünstigen verschiedene Umstände die Gewinnung dieses
Produktes. Einmal befinden sich die Fischplätze der Küste ziemlich nahe,
so daß die Lebern in wenigen Stunden ans Land gebracht werden können,
die niedere Temperatur verhindert außerdem eine Zersetzung während der
nicht zu umgehenden kurzen Lagerzeit des Rohmaterials und endlich wird
in Norwegen eine solche Menge von Stockfischen und Dorschen gefangen,
daß sich die Gewinnung des in den Lebern dieser Tiere enthaltenen Öles
besser lohnt als in irgend einem anderen Lande.

Die verschiedenen veröffentlichten statistischen Angaben über den
Fang des Dorsches und Stockfisches in Norwegen sowie über den daraus
gewonnenen Tran weichen auffallend voneinander ab. Am zutreffendsten
dürften die nachstehenden Daten sein:

	Gefangene Dorsche in Millionen	Erzeugter Dampftran in Hektolitern	Zu Rohtran verarbeitete Lebern (in Hektolitern)
1899	36,4	35170	45730
1900	34,8	32865	42578
1901	36,8	34501	29674
1902	43,1	22487	18139
1903	44,3	2933	7002
1904	47,8	18529	7810
1905	44,5	41807	12958

[1]) D. R. P. Nr. 157292 v. 19. Juni 1903 (K. Fr. Töllner in Bremen).
[2]) Apothekerztg. 1905, Nr. 17.
[3]) Chem. Revue, 1899, S. 230.

Die Preise für Lebertran stellten sich während der Periode 1891
bis 1901 folgendermaßen:

	Preis in Dollars für 100 kg	
	höchster	niedrigster
1891	23	13,5
1892	23	21,0
1893	22	19,0
1894	28	19,5
1895	49	27,0
1896	60	43,0
1897	43	21,0
1898	25	20,0
1899	26	19,5
1900	26	22,0.

Haifischleberöl.

Haifischtran. — Huile de Selache. — Huile de foie de Requin.
— Shark liver oil. — Basking shark oil. — Olio di fegato di
pesce cane. — Oleum Squali.

Abstammung.

Das Haifischleberöl wird aus den Lebern verschiedener Haiarten   Herkunft.
gewonnen, vornehmlich aus den Lebern des gemeinen Haifisches oder
Menschenhais (Squalus carcharias L.), des Riesen- oder Pferde-
hais, auch Selach genannt (Squalus maxima L.), des in den nördlichen
Meeren vorkommenden Eishais (Squalus glacialis Nils.) und des
Hammerfisches (Squalus zygaena L.).

Häufig werden die Hailebern mit den Dorsch- oder Stockfischlebern
zusammen verarbeitet; das so erhaltene Öl heißt dann „coast cod oil".

Eigenschaften und Verwendung. [1]

Das auf Island, in Japan und an der kalifornischen Küste in bemerkens-   Eigen-
werter Menge hergestellte Haifischleberöl riecht eigenartig, aber nicht   schaften.
widerlich, schmeckt kratzend und zeigt hellgelbe Farbe. Bei -6^0 C erstarrend, besitzt es bei 15^0 C eine Dichte von 0,910—0,916. Die Angabe
Schädlers, wonach das spezifische Gewicht dieses Leberöles zwischen
0,870 und 0,880 liegen soll, ist unrichtig.

Das Haifischleberöl wird in der Gerberei und zur Herstellung von   Ver-
wasserdichten Anstrichen ordinärer Segeltuchsorten verwendet.   wendung.

---

[1]) Siehe auch Eitner, Der Gerber, 1893, S. 257; Fahrion, Chem. Ztg.,
1899, S. 161.

Rochenleberöl.

Rochenlebertran. — Rochentran. — Huile de Raie. — Huile de
foie de raie bouclée. — Ray liver Oil. — Roach Oil. — Olio die
fegato di razza. — Oleum Rajae.

Herkunft. Die Lebern der Stachelroche (Raja clavata), der Glattroche oder
Flete (Raja batis) und der Stechroche (Trigon pastinaca) werden
an der Nordküste Frankreichs, in Belgien und Holland zu Öl verarbeitet.

Eigen- Die kleinen, nicht gerade ölreichen Lebern geben ein blaß- bis gold-
schaften. gelbes Öl, dessen Eigenschaften sich denen des Dorschleberöles nähern.

γ) *Trane.*

Während im Handel das Wort „Tran" für fast alle Fischöle gebraucht
wird, sollen hier unter dieser Gruppe nur die verschiedene Zusammensetzung zeigenden Öle der Robben und Walarten, der Delphine und einiger
anderer Tiere besprochen werden. Einige Trane (besonders Delphintran
und Meerschweintran) sind sowohl durch ihren Gehalt an wachsartigen Verbindungen (Walrat) als auch durch die Gegenwart beträchtlicher Mengen von Glyzeriden flüchtiger Fettsäuren charakterisiert.

Robbentran.

Huile de phoque. — Seal Oil. — Olio di foca. —
Sol tran (Dänemark). — Oleum Phocae.

Abstammung und Rohmaterial.

Herkunft. Robbentran wird aus dem Speck der verschiedenen Robbenarten
(Pinnipedia) gewonnen. Die Robben oder Ruderfüßer — Säugetiere,
welche in allen Meeren, besonders aber in den nördlichen Gewässern
zahlreich vorkommen, wegen ihres Speckes und ihrer Haut gewerbsmäßig
gefangen (harpuniert, geschossen oder erschlagen) werden — zerfallen in zwei Unterklassen:

in die Walrosse (Trichechoidea) und
in die eigentlichen Robben oder Seehunde (Phocina).

Der aus dem Speck dieser beiden Tiergattungen gewonnene Tran
wird im Handel aber nur selten auseinander gehalten. Man unterscheidet
die Robbentransorten nur nach ihrer Herkunft und spricht von

Archangel-,
grönländischem,
neufundländischem,
Südsee- und
kaspischem Robbentran.

Der Archangel- oder Meerkalbtran wird nach Schädler[1]) aus dem Specke dreier Seesäugetiere gewonnen, und zwar:

a) dem gemeinen Seehund oder Meerkalb (Phoca vitulina L. = Calocephalus vitulinus), der sich hauptsächlich in der Ost- und Nordsee befindet;

b) dem geringelten Seehund (Phoca annellata Nils);

c) dem grauen Seehund oder der krummnasigen Kugelrobbe (Phoca grypa L. = Halichaerus grypus Fab.), der besonders an der norwegischen Küste und im Weißen Meere vorkommt.

Der grönländische Robbentran stammt von dem grönländischen Seehund oder der Sattelrobbe (Phoca groenlandica Müll. = Pagophilus groenlandicus Br.), der in dem arktischen Meere der Neuen Welt ungemein häufigen Robbenart, und von der Bartrobbe (Phoca barba). Mitunter ist grönländischer Tran auch ein Gemenge verschiedener Transorten, hauptsächlich von Robben-, Walroß- und Haifischtran.

Neufundländer Robbentran wird aus dem Speck der nur an der Küste von Neufundland gefangenen Hasenschwanzrobbe (Phoca lagura) erhalten.

Als Rohmaterial für den Südseerobbentran kommen drei Robbenarten in Betracht:

a) die im australischen Ozean heimische Rüsselrobbe oder der See-Elefant (Phoca proboscidea L. = Macrorhinus proboscideus Cuv.);

b) der in der Magalhäestraße, an der Küste der Falklandsinseln und Patagoniens vorkommende Seelöwe oder die Ohrenrobbe (Otaria jubata L. = Otaria leonina Per.) und

c) die die Küsten Neuhollands bewohnende neuholländische Seerobbe (Otaria australis).

Der kaspische Robbentran stammt von dem in den großen Landseen Asiens (Aral-, Baikal- und Balchaschsee) vorkommenden kaspischen Seehund (Phoca caspica = Calocephalus caspicus).

Gewinnung.

Die Gewinnung des Robbentranes ist noch höchst primitiv. Vielfach Gewinnung. stapelt man die in Streifen geschnittenen Speckteile einfach in größeren Behältern auf, wobei das Öl durch den von der Masse ausgeübten Eigendruck und die fortschreitende Fäulnis zum Teile von selbst ausfließt. Bei diesem in Band I, S. 542 näher beschriebenen Verfahren folgt dem

---

[1]) Schädler, Technologie d. Fette u. Öle, 2. Aufl., Leipzig 1892, S. 736. — Das von Schädler als Walroßtran (Huile de Morse, Walrus oil, Morse oil) angeführte, von dem Walrosse (Tricherchus rosmarus) stammende Produkt, das hauptsächlich in Kopenhagen gehandelt werden soll, kommt fast durchweg als Robbentran auf den Markt.

freiwilligen Austropfen noch ein Auskochen des Speckes, wobei ein noch geringerwertiger Tran gewonnen wird als die ohnehin stark riechenden und meist mit Fäulnisprodukten gesättigten abgetropften Trane.

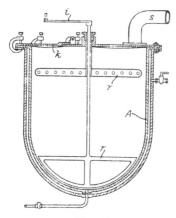

Fig. 145.
Transchmelzkessel nach Deheer.

Zur Gewinnung des Robbentranes und zum Ausschmelzen fetthaltiger Fische oder Fischteile eignet sich der in Fig. 145 dargestellte, von W. R. Deheer[1]) empfohlene Schmelzkessel sehr gut.

Der Schmelzkessel *A*, welcher von einem Dampfmantel umgeben ist, wird mit dem vorher zerkleinerten Material gefüllt und durch die Klappe *k* gesperrt. Durch den mittels der Kurbel *i* in Bewegung gesetzten Rührer *r* kann der Kesselinhalt durchgerührt werden. Der Rohrstutzen *s* ist mit einem Exhaustor in Verbindung, um im Schmelzraum eine Luftverdünnung zu schaffen, die den Schmelzprozeß fördert. Die abgesaugten Gase werden vorteilhafterweise durch Bleirohre geführt und so weit als möglich kondensiert, der nicht kondensierbare Teil wird unter die Dampfkesselfeuerung geleitet und verbrannt. Der ausgeschmolzene Tran wird durch ein geeignet angebrachtes Rohr abgezogen, der Schmelzrückstand durch die Klappe *k* herausgenommen.

Einige rationellere Trangewinnungsmethoden wurden auch in Band I, S. 543—544 angeführt.

Eigenschaften.

Eigenschaften. Die **Farbe** der Robbentrane schwankt, je nach der Gewinnungsweise sowie der Art und Beschaffenheit des Rohmaterials, vom Wasserhell bis zum Dunkelbraun. Die **Dichte** dieser Transorten liegt zwischen 0,9245 und 0,929 (bei 15° C). Sie sind relativ arm an festen Glyzeriden und ihr Erstarrungspunkt liegt daher unter 0° C.

Chemische Zusammensetzung. Die **Robbentranfettsäuren**, welche bei ungefähr 15° C erstarren und bei ca. 23° C schmelzen, bestehen nach Ljubarsky[2]) aus

17 % fester und
83 % flüssiger Fettsäuren.

Die ersteren wurden als **Palmitin-** und **Stearinsäure** erkannt, während man in den letzteren **Öl-** und **Physetölsäure** vermutet. Die von **Kurbatoff**[3]) gefundene **Linolsäure** konnte Ljubarsky nicht nachweisen.

---

[1]) Engl. Patent Nr. 4663 v. 12. Nov. 1880.
[2]) Ljubarskys Angaben beziehen sich auf kaspischen Seehundstran. (Journ. f. prakt. Chemie, 1898, S. 26.) — Kremel konstatierte bei zwei Sorten Robbentran nur 9,81 bzw. 10,23 % fester Fettsäuren.
[3]) Berichte d. deutsch. chem. Gesellsch., Bd. 25, S. 506.

Bull fand in einem nordischen Robbentran eine flüssige ungesättigte Fettsäure von großem Jodabsorptionsvermögen (Jodzahl 306).

An Unverseifbarem enthalten die Robbentrane 0,5—1 %, an freien Fettsäuren 1—20 %, je nach Qualität und Alter. An Oxyfettsäuren fand Fahrion [1] 0,75 %.

Verwendung.

Die Robbentrane finden als Beleuchtungsstoff, in der Lederindustrie und Seifenfabrikation Verwendung. Hie und da verschneidet man sie auch mit Leberölen.

In der Seifenindustrie ist der Südseetran besonders beliebt, weil er eine gute Ausbeute gibt. Man verwendet ihn zu Sommerschmierseifen, während die stearinfreieren Archangeltrane zu Winterschmierseifen gebraucht werden.

Robbentrane werden vielfach verfälscht; beliebte Zusätze sind Mineral und Harzöl. Es kommen unter dem Namen „Robbentrane" Produkte auf den Markt, die nur wenig oder auch gar keinen Robbentran enthalten, sondern lediglich Gemische von Mineralöl und Harz [2] usw. sind.

Die unter dem Namen Löwentran ausgebotenen Produkte sind oft nur oxydierte Harzöle. Der schwedische „Drei Kronen-Tran" — so genannt, weil er ein Tran aus dreier Herren Länder sein soll — ist ebenfalls oft mit billigen Pflanzen- oder Mineralölen verfälscht.

Handel.

Über die Zahl der jährlich erlegten Robben liegen nur aus Neufundland statistische Daten vor. Nach diesen belief sich der Robbenfang — Robbenschlag genannt — in den Jahren

1900	auf	353 099	Stück,
1901	„	344 786	„
1902	„	174 219	„
1903	„	317 560	„
1904	„	284 470	„
1905	„	177 100	„

Als wichtige Handelsplätze für Archangel-Robbentran gelten Archangel, Kopenhagen und Hamburg; für den grönländischen Tran kommen in erster Linie Kopenhagen und Hamburg in Betracht, Neufundländer Tran wird hauptsächlich in Glasgow, Leith und London gehandelt, Südseerobbentran in New York und London. Der Hauptplatz für kaspischen Robbentran ist Astrachan.

---

[1] Chem. Ztg., 1899, S. 161 und 1048. — Vergleiche auch A. C. Chapman und J. F. Rothe (Chem. News, 1894, S. 97).

[2] Die als „Löwentran" gehandelten Produkte sind fast immer Mischungen von Mineralöl, Kolophonium und Tran.

Walfischtran.

Huile de baleine. — Whale right Oil. — Whale Oil. —
Train Oil. — Olio di balena. — Oleum Balaenae.

Abstammung.

Herkunft.   Walfischtran wird aus dem Speck verschiedener Walarten der Gattung
Balaena gewonnen.   Die wichtigste Art ist die grönländische, echte
oder Nordwal (Balaena mysticetus L.), der im Nördlichen Eismeer,
im Stillen Ozean und im Südlichen Eismeer vorkommt und den nord-
ländischen Walfischtran (Northern Whale oil) liefert.

Der etwas kleinere, im Stillen Ozean und im Südlichen Eismeer lebende
Südwal (Balaena australis Desmoud. = Balaena antarctica Loth.)
gibt uns den südländischen Walfischtran (Southern Whale oil).

Der Speck des Finnwales (Balaenoptera musculus = Balaenoptera boops = Rorqualus boops) sowie des Schnabelfinn-
fisches oder Jubarte (Balaenoptera borealis), welch beide im Nördlichen Eismeere vorkommen, und vieler anderer Walarten wird ebenfalls
zu Walfischtran verarbeitet[1]).

Auch das Öl anderer Walarten kommt als Walfischtran auf den Markt;
nur der Pottwal und der Dögling (siehe Seite 853 und 856) sind auszunehmen, weil diese beiden Fische wachsähnliche Produkte liefern.

Geschichte.

Geschicht-   Die Jagd nach Walen hub kurz nach der Erfindung des Kompasses
liches.   (1302) an, um welche Zeit das Volk der Basken den Kampf mit diesen
Meeresungeheuern aufzunehmen begann.   Bis dahin hatte man nur jene
Tiere auf Tran verarbeitet, die durch Stürme an den Strand geworfen
worden und hier verendet waren.   Die großen Erfolge, welche die ersten
Walfischfänger aufzuweisen hatten, bewirkten, daß man im Jahre 1450 in
Bordeaux mehrere Schiffe ausrüstete, die nach dem östlichen Teile des
Nördlichen Eismeeres abgingen und mit großer Beute heimkehrten.   Diese
günstigen Resultate spornten die Engländer und Holländer zu gleichen
Unternehmungen an, und in der Folge befaßten sich besonders die letzteren
mit der Erlegung der Wale.   In der Zeit von 1672—1722 liefen von
Holland aus nicht weniger als 5886 Schiffe aus, die in diesen 46 Jahren
39907 Wale erbeuteten, was einem Werte von über 300 Millionen Mark
gleichkam.

Heute besorgen die Amerikaner und Norweger den Walfischfang,
der besonders infolge des enormen Ansteigens der Fischbeinpreise in Jahren

---

[1]) Schädler unterscheidet den vom Finnfisch und vom Schnabelfinnfisch
kommenden Tran als „Finnfischtran" (Keporkaktran, Rorqualtran, Huile
de Rorqual, Humpark oil, Fin back oil, Oleum Balaenopterae) von dem
gewöhnlichen Walfischtran.

Additional material from *Gewinnung der Fette und Öle,*
ISBN 978-3-662-01825-5 (978-3-662-01825-5_OSFO7),
is available at http://extras.springer.com

reichen Fanges sehr rentabel sein soll. Häufig läßt aber der Fang zu
wünschen übrig, und dann stehen die aufgewandten Mühen und Strapazen
in keinem Verhältnis zu den dem Meere abgerungenen Werten.

Die Meeresstriche, auf denen Walfang getrieben wird, sind nicht zu
allen Zeiten dieselben. Im Laufe der Jahre werden oft große, früher sehr
ergiebige Gebiete von den Fischern verlassen und dafür benachbarte, bisher
ganz vernachlässigte Striche aufgesucht. Tafel XVI gibt die im Jahre 1887
ausgebeuteten Fangstellen nach Aufzeichnungen A. Howards[1]) wieder.

Rohprodukt.

Zwischen der Haut und dem Fleische liegt bei den Walen eine
„Blubber" genannte Speckschicht, die je nach der Größe und dem Ernährungszustand der Tiere 2,5—55 cm dick ist. Im allgemeinen zeigen
die grönländischen Wale die stärkste Blubberschicht und geben daher das
meiste Öl. Man hat schon Walfische gefangen, welche über 270 Barrels
Öl lieferten.

Der Finnwal gibt weniger Fischbein und weniger Öl als der eigentliche Wal und seine Produkte sind auch qualitativ nicht so hochstehend
wie die des letzteren. Auch ist der Fang des Finnwals schwierig und
erst in neuerer Zeit durch die Verwendung von Bombengeschützen und
Explosivlanzen etwas mehr in Aufschwung gekommen; er wird an der
norwegischen, neufundländischen, russischen und japanischen Küste gepflogen. Nach Winnem stammt fast aller norwegischer Tran vom Finnwal.

Die Walfischfänger bewerten die einzelnen Tiere nach ihrer Ölausbeute und sprechen kurzweg von einem Dreißig-, Fünfzigbarreler usw.
Die Ausbeute steht mit der Größe der Tiere nur in ganz losem Zusammenhang; oft geben große Tiere weniger Öl als kleine, unscheinbare
Individuen.

Die Blubberschicht der meisten Cetaceen ist zähe und elastisch, nur
die des Finnfisches ist weich und nachgiebig, so daß sich die Muskelfasern
sehr leicht aus der Fettschicht herausziehen lassen.

Magere Tiere besitzen eine härtere, kompaktere und zähere Speckschicht als fette Individuen. Die Farbe des Speckes ist ebenfalls verschieden und schwankt zwischen einem Schmutzigweiß und Gelb, ja bisweilen auch bis zu einem Rötlichbraun. Junge Tiere (Saugkälber) liefern
weißen Speck, ältere einen gelblicheren, grobkörnigen. Die erstgenannte
Qualität ist von milchigem Aussehen und besitzt ein so feines und dichtes
Gewebe, daß das Ausbringen des Öles seine Schwierigkeit hat. Der Speck
älterer Tiere läßt sich dagegen infolge seiner grobkörnigen Beschaffenheit
leicht auf Tran verarbeiten.

---

[1]) Siehe Johan Hjorst, Fiskeri og Hvalfangst i det nordlige Norge,
Bergen 1902, S. 168.

Gewinnung.

Ge-
winnungs-
weise.
Das Ausschmelzen des Tranes aus dem Walspeck wurde früher ausschließlich auf den sich mit dem Walfischfang beschäftigenden Schiffen
vorgenommen. In Amerika hat man diese Methode bis heute beibehalten
während die europäischen Walfischfänger ihre Beute auf den Lofoten
oder in Finnmarken in besonderen Fettschmelzereien verarbeiten.
Falls die Fahrzeuge mit entsprechenden Einrichtungen versehen sind, um
rationell arbeiten zu können, ist das erstere Verfahren vorzuziehen; bei
den meist sehr primitiven Vorrichtungen der kleineren Boote, die über
freiem Feuer ausschmelzen müssen und den ausgeschmolzenen Tran nicht
richtig zu klären vermögen, können jedoch gute Produkte nicht erzielt
werden, und das Verarbeiten des Walspeckes in festen Stationen ist daher
für kleine Fahrzeuge das weitaus Bessere.

Die großen amerikanischen Walfischdampfer üben nach Stevenson[1])
folgendes Verfahren:

Die gefangenen Wale werden an der Seite des Schiffes befestigt
und durch Drehen des Fisches die Speckschicht vom Rumpfe geschnitten,
und zwar in spiralförmigen, 1,5 m breiten Streifen, die man gleichzeitig
durch Querschnitte in Stücke von 3 m Länge teilt. Von diesen ziemlich
massigen Stücken entfernt man die Muskeln und zerteilt sie nachher in
Stücke von $^1/_2$ m Länge und $^1/_6$ m Breite, um hierauf noch durch Handarbeit oder durch Maschinen eine weitere, möglichst feine Zerkleinerung
vorzunehmen.

Die Handzerkleinerung erfolgt durch Bearbeitung der Speckstücke auf
Bänken mittels eines Messers. Man schneidet die Stücke nicht vollständig
durch, sondern teilt sie nur so weit, daß sie noch lose zusammenhängend
bleiben. Durch Maschinenarbeit läßt sich diese sehr zweckmäßige Zer-
kleinerungsart nicht so regelmäßig durchführen, weshalb sie auch von den
Walfischfängern nur wenig angewendet wird.

Die kleineren, über keine Dampfanlage verfügenden Fahrzeuge schmelzen
den zerkleinerten Speck über freiem Feuer aus und benutzen dazu einen
Kessel, der 500—900 Liter faßt und in einem Herde eingemauert ist. Als
Feuerungsmaterial verwendet man Brennholz und die von früheren Operationen abgefallenen Fettgrieben. Die Masse muß während des Schmelzens
fortwährend durchgerührt werden, damit die Grieben nicht an den Wandungen
des Schmelzkessels anbrennen. Auch darf das Feuer nicht zu lebhaft sein,
weil sonst ein Überschäumen der geschmolzenen Masse eintritt, besonders dann, wenn durch irgendeine Unvorsichtigkeit etwas Wasser in den
Kessel geraten ist. Jedenfalls muß man so lange erwärmen, bis die ausgeschmolzenen Grieben resch sind. Ist dieser Punkt erreicht, so überläßt
man sie eine Zeitlang der Ruhe und zieht dann das ausgeschmolzene Fett

---

[1]) Seifensiederztg., Augsburg 1904, S. 557.

auf geeignete Weise ab. Die erhaltenen Schmelzrückstände sind ziemlich ölreich, werden daher ausgepreßt und erst dann als Feuerungsmaterial verwendet.

Die mit Dampfanlagen ausgerüsteten Fahrzeuge schmelzen den Speck in Digestoren aus und arbeiten ähnlich wie die Transchmelzereien des Festlandes, die vorerst das Fett bei verhältnismäßig niederer Temperatur ausschmelzen und dabei einen hellen und ziemlich geruchfreien Tran gewinnen, um dann die verbleibenden Schmelzrückstände noch in einem unter Druck stehenden Fettschmelzapparat (siehe Band I, S. 528) entweder für sich oder gemeinsam mit dem fetten Walfischfleisch auszuschmelzen, wobei ein Tran geringerer Qualität erhalten wird. Dieser Tran ist zumeist dunkel und riecht abscheulich, besonders dann, wenn das Fleisch schon teilweise in Fäulnis übergegangen war.

J. A. Mörch[1]) in Christiania hat zur Entfettung des Walfischfleisches ein Verfahren empfohlen, bei dem man das Fleisch auf 56°C erwärmt, es bei dieser Temperatur durch Zerreißmaschinen zerkleinert und sodann mit heißem Wasser behandelt, wobei das Fett ausschmilzt und sich an der Oberfläche des Kochbehälters sammelt.

Der Wert des Verfahrens ist darin zu suchen, daß das Ausschmelzen infolge der intensiven in der Wärme vorgenommenen Zerkleinerung der Fleischmasse bei niedrigerer Temperatur erfolgen kann als bei dem früheren, primitiveren Verfahren und dabei außerdem die Fettausbeute und die Fettqualität besser sind als ehedem.

Der Walfischtran wird vielfach nur geklärt, wobei sich Wasser und Fleischreste ausscheiden, deren Verbleib ein rasches Ranzigwerden des Tranes, unter gleichzeitiger Entwicklung von Fäulnisprodukten (unangenehmem Geruch), zur Folge haben würde.

In manchen Fällen wird der Waltran auch raffiniert, indem man ihn entstearinisiert, mitunter noch neutralisiert und bleicht.

Entstearinisieren.

Die Menge der im Waltran enthaltenen festen Glyzeride ist nicht sehr groß; man entfernt sie durch Abkühlen des Tranes und Abpressen oder Abfiltrieren des gekühlten Produktes. Dieses stellt eine salbenartige, noch ziemlich flüssige Masse dar, aus der man die festen Anteile durch Filtrieren oder Abtropfen auf Filterrahmen abtrennen kann. Der dabei erhaltene Rückstand ist natürlich kein wirklich fester Körper, sondern eine dicke, noch reichliche Mengen Öles enthaltende Masse, die man in Säcke packt und abpreßt. Der abfiltrierte und abgepreßte flüssige Teil des Waltrans stellt eine bei +2 bis +4°C erstarrende Flüssigkeit dar, die unter dem Namen Wintertran gehandelt wird.

Das als Preßrückstand verbleibende Produkt ist von weißer bis graugelber Farbe und kommt unter dem Namen „Fischtalg" in den Handel.

---

[1]) Norweg. Patent Nr. 14824 v. 3. Jan. 1905.

Bisweilen wird es nochmals erwärmt und langsam erkalten gelassen, wobei es kristallinisch erstarrt. Preßt man die so behandelte Masse wiederum ab, so erhält man ein Öl von etwas höher liegendem Erstarrungspunkte, welches Frühjahrstran heißt.

Der doppelt gepreßte Rückstand zeigt einen erhöhten Titer und ist daher für die Seifen- und Stearingewinnung höherwertig. Die Herstellung der doppelt gepreßten Ware erfolgt aber nur sehr selten.

Arbeits-
weise
in Finn-
marken.

Nach Mich. Winnem[1]), der eine eingehende Beschreibung des in Finnmarken üblichen Trangewinnungsverfahrens veröffentlichte, werden die zur Verarbeitung der Wale bestimmten Stationen während des Winters ohne jede Aufsicht gelassen und erst im März, wenn der bis August dauernde Walfischfang beginnt, für den Betrieb instand gesetzt. Viele Stationen arbeiten sehr unrationell und werfen das entfettete Fleisch sowie die Knochen der Wale fort. Die größeren Betriebe pflegen die von den Fischern heimgebrachten Tiere ihrer Speckschicht zu berauben, diese zu zerkleinern und mittels Dampf auszuschmelzen. Der zuerst ausfließende Tran ist von hellgelber Färbung, zeigt einen nur schwachen Fischgeruch und heißt „Waltran Nr. I", das unter hohem Dampfdruck ausgeschmolzene Produkt nennt man „Waltran Nr. II". Beide Produkte führen im Handel auch den Namen „Specktran" und werden häufig auf die bekannte Art in einen festen und einen kältebeständigen Anteil getrennt[2]).

Das ziemlich fetthaltige Walfleisch wird ebenfalls in fein zerkleinertem Zustande in Kochkesseln ausgeschmolzen. Diese bestehen aus horizontalen zylindrischen Eisengefäßen, worin das Fleisch auf drei übereinander liegenden Siebböden aufgeschichtet und nach Schließung des Mannloches 10—12 Stunden lang mit gespanntem Dampf erhitzt wird. Das Leimwasser und der Tran werden durch getrennte Rohrleitungen abgezogen und entsprechend weiter behandelt. Das gekochte Fleisch bringt man nun in Trockenöfen, wo es unter stetem Durchrühren eine vollständige Trocknung erfährt. Die Fleischstückchen werden hierauf auf einer Mühle fein gemahlen und dann als Dünger oder Futter verwertet.

In ähnlicher Weise wie das Fleisch werden auch die Knochen ausgekocht, um dann getrocknet und vermahlen zu werden.

---

[1]) Chem. Revue, 1901, S. 199.

[2]) Eigenartig ist das Verfahren von Peter Hagen in Hannover (D. R. P. Nr. 168132 v. 4. April 1905), der einen fettreichen Extrakt dadurch gewinnt, daß er die Fische nach Entfernung der Eingeweide reinigt und wäscht und mit der hundertfachen Menge Wassers kocht. Der wässerige Extrakt, der einige Prozent Fett enthält, wird durch ein Sieb laufen gelassen, worauf man Hammel- oder Rindertalg zusetzt, und zwar in einer Menge, daß auf 1% Fischfett 5% Talg kommen. Die beiden Fette vermischen sich natürlich und bilden nach dem Erkalten der Flüssigkeit einen obenauf schwimmenden, leicht abhebbaren Kuchen, der in entsprechender Weise weiter gereinigt wird.

Den aus dem Fleische und den Knochen gewonnenen Tran nennt man „Fleischtran"; er wird, je nach Qualität und Farbe, als „Waltran Nr. III" oder „Waltran Nr. IV" gehandelt. Diese Transorten enthalten oft bis zu 70 % freier Fettsäuren, die sich nach Winnem durch überhitzten Dampf zum größten Teil überdestillieren lassen sollen, wobei ein hellfarbiges, ziemlich geruchloses Destillat und ein dünnflüssiger Destillationsrückstand erhalten werden.

Eine Verwertung des Leimwassers, das sich beim Auskochen des Fleisches und der Knochen ergibt, findet in Finnmarken nicht statt.

Die Ausbeute des Waltranes an Fischtalg ist, je nach der Provenienz des Rohöles, verschieden. Nach Stevenson liefert

Tran vom südländischen Wal . . . 15 %
Tran vom grönländischen Wal . . . 8
Tran vom Finnfisch 12

Fischtalg.

Mitunter werden die Waltrane auch mittels Natronlauge[1]) raffiniert Raffinieren. oder durch Belichtung oder chemische Mittel gebleicht.

Wiederholt versuchte man auch das Geruchlosmachen der stets mehr oder weniger unangenehm riechenden Waltrane; in dieser Beziehung sei auf das in Band I, S. 682—690 Gesagte verwiesen; die Desodorisierungsmethoden halten aber weniger, als ihre Erfinder versprechen.

A. de Hemptinne[2]) will durch alkalische Glimmentladungen in einer Wasserstoffatmosphäre ein Geruchlosmachen von Fischölen erreichen. Der Wasserstoff soll dabei vom Öle chemisch gebunden werden und der spezifische Trangeruch allmählich verschwinden. Dabei soll sich gleichzeitig die Konsistenz des Tranes ändern, was offenbar auf eine Hydrogenisation der ungesättigten Säuren zurückzuführen ist.

Von Desodorisationsmethoden wäre noch das Verfahren von Rissmüller zu erwähnen, der den Tranen Lösungen von Bichromat und Kaliumpermanganat zusetzt und in die so erhaltenen Emulsionen Schwefel- oder Salzsäure einträgt. Der entwickelte Sauerstoff bzw. das gebildete Chlorgas sollen nicht nur ein Bleichen des Fettes, sondern auch ein Zerstören der Riechstoffe bewirken[3]).

Die Ausbeute, welche die Wale liefern, ist bei der sehr verschiedenen Größe der Tiere sehr schwankend. Ch. H. Stevenson hat auf Grund der Erfahrungen alter Walfischfänger eine Ausbeutetabelle zusammengestellt, wonach ergeben:

---

[1]) Die bei der Laugenraffination gebildete Seife riecht ziemlich unangenehm und wird in Kalifornien und Florida zum Waschen von Pflanzen, welche von Schmarotzerinsekten heimgesucht sind, zum Konservieren von Pelzwerk usw. gern benutzt.

[2]) D. R. P. Nr. 169410 v. 22. April 1905. — Siehe auch Band I, S. 705.

[3]) Bezüglich Trandesodorisierung siehe auch das Patent Cullmann, Band I, S. 635 und 689.

	Minimum	Maximum	Durchschnitt
	Barrels à 142 l Inhalt		
Grönländischer Wal	25	250	90
Südländischer Wal	25	150	75
Humpbackwal (Stiller Ozean)	10	110	42
Humpbackwal (Atlantischer Ozean)	10	100	40
Finnwal (Stiller Ozean)	10	70	35
Finnwal (Atlantischer Ozean)	20	60	38
Kalifornischer Wal	15	60	30

Eigenschaften.

Eigenschaften.

Die verschiedenen Waltransorten zeigen eine Dichte von 0,917 bis 0,931 (bei 15° C), einen Gehalt an freien Fettsäuren von 0,2 bis 50% und enthalten 1 bis 3,5% Unverseifbares.

Die Farbe des Waltrans hängt einesteils vom Alter des Speckes ab, andernteils aber auch von der Art seines Auskochens und von der Zeit, die zwischen dem Töten des Walfisches und dem Auskochen des Speckes liegt. Die Musterkarte der Waltrane reicht hinsichtlich Farbe von Hellgelb bis zum Dunkelbraun. Der grönländische Tran ist höherwertig als der Südwaltran, der Finnfischtran geringer als der Südwaltran.

Die Tranfettsäuren, deren Zusammensetzung noch nicht erforscht ist, schmelzen zwischen 14 und 27° C. Ihr fester Anteil besteht hauptsächlich aus Palmitinsäure. Flüchtige Fettsäuren sind in frisch bereitetem Waltran nicht zugegen. Die ungesättigten Fettsäuren der Waltrane oxydieren sich leicht, weshalb alte Tranproben größere Mengen von Oxyfettsäuren aufweisen (nach Fahrion 0,39—1,44%).

Verwendung.

Die Waltrane finden eine ähnliche Verwendung wie die übrigen Seetieröle; so vor allem in der Lederindustrie, zur Herstellung von Degras, als Schmier- und Beleuchtungsmittel, zum Einfetten der Jute und Hanffaser beim Verspinnen, zum Tempern von Stahl usw.

Seifenindustrie.

In der Seifenindustrie erfreuen sich die Trane nur eines geringen Ansehens, weil die aus diesen Produkten hergestellten Seifen einen unangenehmen Fischgeruch zeigen, den sie auch der damit gereinigten Wäsche mitteilen. Der Trangeruch ist so beharrlich, daß er kaum zu bannen ist; selbst desodorisierte Trane lassen bei ihrer Verseifung ihren ursprünglichen Trangeruch rasch wieder hervortreten (siehe Band I, S. 684). Durch reichlichen Harzzusatz bei der Verseifung läßt sich der üble Geruch wohl etwas abmildern, aber nicht vollständig decken.

Die Trane gehören zu den schwach bindenden Fetten; sie müssen bei ihrer Verseifung vorerst mit schwachen Laugen verleimt werden, und lassen sich erst dann mit starken Säuren verseifen.

Die flüssigen Trane würden ihrer sonstigen Eigenschaften halber ein gutes Material für Schmierseifen geben, die festen Fischtalge oder Fischfette könnten zu Riegelseifen verarbeitet werden.

Die unter dem Namen „Fischtalg" oder „Fischfett" in den Handel kommenden Produkte zeigen meist eine an Knochenfett erinnernde Farbe, besitzen entweder eine grießliche Struktur oder sind beinhart mit muschligem Bruche und haben einen mehr oder weniger scharfen Trangeruch. Diese Produkte sind meist stark verunreinigt und enthalten nicht selten $10^0/_0$ und darüber an Wasser und sonstigen bei $10,5^0$ C flüchtigen Substanzen, Leim, Unverseifbarem usw.

Für Seifensiederzwecke eignen sich diese Fischtalgsorten nicht gut, für Stearinfabriken sind sie jedoch verwendbar, obwohl auch nach stattgehabter Destillation der Fettsäure sich noch immer ein schwacher Trangeruch zeigt, der besonders auch die abgepreßten Ölsäuren etwas im Werte herabsetzt.

Zur Erzielung geruchfreier Fettsäuren aus Tran empfiehlt Gregor Sandberg die folgende Methode[1]):

Man bringt in einen mit einem Rührwerk versehenen Behälter ein bestimmtes Quantum Tran. Hierauf setzt man langsam unter fortwährendem Rühren und Abkühlen 20—25 $^0/_0$ Schwefelsäure vom spezifischen Gewichte 1,85 und sodann fein gemahlene salpetersaure Salze in einer Menge zu, daß die Quantität der freiwerdenden salpetrigen Säure $5^0/_0$ des Trangewichtes beträgt. Während der Reaktion wird das Gemisch einige Stunden lang unter kontinuierlichem Rühren auf einer Temperatur erhalten, die nicht höher als 40—50^0 C sein darf. Ist dieser Prozeß beendet, so wird das Fett zum Entfernen der Schwefel- und salpetrigen Säure sowie eines Teiles der gebundenen Amine sorgfältig mit Wasser gewaschen. Durch Behandlung mit direktem Wasserdampf werden in der gewaschenen Masse noch zurückgebliebene Salze entfernt, worauf das auf diese Weise entstehende konsistente Fett, welches vollständig geruchlos ist, durch Destillation oder andere entsprechende Vorgänge gereinigt wird.

Für die Methode Sandbergs ist in Rußland und Frankreich viel Propaganda gemacht worden; die damit erzielten Produkte erfüllen in qualitativer Hinsicht aber nicht ganz die Erwartungen. Mit dem Sandbergschen Verfahren stimmt das amerikanische Patent von M. Potolowsky[2]) überein.

Verarbeitung zu Fettsäuren.

Rückstände.

Das entfettete Walfischfleisch wird als Dünge- und als Futtermittel verwendet. Eine Probe von Walfischguano enthielt[3]):

$49,38^0/_0$ Rohprotein,

$19,08^0/_0$ Rohfett.

Rückstände

---

[1]) D. R. P. Nr. 162638 v. 30. Mai 1903.
[2]) Amer. Patent Nr. 823361 v. 12. Juni 1906.
[3]) Analysen-Rep. der landw.-chem. Versuchsstation Breslau, 1894/99.

Der entfettete Walfischspeck wird mitunter als Brennmaterial verwendet, teils der Leimfabrikation zugeführt. Für diese sind besonders jene Rückstände geeignet, welche sich bei dem Verfahren von C. Paul[1]) ergeben.

Produktions- und Handelsverhältnisse.

Produktion
und
Handel. Ursprünglich wurde Waltran nur gelegentlich gewonnen, weil man eine eigentliche Jagd auf den Walfisch nicht kannte, sondern nur jene Tiere zur Verfügung hatte, die sich an die Küste verirrten und leicht erlegt werden konnten. Erst als die Nachfrage nach Waltranen allmählich gewachsen war, wurde auch auf Wale in weiterer Entfernung von der Küste Jagd gemacht.

Heute kommen als Waltranproduzenten die Vereinigten Staaten, Norwegen, Rußland und Japan in Betracht.

Die gesamte Waltran- und Walölproduktion der Welt beläuft sich auf ungefähr 3 Millionen Gallonen (1 Gallone = 4,54 Liter), von welchem Quantum verbrauchen:

die Vereinigten Staaten . . .   750 000 Gallonen
Norwegen . . . .   900 000   „
Schottland, Rußland, Japan,
Neufundland und andere
Länder . . . .   1 350 000   „

Nord-
amerika. Über die Entwicklung und jetzige Bedeutung der nordamerikanischen Walfischjägerei berichtet Starbuck[2]). Nach ihm waren kurz vor Ausbruch des amerikanischen Revolutionskrieges im Atlantischen Ozean 183 amerikanische Schiffe mit der Jagd nach grönländischen Walen, in den brasilianischen und neufundländischen Gewässern 125 Fahrzeuge mit der Jagd nach Pottwalen (siehe S. 854) beschäftigt. Der Revolutionskrieg unterbrach dann den Walfischfang für längere Zeit, doch nahm dieser später derart zu, daß in den amerikanischen Gewässern im Jahre 1896 nicht weniger als

678 Schiffe und Barken,
35 Briggs und
22 Schoner,
im ganzen 735 Fahrzeuge

mit über 233 000 Tonnen Fassungsraum im Werte von über 21 Millionen Dollar sich mit dem Fange von Walen befaßten.

In den verschiedenen Industriezweigen, welche sich mit dem Walfischfang oder der Verarbeitung der gefangenen Wale beschäftigten, war im Jahre 1846 ein Kapital von über 40 Millionen Dollar angelegt und nicht weniger als 40 000 Personen wurden durch diesen Gewerbszweig beschäftigt.

---

[1]) D. R. P. Nr. 131 315. — Siehe auch Band I, S. 543.
[2]) Seifensiederztg., Augsburg 1904, S. 557.

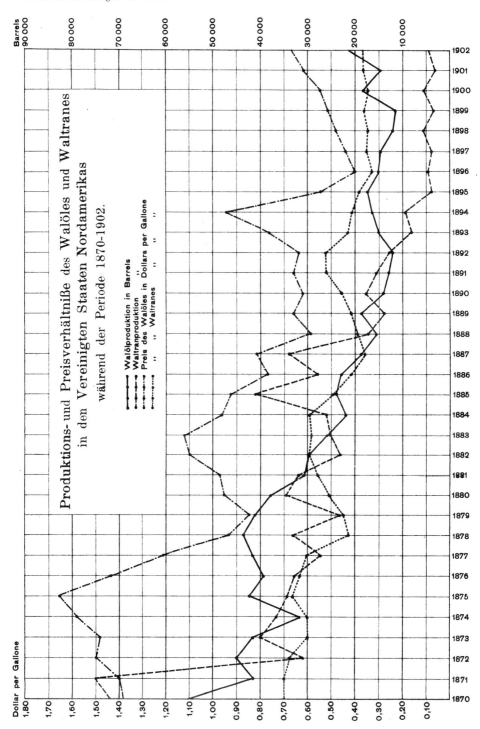

Produktions- und Preisverhältniße des Walöles und Waltranes in den Vereinigten Staaten Nordamerikas während der Periode 1870–1902.

In der Periode von 1840—1860 sollen jährlich durchschnittlich 8 Millionen Dollar Bruttogewinn aus dem Fange und der Verarbeitung der Walfische in Amerika erzielt worden sein. Der größte Nutzen wurde in den Jahren 1853 und 1854 erreicht, wo er fast 11 Millionen Dollar betrug.

Die Zahl der dem Walfischfang dienenden amerikanischen Fahrzeuge hat in den letzten Jahren sehr abgenommen, weil die kleineren Schiffe und Barken ausrangiert wurden und an ihre Stelle große, leistungsfähige Dampfer traten, deren Leistung die der vielen alten Fahrzeuge aufwiegt.

Über die Waltran- und Walölproduktion Amerikas in den Jahren 1862—1902 wie auch über die Preisschwankungen der Produkte innerhalb dieser Periode gibt Tafel XVII Aufschluß.

Die Walfischindustrie Norwegens ist ebenfalls bedeutend. Norwegen hat im Jahre 1904 infolge der lebhaften Agitation seiner Fischerei treibenden Bevölkerung den Fang von Walfischen an der norwegischen Küste verboten, womit auch der Betrieb der Fabriken für die Verarbeitung von Walfischprodukten aufhörte. Dieses Verbot entsprang dem Wunsche der Bewohner der Küste von Finnmarken und dem nördlichen Teile Norwegens, die trotz aller Aufklärung wissenschaftlicher Autoritäten nicht von der Meinung abzubringen sind, daß die Walfische die Dorschschwärme zur Küste treiben und daß mit der lebhaften Jagd nach Walfischen die Dorschschwärme ausgeblieben seien. Dieses Fangverbot haben sich andere Nationen sofort zunutze gemacht, welche die Walfischjagd jetzt ausgiebiger denn je betreiben.

Die norwegische Gesellschaft zur Walfischverwertung, welche ursprünglich in Finnmarken arbeitete, hat infolge des Fangverbotes nun auf offenem Meere schwimmende Stationen eingerichtet. Auf diese letzteren bringen geeignete Fahrzeuge die von den auf offener See arbeitenden Walfischfängern erlegten Tiere, welche hier von ihrem Speck und Fischbein befreit werden, während man den übrigen Körper einfach dem Meere preisgibt.

Mit Rücksicht auf den letzterwähnten Umstand ist die Arbeit der schwimmenden Stationen vom volkswirtschaftlichen Standpunkt aus nicht gutzuheißen und man sollte deshalb möglichst bald wieder zu der früheren Aufarbeitungsweise der stabilen Betriebe zurückkehren, wobei eine rationellere Verwertung des ganzen Walfischkörpers möglich ist.

Über den Umfang der russischen und japanischen Walfischindustrie liegen keine genauen Angaben vor.

Die statistischen Aufzeichnungen, die über die Ein- und Ausfuhr der verschiedenen Handelsprodukte in den einzelnen Industriestaaten vorhanden sind, machen zwischen den verschiedenen Fisch- und Lebertölen und Fischtranen keinen Unterschied, sondern sprechen zusammenfassend einfach von „Tran".

Deutschlands Im- und Export an Tran stellt sich wie folgt:

	Einfuhr	Ausfuhr
1899:	13613 Tonnen i. W. v. 5137000 Mk.	218 Tonnen i. W. v. 104 Mk.
1900:	15775 ,, ,, ,, ,, 5679000 ,,	255 ,, ,, ,, ,, 117 ,,
1901:	16603 ,, ,, ,, ,, 6173000 ,,	368 ,, ,, ,, ,, 173 ,,
1902:	19038 ,, ,, ,, ,, 7235000 ,,	395 ,, ,, ,, ,, 190 ,,

Österreich-Ungarn bezog und versandte:

	Einfuhr	Ausfuhr
1899:	4929 Tonnen i. W. v. 1316960 Kr.	62 Tonnen i. W. v. 37112 Kr.
1900:	5461 ,, ,, ,, ,, 1321200 ,,	120 ,, ,, ,, ,, 62608 ,,
1901:	9411 ,, ,, ,, ,, 2724718 ,,	197 ,, ,, ,, ,, 102492 ,,
1902:	5660 ,, ,, ,, ,, 2263680 ,,	126 ,, ,, ,, ,, 55758 ,,
1903:	5988 ,, ,, ,, ,, 2635460 ,,	133 ,, ,, ,, ,, 61138 ,,

Delphintran.

Grindtran. — Huile de dauphin. — Delphin Oil. — Blackfish Oil. —
Bottlenose Oil. — Olio di delfino. — Oleum Delphini.

Abstammung.

Herkunft.

Der Delphintran wird aus dem Speck des schwarzen Delphins
oder Grinds[1] (Delphinus globiceps Lam. = Globicephalus globiceps B. = Phocaena globiceps Cuv. = Phocaena melas Trail.)
gewonnen, einer der verbreitetsten Delphinarten, die wegen ihres genuß-
fähigen Fleisches und Speckes für die Isländer und für die Bewohner
der Orkneyinseln sehr wichtig ist.

Gewinnung, Eigenschaften und Verwendung.

Die Gewinnung des Delphintrans erfolgt auf dieselbe Weise wie bei
den anderen Transorten; ein Tier liefert, je nach Größe, $1/_6$ bis 4 Barrels Tran.

Eigen-
schaften.

Der Delphintran ist von gelber Farbe, besitzt eine Dichte von 0,9266
(bei 15° C) und scheidet beim Stehen in der Kälte Walrat (Palmitin-
säure-Cetyläther, siehe S. 888) aus. Der Delphintran ist ferner durch
seinen hohen Gehalt an flüchtigen Fettsäureglyzeriden (Valeriansäure-
triglyzerid) charakterisiert. Bull fand in dem Trane 14,3% einer
Säure mit einer Jodzahl von 285,5 und einer Verseifungszahl von 313,2.

Der aus dem sehr weichen Speck des Kopfes und der Kinnbacken
gewonnene Tran wird gewöhnlich getrennt gehalten. Er ist besonders

---

[1] Man gewinnt bisweilen auch aus dem Speck des gemeinen Delphins
(Delphinus delphis L.) und aus dem des Weiß- oder Belugawals (Delphin-
apterus leucas Pall.) Tran.

reich an flüchtigen Glyzeriden, hell von Farbe und zeigt einen nicht unangenehmen Geruch.

Der Delphintran kann (ebenso wie der folgend besprochene Meerschweintran) als Übergangsglied der tierischen Öle zu den Wachsarten betrachtet werden. Der Hauptsache nach aus Triglyzeriden bestehend, enthält er doch bemerkenswerte Mengen wachsähnlicher Verbindungen (Walrat).

Der Delphintran wird für die gleichen Zwecke verwendet wie andere Trane; das Kinnbacken- oder Kieferöl (Blackfish jaw oil) ist als Schmieröl für feine Mechanismen beliebt.

Meerschweintran. [1]

Braunfischtran. — Huile de Marsouin. — Porpoise Oil — Porpus Oil. — Olio di porco marina. — Oleum phocaenae.

Abstammung.

Der Braunfisch — auch Meerschwein genannt (Delphinus   Herkunft. phocaena L. = Phocaena communis Cuv.) — der sich im nördlichen Teile des Atlantischen Ozeans findet, besitzt ein sehr fettreiches Fleisch, das durch Auskochen den Meerschweintran liefert.

Gewinnung, Eigenschaften [2] und Verwendung.

Zwecks Gewinnung des Tranes wird das Fleisch des Fisches fein zerschnitten und auf die bekannte Weise ausgekocht. Dabei werden die Kinnbacken des Meerschweines von dem übrigen Fischkörper gesondert verarbeitet, weshalb man von einem Kinnbacken- und einem Körperöl spricht.

Die beiden Transorten sind hellgelb bis braun und besitzen nach Bull   Eigeneine Dichte von 0,9258 und einen Erstarrungspunkt von −16° C.   schaften.

In chemischer Beziehung stellt der Meerschweintran ein Übergangsglied zwischen den Tranen und flüssigen Wachsen dar, weil er bemerkenswerte Mengen an Unverseifbarem [3] (walratähnlichen Verbindungen) enthält, in dieser Beziehung also dem Delphintran ähnelt. Wie dieser enthält Meerschweintran auch einen außergewöhnlich großen Prozentsatz flüchtiger Fettsäureglyzeride (Valeriansäureglyzerid), woran besonders das Kinnbackenöl reich ist. Von anderen Fettsäuren sind in

---

[1] Der Name gibt manchmal Anlaß zu Mißverständnissen, indem man an das Fett von dem Meerschweinchen (Cavia), einem zur Familie der Halbhufer gehörigen Säugetiere, denkt.

[2] Siehe Steenbuch, Zeitschr. f. angew. Chemie, 1889, S. 64; Moore, Journ. Americ. Chem. Soc., 1899, S. 155; Henriques und Hansen, Skand. Archiv f. Physiol., 1900, S. 25.

[3] Bull fand in einem Köperöle des Meerschweines 3,7%, in einem Kieferöle (Kinnbackenöle) 16,4% Unverseifbares.

dem Trane Palmitin-, Stearin-, Öl- und Physetölsäure (?) nachgewiesen worden.

Das Kinnbackenöl ist bei 70° C in Alkohol löslich und kann mittels Alkohols aus einem Gemische mit Körperöl entzogen werden.

Dungongöl.

Huile de lamantin. — Dugong Oil. — Manatee Oil. — Olio di vacca marina.

Abstammung.

Herkunft. Die Seekühe oder Sirenen, eine zu den Waltieren zählende Familie der Seesäugetiere, liefern ebenfalls Trane; besonders der im Indischen Ozean vorkommende Dujong oder Dugung (Halicore australis und Halicore indicus) wird hie und da auf Tran verarbeitet.

Eigenschaften.

Eigenschaften. Das von Mann[1]) und von Liverseeges[2]) untersuchte Dungongöl besaß eine Dichte von 0,9203 bzw. 0,919 (bei 15,5° C) und enthielt neben 2,39% freier Fettsäuren 3,74% Unverseifbares.

Alligatorenöl.

Herkunft und Gewinnung. Dasselbe wird durch Auskochen des Fleisches des Alligators und diesem ähnlicher Tiere gewonnen.

Die Alligatoren von Madagaskar sollen ein festeres und glyzerinreicheres Fett geben als die übrigen; es wird unter dem Namen „Jacaré" gehandelt. Das entfettete Fleisch gibt einen vorzüglichen Dünger; es wird zu diesem Zwecke von den Eingeborenen gedörrt und kann als knochenhartes Material, in Säcke verpackt, überallhin versandt werden. Vor dem Gebrauche läßt man dieses gedörrte Fleisch 24 Stunden wässern und weich werden und schüttet es dann mit dem nicht allzu lieblich duftenden Wasser auf die zu düngenden Felder.

Auf den Alligator wird seiner Haut wegen, die sich in ungegerbtem Zustande vorzüglich zur Herstellung von Luxusartikeln eignet, in unsinniger Weise Jagd gemacht. Um dem Ausrotten des Tieres vorzubeugen, hat man kürzlich eine Art Schonzeit für den Alligator in Vorschlag gebracht, und man will auch darauf achten, daß die Tiere nicht ihrer Haut entledigt und die Körper nutzlos verderben gelassen, sondern daß Leder, Fett und Dünger gleichzeitig aus dem Alligator gewonnen werden. Die Fettgewinnung soll die materiell wichtigste sein.

---

[1]) Journ. Soc. Chem. Ind., 1903, S. 1357.
[2]) Analyst, 1904, S. 211.

Schildkrötenöl.

Huile de tortue. — Turtle Oil. — Olio di tartaruga.

Herkunft.

Dieses auf Jamaika und auf den Seychellen gewonnene Öl ist nach den Angaben von J. H. Brooks das Körperfett der grünen oder Riesenschildkröte (Chelonia Mydas) sowie einer auf Jamaika vorkommenden Schildkrötenart (Chelonia Cahouana), doch liegen auch Nachrichten vor, wonach Schildkrötenöl aus den Eiern der Padocnenus exparsa gewonnen wird, also ein Eieröl darstellen würde. Herkunft.

Eigenschaften.

Das Schildkrötenöl ist von gelblicher Farbe, salbenartiger, feinkörniger Beschaffenheit, fast geruch- und geschmacklos. Zdarek[1]) fand bei dem Körperfette der Schildkrötenart Thalassochelys corticata eine Dichte von 0,9198 (bei 15° C), einen Erstarrungspunkt von 10° C und einen Schmelzpunkt von 23,27°. Die aus dem Öle abgeschiedenen Fettsäuren schmolzen bei 30,2° C und erstarrten bei 28,2° C. Eigenschaften.

Verwendung.

Das Schildkrötenöl soll einen ziemlich vollwertigen Ersatz für Lebertran bilden. Verwendung.

B) Öle der Landtiere.

Die Öle der Landtiere unterscheiden sich, wie schon Seite 713 bemerkt, von den Seetierölen durch ihre niedrige Jodzahl, durch die bei ihnen sehr glatt verlaufende Elaidinreaktion und die Eigenschaft, aus der Luft keinen Sauerstoff zu absorbieren. Sie können daher mit den nicht trocknenden Ölen des Pflanzenreichs in eine Reihe gestellt werden, von denen sie sich aber durch die Phytosterinacetatprobe leicht unterscheiden lassen.

Talgöl.

Huile de suif. — Tallow Oil.

Herkunft und Gewinnung.

Das Talgöl besteht aus den flüssigen Glyzeriden der verschiedenen Talgarten (hauptsächlich des Rindstalges) und wird nach zwei Methoden gewonnen: durch einfaches Kaltpressen des kristallinischen erstarrten Talges oder durch die sogenannte Benzinmethode. Herkunft.

[1]) Zeitschr. f. physiol. Chemie, 1903, S. 460.

Ein Abpressen des kristallinisch erstarrten Talges unter hydraulischen Pressen wird auch bei der Gewinnung von Oleomargarin (siehe Band III) geübt; die laue Temperatur, bei welcher dabei gearbeitet wird, bewirkt aber keine allzu scharfe Absonderung der festen Glyzeride, es bleibt im Gegenteil ein beträchtlicher Anteil davon in dem abgepreßten Oleomargarin gelöst. Behufs Herstellung von sogenanntem Talgöl, von dem man einen tiefer liegenden Erstarrungspunkt verlangt als von dem Oleomargarin, muß man bei niederer Temperatur arbeiten, doch darf diese nicht zu tief sinken, weil sonst der Talg in der Masse vollständig erstarrt und eine Trennung der Ölsäureglyzeride von dem übrigen festen Fette durch Druck nicht mehr möglich ist.

Das Benzinverfahren wird derart ausgeführt, daß man Talg schmilzt, die Schmelze langsam auf 20—25° C erkalten läßt und bei dieser Temperatur 10 % Benzin oder Petroläther zumischt. Der erhaltene Brei kommt in flache Blechwannen, wo er erstarrt; die Kuchen werden in Tücher geschlagen und hierauf unter hydraulischen Pressen bei mäßigem Drucke ausgepreßt. Aus der abfließenden Fettlösung wird das Benzin in geeigneten Destillationsapparaten verflüchtigt, wobei Talgöl in der Blase zurückbleibt.

Schließlich scheidet sich Talgöl bei sehr langsamem Erstarren von geschmolzenem Talg auch von selbst aus (Austranen des Talges, siehe S. 695 des I. Bandes).

Die bei der Talgölgewinnung übrig bleibenden festen Glyzeride — Talgstearin, Preßtalg, Preßlinge usw. genannt — finden Verwendung in der Stearin- und Seifenindustrie.

Je nach der Art des zur Talgölgewinnung verwendeten Rohmaterials spricht man von Rinds-, Hammel- und Ziegentalgöl.

Eigenschaften.

Die Talgöle stellen weiße bis gelbe, bei gewöhnlicher Temperatur flüssige, bisweilen wohl auch breiige Produkte dar, die den charakteristischen Geruch ihres Rohmaterials (der betreffenden Talgsorten) zeigen. Sie dürfen nicht mit der einen großen Handelsartikel bildenden Ölsäure (Elain, fälschlich auch Olein genannt) verwechselt werden, denn sie stellen ein Gemenge von Triglyzeriden dar, worin die Säuren der Ölsäurereihe vorherrschen.

Verwendung.

Die Talgöle finden in der Seifenfabrikation, in der Lederindustrie usw. Verwendung: das Öl wird aber nur in ganz bescheidenem Umfange hergestellt und besitzt daher nur untergeordnete Bedeutung.

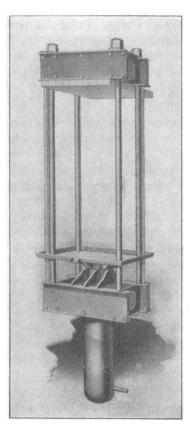

Fig. 146. Lardöl-Presse.

Schmalzöl. [1])

Speck öl. — Huile de lard. — Huile
de graisse. — Lard Oil. — Olio
di lardo.

Herkunft und Gewinnung.

Das Schmalzöl ist der flüssige An- *Herkunft.*
teil des Schweinefettes und wird durch
Abpressen des vorher langsam abgekühlten Fettes gewonnen.

Die Herstellung von Schmalzöl er- *Gewinnung.*
folgt in Amerika in großem Maßstabe,
weil viele Partien des in enormen Mengen
erzeugten Schweinefettes zu weich sind,
um in ihrer ursprünglichen Konsistenz
in den Handel gebracht werden zu können.
Durch langsames Abkühlen des geschmolzenen Schweinefettes auf eine wenige Grade unter seinem Schmelzpunkte
liegende Temperatur wird ein kristallinisches Erstarren der festen Glyzeride
des Fettes bewirkt, die breiige Masse
sodann in Preßtücher eingeschlagen und
auf hydraulischen Pressen abgepreßt.
Letztere haben die in Fig. 146 dargestellte Form und werden mittels Zwischenplatten (siehe Bd. I, Seite 297 unter
„Marseillerpresse") beschickt.

Je nach der Temperatur, bei der das Erstarren des Fettes vor sich
gegangen ist, nach der Wärme des Preßraumes, der Höhe des beim Auspressen angewandten Druckes und der Beschaffenheit des verarbeiteten
Schweinefettes erzielt man eine Ausbeute von 40—60 % Schmalzöl.

Eigenschaften.

Das Schmalzöl ist eine farblose, klare, angenehm schmeckende Flüssig- *Eigen-*
keit, die, je nach der Herstellungsart, schon bei 10—12 °C fest wird *schaften.*
oder aber ein Abkühlen unter den Nullpunkt verträgt, ohne fest zu werden
oder auch nur Kristalle fester Glyzeride auszuscheiden. Sein spezifisches
Gewicht liegt bei 0,916 (bei 15 °C) [2]).

---

[1]) In einigen Gegenden Deutschlands versteht man unter Schmalzöl ein speisefähig gemachtes „Rüböl".

[2]) Siehe Schweitzer und Lungwitz, Zeitschr. f. angew. Chemie, 1895,
S. 300; Duyk, Bull. d'Ass. Belge de Chim., 1902, S. 18.

Das Schmalzöl besteht vornehmlich aus Olein; Palmitin und Stearin sind nur in untergeordnetem Verhältnisse vorhanden. Tolman und Munson[1]) fanden 18,9—26,6 % fester Fettsäuren. Der Gehalt des Schmalzöles an freien Fettsäuren bewegt sich meist unter 1 %.

Verwendung.

Ver-
wendung.

Das Schmalzöl wird als Speise-, Brenn- und Schmieröl, in der Seifenfabrikation, Wollindustrie und zu anderen technischen Zwecken benutzt.

Als Speiseöl wird es nicht für sich, sondern im Gemisch mit Olivenöl verwendet; auch wird es vielfach mit Oleomargarin zu Kunstbutter verarbeitet.

Für Brennzwecke stellt sich das Schmalzöl etwas zu teuer und wird daher nur zum Aufbessern minder guter Brennöle gebraucht.

Als Schmieröl ist das Lardöl in Amerika sehr beliebt; es erinnert in seiner Schmierwirkung an das Knochenöl, ohne dessen hohen Preis zu haben.

Zu Seifen werden nur die schlechten, ranzig gewordenen oder sonstwie verdorbenen Schmalzöle versotten.

Die Wollindustrie liebt in dem Schmalzöle ein nicht harzendes, leicht auswaschbares und ausgiebiges Spicköl.

In der Kosmetik wird das Lardöl zur Herstellung von Pomaden verwertet.

Rückstände.

Rückstände.

Das bei der Schmalzölgewinnung als Preßrückstand verbleibende Schmalz- oder Solarstearin, eine aus Tripalmitin und Tristearin bestehende feste Masse, wird größtenteils mit Schweinefett vermischt, um dessen Schmelzpunkt zu erhöhen. Geringerwertiges Solarstearin wird zu Stearin und Seifen verarbeitet.

Knochenöl. [2])

Herkunft und Gewinnung.

Herkunft.

Unter diesem Namen versteht man den flüssigen Anteil des in den Knochen unserer Säugetiere enthaltenen Fettes.

Gewinnung.

Um Knochenöl zu gewinnen, kann man auf zweierlei Weise verfahren: Man entfettet die Knochen entweder auf eine Art, welche vornehmlich auf die Ausbringung der flüssigen Fettanteile Bedacht nimmt, die

---

[1]) Journ. Americ. Chem. Soc., 1903, S. 966.
[2]) Von dem festen Knochenöle muß das durch trockene Destillation der Knochen erhaltene Produkt, welches ebenfalls als Knochen- oder Tieröl (Hirschhornöl, Oleum animale foetidum, Oleum Cornu Cervi) in den Handel kommt, ein Gemisch von Kohlenwasserstoffverbindungen darstellt und in der Pharmazie eine gewisse Rolle spielt, unterschieden werden.

festeren Fette aber zum Teile in dem Material beläßt, oder man sondert das aus den Knochen auf gewöhnliche Weise erhaltene Knochenfett nachträglich in einen festen und einen flüssigen Teil.

Bei der direkten Gewinnung des Knochenöles aus den Knochen ist die Verwendung von ganz frischem Rohmaterial und eine sorgfältige Überwachung seiner Verarbeitung notwendig, wenn man gute Produkte erhalten will. Die Knochen sollen sofort nach der Schlachtung ausgelöst, gewaschen, zerkleinert und weiter verarbeitet werden. Ein solches unmittelbares Aufarbeiten ist aber nur in jenen Betrieben möglich, die direkt an Großschlächtereien angegliedert sind. Viele Knochenölfabriken können auf vollkommen frisches Rohmaterial nicht rechnen, müssen aber doch dahin arbeiten, die Knochen wenigstens kurze Zeit nach der Schlachtung abgeliefert zu erhalten.

Nach der Ansicht einiger Fachleute sollen die zur Knochenölherstellung verwendeten Knochen und Klauen sofort nach der Auslösung in Kufen mit kaltem Wasser gebracht und dieses öfter erneuert werden, damit nicht ihr Faulen eintrete. Das Einwässern der Knochen hat seinen großen Vorteil, doch darf diese Art der Lagerung nur ganz kurze Zeit dauern; läßt man die Knochen mehrere Tage unter Wasser, so erleidet das Fett zweifellos eine teilweise Hydrolyse. *Auf-bewahrung,*

Ist man gezwungen, die Knochen vor der Verarbeitung zu Knochenöl längere Zeit einzulagern, so empfiehlt sich die Trockenlagerung, wobei die Knochen kurz nach Tötung des Tieres in Trockenräume gebracht werden. Die Trocknung entfernt die in den Knochen enthaltene Feuchtigkeit und konserviert dadurch das Fett. Man soll aber nur im äußersten Notfalle Knochen lange Zeit lagern lassen und stets alles aufbieten, um sie möglichst rasch zur Verarbeitung zu bringen.

Letztere beginnt mit der Entfernung der dem Material anhaftenden Blut- und Fleischteilchen. Die Knochen kommen zu diesem Zwecke in Waschmaschinen, deren Konstruktion den in Band I, S. 495 beschriebenen Apparaten gleicht. Infolge der durch die rotierende Bewegung der Waschvorrichtung und das dadurch bedingte Rollen des Materials entstehenden gegenseitigen Reibung werden die lose anhaftenden Fleisch- und Sehnenteilchen von den Knochen losgelöst und von dem durchfließenden Wasser weggeschwemmt. *Waschen,*

Die gereinigten Knochen werden dann auf Kreissägen zerkleinert, um dem in den Röhrenknochen enthaltenen Fett (Knochenmark) leichteren Austritt zu verschaffen. *Zerkleinern,*

Bei der Sägearbeit bietet sich auch Gelegenheit, die an den Knochen etwa noch haftenden Sehnen durch Handarbeit zu entfernen.

Die durchgesägten Knochen kommen jetzt in einen Kessel, der mit kaltem Wasser gefüllt ist und eine Dampfschlange zum Anwärmen des letzteren enthält. Man erwärmt dann bis zum Siedepunkt und regelt die *Auskochen der Knochen.*

Dampfzufuhr derart, daß der Kesselinhalt unausgesetzt leicht kocht. Dieses Kochen läßt man, je nach der Art der verarbeiteten Knochen, 3—12 Stunden andauern; bei Schienbeinknochen genügen schon 3—5 Stunden. Nach gegebener Zeit wird die Dampfzufuhr eingestellt und der Kesselinhalt ruhen gelassen, wobei sich das ausgeschmolzene Öl auf der Oberfläche sammelt und mittels flacher Handabschäumer abgenommen wird.

Das unterhalb der Fettschicht sich befindende Leimwasser wird gesammelt und der Leim- oder Gelatinefabrikation zugeführt, die Knochen selbst werden entsprechend weiter verarbeitet.

Klären des Knochenöles. Das abgeschäumte Öl ist ziemlich wasserhaltig und bedarf einer gründlichen Klärung und Entwässerung, bevor es als marktfähig gelten kann. Der größte Teil des in dem frisch bereiteten Knochenöle enthaltenen Wassers wird durch Absetzen in Wasserbädern, unter Zugabe von etwas Kochsalz, entfernt; die letzten Spuren des Leimwassers können aber nur durch Erhitzen des Öles auf 105° C beseitigt werden. Man erwärmt das Öl zu diesem Zwecke durch ungefähr 15 Minuten auf die genannte Temperatur und läßt dann nochmals 24 Stunden lang abstehen. Dabei resultiert ein vollkommen klares, wasserfreies und daher haltbares Knochenöl, das bei Verwendung von frischem Rohmaterial als erstklassig gelten muß.

Weiteres Entfetten der Knochen. Ein weniger gutes, aber immerhin noch sehr brauchbares Produkt gewinnt man dadurch, daß man nach dem Abschäumen des beim ersten Aufkochen aus den Knochen entfernten Öles den Kesselinhalt ein zweites Mal sehr heftig, aber nur kurze Zeit aufkochen läßt. Dadurch werden jene Fettmengen, die bei gelindem Sieden von den Knochen nicht abgegeben wurden, ausgetrieben und können nach entsprechendem Abstehenlassen des Kesselinhaltes abgeschöpft und auf die gleiche Weise entwässert werden wie das erstgewonnene Öl.

Diesem zweiten Aufkochen folgt mitunter auch noch eine dritte Entfettungsprozedur, weil die Knochen (besonders die zur Klauenölgewinnung verwendeten Gelenks- oder eigentlichen Fußknochen) in der sie nach dem Kochen umgebenden gelatinösen Substanz noch Öl enthalten. Die Gelatinesubstanz wird von den Knochen dadurch entfernt, daß man diese nach Abziehen des Leimwassers in einen Apparat bringt, der der Waschmaschine nachgebildet ist und in dem infolge der gegenseitigen Reibung der Knochen die gelatinartige Masse von den Knochen abgelöst wird. Man sammelt das Waschwasser, in dem sich die Leimsubstanz jetzt befindet, kocht es durch 20 oder mehr Stunden mittels indirekten Dampfes und gewinnt so das in diesen Schichten enthaltene Fett, welches allerdings einen geringeren Wert besitzt als das aus den Knochen direkt ausgeschmolzene Öl[1].

Knochenöl aus Knochenfett. Bei der Gewinnung von Knochenöl aus Knochenfett verfährt man ähnlich wie bei der Talg- oder Lardölgewinnung aus Talg oder Schweine-

[1] Vergleiche Oil and Colourmans Journ., 1905, S. 1734.

fett. Wir verdanken Hartl[1]) eine ausführliche Beschreibung dieses Verfahrens, auf die hier nur verwiesen sei.

Die Knochenöle werden auf die verschiedenartigste Weise gereinigt, gebleicht und neutralisiert (siehe Band I, S. 645—682 und Abschnitt „Klauenöl" auf S. 771 dieses Bandes).

Eigenschaften.

Das Knochenöl bildet eine geruchlose, gelbliche, bei gewöhnlicher Temperatur trübe, mehr salbenartige als flüssige Masse, die sich durch große Beständigkeit auszeichnet. Gut entwässertes, reines Knochenöl wird, der Luft ausgesetzt, nur sehr langsam ranzig. Durch Abfiltrieren des vorher abgekühlten Knochenöles läßt sich ein kältebeständigeres Öl herstellen. Eigenschaften.

Verwendung.

Das Knochenöl wird zum Schmieren feiner Mechanismen (Uhren, Nähmaschinen usw.), zum Einfetten von Maschinenteilen, deren Rosten man vermeiden will, und zur Geschmeidighaltung feiner Lederwaren verwendet. Sehr häufig wird es mit Klauenöl vermischt oder von vornherein als Klauenöl verkauft. Verwendung.

Klauenöl.

Herkunft.

In den Klauen der Wiederkäuer und Huftiere findet sich ein flüssiges Fett vor, das gewerbsmäßig gewonnen wird und im Handel den Namen Klauenöl führt. Je nach der Tiergattung, von welcher das Rohmaterial (die Klauen) stammt, spricht man von: Herkunft.

Rinderklauenöl (Ochsenklauenöl, Huile de pieds de boeuf, Neatsfoot oil, Olio di piede di bove, Oleum pedum tauri), das aus den Rinderfüßen gewonnen,

Pferdefußöl (Huile de pieds de cheval, Horses foot oil, Olio di piede di cavallo, Oleum pedum equorum), das aus Pferdefüßen dargestellt, und von

Hammelklauenöl (Schafpfotenöl, Huile de pieds de mouton, Sheeps foot oil, Olio di piede di montone, Oleum pedum ovis), das durch Auskochen der Schafpfoten erhalten wird.

---

[1]) Chem. Revue, 1905, S. 214. — Die Hartlsche Beschreibung ist übrigens in chemischer Beziehung nicht korrekt, weil dem Bleichen des vorher neutralisierten Knochenfettes eine Entfernung der beim Neutralisationsprozesse gebildeten Seife vorhergehen muß. Bleicht man, wie Hartl angibt, mit Kaliumbichromat und Salzsäure, ohne aus dem neutralisierten Fette die Seife abgesondert zu haben, so wird diese durch die Salzsäure zum Teil gespalten und der Erfolg des Neutralisationsprozesses aufgehoben.

Gewinnung.

Die Herstellung des Klauenöles kann auf trockenem oder nassem Wege erfolgen. Bei dem trockenen Verfahren, das sehr feine Öle liefert, aber hinsichtlich Ausbeute wenig befriedigt, werden die von den Hufen befreiten Füße in einem Gefäße der Sonnenwärme ausgesetzt, wobei ein Teil des in den Klauen enthaltenen Öles ausschmilzt. Dieses Öl enthält weniger Stearin als das beim nassen Verfahren (Wasserschmelze) gewonnene.

Die Wasserschmelze lehnt sich ganz und gar an die im Abschnitte „Knochenöl" (S. 767/68) beschriebene Arbeitsweise an. Die Schienbeine, welche man neben den eigentlichen Klauen ebenfalls zur Klauenölgewinnung heranzieht, werden getrennt gehalten und gesondert ausgeschmolzen, weil die geöffneten Röhrenknochen (Schienbeine) ihr Fett leichter abgeben als die Klauen und außerdem die entfetteten Rückstände beider Rohmaterialien einen verschiedenen Wert haben.

Das bei der Beschreibung der Knochenölgewinnung erwähnte Entfetten der sich beim Kochen ausscheidenden Gelatinesubstanz ist bei der Klauenölgewinnung sehr wichtig; die auf diese Weise erhaltene Ölmenge beträgt ca. 15 % der Gesamtausbeute. Dieses Öl ist von gelber bis dunkelroter Farbe, riecht nicht so angenehm wie reines, erstklassiges Klauenöl und enthält mehr freie Fettsäuren als dieses.

Bei der Gewinnung von Schafpfotenöl verfährt man nach Chateau [1]) in Frankreich folgendermaßen [2]):

Das zuerst erfolgende Abbrühen der Hammelfüße verfolgt den Zweck, die Haare und anhängenden Verunreinigungen zu entfernen. Es wird ausgeführt, indem die Füße in Kufen mit Wasser, das durch Dampf auf 75—80° C erwärmt ist, ungefähr 20 Minuten eingetaucht werden. Früher nahm man das Abbrühen in Kesseln vor, die auf freiem Feuer standen; die Hammelfüße wurden dann, in einen Weidenkorb gepackt, hineingebracht.

Nach der neueren Methode Artus & Co. wird diese Operation in durch Dampf erwärmten Bottichen ausgeführt; auch ist die Einrichtung getroffen, daß der Arbeiter jeden Augenblick, je nach Bedarf, warmes und kaltes Wasser sowie Dampf zulassen und so die Temperatur leicht regeln kann.

Die ehemaligen Weidenkörbe sind durch Körbe von durchlochtem, galvanisiertem Eisenblech ersetzt. Das Aufheben und Entleeren dieser Körbe wird durch Winden bewerkstelligt. Bemerkt der Arbeiter, daß sich die Wolle loslöst, so zieht er die Körbe aus dem Kessel und entleert deren Inhalt auf kleine Wagen aus verzinntem Eisenblech. Mit Hilfe der letzteren bringt er die Füße in einen anderen Arbeitsraum, wo sie abgekocht und die Hufe entfernt werden. Dies geschieht durch Frauen, die

---

[1]) Moniteur scientifique, Bd. 10, S. 801.
[2]) Hefter, Seifensiederztg., Augsburg 1900, S. 367.

mit der Zeit eine außerordentliche Fertigkeit und Sicherheit der Hand erlangen. Es handelt sich hier nur darum, die Wolle zu entfernen, ohne dabei die Füße zu verletzen. Sind diese so abgekratzt und die Hufe ent- Auskochen. fernt, so kommen sie in Bottiche, um ausgekocht zu werden, wobei sich der größte Teil des Fettes ausscheidet. Die verwendeten Bottiche fassen 18 Füße, die durch Schnüre zusammengebunden sind.

Ebenso wie das Abbrühen nahm man früher auch das Auskochen im Kessel über freiem Feuer vor und die Füße wurden in ein Gefäß mit kaltem Wasser geworfen, gleichgültig, ob sie zu stark oder zu wenig gekocht waren.

Nach dem verbesserten Verfahren kommen die Bündel in Körbe aus galvanisiertem, perforiertem Eisenblech, welch letztere in die durch Dampf geheizten Kessel eingesetzt werden. Jede Abkochung währt ca. 3 Stunden, und zwar kommen in dem Pariser Schlachthause stets 100—125 Bündel à 18 Pfoten auf einmal zur Abkochung.

Das Öl, das beim Abkochen auf die Oberfläche steigt, wird vorsichtig abgeschöpft und in die Absetzreservoire gebracht; diese befinden sich in einem Raume von ca. 20° R Wärme. Das Absetzen und Klären des Fettes ist noch ein heikler Teil dieser Fabrikation.

Zur Reinigung der Klauenöle werden die verschiedenen in Band I, Reinigen
des Öles. S. 634—698 beschriebenen Methoden verwendet. Besonders beliebt ist eine Behandlung mit Tannin, wodurch man eine Fällung der leimartigen Substanz bewirken will. Es werden dabei 10 kg Klauenöl bis zur Hälfte seines Gewichtes mit 90% Alkohol vermischt, 10 kg Tannin zugesetzt und das Gemenge durch 8 Tage alltäglich wiederholt durchgeschüttelt. Hierauf läßt man einige Stunden gut abstehen, zieht den oben schwimmenden Alkohol ab und wäscht das Öl nochmals mit ca. 2 kg 90%igen Alkohols durch, um es dann 6 Wochen lang an einem dunklen Orte abstehen zu lassen und zu filtrieren[1].

Die Ausbeute ist sehr verschieden; sie hängt von der Rasse der Hammel Ausbeute. ab und davon, ob diese vor ihrer Abschlachtung eine weite Reise zu machen hatten. So geben z. B. die Hammel aus Afrika trotz ihrer starken und schönen Füße nur eine sehr schlechte Ölausbeute, weil durch die langen Märsche dieser Tiere eine Aufzehrung ihres Fettes stattfindet, und zwar in erster Linie des in den Füßen enthaltenen Fettes.

Ein Ertrag von 2 Litern Öl aus 100 Hammelfüßen ist das Normale; eine recht spärliche Ausbeute also, die den hohen Preis des Hammel- klauenöles erklärlich erscheinen läßt.

Eigenschaften.

Das Rinderfuß- oder Ochsenklauenöl ist ein hellgelbes, geruch- Rinderfußöl. loses Öl von süßlichem, mildem Geschmacke und erstarrt zwischen 0—10° C.

---

[1] The Oil and Colourmans Journ.: The Manufacture of neatsfoot oil in the United States, 1905, S. 1734.

Stearinreichere Sorten scheiden beim Stehen größere oder geringere Mengen fester Glyzeride aus.

Coste und Shelbourn[1]) haben als durchschnittliche Dichte verschiedener Proben von Rinderfußöl 0,9164, als Azidität 0,75 (berechnet auf Ölsäure) ermittelt. Das Unverseifbare (0,12—0,65%) der Rinderfußöle besteht nach Holde und Stange[2]) der Hauptsache nach aus Cholesterin. Die Fettsäuren der Rinderfußöle setzen sich vornehmlich aus Ölsäure (80%) zusammen, den Rest der Säuren bilden Stearin- und Palmitinsäure, von welch beiden die letztere überwiegt.

Coste und E. J. Parry[3]) geben für die Fettsäuren des Ochsenklauenöles einen Schmelzpunkt von 28—30° C an, was mit den von Allen, Wilson und Lewkowitsch gefundenen Werten übereinstimmt[4]).

Bei der Belichtung von Rinderklauenöl verwandelt sich wahrscheinlich die Ölsäure in Stearolakton, und diese Laktonbildung mag auch die Ursache sein, daß Klauenöl beim Lagern eine so geringe Zunahme der Azidität zeigt.

Vielfach werden unter dem Namen „Rinderklauenöl" Produkte angeboten, die nicht aus den Klauen und Schienbeinen der Rinder, sondern von Pferden, Schweinen, Schafen und anderen Tieren stammen. Diese Öle werten geringer als das eigentliche Rinderklauenöl, weil sie mehr oder weniger zum Verharzen neigen und daher nicht so gute Schmieröle darstellen wie reines Rinderklauenöl. Sehr häufig wird das Rinderklauenöl verfälscht, meist mit vegetabilischen und mit Fischölen.

Pferdefußöl. Pferdefußöl ist ein in seinem Aussehen, seiner Zusammensetzung und seinen Eigenschaften dem Rinderklauenöl sehr ähnliches Produkt; es zeigt eine Dichte von 0,9202—0,927 (bei 15° C) und seine Fettsäuren erstarren bei 27,1—28,6° C. Lewkowitsch berichtet, daß Proben von Pferdefußöl, die im Laboratorium hergestellt worden waren, auch nach dem Filtrieren die ehemals für Seetieröle als charakteristisch angesehene Farbenreaktion (siehe S. 714) gaben.

Pferdefußöl wird fast nie unter diesem Namen gehandelt, sondern mit Rinderklauenöl gemischt auf den Markt gebracht. Nicht verwechselt werden darf mit dem Pferdefußöl das sogenannte „Pferdeöl", das man mitunter aus dem Pferdefett auf gleiche Weise abscheidet wie Schmalzöl aus Schweinefett[5]).

Schaf-pfotenöl. Schafpfoten- oder Hammelklauenöl ähnelt dem Rinderklauen- oder Pferdefußöle; es hat eine Dichte von 0,9175 (bei 15° C) und erstarrt bei 0 bis 1,5 C, während seine Fettsäuren einen Erstarrungspunkt von + 20 bis 21° C zeigen.

[1]) Zeitschr. f. Untersuchung der Nahrungs- und Genußmittel, 1904, Nr. 1.
[2]) Mitteilungen der Kgl. technischen Versuchsanstalten, Berlin 1900, S. 255.
[3]) Journ. Soc. Chem. Ind., 1898, S. 4.
[4]) Siehe auch A. H. Hill und A. W. Rowe, Soap Gazette and Perfumer, 1906, S. 19.
[5]) Lewkowitsch, Chem. Technologie und Analyse der Öle, Fette und Wachse, Braunschweig 1905, 2. Bd., S. 263.

Verwendung.

Die Klauenöle werden in der Lederindustrie (zum Einfetten der Ver-
wendung. feineren Sorten von Fellen und Häuten) und zu Schmierzwecken verwendet. Als Schmieröl leistet das Klauenöl Hervorragendes und ist besonders für Feinmechanismen (Uhren, Präzisionsmaschinen usw.) zu empfehlen. Es verharzt absolut nicht, zeigt eine große Schmierfähigkeit und greift die bewegenden Metallteile nicht an.

Produktionsverhältnisse.

Klauenöle werden besonders in Nordamerika (vornehmlich Rinder- Produktion. fußöle) und in Frankreich (hauptsächlich Schafpfotenöle) gewonnen. Mit der Herstellung dieser Ölsorten befassen sich zumeist die Großschlächtereien.

Stinktieröl.

Dieses Öl stammt von einem zur Gattung der Wiesel gehörigen Tiere Stinktieröl. (Mephitis varians); das Tier wird mitunter auch Polkatze genannt, obwohl dieser Name eigentlich der englischen Abart Putorius foetidus zukommt.

Das Stinktieröl ist von gelber Farbe, mildem Geschmacke, riecht wenig oder gar nicht und scheidet beim Stehen einen Niederschlag von Stearin aus. Das spezifische Gewicht des Fettes liegt zwischen 0,912 und 0,923. Seine Azidität schwankt zwischen 1 % und 15 %.

Pinguinenöl.

Die Aucklandinseln und die Insel Marquarie an der Westküste Tas- Pinguinen-
öl. maniens weisen einen enormen Reichtum an Pinguinen auf. Diese Vögel werden dort seit einigen Jahren massenhaft abgeschossen, und ihr Fett wird gewonnen [1].

Heuschreckenöl.

Wird durch Extraktion der getrockneten Heuschrecken erhalten Heu-
schreckenöl. und soll harte, weiße, gut schäumende Seifen liefern. Der Rückstand bildet mit seinem Stickstoffgehalte von 12 % ein wertvolles Düngemittel. 1 Tonne Heuschrecken soll 830 kg Dünger und 160 kg einer fettigen Masse (Heuschreckenöl) liefern, durch deren Verseifung man ca. 300 kg Seife erhält.

Maikäferöl. [2]

In Ungarn sollen diese Käfer in Jahren großer Maikäferplage in Maikäferöl Säcken gesammelt und auf einigen Bauernhöfen in heißem Wasser aus-

---

[1] Seifensiederztg., Augsburg 1905, S. 703.
[2] Wiener landw. Ztg., 1881, S. 242. — Bornemann, Die fetten Öle, Weimar 1889, S. 286.

gekocht werden, wobei ein dickes, salbenartiges Öl erhalten wird. Auch ein Ausschmelzen der Käfer in tönernen Töpfen über freiem Feuer soll gebräuchlich sein.

Das Maikäferöl soll in Ungarn zur Herstellung von Wagenschmiere verwendet werden.

Ameisenöl.[1]

Bei der früheren Art der Herstellung von Ameisensäure aus Ameisen ergab sich ein Nebenprodukt, durch dessen intensives Auspressen man ein rötlichbraunes, unangenehm riechendes Öl erhielt, dem aber keinerlei praktische Bedeutung zukam.

Chrysalidenöl.
Seidenspinnerpuppenöl.

Dieses Öl wird durch Extrahieren der Seidenspinnerpuppen erhalten, deren Fettgehalt nach Lewkowitsch ungefähr 27 % beträgt. Das klare, dunkelgelbe Öl scheidet beim Stehen reichliche Mengen kristallinischer Warzen ab, besitzt eine Dichte von 0,9105 (bei 40° C) und enthält ungefähr 12 % freier Fettsäuren[2]. Das Chrysalidenöl wird hie und da auch im großen gewonnen; es ist dann dunkelbraun, zeigt einen an Fischöl erinnernden Geruch und kann in der Seifenindustrie Verwendung finden. Es läßt sich durch Fullererde ziemlich gut bleichen.

Eieröl.
Huile de jaunes d'oeufs. — Egg Oil. — Olio di uova. — Oleum ovorum.

Herkunft.

Eieröl findet sich in dem Dotter der Eier unserer Vögel vor und kann daraus durch Auspressen oder durch Extraktion gewonnen werden.

Der Eidotter bildet eine zähe, dickflüssige, schleimige Masse von gelber bis orangener Färbung, die fast keinen Geruch zeigt und milde schmeckt. Die in dem Eidotter enthaltenen Stoffe erscheinen teils gelöst, teils nur suspendiert, die ganze Mischung reagiert schwach alkalisch und bildet mit Wasser eine weiße Emulsion.

Der Eidotter, welcher zur Ernährung des Embryos bestimmt ist, besteht nach Hoxley wahrscheinlich aus:

15,8 Teilen Vitellin (Gemenge aus Albumin und Kasein),
1,5   „   Nuklein (schwefel- und phosphorhaltiges Proteid),

---

[1] Bornemann, Die fetten Öle, Weimar 1889, S. 286.
[2] Lewkowitsch, Zeitschr. f. Untersuchung der Nahrungs- und Genußmittel, 1906, S. 659.

20,3 Teilen Fett,
  0,4   „   Cholesterin,
  1,2   „   Glyzerin-Phosphorsäure,
  7,2   „   Lecithin,
  0,3   „   Cerebrin,
  0,5   „   Farbstoff (Luteine),
  1,0   „   Salze,
51,8   „   Wasser.

Den Fettgehalt der Hühnereierdotter bestimmte Kitt[1]) bei Anwendung von Äther als Extraktionsmittel zu 19 %, Ulzer fand bei der Extraktion mit Benzin 26 %. Jean[2]) erhielt beim Extrahieren gekochter Eierdotter weit höhere Werte, nämlich:

mittels Petroläthers . . . . 48,24 %
  „   Schweföläthers 50,83
  „   Schwefelkohlenstoffes . . . 50,45
  „   Tetrachlorkohlenstoffes . . . 50,30
  „   Chloroforms . . . . 57,66.

Bei der Extraktion der Eidotter gehen auch große Mengen von Nichtfetten in Lösung, woraus sich die abweichenden Resultate erklären; eine Probe Eidotter, bei der drei Lösungsmittel hintereinander angewendet wurden, ergab bei Petroläther 27,23 %, bei der darauffolgenden Behandlung mit Äther 1,05 und bei Chloroform 1,37 % Öl.

Der Fettgehalt der Eidotter scheint übrigens starken Schwankungen unterworfen zu sein, denn Paladino und Toso[3]) fanden beim einfachen Auspressen gekochter Eidotter 25—35 % Eieröl, also mehr, als Kitt und Ulzer zu extrahieren vermochten.

Gewinnung.

Lichtenberg empfiehlt, eine größere Anzahl Dotter von Hühner- oder Enteneiern in einem mit Dampf geheizten zinnernen Kessel zu erwärmen, bis sich durch Fingerdruck ein Öl aus der Masse absondert. Ist dieser Moment erreicht, so füllt man die krümlige Masse in Preßbeutel, bringt diese zwischen erwärmte Preßplatten und preßt sie langsam aus. Das ausgepreßte Öl filtriert man auf die gewöhnliche Weise.

Bisweilen wird Eieröl auch als Nebenprodukt bei der Albuminfabrikation gewonnen und man wendet dabei meist die Extraktionsmethode an, weil sie bessere Ausbeuten liefert.

Gewinnung.

---

[1]) Chem. Ztg., 1897, S. 303.
[2]) Zeitschr. f. Untersuchung der Nahrungs- und Genußmittel, 1904, S. 232.
[3]) Journ. de Pharm. et de Chim., 1896, S. 247.

Eigenschaften.

Das Eieröl ist bei gewöhnlicher Temperatur butterartig und von durchscheinender, schmutziggelber Farbe. Das gepreßte Öl ist etwas heller als das extrahierte, das eine mehr orangegelbe Farbe zeigt.

Das Eieröl besitzt nach Kitt eine Dichte von 0,9144 (bei 15° C), erstarrt nach Paladino und Toso zwischen 8 und 10° C und schmilzt zwischen 22 und 25° C.

Die ausgeschiedenen Fettsäuren des Eieröles zeigen einen Schmelzpunkt von 34,5—39° C und bestehen nach Kodweins und Gobley aus Ölsäure, Palmitin- und Stearinsäure. Nebenher enthält das Eieröl auch Cholesterin und Lecithin, wahrscheinlich auch eine hydroxylierte Säure. Ebenso sind flüchtige Fettsäuren vorhanden, die übrigens schon Berzelius vermutete, aber erst Gobley nachwies. Kitt gibt für die durch Verseifen des Eieröles und nachherige Säurezersetzung der Seifenmasse erhaltene Menge von Fettsäuren und Unverseifbarem folgende Zusammensetzung an:

Ölsäure . . . . 81,8 %
Palmitinsäure 9,6
Stearinsäure 0,6
Oxyfettsäuren 6,4
Cholesterin 1,6

L. Liebermann[1]) nahm die Zusammensetzung der Fettsäuren des Eieröles wie folgt an:

Ölsäure . . . . 40,00 %
Palmitinsäure 38,04
Stearinsäure . . . . 15,21.

Das aus angebrüteten Eiern erhaltene Öl war reicher an freien Fettsäuren als das aus frischen Eiern.

Das aus Enteneiern gewonnene Öl ist von dunklerer Färbung als das aus Hühnereiern stammende[2]).

Die Farbe des Eieröles rührt von einem in die Gruppe der Lipochrome gehörigen Farbstoffe her.

Verwendung.

Das Eieröl wird nur in ganz beschränkten Mengen gewonnen und daher ist auch seine Verwendung nicht sehr vielseitig. Nach Lichtenberg benutzt man es in der feinen Sämischgerberei an Stelle von Baumöl. Auch wird es in der Pharmazie und Kosmetik zur Herstellung von Salben gegen aufgesprungene Haut, gegen Brand- und Frostschäden u. a. gebraucht.

---

[1]) Über das Öl der Straußeier, welches Villon untersuchte, siehe Seifenfabrikant, 1888, S. 124.

[2]) Chem. Ztg. Rep., 1888, S. 131.

Viertes Kapitel.

Die animalischen Fette.

Von den im Tierreiche vorkommenden Fetten sind nur die der Warmblütler bei gewöhnlicher Temperatur fest. Wie in Band I, S. 19 ausgeführt wurde, befinden sich die Fette im lebenden Tierkörper in flüssigem Zustande; die Schmelztemperatur der Tierfette liegt daher stets unterhalb der Körperwärme des betreffenden Tieres, die Kaltblütler können also keine bei gewöhnlicher Temperatur festen Fette liefern.

Über die Zusammensetzung der animalischen Fette haben sich die Ansichten in den letzten Jahren geändert. Früher nahm man an, daß in diesen Fetten von den ungesättigten Säuren ausschließlich Ölsäure enthalten sei, während durch die Untersuchungen von Fahrion, Kurbatoff und Farnsteiner erwiesen wurde, daß sich in einigen Tierfetten auch Fettsäuren von weniger gesättigten Reihen, vornehmlich Linolsäure (wenn auch nur in kleinen Mengen) vorfinden.

Lewkowitsch teilt die animalischen Fette sogar in trocknende, halbtrocknende und nichttrocknende und zählt zu der ersten Gruppe das Fett der Eisbären, zur zweiten das Pferde-, Hasen- und Kaninchenfett und zur letzten alle übrigen festen Fette des Tierreiches.

Die Lebensweise und das Futter der Tiere beeinflussen die Zusammensetzung ihres Körperfettes beträchtlich. So ist das Fett der Haustiere ärmer an flüssigen Fettsäureglyzeriden als das ihrer wild lebenden Verwandten, Tiere, die mit Ölkuchen ernährt wurden, geben weichere Fette als solche, denen diese ölreiche Nahrung nicht gereicht wurde.

Butter.

Naturbutter. — Kuhbutter. — Beurre. — Butter. — Burro.

Herkunft.

Unter Butter versteht man das erstarrte, aus der Milch abgeschiedene Fett, dem einige Prozente süßer oder saurer Magermilch in gleichmäßiger, feinster Verteilung beigemischt sind.

Nach einer anderen Definition begreift man unter Butter die ausschließlich aus Milch (der Kühe, Schafe, Ziegen oder Büffel) oder Rahm durch zweckmäßige mechanische Operationen (Buttern) erhaltene Fettsubstanz, welche durch Auswaschen und Auspressen von der anhaftenden Buttermilch so weit als möglich befreit wurde. Keinesfalls darf unter „Butter" ein reines, von Beimengungen freies Fett verstanden werden; das eigentliche Fett der Butter wird vielmehr als „Butterfett" bezeichnet.

Die genaue Umschreibung des Begriffes „Butter" ist wegen der in den meisten Staaten bestehenden Gesetze[1]), die den Verkehr mit Butter bzw. deren Surrogaten regeln, von besonderer Wichtigkeit.

Die im Handel vorkommende Butter unterscheidet man in[2]):

1. Streichbutter; diese enthält einige Prozente Milch und in einigen Gegenden auch Kochsalz.

2. Kochbutter; eine geringere Sorte Butter, die durch längeres Lagern an Güte etwas eingebüßt hat.

3. Pack- oder Faktoreibutter; wird durch Mischen verschiedener Buttersorten hergestellt und bildet eine Exportware, der man nicht selten durch Zugabe von Borax, Alaun, ja selbst Wasserglas eine bessere Bindung und größere Haltbarkeit zu geben versucht.

4. Butterschmalz (Schmelzbutter, Rindschmalz) ist das durch Umschmelzen der Butter bei möglichst niedriger Temperatur erhaltene, von Wasser und Eiweißstoffen ziemlich freie Butterfett, welches infolge der Entfernung des Wassers und der Eiweißstoffe weit haltbarer ist als normale Butter. Beim Umschmelzen geht aber das Aroma der Naturbutter verloren.

5. Proceß- oder Renovatedbutter ist eine aufgefrischte Butter, die man durch Behandlung ranziger, alter Butter, durch Durchblasen mit Luft oder Behandeln mit Lösungen von doppelt kohlensaurem Natron und darauffolgendes Verbuttern mit Wasser und Magermilch hergestellt hat[3]).

6. Kunst- oder Margarinbutter ist ein durch Vermischen von Oleomargarin mit Milch und Wasser und Verbutterung der erhaltenen Emulsion hergestelltes Surrogat für Naturbutter[4]).

---

[1]) Über die gesetzlichen Bestimmungen hinsichtlich des Verkehrs mit Buttersurrogaten, Kunstspeisefetten usw. siehe Band III, Kapitel „Speiseöle und Speisefette".

[2]) Vergleiche Benedikt-Ulzer, Analyse der Fette und Öle, 4. Aufl., Berlin 1903, S. 775.

[3]) Näheres über die Herstellung der Renovated Butter siehe Band III, Kapitel „Speiseöle und Speisefette".

[4]) Krebsbutter, Sardellenbutter und alle ähnliche Namen führenden Fette bestehen aus Natur- oder Kunstbutter bzw. Oleomargarin, die mit den betreffenden geschmackgebenden Stoffen (geröstete Krebsschalen, Sardellen usw.) vermischt (abgetrieben) wurde.

Geschichte.

Die Butter dürfte zu den am längsten bekannten Fetten gehören. Mußten doch die Nomadenvölker, die auf ihren Reisen Milch in Schläuchen mitführten, das sich von selbst ausscheidende Milchfett kennen lernen. Die Bibel erwähnt die Butter im 18. Kapitel der Genesis, wo Abraham den drei Engeln, die ihm die Geburt des Sohnes verheißen, unter anderem Butter und Milch aufträgt. Später sagt der Prophet Jesaias (Kapitel 7) vom Sohne Davids, daß er „Butter und Honig essen werde", und weiterhin: „... und wird so viel zu melken haben, daß er Butter essen wird."

Die heiligen Bücher der Inder, die Veden, welche etwa 1500 Jahre vor unserer Zeitrechnung entstanden sind, sprechen auch bereits von der Benutzung der Butter bei gewissen religiösen Zeremonien. Es hat danach den Anschein, daß schon das Urvolk der Arier die wichtigsten Zubereitungen der Milch gekannt hat. Die Anwendung der Butter bei den Opfern scheint sich aber nach dem Westen nicht verbreitet zu haben, denn Homer, Euripides, Theokrit und die anderen griechischen Dichter sprechen zwar oft von Milch und Käse, aber nie von Butter, und auch bei Aristoteles, der in seiner „Geschichte der Tiere" verschiedene mit Milch und Käse in Zusammenhang stehende Dinge erwähnt, sagt kein Wort über die Butter[1]).

Dagegen erwähnt Solon in seinen Schriften ein eigenartiges, durch Umrühren der Milch entstandenes Fett, und Hecatäus berichtet von dem Milchfette als von einem von den Päonern am Strymon gebrauchten Einsalbungsfette für die Haut. Weiter spricht Anaxandrides von butteressenden Männern; Herodot beschreibt die von den Skythen geübte Buttergewinnung aus Pferdemilch, und ebenso wissen Hippokrates und Dioskorides von Butter zu erzählen.

Die Römer scheinen die Butter erst von den Germanen kennen gelernt zu haben. Plinius sagt von ihr, daß sie eine der köstlichsten Speisen der Barbaren sei. Bei den Römern und Spaniern diente die Butter anfänglich nicht als Nahrungsmittel, sondern als Arznei bei der Wundbehandlung. In den ersten Jahrhunderten unserer Zeitrechnung wurde Butter nach den Berichten von Clemens von Alexandria vielfach in den Altarlampen gebrannt, welche Sitte sich in Abessinien noch heute erhalten hat.

Wertvolle Aufzeichnungen über die Geschichte der Butter verdanken wir dem Holländer Martin Schookius, der im Jahre 1641 darüber eine Abhandlung herausgab. Sein Werk beginnt mit einer sprachlichen Untersuchung, in der alle griechischen, lateinischen und deutschen Namen der Butter zusammengestellt werden und ihre Entstehung sorgsam erörtert wird. Dann erzählt er von den Skythen und der bei ihnen üblichen Art der Butterbereitung. Weiterhin beschreibt er andere Arten der Herstellung, die zur Färbung der Butter angewandten Mittel usw. Er bestätigt den

---

[1]) Organ für den Öl- und Fetthandel, 1905, S. 290.

Gebrauch der Butter zur Heilung von Wunden und Geschwüren in Spanien und empfiehlt dieses Fett außerdem als Zahnputzmittel. Er schließt mit der sonderbaren Behauptung, daß es ohne die Industrie der Holländer, die er als „Butterbauern" bezeichnet, selbst in Indien keine Butter geben würde[1].

Ein äußerst verdienstvolles Werk über die Geschichte der Butter und der zur Entfettung der Milch, also zur Buttergewinnung gebrauchten Apparate verdanken wir Martiny[2]; in diesem „Kirne und Girbe" betitelten Buche ist die geschichtliche Entwicklung der Form und Einrichtung unseres Butterfasses und der modernen Entrahmungsmaschinen eingehend klargelegt.

Rohprodukt.

Die Milch — das Rohprodukt der Butter — ist ein Absonderungsprodukt der Milchdrüsen weiblicher Säugetiere, über dessen Bildung im Tierkörper die Meinungen noch nicht geklärt sind.

In frischem Zustande bildet die Milch eine mehr oder weniger undurchsichtige, gelbliche oder bläuliche Flüssigkeit von eigentümlichem Geruche und mildem, süßlichem Geschmacke und besteht aus Wasser, Eiweißstoffen, Fett, Milchzucker und verschiedenen Salzen.

Zusammensetzung der Milch. Die prozentuale chemische Zusammensetzung der Milch weicht nicht nur bei den verschiedenen Tiergattungen ab, sondern schwankt auch innerhalb derselben Art nicht unbeträchtlich. Es spielen dabei das Alter der Tiere, ihr Geschlechtsleben, ihre Individualität und Rasse, das verabreichte Futter, ihre Pflege, ihre Körperbewegung sowie die Temperatur- und Witterungsverhältnisse wichtige Rollen. Selbst die von demselben Tiere innerhalb eines Tages gelieferte Milch zeigt bei den einzelnen Fraktionen wesentliche Schwankungen in ihrer Zusammensetzung, auf welch letztere sogar die Art des Melkens einen Einfluß übt[3].

Die für die Butterbereitung wichtigste Milchsorte, die Kuhmilch[4], zeigt eine Dichte von 1,029 bis 1,033 (bei 15° C) und enthält nach Fleischmann:

---

[1] Kölnische Volksztg., 1905, Nr. 152.
[2] Martiny, Kirne und Girbe, Berlin 1895.
[3] Kreuzweises Melken der Zitzen gibt mehr und fettreichere Milch als einseitiges Melken, die Morgenmilch ist gehaltsärmer als die Mittags- und Abendmilch, die bei jedesmaligem Melken zuerst kommende Milch ist fettärmer als die zuletzt kommende usw.
[4] Von den vielen über Milch und Milchwirtschaft handelnden Büchern seien erwähnt: Fleischmann, Lehrbuch der Milchwirtschaft, Bremen 1901, S. 49; A. Rauber, Über den Ursprung der Milch, Leipzig 1879; W. Kirchner, Handbuch der Milchwirtschaft, Berlin 1881; F. Söldner, Die Salze der Milch, Dissertation, Erlangen 1888; F. Stohmann, Milch- und Molkereiprodukte, Braunschweig 1898; H. Scholl, Die Milch, ihre häufigeren Zersetzungen und Verfälschungen, Wiesbaden 1901; W. Fleischmann, Das Molkereiwesen, Braunschweig 1879; C. D. Jensen, Grundriß der Milchkunde und Milchhygiene, Stuttgart 1903; R. W. Raudnitz und K. Basch, Chemie und Physiologie der Milch, Bern und Straßburg 1903; E. Duclaux, Le lait, 1887.

	Mittel	Maximum	Minimum
Wasser	87,75 %	89,50 %	87,50 %
Fett	3,40	4,30	2,70
Stickstoffsubstanz .	3,50	4,00	3,00
Milchzucker . . .	4,60	5,50	3,60
Salze	0,75	0,90	0,60.

Ziegenmilch, die etwas gelblicher ist als Kuhmilch und sich von dieser auch durch ihren Geruch unterscheidet, hat eine Dichte von 1,0280 bis 1,0360 und enthält[1]):

	Mittel	Maximum	Minimum
Wasser	86,88 %	90,16 %	82,02 %
Fett	4,08	7,55	2,24
Stickstoffsubstanz .	3,76	7,50	3,32
Milchzucker . . .	4,64	5,72	2,80
Salze	0,85	1,36	0,36

Die fett- und albuminreiche Schafmilch, welche ein spezifisches Gewicht von 1,0298 bis 1,0385 aufweist, besteht aus:

	Mittel	Maximum	Minimum
Wasser	80,82 %	87,02 %	74,47 %
Fett	6,86	9,80	2,81
Stickstoffsubstanz .	6,52	7,46	4,42
Milchzucker . . .	4,91	7,95	2,76
Salze	0,89	1,72	0,13.

Die Eiweißsubstanzen der Milch bestehen hauptsächlich aus Kasein; Albumin ist nur in relativ geringer Menge vorhanden. J. König nennt als durchschnittlichen Kaseingehalt der Kuhmilch 2,88 %, als ihren mittleren Albumingehalt 0,51 %.

Eiweiß-
gehalt der
Milch.

Das in der Milch in Form mikroskopisch kleiner Tröpfchen enthaltene Fett wird S. 788 näher besprochen. Nach Schellenberger soll ein Liter Kuhmilch 1944—6308 Milliarden, nach Soxhlet sogar 691—2291 Billionen Fettröpfchen enthalten.

Milchfett.

Über den Bau der Fettkügelchen der Milch herrschten bis von wenigen Dezennien irrige Meinungen. Man nahm an, daß die Fettkügelchen von einer äußerst zarten, unsichtbaren Kaseinhülle (Haptogenmembran) umgeben seien, und begründete diese Ansicht folgendermaßen:

Um aus Milch Butter abzuscheiden, bedarf es eines längere Zeit andauernden Schlagens der Milch, ein Beweis, daß man die feste Kaseinhülle zum Platzen bringen müsse, bevor ein Zusammenballen der Fettkügelchen möglich ist. Weiter sei es unmöglich, der Milch durch Äther Fett zu

---

[1]) König, Chemie der Nahrungs- und Genußmittel, 4. Aufl., Berlin 1904, Bd. 2, S. 655.

entziehen, es gelinge dies erst dann, wenn man die Kaseinmembranen
durch Alkalien oder Säuren vorher löse. Babcock nahm an Stelle der
Kaseinhülle gar eine Hülle aus einem „Fibrin" genannten Stoffe an.

Diese von Wöhler, Mitscherlich, Hoppe-Seyler, Fleischmann und anderen vertretene Ansicht ist durch Soxhlet, Bouchardat,
Quevenne, Baumhauer u. a. widerlegt worden. Soxhlet[1]) zeigte, daß
keine Emulsion an Äther Fett abgibt, und bewies dies experimentell an
künstlichen Emulsionen von Alkalialbuminaten mit Öl und Fett, welch
letzteres erst dann in Äther löslich wurde, wenn man den Emulsions-
zustand früher zerstörte. Man glaubte nun daher, daß um die Fettkörperchen der Milch eine durch molekulare Attraktion gebildete Schicht einer
Kaseinlösung oder einer dichteren Flüssigkeit gelagert sei.

Interessant ist die Beobachtung, daß die Fettkügelchen der Milch
beim Abkühlen der letzteren auf Temperaturen, die unter dem Erstarrungspunkte des Milchfettes liegen, flüssig bleiben, sich also im Zustande der
„Unterkältung" (siehe Band I, Seite 87) befinden. Beim Butterungsprozeß werden die runden, flüssigen Fettkügelchen allmählich fest und
verlieren dabei ihre runde Gestalt; der Butterungsprozeß wird daher nach
den neueren Forschungen lediglich als eine Überführung der flüssigen,
unterkühlten Fettkörperchen in den festen Zustand angesehen. (Vergleiche Seite 785).

Milch-
zucker.   Der Milchzucker (Laktose $= C_{12}H_{22}O_{11} + H_2O$) bleibt beim Gerinnen der Milch durch Lab in den süßen Molken zurück. In den sauren
Molken ist ein Teil des Milchzuckers in Milchsäure übergeführt. Der Milchzucker wird aus süßer Molke im großen gewonnen, und zwar durch Eindampfen der Molke und Auskristallisierenlassen der eingeengten Flüssigkeit.

Milchzucker kann durch sogenannte Milchsäurefermente in die Milchsäuregärung, durch einige Schizomyceten in die Alkoholgärung
übergehen. Als Gärungserreger, die das Sauerwerden der Milch hervorrufen,
werden von H. Schall 10 Bakterien beschrieben; neben diesen können
auch Hefearten (Sproßpilze) die Milchsäuregärung einleiten[2]).

Ist die Milchsäuregärung der Milch bis zu einem gewissen Grade
vorgeschritten, also eine gewisse Menge Milchsäure vorhanden, so tritt
leicht — besonders bei Temperaturen zwischen 30 und 35° C — eine
Buttersäuregärung hinzu.

Salze.   Die in der Milch enthaltenen Salze bestehen aus Verbindungen des
Kaliums, Natriums, Calciums, Magnesiums und Eisens mit
Phosphorsäure, Salz- und Schwefelsäure.

Frische Milch, die eben vom Euter kommt, enthält auch geringe
Mengen freier Kohlensäure, Stickstoff und Sauerstoff gelöst. Sie

---

[1]) Landw. Versuchsstationen, 1876, Bd. 19, S. 118.
[2]) Grotenfeld hat eine solche Hefenart isoliert, und zwar Saccharomyces
acidi lactici (Fortschritte der Medizin, 1889, S. 121).

reagiert gleichzeitig sauer und basisch (sie ist amphoter), was sich durch die gleichzeitige Anwesenheit von primären (sauer reagierenden) und sekundären (alkalisch reagierenden) Alkaliphosphaten erklärt. Beim Erwärmen der Milch auf über 50° C bildet sich auf der Oberfläche eine hauptsächlich aus geronnenem Kasein bestehende Haut. Beim Kochen färbt sich die Milch gelblich und nimmt einen charakteristischen Geschmack an.

Beim Stehen an der Luft scheidet sich die Milch in eine oben schwimmende, aus den in ihr enthaltenen mikroskopisch kleinen Fettkügelchen bestehende dickere Flüssigkeit (Rahm, Sahne, Obers) und in eine untere, fettarme, bläulich gefärbte (entrahmte Milch, Magermilch)[1]. Wird letztere noch weiter mit der Luft in Berührung gelassen, so tritt eine Scheidung der Magermilch in einen festen und einen flüssigen Anteil ein, welche Gerinnung auf die Wirkung der aus dem Milchzucker durch Bakterien gebildeten Milchsäure zurückzuführen ist. Der bei der freiwilligen Gerinnung der Milch ausgeschiedene feste Anteil besteht aus Käsestoff (Kasein, Topfen, Quark), die fett- und eiweißstoffarme Flüssigkeit enthält Milchzucker, Milchsäure sowie Salze und heißt „saure Molke" oder Buttermilch.

Nicht mehr ganz frische, aber doch ungeronnene Milch, die sich im Aussehen von frischer Milch gar nicht unterscheidet, zeigt die Eigenschaft, beim Aufkochen oder auch schon bei mäßiger Erwärmung zu gerinnen (zusammenzulaufen), wogegen frische, amphoter reagierende Milch beim Kochen nicht gerinnen darf. Ein Gerinnen der frischen, amphoter reagierenden Milch kann aber durch Kälberlab oder Lab (Schleimhaut des vierten Magens des Kalbes) leicht herbeigeführt werden; die dabei entstehende Molke schmeckt süß (süße Molke) und zeigt dieselbe Reaktion wie die Frischmilch.

Kühlt man Milch bis zum Gefrierpunkte ab, so findet eine Entmischung statt; der größte Teil erstarrt, während ein kleiner, an Trockensubstanz reicherer Anteil flüssig bleibt.

Auf die verschiedenen Fehler der Milch (blaue, rote, gelbe, blutige, sandige, salzige, bittere, schleimige, käsige, seifige Milch usw.) sowie auf die in der Milch mitunter vorhandenen pathogenen Bakterien kann hier nicht eingegangen werden.

Gewinnung.

Butter wird erhalten, indem man den beim Stehenlassen von Milch sich absondernden Rahm (Sahne, Obers) heftigen mechanischen Bewegungen (Schlagwirkungen) aussetzt, wodurch die Emulsion zerstört wird und

Marginal notes: Veränderungen der Milch. — Butterungsprozeß.

---

[1] Dem Entrahmen der Milch hat man durch besondere Verfahren vorzubeugen versucht; diese sogenannte „homogenisierte Milch" wird durch Zerstäuben der Milchfettkügelchen unter einem Drucke von 250 Atmosphären und Pasteurisieren der dabei erhaltenen Daueremulsion hergestellt.

die mikroskopisch kleinen Fettkörperchen sich vereinigen, um sich endlich in Form von Klümpchen aus der Flüssigkeit abzusondern.

Wird frischer (süßer) Rahm zur Butterbereitung verwendet, so spricht man von Süßrahmbutter, stammt die Butter aus Rahm, der durch 2—3 tägiges Stehen sauer geworden ist, so heißt sie Sauerrahmbutter. Süßrahmbutter ist wohlschmeckender und haltbarer als Butter aus saurem Rahm, doch wird bei letzterem bessere Ausbeute erzielt.

Man kann auch aus Frischmilch direkt Butter erzeugen, doch bedarf man dazu besonderer Apparate (Butterextraktoren von Johanson, Butterseparatoren von de Laval, Radiatoren von Galenius usw.); so gewonnene Butter enthält aber mehr Buttermilch und Wasser als die auf gewöhnliche Art bereitete.

Das Schlagen der Sahne oder Milch zwecks Abscheidung des Butterfettes erfolgt in Kleinbetrieben in den sogenannten Butterfässern. Über die Form und Einrichtung dieser meist höchst primitiven Vorrichtungen hat Martiny[1]) ein sehr gründliches, allumfassendes Werk veröffentlicht, auf das hier verwiesen sei, ohne auf die Butterfässer und die in den großen Meiereien zu findenden Butterungsmaschinen näher einzugehen.

Der Abscheidung des Fettes aus der Sahne oder Milch folgt ein Homogenisieren der Butter, das in ihrem Durchkneten besteht. Dabei wird auch die von der Butter mechanisch eingeschlossene Flüssigkeit (Buttermilch) entfernt und vielfach durch Wasser noch besonders ausgewaschen.

Man war lange Zeit der Meinung, daß eine Ausscheidung des Butterfettes aus der Milch nur dann erfolge, wenn diese sauer reagiert, und glaubte, daß die Milch während des Schüttelns mit der Luft sauer werde und die entstandene Milchsäure die Hüllen der Milchkügelchen auflöse, deren in Freiheit gesetzter Inhalt sich dann zur Buttermasse vereinigen könne. H. v. Baumhauer hat die Unrichtigkeit dieser Anschauung experimentell dargetan und den Prozeß des Butterschlagens wie folgt erklärt:

„Durch die heftige Bewegung stoßen die Milchkügelchen kräftig aufeinander und bei geeigneter Temperatur verschmelzen sie zu den maulbeerförmigen Klümpchen, woraus die gelbe Butter besteht. Ist die Milch zu kalt, so erhält man, wie hinlänglich bekannt, selbst nach stundenlangem Buttern keine Butter, weshalb man warmes Wasser zuzusetzen pflegt. Ist dagegen die Milch zu warm (in welchem Falle die Butter, wie die Landleute sagen, verbrennt), so bilden sich kleine Körner, die sich aber nicht zu Klümpchen zusammenballen, und man erhält eine weiße, undurchsichtige, sehr weiche Masse, die in der Kälte zwar härter, aber weder gelb noch durchscheinend wird. Dies kommt daher, weil die Fettsubstanz durch die Wärme geschmolzen ist; die Tröpfchen vereinigen sich zu Tropfen,

---

[1]) Martiny, Kirne und Girbe, Berlin 1895.

aber nicht zu Klumpen, weil unter derartigen Umständen durch das Butter-
schlagen eine Emulsion erzeugt wird. Die Temperatur, bei der man gute
und schöne Butter erhält, liegt innerhalb sehr enger Grenzen; wiederholte
Versuche haben ergeben, daß sie zwischen 20 und 22° C zu suchen ist[1]).“

Bei dieser Erklärung ist das Berücksichtigen der Temperatur von
Wichtigkeit; nach der modernen Ansicht wird der Butterungsprozeß überhaupt nur als eine Überführung der unterkühlten flüssigen Fettkügelchen in den festen Zustand angesehen. Die Tatsache, daß frische, zum
Gefrieren gebrachte Milch, die langsam wieder auftauen gelassen wurde,
sich bei 20° C schon in 2 Minuten verbuttert, während dieselbe Milch
ohne vorheriges Gefrieren bei 20° C zum Verbuttern über 11 Minuten
braucht, ist ein Beweis für die Richtigkeit der Soxhletschen Theorie (siehe
Seite 782 dieses Bandes).

Die im Sommer notwendig werdende Kühlung des butterreifen
Rahms bzw. der Milch vor der Verbutterung ist eine der umständlichsten
Arbeiten bei der Butterbereitung. Sie ist mit Eis versucht worden;
die Ausbeute und auch die Beschaffenheit der Butter litten aber bei dieser
Kühlungsmethode, wie außerdem die harten Eisstücke beim Verbuttern hin-
derten und leicht eine Beschädigung der Verbutterungsmaschinen und Gefäße
veranlaßten. Man hat nunmehr wegen der Übelstände der direkten Kühlung
die indirekte Kühlung vor und während der Verbutterung, z. B. durch
Kühlschlangen, doppelwandige Gefäße, Einschnitte in die Wannen u. dgl.,
ausgeführt, doch erfordern alle derartigen Kühlungsarten mehr oder weniger
umständliche und kostspielige Vorrichtungen, langwierige Arbeit und starken
Verbrauch von Kühlwasser.

Wilhelm Helm[2]) in Berlin hat gefunden, daß der direkte Zusatz
eines Kühlmittels ohne jeden Nachteil möglich ist, wenn man statt Wasser-
eises Rahm- oder Milcheis verwendet. Gefrorener Rahm oder gefrorene
Milch sind nicht so hart wie Wassereis, zerteilen sich daher besser und
wirken nicht verdünnend.

In Norddeutschland, Holland, England und im ganzen übrigen nördlichen Europa pflegt man sämtliche Butter, von der feinsten Tafelbutter
bis zur geringsten Faßbutter, sogleich bei der Bereitung zu salzen,
während in den südlicheren Ländern alle Butter, die auf Feinheit Anspruch macht, ungesalzen zum Verkaufe und Verbrauche gestellt und
hier unter gesalzener Butter immer nur Butter von geringerer Qualität, insbesondere Dauerbutter verstanden wird.

Salzen der Butter.

---

[1]) E. H. v. Baumhauer, Archives Néerlandaises IV, 1869; Dinglers polyt.
Journ., Bd. 197, S. 489; Chem. Centralbl., 1870, S. 488. — Eine ganz ähnliche Erklärung hat auch Fr. Knapp im Jahre 1869 veröffentlicht. (Siehe Wagners Jahresberichte, 1869, S. 490.)

[2]) Österr. Patent Nr. 12722 v. 1. Jan. 1903. — Siehe auch D. R. P. Nr. 77258
und Nr. 99259.

Beim Salzen der Butter wird das Salz in der Butter selbst gelöst und verhindert dadurch oder hemmt zum wenigsten die Zersetzung des in der Butter enthaltenen Kaseins, Milchzuckers sowie des Butterfettes selbst. Es bewirkt auch eine Vereinigung der in der Butter vorhandenen kleinen Buttermilchmengen, die sich dann leicht auskneten lassen. Das Salzen der fertigen Butter muß daher durchaus nicht mit einer Gewichtsvermeh- rung Hand in Hand gehen (wie man vielfach irrigerweise annimmt), sondern es wird bei der auf das Salzen folgenden Bearbeitung der Butter meistens ungefähr das gleiche Gewicht an Flüssigkeit wieder herausgearbeitet, das vorher an Salz zugesetzt worden war. Hieraus folgt, daß der Fettgehalt ge- salzener und ungesalzener Butter bei sonst gleichem Material und gleicher Herstellungsweise nahezu einerlei ist und daß die in den südlichen Ländern verbreitete Geringschätzung gesalzener Butter auf einem ganz unbegründeten Vorurteil beruht[1]).

Die Verarbeitung der bei der Milchverwertung sich ergebenden Neben- produkte (wie Buttermilch, Magermilch usw.) ist ein ausgesprochen landwirtschaftliches Gewerbe und braucht daher hier nicht aufgerollt zu werden.

Über die verschiedenen, allerdings nur in den großen Molkereien ge- übten Verbesserungsverfahren der Butter wird erst in Band III, beim Kapitel „Speiseöle und Speisefette" berichtet werden, weil diese Veredlungsmethoden sehr oft auch für Kunstbutter Anwendung finden und daher besser dort besprochen werden. Hier sei nur noch eine von Fleisch- mann[2]) entworfene Übersicht wiedergegeben, die über die Ausbeute- verhältnisse und Verteilung der in der Milch enthaltenen Bestandteile auf die einzelnen Endprodukte der Milchwirtschaft Aufschluß gibt:

Ausbeute.   100 kg Milch geben auf Grund der bei 24 stündiger Aufrahmung und bei Anwendung des Eisverfahrens gemachten Erfahrungen:

20,00 kg Rahm, woraus man erhält:	3,56 kg Butter,
	16,30 kg Buttermilch,
	0,14 kg Verlust,
79,70 kg Magermilch, die ergeben:	7,93 kg Käse,
	71,45 kg Molken,
	0,32 kg Verlust,
0,30 kg Verlust	0,30 kg Verlust,
100,00 kg	100,00 kg

Die prozentische Zusammensetzung der Milch, ihrer Produkte und Nebenprodukte in frischem Zustande ist im Durchschnitt die folgende:

---

[1]) Martiny, Wochenblatt f. Land- und Forstwirte, 1873, S. 202; Polyt. Zentralbl., 1873, S. 1373.

[2]) Milchzeitung, 1877, S. 181.

	Wasser	Fett	Käsestoff	Eiweiß	Milch-zucker	Aschen-salze
Ganze Milch .	87,60 %	3,98 %	3,02 %	0,40 %	4,30 %	0,70 %
Rahm . . .	77,30	15,45	3,20	0,20	3,15	0,70
Magermilch .	90,34	1,00	2,87	0,45	4,63	0,71
Butter . . .	14,89	82,02	1,97	0,28	0,28	0,56
Buttermilch .	91,00	0,80	3,50	0,20	3,80	0,70
Käse . . .	50,30	6,43	24,22	3,53	5,01	1,51
Molken . .	94,00	0,35	0,40	0,40	4,55	0,60

Die Verteilung der einzelnen Milchbestandteile auf die Milchprodukte ergibt folgende Zusammenstellung. Von je 100 Teilen gehen über in:

	Wasser	Fett	Käsestoff	Eiweiß	Milch-zucker	Aschen-salze
die Butter . . .	2 %	73 %	6 %	4 %	1 %	5 %
die Buttermilch .	17	7	20	8	14	17
den Käse . . .	5	14	64	70	10	17
die Molken . .	76	6	10	18	75	61

Eigenschaften.

Die in den Handel kommende Butter ist fast ausschließlich aus Kuhmilch hergestellt; die nachstehenden Ausführungen beziehen sich daher nur auf Kuhbutter. Eigenschaften.

Butter stellt in frischem Zustande eine bei gewöhnlicher Temperatur gleichmäßig feste, weder salbenartig schmierige noch krümlige Konsistenz zeigende Fettmasse dar, deren Farbe je nach Jahreszeit und Qualität der Milch zwischen Weißlich- und Orangegelb liegt und von Geschmack süßlich milde bis aromatisch ist. Wasser- und Buttermilchtröpfchen dürfen in der Butter nicht in großer Zahl enthalten sein.

Frische Butter erweist sich unter dem Mikroskop als aus vollkommen runden, durchsichtigen Fettkügelchen bestehend. In alter Butter zeigen sich dagegen vereinzelte Fettkristalle.

Die Butter besteht nicht ausschließlich aus Fett, sondern enthält auch geringe Mengen der übrigen Milchbestandteile, vor allem Wasser, Kasein, Milchzucker, Milchsäure und Mineralstoffe; in gesalzener Butter sind außerdem noch 2,5—3 % Kochsalz vorhanden.

Nicht geschmolzene, ungesalzene Kuhbutter besitzt nach J. König im Durchschnitt folgende Zusammensetzung: Chemische Zusammen-setzung.

Wasser . . . . 13,59 %
Kasein 0,74
Milchzucker 0,50
Milchsäure 0,12
Mineralstoffe 0,66
Fett 84,39

Der Wassergehalt der Butter schwankt normalerweise zwischen 9 und 16 $\%$. Bei höherer Temperatur hergestellte Butter enthält aber oft bis zu 25 $\%$, ja sogar 35 $\%$ Wasser.

In Deutschland ist laut Verordnung vom 1. März 1902 für ungesalzene Butter ein Höchstgehalt an Wasser von 18 $\%$, für gesalzene ein solcher von 16 $\%$ zulässig; Butter mit mehr Wasser darf nicht gewerbsmäßig verkauft oder feilgehalten werden.

In England ist der maximale Wassergehalt der Butter gesetzlich mit 16 $\%$ festgelegt, doch kann auch eine wasserreichere Butter auf den Markt gebracht werden, wenn der Verkäufer seinen Produkten eine entsprechende Erklärung beigibt. In England wird durch Einkneten von Milch in die Butter der Wassergehalt der letzteren oft absichtlich erhöht (milk blended butter); solche Ware muß Zusätze von Konservierungsmitteln erhalten, um die Milchsäuregärung zu verhüten.

Eiweiß-substanzen der Butter. Die Menge des in der Butter enthaltenen Kaseins und Milchzuckers sowie der Milchsäure ist durch die Bereitungsweise der Butter und die Beschaffenheit der Milch, aus der sie hergestellt wurde, gegeben.

Der Kaseingehalt der Kuhbutter schwankt nach König zwischen 0,19 und 4,78 $\%$ und der Milchzuckergehalt zwischen 0,05 und 1,63 $\%$.

Der Gehalt ungesalzener Butter an Mineralstoffen erklärt sich durch den Gehalt der Milch an anorganischen Salzen (siehe Seite 782). Gesalzene Butter enthält außerdem Kochsalz, daß bei deren Herstellung gewöhnlich in einem Verhältnisse von 2,5—3 $\%$ zugesetzt wird. J. Bell konstatierte bei der Untersuchung von 113 Proben gesalzener Butter einen Minimalgehalt von 0,4 $\%$ und einen Maximalgehalt von 9,20 $\%$ Kochsalz. Ausnahmsweise enthält gesalzene Butter aber auch mehr als 10 $\%$ Kochsalz (dieser Prozentsatz gilt in einigen Staaten als das noch erlaubte Höchstausmaß); in einem Falle wurden sogar 15,08 $\%$ Kochsalz gefunden. Das zum Salzen der Butter verwendete Kochsalz soll möglichst rein sein und darf vor allem kein Chlormagnesium sowie keine größeren Mengen Chlorkalium enthalten.

Eigentliches Butterfett. Das Fett der Butter besitzt bei 15 ^{0} C eine zwischen 0,926 und 0,940 liegende Dichte, einen Schmelzpunkt von 28—33 ^{0} C und erstarrt zwischen 19—23 ^{0} C. Es besteht fast ausschließlich aus Triglyzeriden der Fettsäuren; die im Butterfett außerdem enthaltenen Verbindungen, wie Lecithin, Cholesterin und Farbstoffe, betragen zusammen kaum 0,5 $\%$.

Die aus dem Butterfette abgeschiedenen Fettsäuren schmelzen zwischen 38 und 45 ^{0} C und erstarren zwischen 33 und 38 ^{0} C. Sie sind durch ihren hohen Gehalt an flüchtigen Fettsäuren charakterisiert, wovon Butter-, Capron-, Capryl- und Caprinsäure stets, Ameisen-, Essig- und Laurinsäure bisweilen vorkommen. Von nicht flüchtigen flüssigen Fettsäuren ist im Butterfette Ölsäure enthalten, von festen Fettsäuren finden sich darin Myristin-, Palmitin-[1]), und Arachinsäure. Nach Bondzynski und Rufi[2]), Wachtel sowie Browne[3]) enthält Butterfett auch Oxyfettsäure, doch hat Lewkowitsch[4]) gezeigt, daß die Befunde der Genannten auf einem Irrtum beruhen, daß also das Butterfett frei von Oxyfettsäure ist, dafür aber geringe Mengen von Mono- und Diglyzeriden enthält.

Violette[5]) gibt die Zusammensetzung des Fettes einiger Butterproben wie folgt an:

Glyzeride	Gute Buttersorten			Geringere Buttersorten				
	I	II	III	IV	V	VI	VII	VIII
	%	%	%	%	%	%	%	%
Butyrin	6,94	6,09	6,28	5,76	5,28	5,49	5,45	5,00
Caproin	4,06	3,58	3,70	3,39	3,09	3,23	3,10	2,94
Glyzeride anderer flüchtiger Fettsäuren	3,06	3,22	2,96	3,16	3,06	2,53	3,16	3,15
Glyzeride nicht flüchtiger Fettsäuren	85,98	86,62	86,60	86,93	88,10	88,10	87,60	88,24

Nach den Untersuchungen von Bell[6]), Blyth und Robertson[7]) sind in der Butter auch gemischte Glyzeride enthalten. Nach Bell ist ein Glyzerid von der Formel

$$C_3H_5 \Big\langle \begin{matrix} OC_4H_7O \\ OC_{16}H_{31}O \\ OC_{18}H_{33}O \end{matrix}$$

vorhanden, Blyth und Robertson wollen aus Kuhbutter ein kristallinisches Glyzerid von der Zusammensetzung

$$C_3H_5 \Big\langle \begin{matrix} OC_4H_7O \\ OC_{16}H_{31}O \\ OC_{18}H_{35}O \end{matrix}$$

---

[1]) Wanklyn will in dem festen Anteile der Fettsäuren des Butterfettes nicht Stearin- und Palmitinsäure, sondern Aldepalmitinsäure von der Formel $C_{16}H_{32}O_2$ erkannt haben. Dieser Befund bedarf aber noch der Bestätigung. (Chem. News, 1891, S. 73.)

[2]) Zeitschr. f. analyt. Chemie, 1891, S. 1.

[3]) Zeitschr. f. Untersuchung der Nahrungs- und Genußmittel, 1903, S. 147.

[4]) Lewkowitsch, Chem. Technologie und Analyse der Öle, Fette und Wachse, 2. Bd., S. 414.

[5]) Journ. Soc. Chem. Ind., 1890, S. 1157.

[6]) J. Bell, The Chemistry of Foods, 2. Bd., S. 44.

[7]) Chem. Ztg., 1889, S. 128.

isoliert haben. W. Johnstone[1]) hat die Butter schon früher als gemischtes Glyzerid der Isoölsäure, Palmitin- und Caprinsäure erklärt. Nach ihm soll dem Butterfette die Formel

$$\left.\begin{array}{c} C_{18}H_{33}O_2 \\ C_{16}H_{31}O_2 \\ C_{10}H_{19}O_2 \end{array}\right\rangle C_3H_5$$

zukommen. Ist der Gehalt an unlöslichen Fettsäuren höher als $85,8\,^0/_0$, so soll diese Verbindung mit dem Glyzerid der Nondecylsäure gemischt sein, während Stearinsäure in dem Butterfett nicht enthalten sein soll.

Un-
verseifbares. Das Unverseifbare des Butterfettes besteht aus Lecithin, Cholesterin und Farbstoffen.

Lecithin ist in der Kuhbutter nach E. Wrampelmeyer[2]) 0,117, nach Schmidt 0,15—0,17 enthalten, während H. Jäckle[3]) das Vorkommen von Lecithin im Butterfette bestreitet. Von Cholesterin fand A. Bömer[4]) $0,3-0,4\,^0/_0$.

Der beim Braten von Butter auftretende eigentümliche Geruch ist nach der Ansicht von J. Spring auf die Verflüchtigung von Cholesterinestern, das charakteristische Bräunen auf den Lecithingehalt der Butter zurückzuführen.

Das eigenartige feine Aroma der Naturbutter rührt von der Tätigkeit geruchentwickelnder Mikrokokken her; auf dieses Thema wird in Band III beim Kapitel „Speiseöle und Speisefette" näher eingegangen werden.

Farbstoffe. Die Menge und Beschaffenheit der in der Naturbutter enthaltenen Farbstoffe (Laktochrome) hängt hauptsächlich von der Fütterung der Kühe ab, aus deren Milch die Butter stammt. Werden die Tiere mit frisch geschnittenem Grase gefüttert und enthält das Gras z. B. viel Leontodon oder Ranunculus, so resultiert aus der Milch dieser Kühe eine intensiv gelbe Butter, die den Verdacht künstlicher Färbung erregen kann[5]).

Da man in manchen Gegenden gelbe Butter hellerer Ware vorzieht, so wird letztere nicht selten mit Farbstoffen (sog. Butterfarben) gefärbt. Erlaubt ist nur die Verwendung von unschädlichen Pflanzenfarbstoffen, insofern sie in sehr geringer Menge zur Herstellung einer gleichmäßigen Handelsware benutzt werden. Die sogenannten unschädlichen Butterfarben sind meist

---

[1]) Landw. Versuchsstationen, Bd. 34, S. 127.
[2]) Landw. Versuchsstationen, 1893, Bd. 42, S. 437; Chem. Ztg. Rep., 1893, S. 160.
[3]) Zeitschr. f. Untersuchung der Nahrungs- und Genußmittel, 1902, S. 1062.
[4]) Zeitschr. f. Untersuchung der Nahrungs- und Genußmittel, 1898, S. 81. — Siehe auch Kirsten, Die unverseifbaren Substanzen des Milchfettes, Zeitschr. f. Untersuchung der Nahrungs- und Genußmittel, 1902, S. 833.
[5]) Lewkowitsch, Chem. Technologie und Analyse der Öle, Fette und Wachse, Braunschweig 1902, 2. Bd., S. 406.

Lösungen von Orlean, Kurkuma, Safran, Mohrrüben, Saflor usw. in Erdnuß-, Sesam- oder Rüböl.

Die Rasse der Kühe, ihre Fütterung[1]) und Haltung sind überhaupt von großem Einflusse auf die Zusammensetzung der Butter[2]).

Beim Erstarren geschmolzener Butter findet eine teilweise Scheidung in festere und flüssigere Glyzeride statt. Die an die Wandungen sich anlegenden Teile erstarren früher als die inneren, länger flüssig bleibenden Partien. Diese Entmischung kann bei Butterschmalz ziemlich weit gehen, so daß man neben der festgewordenen Butter auch ein flüssiges Produkt erhält (Butteröl)[3]).

Butter erleidet bei längerem Aufbewahren sehr leicht Veränderungen, die hauptsächlich ihren Geschmack, Geruch und ihr Aussehen, aber auch ihre chemische Zusammensetzung betreffen. Fehlerhaft hergestellte (ungenügendes Auskneten der Buttermilch) oder unfachgemäß aufbewahrte Butter (unreine Gefäße, Zutritt von Luft und Licht) unterliegt dem Verderben rascher als gut bereitete und richtig aufbewahrte Produkte. Man spricht bei der Butter von einem Ranzig-, Sauer-, Talgig- und Schimmligwerden.

Das Ranzigwerden, über dessen Wesen und Ursachen in Band I, Seite 122—129 ausführlich gesprochen wurde, tritt bei Butter weit früher ein als bei anderen Fetten, weil die Gegenwart von Wasser, Milchzucker und Kasein den Ranziditätsprozeß beschleunigen. Leistet der Wassergehalt dem Spaltungsvorgang Vorschub, so bieten das Kasein und der Milchzucker einen günstigen Nährboden für zersetzende Bakterien und Fermente. *Ranzigwerden der Butter.*

Das Sauerwerden der Butter ist hauptsächlich auf die Überführung ihres Milchzuckers in Milchsäure zurückzuführen (durch Mikroorganismen veranlaßt); die Hydrolyse der Triglyzeride ist dabei von nebensächlicher Bedeutung. *Sauerwerden.*

Das Talgigwerden der Butter beruht auf einer Oxydation des Butterfettes an der Luft, unter gleichzeitiger Einwirkung des Lichtes. Talgig schmeckende Butter ist gewöhnlich auch ranzig, doch ist das Ranzigsein keine Vorbedingung für das Talgigsein. *Talgigwerden.*

Dehors setzte Butter einer Belichtung von Auerbrennern, elektrischem Licht und dem violetten Licht von Schwefelkohlenstoffdampf in Stickoxyd aus, wobei die Butter eine weiße Farbe und einen talgigen Geschmack sowie Geruch bekam, unter gleichzeitigem Ansteigen der Acetylzahl von 50 auf 87. Eine Oxydation durch Luftsauerstoff scheint ausgeschlossen, da die Butter während der Belichtung in geschlossenen Gefäßen gehalten wurde.

---

[1]) Siehe auch Bd. I, S. 25.

[2]) Über die Zusammensetzung der Butter und den Einfluß, welchen Rasse, Fütterung und Haltung der Tiere darauf nehmen, siehe auch Duclaux, Compt. rendus, 1881, S. 1022.

[3]) Dieses Butteröl darf aber nicht mit den unter dem Namen Butteröl in den Handel kommenden verschiedenen Pflanzenölen verwechselt werden.

A. Lidoff nimmt an, daß die Butter Oxyfettsäuren enthalte, deren Carboxyl an Glyzerin gebunden sei; der Wasserstoff der Alkoholgruppe sei durch einen alkoholähnlichen Körper ersetzt. Durch das Licht würde die ätherartige Verbindung unter Bildung einer Oxysäure, die zugleich mit einer Molekülumlagerung verbunden sei, zersetzt und das Talgigwerden der Butter hervorgerufen.

Schimmel-
bildung.

Schimmlig wird die Butter, weil das Kasein und der Milchzucker verschiedenen Schimmelpilzen guten Nährboden abgeben; die Pilze leben anfangs nur von diesen beiden Stoffen und greifen erst später auch die Glyzeride an.

Ansiedlung
von
Bakterien.

In der Butter können auch pathogene Bakterien fortkommen; da eine erkleckliche Anzahl von Rindern tuberkulös ist, findet sich auch der Tuberkelbazillus recht häufig in der Butter.

In Butter aus kleinen Betrieben sind seltener Tuberkeln enthalten als in solcher aus großen Meiereien[1]), wo die Milch vieler Tiere gemeinsam verarbeitet wird; im Stalle gehaltene Kühe geben Butter, bei der Infektionen häufiger vorkommen als bei Butter von Milch der Weidetiere. L. Rabinowitsch[2]) hat übrigens gezeigt, daß in der Butter ein den Tuberkeln sehr ähnlicher Bazillus anzutreffen ist, der nur den Meerschweinchen schadet, bei mikroskopischen Untersuchungen aber wohl hie und da für den Tuberkelbazillus gehalten worden sein mag.

Nach H. Laser[3]) kann Butter auch als Träger von Typhusbazillen, Cholera- und anderen Bakterien dienen.

Der Vorschlag K. B. Lehmanns[4]), die zur Butterbereitung verwendete Milch vorher zu sterilisieren, um bakterienfreie Butter zu erhalten, verdient jedenfalls Beachtung.

---

[1]) Diese Tatsache wird durch eine Versuchsserie Tiemanns über aus der Provinz Posen stammende Butter deutlich illustriert. Tiemann teilte die beobachteten Molkereien in 3 Gruppen, nämlich in Groß-, Mittel- und Kleinbetriebe. Von 7 Großbetrieben mit einer Verarbeitung von über 5000 Litern ergaben 5 (d. s. 71,43%) tuberkulöse Butter, während von 23 mittleren Betrieben nur 3 (d. s. 13,04%) mit Sicherheit und ebenfalls nur 3 wohl ziemlich sicher, aber nicht völlig erwiesenermaßen Tuberkelbazillen enthielten. In der Butter von den 6 Kleinbetrieben wurden in keinem Falle Tuberkelbazillen nachgewiesen.

[2]) Rabinowitsch, Deutsche mediz. Wochenschrift, 1897, S. 607, und Zeitschr. f. Untersuchung der Nahrungs- und Genußmittel, 1900, S. 801. — Über das Vorkommen von Bakterien siehe auch: A. Scala und G. Alessi (Atti de reale accad. med. di Roma, 1891); A. Sticker (Arch. animal. Nahr., 1892, S. 8); Scheurlen (Arbeiten a. d. Kaiserl. Gesundheitsamt, Bd. 7, S. 269); K. Obermüller (Hyg. Rundschau, 1897, S. 712); Weißenfeld, (Berl. klin. Wochenschr., 1898, S. 1053); Hermann und Morgenroth (Hyg. Rundschau, 1898, S. 217); R. J. Petri (Arbeiten a. d. Kaiserl. Gesundheitsamt, Bd. 14); F. Herz und M. Beninde (Zeitschr. f. Hygiene, 1901, S. 152).

[3]) Zeitschr. f. Hygiene, Bd. 10, S. 513.

[4])·Archiv f. Hygiene, Bd. 34, S. 261.

Um Butter haltbarer zu machen, wendet man folgende Mittel an:
1. **Entwässerung der Butter durch Umschmelzen.** Dabei gehen der angenehme Geschmack und Geruch zum größten Teil verloren.

2. **Abhaltung von Luft,** was durch gute Verpackung, Aufbewahrung in hermetisch verschlossenen Räumen mit oder ohne Kohlensäure geschieht. Das Einhüllen der Butter in feuchte Leinen oder nasses Papier wirkt eher nachteilig als günstig und es sollte insbesondere das Anfeuchten des zum Verpacken der Butter vielfach verwendeten und sehr zweckmäßigen Pergamentpapiers unterlassen werden. Minderwertiges Pergamentpapier kann übrigens Ursache von Schimmelbildung auf der Butter sein; wird bei der Herstellung des Pergamentpapiers statt des Glyzerins Stärkesirup verwendet, so ist nach Krüger ein guter Nährboden für Schimmelpilze geschaffen und die Pilzbildung tritt sehr leicht ein.

Auch das Bestreichen der Butter mit einer warmen Zuckerlösung, wodurch ein glänzender, luftdichter Überzug entsteht, ist ein gutes Konservierungsmittel (lackierte Butter) und besonders in England beliebt.

J. Seidel hat Versuche über das Aufbewahren von Butter in gekörntem Zustande in Salzwasser angestellt. Dabei ergab sich, daß das Lagern von Butter selbst in gesättigter Salzlösung und in sehr kalten Räumen durchaus keine sichere Gewähr dafür gibt, daß so aufbewahrte Butter lange Zeit ihre Haltbarkeit behält.

3. **Aufbewahren in der Kälte.** Gefrorene Butter konnte man aus Sibirien und Australien in gesundem Zustande nach Mitteleuropa bringen. Durch das Gefrieren der Butter verändert sich aber ihr physikalischer Zustand und die Ware wird dann beim Auftauen rascher schlecht als sonst.

4. Durch Zusatz gewisser **konservierend wirkender Stoffe,** wie **Borax, Salizylsäure, Formalin, (Formaldehyd), Glykose, Fluoride** usw.[1]).

Die Butter gehört zu den am häufigsten verfälschten Fettstoffen. Als Verfälschung muß bereits das absichtliche Hineinarbeiten zu großer Mengen von **Wasser, Buttermilch und Salz** angesehen werden; verwerflicher sind Zusätze von **Kartoffelbrei, Stärkekleister, zerriebenem weißem Käse** oder gar Beimengungen von **Mineralsubstanzen,** wie **Kreide, Gips** usw., welch letztere aber wohl nur selten vorkommen. Als wichtigste Kategorie der Verfälschungen kann der Zusatz **fremder Fette** gelten; man verfälscht Naturbutter durch Beigabe von **Oleomargarin, Schweinefett, Talg, Gänsefett, Kokosfett** usw.

Verwendung.

Die Butter ist eines der wichtigsten Nahrungsmittel des Menschen; sie findet auch zu pharmazeutischen Zwecken Anwendung.

---

[1]) Über die Zulässigkeit der verschiedenen Konservierungsmittel siehe Bd. III. Kapitel „Speiseöle und Speisefette".

Die Produktionsverhältnisse der einzelnen Länder sowie die in letzteren bestehenden gesetzlichen Bestimmungen über die Beschaffenheit der gewerbsmäßig verkauften oder feilgebotenen Butter werden in Band III gemeinsam mit den analogen, für die verschiedenen Kunstspeisefette geltenden Verhältnissen besprochen werden.

Rindstalg.

Ochsentalg. — Unschlitt. — Inselt. — Talg. — Suif de boeuf. — Beef tallow. — Sego di bove. — Sebum bovinum.

Herkunft und Rohmaterial.

Herkunft.

Der Rindstalg — kurzweg auch Talg genannt — wird aus dem Fettgewebe des Rindes gewonnen. Über die Beschaffenheit und Zusammensetzung des Fettgewebes unseres Rindes wurde bereits in Bd. I, S. 18—20 berichtet und auch gezeigt, welche Schwankungen zwischen Wasser-, Membran- und Fettgehalt das Fettgewebe desselben Tieres an verschiedenen Körperstellen aufweist und wie weit Alter und Ernährungszustand die Zusammensetzung des Fettgewebes beeinflussen.

Roh-material.

Die Beschaffenheit des Fettgewebes hängt aber nicht nur von dem Alter und dem Ernährungszustande des Tieres ab, sondern auch von der Art des Fettes, von dem Gesundheitszustande, dem Geschlechte, von dem Klima und den Verhältnissen, unter welchen das Tier lebt, und von der Jahreszeit, in der es getötet wurde.

Am fettreichsten ist das Fettgewebe in der Netz- und Nierengegend (ca. 94 %), am fettärmsten an der Brust (ca. 64 %) der Rinder. Je schlechter das Tier genährt ist, um so fettärmer (wasserreicher) ist das Fettgewebe; demgemäß gibt das Rohfett magerer Tiere bei der Verarbeitung eine geringe Ausbeute. Das von mageren Schlachttieren gelieferte Talgquantum ist daher aus doppelten Gründen gering; einmal geben solche Tiere an und für sich wenig Fettgewebe und zweitens ist dieses fettarm.

Über die ungleichen Eigenschaften des in dem verschiedenen Fettgewebe enthaltenen reinen Fettes siehe S. 796.

Im Handel wird das Fettgewebe des Rindes — Rohtalg oder Rohunschlitt geheißen — nach seinem Aussehen bewertet; die Schlächter sondern das mit Haut und Blutteilen behaftete Fettgewebe gewöhnlich in zwei Sorten:

a) in Rohkern,
b) in Rohausschnitt.

Der Rohkern besteht aus großen, zusammenhängenden, meist nur ganz wenig mit Blut von Hautteilen beschmutzten Fettmassen (aus der Nieren-, Herz-, Lungen- und Netzgegend) und zeigt in frischem

Zustande einen angenehmen Geruch. Mitunter wird der Rohkern in weitere zwei Qualitäten geteilt, deren bessere aus den größten und schönsten Fettstücken sich zusammensetzt, während zur zweiten Qualität die kleineren, unansehnlicheren Partien geworfen werden.

Der Rohausschnitt umfaßt die kleineren Fettpartien von den Beinen, der Genitialgegend usw., die stark mit Blut, Hautteilchen und Sehnen durchsetzt sind.

Auf die Besonderheiten des Rohtalghandels und die in gewissen Fällen notwendig werdende Denaturierung wird in Band III, im Kapitel „Speise-öle und Speisefette" näher eingegangen werden.

Gewinnung.

Die verschiedenen Verfahren, nach welchen der Rohtalg aufbewahrt, Gewinnung. gereinigt, zerkleinert, ausgeschmolzen oder extrahiert werden kann, wurden im wesentlichen in Band I, S. 491—545 bereits erwähnt, über die Reinigung und Härtung des Talges wurde in Band I, S. 590—698, über die Verwertung der Rückstände in Band I, S. 555—559 und über die Anlage von Fettschmelzereien in Band I, S. 564—568 berichtet.

Nur Kleinbetriebe verarbeiten allen von den Schlächtern gelieferten Rohtalg zu Unschlitt; Betriebe, die auf reichliche Zufuhr von Rohtalg rechnen können, schmelzen den Rohkern und den Rohausschnitt getrennt aus und gewinnen lediglich aus letzterem Talg, während sie aus ersterem der Hauptsache nach Oleomargarin erzeugen und nur die Rückstände zur Talggewinnung benutzen. Auf diese Details der Aufarbeitung des Fettgewebes wurde bereits in Band I, S. 525—527, S. 559 und S. 565—567 hingewiesen; in zusammenhängender Weise wird die Verarbeitung des Rohtalges auf

> Oleomargarin,
> Speisetalg und
> Talg für technische Zwecke

in Band III, Kapitel „Speiseöle und Speisefette" beschrieben werden.

Eigenschaften.

Je nach seiner Qualität[1]) stellt der Rindstalg ein schwach gelbliches, Eigen-
schaften. grauweißes, graugelbes oder gelbbraunes Fett dar, das mehr oder minder angenehm riecht. Seine Dichte liegt zwischen 0,943 und 0,952 (bei 15⁰ C), sein Schmelzpunkt schwankt zwischen 40 und 47⁰ C, sein Erstarrungspunkt zwischen 27 und 35⁰ C. Die Konsistenz des Talges ist

---

[1]) Das aus den Markknochen (Röhrenknochen) des Rindes erhaltene Fett heißt Rindermarkfett (Graisse de moelle de boeuf, Beef marrow fat, Grasso di midollo di bove) und darf mit dem Rindstalg nicht verwechselt werden. Rindermarkfett enthält nach Eylert Medullinsäure (die aber nach Thümmel nur ein Gemisch von Palmitin- und Stearinsäure ist), zeigt in frischem Zustande eine nur sehr geringe Azidität und wird in der Pharmazie verwendet.

je nach der Rasse des Tieres, nach seiner Fütterung und nach der Körperstelle, von der das Fett stammt, verschieden. Höher schmelzende Talgsorten werten mehr als weichere. Als Wertmesser gilt aber nicht der Schmelzpunkt des Talges, sondern der sogenannte Talgtiter, das ist der Erstarrungspunkt der aus dem Talge abgeschiedenen Fettsäuren.

Leopold Mayer[1]) hat den Talg von verschiedenen Stellen desselben Tieres untersucht und folgende Werte gefunden:

	Schmelz-punkt	Erstarrungs-punkt	Schmelz-punkt	Erstarrungs-punkt
	des Fettes		der Fettsäuren	
Eingeweidefett	$50,0^0$ C[2])	$35,0^0$ C	$47,5^0$ C	$44,6^0$ C
Lungenfett	49,3	38,0	47,3	44,4
Netzfett	49,6	34,5	47,1	43,8
Herzfett	49,5	36,0	46,4	43,4
Stichfett	47,1	31,0	43,9	40,4
Taschenfett	42,5	35,0	41,1	38,6

Pastrovich[3]) fand bei einer ähnlichen Arbeit:

Lungenfett	$44,95^0$ C	Titer der Fettsäuren
Bandelfett	$44,90^0$ C	„ „ „
Netzfett	$44,60^0$ C	„ „ „
Taschenfett	$40,70^0$ C	„ „ „
Bankausschnitt	$40,50^0$ C	„ „ „

Chemische Zusammensetzung. — In chemischer Beziehung ist der Rindstalg als ein Gemenge von Palmitin, Stearin und Olein anzusehen; in neuerer Zeit hat man aber auch geringe Mengen von Fettsäuren konstatiert, die einer Säurereihe angehören, deren Glieder weniger gesättigte Fettsäuren darstellen, als es die Ölsäure ist (Linolensäure?). Es scheint, daß die immer ausgiebiger werdende Verfütterung von Ölkuchen an Mastochsen die Zusammensetzung des Rindstalges etwas beeinflusse. Hansen hat im Rindstalg übrigens auch gemischte Glyzeride vorgefunden, und zwar:

ein Distearopalmitin vom Schmelzpunkte		$62,5^0$ C
Dipalmitostearin „	„	55,0
Dipalmitoolein „	„	48,0
Stearopalmitoolein vom	„	42,0

Die Azidität des Talges schwankt je nach seinem Reinheitsgrad und Alter. Frisch ausgeschmolzener Talg zeigt kaum mehr als $1/2 \%$ freier Fettsäuren, während die geringeren Sorten bis zu 20% und darüber an freien Fettsäuren enthalten können. Eine hohe Azidität drückt den Wert

---

[1]) Wagners Jahresberichte, 1880, S. 844.
[2]) Die Schmelz- und Erstarrungspunkte sind nach der Methode Pohl bestimmt.
[3]) Benedikt-Ulzer, Analyse der Fette und Öle, 4. Aufl., Berlin 1903, S. 837.

des Talges merklich herab, was übrigens bei allen Fetten und Ölen der Fall ist. Fahrion[1]) hat in einer Talgprobe auch 0,13 % oxydierter Fettsäuren gefunden.

J. H. Gladstone[1]) fand Talg, der 173 Jahre im Meerwasser gelegen war, zum Teil in ein Gemenge von Natron- und Kalksalzen der Fettsäuren umgewandelt.

Verfälschungen von Talg kommen relativ selten vor; hie und da ist ein Zusatz von Wollfett, Knochenfett, Fischtalg und Wasser anzutreffen. Die ehemals geübten Praktiken (partielles Verseifen des Talges, siehe Band I, S. 85 und 656), um einen möglichst harten Talg herzustellen, werden heute kaum mehr angewendet. *Verfälschungen.*

Ein Unterschied zwischen Nieren-, Netz- und Eingeweidetalg, das heißt ein Unterscheiden des Fettes nach den Körperteilen, von denen es stammt, pflegt im Handel bei ausgeschmolzenem Talg nicht stattzufinden. Dagegen unterscheidet man vielfach Stadt- und Landtalg, wie man auch nach den Herkunftsländern Qualitätsabstufungen trifft.

Stadttalg ist härter und reiner und steht daher im Preise höher als Landtalg. Deutsche, österreichische, französische, englische, holländische und dänische Talgsorten sind in der Regel reiner und von höherem Wert als die überseeischen Sorten. Nur die aus den großen nordamerikanischen Schlächtereien kommenden Talgqualitäten können den mitteleuropäischen gleichgestellt werden. *Talgarten.*

Russischer Talg ist von sehr wechselnder Güte und genießt daher im Handel relativ geringes Ansehen. Man unterscheidet bei russischem Talg eine weiße und eine gelbe Sorte, doch werden diese nicht genau auseinander gehalten.

Brozowsky nennt von den aus dem nördlichen Rußland unter dem Sammelnamen „Archangelischer Talg" in den Handel kommenden Provenienzen die folgenden:

a) waagischen Talg, der auf dem Waagflusse zugeführt wird;

b) kasanschen, einen besseren Hammeltalg;

c) tscheboksarischen Talg;

d) ustjugischen Talg (diese letzten zwei Sorten sind unter dem Namen „Sibirischer Talg" bekannt und von außerordentlicher Reinheit);

e) wjätkaischen Talg;

f) Wologdaer Talg, der über die Wolga teils nach Petersburg, teils nach Archangel geführt wird.

Der polnische Talg, welcher über Schlesien auf den deutschen Markt kommt, ist von besserer Qualität als der russische.

Südamerikanischer Talg (La Plata-Talg) ist vielfach nicht mit der nötigen Sorgfalt hergestellt, zeigt oft einen unangenehmen Geruch und erfreut sich daher nicht des guten Rufes der europäischen Talgsorten.

---

[1]) Bericht d. deutsch. chem. Gesellsch., 1877, S. 1764.

Noch geringeren Wert hat der Australtalg, welcher sehr häufig faulig riecht und stark ranzig ist. Die unter dem Kollektivnamen „Greases" in den Handel kommenden Fette sind meist extrahierte Knochenfette und keine ausgeschmolzenen Rindstalge.

Verwendung.

Allgemeines.

Zuzeiten, als man die exotischen Pflanzenfette (Palm-, Palmkern-, Kokosöl usw.) noch nicht kannte, als man die Herstellung des Stearins und dessen Verwendung als Kerzenmaterial noch nicht verstand, die hoch viskosen Mineralöle noch nicht als Schmiermittel zur Verfügung hatte, war Rindstalg das Hauptrohmaterial der Seifensieder und des Kerzengießers und galt beim Schmieren der Dampfzylinder als unentbehrlich. Diese Zeiten sind nun vorüber. Palmkern- und Kokosöl haben dem Talg in der Seifenindustrie ernste Konkurrenz gemacht. Die Stearinkerzen haben die Unschlittkerzen fast vollständig verdrängt; zur Herstellung des Stearins werden neben Talg große Mengen von Palmöl und Knochenfett benutzt, und als Schmiermittel hat Talg seine einstige Rolle fast ganz eingebüßt.

Trotz alldem zählt der Talg noch zu den bedeutenderen Artikeln auf dem Fettmarkte und ist unter den animalischen Fetten neben der Butter entschieden das wichtigste.

Speisefett.

Die feineren Sorten Talg werden häufig als Speisefett verwendet, d. h. sie werden entweder direkt zum Backen benutzt oder mit anderen Fetten zur Herstellung von Kunst- bzw. Schmelzbutter verwendet.

Säurefreier Talg wird hie und da auch noch zum Schmieren gebraucht; harte, weiße Talgsorten werden zu den wenigen noch verwendeten Talgkerzen verarbeitet.

Verarbeitung zu Fettsäuren,

Die weitaus größte Menge des Talges wird aber in Fettsäuren und Seifen umgewandelt. Für die Fettsäurefabrikation (Stearinindustrie) hat Rindstalg gegenüber Palmöl und Knochenfett den Vorteil, reine Fettsäuren zu liefern, die bei ihrer Weiterverarbeitung zu technischem Stearin der Destillation nicht bedürfen. Talg ist also ein ideales Rohmaterial für Stearinfabriken, doch stellt sich leider sein Preis gegenüber dem seiner Konkurrenzprodukte in der Regel zu hoch.

zu Seifen.

Als Seifenrohmaterial ist Talg ebenfalls vorzüglich geeignet, doch wird seine Verwendung durch die jeweilige Preislage beeinflußt: er muß hier hauptsächlich mit Palm-, Kokos- und Palmkernöl einen Wettkampf bestehen. Talg verseift sich nur mit schwachen Laugen (8—10° Bé) und bildet mit ihnen leicht eine Emulsion, die sich beim darauffolgenden Kochen in einen zähen, dicken Seifenleim verwandelt. In der Regel wird mit Laugen von 8—10° Bé nur bei Beginn des Siedens gearbeitet, zum Schlusse aber 12—15° Lauge verwendet. Wird beim Verseifen des Leimes die Lauge nicht nach und nach zugegeben, sondern nach der eingeleiteten Verbindung rasch die ganze notwendige Laugemenge in den Siedekessel gebracht, so tritt eine vollständige Verseifung nicht ein, es bleibt vielmehr unverbunden Lauge neben einem ungesättigten Leime bestehen. Auch zu starke Lauge kann den Verseifungsprozeß verhindern.

100 Teile Talg geben bei richtiger Verseifung 155—165 Teile Seifenkern. Talg kann zum Sieden von Kern-, Eschweger- und Naturkornseifen (Schmierseifen) benutzt werden; die Kernseifen, zu deren Herstellung Talg verwendet wurde, zeichnen sich durch besondere Weiße, Härte und sparsamen Verbrauch aus.

Rückstände.

Über die bei der Talgschmelze sich ergebenden Rückstände (Grieben) wurde im I. Bande, S. 555—559 bereits ausführlich berichtet.

Produktion und Handel.

Europa besitzt 116 Millionen Rinder, spielt also als Talgproduzent eine erste Rolle; der große Eigenverbrauch des gewonnenen Talges innerhalb der einzelnen Staaten läßt aber nur geringe Mengen europäischen Talges am Weltmarkte erscheinen.

Die Zahl der Hausnutzsäugetiere (Rinder, Schafe, Schweine, Pferde, Ziegen, Esel usw.) stellt sich in den einzelnen Staaten Europas wie folgt:

	Stück
Rußland	124 834 000
Deutschland	52 909 000
England	47 731 000
Frankreich	46 076 000
Österreich-Ungarn	41 709 000
Italien	17 542 000
Rumänien	11 048 000
Schweden und Norwegen . . .	7 765 000
Serbien	5 504 000
Dänemark	4 580 000
Niederlande	5 647 000
Belgien	3 339 000
Schweiz	2 599 000
Luxemburg	234 781

Davon entfällt fast überall der Hauptanteil auf Schafe, dann folgen der Zahl nach Rinder und Schweine; die Rinder betragen ungefähr ein Drittel des Gesamtviehstandes.

Die europäischen Staaten verbrauchen ihre Talgerzeugung fast durchweg selbst und müssen zum großen Teile noch namhafte Mengen Talges zur Deckung ihres Konsums von Übersee einführen. Nur Rußland, das der bedeutendste Talgproduzent Europas ist, kam bis zum Jahre 1891 für den Talgwelthandel in Betracht; seither ist aber der Talgverbrauch Ruß-

lands derart gestiegen, daß das Zarenreich nicht nur keinen Talg mehr abzugeben hat, sondern Auslandsware importieren muß.

Rußland.   Rußland galt bis fast zur Hälfte des vorigen Jahrhunderts als ein-
ziger Talglieferant am Weltmarkte, und in den russischen Handelsplätzen
bildete damals Talg einen der wichtigsten Artikel. Die ersten Angaben
über die russische Talgerzeugung wurden anläßlich einer Ausstellung im
Jahre 1843 gesammelt und ergaben eine mittlere Jahreserzeugung von 8 Millionen Pud (130 000 Tonnen); in den sechziger Jahren wurde dieses Quantum dann auf 11 Millionen Pud (180 000 Tonnen) erhöht und jetzt wird
die durchschnittliche Talgproduktion Rußlands mit 7—8 Millionen Pud pro
Jahr angenommen, wovon ca. 55 % auf Schaftalg und 45 % auf Talg
von Hornvieh entfallen. Mitunter wird auch das Schweineschmalz als
Talg verrechnet, wodurch dann wiederum andere Werte resultieren.

Die Frage, ob die Talgproduktion Rußlands im Zu- oder Abnehmen
begriffen sei, ist oft ventiliert worden. Die Tatsache, daß die frühere
starke Ausfuhr von Talg jetzt einem nicht unbedeutenden Import in diesem
Artikel Platz gemacht hat, kann nicht als Zeichen der verminderten Eigen-
erzeugung aufgefaßt werden, denn dieser Umschwung kann ebensogut auch
durch eine lebhafte Steigerung des heimischen Talgkonsums erklärlich sein.

Von den 29 Millionen Rindern, die Rußland hat, kommt alljährlich
ca. ein Achtel zur Schlachtbank. Nimmt man den Talgertrag eines Rindes
mit 1 Pud an, so ergibt das ca. 3 Millionen Pud (49 000 Tonnen) Rindstalg,
doch scheint diese Rechnung hinter der Wirklichkeit zurückzubleiben. Daß
die Talgerzeugung trotz des eher vermehrten als verminderten Viehstandes
zurückgegangen ist, muß auf das besonders bei Hornvieh und Schafen viel
seltener gewordene Mästen zurückgeführt werden. Dadurch ist der Talgertrag
pro Stück geringer geworden, wenngleich dieser Minderausfall nicht so groß
ist, wie ihn Kuleschoff schätzt, der ein Minderergebnis von 66 % nennt.

Rußland zählte im Jahre

1832	. .	531	Talgschmelzereien			
1842	. .	586	„			
1854	. .	494	„			
1875	. .	406	„			
1890	. .	334	„	mit 3786 Arbeitern und	5,5	Millionen
1893	. .	240	„	mit 2680 „ „	4,9	Rubel
1896	. .	228	„	mit 5526 „ „	7,3	Produk
1897	. .	247	„	mit 4458 „ „	6,8	tionswert.

Die meisten Talgschmelzen befinden sich in den Gouvernements
Orenburg, Samara, Perm, St. Petersburg, Jekaterinoslaw, Tambow, Cherson und Moskau.

In der ersten Hälfte des 19. Jahrhunderts gelangten zusammen 147,3 Millionen Pud (24,5 Millionen Meterzenter) Rinds- und Hammeltalg zur Aus-

fuhr, in der zweiten Hälfte nur 63 Millionen Pud (10,5 Millionen Meterzentner). Das Maximum der Ausfuhr wurde 1833 mit 4,7 Millionen Pud (781 000 Meterzentner) erreicht. Von da an nahm der russische Inlandsverbrauch mehr und mehr zu und die ausgeführten Mengen wurden allmählich kleiner. Im Jahre 1872 setzte bereits eine Einfuhr von Talg ein, die von Jahr zu Jahr anwuchs, bis sie im Jahre 1891 die Ausfuhr zu überwiegen begann. Die nachstehenden Ziffern mögen diese Verhältnisse näher beleuchten.

Die Talgausfuhr Rußlands betrug in den nachstehenden Zeitabschnitten durchschnittlich pro Jahr:

	In 1000 Pud	Tonnen
1800	1937	32 200
1801—1810	1532	25 500
1811—1820	1967	32 700
1821—1830	3408	56 800
1831—1840	4155	69 200
1841—1850	3668	61 100
1851—1860	2829	47 100
1861—1870	2414	40 200
1871—1880	698	11 600
1181—1890	253	4 200
1891—1895	146	2 400
1900	—	944

Die russische Talgeinfuhr betrug durchschnittlich pro Jahr:

In der Zeit von

1872—1880 . . .	227 000 Pud (3 780 Tonnen)
1881—1890 . . .	239 000 „ (3 980 „)
1891—1895 . . .	408 000 „ (6 800 „)
1900	1 400 000 „ (19 040 „)

In Rußland kommt der Gewinnung des Talges eine viel größere wirtschaftliche Bedeutung zu als in Westeuropa, weil im Zarenreiche die Fleischpreise bis vor kurzem sehr tief standen, der Wert des gewonnenen Talges daher prozentual einen weit höheren Teil des Gesamtgewinnes ausmacht, als dies anderswo der Fall ist. So macht z. B. der Talggewinn von einem Ochsen in Rußland 30 % des Fleischgewinnes aus und von einem Hammel dreimal so viel wie der Fleischgewinn. Von einem englischen Ochsen beträgt dagegen der Talggewinn nur 25 % des Fleischerlöses und von einem englischen Schafe 3 %, von einem amerikanischen oder kanadischen Schafe 5,5 % und von einem australischen oder südamerikanischen 9 % des Fleischgewinnes.

Der bedeutendste überseeische Talgproduzent ist Argentinien. In Argentinien diesem Lande wurden in der Periode 1884—1904 alljährlich 1,5—2 Millionen

Rinder geschlachtet, die 37197—60342 Tonnen Talg ergeben. Die betreffenden Ziffern stellten sich in den einzelnen Jahren wie folgt:

Jahr	Stück Rinder	Tonnen Talgausbeute
1884	1 515 000	45 030
1885	1 644 000	49 320
1886	1 580 000	47 370
1887	1 242 000	37 197
1888	1 636 000	49 083
1889	1 775 500	53 259
1890	1 823 800	54 714
1891	1 916 100	58 491
1892	1 960 700	58 719
1893	2 011 400	60 342
1894	2 001 500	59 874
1895	1 954 600	58 638
1896	1 424 400	42 732
1897	1 530 000	45 900
1898	1 353 100	40 593
1899	1 412 000	42 360
1900	1 309 100	39 273
1901	1 297 600	38 928
1902	1 643 300	48 780
1903	1 436 100	42 600
1904	1 582 000	47 460

Argentinien hat einen sehr geringen Eigenverbrauch von Talg; der weitaus größte Teil des erzeugten Talges wird ausgeführt.

Australien. Das für Talggewinnung zweitbedeutendste Land ist Australien, das zusammen mit Neuseeland in der Periode 1884—1904 erzeugte:

Jahr	Tonnen Talg
1884	23 100
1885	19 800
1886	20 460
1887	19 480
1888	25 253
1889	19 258
1890	25 961
1891	28 712
1892	31 145
1893	41 385
1894	66 700
1895	76 650

Jahr	Tonnen Talg
1896	56 389
1897	51 603
1898	39 700
1899	48 805
1900	46 760
1901	42 000
1902	31 730
1903	25 900
1904	35 400

Fast aller in Australien erzeugter Talg wird nach Europa oder Nordamerika verschifft.

Die Talgerzeugung der Vereinigten Staaten wird für die letzten 21 Jahre wie folgt geschätzt: Vereinigte Staaten.

Jahr	Tonnen
1884	9 812
1885	15 000
1886	28 696
1887	38 139
1888	34 226
1889	45 185
1890	54 068
1891	42 178
1892	39 464
1893	28 223
1894	15 680
1895	11 055
1896	37 751
1897	25 180
1898	48 442
1899	44 190
1900	41 973
1901	23 318
1902	9 563
1903	28 632
1904	27 276

Durch die erhöhte Produktion von Pflanzenölen und Pflanzenfetten hat der Talg seine ehemalige führende Rolle in der Seifen- und Kerzenfabri- kation eingebüßt; zudem hat die letztere infolge Einführung der Gasbeleuch- tung, des Petroleums und des elektrischen Lichtes an Bedeutung verloren. Der Preis des Talges steht daher heute viel niedriger als in der Mitte des vorigen Jahrhunderts. So notierte z. B. London für 1 engl. Zentner Talg im Preisver- hältnisse.

Jahre 1847 60 Schillinge, während er jetzt nur ca. 30 Schillinge kostet. Der Talgpreis wäre wohl noch tiefer gesunken, wenn nicht die Ende der siebziger Jahre ins Leben gerufene Kunstbutterindustrie einen großen Teil des Rohmaterials der eigentlichen Talgproduktion entzogen hätte.

Der Talgpreis wird heute durch die verschiedensten Faktoren beeinflußt; wie bei jedem Produkte, wirken natürlich auch hier die jährlichen Produktionsmengen und die aufgestapelten Vorräte mit. Tafel XVIII zeigt, wie mit dem Steigen des Weltvorrats und mit der Talgproduktion der den Weltmarkt mit Talg versorgenden Länder der Preis fällt und umgekehrt steigt, wenn sich Produktion und Vorrat verringern.

Die nach Aufzeichnungen von Maurice Duclos zusammengestellte Tafel verzeichnet die von Argentinien, den Unionstaaten und Australien in den Jahren 1894—1906 produzierten Talgmengen, die sich daraus ergebende, für den Welthandel in Betracht kommende Gesamtproduktion, die Weltvorräte und den Durchschnittspreis des Talges für die gleiche Periode.

Weitere statistische und wirtschaftliche Daten über die Erzeugung und den Handel mit Talg werden auch in Band III beim Abschnitt „Oleomargarin" des Kapitels „Speiseöle und Speisefette" gebracht werden, wo besonders auch der Verbrauch der einzelnen Industriestaaten sowie deren Ein- und Ausfuhr von Talg zur Besprechung gelangen.

Hammeltalg.

Schaftalg. — Schöpsentalg. — Suif de mouton. — Graisse de mouton. — Mutton tallow. — Sego di montone. — Sebum ovile.

Herkunft.

Herkunft.   Aus dem Rohfette unseres Schafes (Ovis Aries) gewinnt man ein Fett, das unter dem Namen Hammel- oder Schafstalg einen nicht unwichtigen Handelsartikel bildet.

Gewinnung.

Gewinnung.   Über die Gewinnung des Hammeltalges aus dem Rohfette braucht nichts mehr gesagt zu werden, da die verschiedenen Methoden bereits in Band I, Seite 490—545 genau beschrieben erscheinen. Erwähnt muß jedoch die Gewinnung von Hammeltalg aus Schafhäuten werden.

Die rohe Haut der Schafe enthält beträchtliche Mengen Fett, häufig bis zu 40% vom Gewichte der Haut. Das Fett erschwert die Arbeit des Gerbens und sollte daher vorher stets in rationeller Weise entfernt werden.

Eine Häuteschabmaschine, die die Fettschicht von der Rohhaut abschabt, wurde bereits in Band I, S. 503 abgebildet und beschrieben. In England wird die Entfettung der entwollten nassen Häute gewöhnlich

durch eine warme hydraulische Pressung vorgenommen, in Argentinien greift man zur Extraktionsmethode, die wie folgt ausgeführt wird:

Die nach dem Schwitzen abgewollten Blößen kommen in den Entfettungsapparat — ein aus verzinntem Eisenblech gefertigtes, hermetisch verschließbares Walkfaß. Zu den noch in feuchtem Zustande befindlichen Blößen kommt das Fettlösungsmittel, das aus einer Mischung von Petroleumbenzin und Alkohol besteht. Letzterer wird deshalb zugesetzt, weil die Blößen feucht sind und das Benzin, welches mit Wasser unvermischbar ist, in die Blößen nicht eindringen, das Fett also nicht lösen könnte. Der Methylalkoholzusatz vermittelt die Mischbarkeit zwischen Benzin und Wasser und damit dessen fettlösende Wirkung auf die feuchten Blößen. Nachdem diese 1 oder 1,5 Stunden im Apparat rotiert haben, werden sie herausgenommen und rasch abgepreßt, wodurch der größte Teil des Fettes in gelöstem Zustande abfließt. Die abgepreßte Fettlösung wird abdestilliert, wobei man neben dem Schaftalg ca. 70 % des verwendeten Fettlösungsmittels wieder gewinnt; der Rest geht durch Verdunsten während des Abpressens verloren.

In neuerer Zeit geht man auch in England versuchsweise zur Extraktionsmethode über und macht besonders ein von F. N. Turney patentierter Apparat sowie ein Extraktor von H. Brewer und J. T. Hardy von sich reden.

In Paris besteht eine Fabrik, die das Entfetten von Schaffellen gegen fixen Lohn besorgt.

Eigenschaften.

Der Hammeltalg ist härter als der Rindstalg, brüchig, fast weiß und in frischem Zustande geruchlos, doch nimmt er beim Lagern sehr bald einen eigenartigen Hammelgeruch an, wie auch sein ursprünglich nicht unangenehmer Geschmack umschlägt.

Mitunter zeigt der frisch ausgeschmolzene Hammeltalg eine eigenartige grüne Färbung; diese rührt davon her, daß beim Ausweiden des Rohfettes der geschlachteten Hammel nicht mit der nötigen Sorgfalt vorgegangen wird und daher Därme mit in das Rohfett gelangen. Sind in diesen Därmen Chlorophyll enthaltende Exkremente vorhanden, oder kommt gar noch unverdauter Mageninhalt zum Rohfett, so stellt sich dann die unliebsame grüne Färbung des Talges ein, die nur schwer durch künstliche Bleichmittel wieder zu entfernen ist.

Hammeltalg besitzt eine Dichte zwischen 0,937 und 0,961, einen Schmelzpunkt von 45 bis 51 ° C und einen Erstarrungspunkt, der zwischen 40 und 42 ° C liegt. Die aus dem Hammeltalg abgeschiedenen Fettsäuren schmelzen zwischen 45 und 46 ° C. Im übrigen weicht das Fett von verschiedenen Körperteilen in seinen Eigenschaften etwas voneinander ab. So fand Moser v. Moosbruch[1]) bei zwei Hammeln:

Eigen-
schaften.

---

[1]) Berichte der k. k. landw. Versuchsstation Wien, 1882 und 1883.

	Schmelz- punkt des Fettes	Erstarrungs- punkt	Schmelz- punkt der Fetttäuren	Erstarrungs- punkt
Nieren	54,0—55,0 ⁰	40,7—40,9 ⁰	56,2—56,5 ⁰	51,9—51,9 ⁰ C
Netz- u. Eingeweide	52,0—52,9	39,2—39,9	54,9—55,8	50,4—50,6
Fetthaut	48,6 —49,5	34,1—34,9	50,7—51,1	43,7—46,2

Hehner und Mitchell[1]) untersuchten das Fett eines $1\,^1/_2$ Jahre
alten schwedischen Schafes und fanden dabei:

	Schmelzpunkt der Fettsäuren	Stearin- säuregehalt
Nierenfett	45,6 ⁰C	26,2—27,7 ⁰/₀
Rückenfett	41,4	24,8
Kammfett	42,2	16,4
Herzfett	33,8	ca. 1,0
Lendenfett	40,8	keine Abscheidung nach 2 Tagen

Hansen[2]) hat aus dem Hammeltalg, genau so wie aus dem Rindertalg, Distearopalmitin, Dipalmitostearin, Dipalmitoolein und ein Stearopalmito-
olein isoliert.

Die Fettsäuren des Hammeltalges wurden von Chevreul und Braconnat
untersucht, die 80 ⁰/₀ fester und 20 ⁰/₀ flüssiger Anteile fanden; diese Angaben lassen sich aber mit der Jodzahl des Hammeltalges nicht in Einklang
bringen.

Der Gehalt des Hammeltalges an freien Fettsäuren bewegt sich
zwischen ziemlich niedrigen Grenzen. Ulzer fand in zwei Proben unter
2 ⁰/₀ freier Fettsäuren von fester Konsistenz, in älteren Mustern 6,1—9,3 ⁰/₀.
Die Elementaranalyse ergab bei Hammeltalg nach E. Schulze und
A. Reinecke[3]) folgende Zusammensetzung:

Kohlenstoff	76,61 ⁰/⁰
Wasserstoff	12,03
Sauerstoff	11,36

Eigentümlich ist für den Hammeltalg sein vorzeitiges Ranzigwerden;
er ist weit weniger haltbar als Rindstalg.

Nach Shukoff[4]) unterscheidet man in Rußland, wo große Mengen
von Hammeltalg erzeugt werden, zwei Sorten: den Hammeltalg des Südens
mit ca. 46,5 ⁰ Titer und den Hammeltalg von Orenburg (genannt „coutir"
oder „ourduque"), welch letzterer besonders aus Hammelschwänzen gewonnen wird und nur 42,4 ⁰ Titer zeigt.

---

[1]) Analyst, 1896, S. 327.
[2]) Chem. Ztg., Rep., 1902, S. 93.
[3]) Landw. Versuchsstationen, Bd. 90, S. 97.
[4]) Chem. Revue, 1901, Heft 11—12.

Verwendung.

Hammeltalg wird hauptsächlich in der Stearin- und Seifen-Fabrikation benutzt; für feine Toiletteseifen ist er aber nicht brauchbar, weil er zu rasch ranzig wird und dann gelbliche Seife liefert.

Das vorzeitige Verderben des Schaftalges, wobei er einen widerlichen Geruch und Geschmack annimmt, zieht seiner Verwendung als Speisefett Grenzen. Die an den Genuß von Hammelfleisch gewöhnten Balkanvölker lieben jedoch sonderbarerweise den eigenartigen Geruch und Geschmack älteren Hammeltalges und die Einführung von Kunstspeisefett in die Balkanstaaten scheitert nicht zuletzt an dem Umstande, daß man den eigenartigen Schöpsengeruch auf künstliche Art nur unvollkommen nachahmen kann.

Der größere Teil des heute unter dem Namen Hammeltalg in den Handel gebrachten Materials besteht aus einem Gemisch von Rinds- und Hammeltalg.

Produktion.

Die jährlich erzeugte Menge von Hammeltalg ist sehr bedeutend und wächst bei der alljährlich an Umfang zunehmenden Schafzucht mehr und mehr an. Besitzt doch Europa über 143 Millionen, Australien ca. 110 Millionen und Argentinien ca. 80 Millionen Schafe. Nimmt man an, daß alljährlich nur ein Viertel des Bestandes geschlachtet wird, so macht dies für alle Länder zusammengenommen wenigstens 100 Millionen Stück mit einem Talgertrage von 200000 Tonnen aus. Von dieser Menge erscheint aber nur ein Bruchteil im Handel, weil der Talg der Hammel vielfach im Hause, ähnlich wie das Gänsefett, verbraucht wird.

Australien und Rußland senden aber immerhin namhafte Mengen Schaftalg auf ihre Märkte.

Ziegentalg.

Bockstalg. — Sebum hircinum.

Der aus dem Fettgewebe der Ziege (Capra domestica) gewonnene Talg ist dem Schaftalge ähnlich, unterscheidet sich aber von diesem durch seinen charakteristischen Bocksgeruch. Chevreul sucht letzteren auf das Vorhandensein einer flüchtigen Fettsäure, der Hircinsäure, zurückzuführen; diese Verbindung ist indes von anderer Seite bisher noch nicht isoliert worden und besteht daher wohl nicht. Der Ziegen- und Bockstalg dürfte seinen Geruch einem Gemenge flüchtiger Säuren (Butter-, Capron-, Capryl- und Capronsäure) verdanken.

Ziegen- und Bockstalg werten weit geringer als Hammeltalg, weil ihre Fettsäuren trotz des hohen Schmelzpunktes sich wegen der schlechten Kristallisation nur schwer auf Stearin verarbeiten lassen.

Hirschtalg.

Graisse de cerf. — Stag fat. — Sego di cervo. — Sebum cervinum.

Eigenschaften.

Das Fett unseres Hirsches unterscheidet sich von dem des Rindes und des Hammels durch seinen größeren Gehalt an Glyzeriden fester Fettsäuren. Der Schmelzpunkt des Hirschtalges beträgt nach Beckurts und Ölze[1] 49—49,5°, der Erstarrungspunkt liegt bei 48° C. Die aus dem Fette abgeschiedenen Fettsäuren schmelzen bei 49,5° und erstarren bei 46—48° C. Nach Amthor und Zink[2] beträgt die Dichte des Hirschfettes bei 15° C 0,967. Letztere fanden den Schmelzpunkt etwas höher als Beckurts und Ölze[3].

Verwendung.

Der Hirschtalg wurde ehedem seiner Härte wegen besonders geschätzt und zu verschiedenen pharmazeutischen Zwecken angewendet, hauptsächlich zum Einfetten der Füße als Mittel gegen das Wundgehen. Heute wird das in Apotheken unter dem Namen Hirschtalg verkaufte Fett mitunter wohl, aus Rindstalg und sogenanntem Preßtalg bestehen.

Andere Talgarten.

Über das Fett des Rehes, des Elentieres (Elches), des Renntieres und der Gemse liegen Arbeiten von Amthor und Zink, Tischtschenko[4], Karaseff[5] und von Kebler und Pancoast[6] vor. Die Eigenschaften dieser Fette hier näher zu besprechen, erscheint bei ihrer rein theorethischen Bedeutung überflüssig.

Pferdefett.

Pferdekammfett. — Kammfett. — Graisse de cheval. — Horse fat. — Grasso di cavallo.

Herkunft.

Das Pferdefett wird aus dem Fettgewebe unseres Pferdes gewonnen; bei dem ständig zunehmenden Konsum von Pferdefleisch gewinnt dieses Fett seit den letzten Jahren mehr und mehr an Bedeutung. Der Pferdekamm ist besonders reich an Fett, weshalb man Pferdefett häufig auch Kammfett nennt.

---

[1] Archiv Pharm., 1895, S. 249.
[2] Zeitschr. f. analyt. Chemie, 1897, S. 4.
[3] Über die Zusammensetzung des Hirschtalges siehe auch Wachtel, Chem. Ztg., 1890, S. 904.
[4] Zeitschr. f. angew. Chemie, 1900, S. 167.
[5] Chem. Ztg., 1899, S. 659,
[6] Journ. Pharm., 1903, S. 304.

Gewinnung.

Die Gewinnung des Pferdefettes deckt sich im großen und ganzen mit der des Rindstalges. Die Hauptmenge des Pferdefettes wird wohl in Abdeckereien gewonnen, wo vielfach nicht mit jener Sorgfalt vorgegangen wird, die man dem Ausschmelzen des Rohtalges von Hornvieh zuteil werden läßt. (Vergleiche auch S. 833.) Es finden sich daher in dem Pferdefette nicht selten Reste des Zellgewebes, die Ursache des frühen Ranzigwerdens dieses Produktes sind.

Eigenschaften. [1]

Farbe und Konsistenz des Pferdefettes sind je nach dem Körperteil, von dem es stammt, verschieden. Amthor und Zink[2] sowie Kalmann[3] haben darüber Beobachtungen angestellt und gefunden:

	Farbe	Schmelz- punkt	Erstarrungs- punkt	Schmelz- punkt	Erstarrungs- punkt
		des Fettes		der Fettsäuren	
Nierenfett . .	goldgelb	39 °C	22 °C	36—37 °C	30—30,5 °C
Kammfett . .	tief orange	34—35	30	41—42	22—33
Speckfett . .	goldgelb	36—37	20	39—40,5	31—32,5
Eingeweidefett	braungelb	—	—	37,5	37,7
Brustfett . .	hellgelb	—	—	39,5	37,3

Das in den Handel kommende Pferdefett ist gewöhnlich von gelblicher Farbe und zeigt eine halbflüssige, salbenartige Konsistenz.

Das spezifische Gewicht des Pferdefettes wird von Filsinger[4] mit 0,9189 (bei 15 °C) angegeben, während Amthor und Zink bei derselben Temperatur eine Dichte von 0,9270—0,933 fanden.

Das Pferdefett ist nach Hehner und Mitchell frei von Stearinsäure; Farnsteiner wies darin Linolsäure (9,9 %) nach, deren Vorhandensein auch die schwach trocknenden Eigenschaften dieses Fettes erklärt.

Verwendung.

Das Pferdefett wird in seinen reineren Sorten von der ärmeren Bevölkerung an Stelle von Schweineschmalz verwendet. Die Gerüchte, daß man in Frankreich durch Abpressen des flüssigen Anteiles ein Speiseöl gewinne, bedürfen der Bestätigung. Unreine Partien wandern in die Seifensiedereien.

---

[1] Pferdemarkfett (moelle de cheval, horse marrow fat, grasso di midollo di cavallo) ist ein hellgelbes, aus den Röhrenknochen des Pferdes gewonnenes Fett, das sich durch sehr geringe Azidität auszeichnet.
[2] Chem. Centralbl., 1892, S. 683.
[3] Chem. Ztg., 1892, S. 922.
[4] Chem. Ztg., 1892. — Siehe auch Lenz, Zeitschr. f. analyt. Chemie, 1889, S. 441.

Das Pferdefett verhält sich bei der Verseifung ähnlich wie das Schweinefett. Es zeigt dabei einen eigenartigen süßlichen Geruch, der es als Zusatzfett beim Sieden von Kernseifen sehr geeignet macht, weil dadurch der strenge Geruch, den manche Kernseifen zeigen, abgeschwächt wird.

Schweinefett.

Schweineschmalz. — Schmalz. — Schmer. — Saindoux. — Graisse de porc. — Lard. — Strutto. — Adeps suillus.   Axungia Porci.

Geschichte.

Geschicht-
liches.

Die Verwendung des Fettes des Hausschweines (Sus scrofa domesticus) als Speisefett ist ebenso alt wie die Zucht des Schweines, doch blieb die Gewinnung dieses Fettes lange Zeit auf die einzelnen Haushaltungen und kleineren Schlächtereien beschränkt und ein gewerbsmäßiges, in größerem Maßstabe durchgeführtes Ausschmelzen des Fettgewebes der Schweine datiert nicht allzulange zurück. In Europa haben diese Betriebe auch nur vereinzelt festen Fuß fassen können, während in den Vereinigten Staaten großartige Schweineschlächtereien (packhouses) die Gewinnung des Schweinefettes (lard) in rationellster Weise betreiben und ihre Produkte in aller Herren Länder senden.

Nach Deutschland kam das erste amerikanische Schweinefett in den sechziger Jahren des vorigen Jahrhunderts, doch handelte es sich im Anfang nur um ganz kleine Quantitäten raffinierter Ware, das mit Segelschiffen von drüben bezogen wurde. Schon nach einigen Jahren gestaltete sich der Import jedoch lebhafter, da Österreich-Ungarn, das bis dahin regelmäßig Schmalz nach Deutschland exportiert hatte, nicht nur nichts nach auswärts verkaufen konnte, sondern selbst importieren mußte. Es entstanden bald darauf in Deutschland einige Schmalzraffinerien, die das von Amerika eingeführte Schweinefett zu verbessern trachteten. Der amerikanische Schmalzimport hat seither einen ungeahnten Aufschwung genommen und das amerikanische Fett beherrscht heute den Schweinefettmarkt aller Länder.

Lange Zeit war das Publikum von einem Vorurteil gegen amerikanisches Schweineschmalz befangen und man bezahlte dafür nicht jene Preise wie für inländische Ware. Diese Voreingenommenheit mag nicht wenig durch die seinerzeit verbreitete Meinung hervorgerufen worden sein, daß in Amerika auch viele von der sogenannten „Hogcholera" befallene Schweine zur Schmalzfabrikation verwendet würden. Diese Ansicht ist aber vollständig irrig, wie auch die jüngsten Veröffentlichungen Sinclairs[1]) über die sanitären Zustände in amerikanischen Schlächtereien stark übertrieben sein dürften.

---

[1]) Sinclair, The jungle, Chicago 1906.

Rohmaterial.

Das an den verschiedenen Körperteilen des Schweines abgelagerte
Fettgewebe (Schmer genannt), welches das Rohmaterial der Schweinefett-
gewinnung darstellt, besteht nach E. Schulze und A. Reinecke durchschnittlich aus

$6,44\,^0/_0$ Wasser,·
$1,35\,^0/_0$ Zellmembranen und
$92,21\,^0/_0$ Fett,

doch wird seine Zusammensetzung durch das Futter, das Alter, den Ge-
sundheitszustand und durch die Lebensweise des Tieres merklich
beeinflußt. Auch sind nicht alle Fettpartien bei demselben Tiere von
gleicher Zusammensetzung; das Fettgewebe ist in der Brustgegend am
wasser- und membranreichsten (siehe die betreffenden Analysen in Band I,
Seite 19).

E. Dieterich hat Versuche über die nachteiligen Veränderungen angestellt, die das Fettgewebe des Schweines beim Lagern erleidet, und
auf die Wichtigkeit des sofortigen Ausschmelzens hingewiesen.

Gewinnung.

Zur Ausbringung des Fettes aus dem Fettgewebe des Schweines werden ausschließlich Schmelzmethoden benutzt. Je nach der Qualität des
herzustellenden Produktes weichen die Einzelheiten der Herstellungsverfahren
voneinander ab.

In den Haushaltungen wie auch in kleineren Schlächtereien erfolgt
das Ausschmelzen (Auslassen) des Schmers derart, daß man letzteres
in kleine Würfel schneidet und in einem Küchenkessel über gelindem Feuer
erhitzt. Ein Übermaß der Hitze gibt sich durch ein zu heftiges Aufwallen
und Kreischen der Masse im Kessel und auch durch Verfärben der Grieben
zu erkennen. Sobald sich eine genügende Menge ausgeschmolzenen Fettes
im Kessel gebildet hat, schöpft man es mit einem Küchenlöffel ab und
zieht es durch einen Durchschlag oder Seiher, die zurückgehaltenen
Grieben sofort mit einem Löffel ausdrückend, damit sie das ihnen anhaftende Fett abgeben. Das geseihte Fett wird dann in Tongefäße oder
Holzkübel gefüllt und erkalten gelassen, worauf es für den Gebrauch
fertig ist.

In den Großbetrieben wird natürlich auf rationellere Weise
verfahren und teils mit Heißwasser, teils mit direktem oder indirektem Dampf ausgeschmolzen. Die nach den verschiedenen Methoden
gewonnenen Fette weichen in ihrer Beschaffenheit voneinander etwas ab,
weshalb man im Großhandel gewisse Bezeichnungen für die nach bestimmten Verfahren hergestellten Schweinefette eingeführt hat. So werden

z. B. in Amerika im Schweinefetthandel gewöhnlich folgende Sorten unterschieden [1]):

> Neutral lard,
> Leaf lard,
> Steam lard,
> Stiffened lard und
> Compound lard,

deren besondere Eigenschaften und Herstellungsweise nachstehend beschrieben
werden sollen [2]).

Neutral lard. Neutral lard (neutrales Schweinefett) unterscheidet sich sowohl
in seinem Charakter als auch in seiner Herstellungsweise von den übrigen
Schweineschmalzsorten. Es wird der Hauptsache nach aus sogenanntem
Flaumfett gewonnen und man verfährt bei seiner Bereitung wie folgt:
Nach der Schlachtung werden die Fettstücke in einen Kühlraum gebracht und dort belassen, bis sie vollständig durchkältet sind. Wünschens-
wert ist es, daß bis wenige Grade über den Nullpunkt erkalten gelassen
wird, was ungefähr 24—48 Stunden erfordert. Das Fett kommt sodann
in den Zerkleinerungsapparat (hasker), der mit 600 Umdrehungen pro
Minute arbeitet und das zugebrachte Rohfett zu einer homogenen, plastischen
Masse verarbeitet. Letztere fällt von selbst in den Schmelzkessel, der nach
dem Prinzip der Wasserschmelze arbeitet. Seine Einrichtung zeigt Fig. 267
im I. Band, nur erfolgt das Durchrühren des Rohfettes nicht von Hand
aus, sondern durch ein Rührwerk, das ungefähr 35 Umdrehungen pro
Minute macht. Die übrige Arbeitsweise ist genau so, wie in Band I, S. 525
bis 527 beschrieben wurde. Die höchste Temperatur während des Schmelzens
beträgt 57°C. Ist die Schmelze beendet, so wird das Rührwerk aus dem
Kessel herausgehoben und der Kesselinhalt durch ungefähr eine Viertelstunde
ruhen gelassen, wobei sich das geschmolzene Fett an der Oberfläche ansammelt. Die wenigen auf dem Fette schwimmenden, feinen, ausgeschmolzenen Zellreste (scraps) werden vorsichtig abgeschöpft und auf die Oberfläche des Schmelzfettes wird etwas Salz gestreut, um die Wasser-
abscheidung zu befördern; das geklärte Fett läßt man nach einiger Zeit
mittels des drehbaren Abflußrohres in den eigentlichen Klärkessel ab.
Über dem Klärkessel befindet sich ein Sieb aus feiner Messinggaze
gespannt, durch das eventuell in dem Fette noch schwimmende Scraps
aufgefangen werden. Der Klärkessel selbst besteht aus einem einfachen
Marienbad (Band I, S. 592) und das Fett wird darin auf einer
Temperatur von 44°C erhalten. Nachdem das Schweinefett 2 Stunden

---

[1]) Die Unterscheidung des Schweinefettes in Bladder lard (Blasenschmalz)
und Keg lard (Kübelschmalz) ist von untergeordneter Bedeutung. Die Bezeichnungen betreffen die Verpackungsart des Fettes; Bladder lard kommt in
Schweinsblasen eingefüllt in den Handel, Keg lard wird in Kübeln oder Fässern
(tierces) versandt. Blasenschmalz gilt als eine besonders gute Qualität.

[2]) Vergleiche Seifenfabrikant, 1907, S. 155.

lang in diesem Klärkessel geblieben ist, läßt man es in den sogenannten Absetzkessel laufen, wo es weitere 4 Stunden verbleibt, um sodann in die Fässer (tierces) abgezogen zu werden. Eine dabei stattfindende Passage durch ein dichtes Gewebe hält eventuell noch im Fette gebliebene Griebenreste zurück.

Die Fässer selbst werden in einen eigenen Raum, den sogenannten Körnraum („graining room") gebracht, der ungefähr 16^0 C warm gehalten wird. In diesem Raume werden die Spunde der Fässer nochmals geöffnet, bis das Fett erstarrt ist. Es soll dabei eine körnige Konsistenz annehmen; je deutlicher diese ausgebildet erscheint, um so höher wird das Produkt geschätzt. Dieses kristallinische Erstarren beansprucht einen Zeitraum von ungefähr 3 Tagen. Werden die Fässer während dieser Zeit bewegt, so bildet sich eine homogene, feste Fettmasse, die im Handel nicht beliebt ist.

Neutrallard hält sich am Lager viel weniger gut als die bei hoher Temperatur ausgekochten Schweinefettsorten. Bei diesen werden durch die hohe Temperatur gewisse zersetzungbeschleunigende Organismen zerstört, die im Neutrallard verbleiben. Letzterer wird zweckmäßig in Kühlräumen aufbewahrt, weil die darin herrschende niedere Temperatur seinem vorzeitigen Verderben vorbeugt. Für den Hausgebrauch ist der im Preise höher stehende Neutrallard wegen seiner leichten Verderblichkeit nicht geeignet, wohl aber wird er in der Fabrikation von Butterine, Oleomargarin usw. geschätzt.

Neutrallard muß milde, mehr oder weniger milchartig schmecken, schneeweiß sein und darf keinerlei Geruch zeigen. Aus Flaumfett gewonnener Neutrallard wird in Amerika als „Choice Nr. I" oder „Extra Neutral" gehandelt. Aus frischem Schinken-, Netz- oder Gekrösefett nach der oben beschriebenen Methode hergestelltes Schweinefett führt die Handelsbezeichnung „Neutrallard Nr. I". Das aus dem Rückenfett des Schweines auf die gleiche Weise gewonnene Produkt („Neutrallard Nr. II") wird bei etwas höherer Temperatur ausgeschmolzen, weil sonst die Ausbeute zu wünschen übrig ließe.

Die beim Ausschmelzen des Neutrallards sich ergebenden Grieben werden zumeist weiter entfettet, indem man sie in geschlossenen Gefäßen mittels Dampfes unter Druck ausschmilzt.

Leaf lard (Flaumfett, Speckschmalz) wird aus Flaum- und Rücken- Leaf lard. fett gewonnen. Das Flaum- und das Rückenfett, von welch letzterem vorher die Schwarte abgelöst wird, werden durch einen Schneidapparat zu einer teigigen Masse zerkleinert. Diese kommt in flache, offene, mit Dampfmantel umgebene Kessel, wie solche in Bd. I, Fig. 251, S. 510, dargestellt sind. In diese Kessel bringt man eine kleine Menge flüssigen Schweinefettes, dreht dann den Dampf vorsichtig auf und trägt allmählich das zerkleinerte rohe Fett ein. Das in diesem enthaltene Wasser entweicht in Blasenform und erteilt dem Kesselinhalte das Aussehen einer kochenden Masse. Das Eintragen des rohen Fettes muß ziemlich langsam erfolgen und eine Schmelze dauert daher mehrere Stunden (für eine Charge von 1500 kg sind ungefähr 30 Stunden erforderlich). Steigen keine Dampfblasen mehr auf und verhält sich die Oberfläche des Kesselinhaltes vollständig ruhig, so stellt man den Dampf ab und überläßt der Ruhe. Die feinen Zellreste setzen sich am Boden der Pfanne fest, das Fett selbst wird auf geeignete Weise abgezogen und in einen Absetzbottich gebracht. Ein Bleichen des Fettes findet in der Regel nicht statt. Nur bei Produkten, die durch unrichtiges Ausschmelzen etwas angebrannt (gebräunt) sind, wird mit etwas Fullererde gebleicht.

Da Leaf lard in kleinen Schmelzkesseln gewonnen wird, heißt er vielfach auch „Kettle rendered lard" (kesselausgelassenes Schmalz). Die besten Marken kommen unter dem Namen „Choice kettle rendered lard" oder kurz „Choice lard" in den Handel.

Kettle rendered lard hält sich infolge seiner absoluten Wasserfreiheit und der relativ hohen Temperatur, bei der er ausgeschmolzen wird, am Lager sehr gut. Er besitzt einen eigentümlichen charakteristischen Griebengeruch, der ihn für Koch- und Bratzwecke gut geeignet macht.

Die bei der Kesselschmelze erhaltenen Rückstände werden entweder ähnlich wie die bei der Neutrallardfabrikation resultierenden unter Dampfdruck ausgeschmolzen oder in sogenannten Griebenpressen (siehe Bd. I, Fig. 283 bis 286, S. 556—558) abgepreßt, um das Fett als minderes Schweineschmalz, die Preßlinge (cracklings) als Hühnerfutter oder Düngemittel zu verwerten.

Prime steam lard. Prime steam lard [2]) (Western steam lard, Dampfschmalz) ist ein mittels direkten gespannten Dampfes in geschlossenen Gefäßen ausgeschmolzenes Schweinefett, zu dessen Herstellung alle Partien des Fettgewebes [3]) wie auch die Rückstände der Neutrallardfabrikation verwendet werden.

---

[1]) Lewkowitschs Annahme, nach der Leaf lard das beim Behandeln der Neutrallard-Schmelzrückstände mit gespanntem Wasserdampf sich ergebende Fett (also eine Art Steam lard) wäre, ist unzutreffend.

[2]) Nach den Bestimmungen der Handelskammer in Chicago ist Prime steam lard das Schmalz von Abschnitten (trimmings) und anderen fetthaltigen Teilen der Schweine, die durch direkten Dampf entweder in offenen oder in geschlossenen Gefäßen ausgeschmolzen wurden.

[3]) Das an den Därmen haftende Fett wird mitunter gesondert ausgeschmolzen und als eine mindere Qualität von Steam lard in den Handel gebracht. Eine solche Separation findet aber nur selten statt, gewöhnlich gehen auch die Fettpartien der Eingeweide und Därme mit in den Prime steam lard. — R. Grimshaw machte anläßlich einer Besprechung der Compoundlardfabrikation den Schmalzerzeugern Vorwürfe über die Betriebsführung ihrer Anlagen, die ähnlich lauten wie die in jüngster Zeit von Sinclair in seinem Buche „The jungle" geschilderten. Nach Grimshaw werden nicht nur ekelerregende Teile gesunder Tiere zu Schweinefett verarbeitet, sondern auch kranke Schweine, auf dem Transport verendete Tiere, trächtige Sauen und Mutterschweine, die während des Transportes verkalben, usw. (Vergleiche Journ. Frankl. Inst., 1889, S. 191.)

Zur Herstellung des Steam lard werden vornehmlich Schmelzapparate verwendet, wie sie im I. Bande auf Seite 528 abgebildet und beschrieben wurden. Der Druck, unter dem ausgeschmolzen wird, beträgt 3 bis 3,5 Atmosphären, die Kochdauer 8 bis 10 Stunden und die Chargenmenge je nach Größe der Apparate 2000—9000 kg.

Das ausgeschmolzene Fett, das nach der in Band I, Seite 528 besprochenen Art aus dem Schmelzapparate abgelassen wird, enthält etwas Wasser und Farbstoffe, welche Verunreinigungen durch eine Raffination des Fettes entfernt werden müssen.

Die Entwässerung erfolgt durch Einblasen von Luft in das erwärmte Fett. Man pumpt zu diesem Zwecke das von dem Schmelzkessel kommende Schmalz in einen nicht zu großen, oben offenen Eisenbehälter, der mit Dampfmantel und Luftschlange versehen ist. Ein 15 bis 20 Minuten während des Durchleiten von Luft bei einer Temperatur von 95° C bewirkt vollständiges Entwässern.

Um ein möglichst rasches Erhitzen des Schmalzes auf diese Temperatur zu erreichen, wird der Entwässerungsapparat oft nicht nur mit einem Dampfmantel, sondern auch mit einer Dampfschlange ausgestattet (siehe Fig. 147).

Das nun folgende Bleichen des Fettes geschieht in der Regel mit Fullererde (siehe Band I, Seite 660), indem

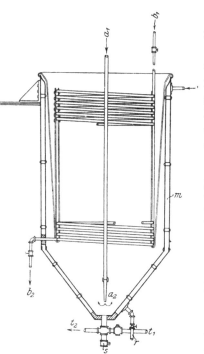

Fig. 147.
Raffinierkessel für Schweinefett.
m = Dampfmantel, $b_1 b_2$ = Ein- bzw. Austritt der Dampfschlange, $a_1 a_2$ = Luftzuführungsrohr, $s, t_1 t_2$ = Ablaßvorrichtungen für Lard, r = Kondensrohr des Dampfmantels.

Entwässern.

Bleichen.

man ungefähr 1,5—3% dieses Bleichmittels in das auf 65—75° erwärmte Fett einrührt und hierauf eine Filterpressenpassage vornimmt[1]).

Das gebleichte, von der Filterpresse kommende Fett hat eine Temperatur von 55—65° C und würde, wenn man es sofort in Fässer füllte oder in großen Behältern langsam abkühlen ließe, eine kristallinische, körnige

---

[1]) E. Meißl empfiehlt zum Bleichen von Schweinefett Blutlaugensalz-Entfärbungspulver, wovon er 0,25—0,50% in das auf 80° C erwärmte Fett einrührt und nachher filtriert. Diese wohl längst Gemeingut bildende Methode wurde Meißl im Jahre 1894 in Österreich-Ungarn und im Jahre 1896 in Amerika (amer. Patent Nr. 568983 v. 6. Oktober 1896) patentiert. (Vergleiche Bd. I, S. 760.) — Über das Verfahren von Ernst Reye in Hamburg (D. R. P. Nr. 105671 v. 29. März 1898) und das von Joh. Müller siehe Bd. 1, S. 663.

Struktur annehmen. Eine solche ist aber bei Steam lard nicht erwünscht,
man liebt vielmehr ein vollständig amorphes, glattes Fett, das streichfähiger
ist als körniges Schmalz, wie es außerdem eine weißere Farbe zeigt als
dieses. Die sich mit der Herstellung von Steam lard befassenden Anlagen
wie auch solche, die minderwertige Schmalzsorten bleichen und raffinieren,
Kühlen. verfügen über eigene Kühlvorrichtungen, die das von den Filterpressen
oder sonstigen Apparaten kommende warme Schmalz rasch abkühlen.

Eine ältere Konstruktion von Schmalzkühlern (lard coolers) besteht
aus einem einfachen, oben offenen Bottich, der mit einem Rührwerk versehen ist, in dessen hohlen Rührarmen kaltes
Wasser oder gekühlte Salzlösungen zirkulieren.
Zwecks rascherer Abkühlung versieht man wohl
auch die Wandungen des Bottichs mit einer
Kühlschlange oder einem Kühlmantel.

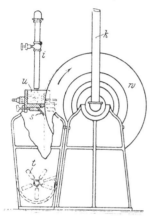

Größere Anlagen arbeiten mit den sogenannten Kühlwalzen (lard rolls oder
cooling cylinders).

Diese Lardkühler bestehen aus einer hohlen rotierenden Eisenwalze w (Fig. 148), durch die mittels
des Rohres k kontinuierlich Eiswasser oder eine gekühlte Salzlösung läuft. Auf der einen Seite der
Walze w ist ein Trog u angebracht, der durch das
Rohr i mit flüssigem Schweinefett gespeist wird. Die
Walze w streift bei ihrer Umdrehung den Inhalt
des Troges und nimmt eine dünne Schicht flüssigen

Fig. 148. Lardkühler.

Fettes mit, das infolge der kalten Oberfläche der
Walze während ihrer Umdrehung erkaltet und dann durch den verstellbaren Schaber s
in Form einer halbfesten Masse abgestreift wird. Das erstarrte Fett fällt in einen
Trog und wird von einer Transportschnecke t fortgeschafft.

Fig. 149. Lardkühler mit einer Kühlwalze.

Fig. 149 zeigt einen solchen Lardkühler in der Vorderansicht.

Häufig läßt man auch zwei Kühlwalzen zusammenarbeiten, wie dies Fig. 150 zeigt, wo die Stirnansicht eines Doppelwalzenkühlers wiedergegeben ist. Der Trog *u* für das flüssige Fett befindet sich hier zwischen

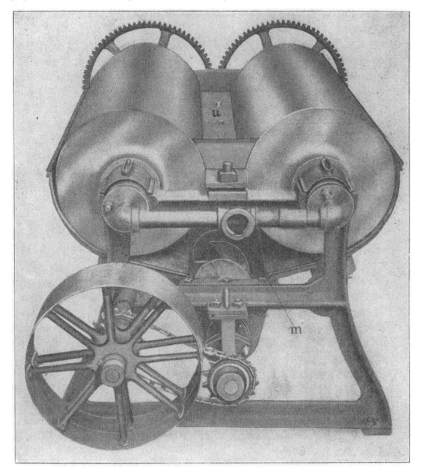

Fig. 150. Lardkühler mit zwei Kühlwalzen.

den beiden Walzen angeordnet; die Zuleitung der Kühlflüssigkeit ist für beide Walzen gemeinsam und erfolgt durch das Rohr *m*.

Einige Betriebe lassen das heiße Schweinefett vorerst auf einen mit Eiswasser gekühlten Walzenkühler laufen (der das Fett nur abkühlt, aber nicht erstarren läßt) und hierauf einen mit unter Null abgekühlter Salzlauge gespeisten Kühler passieren, wobei das Fett erstarrt. Die Leistungsfähigkeit der Apparate wird durch diese Anordnung wesentlich erhöht.

Das von den Kühlwalzen kommende Produkt stellt eine klumpige Masse dar, die in einem Rührbottich homogenisiert werden muß, bevor sie in Fässer oder Kübel gefüllt wird.

Bleich- und Kühlanlagen für Schweinefett sind oft als selbständige Betriebe zu finden, in denen aufgekaufte minderwertige Sorten von Schmalz verbessert werden.

Gesteiftes Schmalz. Stiffened lard (gesteiftes Schmalz). Das Weichwerden des Schweinefettes zur Sommerszeit hat — besonders in den in heißen Klimaten liegenden Ländern — den Wunsch gezeigt, den Schmelzpunkt des Schweinefettes hinaufzusetzen. Durch geeignete Auswahl des rohen Schmers läßt sich zwar Schweinefett von niederem oder höherem Schmelzpunkt darstellen, doch ist der Unterschied im Schmelzpunkt nicht so bedeutend, daß man den Ansprüchen aller Abnehmer vollständig genügen könnte, wie andererseits eine solche Auswahl des Rohproduktes nur in ganz großen Schlächtereien möglich ist. Die kleineren Schlachthäuser bzw. Lardschmelzereien müssen auf eine solche Auslese verzichten und die bisweilen gewünschten höher schmelzenden Schweinefette durch Beimengung höher schmelzender Fettsorten darstellen.

Zur Erhöhung des Schmelzpunktes verwenden die Schweinefettschmelzereien Lard- und Oleostearin, das sind die aus Schweinefett bzw. Premier jus erhaltenen, die festen Triglyzeride dieser Fette darstellenden Produkte. Ein Zusatz von $5-6\%$ Preßtalg (Oleostearin) oder von $10-12\%$ Lardstearin genügt für den gedachten Zweck. Man mischt die betreffenden festen Fette in den angegebenen Prozentsätzen dem Schweinefett zu, rührt gut um und fährt mit dem Durchmischen fort, bis das allmähliche Erkalten der Produkte ein Steifwerden der Masse bewirkt hat.

Das gesteifte Fett (stiffened lard) wird im Sommer viel begehrt. Falls zu seiner Herstellung Lardstearin[1]) verwendet worden ist, läßt sich gegen dieses Produkt nichts einwenden. Ein Zusatz von Oleostearin stellt aber eine Vermengung des Schweinefettes mit dem tierischen Fette anderer Provenienzen dar und ist daher beim Verkauf der Ware zu deklarieren.

Kunstschmalz. Compound lard oder Lard compound (Kunstschmalz) ist ein Fettgemenge, das als Surrogat für Schweinefett dient. Es besteht der Hauptsache nach aus Kottonöl und Preßtalg (Oleostearin), weist aber die verschiedenartigste Zusammensetzung auf und enthält in der Regel kein oder doch nur sehr wenig Schweinefett oder Lardstearin.

Über die Fabrikation und Zusammensetzung von Compound lard, das unter allen möglichen Phantasienamen auf den Markt kommt, wird in Band III, Kapitel „Speiseöle und Speisefette", näher berichtet werden.

───────────

[1]) Über seine Herstellung siehe S. 765 dieses Bandes.

Eigenschaften.

Schweinefett stellt ein bei gewöhnlicher Temperatur festes, weißes
Fett dar, dessen Struktur je nach seiner Bereitungsweise körnig-kristallinisch bis vollkommen amorph ist[1]).

Das spezifische Gewicht des Schweinefettes liegt zwischen 0,913 und 0,932 (bei 15⁰ C). Bei 100⁰ C kommt dem Fette eine Dichte von 0,859—0,846 zu, bezogen auf Wasser bei 15⁰ C. Sein Schmelzpunkt schwankt, je nach der Sorte, zwischen 36 und 46⁰ C, sein Erstarrungspunkt bewegt sich in den Grenzen zwischen 26 und 32⁰ C. Die aus dem Schweinefett durch Verseifung abgeschiedenen Fettsäuren schmelzen bei 35 bis 46⁰ C und erstarren zwischen 34 und 40⁰ C.

Das Schweinefett besteht aus den Glyzeriden der Laurin-, My-
ristin-, Palmitin-, Stearin- und Ölsäure, enthält nebenbei aber auch geringe Mengen von Linol- und Linolensäureglyzeriden.

Partheil und Ferié[2]) geben die Zusammensetzung amerikanischen Schweinefettes wie folgt an:

Stearinsäure	8,16— 8,64 %/0
Palmitinsäure	4,36— 4,59
Myristinsäure	14,03—14,68
Laurinsäure	10,27—13,08
Ungesättigte Säuren . .	53,73—54,37

Twitchell[3]) nimmt das Verhältnis der festen (gesättigten) Säuren zu den ungesättigten wie 40,55 : 59,45 an. Die ungesättigten Säuren bestimmte Twitchell als zu 10,06 %/0 aus Linolsäure und zu 49,39 %/0 aus Ölsäure bestehend.

Auf den Gehalt des Schweinefettes an Linolsäure machte zuerst Fahrion[4]) aufmerksam; bald darauf wiesen diese Wallenstein und Finck[5]) auch in europäischem Schweinefette nach.

Kreis und Hafner haben im Schweinefett das Vorhandensein gemischter Glyzeride nachgewiesen und durch wiederholtes Umkristallisieren des Fettes aus Äther Heptadecyldistearin isoliert.

Der Gehalt des Schweinefettes an Unverseifbarem ist gering und liegt unter 0,5 %/0. Das Unverseifbare besteht der Hauptsache nach aus Cholesterin.

Aus frischem Rohmaterial gewonnenes und nicht lange gelagertes Schweinefett enthält fast gar keine freien Fettsäuren. Auch beim

---

[1]) Vergleiche das bei der Beschreibung der Herstellung der einzelnen Schweinefettsorten Gesagte.
[2]) Archiv d. Pharm., 1903, S. 556.
[3]) Journ. Soc. Chem. Ind., 1895, S. 515.
[4]) Chem. Ztg., 1893, S. 610.
[5]) Chem. Ztg., 1894, S. 1189.

Lagern nimmt die Azidität nur langsam zu. Späth[1]) hat durch eine Versuchsreihe gezeigt, daß auch nach ein-, ja selbst dreijähriger Lagerung des Schweinefettes in lose verkorkten Flaschen, unter gleichzeitiger Belichtung, der Gehalt an freien Fettsäuren nicht so hoch ansteigt wie bei den meisten anderen Fetten.

Späth hat diese Beobachtungen anläßlich seiner Studien über den Prozeß des Ranzigwerdens gemacht und dabei gefunden, daß sich an der Bildung freier Säuren sämtliche Fettsäuren beteiligen, daß die Jodzahl mit der fortschreitenden Zersetzung der ungesättigten Säuren abnimmt und der Schmelzpunkt sich erhöht.

Über die Unterschiede der aus verschiedenen Teilen des Körpers gewonnenen Schweinefette haben Späth, Dennstedt und Voigtländer, Hehner und Mitchell, Mansfeld, Windisch u. a. Untersuchungen angestellt.

Die Zusammensetzung des Schweinefettes hängt auch von dem Futter der betreffenden Tiere ab. Die mit Ölkuchen gefütterten Schweine liefern ein weicheres Fett als mit Mais ernährte. Werden Schweine mit Baumwollsaatkuchen gefüttert, so gibt das Schweinefett die für Kottonöl charakteristische Reaktion (siehe S. 219). Kottonkuchen eignen sich aber für Schweinemast nicht besonders, weshalb der Übergang des in Form von Baumwollsaatkuchen verfütterten Kottonöles in das Körperfett von keiner so großen Wichtigkeit ist, als man vielfach glauben machen will[2]).

Schweinefett ist mehr als andere Fette Verfälschungen unterworfen; es werden ihm Wasser, Preßtalg, Rinds- und Hammeltalg, Baumwollsamenöl, Kottonstearin, Erdnuß- und Sesamöl sowie andere vegetabilische Öle und Fette beigemengt. Die früher häufig zu treffende Verfälschung des Schweinefettes mit Wasser hat in den letzten Jahren mehr und mehr aufgehört; um so häufiger finden sich aber Zusätze von billigen vegetabilischen Fetten, unter Umständen auch von Rindstalg und Oleomargarin.

Verfälschungen.

Verwendung.

Verwendung.

Das Schweinefett ist neben der Butter das wichtigste Speisefett und wird als solches in bedeutenden Mengen konsumiert; seine Haltbarkeit hat viel zu seiner Beliebtheit beigetragen.

Über die in den einzelnen Staaten bestehenden gesetzlichen Bestimmungen, die den Verkehr mit Schweineschmalz und seinen Surrogaten regeln, wird in Band III, Kapitel „Speiseöle und Speisefette", berichtet.

Verdorbenes Schweinefett oder das aus verendeten und kranken Schweinen gewonnene Fett wird mitunter auch der Seifenfabrikation zugeführt.

---

[1]) Zeitschr. f. anal. Chemie, 1896, S. 471.
[2]) Vergleiche S. 231 dieses Bandes.

Preisschwankungen des Schweinefettes
und geerntete Maismengen in den Vereinigten Staaten Nordamerikas während der Periode 1884-1904.

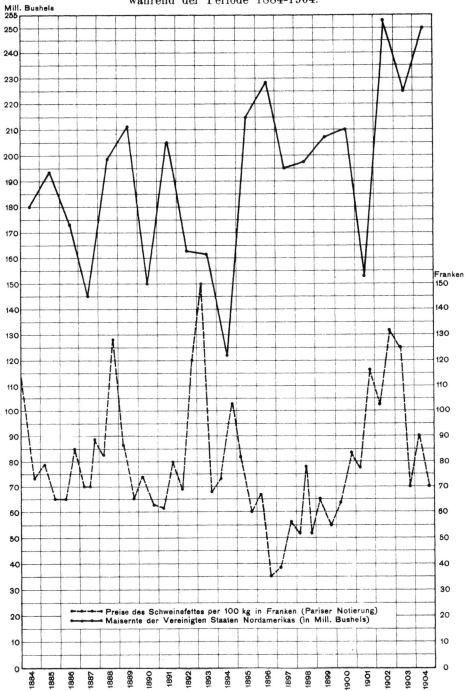

Das bei der Gewinnung von Lardöl erhaltene Lardstearin (Solarlard) dient Speisezwecken, sobald das Rohmaterial, woraus es gewonnen wurde, frisch und erstklassig war. Solches Lardstearin verwendet man zur Erhöhung des Schmelzpunktes von Schweinefett oder zur Herstellung von Kunstbutter. Minder gutes Material wird für die Seifen- oder Stearinfabrikation benutzt.

Rückstände.

Die beim Auskochen sich bildenden Schmelzrückstände (Grieben) Rückstände. werden von der ärmeren Bevölkerung sehr gerne gegessen. Vielfach werden sie aber auch behufs weiterer Entfettung in heißem Zustande unter Schmalzpressen gebracht und ausgepreßt, oder aber einer Charge der Steam rendered-Schmelzkessel zugesetzt.

Ausgepreßte Grieben können noch immer als menschliches Nahrungsmittel verwendet werden; die dampfausgeschmolzenen Rückstände bilden ein Düngemittel oder werden in getrocknetem Zustande als Hühnerfutter verwendet.

Produktionsverhältnisse.

Schweinefett wird in allen Ländern in erheblichen Mengen gewonnen, Produktion. weil das Hausschwein überall in ausgiebigstem Maße gezüchtet wird. Für den Welthandel kommen aber hauptsächlich die Unionstaaten Nordamerikas in Betracht, wo alljährlich enorme Mengen Schweine geschlachtet werden, und zwar fast ausschließlich in Großschlächtereien, wo die Gewinnung des Fettes in rationellster Weise stattfindet.

In der Wintersaison 1901/2 wurden in den westlichen Unionstaaten 10 375 000 Schweine geschlachtet und weiter verarbeitet, in der Saison 1900/1 9 277 000 und 1899/1900 9 720 000. Im Sommer und Winter zusammengenommen verarbeiteten die westlichen Packhäuser 1900/1 23 600 000, 1901/2 25 255 000 Schweine. Der Jahresdurchschnitt für das Dezennium 1890—1900 beträgt 17 600 000 Stück.

Über die Preisschwankungen des amerikanischen Schweinefettes unterrichtet die Tafel XIX.

Hasenfett.

Graisse de lièvre. — Hase fat. — Grasso di lepre.

Das Fett des Wildhasen ist nach Amthor und Zink[1]) von hell- Hasenfett. bis orangegelber Farbe, zeigt dichte, butterartige Konsistenz und scheidet sich beim Stehen in einen weißen, kristallinischen Niederschlag und in ein dickes, gelbes Öl. Bei 15° C zeigt es eine Dichte von 0,9349; es schmilzt bei 35—46° C und erstarrt zwischen 27—26° C. Die Fett-

---

[1]) Zeitschr. f. analyt. Chemie, 1897, S. 1; Drumel, Bull. de l'Association belge des Chim., 1896 S. 10.

säuren des auch in frischem Zustande unangenehm riechenden Fettes zeigen einen Schmelzpunkt von 44 bis 47 ° C und einen Erstarrungspunkt zwischen 36 bis 40 ° C. Das Hasenfett enthält Linolsäure und zeigt daher trocknende Eigenschaften. In dünner Schicht auf eine Glasplatte gestrichen, trocknet es nach 12 Tagen vollständig ein.

Kaninchenfett.[1]

Graisse de lapin. — Rabbit fat. — Grasso di coniglio.

Kaninchen-
fett.

Das Fett des dem Hasen nahe verwandten Kaninchens ist von schmutziggelber Farbe, butterartig und trennt sich beim Stehen in einen festen und einen flüssigen Anteil, wie das Hasenfett. Interessant ist, daß sich das Fett des wild lebenden Kaninchens von dem Fette unseres Hauskaninchens durch seine trocknenden Eigenschaften unterscheidet, die dem letzteren abgehen. Während im allgemeinen das Fett der Haustiere reicher an Ölsäure ist als das der wild lebenden Spezies, trifft in diesem Falle das Umgekehrte zu, wie außerdem das Fett des wilden Kaninchens noch Linolsäure enthält.

Bärenfett.

Herkunft.

Herkunft.

Unter Bärenfett versteht man in Amerika das Fett des schwarzen oder Grisly-Bären, in Europa das Fett des braunen Bären.

Eigenschaften.

Eigen-
schaften.

Raikow[2] hat echtes Bärenfett untersucht; es war einem frischen Schweinefette sehr ähnlich, von grobkörniger Struktur, zeigte eine rein weiße Farbe und war fast durchsichtig. Das Fett von der Bauchgegend war weicher als das aus der Nierengegend. Die Dichte des ersteren betrug bei 15 ° C 0,9209, des letzteren 0,9211. Der Schmelzpunkt der unlöslichen Fettsäuren des Fettes lag beim Bauchfette bei 32°, beim Nierenfette bei 30,5 — 31 ° C.

Lyman F. Kebler und G. R. Pancoast[3] fanden das spezifische Gewicht des Fettes eines norwegischen Bären zu 0,913 (bei 15 ° C). Das Fett des Eisbären ist durch seine hohe Jodzahl charakterisiert und besitzt trocknende Eigenschaften.

Verwendung.

Ver-
wendung.

Bärenfett soll das Wachstum der Haare fördern und verschiedene heilende Eigenschaften besitzen; es genießt daher als Volksheilmittel einen gewissen Ruf, doch ist das bei uns unter dem Namen Bärenfett gehandelte Produkt meist ein gelb gefärbtes Schweine- oder Gänsefett.

---

[1] Zeitschr. f. analyt. Chemie, 1897, S. 1.
[2] Chem. Ztg., 1904, S. 272.
[3] Seifensiederztg., Augsburg 1903, S. 405.

Fette anderer Säugetiere.

Die Fette des Hundes, des Fuchses, der Haus- und der Wild- Fette anderer Säugetiere.
katze, des Iltisses, des Marders, des Dachses, des Kamels und
anderer Säugetiere sind von Amthor und Zink[1]), teilweise auch von
Schulze und Reinecke[2]) sowie von Henriques und Hansen[3]) untersucht worden. Sie bieten bloß wissenschaftliches Interesse und unterscheiden sich in ihrer Zusammensetzung nur wenig von Schweinefett
und Talg.

Menschenfett.

Graisse d'homme. — Human fat. — Grasso d'uomo.

Dieses natürlicherweise nur rein wissenschaftliches Interesse bietende
Fett, das man durch Ausschmelzen oder Extrahieren des sich im mensch- Eigenschaften.
lichen Körper absondernden Fettgewebes erhält, ist von butterartiger Konsistenz und von schwach gelblicher Farbe. Seine Dichte liegt bei 0,9179
(bei 15° C), sein Erstarrungspunkt bei 15° C, sein Schmelzpunkt bei 17,5° C.

Mit der Untersuchung des im menschlichen Körper sich ablagernden Chemische Zusammensetzung.
Fettes beschäftigte sich schon Chevreul, später Heintz; in neuerer Zeit
haben sich mit der Prüfung der Zusammensetzung und Eigenschaften des
Menschenfettes Mitchell[4]), Partheil und Ferié[5]), Jäckle[6]), Knöpfelmacher[7]) und Rosenfeld[8]) befaßt.

Mitchell erhielt durch Umkristallisation des menschlichen Fettes aus
Äther geringe Mengen bei 51,5° C schmelzender Kristalle. Partheil
und Ferié schieden das Menschenfett durch Auspressen in einen flüssigen
und einen festen Anteil; der erstere wurde als Dioleostearin erkannt,
der letztere als Tripalmitin. Jäckle meint dagegen, daß das Menschenfett nur aus einfachen Glyzeriden der Öl-, Palmitin- und Stearinsäure
bestehe, wobei geringe Mengen von Glyzeridon niederer Fettsäuren
vorhanden seien. Nach ihm setzt sich das aus dem Fette abgeschiedene
Fettsäuregemisch zusammen aus:

$$4,9—6,3\,^0/_0 \text{ Stearinsäure,}$$
$$16,9—21,1 \text{ Palmitinsäure,}$$
$$65,6—86,7 \text{ Ölsäure.}$$

Daneben sollen 0,33 $^0/_0$ Unverseifbares und 0,084 $^0/_0$ Lecithin vorhanden sein.

---

[1]) Zeitschr. f. analyt. Chemie, 1897, S. 1.
[2]) Liebigs Annalen, Bd. 142, S. 205.
[3]) Skandinavisches Archiv für Physiologie, Bd. 11, S. 1900.
[4]) Analyst, 1896, S. 172.
[5]) Archiv d. Pharm., 1893, S. 545.
[6]) Chem. Ztg., 1897, S. 163.
[7]) Chem. Centralbl., 1898, S. 788.
[8]) Chem. Ztg., 1902, S. 110.

Erben[1]) fand in einer Probe von Menschenfett 1,18 %/₀ freier Fettsäuren, 0,56 %/₀ Lecithin und 1,72 %/₀ Cholesterin.

Über den Einfluß des Alters des Individuums und seiner Ernährung auf die Zusammensetzung des Fettes liegen auch Arbeiten von Knöpfelmacher und Rosenfeld vor. Lezterer beobachtete, daß das Fett der Polynesier, deren Hauptnahrung aus Kokosnüssen besteht, sich etwas der Zusammensetzung des Kokosnußöles nähert, während das Fett eines Eskimos infolge der Fischnahrung mehr zu den Eigenschaften des Tranes hinneigt.

Leichenwachs. Bei der Fäulnis des abgestorbenen menschlichen Körpers geht das Menschenfett in das sogenannte Leichenwachs (Adipocire) über. Es ist dies eine harte, wachsartige Substanz, die vornehmlich aus freien Fettsäuren besteht, nach Schmelck[2]) einen Schmelzpunkt von 62,5 ⁰ C besitzt und 16,7 %/₀ Unverseifbares enthält.

Wesentlich verschieden von dem im Innern des Körpers des Menschen angesammelten Fette ist das auf den Menschenhaaren abgelagerte Fett. Nach Untersuchungen von Rudolf Meyer[3]) ist dieses Fett von bräunlicher Farbe, schmilzt bei ungefähr 27 ⁰ C und zeigt den charakteristischen Geruch des menschlichen Haupthaares. Durch Benzol lassen sich aus Haaren ungefähr 2 %/₀ Fett extrahieren. Das Extrat zeigt bei 16 ⁰ C eine Dichte von 0,9086 und enthält ungefähr 3 %/₀ unverseifbarer Stoffe. Die abgeschiedenen Fettsäuren schmelzen bei 35 ⁰ C und erstarren bei 23 ⁰ C.

Gänsefett.[4])

Gänseschmalz. — Graisse d'oie. — Goose fat. — Grasso d'oca.

Gewinnung.

Gewinnung. Eine Gewinnung des Gänsefettes im großen findet zwar nicht statt, die Menge des in den verschiedenen Haushaltungen sich ergebenden Fettes ist aber ganz bedeutend. In größeren Hotelküchen, wo eine größere Anzahl Gänse abgeschlachtet wird, sammeln sich im Laufe einer Woche immerhin viele Kilogramm von Gänsefett an, das dann gewöhnlich an Viktualien- oder Delikatessenhändler weiter verkauft wird.

Eigenschaften.

Eigenschaften. Das von der in fast allen europäischen Ländern gezüchteten zahmen Gans herrührende Fett stellt eine bei gewöhnlicher Temperatur grießliche, dickflüssige, weißlich durchscheinende Masse dar, die einen angenehmen Ge-

---

[1]) Zeitschr. f. physiol. Chemie, 1903, S. 436.

[2]) Chem. Ztg., 1902, S. 11.

[3]) Bericht über die Naturforscherversammlung in Meran, Vortrag, gehalten am 25. September 1905.

[4]) Rözsenyi, Chem. Ztg., 1896, S. 218; Amthor und Zink, Zeitschr. f. analyt. Chemie, 1897, S. 1; Henriques und Hansen, Skandinavisches Archiv f. Physiologie, 1900, S. 42.

ruch besitzt. Das spezifische Gewicht des Gänsefettes wird bei 15°C
mit 0,9227 (Schädler) bzw. 0,9274 angegeben (Amthor und Zink).
Das Fett schmilzt zwischen 33—34°C, bisweilen aber auch bei weit
niedrigeren Temperaturen. Der Schmelzpunkt hängt eben von der Ernährung der Tiere ab, von denen die betreffenden Fettproben stammen.

Das Gänsefett besteht aus Olein, Palmitin und Stearin und enthält außerdem noch geringe Mengen von Glyzeriden löslicher Fettsäuren[1]. Die aus dem Gänsefette abgeschiedenen Fettsäuren schmelzen
zwischen 37—41°C und erstarren bei 31—32°C.

Der große Gehalt des Wildgänsefettes an Triolein erklärt sich
wohl durch die Fischernährung.

Über den Einfluß des Futters auf die Zusammensetzung des Gänsefettes haben Weiser und A. Zaitschek[2] Beobachtungen angestellt.

Verwendung.

Das Gänsefett wird fast ausschließlich als Speisefett benutzt. Es
wird auch zum Geschmeidigmachen der Haut verwendet und dient als
Grundlage verschiedener sympathetischer Heilmittel.

*Ver-
wendung.*

Hühnerfett.

Das Hühnerfett ähnelt dem Gänsefette. Durch Fütterung der Hühner
mit Vollmilch kann ein Fett erzielt werden, das sich in seiner Zusammensetzung dem Butterfette nähert, mit Ausnahme des Gehaltes an flüchtigen
Fettsäuren, die nicht in das Körperfett übergehen[3].

Hühnerfett.

Fette anderer Vögel.[4]

Die von Amthor und Zink untersuchten Fette der Haus- und der
Wildente, des Auerhahns, Truthahns, der Taube, des Stares,
der Schwalbe usw. bieten rein wissenschaftliches Interesse und brauchen
nicht näher besprochen zu werden.

*Fett anderer
Vögel.*

Klapperschlangenfett.

Dieses Fett wird von der in Amerika heimischen Klapperschlange
(Crotalus) erhalten. Es besitzt eine Dichte von 0,9217 (bei 15°C),
wird als Arzneimittel sehr geschätzt und mit 2 Dollar pro Unze gezahlt.

*Klapper-
schlangen-
fett.*

---

[1] Nach Lebedeff enthält das Gänsefett 61,2—68,7% Ölsäure und 21,2 bis
32,8% Stearinsäure in Form ihrer Glyzeride. (Zeitschr. f. physiol. Chemie, 1882,
S. 142.) Nach Young sind 0,7—3,5% Glyzeride löslicher Fettsäuren (auf Ölsäure
berechnet) im Gänsefett enthalten.

[2] Zeitschr. f. Untersuchung der Nahrungs- und Genußmittel, 1903, S. 125.

[3] Zaitschek, Archiv Physiol., 1903, S. 614; Chem. Ztg. Rep., 1903, S. 303.

[4] Siehe Amthor und Zink, Zeitschr. f. analyt. Chemie, 1897, S. 1. — Über
einige seltsame Öle, Seifensiederztg., Augsburg 1903, S. 405.

Knochenfett.

Suif d'os. — Graisse d'os. — Petit suif. — Bone fat. — Bone grease. — Yellow grease.

Herkunft und Geschichte.

Herkunft.

Dieses Fett wird bei der Herstellung von Knochenmehl und Knochenkohle als Nebenprodukt gewonnen und besteht aus der in den Knochen der verschiedenen Tiere enthaltenen Fettsubstanz.

Geschichtliches.

Die Gewinnung des Knochenfettes datiert ungefähr hundert Jahre zurück. Früher bestand die Herstellung des Knochenmehles, das schon die Chinesen als Düngemittel schätzten, lediglich in einem Zermahlen der rohen Knochen auf Koller- und Mahlgängen. Erst 1812 brachten T. und M. Proctor ein Knochenmehl in den Handel, das aus Knochen hergestellt war, die man vor dem Schroten durch Dämpfung entfettet hatte. Die gute Aufnahme, die dieses als Rübendünger empfohlene Knochenmehl fand, führte in den folgenden Jahren zur Errichtung weiterer Knochenmühlen nach diesem System, doch stellte in Deutschland erst W. Cohn in Ohlau (Schlesien) im Jahre 1853 die ersten Knochendämpfer auf.

Beim Auskochen und Dämpfen der Knochen wurden zwar ansehnliche Mengen von Knochenfett gewonnen, weitaus stattlichere Mengen kamen aber erst nach Einführung der Extraktionsmethode auf den Markt. Die Entfettung der Knochen durch Benzin hat bereits Deiß im Jahre 1857 empfohlen; die Idee wurde jedoch erst im Jahre 1880 von Fr. Seltsam in Forchheim aufgegriffen und in die Praxis umgesetzt. Die Seltsamschen Knochenfettextraktoren wurden in der Folge von Richters, Leuner, Merz u. a. verbessert. Seit Einführung der Extraktionsmethode bildet das Knochenfett als billigstes animalisches Fett, das im Schmelzpunkte seiner Fettsäuren nicht weit hinter dem Talge steht, ein beachtetes Glied in der Musterkarte der Rohfette für Stearinfabriken und teilweise auch für Seifensieder.

Rohprodukt.

Die Knochen der Säugetiere und Vögel bestehen aus einem leimgebenden Gewebe (der Knorpelsubstanz), einer festen, sehr zähen und biegsamen Masse (der Knochensubstanz) und aus dem Knochenmark.

Knorpelgewebe.

Das Knorpelgewebe ist in der Hauptsache leimgebende Substanz (Kollagen) und enthält nach v. Bibra[1] nur 3—5 % Fett.

Knochensubstanz.

Die eigentliche Knochensubstanz ist ebenfalls ziemlich fettarm. In den kleinen Kanälen und Lücken des Knochengerüstes befindet sich zwar eine Albumin, Salze und Fett enthaltende Flüssigkeit, doch ist sowohl ihre Menge als auch ihr Fettgehalt nicht gerade bedeutend.

---

[1] v. Bibra, Chemische Untersuchung über Knochen und Zähne der Menschen und der Wirbeltiere, Schweinfurth 1884.

Der Träger des Fettgehaltes der Knochen ist das **Knochenmark**,
das über 90 % Fett[1] aufweist. Das Knochenmark besteht aus Bandgewebe,
dessen Maschenräume verschiedenartige Zellen enthalten. Es finden sich
da **weiße** und **rote Blutkörperchen** und **Fettzellen**. Wiegen die letzteren
vor, so erteilen sie dem Knochenmark eine gelbe Färbung und bilden dann
das **gelbe Knochenmark**; sind die Blutkörperchen im Überschuß, so ist
das Mark rötlich gefärbt (**rotes Knochenmark**).

Über die Zusammensetzung der Knochen der verschiedenen Körperteile eines Rindes sowie über die Veränderungen in der Zusammensetzung
der Knochen bei zunehmendem Alter ist bereits im ersten Bande auf Seite 21
berichtet worden.

Am fettreichsten sind die Beckenknochen, die Rückenwirbel und die
verschiedenen anderen Röhrenknochen, am fettärmsten die Unterschenkel-
knochen und die Schienbeine der Säugetiere.

Holdefleiß gibt als mittlere Zusammensetzung des Rindskeletts folgende
Werte an:

Wasser . . . . 11,3 %
Fett 14,6
Leimsubstanz 24,6
Stickstoff 3,8
Knochenerde 48,5

Die Aufbewahrung der Knochen bietet große Schwierigkeiten. Läßt
man die frischen Knochen in Haufen lagern, so tritt bald **Fäulnis** ein
und die entweichenden übelriechenden Dünste bedeuten für die Nachbar-
schaft eine arge Belästigung. Bei dem Fäulnisprozeß findet aber auch
eine Zersetzung der stickstoffhaltigen Substanz statt (Bildung von **kohlensaurem Ammoniak**), wodurch der wertvolle Stickstoffgehalt der Knochen
abnimmt.

Ein **Trocknen** der Knochen vor der Einlagerung würde dem Fäulnis-
prozesse gründlich vorbeugen. Das Trocknen läßt sich aber wohl nur auf
größeren, zweckmäßig eingerichteten Darren vornehmen und hat nur dann
einen Zweck, wenn die Knochen frisch von der Schlachtung weg zur Darre
kommen. Der Umstand, daß die Knochenfabriken nur einen kleinen Bruchteil ihres Rohmaterials in frischem Zustande angeliefert bekommen, sondern
meistens alte, in Fleischbänken und Haushaltungen gesammelte, schon stark
verdorbene Knochen von Kleinhändlern ankaufen, wie auch die zwar geringen, aber immerhin bemerkenswerten Spesen der Trocknung haben die
Knochendarren keinen rechten Eingang finden lassen.

In den meisten Fällen beschränkt man sich darauf, die Knochen einfach in Haufen aufzustapeln und sie mit verdünnter **Karbolsäure** oder
auch mit **Terpentinöl** zu besprengen. Ein Trocknen in der **Sonnen-**

---

[1] Analysen von Knochenmark siehe Bd. I, S. 22.

wärme vor dem Aufstapeln findet nur in Ausnahmefällen statt. Auch das Aufbewahren der Knochen unter Wasser oder verdünnter Karbolsäure gehört zu den Seltenheiten [1]).

Gewinnung.

Zerkleinern der Knochen. Vor der Aufarbeitung werden die Knochen durch Knochenbrechmaschinen, Desintegratoren, Stampfwerke und ähnliche Vorrichtungen zerkleinert. Über die Einrichtung dieser Zerkleinerungsmaschinen wurde im ersten Bande, Seite 195 und Seite 214—220 eingehend berichtet. Die in den Knochenmühlen verwendeten Knochensägen, die dort keine Besprechung gefunden haben, bestehen aus einfachen Kreissägen. Man führt dem mit den nötigen Schutzvorrichtungen versehenen rotierenden Sägeblatte die Knochen (hauptsächlich Röhrenknochen) zu und zerschneidet sie, je nach der Größe, in zwei bis drei Stücke. Dadurch wird das Knochenmark bloßgelegt und die Fettausbringung wesentlich erleichtert.

Bei der gewöhnlichen Verarbeitung der Knochen zu Leim, Knochenmehl und Knochenfett findet das Zersägen der Knochen nur selten statt; gebräuchlicher ist es dagegen bei der Knochenölgewinnung (siehe Bd. II, S. 766).

Die Entfettung der zerbrochenen Knochen kann, wie schon Seite 826 bemerkt erscheint, durch Auskochen. Ausdämpfen und durch Extraktion erfolgen.

Auskochen. Beim Auskochen bedient man sich der in Bd. I, S. 522—23 beschriebenen und abgebildeten Vorrichtungen. Das in den Knochen enthaltene Fett, vornehmlich sein flüssiger Anteil, sammelt sich dabei auf der Oberfläche des Wasserkessels, wird von dort abgeschöpft und weiter gereinigt.

Dämpfen. Zum Dämpfen der Knochen bedient man sich der Apparate, wie sie in Band I, auf Seite 532 (Fig. 273 und 274) abgebildet und beschrieben sind.

Durch das Auskochen und Dämpfen wird der Fettgehalt des Knochenmehles bis auf 2—3 $\%$ herabgedrückt. Die Nachteile, die diese Entfettungsmethoden meistens mit sich bringen, bestehen darin, daß die wertvolle leimgebende (stickstoffhaltige) Substanz in Leim übergeführt und zum Teil aus den Knochen entfernt wird. Je kräftiger man behufs vollständiger Entfernung des Fettes dämpft, desto größer ist der Stickstoffverlust und desto geringwertiger daher auch das erhaltene Knochenmehl [2]).

Durch systematisches Dämpfen der Knochen und Auslaugen mit Wasser kann man den Knochen fast alles Fett und den ganzen Leim entziehen; man erhält dabei das sogenannte entleimte Knochenmehl, das fast stickstoffrei ist und über 30 $\%$ Phosphorsäure enthält. Beim Dämpfen geht nämlich die Knorpelsubstanz in Leim über und dieser wird im Wasser gelöst.

Extraktionsverfahren. Das Extraktionsverfahren, bezüglich dessen Apparatur und Betriebsweise auf Bd. I, S. 345—435 verwiesen sei, hat bei der Knochenver-

---

[1]) Vergleiche Band I, S. 494, und Bd. II, S. 767.
[2]) Die Stickstoffsubstanz des Knochenmehles befördert beim Faulen im Boden die Lösung des phosphorsauren Kalkes und macht so das Knochenmehl wirksamer.

arbeitung den Vorteil, daß höchstens 2 % Fett in den Knochen zurückbleiben.

Leider löst das Benzin aus den Knochen auch eine Menge Fäulnis-
produkte und nimmt überdies etwas Leimsubstanz mit in Lösung, was dem
Knochenfette meist einen sehr unangenehmen Geruch erteilt. Durch Einführung des Tetrachlorkohlenstoffes in dem Extraktionsbetriebe will
man diesem Übelstande begegnen. So rühmt Otto Brücke [1]) dem Tetra-
chlorkohlenstoffe nach, daß er ein Fett gebe, das frei von jedem fauligen
Geruch und Leimsubstanz ist. Dabei sollen die extrahierten Knochen von
besserer Qualität sein, als wenn mit Benzin extrahiert worden ist.

Tetrachlorkohlenstoff äußert tatsächlich auf die Knorpel- und Leim-
substanz nur eine ganz geringe Lösewirkung und läßt sich infolge seiner
Eigenschaft, bei 76 ⁰ C sich vollkommen zu verflüchtigen, bei relativ niedriger
Temperatur aus dem Knochenfette vertreiben. Die geringe spezifische und
Verdampfungswärme dieses neuen Lösemittels bedeutet auch eine wesent-
liche Ersparnis an Dampf und Kühlwasser [2]).

M. Stern [3]) sowie Zanetti [4]) berichtet über die Vorteile der Tetra-
chlorkohlenstoffextraktion im ähnlichen Sinne wie Brücke.

Trotz dieser nicht zu leugnenden Vorzüge wird sich aber Tetrachlorkohlenstoff in der Knochenfettextraktion in nächster Zeit kaum einbürgern.
Das notwendige Arbeiten in verbleiten Apparaten und der hohe Preis
dieses Extraktionsmittels stehen der Einführung der neuen Extraktionsmethode noch immer hindernd im Wege.

Eigenschaften.

Das durch Auskochen oder Dämpfen der Knochen gewonnene Knochen- Natur-
fett nennt man „Naturknochenfett". Je nach der Beschaffenheit des knochenfett.
Rohmaterials hat es eine gelblichweiße bis graugelbe, ja graubraune Farbe
und einen schwachen, an Küchenfett erinnernden oder einen unangenehmen,
widerlichen Geruch. Die besseren, aus frischen Knochen stammenden Fette
enthalten nur geringe Mengen freier Fettsäuren; die dunkelbraunen, aus
alten, verdorbenen Knochen erzeugten Naturknochenfette zeigen eine größere
Azidität und enthalten außerdem Kalkseifen, die sich durch Einwirken der
Fettsäuren auf die Knochensubstanz gebildet haben und beim Schmelzprozeß
mit in das Fett übergegangen sind.

Die durch Benzinextraktion gewonnenen Knochenfette (Benzin- Benzinknochenfett) sind durchweg von geringerer Güte als die durch Aus- knochenfett.
dämpfen oder Auskochen gewonnenen Naturknochenfette; sie sind meist
dunkelbraun und haben einen durchdringenden unangenehmen Geruch.

---

[1]) Chem. Revue, 1905, S. 100.
[2]) Vergleiche auch Bd. I, S. 356—358.
[3]) Chem. Revue, 1905, S. 236.
[4]) Chem. Ztg., 1905, S. 1211. — Siehe auch unter „Nachträge".

Auch enthalten sie beträchtliche Mengen freier Fettsäuren, Kalkseife, färbender Substanzen und Kohlenwasserstoffe.

Das durch Tetrachlorkohlenstoff extrahierte Knochenfett ist bisher noch nicht in größeren Posten auf den Markt gebracht worden; den wiederholt hergestellten Proben rühmt man, wie schon oben bemerkt ist, besondere Reinheit nach und schätzt es noch höher als Naturknochenfett.

Einen wesentlichen Unterschied zwischen Natur- und Benzin-Knochenfett bildet die Bleichfähigkeit. Naturknochenfett läßt sich mit den bekannten Bleichmitteln ohne besondere Schwierigkeiten entfärben; ein Bleichen der Benzinware ist jedoch mit fast unüberwindlichen Schwierigkeiten verbunden. Wenn man immer und immer wieder in den Fachzeitungen Anpreisungen liest, die das Bleichen und Geruchlosmachen von Benzinknochenfett empfehlen, so ist diesem Umstande wenig Wert beizumessen; diese Methoden halten einer ernsten technischen Prüfung nicht Stand, und das Problem einer billigen Bleichung und Geruchlosmachung des Benzinknochenfettes muß heute noch als ungelöst betrachtet werden.

Physikalische Eigenschaften. Das spezifische Gewicht des Knochenfettes beträgt bei 15,5° C 0,914 bis 0,916, es schmilzt bei 21—22° C und erstarrt bei 15—17° C. Seine Fettsäuren zeigen einen Titertest von 39—42° C [1].

Chemische Zusammensetzung. Die chemische Zusammensetzung des Knochenfettes ähnelt der des Rindstalges und des Rindermarkfettes. Verunreinigt ist das Knochenfett meist durch Kalksalze, und zwar nicht nur durch Kalksalze der höheren Fettsäuren (Kalkseifen), sondern auch durch milch- und buttersaures Calcium (Calciumlaktat, Calciumbutyrat). Auch Wasser und Leim finden sich in allen Knochenfetten des Handels. Der Wassergehalt beträgt 1—1½ %, an „Unverseifbarem" sind 0,5 bis 2,0 % vorhanden.

Verwendung.

Seifenfabrikation. Das Naturknochenfett findet in der Seifenfabrikation ausgiebige Anwendung. Das Fett verseift sich ähnlich wie Talg und liefert eine Kernseife, die der des Rindstalges gleicht, nur steht sie in Farbe und Härte dieser etwas nach. Die Ausbeute beträgt bei gutem Naturknochenfett 152—156 %.

Benzinknochenfett ist bei den Seifensiedern weniger beliebt als das Naturknochenfett. Die Kernseife, die man daraus erhält, ist von unansehnlicher Farbe und zeigt zum Teil den unangenehmen Geruch des Fettes. Immerhin aber verwendet man Benzinknochenfett bei der Herstellung geringerer Sorten von Kernseifen als Zusatzfett.

Stearinindustrie. Die Hauptverwendung findet das Benzinknochenfett aber in der Stearinindustrie. Es liefert bei der Autoklavierung Fettsäuren, die wegen des

---

[1] Der von v. Hübl genannte Schmelzpunkt der Knochenfettsäuren (30° C) beruht offenbar auf einem Irrtum; diese unrichtigen Angaben sollten endlich aus den analytischen Handbüchern entfernt werden.

beträchtlichen Schmutzes und der dunklen Färbung ohne Destillation nicht zu verarbeiten sind. Auch ist die Glyzerinausbeute wesentlich geringer als bei Rindstalg. Der geringe Preis des Knochenfettes läßt es aber den Stearinfabrikanten als ein billiges Rohprodukt erscheinen.

Rückstände.

Die entfetteten Knochen sind eigentlich nicht Neben-, sondern Hauptprodukt; man kann sie also nicht gut als Rückstände ansprechen.

Die durch Auskochen und Dämpfen entfetteten Knochen werden nach der Entfettung auf Darren getrocknet und dann als Düngemittel verwertet. Die durch systematisches Dämpfen und Auslaugen vollständig entleimten Knochen dienen nicht nur als Düngemittel, sondern auch als Futter (Futterkalk). Den durch Benzin entfetteten Knochen wird teils weiter der Leim entzogen, teils werden sie zu Knochenmehl, Knochenkohle, Phosphor und ähnlichen Produkten verarbeitet. Die Verarbeitung der Knochen bildet einen eignen Fabrikationszweig, auf den hier nicht näher eingegangen werden kann [1]).

Weiterverarbeitung der entfetteten Knochen.

Lederfett.
Lederextraktionsfett.

Herkunft.

Unter Lederextraktionsfett oder Lederfett ist das aus den Abfällen der Ledererzeugung und aus den bei der Verarbeitung von Leder (Schuhfabrikation) sich ergebenden Abschnitzeln gewonnene Fett zu verstehen. Das zur Zurichtung von lohgarem Leder dienende, bei der Fabrikation von Chamoisleder erhaltene, in neuerer Zeit auch künstlich dargestellte Gerberfett[2]) (auch Weißgerberfett, Degras, Weißgerberdegras, Moellon usw. genannt) heißt man unrichtigerweise mitunter ebenfalls Lederfett, auf welche Verwechslung besonders aufmerksam gemacht sei.

Herkunft.

Rohmaterial.

Die bei der Erzeugung und Verarbeitung von Leder sich ergebenden Schabsel und Schnitzel enthalten reichliche Mengen von Fett und Stickstoff und bilden daher einen gesuchten Handelsartikel. Der Fettgehalt der Abfälle von verschiedenen Ledersorten ist sehr schwankend; so ist Sohlenleder fast fettfrei, Oberleder enthält $8-28\%$, die sogenannten Blanchierspäne (das sind die in den Rohgerbereien beim Ausfertigen des lohgaren, gefetteten Leders abfallenden Schürfspäne) enthalten 35 bis

Rohmaterial.

---

[1]) Von der engeren Fachliteratur seien erwähnt: Ludwig Schucht, Die Fabrikation des Superphosphats, 2. Aufl., Braunschweig 1903; Friedberg, Die Fabrikation der Knochenkohle, Wien 1877.

[2]) Über „Gerberfett" siehe Bd. III, Kapitel „Degras".

40 % Fett. Dabei ist das Fett der Blanchierspäne wertvoller als das des Oberleders, weil es heller von Farbe, stearinreicher und ärmer an Unverseifbarem ist [1]).

Gewinnung.

Gewinnung.

Bei der wechselnden Beschaffenheit der Lederabfälle ist es zwecks Herstellung eines möglichst gleichförmigen Lederfettes notwendig, die von verschiedener Seite aufgekauften Lederschnitzel vor der Verarbeitung zu vermischen. Man erleichtert dadurch auch das Extrahieren, weil Blanchierspäne allein sich nur schwer verarbeiten lassen. Es wird gewöhnlich mit Benzin extrahiert.

Verfahren Laszlovszky.

Engelbert Laszlovszky [2]) in Budapest empfiehlt zum Entfetten der Blanchierspäne und anderer Lederabfälle ihr Eintragen in kochendes, mit Schwefelsäure angesäuertes Wasser (2 kg Schwefelsäure von 60° Bé auf 500 Liter Wasser) und kurzes Anhalten des Kochprozesses.

Das in den gefetteten Lederabfällen enthaltene Fett, das durch diesen Prozeß vollständig extrahiert wird und in klarer, von grauen Flocken durchsetzter Lösung auf der Oberfläche des Sudes sich abscheidet, wird hierauf entweder flüssig abgezogen, oder nach dem Erstarren abgehoben, gereinigt und der verschiedenen technischen Verwendung zugeführt.

Das nochmalige Schmelzen und Klären des Fettes zwecks Reinigung kann man nach Laszlovszky ersparen, wenn man dem angesäuerten Wasser vor dem Eintragen der Lederabfälle 1,6 Teile Kochsalz zusetzt, was jedoch die Wiedergewinnung des in den Abfällen enthaltenen Gerbstoffes erschwert.

Entwässerung des Lederfettes.

Das Lederextraktionsfett neigt sehr zur Emulsionsbildung und vermag größere Wassermengen (20—25 %) fest zu binden. Auch längeres Stehenlassen in der Wärme bewirkt keine Abscheidung des Wassers; eine solche kann nur durch verdünnte Schwefelsäure und Kochsalz oder durch Zentrifugieren erreicht werden.

Eigenschaften.

Eigenschaften.

Die Lederextraktionsfette sind dunkelbraun bis braunschwarz, nach Gerberlohe riechend, bei gewöhnlicher Temperatur fest und enthalten größere Prozentsätze freier Fettsäuren sowie 10—18 % Unverseifbares. Die abgeschiedenen Fettsäuren schmelzen bei 30—32° C.

Verwendung.

Seifen.

Der große Gehalt der Lederfette an Unverseifbarem, ihr Geruch und ihre dunkle Farbe stehen ihrer Verwendung in der Seifensiederei hindernd im Wege. Diese Fette werden nur selten zu Seife versotten und dürfen dann nur einen geringen Prozentsatz vom Fettansatze bilden.

---

[1]) A. Löb, Abfallfette, Chem. Ztg., 1906, S. 935.
[2]) Österr. Patent Nr. 6765 v. 10. Februar 1902.

Die Stearinindustrie verarbeitet Lederfett ebenfalls nur ungern, Stearin-
industrie. weil beim Autoklavieren eine Emulsion der gebildeten Fettsäuren mit den Glyzerinmassen eintritt, die nur schwer zu trennen ist. Ein Filtrieren des Fettes vor dem Autoklavieren beugt diesem Übelstande vor, doch ist die Ausbeute an Fettsäuren nicht günstig. Nach L. Donelly ergab ein Lederfett mit

13,00 % Unverseifbarem und Schmutz,
6,80 % Wasser und
5,25 % Asche

bei der Autoklavierung und Destillation nur 60 % Fettsäuren. Diese waren von amorpher Beschaffenheit, zeigten gar keine Kristallisation und waren daher zur Stearinherstellung nicht geeignet. Donelly empfiehlt deshalb an Stelle der Autoklavenverseifung die Schwefelsäureverseifung und schlägt vor, die erhaltenen Fettsäuren vor der Destillation mit Knochenfett zu vermischen.

So erhaltene Destillationsfettsäuren sind sowohl in der Seifen- als auch in der Stearinindustrie zu verwenden, wenngleich ihr Gehalt an Unverseifbarem noch immer beträchtlich ist. Um den spezifischen Geruch der Lederfettdestillate zu verbannen, parfümiert man sie mitunter und legt ihnen dann besondere Handelsnamen bei, sogar auch solche, die auf direkte Irreführung der Käufer berechnet sind.

Leimfett.

Graisse de colle. — Glue fat.

Unter dem Namen Leimfett kommt ein dunkelbraunes, unansehn- Herkunft. liches, charakteristisches Fett in den Handel, dessen Gehalt an Wasser, Kalkseife und Unverseifbarem bemerkenswert ist.

Das Leimfett gewinnt man bei der Herstellung von Lederleim. Gewinnung. Das Leimgut (Sehnen, Flechsen, Häute, Eingeweide) wird vor der eigentlichen Verleimung von den anhaftenden Blut-, Fleisch- und Fetteilchen befreit, indem man es in großen Gruben mit verdünnter Kalkmilch behandelt. Letztere löst die Blut- und Fleischteile ab und verseift gleichzeitig das Fett, das in Form eines flockigen Schaumes auf die Oberfläche der Masse tritt. Dieser Schaum (rohes Leimfett) besteht aus Kalkseife und mechanisch eingeschlossenem Neutralfett. Durch Zersetzen mit verdünnten Säuren erhält man das Leimfett des Handels.

Das Leimfett findet eine ähnliche Verwertung wie das Lederfett.

Abdeckerfett.

Kadaverfett. — Schinderfett.

Die in den Kadaververwertungs-Anstalten gewonnenen Fette unter- Eigen-
schaften. scheiden sich nur wenig von den in den Fettschmelzereien aus dem Rohfette geschlachteter Tiere gewonnenen Fettprodukten. Die Kadaverfette der einzelnen Tierspezies werden aber nur selten separiert gehalten, sondern meist vermischt. Da nun Kadaver von Pferden und Schweinen in größerer Zahl verarbeitet werden als solche von Rindern, so ist das Kadaverfett des Handels in der Regel weniger hart als Rindstalg; dabei ist es oft wasserhaltig und stellt dann eine streichfähige oder salbenartige Masse von gelblichweißer bis gelber Farbe dar.

Die Gewinnung der Kadaverfette wurde in Band I, Seite 545—555 eingehend beschrieben. Verwendung finden diese unter verschiedenen Namen ausgebotenen Fette in der Seifensiederei; sie lassen sich leicht verseifen und geben helle, geruchlose Kernseifen.

Verwendung.

Walk-, Woll- und Abwässer-Fette.

Über die Herkunft und Gewinnung dieser Fette ist im I. Bande, Seite 571 bis 589 ausführlich gesprochen worden und es sind dort unterschieden:

1 Walk- und Wollfette, aus Waschwässern gewonnen,
2. extrahierte Wollfette und
3. Fette aus Sielwässern, Kanalschlamm und Fäkalien.

1. Die aus den Abwässern der verschiedenen Textilbetriebe abgeschiedenen Fette sind, je nach der Art der Abwässer, in ihrer Zusammensetzung und Beschaffenheit sehr verschieden. In Färbereien, Tuchwalken, Seidenspinnereien usw. enthalten die Abwässer außer den gelösten Seifen fast gar kein Fett und die durch das basische oder saure Verfahren (siehe S. 575 des I. Bandes) gewonnenen Walkfette sind daher ziemlich identisch mit den Fettsäuren der in den betreffenden Fabriken verwendeten Seifen.

In Betrieben, wo mit Spick- oder Schmälzölen gearbeitet oder wo rohe Schafwolle ausgewaschen wird, enthalten die Abwässer nicht nur die zum Walken und Waschen verwendete Seife, sondern auch die Spicköle und das Fett der rohen Schafwolle gelöst, beziehungsweise suspendiert. Beim Entfetten solcher Abwässer resultiert dann ein Fettgemenge, das neben den Fettsäuren der Textilseife und den meist mineralölhaltigen Spickölen auch das eigenartig zusammengesetzte Wollfett enthält.

Walkfett.

Das in den Färbereien und Tuchwalken erhaltene Walkfett (Yorkshire Fett, graisse de foule, fuller's grease, seek[1] oil, sake oil) ist ein gelbbraunes bis braungraues, halbfestes, schmieriges Fett von wechselndem Gehalte an freien Fettsäuren. Wasser und Unverseifbares sind in den besseren Sorten Walkfett nur in verhältnismäßig spärlichen Mengen enthalten. Die Walkfette werden minderwertigen Schmälzölen zugesetzt, bisweilen auch zu Seife versotten.

---

[1] Die Namen seek oil und sake oil stammen von den englischen Bezeichnungen seek oder sake, womit man den aus den Walkwässern ausgefällten Fettschlamm (Magma) meint (siehe Bd. I, S. 579).

Das in Wollwäschereien gewonnene rohe Wollfett ist von besonderer ^(Wollfette.) chemischer Zusammensetzung. Es enthält große Mengen wachsähnlicher Verbindungen (Ester der Fettsäuren mit höheren Fettalkoholen) und ist daher eigentlich unter die Wachsarten zu rechnen[1]). Sind zum Waschen der Rohwolle Seifenlösungen benutzt worden, so stellt das aus dem Waschwasser gewonnene Fett ein Gemenge von Wollfett mit Seifenfett-säuren dar.

2. Die Entfettung der rohen Schafwolle durch das Extraktions- ^(Extraktöle.) verfahren hat sich bis heute noch nicht recht eingebürgert, weshalb man extrahiertem Wollfett im Handel fast gar nicht begegnet. Dagegen werden die in den Wollwebereien und Kämmereien sich ansammelnden Abfälle häufig extrahiert, einesteils, um das darin enthaltene, hauptsächlich vom Spicken herrührende Fett zu gewinnen, andernteils aber auch, um diese stickstoffhaltigen Abfälle als Düngemittel brauchbar zu machen.

Das aus Wollabfällen extrahierte Fett ist von schwarzer Farbe, bei gewöhnlicher Temperatur von flüssiger oder salbenartiger Konsistenz, riecht eigenartig und enthält meist große Mengen von Unverseifbarem (bis zu $50\,\%$). Das Fett kommt als „Extraktöl" (Black recovered oil)[2]) auf den Markt und wird gewöhnlich als Zusatz zu geringwertigen Schmälzölen verwendet, um diese zu verbilligen.

3. Die aus Sielwässern, Kanalschlamm und Fäkalien nach den ^(Abwässer-) ^(Fette.) in Band I, S. 585—588 beschriebenen Verfahren gewonnenen Fettmassen sind von dunkelbrauner Farbe und besitzen einen unangenehmen Geruch, der ebenso wie die Farbe durch Raffination nicht zu entfernen ist. Der Gehalt dieser Abwässerfette an freien Fettsäuren schwankt zwischen 30 und $70\,\%$, der an Unverseifbarem zwischen 5 bis $20\,\%$. Diese Fette werden meistens durch das Schwefelsäureverfahren verseift, die dabei erhaltenen Fettsäuren destilliert und dann zu Seife oder zu Stearin verarbeitet.

---

[1]) Vgl. „Wollwachs" auf S. 890 dieses Bandes. Eine genaue Beschreibung der Verwendung des rohen Wollfettes und seiner Weiterverarbeitung zu destillier-tem Wollfett und Lanolin siehe Bd. III, Kap. „Wollfett und Lanolin".

[2]) Mitunter erfolgt eine Entölung der sich in Wollwebereien und Kämmereien ergebenden Abfälle auch durch Pressen.

Fünftes Kapitel

Die vegetabilischen Wachse.

Die Wachsarten ähneln in ihrem physikalischen Verhalten den Ölen und Fetten, in chemischer Beziehung unterscheiden sie sich von ihnen dadurch, daß sie nicht der Hauptsache nach aus Triglyzeriden der Fettsäuren bestehen, sondern Verbindungen von Fettsäuren mit einatomigen, hoch zusammengesetzten Alkoholen (von hoher Kohlenwasserstoffanzahl im Molekül) sind.

Die Zahl der im Pflanzenreiche sich findenden Wachsarten ist groß, die Menge, in der diese Produkte vorkommen, dagegen gering. Nur wenige Wachssorten haben daher eine praktische Wichtigkeit, ihrer Mehrzahl kommt keine praktische Bedeutung zu.

Karnaubawachs.

Carnaubawachs. — Cearawachs. — Ceroxylin. — Cire de Carnauba. — Cire de Carnahuba. — Carnauba Wax. — Cera di carnauba.

Herkunft.

Abstammung. Das Karnaubawachs stammt von der Wachs- oder Karnaubapalme (Copernicia cerifera Mart. = Corypha cerifera Virey), einer hübschen Fächerpalme, die im tropischen Amerika heimisch ist und sich in großer Menge in Brasilien an den Ufern des Jaguaryba und seiner Nebenflüsse, in den Distrikten nahe von Aracaty sowie fast an allen Flüssen des Staates Ceara findet. Ferner wächst die Palme in den Staaten Piauhy, Rio Grande do Norte und Parahyba[1]).

Geschichtliches. Das Karnaubawachs kennt man erst seit 100 Jahren. Die erste größere Bedeutung gewann das Fett im Jahre 1846, zu welcher Zeit man von Ceara aus einen Exportversuch unternahm.

Der Karnaubabaum soll gegen Hitze sehr unempfindlich sein und es geht sogar das Gerücht, daß selbst Feuer die Lebenskraft dieser Palme nicht zu vernichten vermöge.

---

[1]) Martius, Reise in Brasilien, Bd. 2, S. 753.

Die Karnaubapalme findet verschiedenartige Verwertung; ihre Früchte Nutzen der
Karnauba-
palme. enthalten ein süßlich schmeckendes Fleisch, das von der ärmeren Bevölkerung genossen wird. Auch ihre kleinen Zweige schmecken sehr gut. Aus dem Stengel der Blüten gewinnt man einen süßen Saft, der getrunken wird und in gegorenem Zustande eine alkoholische Flüssigkeit liefert, die dem Weine gleicht. Aus dem Mark der Stengel erhält man ein Produkt von weißer Farbe, ähnlich dem Sago, die unreifen Früchte geben gekocht ein Gericht; während trockener Zeit werden die reifen Früchte vom Vieh gefressen; geröstet und gemahlen treten sie öfter an die Stelle der Kaffeebohnen. Die Wurzeln gelten in Brasilien als Heilmittel[1]; aus ihrer Asche extrahiert man ein Salz, das in der Küche als Gewürz vielfach Verwendung findet.

Der Same gleicht einer kleinen Kokosnuß und bildet ein gutes Futtermittel für Schweine, auch soll gebrannter Kaffee damit verfälscht werden. Das Holz dieses Baumes braucht man in Brasilien vielfach zum Bau von Pumpen und Windmühlen. Da es gegen Seewasser sehr widerstandsfähig ist und von Bohrwürmern nicht angegriffen wird, benutzt man es auch zum Bau von Kais und Hafenanlagen[2].

Der wertvollste Teil der 6—10 m hoch werdenden Karnaubapalme Verwertung
der
Blätter. sind aber ihre Blätter, die einen wachsartigen, das Karnaubawachs darstellenden Überzug aufweisen. Die jungen, auf der unteren Seite gelben Blätter schwitzen einen pulverförmigen, trockenen Stoff von aschgrauer Farbe aus, der nur ganz lose anhängt und durch bloßes Abschütteln entfernt werden kann. Bei fortschreitender Entwicklung der Blätter wird das Wachs immer leichter abschüttelbar und es genügen schon stärkere Luftströme, um das Wachspulver von den bis 1 m langen Blättern zu entfernen. Die dem freien Auge als gleichartige Decke erscheinende Wachsschicht befindet sich sowohl an der Ober- als auch an der Unterseite der Blätter. Von der Oberseite der Blätter läßt sich das Wachs in Form dünner, bis 5 mm langer Schuppen leicht ablösen, an der Unterseite ist eine Entfernung der Wachsschicht nur durch Abschaben erreichbar (Wiesner).

Die Wachsschüppchen bestehen aus mikroskopisch kleinen, teils zylindrischen, teils prismatischen Stäbchen, die auf der Blattseite senkrecht stehen[3].

Gewinnung.

Wenn die Blätter in ihrer Entwicklung etwas vorgeschritten sind und Ge-
winnungs-
weise. sich fächerförmig auszubreiten beginnen, schneidet man sie ab, wobei die

---

[1] Man extrahiert die Wurzeln und verwendet den Extrakt als Mittel gegen Hautkrankheiten.

[2] Seifensiederztg., Augsburg 1902, S. 267.

[3] Über die näheren Details der interessanten Formenverhältnisse der Wachsschüppchen siehe Wiesner, Rohstoffe des Pflanzenreiches, 2. Aufl., Leipzig 1900, Bd. 1, S. 531.

allerjüngsten Sprossen im Mittelpunkte der Krone unverletzt gelassen werden, weil diesen die Aufgabe zufällt, für die nächste Ernte zu sorgen. Die abgeschnittenen Blätter trocknet man durch Sonnenwärme, wobei darauf zu achten ist, daß sich kein Wachs ablöst und auf den Boden fällt. Nach mehreren Tagen trägt man die Blätter auf Haufen zusammen und klopft sie in einem staubdicht abgeschlossenen Raume Blatt für Blatt mit einem Stocke vorsichtig ab, bürstet sie mitunter auch zwecks vollständiger Entfernung des Wachsüberzuges und sammelt das sich ablösende Rohwachs auf geeignete Weise. Ein vorheriges Zerteilen der Blätter in kleinere Stücke erleichtert die gewöhnlich von Frauen vorgenommene Klopfarbeit wesentlich. Das gesammelte Wachspulver wird mit etwas Wasser aufgeschmolzen und hierauf in Kuchen ausgegossen.

Das Abschneiden der Blätter besorgt man von September bis März, und zwar in der Regel monatlich zweimal. Gewöhnlich nimmt man bei jedem Baume pro Schnitt 8 Blätter ab, so daß also während einer sechs Monate umfassenden Ernteperiode im ganzen 96 Blätter abgeschnitten werden, die nicht ganz 2 kg Wachs liefern. Die Ergiebigkeit ist im übrigen wechselnd; während besonders fruchtbarer Boden Palmblätter liefert, wovon 100 Stück über 3 kg Wachs geben, werden auf schlechtem, magerem Boden Blätter geerntet, die nur 1,25 kg Wachs pro 100 Stück produzieren.

Reinigung.   Das rohe Karnaubawachs, das in einer gelben und einer grauen Sorte bekannt ist, wird vor seiner Verwendung meist raffiniert und gebleicht. Die Reinigung des Wachses ist recht schwierig und die angewandten Verfahren werden streng geheim gehalten. Eine partielle Verseifung, wobei die gebildeten Seifenflocken den Farbstoff einhüllen, ist bei den meisten Methoden der Kernpunkt. Vielfach wird das rohe Karnaubawachs vor dem Bleichen oder Raffinieren mit großen Prozentsätzen Paraffin vermischt, weshalb gebleichte Ware mitunter nicht rein ist.

Eigenschaften.

Rohes Karnaubawachs.   Das rohe Karnaubawachs ist schmutzig, gelblichgrün bis grau, hart, spröde, in frischem Zustande geschmacklos und riecht nach frisch gemähtem Heu (Cumarin), doch verliert sich dieser Geruch mit der Zeit allmählich, um beim Umschmelzen wieder aufzutreten. Unter der Lupe erkennt man, daß die ganze Masse von kleinen Luftbläschen durchsetzt ist, vereinzelt sieht man auch mit unbewaffnetem Auge größere Luftblasen. Die Kuchen des rohen Karnaubawachses sind gewöhnlich mit einem weißlichen, kristallinischen Anfluge versehen.

Einzelne Partien der Karnaubawachsstücke sind bräunlich gefärbt und enthalten Gewebsreste (Oberhautstücke). Beim Schmelzen des Wachses sieht man in der angenehm riechenden Flüssigkeit viele kleine tiefbraune Flocken herumschwimmen, die eine körnige Textur zeigen und einen weit höheren Schmelzpunkt haben als die übrige Masse.

Unter dem Mikroskop erscheint das rohe Wachs als eine aus Stäbchen bestehende, stellenweise auch radialfaseriges Gefüge zeigende Masse.

Das gereinigte Karnaubawachs ist eine geruch- und geschmacklose spröde Masse von blaßgrünlichgelber Farbe; die reinsten Marken sind schneeweiß. Beim Schmelzen tritt der angenehme aromatische Cumaringeruch auf. *Gereinigtes Karnaubawachs.*

Die Dichte des Karnaubawachses liegt bei 15° C zwischen 0,990 (Husemann-Hilger) und 0,999 (Maskelyne)[1]), der Schmelzpunkt zwischen 83° C (Stürcke) und 91° C (Schädler). Wiesner gibt für ungereinigtes Karnaubawachs einen Schmelzpunkt von 84,4° C und einen Erstarrungspunkt von 80,9° C an; für gereinigtes Wachs nennt er 83,6° bzw. 81° C.

Das Wachs ist in kaltem Alkohol wenig löslich; siedender Alkohol und Äther lösen es vollständig. Konzentrierte Lösungen erstarren beim Erkalten und scheiden eine weiße, kristallinische, bei 105° C schmelzende Masse aus (Schädler).

Das Karnaubawachs besteht in der Hauptsache aus Myricylcerotat und enthält nebenher auch freie Cerotinsäure und Myricylalkohol. *Zusammensetzung.*

Stürcke[2]), der die Zusammensetzung des Karnaubawachses genau studiert hatte, fand darin:

1. einen bei 59° C schmelzenden Alkohol;
2. einen bei 76° C schmelzenden Alkohol von der Formel $C_{26}H_{54}O$ (Cerylalkohol).
3. Myricylalkohol ($C_{29}H_{62}O$);
4. einen zweisäurigen Alkohol $C_{23}H_{46}(CH_2OH)_2$;
5. eine der Lignocerinsäure isomere Fettsäure von 72,5° C Schmelzpunkt und der Zusammensetzung $C_{23}H_{47}COOH$ (Karnaubasäure);
6. eine mit der Cerotinsäure isomere, vielleicht sogar identische Fettsäure ($C_{26}H_{53}COOH$), die bei 79° C schmilzt;
7. das Lakton einer Säure $C_{19}H_{38}{<}^{CH_2OH}_{COOH}$.

Lewy[3]) gibt als prozentische Zusammensetzung des Wachses an:

Kohlenstoff . . . . 80,33 %
Wasserstoff 13,07
Sauerstoff 6,60

Bei der trockenen Destillation liefert das Karnaubawachs ein paraffinartiges Produkt.

Eine von Wiesner untersuchte Probe ungereinigten Karnaubawachses zeigte einen Aschengehalt von 0,83 %, die eines raffinierten Produktes nur

---

[1]) Berichte d. deutsch. chem. Gesellsch., 1869, S. 44.
[2]) Liebigs Annalen, Bd. 223, S. 283.
[3]) Ann. de Chim. et de Phys., Bd. 13, S. 449.

0,51 %. Maskelyne fand in der Asche Kieselsäure, Eisenoxyd und Chlornatrium.

Durch Kochen mit wässeriger Kalilauge wird das Wachs rötlich gefärbt und verseift sich dabei nur teilweise. Selbst alkoholische Kalilauge verseift es nur schwer [1]).

Verwendung.

Man benutzt das Karnaubawachs zur Erhöhung der Härte, des Glanzes und des Schmelzpunktes von Fett- und Wachsgemischen. Schon geringe Prozentsätze von Karnaubawachs erzielen ein Hinaufsetzen des Schmelzpunktes und ein Hartwerden von Fettsäuren, Wachs und Fettgemischen [2]).

Auch zur Herstellung von feinem Siegellack [3]), zur Fabrikation von Phonographen- und Grammophonwalzen, zur Bereitung von Putzseifen für Lederwaren und Sattelzeug, von Fußbodenwachs und ähnlichen Präparaten findet Karnaubawachs Anwendung. Die Kerzenindustrie konsumierte ehedem ebenfalls beträchtliche Mengen dieses Produktes; seit man das hochschmelzbare Paraffin kennt, hat aber der frühere Zusatz von Karnaubawachs zu Paraffinkerzenmassen aufgehört.

Rückstände.

Die vom Wachs befreiten Blätter liefern verwertbare Fasern, die von den Indianern zu Bindfäden, Stricken, Netzen usw. verarbeitet werden; der dritte Teil der in der Provinz Ceara verbrauchten Seilerwaren soll aus den Fasern dieser Wachspalmenblätter hergestellt werden. Die Landbevölkerung Brasiliens trägt auch Hüte aus Karnaubawachspalmblättern; in Aracaty erzeugt man alljährlich 1—2 Millionen solcher Kopfbedeckungen. Auch als Stopfmaterial, ähnlich wie Seegras und Roßhaar, ferner zur Anfertigung von Besen und Körben können die Fasern der Palmblätter verwendet werden. Die Eignung der Blätter für die Papierfabrikation ist noch nicht genau festgestellt, da es an grundlegenden Versuchen zur Beantwortung dieser Frage fehlt. Jedenfalls muß man es als arge Verwüstung bezeichnen, wenn die Blätter verbrannt werden, was leider mitunter noch immer geschieht.

Produktion und Handel.

Wie groß die jährlich gewonnene Menge Karnaubawachs ist, läßt sich auch nicht annähernd feststellen; der größte Teil dieses Produktes wird in Brasilien selbst verbraucht. Nach offiziellen Schätzungen soll die Jahres-

---

[1]) Brande, Gilberts Annalen, Bd. 44, S. 287.
[2]) Vergleiche Bd. III, Kapitel „Kerzenfabrikation“, und die dort wiedergegebene Tabelle Valentas.
[3]) Gintl, Offiz. österr. Ausstellungsbericht, 1873, 3. Gruppe, Wien 1874, Seite 45.

ernte der Provinz Ceara, wo die Gewinnung des Wachses gewerbsmäßig betrieben wird, 2 Millionen Kilogramm betragen. Dieses Quantum würde einer Palmenanzahl von ungefähr 1 100 000 Stück entsprechen. Es bestehen aber bestimmt weit mehr Wachspalmen und die Produktion in Ceara ist daher wahrscheinlich viel höher. Die Jahreserzeugung von Ceara und Rio Grande del Norte zusammengenommen schätzt man auf ca. 270 000 Arrobas (1 Arroba = 15 kg), davon werden 89 000 Arrobas dortselbst konsumiert, der Rest gelangt zum Export.

Auf dem Weltmarkte erscheinen alljährlich ungefähr 4000 Tonnen Karnaubawachs, die hauptsächlich von den Unionstaaten aufgenommen werden. Auch Deutschland verbraucht größere Mengen dieses Produktes. So führte Hamburg im Jahre 1904 ca. 1,5 Millionen Kilogramm Karnaubawachs ein.

Die Gesamtausfuhr Brasiliens ist in den einzelnen Jahren ziemlich ungleich; sie betrug im Jahr
Handel.

1901 . . 997 000 kg i. W. v. 1 044 000 Papier-Milreis = 0,996 Mill. Mk.
1903 . . 1 927 000 „ „ „ „ 2 662 000 „ „ = 2,562 „ „
1905 . . 1 896 757 „ „ „ „ 3 291 126 „ „ = 4,239 „ „
1906 . . 2 559 247 „ „ „ „ 6 316 078 „ „ = 8,567 „ „

Die Preise schwanken beträchtlich; so notierte man für

	gelbe Ware	graue Ware
im Jänner 1904	190 Mk.	180 Mk. per 100 kg
im Juli 1904	295 Mk.	275 Mk. per 100 kg.

Bei dem großen Nutzen, den die Karnaubapalme abwirft, sollte für ihre Kultur etwas mehr geschehen, als dies bis heute der Fall ist. Mit dem in Südamerika bestehenden behördlichen Verbote, ohne Erlaubnis des Eigentümers keine Wachspalme zu fällen (gegen sonstige Strafe von 2,5 Mk.), ist recht wenig getan, ebenso genügt es nicht, Pflanzungen anzulegen und diesen keine weitere Pflege zu widmen, wie dies in Rio de Janeiro und in Ceara geschieht.

Palmwachs.

Ceroxylin. — Cerosiline. — Cera di palma. — Cire de palmier. — Palm tree Wax.

Herkunft.

Das Palmwachs wird aus der auf den Anden Südamerikas vorkommenden Wachspalme, auch Andenpalme genannt (Ceroxylon andicola Humb. et Kunth), sowie der Klopstockpalme (Klopstockia cerifera Karsten), die man namentlich in Columbia antrifft, gewonnen.
Abstammung.

Gewinnung.

Die genannten beiden Palmarten schwitzen ein harzähnliches Wachs aus, das den Stamm in schichtenförmigen Massen bis zu 6 mm Dicke überzieht. Diese einem Lacküberzug nicht unähnlichen Wachskrusten werden von dem Stamme abgeschabt und durch Umschmelzen in die handelsübliche Form gebracht. Zwecks vollständiger Gewinnung des Palmwachses wird bisweilen auch die Rinde der Bäume abgeschält und mit Wasser ausgekocht.

Nach Purdie liefert eine Wachspalme jährlich ungefähr 12,5 kg Wachs.

Nach Moritz[1]) schwitzen auch die Blätter der Andenwachspalme einen wachsähnlichen Stoff aus, der durch Auskochen der Blätter gewonnen werden kann.

Eigenschaften.

Das durch Umschmelzen des abgeschabten Wachses oder durch Auskochen der Rinde gewonnene rohe Palmwachs bildet weiße bis gelbe Klumpen, die in Härte, Bruch und Sprödigkeit an Karnaubawachs erinnern. Sein spezifisches Gewicht liegt zwischen 0,992 und 0,995 (bei 15⁰ C), sein Schmelzpunkt zwischen 102 und 105⁰ C. Trotz dieses hohen Schmelzpunktes läßt sich das Wachs schon durch die Handwärme ziemlich erweichen.

Das Palmwachs ist als ein Gemenge verschiedener wachsartiger Körper und Harze aufzufassen.

Behandelt man das rohe Wachs mit großen Mengen heißen Alkohols und läßt die erhaltene Lösung nachher erkalten, so scheiden sich weiße, schwach kristallinische, gallertartige Substanzen aus, die durch wiederholtes Waschen und Umkristallisieren aus heißem Alkohol von dem Harzgehalte vollständig befreit werden können. Dieses so gewonnene reine Wachs ist ein weißgelber, dem Bienenwachse ähnlicher Körper, der bei 72⁰ C schmilzt und der Hauptsache nach aus Cerin (cerotinsaurem Ceryläther) und Myricin (palmitinsaurem Melissyläther) besteht.

Verwendung.

Das Palmwachs, das sehr häufig mit Talg verfälscht wird, dient in den Gewinnungsländern hauptsächlich zur Kerzenbereitung; es bildet auch einen vortrefflichen Ersatz für Karnaubawachs. Wiesner berichtet, daß die meiste unter dem Namen „Palmwachs" in den Handel kommende Ware nichts anderes als Karnaubawachs sei.

---

[1]) Bot. Ztg., 1844, S. 433.

Raphiawachs.

Ruffiawachs.

Herkunft.

Dieses Wachs stammt von einer auf Madagaskar wachsenden Palmen-art, der **Raphia Ruffia**, die als Lieferant des sogenannten Raphiabastes bekannt ist. Ab-
stammung.

Perrier de la Bathie[1]) hat aus den Blattresten, die nach Ab-trennung des Raphiabastes resultieren, ein Wachs hergestellt.

Gewinnung.

Hunt[2]) berichtet über die Gewinnung des Raphiawachses das Folgende: Gewinnung.

Die von den Palmen abgenommenen getrockneten Blätter werden auf Matten gelegt und das daraus herausfallende weiße, schuppenförmige Pulver wird über Wasser umgeschmolzen, worauf man das Wachs in Kuchen preßt. Nachstehend seien einige Ausbeuteziffern wiedergegeben:

Totalgewicht von 10 Raphiablättern	104,50 kg
Gewicht der daraus erhaltenen Grünfasern .	9,20 „
Erzielte Reinfasern	4,60 „
Gewicht der grünen Abfälle	32,50 „
Gewicht der getrockneten Abfälle	11,00 „
Gewicht des erhaltenen Rohwachses . . .	0,81 „
Erhaltenes Reinwachs aus 10 Blättern . .	0,78 „

Das erhaltene Reinwachs ergibt also ca. 16% vom erzielten Rein-fasergewicht. Diese Ausbeute könnte aber bedeutend erhöht werden, wenn die Gewinnungsart der Eingeborenen nicht so primitiv wäre. Jedenfalls kann man sagen, daß auf jedes Kilogramm Raphiafasern ungefähr 100 g Raphiawachs zu erzielen sei.

Eigenschaften.

Jumelle hat dieses Wachs einer näheren Prüfung unterzogen und beschreibt es als eine gelbe bis braune Masse, die sich ohne Schwierig-keit in Pulverform verwandeln läßt. Chloroform, Äther, Petroläther, abso-luter Alkohol, Benzin, Azeton und Schwefelkohlenstoff lösen es bei ge-wöhnlicher Temperatur nur in sehr geringen Mengen. Von siedendem Alkohol wird das Wachs zwar aufgenommen, doch scheidet es sich beim Erkalten sofort wieder als eine an Schweinefett erinnernde Masse aus. Eigen-
schaften.

---

[1]) Oil, Paint and Drug Rep., 70. Bd., Nr. 13; Chem. Revue, 1907, S. 16; Chem. Ztg., 1906, S. 1028.

[2]) U. S. Consular Reports, Washington, 20. Sept. 1906.

Es besitzt eine Dichte von 0,950 und schmilzt bei 82°. Salz-, Salpeter-
oder Schwefelsäure sollen das Wachs nicht angreifen. Beim Annähern an
eine Flamme schmilzt es, ohne sich zu entzünden.

Gondangwachs.

Feigenwachs. — Javanisches Wachs. — Cire de figuier. —
Godang Wax. — Fig Wax. — Getah Wax. — Getah Lahoe (Ceylon).

Herkunft.

Ab-
stammung.   Dieses Wachs wird aus dem Milchsafte des zur Familie der Mora-
ceen gehörenden Wachsfeigenbaumes (Ficus ceriflua Jungh. =
Ficus cerifera Bl. = Ficus subracemosa Bl.) gewonnen, der sich
auf Java, Sumatra und Ceylon findet.

Gewinnung.

Gewinnung.   Das Gondangwachs wird gewonnen, indem man den dem Wachs-
feigenbaum entfließenden Saft über freiem Feuer eindickt und hierauf mit
Wasser einkocht. Das Wachs scheidet sich dabei in Form einer grauen
Masse aus, die entweder in diesem Zustande oder auch nach einer vorher-
gegangenen Bleichung auf den Markt gebracht wird.

Eigenschaften.

Eigen-
schaften.   Je nach dem Reinheitsgrade bildet das Gondangwachs Kuchen von
grauer, rötlich- bis schokoladebrauner Farbe, die innen gelblichweiß
bis rosenrot sind. Dieses Wachs ist wesentlich härter und spröder als
Bienenwachs, sehr bröcklig und leicht zerreiblich. Wird es der Luft
ausgesetzt, so dunkelt es allmählich nach, und Produkte, die ursprünglich
gelblichweiß waren, werden dadurch braun. Der Bruch des Wachses ist
muschlig.

Das spezifische Gewicht des Gondangwachses beträgt bei 15°C nach
Wiesner 0,963; Greshoff und Sack[1]) geben eine Dichte von 1,0115
an. Ebenso abweichende Daten weisen die verschiedenen Literaturangaben
über den Schmelzpunkt des Wachses auf. Nach Schädler wird das
Wachs schon bei 45°C weich und schmilzt bei 56—57°C, nach Bleekrode[2]) wird es bei 50° sirupartig, um bei 51°C vollständig zu schmelzen.
Nach Greshoff und Sack erweicht das Wachs bei 55°C, ist aber bei
73°C noch nicht vollständig geschmolzen.

Das geschmolzene Wachs bildet eine äußerst zähflüssige Masse, die
sich in Fäden ziehen läßt und beim Stehen in zwei Schichten sondert,

---

[1]) Rec. trav. chim. des Pays Bas et la Belge, 1901, S. 65.
[2]) Bleekrode, Neues Jahrbuch d. Pharmazie, Bd. 7, S. 182.

nämlich in das eigentliche geschmolzene Wachs und in eine braune, wässerige Schicht, die von Verunreinigungen des Rohwachses stammt.

Das Gondangwachs löst sich in Benzin, Benzol, Chloroform, Schwefelkohlenstoff und Terpentin sowie in siedendem Äther, Alkohol und Amylalkohol. Siedender Alkohol nimmt das Wachs übrigens nicht vollständig auf; durch Umkristallisieren des Wachses aus siedendem Alkohol lassen sich ungefähr 70% einer weißen, kristallinischen Masse erhalten, die den Schmelzpunkt von 61°C zeigt und hauptsächlich aus Ficoceryl und Ficocerylat besteht.

Die Literaturangaben weichen übrigens auch hinsichtlich der Lösungsverhältnisse des Gondangwachses wesentlich voneinander ab. So ist letzteres nach Kaiser[1]) in Schwefelkohlenstoff unlöslich, während Bleekrode angibt, daß siedender Alkohol es vollkommen aufnehme.

Bei der Trockendestillation liefert das Gondangwachs Essig-, Proprionsäure und Wasser; diesem wässerigen Destillat folgt eine ölige Flüssigkeit, die einen Kohlenwasserstoff von der Formel $C_{14}H_{26}$, eine Säure von der Formel $C_{12}H_{24}O_2$ und einen Alkohol von der Zusammensetzung $C_{44}H_{88}O$ enthält. Die Säure schmilzt bei 55°C, der Alkohol bei 51°C.

Verwendung.

Verwendung.

Auf Java und Sumatra wird das Gondangwachs als Kerzenmaterial verwendet und bildet dortselbst einen nicht unbedeutenden Handelsartikel[2]).

Nach Europa ist das Wachs bisher noch nicht gekommen. Die wenigen Proben, die eingeführt worden sind, scheinen voneinander wesentlich abweichend gewesen zu sein, wodurch sich auch die wechselnden Angaben über die Eigenschaften dieses Wachses erklären.

Kuhbaumwachs.

Milchbaumwachs. — Cow tree Wax.

Herkunft.

Dieses Wachs wird aus dem Milchsafte einer Moracee, des amerikanischen Kuhbaumes (Calactodendron americanum L. = Calactodendron utile Kunth = Brosium Calactodendron Don.) gewonnen. Der bis 30 m hohe Baum ist in Südamerika heimisch und besonders in der Gegend von Barbula bis zum Maracaibosee, ebenso um Caracas zu finden[3]).

Abstammung.

---

[1]) Kaiser, Chem. Centralbl., 1856, S. 477.
[2]) Junghuhn, Java, deutsch von Hasskarl, Bd. I, S. 318.
[3]) Schädler, Technologie d. Fette u. Öle, 2. Aufl., Leipzig 1892, S. 877.

Gewinnung.

Durch Einschnitte in die Äste und den Stamm kann man dem Kuhbaume einen wohlschmeckenden Milchsaft entziehen, der nicht gerade angenehm riecht, im Aussehen der Kuhmilch ähnelt, aber dickflüssiger ist als diese. Die Milch wird von den Eingeborenen Südamerikas getrunken und wie Kuhmilch zum Kaffee oder Tee genommen.

Die Absonderung des Saftes ist sehr reichlich; man kann davon in einer halben Stunde von einem Baume fast 1 Liter gewinnen. Die Milch enthält bemerkenswerte Mengen Pflanzenschleim, reagiert sauer und kann durch Säurezusatz nicht zum Gerinnen gebracht werden.

Wird dieser Saft (der sich von den Milchsäften anderer Pflanzen dadurch unterscheidet, daß er nicht so scharf und bitter schmeckt wie diese) an der Luft stehen gelassen, so bildet sich auf der Oberfläche eine zähe, käseartige Haut[1]). Durch Kochen wird aus dem Safte ein wachsartiger Stoff, das Kuhbaumwachs, abgeschieden.

Eigenschaften und Verwendung.

Das Wachs ist durchscheinend, knetbar, schmilzt bei 50—52° C, ist partiell verseifbar und erinnert in seinen sonstigen Eigenschaften etwas an unser Bienenwachs.

Man benutzt es in Südamerika zur Herstellung von Kerzen.

Okubawachs.

Ocubawachs. — Cire d'Ocuba. — Ocuba Wax.

Herkunft.

Das Okubawachs gehört eigentlich unter die Fette und entstammt den Früchten des zu den Myristicaceen gehörenden Okubamuskatnußbaumes (Myristica Ocuba Humb. und Bonpl.), der in Brasilien und in Guayana vorkommt.

Der Baum oder richtiger Strauch erreicht eine Höhe von 3,5 m, gedeiht besonders in sumpfigem Boden und ist an den Ufern des Amazonenstromes häufig zu finden.

Ad. Brogniart läßt die Frage offen, ob Okubawachs von Myristica Ocuba, Myristica sebifera oder Myristica officinalis stamme. Da die beiden letztgenannten Pflanzenarten Fette liefern, ist das Bedenken Brogniarts bezüglich der richtigen Herkunft des Okubawachses unbegründet.

Rohmaterial.

Die Früchte des Okubastrauches haben die Größe einer kleinen Haselnuß und schließen einen Kern ein, der mit einer dicken, karmoisin-

---

[1]) Engler-Prantl, Pflanzenfamilien, Bd. 3, S. 88.

roten Haut überzogen ist. Der Farbstoff dieses Samenmantels ist wasserlöslich und liefert eine schöne Purpurfarbe, die unter dem Namen Okubarot
bekannt ist.

Gewinnung.

Die Samenkerne werden gewaschen, wodurch sie eine schwarze Gewinnung.
Farbe annehmen, dann auf Haufen geworfen und zu einem Teig zerrieben,
der eine Zeitlang in siedendem Wasser ausgekocht wird. Dabei scheidet
sich auf der Oberfläche die in den Samen enthaltene wachsartige Masse
aus, die man abschöpft und in passende Formen gießt.

100 kg Samen sollen 20—22 kg Wachs liefern. Das rohe Wachs,
das im Aussehen ungebleichtem Bienenwachse gleicht, kann durch Umschmelzen, Filtrieren und Bleichen in eine glänzendweiße Masse verwandelt
werden, die dem Karnaubawachse ähnlich ist[1]).

Eigenschaften.

Das Okubawachs zeigt eine Dichte von 0,920 (bei 15° C), schmilzt Eigenschaften.
bei 40° C und ist in kaltem Alkohol wenig, in siedendem vollständig löslich. Auch Äther nimmt es auf.

In chemischem Sinne muß das Okubawachs als ein Gemenge von
Fett, Wachs und Harz bezeichnet werden, so daß sich sowohl seine Einreihung unter die Wachsarten als auch unter die Fette rechtfertigen läßt.

Verwendung.

Das Okubawachs wird in Brasilien vielfach zur Herstellung von Verwendung.
Kerzen benutzt. Im Welthandel spielt es nur eine bescheidene Rolle.

Okotillawachs.

Ocotillawachs. — Okotilla Wax.

Dieses Wachs ist in der Rinde des im Norden Mexikos, in Westtexas Abstammung.
und Südkalifornien anzutreffenden Okotillabaumes (Fouquiera splen-
dens Engelm.) enthalten. Die Aststücke der fächerförmigen Charakter
zeigenden Pflanze haben eine $1/_2$—1 cm breite mattgraue Rinde, die
außen mit warzenartigen Erhöhungen und graugelben Dornen besetzt ist.
Die äußerste Schicht der Rinde besteht aus ablösbaren Blättchen, die mit
Wachs überzogen sind. Um letzteres zu gewinnen, muß man die gepulverte
Rinde mittels Petroläthers extrahieren.

Ed. Schaer fand den Wachsgehalt der Okotillarinde zu 9%, be- Eigenschaften.
stimmte seinen Schmelzpunkt mit 84° C und sein spezifisches Gewicht
mit 0,984. Das Wachs löst sich in warmem absolutem Alkohol wie auch
in Benzol und Schwefelkohlenstoff leicht auf. Asboth isolierte beim Verseifen des Okotillawachses Melissylalkohol und Cerotinsäure.

---

[1]) Peckolt, Zeitschr. d. allg. österr. Apothekervereins, 1865, S. 484.

Rhimbawachs.

Herkunft.

Dieses Produkt soll von einem auf Madagaskar heimischen Baume erhalten werden, doch ist über den genauen Ursprung dieses Wachses noch nichts Näheres bekannt. Die nach Frankreich gebrachten Proben des Rhimbawachses stellten kleine tafelförmige Stücke dar, die auf der einen Seite mit warzenförmigen Erhöhungen, auf der anderen mit einer rötlichbraunen Rinde behaftet waren, meist auch kleine Steinchen und andere Erdpartikelchen enthielten. Das Wachs ist leicht zerbrechlich, von gelber Farbe, aromatischem Geruch und schwach bitterem Geschmack. Es schmilzt bei 60^0 C, löst sich in siedendem Alkohol vollständig, in kaltem bis zu $80\,^0/_0$. Der in kaltem Alkohol unlöslich bleibende Teil besteht aus einem bei 72^0 C schmelzenden Ester.

Eigenschaften.

Das Rhimbawachs ist als ein Gemenge verschiedener harz- und wachsartiger Stoffe aufzufassen. Seine dunkle Färbung und Widerstandsfähigkeit gegen alle Bleichmittel ziehen seiner Verwendungsmöglichkeit enge Grenzen, weshalb es kaum jemals eine wichtigere Rolle spielen dürfte.

Pisangwachs.[1])

Pisang Wax.

Herkunft.

Abstammung.

Pisangwachs ist das Produkt einer in Niederländisch-Indien, besonders auf Java vorkommenden wilden Pisangart (Banane).

Junghuhn, der die von den Eingeborenen Javas „Pisangkaret" genannte Pflanze schon 1853 beschrieben hat, bezeichnet sie als „Harz- oder Wachspisang" (Musa cera).

Die großen Blätter des Strauches sind an der unteren Seite mit einem weißen, mehlartigen Überzug bedeckt, ähnlich dem, der bei der Karnaubapalme zu beobachten ist.

Gewinnung.

Gewinnung.

Um das Pisangwachs zu gewinnen, werden die Blätter, die gewöhnlich 6 Fuß lang sind und sich zu sieben an einem Zweige befinden, abgeschnitten, mit hölzernen Messern abgeschabt und nachher umgeschmolzen.

Eigenschaften.

Eigenschaften.

Greshoff beschreibt das Pisangwachs als harte, grießartige, weiße, oft auch gelb- oder hellgrüne Masse von größerer oder geringerer Durchsichtigkeit, grobkörniger Beschaffenheit, kristallinischem Bruche und einem lichten, an der Oberfläche haftenden staubartigen Anflug. Das Wachs läßt

---

[1]) Greshoff u. Sack, Records des Trav. Chim. des Pays Bas, 1901, S. 65.

sich leicht pulvern, zeigt einen Schmelzpunkt von 79—81° C und ein spezifisches Gewicht von 0,965 (bei 15° C).

Das rohe Wachs ist nicht selten durch Fragmente von Blättern, Stengeln und sogar durch Überreste von Käfern u. ä. verunreinigt.

Kochender Alkohol löst ungefähr 1% von diesem Wachse auf. Die Lösung erstarrt beim Abkühlen zu einer dicken Gallerte, die sich unter dem Mikroskop als aus Nadeln und Kügelchen bestehend erweist. In den gewöhnlichen Fettlösungsmitteln ist das Pisangwachs nur wenig löslich; bei 15° C nehmen die nachstehenden Lösungsmittel nur folgende Mengen davon auf:

Petroläther	0,1%
Azeton	0,5
Äther	0,7
Terpentinöl	1,0
Chloroform	1,7
Schwefelkohlenstoff	1,8

In der Siedehitze lösen Terpentinöl und Schwefelkohlenstoff das Wachs leichter.

Das Pisangwachs ist der Pisangcerylester der Pisangcerylsäure. Nach Lewkowitsch enthielten verschiedene Handelsproben dieses Produktes 1—1,5% freier Fettsäuren.

Trocken destilliert, liefert das Pisangwachs geringe Mengen eines wässerigen Destillats. Bei 210—220° C destillierte Thann eine butterartige Masse über, die sich durch Auspressen in einen flüssigen und einen festen Anteil trennen ließ; der erstere erwies sich als ein Kohlenwasserstoff von der Formel $C_{16}H_{34}$, der letztere als ein Körper von der Zusammensetzung $C_{27}H_{54}O_2$.

Balanophorenwachs.

Cire de Balanophore. — Balanophore Wax.

Abstammung.

Diese Wachsart wird durch Auskochen mehrerer in Brasilien und auf Java heimischer Pflanzen, den sogenannten Kolbensprossern oder Balanophoren gewonnen. Es sind dies eigenartige, chlorophyllose, fleischige Pflanzenarten, deren einzelne ein pilzartiges Aussehen haben und auf den Wurzeln anderer Pflanzen aufsitzen (Wurzelschmarotzer). Die Parenchymzellen der Stämme (Knollen) dieser Pflanzengebilde enthalten Wachs. Besonders wachshaltig sind Balanophora elongata (auf Java vorkommend) und Langsdorffia hypogaea Mart. (Südamerika), welch beide in frischem, ungetrocknetem Zustande mit leuchtender Flamme brennen. In Neugranada werden die ganzen Pflanzen von Langsdorffia auch direkt

Herkunft.

als Kerzen verwendet und unter dem Namen „Siejas" gehandelt. Die
Knollen von Balanophora elongata werden auf Java zu Brei zerstoßen und
dieser auf Bambusstäbchen gestrichen, die dann als Kerzen dienen[1].

Gewinnung und Eigenschaften.

Gewinnung.

Eigen-
schaften.

Werden die Pflanzen mit Wasser gekocht, so schwimmt nach dem
Erkalten das in ihnen enthaltene Wachs als fester, graugelber Kuchen auf
der Oberfläche. Extrahiert man sie mittels Äthers, so erhält man ein dem
Bienenwachse ähnliches Produkt, das in Äther leicht, in Alkohol nur
wenig löslich ist. Kalte Schwefelsäure löst das Fett ebenfalls, Wasser
fällt es aus der Lösung wiederum aus. Die Dichte des Wachses beträgt
bei 15° 0,995, sein Schmelzpunkt liegt bei ungefähr 100° C[2].

Die chemische Zusammensetzung des Balanophorenwachses ist
noch nicht erforscht; es scheint ein Gemenge eines Glyzerids, eines Wachs-
esters und eines Harzes zu sein.

Flachswachs.

Cire de lin. — Flax Wax.

Herkunft.

Die Geschmeidigkeit und Griffigkeit sowie der eigenartige Glanz der
Leinenfaser werden ihr durch eine wachsartige Substanz, das Flachswachs, verliehen, das sich in der Flachsfaser in Mengen von 0,5—1%
vorfindet und durch Fettlösungsmittel von der Faser entfernt werden kann.

Hoffmeister[3]), welcher aus Flachsstaub eine größere Menge
Flachswachs extrahierte, beschreibt letzteres wie folgt:

Eigen-
schaften.

Es stellt, je nach Flachssorte und Gewinnungsart, einen gelblichweißen
bis bräunlichgrünen Körper von eigentümlichem, fast unangenehmem Flachs-
geruch dar. Der Schmelzpunkt liegt bei 61,5° C, das spezifische Gewicht
ist bei 15° C 0,9083. Aus heißer Benzinlösung scheidet sich das Wachs
in fast weißen, krümligen, kristallinischen Massen aus. In der Kälte spröde
und brüchig, erweicht es zwischen den Fingern, so daß es sich kneten läßt.

In Chloroform löst sich das Flachswachs nur schwierig, in den
übrigen Fettlösungsmitteln dagegen leicht. Alkohol nimmt es teilweise auf.

Das Flachswachs enthält über 80% Unverseifbares, das der
Hauptmenge nach aus einem bei 68° C schmelzenden Kohlenwasserstoffe,
der bei 10° C eine Dichte von 0,9941 hat, besteht, aber auch geringe
Mengen von Phytosterin und Cerylalkohol aufweist.

Die ungefähr 20% verseifbarer Anteile bestehen aus Stearin-,
Palmitin-, Öl-, Linol- und Linolensäure[4]).

---

[1]) Engler-Prantl, Bd. 3, S. 261 u. 263.
[2]) Schädler, Technologie d. Fette u. Öle, 2. Aufl., Leipzig 1892, S. 879.
[3]) Berichte der deutsch. chem. Gesellsch., 1903, S. 639.
[4]) Siehe auch Fußnote 1, Seite 3 dieses Bandes.

Baumwollwachs.[1]

Die Baumwollfaser enthält eine ähnliche Substanz wie das Flachswachs *Herkunft.* der Leinenfaser. Ihr Vorhandensein erklärt es, daß Baumwolle anfänglich nur schwierig Wasser annimmt.

Edw. Schunck[2] fand das Baumwollwachs (fälschlich auch Baum- *Eigen-* wollfett genannt) bei $86^0\,C$ schmelzend, bei $81—82^0\,C$ erstarrend, in *schaften.* Alkohol und Äther löslich. Beim Erkalten einer konzentrierten alkoholischen Lösung erstarrt die Flüssigkeit zu einer weißen Gallerte, die aus mikroskopischen Nadeln zusammengesetzt erscheint. Das Wachs enthält auch geringe Mengen freier Fettsäuren, doch ist es ungewiß, ob diese von Natur aus in dem Textilwachse enthalten sind, oder ob sie von dem Baumwollsaatfette stammen und von dem Samen auf die Faser mechanisch übertragen werden.

Die Zusammensetzung des Baumwollwachses ist noch nicht näher studiert.

Schellackwachs.

Herkunft und Gewinnung.

Der Schellack des Handels ist durch eine wachsartige, in Alkohol *Herkunft.* unlösliche Substanz verunreinigt. Dieses Schellackwachs wird als graubraune, schmierige Masse erhalten, wenn man Schellack in Spiritus löst und die bekanntlich niemals klare, sondern stets mehr oder minder milchig getrübte Lösung filtriert. Wird der Filterrückstand durch Auswaschen mit Spiritus bis zur völligen Farblosigkeit des Waschmittels gereinigt, so resultiert ein Schellackwachs von ziemlich reiner Beschaffenheit. Die Scheidung des Schellakwachses gelingt nur aus kaltbereiteten spirituösen Schellacklösungen. Werden diese auf warmem Wege hergestellt, so verteilt sich das unlösliche Wachs derart fein im Alkohol, daß sich die Filtration als untunlich erweist. Die Poren des Filters verstopfen sich schon nach sehr kurzer Zeit und lassen keine Flüssigkeit mehr durch.

Benedikt und Ulzer haben aus sogenanntem Körnerlack Schellack- *Darstellung.* wachs abgesondert. Der Körnerlack wurde zu diesem Zwecke mit verdünnter Sodalösung gekocht, wobei sich das Schellackwachs auf der Oberfläche sammelte. Die Ausbeute betrug dabei $0,5—1\,^0/_0$.

Bei der Aufarbeitung der Filtrationsrückstände kaltbereiteter Schellacklösungen können zwei Methoden eingeschlagen werden:

Das erste Verfahren besteht in wiederholtem Auswaschen der Rückstände mit Alkohol, wodurch sämtlicher in den Rückständen noch befindlicher Schellack entfernt und durch Destillieren des Lösungsmittels wieder gewonnen werden kann. Der nach dem Auswaschen mit Alkohol verbleibende Rück-

---

[1] Siehe Fußnote 2, Seite 176 dieses Bandes.
[2] Chem. News, 1868, S. 118; Dinglers polyt. Journ., 1868, Bd. 188, S. 496.

stand wird ausgepreßt und hierauf mit Wasser gekocht, wobei sich das Schellackwachs nach dem Abkühlen auf der Oberfläche des Wassers als fester Kuchen absondert.

Das zweite Verfahren besteht in einem Auskochen der Rückstände mit Sodalösung[1]). Der in dem Rückstande enthaltene Schellack geht dabei in Lösung und das Wachs scheidet sich nach dem Erkalten auf der Oberfläche des Wassers als fester Kuchen ab. (Vergleiche die oben erwähnte Isolierung des Wachses aus Körnerwachs.) Der in Lösung gegangene Schellack kann durch Säurezusatz wieder ausgeschieden werden[2]).

Eigenschaften.

Das auf die eine oder andere Weise gewonnene Schellackwachs wird gewöhnlich nochmals über reinem Wasser umgeschmolzen und bildet dann feste, schokoladbraune Massen von mattem Bruche, ziemlicher Härte und schellackartigem Geruche. Es schmilzt bei 85—90° C und ähnelt in seinem chemischen Verhalten den Insektenwachsen. In Mischung mit Bienen- und Japanwachs verwendet man es zu Schuhmacher- und Sattler-Wachspräparaten, zu Ledercremes und anderen technischen Produkten[3]).

Andere Pflanzenwachse.

Außer den genannten vegetabilischen Wachsen wären noch zu nennen:

Kagawachs[4]), von Cinnamomum pedunculatum, einer in Japan vorkommenden Lauracee.

Wachs von Bacharis confertifolia Colla. Dieses nur in einigen wissenschaftlichen Warensammlungen sich findende Produkt ist noch nicht näher untersucht worden, ja man weiß noch gar nicht, welchem Pflanzenteil es eigentlich entstammt.

Zuckerrohrwachs[5]). Dieses enthält eine eigenartige, in perlmutterglänzenden Schuppen kristallisierende Verbindung (Cerosin) von der Formel $C_{24}H_{48}O$, die auf Papier keine Fettflecke hinterläßt, bei 82° C schmilzt und eine Dichte von 0,961 besitzt.

---

[1]) Die Unlöslichkeit des Schellackwachses in kohlensauren Alkalien hat man auch benutzt, um sogenannten raffinierten Schellack herzustellen. Man ist aber von der Herstellung dieses Produktes abgekommen, weil es dunkler und spröder war als der normale Schellack.

[2]) Siehe auch Benedikt und Ulzer, Monatshefte für Chemie, 1888, S. 579.

[3]) Archiv. d. Pharm., Bd. 236, S. 1—8.

[4]) Zeitschr. f. Nahrungsmittelunters., Hygiene u. Warenkunde, 1892, S. 305.

[5]) Wiesner, Bot. Ztg., 1876, S. 232; Avequin, Chim. Phys., Bd. 76, S. 218; Dumas, ebenda, Bd. 75, S 222.

Sechstes Kapitel

Die animalischen Wachse.

Während die Pflanzenwachse bei gewöhnlicher Temperatur durchweg feste Körper darstellen, sind. die im Tierreiche sich findenden Wachse teils flüssig, teils fest.

Zu den flüssigen Tierwachsen gehören das Walöl und das Döglingsöl, zwei Produkte, die in Geruch und Geschmack sowie in einigen Farbreaktionen an die Trane erinnern, in chemischer Beziehung sich aber von diesen scharf unterscheiden, indem sie vornehmlich aus Fettsäureestern einwertiger Alkohole bestehen. Die flüssigen Wachse haben ein geringeres spezifisches Gewicht als die fetten Öle, ihre Viskosität nimmt mit steigender Temperatur nicht so schnell ab wie bei diesen, sie absorbieren aus der Luft nur sehr wenig Sauerstoff und geben mit salpetriger Säure ein mehr oder weniger festes Elaidin. *Flüssige Tierwachse.*

Die festen Wachsarten des Tierreiches bestehen hauptsächlich aus Estern gesättigter Fettsäuren und gesättigter einatomiger Alkohole; Verbindungen ungesättigter Fettsäuren mit ebensolchen Alkoholen sind nur in geringer Menge vorhanden. *Feste Tierwachse.*

Bienenwachs — der wichtigste Repräsentant der festen Tierwachse — sowie die anderen Insektenwachsarten sind Derivate von Alkoholen der aliphatischen Reihe, das Wollfett oder richtiger das in diesem Produkte enthaltene Wachs, Wollwachs, Lanolin) enthält dagegen hauptsächlich Verbindungen von Alkoholen der aromatischen Reihe.

A) Flüssige animalische Wachse.

Walratöl.

Walöl. — Pottwaltran. — Pottfischtran. — Spermacetiöl. — Kaschelottran. — Cachelotöl. — Huile de cachalot de spermaceti. — Cachalot Oil. — Spermaceti Oil. — Olio di spermaceti. — Oleum Cetacei.

Abstammung.

Das Walratöl stammt aus der Kopfhöhlenmasse des Pottwales, eines zur Familie der Delphinodeen gehörigen Seesäugetieres. *Herkunft.*

Der Pottwal, Pottfisch (Potwal, Potfisch) oder Kaschelot (Physeter macrocephalus L. = Catadon macrocephalus L.) findet sich in allen Meeren der Erde bis zum 70. Grade nördlicher und südlicher Breite (siehe Tafel XVI). Der breite, fast viereckige Kopf des unförmigen, 20—25 m langen Tieres nimmt ein Drittel der Körperlänge ein. Die Schädelknochen enthalten mehrere große Hohlräume, worin sich eine ölige Flüssigkeit, das Walöl, befindet.

Entfernt man die äußere Haut vom Kopfe des Pottwals, so stößt man zunächst auf eine 4—5 Zoll dicke Specklage, die eine dicke, feste und sehnige Masse bedeckt. Wird letztere weggenommen, so kommt man auf eine zweite, handhohe Sehnenausbreitung, die sich vom Kopfe bis zum Nacken hinzieht. Unter dieser liegen zellige, durch zahlreiche perpendikuläre Fortsätze der sehnigen Haut gebildete Hohlräume, die mit der Walrat-flüssigkeit angefüllt sind und durch Öffnungen und Kanäle miteinander zu-sammenhängen. Nach Anderson ist Walrat auch in dem röhrenförmigen Behälter enthalten, der vom Kopfe bis zum Schwanz des Fisches hinläuft[1]).

Gewinnung.

Gewinnung.

Nach dem Töten des Tieres trachtet man, die in den Schädelhöhlen enthaltene Flüssigkeit möglichst rasch ihren Behältern zu entnehmen und in Fässer zu füllen, damit die Masse nicht vorher gerinne, wodurch die Ausbringung wesentlich erschwert würde. Ein eigentliches Festwerden durch die ganze Masse findet auch bei längerem Stehen dieser Flüssigkeit nicht statt, sondern nur das Ausscheiden einer bräunlichgelben, kristallinischen Substanz, die zu Boden sinkt.

Der Speck des Pottwals wird auf die gewöhnliche Weise ausgeschmolzen und das gewonnene Öl von dem Kopföle getrennt gehalten.

Sorgt man dafür, daß das Öl vor dem Abfüllen in die Aufbewahrungs-behälter möglichst wasserfrei ist und nicht zuviel mechanische Verunreini-gungen (Reste von Zellgeweben) aufweist, so hält es sich ziemlich lange in unveränderter Form.

Das rohe Walöl muß, bevor es in den Handel kommt, raffiniert werden. Mit dieser Arbeit befassen sich einige hauptsächlich in New Bedford und San Francisco befindliche Betriebe, die neben der Walölraffination auch andere Fischöle (Waltrane) verarbeiten.

Die Raffinerien beziehen das Specköl (Körperöl) und das eigentliche Walratöl (Kopföl) getrennt und zahlen letzteres besser als das erstere. Das Specköl besitzt eine leicht strohgelbe Farbe und ist bei gewöhnlicher

---

[1]) Außer dem Pottwaltran liefert der Pottfisch noch das sogenannte Ambra-fett (Amber, Ambra grises, Ambre gris), ein wachsartiges, im Darmkanal und in der Harnblase sich absonderndes Sekret, das in der Parfümerie Verwendung findet und an den Küsten von Arabien, Japan, Madagaskar gefunden, teils auch auf dem Meere schwimmend aufgefischt und gesammelt wird.

Temperatur klar, während das Walratöl eine dicke, weißliche Masse bildet. Die Raffinerien vermischen gewöhnlich beide Qualitäten vor dem Reinigungsprozeß im Verhältnisse von $^1/_3$ Kopföl und $^2/_3$ Körperöl.

Die Reinigung beginnt mit dem Entwässern. Das Öl wird in großen Behältern von mehreren tausend Litern Inhalt mittels Dampfschlangen erhitzt, wobei es sich nach 6 — 10 Stunden vollkommen klärt. Das Erhitzen entfernt die letzten Spuren des in dem Rohöle enthaltenen Wassers und bewirkt ein rasches und ziemlich vollkommenes Absetzen der festen mechanischen Verunreinigungen, die im Rohöle stets zu finden sind. Diese Fremdkörper setzen sich teils zu Boden, teils steigen sie zur Oberfläche, von wo man sie abschäumt.

Das entwässerte Öl wird dann durch 14 Tage bei einer Temperatur von ungefähr 0° C stehen gelassen, wobei ein kristallinisches Festwerden der Masse eintritt, welch letztere man bei möglichst niedriger Temperatur in hydraulischen Pressen abpreßt.

Im Winter geschieht dieses Abkühlen einfach derart, daß man das Öl in Barrels bringt und dann der Winterkälte exponiert. Im Sommer benutzt man wohl auch künstliche Kühlung (Gemische von Eis und Salz) zur Erzielung der notwendigen niedrigen Temperatur.

Das beim Auspressen der erstarrten Masse ausfließende Öl (Winter sperm oil) zeigt einen Erstarrungspunkt von ca. $+3°$ C, doch kann man durch Arbeiten bei entsprechend niedriger Temperatur auch ein Öl erhalten, das erst bei $-5°$ C erstarrt. Natürlich ist in letzterem Falle der Prozentsatz des ausgepreßten Öles geringer. Normalerweise beträgt das abfließende Öl 75 $^0/_0$ vom Gewichte des Rohöles.

Die Preßrückstände bilden eine feste, braun gefärbte Masse, die man ein zweites Mal, und zwar bei einer etwas höheren Temperatur (10 bis 15° C) auspreßt. Dabei fließen ungefähr 9 $^0/_0$ (vom Gewichte des ursprünglichen Rohöles) eines zwischen 10 und 15° C erstarrenden, „Spring sperm oil" (Frühlings-Spermöl) genannten Öles aus.

Der hierbei verbleibende Kuchen wird mehrere Tage hindurch bei 26,7° C aufbewahrt und die ölreichen Ränder werden sodann abgeschnitten. Die so gestutzten Kuchen setzt man nun einer dritten, und zwar einer sehr intensiven Pressung aus. Dabei fließt das sogenannte „Taut pressed oil" ab, welches einen Erstarrungspunkt von 32—35° C hat. Die abfließende Menge macht ungefähr 5 $^0/_0$ vom Gewichte des ursprünglichen Rohöles aus.

Der nun verbleibende Preßrückstand (ca. 11 $^0/_0$ vom anfänglichen Gewichte) stellt den sogenannten rohen Walrat (siehe S. 888) dar. Die braun gefärbte Masse zeigt einen Schmelzpunkt von 43—46° C.

100 kg rohen Walöles liefern also:

75 $^0/_0$ Winter sperm oil,
9 $^0/_0$ Spring sperm oil,
5 $^0/_0$ Taut pressed oil,
11 $^0/_0$ Walrat.

Eigenschaften.

Die verschiedenen Sorten des Walratöles, über deren Kältebeständigkeit und Aussehen bereits oben gesprochen worden ist, zeigen ein spezifisches Gewicht von 0,8799 bis 0,8835 (bei 15° C). Das Walöl ist frei von Glyzeriden und ist daher nicht unter die Öle und Fette einzureihen, sondern stellt eine Wachsart im strengsten Sinne des Wortes dar. Wenn Hoffstätter in einer Probe von Spermöl etwas Glyzerin wie auch Valeriansäure fand, so ist dies nach den Untersuchungen von Allen und Lewkowitsch nur auf eine Verunreinigung des von Hoffstätter untersuchten Musters zurückzuführen.

Das Walöl besteht aus Estern einatomiger Fettalkohole, deren Natur aber ziemlich unbekannt ist. Lewkowitsch[1]) hat versucht, aus dem in dem Walratöle enthaltenen Alkoholgemisch die einzelnen Alkohole zu isolieren, konnte aber bis heute nur nachweisen, daß die Alkohole des Walratöles wahrscheinlich der Äthylenreihe angehören und daß keinesfalls Dodekatylalkohol und Pentadecylalkohol vorhanden sind. Die Fettsäuren des Walratöles dürften der Ölsäurereihe zuzuzählen sein, doch ist auch hier volle Klarheit noch nicht geschaffen. Der Befund Hoffstätters, wonach die Fettsäuren hauptsächlich aus Physetölsäure bestehen sollen, erscheint bestätigungsbedürftig. Das aus dem Walratöl gewonnene Fettsäuregemisch schmilzt, je nach der Qualität des Rohproduktes, zwischen 13 und 21° C. Der Gehalt des Produktes an freien Fettsäuren ist sehr gering und bewegt sich zwischen $1/_2$ und 2%.

Verwendung.

Das Walratöl wird als Schmieröl geschätzt, weil es nur schwer ranzig wird, durchaus nicht zum Verharzen neigt und seine Schmierfähigkeit bei zunehmender Temperatur ziemlich beibehält.

Handel.

Die Menge des in den Handel kommenden Walratöles läßt sich schwer abschätzen. Ein großer Teil der auf den Markt gebrachten Ware ist mit Tranen und vegetabilischen Ölen verschnitten. Die Walölproduktion Amerikas und die Preisschwankungen des Walöles während der Periode 1862—1902 veranschaulicht Tafel XVII.

Döglingstran.

Döglingsöl. — Entenwalöl. — Arktisches Spermöl. — Arktisches Spermacetöl. — Huile de l'hyperoodon. — Huile de rorqual rostré. — Arctic sperm Oil. — Bottlenose Oil. — Olio di spermaceti artico. — Oleum Physeteris.

Herkunft.

Der Döglingstran oder das Döglingsöl wird aus dem in den Kopfhöhlen des Enten- oder Zwergwales = Hyperoodon rostratus = Chenodel

---

[1]) Journ. Soc. Chem. Ind., 1892, S. 134; Chem. Ztg., 1893, S. 1453.

phinus rostratus Br. = Dögling Balaenoptera rostrata Fab. =
Balaenoptera physalus Gray = Balaena rostrata Ch. enthaltenen
spermacetartigen Produkte gewonnen.

Der Entenwal, der an den Küsten der Eisfelder Nordamerikas, besonders zwischen Island und den Bäreninseln, vielfach gefangen wird, enthält
in den Kopfhöhlen — ganz ähnlich wie der Pottwal — größere Mengen eines
Öles von besonderer Zusammensetzung. Das Quantum dieses letzteren wird
für ein ausgewachsenes Exemplar des Entenwals auf ca. 12 Barrels geschätzt.

Gewinnung und Eigenschaften.

Die Gewinnung und Reinigung des Öles erfolgt in gleicher Weise wie die *Gewinnung.*
des Walöles. Das dabei ausgeschiedene feste Wachs kommt als Spermacet[1])
in den Handel. Das kältebeständiger gemachte Döglingsöl zeigt etwas mehr
Neigung zum Verharzen als das Walöl, ist im übrigen aber diesem sehr ähnlich.

Das spezifische Gewicht des Döglingsöles liegt nach Bull[2]) bei 0,8764 *Eigen-*
(bei 15° C). Der Gehalt an freien Fettsäuren schwankt zwischen 3 und 5°. *schaften.*
Thomson und Ballantyne fanden die Azidität des Öles wesentlich niedriger
und konnten nur ca. 2 % freier Fettsäuren konstatieren. Winnem[3]) hat sogar
nur ½ % freier Fettsäuren in Proben von sogenanntem Süßöl vorgefunden.

Nach Scharling besteht das Döglingsöl hauptsächlich aus einem
Dodekatylester, doch wird diese Angabe vielfach bestritten. Goldberg[4])
will in dem Öle Palmitinsäurecetylester nachgewiesen haben. Es bedarf
aber jedenfalls noch gründlicherer Untersuchungen, um über die chemische
Zusammensetzung des Döglingstranes genauen Aufschluß zu erhalten.

Verwendung.

Das Döglingsöl findet die gleiche Verwendung wie das Walöl; da es *Ver-*
billiger ist als dieses, wird es auch sehr häufig mit ihm vermengt. *wendung.*
Nach Goldberg und Boeck[5]) eignet sich das Döglingsöl auch für verschiedene pharmazeutische Zwecke.

B) Feste animalische Wachse.

Bienenwachs.

Cire des abeilles. — Bees' wax. — Cera d'ape.

Herkunft.

Das Bienenwachs ist ein Verdauungsprodukt der Bienen, die es zum Auf- *Ab-*
bau ihrer Waben verwenden. Die Bienen lagern in den Waben ihre Hauptvorräte *stammung.*
ab und benutzen sie zum Teil auch als Brutstätten für die Nachkommenschaft.

---

[1]) Siehe Seite 888.
[2]) Chem. Ztg., 1900, S. 845.
[3]) Chem. Revue, 1901, S. 199.
[4]) Chem. Ztg. Rep., 1890, S. 295.
[5]) Apothekerztg., 1894, S. 313.

Die Insektenfamilie der Bienen (Immen, Blumenwespen, Apiariae
Gerst. = Antophila Lath.) gehört zur Ordnung der Hautflügler und
umfaßt mehrere Familien mit zahlreichen Arten von gedrungen gebauten,
meist stark behaarten Insekten mit nicht gestieltem Hinterleib, die für
ihre Brut Honig und Blütenstaub eintragen, und zwar jenen im Innern
des Körpers, diesen als sogenannte Höschen an den Hinterbeinen.

Bienen-
arten.

Von der Gattung der Bienen (Apis L.), die durch ihre dornenlosen,
breiten Hinterschienen charakterisiert ist, kennt man zwei Gruppen; die
erste wird durch die große südasiatische Biene (Apis dorsata Fab.)
repräsentiert, die andere Gruppe umfaßt drei Arten: die südasiatische
Biene (Apis indica Fab.), die kleine südasiatische Biene (Apis florea Fab.) und unsere allbekannte Honigbiene (Hausbiene, Biene, Apis
mellifica L.).

Nach ihrer Lebensweise kann man die Bienen in gesellig lebende,
einsam lebende und Schmarotzer- oder Kuckucksbienen unterscheiden.

Von der Rasse der Honigbiene hält man hauptsächlich fünf Arten
auseinander, und zwar sind dies:

1. die einfarbig dunkle Biene (Apis mellifica im engeren Sinne),
   die sich in Mittel- und Südeuropa sowie in Nordafrika findet
   und bis zum 60. Grad nördlicher Breite vorkommt;
2. die bunte südeuropäische Biene, deren erstes Hinterleibsegment
   gelb oder gelblich ist. In Südfrankreich und Westasien ist diese
   Rasse außerdem durch ein gelbes Schildchen, in Venetien und
   der Lombardei durch ein schwarzes Schildchen ausgezeichnet;
3. die gebänderte oder ägyptische Biene (Apis fasciata Latr.),
   die in Ägypten, Arabien, Syrien, am Himalaja und in China
   heimisch und 1846 auch in Deutschland eingeführt worden ist;
4. die afrikanische Biene (Apis Adansoni Latr.), die graugelb behaart ist und sich in ganz Afrika, mit Ausnahme von Ägypten, findet;
5. die madagaskarische Biene (Apis unicolor Latr.). Diese
   schwarzgefärbte Rasse kommt auf Madagaskar und Mauritius vor.

Von sekundären Formen der einfarbig dunklen Bienen wäre die
griechische Biene (Hymettusbiene, Apis Cecropia) zu nennen,
während die sogenannte italienische Biene (Apis ligustica Spin.) zur
zweiten Rasse zu zählen ist.

Außer diesen Rassen und deren Unterformen kennt man noch eine
stattliche Anzahl von Varietäten, wovon nur die Heidebiene der Lüneburger Heide, die niederösterreichische und die krainische Biene
genannt seien.

Über das Leben der Bienen und den sogenannten „Bienenstaat"
kann an dieser Stelle Näheres nicht gesagt werden. Die Bienenzucht
(Imkerei, Zeidlerei) ist ein wichtiger Zweig der Landwirtschaft, um

dessen Förderung und Verbreitung sich eine große Anzahl Imkervereine bemüht; in Deutschland bestehen besondere Imkerschulen zur Heranbildung tüchtiger Bienenzüchter[1]).

Früher glaubte man, daß das Wachs in den Blüten fertig gebildet vorkomme und von den Bienen nur eingesammelt werde. Daß das Bienenwachs erst im Körper der Biene zur Bildung gelangt, weiß man erst seit etwas mehr als 100 Jahren. *Bildung des Wachses.*

Die Wachserzeugung der Bienen geht auf Kosten der Honigproduktion vor sich, und zwar rechnet man, daß für jedes Kilogramm Wachs 10—'14 kg weniger Honig geliefert werden.

Die Frage, aus welchen Nährstoffen die Bienen das Wachs produzieren, ist bis heute noch ungelöst. Einige glauben, in der Eiweißnahrung die Quelle der Wachsbildung entdeckt zu haben, andere sehen sie in den Kohlehydraten[2]).

Die Wachsbereitung obliegt hauptsächlich den jüngeren Bienen. Die Insekten sondern das Wachs in den sogenannten „Spiegeln" ab und lassen es an den letzten vier Bauchschuppen in Gestalt länglichrunder, dünner Blättchen am Bauche hervortreten. Die Wachsabsonderung hängt von der Willkür des Insektes ab.

Der Wabenbau beginnt immer von oben. Jede Wabe hat eine Dicke von 23 mm und der Zwischenraum zwischen je zwei Waben beträgt 11,5 mm. Die oberen Zellen der Waben, die zur Aufnahme des Honigs bestimmt sind, stehen ein wenig nach aufwärts, die unteren, für die Brut separierten, liegen wagrecht. *Wabenbau.*

Man unterstützt die Bienen bei ihrem Wabenbau dadurch, daß man in ihre Wohnungen (Bienenstöcke) Holzrahmen einsetzt, die je eine Wabe aufnehmen, welche nach Belieben in den Bienenstock eingesetzt oder wieder entfernt werden kann.

Um die Honigproduktion in den Bienenstöcken möglichst ausgiebig zu gestalten, bzw. den für den Wabenbau erforderlichen Honigbedarf herabzusetzen, gibt man den Bienen nicht selten künstlich hergestellte Waben in ihre Stöcke, zu deren Herstellung vielfach Ceresin (Erdwachs) be-

---

[1]) Über das Leben der Bienen und die Bienenzucht siehe Näheres in: Cowan-Gravenhorst, Die Honigbiene, Braunschweig 1891; Witzgall, Das Buch von der Biene, Stuttgart 1897; Maeterlinck-Oppeln-Bronikowski, Das Leben der Biene, 2. Aufl., Leipzig 1903; v. Ehrenfels, Die Bienenzucht, Prag 1829, 2. Auflage, bearbeitet von Deuteler und Rufer, Nördlingen 1898; Dathe, Lehrbuch der Bienenzucht, 5. Aufl., Bensheim 1892; Beßler, Geschichte der Bienenzucht, Ludwigsburg 1886; Huber, Die neue, nützlichste Bienenzucht, 13. Aufl., Lahr 1899; Gravenhorst, Der praktische Imker, 5. Aufl., Leipzig 1903; Gerstung, Der Bien und seine Zucht, Freiburg i. Br., 1902; Ilgen, Anleitung zur rationellen Bienenzucht, 5. Aufl., Bielefeld 1900.

[2]) Vergleiche das darüber in Bd. I., S. 29 Gesagte sowie W. v. Schneider, Annal. d. Chemie u. Pharm., 1872, S. 235.

nutzt wird. Nach Ohnmais[1]) werden jährlich ungefähr 184 000 kg von Kunstwaben oder besser gesagt Wabenmittelwänden verbraucht, die beim Zusammenschmelzen nicht gut von den durch die Bienen gelieferten reinen Wachswaben gesondert werden können.

Kunst-
waben.

C. Ohnmais hat eine Serie von Kunstwaben untersucht und bei 66 %/₀ aller untersuchten Proben 10 — 75 %/₀ des gesamten Gewichtes an Ceresin gefunden; es fließen daher dem jährlich gewonnenen Bienenwachse sehr stattliche Mengen von Kunstwachs (Ceresin) zu, wodurch die Qualität unseres Bienenwachses natürlich nicht besser wird.

Das Vorkommen der Bienen, also die Honig- und Wachsproduktion, beschränkt sich auf ein Gebiet, das nördlich ungefähr bis zum 60. Breitegrad reicht, südlich teils bis zum 40. Breitegrad hinuntergeht, stellenweise aber auch schon nördlich vom Äquator seine Grenzen hat; so hat z. B. Südamerika so gut wie gar keine Bienenzucht.

Das Verbreitungsgebiet der Bienen zeigt Tafel XIV.

Geschichte.

Geschicht-
liches.

Die Verwendung von Bienenwachs ist sehr alt; es wurde schon 1000 Jahre v. Chr. von den Chinesen zur Herstellung von Schreibtafeln benutzt. Letztere kamen dann nach Ägypten und Griechenland und waren in Europa noch im Mittelalter in Gebrauch. Auch zur Herstellung von Kerzen benutzte man das Bienenwachs frühzeitig. Man knetete zu diesem Zwecke aus dem Wachse einen möglichst dünnen Stab, schnitt diesen seitlich mit einem Messer auf und legte den Docht ein. Erst relativ später erfand man das Ziehen und Gießen der Kerzen[2]).

Das Alte Testament berichtet, daß die Lebzelter nicht nur Honig, sondern auch Wachs bereiteten und verkauften; Simson erzählt im 14. Kapitel des „Buches der Richter" förmliche Wunderdinge davon.

Auch das Bleichen des Wachses scheint ältesten Datums zu sein. Plinius führt das gebleichte Wachs unter dem Namen „Cera punica" an und Dioskorides beschreibt das Bändern des Wachses durch Eintauchen von Töpfen oder Kugeln in das geschmolzene Wachs. Plinius gibt auch schon eine Beschreibung des Bleichrahmens.

Auch in der im Jahre 1698 erschienenen Abhandlung Christoph Weigels „Abbildung Der Gemein-Nützigen Hauptstände" ist einiges Interessante über das Wachsbleichen enthalten. Weigel berichtet, daß die Wachsbleicherei, von der man nicht wisse, wer sie erfunden hat, hauptsächlich in Italien floriere und von dort nach Deutschland verpflanzt worden sei. Sie lag ursprünglich in Händen der Lebzelter, die ehedem durch ihre Lehrbriefe die zur Wachsbleichung Sachberechtigten und Privilegierten waren.

---

[1]) Süddeutsche Apothekerztg., 1907, Nr. 84 (durch Seifensiederztg., Augsburg 1907, S. 510).

[2]) Näheres siehe Bd. III, Kapitel „Kerzenfabrikation".

Beckmann beschreibt in seiner „Anleitung zur Technologie", die 1777 in Göttingen erschienen ist, die Wachsbleicherei auf das ausführlichste. Er bemerkt, daß Wachs aus Heidegegenden und aus Ländern, wo Buchweizen gebaut wird, leichter, das in Weinländern gewonnene schwerer bleiche. Er kennt die Körnmaschinen und das Bändern, empfiehlt das Vornehmen des Schmelzens in verzinnten Gefäßen und betont, daß die Wachsbleichanlagen auf freien, geräumigen, von Wind, Staub und Rauch geschützten Plätzen anzulegen seien.

Nach Beckmann ist die Annahme, daß die Erfindung des Wachsbleichens den Venetianern zuzuschreiben sei, falsch. In Venetien hat man zwar das Wachsbleichen in Europa zuerst angewendet, doch kannten schon die Phöniker und Griechen dieses Verfahren.

Die Wachsbleichereien von Bryant Barrelt in Stockwell bei London und jene von Boysen in Harburg scheinen dem Beckmannschen Berichte zufolge im 18. Jahrhundert die größten gewesen zu sein[1]).

Die künstliche (chemische) Bleiche des Bienenwachses ist erst seit wenigen Dezennien bekannt.

Die Qualität des in den Handel kommenden Bienenwachses hat im Laufe der letzten Zeit allmählich nachgelassen. Erstens sind gerade im Wachshandel Fälschungen sehr häufig und zweitens werden von Imkern, die Wert auf große Honigproduktion legen, aus Ceresin gefertigte Kunstwaben in die Bienenstöcke gesetzt, die nach Ausbringung des in ihnen abgelagerten Honigs (durch Ausschleudern) wiederholt aufs neue in die Bienenstöcke zurückgegeben werden, endlich aber doch durch neue Waben ersetzt werden müssen. Die ausrangierten Kunstwaben geraten dann nicht selten zu den natürlichen Waben, werden mit diesen ausgeschmolzen und verschlechtern die Qualität des Wachses[2]).

Wachswaben.

Jeder Bienenstock enthält gewöhnlich drei ziemlich deutlich voneinander zu unterscheidende Abteilungen: Arten der Waben.

1. Honiggefüllte Waben,
2. leere Waben (Wachsrosen oder Windwachs) und
3. schlechte oder schwarze Wachsteile.

Die mit Honig gefüllten Scheiben liefern das beste Wachs; Windwachs zeigt einen weniger guten Geruch und von geringstem Wert ist das Wachs aus schlechten oder schwarzen Waben.

Zum Verkleben der Risse in den Wänden des Bienenstockes sowie zum Zusammenkitten der Waben verwenden die Bienen ein Produkt, das in seinen Eigenschaften etwas von dem gewöhnlichen Wachse abweicht, nämlich das sogenannte Vorwachs, Kittwachs oder Propolis. Dieses Propolis.

---

[1]) Seifenfabrikant, 1905, S. 802.
[2]) Vergleiche S. 860.

scheint weniger ein Verdauungsprodukt der Bienen zu sein, sondern direkt von den Pflanzen zu stammen.

M. Greshoff und J. Sack[1]) untersuchten Propolis und fanden es aus $84\,^0/_0$ aromatischen Harzes, $12\,^0/_0$ Wachs und $4\,^0/_0$ in Alkohol löslicher Verunreinigungen bestehend. Das Harz erwies sich als ein Körper von der Formel $C_{26}H_{26}O_8$ (Propolisharz), das Wachs bestand hauptsächlich aus Cerotinsäure.

Nach Ludwig[2]) wird durch die Tätigkeit der Bienen dem Propolis bereits im Bienenstocke etwas Wachs beigemengt, wie auch bei der Gewinnung von Propolis in dieses stets Wachs gerät.

Kotwachs. — Kotwachs nennt man das zusammengescheuerte, in Wachsbleichereien durch Herumspritzen, Überkochen, Verschütten usw. verstreute Wachs; ist meist ein Gemengsel von gebleichtem und naturellem Wachs, das durch vielerlei Verunreinigungen fast schwarz gefärbt ist und einer kräftigen Bleiche unterworfen werden muß, bevor es weiter verarbeitet werden kann.

Gewinnung des Wachses.

Über die Art der Ausbringung des Honigs aus den Waben, das Einschmelzen der letzteren und die Läuterung des so erhaltenen rohen Bienenwachses ist bereits in Band I, Seite 568—571 das Wichtigste gesagt worden. Die von v. Hruschka eingeführte Honigschleuder ist heute fast überall zu finden, weil damit die Honiggewinnung am vollkommensten ist.

Die Gewinnung des Wachses wird von den Bienenzüchtern oder Wachsschmelzern auf die verschiedenartigste Weise vorgenommen. Man kann die üblichen Verfahren unterscheiden in solche, wobei

1. mittels trockener Hitze,
2. mittels heißen Wassers und
3. mit Dampf

ausgeschmolzen wird.

Trocken-schmelze. — Bei der Trockenschmelze, die sich nur für Kleinbetriebe eignet, bringt man die Waben in geeignete Gefäße und setzt diese entweder einfach der Sonnenhitze aus, bringt sie in besonders konstruierte Öfen oder exponiert sie einem direkten Feuer. Letzteres darf nicht zu lebhaft sein, damit das Wachs nicht überhitzt werde; ein Holzfeuer eignet sich für diese Zwecke am besten.

Nach erfolgtem Flüssigwerden der Masse und entsprechender Absetzdauer bilden sich in dem Schmelzgefäße zwei Schichten; zu unterst sammelt sich der in den Waben noch enthalten gewesene Honig an, während oben das Wachs schwimmt, das man entweder in noch flüssigem Zustande abschöpft oder nach dem Erstarren als festen Kuchen abhebt.

---

[1]) Pharm. Weekbl., 1902, S. 47.
[2]) Seifensiederztg., Augsburg 1904, S. 6.

Die **Wasserschmelze** besteht in einem Aufschmelzen der Waben in Wasser-
schmelze. kochendem Wasser. Dabei trachtet man, durch tüchtiges Umrühren während der Schmelzoperation eine möglichst innige Berührung des Wachses mit dem Wasser herbeizuführen, weil dadurch die in dem Wachse enthaltenen Unreinigkeiten eher entfernt werden und sich im Schmelzwasser absetzen.

Einen besonderen Apparat zur Wasserschmelzung hat W. Schüller[1]) in Köln konstruiert.

Bei der Wasserschmelze lösen sich die in den Wachswaben enthaltenen Honigreste in dem Schmelzwasser und erteilen diesem einen gewissen Grad von Süßigkeit. Wird mit geringen Mengen Schmelzwasser gearbeitet, so wird der Honiggehalt desselben nach beendeter Operation so groß, daß man ihn durch Vergärenlassen des Schmelzwassers und nachherige Destillation ausnutzen kann. Man erhält dabei einen unter dem Namen **Honig-** oder **Wachsschnaps** gehandelten Likör. Vielfach ist das Honigwasser aber durch verschiedene **Extraktivstoffe, Pollen, Nymphenhäut-** **chen, Bienenexkremente** u. ä. derart verunreinigt, so daß an irgend eine Verwertung nicht gedacht werden kann.

Die **Dampfschmelze** eignet sich besonders für größere Betriebe. Dampf-
schmelze. Nach N. Ludwig[2]) bestehen die Dampfwachsschmelzgefäße praktischerweise aus einem einfachen Stahlblechzylinder. Einige Zentimeter über dem unteren Boden ist eine herausnehmbare, siebartige, gelochte, konvexe Stahlblechplatte (**Preßboden** genannt) angebracht, unterhalb der der Dampf in den Schmelzapparat strömt. Nach erfolgter Schmelze sammeln sich das Wachs und das Kondenswasser unter dem Preßboden und werden durch entsprechend angebrachte Abflußhähne abgezogen; die Schmelzrückstände bleiben oberhalb des Preßbodens.

Um die in den Schmelzrückständen verbleibenden Wachsreste möglichst vollständig auszubringen, ist der Schmelzapparat mit einer **Preßvorrichtung** versehen. Diese besteht darin, daß man einen oberhalb des Preßbodens befindlichen, gleichfalls konvex geformten, vertikal beweglichen **Preßdeckel** mittels einer Schraubenspindel niederschraubt. Das zwischen Preßboden und **Preßdeckel** befindliche Schmelzgut wird auf diese Weise in noch heißem Zustande einem entsprechenden Drucke ausgesetzt, wobei das Wachs zum großen Teile ausfließt.

Will man auf gute Ausbeute hinarbeiten, so darf man pro Charge nicht zuviel Wachswaben ausschmelzen. Auch ist es ratsam, das Wabenmaterial in nicht zu großen Klumpen in den Apparat zu bringen, sondern es in ungefähr kastaniengroße Stücke zu zerteilen. Die Schmelzrückstände machen relativ wenig aus; man kann zwei-, mitunter auch dreimal schmelzen, bevor man Rückstände auspreßt.

---

[1]) D. R. P. Nr. 33777 v. 19. Mai 1885. Nähere Beschreibung siehe Band I, S. 570.

[2]) Seifensiederztg., Augsburg 1906, S. 204.

Für größere Wachsschmelzereien erweisen sich auch Schmelzapparate mit Dampfmantel oder indirekten Dampfschlangen als gut brauchbar.

Dampfschmelzapparate besonderer Konstruktion empfehlen auch Christian Hagenmüller[1]) in Erfurt und Max Franke[2]) in Laucha.

Auch die von Valentin Rösel[3]) in München-Bernsdorf zur Wachsgewinnung konstruierte Schleudermaschine gehört zu den Dampfschmelzapparaten.

Die Stärke des Dampfdruckes ist beim Wachsschmelzen ein Faktor von relativ geringer Wichtigkeit. Ein entsprechendes Flüssigwerden der Schmelze, also ein besseres Absetzen des Schmutzes und Wassers, dürfte nur durch Anwendung überhitzten Dampfes zu erzielen sein.

Reidenbach hat gefunden, daß das Bienenwachs Temperaturen bis zu 150⁰ C erträgt, ohne sich irgendwie zu zersetzen. Verwendet man Dampf von einer solchen Temperatur, so wird das Ausschmelzen nicht nur schneller erfolgen, sondern auch die in dem Wachse enthaltene Menge von Bakterien und Sporen, insbesondere der sich häufig findende Faulbrutbazillus getötet.

Material der Schmelzkessel. Über das Material, woraus die Schmelzgefäße hergestellt sein sollen, gehen die Meinungen auseinander. Einige Stimmen lauten dahin, daß nur verzinnte Kupferkessel gute Resultate liefern, und von diesen Fachleuten werden selbst verzinnte Eisengefäße nicht als vollwertig angesehen. Viele schmelzen einfach in blanken Kupferkesseln, während einige Wachstechniker sogar gewöhnlichen Eisengefäßen das Wort reden. Auch emaillierte Eisengefäße sind für die Wachsschmelze empfohlen worden.

Ehedem sagte man den blanken Kupfergefäßen nach, daß sie dem Wachse einen Grünstich erteilten, wie andererseits Eisenwandungen die Schmelze rot färben sollten[4]). Hält man die Schmelzgefäße aber entsprechend rein, so kann für die Rohwachsschmelze unbedenklich sowohl Kupfer als auch Eisen angewendet werden. In Eisengefäßen können sich schlimmstenfalls Eisenoxydverbindungen bilden, die dem Wachse eine schmutziggraue, aber keinesfalls rote Färbung erteilen. Diese graue Farbe zeigt das Wachs auch dann, wenn man es auf stark eisenhaltigem Wasser umschmelzt. Im allgemeinen schadet Eisen dem Rohwachse schon deshalb wenig, weil die Wachswaben stets etwas Wein-, Ameisensäure u. ä. enthalten, welche Säuren mit den etwa vorhandenen Eisenverbindungen Niederschläge geben[5]).

---

[1]) D. R. P. Nr. 75083.
[2]) D. R. P. Nr. 1006314.
[3]) D. R. P. Nr. 62726.
[4]) Die Wandungen der Schmelzgefäße werden weniger von dem Wachse, als von dem ihm beigemischten Honig angegriffen.
[5]) Seifensiederztg., Augsburg 1904, S. 34.

Beim Ausschmelzen der Waben erhält man einen aus N y m p h e n -
h ä u t c h e n , P f l a n z e n r e s t e n , Z e l l e n , t o t e n B i e n e n und allerhand
S c h m u t z bestehenden Rückstand, der beträchtliche Mengen Wachs zurückhält. Um diese nach Möglichkeit zu gewinnen, werden die Schmelzrückstände in noch heißem Zustande ausgepreßt. Bei dem oben beschriebenen Dampfschmelzapparate L u d w i g s erfolgt das Auspressen im Schmelzgefäße selbst, bei den meisten anderen Schmelzvorrichtungen bringt man
den Rückstand in besondere P r e ß b e u t e l und preßt diese unter
S p i n d e l p r e s s e n aus.

Um das Auspressen etwas zu erleichtern, setzt man mitunter kurz-
geschnittenes Strohhäcksel bei, wodurch sich das Preßgut locker erhält und
dem Wasser leichteren Austritt gestattet[1]).

Ehedem wurden die beim Ausschmelzen von Wachswaben restierenden
Rückstände zur Herstellung von Fackeln benutzt oder auch zum Überziehen
der S c h i f f s e i l e gebraucht. Heute werden sie zumeist einer Nachschmelze
unterworfen, hierauf nochmals gepreßt und dann entweder verbrannt oder
e x t r a h i e r t .

Das E x t r a k t i o n s w a c h s ist gewöhnlich von etwas schmutzigerer
Farbe und riecht nicht so angenehm wie das gewöhnliche naturelle Bienenwachs; es läßt sich aber wie dieses bleichen und liefert dabei ein vollkommen weißes Produkt.

Da die zur Extraktion kommenden Rückstände nicht selten auch
Kunstwaben enthalten, weicht das Extraktionswachs in seiner Zusammensetzung vielfach von dem Schmelz- oder Preßwachs ab. Man hat sich
diesen Umstand zunutze gemacht und versucht, unter der Bezeichnung
„E x t r a k t i o n s w a c h s" ein stark verfälschtes Bienenwachs in den Handel
zu bringen[2]).

Der Preis des Extraktionswachses ist entsprechend seiner minderen
Qualität stets tiefer als der des Schmelz- und Preßwachses.

Der Extraktionsrückstand setzt sich aus P f l a n z e n r e s t e n , Stroh und
anderen Verunreinigungen zusammen und wird entweder verbrannt oder
zum D ü n g e n verwendet.

Das durch einfaches Schmelzen der Waben erhaltene Wachs ist durch
Staub, Unrat von Bienen, Wachsmotten und ähnliche Fremdstoffe verunreinigt,
obwohl es gewöhnlich nicht vom Schmelzgefäße weg in Brote gegossen,
sondern vorher durch ein feines Haarsieb passiert wird.

Das einfach geschmolzene Wachs stellt eine mehr oder minder gelb
gefärbte, weißliche, auch rote oder braune Masse dar, die in frischem
Zustande angenehm honigartig riecht, bald aber einen eigenartigen, weniger

---

[1]) Vgl. die analogen, in der Pflanzenölgewinnung gebräuchlichen Verfahren
Seite 239 und 700 des Bandes I.
[2]) H i r s c h e l , Mitteilungen der landw.-chem. Versuchsstation Wien, durch Chem.
Ztg., 1904, S. 212.

lieblichen Geruch annimmt. Die Farbe des Rohwachses hängt von der Nahrung wie auch von dem Alter der Bienen ab. Junge Bienen liefern ein helleres Wachs als alte, und man nennt ersteres im Handel nicht selten „Jungfernwachs".

Das Wachs aus Bienenstöcken, die in der Nähe von Nadelholzwaldungen liegen, enthält viele harzige Bestandteile, die ihm einen spezifischen Geruch erteilen und seine Bleichbarkeit wesentlich herabsetzen. Man nennt dieses Produkt „Pechwachs".

Das Wachs der verschiedenen Bienenarten weist in seiner Beschaffenheit ziemliche Schwankungen auf, ja sogar die einzelnen Rassen der Honigbiene liefern voneinander abweichende Wachsprodukte. Über die von den einzelnen Ländern gelieferten Wachsqualitäten wird das Nähere auf Seite 877 ff. gesagt.

Läuterung des Bienenwachses.

Läuterungs-
schmelze.

Das durch einfaches Ausschmelzen der Waben erhaltene Wachs muß einer Läuterung unterzogen werden, bevor es zu den verschiedenen technischen Zwecken verwendet werden kann.

Die einfachste Läuterung des Rohwachses besteht in einem gewöhnlichen Umschmelzen der Ware über Wasser, wobei sich die suspendierten Verunreinigungen zu Boden setzen.

In großen Betrieben verwendet man zu dieser Läuterung Bottiche von 500—1000 Liter Inhalt, die aus Pitchpine- oder Eichenholz[1]) hergestellt und mit geschlossenen kupfernen Dampfschlangen versehen sind.

Man bringt das Rohwachs in Stücken von 1—2 kg Gewicht in diese Holzbottiche, leitet Dampf ein und rührt langsam um, damit sich die schmelzenden Wachsstücke nicht zu großen Klumpen vereinigen, sondern zwecks raschen Aufschmelzens hübsch verteilt bleiben; endlich setzt man 100 g Schwefelsäure von 66° Bé zu, die man vorher mit Wasser stark verdünnt hat. Nach kurzem Aufkochen stellt man den Dampf ab und läßt absetzen.

Gewöhnlich teilt man sich die Arbeit derart ein, daß man am Abend aufschmelzt und die darauf folgende Nacht zur Klärung der Schmelze verwendet. Durch einen am Boden angebrachten Hartbleihahn zieht man das abgestandene Säurewasser samt dem Schmutz ab und bringt hierauf das geklärte Wachs in Blechformen, wo es zu handelsüblichen Stücken erstarrt.

An Stelle der Schwefelsäure verwendet man bisweilen Salzsäure; auch Weinstein und Borax werden dem Schmelzwasser zugesetzt.

Bei sehr unreinem Bienenwachs empfiehlt es sich wohl auch, nach dem Schmelzen auf Säurewasser ein zweites Aufkochen über reinem Wasser durchzuführen. Es werden dabei nicht nur in dem Wachse etwa verbliebene Säurespuren entfernt, sondern man erzielt auch eine weitere Reinigung des Wachses.

---

[1]) Statt der Holzbottiche benutzt man bisweilen auch verbleite Eisengefäße.

Das sich beim Schmelzen stets ergebende Gemengsel von Wachs, Läuterungs-
rückstände. Säurewasser und Schmutz bringt man in große gemauerte Bassins mit einem möglichst durchlässigen Boden, der das Säurewasser durchsickern lassen muß, während der wachshaltige Schmutz zurückbleibt. Letzterer wird gesammelt und gelegentlich durch Umschmelzen verarbeitet oder gemeinsam mit den Preßrückständen der Rohwachsschmelze extrahiert. Mitunter, wenn auch selten, besteht das Läutern des rohen Bienenwachses in einem einfachen trockenen Umschmelzen, wobei sich der vorhandene Schmutz zum Teil am Boden ausscheidet. Auch die Schmelzapparate von W. Schüller, Valentin Rösel und H. Bruder verwendet man zur Läuterungsschmelze.

Das geläuterte Wachs wird gewöhnlich in Weißblechformen erkalten gelassen. Damit sich die Stücke leichter aus den Formen entfernen und die ganze Gießoperation überhaupt abgekürzt werde, empfiehlt es sich, die Gießerei derart anzulegen, daß die Formen von kaltem Wasser umkreist werden können. Vielfach besorgt man dies, indem man dem Gießlokal einen Zementboden gibt, auf den man die Blechformen stellt und nach erfolgtem Guß kaltes Wasser fließen läßt. Durch einen einzigen, in entsprechender Höhe angebrachten Ablauf ist dafür gesorgt, daß das Wasser in einer gewissen Höhe stehen bleibt und sämtliche Formen hüllt.

Bleiche des Wachses.

Wie bereits Seite 861 bemerkt wurde, liebte man es schon im Altertum, das von Natur aus gelbe Wachs der Bienen zu bleichen. Die Aufzeichnungen von Plinius und Dioskorides geben keine Aufschlüsse darüber, wer der Erfinder der Wachsbleiche ist. Wahrscheinlich dürften die Phöniker und Griechen diese später besonders von den Venetianern gepflegte Kunst erfunden haben. Geschicht-
liches.

Die Deutschen scheinen das Bleichen des Wachses von den Italienern gelernt und es darin bald zu einer gewissen Fertigkeit gebracht zu haben Berichtet doch Christoph Weigel in seiner „Abbildung der gemeinnützigen Hauptstände" von einem berühmten Wachsbleicher, der in „Augspurg" lebte und ein Wachs herzustellen verstanden haben soll, das in „Weiße und Kläre" nicht hinter den italienischen Sorten zurückgestanden sei. Rennert[1] gibt die Einrichtung dieser Augsburger Wachsbleiche auszugsweise wieder. Präzisere Daten sind in Beckmanns „Technologie" enthalten; hier wurde schon über die Veränderungen berichtet, die das Wachs beim Schmelzen erleidet. Beckmann fand, daß weißes Wachs „stärkere Hitze zum Zerfließen nötig hat als gelbes, zu Lichten gemacht nicht so hell, aber mit weniger Rauch und langsamer brennt als das gelbe". Er konstatierte, daß ein gewisses Gewicht von weißen Wachslichten 50 Stunden, von Lichten aus gelbem Wachs dagegen nur 42 Stunden 53 Minuten gebrannt hatte. Er führt den Grund dieser Verschiedenheiten der beiden Wachsarten auf den Verlust eines feinen

---

[1]) Seifensiederztg., Augsburg 1904, S. 593.

brennbaren Stoffes zurück und vermutet, daß man das Weißwerden des
Wachses auch auf künstliche Weise bewirken könne; er empfiehlt als
zweckdienliche Mittel Salpetersäure und Ton. Als schädlich bezeichnet
er für das Bleichen des Wachses Zusätze von Alaun oder alkalischen
Salzen; Salpeter hält er für besser.

Farbstoff des Wachses. Der gelbe Farbstoff des Bienenwachses scheint ein Umwandlungs-
produkt des Chlorophylls zu sein und durch ähnliche Prozesse gebildet
zu werden, die im Herbste die Gelbfärbung des Laubes bedingen. Es
ist aber auch möglich, daß der gelbe Farbstoff des Wachses ausschließlich
von den Pollen stamme.

Der Farbstoff ist bei den verschiedenen Wachssorten gegen Licht und
chemische Bleichmittel von sehr ungleicher Widerstandsfähigkeit,
weshalb sich die einzelnen Provenienzen von Bienenwachs teils leicht, teils
sehr schwierig bleichen.

Die angewandten Verfahren unterscheidet man in natürliche und
künstliche Bleichmethoden. Die erste Gruppe umfaßt die Licht- und
Luftbleiche, die zweite die sogenannten chemischen Bleichmethoden,
meist Oxydations-, zum Teil auch Absorptionsmethoden.

Die für die Naturbleiche und für die chemische Bleiche auf kaltem
Wege erforderliche große Oberfläche wird dem Wachse durch Körnen,
Bändern, Zerstäuben oder Hobeln zu geben gesucht.

Körnen. Das Körnen (Granulieren) des Wachses geschieht derart, daß man
das geschmolzene Wachs in sehr dünnen Strahlen in kaltes Wasser laufen
läßt, das sich in unausgesetzter Bewegung befindet. Der Strahl flüssigen
Wachses erstarrt durch die rasche Abkühlung sofort, wird aber gleichzeitig
durch die Bewegung des Wassers zerteilt, so daß sich nicht ein zusammenhängender Faden bildet, sondern kleine, körnerartige Körperchen entstehen.

Die Körnmaschine ist jedenfalls keine allzu alte Erfindung und scheint
von ihrem ersten Besitzer ziemlich lange als Geheimnis gewahrt worden
zu sein. Eine ganz besonders feine Körnung kann man durch Zerstäuben
des geschmolzenen Wachses mit Dampf oder Luft oder auch durch
Emulsion erhalten.

Das Emulgieren geschmolzenen Wachses mit heißem Wasser und nachheriges Abkühlen dieser Emulsion durch Einfließenlassen in kaltes Wasser
wird von S. Ramboe empfohlen. Das Wachs erstarrt dabei nicht in eine
zusammenhängende Masse, sondern das Gerinnsel schließt unendlich viele
kleine Hohlräume ein, die eine innige Berührung mit Licht und Luft
gewährleisten.

Bändern. Das Bändern des Wachses, das heißt das Umwandeln des zu
bleichenden Produktes in dünne, bandartige Streifen, geschieht auf den sogenannten Bändermaschinen.

Diese bestehen aus einem mit Dampfheizung versehenen Trog, worin
das Wachs geschmolzen wird. Der Boden dieses Troges trägt Öffnungen,

durch die man das geschmolzene Wachs auf eine darunter befindliche Walze ablassen kann. Die Walze, die ungefähr 0,5 m lang ist und einen Durchmesser von 25 cm hat, ist zweckentsprechenderweise hohl und mit Wasserkühlung versehen. Sie liegt mit ihrer unteren Hälfte in einem Wasserbade und läßt sich durch eine Handkurbel leicht in Rotation versetzen. Das Wasserbad ist mit möglichst kaltem Wasser gefüllt, für dessen fortwährende Erneuerung man durch einen kontinuierlichen Zu- und Ablauf Sorge trägt. Kommt nun das geschmolzene Wachs vom Trog in dünnen Strahlen auf die kalte Walze, so erstarrt es und wird durch die rotierende Bewegung der letzeren gleichzeitig in Bänder ausgezogen, die an der Walzenfläche nicht adhärieren, sondern sich ablösen und in dem Wassertrog ansammeln.

Die Dicke der Wachsstreifen hängt von der Stärke des Wachsstrahles ab, der auf die Walze kommt, und von der Umdrehungsgeschwindigkeit der letzteren.

Reines Wachs bändert sich leicht und schön; gefälschtes Wachs wird beim Bändern gewöhnlich krümlig und bröcklig, weil es nicht die Geschmeidigkeit reiner Ware besitzt.

Das Zerstäuben des Wachses mit Dampf oder komprimierter Luft und durch rasches Abkühlen der fein verteilten Masse ist von W. Buening[1]) in Vorschlag gebracht worden. *Zerstäuben.*

Bisweilen versucht man auch, das Wachs in Form von Spänen für die Sonnenbleiche zu präparieren. Man verwendet dazu besondere Schneidvorrichtungen oder auch Geräte nach Art der Hobelmaschine. Das Späneschneiden muß bei möglichst niederer Temperatur erfolgen, weil sonst das Wachs an den Messern schmiert und die Schneidgeräte leicht verpickt. *Hobeln des Wachses.*

Vor dem Bändern, Körnen oder Hobeln setzt man dem Wachse meistens 3—5 % Talg zu, wodurch die Ware beim Bleichen weniger brüchig und spröde wird, als dies ohne diesen Zusatz der Fall zu sein pflegt. Auf diesen Talgzusatz muß man bei der Untersuchung gebleichten Bienenwachses rechnen und Mengen bis zu 5 % sind ohne weiteres zu tolerieren.

Die Naturbleiche, wie sie bei Bienenwachs geübt wird, ist teils eine Licht-, teils eine Luftbleiche. (Vergleiche Seite 669 bis 672 des Bandes I.) Der Effekt der Naturbleiche hängt daher von der Intensität der Belichtung und von der Beschaffenheit der Luft ab. Ramboe, der die Vorgänge beim Bleichen von Bienenwachs näher studiert hatte, fand, daß die Bleiche speziell von folgenden Faktoren abhängt: *Naturbleiche.*

1. von dem Wassergehalte des Wachses,
2. von der Luftfeuchtigkeit,

---

[1]) Amer. Patent Nr. 421904. (Siehe meinen Bericht über die Pariser Weltausstellung 1900 in Seifensiederztg., Augsburg 1901, S. 420.)

3. von der Oberfläche des Wachses,

4. von der Temperatur und

5. von der Lichtintensität.

Trockenes Wachs bleicht wesentlich langsamer als solches mit 5 %
Wassergehalt.

Trockene Luft ist dagegen für die Bleichwirkung vorteilhafter als
feuchte.

Je größer die Oberfläche des Wachses, je geringer also die Schicht-
dicke der Wachspartikelchen, um so rascher verläuft die Bleichung. Als
günstige Temperatur gilt eine solche zwischen 20—35° C. Diffuses
Sonnenlicht bleicht fast gleich gut wie direktes. Auch vollständige Abwesenheit von Licht hebt die Bleichwirkung nicht gänzlich auf; deshalb
lassen die Wachsbleicher ihre Ware auch während der Nachtzeit auf den
Bleichständern.

Sehr häufig wird dem Wachse auch etwas Terpentinöl zugesetzt;
man will dadurch den Bleichvorgang infolge Ozonbildung beschleunigen.
(Siehe Band I, S. 671.)

Die peripherialen Schichten der Wachsbänder, Wachsspäne oder Wachs-
körner erscheinen stets besser gebleicht als die inneren Schichten; um
diese vollständig bleich zu bekommen, muß man die Naturbleiche sehr
lange andauern lassen. Weit schneller kommt man zum Ziele, wenn man
das Wachs nach mehrtägiger Bleiche umschmelzt, aufs neue bändert,
körnt oder hobelt, diese Wachsprodukte wiederum dem Lichte aussetzt und
nach einiger Zeit noch ein drittes, vielleicht auch ein viertes Mal umschmelzt, bändert und bleicht.

Zur Vornahme der Lichtbleiche sind staubfreie, windgeschützte
Orte mit guter Belichtung zu empfehlen. Nimmt man auf diesen Umstand
keine Rücksicht, so wird das Wachs durch Staub, Blätter u. a. verunreinigt,
wodurch die Qualität Einbuße erleidet.

Bei einigen Wachsarten, so besonders bei dem Benguellawachse,
zeigt sich beim Belichten ein eigenartiges Rotwerden der Masse. Man hat
dies irrtümlicherweise Verfälschungen mit Palmöl zugeschrieben, doch erwies
sich diese Vermutung als unhaltbar. Mit Palmöl verfälschtes Benguella-
wachs nimmt beim Bleichen zwar eine unschöne Farbe an, wird aber keinesfalls rötlich; die dabei beobachtete Färbung muß daher auf einen noch
nicht näher bekannten Stoff zurückzuführen sein.

Chemische
Bleiche.

Zum Bleichen des Wachses auf chemischem Wege ist eine Unzahl
von Methoden in Vorschlag gebracht worden. Mehr noch als beim Bleichen
von Ölen und Fetten hängt aber bei der Wachsbleiche der erzielte Effekt
von der Geschicklichkeit des Manipulanten ab; eine Methode, die in der
Hand des einen Mißerfolge gibt, kann sich in einem anderen Betriebe
glänzend bewähren. Die Hauptsache ist bei der chemischen Bleiche, die
Bleichflüssigkeit mit der Wachsmasse in innige Berührung zu bringen,

die richtige Temperatur zu treffen und die Entwicklung des bleichenden Organs nicht allzu rasch vor sich gehen zu lassen.

Eine innige Berührung der Bleichflüssigkeit mit dem Wachse kann entweder durch Herstellung einer Emulsion des geschmolzenen Wachses mit der Bleichflüssigkeit erreicht werden (Bleichen bei höherer Temperatur) oder auch durch Eintragen der möglichst fein zerteilten festen Wachspartikelchen in die Reagensmischung (kalte Bleiche). Die letzte Methode ist ökonomischer als die erste, weil sich die Bleichflüssigkeit dabei nicht so rasch erschöpft, daher auch vollkommener ausgenutzt wird als beim Bleichen in der Wärme. Bei der kalten Bleiche ist die Vorarbeit des Körnens oder Bänderns dieselbe wie bei der Naturbleiche.

Viel gebraucht wird die Chloratbleiche. Man schmelzt das Wachs auf und setzt 1,25 % Schwefelsäure von 60° Bé zu, die man vorher mit der doppelten Menge Wasser verdünnt hat. Kurz hierauf fügt man 1 % chlorsaures Kali bei, welches Salz in etwas heißem Wasser gelöst wurde. Nach gutem Durchmischen der Lösung wird das Wachs durch 6—7 Stunden in fortwährender mäßiger Wallung erhalten, indem man unausgesetzt einen schwachen Dampfstrom durchgehen läßt.

Hierauf bedeckt man den Bleichbottich, um ihn vor vorzeitiger Abkühlung zu schützen, und läßt ungefähr 12 Stunden ruhig abstehen. Das gebleichte Wachs wird dann in einen zweiten Bottich vorsichtig übergeschöpft und der Bleichvorgang in genau derselben Weise wiederholt wie am Vortage. Nach beendigter Kochung, also vor dem Absetzenlassen des zum zweitenmal gebleichten Wachses, setzt man diesem eine Lösung von schwefligsaurem Natron zu, kocht nochmals $1\frac{1}{4}$ Stunde auf und läßt abstehen, um das Wachs dann noch zu körnen und schließlich einer Sonnenbleiche auszusetzen.

Auch mit übermangansaurem Kali bleicht man Bienenwachs. Man nimmt auf 100 kg Wachs ungefähr 6 kg Kaliumbichromat und die gleiche Menge Schwefelsäure von 66° Bé.

Von einigen wird auch die Bichromatbleiche für Bienenwachs sehr empfohlen. Man arbeitet dabei aber nicht mit Salzsäure, sondern mit Schwefelsäure, um das Auftreten von Chlorierungsprodukten des Bienenwachses zu vermeiden. Der Bichromatbleiche folgt gewöhnlich noch eine kurze, 4—6 Tage andauernde Lichtbleiche.

Auch Javellesche Lauge wird vielfach zum Bleichen des Wachses empfohlen, ebenso ist Wasserstoffsuperoxyd für den gleichen Zweck vielfach angeraten worden.

E. Weingärtner in Englewood[1]), U. S. A., verwendet zum Bleichen von Bienenwachs und anderen Wachsarten Aluminium-Magnesium-Hydrosilikat (siehe Band I, Seite 660—662). Er empfiehlt, dem Bienen-

---

[1]) Franz. Patent Nr. 363355 vom 17. April 1906.

wachse bei 130⁰ C 10% Fullererde in kleinen Portionen zuzufügen und
die Temperatur von 150 auf 170⁰ C zu steigern. Die Rückstände, die
bei dieser Bleichoperation resultieren, werden durch Schwefelkohlenstoff
oder Benzin extrahiert. Ob das auch in Deutschland zum Patent ange-
meldete Verfahren hier patentiert werden dürfte, erscheint mangels jeglicher
Neuerungen in diesem Patente sehr fraglich.

Erwähnenswert ist noch ein von E. Nicolle[1]) in Vorschlag gebrachtes
Wachsbleichverfahren. Dabei werden die färbenden Körper des Bienenwachses durch Behandlung des zerkleinerten Wachses mit Aceton entfernt
und dem Wachse gleichzeitig Essigsäure sowie Körper von geringem Schmelzpunkte entzogen.

Das gebleichte Wachs wird behufs praktischen Versandes in runde
oder viereckige große Brote gegossen, wobei man genau so vorgeht, wie
beim naturgelben Wachs erwähnt ist. Damit die Wachsblöcke beim
Zerschlagen die von vielen Kunden gewünschte kreideartige Struktur erhalten, muß man möglichst kalt in Formen gießen, und es ist vorteilhaft,
die geschmolzene Masse vor der Formung so lange zu rühren, bis infolge
teilweisen Erstarrens eine trübe, dünne Masse entstanden ist. Verfährt
man derart, so gehen die Wachskuchen viel leichter aus der Form, als
wenn man heiß gießt, in welch letzterem Falle übrigens Wachsblöcke von
glasigem Bruch erhalten werden.

Die größere oder geringere Bleichfähigkeit der verschiedenen Wachssorten ist ein wichtiger Faktor für die Wertbeurteilung.

Um die Bleichfähigkeit des Wachses zu bestimmen, stellt man sich
eine aus 1 Teil Chlorkalk und 10 Teilen Wasser bestehende Bleichflüssigkeit her, die man durch Filtration vollständig klärt. In das Filtrat
gibt man möglichst dünne, feine Späne des zu bleichenden Wachses und
schüttelt gut durch. Ist das Wachs nach 5—6 Minuten gebleicht, so kann
es in die leicht bleichbare Kategorie eingereiht werden.

Die Wachsbleicher haben in der Beurteilung eine solche Praxis, daß sie
an Hand der Rohproben den Wert verschiedener Wachsqualitäten sehr genau
zu bestimmen vermögen.

Am leichtesten sind die aus Österreich-Ungarn, Galizien,
Deutschland, Frankreich, Italien, Rußland, der Türkei und
Spanien stammenden Wachssorten zu bleichen.

Beim Bleichen treten Änderungen physikalischer und chemischer
Natur ein. Zu ersteren ist die Veränderung des Schmelzpunktes zu
zählen, der bisweilen hinaufgesetzt, mitunter herabgemindert wird. C. Wallstab hat ferner beobachtet, daß sich durch allzulange Belichtung (Über-
bleichung) ein Weichwachs bildet. Solches löst sich dann in Alkohol
zu einer klaren, öligen Flüssigkeit, die an den kälteren Teilen des Gefäßes

---

[1]) Mercure scientif., 1896, S. 163.

kein Wachs ausscheidet und zu einer gleichmäßigen Salbe erstarrt. Diese Angaben bedürfen wohl noch einer näheren Untersuchung[1].

Die chemischen Veränderungen, die das Bienenwachs beim Bleichen erleidet, sind bei der Naturbleiche geringer als bei den verschiedenen chemischen Methoden. Am stärksten machen sie sich bei der Chlorbleiche bemerkbar.

Bei der Naturbleiche, auch bei der Permanganatbleiche bleibt die Esterzahl unverändert oder sie wird erhöht, bei der Chrombleiche findet durch Hydrolyse eine Herabminderung der Esterzahl statt. Ragnar Berg[2]), der diese Vorgänge genau untersucht hatte, fand, daß durch die Hydrolyse nicht nur eine Erhöhung der Säurezahl erfolgt, sondern daß auch die Verseifungs- und Jodzahl Veränderungen erfahren. Ebenso wies er nach, daß bei den naturgebleichten und bei den mit Permanganat entfärbten Wachsen eine Neigung zum Sinken des Schmelzpunktes besteht, während die Chrombleiche letzteren oft um ein beträchtliches (bis um 3,5 ° C) hinaufschiebt (siehe oben).

L. Medicus und C. Wellenstein[3]) haben beim Bleichen von Bienenwachs mit Bichromat und Schwefelsäure ein gleiches nachgewiesen, doch konnten sie nur eine Erhöhung des Schmelzpunktes um 1—1,5 ° C beobachten.

Eigenschaften.

Das rohe, ungebleichte Bienenwachs, das gewöhnlich in Form viereckiger Tafeln oder runder, kegelstumpfartiger wie auch zylindrischer Scheiben auf den Markt kommt, ist fast geschmacklos, riecht angenehm nach Honig und ist in der Regel hell gefärbt; doch gibt es auch Wachse, die eine mehr rötliche, braune, graue oder grünliche Färbung zeigen. Bei niedriger Temperatur ist das Wachs spröde und zeigt einen feinkörnigen Bruch von schwach kristallinischer Struktur; es läßt sich schon durch Handwärme erweichen und dann leicht kneten. Es haftet beim Kauen weder an den Zähnen, noch fühlt es sich fettig an, hinterläßt aber, in geschmolzenem Zustande auf Papier gebracht, einen bleibenden, durchscheinenden Fleck.

In Wasser und kaltem Alkohol unlöslich, wird es von heißem Alkohol und kaltem Äther nur zum Teil gelöst, dagegen von Benzin, Schwefelkohlenstoff, Chloroform und ätherischen Ölen vollständig aufgenommen. Mit Fetten und Ölen sowie mit vielen Harzen läßt es sich durch Zusammenschmelzen in jedem Verhältnisse mischen. Mit Hilfe eines Dochtes brennt es mit hell leuchtender, nicht rußender Flamme; ein Überhitzen des Wachses ruft keinen Akroleingeruch (wie bei Fetten und Ölen) hervor.

Eigenschaften.

---

[1]) Wallstab hat sich ein Verfahren zur Herstellung von Weichwachs durch Überlichtung patentieren lassen (D. R. P. Nr. 83513).

[2]) Chem. Ztg., 1902, Nr. 53.

[3]) Zeitschr. f. Untersuchung der Nahrungs- und Genußmittel, 1902, Nr. 1092.

Das spezifische Gewicht des ungebleichten Wachses liegt zwischen 0,959 und 0,975 (bei 15° C), sein Schmelzpunkt schwankt von 61,5 bis 68° C, sein Erstarrungspunkt liegt zwischen 60,5 und 62,3° C.

Das gebleichte Wachs, das meist in dünnen, hell durchscheinenden Tafeln in den Handel kommt, riecht gewöhnlich nicht nach Honig, ist von weißer Farbe und etwas spröder als das ungebleichte Wachs, obwohl es in der Regel vom Bleichen her geringe Zusätze von Talg (3—5 %) enthält. Überbleichtes Wachs ist im Gegensatz zu normal gebleichtem weicher und knetbarer als das rohe Wachs.

Die Dichte, der Schmelz- und Erstarrungspunkt des Wachses erfahren beim Bleichen, je nach der angewandten Methode, geringe Veränderungen. Die übrigen Eigenschaften des weißen Wachses decken sich mit denen des rohen, gelben Produktes, nur enthält letzteres stets Pollenkörner, die ersterem fehlen.

Chemische Zusammensetzung. In chemischem Sinne ist das Bienenwachs als ein Gemenge von Cerotinsäure mit Myricin (Palmitinsäure-Myricyläther) aufzufassen [1]. Daneben enthält es noch geringe Mengen freier Melissinsäure ($C_{30}H_{60}O_2$ oder $C_{31}H_{62}O_2$), Myricylalkohol, Cerylalkohol und einen dritten Alkohol von unbekannter Zusammensetzung, ferner Kohlenwasserstoffe (Heptocosan $C_{27}H_{56}$ vom Schmelzpunkt 60,5° C und Hentriacontan $C_{31}H_{64}$ vom Schmelzpunkt 67° C) und Spuren von ungesättigten Fettsäuren.

Das Verhältnis der freien Cerotinsäure zum Myricin wurde von Hehner und von Hübl untersucht und mit 14:86 gefunden. Die Menge der im Bienenwachse enthaltenen Kohlenwasserstoffe beläuft sich nach Buisine auf. 12,7 bis 13 %, eine Angabe, die von Mangold bestätigt wurde. Kebler fand davon 12,5—14,5 %, Ahrens und Hett bestimmten 12,8—17,35 %, wogegen Schwalb nur 5—6 % konstatierte, was offenbar unrichtig ist. Die Kohlenwasserstoffe sind zum Teil ungesättigter Natur (Äthylenreihe).

Beim Behandeln des Bienenwachses mit kaltem Alkohol geht auch etwas freie Cerotinsäure in Lösung, kochender Alkohol löst die ganze Cerotinsäure und etwas Myricin. Die Lösungen röten Lackmuspapier nur ganz schwach, entfärben aber Phenophthaleinlösungen sofort. Beim Erkalten heißer alkoholischer Wachsauszüge scheidet sich die Cerotinsäure nach einigem Stehen in Form dünner Nadeln fast vollständig ab.

Natriumkarbonat und Natriumlauge vermögen in wässeriger Lösung dem Bienenwachse die freie Cerotinsäure nicht zu entziehen; die entstehende Seifenlösung bildet mit dem Bienenwachsester hartnäckige Emulsionen, die sich auch nach Monaten nicht trennen. (Lewkowitsch.) Alkoholisches Alkali verseift dagegen das Bienenwachs, wobei die Wachsalkohole und Kohlenwasserstoffe abgeschieden werden.

---

[1] Brodie, Liebigs Annalen, Bd. 67, S. 180, Bd. 71, S. 144; Schalfejew, Berichte d. deutsch. chem. Gesellsch., Bd. 9, S. 278 u. 1688; Nafzger, Liebigs Annalen, Bd. 224, S. 225; Schwalb, ebenda, Bd. 235, S. 506.

Wird Bienenwachs trocken destilliert, so resultiert eine klare Flüssigkeit von empyreumatischem Geruch, die nach einigem Stehen eine salbenartige Substanz abscheidet. Sowohl der flüssig bleibende als auch der
festgewordene Teil nimmt beim Stehen an der Luft nach kurzer Zeit
eine dunkle Färbung an. Das unter dem Namen „Wachsöl" bekannte
Destillationsprodukt besteht aus Kohlenwasserstoff und etwas Palmitinsäure.

Das Wachsöl der alten Pharmakopöen (Oleum cerae) wird durch   Wachsöl.
Destillation von geschabtem Wachs mit der gleichen Menge gebrannten
Kalkes in einer gläsernen Retorte dargestellt. Das butterartige Destillat
rektifiziert man durch eine nochmalige Destillation über gebranntem Kalk.

Das Wachsöl ist in frischem Zustande fast wasserhell, dünnflüssig und
von durchdringend brenzligem, ätherischem Geruch und Geschmack; es
färbt sich mit der Zeit gelb und verdickt sich allmählich.

Nach Ettling kann das Wachsöl in besonders reinem Zustande erhalten werden, wenn man es mit dem vierfachen Volumen Wasser nochmals
destilliert und das Destillat mit trockenem Ätzkali behandelt, wobei eine
braune Substanz ausgeschieden wird. Wird das so behandelte Öl durch
Chlorcalcium entwässert und nochmals allein destilliert, so resultiert ein
schwachgelbliches Öl, das zuerst milde, dann aber brennend schmeckt und
gewürzhaft, aber durchaus nicht brenzlig riecht. Dieses Öl, das auf Papier
keine Fettflecke hinterläßt, besteht aus

$85,45\,^0/_0$ Kohlenstoff,
$14,31\,^0/_0$ Wasserstoff und
$0,23\,^0/_0$ Sauerstoff.

Das Wachsöl wird wohl nur als Heilmittel verwendet und ist in
Rußland unter der Landbevölkerung besonders geschätzt. Die Russen
reinigen das ersterhaltene Destillat noch weiter, indem sie es unter Zusatz
von Ätzkali und gebrannten Ziegelsteinen rektifizieren, wobei, wahrscheinlich teerartige Destillationsprodukte zurückgehalten werden.

Das aus dem sogenannten Kittwachs (Propolis, s. Seite 861) der   Propolisin.
Bienen gewonnene Destillat heißt Propolisin und wird als eines der besten
Antiseptika gerühmt, über die man verfügt. Es soll bei Behandlung
von Wunden und Verletzungen gute Dienste leisten und ein ausgezeichnetes
Mittel gegen die Klauenseuche der Rinder bilden. Wenn Propolisin auch
wesentlich anders zusammengesetzt ist als das gewöhnliche Wachsöl, so
läßt sich doch eine Analogie dieser beiden Produkte nicht bestreiten.

Das von R. Spiegler hergestellte Propolisin ist von Aufrecht untersucht worden, doch erkannte dieser nicht die richtige Natur des Produktes,
sondern bezeichnete es irrigerweise als ein Gemisch von Essigäther, Methylalkohol, Petroleum und Teer[1]).

---

[1]) Pharm. Ztg., 1902, S. 29.

Verfälschungen. Das Bienenwachs unterliegt vielfachen Verfälschungen; bekannt sind Zusätze von Talg, Paraffin und Ceresin sowie ähnlichen Stoffen. Es kommen bisweilen Wachsprodukte auf den Markt, die lediglich Gemische von Paraffin, Japantalg und Karnaubawachs sind und häufig mit sogenanntem „Wachsparfum" versetzt werden, um den eigenartigen Honiggeruch des Bienenwachses nachzuahmen. Auch durch Zusammenschmelzen solcher Kompositionen mit Honig versucht man, möglichst naturgetreue Bienenwachsimitationen zu erreichen.

Verwendung.

Verwendung. Das Bienenwachs war ehedem das wichtigste, ja fast das einzige Kerzenmaterial. Heute sind ihm in dieser Hinsicht im Paraffin, Ceresin und Stearin wichtige Konkurrenten erstanden, die den Verbrauch des Wachses für die Kerzenerzeugung wesentlich eingeengt haben. Rituelle Vorschriften, die Kerzen aus echtem Bienenwachs verlangen, sichern diesem Produkte aber trotz aller Fortschritte der Technik einen bleibenden Verbrauch in der Kerzenfabrikation.

Bienenwachs wird außerdem in Kunst und Technik, in Gewerbe und Hauswirtschaft sowie in der Medizin zu den verschiedensten Zwecken benutzt. Es seien von diesen nur genannt: die Herstellung von Wachsfiguren und Wachsblumen, die sogenannten Cerophanien, die verschiedenen Wachsmassen zum Polieren, Glätten, Appretieren, die Wachssalben, Pflaster, Pomaden usf.

Als Ersatzmittel für Bienenwachs wurde vor einigen Jahren auch das sogenannte Delanawachs empfohlen; es soll äußerlich fast gar nicht von dem echten Bienenwachse zu unterscheiden sein. Über die Zusammensetzung dieses Produktes, dessen Herkunft und Gewinnungsweise wurde bisher nichts verlautet[1]).

Handel.

Die einzelnen wachsproduzierenden Staaten liefern Produkte von sehr abweichender Beschaffenheit.

Deutschland. Deutschland erzeugt in Bayern, Sachsen, Thüringen, an der Niederelbe und in Ostfriedland namhafte Mengen von Bienenwachs, das in der Farbe gelblichweiß bis intensiv gelb ist, bisweilen einen Stich ins Grüne zeigt und einen aromatischen Geruch besitzt. Preußen produziert auf der Lüneburger Heide große Wachsmengen; der Hauptplatz der Wachsindustrie ist die Stadt Celle.

Nach amtlichen Zählungen gab es im Deutschen Reiche:

1883	1 911 797	Bienenstöcke
1892	2 034 479	„
1900	2 605 350	„

[1]) Seifensiederztg., Augsburg 1902, S. 711.

Der Haupthandelsplatz Deutschlands für Bienenwachs ist **Hamburg**. Es wurden dort davon eingeführt:

im Jahre 1895 . . . . 650000 kg
.,   .,   1897 . . . . 969000 „
„   „   1898 . . . . 1262300 „

Der Verbrauch von Bienenwachs ist in Deutschland bedeutend. Nach **Oppler** besitzt das Deutsche Reich 255 Wachsziehereien, wovon entfallen auf:

Bayern 155
Preußen 55
Württemberg 35
Baden 10

In Bayern, das die meisten Wachsziehereien aufweist, hat die Wachsindustrie in dem katholischen Kirchenkultus eine mächtige Stütze (Kirchenkerzen).

Österreich-Ungarn. Das aus diesen Staaten kommende Wachs ist, je nach dem Kronlande, woraus es stammt, sehr verschiedener Qualität. Das Wachs vom **Marchfelde** und vom **Wiener-Neustädter Steinfelde** gilt als die beste Sorte. Das böhmische Wachs ist weich, das mährische ziemlich hart. Das Bienenwachs aus **Schlesien** ist weniger gut. **Galizien** liefert drei Sorten, wovon das westgalizische Wachs die schlechteste, das ostgalizische die mittelgute und das podolische die beste ist. Das **Bukowinawachs** ist von sehr dunkler Farbe, braungelb, mitunter sogar rot. Das Tirolerwachs bleicht sich schwierig. Das Wachs aus **Krain** und **Kärnten** gilt als gut.

Ungarisches Wachs kommt besonders aus der Rosenauer Gegend, aus dem Komitat Fünfkirchen, dem Banat und Siebenbürgen und ist wegen seiner leichten Bleichbarkeit beliebt.

Die Wachsproduktion der Österreichisch-Ungarischen Monarchie ist bedeutend, ebenso der Verbrauch, da die hauptsächlich katholische Bevölkerung — besonders in den Alpenländern — viel Wachslichte für kirchliche Zwecke konsumiert.

Frankreich. Die reinen, hellgelben, aromatisch riechenden Sorten aus den **Grandes-Landes**, der **Bretagne** und **Normandie** bleichen sich sehr leicht, das Wachs aus dem **Gâtinois** dagegen schwierig. Das **Burgunderwachs** ist geruchlos, hart und wird nicht gebleicht.

Bienenzuchtzentren befinden sich in Côtes du Nord, Ille et Villaine, Eure et Loir, le Morbihan, le Finistère, l'Aude, l'Hérault, Seine et Oise und le Loiret.

Die statistischen Zusammenstellungen, die das französische Handelsministerium veröffentlicht hat, zeigen einen schwachen Rückgang in der Wachsproduktion.

Österreich-Ungarn.

Frankreich.

Jahr	Zahl der Bienen-stöcke	Totalproduktion von Wachs	Totalwert des erzeugten Wachses	Durchschnitts-preis für 1 kg Wachs
1852	1 956 241	1 452 503 kg	2 722 870 frcs.	—
1862	2 426 578	2 512 331 „	6 141 878 „	2,45
1882	1 974 559	2 632 742 „	6 165 660 „	2,34
1892	1 603 572	2 394 682 „	5 091 565 „	2,12
1896	1 623 054	2 250 462 „	4 180 307 „	2,13

Ein wichtiger Handelsplatz für Wachs ist Marseille. Dieser Hafen führte im Jahre 1903 ein:

aus der Levante . . . . . . 15 400 kg
„ Marokko . . . . 26 300 „
„ Algier . . . . 14 200 „
„ Korsika . . . . 7 000 „
„ Abessinien . . . . 3 900 „
„ Mozambique . . . . . . 9 400 „
„ Madagaskar . . . . . . 28 200 „
„ sonstigen Ländern . . . . 34 000 „

Zusammen 138 400 kg

Italien. **Italien.** Dieses Land produziert ein sehr gutes Bienenwachs, besonders in der Gegend von Belluno und Verona.

Spanien und Portugal. **Spanien und Portugal.** Ersteres Land konsumiert große Mengen von Wachs, Portugal erzeugt mehr als es verbraucht und bezieht übrigens von seinen Kolonien alljährlich größere Quanten, die dann unter dem Namen „portugiesisches Wachs" auf den Weltmarkt gebracht werden.

Nach Mastbaum wird die mittlere gegenwärtige Jahresproduktion von Portugal auf 700 Tonnen Honig und 1100 Tonnen Wachs geschätzt. In dem Zeitraume von 1870—1880 war die Produktion viel größer, ja es wurden durchschnittlich weit über 1000 Tonnen Wachs, im Jahre 1879 sogar mehr als 2000 Tonnen Bienenwachs ausgeführt. Ganz plötzlich fiel dann die Ausfuhr von 1340 Tonnen im Jahre 1880 auf nur 236 Tonnen im darauffolgenden Jahre.

Die Urbarmachung weiter Heidestrecken in Alemtejo, wo früher ungezählte Bienen reichliche Nahrung gefunden hatten, einerseits und die Zunahme der Wachsverfälschungen sowie die damit hervorgerufene Beunruhigung des Handels andererseits sollen an dem Rückgang der Bienenzucht und des Wachsexports die Hauptschuld tragen.

Die Farbe des Wachses schwankt von Hellgelb bis Rotgelb.

Belgien. **Belgien,** das im Jahre 1895 z. B. 381 000 kg Wachs eingeführt und 227 000 kg exportiert hat, bemüht sich, die Bienenzucht des Landes zu heben; es bestehen Bienenzuchtvereine in Bassin de la Meuse, in Condroz Hesbaye, Flandern und in Hainaut Brabant.

Ein großer Konsument von Bienenwachs ist Rußland; sein Bedarf beträgt 2,5—3 Millionen Kilogramm im Jahre, ein Quantum, das wohl kein anderer Staat verbraucht. In Rußland wird das Wachs fast ausschließlich zur Herstellung von Kirchenkerzen benutzt, die laut Vorschrift des Heiligen Synods aus unverfälschtem Bienenwachs erzeugt sein müssen. Die Fabrikation der Eparchiallichte steht in Rußland sogar unter staatlicher Aufsicht. *Rußland.*

Die Farbe des in Rußland produzierten Rohwachses schwankt von Blaßgelb bis zu Hochrot. Alles russische Wachs ist leicht zu bleichen.

Das in England verbrauchte Wachs stammt zum großen Teil aus Jamaika, Sansibar, Madagaskar, Neuseeland, Australien, Spanien, Indien und Marokko. Die lebhafteste Nachfrage besteht nach Jamaikawachs, weil dessen Reinlichkeit als zweifellos gilt, während andere Wachsprovenienzen häufig mit Stielen, Blättern und Erde verunreinigt oder in plumper Weise verfälscht sind. *England.*

Das von der Türkei produzierte Wachs gilt, als das beste. Man unterscheidet dabei das rumelische, moldauische, bosnische Wachs usw. Das rumelische — das gesuchteste — ist in Italien unter dem Namen „Cera zavorra" bekannt. *Türkei.*

Ein bedeutender Bienenwachsproduzent ist Afrika, das in Ägypten, Abessinien, Marokko, Tunis, Westafrika usw. Wachsgewinnung aufweist. *Afrika.*

Das ägyptische Wachs gehört zu den besten Sorten und ist wegen seiner leichten Bleichbarkeit besonders beliebt. Der nicht unbedeutende Export Ägyptens geht zumeist nach Deutschland, während England von dem ägyptischen Wachse so gut wie gar nichts empfängt.

Das abessinische Wachs ist zwar dunkelfarbig, aber sonst von guter Qualität.

Marokkanisches Wachs kommt selten in reinem Zustande auf den Markt, sondern erscheint meist mit Schweinefett und Paraffin gefälscht. Die Ausfuhr findet hauptsächlich von den Häfen Mogador und Saffi statt.

Tunis ist ebenfalls als Produktionsland für Bienenwachs nicht zu unterschätzen. Die Bienenzucht wird dort nach zwei Methoden betrieben: Die Araber haben noch die aus Binsen gefertigten primitiven Bienenkörbe, „Djeba" genannt, in Verwendung; die Europäer bedienen sich der modernen Bienenkörbe mit beweglichen Holzrahmen. Die Qualität des tunisischen Bienenwachses ist sehr verschieden. Das Wachs von Nabeul und Sfax ist weißer und daher wertvoller als das im Norden des Landes gewonnene. Man exportiert das Wachs nach Frankreich, Malta, Italien und Deutschland; es genießt im Handel besseres Ansehen als das Wachs von Algier und Marokko, Tripolis und Sansibar.

In Algier wäre das milde, winterlose Klima der Bienenzucht ungemein zuträglich, doch hat man sich diesen Vorzug bisher noch nicht zunutze

gemacht. Der gegenwärtige Export Algiers von Bienenwachs beträgt im
ganzen nur 59 000 kg, von welchem Quantum erhält:

$$
\begin{array}{lr}
\text{Algier} \dots\dots\dots\dots & 38{,}680 \text{ kg} \\
\text{Oran} \dots\dots\dots\dots & 13{,}620 \text{ „} \\
\text{Philippeville} \dots\dots\dots\dots & 6{,}700 \text{ „} \\
\hline
\text{Zusammen} & 59{,}000 \text{ kg.}
\end{array}
$$

Bekannt sind auch die westafrikanischen Sorten: Senegal, Benguella,
Loando usw.

Die Senegalware ist von geringerer Qualität und wird nicht selten
nach dem Ausfuhrhafen Conakry benannt; bei den portugiesischen Marken
unterscheidet man je nach der Ausfuhrstation Benguella-, Loando-, Mosamedes-
und Bissaoware.

Benguella-, Loando- und Mosamedeswachs gehen der Haupt-
sache nach nach Lissabon, alles übrige westafrikanische Wachs wandert nach
Lissabon, London, Havre und Hamburg. Das westafrikanische Wachs
kommt in viereckigen, länglichen Broten auf den Markt, die oft bis zu
200 kg wiegen.

Madagaskar. Diese Insel besitzt alle Vorbedingungen zur Bienenzucht, die hier auch einen bedeutenden Gewinn abwirft. Die Ausfuhr
Madagaskars von Bienenwachs betrug

im Jahre 1901 265,953 kg im Werte von 649,730 frcs.
„   „   1900 217,918 „   „   „   „ 507,800 „

Als Ausfuhrplätze kommen die Häfen von Tamatave, Manandjary,
Vatomandry, Farafangana, Majunga, Analalava, Diego-Suarez,
Vohemar und Maroantsetra in Betracht[1]).

Die afrikanischen Wachse sind durch einfache Sonnenbleiche kaum
vollständig weiß zu bekommen; sie bleichen sich aber mit chemischen Mitteln
ziemlich und haben besonders den Vorteil der leichten Knetbarkeit. Sie
sind, wie die Lichtzieher sagen, außerordentlich zähe und ergiebig. Die
Engländer nennen solche Sorten „strong waxes"[2]).

Asien.   In Asien ist die Wachsgewinnung in Indien, Singapore und auf
Ceylon zuhause.

Das indische Wachs kommt zumeist unter dem Namen Gheddawachs in den Handel und stammt nach D. Hooper[3]) von drei Bienenarten, die in Britisch-Indien vorkommen, nämlich von Apis dorsata, Apis
indica und Apis florea. Auch die Dammar- oder Kotabiene liefert

---

[1]) Seifensiederztg., Augsburg 1903, S. 625.
[2]) Pharm. Journ., 1904, S. 505.
[3]) Nederl. Tijdschr. voor Pharm., 1889, S. 212.

ein Wachs, das als Gheddawachs gehandelt wird. Das indische Bienenwachs zeigt innerlich alle Eigenschaften unserer rohen Wachsarten, unterscheidet sich aber von diesen durch seine etwas größere Plastizität, durch
hellere Farbe und einen eigenartigen feinen, beim Verseifen stärker hervortretenden Fliedergeruch. In seinen analytischen Daten weicht das Gheddawachs von den anderen Bienenwachssorten nicht unbeträchtlich ab, welcher
Umstand oft Ursache ungerechtfertigter Qualitätsbemänglungen zu sein
pflegt[1]).

In Holländisch-Indien kennt man auch ein fast schwarzes Wachs
(Malam kjonting); es ist bei auffallendem Lichte glänzend schwarz,
bei durchfallendem Lichte mehr oder weniger dunkelbraun, sein Geruch
honigartig, der Geschmack schwach aromatisch. Nach G. H. Blits schmilzt
dieses Wachs außerordentlich niedrig, nämlich bei 54° C.

Das in Indochina gewonnene, meist von wilden Bienen stammende
Wachs ist von gelblicher Farbe und kommt in Blockform in den Handel.
Seine Produktion ist ziemlich bedeutend.

Das chinesische Wachs ist leicht bleichbar, riecht angenehm honigartig, kommt in äußerlich braunen, innerlich aber gelben Scheiben auf den
Markt und wird besonders von Canton aus verkauft.

In Amerika kommen als wachsproduzierende Länder in Betracht: Amerika.
Kalifornien, Mexiko, Kuba, Haiti, Brasilien, Chile, Jamaika und
die Vereinigten Staaten von Nordamerika.

Die amerikanischen Wachssorten, die meist von Apis pallida stammen, sind von dunkler, sehr widerstandsfähiger Farbe.

In den letzten Jahren tritt besonders Chile als Wachsproduzent hervor. Dieses Land liefert jährlich 350—400 Tonnen Bienenwachs; hiervon
wird ungefähr ein Sechstel lokal verbraucht, der Rest geht nach
Liverpool, Havre und Hamburg. Das Hauptproduktionsgebiet Chiles liegt
zwischen Coquimbo und Concepcion. Das Wachs aus Nordamerika (den
Vereinigten Staaten) ist viel heller als das südamerikanische, läßt sich
aber ebenfalls schwer bleichen.

Das Jamaikawachs kommt in Barrels, Fässern oder Kisten im Gewichte von 2—4 Meterzentnern in den Handel. Der Gesamtexport Jamaikas
umfaßte im Jahre 1888 einen Wert von 4832 Pf. St., im Jahre 1898
10294 Pf. St. In den letzten Jahren hat die Ausfuhr Jamaikas nach den
Vereinigten Staaten von Nordamerika zugenommen, unter gleichzeitiger Abnahme des Exportes nach England. Das Jamaikawachs variiert in der
Farbe von einem schönen Hellgelb bis Rot, ist zuweilen aber auch dunkelbraun oder schokoladfarbig.

---

[1]) Buchner, Zeitschr. f. öffentl. Chemie, 1897, S. 570; Chem. Ztg., 1901, S. 21
und 37, 1905, S. 32 und 79; Seifensiederztg., Augsburg 1905, S. 158 u. 474, 1907,
S. 666. Gheddawachs muß trotz seiner abweichenden Zusammensetzung als „Bienenwachs" betrachtet werden.

Insektenwachs.

Chinesisches Wachs. — Chinesisches Baumwachs. — Cire
d'insectes. — Cire d'arbre. — Insecte white Wax. — Chinese
Wax. — Chinese vegetable Wax. — Japanese Wax. — Vegetable
Spermaceti. — Tree Wax. — Pehla, Pihla, La tchou. — Chung-
pi-loh (China).

Abstammung und Geschichte.

Herkunft.   Das Insektenwachs ist das Produkt eines in China und Japan vorkommenden Insektes, des sogenannten Wachscoccids (Coccus ceriferus
Fabr. = Coccus pela Westwood).

Geschicht-   In China soll man das Insektenwachs schon länger als 2000 Jahre
liches.   kennen, ohne daß man über die Natur dieses Produktes Näheres wüßte.
Durch Chinareisende wurden mitunter die abenteuerlichsten Gerüchte über
die Gewinnungsart dieses Wachses verbreitet. Es ist das Verdienst von
Hanbury und Lockharts, die Bildung dieses Wachses näher erforscht
zu haben.

Die ersten eingehenderen Nachrichten über die Gewinnung des chinesischen
Insektenwachses kamen durch Stanislaus Julien an die Öffentlichkeit. In
einer sehr bemerkenswerten Arbeit[1]) beschrieb dieser bereits im Jahre 1840
die Gewinnungsweise dieses Wachses recht ausführlich. Auch Signoret
sowie Uyeno hat sich mit diesem Produkte näher beschäftigt. In neuerer
Zeit hat Sasaki die Entwicklung, Lebensweise und Fortpflanzung des
Wachsinsektes genau studiert und vereinzelte irrige Meinungen richtig gestellt.

Gewinnung.

Ge-   Stanislaus Julien[2]) beschrieb die Wachsgewinnung der Chinesen
winnungs-   folgendermaßen:
weise.
Die anfänglich ungefähr linsengroßen Wachsinsekten klettern nach der
Epoche Mang Tschong (nach dem 5. Juni) auf die Baumäste, nähren sich
von deren Säften und sondern eine Art Speichel ab, der an den Ästen kleben
bleibt und sich allmählich zu einem weißen Fett umwandelt. Dieser Belag, der das Aussehen einer Schlange hat, stellt das eigentliche Insektenwachs
dar. Nach der Epoche Tschoutschou (nach dem 23 August) kratzt man
diese Absonderung von den Ästen und nennt das gesammelte Produkt „la
tscha", d. h. Wachsniederschlag. Nach der „pe lou" genannten Periode
(nach dem 7. September) läßt sich dieses Wachs durch Abschaben kaum mehr
von den Bäumen entfernen, weil es an diesen sehr fest klebt. Man kocht

---

[1]) Nouveaux renseignements sur la cire d'arbre et sur les insectes que la
produisent.
[2]) Compt. rendus, 1840, S. 619.

daher die Äste in siedendem Wasser auf, wobei das Insektenwachs schmilzt und zur Oberfläche steigt. Das Produkt wird durch Absetzenlassen oder Filtration gereinigt und bildet das Baumwachs des Handels.

Stanislaus Julien berichtet, daß die Insekten anfangs nur so groß wie Reiskörner seien, im Frühling aber nach und nach anwachsen und die Größe von Hühnereiern annähmen. Ihre Farbe soll violett bis rot sein.

Ein Bericht von Hosie deckt sich zwar im wesentlichen mit den Mitteilungen Juliens, weicht aber doch in gewissen Einzelheiten von diesen ab

Hosie reiste zum Studium des Wachsinsektes von Tscheng su, der Hauptstadt Sechuens, nach dem Südwesten in die von den Lolos bewohnten Distrikte Chinas und von da nach Chien Chang (Tschien Tschang). Die sich in diesem Tale findenden Bäume (Ligustrum lacidum) zeigten im März zahlreiche braune Auswüchse in der Form von Erbsen, die beim Öffnen entweder eine weißbraune fleischige Masse bildeten oder eine Menge kleiner Tiere zeigten, die wie Mehl aussahen, deren Bewegung man aber noch mit unbewaffnetem Auge wahrnehmen konnte. Nach Hosie packt man diese Auswüchse in Papier und schickt sie nach Chien Chang. Hier werden sie Anfang Mai in die Blätter des Holzölbaumes eingehüllt (darüber erzählt auch bereits Julien) und jedes der 20 bis 30 Stück enthaltenden Pakete auf die Äste einer Esche gehängt. Die Blätter, worin man diesen Einschlag vornimmt, werden mit mehreren kleinen Löchern versehen, damit die ausschlüpfenden Insekten bequem den Weg zu den jungen Zweigen der Zwergeschen finden. Die ausgeschlüpften Insekten bleiben durch 1—2 Tage auf den Blättern der Esche und kriechen nachher auf die Äste und Zweige, wo das Weibchen dem Fortpflanzungsgeschäfte obliegt, während das Männchen mit der Absonderung des Wachsproduktes beginnt.

Ein weiterer Bericht meldet das Folgende:

Die eigentliche Heimat des Wachsinsektes ist das Tal Chien Chang. Die hier in zahlreichen Mengen sich findenden Bäume (Ligustrum) bedecken sich im März und April mit eigentümlichen Auswüchsen und Schuppen, deren Inneres voll ist von kleinen, braunen Insekten.

Zur Wachsproduktion werden diese Schuppen ungefähr 200 Meilen nordwestlich verschickt, und zwar nach dem Distrikt Chia Ting, der als die Hauptgewinnungsstätte für Insektenwachs zu bezeichnen ist. Ende April sammelt man zu diesem Zwecke die Schuppen in dem Chien Chang-Tale und trägt sie angeblich in Papierpaketen von etwa 16 Unzen Gewicht nach Chia Ting. Die Hauptsammelstelle für die Schuppen ist die Stadt Te Chang am rechten Ufer des Auning. Der Transport kann nur während der Nachtzeit erfolgen, tagsüber müssen die Träger ruhen, weil ein Transport zur Tageszeit ein vorzeitiges Auskriechen der Insekten zur Folge haben würde.

In Chia Ting werden die Päckchen an die Zweige einer Art Zwerg-
esche, des sogenannten Wachsbaumes (Fraxinus chinensis) gehängt.
Die Insekten kriechen alsbald aus, bleiben ungefähr 13—14 Tage auf den
Blättern, um dann auf die Äste zu gehen und mit der Wachsausscheidung
zu beginnen. Das Wachs erscheint erst als ein weißer Ausfluß, wird allmählich dicker und erreicht nach drei Monaten $1/_4$ Zoll. Nach etwa
100 Tagen ist die Ausscheidung vollendet. Man nimmt sie, soweit es
möglich ist, mit der Hand ab und schmilzt das ganze Produkt auf Wasser
um. Jene Äste, von denen sich das Wachs nicht entfernen läßt, werden
abgebrochen und ausgekocht. Bei dem Einsammeln des Wachses, natürlich
auch beim Auskochen der Äste, gehen alle Insekten zugrunde, weshalb
alljährlich frische Insekteneier von Chien Chang nach Chia Ting gebracht
werden müssen[1]).

In allen Berichten wird betont, daß sich die Zucht des Wachsinsektes
und die Erzeugung des Wachses nicht an ein und demselben Orte durchführen ließe.

Nach einigen Meldungen sollen zum Transport der breiigen Masse
nach Chia Ting 25 000 Träger beschäftigt sein und der Transport im
ganzen ca. einen Monat währen.

Die Ursache, warum das Insekt in Chia Ting keine Eier legt, ist
nach Ansicht der Eingeborenen das etwas zu kühle Klima dieser Gegend.
Die Wachsabsonderung des Insektes, die in Chia Ting so reichlich erfolgt, schrieb man früher einem krankhaften Zustand des Insektes zu, der
entweder durch das in der Gegend vorhandene Futter, oder auch durch
klimatische Verhältnisse hervorgerufen würde. Die Untersuchungen Sasa-
kis haben aber gezeigt, daß man es nicht mit einer bestimmten Absonderung, sondern mit dem Baumaterial der Puppen männlicher Larven zu tun
hat. In Chia Chang sind diese Puppen jedoch von anderer Beschaffenheit.

Sasaki hat die Entwicklungsphasen des Wachscoccids näher studiert
und seien seine Befunde auszugsweise wiedergegeben:

Weibchen des Wachs-insektes. Das weibliche Coccid ist in ausgewachsenem Zustande ziemlich
groß und von beinahe runder Form, doch erscheint diese letztere infolge
des gegenseitigen Druckes, den die mitunter in Haufen vorkommenden
Insekten gegenseitig ausüben, etwas deformiert. Die größten Spielarten
des Coccids messen 11 mm im Durchmesser und 9 mm in der Höhe.
Die Rückenfläche ist dunkelrot bis braun, während die glatte Bauchfläche,
womit das Tier an den Stämmen oder Ästen haftet, gelblichweiß ist.

Die hinteren Teile des Körpers weisen einen tiefen Einschnitt auf, die
Rückenoberfläche zeigt mehrere leicht gefärbte Transversalstreifen. Die ganze
Rückenfläche ist häufig von schwärzlichen, unregelmäßig zerstreuten Flecken
bedeckt. Das Weibchen vermag eine sehr feine, graugelbe Faser abzuson-

---

[1]) Chem. Revue, 1897, S. 291.

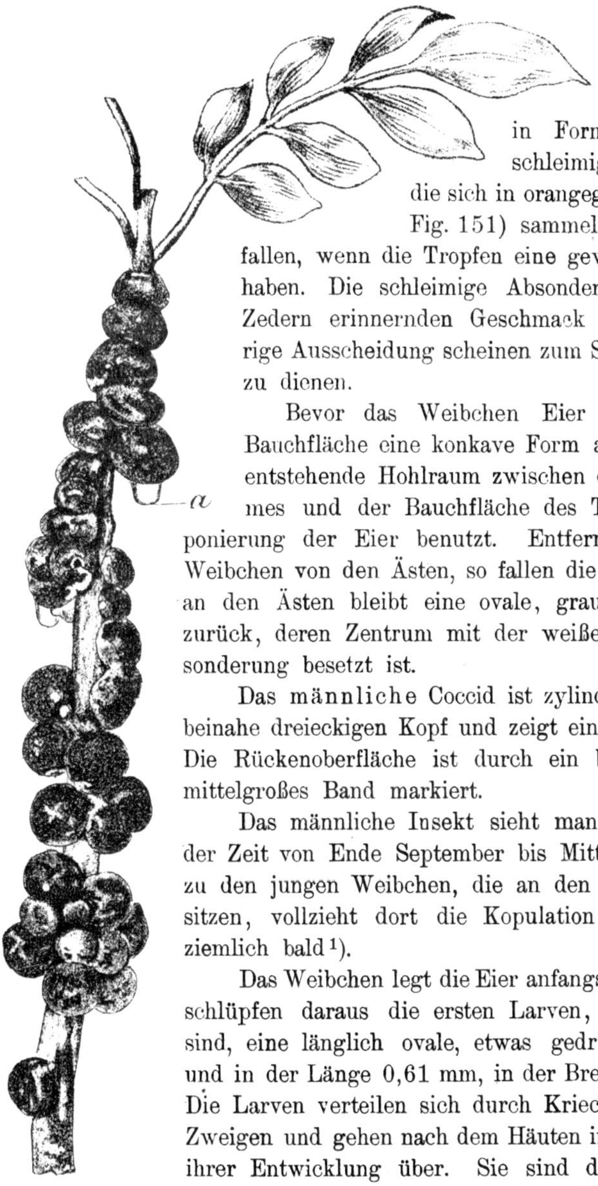

dern, womit es sich teilweise bedeckt. Es scheidet noch ein weiteres Sekret in Form einer klebrigen, schleimigen Flüssigkeit aus, die sich in orangegelben Tropfen (siehe Fig. 151) sammelt, um zu Boden zu fallen, wenn die Tropfen eine gewisse Größe erreicht haben. Die schleimige Absonderung, die einen an Zedern erinnernden Geschmack hat, und die faserige Ausscheidung scheinen zum Schutze gegen Feinde zu dienen.

Bevor das Weibchen Eier legt, nimmt seine Bauchfläche eine konkave Form an und der dadurch entstehende Hohlraum zwischen der Fläche des Baumes und der Bauchfläche des Tieres wird zur Deponierung der Eier benutzt. Entfernt man ein solches Weibchen von den Ästen, so fallen die Eier frei herab und an den Ästen bleibt eine ovale, graulichgelbe Schramme zurück, deren Zentrum mit der weißen, fadenartigen Absonderung besetzt ist.

Das männliche Coccid ist zylinderförmig, hat einen beinahe dreieckigen Kopf und zeigt eine lichte Orangefarbe. Die Rückenoberfläche ist durch ein breites, graubraunes, mittelgroßes Band markiert.

Männchen des Wachsinsektes.

Das männliche Insekt sieht man gewöhnlich nur in der Zeit von Ende September bis Mitte Oktober; es fliegt zu den jungen Weibchen, die an den Stämmen und Ästen sitzen, vollzieht dort die Kopulation und stirbt hierauf ziemlich bald[1]).

Das Weibchen legt die Eier anfangs Mai; nach 4 Wochen schlüpfen daraus die ersten Larven, die hell orangegelb sind, eine länglich ovale, etwas gedrückte Form besitzen und in der Länge 0,61 mm, in der Breite 0,37 mm messen. Die Larven verteilen sich durch Kriechen auf den jungen Zweigen und gehen nach dem Häuten in das zweite Stadium ihrer Entwicklung über. Sie sind dann von ovaler, gedrückter Gestalt, hell graubrauner Farbe und zeigen am

Fig. 151. Zweig mit Gruppen des weiblichen Coccids. a = Tropfen der schleimigen Absonderung. (Nach Sasaki.) Natürliche Größe.

[1]) Eine nähere zoologische Beschreibung des Insektes kann an dieser Stelle nicht gegeben werden. Es sei in dieser Beziehung auf die Originalarbeit von C. Sasaki (Bulletin of agriculture, Tokio, Imperial University, Bd. 6, S. 1—14) verwiesen.

hinteren Körperende eine breite Auszackung (Fig. 152). Die Rückenfläche
der 0,70 mm langen und 0,42 mm breiten Larven ist mit schneeweißen,
verworrenen Fäserchen bedeckt. Ende August verspinnt sich die männliche Larve der zweiten Entwicklungsstufe vollständig in diese Fäserchen
und bildet Kokons, in denen sich die Umwandlung in das dritte Entwicklungs-
stadium der Larve vollzieht. Anfang Oktober verwandelt sich die Larve
des dritten Stadiums in eine längliche, dunkelgraubraune Puppe mit hellem
Unterleib und gelblichgrüner Bauchfläche und nach einiger Zeit entschlüpft
dann der Puppe das beflügelte .Insekt (Fig. 153).

Fig. 154. Reifes weibliches Wachsinsekt.
a = Rückenansicht, *b* = Seitenansicht,
c = Bauchseite. (Natürliche Größe.)

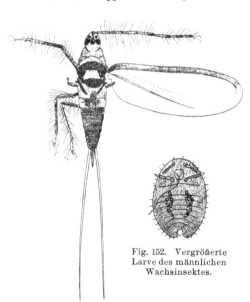

Fig. 152. Vergrößerte
Larve des männlichen
Wachsinsektes.

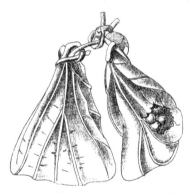

Fig. 153. Männliches Wachsinsekt.
(Nach Sasaki.) Vergrößert.

Fig. 155. Päckchen mit Eiern des Wachsinsektes.
(Nach Sasaki.) Halbe natürliche Größe.

Das weibliche Insekt macht wahrscheinlich nur zwei Häutungen durch.
Gegen Ende August findet man schon einige weibliche Coccide in Gruppen
auf den Stämmen und Ästen der Futterpflanze liegen, mehr oder weniger
abseits von den männlichen Larven. Das junge weibliche Insekt ist von
ovaler Form; seine Rückenfläche ist hell graugelb mit unregelmäßigen
Punkten, das hintere Ende weist einen schmalen Spalt auf. Die Größe
des Weibchens nimmt vom Jänner angefangen allmählich zu und erreicht
endlich im Mai-Juni die volle Entwicklung. Das reife Coccid hat das
in Fig. 154 gezeigte Aussehen und beginnt nach erfolgter Kopulation Eier
zu legen.

Die weibliche und auch die männliche Puppe des Coccids werden
häufig von einer Parasitenfliege (wahrscheinlich Encyrtis) angegriffen.

Nach Sasaki stellt das chinesische Insektenwachs nichts anderes vor als die weißen Kokons der männlichen Larven. Die Futterpflanze ist in China Fraxinus chinensis, in Japan Fraxinus pubinervis und Ligustrum Ibota Sieb. Die Blätter, woraus die Seite 883 erwähnten Päckchen gefertigt werden können, stammen von einer Sterculia; man soll gewöhnlich zwei Päckchen zusammenbinden (Fig. 155) und diese auf den Bäumen befestigen.

Sasaki hat versucht, die Überführung des Coccids von seinem Ursprungsorte zur Brutstätte in Holz- oder Zinkdosen zu bewerkstelligen, welche Experimente auch den erwünschten Erfolg hatten.

Nach Hosie erhält man aus 1 Pfund Schuppen 4—5 Pfund Insektenwachs.

Eigenschaften.

Das Insektenwachs ist von gelblichweißer Farbe, geruch- und geschmacklos, von glänzendem, an Walrat erinnerndem Aussehen und kristallinischer Struktur. Es ist etwas hart und faserig, weshalb es sich leicht pulvern läßt. Die mitunter auf den europäischen Markt kommenden Proben stellen Kuchen von $30—35$ mm Durchmesser und $9—10$ cm Dicke dar. Das Produkt ist in Alkohol oder Äther sehr wenig löslich; Benzol nimmt es dagegen leicht auf. *(Eigenschaften.)*

Die Dichte des Wachses wurde von Gehe bei 15^0 C mit 0,926, von Allen mit 0,970 angegeben. Der Schmelzpunkt des Insektenwachses liegt zwischen 80,5 und 83^0 C.

Der Hauptbestandteil dieses Wachses ist das Cerylcerotat $C_{26}H_{53}C_{26}H_{51}O_2$. Man kann diese Verbindung in reinem Zustande durch wiederholte Umkristallisation des Wachses aus einem bei $115—135^0$ C siedenden Petroleumäther erhalten. Neben dieser Verbindung scheinen aber auch noch andere Ester in dem Wachse enthalten zu sein. *(Chemische Zusammensetzung.)*

Verwendung.

Das chinesische Insektenwachs wird in China und wohl auch in Japan seit urdenklichen Zeiten zur Herstellung von Kerzen benutzt. Man mengte es ehedem in geringer Menge dem Talg bei, um den Schmelzpunkt der Talgkerzen (von Stillingia sebifera) zu erhöhen. Später versah man Talgkerzen durch Eintauchen in geschmolzenes Insektenwachs mit einer schwer schmelzbaren Kruste, die das Tropfen der Kerzen verminderte. Solche Kerzen findet man noch heute hie und da in China, doch hat diese Verwendung des Insektenwachses durch die allmähliche Einführung des Petroleums im Himmlischen Reiche nach und nach abgenommen. *(Verwendung.)*

Das Insektenwachs wird heute vielfach zum Glänzendmachen von Papier und Seide benutzt; auch Firnisse stellt man daraus her, wie das Produkt ferner zum Polieren von Möbeln und Leder geeignet ist.

Produktion und Handel.

Über den Umfang der jährlichen Produktion von Insektenwachs liegen keine näheren Daten vor. Die gewonnene Menge scheint aber ziemlich groß zu sein und einen Wert von vielen Millionen Mark zu repräsentieren. Der Konsum des Produktes ist in China und Japan so bedeutend, daß nur ganz geringe Mengen zur Ausfuhr gelangen.

Psyllawachs.

Dieses Wachs wird durch ein auf den Blättern von Alnus incana lebendes Insekt (Psylla Alni) sekretiert. Durch Extraktion des in die Familie der Aphiden (Blattläuse) gehörenden Insektes mit heißem Äther (zur Entfernung der Glyzeride) und später mit heißem Chloroform resultiert ein bei 96° C schmelzendes, seideglänzende Nadeln bildendes Produkt, das den Psyllostearylester des Psyllostearylalkohols darstellt, in kaltem Chloroform nur wenig, in heißem Chloroform und Benzol aber leicht löslich ist.

Andere Insektenwachse.

Es gibt noch eine Reihe von Insekten, die bei ihrer Lebenstätigkeit wachsähnliche Substanzen in mehr oder minder reichlicher Menge absondern. Es seien davon nur die Hummelarten (Bombus), die Zikade, weiter Ceroplastes ceriferus und Ceroplastes rubens genannt. Diese Substanzen haben keinerlei technische Bedeutung und sind auch wissenschaftlich noch nicht näher untersucht worden.

Walrat.

Weißer Amber. — Sperma Ceti. — Adipocera cetosa. — Cetaceum. — Cétine. — Adipocire. — Ambre blanc. — Blanc de baléine. — Spermaceti. — Cetine.

Herkunft und Gewinnung.

Abstammung.

Der Walrat stammt von dem gemeinen Pottfisch oder Cachelot (Physeter macrocephalus), einem zur Familie der Wale gehörigen Seesäugetiere (s. S. 854), von dem Entenwal (Hyperoodon rostratus) und anderen Cetaceen (Delphin, Hai usw.).

In den muldenförmigen Vertiefungen des Oberschädels des Pottwals sowie in dem vom Kopfe bis zum Schwanze reichenden, sich allmählich verjüngenden röhrenartigen Behälter, ferner in mehreren kleineren, im Fleische und Speck des Tieres verteilten Behältern sind große Mengen (bis zu 1500 kg pro Tier) einer öligen Flüssigkeit enthalten. Letztere sondert beim Erkalten eine feste Masse aus, die durch Abfiltrieren und Abpressen ge-

wonnen wird. Der flüssige Anteil bildet das Walöl, der feste den Walrat.
Über die Abscheidung des Walrates aus dem Waltran siehe Seite 855.

Der rohe Walrat wird mittels verdünnter Natronlauge gereinigt, umgeschmolzen und schließlich in Formen gegossen.

Eigenschaften.

Der rohe Walrat stellt eine braune, bei $43-46\,^0$C schmelzende Masse dar. Eigen-
schaften.
Der gereinigte Walrat bildet eine schöne, glänzende, weiße, durch-
scheinende, blättrige kristallinische Masse von etwas spröder Beschaffenheit,
die in geschmolzenem Zustande auf Papier gebracht, keine Fettflecke erzeugt.
Rohes Walratöl liefert ungefähr $11\,^0/_0$ Walrat.

Raffinierter Walrat zeigt weder Geruch noch Geschmack, ist in kaltem
90proz. Alkohol unlöslich, in 96proz. Alkohol nur schwer löslich. Siedender
Alkohol nimmt dagegen Walrat leicht auf und scheidet ihn beim Abkühlen
in kristallinischem Zustande wieder aus.

Raffinierter Walrat hat bei $15\,^0$ C eine Dichte von 0,960, schmilzt
zwischen 42 und $49\,^0$ C und erstarrt bei $42-47\,^0$ C.

Pfaff beschreibt eine besondere Art von Walrat, die aus Brasilien stammt
und in ihren Eigenschaften von den gewöhnlichen Produkten etwas abweicht.
Er bildet nicht Massen von größeren Blättchen, sondern von ganz feinen
Schuppen, denen der eigentümliche Perlmutterglanz des rohen Walrats abgeht.

Der Walrat besteht der Hauptsache nach aus Cetin (Palmitinsäure Chemische
Zusammen-
setzung.
$=$ Cetyläther). Nach Heintz[1] sollen im Walrat auch geringe Mengen
von anderen, dem Cetin ähnlichen Estern und von Glyzeriden der Laurin-,
Myristin- und Stearinsäure enthalten sein.

Lewkowitsch bemerkt, daß die Angaben Heintz' der Bestätigung
bedürften, und berichtet über das Vorkommen von freiem Alkohol im Walrat[2]. Durch Kochen mit alkoholischem Alkali verseift sich der Walrat
leicht. Verdünnt man die alkoholische Lösung mit Wasser, so wird der
Cetylalkohol ausgefällt.

Walrat enthält nur geringe Mengen freier Fettsäuren; sie betragen
gewöhnlich unter $1\,^0/_0$, ja vielfach weniger als $^1/_4\,^0/_0$.

Verfälschungen unterliegt der Walrat sehr selten, weil sie sich schon
äußerlich leicht verraten. Zusätze von Stearinsäure und Talg heben das
durchscheinende Aussehen des Walrats auf und liefern ein mehr opakes
und weniger blättriges Produkt.

Verwendung.

Der Walrat findet vielfachen Gebrauch. Einmal dient er zur Er- Ver-
wendung.
zeugung von Kerzen, die wegen ihrer geruchlosen, hell leuchtenden
Flamme sehr beliebt sind. Die Walratkerzen wurden bis vor ganz kurzem

---

[1] Liebigs Annalen, 1892, S. 291.
[2] Analyst, 1899, S. 321.

in England als die alleinige Norm bei photometrischen Messungen angesehen. Für sich allein zu Kerzen gegossen, würde Walrat aber zu spröde Lichte liefern; man macht daher bei der Verarbeitung des Walrats zu Kerzen aus technischen Gründen Zusätze von Bienenwachs, Talg, Paraffin und Ceresin. Diese Beigaben müssen sich jedoch in limitierten Grenzen bewegen; in England ist für die zu photometrischen Zwecken bestimmten Walratkerzen nur ein 3-, höchstens 4,5 % iger Zusatz von bestem, luftgebleichtem Bienenwachs toleriert. Das hochschmelzbare Paraffin und das immer billiger werdende Stearin haben die Walratkerzen indes langsam verdrängt.

Lebhafte Nachfrage nach Walrat herrscht in den Betrieben, die sich mit der Erzeugung von Appreturmitteln befassen. Auch in der Pharmazie ist der Walrat in Verwendung.

Er wurde früher als reizlinderndes Mittel gegen Husten, Lungenleiden, Durchfall usw. gebraucht. Heute wird er vielfach bei der Herstellung von Ceraten, Salben, Haar- und Hautpomaden u. ä. benutzt. Auch in der Fabrikation feiner kosmetischer Seifen spielt der Walrat eine Rolle.

Handel.

Handel.

Die Hauptlieferanten von rohem Walrat sind die Vereinigten Staaten Nordamerikas und England, das raffinierte Produkt kommt dagegen vielfach von Frankreich aus in den Handel. Man handelt den raffinierten Walrat entweder in Form viereckiger Brote oder in Gestalt konischer, abgestutzter Massen. Die rohe, von Amerika kommende Sorte ist von graugelber Farbe und enthält noch ziemliche Mengen Walratöl.

Wollwachs.

Dieser gutgewählte Name ist von Lewkowitsch für den neutralen Anteil des rohen Wollfettes (siehe Seite 835) in Vorschlag gebracht worden, der in wasserfreiem Zustande als Adeps lanae oder Lanolinum anhydricum, in wasserhaltiger Form als Lanolin, Alapurin, Laniol, Anaspalin, Aguine usw. in den Handel kommt. Da der Name Wollwachs deutlich auf den wachsähnlichen Charakter des Produktes hinweist, wäre es erwünscht, wenn er allmählich an Stelle der verschiedenen mehr oder weniger frei gewählten Phantasienamen träte.

Die Bereitungsweisen, die Eigenschaften und die Verwendung des Wollwachses werden in Band III, im Kapitel „Wollfett und Lanolin" ausführlich besprochen werden.

---

[1] Journ. Soc. Chem. Ind., S. 65.

Nachträge.

Zum ersten Kapitel:

A) Trocknende Öle.

Zu „**Entschleimen von Leinöl**" (S. 21—24): A. Stelling will die Ent-
schleimen
von Leinöl. Schleimstoffe beim Filtrieren des Öles durch Leinenfilter dadurch ausscheiden, daß er die letzteren mit katalytisch wirkenden Stoffen imprägniert. Er empfiehlt z. B., die Filterstoffe mit einer 5prozentigen Lösung von Mangannitrat und sodann mit einer 5prozentigen Boraxlösung zu tränken. Das sich in den Filterstoffen ausfällende Manganborat soll schleimstoffällend wirken. (Dän. Patent Nr. 9225 v. 17. Febr. 1906; D. R. P. Nr. 177693 v. 28. Febr. 1906.)

Zu „**Trocknende Öle**" (S. 1—163): Die Samen von Melia Azeda- Meliaöl. rach (nicht zu verwechseln mit Melia Azadirachta (s. S. 649) liefern ein unter dem Namen Meliaöl (Melia oil) bekanntes Öl.

Die Früchte der Melia Azedarach sind von braungelber bis rotbrauner Farbe, stark runzelig, von länglichrunder Gestalt, ungefähr 10 bis 15 mm lang und haben einen Durchmesser von 8—12 mm.

100 Stück wiegen 47,5 g; beim Einweichen in Wasser schwellen die Früchte zur Größe von kleinen Kirschen an.

Unter dem Fruchtfleische befindet sich ein sehr hartes, festes Kerngehäuse, das bis 11 mm lang ist und bis 8 mm im Durchmesser hat. In diesem Gehäuse stecken 5—6 Samenkerne, und zwar jeder in einer besonderen Abteilung. Die außen dunkelbraunen Samen sind innen grünlichweiß, haben eine Länge von 6—8 mm und einen Durchmesser von 2,5 bis 3 mm.

Fendler, der die Früchte näher untersuchte, fand folgendes Gewichtsverhältnis zwischen Fruchtfleisch, Kerngehäuse und Samen:

Fruchtfleisch . . . . 36,84 %
Kerngehäuse 51,43
Samen 11,73
                    100,00 %.

Der Wasser- und Ölgehalt der drei Fruchtteile betrug:

	Wasser	Fett
Fruchtfleisch	15,37%	2,00%
Kerngehäuse	11,30	0,63
Samen	6,39	39,36

Fendler extrahierte mit Äther die geringe Menge des in dem Fruchtfleische enthaltenen Fettes und fand dieses von halbfester Konsistenz, gelblicher Farbe und harzartiger Beschaffenheit.

Die Gewinnung des in den Samen enthaltenen Öles ist praktisch kaum ausführbar, weil das Kerngehäuse sehr schwer zu öffnen ist und die Samen daher nicht leicht bloßgelegt werden können.

Eine Gewinnung von Meliaöl durch Auspressen der Samen samt dem Kerngehäuse geht schwer an, weil der Fettgehalt der Samen plus Kerngehäuse prozentuell nur gering ist. Es bliebe also nur eine Extraktion der samt Schale zerkleinerten Samen übrig.

Fendler berichtet, daß ein durch Extraktion mit Äther hergestelltes Meliaöl bei Zimmertemperatur Ausscheidungen zeigte, die selbst nach wiederholtem Filtrieren wieder auftraten und wahrscheinlich von harzartigen Körpern herrührten. Er macht auf den tiefen Erstarrungspunkt des Öles aufmerksam; bei -18^0 C war letzteres noch nicht völlig fest, einmal fest geworden, schmilzt es aber erst bei $-0,3^0$ C.

Bei der hohen Jodzahl verdient das Öl auch als Firnisöl Beachtung. Eine besondere Bedeutung kommt ihm aber bis heute nicht zu; es hat auch nur ganz lokales Interesse und wird über ein solches wohl nicht so bald hinauskommen. (Apothekerztg., 1904, Nr. 55.)

Himbeer-
samenöl. Die Samen der Himbeere enthalten 14,6% eines fetten, trocknenden Öles, dessen flüssige Fettsäuren vornehmlich aus Linol- und Linolensäure und nebenher aus Öl- und Isolinolensäure bestehen. Flüchtige Fettsäuren sind in dem Öle, das 0,7% Phytosterin enthält, nicht vorhanden. (Zeitschr. f. öffentl. Chemie, 1907, Bd. 13, S. 263.)

B) Halbtrocknende Öle.

Eigen-
schaften des
Soapstocks. Zu „Kottonöl-Soapstock" (S. 209—212): Frischer, mit Luft nicht in Berührung gekommener Soapstock ist nicht von so dunkler Farbe wie das Handelsprodukt. Er ist in frischem Zustande vielmehr schmutziggelbbraun bis tiefrot und wird erst durch den Einfluß der Luft blau- bis braunschwarz. (Oxydationserscheinung.) Die Konsistenz des Soapstocks schwankt zwischen einer kittartigen Härte und der Dünnflüssigkeit einer Farbstofflösung; er kann eine vollkommen homogene Masse bilden oder so beschaffen sein, daß man ihn sofort als ein Gemisch von Öl und

Seife erkennt. Farbe, Konsistenz und Homogenität hängen von der Menge und der Stärke der zur Raffination des rohen Kottonöles verwendeten Lauge ab.

Soapstock hält sich auf Lager nicht gut; er geht leicht in eine Art Gärung über, wobei eine lebhafte Gasentwicklung stattfindet. Solch zersetzter oder fermentierter Soapstock riecht höchst unangenehm und enthält das ehedem in Form von Triglyzeriden vorhanden gewesene Kottonöl nunmehr als Fettsäuren. Die Fermentierung des Soapstocks tritt besonders dann rasch ein, wenn er mehr als 40 % Wasser enthält. Auf jeden Fall ist das Aufkochen des Soapstocks mit verdünnten Mineralsäuren zwecks Zersetzung der darin enthaltenen Seife empfehlenswert. Durch diese Behandlung erhält man ein der Hauptsache nach aus Fettsäuren, Neutralfett, Harzen und Farbstoffen bestehendes Produkt (konzentrierter Soapstock genannt), das wegen seiner gleichmäßigen Beschaffenheit leichter verkäuflich ist als der gewöhnliche Soapstock, für den D. Wesson die folgende Durchschnittsanalyse angibt:

Wasser	36,00 %	*Zusammensetzung des Soapstocks.*
Fettsäureanhydrid	48,50	
Glyzerin	4,00	
Natron	3 20	
Farbstoffe	2,40	
Organische Stoffe	5,90	

Zu „**Verarbeitung von Kottonsaat**" (S. 215—217): Die Verarbeitung von Kottonsaat wird in den amerikanischen Kottonölmühlen beständig vervollkommnet. Dies zeigt am besten eine Gegenüberstellung der in den Jahren 1900 und 1905 in den Kottonölmühlen der Vereinigten Staaten erzielten mittleren Ausbeuten. Man erhielt aus gesunder Kottonsaat: *Ausbeute in Kottonölfabriken.*

	1900	1905
Öl (unraffiniert)	14,1 %	15,1 %
Ölkuchen	35,7	40,7
Schalen	47,2	36,2
Lints	1,2	1,8

An der Erhöhung der Ölausbeute kann möglicherweise auch der höhere Ölgehalt der Saat einen Anteil haben, die Verminderung der Schalenausbeute und das Ansteigen des Kuchenrendements sind dagegen ausschließlich auf eine rationellere Betriebsweise (verbesserte Entschälmethode) zurückzuführen.

Als Ergänzung der auf Seite 216 gegebenen Übersicht der im Jahre 1900 in den einzelnen Staaten und Territorien der Union erzielten Ausbeuten sei eine analoge Tabelle für das Jahr 1905 nachgetragen:

Tabellarische Übersicht der in den Kottonölmühlen der Vereinigten Staaten im Jahre 1905 erzielten durchschnittlichen Ausbeuten und erreichten Verkaufspreise.

Staaten und Territorien	Anzahl der Betriebe	Durchschnittliche Saatverarbeitung eines Betriebes	Erhaltene Gewichtsprozente an				Wert einer Tonne Saat	Wert der aus einer Tonne Saat erhaltenen Produkte							
								Effektiv (Dollars)				Prozentual			
			Öl	Kuchen	Schalen	Lints		Öl	Kuchen	Schalen	Lints	Öl	Kuchen	Schalen	Lints
Alabama	64	4580	15,0	40,4	35,9	1,6	15,29	9,66	8,35	1,85	1,14	46,5	39,8	8,8	5,4
Arkansas	42	5672	15,1	39,5	35,4	1,8	16,22	9,96	7,78	1,44	1,44	48,3	37,7	7,0	7,0
Florida	5	3296	15,4	48,3	29,3	1,4	15,18	9,37	8,67	1,56	0,99	45,5	42,1	7,6	4,8
Georgia	122	3075	15,6	40,9	35,6	1,8	16,06	9,97	8,56	2,03	1,41	45,4	39,0	9,2	6,4
Indian Territory	15	5822	13,8	39,5	38,5	2,0	12,92	7,43	7,80	1,43	1,50	40,9	43,0	7,9	8,3
Louisiana	47	6525	15,5	43,2	32,5	1,7	14,77	9,34	8,79	1,30	1,28	45,1	42,4	6,3	6,2
Mississippi	86	6048	15,5	41,0	35,7	1,5	16,05	10,34	8,40	1,70	1,30	47,6	38,6	7,8	6,0
Missouri	4	4155	15,2	39,6	37,0	1,6	17,03	8,89	7,94	1,49	1,34	45,2	40,4	7,6	6,8
North Carolina	49	3366	15,9	40,3	35,9	1,5	17,90	10,81	9,30	1,81	1,35	46,5	40,0	7,8	5,8
Oklahoma	10	8695	14,6	40,5	35,5	2,2	12,38	7,42	8,10	1,24	1,64	40,3	44,0	6,7	8,9
South Carolina	94	2153	16,2	42,6	33,7	1,6	17,68	10,90	9,32	1,72	1,27	57,0	40,2	7,4	5,5
Tennessee	17	7174	15,1	40,7	37,5	2,0	16,50	10,06	8,15	1,62	1,77	46,6	37,7	7,5	8,2
Texas	157	5579	14,0	39,4	39,0	2,0	14,38	7,83	7,75	1,68	1,44	41,9	41,4	9,0	7,7
Andere Staaten	4	5080	15,1	37,5	40,1	1,5	19,23	11,41	8,06	2,04	1,39	49,8	35,2	8,9	6,1
Vereinigte Staaten	716	4666	15,0	40,7	36,2	1,8	15,51	9,37	8,30	1,67	1,38	45,2	40,1	8,1	6,7

Zu „**Kottonölindustrie in den Vereinigten Staaten**" (S. 238—244): Umfang der nordameri- kanischen Kottonöl- industrie.
Im Jahre 1905 bestanden in den Vereinigten Staaten 716 Kottonölbetriebe, die ein Anlagekapital von 73,7 Millionen Dollars repräsentierten, 3229 Beamte beschäftigten und für 96,4 Millionen Dollars Produkte erzeugten. Die Kottonölfabriken verteilten sich auf die einzelnen Staaten wie folgt:

	Anzahl der Betriebe	Investiertes Kapital Dollars	Wert der erzeugten Produkte Dollars
Alabama	64	5 168 939	5 709 071
Arkansas	42	4 105 585	4 939 919
Florida	5	241 904	261 864
Georgia	122	11 527 997	13 539 899
Missouri	4	765 773	999 289
Louisiana	47	8 686 711	13 187 608
Mississippi	86	8 551 910	12 587 147
North Carolina	49	3 118 343	3 748 789
South Carolina	94	5 177 178	5 462 818
Tennessee	17	2 913 909	3 743 927
Texas	157	14 179 688	18 698 815
Indian Territory	15	1 454 984	1 505 201
Oklahoma	10	1 135 171	1 603 584
Andere Staaten	4	3 302 688	4 662 053

Die Baumwollsaatausfuhr der Vereinigten Staaten betrug im Jahre 1905 Kottonsaat- ausfuhr Nord- amerikas.
11 850 Tonnen im Werte von ungefähr 13 597 000 Dollars, wovon empfingen:

England	2617	Tonnen
Holland	3179	„
Deutschland	3965	„
Frankreich	142	„
Belgien	432	„
Mexiko	1520	„
Andere Länder	Rest.	

Über die in den Kottonölmühlen der einzelnen Territorien der Union verarbeiteten Saatmengen, die erzeugten Warenquanten, den Wert und den Einheitspreis dieser Produkte gibt die umstehende Tabelle Aufschluß, die ein Analogon zu der Seite 242/43 gegebenen, für das Jahr 1900 gültigen Übersicht bildet.

Tabellarische Übersicht der in den einzelnen Territorien der Unior
Waren hinsichtlicl

Staaten und Territorien	Verarbeitete Saatmengen und produzierte Warenmengen in Tonnen					Wert der verarbeiteten Produkte	
	Saat	Öl	Kuchen und Mehl	Schalen	Lints	Saat	Öl
Alabama	265653	39848	107229	95917	4210	4062458	2565424
Arkansas	238277	35980	94264	84374	4286	3863975	2373600
Florida	16478	2538	7959	4820	239	250072	154343
Georgia	368996	57564	151011	131521	6641	5924680	3679539
Indian Territory	81501	11247	32198	31368	1634	1052942	605636
Louisiana	319704	49553	138301	103955	5386	4721103	2985670
Mississippi . . .	556396	86242	228122	198464	8709	8932300	5752963
Missouri	16618	2526	6575	6152	276	282939	147799
North Carolina.	148097	23548	59787	53184	2236	2650615	1600950
Oklahoma. . . .	86953	12702	35219	30896	1950	1076126	644407
South Carolina .	213103	34522	90815	71942	3320	3767983	2322876
Tennessee. . . .	143479	21665	58477	53738	2959	2367686	1442643
Texas	864767	121067	340709	337233	16654	12437330	6776342
Andere Staaten	25398	3835	9507	10180	3954	488395	289720
Vereinigte Staaten . .	3345370	502837	1360172	1213344	62454	51878604	31341912

Kottonöl-
ausfuhr
Nord-
amerikas.

Die Kottonölausfuhr der Vereinigten Staaten, die bisher 50 Millionen
Gallonen nicht überschritten hat (siehe S. 241/42), ist im Jahre 1905 auf
53368839 Gallonen angewachsen, die einen Wert von 15571852 Dollars
ausmachen. Von den einzelnen Ländern empfingen:

	Gallonen	Wert in Dollars
Holland	11585847	3480853
Frankreich	10282162	2952922
Österreich-Ungarn	6722959 [1]	1970502
Deutschland	5153698	1432883
Italien	4573350	1490626
England	3333852	933418
Mexiko	3644112	866293
Quebek, Ontario, Manitoba	1234483	278187
Dänemark	554403	154348
Andere Länder	—	—
Summe	53368839	15571852

[1] Dieser Import Österreich-Ungarns ist außerordentlich hoch und durch den
am 1. März 1906 in Kraft getretenen hohen Kottonölzoll (40 K pro 100 kg Brutto
gegenüber dem früheren von 9,52 K) hervorgerufen worden.

m Jahre 1905 verarbeiteten Kottonsaatmengen und der erzeugten Gewicht und Wert.

Saatmengen und der erhaltenen in Dollars			Preis einer Tonne in Dollars					Gesamtwert der erzeugten Produkte (Öl, Kuchen, Schalen und Lints)
Kuchen und Mehl	Schalen	Lints	Saat	Öl	Kuchen	Schalen	Lints	
2 217 343	490 860	304 562	15,29	64,20	20,67	5,11	72,34	5 578 189
1 853 278	343 209	342 732	16,22	66,48	19,66	4,06	79,96	4 912 819
142 967	25 747	16 304	15.18	61,73	17,96	5,34	68,21	339 361
3 157 920	751 644	520 574	16,06	63,99	20,91	5,71	78,38	8 109 677
636 069	116 173	122 366	12,92	54,07	19,75	3,70	74,88	1 480 244
2 812 160	414 527	411 136	14,77	59,71	20,33	3,98	76,33	6 623 523
4 675 017	942 705	724 374	16,05	66,88	20,49	4,75	83,17	12 093 059
131 907	24 841	22 207	17,03	79,12	20,06	4,03	80,46	326 754
1 376 619	268 813	200 327	17,90	68,12	23,02	5,05	89,59	3 446 709
704 762	108 239	142 427	12,38	50,84	20,01	3,50	73,03	1 599 835
1 986 895	366 795	269 464	17,68	67,88	21,87	5,09	81,16	4 946 030
1 169 980	232 477	254 147	16,50	66,48	20,00	4,32	85,88	3 099 247
6 698 821	1 450 984	1 247 338	14,38	56,00	19,66	4,30	74,89	16 173 485
204 818	51 800	353 540	19,23	76,24	21,54	5,08	89,91	581 692
27 766 556	5 588 814	4 931 498	15,51	62,10	20,41	4,60	78,96	69 310 624

Die Ölkuchenausfuhr[1]) der Vereinigten Staaten Nordamerikas belief sich im Jahre 1905 auf 607 334 Tonnen im Werte von 13 597 105 Dollars. Die größten Mengen erhielten: *(Ölkuchenausfuhr Nordamerikas.)*

Dänemark	. . . .	247 000 Tonnen
Deutschland	. . . . .	200 000 ,,
England	. . . .	105 000 ,,
Holland	. . . .	30 000 ,,
Belgien	. . . .	16 000 ,,
Frankreich	. . . . . .	6 000 ,,

Zu „**Halbtrocknende Öle**" (S. 164—371): Die Beeren der gemeinen Myrte (Myrtus communis) enthalten 12—15 % eines gelben Öles, das nach den Untersuchungen von P. Scurty und F. Perciabosco aus den Glyzeriden der Öl-, Linol-, Palmitin- und Myristinsäure besteht. Dieses „Myrtensamenöl" genannte Öl darf nicht mit dem „Myricafett" verwechselt werden, das von Myrica cerifera stammt (siehe S. 710). (Nach Gaz. Chim. Ital., 1903, S. 483). *(Myrtensamenöl.)*

---

[1]) Die Ziffern beziehen sich nicht nur auf Kottonkuchen, sondern umfassen alle Ölkuchensorten; die Hauptmenge der ausgeführten Kuchen entfällt aber auf Kottonkuchen.

C) Nicht trocknende Öle.

Oliven-
ver-
arbeitung.

Zu „**Verarbeitung der Oliven**" (S. 388—410): Eine eigenartige Gewinnung des Olivenöles bringt der Marquis von Acupulco in Vorschlag. Darnach wird der Brei der zerkleinerten Oliven auf den Siebboden eines Apparates gebracht, den man evakuiert. Die Luftleere soll 40 % des in den Oliven enthaltenen Öles austreten machen, worauf eine Wiederholung dieser Entölungsprozedur unter Behandlung des Breies mit kalten und heißem Wasser und schließlich mit Dampf folgt. (Oil, Paint and Drug Rep., Bd. 71, Nr. 11, durch Chem. Revue, 1907, S. 121.)

Olivenöl-
produktion
Italiens.

Zu „**Produktions- und Handelsverhältnisse für Olivenöl**" (S. 420 bis 435): Italiens Olivenölproduktion ist in den letzten Jahren etwas größer geworden. Während nach Mingioli im Jahre 1899 2 514 698 hl Öl erzeugt wurden, belief sich die Erzeugung in den Jahren 1901—1905 auf 2 682 611 hl und im Jahre 1905/06 sogar auf 3 412 335 hl. Im letztgenannten Jahre verteilte sich die Produktion wie folgt:

	Jahresproduktion 1905—1906		Mittel des Quinquenniums 1905—1906	
	Bebaute Fläche	hl	Bebaute Fläche	hl
Lombardei	2 950	2 910	2 956	4 610
Venetien	2 610	2 090	2 642	3 860
Ligurien	50 410	79 226	50 842	107 005
Emilia	3 920	4 000	3 926	3 900
Marche und Umbrien .	82 710	165 000	82 578	142 126
Toskana	132.770	339 588	123 784	210 160
Latium	50 200	232 200	50 140	139 030
Adriatische Region . .	386 800	853 529	386 200	736 900
Mittelmeerregion . . .	226 750	914 100	226 478	693 700
Sizilien	139 064	776 102	138 585	583 065
Sardinien	24 900	43 590	24 580	58 260
Totale	1 103 084	3 412 335	1 092 711	2 682 611

Owalaöl.

Zu „**Owalaöl**" (S. 463): Das Imperial Institute of London hat das Öl der Owalanüsse (Ölbohnen) aus Südnigeria einer Untersuchung unterzogen und es als ein blaßgelbes bis gelblichbraunes, bei 5 bis 8 °C erstarrendes, nicht trocknendes Öl befunden, dessen scharfer Geruch sich durch Raffination nicht entfernen läßt. Das Öl scheidet beim Stehen eine feste Masse aus und liefert beim Verseifen eine ziemlich weiße Seife. Die entölten Rückstände hatten folgende Zusammensetzung:

Wasser . . . . 12,9 %
Rohprotein 34,8
Dextrose 8,2
Übrige Kohlehydrate 33,7
Rohfaser 6,6
Asche 3,5

(Oil and Colourman's Journ., 1907, S. 1419.)

Zu „**Kanariöl**" (S. 505): Die Steinkerne von Canarium commune L. *Kanariöl.*
wiegen nach P. Pastrovich im Mittel 5,934 g und bestehen aus

86,36% Schalen und
13,64% Kernen.

Letztere enthalten:

9,03% Wasser,
12,24% Rohprotein,
65,73% Fett,
6,00% stickstofffreie Extraktstoffe,
3,81% Rohfaser,
3,19% Asche
_____
100,00%.

Die Preßkuchen der Samenkerne zeigen einen angenehmen Kakaogeruch.
(Chem. Ztg., 1907, S. 782.)

Zu „**Inoyöl**" (S. 512): E. S. Edie, der die Samenkerne von Poga *Inoyöl.*
oleosa untersucht hatte, fand ihren Ölgehalt mit 57,4% und bestimmte
die Dichte des Öles mit 0,909. (Oil and Colour Trade Journ., Bd. 31, Nr. 450.)

Zu „**Täschelkrautsamenöl**" (S. 512): Neuburger machte schon im *Täschel-*
Jahre 1856 auf den Ölgehalt dieser Samen aufmerksam und übergab der *krautsamenöl.*
Société d'encouragement eine diesen Gegenstand betreffende Abhandlung,
über die Herve-Mangon referierte. (Journ. de pharm., 1856, S. 273;
Polyt. Centralbl., 1857, S. 895.)

Zu „**Nicht trocknende Öle**" (S. 372—544): Die Sabadill- oder Läuse- *Sabadiglia-*
samen (von Sabadilla officinarum) enthalten ein nicht trocknendes Öl *öl.*
(Sabadigliaöl), das nach G. de Negri und G. Fabris 2,8% unverseifbarer harziger Bestandteile enthält. (Giornale della Soc. di letture e con-
versazione scientifiche, 1896, S. 1.)

Zum zweiten Kapitel:

Zu „**Kokosölgewinnung**" (S. 598—603): M. Ph. Schneider hat eine *Schneider-*
automatisch funktionierende Presse mit ringförmigem Seiherraume kon- *sche Presse.*
struiert, die er besonders für Koprah empfiehlt. (Franz. Patent Nr. 373566
v. 11. April 1907.)

Zu „**Zusammensetzung des Kokosöles**" (S. 603—604): L. Paul- *Zusammen-*
mayer hat die Kokosölfettsäuren im Wasserdampfstrome vorsichtig destil- *setzung des Kokosöles.*
liert und auf Grund der ermittelten Säurezahlen die Zusammensetzung der
erhaltenen 10 Fraktionen annähernd berechnet. Danach würden die Kokosölfettsäuren aus

0,25% Capronsäure,
0,25% Caprylsäure,
19,50% Caprinsäure,

40,00 % Laurinsäure,
24,00 % Myristinsäure,
10,60 % Palmitinsäure und
5,40 % Ölsäure

bestehen.

Da bei der Herstellung der Fettsäuren durch Verseifung des Öles und Zersetzen der Seife mit verdünnter Schwefelsäure ein Teil der Capron- und Caprylsäure in Lösung geht, dürfte der wirkliche Gehalt der Kokosölfettsäuren an diesen beiden Fettsäuren höher sein, als oben angeführt erscheint. (La Savonnerie Marseilleise, 1907, Nr. 78, durch Chem. Ztg., 1907, S. 333.)

Kokum-butter. Zu „**Kokumbutter**" (S. 670—672): D. Hooper untersuchte die Fette der Samen mehrerer Garciniaarten, und zwar jene von Garcinia indica, welche bekanntlich die Kokom- oder Goabutter liefern, und zweier Varietäten von Garcinia Morella, die das sogenannte Murga- bzw. Gurgifett geben. Hooper fand den Schmelzpunkt der Kokombutter bei 43⁰ C, den ihrer Fettsäuren bei 61⁰ C liegend und wies die Gegenwart vo. Oleodistearin nach. Die Schmelzpunkte des Murga- und Gurgilettes fand er bei 37 bzw. 33,50⁰ C, die ihrer Fettsäuren bei 56⁰ C bzw. 55⁰ C. In beiden Fetten war Stearodiolein enthalten. (Pharm. Journ., 1907, S. 335.)

Die Samen von Garcinia echinocarpa werden ebenfalls zur Ölgewinnung benutzt; sie liefern das Madolöl, das in Indien als Brennöl und Wurmmittel verwendet wird. (Journ. Soc. Chem. Ind., 1901, S. 641.)

Makuluöl. Zu „**Gynocardiaöl**" (S. 686): Eine der Stammpflanze dieses Öles (Hydnocarpus odorata) verwandte Art — Hydnocarpus venenata Bixineae — liefert ölreiche Samen, die das Makuluöl oder Thertag oil geben. Dieses butterartige Fett wird bei der Leprabehandlung verwendet.

Fulwa-butter. Zu „**Fulwabutter**" (S. 698—699): Die Samen von Bassia butyracea, die die Fulwabutter liefern, enthalten nach Jean in ihren Kernen:

Wasser	10,05 %
Fett	35,49
Lösliche Extraktstoffe	25,44
Tannin	3,20
Asche	2,50
Rohfaser	22,32

Das Fett besteht nach Jean aus:

Feste Fettsäuren	69,28 %
Flüssige Fettsäuren	21,92
Glyzerin	8,85

Die aus dem Fette abgeschiedenen Fettsäuren schmelzen bei 67,8⁰ C und enthalten weder Capron- noch Caprylsäure. (Seifensiederztg., Augsburg 1905, S. 703.)

Zu „**Bassiafette**" (S. 688—699): Die Samen von Bassia Nungu, die
50—60⁰/₀ Fett enthalten, und von Bassia Djave ähneln den anderen
Brassicaarten. Die Fette, die sie beim Auspressen ergeben, heißen Agali
Nungu bzw. Agali Djave und erinnern in ihrer chemischen Zusammensetzung sowie in ihren sonstigen Eigenschaften an die Sheabutter und
die anderen Bassiafette. (Moeller, Dinglers polyt. Journ., 1880, Bd. 248,
S. 333.)

Zum dritten Kapitel:

A) Öle der Seetiere.

Zu „**Dorschleberöl**" (S. 735—745): Henseval und J. Huwart veröffentlichten die Ergebnisse ihrer Studien betreffs der Verwertung von
Fischlebern, vornehmlich von Lebern des an der belgischen Küste und in Ostende viel gefangenen Kabeljaus. Die Lebern wurden dort bis vor kurzem
meistens über Bord der Fangfahrzeuge geworfen und nur zum geringsten
Teile zu Öl verarbeitet oder gegessen. Die Beschreibung der Lebertrangewinnung, die Henseval und Huwart geben, bringt nichts Neues und
interessiert darin nur das — heute wohl veraltete — Verfahren, dessen
sich die Fischer an der belgischen Küste bedienen. Die Lebern werden
dabei in nicht zu dicke Scheiben zerschnitten, in einen Fischmagen gelegt
und dieser aufgehängt. Dabei fließt das Öl allmählich von selbst aus und
wird partienweise abgegossen.

Henseval und J. Huwart bestimmten die konstanten und physikalischen Werte des Kabeljauleberöles (Gadus morrhua), des Rochen-
leberöles (Raja Clavata), des Heringleberöles (Lamna cornubica), des
Köhlerleberöles (Gadus Carbonarius), des Peterfischleberöles (Zeus
Faber) und des Leberöles von Trigon Pastinaca und Squalus borealis.
(Nach der Allenschen Übersetzung der Arbeit von Henseval und Huwart
in Chem. Revue, 1907, S. 191.)

Zu „**Schildkrötenöl**" (S. 763): Nach C. Edward Sage sollen in
letzter Zeit größere Posten dieses Öles auf den Londoner Markt gekommen
sein. Die Dichte des Öles lag bei 0,9192 (bei 25⁰ C), der Erstarrungspunkt
betrug 18—19⁰ C. (Seifensiederztg., Augsburg 1907, S. 1035.)

B) Öle der Landtiere.

Zu „**Chrysalidenöl**" (S. 774): Lewkowitsch zeigte, daß das „Unverseifbare" dieses Öles der Hauptsache nach aus Cholesterin besteht.
(Zeitschr. f. Untersuchung d. Nahrungs- u. Genußmittel, Bd. 13, Heft 3.)

Zum vierten Kapitel:

Zu „**Pferdefett**" (S. 808): Harry Dunnlop, der das Fett des Pferdes
von verschiedenen Körperteilen untersucht hat, bezeichnet die intensiv

gelbe Farbe und die besonders bei höherer Temperatur deutlich zutage tretenden trocknenden Eigenschaften des Pferdefettes als dessen Charakteristika.

Tetrachlor-
kohlenstoff
als
Extraktions-
mittel.

Zu „**Knochenfett**" (S. 826—831): Über das für die Entfettung von Knochen vielfach empfohlene neue Extraktionsmittel „Tetrachlorkohlenstoff", kurzweg auch Chlorkohlenstoff oder Tetra genannt (siehe Bd. I, S. 356), veröffentlicht die Chem. Fabrik Griesheim-Elektron, welche dieses Produkt in den Handel bringt, interessante Versuchsergebnisse.

Vor allem wird das Angriffsvermögen des Tetrachlorkohlenstoffes gegenüber den verschiedenen Metallen betont. Eine Versuchsreihe, bei der:

a) gleich große Metallstreifen mit der gleichen Menge wasserfreien Tetrachlorkohlenstoffes 20 Stunden lang am Rückflußkühler derart gekocht wurden, daß sich die Metallstreifen zu einem Drittel in der Flüssigkeit, zu zwei Dritteln im Dampfraume befanden;

b) gleich große Metallstreifen mit der gleichen Menge Tetrachlorkohlenstoff und der gleichen Menge Wasser derart gekocht wurden, daß die Streifen zur Hälfte in der Flüssigkeit staken, zur Hälfte in den Dampfraum ragten;

c) Metallpulver und Metallspäne mit der gleichen Menge Tetrachlorkohlenstoff und der gleichen Menge Wasser bei 60° C so lange durcheinander gerührt wurden, bis die Zersetzung des CCl_4 ihr Ende erreicht hatte,

ergab folgende Resultate:

	a	b	c	Das Einwirkungsmaximum war erreicht in Stunden
	Versuchsreihe			
Schmiedeeisen . . .	0,002	0,35	3,04	20
Gußeisen	0,004	0,10		
Kupfer	0,0005	0,31	4,9	11
Blei	0,0013	0,013	0,013	8
Zink	0,0002	0,018	0,07	11
Zinn	0,0005	0,0019	0,02	8
Nickel	0,0004	0,008	0,0038	8

Die Reaktion erfolgt im Falle a nach der Gleichung:

$$2\,CCl_4 \;+\; R \;=\; RCl_2 \;+\; C_2Cl_6$$

Tetrachlor- + Metall = Metall- + Kohlenstoff-
kohlenstoff   chlorid   sesquichlorid

im Falle b und c dagegen nach der Gleichung:

$$CCl_4 \;+\; 2\,H_2O = CO_2 \;+\; 4\,HCl$$

Tetrachlor- + Wasser = Kohlen- + Salzsäure
kohlenstoff   säure

Die freiwerdende Salzsäure greift dann ihrerseits die Metalle an. Bei der Extraktion im großen wirkt stets feuchter Tetrachlorkohlenstoff auf die Wendungen des Extraktors; dabei leiden die Metalle weit mehr als bei der Einwirkung trockenen Tetrachlorkohlenstoffes. Blei, Zink und Nickel erweisen sich gegen feuchten Tetrachlorkohlenstoff als am widerstandsfähigsten. In Apparaten aus Eisen und Kupfer kann mit Tetrachlorkohlenstoff nicht erfolgreich gearbeitet werden; anders lautende Meinungen sind irrig.

Die höheren Anschaffungskosten verbleiter oder verzinkter Apparate sollen aber nach den praktischen Versuchen der Chem. Fabrik Griesheim-Elektron durch den geringen Verlust am Extraktionsmittel (0,5 % vom Gewicht des zu entfettenden Materials, gegenüber 0,8 % Verlust bei der Benzinextraktion) wie auch durch den höheren Wert der mit Tetrachlorkohlenstoff · extrahierten Fette hereingebracht werden.

Hinsichtlich der physiologischen Wirkung des „Tetra" hat man gefunden, daß Arbeiter, die früher mit Benzin gearbeitet haben, also an die Dämpfe dieses Extraktionsmittels gewöhnt sind, durch Tetrachlorkohlenstoff besonders stark leiden, während seine narkotische Wirkung auf andere relativ geringfügig sein soll. Diese Tatsache bedarf noch einer näheren Erklärung. (Chem. Ztg., 1907, Nr. 25.)

Zum fünften Kapitel:

Zu „**Andere Pflanzenwachse**" (S. 852): Von den Märkten der Kapkolonie kommt in neuerer Zeit eine Wachsart zu uns, die bei 40,5° C schmilzt, eine Dichte von 0,8741 (bei 99° C) besitzt und in ihren Eigenschaften und ihrer Zusammensetzung dem Myricafette ähnelt, also zwischen den Fetten und Wachsarten steht. Die Fettsäuren des Kap-Beeren-Wachs benannten Produktes, das wahrscheinlich mehreren Spezies der Myricafamilie entstammt, schmelzen bei 47,50° C. Das Kap-Beeren-wachs soll zur Herstellung von Seife verwendet werden. (Oil und Colour Trades, Bd. 32, Nr. 449.)

Kapbeeren-wachs.

Leitet man Alkoholdämpfe durch ein mit Torf gefülltes Rohr, so zieht der am Torfe sich kondensierende Alkohol eine gelbe, wachsähnliche Substanz aus. Beim Abkühlen der braungefärbten alkoholischen Lösung tritt eine Ausscheidung gelber Flocken oder eines gelben Pulvers ein, welcher Niederschlag das „Torfwachs" darstellt.

Torfwachs.

Krämer und Spieker haben bei ihren Studien über die Erdölbildung die Frage der Torfwachsbildung gestreift und dieses Fett als ein in den Pflanzen gebildetes Urwachs erklärt. R. Zaloziecki und Hausmann halten das Torfwachs dagegen für ein erst in einem späteren Stadium gebildetes Zersetzungsprodukt gewisser Pflanzenbestandteile (Zellulose).

Das dem Torfe durch Alkohol entzogene Torfwachs schmilzt nach den Untersuchungen von R. Zaloziecki und Hausmann zwischen 80 und 90° C, löst sich in Amylalkohol sehr leicht, in Methyl- und Äthylalkohol schwieriger auf. Benzol und Äthyläther nehmen es nur teilweise auf. Der unlöslich bleibende Teil ist ein brauner, bei 260° C noch

nicht schmelzender Körper, der lösliche Teil wird beim Abtreiben des
Lösungsmittels aus der ätherischen Lösung als eine wachsähnliche, dunkelgrün gefärbte Substanz von angenehmem, etwas an Bienenwachs erinnerndem Geruche erhalten, die bei 145 ^{0} C weich wird und bei 184 ^{0} C schmilzt.

Der ätherlösliche Anteil des Torfwachses besteht in der Hauptsache aus Verbindungen zweier Säuren mit zwei Alkoholen. Den Säuren
dürfte die Formel $C_{16}H_{25}O_5$, den Alkoholen $C_{20}H_{40}O_4$ zukommen.

Die Säure des in Äther unlöslichen Anteiles des Torfwachses
ergab bei der Elementaranalyse Resultate, die der Formel $C_{21}H_{35}O_7$ entsprechen. (Zeitschr. f. angew. Chemie, 1907, Heft 22.)

Zum sechsten Kapitel:

Frische und
alte Waben.
    Zu „**Bienenwachs**" (S. 857—881): Frischgebaute Waben, die noch
nicht zur Aufnahme von Brut gedient haben, sind hellgelb, vielfach
sogar weiß; Waben, worin sich ein- oder mehreremal Brut befunden hat,
sind dunkelgelb bis braun, ja selbst braunschwarz.

K. Dieterich, der sich mit der Untersuchung der Waben verschiedenen
Alters befaßt hatte, fand, daß die chemische Zusammensetzung des Wachses
verschieden alter Waben nur ganz wenig voneinander abweicht. Schmelz-
punkt und Dichte schwanken etwas. So liegt der Schmelzpunkt jungen
Wachses etwas höher als bei altem Wachs, wie auch das Wachs junger
Waben ein größeres spezifisches Gewicht hat als das älterer Waben.
Letztere enthalten auch mehr Verunreinigungen als die frischgebauten und
geben deshalb beim Ausschmelzen eine geringere Ausbeute als jene.

Kittwachs.
    K. Dieterich untersuchte auch das Kittwachs (Propolis) und fand
dabei Resultate, die von den Befunden von M. Greshoff und J. Sack
(s. S. 862) etwas abweichen:

        5,96 $\%$ flüchtiger Bestandteile,
    12,94 $\%$ in Alkohol unlöslicher Anteile,
    64,61 $\%$ Harz,
    16,05 $\%$ Wachs und Spuren flüchtiger Öle

nebst Farbstoffen, Gummi und anderen Verunreinigungen. (Chem. Ztg.,
1907, Nr. 79.)

Sach- und Namenregister.

Printed in the United States
By Bookmasters